U0228238

图 2-15

图 2-25

图 4-3

图 4-4

图 4-11

图 4-12

图 4-13

图 6-2

图 6-5

图 6-3

图 8-12 (a)

图 8-12 (b)

图 2-15 陕西西安半坡的仰韶文化彩陶盆。

图 2-25 陕西咸阳汉景帝阳陵彩陶俑群一角。

图 4-3 上虞小仙坛东汉晚期青釉印纹罍 H5 瓷片。

图 4-4 慈溪上林湖 SL2 青釉瓷片。

图 4-11 赤乌十四年铭越窑青釉瓷虎子。

图 4-12 甘露元年铭越窑青釉瓷熊灯。

图 4-13 元康二年铭越窑青釉瓷谷仓。

图 6-2 白点供御鹧鸪斑建盏残片。

图 6-3 黑点鹧鸪斑御供残片。

图 6-5 静嘉堂新字款油滴建盏。

图 8-12 (a、b) 耀州窑青釉瓷器和瓷片

(a) 宋代青釉瓷片，(b) 北宋青釉刻花牡丹纹瓶。

图 8-17（a）　　　　　图 8-17（b）　　　　　图 9-9（a）

图 9-9（b）

图 11-5

图 11-6（a）　　　　　图 9-9（c）

图 11-6（b）

图 11-6（c）

图 11-6（d）

图 8-17(a、b)　汝官窑（a）和临汝窑（b）青釉瓷及瓷片。

图 9-9（a-c）　几种典型龙泉青釉瓷（a）南宋（黑胎青瓷），（b）北宋（刻花），（c）元（贴花）。

图 11-5　唐代青花瓷片。

图 11-6（a-g）　景德镇元、明、清青花瓷器及瓷片（a）元，（b）明永乐，（c）明宣德，（d）明成化，（e）明正德，（f）清康熙，（g）清雍正。

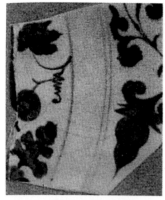

图11-6 (e)

图11-6 (f)

图11-6 (g)

图11-7 (a-c)

图11-7 (e-g)

图11-8

图11-9

图11-10

图12-3

图11-7 (a-c,e-g) 景德镇明代民窑青花瓷片 (a) 成化, (b) 弘治, (c) 隆庆—万历, (e) 永乐—宣德, (f) 成化, (g) 洪武。

图11-8 景德镇官窑剔花釉里红瓷。

图11-9 清康熙桃花片釉瓷。

图11-10 祭蓝描金瓷。

图12-3 长沙铜官窑色釉和红、绿、褐釉下彩瓷片。

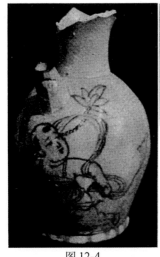

图 12-4

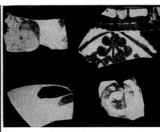

图 12-10 (a)

图 13-2

图 14-1 (a)

图 14-1 (b)

图 15-1 (a)

图 15-1 (b)

图 15-2 (a)

图 12-4　长沙铜官窑釉下彩瓷的典型器型和彩色。釉下褐彩壶,着色剂为铁。

图 12-10　磁州窑彩饰(褐彩)瓷片 (a)。

图 13-2　古代钧窑乳光釉瓷。

图 14-1 (a、b)　明、清制壶名家制作的紫砂杯壶。

图 15-1 (a、b)　三彩釉陶 (a)唐三彩, (b) 宋三彩。

图 15-2 (a、b)　景德镇明、清彩绘瓷 (a) 成化斗彩, (b) 雍正粉彩。

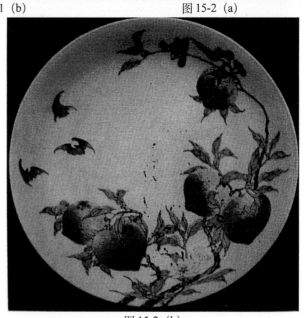

图 15-2 (b)

卢嘉锡　总主编

中国科学技术史
陶瓷卷

李家治　主编

科学出版社

内 容 简 介

本书是论述中国长达万年的陶瓷科学技术史专著。

重点根据近代对我国陶瓷的考古发现和科技研究结果讨论其工艺发展,总结其科技成就和对世界陶瓷发展的影响。书中着重阐述了中国名窑胎釉的物理化学基础、形成机理及烧制工艺的进步历程。

本书为弘扬中华文化、激发爱国热情、古陶瓷的断代和断源以及名瓷的恢复生产提供参考资料和科学依据。可供陶瓷研究、生产的从业人员和科技史工作者阅读。

审图号:GS(2022)2033号

图书在版编目(CIP)数据

中国科学技术史:陶瓷卷 / 卢嘉锡总主编;李家治分卷主编. —北京:科学出版社,1998.10

ISBN 978-7-03-006158-4

Ⅰ. 中… Ⅱ. ①卢… ②李… Ⅲ. ①技术史-中国②科学家-列传-中国-古代

Ⅳ. N092

中国版本图书馆 CIP 数据核字(97)第 02605 号

科 学 出 版 社 出版

北京东黄城根北街 16 号

邮政编码:100717

http://www.sciencep.com

北京厚诚则铭印刷科技有限公司 印刷

科学出版社发行 各地新华书店经销

*

1998 年 10 月第 一 版 开本:787×1092 1/16

2022 年 4 月第八次印刷 印张:31 3/4 插页:2

字数:743 000

定价:248.00 元

(如有印装质量问题,我社负责调换)

《中国科学技术史》的组织机构和人员

顾问（以姓氏笔画为序）

王大珩　王佛松　王振铎　王绶琯　白寿彝　孙　枢　孙鸿烈　师昌绪
吴文俊　汪德昭　严东生　杜石然　余志华　张存浩　张含英　武　衡
周光召　柯　俊　胡启恒　胡道静　侯仁之　俞伟超　席泽宗　涂光炽
袁翰青　徐苹芳　徐冠仁　钱三强　钱文藻　钱伟长　钱临照　梁家勉
黄汲清　章　综　曾世英　蒋顺学　路甬祥　谭其骧

总主编 卢嘉锡

编委会委员（以姓氏笔画为序）

马素卿　王兆春　王渝生　艾素珍　丘光明　刘　钝　华觉明　汪子春
汪前进　宋正海　陈美东　杜石然　杨文衡　杨　熺　李家治　李家明
吴瑰琦　陆敬严　周魁一　周嘉华　金秋鹏　范楚玉　姚平录　郭书春
郭湖生　柯　俊　赵匡华　赵承泽　姜丽蓉　席龙飞　席泽宗　谈德颜
唐锡仁　唐寰澄　梅汝莉　韩　琦　董恺忱　廖育群　潘吉星　薄树人
戴念祖

常务编委会

主　任　陈美东

委　员（以姓氏笔画为序）

华觉明　杜石然　金秋鹏　赵匡华　唐锡仁　潘吉星　薄树人　戴念祖

编撰办公室

主　任　金秋鹏

副主任　周嘉华　杨文衡　廖育群

工作人员（以姓氏笔画为序）

王扬宗　陈　晖　郑俊祥　徐凤先　康小青　曾雄生

陶瓷卷编委

主　编　李家治

编　委　（以姓氏笔画为序）

朱伯谦　陈显求　李家治　郭演仪　蒋赞初

总　序

中国有悠久的历史和灿烂的文化,是世界文明不可或缺的组成部分,为世界文明做出了重要的贡献,这已是世所公认的事实。

科学技术是人类文明的重要组成部分,是支撑文明大厦的主要基干,是推动文明发展的重要动力,古今中外莫不如此。如果说中国古代文明是一棵根深叶茂的参天大树,中国古代的科学技术便是缀满枝头的奇花异果,为中国古代文明增添斑斓的色彩和浓郁的芳香,又为世界科学技术园地增添了盎然生机。这是自上世纪末、本世纪初以来,中外许多学者用现代科学方法进行认真的研究之后,为我们描绘的一幅真切可信的景象。

中国古代科学技术蕴藏在汗牛充栋的典籍之中,凝聚于物化了的、丰富多姿的文物之中,融化在至今仍具有生命力的诸多科学技术活动之中,需要下一番发掘、整理、研究的功夫,才能揭示它的博大精深的真实面貌。为此,中国学者已经发表了数百种专著和万篇以上的论文,从不同学科领域和审视角度,对中国科学技术史作了大量的、精到的阐述。国外学者亦有佳作问世,其中英国李约瑟(J. Needham)博士穷毕生精力编著的《中国科学技术史》(拟出 7 卷 34册),日本薮内清教授主编的一套中国科学技术史著作,均为宏篇巨著。关于中国科学技术史的研究,已是硕果累累,成为世界瞩目的研究领域。

中国科学技术史的研究,包涵一系列层面:科学技术的辉煌成就及其弱点;科学家、发明家的聪明才智、优秀品德及其局限性;科学技术的内部结构与体系特征;科学思想、科学方法以及科学技术政策、教育与管理的优劣成败;中外科学技术的接触、交流与融合;中外科学技术的比较;科学技术发生、发展的历史过程;科学技术与社会政治、经济、思想、文化之间的有机联系和相互作用;科学技术发展的规律性以及经验与教训,等等。总之,要回答下列一些问题:中国古代有过什么样的科学技术?其价值、作用与影响如何? 又走过怎样的发展道路? 在世界科学技术史中占有怎样的地位? 为什么会这样,以及给我们什么样的启示? 还要论述中国科学技术的来龙去脉,前因后果,展示一幅真实可靠、有血有肉、发人深思的历史画卷。

据我所知,编著一部系统、完整的中国科学技术史的大型著作,从本世纪 50 年代开始,就是中国科学技术史工作者的愿望与努力目标,但由于各种原因,未能如愿,以致在这一方面显然落后于国外同行。不过,中国学者对祖国科学技术史的研究不仅具有极大的热情与兴趣,而且是作为一项事业与无可推卸的社会责任,代代相承地进行着不懈的工作。他们从业余到专业,从少数人发展到数百人,从分散研究到有组织的活动,从个别学科到科学技术的各领域,逐次发展,日臻成熟,在资料积累、研究准备、人才培养和队伍建设等方面,奠定了深厚而又广大的基础。

本世纪 80 年代末,中国科学院自然科学史研究所审时度势,正式提出了由中国学者编著《中国科学技术史》的宏大计划,随即得到众多中国著名科学家的热情支持和大力推动,得到中国科学院领导的高度重视。经过充分的论证和筹划,1991 年这项计划被正式列为中国科学院"八五"计划的重点课题,遂使中国学者的宿愿变为现实,指日可待。作为一名科技工作者,我对此感到由衷的高兴,并能为此尽绵薄之力,感到十分荣幸。

《中国科学技术史》计分 30 卷,每卷 60 至 100 万字不等,包括以下三类:

通史类(5 卷):

《通史卷》、《科学思想史卷》、《中外科学技术交流史卷》、《人物卷》、《科学技术教育、机构与管理卷》。

分科专史类(19 卷):

《数学卷》、《物理学卷》、《化学卷》、《天文学卷》、《地学卷》、《生物学卷》、《农学卷》、《医学卷》、《水利卷》、《机械卷》、《建筑卷》、《桥梁技术卷》、《矿冶卷》、《纺织卷》、《陶瓷卷》、《造纸与印刷卷》、《交通卷》、《军事科学技术卷》、《计量科学卷》。

工具书类(6 卷):

《科学技术史词典卷》、《科学技术史典籍概要卷》(一)、(二)、《科学技术史图录卷》、《科学技术年表卷》、《科学技术史论著索引卷》。

这是一项全面系统的、结构合理的重大学术工程。各卷分可独立成书,合可成为一个有机的整体。其中有综合概括的整体论述,有分门别类的纵深描写,有可供检索的基本素材,经纬交错,斐然成章。这是一项基础性的文化建设工程,可以弥补中国文化史研究的不足,具有重要的现实意义。

诚如李约瑟博士在 1988 年所说:"关于中国和中国文化在古代和中世纪科学、技术和医学史上的作用,在过去 30 年间,经历过一场名副其实的新知识和新理解的爆炸"(中译本李约瑟《中国科学技术史》作者序),而 1988 年至今的情形更是如此。在 20 世纪行将结束的时候,对所有这些知识和理解作一次新的归纳、总结与提高,理应是中国科学技术史工作者义不容辞的责任。应该说,我们在启动这项重大学术工程时,是处在很高的起点上,这既是十分有利的基础条件,同时也自然面对更高的社会期望,所以这是一项充满了机遇与挑战的工作。这是中国科学界的一大盛事,有著名科学家组成的顾问团为之出谋献策,有中国科学院自然科学史研究所和全国相关单位的专家通力合作,共襄盛举,同构华章,当不会辜负社会的期望。

中国古代科学技术是祖先留给我们的一份丰厚的科学遗产,它已经表明中国人在研究自然并用于造福人类方面,很早而且在相当长的时间内就已雄居于世界先进民族之林,这当然是值得我们自豪的巨大源泉,而近三百年来,中国科学技术落后于世界科学技术发展的潮流,这也是不可否认的事实,自然是值得我们深省的重大问题。理性地认识这部兴盛与衰落、成功与失败、精华与糟粕共存的中国科学技术发展史,引以为鉴,温故知新,既不陶醉于古代的辉煌,又不沉沦于近代的落伍,克服民族沙文主义和虚无主义,清醒地、满怀热情地弘扬我国优秀的科学技术传统,自觉地和主动地缩短同国际先进科学技术的差距,攀登世界科学技术的高峰,这些就是我们从中国科学技术史全面深入的回顾与反思中引出的正确结论。

许多人曾经预言说,即将来临的 21 世纪是太平洋的世纪。中国是太平洋区域的一个国家,为迎接未来世纪的挑战,中国人应该也有能力再创辉煌,包括在科学技术领域做出更大的贡献。我们真诚地希望这一预言成真,并为此贡献我们的力量。圆满地完成这部《中国科学技术史》的编著任务,正是我们为之尽心尽力的具体工作。

卢嘉锡
1996 年 10 月 20 日

前　言

在长达万年的历史长河中,世界东方的中华先民们和历代的陶瓷匠师们,以他们的勤劳智慧创建了世界上独一无二的、连续不断的中国陶瓷工艺发展过程中一座又一座里程碑。它们是世界文明和人类文化宝库中的重要组成部分。

从中国新石器时代早期陶器的出现,商、周时期釉陶、印纹硬陶和原始瓷的烧制成功,汉、晋时期青釉瓷的发明,隋、唐时期白釉瓷的突破到宋、元、明、清时期颜色釉瓷、彩绘瓷和雕塑陶瓷的辉煌成就无一不是科学技术的结晶,无一不是对人类文化的重大贡献。但是,由于长期以来缺少完整的史料和系统的研究,至今在世界上尚无一部全面探讨中国陶瓷科学技术史的专著。

自18世纪以来,出于对中国陶瓷的珍爱和神秘感,不少中外学者曾经先后开展过对其科学技术内涵的探秘。特别是在中华人民共和国成立后,有关的科研单位、大专院校、历代名瓷产区和考古部门的专家学者们,对从史前到清代末年的中国陶瓷进行了深入的系统研究,积累了大量有关科学技术的最新信息和数据,并且在我国先后召开的五次古陶瓷科学技术国际讨论会的论文集中反映了这方面的研究成果。这些研究成果中也包括许多外国学者们的出色工作。这一系列的结果和数据,为中国陶瓷科学技术史的研究提供了十分可贵的资料,也使本专著的撰写成为可能。

在《中国科学技术史》编委会的组织和支持下,经过作者和编委的共同努力,《中国科学技术史·陶瓷卷》即将问世。它是有史以来以全面探讨中国陶瓷科学技术史为主的第一部专著。但一方面由于中国陶瓷历史悠久,很多极有价值的陶瓷遗存可能尚深埋地下,有待继续考古发掘;另一方面又由于中国陶瓷的科学技术成就浩如烟海,也还有待深入探索。因此本书内容中挂一漏万和言犹未尽之处亦在所难免,将留待再版时修订。尽管如此,作者们还是真诚希望本书的出版能为弘扬中华文化,中国古陶瓷的断源和断代以及历代名瓷的仿制提供某些参考资料和科学依据,这也是作者们多年来从事中国古陶瓷科学技术研究的初衷。

本书的第一、二、三、四、五及十章为李家治撰写;第六、七、十三、十四及第九章第二节为陈显求撰写;第八、十一、十二、十五及第九章第一节为郭演仪撰写。由于三位作者分别执笔,文字风格自不可能完全一致,在论点方面虽力求统一,但在某些问题上也还存在着一些差异,期望能引起学术界的讨论。

本书在收集资料和撰写过程中曾得到中外陶瓷界和考古界有关单位和个人的大力支持和协助,特别是中国科学院上海硅酸盐研究所的领导和同事们的关心和合作,谨在此表示衷心的感谢。我们深信各自的学识有限,面对如此浩繁的史料和丰富的科技数据,在取舍和论述方面都可能出现取材不当或值得商榷之处,尚祈有关专家和读者不吝赐教。

李家治
1996年3月

目　录

第一章 总论——中国陶瓷科学技术史的
五个里程碑和三大技术突破

中国陶瓷具有长达万年连续不断的历史,是世界上独一无二的。它的发展过程蕴藏着十分丰富的科学技术和艺术内涵。从陶器诞生的那一天起,它就是技术和艺术相结合的宁馨儿。各异的造型、多变的装饰、纷呈的彩绘和不断改进的工艺就在人类利用水、火的作用而将泥土转变成的陶器上充分表现了技术和艺术相结合的魅力。至今尚令人惊叹不已。随着印纹硬陶、原始瓷、青釉瓷、白釉瓷、颜色釉瓷、彩绘瓷和雕塑瓷依次在技术上取得一个又一个的突破,并进入科学技术王国,艺术亦以其丰富多彩的表现力,在这些永远留存于天地间的基材上创造了许多不朽的杰作,同样使它们成为我国文化艺术百花园中的一朵奇葩。陶瓷的创造和成就基本上可以用五个里程碑概括它们的发展进程以及用三大技术突破总结它们的主要成就。

五个里程碑依次是新石器时代早期陶器的出现,新石器时代晚期印纹硬陶和商、周时期原始瓷的烧制成功,汉、晋时期南方青釉瓷的发明,隋唐时期北方白釉瓷的突破和宋代到清代颜色釉瓷、彩绘瓷和雕塑陶瓷的辉煌成就。

三大技术突破即是原料的选择和精制,窑炉的改进和烧成温度的提高,以及釉的形成和发展。

第一节 五个里程碑

世界东方的一片广阔富饶的大地上生活着勤劳智慧的中华民族的先民们。他们在生活和生产的斗争中创造了灿烂辉煌的中华文化。融科学技术和艺术于一体的陶瓷的烧制成功和不断发展就是中华文化的一个重要的组成部分。中国是世界最早出现陶器的古代文明中心之一;更是世界上最早烧制成功印纹硬陶和原始瓷,以及先后发明青釉瓷和白釉瓷的国家;也是创造丰富多彩的颜色釉瓷、彩绘瓷和雕塑陶瓷而享誉全世界的国家。陶瓷的每一个进展都包含着许多突破和成就,共同形成了一个既继承又发展的连续不断的工艺发展过程。

一 第一个里程碑——新石器时代早期陶器的出现

根据目前考古资料说明,近年来在河北徐水县南庄头遗址发现经 [14]C 测定距今为 10800～9700 年的陶器碎片,以及在这之前在江西万年县仙人洞、广西桂林市甑皮岩和广东英德县青塘等遗址发现的距今为 10000～7000 年的陶器碎片都是我国最早的属于新石器时代早期的陶器,也是世界上最早的陶器之一。这些早期陶器的共同特点都是粗砂陶,它们的质地粗糙疏松,出土时都碎裂成不大的碎片,只有个别能复原成整器。用以烧制这些早期陶器的原料都是就地取土,因此各遗址出土的陶片所处的层位的泥土就是它们的原料,它们都含有大小不等的砂粒。其中大者可达 8 毫米左右。不同遗址的陶片所含的砂粒也不相同,它们除都含有石英外,南庄头陶片中还含有角闪石、长石和蛭石;仙人洞陶片含有大颗粒白云母和迪凯石;甑皮岩陶片中含有大颗粒白云石;青塘陶片则含有大颗粒长石。因而它们的化学组成也大不一样。南庄头和甑皮岩陶片都含有较高的 CaO,MgO 和 Fe_2O_3,而仙人洞和青塘陶片则含有较高的 SiO_2,K_2O 和较低的 Fe_2O_3。

根据这些陶片中存在的矿物,以及测得的少数陶片的烧成温度一般都在 700℃ 上下。这些遗址中都没有发现窑炉遗迹,估计可能都是平地堆烧的。器型也比较简单,都是盘(叠)筑或手捏成型的罐、钵之类的小型器物。

尽管这些早期陶器原料粗糙、造型简单、烧成温度低、质地疏松易碎,但我们的先民们毕竟远在一万年前藉水和火的帮助而将泥土经过化学变化制成陶器。也就是明代科学家宋应星在其所著的《天工开物》中所说的“水火既济而土合。”

稍晚于上述几个遗址的陶器尚有距今为 7500～6900 年的河南新郑裴李岗,距今为 7405～7285 年的河北武安县磁山,距今为 6960～6730 年的浙江余姚县河姆渡,以及距今为 7040～6910 年的桐乡县罗家角第三、四文化层的早期陶器。它们不仅在时间上较晚,而且在制陶工艺上也比较进步。出土陶片数量多,能复原的整器也增多,有砂质陶、泥质陶、夹炭陶。在颜色方面有灰陶、灰红陶、黑陶和白陶。虽然都是手捏成形,但已比较规整,器型亦已增多和增大,表面装饰亦已多样化,特别是在河姆渡遗址第四文化层的下部已发现少数带有白色陶衣的彩绘陶,说明彩陶在这时已开始出现。

特别值得一提的是在裴李岗遗址发掘中发现一座横穴窑。虽然破坏严重,不能窥见其全貌,但至少说明距今约 7500～6900 年的裴李岗文化时期烧制陶器已有了简单的陶窑,结束了我国陶瓷无窑烧制的历史时期,从而将烧成温度提高到 800～900℃ 之间。

到了新石器时代中、晚期,我国南北各地出土了大量陶器,发现的遗址不下七八千处,是我国古代灿烂文化的重要组成部分。诸如黄河流域的仰韶文化、大汶口文化、龙山文化、马家窑文化、齐家文化,长江流域的大溪文化、屈家岭文化、马家浜文化、良渚文化,以及东南、西南和北方草原地区的诸文化等。它们的进展和成就不仅丰富了我国新石器时代文化的内涵,而且也为后世陶瓷的发展打下了扎实的基础。

这时先民们在如何选择制陶原料上已积累了较多的经验。虽然还是就地取土,但在一定范围内他们选择那些易于成型、干燥收缩和烧成收缩都较小的易熔粘土作为制陶原料。在所用粘土还不能满足上述要求时,他们就会在粘土中加入诸如炭化后的草木碎叶和谷类的碎壳、煅烧后的贝壳和各种砂粒,这就是考古界所谓的“羼和料”。

在成型方法上除去捏塑和泥条盘(叠)筑法外,又出现模制法。特别是具有划时代进步意义的慢轮和快轮的陶轮成型方法的出现。考古界比较一致的意见是慢轮出现在仰韶文化中期,快轮出现于大汶口文化晚期,盛行于山东龙山文化时期。利用惯性转动的快轮即是现代陶瓷工业中所用的辘轳车的雏形。它的出现为拉坯成型和整体修整创造了必要的条件,对提高质量和增加产量都起着非常重要的作用,影响十分深远。

陶器表面的抹平、磨光、刻划和拍印各种纹饰、加涂陶衣和彩绘已是这一时期十分普遍的装饰手法。特别是彩绘陶的纹样多种多样,非常生动逼真,充分表现了绘画者的想象力和创造才能,都是十分难得的艺术精品。这些陶器为我们提供了原始社会先民们生活和生产活动的可靠信息。

器型的增多是为适应先民们生活的需要。各类的炊煮器、食用器和盛贮器的出现正是反映了这方面的进步。值得一提的是,在许多文化遗址中都发现有陶网坠、陶弹丸和陶纺轮。它们标志着陶制品从日常生活领域跨入生产领域的第一步,开创了后世陶瓷广泛应用于生产的先例。

这一时期的陶窑已较为普遍,目前已发现的陶窑就有 100 多座。它们的改进主要表现在陶窑的窑室和火膛的安排更合理,以及火道和火孔数目的增多。这些改进都有利于温度的提高和使窑内温度更均匀。这时的陶器烧成温度多数在 900～1000℃之间。

到了商代,一方面由于在南方兴起的印纹硬陶和原始瓷器的出现,另一方面由于青铜器和随后的铁器的大量制作,而使一般日用陶器的使用范围有所缩小,但同时又开拓了陶器的一个新的发展方向——建筑用陶器。商代出现的三通陶水管,开创了地下排水二维平面铺设管道的先例。到了西周初期又出现了筒瓦和板瓦,以及随后出现的瓦当;战国时期又出现了用来铺地面和镶砌壁面,以加固或装饰泥土墙壁的砖块。隋后的秦、汉建筑用陶又得到很大发展,工艺精益求精,形式尺寸多种多样。空心大砖及带有纹饰和文字的圆瓦当的出现,既实用又美观,素有"秦砖汉瓦"之美誉。至此,我国砖瓦结构房屋所用的建筑材料已基本具备,促进了我国后世建筑业的发展。

陶塑和后世的瓷雕则更是陶瓷制品中将技术和艺术融合于一体的代表作品。它始自新石器时代早期而沿袭至今。闻名于世的"世界第八奇迹"的秦代兵马俑群,数量之多,体型之大,烧制之精,雕塑之美,历史价值之高,无一不为世界之最。

二 第二个里程碑——新石器时代晚期印纹硬陶 和商、周时期原始瓷的烧制成功

随着地区的不同,印纹硬陶的出现和发展亦略有不同。但一般认为始见于新石器时代晚期,成熟于商代,兴盛于西周,春秋战国后逐渐衰微。印纹硬陶大量出现于我国南部长江中下游和东南沿海的浙江、江苏、上海、江西、安徽,以及福建、广东、台湾和香港等广大地区的遗址和墓葬中。在北方及黄河流域则非常少见。

印纹硬陶和一般陶器的最大不同则是它们在化学组成上的变化。陶器一般都含有较高 Fe_2O_3,所用的原料多属易熔粘土,只能在 1000℃以下的温度烧成。印纹硬陶中的 Fe_2O_3 含量已有所降低,所用原料一般为含杂质较多的瓷石类粘土原料,烧成温度已可高达 1200℃。但在印纹硬陶出现初期,其化学组成变化较大,烧成温度亦很不稳定。

早期印纹硬陶的成型方法基本上和一般陶器相类似。既有捏塑法和泥条盘(叠)筑法,也有慢轮修整和快轮拉坯成型。印纹硬陶的纹饰都呈突起的阳纹,可见它们是用刻有阴纹的陶(木)印模(陶拍)拍印到陶器上的。这些丰富多姿的纹饰不仅美化了印纹硬陶,而且也美化了随后发展起来的原始瓷,两者都是我国陶瓷装饰艺术中的奇葩。

印纹硬陶的另一重要标志就是它与一般陶器相比具有更致密坚硬的质感,因此被称之为硬陶。这就有赖于化学组成的改进和烧成温度的提高。烧成温度的提高则必须建立在窑炉改进的基础上。到了商代在我国南方已出现了小型龙窑。龙窑所具有的坡度是保证它能烧到较高温度的基本条件。与此同时,在我国南方也出现了带有烟囱的室形窑。这种窑一般都是大火膛、小窑室和带有烟囱的小型窑,同样是我国古代先民们用以提高陶窑的烧成温度的有效改

进。龙窑和大火膛、小窑室、多烟囱室形窑的出现实现了我国陶瓷烧成温度从1000℃以下提高到1200℃左右的第一次突破。远在2000多年前,这不能不说是一次很大的高温技术的突出成就。它不仅对我国陶瓷工艺的发展起着非常重要的作用,而且也对金属冶炼起着相当的推进作用。

继印纹硬陶出现后,在商代(公元前16~11世纪)又出现了原始瓷。经过不断的发展,终在东汉后期导致越窑青釉瓷的诞生。完成了我国从陶器向瓷器的过渡,历经约2000年。

原始瓷内、外表面或仅在外表面施有一层厚薄不匀的玻璃釉。其颜色从青中带灰或黄的青釉到黄中带褐或灰的黄釉,甚至有颜色较深的酱色釉。一般胎釉结合不好,易剥落。胎以灰白色为主,有的灰色较浅,有的较深,甚至有少数呈褐色。可见多数原始瓷胎中Fe_2O_3的含量已较少,说明所用原料已有改进。胎一般较致密,略有吸水性,断面略有玻璃态光泽,说明其烧结性能较好。胎的原料处理粗糙,有时肉眼可见到釉层下的粗颗粒石英砂和较大的气孔。尽管这些玻璃釉带有很大的原始性,但它毕竟是我国第一次出现的釉。原始瓷釉的主要熔剂是CaO,所以又称为钙釉,它是我国独创的一种高温釉。

原始瓷是在印纹硬陶工艺基础上发展起来的,它的成型和装饰基本上继承了印纹硬陶的成型和装饰方法。至于施釉方法也比较原始,可能使用的方法就是涂刷和浸釉两种。烧成工艺也和印纹硬陶相同,有时甚至在同一窑中烧成。早期它们的烧成温度也相差不大,只是到了后期原始瓷的烧成温度才多数提高到1200℃以上。

从陶器的以易熔粘土作原料到原始瓷使用较纯的瓷石质粘土作原料,从陶器的1000℃以下烧成到原始瓷的1200℃以上烧成,以及从陶器的表面无釉到原始瓷的带有高钙釉,共同形成了我国陶瓷科学技术史的第二个里程碑,并为我国青釉瓷的出现创造了物质基础和必要的工艺条件。

三　第三个里程碑——汉、晋时期南方青釉瓷的诞生

东汉(25~220)晚期以越窑为代表的南方青釉瓷的烧制成功标志着中国陶瓷工艺发展中的又一个飞跃,是我国陶瓷科学技术史的第三个里程碑。它的出现使中国成为发明瓷器的国家。从此世界上有了瓷器。它作为一种材料其影响更为深远。

瓷和陶的差别在于它的外观坚实致密,多数为白色或略带灰色调,断面有玻璃态光泽,薄层微透光。在性能上具有较高的强度,气孔率和吸水率都非常小。在显微结构上则含有较多的玻璃和一定量的莫来石晶体,残留石英细小圆钝。这些外观、性能和显微结构共同形成了瓷的特征。此即明代科学家宋应星在其所著的《天工开物》中所说的"陶成雅器有素肌玉骨之象焉"。

青釉瓷在我国南方不仅烧制时间早、规模大,而且窑址分布广。唐人陆羽在《茶经》中提到的六大青瓷名窑,除鼎州窑址尚未有定论外,其余如越州窑、婺州窑、岳州窑、寿州窑和洪州窑几乎全部集中在南方。除此之外尚有比较出名的浙江温州地区的瓯窑,江苏宜兴的均山窑,广州新会官冲窑,四川邛崃窑等都是在唐代或唐代以前就已开始烧制青釉瓷。

青釉瓷在我国南方首先烧制成功则应归功于南方盛产的瓷石。由于当时只用瓷石作为制胎原料,因而就形成了我国南方早期的石英——云母系瓷的特色。它是一种高硅低铝质瓷。其次则应归功于南方长期烧制印纹硬陶和原始瓷的工艺的积累。烧制青釉瓷所用的龙窑经过不断的改进愈臻完善,使它能烧到更高的温度。釉在不断发展中亦已完全摆脱了原始瓷釉那种初

创性和原始性,使它与胎结合得更好,很少有剥落和开裂现象。

以在浙江上虞小仙坛窑址出土的东汉晚期越窑青釉印纹瓷罍为例,它的胎釉中 Fe_2O_3 和 TiO_2 的含量都比较低,烧成温度已达到 1300℃。瓷胎中石英颗粒较细,分布较均匀,莫来石针晶到处可见,玻璃态较多。釉为透明的玻璃釉,釉泡及残留石英甚少。胎釉交界处常有钙长石析晶层,增强了胎釉的结合强度。胎的吸水率很小而且具有较高的抗弯强度。根据它的胎釉的化学组成和显微结构,以及性能可以认为已达到瓷器的标准。

在烧制青釉瓷的过程中,所用的窑具也在逐步改进。特别值得一提的是岳州窑和洪州窑在隋代或更早一点都已出现匣钵。匣钵的使用,在陶瓷工艺上也是一件大事。它标志着制瓷技术的进步,对增加产量和保证质量都起了非常重要的作用。

到了唐五代青釉瓷的烧制工艺愈臻成熟,无论在釉色、器型和装饰上都精益求精。越窑所烧制的秘色瓷上贡皇室,下供庶民,流传国外,成为当时及后世所推崇的艺术珍品。

瓯窑的青釉褐彩瓷开创了釉上彩和釉下彩的先例。婺州窑的分相乳浊釉较之钧窑要早得多。

在器型和装饰上已摆脱了开创初期深受印纹硬陶和原始瓷影响的风格而形成了自己的特色。特别是那些带有纪年或有纪年可查的出土器物都显示了高超的造型和装饰艺术,以及成熟的制作和烧制技术,成为第三里程碑的代表作品。每一件都是极其珍贵的历史文物。

四　第四个里程碑——隋、唐时期北方白釉瓷的突破

隋唐(589～907)时代北方白釉瓷的突破是我国北方盛产的优质制瓷原料与长期积累的成熟的制瓷技术相结合的必然结果。它的出现不仅打破了青釉瓷一统天下的格局,形成了我国陶瓷历史上南青北白相互争艳的两大体系,而且为后世的颜色釉瓷和彩绘瓷提供了发展的物质基础。它的出现是我国制瓷工艺的又一个飞跃,使我国成为世界上最早拥有白釉瓷的国家,是我国陶瓷科学技术史上第四个里程碑。

以邢、巩、定窑为代表的白釉瓷的技术成就首先表现在新原料的使用和胎釉配方的改进。它们的胎中都使用了含高岭石较多的二次沉积粘土或高岭土和长石,使我国成为世界上最早使用高岭土和长石作为制瓷原料的国家。可以认为远在我国隋唐时代即已有了近代的高岭-石英-长石三元系瓷器,形成了我国北方高铝低硅质瓷的特色。特别是这些优质制瓷原料中 Fe_2O_3 和 TiO_2 的含量都非常低,从而形成了以邢窑白釉瓷为代表的洁白的瓷胎。由于在釉的配方中使用了长石而使釉中 K_2O 的含量大大增加,有时甚至超过了 CaO 的含量,这样就使中国传统的钙釉逐渐向钙碱釉和碱钙釉变化,从而大大改进了釉的质量。同时也由于釉中的 Fe_2O_3 和 TiO_2 的含量都非常低,使洁白的釉和洁白的胎相结合而形成了如银似雪的邢窑白釉瓷。

其次是北方白釉瓷的烧成温度一般都超过1300℃。邢巩两窑白釉瓷均已分别达到1370℃和1380℃,成为到目前为止所能收集到的我国瓷器的最高烧成温度,实现了我国制瓷历史上高温技术的第二次突破。高温技术的突破有赖于炉窑的改进。根据现有资料,北方白釉瓷烧成所使用的炉窑都是小型直焰馒头窑。它们具有大燃烧室、小窑室和双烟囱的结构。结合这时使用的燃料都是木柴,这就为获得高温创造了充分的条件。装烧工艺的改进也是它们烧制工艺的一项突出成就。它们不仅是我国最早使用匣钵装烧瓷器的窑场之一,而且能根据器型创制了各

种各样的匣钵和多种装烧工艺。特别值得一提的是定窑在宋代所创立的覆烧工艺,它在减少大型器皿的变形上曾起过非常重要的历史作用。

早期的白釉瓷以日用的碗、杯、盘、罐等为主,以洁白素面为特色,很少装饰。但在口沿和底足上亦多有变化。所创烧的唇口玉壁底似乎成为唐代制品的标志。后期定窑所风行的刻花和印花装饰则具有很高的艺术水平,对我国陶瓷装饰产生了深远的影响。

五 第五个里程碑——宋代到清代颜色釉瓷、彩绘瓷和雕塑陶瓷的辉煌成就

宋代到清代(960~1911)的各大名窑,诸如官窑、哥窑、钧窑、汝窑、耀州窑、临汝窑、磁州窑、吉州窑、龙泉窑、建窑、长沙窑、德化窑、宜兴窑,以及后来兴起,但又集各窑之大成的景德镇窑,无一不是以颜色釉瓷、彩绘瓷或雕塑陶瓷而著称于世,使我国陶瓷的科学和艺术的辉煌成就达到历史的高峰。它们共同形成了我国陶瓷科学技术史的第五个里程碑。它们的科学技术内涵和艺术特色都将在本书以下各章中一一详述。本章只就其中最具特色和突出成就的略述于下,以观其梗概。

浙江杭州的南宋官窑和龙泉仿官都是以黑胎青釉而著称。其胎以掺有紫金土的胎泥制成,因其中含有较高的 Fe_2O_3,在还原气氛中烧成,故胎呈黑色。釉为含有一定量晶体和含有较多 FeO 着色的,具有强烈的玉质感的乳浊釉,其颜色根据烧制气氛的不同可从粉青到炒米黄。由于釉中含有较高的 K_2O 而使釉具有较大的高温粘度,保持釉层较厚而不流淌,从而形成官、哥窑的薄胎厚釉的特色,甚至有釉厚于胎的制品,在中国名瓷中独树一帜。官、哥窑制品的底足露胎处和口沿薄釉处呈现出胎的黑色,即所谓"紫口铁足",而成为它们的另一特色。多数官、哥窑釉由于胎釉的膨胀系数不匹配而呈现大小不等的裂纹。这本是釉的一种缺陷,但在陶工们的巧妙染色下反成为一种别具一格的艺术装饰,即所谓"金丝铁线"或"金丝银线"。龙泉窑的白胎青釉瓷,即一般称之为弟窑的青釉瓷,它的胎是用较纯的瓷石质粘土为原料,其中 TiO_2 和 Fe_2O_3 的含量都较低,故其色白。釉为 Fe_2O_3 着色的钙碱透明釉,与黑胎青釉瓷相比,胎都较厚,釉无裂纹。釉厚而青色多样,其中佳者青翠如美玉。青釉瓷甚多大型制品,如大花瓶可高达1米左右,大盘口径可达半米以上,足见其烧制技术之高。青釉瓷流传至欧洲后被视为珍宝,争颂着许多传奇诱人的故事。

自东汉晚期始,浙江就一直烧制着青釉瓷。到了南宋官窑和龙泉窑所烧制的青釉瓷;无论在瓷质上、釉色上、器型上和装饰上都达到了登峰造极的地步。其技艺之精、烧造之多、流传之广、享誉之高,至今无与伦比。在我国北方河南宝丰的汝官窑和临汝窑青釉瓷,以及陕西铜川的耀州窑青釉瓷亦都是以 Fe_2O_3 着色的,在世界上享有盛名的青釉瓷。其中汝官窑青釉与南宋官窑青釉有类似的结构和外貌特征。耀州窑青釉则是透明的玻璃釉,但却以其胎上的模印或刻划各种花纹而著称于世。它们同是我国青釉瓷中的珍品。特别是汝官窑青釉瓷更以其烧制时间短,留存于世的制品少而更是珍贵。

差不多与青釉瓷同时出现的黑釉瓷同样是我国陶瓷品百花苑中另一朵奇葩。在我国南北各著名窑址中都不时烧制这种以 Fe_3O_4 为主要着色剂的黑釉瓷。入宋以后,黑釉瓷的烧制工艺得到了很大的发展,其中以福建建阳的兔毫盏和江西吉州的黑釉盏尤为突出。除它们在当时盛行的饮茶之风所起的特殊作用外,还蕴藏着极为复杂的科学技术内涵,在国际上是独一无二

的。如建窑的兔毫盏的兔毫就是经过析晶、分相(或直接分相)、再析晶而形成的。在不同气氛中可以形成金兔毫、银兔毫等各种色调的艺术形象。其中精品具有从不同角度观察时,毫纹会显示出整个可见光谱所含有的 7 种颜色相互变异的特点,即是建窑的毫色变异盏。它是集釉的物理化学分相析晶过程和物理光学薄膜干涉原理或衍射光栅原理于一体的科学技术产物,令人叹为观止。流传到日本的毫色变异盏被称之为曜变天目,珍视为国宝级文物,可见其身价之高。

吉州黑釉瓷的施釉工艺也是十分独特和具有创造性。它是先在胎上施以一层黑釉,然后再以洒釉、喷釉、滴釉和剪纸贴花以及贴木叶等技法在其上施以白色釉料,烧成后形成各种釉,以及图案、吉祥文字和木叶等。如控制白色釉浆的浓度和釉滴大小等工艺因素则可获得点状、斑块状和条纹状的花纹。在釉浆浓度较大的情况下,小釉滴则形成麻点花纹,大釉滴则形成鹧鸪斑花纹。釉浆浓度较小,釉滴较大则可形成较大的斑块。在不同流动的情况下形成所谓玳瑁、虎皮、兔毫等花纹而被分别称之为玳瑁釉、虎皮釉和兔毫釉。应该指出的是这些斑点、斑块和条纹区都呈乳浊状。它们是在化学组成和烧成的温度、气氛和时间等因素综合影响下而形成的分相釉。显然吉州黑釉的花纹的形成和建阳黑釉的花纹的形成有很大的不同,但它们所取得的艺术效果却具有异曲同工之妙,同为我国黑釉瓷中两个杰出的精品,而共享盛名于世,充分显示了我国古代陶瓷工匠们的才能和智慧。

河南禹县钧窑瓷釉是一种首创。它是以铜的化合物为着色剂的红釉,以及在不同色调的蓝色乳光釉面上分布着大小不等的红色斑块和紫色斑纹的多色釉。钧釉的蓝色不是 CoO 的着色,而是分相后的液滴相具有符合瑞利散射定率所要求的尺寸,使短波长的蓝光有较强的散射所引起。这是一种物理着色。红色斑块和紫色斑纹分别是由铜离子着色的液相小滴和赤铜矿晶体,以及灰蓝色辉铜矿多晶小珠穿插分布所形成的。钧窑釉的分相是在一定化学组成范围内,烧成时的温度、气氛和时间的综合影响下而导致的一种物理化学过程。由于影响因素复杂,在那知其然而不知其所以然的情况下很难掌握它们的形成条件,因而也就很难掌握制品的外观形象而被称之为窑变。

景德镇自五代开始烧制瓷器以来发展至宋代所烧制的青白釉瓷,无论在质量上、数量上或影响上都已成为我国最大窑场之一而著称于世。至元代和明初,景德镇制瓷工艺获得突破性的进展,它所烧制的枢府白釉瓷和永乐甜白釉瓷不仅在内在质量上和外观上都属上乘,而且也为进一步烧制颜色釉瓷和彩绘瓷提供了良好的工艺条件和物质基础。自元开始即烧制以 CoO 着色的釉下彩青花和以 CuO 着色的釉下彩釉里红,以及二者相结合的青花釉里红,开创了多彩高温釉下彩的先例。特别是青花瓷则一直是景德镇烧制的最大宗和最具特色的长盛不衰的产品。分别以 Fe_2O_3,CoO,CuO,MnO 等过渡金属氧化物,以及它们之间相互搭配着色而制成的黄釉瓷、蓝釉瓷、红釉瓷,以及黑釉瓷等共同形成了景德镇五光十色的颜色釉瓷。如其中之一的带有不同色调茶叶末釉瓷,即是在一种釉中含有一定量的 MgO 和以 Fe_2O_3 为着色剂,并在特殊工艺下生成辉石类微晶的十分美观和珍贵的颜色釉瓷。除此之外,以 PbO 为釉的主要熔剂和以上述过渡金属为着色剂的低温颜色釉瓷也是景德镇烧制的另一类重要产品。

自元代开始景德镇的彩绘瓷逐渐兴起,到了明代中期即烧制成一种以釉下青花和釉上彩相结合的所谓斗彩。成化斗彩瓷即是以色彩鲜艳丰富,釉面洁白滋润,制工精细,纹饰生动而成为明代彩绘瓷最高水平的代表。古今中外一直视为拱壁,为各大博物馆及私人所珍藏。到了清代又出现了全以低温釉上彩绘画的五彩瓷,以康熙朝为最著名,因此又被称之为康熙五彩。随后又在彩料的配方中引入 As_2O_3 作为乳浊剂,而使彩色更为淡雅柔和。在色彩的品种上又打破了以过渡金属氧化物为着色剂的传统而增添了以金为着色剂的金红和以 Sb_2O_3 为着色剂的锑黄,使色彩更为丰富。雍正粉彩瓷即是这类彩绘瓷的代表。它和青花瓷共同形成了景德镇彩绘瓷的主流,至今盛行不衰。

明清以来,我国其他生产颜色釉瓷的各大名窑都衰微或停烧。只有景德镇不仅大量生产它自己所创烧的各种颜色釉瓷,而且对各大名窑都能仿制。至于彩绘瓷则只有景德镇一直在大量烧制。因此景德镇这时已成为我国的瓷业中心而被称之为中国的瓷都。它所烧制的颜色釉瓷和彩绘瓷也就成为中国瓷器的代表。

应该一提的是稍后于景德镇兴起的福建德化窑,虽以烧制高质量白釉瓷为主,但它的雕塑瓷却同样闻名于世。它和景德镇的颜色釉瓷和彩绘瓷共同形成了第五个里程碑的重要支柱,特别是在明清时期。

在景德镇出现多彩釉下彩绘瓷之前,湖南长沙铜官镇的长沙窑和四川邛崃县的邛崃窑在唐代都已出现有用含铁矿物着色的深褐彩和以含铜原料着色的绿彩的釉下彩绘瓷。它们的烧制成功对后世的彩绘瓷都产生过深远的影响。到了宋代我国北方的磁州窑系各窑所烧制的各种彩绘瓷则又达到了另一种别开生面的境地。由于它们是纯粹的民间窑场,所绘纹饰题材都是来自民间日常生活中喜闻乐见的事物,因此更具有浓郁乡情和倍感亲切的艺术感染力。这是那些深受宫廷约束的官窑制品所不具备的。它们所创造的独特的装饰技法也是我国其他窑场所没有的。

磁州窑系所用的彩料虽多为黄、黑、褐、绿、红等几种颜色,但在它们所用的多种装饰技法的配合下却显出千变万化、丰富多彩。磁州窑系的瓷胎一般都含有较高的 Fe_2O_3 和 TiO_2,往往使胎呈现灰白色或深灰色。为了增加瓷胎的白度一般都在胎上施有一层白色的化妆土,化妆土上再施一层深褐色或黑色的玻璃釉料,然后将釉料用刻、划、剔、填等技法装饰成各种黑色或褐色的花纹或图案,烧成后即成白地黑彩或褐彩的花纹以取得非常别致的艺术效果。也有直接在化妆土上画上花纹再施釉或先在化妆土上施釉后再画上花纹的釉下彩绘和釉上彩绘,但最多和最具有代表性的磁州窑制品还是那些用刻、划、剔、填等技法装饰的白地或珍珠地的黑花装饰制品。它们具有黑白对比强烈,纹饰生动纯朴的艺术效果,深受世人珍爱。

自从第二个里程碑的原始瓷烧制成功发展到第五个里程碑的颜色釉瓷、彩绘瓷和雕塑瓷的辉煌成就,在中国陶瓷科技史中几乎是瓷器的一统天下。但有趣的是从宋代开始在我国江苏,被世人称之为"陶都"的宜兴却兴起一种闻名中外,至今不衰的陶器——紫砂陶。

紫砂陶器有许多独特之处。首先,是它作为一种特别适合于中国饮茶习惯的茶具,它的最出名和最大宗的制品也就是各种造型优美、奇特、多样的茶壶;其二是它得天独厚的原料。宜兴地区蕴藏着极为丰富的各种各样类型的紫砂矿藏。自古即有所谓嫩泥、石黄泥、天青泥、老泥和白泥等。这些泥料中 Fe_2O_3 的含量有的只有1%左右,有的则高达12%以上。因而,紫砂器在烧成后颜色可有灰白色、豆碧色、淡赭色、古铜色和红色;其三是紫砂陶器多用手工成型,采用多种不同工具进行打片、围筒、捏塑和镶接等。这就更能发挥名工巧匠的智慧和技能;其四是紫砂陶器的装饰。它是融合造型、绘画、诗文、书法、篆刻于一体的具有浓厚中国文化特色的艺术珍品。自明代以来有制壶高师制出许多名壶流传于世。因此在第五个里程碑中也应有紫砂陶器的一席之地。

我国陶瓷工艺发展到第五个里程碑已不是某一个地区或某一种单色瓷,而是遍及南北各大窑场的颜色釉瓷、彩绘瓷和雕塑瓷,足见它们已发展到我国历史上的最高水平。它们所取得的辉煌成就不仅说明了它们的过去,而且也构成了它们的现在和将来。可以预见我国的陶瓷工业在与现代技术相结合,充分发扬它们优秀的传统的情况下必将有一个灿烂辉煌的未来。

第二节　三大技术突破

纵观上述的五个里程碑是既继承又发展。清楚地表现了我国陶瓷工艺的发展过程和取得的突出成就,但它们之所以能随着历史的进程逐一得到实现,全赖在制瓷技术上不断取得的重大突破。归纳起来,可概述如下:

一　原料的选择和精制

一般说陶器,特别是早期陶器所用的原料都是就地取土。因此先民们居住的周围的泥土也就是他们用来烧制陶器的原料。由于他们都是傍山近水而居,一般都是含有各种砂粒的泥土,所以早期陶器多数都是砂质陶,它们都含有大小不等的各种砂粒。严格说这种泥土是不适合于烧制陶器的。经过相当长的时间,先民们从烧制陶器的经验中逐渐认识到某些泥土可能更适合烧制陶器,所以就在其居住附近选择那些更适合的泥土来烧制陶器。更确切地说,可以称之为就地选土。因此,就出现了泥质陶。在他们发现单独使用某些泥土还不能满足成形、干燥、烧成时的要求时,他们又会有意识地在所选的泥土中加入各种不同的砂粒、草木谷壳灰和贝壳灰等而烧成夹砂陶、夹炭陶和夹蚌陶等。

印纹硬陶、原始瓷,甚至青釉瓷和白釉瓷所用的原料也还是就地选土,但由于它们对原料已有更高的要求,已不是任何地方都有适合于烧制它们的原料,因此就出现了印纹硬陶、原始瓷和青釉瓷首先在我国南方某些地区烧制成功,而白釉瓷首先在我国北方某些地区烧制成功的事实。因为各地所产的原料只适合于烧制某类陶瓷。

在从陶到瓷的转变过程中,我国南北方所经历的途径也不同。在北方即从易熔粘土配方发展到高岭土和长石的配方;在南方则是从易熔粘土配方经过瓷石质粘土配方到瓷石加高岭土的配方。在选用原料的同时又逐渐认识到原料的粉碎和淘洗的作用,从而提高了原料的纯度和工艺性能。

原料的变化必然反映在陶瓷化学组成上的变化。从中国古陶瓷化学组成数据库中检索出自新石器时代至清代的近 700 个古陶瓷胎作为多元统计分析的样本,并对其进行对应分析。当因子方差累计贡献大于 80% 时,选取前三个因子 F1、F2 和 F3。图 1-1 即为古陶瓷胎化学组成 F1 和 F2 因子载荷图。

从图 1-1 可见我国南方的陶瓷胎的化学组成变化规律十分明显。由陶器经印纹硬陶和原始瓷而发展成为瓷器,胎中 SiO_2 含量逐渐增多,作为助熔剂的 CaO,Fe_2O_3,MgO 则逐渐减少,主要是 Fe_2O_3 的减少;Al_2O_3 的含量则变化不大,只是到了宋代以后由于掺用高岭土才有所增加。它们所分布的区域都有部分相互重迭,说明了它们之间的密切的渊源关系。但北方陶瓷胎的化学组成则不存在这种规律。陶器的区域处在高助熔剂和低 SiO_2 区域,而瓷器则处在高 Al_2O_3 和低助熔剂区域。这是因为前者使用的原料是易熔粘土,后者使用的原料则是部分高岭质粘土。两个区域相互分离,不存在重迭部分,说明它们之间无渊源关系。北方出土为数不多

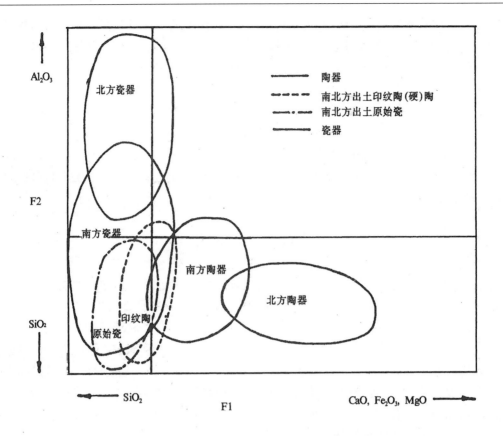

图 1-1　中国古陶瓷胎化学组成 F1 和 F2 因子载荷图

的印纹硬陶和原始瓷的化学组成也未能在陶器和瓷器所处的区域之间形成过渡中间区域,看不出它们之间在化学组成上有任何关系。因此可以说我国南北方从陶发展到瓷的途径是不同的。但有一点是完全可以肯定的,不管是南方还是北方,它们能从陶器发展到瓷器,而且在质量上不断有所改进,首先应归功于原料的选择和精制,因为这是烧制陶瓷的物质基础。

二　窑炉的改进和烧成温度的提高

　　根据对大量古代陶瓷碎片烧成温度的测定数据,可以认为在我国陶瓷的烧成温度的整个工艺发展过程中曾有过两次突破。第一次突破是在商周时期的印纹硬陶烧制工艺上实现的。它从陶器的最高烧成温度 1000℃、平均烧成温度 920℃ 提高到印纹硬陶的最高烧成温度 1200℃、平均烧成温度 1080℃。最高温度提高了约 200℃ 之多,实现了我国陶瓷工艺史上的第一次高温技术的突破;第二次突破是在隋唐时期北方白釉瓷烧制工艺上实现的。它从原始瓷的最高烧成温度 1280℃、平均烧成温度 1120℃ 提高到北方白釉瓷的最高烧成温度 1380℃、平均烧成温度 1240℃,最高烧成温度又提高了约 100℃,达到了我国历史上的瓷器的最高烧成温度,实现了第二次高温技术的突破。下表为所收集到的从陶到瓷的实测烧成温度的统计数据。

　　从考古发掘的窑炉资料来看,新石器时代早期的陶器可能经历一个无窑烧成阶段,也就是所谓平地堆烧。到了裴李岗文化才发现了一个结构简单的横穴窑,开始了有窑烧成。在我国南方有窑烧成可能要晚得多。经过相当长时间的发展和改进,在我国南方的浙江和江西在商代才分别出现了龙窑和带有烟囱的室形窑。印纹硬陶原始瓷就是在这种窑内烧成的。龙窑的向上倾斜的坡度和长度,以及室形窑的烟囱都使这两种窑具有更大的抽力,从而有利于温度的提高,实现了自有窑以来在窑炉结构上的第一次突破。正是有了这种在窑炉结构上的第一次突破才促使了烧成温度的第一次突破。

表 1-1 窑炉的改进和烧成温度

品　　名	试　片　数	最高烧成温度(℃)	平均烧成温度(℃)
陶器	15	1000	920
印纹硬陶	55	1200	1080
原始瓷	37	1280	1120
瓷器	146	1380	1240

在窑炉的不断改进和发展中,到了隋唐时期在我国北方的河北又发现了大燃烧室、小窑室和多烟囱的小形窑。这种窑更有利于温度的提高,这是继第一次窑炉结构的突破后的又一次突破,遂使我国陶瓷达到了最高的烧成温度。

不难看出烧成温度的提高和窑炉的改进是密切相关的,它们共同为我国陶瓷的不断发展和进步创造了非常必要的条件。

三 釉的形成和发展

根据现有资料,3000 多年前的商代的原始瓷釉是至今发现的最早的具有透明、光亮、不吸水的高温玻璃釉。说明这一时期中国的瓷釉已经形成,因而可以推论中国瓷釉的形成过程必然开始于商代之前,而且有它自己的发展过程和规律性。

众所周知,中国南方是烧造原始瓷和最早出现瓷器的地方。近代,在南方的古遗址和墓葬中又不时发现了相当数量商前时期的泥釉黑陶,以及南方发现的新石器时代早期的彩陶上涂有的陶衣。把以上这些情况联系起来,就可以根据它们的化学组成、显微结构和外观大致把中国瓷釉的形成和发展分成四个阶段:

(一)商前时期,釉的孕育阶段

这一时期,自公元前 16 世纪上溯到新石器时代。包括彩陶上的陶衣和泥釉黑陶。陶衣中助熔剂的含量一般都在 10% 以下,而陶器的烧成温度多数都在 1000℃ 以下,当然不可能把陶衣熔烧成釉,它们只含有少量的玻璃相和大量的固体颗粒。黑色泥釉中助熔剂的含量虽有所增加,但也就在 15% 左右。它是一种含有甚多气泡、残留石英和磁铁矿晶体的无光、吸水、粗糙和不透明的一薄层。因此可以认为商前时期的陶衣和黑色泥釉由于在组成上缺少助熔剂,在工艺上没有达到应有的高温,使它们虽然具有釉的形式,但没有达到釉的效果。这就是商前时期釉的孕育阶段。

(二)商、周时期,釉的形成阶段

自公元前 1600 年的商代到公元前 221 年的周代是原始瓷出现时期,是从陶到瓷的过渡时期。这一时期出现的釉都比较薄,一般有小裂纹,透明略有小气泡。胎釉结合不好,多数易剥落,带有一定的原始性。釉中助熔剂的含量一般已增加到 20% 左右,特别是 CaO 有较大的增加。正是由于助熔剂含量的增加和这一时期烧成温度的提高才使釉的形成成为可能。但是应该说商周时期的釉是在商前时期的陶衣和黑色泥釉的基础上发展起来的。从化学组成上可以清楚地看到,这两个时期釉的主要差别就在 CaO 含量的提高。可以设想,商周时期,人们在长期实践的基础上逐渐认识到在釉的配方中使用石灰石或草木灰以降低釉的熔融温度,使它在当时所能达到的温度(1200℃左右)下烧成光亮、透明和不吸水的釉。可见,增加助熔剂和提高烧成温度是釉形成的两个重要因素。

(三)汉、晋、隋、唐、五代时期,釉的成熟阶段

这一时期自公元前 206 年到公元 960 年。汉代是我国南方青釉瓷出现时期,隋唐是我国北方白釉瓷出现时期。南方青釉瓷的釉是以 Fe_2O_3 为着色剂而呈现略带灰或黄色调的青色,一般都较薄。釉中很少残留石英和其他结晶,釉泡大而少,一般较透明。釉中 CaO 的含量一般已增加到 20% 左右,烧成温度已提高到 1200℃ 以上,高者可达到 1300℃,形成了我国传统的钙釉。北方白釉瓷釉含 Fe_2O_3 极低,一般无色透明,但习惯上称之为白釉。釉层亦较薄,属透明玻璃釉。但因胎釉交界处往往出现含有多量钙长石晶体的中间层而使釉具有一定的乳浊感。有些釉中 CaO 含量也和南方青釉瓷差不多,应属钙釉。但也有少数釉中 CaO 含量相对较低,而 K_2O 和 MgO 却相对较高,从而形成钙(镁)碱釉或碱钙(镁)釉。至此我国瓷釉无论在外观上或内在的质量上都已摆脱原始瓷釉那种原始性而日臻成熟,并为下一阶段的发展创造了良好的条件。

以上所说的都是 $CaO(MgO)-K_2O(Na_2O)-Al_2O_3-SiO_2$ 系的高温釉。自汉代开始在我国又出现了以 PbO 为主要熔剂的 $PbO-Al_2O_3-SiO_2$ 系的低温釉,一般称之为铅釉。其中最有特色的即是唐代以 CuO,Fe_2O_3 和 CoO 着色的绿、黄、蓝色的低温铅釉,即是享誉中外的唐三彩。低温釉在科技内容上和使用的广泛性上都不能与高温釉相比,但它毕竟是我国瓷釉的一个品种。即使时至今日,在我国建筑陶瓷上也还有它的一席之地。

(四)宋代到清代,釉的发展阶段

这个时期可从公元 960 年的宋代一直到清代。它正处于我国陶瓷在科技和艺术上取得辉煌成就而达到历史高峰的第五个里程碑的时代。宋代五大名窑中的官、哥、钧、汝四窑、龙泉窑、建窑和景德镇窑都是以其丰富多彩的颜色釉瓷而著称于世。除上面所提到的以 Fe_2O_3 着色的青釉还在继续发展和提高外,还出现了以氧化铜着色的红釉。特别值得指出的是这些名瓷釉已不是前面所说的都是透明的玻璃釉,而是在烧制过程中经过复杂的物理化学变化而形成析晶釉、分相釉或二者兼而有之的分相析晶釉。虽然它们都还是属于 $CaO(MgO)-K_2O(Na_2O)-Al_2O_3-SiO_2$ 系釉,但在化学组成、烧成气氛和温度微妙的变化下可形成令人赏心悦目的质感和叹为观止的色调。

典型的析晶釉当属杭州南宋官窑的黑胎青釉和龙泉黑胎青釉。它们的釉层都比较厚。在烧成过程中都会析出一定量的钙长石微晶,结合釉中的残留石英微粒和小釉泡形成的多层结构而使釉具有强烈的乳浊感。更由于它们都是在很强的还原气氛中烧成而使釉具有明亮的粉青色。两者结合遂使它具有美胜青玉的艺术外观。

具有代表性的分相釉即是河南钧窑的钧釉。它是在烧制过程中形成液相分离。其中一相

为液滴相。它的大小正好符合瑞利(Rayleigh)方程的要求而使釉呈蓝色乳光。其中红斑区则是由氧化铜着色的液滴和少量铜晶体所形成。

建窑的黑釉兔毫则是由于经过析晶再分相或直接分相后的液滴内富含的氧化铁析晶所形成。根据烧成气氛的不同,可以析出 Fe_2O_3 和 Fe_3O_4 晶体而形成不同颜色的兔毫。

景德镇窑的颜色釉瓷更是集各窑之大成,仿制和创烧了许多新品种。使中国瓷釉达到了登峰造极的境地。宋代的以 Fe_2O_3 着色剂的影青釉。元、明时期以及随后的清代相继出现的以 CuO 为着色剂的红釉,以及各种颜色的高温和低温釉等共同形成了景德镇丰富多彩的颜色釉。除此之外,上述各大名窑的颜色釉,景德镇无不能仿,而且仿亦必肖。

从3000多年前的商代到清代,我国瓷釉历经形成、成熟、发展到高峰的历史阶段,它的科学技术内容十分丰富,艺术表现非常多彩,共同形成了我国瓷釉百花争艳、流传千古而独步天下的局面。

三大技术突破也和五个里程碑一样,从新石器时代早期开始到清代的长达万年的历史长河中不断创造、不断发展,从而取得一个又一个进步和成就。

中国陶瓷历史悠久,工艺精湛,科技内容丰富,艺术表现多彩,久为世人推崇和公认。以上的五个里程碑和三大技术突破只是一个高度概括的总结和简介。

第三节 中国陶瓷科技成就的历史作用及影响

中国陶瓷在长达万年的不断发展过程中取得了许多突出的成就。上述的五个里程碑和三大技术突破不仅对中国陶瓷本身的发展起了决定性的作用,而且对我国诸如农业的发展、铜铁的冶炼和建筑材料业的兴起,以及对世界有关国家陶瓷的发展等都产生过相当大的影响。

一 陶器出现的历史作用及影响

陶器之所以能在全世界各古代文明中心先后出现,就是因为它具有原料丰富易得,易于制成各种形状(与石器相比)和在烧成后具有一定的强度、很强的耐水性和耐火性。正是由于这些优点使它在新石器时代先民们的生活和生产中占有极其重要的地位。各遗址出土的陶器已成为考古学衡量文化性质的重要因素之一。在新石器时代早期的居住遗址中,如北方的河南新郑裴李岗和河北武安磁山都已发现有耐旱的粟类作物的种植。在南方的浙江余姚河姆渡也已发现了水稻的种植。最近的研究表明江西万年仙人洞的水稻种植有可能比河姆渡还要早。在这些遗址中出土的大量具有一定工艺水平的陶器说明这时先民们的定居生活已相当稳定,已能较长期地居住在某一居住区从事农业生产和陶器的烧制。到了商代早期,它已作为一种手工业从农业中分离出来。如在河南偃师二里头遗址中即已发现有制陶作坊。无疑这种分工既有利于制陶手工业的发展,也有利于农业的发展。

陶器除用作生活日用器皿外,还用作生产工具。在许多新石器时代遗址中都出现有陶纺轮、陶网坠、陶弹丸和陶印模(陶拍)等。它们分别是纺织、渔猎和制陶的生产工具。虽然形状都非常简单,但毕竟是陶器被用作生产工具的先例,预示陶瓷作为一种材料在人类生产活动中不可代替的作用。

人类首次获得的高温就是通过陶器烧成时所用的陶窑实现的。在距今七八千年前的裴李岗遗址中已出现了我国最早的陶窑,它已使陶器的烧成温度高达 900℃ 左右。到了新石器时代晚期,印纹硬陶的烧制成功已使其最高烧成温度高达 1200℃,这就为青铜的冶炼提供了必要的高温。青铜冶炼时所用的陶坩埚和铸造时所用的陶范的烧制工艺也就是陶器的烧制工艺。可见早在商代,青铜冶铸技术的成功是和陶器烧制技术成熟和发展分不开的。

陶器中的灰陶和黑陶,特别是后来出现的"秦砖汉瓦"都是在还原气氛中烧成的。虽然我们现在还说不清楚这种还原气氛是如何实现的,以及当时为什么要使用还原气氛烧成,但有一点是可以肯定的,即是与在氧化气氛下烧成相比,却使这些"秦砖汉瓦"在相同的烧成温度下具有更高的强度。还原气氛的使用也和高温的获得一样有其历史的重要作用,特别是对后世瓷器的烧成有极其深远的影响。南宋官窑青瓷、龙泉黑胎青瓷、建阳兔毫黑釉盏等都是在较强的还原气氛中烧成。

商周时代印纹硬陶和原始瓷的出现,以及青铜器的大量制作使得陶器用作生活日用器皿的功用大量被取代。但由于陶器本身所存在的优越性却使它随着先民们生活改善的需要而发展成为建筑材料。自商代早期到秦汉时期相继出现了陶水管、筒瓦、板瓦、瓦当、砖块等。它们为我国砖瓦结构房屋的建造提供了专用的建筑材料。这些砖瓦等的生产即成为我国最早的建筑材料手工业。

为了减少陶器在成形过程中的干燥和烧成时的收缩,先民们往往在泥土中掺入砂粒或经过烧焦后的植物茎叶和稻壳等。这些掺和料所起的作用和现代陶瓷工业中所用的熟料有异曲同工之妙。

为了改善陶器的粗糙表面,先民们往往在其上加涂一层细泥料涂层(陶衣)。虽然由于这层涂层中熔剂含量低和烧成温度低而没有将它烧熔成釉,但它和商周时期出现的泥釉以及原始瓷釉已表现出一脉相承的继承和发展的关系。

根据现有考古资料,我国早期陶器的成型大都使用捏塑法和泥条盘(叠)筑法,随后才出现慢轮修整。到大汶口文化晚期和崧泽文化时期陶轮才较普遍地被使用。陶轮对于陶瓷工业正如玻璃吹管(一根两米不到的铁管,用以吹制玻璃器皿)对于玻璃工业一样,都具有提高产量和改进质量的决定性作用。有趣的是这两种古代发明的生产工具,其原理和结构竟会没有多大变化而沿用至今。

彩陶和陶塑是人类最早将技术和艺术融合于一体的代表作品,新石器时代遗留下来的这些杰作既表现了先民们的艺术才华,也给我们留下了他们生活和生产活动的信息。更可贵的是彩陶为后世彩绘瓷之祖,陶塑为后世瓷雕之源。

二　瓷器发明的历史作用及影响

瓷器是世界公认的我国古代伟大发明之一。经过 3000 多年前的印纹硬陶和原始瓷的过渡时期,浙江越窑青釉瓷终于在 2000 年前的东汉后期烧制成功。随后在距今约 1500 年左右的隋唐时期,在我国北方又出现了邢、巩、定窑所烧制的白釉瓷。它们无论在外观、化学组成、烧制工艺和性能方面都可与现代西方烧制的高铝质瓷相媲美。到了宋代及其以后的元、明和清代中期,我国瓷器无论在技术上和艺术上都得到了极大的发展,一直处于世界领先地位。特别是景德镇不仅是我国古代,而且也是世界上最著名的瓷业中心。它所产的瓷器流传到世界各地,至今被视为珍宝。所创造的制瓷技术为欧亚各国所吸收,对世界有关国家瓷器的产生和发展产生过直接和间接的影响。为了说明这一历史事实,还得从几篇有关中国制瓷技术历史文献说起。

在我国古代那个重经文、轻科技的封建社会里,有关陶瓷烧制技术的史料问世并流传至今真是屈指可数。其中最早的一篇即是写作于南宋,后收录于康熙 21 年(1682 年)刊印的《浮梁县志》中蒋祈所写的《陶记》。他第一次记述了当时景德镇瓷器胎釉和匣钵所用的原料及其产地,特别是对釉料的制备有较详尽的描述,并简要地记述了装烧和装饰工艺。在《陶记》刊印于上述《浮梁县志》30 年后的 1712 年,即被当时在景德镇的法国传教士殷宏绪(Francois xavier d'Entrecolles),自饶州发回介绍景德镇瓷业生产的第一封信所引用。随后《陶记》分别在 1856 年和 1910 年又被节译成法文和英文而传播到西方。《陶记》在有关制瓷工艺方面虽记述不多,但作为中国古代第一篇制瓷工艺的著作,其重要性及其影响是不言而喻的。

另一篇虽晚于《陶记》,但却比较全面详细的即是初刊于明崇祯十年(1637),由明代科学家宋应星所著的《天工开物》。宋应星在该书的《陶埏》卷中详细介绍了景德镇明末以前的制瓷工艺。日本、法国和德国分别在 1771 年、1869 年和 1882 年通过翻刻和节译将这本书介绍到日本和西欧,而影响到他们瓷业的生产。

至于上面所提到的法国传教士殷宏绪所写的书信则更是特意将景德镇的制瓷技术直接传到法国而影响西方。他在多次去景德镇后,详详细细写了两封长信寄回法国。他在 1712 年 9 月 1 日寄出的第一封信中,一开头即清楚地写道:“多次去景德镇传教,使我有机会关心那些令人羡慕而出口到全世界的美丽的瓷器的生产情况。虽然我的好奇心绝不会使我从事这项研究,但我相信有关这类工作的详细描述肯定对欧洲是有用的。”可见他写信的目的就是想用当时世界领先的景德镇制瓷技术改进欧洲的瓷器生产。因此他对景德镇的制瓷原料特别有兴趣。除去在信中首次详细描述了“白不子”和“高岭”的使用性状,他还将实物带至法国,并希望能在欧洲找到相同的粘土,即瓷石和高岭土。

我们知道景德镇瓷器之所以能随着时代的推进,质量越来越好,其主要原因之一即是在瓷胎配方中引用高岭土和逐步提高其配比。北方邢窑白釉瓷所以能在唐代就有很高的质量,也是因为它在那时就已使用了高岭土。欧洲硬质瓷的烧制成功即是在使用了高岭土之后,可见高岭土的使用对改进瓷器的质量是至关重要的。首先发现高岭土和应用高岭土,并传播到西欧而影响全世界,应是中国对世界陶瓷工业的突出贡献。就高岭土和它所含的矿物高岭石的命名而言也是由中文翻译过去而流传到全世界。

陶窑曾是新石器时代获得高温的手段,它的不断改进和完善则是获得更高温度的保证。到了汉代我国南方青釉瓷的烧成温度已超过 1300℃。到了唐代,北方白釉瓷的烧成温度已高达 1380℃左右。可见这时所用的陶窑已具备了现代能烧到高温的窑炉的一切结构和要素。在陶窑整个发展改进过程中,我国南北方因地制宜出现的龙窑、阶级窑、蛋形窑和各式的馒头窑等不仅对我国陶瓷工业的发展产生过决定性的作用,而且对西方后来出现的隧道窑、轮窑和倒焰窑等都产生过不少的影响。如德化阶级窑在传入朝鲜和日本后即被称为串窑。

中国越窑青釉瓷的烧制成功不仅使世界上从此有了瓷器,而且开创了以 Fe_2O_3 着色的青釉瓷一统天下的局面。它对随后发展起来的北方耀州窑青瓷,汝官窑及临汝窑青瓷,以及南宋官窑青瓷和龙泉窑青瓷的生产都产生过积极的作用,甚至对周边国家也产生过重大影响。如越窑青釉瓷和高丽青釉瓷即有很密切的渊源关系。韩国陶瓷学家在考察越窑古窑址——慈溪市上林湖后,曾认为越窑青瓷应是高丽的青瓷之源。

差不多与青釉瓷同时出现的黑釉瓷的继续发展开创了以福建建阳兔毫釉和江西吉州黑釉

为代表的一系列黑釉瓷。到了宋代由于它们和饮茶的风尚有着密切的联系,从而对朝鲜和日本产生了深远影响。日本除了从中国进口大量的建盏作为茶具外,还在濑户进行仿制,即是有名的濑户物。

中国北方白釉瓷的出现开创了白釉瓷和青釉瓷相互争妍的局面。更重要的是它摆脱了 Fe_2O_3 对瓷釉着色的干扰,为后世颜色釉瓷和彩绘瓷的逐步发展提供了技术上和物质上的基础。景德镇入元以后出现的颜色釉瓷和彩绘瓷就是在高质量的白釉瓷基础上发展起来的。景德镇的各种颜色釉、青花、釉里红、斗彩、五彩和粉彩瓷等,特别是青花瓷和粉彩瓷的大量生产除满足了国内各阶层的需求外,还作为明清时期大宗外贸产品和友好交往的贵重礼品。这些精美瓷器流传到世界各地既宣扬了我国的优秀文化,也影响了他们的制瓷工艺。谈到交往就是有来有往,国外的制瓷工艺也对我国产生影响,特别是在 18 世纪以后,如上面所提到的粉彩,在雍乾之际的有关陶瓷著作中都称之为洋彩。所谓洋彩即是其色料或色料的配制方法来自国外。如在粉彩中用得比较多的玻璃白、金红和锑黄等色料就是来自国外。特别是后二者较五彩中的铁红和铁黄自然要鲜艳得多,为粉彩的淡雅柔丽的外观增色不少。

千百年来,中国的能工巧匠和大师们不仅为中国陶瓷的出现和发展发挥着继往开来的作用,而且也一直在为世界陶瓷的发展和进步传播着他们深远的影响。

世界上各种事物在发展进步过程中,到后来越是发达先进,其进步就越快。一部中国陶瓷科技史充分说明了这一规律。先民们用了多少万年才掌握陶器的烧制,现在还说不清楚,总之是一个漫长的岁月。但在 1 万年前有了陶器,建立了第一个里程碑后,大约用了 7000 年的时间,就烧制成功了印纹硬陶和原始瓷,从而建立了第二个里程碑。随后又花了约 1000 年就发明了青釉瓷,完成了第三个里程碑的建立。再用 500 年就发明了白釉瓷,完成了第四个里程碑。然后只用约 200 年就烧制成功五光十色的颜色釉瓷和彩绘瓷,从而完成了第五个里程碑的建立。姑且不说先民们用了多少万年才建立了第一个里程碑,就是第一里程碑到第二里程碑就用了 7000 年。而第四里程碑到第五里程碑只用约 200 年,可见其发展之快。根据这一规律,我们期待着第六里程碑的到来,也许已经到来,但已不是本书所应包括的内容。

第二章 水火土相合的第一产物
——中国古代的前期陶器

"水火既济而土合"是宋应星在其所著的《天工开物·陶埏》篇中开宗明义的对陶器工艺基础的高度科学概括。[1]土无水,则无粘性和可塑性,不能制成器物。器物不经火烧,则只能是泥塑品,而不能成为经久耐用的陶器。因而,自从人类掌握了火,水火土即成为人类加以利用,而将一种天然物质(泥土)转变为另一种有用材料或器物(陶器)的最早的创造性活动之一。陶器的出现和它的工艺的发展使人类早期生活发生过非常重要的变化,它标志着一个新的时代——新石器时代或野蛮时代的开始,也反映着人类从采集、渔猎向以农业为基础的生活和生产过渡的变化。即使时至今日,从这一看来十分简单而又古老的制陶工艺原理所发展起来的整个陶瓷大家族,仍在对人类的生活和生产发挥着非常重要的作用,而且越来越显示出它的不可代替的作用和功能。尽管它们和古老的陶器相比已面目全非。

第一节 陶器起源的探讨

陶器起源是一部陶瓷史,特别是陶瓷科学技术史必须考虑的问题,但又是一个很难说清楚的问题。迄今为止,所有这方面的种种说法都只能是人们根据不多的资料所作的主观推测。从世界范围来说,由于地区和环境的不同,人类发明陶器的起始和途径可能也不尽相同,但在各古代文明中心,古代人们毕竟都拥有他们自己的陶器。诸如中国的黄河和长江流域以及华南很多地区;埃及的尼罗河两岸;印度的印度河流域;西亚地区以及意大利、墨西哥、秘鲁等地区。

古代人类大多依山傍水而居,因此有人类居住的地方就会有水和土,这是大自然的赐予。火的使用和控制则是人类自身的创造。三者齐全,陶器出现的物质基础和形成条件即已基本具备。随着人类在漫长的生存斗争中,经过长期与水火土打交道,在反复实践,反复认识的过程中逐步学会了制陶术,这是人类生活和生产的需要。作为世界古代文明中心之一的中国是这样,其他的古代文明中心可能也不例外。因此,陶器在世界各个古代文明中心可能都是各自独立创造和发展的。存在的差异只是由于地区和环境的不同而有早晚之分,而不会存在什么"他来"或"传入"的可能。要说影响和交流也只能是相当遥远的后世。

陶器究竟是怎样发明的,现在也还说不具体。一种较为流行的说法是在枝条编成的篮子上或木制的容器上涂层泥土。偶然中枝条被烧去而留下经过火烧的篮状泥土制品,即是陶器的原形和它的发明过程[2]。但近代的考古发掘和若干边远地区至今尚保留的古老的原始的制陶工

---

① 引自杨维增编著《天工开物新注研究》,江西科学技术出版社,第145页.

② 中国硅酸盐学会编,中国陶瓷史,文物出版社,1982,1.

艺的考察都未发现支持这种说法的证据,至少在中国是这样。

根据泥土湿以水后,即具有粘性和可塑性这一基本特性,用手将它捏塑成一定简单形状,如罐、碗、钵之类是很容易做到的,它比用枝条编成一定形状,如篮子等器物要容易得多。偶而发现这种手塑的泥土器物经火烧后会变结实和不怕水,也比涂有泥土的篮子在火烧后仍能保持原来的形状要容易和有更多的机会。这和我国迄今发现的新石器时代早期陶器都是手塑成形,以及有罐、碗(杯)、钵(盂)等器形的事实也是一致的,也和在欧洲发现的旧石器时代晚期,人类用泥土塑造的野牛和熊的事实也是一致的。也就是说先有手塑的泥土制品,然后才有经过火烧的泥土制品——陶器。这种推测也符合事物客观发展规律。

遗憾的是迄今尚未见到在中国新石器早期陶器遗址发掘中发现有未经火烧的泥土制品的报道。这一事实是可以理解的,因为未经火烧的泥土制品不可能深埋在地下长达万年而尚能保持原来的形状,因此在古遗址的发掘中能见到的也只能是陶器。看来陶器起源这一问题的解决,只能靠陶器本身。在新石器时代早期的遗址中所发现的陶器及其烧制工艺可能为我们提供一些可靠的信息。据此而作出的更接近于历史真实的推论,则将有待于考古学界和陶瓷学界的共同努力。

一般地讲,陶器的出现是和人类从采集渔猎生活向农业、畜牧生活发展有着密切的关系。考古发掘中已发现在我国新石器时代早期即已形成以农业经济为基础的聚落遗址,如中原的裴李岗文化和磁山文化,以及长江下游的河姆渡文化早期。它们长期在交流和融合中发展,逐步形成我国新石器时代的灿烂文化,并奠定了商周文明的基础。

第二节　新石器时代早期的陶器

在我国黄河流域的河南、河北、长江中下游的江西、浙江,以及东南沿海的广东、广西都已发现有新石器时代早期的陶器,其年代约为距今 10000 年~7000 年。其中就有经 ^{14}C 测定距今为 10800~9700 年左右的河北徐水县南庄头[①],距今为 10000~7600 年的江西万年县大源仙人洞[②],(1996 年 1 月 28 日《中国文物报》载有北京大学考古系、江西省文物考古研究所和美国安德沃考古资金会联合组成的考古队于 1995 年在江西万年县大源乡境内的仙人洞和吊桶环遗址发掘出 9000~14000 年前的夹有粗砂粒、表面经草搓擦过、火候低的原始陶片 516 块,使仙人洞陶片的年代更可信)。距今为 9000~7600 年的广东翁源县(后改为英德县)青塘[③],距今为 9000~7600 年的广西桂林甑皮岩[④]等地的新石器时代早期陶器。它们的特点都是夹有大小不等的砂粒的粗砂陶。多数遗址仅出土少量陶片,只有个别能复原成整器。比这些陶片稍晚的尚有距今为 9300~7150 年的河南新郑县裴李岗[⑤],距今为 7405 年的河北武安县磁山[⑥],距今

① 保定地区文物管理所,徐水县文物管理所,北京大学考古系等,河北徐水县南庄头遗址试掘简报,考古,1982(11):961~986.

② 江西文物管理委员会,江西万年大源仙人洞洞穴遗址试掘,考古学报,1963,(1):1~16.
江西博物馆,江西万年大源仙人洞洞穴遗址第二次发掘报告,文物,1976,(12):23~26.

③ 广东省博物馆,广东翁源青塘新石器时代遗址,考古,1961,(11):585~588.

④ 广西壮族自治区文物队,广西桂林甑皮岩洞穴遗址试掘,考古,1976,(3):175~179.

⑤ 开封地区文物管理委员会,新郑文物管理委员会,河南新郑裴李岗新石器时代遗址,考古,1978,(2):73~79.
新郑县文物管理委员会,郑州大学历史系考古专业,裴李岗遗址 1978 年发掘简报,考古,1979,(3):197~205.

⑥ 邯郸市文物保管所,邯郸地区磁山考古队短训班,河北磁山新石器遗址试掘,考古,1977,(6):361~372.

为 6960～6730 年的浙江余姚县河姆渡[①]，以及距今为 7040～6905 年的桐乡县罗家角的早期（第三、四文化层）陶器[②]。它们不仅在时间上较晚，而且在制陶工艺上也比较进步。出土陶片数量多，能复原的整器也增多，有夹砂陶，泥质陶和夹炭陶等。

上述新石器时代早期陶器没有包括迄今发现的所有这一时期的陶器，但对这些经过科学发掘的遗址出土的陶器并经过科学技术研究的制陶工艺的进一步总结，对探讨中国陶瓷工艺发展过程的第一个里程碑以及中国陶器的出现肯定会具有十分重要的意义。它们的年代主要根据 ^{14}C 测年的数据[③] 和一些研究它们的年代和分期的讨论[④]。

一　化学组成和显微结构

用以烧制这些早期陶器的原料只可能都是就地取土。当时由于对制陶原料性能的要求还没有多少认识，所以也没有多少有意识的选择，只要在掺水以后能捏制成一定形状的器物的泥土就都可以使用，因此各遗址中出土陶片所处的层位的泥土，可能就是这些早期陶器的原料。如 EN11 南庄头陶片都出自最下层的五、六两层。这两层都是灰黑色或黑色的砂质粘土，因此出土的陶片都是粗砂陶，未见泥质陶。仙人洞附近的红土也含有砂粒，它的化学组成和陶片的化学组成亦非常接近[⑤]。根据河姆渡遗址第一期发掘报告，它的四个文化层迭压关系非常清楚，各文化层土质分别是：第一文化层为黄褐色灰土，土质较硬；第二文化层为黄绿色土，土质甚硬；第三文化层为砂质灰土，土质松软；第四文化层为黑褐色灰土，土质松软。由于河姆渡存在的地层关系，因此在河姆渡早期的第四文化层出土的陶器则以夹炭泥质陶为主和少量砂质陶，而不像南庄头及华南有些遗址早期的陶器一律以粗砂陶为主。到了第三文化层虽仍以夹炭泥质陶为主，但已出现较多的砂质陶。到了河姆渡上层（包括第一、二层）则以夹砂灰红陶为主，但又重新出现了泥质黑陶、红陶和灰陶（见表 2-1）。

一般认为从砂质陶转变为泥质陶标志着早期制陶工艺的进步，在有些遗址可能是这样，但又不能一概而论。因为决定陶器是砂质陶还是泥质陶是当时所用的原料，也就是当时人们所处的地区和地层的土质是砂质泥土，还是泥质泥土。

砂质陶亦称夹砂陶。关于砂质陶中的砂粒，一般认为是根据其用途的需要，如在大型烧煮器中为改善其性能，而有意识配入泥土中。其作用有如现代陶瓷工业中所使用的熟料。因而，考古界称之为"羼和料"。另外也有些陶器中的砂粒不是有意识配入，而是原来就存在于泥土中，因而对这些陶器中的砂粒则不宜统称之为"羼和料"[⑥]。对于制陶工艺已发展到相当成熟的阶段，人们在大量烧制陶器，甚至已有初步分工的情况下，对制陶泥土的成型性能已积累了较多的经验，才有可能认识到在泥土中配入砂粒或其他一些粗颗粒物质可以改善其成型性能。到了这时，陶器中掺入的粗颗粒才能称之为"羼和料"。但在制陶初期，对本节所述的新石器时代

① 浙江省文物管理委员会、浙江省博物馆，河姆渡遗址第一期发掘报告，考古学报，1978，(1)：39～94．

② 罗家角考古队，桐乡县罗家角遗址发掘报告，浙江省文物考古所学刊，文物出版社，1981，1～42．

③ 中国社会科学院考古研究所，中国考古学中碳十四年代数据集(1965～1981)，文物出版社，1983。

④ 戴国华，华南地区新石器时代早期文化的类型与分期，考古学报，1989，(3)：263～273．

⑤ 方府报，江西万年新石器时代粗陶的研究，古陶瓷科学技术 2～国际讨论会论文集(ISAC'92)，李家治，陈显求主编，上海古陶瓷科学技术研究会，1992，449．

⑥ 周仁、张福康、郑永圃，我国黄河流域新石器时代和殷周时代制陶工艺的科学总结，考古学报，1964，(1)：1～27．

表 2-1　新石器时代早期陶器胎化学组成

序号	原编号	时代、品名、出土地点	引文	SiO_2	Al_2O_3	Fe_2O_3	TiO_2	CaO	MgO	K_2O	Na_2O	MnO	P_2O_5	烧失	C	总量	分子式
1	EN11	河北徐水南庄头砂质陶	[5]	49.49	13.65	9.72	0.42	5.78	10.92	0.68	0.27	0.10	0.19	9.40	0.00	100.62	
				54.25	14.96	10.66	0.46	6.34	11.97	0.75	0.30	0.11	0.21	0.00	0.00	100.01	$3.397R_xO_y \cdot Al_2O_3 \cdot 6.153SiO_2$
2	EN9	江西万年仙人洞砂质陶		65.00	18.67	2.18	0.48	0.66	1.02	3.98	0.47	0.02	0.29	7.68	0.00	100.45	
				70.07	20.13	2.35	0.52	0.71	1.10	4.29	0.51	0.02	0.31	0.00	0.00	100.01	$0.595R_xO_y \cdot Al_2O_3 \cdot 5.906SiO_2$
3		江西万年仙人洞砂质陶	[12]	62.90	17.85	5.47	0.00	2.45	2.45	2.80	1.76	0.00	0.00	3.59	0.00	99.27	
				65.74	18.66	5.72	0.00	2.56	2.56	2.93	1.84	0.00	0.00	0.00	0.00	100.01	$1.124R_xO_y \cdot Al_2O_3 \cdot 5.978SiO_2$
4	下层	江西万年仙人洞红质陶	[4]	70.80	15.86	1.90	0.52	0.10	1.65	2.93	0.56	0.00	0.00	5.41	0.00	99.73	
				75.06	16.82	2.01	0.55	0.11	1.75	3.11	0.59	0.00	0.00	0.00	0.00	100.00	$0.651R_xO_y \cdot Al_2O_3 \cdot 7.572SiO_2$
5	上层	江西万年仙人洞红陶	[4]	70.10	18.81	3.30	0.84	0.00	1.13	1.96	0.43	0.00	0.00	2.55	0.00	99.12	
				72.59	19.48	3.42	0.87	0.00	1.17	2.03	0.45	0.00	0.00	0.00	0.00	100.01	$0.472R_xO_y \cdot Al_2O_3 \cdot 6.323SiO_2$
6	EN8	广西桂林甑皮岩砂质陶		51.03	19.90	6.40	1.32	2.93	2.76	0.55	0.06	0.04	0.85	13.41	0.00	99.25	
				59.45	23.18	7.46	1.54	3.41	3.22	0.64	0.07	0.05	0.99	0.00	0.00	100.01	$0.978R_xO_y \cdot Al_2O_3 \cdot 4.352SiO_2$
7		广西桂林甑皮岩砂质陶	[4]	50.70	20.19	6.05	1.18	0.00	5.75	0.78	0.60	0.00	0.00	14.15	0.00	99.40	
				59.47	23.68	7.10	1.38	0.00	6.74	0.91	0.70	0.00	0.00	0.00	0.00	99.98	$1.076R_xO_y \cdot Al_2O_3 \cdot 4.261SiO_2$
8	EN1-1（表层）	广东英德青塘砂质陶		63.36	15.84	7.18	0.67	0.24	0.53	2.89	0.12	0.69	0.34	7.92	0.00	99.78	
				68.97	17.24	7.82	0.73	0.26	0.58	3.15	0.13	0.75	0.37	0.00	0.00	100.00	$0.744R_xO_y \cdot Al_2O_3 \cdot 6.788SiO_2$
9	EN1-2（内部）	广东英德青塘砂质陶		59.23	21.42	3.61	0.74	0.44	0.35	2.59	0.11	0.04	1.45	8.46	0.00	98.44	
				65.83	23.81	4.01	0.82	0.49	0.39	2.88	0.12	0.04	1.61	0.00	0.00	100.00	$0.420R_xO_y \cdot Al_2O_3 \cdot 4.691SiO_2$
10		广东英德青塘砂质陶	[4]	59.30	23.85	3.24	1.02	1.98	0.95	0.65	0.63	0.00	0.00	8.50	0.00	100.12	
				64.72	26.03	3.54	1.11	2.16	1.04	0.71	0.69	0.00	0.00	0.00	0.00	100.00	$0.466R_xO_y \cdot Al_2O_3 \cdot 4.219SiO_2$
11	EN2	河南新郑裴李岗泥质陶		53.24	17.26	7.81	0.66	2.86	2.04	2.13	1.08	0.05	5.38	7.08	0.00	99.59	

续表

序号	原编号	时代、品名、出土地点	引文	SiO₂	Al₂O₃	Fe₂O₃	TiO₂	CaO	MgO	K₂O	Na₂O	MnO	P₂O₅	烧失	C	总量	分子式
12	EN3	河南新郑裴李岗砂质陶		57.55	18.66	8.44	0.71	3.09	2.21	2.30	1.17	0.05	5.82	0.00	0.00	100.00	$1.403R_xO_y \cdot Al_2O_3 \cdot 5.233SiO_2$
				62.11	17.33	7.79	0.41	0.84	1.58	3.50	0.13	0.19	0.70	5.24	0.00	99.82	$0.912R_xO_y \cdot Al_2O_3 \cdot 6.082SiO_2$
				65.67	18.32	8.24	0.43	0.89	1.67	3.70	0.14	0.20	0.74	0.00	0.00	100.00	
13	EN4	河南新郑裴李岗砂质陶		51.01	21.56	11.45	0.55	1.51	1.81	1.87	0.08	0.37	3.00	5.79	0.00	99.00	$0.936R_xO_y \cdot Al_2O_3 \cdot 4.015SiO_2$
				54.73	23.13	12.28	0.59	1.62	1.94	2.01	0.09	0.40	3.22	0.00	0.00	100.01	
14	HX1	河南新郑裴李岗泥质陶		57.43	17.11	7.31	0.96	1.55	1.96	1.33	2.24	0.00	4.07	6.19	0.00	100.15	$1.270R_xO_y \cdot Al_2O_3 \cdot 5.695SiO_2$
				61.12	18.21	7.78	1.02	1.65	2.09	1.42	2.38	0.00	4.33	0.00	0.00	100.00	
15		河南新郑裴李岗泥质陶		60.00	18.61	8.64	1.01	1.15	2.75	2.00	1.13	0.05	0.96	5.35	0.00	101.65	$1.109R_xO_y \cdot Al_2O_3 \cdot 5.470SiO_2$
				62.31	19.33	8.97	1.05	1.19	2.86	2.08	1.17	0.05	1.00	0.00	0.00	100.01	
16		河南新郑裴李岗砂质陶		56.09	19.51	9.00	0.71	1.07	1.45	3.58	0.17	0.13	1.65	7.56	0.00	100.92	$0.911R_xO_y \cdot Al_2O_3 \cdot 4.878SiO_2$
				60.08	20.90	9.64	0.76	1.15	1.55	3.83	0.18	0.14	1.77	0.00	0.00	100.00	
17	EN5	河北武安磁山砂质陶		55.96	20.06	4.95	0.80	2.26	0.90	2.11	4.54	0.08	1.25	6.20	0.00	99.11	$1.064R_xO_y \cdot Al_2O_3 \cdot 4.734SiO_2$
				60.23	21.59	5.33	0.86	2.43	0.97	2.27	4.89	0.09	1.35	0.00	0.00	100.01	
18	EN6	河北武安磁山砂质陶		48.87	18.21	7.55	0.52	5.80	1.64	0.82	3.54	0.12	3.64	8.48	0.00	99.19	$1.629R_xO_y \cdot Al_2O_3 \cdot 4.554SiO_2$
				53.87	20.07	8.32	0.57	6.39	1.81	0.90	3.90	0.13	4.01	0.00	0.00	99.97	
19	EN7	河北武安磁山泥质陶		54.30	17.88	7.31	0.67	2.02	1.62	1.84	0.81	0.08	4.33	8.70	0.00	99.56	$1.110R_xO_y \cdot Al_2O_3 \cdot 5.152SiO_2$
				59.76	19.68	8.05	0.74	2.22	1.78	2.03	0.89	0.09	4.77	0.00	0.00	100.01	
20	1	浙江桐乡罗家角白陶	[14]	52.13	5.53	1.98	0.40	9.49	19.62	0.18	0.12	0.09	3.88	6.38	0.00	99.80	$13.013R_xO_y \cdot Al_2O_3 \cdot 15.993SiO_2$
				55.80	5.92	2.12	0.43	10.16	21.00	0.19	0.13	0.10	4.15	0.00	0.00	100.00	
21	3	浙江桐乡罗家角灰白陶	[14]	54.34	6.47	3.76	0.29	7.75	17.04	0.81	0.10	0.11	3.41	6.21	0.00	100.29	$9.829R_xO_y \cdot Al_2O_3 \cdot 14.245SiO_2$
				57.76	6.88	4.00	0.31	8.24	18.11	0.86	0.11	0.12	3.62	0.00	0.00	100.01	
22	5	浙江桐乡罗家角夹砂陶	[14]	60.90	15.36	6.32	0.54	1.78	1.04	2.14	0.86	0.05	3.37	7.01	0.00	99.37	$1.095R_xO_y \cdot Al_2O_3 \cdot 6.728SiO_2$
				65.94	16.63	6.84	0.58	1.93	1.13	2.32	0.93	0.05	3.65	0.00	0.00	100.00	
23	8	浙江桐乡罗家角夹角陶	[14]	58.25	6.35	2.01	0.28	9.39	21.48	0.47	0.16	0.04	0.57	0.94	0.00	99.94	$11.704R_xO_y \cdot Al_2O_3 \cdot 15.575SiO_2$
				58.84	6.41	2.03	0.28	9.48	21.70	0.47	0.16	0.04	0.58	0.00	0.00	99.99	

续表

序号	原编号	时代、品名、出土地点	引文	SiO₂	Al₂O₃	Fe₂O₃	TiO₂	CaO	MgO	K₂O	Na₂O	MnO	P₂O₅	烧失	C	总量	分子式
24	9	浙江桐乡罗家角灰黑陶	[14]	53.42	6.56	3.66	0.36	7.38	14.87	0.61	0.18	0.07	3.45	9.22	1.10	99.78	$8.749R_xO_y \cdot Al_2O_3 \cdot 13.825SiO_2$
				58.99	7.24	4.04	0.40	8.15	16.42	0.67	0.20	0.08	3.81	0.00	0.00	100.00	
25	13	浙江桐乡罗家角夹砂陶	[14]	60.76	16.80	4.57	0.97	2.23	0.82	2.02	0.70	0.05	3.78	6.82	0.00	99.52	$0.977R_xO_y \cdot Al_2O_3 \cdot 6.137SiO_2$
				65.54	18.12	4.93	1.05	2.41	0.88	2.18	0.76	0.05	4.08	0.00	0.00	100.00	
26	14	浙江桐乡罗家角夹炭陶	[14]	61.03	14.64	5.13	0.94	1.61	0.94	1.78	1.32	0.11	4.20	9.11	1.33	100.81	$1.166R_xO_y \cdot Al_2O_3 \cdot 7.071SiO_2$
				66.55	15.97	5.59	1.03	1.76	1.03	1.94	1.44	0.12	4.58	0.00	0.00	100.01	
27	15	浙江桐乡罗家角夹砂陶	[14]	57.68	6.74	2.82	0.37	6.44	16.31	0.69	0.16	0.10	2.80	5.83	0.00	99.94	$8.666R_xO_y \cdot Al_2O_3 \cdot 14.525SiO_2$
				61.29	7.16	3.00	0.39	6.84	17.33	0.73	0.17	0.11	2.98	0.00	0.00	100.00	
28	18	浙江桐乡罗家角夹炭陶	[14]	59.76	15.86	7.20	0.98	1.59	1.18	1.96	0.98	0.10	3.06	8.20	0.00	100.87	$1.123R_xO_y \cdot Al_2O_3 \cdot 6.395SiO_2$
				64.49	17.11	7.77	1.06	1.72	1.27	2.12	1.06	0.11	3.30	0.00	0.00	100.01	
29	19	浙江桐乡罗家角夹炭陶	[14]	57.06	16.45	5.14	1.05	2.27	0.93	1.52	0.93	0.10	4.44	9.53	0.00	99.42	$1.070R_xO_y \cdot Al_2O_3 \cdot 5.886SiO_2$
				63.48	18.30	5.72	1.17	2.53	1.03	1.69	1.03	0.11	4.94	0.00	0.00	100.01	
30	20	浙江桐乡罗家角夹炭、砂陶	[14]	60.22	15.45	5.04	0.98	1.93	0.88	1.45	0.95	0.13	4.37	7.96	0.00	99.36	$1.078R_xO_y \cdot Al_2O_3 \cdot 6.615SiO_2$
				65.89	16.90	5.51	1.07	2.11	0.96	1.59	1.04	0.14	4.78	0.00	0.00	99.99	
31	YMT2	浙江余姚河姆渡夹炭陶	[15]	64.63	17.97	1.42	0.82	1.19	0.86	2.27	1.17	0.04	0.19	9.08	4.42	99.64	$0.605R_xO_y \cdot Al_2O_3 \cdot 6.104SiO_2$
				71.37	19.84	1.57	0.91	1.31	0.95	2.51	1.29	0.04	0.21	0.00	0.00	100.00	
32	YMT3	浙江余姚河姆渡夹砂陶	[15]	67.44	15.40	1.63	0.77	0.88	0.66	3.39	1.31	0.04	0.41	8.74	2.97	100.67	$0.745R_xO_y \cdot Al_2O_3 \cdot 7.431SiO_2$
				73.36	16.75	1.77	0.84	0.96	0.72	3.69	1.42	0.04	0.45	0.00	0.00	100.00	
33	YMT4	浙江余姚河姆渡夹炭陶	[15]	57.72	17.31	4.13	0.89	2.01	0.79	1.96	0.76	0.14	2.13	12.58	3.10	100.42	$0.839R_xO_y \cdot Al_2O_3 \cdot 5.657SiO_2$
				65.71	19.71	4.70	1.01	2.29	0.90	2.23	0.87	0.16	2.42	0.00	0.00	100.01	
34	YMT5	浙江余姚河姆渡夹砂陶	[15]	63.01	16.58	3.97	0.75	1.54	0.89	2.41	1.05	0.11	2.33	7.50	0.19	100.14	$0.887R_xO_y \cdot Al_2O_3 \cdot 6.448SiO_2$
				68.02	17.90	4.29	0.81	1.66	0.96	2.60	1.13	0.12	2.52	0.00	0.00	100.01	
35	YMT7	浙江余姚河姆渡泥质陶	[15]	55.77	19.05	5.93	0.98	1.29	1.77	2.77	0.98	0.07	4.79	6.53	0.52	99.93	$1.051R_xO_y \cdot Al_2O_3 \cdot 4.966SiO_2$
				59.71	20.40	6.35	1.05	1.38	1.90	2.97	1.05	0.07	5.13	0.00	0.00	100.01	

续表

序号	原编号	时代、品名、出土地点	引文	SiO_2	Al_2O_3	Fe_2O_3	TiO_2	CaO	MgO	K_2O	Na_2O	MnO	P_2O_5	烧失	C	总量	分子式
36	YMT8	浙江余姚河姆渡泥质陶	[15]	61.23	16.22	3.62	0.86	1.68	1.53	2.78	1.33	0.09	3.43	7.27	1.46	100.04	$1.118R_xO_y \cdot Al_2O_3 \cdot 6.407SiO_2$
				66.00	17.48	3.90	0.93	1.81	1.65	3.00	1.43	0.10	3.70	0.00	0.00	100.00	
37	YMT10	浙江余姚河姆渡泥质陶	[15]	55.46	20.33	10.00	1.28	0.63	1.77	2.40	0.67	0.07	3.59	3.75	0.29	99.95	$0.984R_xO_y \cdot Al_2O_3 \cdot 4.629SiO_2$
				57.65	21.13	10.40	1.33	0.65	1.84	2.49	0.70	0.07	3.73	0.00	0.00	99.99	
38	YMT12	浙江余姚河姆渡夹砂陶	[15]	65.20	14.78	5.04	0.67	0.87	0.68	2.53	1.05	0.04	3.24	6.49	0.21	100.59	$0.962R_xO_y \cdot Al_2O_3 \cdot 7.484SiO_2$
				69.29	15.71	5.36	0.71	0.92	0.72	2.69	1.12	0.04	3.44	0.00	0.00	100.00	

早期的砂质陶则可能不适用。这些砂质陶中的砂粒可能都是泥土中原来就存在的。至于是砂质陶还是泥质陶就取决于当时的制陶所用的泥土是否含有粗砂粒。

根据上述讨论可以想象,新石器时代早期陶器的化学组成在总体上分散性一定很大。但在我国南北地区上可能又存在一定归类性,因为分布在我国南北广大地区的泥土是各种各样,其中所含砂粒也千变万化。过去一般都认为所含砂粒就是石英砂,其实不然,有的是石英砂,有的则不是。从表 2-1 所列早期陶器的化学组成可见其 SiO_2 的含量在 $54\%\sim73\%$ 之间变化,一般砂质陶 SiO_2 含量要高于泥质陶。但也有例外,如果其所含粗砂粒不是 α-石英,而是大量角闪石,其 SiO_2 含量也就不会很高。如序号为 1 的徐水南庄头夹砂陶的 SiO_2 含量也只有 54%,而它的 CaO 和 MgO 含量却很高,特别是 MgO 的含量竟高达 11%,因为角闪石中含有大量 MgO。早期陶器中 Al_2O_3 的含量则在 $5\%\sim23\%$ 之间变化。这一变化是大的,充分说明这些早期陶器的化学组成的分散性和所用原料的多样性。如桐乡罗家角出土的一类白陶和灰陶的 Al_2O_3 含量均在 6% 左右,其 $RO(CaO+MgO)$ 的含量高者可达 31%,低者亦可高达 25%,估计其所用原料可能是辉石、角闪石或绿泥石一类矿物的风化产物[①]。这种化学组成的陶器极为少见,Fe_2O_3 的含量分散性亦很大,可从 1.42% 变化到 12.28%。像余姚河姆渡早期夹炭陶(序号31 和 32)的 Fe_2O_3 含量不仅比商代以高岭土为原料的白陶要低,而且也比汉晋时期的越窑青瓷还要低[②③]。这种情况也是很少见的,它们所用的原料为较纯的绢云母质粘土。这种粘土也就是浙江地区后来烧制的原始瓷和青釉瓷所用的原料。[③]

图 2-1 为新石器时代早期陶器胎化学组成聚类谱系图。图中所示的各个遗址出土的早期

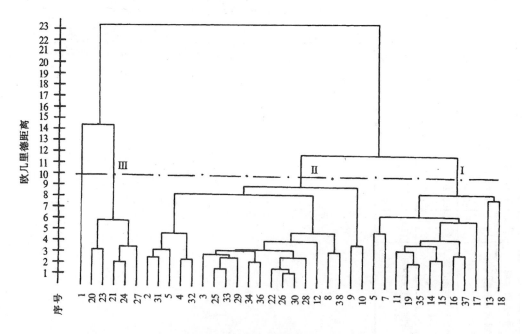

图 2-1　新石器时代早期陶器胎化学组成聚类谱系图

① 张福康,罗家角陶片的初步研究,浙江省文物考古研究所学刊,文物出版社,1981,54~56.
② 李家治、陈显求、邓泽群等,河姆渡遗址陶器的研究,硅酸盐学报,1979,7(2):105~112.
③ 李家治,我国瓷器出现时期的研究,硅酸盐学报,1978,6(3):190~198.

陶器所显示的聚类情况,则更加形象地说明它们的分散性和南北地区的归类性。当以欧几里德(Euclide)距离阈值10对谱系图分割时,除序号为1的徐水南庄头砂质陶外,其余基本上可分为三大类:Ⅰ类样品主要包括北方出土的裴李岗和磁山的陶片;Ⅱ类样品主要包括南方各地出土的陶片,Ⅲ类则为非常特殊的罗家角陶器(序号为20,21,23,24和27),其余的陶器都分散在各个亚类中,即使同一遗址的陶器也不是相处在同一亚类中。如仙人洞出土的四个陶器的化学组成即分处在三个亚类中(序号2,3,4,5)。

早期陶器多是砂质陶,它们的显微结构的最大特点即是含有较多的大小不等的砂粒。它们除都含有一定量的α-石英外,还含有其他矿物,如徐水南庄头陶片(EN11)中即含有大量的大颗粒的角闪石和蛭石,其大者可长达4毫米。由于烧成温度很低,大都保持原来的晶形,甚至肉眼都可见到其表面光泽和呈现的纤维状。图2-2为徐水南庄头陶片(EN11)的显微结构。图中(a)为角闪石;(b)为蛭石。可见其晶形都保持得非常完整。另外还含有少量的长石。

 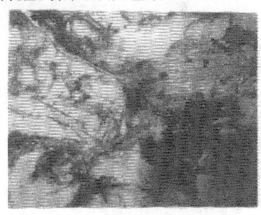

(a)　　　　　　　　　　　　　　　　　　　(b)

图 2-2　河北徐水南庄头砂质陶 EN11 显微结构×100

万年仙人洞陶片无论从外观上,还是显微结构上都和前者有较大的不同。它除去含有大颗粒(2~3毫米)α-石英外[图中(a)],还含有白云母和迪凯石。其显微结构见图2-3。图中(b)中

 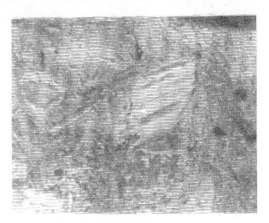

(a)　　　　　　　　　　　　　　　　　　　(b)

图 2-3　江西万年仙人洞砂质陶 EN9 显微结构(a)×100;(b)×500

部的大颗粒为迪凯石,它们都是比较均匀地分布在较纯的粘土基质中。因而它的化学组成中也就会含有较高的 SiO_2(70%)和 K_2O(4%),以及较低的 Fe_2O_3(2%)。

桂林甑皮岩陶片中粗砂粒大者可达 $8×5×5$ 毫米。这些大颗粒都是白云石。α-石英和蛭石的含量都较少,颗粒也较小。图2-4中的大颗粒即是白云石,其表面解理都清晰可见,还可见到少量赤铁矿团粒。这些矿物组成反映到化学组成上则是它的 CaO 和 MgO 的含量都较高。

英德青塘陶片的粗颗粒为α-石英和长石,其显微结构见图2-5。由于没有包含特殊的粗颗粒矿物,所以它的化学组成也和一般陶器相类似。

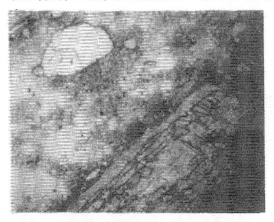

图 2-4　广西桂林甑皮岩砂质陶 EN8 显微结构 ×100　　　图 2-5　广东英德青塘砂质陶 EN1 显微结构 ×100

以上这些新石器时代早期砂质陶都夹有各种不同的粗颗粒矿物,因而使得它们在化学组成上也各不相同。到了比上述这些砂质陶稍晚的裴李岗和磁山文化时期,不仅出现了泥质陶,即使是砂质陶中砂的颗粒度也不会相差太大,一般肉眼可辨的粗砂粒已较少。图2-6的(a)和(b)分别为裴李岗的砂质陶和泥质陶的显微结构。砂质陶中虽含有较多的α-石英和少量的长石,但已不见特大的粗颗粒。泥质陶则更是均匀,颗粒大小都相差不大。由于烧成温度的关系,这些颗粒都棱角分明。磁山陶片的砂质陶和泥质陶的显微结构也和裴李岗相类似。

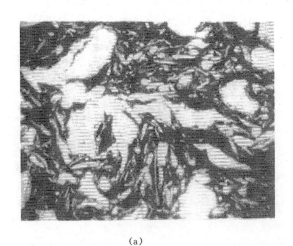

(a)　　　　　　　　　　　　　　　　　　　　　　(b)

图 2-6　河南新郑裴李岗陶片的显微结构
(a)砂质陶 EN4 ×100;(b)泥质陶 EN2.×200

　　浙江的余姚河姆渡和桐乡罗家角的陶片则比较复杂,它们不仅有砂质陶和泥质陶,而且出现了颇具特色的夹炭陶和罗家角的白陶。它们的泥质陶和砂质陶在显微结构上没有多少特点,只是泥质均为绢云母质粘土,其中所含的绢云母晶片和石英颗粒都非常细。砂质陶则是在绢云母质粘土中夹有较多和较大的石英和长石颗粒。夹炭陶则是在绢云母质粘土中夹有炭化的稻壳和植物的茎叶碎片。图2-7为余姚河姆渡夹炭陶片的显微结构。图2-8为桐乡罗家角白陶的显微结构。从图可见分布着大量纤维状矿物,宛如一堆杂乱的羊毛[①]。

图 2-7　浙江余姚河姆渡夹炭黑陶　　　　　　图 2-8　浙江桐乡罗家角白陶 1 号
YMT2 显微结构×100　　　　　　　　　　显微结构×150

　　上述新石器时代早期陶器的化学组成和显微结构的差异性,说明它们所用原料的随意性和原始性。当时人们只是用其居住区周围的泥土作制陶原料。现在我们还不能断定像南庄头、仙人洞、甑皮岩和英德的这些新石器时代早期陶器是否就是中国最早的陶器,但从它们的化学组成、显微结构和使用的原料来看,应能反映中国出现的早期陶器的一般情况。

二　烧制工艺

　　陶器均为盘(叠)筑和捏塑成形,即使至后期慢轮修整痕迹亦不明显,器形不规整。一般器壁较厚,厚薄不均匀。器类主要是罐、钵、釜等,后期也出现一些盘、碗之类。罐、釜等多为圜底,亦有少数为平底。

　　新石器时代早期陶器由于烧成温度低极易破碎,加之长期埋藏在地下,因而出土时都裂成尺寸不大的碎片,很难复原。如在仙人洞第一期文化层中共得残陶片 90 余片,能复原者仅一件陶罐,如图 2-9 所示。又如甑皮岩出土残陶片 900 多件,虽也能从中观察到其器形为罐、釜、钵、瓮以及少数三足器等,但未见有复原整器的报道。由于这一原因也给这一时期陶器器型的识别带来一定的困难。

　　陶器除素面外,一般纹饰有粗细绳纹、刻划纹、指甲纹、篦点纹和贝印纹等。亦已出现极少、数彩绘陶。如河姆渡遗址第四文化层曾出土三片夹炭黑陶。在它们的灰白色表层上加绘有咖

①　张福康,罗家角陶片的初步研究,浙江省文物考古所学刊,文物出版社,1981,54～56。

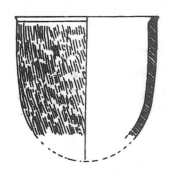

图 2-9　江西万年仙人洞第一期文化的砂质
红陶罐示意图（残高 18 厘米，口径 20 厘米）

见在早期陶器上已出现用涂层装饰表面，这层涂层所用的泥土无论从显微结构上（将在第三节中讨论）或是外观上都可看出它所含的颗粒度要比内部的颗粒度细得多。尽管现在还说不清楚这种泥土是如何得到的，但可以设想，这层陶衣的原料可能取自和制陶原料相同的泥浆的上层，因为经过沉淀上层必较下层含有更多的细颗粒。而且由于细颗粒中含有较高的 SiO_2 和 Fe_2O_3，遂使它们在化学组成上也有所不同。这或许就是后来用于处理原料的最原始的淘洗方法。也可以设想陶衣和磨光、压印和刻划纹样等都是早期人们为改善陶器表面的粗糙不平而作的最早的和原始的装饰尝试，而陶衣则更是后世在陶或瓷上所用的釉的萌芽[①]。

上述多数遗址都没有发现炉窑残体，只在裴李岗遗址的发掘中发现一座横穴窑，由于破坏严重，仅保留一个直径约为 96 厘米的圆形窑室和一长约 80 厘米、宽约 50 厘米的火道。窑室的一壁上可见五个直径约为 6～8 厘米的半圆形孔洞似为通火孔。窑室和火道的壁上，及其底部均有约 10 厘米左右的红烧土层。这一陶窑的发现非常重要，至少说明距今约 9300～7150 年的裴李岗文化时期烧制陶器已有了简单的窑。图 2-11 为该窑的平面示意图。

当然在有些遗址的发掘中没有发现陶窑，也不能作为那时无窑的根据。但结合出土陶器的

啡色及黑褐色的花纹，如图 2-10 所示。

多数陶器表里颜色不一，有些可能是烧成气氛造成的。但也确有部分陶器表面颜色不同于内部是由于涂一薄层泥料所引起。如英德青塘陶片内部呈灰黑色，表面呈灰黄色，还可看到这一表层有部分剥落现象，显然不是由于烧成气氛造成。经过化学分析发现表层（EN1-1）的 SiO_2 和 Fe_2O_3 的含量都要比内部（EN1-2）高，特别是 Fe_2O_3 含量差不多要高出一倍，说明这是有意识涂抹上去的一层涂层，考古界即称之为"陶衣"。结合河姆渡出土的彩陶的表面的灰白色涂层，可

图 2-10　浙江余姚河姆渡第四文化层的彩陶照片

① 李家治，浙江青瓷釉的形成和发展，硅酸盐学报，1983，11(1)：1～18.

烧成温度和陶器表面颜色的不均匀性的情况，以及通过
对一些边远地区少数民族至今尚保留的原始制陶工艺
的考察，可以认为在用横穴窑烧制陶器之前必然经过一
个无窑烧成的阶段。在对云南省西双版纳傣族和西盟佤
族原始制陶工艺考察报告中揭示了从无窑到有窑烧陶
的发展过程[1][2]。这些少数民族在不同地方同时使用了
三种类型的烧制陶器方法，似乎可以说明从无窑到有窑
的发展过程。按其功能及其进步性可顺序列为平地露天
堆烧，一次性泥质薄壳窑和竖穴窑。平地堆烧即是在平
地上将碎木片、稻草和陶器堆在一起烧。点火后一小时
左右，温度即升到850℃。一次性泥质薄壳窑即是在地上

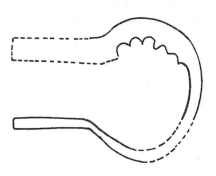

图 2-11　河南新郑裴李岗遗址
T31 陶窑平面示意图

铺上一层木柴和玉米棒作为窑床，然后再将陶器放在上面，再用稻草覆盖在陶器四周，最后用
稠泥浆涂抹稻草，使表面有一层厚约 1 厘米的薄泥壳而形成一个底大顶略小的长方形薄泥壳
窑。待陶器烧好后，这个薄壳窑亦不复存在，其进步表现在温度已较前者均匀，最高温度可达
850℃。竖穴窑即是在山坡上挖穴成窑，可多次使用。在古代也只有这种穴窑才有可能保存下
来，为考古发掘所发现。新石器时代早期陶器的烧制是否也采用前两者之一，尚无法肯定，但至
少这一从无窑烧陶到有窑烧陶的变化可供人们在讨论这一问题时参考。

如果说中国早期的陶器烧制工艺中也可能要经过从无窑到有窑的这一发展过程。裴李岗
陶窑的发现说明无窑烧陶阶段应是在裴李岗文化之前结束。早于裴李岗的南庄头，仙人洞，甑
皮岩和青塘的发掘中都未发现有陶窑遗迹。它们究竟是如何烧制陶器的则只能从陶片的烧制
情况来推测。由于这些陶片都是不大的碎片，大多数不足以磨制成供测定烧成温度的试样，但
从它们的显微结构观察中，发现陶片中的粗颗粒的矿物，如角闪石、白云石等的结晶结构都保
存得十分完好，因而推知其烧成温度大约也就在 700℃左右，这一烧成温度甚至比上述我国少
数民族所使用的平地堆烧的烧成温度还要低，可见它们肯定不是在陶窑中烧成的，而且所用烧
成方法可能比平地堆烧还要原始，以致烧成温度更不均匀和更低。

到了裴李岗文化时期，由于有了陶窑，它们的烧成温度就有显著的提高。利用陶片磨制成
5×5×50 毫米的试样，在高温膨胀仪上测得在升温过程中的涨缩曲线。从这条曲线的最大转
折处获得陶片的烧成温度，表 2-2 即为实测的部分新石器时代早期陶器的烧成温度。从表可见
裴李岗陶器的烧成温度在 820～920℃之间变动。磁山陶器的烧成温度也和裴李岗差不多。河
姆渡早期陶器的烧成温度也大致在这个范围，后期则略微高一些。充分说明新石器时代早期陶
器的烧制工艺也得到改进和发展。

早期陶器是灰红(黄)色抑或是灰黑色，内部和表面颜色的不同都完全取决于烧成时的气
氛。它们和这些陶器所用的原料以及化学组成关系不大(夹炭黑陶和表面涂层除外)。在早期
的无窑烧成时，由于存在大量空气，一般都是在氧化气氛中烧成。化学组成中铁都被氧化成高
价铁，所以一般都呈灰红色。即使在有窑烧成的早期阶段，由于窑的不完善，也会有较多的空气

　　① 程朱海、张福康、刘可栋等，云南省西双版纳傣族和西盟佤族原始制陶工艺考察报告，中国古陶瓷研究，中国科学院
上海硅酸盐研究所编，科学出版社，1987，27～34.

　　② 傣族制陶工艺联合考察小组，记云南景洪傣族慢轮制陶工艺，考古，1977，(4)：751～756.

进入窑内,一般也都是在氧化气氛中烧成。所以这时的陶器也多数呈灰红色。但在烧成初期的低温阶段往往会有大量的烟尘附着在陶器表面,甚至渗入到内部,而在烧成的高温阶段未能得到充分氧化,也会出现灰黑色陶器和内部灰黑色而表层呈灰红色的陶器。这和在烧成时的天气、风向、烧成时间都有关系。至于夹炭陶,由于内部存在大量炭化的植物茎叶或稻壳,要把它们都氧化掉,则需要更强的氧化气氛和更长的烧成时间,所以夹炭陶一般都是黑色。因此,从这些陶器的颜色变化还不能得出在那样早的时期,已经有意识地利用和掌握氧化气氛或还原气氛的结论。

表 2-2　新石器时代早期部分陶器烧成温度

序号	原编号	时代、品名、出土地点	烧成温度±20(℃)
1		广西桂林甑皮岩砂质陶	680
2		广东英德青塘砂质陶	680
3	EN2	河南新郑裴李岗泥质陶	910
4	EN3	河南新郑裴李岗砂质陶	920
5	EN4	河南新郑裴李岗砂质陶	820
6	EN6	河北武安磁山砂质陶	1020
7	EN7	河北武安磁山泥质陶	890
8	YMT2	浙江余姚河姆渡夹炭陶	820
9	YMT3	浙江余姚河姆渡夹砂陶	900
10	YMT4	浙江余姚河姆渡夹炭陶	850
11	YMT5	浙江余姚河姆渡夹砂陶	820
12	YMT7	浙江余姚河姆渡泥质陶	820
13	YMT8	浙江余姚河姆渡泥质陶	820
14	YMT10	浙江余姚河姆渡泥质陶	970
15	YMT12	浙江余姚河姆渡夹砂陶	920

通过对新石器时代早期陶器,特别是徐水南庄头和万年仙人洞等 1 万年前陶器的研究,发现它们都具有厚薄不匀、表面粗糙、烧成温度低和含有粗砂粒等的共同特点。这就说明它们从原料、成型到烧成都是非常原始的,表现出居住在这些遗址的先民们刚刚学会制陶术。由于徐水南庄头和万年仙人洞是目前在我国黄河流域和长江流域发现的两处最早的新石器时代早期遗址,因此可以认为中国陶器的出现时期大致也就在这个时间,也就是说中国陶器的起源也就是在 1 万年前后。

第三节　新石器时代中、晚期的陶器

关于新石器时代陶器的分期是一个复杂的问题。根据目前考古发掘情况,可以认为中、晚期应包括黄河流域的仰韶文化、龙山文化;江汉地区的大溪文化、屈家岭文化;长江下游的马家浜文化、良渚文化,以及其他地区如东南的广东曲江石峡、深圳大黄沙和佛山河宕、福建闽侯县石山、香港东湾和台湾圆山、大岔坑、卑南等;西南的云南元谋大墩子、西藏林芝云星;北方的辽宁沈阳北陵新乐、赤峰红山,以及内蒙古和新疆等少数地区各文化的陶器[①~④]。其年代跨度约为距今 7000~4000 年前左右,但在边远地区新石器时代结束的时间要推迟到 3000 年前左右。由于夏文化在考古学上尚未定论,因而本章亦不特别提出而包括在商代以前。

就全国范围来说,东南、西南及北方地区的典型文化遗址发掘相对较少,出土陶器的科学技术研究也不够系统,因而对它们的讨论则远不如对黄河流域和长江流域出土陶器各个方面的深入。

新石器时代中、晚期陶器遍布我国南北各地,发现的遗址不下七八千处,是我国古代灿烂文化的重要组成部分,也是人类文化史上重要研究对象之一,它起着承前启后的作用。如在中原地区的仰韶文化陶器就受到裴李岗和磁山文化陶器的影响;长江下游的马家浜文化陶器又与河姆渡文化上层陶器有一定关系。

这一时期的陶器在原料的选择、成型方面如陶轮的出现、陶窑的改进和烧成温度的提高、器型的增加、装饰方面如彩陶和晚期印纹硬陶的大量制作等都充分反映了这一时期制陶工艺的卓越成就。它不仅丰富了我国新石器时代文化的内涵,而且也为后世陶瓷的发展打下了扎实的基础。

本章虽已尽量收集这一时期陶器的各方面资料,但也和新石器时代早期陶器一样,不是也不可能是全部。同时为了叙述方便,在分期上也不十分严格。为了体现我国由陶向瓷发展的工艺过程,本书特设一章专论印纹硬陶和原始瓷。所以新石器时代晚期在我国南方发展起来的印纹硬陶亦不在本节讨论。

一 化学组成及其与原料的关系

由于这一时期的陶器遍布我国南北各地,它们所用的原料因地区和品种的差异也各不相同。因而在化学组成上的变化则表现为总体分散和区域相对集中。表 2-3 和图 2-12 分别为这一时期陶器的化学组成和它们的分布图。从中可以看出它们之间变化最大的是其熔剂的含量和种类。熔剂以 R_xO_y 表示,含陶器中除 SiO_2 和 Al_2O_3 以外的氧化物。一般陶器中都含有较多量的 Fe_2O_3,其中高者可达 13%,一般都在 5%~8% 之间变化,但也有不少例外,如各地出土的白陶,其 Fe_2O_3 的含量都小于 2%,一般在 1.5% 左右。另外香港东湾出土的陶器中,有的虽不是白陶,但其 Fe_2O_3 的含量也只有 1.5% 左右。其相差的幅度可大于 10%。在这些陶器所含的熔剂中,另一个变化较大的组成就是 CaO 和 MgO,一般都含有 3% 左右的 RO,但也有例外,其中 RO 含量最高者如属大溪文化的序号为 45 枝江关庙山白陶可达 25%,主要为 MgO,而且由于这一白陶中 Al_2O_3 含量只有 3.81%,属一种化学组成非常特殊的陶器,它的化学组成点已无法在图 2-12 中标出。熔剂中 K_2O 和 Na_2O 的含量虽也有变化,但与前两者相比则要小得多。因此,新石器时代中、晚期陶器中熔剂的较大变化主要取决于 Fe_2O_3 和 RO 的含量。如

① 中国硅酸盐学会编,中国陶瓷史,文物出版社,1982,1~50.
② 安志敏,略论三十年来我国新石器时代考古,考古,1979,(5):393~403.
③ 安志敏,裴李岗、磁山和仰韶—试论中原新石器文化的渊源及发展,考古(4):335~346。
④ 吴崇隽,长江中游流域新石器时代制陶工艺初探,中国陶瓷,(1):56~59.

处在图 2-12 最上部的序号为 8 的属仰韶文化的河南陕县庙底沟彩陶不仅含有 6.73% 的 Fe_2O_3，还含有 19.75% 的 RO。而处在图 2-12 最下部的序号为 87,88 的香港东湾砂质陶不仅 Fe_2O_3 含量分别只有 3.02% 和 1.56%，而且 RO 的含量低达 0.27% 和 0.48%。可见它们的熔剂含量，特别是 Fe_2O_3 和 RO 含量差别之大。从总体来看，我国南方，特别是沿海地区出土的陶器，由于熔剂含量低，都处在图 2-12 的下部。北方及长江中上游出土的陶器则由于熔剂含量高而处于图 2-12 的中部和上部。但山东大汶口文化(序号 28)和龙山文化(序号 38)出土的白陶由于 Al_2O_3 的含量都很高，却又处在图 2-12 的下部。以上即是这一时期的各类陶器的化学组成总体分散和区域集中的大致情况。

山东龙山文化的黑陶是这一时期比较突出而又具有较高工艺水平和艺术价值的陶器。它在化学组成上和一般红陶或灰陶并没有多少差别，只是在组成中含有一定量的炭，所以它们的烧失量一般都比较高。这些炭的引入可能是由于在烧成后期使用很强的还原火焰而使炭的微粒附着在陶器的表面和渗入到陶器的气孔中。从对这类黑陶的详细研究和仿制中已做了相当有说服力的工作[1]。

这一时期出现的白陶，也具有非常突出的特色。根据它们的化学组成，大致可分两类：一类是含 Al_2O_3 较高，如山东大汶口文化和龙山文化的白陶，其 Al_2O_3 含量可以高达 29%。这类白陶所用的原料可能属于北方的高铝质粘土；另一类则含有较高的 MgO 和较低的 Al_2O_3，如大溪文化的白陶。显然，这类白陶所用的原料已不是一般的粘土，而是属于一种含 MgO 极高的矿物的风化产物。在广东各地和香港也出土了大量白陶。如香港出土的白陶，其中 Al_2O_3 的含量也很高，但还含有 10% 以上的 P_2O_5，似又与第一类有所不同。

关于这一时期的砂质陶中砂粒的来源可能也不象早期陶器那样都是原料中所固有的，而是在某些陶器中采用人工掺入的方式，也就是考古界所谓的"羼和料"。特别是在大型的炊煮器中，如罐、釜等更可能是这样。因为这些陶器中砂粒大小比较均匀，一般都在 1~2 毫米之间，而且较为圆钝，因而推测这些砂粒可能是有意识加入到制陶的粘土中，以改善成型性能以及减少干燥和烧成的收缩。有人根据多数炊煮器都是砂质陶，则认为"羼和料"的引入有利于改善它在使用时的耐热急变功能。然而，这可能不是主要的。因为陶器本身就只部分烧结，而具有大量的气孔，本来就有较好的热稳定性。相反，加入多量的砂粒，如石英砂只会增加陶器的膨胀系数和降低它的强度，对提高这类陶器的热稳定性并不会带来多少好处(见表 2-3)。

到了新石器时代中、晚期，陶器的烧制工艺已取得了相当大的进展，先民们在如何选择制陶原料上已积累了较多的经验，但在很多情况下都还是就地选土。在一定范围内，他们选择那些易于成型，干燥收缩和烧成收缩都较小的易熔粘土作为制陶原料。在所用的粘土还不能满足上述成型、干燥和烧成时的要求时，他们就会在粘土中加入诸如炭化后的草木碎叶和谷类的碎壳以及煅烧后的贝壳和各种砂粒。这也就是上述"羼和料"的由来和它们在烧制工艺中所起的作用。如属大溪文化的湖北枝江关庙山遗址出土的陶器就兼有夹蚌壳和夹炭陶。"长江中游流域新石器时代制陶工艺初探"一文作者在经过仿制试验后[2]，认为夹蚌陶中的蚌壳必须经过煅烧，否则不易破碎成细颗粒。夹炭陶中的稻壳也必须事先烧过，否则由于稻壳有弹性，陶器很难成型。顺便指出，在研究河姆渡下层夹炭黑陶中的稻壳时，曾有过两种不同意见：一种意见是

① 周仁、张福康、郑永圃，我国黄河流域新石器时代和殷周时代制陶工艺的科学总结，考古学报，1964,(1):1~27.
② 吴崇隽，长江中游流域新石器时代制陶工艺初探，中国陶瓷，(1):56~59.

表2-3　新石器时代中晚期陶器胎化学组成

序号	原编号	时代、品名、出土地点	文化性质	SiO₂	Al₂O₃	Fe₂O₃	TiO₂	CaO	MgO	K₂O	Na₂O	MnO	P₂O₅	烧失	C	总量	分子式
1	8	河南洛阳陶坯	仰韶文化	60.22	17.07	6.99	0.79	1.02	2.57	3.21	1.14	0.03	0.00	6.72	0.00	99.76	
				64.72	18.35	7.51	0.85	1.10	2.76	3.45	1.23	0.03	0.00	0.00	0.00	100.00	1.126R$_x$O$_y$·Al₂O₃·5.984SiO₂
2	9	河南登封双庙沟红陶	仰韶文化	57.13	18.40	5.60	0.63	3.90	0.47	5.54	0.64	0.00	0.00	0.96	0.00	93.27	
				61.89	19.93	6.07	0.68	4.22	0.51	6.00	0.69	0.00	0.00	0.00	0.00	99.99	1.071R$_x$O$_y$·Al₂O₃·5.269SiO₂
3	10	陕西宝鸡北首岭红陶	仰韶文化	67.21	16.64	5.97	0.97	1.09	2.00	3.50	1.18	0.18	0.17	0.17	0.00	99.08	
				67.95	16.82	6.04	0.98	1.10	2.02	3.54	1.19	0.18	0.17	0.00	0.00	99.99	1.093R$_x$O$_y$·Al₂O₃·6.855SiO₂
4	11	陕西西安半坡彩陶	仰韶文化	67.08	16.07	6.40	0.80	1.67	1.75	3.00	1.04	0.09	0.00	1.47	0.00	99.37	
				68.52	16.41	6.54	0.82	1.71	1.79	3.06	1.06	0.09	0.00	0.00	0.00	100.00	1.100R$_x$O$_y$·Al₂O₃·7.085SiO₂
5	12	陕西西安半坡夹砂红陶	仰韶文化	61.90	19.13	8.37	0.99	2.61	3.10	3.21	0.57	0.11	0.00	0.00	0.00	99.99	
				61.91	19.13	8.37	0.99	2.61	3.10	3.21	0.57	0.11	0.00	0.00	0.00	100.00	1.242R$_x$O$_y$·Al₂O₃·5.491SiO₂
6	13	陕西西安半坡夹砂灰陶	仰韶文化	63.43	17.73	6.91	1.19	3.17	2.03	3.48	1.86	0.15	0.00	0.00	0.00	99.95	
				63.46	17.74	6.91	1.19	3.17	2.03	3.48	1.86	0.15	0.00	0.00	0.00	99.99	1.346R$_x$O$_y$·Al₂O₃·6.070SiO₂
7	14	河南陕县庙底沟彩陶	仰韶文化	60.47	15.79	5.98	0.74	6.87	3.45	3.30	1.17	0.00	0.00	1.75	0.00	99.52	
				61.85	16.15	6.12	0.76	7.03	3.53	3.38	1.20	0.00	0.00	0.00	0.00	100.02	1.995R$_x$O$_y$·Al₂O₃·6.498SiO₂
8	15	河南陕县庙底沟彩陶	仰韶文化	50.87	16.63	6.61	0.87	14.13	5.26	3.01	0.81	0.00	0.00	2.09	0.00	100.28	
				51.81	16.94	6.73	0.89	14.39	5.36	3.07	0.82	0.00	0.00	0.00	0.00	100.01	2.941R$_x$O$_y$·Al₂O₃·5.189SiO₂
9	16	河南渑池仰韶村红陶	仰韶文化	66.50	16.56	6.24	0.88	2.28	2.28	2.98	0.69	0.06	0.00	1.43	0.00	99.90	
				67.53	16.82	6.34	0.89	2.32	2.32	3.03	0.70	0.06	0.00	0.00	0.00	100.01	1.176R$_x$O$_y$·Al₂O₃·6.812SiO₂
10	17	河南渑池仰韶村红陶	仰韶文化	67.00	14.80	8.80	0.80	1.60	1.30	2.80	1.00	0.00	0.00	1.80	0.00	99.90	
				68.30	15.09	8.97	0.82	1.63	1.33	2.85	1.02	0.00	0.00	0.00	0.00	100.01	1.184R$_x$O$_y$·Al₂O₃·7.680SiO₂
11	18	山西平陆盘南黑衣灰陶	早期龙山文化	67.44	15.09	3.53	0.67	0.00	2.90	2.98	1.92	0.00	0.00	5.09	0.00	99.62	
				71.34	15.96	3.73	0.71	0.00	3.07	3.15	2.03	0.00	0.00	0.00	0.00	99.99	1.115R$_x$O$_y$·Al₂O₃·7.585SiO₂
12	19	河南安阳后岗灰陶	龙山文化	66.32	14.90	5.94	0.84	2.78	1.76	2.24	1.02	0.00	0.00	4.02	0.00	99.82	
				69.23	15.55	6.20	0.88	2.90	1.84	2.34	1.06	0.00	0.00	0.00	0.00	100.00	1.240R$_x$O$_y$·Al₂O₃·7.554SiO₂
13	20	河南安阳后岗黑陶	龙山文化	67.98	13.97	6.13	0.79	2.34	2.38	2.73	1.35	0.05	0.00	1.52	0.00	99.24	

续表

序号	原编号	时代、品名、出土地点	文化性质	SiO$_2$	Al$_2$O$_3$	Fe$_2$O$_3$	TiO$_2$	CaO	MgO	K$_2$O	Na$_2$O	MnO	P$_2$O$_5$	烧失	C	总量	分子式
14	21	河南渑池仰韶村灰陶	龙山文化	69.57	14.30	6.27	0.81	2.39	2.44	2.79	1.38	0.05	0.00	0.00	0.00	100.00	1.463R$_x$O$_y$·Al$_2$O$_3$·8.255SiO$_2$
				67.10	16.61	6.23	0.89	2.01	2.33	2.79	1.30	0.04	0.00	1.95	0.00	101.25	
15	22	河南渑池仰韶村灰红陶	龙山文化	67.57	16.73	6.27	0.90	2.02	2.35	2.81	1.31	0.04	0.00	0.00	0.00	100.00	1.197R$_x$O$_y$·Al$_2$O$_3$·6.853SiO$_2$
				67.72	17.30	6.22	0.90	1.48	2.37	2.79	0.76	0.07	0.00	1.78	0.00	101.39	
16	23	陕西长安客省庄灰陶	龙山文化	67.99	17.37	6.24	0.90	1.49	2.38	2.80	0.76	0.07	0.00	0.00	0.00	100.00	1.050R$_x$O$_y$·Al$_2$O$_3$·6.642SiO$_2$
				66.21	15.49	5.77	0.77	1.85	3.39	3.24	2.45	0.08	0.00	0.00	0.00	100.33	
17	24	山西夏县东下冯绿陶	龙山文化	66.71	15.61	5.81	0.78	1.86	3.42	3.26	2.47	0.08	0.00	1.08	0.00	100.00	1.566R$_x$O$_y$·Al$_2$O$_3$·7.251SiO$_2$
				57.37	14.77	6.37	0.87	12.53	2.98	2.67	1.29	0.10	0.30	0.29	0.00	99.54	
18	NSJL1 (75STS M2124:15)	山东胶县三里河黑陶	龙山文化	57.80	14.88	6.42	0.88	12.62	3.00	2.69	1.30	0.10	0.30	0.00	0.00	99.99	2.766R$_x$O$_y$·Al$_2$O$_3$·6.591SiO$_2$
				65.53	13.77	4.94	0.79	2.05	1.41	2.98	2.13	0.07	0.69	0.00	0.00	94.36	
19	25	甘肃天水西山坪彩陶	马家窑文化	69.45	14.59	5.24	0.84	2.17	1.49	3.16	2.26	0.07	0.73	0.00	0.00	100.00	1.364R$_x$O$_y$·Al$_2$O$_3$·8.077SiO$_2$
				60.22	16.44	6.22	1.05	7.21	3.46	2.84	1.07	0.00	0.00	2.48	0.00	100.41	
20	26	甘肃甘谷西四十里铺彩陶	马家窑文化	59.64	16.79	6.35	1.07	7.36	3.53	2.90	1.09	0.00	0.00	0.00	0.00	99.99	1.945R$_x$O$_y$·Al$_2$O$_3$·6.154SiO$_2$
				60.90	13.56	5.28	0.71	12.36	1.76	2.94	1.17	0.00	0.00	4.91	0.00	99.89	
21	27	甘肃临洮辛店彩陶	马家窑文化	57.20	14.28	5.56	0.75	13.01	1.85	3.10	1.23	0.00	0.00	0.00	0.00	100.00	2.676R$_x$O$_y$·Al$_2$O$_3$·7.155SiO$_2$
				60.22	17.47	6.17	0.75	9.28	3.18	3.59	0.69	0.23	0.00	3.39	0.00	99.67	
22	28	青海乐都柳湾彩陶	马家窑文化（半山）	54.92	18.14	6.41	0.78	9.64	3.30	3.73	0.72	0.24	0.00	0.00	0.00	100.00	2.014R$_x$O$_y$·Al$_2$O$_3$·5.335SiO$_2$
				57.04	16.30	4.28	0.63	7.33	2.40	2.91	1.83	0.00	0.00	6.36	0.00	100.48	
23	29	青海乐都柳湾红陶	马家窑文化（马厂）	58.44	17.32	4.55	0.67	7.79	2.55	3.09	1.94	0.00	0.00	0.00	0.00	100.00	1.785R$_x$O$_y$·Al$_2$O$_3$·6.083SiO$_2$
				62.09	15.93	4.70	0.97	6.02	3.70	3.51	2.03	0.00	0.00	5.64	0.00	99.30	
24	30	青海乐都柳湾夹砂红陶	马家窑文化（马厂）	56.80	17.01	5.02	1.04	6.43	3.95	3.75	2.17	0.00	0.00	0.00	0.00	100.01	1.990R$_x$O$_y$·Al$_2$O$_3$·6.049SiO$_2$
				60.64	16.87	3.77	0.62	5.37	3.22	3.86	2.40	0.00	0.00	1.13	0.00	99.58	
25	31	甘肃和政齐家坪陶	齐家文化	62.34	17.14	3.83	0.63	5.45	3.27	3.92	2.44	0.00	0.00	0.00	0.00	100.00	1.732R$_x$O$_y$·Al$_2$O$_3$·6.268SiO$_2$
				65.16	13.10	5.50	0.69	9.26	0.44	3.39	1.15	0.00	0.00	1.17	0.00	99.86	

续表

序号	原编号	时代、品名、出土地点	文化性质	SiO_2	Al_2O_3	Fe_2O_3	TiO_2	CaO	MgO	K_2O	Na_2O	MnO	P_2O_5	烧失	C	总量	分子式
				66.02	13.27	5.57	0.70	9.38	0.45	3.43	1.17	0.00	0.00	0.00	0.00	99.99	$2.131R_xO_y\cdot Al_2O_3\cdot 8.442SiO_2$
26	32	甘肃和政齐家坪陶	齐家文化	62.42	17.16	6.38	0.84	1.84	2.66	4.13	1.42	0.00	0.00	2.81	0.00	99.66	
				64.45	17.72	6.59	0.87	1.90	2.75	4.26	1.47	0.00	0.00	0.00	0.00	100.01	$1.284R_xO_y\cdot Al_2O_3\cdot 6.171SiO_2$
27	33	山东兖州王因红陶	大汶口文化	49.05	21.29	7.45	1.24	2.34	2.26	2.19	1.38	0.14	6.66	5.65	0.00	99.65	
				52.18	22.65	7.93	1.32	2.49	2.40	2.33	1.47	0.15	7.09	0.00	0.00	100.01	$1.218R_xO_y\cdot Al_2O_3\cdot 3.909SiO_2$
28	34	山东泰安大汶口白陶	大汶口文化	66.24	25.30	2.42	1.05	1.54	0.44	1.61	0.28	0.00	0.00	1.74	0.00	100.62	
				66.99	25.59	2.45	1.06	1.56	0.44	1.63	0.28	0.00	0.00	0.00	0.00	100.00	$0.355R_xO_y\cdot Al_2O_3\cdot 4.442SiO_2$
29	NSD1	山东大汶口黑陶	大汶口文化	63.51	15.03	5.20	0.65	2.10	1.52	2.34	1.40	0.40	1.05	7.58	0.00	100.78	
				68.14	16.13	5.58	0.70	2.25	1.63	2.51	1.50	0.43	1.13	0.00	0.00	100.00	$1.196R_xO_y\cdot Al_2O_3\cdot 7.168SiO_2$
30	NLNG1	辽宁旅顺郭家村泥质红陶（下层）	新石器时代	60.16	19.21	6.89	0.73	1.87	1.03	3.60	1.76	0.05	0.68	4.39	0.00	100.37	
				62.68	20.01	7.18	0.76	1.95	1.07	3.75	1.83	0.05	0.71	0.00	0.00	99.99	$0.972R_xO_y\cdot Al_2O_3\cdot 5.315SiO_2$
31	NLNG2	辽宁旅顺郭家村红陶	新石器时代	63.80	18.36	7.55	0.71	1.34	1.44	3.09	1.14	0.05	0.35	2.82	0.00	100.65	
				65.22	18.77	7.72	0.73	1.37	1.47	3.16	1.17	0.05	0.36	0.00	0.00	100.02	$0.945R_xO_y\cdot Al_2O_3\cdot 5.896SiO_2$
32	NLNG3	辽宁旅顺郭家村土黄陶	新石器时代	54.41	21.47	9.81	0.97	2.24	2.21	4.00	1.35	0.16	0.99	2.81	0.00	100.42	
				55.74	22.00	10.05	0.99	2.29	2.26	4.10	1.38	0.16	1.01	0.00	0.00	99.98	$1.147R_xO_y\cdot Al_2O_3\cdot 4.299SiO_2$
33	NLNG4	辽宁旅顺郭家村黑陶	新石器时代	63.02	15.29	6.05	0.79	2.38	1.75	2.67	1.73	0.11	1.35	5.52	1.07	100.66	
				66.24	16.07	6.36	0.83	2.50	1.84	2.81	1.82	0.12	1.42	0.00	0.00	100.01	$1.341R_xO_y\cdot Al_2O_3\cdot 6.994SiO_2$
34	NLNG5	辽宁旅顺郭家村蛋壳黑陶	新石器时代	60.40	17.38	8.11	0.87	2.11	2.21	2.61	1.14	0.76	0.70	4.05	1.96	100.34	
				62.73	18.05	8.42	0.90	2.19	2.30	2.71	1.18	0.79	0.73	0.00	0.00	100.00	$1.266R_xO_y\cdot Al_2O_3\cdot 5.897SiO_2$
35	NLNG6	辽宁旅顺郭家村蛋壳黑陶	新石器时代	58.12	15.87	6.45	0.75	2.56	1.96	2.47	1.15	0.40	1.53	9.42	2.80	100.68	
				63.69	17.39	7.07	0.82	2.81	2.15	2.71	1.26	0.44	1.68	0.00	0.00	100.02	$1.320R_xO_y\cdot Al_2O_3\cdot 6.214SiO_2$
36	36	山东日照两城镇黑陶	山东龙山文化	61.11	18.26	4.89	0.81	2.70	1.34	1.55	2.42	0.11	0.00	6.97	0.00	100.16	
				65.58	19.59	5.25	0.87	2.90	1.44	1.66	2.60	0.12	0.00	0.00	0.00	100.01	$1.002R_xO_y\cdot Al_2O_3\cdot 5.680SiO_2$
37	37	山东章丘城子崖白陶	山东龙山文化	49.48	27.75	1.71	1.09	5.33	6.15	1.79	0.44	0.00	0.00	5.91	0.00	99.65	
				52.78	29.60	1.82	1.16	5.69	6.56	1.91	0.47	0.00	0.00	0.00	0.00	99.99	$1.095R_xO_y\cdot Al_2O_3\cdot 3.026SiO_2$

续表

序号	原编号	时代、品名、出土地点	文化性质	SiO₂	Al₂O₃	Fe₂O₃	TiO₂	CaO	MgO	K₂O	Na₂O	MnO	P₂O₅	烧失	C	总量	分子式
38	38	山东章丘城子崖白陶	山东龙山文化	63.03	29.51	1.59	1.47	0.74	0.82	1.48	0.18	0.03	0.00	1.45	0.00	100.30	
				63.76	29.85	1.61	1.49	0.75	0.83	1.50	0.18	0.03	0.00	0.00	0.00	100.00	$0.280R_xO_y \cdot Al_2O_3 \cdot 3.624SiO_2$
39	39	山东章丘城子崖黑陶	山东龙山文化	63.57	15.20	5.99	0.92	2.65	2.43	2.77	1.62	0.07	0.00	5.39	0.00	100.61	
				66.76	15.96	6.29	0.97	2.78	2.55	2.91	1.70	0.07	0.00	0.00	0.00	99.99	$1.429R_xO_y \cdot Al_2O_3 \cdot 7.098SiO_2$
40	40	山东胶县三里河黑陶	山东龙山文化	65.53	13.77	4.94	0.79	2.05	1.41	2.98	2.13	0.07	0.69	0.00	0.00	94.36	
				69.45	14.59	5.24	0.84	2.17	1.49	3.16	2.26	0.07	0.73	0.00	0.00	100.00	$1.364R_xO_y \cdot Al_2O_3 \cdot 8.077SiO_2$
41		枝江关庙山泥质红陶	大溪文化	63.68	15.28	6.69	0.88	1.47	0.99	3.05	0.53	0.16	2.25	4.79	0.00	99.77	
				67.05	16.09	7.04	0.93	1.55	1.04	3.21	0.56	0.17	2.37	0.00	0.00	100.01	$1.086R_xO_y \cdot Al_2O_3 \cdot 7.071SiO_2$
42		枝江关庙山夹炭红陶	大溪文化	54.87	17.10	4.85	0.94	2.50	0.71	2.22	0.29	0.09	4.49	8.49	1.37	96.55	
				62.31	19.42	5.51	1.07	2.84	0.81	2.52	0.33	0.10	5.10	0.00	0.00	100.01	$0.987R_xO_y \cdot Al_2O_3 \cdot 5.444SiO_2$
43		枝江关庙山夹植物红陶	大溪文化	64.72	14.49	5.24	0.90	1.85	0.53	1.52	0.89	0.11	3.68	5.77	0.00	99.70	
				68.90	15.43	5.58	0.96	1.97	0.56	1.62	0.95	0.12	3.92	0.00	0.00	100.01	$1.043R_xO_y \cdot Al_2O_3 \cdot 7.577SiO_2$
44		枝江关庙山彩陶表面红色陶衣	大溪文化	59.99	15.40	9.45	0.01	1.06	0.48	1.91	0.26	0.23	0.19	0.00	0.00	88.98	
				67.42	17.31	10.62	0.01	1.19	0.54	2.15	0.29	0.26	0.21	0.00	0.00	100.00	$0.789R_xO_y \cdot Al_2O_3 \cdot 6.609SiO_2$
45		枝江关庙山白陶	大溪文化	66.46	3.68	1.64	0.01	0.37	23.97	0.15	0.04	0.03	0.17	3.45	0.00	99.97	
				68.86	3.81	1.70	0.01	0.38	24.83	0.16	0.04	0.03	0.18	0.00	0.00	100.00	$17.062R_xO_y \cdot Al_2O_3 \cdot 30.667SiO_2$
46		枝江关庙山红陶	大溪文化	69.71	22.12	1.54	1.00	0.21	0.81	3.08	0.13	0.01	0.06	1.27	0.00	99.94	
				70.65	22.42	1.56	1.01	0.21	0.82	3.12	0.13	0.01	0.06	0.00	0.00	99.99	$0.374R_xO_y \cdot Al_2O_3 \cdot 5.347SiO_2$
47	NHZG1	湖北枝江关庙山红陶	大溪文化	56.55	16.38	6.00	0.69	2.31	0.64	1.60	0.15	0.15	5.47	10.53	0.85	100.47	
				62.88	18.21	6.67	0.77	2.57	0.71	1.78	0.17	0.17	6.08	0.00	0.00	100.01	$1.018R_xO_y \cdot Al_2O_3 \cdot 5.859SiO_2$
48	NHZG2	湖北枝江关庙山灰红陶	大溪文化	54.32	16.19	6.88	0.70	2.25	0.96	1.86	0.30	0.21	4.08	12.42	2.09	100.17	
				61.90	18.45	7.84	0.80	2.56	1.09	2.12	0.34	0.24	4.65	0.00	0.00	99.99	$1.083R_xO_y \cdot Al_2O_3 \cdot 5.693SiO_2$
49	NHZG3	湖北枝江关庙山红陶	大溪文化	56.81	14.59	5.71	0.74	2.38	0.63	1.53	0.51	0.33	5.56	11.51	2.10	100.30	
				63.98	16.43	6.43	0.83	2.68	0.71	1.72	0.57	0.37	6.26	0.00	0.00	99.98	$1.197R_xO_y \cdot Al_2O_3 \cdot 6.607SiO_2$
50		四川巫山大溪彩陶	大溪文化	69.50	17.86	3.11	0.95	0.29	0.98	2.89	0.92	0.00	0.00	3.19	0.00	99.69	

续表

序号	原编号	时代、品名、出土地点	文化性质	SiO_2	Al_2O_3	Fe_2O_3	TiO_2	CaO	MgO	K_2O	Na_2O	MnO	P_2O_5	烧失	C	总量	分子式
				72.02	18.51	3.22	0.98	0.30	1.02	2.99	0.95	0.00	0.00	0.00	0.00	99.99	$0.607R_xO_y \cdot Al_2O_3 \cdot 6.602SiO_2$
51	42	四川巫山大溪夹砂红陶	大溪文化	51.87	13.10	4.76	0.64	10.19	2.45	2.43	1.47	0.00	0.00	12.58	0.00	99.49	
				59.68	15.07	5.48	0.74	11.72	2.82	2.80	1.69	0.00	0.00	0.00	0.00	100.00	$2.568R_xO_y \cdot Al_2O_3 \cdot 6.720SiO_2$
52	43	四川巫山大溪黑陶	大溪文化	57.20	19.98	1.70	0.79	1.62	4.65	2.73	1.17	0.00	0.00	10.05	0.00	99.89	
				63.67	22.24	1.89	0.88	1.80	5.18	3.04	1.30	0.00	0.00	0.00	0.00	100.00	$1.085R_xO_y \cdot Al_2O_3 \cdot 4.858SiO_2$
53	44	四川巫山大溪灰陶	大溪文化	66.31	16.86	4.98	0.96	1.70	1.53	2.08	1.13	0.00	0.00	4.51	0.00	100.06	
				69.40	17.65	5.21	1.00	1.78	1.60	2.18	1.18	0.00	0.00	0.00	0.00	100.00	$0.917R_xO_y \cdot Al_2O_3 \cdot 6.672SiO_2$
54	45	湖北宜都都红花套（下层）红陶	大溪文化	62.27	18.60	5.13	0.94	3.70	0.45	1.75	0.50	0.00	0.00	6.33	0.00	99.67	
				66.71	19.93	5.50	1.01	3.96	0.48	1.87	0.54	0.00	0.00	0.00	0.00	100.00	$0.809R_xO_y \cdot Al_2O_3 \cdot 5.679SiO_2$
55	46	湖南澧县梦溪白陶	大溪文化	70.35	20.04	1.63	1.10	0.00	0.80	3.57	0.48	0.00	0.00	2.39	0.00	100.36	
				71.81	20.46	1.66	1.12	0.00	0.82	3.64	0.49	0.00	0.00	0.00	0.00	100.00	$0.455R_xO_y \cdot Al_2O_3 \cdot 5.955SiO_2$
56	47	湖北郧县青龙泉彩陶	屈家岭文化	67.12	18.08	4.56	0.00	1.54	1.60	2.63	1.19	0.00	0.00	3.06	0.00	99.78	
				69.40	18.69	4.71	0.00	1.59	1.65	2.72	1.23	0.00	0.00	0.00	0.00	99.99	$0.805R_xO_y \cdot Al_2O_3 \cdot 6.301SiO_2$
57	48	湖北郧县青龙泉灰陶	屈家岭文化	67.54	17.16	6.60	0.92	1.85	1.32	2.37	0.65	0.00	0.00	1.17	0.00	99.58	
				68.63	17.44	6.71	0.93	1.88	1.34	2.41	0.66	0.00	0.00	0.00	0.00	100.00	$0.916R_xO_y \cdot Al_2O_3 \cdot 6.677SiO_2$
58		屈家岭薄胎黑陶	屈家岭文化	60.54	18.27	5.41	1.05	1.45	1.14	2.60	0.44	0.04	2.43	3.29	1.31	96.66	
				64.84	19.57	5.79	1.12	1.55	1.22	2.78	0.47	0.04	2.60	0.00	0.00	99.98	$0.855R_xO_y \cdot Al_2O_3 \cdot 5.622SiO_2$
59		屈家岭泥质浅灰陶	屈家岭文化	64.85	19.80	6.41	0.87	0.75	1.80	2.16	0.87	0.04	0.46	1.68	0.00	99.69	
				66.17	20.20	6.54	0.89	0.77	1.84	2.20	0.89	0.04	0.47	0.00	0.00	100.01	$0.773R_xO_y \cdot Al_2O_3 \cdot 5.558SiO_2$
60	58	上海青浦崧泽红陶	马家浜文化	55.98	16.70	5.49	0.83	1.53	2.77	2.75	1.08	0.00	0.00	12.44	0.00	99.57	
				64.25	19.17	6.30	0.95	1.76	3.18	3.16	1.24	0.00	0.00	0.00	0.00	100.01	$1.144R_xO_y \cdot Al_2O_3 \cdot 5.687SiO_2$
61	59	上海青浦崧泽红陶	马家浜文化	63.27	18.06	7.07	1.08	1.06	2.20	3.26	0.80	0.08	0.30	2.11	0.00	99.29	
				65.11	18.58	7.28	1.11	1.09	2.26	3.35	0.82	0.08	0.31	0.00	0.00	99.99	$1.027R_xO_y \cdot Al_2O_3 \cdot 5.946SiO_2$
62	60	上海青浦崧泽灰陶	马家浜文化	63.28	20.82	5.28	1.01	0.53	2.65	3.26	1.22	0.00	0.00	2.38	0.00	100.43	
				64.54	21.23	5.39	1.03	0.54	2.70	3.32	1.24	0.00	0.00	0.00	0.00	99.99	$0.857R_xO_y \cdot Al_2O_3 \cdot 5.158SiO_2$

续表

序号	原编号	时代、品名、出土地点	文化性质	SiO₂	Al₂O₃	Fe₂O₃	TiO₂	CaO	MgO	K₂O	Na₂O	MnO	P₂O₅	烧失	C	总量	分子式
63	61	上海青浦菘泽灰陶	马家浜文化	64.79	18.85	6.65	1.03	0.65	2.03	3.27	1.10	0.05	0.34	1.35	0.00	100.11	
				65.60	19.09	6.73	1.04	0.66	2.06	3.31	1.11	0.05	0.34	0.00	0.00	99.99	$0.930R_xO_y \cdot Al_2O_3 \cdot 5.831SiO_2$
64	62	上海金山亭林灰陶	良渚文化	54.09	21.34	9.45	1.29	1.14	2.36	2.71	0.80	0.08	3.21	3.98	0.00	100.45	
				56.07	22.12	9.80	1.34	1.18	2.45	2.81	0.83	0.08	3.33	0.00	0.00	100.01	$1.050R_xO_y \cdot Al_2O_3 \cdot 4.301SiO_2$
65	65	江西修水跑马岭红陶	新石器时代	50.14	29.38	4.16	1.26	1.40	0.10	2.39	0.23	0.00	0.00	10.55	0.00	99.61	
				56.30	32.99	4.67	1.41	1.57	0.11	2.68	0.26	0.00	0.00	0.00	0.00	99.99	$0.341R_xO_y \cdot Al_2O_3 \cdot 2.896SiO_2$
66	66	江西修水跑马岭夹砂灰陶	新石器时代	66.11	19.00	4.02	0.72	0.38	1.09	2.03	0.20	0.00	0.00	6.87	0.00	100.42	
				70.67	20.31	4.30	0.77	0.41	1.17	2.17	0.21	0.00	0.00	0.00	0.00	100.01	$0.499R_xO_y \cdot Al_2O_3 \cdot 5.904SiO_2$
67	67	广东曲江石峡灰陶	石峡文化	56.64	22.09	3.52	0.93	2.43	0.99	2.98	0.23	0.00	2.94	7.05	0.00	99.80	
				61.07	23.82	3.80	1.00	2.62	1.07	3.21	0.25	0.00	3.17	0.00	0.00	100.01	$0.728R_xO_y \cdot Al_2O_3 \cdot 4.350SiO_2$
68	68	广东曲江石峡灰陶	石峡文化	60.86	20.18	2.98	0.94	0.28	0.86	2.85	0.20	0.00	3.81	6.87	0.00	99.83	
				65.47	21.71	3.21	1.01	0.30	0.93	3.07	0.22	0.00	4.10	0.00	0.00	100.02	$0.593R_xO_y \cdot Al_2O_3 \cdot 5.117SiO_2$
69	69	广东南海西樵山陶	新石器时代	68.04	16.38	2.80	0.76	0.23	0.00	2.41	0.76	0.00	0.00	8.47	0.00	99.85	
				74.46	17.93	3.06	0.83	0.25	0.00	2.64	0.83	0.00	0.00	0.00	0.00	100.00	$0.429R_xO_y \cdot Al_2O_3 \cdot 7.046SiO_2$
70	72	福建闽侯昙石山（下层）灰陶	昙石山文化	65.67	22.51	4.15	1.28	0.56	1.25	2.96	0.58	0.00	0.00	1.44	0.00	99.84	
				66.74	22.88	4.22	1.30	0.64	1.27	3.01	0.59	0.00	0.00	0.00	0.00	100.01	$0.515R_xO_y \cdot Al_2O_3 \cdot 4.949SiO_2$
71	73	福建闽侯昙石山（下层）细砂灰陶	昙石山文化	52.52	19.88	9.14	1.16	0.56	1.20	1.30	1.29	0.00	0.00	7.71	0.00	94.76	
				60.33	22.84	10.50	1.33	0.64	1.38	1.49	1.48	0.00	0.00	0.00	0.00	99.99	$0.749R_xO_y \cdot Al_2O_3 \cdot 4.482SiO_2$
72	74	云南元谋大墩子红陶	新石器时代	54.02	20.28	12.79	2.12	0.45	1.71	3.23	0.34	0.00	0.00	4.66	0.00	99.60	
				56.90	21.36	13.47	2.23	0.47	1.80	3.40	0.36	0.00	0.00	0.00	0.00	99.99	$0.989R_xO_y \cdot Al_2O_3 \cdot 4.520SiO_2$
73	75	云南元谋大墩子红陶	新石器时代	64.60	20.71	4.48	0.89	0.66	2.37	2.22	2.30	0.00	0.00	1.81	0.00	100.04	
				65.76	21.08	4.56	0.91	0.67	2.41	2.26	2.34	0.00	0.00	0.00	0.00	99.99	$0.839R_xO_y \cdot Al_2O_3 \cdot 5.293SiO_2$
74	76	西藏林芝云星夹砂红陶	新石器时代	55.87	16.72	5.39	0.75	7.54	3.52	1.59	2.07	0.00	0.00	6.18	0.00	99.63	
				59.79	17.89	5.77	0.80	8.07	3.77	1.70	2.22	0.00	0.00	0.00	0.00	100.01	$1.923R_xO_y \cdot Al_2O_3 \cdot 5.671SiO_2$
75	EN10	辽宁沈阳北陵砂质陶		60.80	15.60	7.14	1.30	1.72	0.91	3.26	0.91	0.06	2.91	5.37	0.00	99.98	

续表

序号	原编号	时代、品名、出土地点	文化性质	SiO₂	Al₂O₃	Fe₂O₃	TiO₂	CaO	MgO	K₂O	Na₂O	MnO	P₂O₅	烧失	C	总量	分子式
76	77	辽宁沈阳北陵红陶	与细石器共存	64.26	16.49	7.55	1.37	1.82	0.96	3.45	0.96	0.06	3.08	0.00	0.00	100.00	$1.208\,R_xO_y \cdot Al_2O_3 \cdot 6.612SiO_2$
				61.27	15.98	6.49	1.48	1.37	0.90	4.18	2.16	0.07	2.05	0.00	0.00	95.95	
				63.86	16.65	6.76	1.54	1.43	0.94	4.36	2.25	0.07	2.14	0.00	0.00	100.00	$1.280\,R_xO_y \cdot Al_2O_3 \cdot 6.508SiO_2$
77	78	辽宁赤峰水泉红陶	红山文化	65.91	13.07	4.52	0.73	4.95	2.71	3.19	0.91	0.00	0.00	3.43	0.00	99.42	
				68.66	13.62	4.71	0.76	5.16	2.82	3.32	0.95	0.00	0.00	0.00	0.00	100.00	$1.883\,R_xO_y \cdot Al_2O_3 \cdot 8.554SiO_2$
78	79	辽宁赤峰水泉红陶	红山文化	62.68	14.92	5.76	0.84	6.30	2.00	2.46	1.28	0.00	0.00	3.75	0.00	99.99	
				65.13	15.50	5.99	0.87	6.55	2.08	2.56	1.33	0.00	0.00	0.00	0.00	100.01	$1.746\,R_xO_y \cdot Al_2O_3 \cdot 7.130SiO_2$
79	80	内蒙巴林左旗富河沟门细砂灰陶	与细石器共存	66.60	15.36	3.78	0.00	3.08	1.00	2.92	2.35	0.00	0.00	5.52	0.00	100.61	
				70.04	16.15	3.98	0.00	3.24	1.05	3.07	2.47	0.00	0.00	0.00	0.00	100.00	$1.144\,R_xO_y \cdot Al_2O_3 \cdot 7.359SiO_2$
80	81	新疆吐鲁番喀拉和卓夹砂灰陶	与细石器共存	65.61	17.06	5.18	0.72	1.15	1.99	3.27	2.73	0.00	0.00	2.91	0.00	100.62	
				67.15	17.46	5.30	0.74	1.18	2.04	3.35	2.79	0.00	0.00	0.00	0.00	100.01	$1.137\,R_xO_y \cdot Al_2O_3 \cdot 6.526SiO_2$
81	TW1-1	香港东湾砂质灰黄陶	新石器文化	65.90	16.78	1.47	0.26	0.23	0.16	2.98	0.26	0.01	0.58	11.16	1.15	99.79	
				74.35	18.93	1.66	0.29	0.26	0.18	3.36	0.29	0.01	0.65	0.00	0.00	99.98	$0.367\,R_xO_y \cdot Al_2O_3 \cdot 6.664SiO_2$
82	TW1-2	香港东湾砂质灰黄陶	新石器文化	63.08	17.87	1.22	0.31	0.20	0.13	3.12	0.24	0.02	0.47	12.97	1.72	99.63	
				72.79	20.62	1.41	0.36	0.23	0.15	3.60	0.28	0.02	0.54	0.00	0.00	100.00	$0.336\,R_xO_y \cdot Al_2O_3 \cdot 5.990SiO_2$
83	TW2-1	香港东湾砂质灰黄陶	新石器文化	65.15	18.32	1.86	0.19	0.24	0.22	2.96	0.23	0.01	0.96	9.68	0.00	99.82	
				72.28	20.32	2.06	0.21	0.27	0.24	3.28	0.26	0.01	1.07	0.00	0.00	100.00	$0.366\,R_xO_y \cdot Al_2O_3 \cdot 6.036SiO_2$
84	TW2-2	香港东湾砂质灰黄陶	新石器文化	62.21	19.59	1.61	0.26	0.41	0.22	2.46	0.73	0.02	0.84	11.48	0.00	99.83	
				70.41	22.17	1.82	0.29	0.46	0.25	2.78	0.83	0.02	0.95	0.00	0.00	99.98	$0.365\,R_xO_y \cdot Al_2O_3 \cdot 5.389SiO_2$
85	TW3-1	香港东湾砂质红陶	新石器文化	63.82	17.01	3.67	0.32	0.44	0.14	2.21	0.27	0.02	1.32	10.90	0.00	100.12	
				71.53	19.07	4.11	0.36	0.49	0.16	2.48	0.30	0.02	1.48	0.00	0.00	100.00	$0.454\,R_xO_y \cdot Al_2O_3 \cdot 6.364SiO_2$
86	TW3-2	香港东湾砂质红陶	新石器文化	63.56	16.51	3.65	0.36	0.45	0.14	2.17	0.28	0.03	1.46	10.85	0.32	99.46	
				71.73	18.63	4.12	0.41	0.51	0.16	2.45	0.32	0.03	1.65	0.00	0.00	100.01	$0.477\,R_xO_y \cdot Al_2O_3 \cdot 6.533SiO_2$
87	TW4-1	香港东湾砂质红陶	新石器文化	73.13	14.99	2.79	0.27	0.12	0.13	0.66	0.24	0.03	0.11	7.03	0.00	99.50	
				79.09	16.21	3.02	0.29	0.13	0.14	0.71	0.26	0.03	0.12	0.00	0.00	100.00	$0.260\,R_xO_y \cdot Al_2O_3 \cdot 8.279SiO_2$

续表

序号	原编号	时代、品名、出土地点	文化性质	SiO₂	Al₂O₃	Fe₂O₃	TiO₂	CaO	MgO	K₂O	Na₂O	MnO	P₂O₅	烧失	C	总量	分子式
88	TW5-1	香港东湾砂质印纹灰黄陶	新石器文化	67.15	18.07	1.39	0.50	0.19	0.24	1.43	0.13	0.01	0.08	10.80	0.00	99.99	
				75.29	20.26	1.56	0.56	0.21	0.27	1.60	0.15	0.01	0.09	0.00	0.00	100.00	$0.239R_xO_y \cdot Al_2O_3 \cdot 6.306SiO_2$
89	TW6-1	香港东湾泥质印纹灰黄陶		58.20	30.10	4.19	0.85	0.15	0.41	1.11	0.13	0.05	0.18	4.32	0.00	99.69	
				61.03	31.56	4.39	0.89	0.16	0.43	1.16	0.14	0.05	0.19	0.00	0.00	100.00	$0.222R_xO_y \cdot Al_2O_3 \cdot 3.281SiO_2$
90	TW7-1	香港东湾泥质灰绿色涂层灰陶		73.82	18.47	2.44	1.34	0.25	0.79	1.10	0.05	0.01	0.08	1.78	0.00	100.13	
				75.06	18.78	2.48	1.36	0.25	0.80	1.12	0.05	0.01	0.08	0.00	0.00	99.99	$0.381R_xO_y \cdot Al_2O_3 \cdot 6.782SiO_2$
91	TW7-1（涂层）	香港东湾泥质灰陶灰绿色涂层		68.26	17.53	7.56	1.35	0.22	0.67	0.65	0.16	0.10	0.26	3.24	0.00	100.00	
				70.55	18.12	7.81	1.40	0.23	0.69	0.67	0.17	0.10	0.27	0.00	0.00	100.01	$0.567R_xO_y \cdot Al_2O_3 \cdot 6.606SiO_2$
92	PN-1	台湾东卑南山东南麓泥质红陶	卑南文化	60.91	18.87	7.91	0.95	0.49	2.17	2.19	0.72	0.09	1.40	4.26	0.00	99.96	
				63.65	19.72	8.27	0.99	0.51	2.27	2.29	0.75	0.09	1.46	0.00	0.00	100.00	$0.918R_xO_y \cdot Al_2O_3 \cdot 5.477SiO_2$
93	PN-2	台湾东卑南山东南麓泥质红陶	卑南文化	61.04	16.79	7.34	0.79	0.42	1.34	2.15	1.04	0.05	2.96	6.17	0.00	100.09	
				64.99	17.88	7.82	0.84	0.45	1.43	2.29	1.11	0.05	3.15	0.00	0.00	100.01	$0.959R_xO_y \cdot Al_2O_3 \cdot 6.168SiO_2$
94	PN-3	台湾东卑南山东南麓砂质红陶	卑南文化	61.67	17.39	7.78	0.96	0.44	2.02	1.71	0.98	0.11	1.73	5.22	0.00	100.01	
				65.06	18.35	8.21	1.01	0.46	2.13	1.80	1.03	0.12	1.83	0.00	0.00	100.00	$0.975R_xO_y \cdot Al_2O_3 \cdot 6.016SiO_2$
95	PN-4	台湾东卑南山东南麓砂质红陶	卑南文化	59.71	17.11	7.25	0.80	0.61	1.67	2.36	1.11	0.06	3.49	5.68	0.00	99.85	
				63.41	18.17	7.70	0.85	0.65	1.77	2.51	1.18	0.06	3.71	0.00	0.00	100.01	$1.050R_xO_y \cdot Al_2O_3 \cdot 5.921SiO_2$
96	PN-5	台湾东卑南山东南麓砂质红陶	卑南文化	60.62	17.29	7.35	0.82	0.60	1.83	2.41	0.98	0.05	3.48	5.18	0.00	100.61	

续表

序号	原编号	时代、品名、出土地点	文化性质	SiO₂	Al₂O₃	Fe₂O₃	TiO₂	CaO	MgO	K₂O	Na₂O	MnO	P₂O₅	烧失	C	总量	分子式
97	TSY-1	台湾东卓南山东南麓砂质灰黄陶	芝山岩文化	63.52	18.12	7.70	0.86	0.63	1.92	2.53	1.03	0.05	3.65	0.00	0.00	100.01	$1.056R_xO_y \cdot Al_2O_3 \cdot 5.948SiO_2$
				34.87	24.62	10.73	0.98	2.41	1.80	0.48	0.90	0.11	4.82	17.63	0.00	99.35	
				42.67	30.13	13.13	1.20	2.95	2.20	0.59	1.10	0.13	5.90	0.00	0.00	100.00	$0.920R_xO_y \cdot Al_2O_3 \cdot 2.403SiO_2$
98	YS-S1	台湾东卓南山东南麓砂质黄陶	圆山文化	66.38	18.67	5.20	1.32	0.44	1.12	3.36	0.63	0.03	0.39	2.42	1.05	99.96	$0.730R_xO_y \cdot Al_2O_3 \cdot 6.033SiO_2$
				68.05	19.14	5.33	1.35	0.45	1.15	3.44	0.65	0.03	0.40	0.00	0.00	99.99	
99	YS-S2	台湾东卓南山东南麓砂质黄陶	圆山文化	72.59	14.21	6.29	0.93	0.37	0.60	1.66	0.51	0.06	0.28	2.56	1.05	100.06	$0.726R_xO_y \cdot Al_2O_3 \cdot 8.670SiO_2$
				74.45	14.57	6.45	0.95	0.38	0.62	1.70	0.52	0.06	0.29	0.00	0.00	99.99	
100	YS-S3	台湾东卓南山东南麓泥质黄陶	圆山文化	67.53	16.82	6.34	0.89	2.32	2.32	3.03	0.70	0.06	0.00	0.00	0.00	100.01	$1.176R_xO_y \cdot Al_2O_3 \cdot 6.812SiO_2$
				67.52	16.82	6.34	0.89	2.32	2.32	3.03	0.70	0.06	0.00	0.00	0.00	100.00	$1.176R_xO_y \cdot Al_2O_3 \cdot 6.811SiO_2$

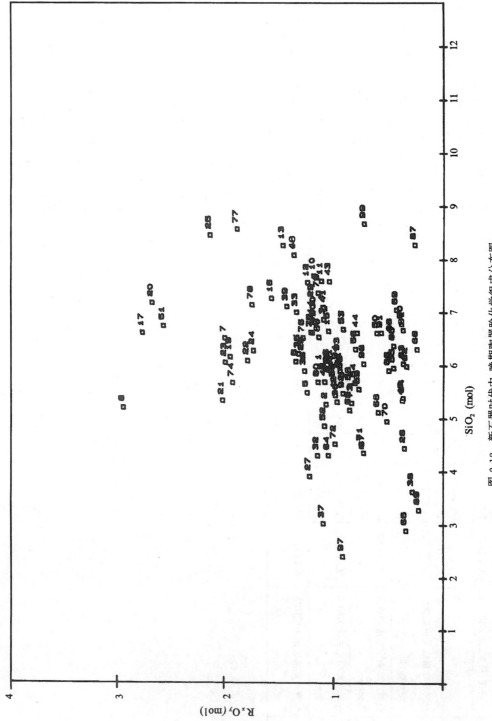

图 2-12　新石器时代中、晚期陶器胎化学组成分布图

该文作者认为所有植物茎叶和稻壳都是事先经过燃烧炭化,然后再放入粘土中加水拌和后使用[1];另一种意见认为是利用稻谷加工过程中产生的谷壳碎屑,直接加入到泥料中去,意思是没有经过事先炭化[2]。上述仿制试验,显然为第一种意见提供了有力的支持。

陶瓷学者们根据黄河流域各地的不同类型的粘土的化学组成和各地出土的陶器的化学组成的差异,曾对这一地区古代陶器可能使用的粘土原料作过讨论。有人认为黄河流域的灰陶、红陶和黑陶所用的原料主要是红土、河谷中的沉积土和黑土等,而不是普通的黄土[3]。另外,有人根据在西安附近所采集的黄土的化学组成和马家窑文化半山类型的三个陶器的化学组成相近而认为这些陶器的原料就是我国黄河流域上游(黄土高原)大量存在的含有伊利石的砂质黄土[4]。这种对我国古代陶器所用原料的认识上的差别并不奇怪,事实上,这些粘土都有可能被用来作制陶原料,因为它们只要能满足在和水以后较易制成一定形状的器物而不发生太大的变形,以及在干燥时不发生太大的收缩而开裂的要求,就可以作为制陶原料。对这些粘土来说这一要求是不高的,而且在必要时和在制造大型器物时还可以加入"羼和料"以改善这些性能。

事实是决定古代陶器所用原料的主要因素是就地取土。如某一遗址地处黄河两岸附近,先民们就会使用黄河边上的冲积土作为制陶原料。如果距黄河较远就会使用黄土作原料。像在长江下游的近海地区,上海青浦县崧泽遗址的某些陶器中发现有微体化石、硅藻以及孢子花粉,说明它们所用的原料为湖泊或海滨的沉积粘土[5]。在东南沿海地区则更是这样,如福建闽侯县昙石山遗址发掘者们根据遗址的贝壳都是海生的,而不是闽江淡水所产,从而推测当时的海岸不会在今相距 60 公里以外的马尾,而是在海潮能到达的昙石山附近[6]。同样在昙石山陶器的显微结构中也发现有各种形状的硅藻化石(以后还会详细讨论),进一步说明昙石山陶器所用原料为海滨沉积粘土。

考古工作者一般认为新石器时代早期陶器以夹砂的灰红陶和灰黑陶为主;中期以夹砂和泥质红陶为主;晚期则以夹砂和泥质的灰陶或黑陶为主。这种以不同陶质和颜色来表示新石器时代不同阶段的陶器特点,尽管有例外,但也不无道理,因为它们都和当时所用的原料及炉窑进步有关。

二　成型、装饰和器型

新石器时代中、晚期的陶器在成型和装饰工艺上取得的进步是显著的。它不仅为陶器本身创造了许多提高产量、保证质量和增进美观的新工艺,而且也为后世陶瓷的发展开创了许多必要的条件和先例。即使时至今日,它的基本原理仍在发挥作用,所不同者只是机械力代替了人力,成熟代替了初创。

① 李家治、陈显求、邓泽群等,河姆渡遗址陶器的研究,硅酸盐学报,1979,7(2):105～112.

② 张福康,罗家角陶片的初步研究,浙江省文物考古所学刊,文物出版社,1981,54～56.

③ 周仁、张福康、郑永圃,我国黄河流域新石器时代和殷周时代制陶工艺的科学总结,考古学报,1964,(1):1～27.

④ Vandiver, P., The implications of variations in Neolithic storage vessels in China and the Near East, Archeomaterials, 1988, 2(2):139～174.

⑤ 陈显求、陈士萍、罗宏杰等,崧泽遗址古陶的化学组成、痕量元素和显微结构,古陶瓷科学技术 2——国际讨论会论文集(ISAC'92),李家治、陈显求主编,上海古陶瓷科学技术研究会,1992,18～28.

⑥ 福建省博物馆,闽侯县石山遗址第六次发掘报告,考古学报,1976(1):83～119.

（一）成型工艺

新石器时代早期陶器一律用手工成型，基本上都使用捏塑成型，不见慢轮修整。但到中、晚期的陶器则出现多种手工成型方法，除去捏塑外，又出现泥条盘（叠）筑法[①]和模制法。根据实物观察，我国大部分陶器都是采用泥条盘（叠）筑法，使它成为在陶轮出现之前我国陶器成型的主要方法。即使到今天，我国某些少数民族地区，也还在使用这种成型方法。由于在用这种方法成型的陶坯半干时都需经过用适当工具分别在外表和内壁进行拍打和修整，使泥条连接得坚实紧密和不留痕迹。所以在陶器烧成后一般也就不易观察到泥条连接处的痕迹，特别是在陶器的外表，但往往在内壁还是可以看到泥条叠筑的痕迹。不过对较大型的小口整器则很难看到。曾有人用静电复印 X 射线照相术（Xeroradiography）对马家窑文化半山类型的双耳彩陶壶作过研究并详细地描述了它的成型工艺。[②]图 2-13 为这一彩陶壶照片及其剖面示意图。图 2-14 为彩陶壶的静电复印 X 射线照片和根据照片绘成的示意图。经过对这个彩陶壶的外观和静电复印 X 射线照片的观察，发现壶底不甚平整，以及在静电复印 X 射线照片上没有显示气孔和连接痕迹，说明壶底可能是用一块经过拍打的泥饼制成。然后在这个泥饼上用 7～8 毫米的方形泥条一圈叠上一圈逐步向上叠筑（但也有将器身和器底分别制成后，再进行接合，如中原地区早期龙山文化的陶器）。这从在壶的口颈部和壶腹的下部都可以清楚看出泥条叠筑时所留下的痕迹，在整个壶的腹部都显示出由于密度不同而形成的斑纹，这是由于在泥条叠筑后经过在外表用适当工具（木板或陶拍）拍打，内部用适当工具（石块）作衬垫的整修工序所造成的。这道工序可使各圈泥条接合紧密和使整个坯体坚实。在整个器身完成后，又将两耳、壶颈和口沿连接上去。两耳是用制好的半干的泥条拼接；颈部则仍用泥条叠筑。从图 2-14 还可看到壶身和壶耳和连接部位存有小裂纹，并可看到在拼接壶耳部位的壶身较其他部分略厚，这是在内壁附加一小片泥土以增强壶耳和壶身的结合强度的结果。在壶颈和壶身的结合部位也使用了较厚的泥条以增加结合牢度。在壶颈上部和口沿处还可见到一圈圈轮纹，说明它们都经过慢轮修整。

在泥条叠筑和拼接工序完成后，接着就是外表面的抹平和磨光，随后就是彩绘。在整个成型工序中未发现有模制迹象包括底部和双耳。这些工序的细节和使用的工具现在还不太清楚，但可以肯定一件陶器的完成必须经过多道工序。有了当时先民们的勤劳智慧的创造，才有这一时期制陶工艺和艺术上的辉煌成就和发展。

仰韶文化的考古发掘中还发现另一种成型方法，可称为泥条盘筑法。它是采用长泥条连续作螺旋式的向上盘筑。这种成型方法所留下的痕迹一般出现在小口尖底瓶上，可以认为它只适用于小型器皿。

上述泥条叠筑成型方法虽只涉及少数地区和少数器物的研究和观察，但它可能有一定的代表性。至于模制成型法则比较少见，它可能用于某些特殊器型的局部。如在龙山文化的考古发掘中曾发现有一种圆锥形陶模，它可能是用作陶鬶的袋形足的内模。另外在台湾新石器时

---

① 过去统称为泥条盘筑法。考虑到它是用短泥条一圈叠上一圈逐步向上叠筑，故改称泥条叠筑法，有别于用长泥条一圈盘上一圈逐步向上盘逐的泥条盘筑法。

② Vandiver, P., The implications of variations in Neolithic storage vessels in China and the Near East, Archaeomaterials, 1988, 2(2):139~174.

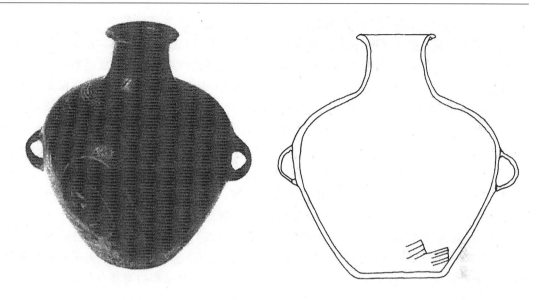

图 2-13　马家窑文化半山类型双耳彩陶壶照片及其剖面示意图

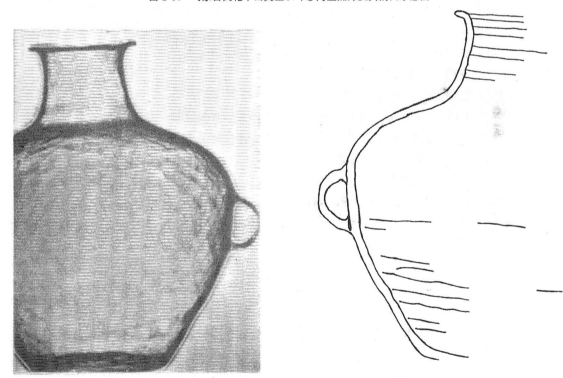

图 2-14　马家窑文化半山类型双耳彩陶壶的静电复印 X 射线照片和根据照片绘制的示意图

代早期(相当于大陆新石器时代晚期)曾使用一种外模成型方法[1],它是用粘土拍打在以编织品作为外模的内部,待泥坯半干时,移去编织品外模,并修整器口和器肩,在器腹的中段以下则留印有绳纹。近年来在湖北秭归县朝天咀遗址下层发现一种可能较大溪文化为早的陶器,它的

---

① 刘良佑,台湾地区新石器时代陶器初探,古陶瓷科学技术 2——国际讨论会论文集(ISAC'92),李家治、陈显求主编,上海古陶瓷科学技术研究会,1992,411~443.

成型方法不同于其上层所用的泥条叠筑法,而是用直径为 4～5 厘米的泥片拼接成整个陶器,在其内壁可见泥片拼接痕迹,在其断面也可见到泥片相叠形成的接合面。其外表则可见到由拍印形成的绳纹。根据上下层出现的不同成型方法,可设想这种用泥片拼接成型方法可能较泥条叠筑更早和更原始,但已较捏塑法进步,而处于捏塑法和泥条叠筑法之间[①]。在深圳大鹏咸头岭也发现小型白陶罐、杯等也是用泥片拼接成型,可见这种成型法在我国各地都可能存在过。

以上关于新石器时代中、晚期陶器的成型方法,只不过是在轮制陶器出现之前的一个简单的概况,但可以肯定在黄河流域出土的这一时期的陶器的成型方法主要应是泥条叠筑法。无疑,这一方法已较捏塑法有了很大进步。它的优点在于可以制作大型器物,获得形状规整和较坚实的陶坯以及由于在整型过程中能拍印一些纹饰。在考古发掘报告中一般只从外观上判断其是手制还是轮制,而没有谈及它的成型方法,所以我们从这些报告中尚不能得出新石器时代早期陶器,如裴李岗和磁山出土的陶器的确切成型方法,但从两地出土的陶器的质地粗松易碎,多为素面,器壁厚薄不匀以及未经慢轮修整的情况来看,这些陶器多数仍是使用捏塑法成型的可能性较大,从而可以认为新石器时代中、晚期陶器已较早期的陶器在成型方法上跨了一大步。

在新石器时代中、晚期陶器成型方法上另一更有划时代进步的则是慢轮修整和陶轮(快轮)成型方法的出现。考古界比较一致的意见是慢轮出现在仰韶文化中期,快轮出现于大汶口文化晚期,盛行于山东龙山文化时期。近年来上海青浦崧泽遗址出土的陶器已显示其是经过快轮修整,说明我国快轮出现时期还可能提前。所谓慢轮即是利用木材、石质或陶质制成的可以自由转动的圆盘,有的可能已将圆盘放置在埋于地下的木轴上转动,这种圆盘只能随转随停,而不能作较长时间的连续转动。因此只能作陶器的修整。所谓快轮即是这种圆盘已能作惯性转动。转动时间的长短则根据惯性大小而定。这种快轮也就是近代陶瓷工业中所用的辘轳车的雏形。快轮的出现为拉坯成型和整体修整创造了必要条件。龙山文化出土的黑陶,整体浑圆端正,器壁薄而均匀,内外留有轮纹,说明它无疑是在快轮上制成的。今天在我国某些少数民族地区所保留的原始制陶工艺中,还可看到慢轮和快轮的同时存在。新石器时代中、晚期陶器的成型经由慢轮到快轮是陶瓷工艺中具有重要意义的进展,它的出现对提高质量和增加产量都起着非常重要的作用。

(二) 装饰艺术

古代陶器的装饰可能是因美观的需要、实用的需要和烧制工艺的需要而形成的。它是在先民们长期经验的积累和不断创造、改进中发展起来的。从整个新石器时代陶器的装饰研究中都可以看到它们从初创到成熟的过程。

最早的装饰则是用来对陶器表面的修饰。不管是砂质陶还是泥质陶,它们的粗糙而又不平整的表面总是令人不愉快的,因此最简单,可能也是最早的尝试就是在陶坯成型后,处于半干状态时用手和水将表面抹平,甚至在表面涂上一层泥浆,即所谓陶衣。这在新石器时代早期陶器的表面已经出现,在前节中已经详细讨论过。到了仰韶文化以及随后的各个文化的彩陶上所出现的陶衣已不仅是为了改善陶器的表面,而是为了美观的需要,如白色陶衣上可以加红、褐、黑色彩而使陶器更加丰富多姿。

① 吴崇隽,长江中游流域新石器时代制陶工艺初探,中国陶瓷,1(1):56～59.

　　另外一种改善粗糙表面的措施是借用简单的工具,如砾石或骨器在陶器半干的表面进行摩擦而使它光滑,早期的裴李岗和磁山出土的陶器都曾出现过这种表面磨光的陶器。到了仰韶文化的彩陶和龙山文化的黑陶,这种磨光技术已臻成熟,使得这些陶器的表面几乎光可鉴人。

　　与使陶器表面光滑的装饰工艺相反的措施则是在陶表面加上各种纹饰。一种最早和最常见的,几乎流行于整个新石器时代各个地区,各种文化类型出土的陶器表面的纹饰即是粗细绳纹,随后又出现各种图案的纹饰如篦(点)纹、弦纹、篮纹、贝(印)齿纹、指甲纹、方格纹和几何纹等。这些纹饰有的是先在木板或陶拍上刻成各种纹样的阴文后,再拍印到半干的陶坯上,有的则是用适当粗细的绳子缠绕在拍子上,然后再拍印到半干的陶坯上。仔细观察带有各类印纹的陶器表面,可以发现某些纹饰是由相同的单元组成的,而且有时在交接处还会出现交错和重叠的现象,这可作为推测上述拍印方法的佐证。现在在少数民族地区所保留的古老制陶工艺还在使用这种类似的拍印方法可作为另一佐证。有的则是用诸如木棒、篦状物或贝壳在陶坯上刻划或压印成线条、点状或几何形纹饰。有的则是在圈足器上镂成方、圆或三角形的孔。有的则是在陶器各个部位的表面堆塑上各种花纹。总之陶器的纹饰是多种多样的,很难一一详说。

　　关于纹饰成因的讨论,国内外有些研究者曾有篮纹和绳纹是由于在陶器成形时使用了带有篮纹或绳纹的模子或者是由于使用了某种编织物作为印模而形成的说法。根据多数陶器纹饰的大量资料以及所进行的有关仿制试验所揭示的情况,大部分可能还是由于拍印方法形成的。

　　彩绘也是中国古代陶器上一种普遍流行的装饰。它萌芽于新石器时代早期,成熟和普遍应、用于新石器时代中、晚期的陶器,如最著名的仰韶文化彩陶。其他如马家窑、大汶口、屈家岭、大溪及北阴阳营等诸文化也都出土大量彩绘陶器。这些彩绘多数是绘在器物的外表,但也有绘在盆的内部。西安半坡仰韶文化出土的绘有人面纹和鱼纹的彩陶盆就是一件颇具特色而闻名于世的彩陶,见彩图 2-15。彩绘陶的彩多数是先绘在泥坯上再烧成,但也有是在陶器烧成后再绘上去而未经火烧。

　　彩绘的纹样亦多种多样,一般有简单的宽带纹、平行线纹、条纹、圆点纹、斜线纹、波折纹以及一些组合的网纹、方格纹、三角纹、甚至有仿生和表现当时人们生活的彩绘如人面纹、鱼纹、蛙纹、龟纹、鸟纹、鹿纹以及集体舞蹈纹等。这些彩绘虽都非常简单,但却非常生动逼真,充分表现了绘画者的想象力和创造才能,都是十分难得的艺术精品。它们为我们提供了原始社会先民们生活和生产活动的可靠写照。

　　彩绘的颜色有红、紫褐、黑褐和白四种。一般黑褐彩较多,如仰韶文化和马家窑文化多用黑彩描绘。多数彩绘就是直接描绘在陶器上,但也有的是在彩绘之前,先在陶器上涂抹一层陶衣,陶衣也有红、白、黑三种。如在白色陶衣上,再加上红、黑两色彩绘,使色彩更为丰富。

　　根据对陶衣和彩的化学分析,说明红色陶衣和赭红彩的化学组成和一般陶器差别不大,只是其中 Fe_2O_3 的含量较高,一般在 10% 左右。而白色陶衣和白彩的 Fe_2O_3 含量则非常低,一般在 2% 左右。黑彩则不然,如大溪文化枝江关庙山彩陶的黑彩,除去含有很高的 Fe_2O_3(约 14%)外,还有很高的 MnO(约 7%)。由此可见,红色陶衣和赭红色彩的主要着色剂为 Fe_2O_3。紫褐色和黑褐色彩的主要着色剂是 Fe_2O_3 和 MnO,其中往往也含有 0.10% 左右的 CoO,由于 CoO 有非常强的着色作用,可能对色调也会产生一定的影响。有人根据彩料的化学组成以及在仰韶文化遗址中往往发现有赭石和研磨工具,认为赭红色彩料中可能使用了赭石。黑彩的色料可能就是一种含 Fe_2O_3 很高的红土,但含 Fe_2O_3 和 MnO 都很高的红土尚不多见。有人认为关庙山彩陶的黑彩就是以该遗址附近的铁锰结核矿为原料,则更为可信。总之,这些彩料所用的原料或添加物,现尚无足够的资料作出更可信的推测。

图 2-16　江苏邳县大墩子彩陶胎、白色陶衣
及黑彩的显微结构,正交光,×250

白色陶衣和白彩中除含有少量 Fe_2O_3 外,基本上没有其他着色剂,很可能就是含 Fe_2O_3 很低的和颗粒度极细的粘土。从涂有白色陶衣和加绘黑彩的江苏邳县大墩子彩陶的显微结构(图 2-16)可以看出,白色陶衣中只有少量玻璃相和大量云母、石英等亚微观颗粒。其矿物组成和结构均和胎相似,只是颗粒要细得多。黑彩中已含有较多的玻璃相,并有赤铁矿析出。这当然是由于成分中含有多量 Fe_2O_3 和在氧化气氛中烧成之故。白色陶衣的显微结构同样说明它所用的原料可能是一种含 Fe_2O_3 很低和颗粒度比胎更细的粘土。

新石器时代中、晚期的彩陶所涉及到的三种着色氧化物不仅在当时为丰富人类多彩的生活起过非常重要的作用,而且在后世陶瓷釉和彩的使用中一直长盛不衰,特别是 Fe_2O_3 在数千年的发展中始终成为青、黄、黑、红等色的主要着色氧化物而形成铁系釉和铁系彩料两大系列。

(三) 器型及其功用

陶器的出现,就是为了满足人民生活的需要。所以一开始的器型就是用于烧煮、储藏、食用的罐、钵、盆、碗之类。到了后来器型就逐渐增多。如仰韶文化时期就有杯、钵、碗、盆、罐、瓮、盂、瓶、甑、釜、鼎、灶、器盖和器座等,其中以釜灶、尖底瓶和鹰形鼎最具特色。随后在器型上又出现了斝、盉、鬲、鬶、甗等,这些器物在形式和装饰上亦多种多样,从而形成各文化和其类型的特色。考古工作者就根据在发掘时地层中陶片叠压次序,器型演变,装饰风格等研究各文化及其类型之间的关系和分期。

值得一提的是这一时期的陶器除了满足日常生活的需要外,已经进入到满足生产的需要。如在许多文化遗址中都发现有陶网坠和陶纺轮。前者用于捕捞,后者用于纺织。它们是用粘土制成或用陶片磨制。事物虽小,但却标志着陶制品从日常生活领域跨入生产领域的第一步,开创了后世陶瓷广泛应用于生产的先例。

三　烧制工艺

新石器时代中、晚期的陶器的烧成工艺也获得许多突出的进展。各遗址较普遍地发现炉窑遗存,目前已发现的这一时期的陶窑 100 多座。窑的结构也不断在改进。烧成温度亦有所提高。火焰的走向也比较合理,从而使窑内温度分布较为均匀。正是这些炉窑的改进和烧成温度的提高,才使这一时期陶器具有颜色均匀的外观和较坚实的陶胎,而不像新石器时代早期的陶器多数粗松易碎且颜色不均。

（一）炉窑

从考古发掘资料来看,这一时期陶窑的建造多是挖地为窑,根据火膛和窑室相处的位置,可分为横穴窑和竖穴窑。横穴窑的火膛和窑室基本上处在同一平面上,而竖穴窑的火膛则位于窑室的下方。这种挖地为窑较之把窑建筑在地面上(西亚地区新石器时代的陶窑则多建筑在地面上)有易于修建,使用时间长,不易倒塌,保温好且能达到较高的温度的许多优点。它是使我国这一时期陶器能具有较高质量的保证。

仰韶文化早期的陶窑和裴李岗发现的那座在构造上基本相似,多数属于圆形横穴窑。一般容积都比较小,其窑室直径也就是 1 米左右。现以西安半坡的横穴窑为例,火膛是一个略呈穹形的筒状甬道,火焰由此经过三条倾斜而上的火道,从火口进入窑室,火口均匀分布在圆形窑室的四周。发掘时窑室上部无存,但从残存的窑壁上部向里微斜,可见窑的顶部开口处必较底部为小。为了放入待烧的陶坯以及燃烧烟气的排出,最上部必然有一开口处。目前还不知道在烧窑时这一开口是如何设置的。图 2-17 为这类窑的复原示意图。

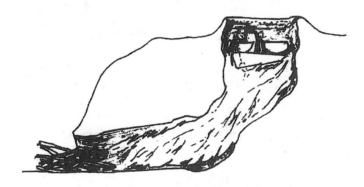

图 2-17　仰韶文化西安半坡遗址横穴窑复原示意图

到了仰韶文化后期,陶窑在构造上已有所不同。如在郑州林山砦遗址发掘的一座火膛保存较好的陶窑[1],窑室为圆形,直径 1.3 米,残高 0.4 米,窑壁略向内倾斜。窑底有两条间隔 0.2 米对称的呈类似"业"字形的火道。在窑底的前部下方有一长约 1.1 米,宽约 0.7 米的火膛。火膛上方有一隔梁。可能由于窑底上部残缺,发掘报告中也未提及火道上是否留有火孔,如果火道上留有火孔,则火道才会具有使窑内温度均匀的作用。这类窑的特点就是火膛已向窑室靠拢,逐步摆脱横穴窑的早期形式。图 2-18 为郑州林山砦陶窑平、剖面图。

待至龙山文化的陶窑,在构造上已有了较大的改进。如在河南陕县庙底沟发掘的一座保存较好的陶窑[2],窑室呈圆形,直径不到 1 米;窑壁向内倾斜度较大以便于收顶;窑底上较为均匀地分布着 25 个火孔,火孔下部与三个主火道及若干支火道相通。火孔大小不等,似乎有意识地使离火膛较近者则较小的有意识安排。这种多火道和多火孔,且有大小之分的布置肯定对窑内温度的均匀性有显著的作用。火膛较深,已有较大部分处于窑室的下部,这对提高烧成温度会有较大的作用。其构造见图 2-19。

① 河南省文化局文物工作队第一队,郑州西郊仰韶文化遗址发掘简报,考古通讯,1959,(2):1～5.
② 中国科学院考古研究所,庙底沟与三里桥,科学出版社,1959.

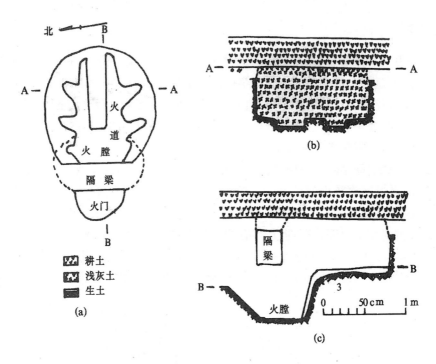

图 2-18　仰韶文化郑州林山砦陶窑平、剖面图

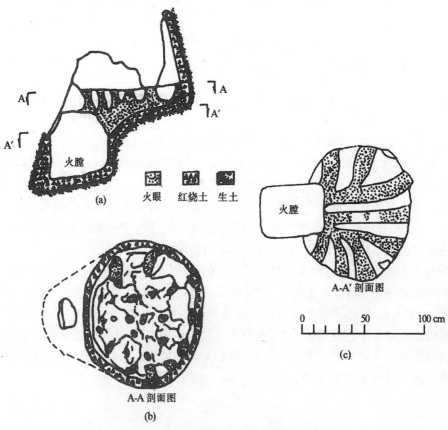

图 2-19　龙山文化河南陕县庙底沟陶窑平、剖面图

以上所列举的陶窑的窑室多呈圆形,但在马家窑文化以及红山文化的遗址中也发现有窑室呈方形或长方形的陶窑,而且在后者的白斯朗营子村四棱山遗址还发现有颇具特色的窑室为长方形的带有两个火膛的陶窑[①],窑室长 2.7 米,宽为 1 米。开创了后世一窑带有一个以上的火膛的先例。火膛与窑室之间有一道隔梁。火焰经过斜坡状火道从隔梁下进入窑室。窑室底部有 8 个大小不等、形状不一的由土石堆砌成的土石墩,当为置放陶坯之用。土石墩中的间隔即形成遍布窑底的火道。有趣的是面向两个火膛的 4 个土石墩的端部都呈锥形。由于发掘报告中未加细说,不知这一造型是在建窑时有意识建成还是在长期使用中受到火焰冲刷而形成的。如属前者,则不得不惊叹先民们的智慧。它和前面所述及的庙底沟陶窑的火孔离火膛近则较小,而离火膛远则较

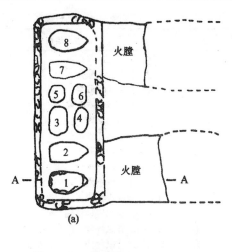

图 2-20　红山文化辽宁敖汉旗四棱山陶窑平、剖面图

大,有异曲同工之妙。这两种措施都有利于火焰走向,而使窑室温度达到均匀的效果。两个火膛均为直接在黄土层掏洞而成,残高为 0.6~0.9 米,局部还保有残顶。全长约 1.8 米,宽约 0.8~0.95 米。发掘时窑内尚留有陶器。其平、剖面图如图 2-20 所示。

新石器时代中、晚期陶窑的改进主要表现在两个方面:一是陶窑的窑室和火膛的位置发生了变化。从中期的火膛离窑室较远而逐步向窑室靠拢,到了晚期已部分移到窑室下部。这种构造有利于窑内温度的提高。二是陶窑具有的火道和火孔数增多。中期只有少数火道,到晚期则发展成比较均匀分布的多条火道和多个火孔。这种构造可使窑内温度均匀,但总的看来这一时期的陶窑,尽管取得了这些进步,而火焰经过火道和窑室还是一走而过,不利于温度的提高。所以一般只能烧到 1000℃ 以下。事实上这一时期的制陶原料都是易熔粘土,其最高烧成温度也就在这个范围,因此,在这两个方面都没有提高烧成温度的要求和条件。另外陶窑的容积也比较小,一般圆形窑室的直径也就在 1 米左右。但到商代以后,这种情况就发生了显著的变化,这将在下节讨论。

在总结这一时期陶窑的资料时,发现一个值得探讨的问题。在许多资料中所列举的陶窑都集中在我国北方,特别是在黄河流域。而在长江中下游及沿海地区许多文化遗址中都很少见有发现陶窑的报道。不仅像新石器时代早期的浙江河姆渡和罗家角遗址发掘中未发现陶窑遗存,而且在诸如浙江马家浜、良渚,上海崧泽等的发掘报告中都未有发现陶窑的报道。当然,没有发现并不等于该遗址就没有窑,但多数遗址都没有发现就不能不引人深思,是否可以认为在长江中、下游许多遗址都还在使用平地堆烧?也就是说还没有进入到有窑烧成阶段。而且考古工作者在发掘良渚文化遗址时曾发现黑陶往往是成堆出土,并与木炭末堆积在一起,在附近还可找到少量红烧土,因此认为,这一发现可作为良渚文化当时可能是采用平地堆烧,没有陶窑的佐

① 辽宁省博物馆,辽宁敖汉旗小河沿三种原始文化的发现,文物,1977,(12):1~7。

表 2-4 新石器时代中晚期陶器烧成温度及相关性能

序号	原编号	时代、品名、出土地点	文化性质	烧成温度（℃）	吸水率（%）
1	9	河南登封双庙底沟红陶	仰韶文化	900	6.62
2	14	河南陕县庙底沟彩陶	仰韶文化	950～1000	
3	15	河南陕县庙底沟彩陶	仰韶文化	900	
4	18	山西平陆盘南黑衣灰陶	早期龙山文化	840	6.93
5	19	河南安阳后岗灰陶	龙山文化	1000	
6	23	陕西长安客省庄红陶	龙山文化	1000±50	
7	25	甘肃天水西山坪彩陶	马家窑文化	900～1000	
8	26	甘肃甘谷西四十里铺彩陶	马家窑文化	900～1050	
9	28	青海乐都柳湾彩陶	马家窑文化（半山）	800	9.20
10	29	青海乐都柳湾红陶	马家窑文化（马厂）	760	9.85
11	30	青海乐都柳湾夹砂红陶	马家窑文化（马厂）	1020	8.17
12	31	甘肃和政齐家坪陶	齐家文化	1020～1100	
13	32	甘肃和政齐家坪陶	齐家文化	800～900	
14	33	山东兖州王因红陶	大汶口文化	1000 左右	
15	34	山东泰安大汶口白陶	大汶口文化	900	
16	35	山东日照两城镇红陶	山东龙山文化	950±20	
17	37	山东章丘城子崖白陶	山东龙山文化	800～900	
18	39	山东章丘城子崖黑陶	山东龙山文化	1000 左右	
19	41	四川巫山大溪彩陶	大溪文化	830	9.28
20	42	四川巫山大溪夹砂红陶	大溪文化	750	5.60
21	43	四川巫山大溪黑陶	大溪文化	780	7.33
22	44	四川巫山大溪灰陶	大溪文化	810	7.40
23	45	湖北宜都红花套（下层）红陶	大溪文化	600～700	
24	46	湖南澧县梦溪白陶	大溪文化	880	11.74
25	NHZG1	湖北枝江关庙山红陶	大溪文化	1019	
26	NHZG2	湖北枝江关庙山灰红陶	大溪文化	901	
27	NHZG3	湖北枝江关庙山红陶	大溪文化	912	
28	47	湖北郧县青龙泉彩陶	屈家岭文化	900 左右	
29	48	湖北郧县青龙泉灰陶	屈家岭文化	900 左右	
30	58	上海青浦崧泽红陶	马家浜文化	760	
31	60	上海青浦崧泽灰陶	马家浜文化	810	
32	61	上海青浦崧泽灰陶	马家浜文化	990±20	
33	62	上海金山亭林灰陶	良渚文化	940±20	
34	65	江西修水跑马岭红陶	新石器时代	800～900	
35	66	江西修水跑马岭夹砂灰陶	新石器时代	600～700	
36	67	广东曲江石峡灰陶	石峡文化	1000	
37	68	广东曲江石峡灰陶	石峡文化	900～1000	
38	69	广东南海西樵山陶	新石器时代	930	10.68
39	72	福建闽侯昙石山（下层）灰陶	昙石山文化	900～1000	
40	73	福建闽侯昙石山（下层）细砂灰陶	昙石山文化	950～1100	
41	74	云南元谋大墩子红陶	新石器时代	900	
42	75	云南元谋大墩子红陶	新石器时代	900	
43	76	西藏林芝云星夹砂红陶	新石器时代	600	
44	78	辽宁赤峰水泉红陶	红山文化	600 左右	
45	79	辽宁赤峰水泉红陶	红山文化	900～1000	
46	80	内蒙巴林左旗富河沟门细砂灰陶	与细石器共存	700～800	
47	81	新疆吐鲁番喀拉和卓夹砂灰陶	与细石器共存	790	5.14
48	NLNG1	辽宁旅顺郭家村泥质（下层）红陶		1006	
49	NLNG2	辽宁旅顺郭家村红陶		1089	
50	NLNG3	辽宁旅顺郭家村土黄陶		1019	

证。另外"长江中游流域新石器时代制陶工艺初探"一文作者用测试陶片的重烧后吸水率和线收缩的变化而得的这些陶片的烧成温度,其中湖北枝江关庙山陶片的烧成温度在 750～800℃之间,秭归县朝天咀陶片的烧成温度在 630～730℃之间。结合这些遗址都未发现陶窑。作者认为这些陶器很可能是采用平地堆烧的"泥壳窑"烧成的[①]。

(二) 烧成温度

已如前述,结合陶器原料和陶窑总体情况,这一时期的烧成温度主要在 800～1000℃之间波动。从表 2-4 所列的实测烧成温度可以得到支持,在所列的 50 个数据中,烧成温度在这个范围的为 40 个,约占 80%左右,其中来自黄河流域的仰韶文化、马家窑文化、齐家文化、大汶口文化和龙山文化各类陶器共有 18 个烧成温度数据,除 1 个马家窑文化马厂类型的柳湾红陶为 760℃外,其余一律在 800～1000℃之间,而且多数在 900～1000℃之间。相反,来自长江中、下游的大溪文化、屈家岭文化、马家浜文化、良渚文化以及江西、广东、福建、云南等地各类陶器计有 24 个烧成温度数据,而其中低于 800℃的倒有 5 个之多。其余的亦多在 800～900℃之间,只有个别的接近 1000℃。通过这一分析对比,似乎可以认为黄河流域的陶器要比长江中、下游的陶器具有较高的烧成温度。结合前面所提到在长江中、下游许多遗址中都未发现有窑址遗存的事实,使我们从这两个方面得出这样的推论,即在新石器时代早、中期,在南方,特别是长江中、下游的某些文化遗址居住的先民们还在使用平地堆烧的方法烧制陶器,所以它的烧成温度也较低。而在北方,特别是黄河流域的许多遗址的先民们已在使用陶窑烧制陶器,而且随着时代的进展亦已取得相当成功的改进,所以它们的烧成温度也比较高。至于这种差别的原因现在还说不清楚。是否可以认为北方,特别是在黄土高原地区易于掘地为窑,而南方,特别是近海地区,地下水位较高,不利于掘地为窑,只能进行平地堆烧,所以烧成温度也较低。但到了新石器时代晚期,东南沿海地区先民们利用南方多山的特点,将陶窑建在小山坡上,从而避免了地下水位高的问题。从此南方的陶窑就逐渐增多,烧成温度也得到了提高。

第四节　商、周至西汉时期的陶器

新石器时代的陶器主要用于生活日用器皿,也是这类陶器烧制和发展的辉煌时期。到了商代,一方面由于在南方兴起的印纹硬陶和原始瓷器,另一方面由于青铜器的大量制作,而使生活日用陶器逐渐趋向衰落,但它们的功用却并未就此结束,而是向其他方向发展,继续为人类的生活和生产发挥着独特的作用,诸如生产工具、建筑陶器、雕塑陶器等。其中可能由于原料和烧制工艺的改变,更多地出现灰陶、黑陶和白陶。在器型和装饰方面亦更加丰富多样,但在发展较慢的地区,也还在生产一些如新石器时代的陶器。在南方由于已大量烧制印纹硬陶和原始瓷器,所以本节对南方陶器的讨论较少。

陶器作为生产工具,在新石器时代最为多见的陶纺轮,为人类的纺织起过非常重要的作用。陶网坠和陶弹丸则为当时人类赖以为生的渔、猎作业提供了方便。陶拍则为印纹陶器的工艺和装饰提供了工具。它们的出现较之石器具有更多的优越性。到了商周时代,由于青铜器以及随后铁器的铸造,陶器的耐火特性以及它的易成型的优越性,成为冶炼青铜时的陶坩埚和铸

---

① 吴崇隽,长江中游流域新石器时代制陶工艺初探,中国陶瓷,1990,(1):56～59.

造青铜及铁器时的陶范的不可代替的材料。即使时至今日,这些特性在金属冶炼和铸造方面还在起着重要的作用。

商代以后,陶器最大用途当是建筑材料。商代早期已出现陶水管,晚期又出现三通陶水管,开创了地下排水二维平面铺设管道的先例,并在某些居住遗址发现用这些陶水管在地下埋设的排水系统。图 2-21 为商代陶水管的示意图。

到了西周初期又出现了筒瓦和板瓦等,以及随后出现的瓦当,它们共同构成了屋面全部用瓦铺盖的新格局,是我国建筑史上的一项突出成就。到了战国时期又出现了砖块,主要用来铺地面和镶砌壁面以加固泥土墙壁或作墙面装饰。随后的秦、汉建筑用陶又得到很大发展,工艺精益求精,形式、尺寸多种多样,如出现的空心大砖,除用以建筑墓室外,还

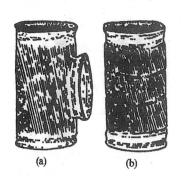

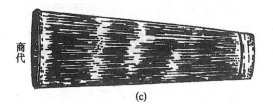

图 2-21　商代陶水管示意图(约 1/10)。

用来砌建大型建筑物的台阶。又如出现的圆形瓦当,它是在战国时的半瓦当基础上发展起来的。特别是在圆瓦当上还模印有花纹和文字,兼有实用和艺术价值。素有"秦砖汉瓦"之美誉。图 2-22 为秦、汉时的圆瓦当拓片照相。至此我国砖瓦结构房屋所用的建筑材料已基本具备,促进了我国后世建筑业的发展。

图 2-22　秦、汉时的瓦当拓片照相

陶塑作为一种艺术在新石器时代已经开始,如河姆渡遗址出土的陶猪、西安半坡遗址出土的人头像等。到了商代,陶塑动物种类增多,形象更加生动逼真。至于人物雕塑则首推闻名于世的"世界第八奇迹"的秦代兵马俑群。数量之多,体型之大,烧制之精,雕塑之美,历史价值之

高,无一不为世界之最。随后的汉代又发现多处陶俑群,它们都是华夏的雕塑精英,体现了中华民族的特色,为世人所瞩目。

在我国陶瓷史上所出现的印纹硬陶、高温釉陶、低温釉陶如著名的唐三彩、宜兴紫砂陶等都有过辉煌的过去,其中有些还在继续发挥其作用。均将在有关章节中讨论。

一　化学组成、原料及显微结构

这一时期陶器的化学组成如表 2-5 所示,根据它们所作的化学组成分布图如图 2-23 所示。从中可看出,除一个商代晚期安阳出土的白陶(序号 12)和一个汉代江苏宜兴出土的陶器(序号 31)分别处于图的左下角和中下部外,其余即大致可分为两个区域:处于图的中上部的区域为秦、汉以后的砖瓦;处于图的中部区域为包括周代及春秋战国时的砖瓦、秦代兵马俑以及商周时的陶器。处于图的左下角的序号为 12 的商代晚期安阳武官大墓出土的白陶,Al_2O_3 的含量高达 42%,Fe_2O_3 的含量仅有 1.76%,TiO_2 的含量则为 3.42%。其余熔剂的含量甚少。根据在其中发现有高岭石,推论其原料可能是属高岭土类的粘土。处于图的中下部序号为 31 的江苏宜兴出土的汉代陶器含有较高的 Al_2O_3 和较低的熔剂,它所用的原料应属于含 Fe_2O_3 较高的南方瓷石一类。

处于图中上部的秦、汉以后砖瓦的化学组成一般含 Al_2O_3 较低,熔剂含量较高;特别是 CaO 和 MgO 的含量都较高,一般在 7% 左右。这和它们原料中含有方解石和螺壳的残骸有关。"中国古代建筑陶器的初步研究"一文作者推测,它们所用原料为水运沉积粘土,属一种含熔剂较高的易熔粘土[①]。西方学者也曾对来自我国北方的三块汉代墓砖的化学组成和所用的原料进行过研究,他们认为这些墓砖所用的原料是含有较多粘土的细颗粒黄土,因为它比粗颗粒黄土含有较多的 Na_2O 和 K_2O 以及较少的 CaO 和 MgO,而且具有更好的成型性能[②]。这些结果基本上是一致的。因为所有这些砖瓦都含有 5% 左右的 Fe_2O_3,一般都属于易熔粘土范畴。

处于图的中下部区域的陶器分述如下:晋南垣曲商城是 80 年代中期发掘的我国已发现的四座商代前期城址之一。所有陶器的化学组成都和我国北方陶器的化学组成相类似,其矿物组成除含有大量的石英外,还含有云母和长石类矿物,估计其所用原料可能就是黄河流域的沉积粘土[③]。

北京延庆军都山东周山戎墓地是近年来发掘的消逝了 2400 年之久的山戎部族文化遗址。山戎墓地随葬器物以陶器和青铜器为主。陶器有砂质陶和泥质陶两大系,皆共存于同一墓地,为山戎文化的特点之一。从总体来看,陶器的化学组成较之垣曲商城陶器含有较低的 SiO_2 和略高的熔剂。其矿物组成主要为石英,其次即是钙长石和钠长石,也含有少量云母和皂石。看

① 张子正、车玉荣、李英福等,中国古建筑陶器的初步研究,中国古陶瓷研究,中国科学院上海硅酸盐研究所,科学出版社,1987,117~122.

② Brodrick, A., Wood, N., Kerr, R. et al, The construction composition and firing methods of some Han Dynasty architectural ceramics from tombs: The application of results to the study of European clays, Science and Technology of Ancient Ceramics, 2, Proceedings of the International Symposium (ISAC'92), Li Jiazhi, Chen Xianqiu, Shanghai Research Society of Science and Technology of Ancient Ceramics, 1992, 113~128.

③ 邓泽群、李家治,晋南垣曲商城遗址古陶瓷化学组成及工艺的研究,古陶科学技术 2——国际讨论会论文集,李家治、陈显求主编,上海古陶瓷科学技术研究会,1992,43~49.

表 2-5　商、周至西汉时期陶器的化学组成

序号	原编号	时代、品名、出土地点	SiO₂	Al₂O₃	Fe₂O₃	TiO₂	CaO	MgO	K₂O	Na₂O	MnO	P₂O₅	烧失	总量	分子式
1	25	河南辉县琉璃阁商代早期夹砂灰陶	66.26	17.89	5.74	1.04	2.25	1.79	2.41	0.89	0.00	0.00	1.50	99.77	
			67.43	18.20	5.84	1.06	2.29	1.82	2.45	0.91	0.00	0.00	0.00	100.00	0.989R$_x$O$_y$·Al$_2$O$_3$·6.287SiO$_2$
2	28	郑州二里岗商代早期红陶器壁	59.26	16.22	6.34	1.72	5.49	2.66	2.75	1.71	0.07	0.00	3.97	100.19	
			61.59	16.86	6.59	1.79	5.71	2.76	2.86	1.78	0.07	0.00	0.00	100.01	1.778R$_x$O$_y$·Al$_2$O$_3$·6.198SiO$_2$
3	YQS-1	垣曲商城二里岗上层商代前期夹砂灰陶	64.19	15.50	7.05	0.76	1.73	1.58	3.62	0.51	0.11	0.45	4.62	100.12	
			67.21	16.23	7.38	0.80	1.81	1.65	3.79	0.53	0.12	0.47	0.00	99.99	1.151R$_x$O$_y$·Al$_2$O$_3$·7.027SiO$_2$
4	YQS-2	垣曲商城二里岗上层商代前期泥质黑陶	55.46	14.67	6.04	0.73	1.67	1.70	3.48	0.66	0.11	0.55	4.91	99.98	
			68.85	15.43	6.35	0.77	1.76	1.79	3.66	0.69	0.12	0.58	0.00	100.00	1.196R$_x$O$_y$·Al$_2$O$_3$·7.571SiO$_2$
5	YQS-3	垣曲商城二里岗上层商代前期泥质灰陶	70.02	14.29	6.13	0.75	1.40	1.83	3.42	1.16	0.07	0.34	0.78	100.19	
			70.44	14.37	6.17	0.75	1.41	1.84	3.44	1.17	0.07	0.34	0.00	100.00	1.260R$_x$O$_y$·Al$_2$O$_3$·8.318SiO$_2$
6	YQX-1	垣曲商城二里岗下层商代前期夹砂灰陶	70.37	14.15	5.85	0.61	1.26	1.22	2.33	0.67	0.07	0.41	3.51	100.45	
			72.59	14.60	6.03	0.63	1.30	1.26	2.40	0.69	0.07	0.42	0.00	99.99	0.982R$_x$O$_y$·Al$_2$O$_3$·8.436SiO$_2$
7	YQX-2	垣曲商城二里岗下层商代前期泥质灰陶	72.12	16.58	4.42	0.45	0.86	1.46	3.37	0.66	0.02	0.15	0.33	100.42	
			72.06	16.57	4.42	0.45	0.86	1.46	3.37	0.66	0.02	0.15	0.00	100.02	0.816R$_x$O$_y$·Al$_2$O$_3$·7.379SiO$_2$
8	1	商代陶水管	66.49	16.97	6.46	0.80	2.84	1.98	2.98	1.32	0.14	0.00	0.00	99.98	
			66.50	16.97	6.46	0.80	2.84	1.98	2.98	1.32	0.14	0.00	0.00	99.99	1.232R$_x$O$_y$·Al$_2$O$_3$·6.649SiO$_2$
9	30	安阳五道沟商代晚期红陶	65.41	17.16	5.91	0.84	2.35	2.21	2.92	1.65	0.05	0.00	2.06	100.56	
			66.41	17.42	6.00	0.85	2.39	2.24	2.96	1.68	0.05	0.00	0.00	100.00	1.204R$_x$O$_y$·Al$_2$O$_3$·6.469SiO$_2$
10	31	安阳五道沟商代晚期灰陶	66.39	17.09	5.82	0.87	2.11	2.28	2.49	1.29	0.13	0.00	1.83	100.30	
			67.42	17.36	5.91	0.88	2.14	2.32	2.53	1.31	0.13	0.00	0.00	100.00	1.137R$_x$O$_y$·Al$_2$O$_3$·6.590SiO$_2$
11	35	安阳四盘磨商代晚期红陶	66.85	16.56	6.01	0.91	1.91	1.93	2.62	1.48	0.01	0.00	2.36	100.64	
			68.02	16.85	6.12	0.93	1.94	1.96	2.67	1.51	0.01	0.00	0.00	100.01	1.126R$_x$O$_y$·Al$_2$O$_3$·6.850SiO$_2$
12	40	安阳商代晚期白陶	49.14	41.21	1.72	3.34	0.60	0.82	0.74	0.17	0.03	0.00	1.88	99.65	
			50.26	42.15	1.76	3.42	0.61	0.84	0.76	0.17	0.03	0.00	0.00	100.00	0.234R$_x$O$_y$·Al$_2$O$_3$·2.023SiO$_2$
13	12	长安客省庄西周灰红陶	63.31	18.45	5.26	1.00	1.59	1.95	3.44	1.46	0.00	0.00	3.20	99.66	

续表

序号	原编号	时代、品名、出土地点	SiO_2	Al_2O_3	Fe_2O_3	TiO_2	CaO	MgO	K_2O	Na_2O	MnO	P_2O_5	烧失	总量	分子式
14		陶块	65.63	19.13	5.45	1.04	1.65	2.02	3.57	1.51	0.00	0.00	0.00	100.00	$1.007R_xO_y \cdot Al_2O_3 \cdot 5.821SiO_2$
	2	西周板瓦	67.39	15.99	6.11	0.82	1.42	2.77	3.34	2.08	0.08	0.00	0.00	100.00	$1.356R_xO_y \cdot Al_2O_3 \cdot 7.151SiO_2$
			67.39	15.99	6.11	0.82	1.42	2.77	3.34	2.08	0.08	0.00	0.00	100.00	
15	YYM72	北京延庆军都山戎 东周泥质灰陶	65.80	14.92	5.67	0.74	1.54	1.79	2.42	1.44	0.06	0.44	5.34	100.16	$1.157R_xO_y \cdot Al_2O_3 \cdot 7.480SiO_2$
			69.39	15.74	5.98	0.78	1.62	1.89	2.55	1.52	0.06	0.46	0.00	99.99	
16	YYM80	北京延庆军都山戎 东周泥质灰陶	64.20	14.80	5.53	0.78	1.90	2.34	2.32	1.54	0.05	0.20	5.93	99.59	$1.294R_xO_y \cdot Al_2O_3 \cdot 7.362SiO_2$
			68.55	15.80	5.90	0.83	2.03	2.50	2.48	1.64	0.05	0.21	0.00	99.99	
17	YYM357	北京延庆军都山戎 东周砂质褐陶	60.60	16.81	6.01	0.92	2.14	1.75	2.90	1.13	0.05	0.20	7.55	100.06	$1.102R_xO_y \cdot Al_2O_3 \cdot 6.118SiO_2$
			65.51	18.17	6.50	0.99	2.31	1.89	3.13	1.22	0.05	0.22	0.00	99.99	
18	YYM389	北京延庆军都山戎 东周泥质灰陶	63.54	15.45	5.66	0.80	2.42	2.46	2.44	1.32	0.08	0.22	6.00	99.78	$1.371R_xO_y \cdot Al_2O_3 \cdot 7.267SiO_2$
			67.75	15.82	6.04	0.85	2.58	2.62	2.60	1.41	0.09	0.23	0.00	99.99	
19	YYM281	北京延庆军都山戎 东周砂质红陶	65.40	15.13	5.35	0.68	1.34	1.56	2.84	1.31	0.06	0.20	5.62	99.81	$1.044R_xO_y \cdot Al_2O_3 \cdot 7.183SiO_2$
			69.43	16.40	5.68	0.72	1.42	1.66	3.02	1.39	0.06	0.21	0.00	99.99	
20	3	战国铺地砖	68.17	15.13	6.52	1.32	1.33	1.88	2.84	1.34	0.11	0.00	0.00	98.64	$1.221R_xO_y \cdot Al_2O_3 \cdot 7.644SiO_2$
			69.11	15.34	6.61	1.34	1.35	1.91	2.88	1.36	0.11	0.00	0.00	100.01	
21	Q1	西安临潼秦陶俑坑陶俑陶片	63.83	17.03	6.97	0.88	1.87	2.23	3.13	1.50	0.11	0.00	2.88	100.43	$1.212R_xO_y \cdot Al_2O_3 \cdot 6.359SiO_2$
			65.43	17.46	7.15	0.90	1.92	2.29	3.21	1.54	0.11	0.00	0.00	100.01	
22	Q2	陕西秦俑三号坑陶俑陶片	66.04	16.25	7.03	0.74	1.70	2.26	3.46	1.23	0.14	0.19	1.53	100.57	$1.252R_xO_y \cdot Al_2O_3 \cdot 6.895SiO_2$
			66.68	16.41	7.10	0.75	1.72	2.28	3.49	1.24	0.14	0.19	0.00	100.00	
23		陕西临潼秦陶俑坑陶俑陶片	65.66	17.45	4.67	0.87	0.00	4.16	3.82	2.00	0.00	0.00	1.09	99.72	$1.263R_xO_y \cdot Al_2O_3 \cdot 6.385SiO_2$
			66.57	17.69	4.73	0.88	0.00	4.22	3.87	2.03	0.00	0.00	0.00	99.99	
24		陕西临潼秦陶俑坑陶马陶片	64.34	16.51	4.22	0.70	0.45	3.21	3.87	1.92	0.00	0.00	4.37	99.59	$1.204R_xO_y \cdot Al_2O_3 \cdot 6.612SiO_2$
			67.57	17.34	4.43	0.74	0.47	3.37	4.06	2.02	0.00	0.00	0.00	100.00	
25	F-1	陕西秦俑一号坑陶俑	66.36	16.57	6.08	0.72	2.06	2.27	3.26	1.47	0.00	0.00	0.74	99.53	$1.222R_xO_y \cdot Al_2O_3 \cdot 6.796SiO_2$
	俑-1		67.17	16.77	6.15	0.73	2.09	2.30	3.30	1.49	0.00	0.00	0.00	100.00	

续表

序号	原编号	时代、品名、出土地点	SiO₂	Al₂O₃	Fe₂O₃	TiO₂	CaO	MgO	K₂O	Na₂O	MnO	P₂O₅	烧失	总量	分子式
26	F-2	陕西秦俑一号坑陶俑-2	65.88	16.98	6.56	0.72	2.22	2.38	3.26	1.33	0.00	0.00	0.41	99.74	$1.230R_xO_y \cdot Al_2O_3 \cdot 6.585SiO_2$
			66.32	17.09	6.60	0.72	2.23	2.40	3.28	1.34	0.00	0.00	0.00	99.98	
27	H-3	陕西秦俑一号坑陶马-3	63.24	15.93	6.08	0.72	2.61	2.09	2.89	1.97	0.00	0.00	4.44	100.02	$1.327R_xO_y \cdot Al_2O_3 \cdot 6.714SiO_2$
			66.16	16.72	6.36	0.75	2.73	2.19	3.02	2.06	0.00	0.00	0.00	99.99	
28	4	秦砖瓦	63.47	16.21	6.78	0.78	4.32	2.72	3.16	1.76	0.12	0.00	0.00	99.32	$1.638R_xO_y \cdot Al_2O_3 \cdot 6.644SiO_2$
			63.90	61.32	6.83	0.79	4.35	2.74	3.18	1.77	0.12	0.00	0.00	100.00	
29	5	西汉筒瓦	61.59	17.74	6.47	0.10	5.20	2.82	3.16	1.71	0.13	0.00	0.00	98.92	$1.537R_xO_y \cdot Al_2O_3 \cdot 5.892SiO_2$
			62.26	17.93	6.54	0.10	5.26	2.85	3.19	1.73	0.13	0.00	0.00	99.99	
30	6	西汉晚期砖瓦	63.52	15.74	5.93	0.47	5.60	2.99	2.94	1.91	0.16	0.00	0.00	99.31	$1.824R_xO_y \cdot Al_2O_3 \cdot 6.847SiO_2$
			63.96	15.85	6.02	0.47	5.64	3.01	2.96	1.92	0.16	0.00	0.00	99.99	
31	H1	江苏宜兴代双水波纹陶片	69.05	18.72	6.74	1.13	0.34	0.75	1.52	0.51	0.05	0.13	1.36	100.30	$0.583R_xO_y \cdot Al_2O_3 \cdot 6.259SiO_2$
			69.79	18.92	6.81	1.14	0.34	0.76	1.54	0.52	0.05	0.13	0.00	100.00	
32	7	东汉砖	65.33	17.09	4.42	0.10	3.89	2.45	3.17	2.00	0.13	0.00	0.00	98.58	$1.354R_xO_y \cdot Al_2O_3 \cdot 6.485SiO_2$
			66.27	17.34	4.48	0.10	3.95	2.49	3.22	2.03	0.13	0.00	0.00	100.01	
33	8	唐代砖瓦	63.32	14.95	4.33	0.08	9.00	2.49	2.17	1.79	0.12	0.00	0.00	98.25	$2.072R_xO_y \cdot Al_2O_3 \cdot 7.185SiO_2$
			64.45	15.22	4.41	0.08	9.16	2.53	2.21	1.82	0.12	0.00	0.00	100.00	
34	9	北宋砖	67.33	13.79	5.65	1.02	4.42	2.15	2.70	2.85	0.16	0.00	0.00	100.07	$1.903R_xO_y \cdot Al_2O_3 \cdot 8.284SiO_2$
			67.28	13.78	5.65	1.02	4.42	2.15	2.70	2.85	0.16	0.00	0.00	100.01	
35	10	明代大砖	60.33	18.48	7.84	0.90	3.80	3.42	3.49	1.45	0.16	0.00	0.00	99.87	$1.520R_xO_y \cdot Al_2O_3 \cdot 5.541SiO_2$
			60.41	18.50	7.85	0.90	3.80	3.42	3.49	1.45	0.16	0.00	0.00	99.98	
36		明清金砖	68.16	16.19	5.27	0.87	1.17	1.44	2.15	1.18	0.00	0.00	3.73	100.16	$0.895R_xO_y \cdot Al_2O_3 \cdot 7.143SiO_2$
			70.68	16.79	5.47	0.90	1.21	1.49	2.23	1.22	0.00	0.00	0.00	99.99	
37	13H-F1	台湾北淡水河入口海岸处的十三行砂质黄陶	67.58	12.47	5.79	0.75	0.68	0.38	1.15	0.38	0.02	3.84	6.62	99.66	$0.924R_xO_y \cdot Al_2O_3 \cdot 9.198SiO_2$
			72.64	13.40	6.22	0.81	0.73	0.41	1.24	0.41	0.02	4.13	0.00	100.01	

续表

序号	原编号	时代、品名、出土地点	SiO₂	Al₂O₃	Fe₂O₃	TiO₂	CaO	MgO	K₂O	Na₂O	MnO	P₂O₅	烧失	总量	分子式
38	13H-F2	台湾北淡水河入口海岸处的十三行砂质黄陶	67.60	12.87	6.72	0.70	0.71	0.29	1.13	0.34	0.03	3.66	5.71	99.76	$0.905R_xO_y \cdot Al_2O_3 \cdot 8.916SiO_2$
			71.88	13.68	7.15	0.74	0.75	0.31	1.20	0.36	0.03	3.89	0.00	99.99	
39	13H-F3	台湾北淡水河入口海岸处的十三行砂质黄陶	69.36	14.23	6.74	0.75	0.40	0.41	1.61	0.35	0.11	2.38	3.21	99.55	$0.789R_xO_y \cdot Al_2O_3 \cdot 8.271SiO_2$
			72.00	14.77	7.00	0.78	0.42	0.43	1.67	0.36	0.11	2.47	0.00	100.01	
40	13H-F4	台湾北淡水河入口海岸处的十三行砂质灰陶	72.84	14.56	6.94	0.74	0.24	0.48	1.28	0.33	0.04	0.71	1.73	99.89	$0.653R_xO_y \cdot Al_2O_3 \cdot 8.491SiO_2$
			74.21	14.83	7.07	0.75	0.24	0.49	1.30	0.34	0.04	0.72	0.00	99.99	
41	TCY-1	台湾中西部大邱园黄陶	67.45	16.36	4.99	1.23	0.18	1.42	1.92	0.76	0.06	1.12	3.37	98.86	$0.789R_xO_y \cdot Al_2O_3 \cdot 6.997SiO_2$
			70.64	17.13	5.23	1.29	0.19	1.49	2.01	0.80	0.06	1.17	0.00	100.01	
42	TCY-2	台湾中西部大邱园黄陶	69.24	15.50	5.85	1.16	0.17	1.02	1.82	0.47	0.02	0.52	2.83	98.60	$0.727R_xO_y \cdot Al_2O_3 \cdot 7.582SiO_2$
			72.30	16.18	6.11	1.21	0.18	1.07	1.90	0.49	0.02	0.54	0.00	100.00	
43	TCY-3	台湾中西部大邱园黑陶	64.59	16.10	3.63	1.67	0.32	0.49	2.07	0.61	0.11	1.63	8.95	100.17	$0.674R_xO_y \cdot Al_2O_3 \cdot 6.807SiO_2$
			70.81	17.65	3.98	1.83	0.35	0.54	2.27	0.67	0.12	1.79	0.00	100.01	
44	TCY-4	台湾中西部大邱园褐陶	63.86	16.21	3.99	1.07	0.27	0.55	2.07	0.87	0.12	1.82	8.30	99.13	$0.676R_xO_y \cdot Al_2O_3 \cdot 6.684SiO_2$
			70.31	17.85	4.39	1.18	0.30	0.61	2.28	0.96	0.13	2.00	0.00	100.01	

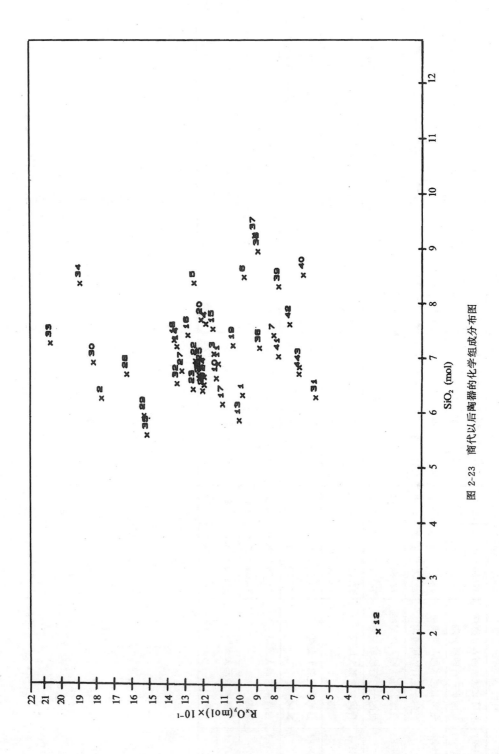

图 2-23　商代以后陶器的化学组成分布图

来砂质陶的原料应为一种风化程度很差的砂质土。它的细颗粒部分为蒙脱石类矿物的皂石与风化程度很差的白云母所构成[①]。这是它和黄河流域陶器所用的原料主要为伊利石质粘土不同。西方学者曾指出伊利石质粘土较之蒙脱石质粘土有较少的杂质,较高的烧成温度,较小的干燥收缩和较易成型性能等优点。但由于山戎部族当时所处的地理环境,他们只能就地取土,使用蒙脱石砂质粘土作为制陶原料。尽管时代已到了东周,他们所制的陶器多数都属于器壁较厚,器形不规整、烧成温度在 600～700℃ 之间的粗陶器。

　　秦代兵马俑试样分别来自 1 号坑和 3 号坑。目前 2 号坑正在大规模发掘中,尚未能取得研究试样。就已收集到的 7 个试样(序号为 21～27)来看,无论是陶俑或陶马,它们的化学组成都聚集在图的中部一个很小的区域内,可见它们之间差别是不大的。它们与商、周时北方出土的陶器相比在化学组成上相差也是不大的。推测它们所用的原料也就是西安附近的伊利石质易熔粘土。"秦始皇陵兵马俑初步研究"一文作者曾对陶俑和陶马的碎片进行过差热分析试验。在整个曲线上,只有在 575℃ 附近出现一个很小的吸热峰[②]。这是由于石英的晶型转变所引起。可见其主要矿物组成仍是石英,其他还含有少量云母类矿物和长石。

　　来自台湾的十三行文化和大邱园文化(相当于大陆秦、汉时期或更晚)的陶器的化学组成则位于图的中下部偏右,说明它们含有较高的 SiO_2 和较低的熔剂,已属于南方陶器的化学组成范畴,有的甚至已接近印纹硬陶范畴。值得注意的是这两个文化出土的陶器的化学组成都分别聚在一个小区内,说明它们的化学组成是各自相似的。其所用原料都是就地取土的泥质土和砂质土,带有各地区所具有的地方特色[③]。

二　成型工艺及装饰

　　这一时期陶器烧制的最主要变化,即是陶器烧制已成为一种专门的手工业,从农业和其他手工业中分离出来,而成为独立生产部门。如在河南偃师二里头商代早期遗址中即已发现有分别专门烧制陶器、铸造青铜器和制作骨的手工业作坊遗址[④]。烧制陶器作坊的出现对增加陶器的产量,改善陶器的质量和提高陶器的艺术水平都会起到非常重要的作用。

　　这一时期生活用陶的器型,作为炊器用的主要仍是鼎、罐、甑、鬲等;作为食器用的则以豆、簋、钵、盘等为主;作为饮器用的有盉、斝、爵、鬶、觚等;作为盛器用的主要有瓮、盆、缸、尊、壶等。由于铜器的铸造和使用,又出现了仿铜陶器。如在周原齐家西周墓出土的仿铜陶器就别具一格,其中有鼎、簋、尊、觚、觯、卣、盉、爵、甗、盘、壶等,多为细泥质红陶和少数泥质灰陶。器物多素面,少数经磨光。根据周原博物馆截至 1985 年为止,所收藏的西周陶器统计,共有器型 17种之多,其中仍以罐为最多,约占 36%,其余依次为鬲、簋、豆等[⑤]。

　　生活陶器的成型方法主要为轮制,但在不同地区,成型方法也不尽相同,有的仍为手制,如

　　① 陈显求、李家治、方峻,军都山东周山戎陶器的组成和工艺研究,上海硅酸盐,1993,(1):46～50.

　　② 周懋璞,秦始皇陵兵马俑初步研究,中国古陶瓷研究,中国科学院上海硅酸盐研究所,科学出版社,1987,106～112.

　　③ 张志刚、李家治,台湾新石器时期陶器的科学技术研究,古陶瓷科学技术 2——国际讨论会论文集,李家治、陈显求主编,上海古陶瓷科学技术研究会,1992,36～42.

　　④ 中国科学院考古研究所二里头工作队,河南偃师二里头遗址发掘简报,考古,1965,215～224.

　　⑤ 罗西章,扶风县文物志,陕西省文物志编纂委员会,扶风县文物志编纂委员会、周原博物馆,陕西省人民教育出版社,1993,162～186.

东周山戎陶器,有的则为手制轮修。即使在同一地区也会同时并用几种成型方法。根据器型看,如罐、瓮、盆、钵等陶器则多用轮制。至于鬲、鬶等则可能兼用模制和轮修等方法。对于大型器物则可能多用手制的泥条盘(叠)筑法和经过轮修。

这些陶器表面的装饰以绳纹为主,兼有方格纹、篮纹、云雷纹、圆圈纹等,也有少数附加堆纹和凹弦纹等。

图 2-24　陕西扶风云塘出土绳纹四钉砖

自商代早期出现陶水管,西周早期出现瓦,以及晚期出现的砖以来,历经秦、汉,使得建筑用陶器的成型和装饰也和生活用陶器有了很大的不同。由于形状和大小的关系,各种建筑用陶器的成型方法也各异。陶水管和筒瓦可能采用泥条盘(叠)筑,再经轮修以及模制等;小型砖块可能采用塑性拍打;大型空心砖块可能采用塑性拍打和模制相结合的办法。有些砖、瓦上还带有砖钉、瓦钉和瓦鼻,它们则是事先捏塑成钉、鼻形状,再用稀泥浆粘结到砖或瓦上。

在扶风县云塘制骨作坊遗址的一个西周晚期灰坑中,出土了可以复原的两个上下表面都饰有西周盛行的粗绳纹的砖块。砖长 36 厘米、宽 25 厘米、厚 2.5 厘米。四角各有圆钉一个,高 2 厘米,顶部直径 2.3 厘米,根部较粗。见图 2-24。《扶风县文物志》的编者根据现有的考古资料及这两块砖的形状及磨损情况,认为西周时只知用泥土筑墙,并推测这种带钉的砖是用来镶嵌在土墙面上以使其免受雨水冲蚀,并举出在西周遗址中也曾发现过其他带绳纹的陶砖残块和半瓦当残片,从而认为上述陶砖的发现已不是孤立而加以肯定和推测。如果以上推测真能成立,则在西周时我国已出现现代面砖的雏形,不能不说是一个值得一提的创造。

西方学者曾对早期流传到欧洲的三块汉代墓砖的成型方法作过推测。三块墓砖中两块是作为门柱,一块作为横梁。门柱长为 117 厘米,高、宽均为 18 厘米。门柱中空,其壁厚均为 3 厘米,在内部转角处略为增厚,两端都用带有中心孔洞的粘土薄板封实。泥质细密,表面光滑平整,无手指印可寻,并印纹装饰。他们认为这种大型砖块是采用塑性拍打成型方法,先制成 4 块所需形状及尺寸的泥片,然后以木制的大小形状相当的长方形木箱作内模或外模,将泥片用稀泥土浆粘接拼合而成,待泥片半干时即脱模。结合对所留存下来的其他许多这类砖块外形的观察,这种推测应是合理的,而且在工艺上也是可行的。前面已经提到这类砖块所用的原料是含有较多伊利石质粘土的细颗粒粘土。它所具有的较好的成型性能,较小的干燥收缩和较高的烧成温度有利于这类大砖的烧制。再加上这类大砖都是在还原气氛下烧成,使得它们能在相同的温度下形成更多的玻璃态而有更好的烧结性能和更高的强度以及更好的耐磨性。这类大砖不仅在成型工艺上具有独到之处,而且在性能上也有很高的水平,成为展现这一时期建筑用陶工艺及艺术水平的代表,而为世界所称道。

西周至汉代的砖、瓦一般都用粗绳纹装饰。而瓦当则纹饰丰富,有图像、图案和文字。这可能是由于瓦当位于瓦的顶端下垂部分,易为人们所窥见,故着意使它兼有装饰和实用的双重作用。因此在秦都咸阳就出土了大量秦、汉时的瓦当,其上的文字和图像往往带有辟邪避灾和吉祥祝福的含意。如印有神态生动的朱雀、青龙、白虎等图像,以及美妙古拙的"永寿无疆"和"长乐未央"等文字(图2-22)。使这种在宫庭建筑上被使用而具有我国特色的瓦当发展达到了鼎盛的时期而成为中华民族优秀文化的一个组成部分。

一般古代小型陶塑都采用手工捏塑、堆贴和雕塑成型,但体大如真人、真马的秦代兵马俑群的成型则又当别论。"秦俑陶塑制作工艺的探讨"一文的作者们通过对大量兵马俑残破部的观察,认为它们都是分部位先经模制成粗坯,然后在粗坯表面再覆一层细泥,再经雕塑修饰,粘接刻划等细加工,最后拼接成整个兵、马俑。陶俑的头部和面部的成型最具有代表性,除个别外,一般头部和颈部多是用前后合模制成,在两耳的前面或后面往往留有明显的模缝(即前后模的接合部),在头部残片内壁留有清晰的手指压印的窝痕。头部均可观察到明显的覆泥层,但在脸部却看不到整体覆泥迹象,说明用以模制面部的前模内原已刻有眉骨凹槽的形样。耳、鼻、下颚、胡须、发髻都是用模制或捏塑成附件再粘接到头部和面部。其中耳、鼻均为单模制成,如在耳的背面即可看到有手压印迹。下颚和胡须则是捏塑制成并经刻划成须纹。发髻则兼有模制和捏塑两种成型方法。发丝是刻划出来的。束发带头和发绳要模制或捏塑成型后,堆贴在发髻的适当部位。眼、嘴则是在局部覆泥上雕塑的。眼球的微小突起和变化,以及嘴部的表情和细小折纹都一一予以表现。待到陶俑烧成后,再用多种有色矿物加胶水配制的彩料将面部绘成粉红色,眼睛绘成白睛黑珠,头发、眉毛、胡须绘成黑色。使得每个陶俑面部表情各异,生动逼真而达到神形兼备[①]。由此可见,仅在陶俑的头部和面部的成型和装饰上即已集我国先秦陶塑的模制、捏塑、堆贴、刻划、彩绘等传统手法之大成,使每一件兵马俑都成为令人叹为观止的艺术珍品。秦代兵马俑群内容丰富,艺术精湛,技术高超,是我国秦代人民留下的一份重要文化遗产。在许多陶俑身上都还刻有秦中央宫廷制陶作坊工匠的名字,可见都是出自高级匠师之手。世人对它再高再美的赞誉亦不为过。

继秦俑发现之后,汉代陶俑亦多有发现。虽然规模不及秦俑之大,陶俑数量及体型亦较秦俑少而小,但亦不失其艺术和工艺上的特色和价值。如90年代初在咸阳原的东端发现的汉景帝阳陵的彩陶俑即为其例。它们与常见的雕塑、彩绘的陶俑不同,而是身着衣物。但时至今日,衣物腐朽殆尽,而留下的则是赤身露体的裸体俑(阳物、肚脐、窍孔无一不备)。发掘者评为"变拙为巧,返朴归真的结果,反倒呈现出人体美的艺术本色来"。原来组装在肩部可以活动的木制的两臂也因腐烂无存,而成为无手臂的残俑。彩图2-25为咸阳汉景帝阳陵部分彩陶俑示例[②]。

三　烧制工艺

从考古发掘的炉窑资料来看,新石器时代的陶窑多数属于横穴式窑。到了晚期,在陶窑结构方面的改进也就是如前节所讲的增加火道和火孔的数目和将其大小结合距离火膛远近而作的合理的安排,以及将火膛逐渐移向窑室的下方,也就是从横穴式窑逐步向竖穴式窑过渡。到

---

① 屈鸿钧、程朱海、吴孝杰、秦俑陶塑制作工艺的探讨,中国古陶瓷论文集,中国硅酸盐学会编,文物出版社,1982,236~244.

② 王学理,中国汉阳陵彩俑,陕西省考古研究所汉陵考古队编,陕西旅游出版社,1992.

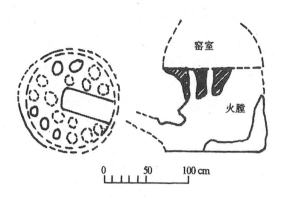

图 2-26 河南郑州铭功路商代中期陶窑

了商代,可以说这种过渡已接近完成。如在河南郑州铭功路发掘的一座商代中期陶窑,如图 2-26。[1]这是一座保存较好的陶窑。窑室底部直径为 1.15 米,周边向上作弧形收敛。窑底比较均匀地遍布着大小不等的 17 个火孔。其孔径在 0.14～0.18 米之间。如以其平均孔径为 0.16 米计算,则 17 个火孔的总面积约占窑底面积的三分之一。增大火孔面积和数目无疑对提高烧成温度和使温度均匀都是有益处的。再加上火膛已全部移至窑室的下部,而且火膛的直径与窑底的直径几乎相等,这种大火膛、多火孔的竖穴窑显然较新石器时代所见到的陶窑在结构上已有了显著的改进。可惜的是,这个陶窑虽然保存较好,但窑室顶部仍然无存,不知在窑的顶部是否已存在有类似烟囱的设置。从绝大多数古陶窑的发掘资料来看,窑顶都未能完整保存下来,因而早期陶窑是否在顶部设置烟囱,当然我们也就无法发现。只有当烟囱从顶部移下,而设置在窑的边上,才有可能从发掘时留下的出烟口而推知其上可能设置有烟囱。如在湖北江陵毛家山发掘的战国陶窑(图 2-27)就是一例[2]。这座陶窑的最大特点是它已不是挖地为窑而是在地面上筑墙为窑,并在窑的后面留有一个出烟口,可以肯定它是通向烟囱的通道。在江西清江吴城商代遗址发掘简报中曾提到在第二期中曾发现一小型圆窑顶上带有略高于窑顶向外突出的出烟孔,可能即是早期的烟囱[3]。可见从商代到战国这段时间内是我国圆形陶窑在改进方面取得突出成就的一个时期,也就是说有实物作为佐证说明一个陶窑所应具备的火膛、窑室和烟囱三个基本部位的完整结构。无烟囱设置的陶窑是不完整的。

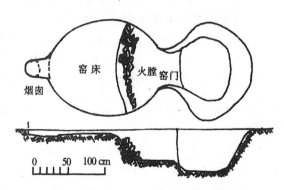

图 2-27 湖北江陵毛家山战国陶窑

值得注意的是 1984 年在浙江上虞县百官镇附近李家山坡脊下部清理出 6 座烧制印纹陶的窑群,其中有 5 座陶窑均呈倾斜的长条形。各窑略呈半圆形环绕着李家山脚,都是利用自然斜坡挖一凹沟,并在凹沟底部及周壁涂抹一层粘土,即成为窑床。各窑都受到不同程度的破坏,只有编号为 Y2 的一座保存较好,窑长 5.1 米,最宽处为 1.22 米,窑底呈 16° 倾斜的向上坡度。窑由火膛和窑室组成,火膛长 1.3 米,宽 0.96 米,残壁高 16 厘米。窑床长 3.8 米,残壁高 10～33 厘米。整个火膛壁呈黑色,底面已烧结成硬壳;窑床底部亦呈黑色,自火膛至窑尾其黑色逐

① 河南省文物工作队,郑州市铭功路西侧发现商代制陶工场房基等遗址,文物参考资料,1956,(1):64.

② 纪南城文物考古发掘队,江陵毛家山发掘记,考古,1977,(3):158～209.

③ 江西省博物馆,北京大学历史系考古专业,清江博物馆,江西吴城商代遗址发掘简报,考古,1975,(7):51～66.

渐变淡,而且在近火膛处亦已烧结成硬壳[①]。可见这座窑能够烧到较高的温度,而且沿着长度,温度是不均匀的。图 2-28 为浙江上虞百官镇商代龙窑。发掘者发现这座窑以及其他后半部保存较好的两座窑,在尾部均没有挡火墙的设置,并且窑底坡度前后基本一致。他们根据这些情况认为它比绍兴富盛长竹园发现的春秋战国时的龙窑具有更多的原始性。另外,从这个窑址出土的印纹硬陶的纹饰和器型来看,也与一些商代遗址出土的印纹硬陶基本一致。因此推断,这 5 座陶窑应是浙江省早期龙窑,时间为商代。从浙江出土的商代印纹硬陶的烧成温度以及龙窑的发展规律来看,上述推断应是可信的。由于这 5 座窑的上部均无存,不能断定窑的尾部出烟孔处的情况。但从它的窑长以及窑底坡度可以计算出窑头至窑尾出烟孔的差高约为 2 米左右。这一差高所赋于窑的抽力对提高烧成温度是不可忽视的。前面提到的新石器时代我国南方出土的陶器的烧成温度普遍比北方为低,而到了新石器时代晚期及商代,南方出土的陶器,特别是印纹硬陶在烧成温度上的却有大的突破,龙窑的出现是功不可没的。即以上述龙窑群为例,在各窑内及其周围出土的陶器中虽也有泥质陶,但所占比例甚小,绝大部分都是印纹硬陶,而且其中也有相当数量的陶片由于温度太高(过烧)而起泡、变形,甚至熔融成“陶渣”。这种现象既能说明龙窑确可烧到更高的温度,即使在其出现初期即已显示其优越性,又可反映在龙窑出现初期人们对它还不大适应,在掌握温度和试用新的原料两个方面都还处在摸索的过程中。因此,浙江上虞商代龙窑群的考古发现是有价值的,它不仅是首次在浙江发现商代龙窑的存在,而且从工艺角度提供了龙窑的出现和印纹硬陶的关系。

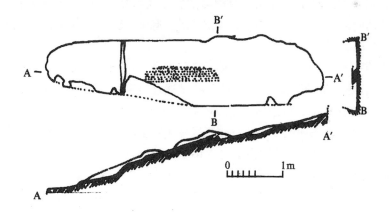

图 2-28　浙江上虞百官镇 Y2 商代龙窑

　　另外,1986 年在江西清江吴城遗址第六次发掘中,也发现了属于吴城第二期文化的 10 座陶窑[②]。发掘者认为其中 4 座为平焰式龙窑,6 座为升焰式圆角三角形或圆角方形窑。由于破坏较严重只有少数尚能辨认其基本形状。如编号为 Y6 的陶窑,其残存窑床长 750 厘米,窑尾宽 107 厘米,窑头残宽 101 厘米,窑墙残高仅 10～22 厘米。一壁留有宽为 28～42 厘米不等的 9 个凹槽,发掘者认为是投柴孔[③]。窑头至窑尾,水平高差为 13 厘米,倾斜度不明显,窑床内堆积

①　浙江省文物考古研究所,浙江省上虞县商代印纹陶窑址发掘简报,考古,1987,(11):984～986.

②　江西省文物工作队吴城考古工作站,厦门大学人类学系八四考古专业,清江县博物馆,清江吴城遗址第六次发掘的主要收获,江西历史文物,1987,105(2):20～31.

③　李玉林,吴城商代龙窑,文物,1989,(1):79～81.

主要为塌落的红烧土和炭屑的混合物。其中包含有 50 块属于原始瓷罐、粗绳纹砂质陶罐和圜凹底泥质硬陶罐残片。由于这座窑破坏较严重，窑床斜度不明显等情况，对其是否能称之为商代平焰式龙窑尚存在争议。但从其存在于出土大量印纹硬陶和原始瓷的吴城遗址，以及在窑内堆积中发现有硬质陶和原始瓷残片，可见这座长形窑已能烧至较高的温度。

　　商周时期由于北方已出现带有烟囱的陶窑，以及南方已出现龙窑，使得陶器的烧成温度有实现第一次突破的可能。但一般泥质陶器（多数是灰陶）由于受到所用原料的限制，烧成温度也还是在 1000℃ 以下。如垣曲商城出土的灰陶的烧成温度一般都在 800～900℃ 之间。军都山山戎的灰陶的烧成温度则在 600～700℃ 之间。可见炉窑的改进尚未对北方陶器的烧成温度产生影响。而在南方由于印纹硬陶的出现，烧成温度已有较大的突破。

　　商、周及秦、汉时的砖、瓦的烧成温度也大致在 850～1000℃ 这个范围内。只是它们都是在较强的还原气氛下烧成，而使砖瓦呈青灰色，所以它们与在相同温度下烧成的灰陶或红陶相比具有更好的烧结性能和更高的机械强度。如序号为 22 的西汉筒瓦，其烧成温度为 1000℃，其吸水率则仅为 5.79%，其抗折强度已达 22.3 兆巴[①]。中国砖瓦从它出现之日起就一律呈青灰色，也就是都在强还原气氛中烧成。这一带有中国特色的砖瓦的烧制工艺是中国古代制陶工匠们的杰出创造，它对提高砖瓦的质量起着关键的作用。虽然当时它们并不知道经还原的低价铁能在更低的温度生成玻璃相和在相同温度能形成更多的玻璃相的科学道理。但他们的经验告诉他们用这种方法烧成的砖瓦会坚实致密，较之红色砖瓦要经久耐用得多。至于这种强还原气氛烧成工艺是如何获得的，"中国古代建筑陶器的初步研究"[②]一文作者认为可能与现在尚在使用的在烧成后期向窑内引入水分的所谓"饮水"工艺有关。如果追溯到周代即已使用此工艺烧制砖瓦则尚需更多的资料支持。

　　到了秦、汉时期，陶窑的砌建已趋向于大窑室和大火膛，一反秦、汉以前 1 米左右直径小窑室的小型陶窑情况。如于 60 年代初在秦都咸阳故城遗址滩毛村发现的一座烧陶器的马蹄形陶窑，其窑室长 2.3 米，前宽 2.3 米，中宽 2.2 米，后宽 2 米，火膛呈不规则的三角形，长约 1.35 米，最宽处 1.6 米。其平面图如图 2-29 所示[③]。这种大窑室陶窑的出现是为了适应烧制大型制品的砖和数量大的瓦而砌建的。同时为了与大窑室、大火膛相配合，烟囱或出烟孔也在增大和增多。如在郑州古荥镇汉代冶铁遗址[④]和河南温县冶铁遗址[⑤]发现的烘范窑（兼烧砖瓦）的出烟口已增至三个。陕西坡头村西汉铸钱遗址的三座陶窑的烟囱已增至三个[⑥]这些窑都是兼烧陶范陶器和砖瓦的。

　　值得指出的是滩毛村 4 号陶窑的窑床呈约 7 度的前高（靠近火膛）后低的坡度。"试论我国古代的馒头窑"一文的作者指出"这是一项创造性改革，是合理的，并为后世所采用。"[⑥]因为摆放在靠近火膛的陶坯，因受热较快而先发生收缩，致使大型制品和叠放较高的制品出现向火膛倾斜而发生倒窑现象。这种窑床本身即具有的倾斜度可以防止倒窑现象的出现。但在后世匣

　　① 张子正、车玉荣、李英福等，中国古代建筑陶器的初步研究，中国古陶瓷研究，中国科学院上海硅酸盐研究所，科学出版社，1987，117～122.

　　② 陕西省博物馆和文管勘查小组，秦都咸阳故城遗址发现的陶窑和铜器，考古，1974，(1)：16～26.

　　③ 郑州市博物馆，郑州古荥镇汉代冶铁遗址发掘简报，文物，1978，(2)：28～43.

　　④ 河南省博物馆，新乡地区博物馆，温县文化馆，河南省温县汉代烘范窑发掘简报，文物，1976，(9)：66～76.

　　⑤ 陕西省文管会，澄城县文化馆，陕西省坡头村西汉铸钱遗址发掘简报，考古，1982，(1)：23～30.

　　⑥ 刘可栋，试论我国古代的馒头窑，中国古陶瓷论文集，文物出版社，1982，173～190.

钵出现以后,这类倾斜的窑床已没有多少必要。

秦兵马俑群的烧制工艺至今尚是一个待解的谜。关键是至今尚未发现作坊和窑址。根据其规模之大、技艺之精,定非短时间和小范围即能毕其功于一役,而且其作坊和窑址也不会距离现场太远,理应不难发现。其次是有关秦皇陵的墓葬,包括兵马俑群在内,素无史料记载。甚至秦亡100年后的《史记》上也无只字可寻。要不是在1974年,由农民杨志发在打井时偶然发现,恐怕至今我们也不知道在那块土地下深埋8000多件兵马俑。这就给探讨其烧制工艺增加了困难。从所收集到的5个烧成温度数据来看,约在810~970℃之间变化,说明各个试样之间烧成温度变化是大的。由于数目众多和个体较大,存在这样的温差是不足为奇的。

所有兵马俑都呈灰黄色。结合它们的Fe_2O_3含量都较高的情况,可见其既不是在强氧化气氛下,也不是在强还原气氛下烧成。

根据以上情况以及秦代的陶器烧制工艺的水平,建筑大型窑炉用以烧制这些兵马俑在技术上是完全可以做到的。但在窑址没有发现之前设想这些兵马俑是在临时搭建的陶窑中烧成,它们既不同于可以多次使用固定陶窑,也不同于陶窑出现之前那种平地堆烧的烧成方法也不是绝对不可能的。

近年来在西安市未央区(汉长安城西区)曾发掘出距今约有2000年左右的汉代陶窑21座,出土陶俑近千件。这些陶俑身高均在50~60厘米之间,全部裸体,无双臂。在装满陶俑坯的窑中还可看到陶俑是头朝下,脚朝上放置的。这些陶窑的发现是十分重要的,它们至少为西安地区西汉时代大量陶俑的烧制和使用的陶窑提供了十分有价值的实物资料[①]。

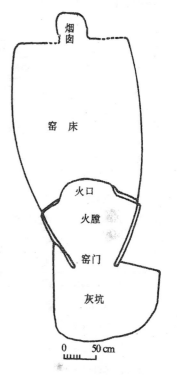

图 2-29　秦都咸阳故城遗址
滩毛村 4 号陶窑平面图

继印纹硬陶和原始瓷出现之后,在东汉又出现了越窑青瓷。它们的烧制工艺已不属本章的讨论范围,将在以后各章中加以详述。至于陶器,包括砖瓦在汉代以后也还在烧制,继续在人类的生活和生产中发挥着作用。但它们的重要性随着时代的进展显然已越来越小。一是陶器的作用已逐渐被后来出现的新材料和陶瓷大家族中的新成员所取代。如人们日常生活中所最常用的炊煮器和饮食器已分别为铜、铁器和瓷器所取代。至于用作生产工具则更是越来越少。二是陶器工艺的进步既为陶器本身的发展创造了非常必要的条件,但也为取代它的新材料的出现打下了扎实的基础。印纹硬陶和原始瓷的出现正是陶器工艺成熟和发展的必然结果。铜、铁器的冶炼和所需的高温也是在借鉴陶器的生产经验和取得的技术成就的基础上发展起来的。事物发展和进步的规律就是这样,它既创造了本身的辉煌,也创造了本身的衰落。陶器的工艺发展过程正说明了这一出现、辉煌和衰落的轨迹。

陶器的出现作为我国陶瓷工艺发展中的第一个里程碑,翻开了中国陶瓷科学技术史极其重要的一页是值得书写的。但它为第二个里程碑以及随后的各个里程碑所建立的基础则更值

① 中国社会科学院考古研究所汉城队,汉长安城窑址发掘报告,考古学报,1994,(1):99~129.

得大书特书。

表 2-6　商周至西汉时期陶器的烧成温度

序号	原编号	名称	出土地点	时代	烧成温度（℃）
1	25	夹砂灰陶器口	河南辉县琉璃阁	商代（早期）	950
2	28	红陶器壁	郑州二里岗	商代（早期）	1000±20
3	YQS-1	夹砂灰陶	垣曲商城二里岗上层	商代前期	780±20
4	YQS-2	泥质黑陶	垣曲商城二里岗上层	商代前期	790±20
5	YQS-3	泥质灰陶	垣曲商城二里岗上层	商代前期	860±20
6	YQX-1	夹砂灰陶	垣曲商城二里岗下层	商代前期	850±20
7	YQX-2	泥质灰陶	垣曲商城二里岗下层	商代前期	880±20
8	1	陶水管		商代	920
9	2	板瓦		西周	860
10	YYM72	泥质灰陶	军都山山戎	东周	600～700
11	YYM80	泥质灰陶	军都山山戎	东周	600～700
12	YYM357	砂质褐陶	军都山山戎	东周	600～700
13	YYM389	泥质灰陶	军都山山戎	东周	600～700
14	YYM281	砂质红陶	军都山山戎	东周	600～700
15	3	陶作坊铺地砖		战国	860
16	Q2	陶俑陶片	陕西秦俑三号坑	秦	970±20
17		陶俑陶片	陕西临潼秦陶俑坑	秦	940±20
18		陶马陶片	陕西临潼秦陶俑坑	秦	810±20
19	F-1	陶俑-1	陕西秦俑一号坑	秦	900 左右
20	F-2	陶俑-2	陕西秦俑一号坑	秦	900 左右
21	4	砖瓦		秦	1000
22	5	筒瓦		西汉	1000
23	6	砖瓦		西汉晚期	1010
24		金砖	北京故宫	明、清	950
25	13H-F1	砂质黄陶	台湾北淡水河入口处	十三行文化	910±20
26	13H-F2	砂质黄陶	台湾北淡水河入口处	十三行文化	910±20
27	13H-F3	砂质黄陶	台湾北淡水河入口处	十三行文化	920±20
28	13H-F4	砂质灰陶	台湾北淡水河入口处	十三行文化	980±20

第三章 陶器向瓷器的过渡——印纹硬陶和原始瓷的出现

从一万年左右的新石器时代早期,在中国出现了陶器。经过六七千年的发展,到了新石器时代晚期在中国出现了印纹硬陶。随后在三千年前的商代又出现了原始瓷。开始了由陶器向瓷器的过渡,成为中国陶瓷工艺发展史上第二个里程碑。

第二个里程碑的重要性就在于印纹硬陶和原始瓷的化学组成和所使用的原料都发生了显著的变化,而使它们能在较高的温度下烧成。特别是釉的出现和使用以及高温的获得都为中国瓷器的烧制成功创造了至关重要的条件。

已如前述,在陶器出现后不久,为了实用、美观或成型的要求,往往在陶坯表面刻划或拍印各种纹饰。一种拍印成以四方连续纹样为主的、有规则的几何形图案的陶器则被称为几何形印纹陶,或统称为印纹陶。如果这种印纹陶所用的原料仍是易熔粘土,一般烧成温度在 1000℃ 以下的则被称为印纹软陶。首先出现在江南地区新石器时代晚期的一种印纹陶所用的原料已不是易熔粘土,而是一种含 Fe_2O_3 较低的、较纯的粘土,烧成温度已提高到 1100℃ 左右,则被称为印纹硬陶(stemped hard pottery)。但在实际研究中,不是每一陶片都能做它的化学组成和烧成温度的测试,一般只凭外观区分它们是硬陶或是软陶。由于没有统一的标准和人为的主观因素,这种区分是不十分准确的。本章所讨论的印纹硬陶则是根据它们的化学组成和烧成温度加以区分。但由于受到原来在出土时命名的影响,可能有少数陶片不是印纹硬陶也被列入,同时也可能有某些陶片本来就是印纹硬陶而没有列入。另外由陶器发展到印纹硬陶的早期,它们在化学组成的变化和烧成温度的提高上也不是突然达到的,而是经过一个探索阶段而逐渐形成的。这也为区分软陶和硬陶带来一定的困难。因此,只能从统计观点出发阐明其总的趋势。

在印纹硬陶出现后不久,又出现了原始瓷。原始瓷胎所用的原料基本上和某些印纹硬陶相似,有时其 Fe_2O_3 含量会更低。烧成温度一般都提高到 1200℃ 左右。它们都带有一层 CaO 含量较高和含有一定量的 Fe_2O_3 的青釉。它们胎、釉的显微结构和物理性能都接近瓷器,但由于原始瓷胎中 Fe_2O_3 的含量还偏高;原料处理也不够精细,有时含有肉眼可见的大颗粒石英砂;烧成温度也不够高,尚未达到高度烧结的程度;釉厚薄不匀和胎釉结合不好,易脱落等因素而表现了从陶到瓷的初级阶段的原始性。故把它称之为原始瓷器(proto-porcelain)。

原始瓷的出现是我国陶瓷科学技术史上一件大事。它不但在我国陶瓷学界和考古界引起了普遍的重视,而且在国际上也引起了强烈的反响。原始瓷这一名称最初由考古界提出,在相当长时间的讨论和对原始瓷碎片进行化学组成、显微结构、烧制工艺和性能研究后[1],逐渐为多数人所接受。如《中国古陶瓷论文集》的前言中,即认为"由陶发展到瓷,中间存在着一个发展

---

① 李家治,原始瓷的形成和发展,中国古代陶瓷科学技术成就,李家治,陈显求,张福康等,上海科学技术出版社,1985,132~145。

和提高的阶段,商代至东汉的青釉器应称为'原始瓷器',因为'原始瓷'无论在化学组成和物理性能上都已接近于瓷而不同于陶,所以对于这类器物就不能再称为釉陶。此外,考虑到'原始瓷器'这个名词在我国出国文展中曾多次使用,并已为国内外所熟悉。因此,在没有更确切的名称以前,还是用'原始瓷器'为好。"[①] 日本学者在其所著的"中国古代陶磁の科学的研究"一文中也说:"关于这些研究和讨论(指原始瓷),近年来在中国开展得十分活跃……可是使用原始瓷的说法越来越多了。"[②] 但有些西方学者,如《Chinese Pottery and Porcelain》和《Oriental Glazes》两书的作者们把这类商周时的青釉器,甚至把汉晋时的越窑青瓷也都统称之为炻器(Stoneware)。[③] 这种单纯从近代生产的各类陶瓷的定义出发,而给中国古代陶瓷器分类和命名是可以理解的,但也带来了片面性。根据中国所独有的也是世界唯一的从陶发展到瓷的整个工艺过程实际出发,把这类青釉器称之为原始瓷则更为合理。

在商代出现釉之后,也曾把它施在陶器或印纹软陶上,对这类带釉器物则不能称之为原始瓷而只能叫它釉陶。由于分类不严格,在原始瓷一节中也许混有少数釉陶。

印纹硬陶和原始瓷是我国从陶发展到瓷的过渡阶段产物,起着承前启后的作用。它们在化学组成中 Fe_2O_3 含量的降低,胎中出现莫来石晶体和有更多玻璃相,典型钙釉的形成和能烧到1200℃以上的高温等都是突破性的进展。对它们的深入讨论将有助于对我国陶瓷工艺发展过程的理解。

第一节　印纹硬陶的出现

随着地区的不同印纹硬陶的出现和发展亦略有不同,但一般认为始见于新石器时代晚期,成熟于商代,兴盛于西周,春秋战国后逐渐衰微。大量出现于我国南方的长江中下游和东南沿海的浙江、江苏、上海、江西、安徽以及福建、广东、台湾和香港等广大地区的遗址和墓葬中。在北方及黄河流域则非常少见。

本章所收集的印纹硬陶片主要来自浙江、江西和福建。时代则从新石器时代晚期至战国。基本上反映了印纹硬陶的概况。它们的化学组成、显微结构和烧成温度数据主要引自《原始瓷的形成和发展》[④] 和《中国古陶瓷物理化学基础及其多元统计分析的应用研究》[⑤] 等论文。

一　化学组成、显微结构及其与原料的关系

表 3-1 为印纹硬陶的化学组成。图 3-1 为根据表 3-1 的数据绘制的印纹硬陶的化学组成分布图。

① 中国硅酸盐学会编,中国古陶瓷论文集,文物出版社,1982,1～2。

② 山崎一雄,中国古代陶磁の科学研究,世界陶磁全集,第十卷,中国古代,1980,266～269。

③ Vainker, S. J., Chinese pottery and porcelain, British Museum Press, 1991, 9; Wood, N., Oriental Glazes, Pitman Publishing Limited, 1978, 9.4

④ 李家治,原始瓷的形成和发展,中国古代陶瓷科学技术成就,李家治,陈显求,张福康等,上海科学技术出版社,1985,132～145。

⑤ 罗宏杰,中国古陶瓷物理化学基础及其多元统计分析的应用研究,中国科学院上海硅酸盐研究所博士学位论文,1991。

表 3-1　印纹硬陶化学组成（重量%）

序号	原编号	时代、出土地点	SiO₂	Al₂O₃	Fe₂O₃	TiO₂	CaO	MgO	K₂O	Na₂O	MnO	P₂O₅	烧失	总量	分子式
1	FF01	福建闽侯昙石山，新石器器晚期	65.09	22.67	5.37	0.90	0.48	0.69	2.51	0.46	0.055	0.200	2.06	100.49	$0.481R_xO_y \cdot Al_2O_3 \cdot 4.872SiO_2$
			66.13	23.03	5.46	0.91	0.49	0.70	2.55	0.47	0.056	0.203	0.00	100.00	
2	FF02	福建闽侯昙石山，新石器晚期	66.13	21.83	3.66	0.95	0.35	0.99	3.45	0.67	0.060	0.140	1.56	99.79	$0.537R_xO_y \cdot Al_2O_3 \cdot 5.141SiO_2$
			67.32	22.22	3.73	0.97	0.36	1.01	3.51	0.68	0.061	0.143	0.00	100.00	
3	FQ01	福建泉州南安，新石器晚期	66.32	21.42	5.87	0.86	0.25	0.74	2.88	0.68	0.041	0.046	0.79	99.90	$0.538R_xO_y \cdot Al_2O_3 \cdot 5.255SiO_2$
			66.92	21.61	5.92	0.87	0.25	0.75	2.91	0.69	0.041	0.046	0.00	100.01	
4	FQ03	福建泉州，新石器晚期	57.50	29.02	8.56	0.81	0.37	0.68	1.41	0.41	0.036	0.130	0.91	99.84	$0.387R_xO_y \cdot Al_2O_3 \cdot 3.362SiO_2$
			58.12	29.33	8.65	0.82	0.37	0.69	1.43	0.41	0.036	0.131	0.00	99.99	
5	FQ04	福建泉州，新石器晚期	75.24	16.51	1.50	0.62	0.21	0.47	2.98	0.35	0.040	0.064	1.52	99.50	$0.437R_xO_y \cdot Al_2O_3 \cdot 7.733SiO_2$
			76.79	16.85	1.53	0.63	0.21	0.48	3.04	0.36	0.041	0.065	0.00	100.00	
6	74T7(5)	江西清江吴城，商前时期	74.58	16.32	2.97	1.55	0.35	0.86	1.59	0.49	0.000	0.000	0.00	98.71	$0.564R_xO_y \cdot Al_2O_3 \cdot 7.755SiO_2$
			75.55	16.53	3.01	1.57	0.35	0.87	1.61	0.50	0.000	0.000	0.00	99.99	
7	ZHJ2(2)	浙江江山肖盘山，商前时期	74.16	15.47	5.80	1.66	0.09	0.31	0.21	0.13	0.010	0.040	1.32	99.20	$0.469R_xO_y \cdot Al_2O_3 \cdot 8.132SiO_2$
			75.77	15.81	5.93	1.70	0.09	0.32	0.21	0.13	0.010	0.041	0.00	100.01	
8	西 T2(2) 1:5	安徽肥西县馆驿，商代早期	69.40	18.52	5.62	1.10	0.81	1.12	2.21	1.01	0.030	0.000	0.00	99.82	$0.722R_xO_y \cdot Al_2O_3 \cdot 6.360SiO_2$
			69.53	18.55	5.63	1.10	0.81	1.12	2.21	1.01	0.030	0.000	0.00	99.99	
9	FQ02	福建泉州南安飞瓦岩，商	63.01	27.66	3.73	1.08	0.33	0.69	2.66	0.44	0.040	0.048	0.68	100.37	$0.354R_xO_y \cdot Al_2O_3 \cdot 3.865SiO_2$
			63.21	27.75	3.74	1.08	0.33	0.69	2.67	0.44	0.040	0.048	0.00	100.00	
10	JFL1	江西抚州雷磨石，商	64.78	24.12	4.15	1.08	0.32	1.03	2.77	0.75	0.075	0.110	0.60	99.78	$0.482R_xO_y \cdot Al_2O_3 \cdot 4.557SiO_2$
			65.31	24.32	4.18	1.09	0.32	1.04	2.79	0.76	0.076	0.111	0.00	100.00	
11	JFQ1	江西抚州祺盘垴，商	62.11	27.51	3.85	1.16	0.20	0.89	2.86	0.33	0.021	0.076	0.59	99.60	$0.373R_xO_y \cdot Al_2O_3 \cdot 3.830SiO_2$
			62.73	27.79	3.89	1.17	0.20	0.90	2.89	0.33	0.021	0.077	0.00	100.00	
12	JFQ2	江西抚州祺盘垴，商	64.22	25.33	4.31	1.15	0.18	0.87	3.13	0.45	0.027	0.066	0.15	99.88	$0.432R_xO_y \cdot Al_2O_3 \cdot 4.301SiO_2$
			64.39	25.40	4.32	1.15	0.18	0.87	3.14	0.45	0.027	0.066	0.00	99.99	

续表

序号	原编号	时代、出土地点	SiO_2	Al_2O_3	Fe_2O_3	TiO_2	CaO	MgO	K_2O	Na_2O	MnO	P_2O_5	烧失	总量	分子式
13	JNX1	江西南昌新祺周，商	66.88	23.12	3.48	1.03	0.41	0.92	2.95	0.56	0.028	0.044	0.67	100.09	
			67.27	23.25	3.50	1.04	0.41	0.93	2.97	0.56	0.028	0.044	0.00	100.00	$0.467R_xO_y·Al_2O_3·4.909SiO_2$
14	JNX2	江西南昌新祺周，商	67.79	19.28	6.34	1.21	0.16	0.43	0.40	0.18	0.024	0.440	3.87	100.12	
			70.43	20.03	6.59	1.26	0.17	0.45	0.42	0.19	0.025	0.457	0.00	100.02	$0.419R_xO_y·Al_2O_3·5.966SiO_2$
15	JQS17	江西清江吴城，商	69.37	21.72	2.85	1.26	0.41	1.09	2.44	0.50	0.038	0.070	0.46	100.21	
			69.54	21.77	2.86	1.26	0.41	1.09	2.45	0.50	0.038	0.070	0.00	99.99	$0.483R_xO_y·Al_2O_3·5.420SiO_2$
16	SH6	江西清江吴城，商	66.52	23.17	4.39	1.45	0.20	1.01	2.90	0.20	0.000	0.000	0.00	99.84	
			66.63	23.21	4.40	1.45	0.20	1.01	2.90	0.20	0.000	0.000	0.00	100.00	$0.476R_xO_y·Al_2O_3·4.871SiO_2$
17	ZS9	浙江江山乌里山，商	64.53	21.84	8.76	1.12	0.39	0.94	1.34	0.38	0.020	0.050	0.00	99.37	
			64.94	21.98	8.82	1.13	0.39	0.95	1.35	0.38	0.020	0.050	0.00	100.01	$0.561R_xO_y·Al_2O_3·5.013SiO_2$
18	ZS15	浙江江山峡口，商	65.36	24.58	5.98	1.19	0.40	0.18	1.50	0.56	0.020	0.000	0.00	99.77	
			65.51	24.64	5.99	1.19	0.40	0.18	1.50	0.56	0.020	0.000	0.00	99.99	$0.369R_xO_y·Al_2O_3·4.511SiO_2$
19	ZHJ2(3)	浙江江山营盘山，商	69.77	21.17	4.73	1.35	0.11	0.42	1.00	0.16	0.020	0.060	0.00	98.79	
			70.62	21.43	4.79	1.37	0.11	0.43	1.01	0.16	0.020	0.061	0.00	100.00	$0.351R_xO_y·Al_2O_3·5.592SiO_2$
20	ZHJ6	浙江江山营盘山，商	79.21	13.06	6.01	1.38	0.12	0.78	0.14	0.09	0.010	0.000	0.00	100.80	
			78.58	12.96	5.96	1.37	0.12	0.77	0.14	0.09	0.010	0.000	0.00	100.00	$0.620R_xO_y·Al_2O_3·10.288SiO_2$
21	ZHJ7	浙江江山营盘山，商	71.81	18.67	5.61	1.31	0.17	0.49	1.54	0.26	0.020	0.000	0.00	99.88	
			71.90	18.69	5.62	1.31	0.17	0.49	1.54	0.26	0.020	0.000	0.00	100.00	$0.478R_xO_y·Al_2O_3·6.527SiO_2$
22	ZS6	浙江江山营盘山，商	70.08	21.15	5.20	1.33	0.21	0.57	0.47	0.09	0.020	0.040	0.00	99.16	
			70.67	21.33	5.24	1.34	0.21	0.57	0.47	0.09	0.020	0.040	0.00	99.98	$0.356R_xO_y·Al_2O_3·5.622SiO_2$
23	ZS7	浙江江山沅口，商	71.36	18.08	5.15	1.02	0.40	0.49	3.45	0.98	0.000	0.070	0.00	101.00	
			70.65	17.90	5.10	1.01	0.40	0.49	3.42	0.97	0.000	0.069	0.00	100.01	$0.662R_xO_y·Al_2O_3·6.697SiO_2$
24	JQS10	江西清江吴城，商代晚期	67.64	22.04	3.71	0.99	0.37	1.63	2.50	0.71	0.054	0.120	0.46	100.22	
			67.80	22.09	3.72	0.99	0.37	1.63	2.51	0.71	0.054	0.120	0.00	99.99	$0.565R_xO_y·Al_2O_3·5.208SiO_2$

续表

序号	原编号	时代、出土地点	SiO₂	Al₂O₃	Fe₂O₃	TiO₂	CaO	MgO	K₂O	Na₂O	MnO	P₂O₅	烧失	总量	分子式
25	JQS11	江西清江吴城，商代晚期	72.54	18.29	3.16	1.49	0.23	0.86	1.99	0.33	0.053	0.097	1.45	100.49	$0.511R_xO_y \cdot Al_2O_3 \cdot 6.728SiO_2$
			73.24	18.47	3.19	1.50	0.23	0.87	2.01	0.33	0.054	0.098	0.00	99.99	
26	JQS14	江西清江吴城，商代晚期	80.08	11.82	4.38	1.14	0.17	0.89	0.41	0.07	0.030	0.160	0.65	99.80	$0.637R_xO_y \cdot Al_2O_3 \cdot 11.497SiO_2$
			80.77	11.92	4.42	1.15	0.17	0.90	0.41	0.07	0.030	0.161	0.00	100.00	
27	JQS5	江西清江吴城，商代晚期	70.03	19.26	6.02	1.18	0.36	0.63	1.10	0.24	0.032	0.380	1.29	100.52	$0.492R_xO_y \cdot Al_2O_3 \cdot 6.169SiO_2$
			70.57	19.41	6.07	1.19	0.36	0.63	1.11	0.24	0.032	0.383	0.00	99.99	
28	JQS6	江西清江吴城，商代晚期	77.80	14.31	2.23	1.20	0.30	0.64	1.68	0.46	0.030	0.072	1.02	99.74	$0.545R_xO_y \cdot Al_2O_3 \cdot 9.222SiO_2$
			78.81	14.50	2.26	1.22	0.30	0.65	1.70	0.47	0.030	0.073	0.00	100.01	
29	JQS7	江西清江吴城，商代晚期	79.24	11.82	4.15	1.19	0.26	0.42	0.61	0.18	0.029	0.430	1.48	99.81	$0.593R_xO_y \cdot Al_2O_3 \cdot 11.376SiO_2$
			80.59	12.02	4.22	1.21	0.26	0.43	0.62	0.18	0.029	0.437	0.00	100.00	
30	JQS8	江西清江吴城，商代晚期	75.18	16.79	2.52	1.02	0.28	0.72	2.10	0.45	0.026	0.140	0.95	100.18	$0.500R_xO_y \cdot Al_2O_3 \cdot 7.597SiO_2$
			75.76	16.92	2.54	1.03	0.28	0.73	2.12	0.45	0.026	0.141	0.00	100.00	
31	JYB1	江西鹰潭板栗山，商代晚期	68.35	20.10	5.36	0.94	0.43	0.98	1.58	0.51	0.061	0.350	1.11	99.77	$0.536R_xO_y \cdot Al_2O_3 \cdot 5.771SiO_2$
			69.28	20.37	5.43	0.95	0.44	0.99	1.60	0.52	0.062	0.355	0.00	100.00	
32	JYB2	江西鹰潭板栗山，商代晚期	67.47	21.14	5.19	1.17	0.26	0.78	1.43	0.51	0.016	0.120	1.79	99.88	$0.462R_xO_y \cdot Al_2O_3 \cdot 5.415SiO_2$
			68.78	21.55	5.29	1.19	0.27	0.80	1.46	0.52	0.016	0.122	0.00	100.00	
33	JYJ1	江西鹰潭角山，商代晚期	63.53	22.52	6.75	1.08	0.54	1.56	1.95	0.77	0.064	0.056	0.99	99.81	$0.627R_xO_y \cdot Al_2O_3 \cdot 4.787SiO_2$
			64.29	22.79	6.83	1.09	0.55	1.58	1.97	0.78	0.065	0.057	0.00	100.00	
34	JYJ10	江西鹰潭角山，商代晚期	64.96	24.42	4.23	1.04	0.85	1.37	1.67	0.40	0.031	0.032	0.69	99.69	$0.473R_xO_y \cdot Al_2O_3 \cdot 4.513SiO_2$
			65.62	24.67	4.27	1.05	0.86	1.38	1.69	0.40	0.031	0.032	0.00	100.00	
35	JYJ11	江西鹰潭角山，商代晚期	68.82	19.61	4.71	1.18	0.25	0.59	0.90	0.31	0.017	0.051	3.13	99.57	$0.407R_xO_y \cdot Al_2O_3 \cdot 5.956SiO_2$
			71.36	20.33	4.88	1.22	0.26	0.61	0.93	0.32	0.018	0.053	0.00	99.98	
36	JYJ4	江西鹰潭角山，商代晚期	62.39	23.66	7.62	1.06	0.81	1.28	1.59	0.58	0.063	0.120	0.61	99.78	$0.582R_xO_y \cdot Al_2O_3 \cdot 4.474SiO_2$
			62.91	23.86	7.68	1.07	0.82	1.29	1.60	0.58	0.064	0.121	0.00	99.99	

续表

序号	原编号	时代、出土地点	SiO₂	Al₂O₃	Fe₂O₃	TiO₂	CaO	MgO	K₂O	Na₂O	MnO	P₂O₅	烧失	总量	分子式
37	JYJ5	江西鹰潭罩角山，商代晚期	70.37	18.25	4.86	0.96	0.48	0.87	1.61	0.39	0.072	0.074	1.98	99.92	$0.545R_xO_y \cdot Al_2O_3 \cdot 6.544SiO_2$
			71.85	18.63	4.96	0.98	0.49	0.89	1.64	0.40	0.074	0.076	0.00	99.99	
38	JYJ9	江西鹰潭罩角山，商代晚期	66.01	21.20	6.19	1.00	0.58	1.22	1.59	0.41	0.061	0.037	1.30	99.60	$0.561R_xO_y \cdot Al_2O_3 \cdot 5.282SiO_2$
			67.15	21.57	6.30	1.02	0.59	1.24	1.62	0.42	0.062	0.038	0.00	100.01	
39	JZS01	江西畜山，商代晚期	66.78	22.13	5.59	0.92	0.33	0.96	2.46	0.18	0.019	0.044	0.25	99.66	$0.488R_xO_y \cdot Al_2O_3 \cdot 5.121SiO_2$
			67.18	22.26	5.62	0.93	0.33	0.97	2.47	0.18	0.019	0.044	0.00	100.00	
40	JZS02	江西畜山，商代晚期	68.64	17.57	7.73	0.88	0.44	1.27	2.05	0.22	0.180	0.082	0.67	99.73	$0.737R_xO_y \cdot Al_2O_3 \cdot 6.627SiO_2$
			69.29	17.74	7.80	0.89	0.44	1.28	2.07	0.22	0.182	0.083	0.00	99.99	
41	JZS03	江西畜山，商代晚期	64.64	23.06	6.00	0.96	0.38	1.03	2.69	0.40	0.027	0.058	0.34	99.59	$0.521R_xO_y \cdot Al_2O_3 \cdot 4.757SiO_2$
			65.13	23.23	6.05	0.97	0.38	1.04	2.71	0.40	0.027	0.058	0.00	100.00	
42	JYJ2	江西鹰潭罩角山，商代晚期	68.02	21.62	3.85	0.96	0.37	1.19	1.55	0.60	0.031	0.062	2.11	100.36	$0.468R_xO_y \cdot Al_2O_3 \cdot 5.337SiO_2$
			69.23	22.01	3.92	0.98	0.38	1.21	1.58	0.61	0.032	0.063	0.00	100.02	
43	JYJ3	江西鹰潭罩角山，商代晚期	66.88	20.76	5.52	1.00	0.44	1.50	1.84	0.51	0.031	0.062	1.80	100.34	$0.593R_xO_y \cdot Al_2O_3 \cdot 5.466SiO_2$
			67.87	21.07	5.60	1.01	0.45	1.52	1.87	0.52	0.031	0.063	0.00	100.00	
44	JQF4	江西清江樊城堆，商至西周	65.52	23.64	4.14	1.04	0.16	1.14	2.97	0.49	0.024	0.070	0.70	99.89	$0.475R_xO_y \cdot Al_2O_3 \cdot 4.704SiO_2$
			66.06	23.83	4.17	1.05	0.16	1.15	2.99	0.49	0.024	0.071	0.00	99.99	
45	JQZ3	江西清江筑卫城，西周早期	69.12	20.36	4.72	1.10	0.28	0.96	1.34	0.52	0.032	0.410	0.94	99.78	$0.491R_xO_y \cdot Al_2O_3 \cdot 5.760SiO_2$
			69.93	20.60	4.78	1.11	0.28	0.97	1.36	0.53	0.032	0.415	0.00	100.01	
46	JQZ4	江西清江筑卫城，西周早期	70.29	18.07	5.98	1.03	0.44	0.85	1.44	0.44	0.059	0.430	0.93	99.96	$0.595R_xO_y \cdot Al_2O_3 \cdot 6.599SiO_2$
			70.98	18.25	6.04	1.04	0.44	0.86	1.45	0.44	0.060	0.434	0.00	99.99	
47	JQZ5	江西清江筑卫城，西周早期	61.63	26.28	5.22	1.21	0.26	1.24	1.77	0.48	0.053	0.420	1.21	99.77	$0.441R_xO_y \cdot Al_2O_3 \cdot 3.980SiO_2$
			62.53	26.66	5.30	1.23	0.26	1.26	1.80	0.49	0.054	0.426	0.00	100.01	
48	JWG1	江西万载县狮子墟，西周早期	60.28	28.46	2.90	1.26	0.21	0.80	2.61	0.34	0.031	0.960	2.25	100.10	$0.351R_xO_y \cdot Al_2O_3 \cdot 3.593SiO_2$
			61.60	29.09	2.96	1.29	0.21	0.82	2.67	0.35	0.032	0.981	0.00	100.00	

续表

序号	原编号	时代、出土地点	SiO₂	Al₂O₃	Fe₂O₃	TiO₂	CaO	MgO	K₂O	Na₂O	MnO	P₂O₅	烧失	总量	分子式
49	JWG2	江西万载县狮子垴，西周早期	70.33	21.02	2.75	0.93	0.13	0.53	2.39	0.25	0.036	0.150	1.25	99.77	
			71.39	21.34	2.79	0.94	0.13	0.54	2.43	0.25	0.037	0.152	0.00	100.00	$0.365R_xO_y \cdot Al_2O_3 \cdot 5.676SiO_2$
50	003	江西新干，西周早期	69.18	20.39	5.12	1.10	0.82	0.89	1.88	0.65	0.000	0.000	0.20	100.23	
			69.16	20.38	5.12	1.10	0.82	0.89	1.88	0.65	0.000	0.000	0.00	100.00	$0.565R_xO_y \cdot Al_2O_3 \cdot 5.758SiO_2$
51	JYT1	江西宜丰太平岗，西周早期	62.15	27.57	2.99	0.94	0.19	0.60	3.76	0.44	0.052	0.091	0.62	99.40	
			62.92	27.91	3.03	0.95	0.19	0.61	3.81	0.45	0.053	0.092	0.00	100.02	$0.360R_xO_y \cdot Al_2O_3 \cdot 3.825SiO_2$
52	JYT2	江西宜丰太平岗，西周早期	60.67	29.52	2.76	0.93	0.17	0.69	3.42	0.56	0.053	0.091	0.93	99.79	
			61.37	29.86	2.79	0.94	0.17	0.70	3.46	0.57	0.054	0.092	0.00	100.01	$0.331R_xO_y \cdot Al_2O_3 \cdot 3.487SiO_2$
53	ZZ16	浙江江山地山岗，西周早期	64.40	21.26	9.35	1.23	0.28	0.81	1.63	0.46	0.030	0.040	0.00	99.49	
			64.73	21.37	9.40	1.24	0.28	0.81	1.64	0.46	0.030	0.040	0.00	100.00	$0.596R_xO_y \cdot Al_2O_3 \cdot 5.140SiO_2$
54	ZZ17	浙江江山淤头，西周早期	73.96	16.27	5.05	1.08	0.29	0.40	1.37	0.49	0.030	0.070	0.00	99.01	
			74.70	16.43	5.10	1.09	0.29	0.40	1.38	0.49	0.030	0.071	0.00	99.98	$0.522R_xO_y \cdot Al_2O_3 \cdot 7.715SiO_2$
55	T10(5)	江西九江磨盘墩，西周中晚期	70.30	18.35	3.95	1.04	0.44	0.78	2.43	0.65	0.000	0.000	1.62	99.56	
			71.78	18.74	4.03	1.06	0.45	0.80	2.48	0.66	0.000	0.000	0.00	100.00	$0.562R_xO_y \cdot Al_2O_3 \cdot 6.499SiO_2$
56	T30(5)	江西九江磨盘墩，西周中晚期	68.50	17.88	5.59	0.84	0.70	0.87	2.41	0.85	0.000	0.000	2.10	99.74	
			70.16	18.31	5.73	0.86	0.72	0.89	2.47	0.87	0.000	0.000	0.00	100.01	$0.678R_xO_y \cdot Al_2O_3 \cdot 6.502SiO_2$
57	JQS1	江西清江吴城，西周中期至春秋中期	66.98	20.64	5.82	0.98	0.37	1.43	2.46	0.53	0.067	0.088	0.19	99.56	
			67.40	20.77	5.86	0.99	0.37	1.44	2.48	0.53	0.067	0.089	0.00	100.00	$0.628R_xO_y \cdot Al_2O_3 \cdot 5.506SiO_2$
58	JQS2	江西清江吴城，西周中期至春秋中期	74.45	15.62	4.05	1.13	0.32	0.98	1.57	0.28	0.056	0.160	1.47	100.09	
			75.49	15.84	4.11	1.15	0.32	0.99	1.59	0.28	0.057	0.162	0.00	99.99	$0.603R_xO_y \cdot Al_2O_3 \cdot 8.086SiO_2$

续表

序号	原编号	时代、出土地点	SiO₂	Al₂O₃	Fe₂O₃	TiO₂	CaO	MgO	K₂O	Na₂O	MnO	P₂O₅	烧失	总量	分子式
59	JQS3	江西清江吴城，西周中期至春秋中期	66.48	23.09	3.83	1.03	0.17	1.06	3.17	0.41	0.031	0.080	0.68	100.03	$0.475R_xO_y \cdot Al_2O_3 \cdot 4.885SiO_2$
			66.91	23.24	3.86	1.04	0.17	1.07	3.19	0.41	0.031	0.081	0.00	100.00	
60	ZZ18	浙江山山五村，春秋	70.34	18.35	4.67	0.96	0.58	0.94	2.37	1.15	0.030	0.000	0.00	99.39	$0.662R_xO_y \cdot Al_2O_3 \cdot 6.505SiO_2$
			70.77	18.46	4.70	0.97	0.58	0.95	2.38	1.16	0.030	0.000	0.00	100.00	
61	ZSD1	浙江绍兴东堡，春秋	69.54	17.57	5.76	1.16	0.46	0.97	1.82	1.37	0.054	0.084	1.07	99.86	$0.729R_xO_y \cdot Al_2O_3 \cdot 6.714SiO_2$
			70.39	17.79	5.83	1.17	0.47	0.98	1.84	1.39	0.055	0.085	0.00	100.00	
62	ZSD2	浙江绍兴东堡，春秋	62.95	21.10	7.81	0.89	0.64	1.10	2.44	1.85	0.064	0.093	0.97	99.91	$0.754R_xO_y \cdot Al_2O_3 \cdot 5.061SiO_2$
			63.62	21.33	7.89	0.90	0.65	1.11	2.47	1.87	0.065	0.094	0.00	100.00	
63	ZSD3H	浙江绍兴东堡，春秋	64.88	17.79	10.28	1.09	0.42	0.94	2.09	0.67	0.100	0.150	1.40	99.81	$0.828R_xO_y \cdot Al_2O_3 \cdot 6.188SiO_2$
			65.93	18.08	10.45	1.11	0.43	0.96	2.12	0.68	0.102	0.152	0.00	100.01	
64	ZSD3Z	浙江绍兴东堡，春秋	66.88	17.10	9.79	1.05	0.48	1.03	1.97	0.67	0.120	0.130	0.56	99.78	$0.853R_xO_y \cdot Al_2O_3 \cdot 6.638SiO_2$
			67.41	17.23	9.87	1.06	0.48	1.04	1.99	0.68	0.121	0.131	0.00	100.01	
65	ZSD4	浙江绍兴东堡，春秋	67.20	19.59	6.91	0.91	0.49	1.16	2.39	0.82	0.096	0.098	0.52	100.18	$0.690R_xO_y \cdot Al_2O_3 \cdot 5.820SiO_2$
			67.43	19.66	6.93	0.91	0.49	1.16	2.40	0.82	0.096	0.098	0.00	99.99	
66	ZSD5	浙江绍兴东堡，春秋	64.81	19.83	8.79	1.04	0.30	0.99	2.17	0.71	0.057	0.086	1.25	100.03	$0.688R_xO_y \cdot Al_2O_3 \cdot 5.547SiO_2$
			65.61	20.07	8.90	1.05	0.30	1.00	2.20	0.72	0.058	0.087	0.00	100.00	
67	ZSD6	浙江绍兴东堡，春秋	69.04	18.97	5.86	1.01	0.45	1.03	2.14	0.78	0.034	0.130	0.97	100.41	$0.643R_xO_y \cdot Al_2O_3 \cdot 6.174SiO_2$
			69.43	19.08	5.89	1.02	0.45	1.04	2.15	0.78	0.034	0.131	0.00	100.01	
68	YIB	浙江绍兴，战国早期	68.59	18.84	7.14	1.10	0.30	0.91	0.37	0.72	0.080	0.130	0.78	98.18	$0.563R_xO_y \cdot Al_2O_3 \cdot 6.177SiO_2$
			69.86	19.19	7.27	1.12	0.31	0.93	0.38	0.73	0.081	0.132	0.00	100.00	
69	006	江西贵溪，战国早期	69.27	20.75	2.94	0.91	0.65	0.96	3.08	0.44	0.000	0.000	0.78	99.78	$0.516R_xO_y \cdot Al_2O_3 \cdot 5.664SiO_2$
			69.97	20.96	2.97	0.92	0.66	0.97	3.11	0.44	0.000	0.000	0.00	100.00	
70	HXZ05	河南新郑，战国	66.95	18.78	6.01	0.87	0.72	1.28	2.37	1.31	0.100	0.066	1.30	99.76	$0.767R_xO_y \cdot Al_2O_3 \cdot 6.050SiO_2$
			68.00	19.07	6.10	0.88	0.73	1.30	2.41	1.33	0.102	0.067	0.00	99.99	

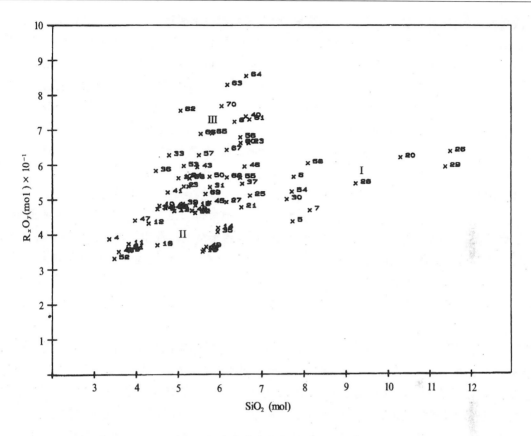

图 3-1　印纹硬陶的化学组成分布图

从图 3-1 可见,印纹硬陶的化学组成基本可分成 3 个区域：Ⅰ 区为高 SiO$_2$ 低 Al$_2$O$_3$ 区域。其 SiO$_2$ 含量从序号为 30 的江西清江吴城陶片的 75.76% 增加至序号为 26 的江西清江吴城陶片的 80.77%;Al$_2$O$_3$ 的含量则从 16.92% 减至 11.92% 除三个(序号 7、20 和 54)为浙江江山和一个(序号 5)福建泉州出土外,其余都是江西清江吴城出土的印纹陶片。可见其化学组成都有一定地方性。这是和它们所用的原料有着密切的关系。Ⅱ 区为低 SiO$_2$ 高 Al$_2$O$_3$ 区域。其 SiO$_2$ 的含量从序号为 4 的福建泉州陶片的 58.12% 增加到序号为 35 的江西鹰潭角山陶片的 71.36%;Al$_2$O$_3$ 的含量则从 29.33% 减到 20.33%。Ⅲ 区为低 SiO$_2$ 高熔剂(R$_x$O$_y$)区域。其 SiO$_2$ 的含量从序号为 36 的 62.91% 增加到序号为 25 的 73.24%;熔剂的含量从序号为 13 的 9.48% 增加到序号为 63 的 15.99%。熔剂含量的增高主要是 Fe$_2$O$_3$ 含量的增高。如序号为 63 的浙江绍兴东堡出土的陶片中 Fe$_2$O$_3$ 的含量已高达 10.45%,而序号为 13 的江西南昌出土的陶片中 Fe$_2$O$_3$ 的含量又低达 3.50%。

从印纹硬陶的化学组成总体来看,它们分散性是很大的。如 SiO$_2$ 的含量从 58.12% 增加到 80.77%;Al$_2$O$_3$ 的含量则从 11.92% 增加到 29.02%;R$_x$O$_y$ 的含量则从 9.27% 增加到 15.99% 充分说明印纹硬陶所用的原料的多变性。从陶向瓷的发展表现在化学组成上的变化就是由高 SiO$_2$、低 Al$_2$O$_3$ 和高 R$_x$O$_y$(主要是 Fe$_2$O$_3$)向低 SiO$_2$、高 Al$_2$O$_3$ 和低 R$_x$O$_y$(主要亦是 Fe$_2$O$_3$)的变化。但印纹硬陶的化学组成的三个区域则兼而有之。也就是说它的化学组成既有属于陶器的范围,也有属于原始瓷,甚至瓷器的范围。这种情况说明印纹硬陶的化学组成正处在从陶器向原始瓷,甚至瓷器过渡的起始阶段。而在开始时由于要适应在化学组成和烧成温度两方面的变化,各地的先民们正在多方探求和试用新的原料。当然就不可避免地形成这种很大的分散性。当他们在长时间摸索试用各种原料的过程中,一旦发现某种原料制成的陶坯能在已提高烧成温度的陶窑中进行烧成,而且最后产品又具有比较坚实致密的和经久耐用的性能时,他们就会在一定范围内寻找类似这种原料制造陶器,这种陶器就是现在被称之为硬陶或印纹硬陶。但在某一地区或某一段时间内所用的原料和陶器的原料没有多少区别,那么他们制成的也只能是陶器或印纹软陶。如果在部分印纹硬陶上施了釉,也就烧制成了原始瓷。如果在陶器上或印纹软陶上施了釉,也只能称之为釉陶。这就是上面所提到的印纹硬陶的化学组成既有属于陶器范围的,也有属于原始瓷范围所导致的结果。在本章第三节中还要谈到这个问题。

　　关于印纹硬陶所用的原料,无论在史料、考古发掘报告和工艺技术研究报告中都很少提及。因此,只能根据印纹硬陶的化学组成加以推论。由于绝大多数印纹硬陶都是在南方出土,不可能采用北方的黄土或黄河流域的沉积土作原料,因而即使在那些含熔剂较高的化学组成中,其 CaO 的含量都很低。这是与北方陶器在化学组成上非常显著的差别。那些高 SiO_2 低 Al_2O_3 和含有中等熔剂的一类印纹硬陶则可能是用不同纯度的类似南方瓷石的粘土作原料,而那些含有较高熔剂,特别是 Fe_2O_3 较高的印纹硬陶则可能是用类似于南方的紫金土或瓷石掺以紫金土作原料。图 3-2 为在江西清江吴城出土的印纹硬陶的显微结构照片。它位于化学组成分布图中 I 区的最左边(序号30),它的 SiO_2 含量为 75.76%,Al_2O_3 含量为 16.92%,K_2O 含量为 2.12%,Fe_2O_3 的含量为 2.54%,很接近于南方瓷石的化学组成。它的烧成温度已达1130℃,已基本烧结。从图可见它含有较多棱角分明的石英颗粒和较少含铁质的粘土团粒。由于烧成温度关系,莫来石和玻璃相都很少见。无论从外观、化学组成、显微结构和烧成温度都是一个较有代表性的印纹硬陶。它的原料可能就是江西地区所产的没有精制过的瓷石类粘土。

　　图 3-3 为浙江绍兴东堡出土的春秋时的印纹硬陶显微结构照片。它位于图 3-1 中 III 区的上部(序号65)。其 SiO_2 含量为 67.43%,Al_2O_3 含量为 19.83%,K_2O 含量为 2.40%,Fe_2O_3 含量为 6.93%,比较接近于南方的紫金土。其烧成温度为 1190℃,属基本烧结。其显微结构则显示出含有较少具有棱角的石英颗粒和大量的含铁量较高的粘土团粒。这一陶片除含有较高的

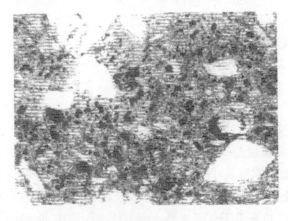

图 3-2　江西清江吴城商代晚期印纹硬陶 JQS8 显微结构　　×170

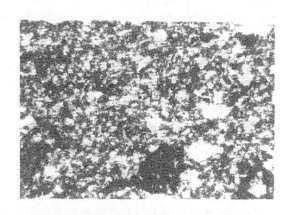

图 3-3　浙江绍兴东堡春秋印纹硬陶 ZSD4 显微结构　　×170

Fe_2O_3 外,也应是有一定代表性的印纹硬陶。它用的原料可能就是浙江地区所产的紫金土或掺有一定量的瓷石类粘土。

在东南沿海地区,如福建的昙石山遗址出土的印纹硬陶所用的原料则可能是属于海滨沉积粘土。因为在福建闽侯昙石山的印纹硬陶的显微结构中发现了很典型的硅藻残骸如圆筛藻、舟形藻等。这个印纹陶片位于图 3-1 中 II 区和 III 区的交界处。它含有较低的 SiO_2(66.13%)、较高的 Al_2O_3(23.03%)和 Fe_2O_3(5.46%)。它的显微结构照片如图 3-4 所示。

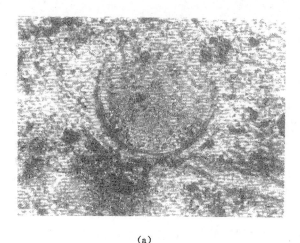

(a)

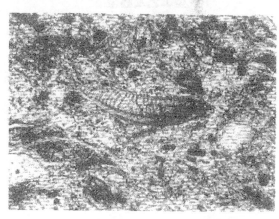

(b)

图 3-4　福建闽侯昙石山新石器时代晚期印纹硬
陶 FF01 显微结构　(a)×500;(b)×430

《闽侯昙石山遗址第六次发掘报告》曾提到"昙石山的贝壳,经过鉴定,都是海生的,而非闽江淡水所产。现在昙石山距离海口 65 公里,当时赖以维持人们生活的贝类,天天都到这么远的海边去捕捞和采集,再运回来食用,这是难以想象的。"[①] 因此,他们推测当时的海岸线不会在

---

① 福建省博物馆,闽侯昙石山遗址第六次发掘报告,考古学报,1976,(1):83~119。

今之马尾,而是在昙石山附近。这一推测既为昙石山陶器使用的原料为海滨沉积粘土找到根据,但反过来昙石山陶片中硅藻残骸的发现也使人觉得这一推测更为可信。另外,《崧泽遗址古陶的化学组成、痕量元素和显微结构》一文的作者们也在编号为 C7 的陶片中发现硅藻残骸。他们也认为这些陶器所用的原料是就地取土于附近湖泊或海滨。

印纹硬陶的出现,在陶瓷工艺发展过程中的重要性就在于化学组成的变化和烧成温度的提高。它们分别是陶器向瓷器发展中的物质基础和必要的条件。有了这些变化和提高,可以说瓷器形成的基础和条件已基本具备。至少为随后的发展指明了方向。

二　成型、器型和装饰

在印纹硬陶出现的初期阶段,也就在新石器时代晚期和商代早期这段时间内,它的成型和装饰工艺都是继承陶器的工艺。在器型方面亦基本类似。只是在发展过程中才逐步脱离了陶器的范畴而形成了自己独特的工艺。在形成过程中除适应本身的需用而开创的工艺外,还吸收了青铜器的铸造工艺和装饰工艺以及在器型方面的成就。印纹硬陶在这方面所形成特色工艺不仅创造了本身的辉煌,而且也为原始瓷建立了发展的基础。

《中国南方古代印纹陶》一书对我国南方出土的印纹陶作了分地区和分期的详细介绍。[①]《关于长江下游地区的几何印纹陶问题》一文也对这一地区的几何印纹陶作了讨论。[②] 本节所用资料除另有引文外,多数引自上述文献。

(一) 成型工艺及器型

早期印纹硬陶的成型方法基本上和陶器相类似。既有手捏法和泥条盘(叠)筑法,也有慢轮修整和快轮拉坯成型。一般小型器皿则使用手捏法,大型器皿则使用泥条盘(叠)筑。慢轮修整已较普遍,快轮拉坯则可能流行于制陶工艺技术比较发达的地区,特别是在原始瓷出现和大量烧制的地区。

以上这些情况都可从各地出土的印纹硬陶残器中得到证实。和陶器一样,在某些印纹硬陶残器的内壁都可以清楚地看到用泥条盘(叠)筑法成型时所留下的痕迹。也可以看到一些慢轮修整的痕迹。在一些器型规整、壁薄而较均匀的器皿上则可能使用了拉坯成型。在各地考古发掘中,虽未见明确提出拉坯成型的报道,但到商代以后,陶器的快轮成型工艺已较普遍。许多烧制印纹硬陶的地区也可能会使用这种比较先进的工艺。有些形状复杂的鬲和鼎之类的足、耳等配件则是事先用手制、模制分件成型后,再用稀泥粘合到器身上。这种情况在各地出土的印纹硬陶中也可观察到成型时留下的痕迹。

印纹硬陶的器型最多见的则是大型的罐、瓮和尊等,小型的碗、盆和豆等。大型的则多用作盛贮器,小型的则多用作食用器。印纹硬陶用作炊煮器的则不多见。这可能是由于印纹硬陶本身的性能所决定。印纹硬陶的烧成温度都比较高,一般接近烧结,气孔率显著降低。因此,它们的耐急冷急热性能也比较差。先民们在使用过程中发现它作为烧煮器还不如陶器耐用。相反,由于接近烧结而不吸水和渗水,而且强度也较高,更适宜作盛贮器,特别是盛放水、酒等饮料则

① 彭适凡,中国南方古代印纹陶,文物出版社,1987,68～245。

② 蒋赞初,关于长江下游地区的几何印纹陶问题,文物集刊,1981,(3):52～61。

较陶器要优越得多。

在青铜器盛行之后,出现了仿铜器印纹硬陶。如出现了鼎、盂、鐎、瓿、罍等仿铜器的器型。

在整个几何印纹硬陶发展过程中,各个历史时代的器型特征也在变化。如长江下游地区相当于商代的器型以圜底器和凹底器为主。到了西周则以平底器为主。待至春秋战国时期则更多地出现平底器,并在平底下带有三乳足。

(二) 装饰艺术

印纹装饰在我国新石器时代早期的陶器上已经出现,但真正具有几何形图案花纹的几何印纹陶则要到新石器时代晚期才形成,而且在陶器中所占比例甚小,属于几何印纹硬陶则可能更少。到了商代以后则逐渐增多。

几何印纹陶的装饰纹样有方格纹、漩涡纹、圆圈纹、回纹、菱纹、圆窝纹、曲折纹、编织纹、网结纹、重菱纹、水波纹、云雷纹、兽面纹、夔纹以及它们中若干纹样的组合。这些几何形图案既有对现实生活的模拟,也有来源于信仰和崇拜的心理反映。

结合这些纹饰都呈突起的阳纹和各地出土陶印模,亦称陶拍,可知它们大多数是使用专门烧制的刻有阴纹的陶印模拍印到陶器上的。印模中也有少数是石制的。使用陶印模在陶器外表拍印纹样时,为了避免陶坯变形,必须在陶坯内壁用一内垫加以衬托。这种内垫多数为陶质,故亦称陶垫。也有少数为石质。有的呈蘑菇形,有的为方或圆柱形。表面多为光滑的素面。各

图 3-5　部分陶印模式样及所刻纹样示意图

地亦多有出土。《中国南方古代印纹陶》一书提到,"南方各地从新石器时期到战国的遗址中出土的印模,据已发表的材料统计,有一百余件,比内垫的数量要少。"因此,该书作者推测"可能有相当一部分印模是木质的,因为木质印模刻纹较易,又较耐用,只是经历数千年后都已腐朽无存。"这种推测当然是可能的。不过在半干的陶坯上刻成各种几何形图案,也不会比在木板上雕刻更难。经烧成后的陶印模也是很耐用的。因此,陶印模数量少于内垫可能还别有原因。也许是因为陶印模在使用时必须进行拍打而易于损坏。

陶印模的式样多种多样,其上所刻纹样有方格纹、斜条纹、曲折纹、叶脉纹、粗绳纹、篮纹、席纹等。有的是双面,甚至三面或四面都刻有不同纹样,真是一模多用。图3-5为部分陶印模式样及所刻纹样示意图。

印纹硬陶上的装饰除去拍印纹样外,还有用竹、木制成的片状或棒状以及竹管等刻划或戳刺成细密的凹弦纹、排列有序的篦点纹、圆圈纹或圆点纹。这些纹样常出现在器皿的颈部、耳部或肩部。有时还使用堆塑方法,装饰一些S纹和铺首衔环纹和兽面纹等。

这些多种多样、丰富多姿的纹饰不仅美化了印纹硬陶,而且也美化了随后发展起来的原始瓷,都是我国陶瓷装饰艺术中的一朵奇葩,也是值得称道的我国传统文化的组成部分。

顺便指出,在江西鹰潭角山窑址出土的陶器口沿及器内以及陶拍和陶垫的把手上刻划有符号或文字。其种类之多及数量之大是国内同时期遗址中所罕见的。它们的功能已不是为了装饰,而是为了表数、名号标记或者甚至是文字,如在清江吴城即发现一件陶器上压印一"臣"字。这些符号或文字的内涵有待专家进行研究。这里只想指出陶器为人类文化活动提供了最早的能长期保留的物质基础。

三　烧制工艺

印纹硬陶的重要标志之一就是它具有较高的烧成温度。从外观上看,它较之陶器具有更致密坚硬的质感,因此被称之为硬陶。但烧成温度的提高必须建立在化学组成变化和窑炉改进的基础上。关于化学组成的变化前面已作了详细的讨论。这里将着重讨论炉窑的改进和在烧成工艺上所取得的成就。

(一) 炉窑的改进

在前章中曾讨论到在新石器时代所发现的陶窑多在北方,而且北方出土的陶器的烧成温度也较南方为高。但到新石器时代末期或商代早期在南方出现印纹硬陶后,它们的烧成温度已达到1100℃左右,甚至更高。待至在浙江上虞县发现烧制印纹硬陶的商代龙窑群后,则一改南方很少发现陶窑和烧成温度较低的局面。

上虞的商代龙窑群在前章中已有详细讨论,并有附图(图2-29)。它们已能保证烧制印纹硬陶所需的较高温度,但在其结构上还有不合理处。如窑尾未设挡火墙和窑底的倾斜度沿着长度从窑首至窑尾没有变化。这种结构都不利于火焰的走向和温度的提高。待至在浙江绍兴富盛发现的战国时兼烧印纹硬陶和原始瓷的龙窑,发掘者根据窑尾所留的窑墙残迹推测可能设有挡火墙。[①] 这座窑由于窑头破坏严重,无法确知其长度。根据其残长3米和可能延伸的长度推测窑的长度不会超过6米,宽2.42米。窑墙厚12~15厘米、残高20厘米,自底部即向内作弧线收缩。说明这座窑可能是从窑底就开始起拱,因而窑的高度是不大的。从残存的窑底看,其倾斜为16度。底上铺有厚约8~10厘米的砂粒。窑内堆积中有少量的原始瓷和印纹陶残片以及扁圆形托珠,未见为了提高制品装烧高度的窑底垫具。可见这时制品还是直接放置在底部砂粒上烧成。由于窑底温度偏低,所以在窑旁的堆积中,往往发现有中上部已基本烧结,而底部尚属严重生烧的原始瓷残片。在原始瓷器皿内、外底部留有叠烧时所用的三个扁圆形托珠痕

① 绍兴县文物管理委员会,浙江绍兴富盛战国窑址,考古,1979,(3):231~234。

迹。可见它们是用垫珠隔开叠放成一不高的柱状在窑内烧成。

从窑墙内部已烧结成坚实的青黑色以及窑底所铺砂粒亦已烧结成块的情况看来，这座龙窑确可烧至较高温度。这座窑除去在窑尾可能存在有一挡火墙以及较宽的窑室外，其余结构和上虞商代龙窑基本相似。图 3-6 为这一龙窑的平、剖面图。

这类龙窑之所以能烧到较高温度，主要是窑底沿着长度有一向上倾斜的坡度，它起着烟囱所起的作用。如果窑身越长或坡度越大所起的作用就越大。所以后世的龙窑都有加长窑身和增加坡度的趋势。但窑身太长超过火焰所能达到的长度则烧不好后部的制品。坡度太大，则火焰流动太快也不利于温度的提高。因此，在整个龙窑发展过程中，随着所烧的制品不同，窑的长度和坡度则屡有变化。如宋代中期的龙泉窑，窑身普遍较长，最长的可达 80 余米。宋代晚期窑身逐渐缩短，一般在 20～50 米之间。[①]在如此长的龙窑中已无法仅靠窑头的火膛来供给全窑的热量，因此，在延着长度的窑墙上两边开有多个投柴孔，以便逐步从头至尾依次进行烧成。这样就使得窑在整个烧

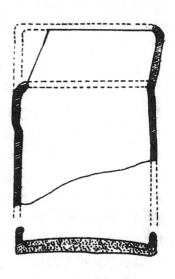

图 3-6　浙江绍兴富盛
战国 Y1 龙窑平、剖面图

成过程中，分段起着预热、烧成、冷却的作用。非常合理地利用了燃烧的热量。使得具有我国特色的龙窑自商代兴起以后，一直沿用到近代。对我国陶瓷业的发展起着非常重要的作用。

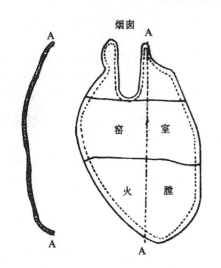

图 3-7　江西修水山背商代 1 号陶窑平、剖面图

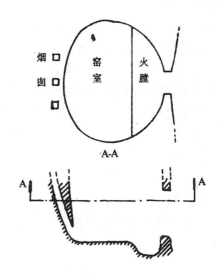

图 3-8　浙江萧山进化战国陶窑，平、剖面图

在龙窑出现差不多相同的这段时间内，在我国南方也出现了带有烟囱的其它类型烧制印纹硬陶的窑。如在江西修水山背发现一座可能是商代的陶窑。窑内堆积以几何印纹硬陶片为

① 朱伯谦，试论我国古代的龙窑，文物，1984，(3)：57～62。

主。该窑火膛长 1.1、宽 1.4、残高 0.21 米；窑室长 0.8 米、宽 1.62 米、残壁高 0.75 米；窑后有烟囱两个。值得注意的是该窑火膛特大，是属于大火膛、小窑室和双烟囱的小型窑。这是我国古代先民们用以提高陶窑的烧成温度的另一有效方法。其结构示于图 3-7[①]。

在浙江萧山进化也发现一座战国时圆形陶窑。其窑室直径约为 2 米、窑墙残高约 1.2 米。在火膛对面窑墙的下部有三个出烟孔，并在其上有三个烟囱。这个窑也具有小窑室、大火膛和多烟囱的特点，以保证能烧到较高的温度[②]。图 3-8 为这个窑的平、剖面图。

在这个窑址还发现用以支托叠烧器皿的泥砂块。它和绍兴富盛战国龙窑中的扁圆形托珠同时代出现，说明至少到了战国时在浙江已采用器物在明火中叠放的装烧方式。这种泥砂块和扁圆形托珠就是后世普遍采用的支钉和垫片的雏形。它们的出现和在使用中的不断改进都对各个时期陶瓷器的装烧质量起过非常重要的作用。

对这种用以支托器皿的泥砂块是否经过低温烧过后再使用曾有过两种意见：一是萧山窑的调查者认为这些泥砂块都是事先经低温烧过再使用。另一是《中国南方古代印纹陶》一书的作者认为在泥砂块捏好后就直接使用，否则会因与坯体收缩不一，反而导致坯体炸裂。事实是这两种情况都可能存在。泥砂垫块的烧与不烧都可以使用。很可能它们是多次使用。为了防止所烧器皿在烧成中变形，采用未烧的垫片与器物同时装窑烧成，而且只能使用一次。更重要的是垫片与所垫器物必须是相同的泥料。显然萧山窑所使用的泥砂块与印纹陶或原始瓷不是相同的泥料，因而它的涨缩行为就不会与所垫烧的器物产生同步效应。再有印纹硬陶和原始瓷都比较厚，底部也不够规整。所用泥砂块也不够平整，它与所垫器物底部的接触面也不大。因此，在当时使用这类泥沙块的初期，先民们的经验和器物的规整程度都可能还不会有这样的主观要求和客观需要。

除上述烧制印纹硬陶的陶窑外，在福建闽侯县石山第六次发掘中，也在中层发现二座残窑址。由于破坏严重，仅可从残存坚硬的紫红色或青蓝色烧土所构成的窑壁或窑底观察到其窑室直径分别为 0.8 及 1.1 米。这层出土的印纹硬陶共 128 片，约占出土陶片总数的 1.69%。时代为商代晚期到西周初期。发掘报告中未附窑图[③]。

另外在江西清江吴城商代遗址发掘的商代晚期地层中[④]、江苏新沂县三里墩遗址发掘的西周早期地层中[⑤]以及广东韶关走马岗属于商代晚期至西周前期地层中[⑥]也各发现一座陶窑。

根据现有资料，在我国烧造印纹硬陶地区，在商、周、春秋战国这段时间主要出现两种值得注意的陶窑：一种是龙窑，另一种即是带有多烟囱的大燃烧室和小窑室的陶窑，它们共同的特点即是能烧到较高的温度，为印纹硬陶的出现创造了必要的条件。

本书第二章中曾讨论到在新石器时代遗址所发现的陶窑几乎全是在我国北方，只有到了商周时代南方才逐渐有陶窑的发现。根据《我国新石器时代——西周陶窑综述》一文的不完全

① 江西省文物管理委员会，江西修水山背地区考古调查与试掘，考古，1962，(7)：353～367。

② 王士伦，浙江肖山进化区古代窑址的发掘，考古通讯，1957，(2)：24～29。

③ 福建省博物馆，闽侯县石山遗址第六次发掘报告，考古学报，1976，(1)：83～119。

④ 江西省博物馆，北京大学历史系考古专业，清江县博物馆，江西清江吴城商代遗址发掘简报，文物，1975，(7)：51～71。

⑤ 南京博物院，江苏新沂县三里墩古文化遗址第二次发掘简介，考古，1960，(7)：7～11。

⑥ 广东省文物管理委员会，华南师范学院历史系，广东曲江鲶鱼转、马蹄坪和韶关走马岗遗址，1964，(7)：323～332，345。

统计,在我国新石器时代到西周这段的时间内所发现的 114 座陶窑中,只有 4 座是在我国南方发现的。[①] 它们就是上面所提到的福建闽侯昙石山、江西清江吴城和江苏新沂县三里墩的 4 座陶窑。而且也都是商代晚期和西周早期的陶窑,属于新石器时代的一座都没有。(以上是 1982年以前的统计,此后在广东和湖南又发现大量陶窑,但绝大部分都是商周时代烧制硬陶和原始瓷)另外还有 3 座陶窑是在长江中、上游的湖北郧县和天门以及四川的西昌发现的。除这 7 座陶窑之外,其余则都是在我国北方发现的。尽管该文作者说明这一收集可能有遗漏之处,但在我国南北方陶窑发现数出现如此大的反差,不正说明我国南方在新石器时代,多数遗址陶器的烧成可能还是处在平地堆烧的无窑烧成阶段。因而,在南方出土的陶器烧成温度较之北方陶器要低也就并不奇怪,但奇怪的是南方在商代出现陶窑之后,很快就把烧成温度提高到 1100℃以上。这就不能不归功于上面所提到龙窑以及小窑室大火膛多烟囱的陶窑。

(二) 烧成温度的提高

表 3-2 为用涨缩法测得的各地出土的印纹硬陶的烧成温度。表中共收集到 46 个数据。其中在 1000℃以下的共 6 个,约占总数的 13%;1000～1100℃之间的为 17 个,约占 37%;大于 1100℃的为 23 个,约占 50%,其中只有 2 个大于 1200℃。可见其绝大多数都超过 1000℃,多数亦在 1100℃至 1200℃之间。一般新石器时代晚期或商代早期的烧成温度要低一些,多数在 1000℃左右。严格地说这些印纹陶尚不能称为印纹硬陶。待至商代晚期到春秋战国这段时间内多数都大于 1100℃。

表 3-2 印纹硬陶烧成温度

序 号	原编号	出土地点	时 代	烧成温度℃
31	JQZ4	江西,清江筑卫城	西周早期	1160±20
32	JQZ5	江西,清江筑卫城	西周早期	1020±20
33	JWG1	江西,万载县狮子垴	西周早期	1060±20
34	JWG2	江西,万载县狮子垴	西周早期	1100±20
35	JYT1	江西,宜丰太平岗	西周早期	1100±20
36	JYT2	江西,宜丰太平岗	西周早期	1110±20
37	JQS1	江西,清江吴城	西周中期至春秋中期	1140±20
38	JQS2	江西,清江吴城	西周中期至春秋中期	980±20
39	JQS3	江西,清江吴城	西周中期至春秋中期	1100±20
40	ZSD1	浙江,绍兴东堡	春秋	1120±20
41	ZSD2	浙江,绍兴东堡	春秋	960±20
42	ZSD3	浙江,绍兴东堡	春秋	1190±20
43	ZSD4	浙江,绍兴东堡	春秋	1190±20
44	ZSD5	浙江,绍兴东堡	春秋	1120±20
45	ZSD6	浙江,绍兴东堡	春秋	1050±20
46	HXZ05	河南,新郑	战国	1040±20

上述烧成温度提高的情况既符合客观发展规律,也和实际情况相符合。在印纹硬陶出现之

---

① 徐元邦、刘随盛、梁星彭,我国新石器时代——西周陶窑综述,考古与文物,1982,(1):8～24。

初,在化学组成变化和烧成温度提高要有一个相互适应的过程,要有一个探索和认识的过程。在化学组成方面,由于受到就地取土的原料限制不可能变化太大,但也有一个在一定范围内寻找和试用的阶段。因而有些化学组成已能承受 1100℃ 以上的高温,而烧制成印纹硬陶。有的则不能,而导致制品变形严重,甚至起泡而出现明显过烧的情况。浙江上虞百官镇龙窑窑侧的堆集中所发现的起泡、开裂、变形印纹陶片以及浙江萧山进化窑址所发现的烧扁了的以及粘在一起的印纹陶器可作为佐证。另外炉窑的改进也是逐步完成的。显然,绍兴富盛的战国时龙窑就要比上虞百官镇的商代龙窑有所进步,萧山进化的战国圆形陶窑也要比修水山背的商代陶窑要进步。这就是陶窑的改进促进了烧成温度的提高。

印纹硬陶的烧成温度从陶器的 900℃ 左右提高到 1100℃ 左右,提高约 200℃ 之多,特别是在浙江江山营盘山已出现烧成温度高达 1280℃ 的印纹硬陶。实现了我国陶瓷工艺中烧成温度的第一次突破。考虑到这是在 2000 多年前,不能不说是一次很大的高温技术的突出成就。它不仅对我国陶瓷工艺的发展起着非常重要的促进作用,而且对金属冶炼也起着相当的推进作用。

第二节　原始瓷的形成和发展

继印纹硬陶出现后,在商代又出现了原始瓷。经过不断的发展,终在东汉后期导致越窑青釉瓷的诞生。完成了我国从陶器向瓷器的过渡,历经约 2000 年。

原始瓷器内外表面或仅在器外表面施有一层厚薄不匀的玻璃釉。其颜色也从青中带灰或黄的青釉到黄中带褐或灰的黄釉,甚至有颜色较深的酱色釉。一般胎、釉结合不好,易剥落。胎以灰白色为主,有的灰色较淡,有的灰色较深,甚至有少数呈褐色。一般较致密,略有吸水性。断口略有玻璃态光泽,说明其烧结性能较好。胎的原料处理粗糙,有时肉眼都可见到釉层下的粗颗粒石英砂和较大的气孔。原始瓷胎、釉的这些外观特征取决于它们的化学组成和所用的原料以及烧成温度和烧制工艺。

一　原始瓷胎的化学组成及显微结构

从《我国瓷器出现时期的研究》、[1]《原始瓷的形成和发展》、《洛阳西周青釉器碎片的研究》[2] 以及《中国古陶瓷物理化学基础及其多元统计分析的应用研究》等文献中收集到 71 个原始瓷胎的化学组成数据。这些原始瓷分别出土于我国南北方的浙江、江西、江苏、安徽、广东、河南、河北、湖北、山西、陕西等窑址、居住遗址及墓葬中,特别是在浙江、江西为最多。

表 3-3 及图 3-9 分别为它们的瓷胎的化学组成及根据化学组成计算结果所绘制的分布图。从图可见:序号为 12 的 SH15 广东饶平商代酱色釉原始瓷所含的 Al_2O_3 特别高(26.22%)、SiO_2 和 R_xO_y 都特别低,后二者分别为 67.77% 和 6%。它独处在远离其它组成的左下角。序号为 43 的 JQS4 江西清江吴城黄褐色釉原始瓷、序号为 24 的 JQF1 江西清江樊城

① 李家治,我国瓷器出现时期的研究,硅酸盐学报,1978,6(3):190～198。
② 程朱海、盛厚兴,洛阳西周青釉器碎片的研究,中国古陶瓷研究,中国科学院上海硅酸盐研究所编,科学出版社,1987,35～40。

表 3-3　原始瓷胎化学组成（重量％）

序号	原编号	时代，出土地点	SiO_2	Al_2O_3	Fe_2O_3	TiO_2	CaO	MgO	K_2O	Na_2O	MnO	P_2O_5	烧失	总量	分子式
1	YQS-4	山西垣曲商城，商代前期	77.85	15.50	1.92	0.83	0.14	0.69	2.85	0.26	0.02	0.09	0.22	100.37	$0.510R_xO_y \cdot Al_2O_3 \cdot 8.520SiO_2$
			77.73	15.48	1.92	0.83	0.14	0.69	2.85	0.26	0.02	0.09	0.00	100.01	
2	YQS-5	山西垣曲商城，商代前期	79.71	14.55	1.81	0.94	0.08	0.65	2.66	0.17	0.02	0.07	0.08	100.74	$0.508R_xO_y \cdot Al_2O_3 \cdot 9.299SiO_2$
			79.19	14.45	1.80	0.93	0.08	0.65	2.64	0.17	0.02	0.07	0.00	100.00	
3	JQS16	江西清江吴城，商代早期	79.40	14.19	1.95	1.12	0.23	0.57	0.91	0.31	0.02	0.25	1.15	100.10	$0.439R_xO_y \cdot Al_2O_3 \cdot 9.494SiO_2$
			80.24	14.34	1.97	1.13	0.23	0.58	0.92	0.31	0.02	0.25	0.00	99.99	
4	来邓 17	安徽来安县邓丘山，商	78.32	14.39	2.03	1.08	0.52	0.64	2.07	0.15	0.02	0.00	0.00	99.22	$0.540R_xO_y \cdot Al_2O_3 \cdot 9.238SiO_2$
			78.94	14.50	2.05	1.09	0.52	0.65	2.09	0.15	0.02	0.00	0.00	100.01	
5	SH12	河北藁城，商	73.16	18.05	3.52	1.02	0.29	1.00	2.49	0.52	0.02	0.00	0.00	100.07	$0.565R_xO_y \cdot Al_2O_3 \cdot 6.877SiO_2$
			73.11	18.04	3.52	1.02	0.29	1.00	2.49	0.52	0.02	0.00	0.00	100.01	
6	HZZ01	河南郑州，商代中期	77.58	15.66	1.55	0.97	0.25	0.65	1.78	0.41	0.03	0.06	0.85	99.79	$0.448R_xO_y \cdot Al_2O_3 \cdot 8.405SiO_2$
			78.41	15.83	1.57	0.98	0.25	0.66	1.80	0.41	0.03	0.06	0.00	100.00	
7	HXZ04	河南新郑，商	75.72	16.02	3.50	1.07	0.32	0.87	1.50	0.70	0.06	0.10	0.04	99.90	$0.581R_xO_y \cdot Al_2O_3 \cdot 8.022SiO_2$
			75.83	16.04	3.50	1.07	0.32	0.87	1.50	0.70	0.06	0.10	0.00	99.99	
8	SH8	河南郑州二里岗，商	76.38	14.91	2.27	0.91	0.67	1.18	2.06	0.79	0.09	0.00	0.00	99.26	$0.703R_xO_y \cdot Al_2O_3 \cdot 8.693SiO_2$
			76.95	15.02	2.29	0.92	0.67	1.19	2.08	0.80	0.09	0.00	0.00	100.01	
9	西 T21II:61	安徽肥西县馆驿，商	76.94	14.50	2.66	1.05	0.68	0.88	2.28	0.79	0.03	0.00	0.00	99.81	$0.710R_xO_y \cdot Al_2O_3 \cdot 9.002SiO_2$
			77.09	14.53	2.67	1.05	0.68	0.88	2.28	0.79	0.03	0.00	0.00	100.00	
10	SH10	河南殷墟，商	76.18	17.13	2.02	0.77	0.51	0.85	2.17	0.78	0.10	0.00	1.02	101.53	$0.534R_xO_y \cdot Al_2O_3 \cdot 7.547SiO_2$
			75.79	17.04	2.01	0.77	0.51	0.85	2.16	0.78	0.10	0.00	0.00	100.01	
11	HZH1	河南郑州，商	79.10	15.06	1.60	0.99	0.20	0.42	1.87	0.24	0.01	0.06	0.00	99.55	$0.410R_xO_y \cdot Al_2O_3 \cdot 8.911SiO_2$
			79.46	15.13	1.61	0.99	0.20	0.42	1.88	0.24	0.01	0.06	0.00	100.00	
12	SH15	广东饶平，商	67.30	26.04	2.88	1.91	0.23	0.16	0.66	0.04	0.01	0.08	1.44	100.75	$0.228R_xO_y \cdot Al_2O_3 \cdot 4.386SiO_2$
			67.77	26.22	2.90	1.92	0.23	0.16	0.66	0.04	0.01	0.08	0.00	99.99	

续表

序号	原编号	时代、出土地点	SiO$_2$	Al$_2$O$_3$	Fe$_2$O$_3$	TiO$_2$	CaO	MgO	K$_2$O	Na$_2$O	MnO	P$_2$O$_5$	烧失	总量	分子式
13	SH13	湖北盘龙城，商	82.49	11.51	1.61	1.10	0.33	0.50	0.90	0.13	0.01	0.57	1.32	100.47	0.511R$_x$O$_y$·Al$_2$O$_3$·12.160SiO$_2$
			83.20	11.61	1.62	1.11	0.33	0.50	0.91	0.13	0.01	0.57	0.00	99.99	
14	SH14	江西清江吴城，商	78.74	13.92	2.08	1.33	0.36	0.57	1.65	0.38	0.02	0.11	0.79	99.95	0.547R$_x$O$_y$·Al$_2$O$_3$·9.597SiO$_2$
			79.41	14.04	2.10	1.34	0.36	0.57	1.66	0.38	0.02	0.11	0.00	99.99	
15	SH9	江西清江吴城，商	73.74	18.00	2.79	1.11	0.33	0.89	2.30	0.50	0.00	0.00	0.00	99.66	0.519R$_x$O$_y$·Al$_2$O$_3$·6.952SiO$_2$
			73.99	18.06	2.80	1.11	0.33	0.89	2.31	0.50	0.00	0.00	0.00	99.99	
16	ZHJ3	浙江江山乌里山，商	76.56	17.16	1.94	0.93	0.18	0.55	2.34	0.12	0.01	0.20	0.60	100.59	0.410R$_x$O$_y$·Al$_2$O$_3$·7.571SiO$_2$
			76.57	17.16	1.94	0.93	0.18	0.55	2.34	0.12	0.01	0.20	0.00	100.00	
17	JQS13	江西清江吴城，商代晚期	74.18	17.14	3.22	1.16	0.33	0.74	1.45	0.49	0.04	0.16	1.04	99.95	0.500R$_x$O$_y$·Al$_2$O$_3$·7.343SiO$_2$
			75.00	17.33	3.26	1.17	0.33	0.75	1.47	0.50	0.04	0.16	0.00	100.01	
18	JQS15	江西清江吴城，商代晚期	72.16	18.63	3.76	1.12	0.56	1.01	1.77	0.47	0.04	0.24	0.64	100.40	0.553R$_x$O$_y$·Al$_2$O$_3$·6.574SiO$_2$
			72.33	18.67	3.77	1.12	0.56	1.01	1.77	0.47	0.04	0.24	0.00	99.98	
19	JQS9	江西清江吴城，商代晚期	69.23	21.43	3.05	0.96	0.29	0.56	2.92	0.52	0.07	0.05	0.47	99.55	0.433R$_x$O$_y$·Al$_2$O$_3$·5.481SiO$_2$
			69.87	21.63	3.08	0.97	0.29	0.57	2.95	0.52	0.07	0.05	0.00	100.00	
20	JYJ7	江西鹰潭角山，商代晚期	69.18	19.02	5.32	1.04	0.39	1.01	1.91	0.52	0.07	0.06	1.32	99.84	0.583R$_x$O$_y$·Al$_2$O$_3$·6.170SiO$_2$
			70.22	19.31	5.40	1.06	0.40	1.03	1.94	0.53	0.07	0.06	0.00	100.02	
21	SH16	河南，商代晚期	71.97	19.75	1.96	0.85	0.30	0.37	3.88	0.54	0.03	0.00	0.78	100.43	0.452R$_x$O$_y$·Al$_2$O$_3$·6.183SiO$_2$
			72.22	19.82	1.97	0.85	0.30	0.37	3.89	0.54	0.03	0.00	0.00	99.99	
22	JYJ6	江西鹰潭角山，商代晚期	69.30	19.08	4.78	1.39	0.35	0.86	1.60	0.40	0.03	0.07	1.84	99.70	0.530R$_x$O$_y$·Al$_2$O$_3$·6.162SiO$_2$
			70.82	19.50	4.88	1.42	0.36	0.88	1.63	0.41	0.03	0.07	0.00	100.00	
23	JYJ8	江西鹰潭角山，商代晚期	70.51	18.00	4.67	1.04	0.42	0.98	2.09	0.48	0.05	0.06	1.62	99.92	0.597R$_x$O$_y$·Al$_2$O$_3$·6.647SiO$_2$
			71.73	18.31	4.75	1.06	0.43	1.00	2.13	0.49	0.05	0.06	0.00	100.01	
24	JQF1	江西清江吴城堆，商至西周	81.69	10.94	2.16	1.11	0.22	0.57	1.29	0.25	0.03	0.26	1.16	99.68	0.611R$_x$O$_y$·Al$_2$O$_3$·12.675SiO$_2$
			82.92	11.10	2.19	1.13	0.22	0.58	1.31	0.25	0.04	0.26	0.00	100.00	

续表

序号	原编号	时代、出土地点	SiO_2	Al_2O_3	Fe_2O_3	TiO_2	CaO	MgO	K_2O	Na_2O	MnO	P_2O_5	烧失	总量	分子式
25	JQF3	江西清江樊城堆，商至周	77.31	13.43	3.81	1.24	0.28	0.68	0.87	0.28	0.03	0.61	1.23	99.77	$0.604R_xO_y \cdot Al_2O_3 \cdot 9.767SiO_2$
			78.46	13.63	3.87	1.26	0.28	0.69	0.88	0.28	0.03	0.62	0.00	100.00	
26	HZH2	河南洛阳，西周	73.95	18.03	1.86	0.87	0.25	0.34	3.39	0.56	0.01	0.07	0.00	99.33	$0.458R_xO_y \cdot Al_2O_3 \cdot 6.960SiO_2$
			74.45	18.15	1.87	0.88	0.25	0.34	3.41	0.56	0.01	0.07	0.00	99.99	
27	M-250	河南洛阳，西周	73.52	18.43	1.58	0.90	0.43	0.43	3.67	0.68	0.05	0.00	0.54	100.23	$0.498R_xO_y \cdot Al_2O_3 \cdot 6.768SiO_2$
			73.75	18.49	1.58	0.90	0.43	0.43	3.68	0.68	0.05	0.00	0.00	99.99	
28	M-198	河南洛阳，西周	77.61	16.74	1.22	1.10	0.27	0.47	2.58	0.17	0.06	0.00	0.00	100.22	$0.420R_xO_y \cdot Al_2O_3 \cdot 7.868SiO_2$
			77.44	16.70	1.22	1.10	0.27	0.47	2.57	0.17	0.06	0.00	0.00	100.00	
29	M-668	河南洛阳，西周	75.15	16.25	1.35	0.90	0.42	0.28	4.32	0.65	0.03	0.00	0.95	100.30	$0.570R_xO_y \cdot Al_2O_3 \cdot 7.845SiO_2$
			75.64	16.36	1.36	0.91	0.42	0.28	4.35	0.65	0.03	0.00	0.00	100.00	
30	ZH8	北京房山，西周	75.95	16.76	2.05	0.74	0.26	0.52	2.36	0.19	0.02	0.00	1.19	100.04	$0.414R_xO_y \cdot Al_2O_3 \cdot 7.691SiO_2$
			76.83	16.95	2.07	0.75	0.26	0.53	2.39	0.19	0.02	0.00	0.00	99.99	
31	ZH9	陕西扶风，西周	78.48	14.41	1.54	0.92	0.12	0.29	3.58	0.21	0.01	0.06	0.00	99.62	$0.512R_xO_y \cdot Al_2O_3 \cdot 9.244SiO_2$
			78.78	14.46	1.55	0.92	0.12	0.29	3.59	0.21	0.01	0.06	0.00	99.99	
32	ZH3	陕西张家坡，西周	72.36	19.32	1.64	0.83	1.03	0.45	3.75	1.04	0.07	0.00	0.00	100.49	$0.568R_xO_y \cdot Al_2O_3 \cdot 6.354SiO_2$
			72.01	19.23	1.63	0.83	1.02	0.45	3.73	1.03	0.07	0.00	0.00	100.00	
33	ZH4	陕西张家坡，西周	75.46	17.55	1.48	1.13	0.41	0.95	2.75	0.23	0.03	0.00	0.00	99.99	$0.509R_xO_y \cdot Al_2O_3 \cdot 7.297SiO_2$
			75.47	17.55	1.48	1.13	0.41	0.95	2.75	0.23	0.03	0.00	0.00	100.00	
34	ZH5	陕西张家坡，西周	76.16	14.40	2.88	1.59	1.21	0.47	2.86	0.65	0.05	0.00	0.00	100.27	$0.799R_xO_y \cdot Al_2O_3 \cdot 8.974SiO_2$
			75.95	14.36	2.87	1.59	1.21	0.47	2.85	0.65	0.05	0.00	0.00	100.00	
35	ZH6	安徽屯溪，西周	71.95	19.25	1.83	1.11	1.48	0.51	3.24	0.57	0.03	0.00	0.00	99.97	$0.574R_xO_y \cdot Al_2O_3 \cdot 6.340SiO_2$
			71.97	19.26	1.83	1.11	1.48	0.51	3.24	0.57	0.03	0.00	0.00	100.00	
36	M-37	河南洛阳，西周	72.78	18.65	1.71	0.67	0.27	0.57	3.42	0.82	0.03	0.00	1.27	100.19	$0.482R_xO_y \cdot Al_2O_3 \cdot 6.622SiO_2$
			73.57	18.85	1.73	0.68	0.27	0.58	3.46	0.83	0.03	0.00	0.00	100.00	

续表

序号	原编号	时代、出土地点	SiO$_2$	Al$_2$O$_3$	Fe$_2$O$_3$	TiO$_2$	CaO	MgO	K$_2$O	Na$_2$O	MnO	P$_2$O$_5$	烧失	总量	分子式
37	M-32:5	河南洛阳，西周	75.33	18.58	1.34	1.00	0.20	0.42	3.05	0.35	0.03	0.00	0.11	100.41	0.403R$_x$O$_y$ · Al$_2$O$_3$ · 6.881SiO$_2$
			75.10	18.52	1.34	1.00	0.20	0.42	3.04	0.35	0.03	0.00	0.00	100.00	
38	ZHJ4(3)	浙江江山地山岗，西周	72.08	21.00	2.08	0.80	0.18	0.44	3.32	0.37	0.02	0.03	0.00	100.32	0.383R$_x$O$_y$ · Al$_2$O$_3$ · 5.825SiO$_2$
			71.85	20.93	2.07	0.80	0.18	0.44	3.31	0.37	0.02	0.03	0.00	100.00	
39	ZHJ5	浙江江山石门大菱山，西周	76.15	17.43	1.90	0.97	0.25	0.33	2.94	0.54	0.02	0.05	0.38	100.96	0.452R$_x$O$_y$ · Al$_2$O$_3$ · 7.413SiO$_2$
			75.71	17.33	1.89	0.96	0.25	0.33	2.92	0.54	0.02	0.05	0.00	100.00	
40	ZHJ4(2)	浙江江山地山岗，西周	78.88	15.73	1.78	1.16	0.08	0.47	2.51	0.15	0.02	0.06	0.00	100.84	0.445R$_x$O$_y$ · Al$_2$O$_3$ · 8.508SiO$_2$
			78.22	15.60	1.77	1.15	0.08	0.47	2.49	0.15	0.02	0.06	0.00	100.01	
41	ZH10	浙江德清，西周	79.51	13.34	2.06	1.11	0.25	0.65	1.79	0.46	0.02	0.00	0.98	100.17	0.566R$_x$O$_y$ · Al$_2$O$_3$ · 10.113SiO$_2$
			80.16	13.45	2.08	1.12	0.25	0.66	1.80	0.46	0.02	0.00	0.00	100.00	
42	ZHJ4(1)	浙江江山地山岗，西周	75.11	17.10	1.99	0.81	0.08	0.45	2.73	0.22	0.01	0.18	1.01	99.69	0.412R$_x$O$_y$ · Al$_2$O$_3$ · 7.452SiO$_2$
			76.11	17.33	2.02	0.82	0.08	0.46	2.77	0.22	0.01	0.18	0.00	100.00	
43	JQS4	江西清江吴城，西周中期至春秋中期	83.37	10.14	2.26	0.83	0.29	0.56	1.19	0.24	0.05	0.27	1.18	100.38	0.629R$_x$O$_y$ · Al$_2$O$_3$ · 13.953SiO$_2$
			84.04	10.22	2.28	0.84	0.29	0.56	1.20	0.24	0.05	0.27	0.00	99.99	
44	JL01	江西安义县台山，西周中晚期	76.50	16.49	1.20	0.96	0.10	0.51	2.35	0.60	0.01	0.15	1.04	99.91	0.432R$_x$O$_y$ · Al$_2$O$_3$ · 7.870SiO$_2$
			77.37	16.68	1.21	0.97	0.10	0.52	2.38	0.61	0.01	0.15	0.00	100.00	
45	JL01D	江西安义县台山，西周中晚期	72.74	19.11	1.26	0.88	0.09	0.33	2.59	1.17	0.01	0.14	1.61	99.93	0.407R$_x$O$_y$ · Al$_2$O$_3$ · 6.457SiO$_2$
			73.98	19.44	1.28	0.90	0.09	0.34	2.63	1.19	0.01	0.14	0.00	100.00	
46	JS01	江西九江神墩，西周晚期至春秋早期	76.46	16.52	1.18	0.96	0.10	0.49	2.36	0.65	0.01	0.16	1.04	99.93	0.434R$_x$O$_y$ · Al$_2$O$_3$ · 7.851SiO$_2$
			77.32	16.71	1.19	0.97	0.10	0.50	2.39	0.66	0.01	0.16	0.00	100.01	
47	JS02	江西九江神墩，西周晚期	71.34	20.17	1.56	0.86	0.39	0.42	3.45	0.85	0.03	0.07	0.77	99.91	0.450R$_x$O$_y$ · Al$_2$O$_3$ · 6.003SiO$_2$
			71.96	20.34	1.57	0.87	0.39	0.42	3.48	0.86	0.03	0.07	0.00	99.99	
48	SL13	浙江上林湖，周	75.33	16.71	2.63	1.01	0.63	0.45	1.89	0.77	0.02	0.06	0.00	99.50	0.516R$_x$O$_y$ · Al$_2$O$_3$ · 7.651SiO$_2$
			75.71	16.79	2.64	1.02	0.63	0.45	1.90	0.77	0.02	0.06	0.00	99.99	

续表

序号	原编号	时代、出土地点	SiO$_2$	Al$_2$O$_3$	Fe$_2$O$_3$	TiO$_2$	CaO	MgO	K$_2$O	Na$_2$O	MnO	P$_2$O$_5$	烧失	总量	分子式
49	ZH2	山西侯马,东周	78.81	14.15	1.97	1.25	1.00	1.13	1.36	0.55	0.04	0.00	0.00	100.26	
			78.61	14.11	1.96	1.25	1.00	1.13	1.36	0.55	0.04	0.00	0.00	100.01	0.706R$_x$O$_y$·Al$_2$O$_3$·9.453SiO$_2$
50	T1201	安徽屯溪,东周	71.86	19.40	0.99	0.59	0.32	0.31	3.84	0.77	0.05	0.04	0.00	98.17	
			73.20	19.76	1.01	0.60	0.33	0.32	3.91	0.78	0.05	0.04	0.00	100.00	0.427R$_x$O$_y$·Al$_2$O$_3$·6.286SiO$_2$
51	ZH7	江苏宜兴,东周	75.73	16.23	2.21	1.05	0.32	0.50	2.12	0.71	0.00	0.00	1.17	100.04	
			76.60	16.42	2.24	1.06	0.32	0.51	2.14	0.72	0.00	0.00	0.00	100.01	0.497R$_x$O$_y$·Al$_2$O$_3$·7.916SiO$_2$
52	SY-31	浙江上虞,东周	76.75	16.28	2.02	1.23	0.40	0.25	2.85	0.35	0.07	0.00	0.00	100.20	
			76.60	16.25	2.02	1.23	0.40	0.25	2.84	0.35	0.07	0.00	0.00	100.01	0.490R$_x$O$_y$·Al$_2$O$_3$·7.998SiO$_2$
53	YIG	浙江绍兴,东周	75.73	15.54	2.34	1.09	0.47	0.63	2.43	0.69	0.03	0.09	0.17	99.21	
			76.46	15.69	2.36	1.10	0.47	0.64	2.45	0.70	0.03	0.09	0.00	99.99	0.592R$_x$O$_y$·Al$_2$O$_3$·8.269SiO$_2$
54	ZH12	浙江绍兴,东周	76.15	15.19	2.12	1.18	0.41	0.61	2.30	0.76	0.02	0.10	1.10	99.94	
			77.04	15.37	2.14	1.19	0.41	0.62	2.33	0.77	0.02	0.10	0.00	99.99	0.591R$_x$O$_y$·Al$_2$O$_3$·8.505SiO$_2$
55	ZH11	浙江肖山,东周	79.50	13.69	1.68	0.70	0.38	0.45	2.50	0.73	0.02	0.00	0.65	100.30	
			79.78	13.74	1.69	0.70	0.38	0.45	2.51	0.73	0.02	0.00	0.00	100.00	0.564R$_x$O$_y$·Al$_2$O$_3$·9.852SiO$_2$
56	ZH3′	浙江绍兴,东周	77.04	15.37	2.14	1.19	0.41	0.62	2.33	0.77	0.02	0.00	0.00	99.89	
			77.12	15.39	2.14	1.19	0.41	0.62	2.33	0.77	0.02	0.00	0.00	99.99	0.586R$_x$O$_y$·Al$_2$O$_3$·8.503SiO$_2$
57	ZSH3	浙江绍兴凰山,春秋末至战国初	76.68	15.63	2.32	0.89	0.34	0.70	2.63	0.82	0.03	0.03	1.50	101.57	
			76.63	15.62	2.32	0.89	0.34	0.70	2.63	0.82	0.03	0.03	0.00	100.01	0.593R$_x$O$_y$·Al$_2$O$_3$·8.324SiO$_2$
58	ZSH4	浙江绍兴凰山,春秋末至战国初	75.14	15.53	3.07	1.07	0.32	0.83	2.17	0.97	0.03	0.06	1.13	100.32	
			75.75	15.66	3.10	1.08	0.32	0.84	2.19	0.98	0.03	0.06	0.00	100.01	0.647R$_x$O$_y$·Al$_2$O$_3$·8.208SiO$_2$
59	ZSH5	浙江绍兴凰山,春秋末至战国初	75.70	15.84	2.32	0.89	0.26	0.64	2.62	0.72	0.03	0.04	0.84	99.90	
			76.42	15.99	2.34	0.90	0.26	0.65	2.64	0.73	0.03	0.04	0.00	100.00	0.556R$_x$O$_y$·Al$_2$O$_3$·8.109SiO$_2$
60	ZSH6	浙江绍兴凰山,春秋末至战国初	77.69	14.33	1.85	0.87	0.28	0.62	2.53	1.09	0.02	0.04	0.55	99.87	
			78.22	14.43	1.86	0.88	0.28	0.62	2.55	1.10	0.02	0.04	0.00	100.00	0.625R$_x$O$_y$·Al$_2$O$_3$·9.198SiO$_2$

续表

序号	原编号	时代、出土地点	SiO₂	Al₂O₃	Fe₂O₃	TiO₂	CaO	MgO	K₂O	Na₂O	MnO	P₂O₅	烧失	总量	分子式
61	ZSH7	浙江绍兴岵山,春秋末至	76.38	15.43	2.15	0.82	0.31	0.61	2.24	0.67	0.02	0.05	1.14	99.82	$0.526R_xO_y \cdot Al_2O_3 \cdot 8.397SiO_2$
		战国初	77.40	15.64	2.18	0.83	0.31	0.62	2.27	0.68	0.02	0.05	0.00	100.00	
62	ZSH2	浙江绍兴岵山,春秋末至	76.61	15.28	1.94	0.94	0.34	0.72	2.40	1.02	0.02	0.04	1.21	100.52	$0.604R_xO_y \cdot Al_2O_3 \cdot 8.505SiO_2$
		战国初	77.14	15.39	1.95	0.95	0.34	0.73	2.42	1.03	0.02	0.04	0.00	100.01	
63	ZSH1	浙江绍兴岵山,春秋末至	77.56	14.73	1.73	1.00	0.22	0.46	2.72	0.76	0.03	0.05	0.83	100.09	$0.558R_xO_y \cdot Al_2O_3 \cdot 8.934SiO_2$
		战国初	78.14	14.84	1.74	1.01	0.22	0.46	2.74	0.77	0.03	0.05	0.00	100.00	
64	SL12	浙江上林湖,战国	76.08	16.40	2.38	1.15	0.30	0.74	1.84	0.54	0.03	0.06	0.00	99.52	$0.510R_xO_y \cdot Al_2O_3 \cdot 7.871SiO_2$
			76.45	16.48	2.39	1.16	0.30	0.74	1.85	0.54	0.03	0.06	0.00	100.00	
65	H3	西汉	74.07	17.23	2.97	1.06	0.33	0.63	1.69	0.51	0.01	0.21	1.67	100.38	$0.480R_xO_y \cdot Al_2O_3 \cdot 7.293SiO_2$
			75.04	17.46	3.01	1.07	0.33	0.64	1.71	0.52	0.01	0.21	0.00	100.00	
66	HXZ03	河南新郑,西汉	71.59	18.95	2.49	0.93	0.39	0.75	2.72	1.18	0.06	0.06	0.66	99.78	$0.548R_xO_y \cdot Al_2O_3 \cdot 6.410SiO_2$
			72.23	19.12	2.51	0.94	0.39	0.76	2.74	1.19	0.06	0.06	0.00	100.00	
67	HXZ02	河南新郑,西汉	72.37	18.77	2.52	0.97	0.37	0.77	2.61	1.16	0.06	0.06	0.15	99.81	$0.549R_xO_y \cdot Al_2O_3 \cdot 6.544SiO_2$
			72.62	18.83	2.53	0.97	0.37	0.77	2.62	1.16	0.06	0.06	0.00	99.99	
68	H2	江苏镇江,汉	73.79	18.24	1.71	0.98	0.14	0.64	2.93	0.17	0.00	0.00	1.03	99.63	$0.419R_xO_y \cdot Al_2O_3 \cdot 6.864SiO_2$
			74.84	18.50	1.73	0.99	0.14	0.65	2.97	0.17	0.00	0.00	0.00	99.99	
69	J2	江苏宜兴,西晋	79.02	12.74	2.97	0.92	0.64	0.54	1.70	0.97	0.00	0.00	0.00	99.50	$0.707R_xO_y \cdot Al_2O_3 \cdot 10.528SiO_2$
			79.42	12.80	2.98	0.92	0.64	0.54	1.71	0.97	0.00	0.00	0.00	99.98	
70	J3	江苏宜兴,西晋	77.84	14.16	2.88	1.41	0.50	0.40	1.84	1.01	0.00	0.00	0.00	100.04	$0.651R_xO_y \cdot Al_2O_3 \cdot 9.331SiO_2$
			77.81	14.15	2.88	1.41	0.50	0.40	1.84	1.01	0.00	0.00	0.00	100.00	
71	J1	江苏宜兴,晋	77.16	15.98	1.74	1.23	0.18	0.48	1.66	0.45	0.00	0.00	0.00	98.88	$0.424R_xO_y \cdot Al_2O_3 \cdot 8.193SiO_2$
			78.03	16.16	1.76	1.24	0.18	0.49	1.68	0.46	0.00	0.00	0.00	100.00	

堆黄釉原始瓷和序号为 13 的 SH13 湖北黄陂盘龙城黄色釉原始瓷由于含 SiO_2 特别高,如 JQS4 的 SiO_2 含量竟高达 83.19%,而处在图的最右部。另一序号为 34 的 ZH5 西安张家坡青灰色釉原始瓷由于含 R_xO_y 特别高(9.69%)而处在图的最上部。其余 66 个化学组成点都聚集在图的中部。说明它们的分散性是不大的。这 66 个瓷片主要来自浙江和江西,但也包括来自河南和陕西等地的瓷片,可见它们的化学组成是相近的。

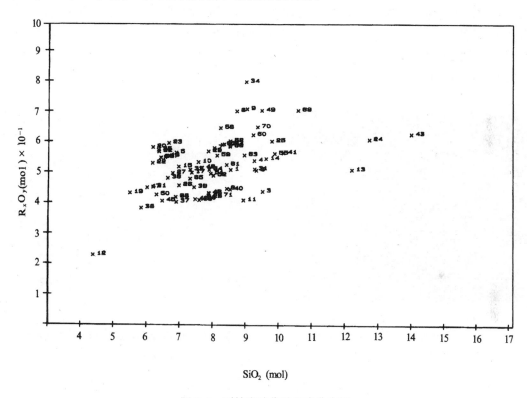

图 3-9 原始瓷胎化学组成分布图

绝大多数原始瓷胎的化学组成相近的现象,首先决定于它们的 SiO_2 含量只在 72.33%(序号为 19)到 80.24%(序号为 3)之间波动。其次是 R_xO_y 的含量只在 5.41%(序号为 11)到 8.38%(序号为 9)之间波动。R_xO_y 的含量主要是 Fe_2O_3 和 K_2O 的含量,其中绝大多数的 Fe_2O_3 的含量都降低到 3% 以下。有的甚至低达 1.0% 左右,如序号为 50 的安徽屯溪出土的东周原始瓷片的 Fe_2O_3 的含量竟低达 1.01%,和一般白釉瓷差不多。

上述情况是可以理解的,主要是原始瓷是在印纹硬陶之后发展起来的。经过印纹硬陶的烧制使先民们在选择适合于在 1100℃ 以上高温烧成的泥土原料有了一定的经验,使他们有意识选择那些能耐更高温度的粘土原料来烧制原始瓷,而不像在烧制印纹硬陶时完全处于摸索试探阶段。把图 3-9 原始瓷胎化学组成分布图和图 3-1 印纹硬陶化学组成分布图作一比较,就可以清楚地看出绝大多数原始瓷胎化学组成分布的范围要比印纹硬陶化学组成分布的范围小得多。也就是说绝大多数原始瓷胎的化学组成是集中在一个较小的范围内。

原始瓷胎化学组成比较接近主要取决于所用原料。对于原始瓷胎所用原料,由于缺少资料我们还知之不多。只可能从它们的化学组成作一些推测。如浙江是我国早期越窑青釉瓷的发源地。江西也是我国南方白釉瓷的产地。两地都盛产我国南方瓷石类原料。因此,原始瓷胎所用的原料可能就是类似于瓷石组成的粘土原料。由于当时的原料都就近取土于地层表面,因而含杂质较多,再由于对它的处理还不够精细,特别是 Fe_2O_3 和 TiO_2 的含量有时还较多。因而使得胎呈灰白色或更深的褐色。

根据原始瓷胎的化学组成及烧成温度的不同,其显微结构亦有所不同。如序号为 11 的 HZH1 河南郑州出土的商代原始瓷,由于烧成温度已达 1170℃。它的显微结构如图 3-10 所示。在高倍显微镜下可见到较多的莫来石针状晶体,石英已有较明显的融蚀边,还可见到较多的云母残骸,玻璃态也较多,它的显微结构已接近瓷胎的显微结构。又如序号为 19 的 JQS9 江西清江吴城出土的原始瓷,它的烧成温度较低(1100℃)。其显微结构则与图 3-2 所示的印纹硬陶相差无几。如图 3-11 所示。

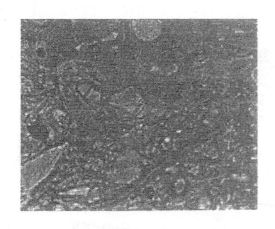

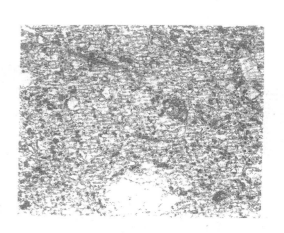

图 3-10　河南郑州商代原始瓷胎 HZH1　　　　　图 3-11　江西清江吴城商代原始瓷胎 JQS9
　　　　显微结构　　 ×500　　　　　　　　　　　　　显微结构　　 ×170

二　原始瓷釉的形成及其化学组成和显微结构

原始瓷釉是一种高温釉。由于它的主要熔剂为 CaO,所以又是一种高温钙釉。它的形成是我国陶瓷工艺发展过程中第二个里程碑的一项重大成就。开创了世界上陶瓷有釉的历史。根据现有考古资料,它约出现在 3500 年前的我国商代。它要比朝鲜和日本的高温釉出现时期早得多。因此,我国的原始瓷釉即是世界上最早的高温釉,对世界上陶瓷工艺的发展作出过重大的贡献。

(一)原始瓷釉的形成——釉的起源

原始瓷釉是最早出现的釉,记录着釉的形成过程的信息。因此,对它的形成的前因后果的研究对讨论釉的起源问题就具有特殊的重要意义。

关于釉的起源历来有不同的说法:意见之一即是以《中国传统高温釉的起源》一文为代表[①]。认为“商周高温釉的主要原料是草木灰或草木灰配以适量粘土。草木灰是商周高温釉中

---

① 张福康,中国传统高温釉的起源,中国古陶瓷研究,中国科学院上海硅酸盐研究所编,科学出版社,1987,41~46。

所需助熔剂的主要来源,而易熔粘土、窑汗、石灰石以及贝壳灰等,虽在后世的制瓷业中有着广泛的应用,但在商周时期,它们被用作主要助熔剂来源的可能性是极为微小的。"其根据是:①商周时高温釉的化学组成特点是 CaO,P_2O_5,MnO_2 含量都很高。它和草木灰在化学组成上有许多相似之处,而与易熔粘土、窑汗及贝壳则相差较大。②草木灰是古代陶工最熟悉也是最易得的材料。③商周时期的高温釉,不论何时何地烧制,全属 CaO 釉。合乎逻辑的解释只有一种,即古代都用柴草作为烧窑的燃料,各地陶工在长期的实践过程中,对草木灰在高温下转化成玻璃态物质的现象都有着共同的经历和认识。④根据历史文献资料以及各地传统工艺的调查结果,认为草木灰是中国古代陶工普遍使用的沿用历史最久的一种主要制釉原料。⑤根据在实验室中用某些草木灰制成的釉与某一古代原始瓷釉在外观上相似。⑥草木灰使用最为方便,不需要辗碎和研磨。

这一意见的主要论点即是釉起源于当时制陶者受到用树木柴草作为燃料,然后在制品上留有一层玻璃态物质的启发,而用草木灰作为釉的主要原料而烧制成草木灰釉。

意见之二即是以《中国陶器和瓷器工艺发展过程的研究》一文为代表[①]。从中国陶瓷工艺发展过程出发,把中国高温瓷釉的形成分成 4 个阶段。即是①商前时期,釉的孕育阶段。包括新石器时代到商初的陶器涂层(陶衣)和泥釉黑陶的泥釉。②商周时期,釉的形成阶段。包括商周及春秋战国时期的原始瓷釉。③汉、晋、隋、唐、五代时期,釉的成熟阶段。包括我国南北方的青釉瓷、白釉瓷和黑釉瓷的釉。④宋到现代,釉的提高阶段。包括宋代五大名窑及各地的生产白釉及各种颜色釉等。3,4 两条将在以后各章中加以讨论,本章只对 1,2 两条加以讨论,用以说明釉的起源。

古代制陶者为了克服陶器表面粗糙、易吸水、易沾污的缺点以及增加美观的要求曾用过很多方法,其中包括在陶器表面加涂一层涂层,即所谓陶衣。一般以红、白两色为最多。陶衣的原料都是与陶胎所用的原料相类似的粘土,不过颗粒度要细得多。如有的红色陶衣含有较高的 $Fe_2O_3(9.45\%)$ 而白色陶衣则含有较低的 $Fe_2O_3(2.26\%)$,但其它熔剂含量则甚低。自新石器时代早期一直至商代以后的陶器上都出现过带有陶衣的陶器。

在商代前后,在我国南方如浙江、福建等地又发现了一种泥釉黑陶。如浙江江山南区出土了一批泥釉黑陶[②]。泥釉的化学组成和其胎的化学组成极为相似,也和浙江地区的紫金土的化学组成很相似,它含有较高的 Al_2O_3 和较高的 Fe_2O_3。一般前者在 20%左右,后者在 5%左右,甚至有高达 10%。其他熔剂的总含量虽较陶衣为高,但也不超过 15%,特别是 CaO 的含量非常低,约在 1%左右到 4%之间波动。

不管是红色陶衣还是白色陶衣都由其化学组成中熔剂含量非常低和在 1000℃左右的温度下烧成,所以无论在外观上和显微结构上(参见第二章图 2-16)都是不透明的,而且与胎的结合也不牢。说明在这层陶衣没有生成多少玻璃态。泥釉黑陶的泥釉中熔剂的含量已有所增加,烧成温度亦有所提高。也已生成较多的玻璃态。但泥釉在外观上为黑色,表面粗糙,无光,有吸水性,极易剥落。在显微结构上,釉中含有很多的铁的氧化物晶体和残留石英。因此,泥釉在外观上和显微结构上也还都是不透明的。图 3-12 为一具有代表性的在 1050℃烧成的泥釉

①　李家治,中国陶器和瓷器工艺发展过程的研究,中国古代陶瓷科学技术成就,上海科学技术出版社,1985,1~19。

②　李家治、邓泽群、张志刚等,浙江江山泥釉黑陶及原始瓷的研究,中国古陶瓷研究,中国科学院上海硅酸盐研究所编,科学出版社,1987,56~63。

的显微结构。它的 Fe_2O_3 含量为 5.80%,RO 的含量为 2.41%,R_2O 的含量为 5.70%,MnO 的

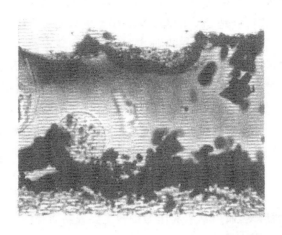

图 3-12　浙江江山肩头弄商前泥釉黑陶 ZHJ1(2)泥釉显微结构　×1000

含量为 0.07%,P_2O_5 的含量测不出。特别是泥釉的化学组成中 CaO、P_2O_5 和 MnO 的含量都非常低,相反 Al_2O_3 和 Fe_2O_3 含量都很高,显然和草木灰无关。虽然泥釉还不是真正的釉,但它的化学组成所揭示的事实以及对其所用原料的合理推测对探讨釉的起源是会有启发的。

　　到了商周时期出现的原始瓷釉的熔剂的总含量已增加到 20% 左右,特别是 RO(主要是 CaO)的含量已从商前时期小于 5% 增加到 10% 左右。正是由于熔剂含量的增加和这一时期烧成温度的提高,才使釉的形成成为可能。但是应该说商周时期的原始瓷釉是在商前时期的陶衣和黑色泥釉的基础上发展起来。还是以浙江江山出土的西周早期的原始瓷釉为代表。在显微镜下可见其已完全是玻璃釉,只是略含釉泡和残留石英。图 3-13 为其显微结构。

　　至于釉中 CaO 含量来自何种原料,现在无论从化学组成和显微结构以及外观上都还说不

图 3-13　浙江江山地山岗西周早期原始瓷釉 ZHJ4(2)的显微结构　×200

清楚。既可能来自草木灰,也可能来自石灰石或混有含 CaO 杂质的粘土。但有一点是明确的,绝大多数原始瓷釉是用各种粘土为主要原料,并在使用时配以含有 CaO 的草木灰或石灰石或含钙粘土,而不是单纯用草木灰或以草木灰为主要原料制成的。至少在我国原始瓷发源地之一的浙江地区是这样。也就是说釉的形成是在继承陶衣和泥釉的工艺上发展起来的。粘土中

Fe_2O_3 含量较低即发展成为后代的青釉,而含 Fe_2O_3 较高的即发展成为后世的黑釉。这就是釉的形成的前因后果,也就是意见之二所要阐述的釉的起源的主要论点。

上述两种关于釉的起源的讨论将结合原始瓷釉的化学组成再作进一步阐述。

(二) 原始瓷釉的化学组成

由于原始瓷釉一般都比较薄,很难取得足够重量作全面分析,因而所能收集到的化学组成数据也就比较少。表 3-4 和图 3-14 分别为原始瓷釉的化学组成表和分布图。从图可见,除去化学组成非常特殊的江西清江樊城堆(序号 12)和吴城(序号 21)以及山西垣曲商城(序号 1)3 个原始瓷釉含有很高的 SiO_2(68%~76%)和很低 Al_2O_3(6%~8%)外,其余基本上可分成两大类。I 类含有较高的熔剂,特别是 CaO 的含量较高,其中高者可达 25.33%(序号 19),而一般 Fe_2O_3 含量都很低,其中低者仅含 1.70%。这一类属于高钙低铁原始瓷釉,约占总数的 29%。II 类包括绝大多数的原始瓷釉,它们的特点是 CaO 含量较低,甚至有低达 1% 左右,如序号 10 和 13 的两个釉。它们的主要熔剂则是 Fe_2O_3 和 K_2O。由于大量 Fe_2O_3 的存在而使釉呈现深酱色或黑色。这类釉所用的原料可能就是含 Fe_2O_3 较高的易熔粘土。注意到这类原始瓷釉也有来自浙江和江西各地,可见用易熔粘土作为釉的主要原料至少在浙江和江西的商周时期都曾使用过。II 类原始瓷釉中另一些釉中 CaO 的含量比较适中(10% 左右),Fe_2O_3 含量亦比较低(3% 以下),则使釉呈青灰色或黄灰色。这类釉的主要熔剂为 CaO。但 Fe_2O_3 和 K_2O 也会起一定的作用。结合 I 类的 8 个原始瓷釉,它们所用的原料则可能是那些较纯的粘土配以石灰石、草木灰或含有 CaO 杂质的粘土。

为了进一步探讨原始瓷釉的起源以及所用的原料,引用了《中国传统高温釉的起源》一文所列的各种草木灰的化学组成。剔除了其中 3 个总量相差较大的数据后,经过计算列在表 3-5 中。用它们和原始瓷釉的化学组成绘制成一张原始瓷(×)和各种草木灰(□)的化学组成分布图。如图 3-15 所示。

从图可见,草木灰的化学组成都聚处在图的下部和左下角,说明它们不是含 SiO_2 和 Al_2O_3 都很低,就是含 SiO_2 特别高。不可能单独作为制釉原料。只有序号为 2 和 16 的两个草木灰的化学组成和原始瓷釉的化学组成混处在一起。它们分别来自景德镇的松树枝叶灰和狼鸡草灰。其中序号为 11 的江西清江吴城原始瓷釉的化学组成即比较接近这两个草木灰的化学组成,而且也含有一定量 P_2O_5。另外序号为 19 的江西安义县台山原始瓷釉也较接近于序号为 4 和 7 的分别来自景德镇的松树叶和中国的橡树灰的化学组成,而且也含有较高的 P_2O_5。因此,在表 3-4 所列原始瓷釉的化学组成中至少有两个在江西出土的原始瓷釉的化学组成比较接近在江西生长的松树枝叶和狼鸡草灰的化学组成。如果从化学组成来看,在江西某些地区早期生产的原始瓷釉是由这类松树枝叶和狼鸡草灰作为主要原料也是可能的。不过由于草木灰作为釉的主要原料在工艺上有许多不利因素以及它们在化学组成上的不稳定性也阻碍了它们的继续和大量使用。这从表 3-4 中也可以看出绝大多数的原始瓷釉和各地的草木灰的化学组成相差较大,而且很多釉中 P_2O_5 的含量甚微或甚至不含。这些釉的主要原料就不是草木灰而是粘土配以草木灰或其它含 CaO 的矿物原料。

根据以上情况,可以认为在有关我国釉的起源的讨论中所出现的两种论点都有可能存在。事实上釉的起源也和陶器起源一样,在不同地区,由于生活环境和地质情况的不同以及先民们在生活和生产实践中所积累的经验不同,途殊而同归地创造了各自的原始瓷釉也是合乎发展

表 3-4　原始瓷釉化学组成（重量%）

序号	原编号	时代、出土地点	SiO_2	Al_2O_3	Fe_2O_3	TiO_2	CaO	MgO	K_2O	Na_2O	MnO	P_2O_5	总量	分子式
1	YQS-5	山西垣曲商南城，商代前期	68.01	7.88	5.44	1.00	12.88	1.34	3.06	0.38	0.00	0.00	99.99	$0.222Al_2O_3 \cdot R_xO_y \cdot 3.252SiO_2$
			68.02	7.88	5.44	1.00	12.88	1.34	3.06	0.38	0.00	0.00	100.00	
2	SH16	河南，商	58.96	15.47	1.66	0.62	13.06	2.01	4.75	1.07	0.44	0.00	98.04	$0.405Al_2O_3 \cdot R_xO_y \cdot 2.619SiO_2$
			60.14	15.78	1.69	0.63	13.32	2.05	4.84	1.09	0.45	0.00	99.99	
3	C8T27	河南郑州，商	60.97	16.89	4.42	0.94	10.60	2.13	2.37	0.26	0.41	0.00	98.99	$0.524Al_2O_3 \cdot R_xO_y \cdot 3.208SiO_2$
			61.59	17.06	4.47	0.95	10.71	2.15	2.39	0.26	0.41	0.00	99.99	
4	YG1	河南郑州，商	54.60	14.46	2.63	1.44	19.27	2.67	3.51	0.81	0.29	1.80	101.48	$0.277Al_2O_3 \cdot R_xO_y \cdot 1.776SiO_2$
			53.80	14.25	2.59	1.42	18.99	2.63	3.46	0.80	0.29	1.77	100.00	
5	YG2	河南郑州，商	57.74	14.00	2.94	0.67	15.44	2.55	3.94	0.83	0.32	1.46	99.89	$0.316Al_2O_3 \cdot R_xO_y \cdot 2.207SiO_2$
			57.80	14.02	2.94	0.67	15.46	2.55	3.94	0.83	0.32	1.46	99.99	
6	JQS11	江西清江吴城，商代晚期	60.09	18.12	3.51	1.86	9.68	2.26	3.64	0.36	0.16	0.31	99.99	$0.551Al_2O_3 \cdot R_xO_y \cdot 3.098SiO_2$
			60.10	18.12	3.51	1.86	9.68	2.26	3.64	0.36	0.16	0.31	100.00	
7	JYJ6	江西鹰潭角山，商代晚期	61.81	17.50	3.24	1.92	8.45	1.69	4.63	0.34	0.09	0.32	99.89	$0.582Al_2O_3 \cdot R_xO_y \cdot 3.487SiO_2$
			61.82	17.50	3.24	1.92	8.45	1.69	4.63	0.34	0.09	0.32	99.99	
8	JYJ8	江西鹰潭角山，商代晚期	61.69	17.97	5.00	0.96	4.49	1.72	7.43	0.47	0.05	0.22	100.00	$0.692Al_2O_3 \cdot R_xO_y \cdot 4.029SiO_2$
			61.69	17.97	5.00	0.96	4.49	1.72	7.43	0.47	0.05	0.22	100.00	
9	JQS15	江西清江吴城，商代晚期	60.98	17.70	6.90	1.32	4.61	2.18	4.34	0.50	0.88	0.58	99.99	$0.651Al_2O_3 \cdot R_xO_y \cdot 3.806SiO_2$
			60.99	17.70	6.90	1.32	4.61	2.18	4.34	0.50	0.88	0.58	100.00	
10	JYJ7	江西鹰潭角山，商代晚期	61.55	16.78	10.11	1.25	1.67	1.86	5.68	0.64	0.21	0.23	99.98	$0.715Al_2O_3 \cdot R_xO_y \cdot 4.452SiO_2$
			61.56	16.78	10.11	1.25	1.67	1.86	5.68	0.64	0.21	0.23	99.99	
11	JQS13	江西清江吴城，商代晚期	58.00	16.93	2.44	1.01	13.66	3.15	3.56	0.50	0.16	0.57	99.98	$0.413Al_2O_3 \cdot R_xO_y \cdot 2.403SiO_2$
			58.01	16.93	2.44	1.01	13.66	3.15	3.56	0.50	0.16	0.57	99.99	
12	JQF-1	江西清江筑卫堆，商至西周	72.67	8.57	4.24	0.34	3.65	0.68	8.99	1.27	0.00	0.00	100.41	$0.368Al_2O_3 \cdot R_xO_y \cdot 5.287SiO_2$
			72.37	8.54	4.22	0.34	3.64	0.68	8.95	1.26	0.00	0.00	100.00	

续表

序号	原编号	时代、出土地点	SiO_2	Al_2O_3	Fe_2O_3	TiO_2	CaO	MgO	K_2O	Na_2O	MnO	P_2O_5	总量	分子式
13	JQF-3	江西清江樊城堆,商至周	68.49	12.16	8.97	1.25	0.91	1.76	5.09	0.77	0.48	0.00	99.88	$0.582Al_2O_3 \cdot R_xO_y \cdot 5.564SiO_2$
			68.57	12.17	8.98	1.25	0.91	1.76	5.10	0.77	0.48	0.00	99.99	
14	M216	河南,西周	64.74	16.60	1.94	0.00	9.51	1.84	3.82	0.28	0.38	0.00	99.11	$0.586Al_2O_3 \cdot R_xO_y \cdot 3.878SiO_2$
			65.32	16.75	1.96	0.00	9.60	1.86	3.85	0.28	0.38	0.00	100.00	
15	ZHJ4(1)	浙江江山地山岗,西周	65.57	15.61	2.07	0.57	7.32	1.36	3.17	0.30	0.29	0.00	96.26	$0.675Al_2O_3 \cdot R_xO_y \cdot 4.814SiO_2$
			68.12	16.22	2.15	0.59	7.60	1.41	3.29	0.31	0.30	0.00	99.99	
16	ZHJ4(2)	浙江江山地山岗,西周	66.26	15.05	1.84	0.97	10.07	1.62	3.74	0.42	0.52	0.82	101.31	$0.487Al_2O_3 \cdot R_xO_y \cdot 3.640SiO_2$
			65.40	14.86	1.82	0.96	9.94	1.60	3.69	0.41	0.51	0.81	100.00	
17	ZHJ4(3)	浙江江山地山岗,西周	54.35	21.44	2.23	0.73	13.86	2.12	3.70	0.57	0.39	1.03	100.42	$0.548Al_2O_3 \cdot R_xO_y \cdot 2.355SiO_2$
			54.12	21.35	2.22	0.73	13.80	2.11	3.68	0.57	0.39	1.03	100.00	
18	ZHJ5	浙江江山大麦山,西周	61.08	19.35	3.11	0.91	7.33	0.95	3.30	0.70	0.02	0.00	96.75	$0.819Al_2O_3 \cdot R_xO_y \cdot 4.388SiO_2$
			63.13	20.00	3.21	0.94	7.58	0.98	3.41	0.72	0.02	0.00	99.99	
19	JL01	江西安义县台山,西周中晚期	50.00	12.07	1.74	0.47	25.20	3.52	3.21	0.53	0.73	2.03	99.50	$0.191Al_2O_3 \cdot R_xO_y \cdot 1.340SiO_2$
			50.25	12.13	1.75	0.47	25.33	3.54	3.23	0.53	0.73	2.04	100.00	
20	JQS-4	江西清江吴城,西周中期至春秋中期	67.36	13.90	5.47	1.36	3.18	1.88	5.31	1.55	0.00	0.00	100.01	$0.578Al_2O_3 \cdot R_xO_y \cdot 4.749SiO_2$
			67.35	13.90	5.47	1.36	3.18	1.88	5.31	1.55	0.00	0.00	100.00	
21	JQS-4B	江西清江吴城,西周中期至春秋中期	76.41	6.69	4.22	0.66	1.08	0.68	8.77	0.69	0.58	0.00	99.78	$0.358Al_2O_3 \cdot R_xO_y \cdot 6.945SiO_2$
			76.58	6.70	4.23	0.66	1.08	0.68	8.79	0.69	0.58	0.00	99.99	
22	JS01	江西九江神堆,西周晚期至春秋早期	56.11	13.88	1.69	0.72	18.93	3.41	2.39	0.47	0.52	1.37	99.49	$0.277Al_2O_3 \cdot R_xO_y \cdot 1.899SiO_2$
			56.40	13.95	1.70	0.72	19.03	3.43	2.40	0.47	0.52	1.38	100.00	
23	JS02	江西九江神堆,西周晚期至春秋早期	51.85	14.00	3.56	0.67	21.23	2.88	3.04	0.64	0.16	1.37	99.40	$0.256Al_2O_3 \cdot R_xO_y \cdot 1.612SiO_2$
			52.16	14.08	3.58	0.67	21.36	2.90	3.06	0.64	0.16	1.38	99.99	
24	SL12	浙江上林湖,战国	65.43	11.41	3.21	1.09	9.38	2.09	1.86	2.42	0.30	0.76	97.95	$0.348Al_2O_3 \cdot R_xO_y \cdot 3.389SiO_2$
			66.80	11.65	3.28	1.11	9.58	2.13	1.90	2.47	0.31	0.78	100.01	

续表

序号	原编号	时代,出土地点	SiO$_2$	Al$_2$O$_3$	Fe$_2$O$_3$	TiO$_2$	CaO	MgO	K$_2$O	Na$_2$O	MnO	P$_2$O$_5$	总量	分子式
25	H2	江苏镇江,三国	53.94	13.78	2.05	0.71	21.45	2.73	2.55	0.19	0.26	1.97	99.63	
			54.14	13.83	2.06	0.71	21.53	2.74	2.56	0.19	0.26	1.98	100.00	0.260Al$_2$O$_3$·R$_x$O$_y$·1.728SiO$_2$
26	J2	江苏宜兴,西晋	62.24	16.17	1.99	0.77	13.25	2.79	1.48	1.16	0.25	0.00	100.10	
			62.18	16.15	1.99	0.77	13.24	2.79	1.48	1.16	0.25	0.00	100.01	0.434Al$_2$O$_3$·R$_x$O$_y$·2.832SiO$_2$
27	J1	江苏宜兴,西晋	61.30	11.30	1.87	0.97	17.92	2.03	1.23	0.54	0.30	1.07	98.53	
			62.21	11.47	1.90	0.98	18.19	2.06	1.25	0.55	0.30	1.09	100.00	0.259Al$_2$O$_3$·R$_x$O$_y$·2.387SiO$_2$
28	J3	江苏宜兴,西晋	60.79	11.23	2.60	1.14	17.95	2.25	1.42	0.74	0.16	0.00	98.28	
			61.85	11.43	2.65	1.16	18.26	2.29	1.44	0.75	0.16	0.00	99.99	0.253Al$_2$O$_3$·R$_x$O$_y$·2.323SiO$_2$

表 3-5　各种草木灰的化学组成（重量%）

序号	名称	SiO$_2$	Al$_2$O$_3$	Fe$_2$O$_3$	TiO$_2$	CaO	MgO	K$_2$O	Na$_2$O	MnO	P$_2$O$_5$	总量	分子式
1	松树灰(中国)	24.35	9.71	3.41	0.00	39.73	4.45	8.98	3.77	2.74	2.78	99.92	
		24.37	9.72	3.41	0.00	39.76	4.45	8.99	3.77	2.74	2.78	99.99	0.090Al$_2$O$_3$·R$_x$O$_y$·0.384SiO$_2$
2	松树支叶灰(景德镇)	57.08	14.75	6.12	0.00	8.04	2.30	5.32	0.39	2.22	1.67	97.89	
		58.31	15.07	6.25	0.00	8.21	2.35	5.43	0.40	2.27	1.71	100.00	0.420Al$_2$O$_3$·R$_x$O$_y$·2.757SiO$_2$
3	松树灰(日本,高田)	21.35	9.02	2.89	0.00	40.17	6.76	10.31	4.11	1.04	2.93	98.58	
		21.66	9.15	2.93	0.00	40.75	6.86	10.46	4.17	1.05	2.97	100.00	0.079Al$_2$O$_3$·R$_x$O$_y$·0.319SiO$_2$
4	松叶灰(景德镇)	35.44	9.66	2.29	0.00	12.08	5.62	21.56	0.24	4.06	未测	90.95	
		38.97	10.62	2.52	0.00	13.28	6.18	23.71	0.26	4.46		100.00	0.144Al$_2$O$_3$·R$_x$O$_y$·0.895SiO$_2$
5	松果灰(中国)	24.43	21.86	3.67	0.37	16.19	20.25	9.30	0.23	3.70	未测	100.00	
		24.43	21.86	3.67	0.37	16.19	20.25	9.30	0.23	3.70		100.00	0.220Al$_2$O$_3$·R$_x$O$_y$·0.418SiO$_2$

续表

序号	名称	SiO₂	Al₂O₃	Fe₂O₃	TiO₂	CaO	MgO	K₂O	Na₂O	MnO	P₂O₅	总量	分子式
6	杉树支叶灰（景德镇）	30.83	6.98	2.73	0.00	34.73	6.34	11.54	0.25	4.05	未测	97.45	
		31.64	7.16	2.80	0.00	35.64	6.51	11.84	0.26	4.16		100.01	$0.070Al_2O_3 \cdot R_xO_y \cdot 0.525SiO_2$
7	橡树灰（中国）	39.81	15.11	3.58	0.00	23.54	4.09	5.77	1.47	4.32	2.30	99.99	
		39.81	15.11	3.58	0.00	23.54	4.09	5.77	1.47	4.32	2.30	99.99	$0.210Al_2O_3 \cdot R_xO_y \cdot 0.939SiO_2$
8	橡树灰（日本高田）	39.62	16.34	3.83	0.00	23.69	4.14	5.68	1.52	1.01	2.62	98.45	
		40.24	16.60	3.89	0.00	24.06	4.21	5.77	1.54	1.03	2.66	100.00	$0.240Al_2O_3 \cdot R_xO_y \cdot 0.989SiO_2$
9	蛇母树灰（中国）	34.60	4.38	0.49	0.00	47.71	5.99	2.51	0.06	0.33	3.93	100.00	
		34.60	4.38	0.49	0.00	47.71	5.99	2.51	0.06	0.33	3.93	100.00	$0.040Al_2O_3 \cdot R_xO_y \cdot 0.542SiO_2$
10	枹树灰（日本砥部）	10.26	2.23	0.73	0.00	63.73	4.23	13.80	1.27	0.73	3.00	99.98	
		10.26	2.23	0.73	0.00	63.74	4.23	13.80	1.27	0.73	3.00	99.99	$0.015Al_2O_3 \cdot R_xO_y \cdot 0.118SiO_2$
11	枹树灰（中国）	63.71	3.87	0.88	0.00	22.59	1.32	1.35	0.33	1.09	4.86	100.00	
		63.71	3.87	0.88	0.00	22.59	1.32	1.35	0.33	1.09	4.86	100.00	$0.074Al_2O_3 \cdot R_xO_y \cdot 2.078SiO_2$
12	白杨灰（中国）	1.61	0.00	1.60	0.00	66.50	3.18	13.44	0.00	0.00	13.30	99.63	
		1.62	0.00	1.61	0.00	66.75	3.19	13.49	0.00	0.00	13.35	100.01	$0.000Al_2O_3 \cdot R_xO_y \cdot 0.018SiO_2$
13	高粱杆灰（中国）	70.82	5.49	2.51	0.00	7.61	3.85	5.98	0.58	0.32	1.62	98.78	
		71.69	5.56	2.54	0.00	7.70	3.90	6.05	0.59	0.32	1.64	99.99	$0.160Al_2O_3 \cdot R_xO_y \cdot 3.511SiO_2$
14	稻草灰（中国）	80.11	3.25	1.39	0.00	4.92	1.53	5.02	0.58	0.60	2.34	99.74	
		80.32	3.26	1.39	0.00	4.93	1.53	5.03	0.58	0.60	2.35	99.99	$0.144Al_2O_3 \cdot R_xO_y \cdot 6.012SiO_2$
15	狼鸡草灰（景德镇）	74.60	2.89	1.02	0.00	8.55	4.03	5.18	0.11	1.82	1.21	99.41	
		75.04	2.91	1.03	0.00	8.60	4.05	5.21	0.11	1.83	1.22	100.00	$0.081Al_2O_3 \cdot R_xO_y \cdot 3.550SiO_2$

续表

序号	名称	SiO$_2$	Al$_2$O$_3$	Fe$_2$O$_3$	TiO$_2$	CaO	MgO	K$_2$O	Na$_2$O	MnO	P$_2$O$_5$	总量	分子式
16	狼鸡草灰(景德镇)	55.02	19.32	1.67	0.30	8.59	7.44	4.81	0.56	1.36	0.92	99.99	0.433Al$_2$O$_3$·R$_x$O$_y$·2.092SiO$_2$
		55.03	19.32	1.67	0.30	8.59	7.44	4.81	0.56	1.36	0.92	100.00	
17	稻米谷壳灰(中国)	94.36	1.78	0.61	0.00	1.04	0.00	0.00	1.35	0.00	0.00	99.14	0.566Al$_2$O$_3$·R$_x$O$_y$·50.819SiO$_2$
		95.18	1.80	0.62	0.00	1.05	0.00	0.00	1.36	0.00	0.00	100.01	
18	小毛竹枝叶灰(景德镇)	60.02	0.76	0.36	0.00	5.94	2.78	25.56	0.10	0.89	2.95	99.36	0.016Al$_2$O$_3$·R$_x$O$_y$·2.066SiO$_2$
		60.41	0.76	0.36	0.00	5.98	2.80	25.72	0.10	0.90	2.97	100.00	
19	山茶灰(日本濑户)	35.72	16.22	5.88	0.00	19.69	8.19	8.36	0.99	0.12	2.35	97.52	0.223Al$_2$O$_3$·R$_x$O$_y$·0.832SiO$_2$
		36.63	16.63	6.03	0.00	20.19	8.40	8.57	1.02	0.12	2.41	100.00	
20	山茶树灰(日本)	2.39	13.77	0.47	0.00	64.23	8.80	0.72	0.53	1.28	3.62	95.81	0.095Al$_2$O$_3$·R$_x$O$_y$·0.028SiO$_2$
		2.49	14.37	0.49	0.00	67.04	9.18	0.75	0.55	1.34	3.78	99.99	
21	山茶种子灰(日本)	0.75	7.74	0.58	0.00	18.33	13.32	13.39	5.01	0.27	36.30	95.69	0.066Al$_2$O$_3$·R$_x$O$_y$·0.011SiO$_2$
		0.78	8.09	0.61	0.00	19.16	13.92	13.99	5.24	0.28	37.93	100.00	
22	山茶叶灰(日本)	6.46	29.19	0.51	0.00	40.37	12.65	0.25	0.27	1.38	4.98	96.06	0.261Al$_2$O$_3$·R$_x$O$_y$·0.098SiO$_2$
		6.72	30.39	0.53	0.00	42.03	13.17	0.26	0.28	1.44	5.18	100.00	
23	土灰(日本高取)	20.63	9.14	2.99	0.00	46.73	6.15	3.69	1.50	1.21	2.88	94.92	0.081Al$_2$O$_3$·R$_x$O$_y$·0.311SiO$_2$
		21.73	9.63	3.15	0.00	49.23	6.48	3.89	1.58	1.27	3.03	99.99	
24	土灰(日本芦原)	7.07	3.98	3.34	0.00	52.71	11.14	6.21	1.45	0.81	7.85	94.56	0.028Al$_2$O$_3$·R$_x$O$_y$·0.084SiO$_2$
		7.48	4.21	3.53	0.00	55.74	11.78	6.57	1.53	0.86	8.30	100.00	
25	土灰(日本)	21.45	5.62	2.96	0.00	54.69	8.29	2.27	0.84	0.63	3.26	100.01	0.043Al$_2$O$_3$·R$_x$O$_y$·0.281SiO$_2$
		21.45	5.62	2.96	0.00	54.68	8.29	2.27	0.84	0.63	3.26	100.00	

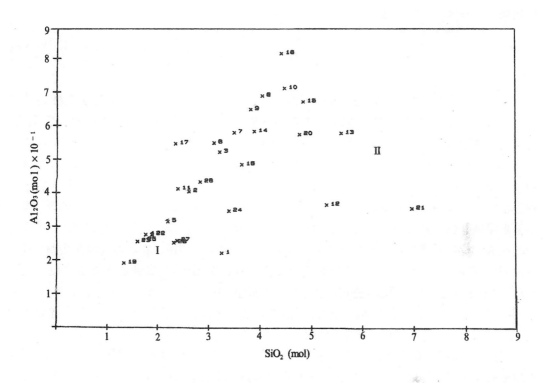

图 3-14　原始瓷釉化学组成分布图

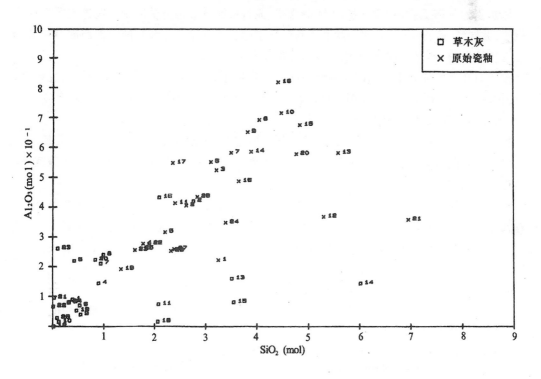

图 3-15　原始瓷釉和各种草木灰化学组成分布图

规律的。

三　成型、装饰、施釉和烧成

原始瓷的成型基本上和印纹硬陶差不多。一般都是采用泥条盘（叠）筑加慢轮修整，早期泥条盘（叠）筑法较多，后期轮修法较多，在某些地区后期亦已出现拉坯成型。如在浙江德清原始瓷窑址调查中，发现西周晚期部分原始瓷碗的外底部有粗大的线割痕迹。这些碗体厚薄均匀，器形亦较规整。碗内从底部到器壁均留有螺旋纹痕迹[①]。在浙江绍兴富盛战国窑址周围的堆积中也发现大量原始青瓷。出土的有些碗、盘、碟、钵等器皿也是用拉坯成型。它们的器形规整，内底留有一圈圈细密的螺旋纹，外底留有一道道切割的线痕。而在同一窑址出土的印纹硬陶则多采用泥条盘（叠）筑法成型。可见原始瓷所采用的成型工艺已较印纹硬陶的成型工艺有了很大的改进。拉坯成型对提高产量和改进质量都会起到重要的作用。在江西鹰潭角山商代遗址所发现的原始瓷三足器，由于简报中对成型工艺未作详细描述，只提到器内外留有轮旋纹[②]。因此，尚不能肯定是用泥条盘（叠）筑，还是用拉坯成型，但至少可以肯定已使用轮制或是轮修。江西清江吴城出土的商代原始瓷器，几乎所有容器，特别是口沿部分都有一道道规整的轮纹[③]。同样至少说明它们都是经过轮修的。

根据以上情况，原始瓷的成型方法基本上继承了陶器和印纹硬陶的泥条盘（叠）筑法，进而采用轮修并采用拉坯成型。一般说来，原始瓷的器型较小，多为盘、碗、盂、碟、钵、豆等饮食器。虽然也有罐、尊、坛等贮盛器，但在数量上已比较少。

原始瓷的装饰工艺仍以刻、划、拍印等为主，兼有堆贴等装饰方法。刻划纹样主要有弦纹、波折纹、波样纹、斜方格纹等。如安徽屯溪西郊出土的各式原始瓷盂和豆的腹部都饰以弦纹，有的在弦纹较大的间隔处再饰以斜线组成的棱形纹[④]。

拍印的几何纹样基本上和印纹硬陶相同。特别是在同一窑址出土的几何印纹硬陶和原始瓷，在拍印的纹样上几乎完全相同，可能就是用同一陶印模拍印的。纹样主要有回字纹、方格纹、云雷纹、米筛纹、席纹和编织纹等。

堆贴装饰多数出现在盘碗口沿或罐的肩部。如在盘、碗口沿堆贴S纹等。在少数坛、罐的肩部用泥条粘贴成直耳，但耳中无孔，也属于一种象征性的装饰。有的器物的提梁、耳等就堆贴成动物形象，收到了既实用又美观的效果。

在商周铜器盛行后，原始瓷在器型和装饰上出现了仿铜器器型。如在洛阳出土的西周原始瓷尊就有可能是仿铜器制品。屯溪出土的西周原始瓷尊、盘等和同墓出土的铜器在器型上十分相近，显然是仿铜器制品至春秋战国时期在浙江一带更出现了造型和装饰都非常精细的仿铜器的原始瓷镶壶、兽面三足鼎以及甬钟、勾鑃和錞于等。

原始瓷釉是世界上最早的高温釉。因此，它的施釉工艺也是处在初创阶段。由于资料的不足，现阶段也还说不清楚。但从出土的原始瓷器皿来看，至少有两种方法是可能使用的。一是

---

①　朱建明，浙江德清原始青瓷窑址调查，考古，1989，(9)：779～788。

②　江西文物工作队，鹰潭市博物馆，鹰潭角山商代窑址试掘简报，江西历史文物，江西省博物馆，江西省文物工作队编，1987，(2)：32～43。

③　李科友，彭适凡，略论江西吴城商代原始瓷器，文物，1975，(7)：77～83。

④　王业友，谈谈屯溪出土的原始瓷器，安徽文博，1983，(3)：76～83。

从器物釉面留有涂刷痕迹。特别是在釉面和素胎(即未上釉处)的交界处可以观察到这种痕迹。显然这层釉是涂刷上去的,即是刷釉法。二是多数原始瓷器皿里外都上釉,而在器皿的外表面往往只施半釉。从这些器皿的釉面和素胎交界处,可看到离底足距离不等的一圈界面。这种施釉法可能属于浸釉。这两种方法都必须先将釉料调制成釉浆。在原始瓷器皿成型后,经过装饰加工后,再用涂刷法或浸入釉浆内施釉。由于处于初创阶段,尚无多少施釉经验。因此,原始瓷釉一般都比较薄,而且厚薄不匀,在局部往往凝聚成较厚的釉斑,在较大区域则形成波浪纹。至于这层釉和胎结合不好,极易剥落,则与施釉方法关系不大,而是由于烧成温度低在胎釉交界处未形成中间层所致。从图 3-13 即可看到胎釉之间参差不齐的界面和自胎内溶入釉中的细颗粒石英及小气泡,而没有生成由钙长石为主的中间层。

上述施釉方法虽较原始,也不完善,但毕竟是后世各种施釉方法的创始,也还是值得称道的。而且这两种方法的基本原理也一直沿用到现在。在某些特殊场合只是经过改进或采用了更适合的工具和相应的措施。

原始瓷的烧成工艺是在印纹硬陶的烧成工艺基础上发展起来的。印纹硬陶烧成所用的陶窑以及所达到的高温已为原始瓷烧成建立了必要的基础。浙江绍兴富盛窑址,萧山进化窑址以及江西清江吴城窑址,鹰潭角山窑址等多处南方窑址都是印纹硬陶和原始瓷同出。甚至在有些残窑内留有印纹硬陶和原始瓷片。因此,有人认为它们是同窑合烧的。关于这点还存在不同看法,但至少可以肯定在上述窑址中所发现的带有向上倾斜窑底的龙窑以及多烟囱、大燃烧室和小窑室的圆窑既可以满足印纹硬陶的烧成要求,也可以满足原始瓷的烧成要求。也就是说在上节中所列举的商至战国时的陶窑既是烧制印纹硬陶的陶窑,也是烧制原始瓷的陶窑。

表 3-6　原始瓷的烧成温度

序　号	原编号	出土地点	时　代	烧成温度℃
1	YQS-4	山西垣曲商城	商代早期	1020±20
2	YQS-5	山西垣曲商城	商代早期	1000±20
3	JQS16	江西清江吴城	商代早期	960±20
4	ZHJ3	浙江江山乌里山	商代	1220±20
5	HZH1	河南郑州	商代	1170±20
6	HZZ01	河南郑州	商代中期	1190±20
7	JQS11	江西清江吴城	商代晚期	1040±20
8	JQS13	江西清江吴城	商代晚期	1040±20
9	JQS15	江西清江吴城	商代晚期	1250±20
10	JQS9	江西清江吴城	商代晚期	1100±20
11	JYJ7	江西鹰潭角山	商代晚期	1120±20
12	JYJ8	江西鹰潭角山	商代晚期	1130±20
13	JQF1	江西清江樊城堆	商至西周	1150±20
14	JQF2	江西清江樊城堆	商至西周	920±20
15	JQF3	江西清江樊城堆	商至周	1170±20
16	M-198	河南洛阳	西周	1220±20
17	M-250	河南洛阳	西周	1150±20

序　号	原编号	出土地点	时　　代	烧成温度℃
18	M-32:5	河南洛阳	西周	1220±20
19	M-37	河南洛阳	西周	1130±20
20	M-668	河南洛阳	西周	1120±20
21	HZH2	河南洛阳瓦机厂	西周	1130±20
22	ZHJ4(1)	浙江江山地山岗	西周	1200±20
23	ZHJ4(2)	浙江江山地山岗	西周	1200±20
24	ZH3	陕西张家坡	西周	1220±20
25	ZH-9	陕西扶风	西周	1200±20
26	JL01	江西安义县台山	西周中晚期	1250±20
27	ZHJ5	浙江江山石门大麦山	西周	1250±20
28	JQS4	江西清江吴城	西周中期至春秋中期	1150±20
29	ZH-7	江苏宜兴	东周	1140±20
30	33	山西侯马	东周	1230±20
31	ZSH1	浙江绍兴吼山	春秋末至战国初	970±20
32	ZSH2	浙江绍兴吼山	春秋末至战国初	980±20
33	ZSH3	浙江绍兴吼山	春秋末至战国初	1000±20
34	ZSH4	浙江绍兴吼山	春秋末至战国初	980±20
35	ZSH5	浙江绍兴吼山	春秋末至战国初	1000±20
36	ZSH6	浙江绍兴吼山	春秋末至战国初	920±20
37	ZSH7	浙江绍兴吼山	春秋末至战国初	1000±20
38	H3		西汉	1270±20
39	HXZ03	河南新郑	西汉	1160±20
40	H2	江苏镇江	汉	1130±20
41	J1	江苏宜兴	晋	1260±20

　　在上述各窑址中只发现少数几种窑具,其中包括用以支烧器皿的垫饼和垫珠以及提高器皿烧成时在窑中的高度以避免下部器皿出现生烧的垫座。垫座也是用掺有砂粒的粘土制成,由于体型较大,可能采用泥条盘筑结合轮修法制成。从所发现的窑具来看,原始瓷也和印纹硬陶一样,采用器皿在明火中迭放的装烧方式。

　　表3-6为所收集到的原始瓷的烧成温度。表中共列出商代早期至汉晋时期41个原始瓷烧成温度的实测数据。其中在1000℃以下的共6个,约占15%;1000至1100℃之间的有8个,约占19%;大于1100℃的有27个,约占66%;但在大于1100℃的27个样品中有13个大于1200℃。与上面所列举的印纹硬陶的烧成温度相比,它们在小于1000℃的温度范围烧成所占的比例相差不大,只是在大于1100℃,特别是在大于1200℃的温度范围内烧成的比例,原始瓷则要比印纹硬陶高得多。因此,可以认为原始瓷所能达到的最高烧成温度(1280℃)并不比印纹硬陶高,而是在大于1200℃烧成的原始瓷要比印纹硬陶多。可见由印纹硬陶工艺所创立的高

温烧成,经过原始瓷工艺的继承和发展已能比较成熟和普遍地应用,使得我国高温技术首先在陶瓷工艺发展中得到突破。

第三节　印纹硬陶和原始瓷在中国陶瓷工艺发展过程中的作用及其烧制地区

印纹硬陶和原始瓷的相继出现给我国陶瓷工艺带来了很大的影响和变化。因而对印纹硬陶和原始瓷之间的关系以及它们对我国陶瓷工艺发展所起的作用历来受到人们的重视,也是研究我国陶瓷科学技术史必须考虑的问题。

一　印纹硬陶和原始瓷的承前启后作用

基于原始瓷在印纹硬陶出现后不久即开始出现以及印纹硬陶和原始瓷在很多窑址相互伴出。因此就产生了它们在胎的化学组成上是否相同的问题。是不是施了釉的印纹硬陶就是原始瓷。为了回答这些问题还必须从它们在化学组成和烧成温度两个方面的变化着手。

(一)印纹硬陶和原始瓷在化学组成上的异同

在以上两节已分别对印纹硬陶和原始瓷的化学组成作了详细的分析和讨论。为了进一步说明它们之间的关系,将新石器时代的陶器、各个时期的印纹硬陶和原始瓷胎的化学组成汇总在一张分布图上。从图3-16可见,它们虽各有其聚积区域,但又有相互交错的情况。如印纹硬陶的化学组成点(×)既有和某些陶器组成点(□)相近,也有和原始瓷胎化学组成点(+)相近。如果我们只看到后者这些少数情况,当然就会得出印纹硬陶和原始瓷胎的化学组成是相同的结论。在研究它们化学组成的许多工作中,由于只收集了少数标本;恰巧就是这些相近的组成,就会得出它们化学组成相同这样不够全面的结论。相反,如果恰巧它们的化学组成不同又会得出它们的化学组成不同的结论,同样也是不全面的。实际情况是,由于印纹硬陶的化学组成比较分散。它们既有和陶器化学组成相近的一类,也有和原始瓷化学组成相近的一类,也有界于二者之间的一类。正是这种变化既使印纹硬陶的化学组成脱离了陶器的范畴,也为原始瓷胎的化学组成的改进建立了基础。除了那些和陶器化学组成相近的一类印纹陶外,在其余两类的印纹硬陶上施以釉,也就是原始瓷。事实上,在许多窑址确实发现印纹硬陶和原始瓷在器型和纹饰上几乎完全相同。

(二)印纹硬陶和原始瓷烧成温度的比较

在上两节中曾对印纹硬陶和原始瓷的烧成温度的数据作了较多的收集和判析。说明它们在烧成温度上都有较大的提高。为了进一步说明它们之间的关系,将陶器、印纹硬陶和原始瓷的烧成温度数据经过整理和计算汇总在表3-7中。这张表显示了两个重要信息:其一,印纹硬陶的平均烧成温度较之陶器要高出210℃之多。而原始瓷的平均烧成温度只比印纹硬陶高30℃。可见印纹硬陶工艺所创立的高温技术已为原始瓷的烧制成功建立了基础。其二,印纹硬陶和原始瓷的最高烧成温度都是1280℃,似乎原始瓷的烧成温度并没有比印纹硬陶高。但在以1200℃以上的温度烧制的原始瓷则要比印纹硬陶多得多。原始瓷为32%,而印纹硬陶则只

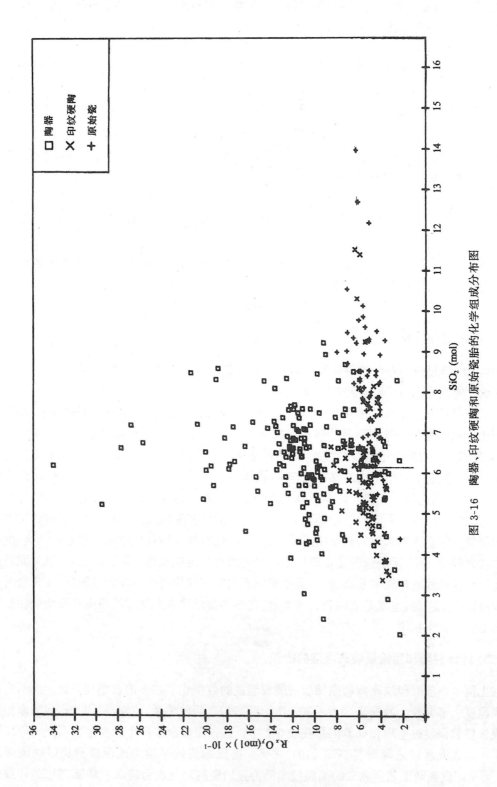

图 3-16　陶器、印纹硬陶和原始瓷胎的化学组成分布图

有 4%。从总体来看,原始瓷的烧成温度要比印纹硬陶高。也就是说原始瓷在印纹硬陶所创的高温技术基础上又有了发展和提高。

表 3-7　陶器、印纹硬陶和原始瓷烧成温度比较

品　　名	样品数	1100～1200℃		＞1200℃		最高(℃)	平均(℃)
		样品数	所占比例(%)	样品数	所占比例(%)		
新石器时代陶器	66					1090	880
印纹硬陶	46	21	47	2	4	1280	1090
原始瓷	41	14	34	13	32	1280	1120

从化学组成和烧成温度来看,原始瓷都是在印纹硬陶开创的基础上发展起来的。因而可以认为印纹硬陶的出现蕴育着原始瓷的诞生。

二　印纹硬陶和原始瓷烧制地区的讨论

基于印纹硬陶和原始瓷,特别是原始瓷在我国南北方都有出土,又基于南北方出土的原始瓷在化学组成上十分接近以及在器型和纹饰上又十分相似。因而,许多古陶瓷研究者对它们的烧制地区进行了热烈的讨论。

《张家坡西周居住遗址陶瓷碎片的研究》[①] 和《张家坡西周陶瓷烧造地区的研究》[②] 两文的作者从这些青釉器(即原始青釉瓷)的化学组成与南方的青釉瓷以及安徽屯溪出土的原始青瓷非常接近,而首先提出张家坡出土的青釉器的烧造地区可能在南方。在第一篇论文后所附的考古学家夏鼐的按语也根据这些青釉器的器型和南北方出土的数量差别而推测它们可能是南方烧造的。

《洛阳西周青釉器碎片的研究》一文作者[③] 在仔细研究了这批西周青釉器的化学组成、显微结构、烧成温度和物理性能后认为这些青釉器应称之为原始瓷。而且从它们的化学组成和矿物组成与浙江的原始瓷非常接近,也与以瓷石为原料的浙江青瓷接近的事实出发,进一步指出这些虽然在北方出土的原始瓷可能是在南方烧造的,而且很可能就是在浙江烧造的。

《谈谈屯溪出土的原始瓷器》一文的作者[④] 从安徽屯溪西周墓葬中出土的原始瓷的胎质、釉色、纹饰以及器型和浙江、江苏出土的原始瓷基本相同或相似,从而认为它们可能是同一个产地,也就是说这些原始瓷可能是在我国南方烧制的。

《原始瓷的形成和发展》一文的作者[⑤] 根据南北方出土的原始瓷的化学组成和出土情况,

① 周　仁,李家治,郑永圃,张家坡西周居住遗址陶瓷碎片的研究,考古,1960,(9):48～52。
② 周　仁,李家治,郑永圃,张家坡西周陶瓷烧造地区的研究,考古,1961,(8):44～45。
③ 程朱海,盛厚兴,洛阳西周青釉器碎片的研究,中国古陶瓷研究,中国科学院上海硅酸盐研究所编,科学出版社,1987,35～40。
④ 王业友,谈谈屯溪出土的原始瓷器,安徽文博,1983,(3):76～83。
⑤ 李家治,原始瓷的形成和发展,中国古代陶瓷科学技术成就,李家治,陈显求,张福康等,上海科学技术出版社,1985,132～145。

认为北方出土的原始瓷可能是在南方烧造的。但由于当时所掌握的原始瓷的数据和出土的情况还不够多。该文作者提出,上述结论尚待进一步的补充和论证。

考虑到原始瓷的工艺在中国陶瓷工艺发展中的承前启后的重要性以及它的烧制地区关系到我国南北方陶瓷工艺发展的不同途径,近年来在收集更多原始瓷数据的基础上又对它的烧制地区作了比较全面的分析和讨论。《北方出土原始瓷烧造地区的研究》一文的作者从我国南北方出土的原始瓷的化学组成特点、南北方原始瓷的工艺基础,南北方出土的原始瓷与南北方烧制的陶器及瓷器的关系以及南北方原始瓷的考古发掘情况等四个方面进行了深入和详细的讨论,从而也得出结论,认为我国北方出土的原始瓷应是在南方烧造的。[①]

但由于这一问题的复杂性,在古陶瓷研究者之间也尚未能取得一致的意见。如《洛阳西周原始瓷器的探讨》一文的作者[②]主要根据南北方出土的原始瓷的器型和种类,认为洛阳出土的西周原始器和在陕西西安、扶风,河南南浚等地墓葬或遗址出土的原始瓷在器型和种类"非常接近",而与南方诸如江苏、上海、安徽、福建等地出土的西周原始瓷在器型和种类方面"有很大的差别"。最后进一步指出那些认为北方出土的原始瓷,尤其是洛阳西周出土的原始瓷是由南方传入的观点"很有商榷的必要。"

《略论江西吴城商代原始瓷器》的作者[③]在详细对比吴城商代遗址出土的原始瓷和郑州二里冈等地商代遗址出土的原始瓷在化学组成、烧成温度、釉色以及器型和种类的异同,认为吴城与二里冈等遗址中的原始瓷器在特征上的这些异同,说明我国南北各地就已能烧制原始瓷器。显然,该文作者认为各地出土的原始瓷都是在当地烧制的。

考虑到目前所积累的南北出土的原始瓷资料已较多,特别是在南方烧制原始瓷的窑址不断发现以及以上各篇文章所阐述的各种观点,很有必要对原始瓷的烧制地区作进一步的探讨以还其历史本来面目。

(一) 南北方出土的原始瓷的化学组成特点及其与南北方陶瓷器的关系

在表 3-3 所列的从商代到汉晋时期的 71 个原始瓷胎的化学组成和图 3-9 的化学组成分布图中有 23 个是在北方的山西、河北、河南、陕西等地的出土的原始瓷器。它们的化学组成点全部都和从江西、浙江等南方出土的原始瓷聚集在图的中部,根本不存在有南北方出土的差别。特别是有些化学组成点聚积在很小的区域内,甚至有些重叠在一起。它们之中既包括南方出土的原始瓷,也包括北方出土的原始瓷。可见它们的化学组成是十分接近的。

众所周知,陶瓷的化学组成取决于它们所用的原料。由于我国南北方地质的差异,在南方,如浙江、江西、福建、江苏以及安徽南部都盛产瓷石。各地所产瓷石的化学组成都相差不大,它主要是由石英和绢云母等矿物组成,所以它是一种含 SiO_2 较高和 Al_2O_3 较低的并有一定量的熔剂的制瓷原料。原始瓷的化学组成和显微结构都和这种瓷石十分相近,说明它们有可能是用风化较深而又含有较多杂质的这类瓷石作为原料烧制的。所不同的只是所含杂质的多少,也就是含有或多或少的 Fe_2O_3。因此,绝大部分原始瓷都是高硅质瓷。

在我国北方的河南、河北、陕西和山西等地所产的制瓷原料,多为二次沉积粘土。其中纯者

①　罗宏杰、李家治、高力明,北方出土原始瓷烧造地区的研究,硅酸盐学报,1996,(3):297～302。

②　张剑,洛阳西周原始瓷器的探讨,景德镇陶瓷,1984,26(2):87～94。

③　李科友,彭适凡,略论江西吴城商代原始瓷器,文物,1975,(7):77～83。

的化学组成接近纯高岭土；其中不纯者则含有或多或少的石英、云母、碳酸盐矿物和铁、钛等杂质。但不管怎样它们都是含 Al_2O_3 较高和 SiO_2 较低，并含有一定 CaO 的制瓷原料。用北方粘土制成的瓷器都属高铝质瓷。因此，高硅质瓷和高铝质瓷往往即成为人们区别我国南北方瓷器的重要标志之一。

表 3-3 和图 3-9 所列的南北方出土的原始瓷的化学组成及其分布图显示它们都是高硅质瓷。个别含 Al_2O_3 较高和 SiO_2 较低的原始瓷（序号 12）也不是在北方出土，而是在广东饶平出土。

在第一章中曾讨论到我国南北方自新石器时期起的陶器以及历代的印纹硬陶、原始瓷和瓷器的化学组成的变化以及所附的将所有的化学组成经过对应分析所得的 F1 和 F2 因子载荷图（图 1-1）。从这张图中可以清楚地看出，我国南方从陶器开始经过印纹硬陶、原始瓷发展到瓷器，它们的化学组成是逐渐变化的，而且相互交错。其中 SiO_2 逐渐增高，Fe_2O_3 和 CaO 逐渐降低。而北方的陶器和瓷器则分处在两个互不相关的区域，而且和印纹硬陶和原始瓷的区域亦互不相交。说明它们在化学组成上是没有关系的，而且北方瓷器中所含的 Al_2O_3 较之南方瓷器和原始瓷要高得多。

根据以上讨论，原始瓷的化学组成特点和它与南北方陶器和瓷器的关系都只能得出北方出土的原始瓷，也包括少数北方出土的印纹硬陶都应是利用南方盛产的瓷石类原料在南方烧制的。

（二）南北方陶瓷烧制工艺的差异

在第二章新石器时期及商代以后我国南北方陶器的研究中，有趣地发现新石器时期北方的陶器较之南方的陶器有较高的烧成温度，而且所有的陶窑几乎都是在北方各窑址发现的。但到商代以后，上述情况却发生了很大的变化。在南方的浙江和江西的某些遗址中都发现了龙窑和大火膛小燃烧室、多烟囱的圆形窑，遂使南方的印纹硬陶和原始瓷的烧成温度有了大幅度的提高。这一时期在北方发现的陶窑中往往是陶器和砖瓦同窑烧制，它们的烧成温度一般都在 1000℃ 以下。而南方发现的陶窑内则往往是印纹硬陶和原始瓷同窑烧成，它们的烧成温度一般都大于 1100℃。以上情况说明在这段时期内南方的陶窑得到了很大的改进，遂使烧成温度实现了我国陶瓷史上的第一次突破，而在北方则没有显示这种改进和突破。也就是说我国北方在商代到汉晋这段历史时期内不具备烧制原始瓷的工艺条件。至于隋唐以后北方白釉瓷的烧制成功而使我国陶瓷史上的烧成温度的第二次突破却又在北方实现。陶瓷工艺发展史上这种复杂和多变的规律都是以后有关章节必须探讨的问题。这里只想着重指出从我国南北方陶瓷的烧制工艺的差异出发也只能得出原始瓷，也包括印纹硬陶只能是在我国南方烧制的。

（三）南北方原始瓷出土情况的对比

在考古发掘中，虽然在我国南北方都有原始瓷出土。但南方不仅出土的数量较北方多，而且出土的地点也比北方多。如郑州商代出土的原始瓷片约占陶瓷片总数的 0.001％，商代后期安阳殷墟原始瓷片的出土数量虽有增加，但也只占出土陶瓷总数的 0.01％，真是凤毛麟角少得出奇①。陕西扶风周原出土的原始瓷数量也是寥寥无几②。就已被认为在北方出土数量最多，种类最全的洛阳北窑西周墓葬群中的原始瓷来看，自 1963 年至 1984 年先后发掘的三百七十余座墓中，也只有百余座墓内有原始瓷器及其碎片出土，三分之一还不到。而且这些墓主人的身分都是比较高的。越是出土原始瓷多的墓，规模就越大，伴出的其它遗物也就越多。可见原始瓷在这一时期只有高贵的奴隶主才能拥有。即使是这些奴隶主对这些原始瓷器也是另眼相看，如有的原始瓷器在使用时还要装入嵌有蚌泡饰的漆器内。甚至当原始瓷豆的豆柄折断后，还将豆盘底部经过修整，装入嵌有蚌泡的漆器托盘内继续使用③。可见当时原始瓷在这些奴隶主心目中的地位。如果这些原始瓷都是在北方或当地烧制的，又何至珍贵和稀少到如此程度。

相反，在南方原始瓷出土的数量随着时代的演进出土的数量则越来越多。如在江西吴城商代遗址中都出土了大量的陶器和原始瓷及其碎片。第一期原始瓷只占陶瓷片总数的 0.23％，第二期即已升至 1.26％，待至第三期则已高达 12.6％④。安徽屯溪西周墓出土的原始瓷一般占同墓出土的陶瓷器总数的 70％左右。⑤浙江江山在商代原始瓷出现之后数量亦逐渐增多，待至西周晚期则几乎全部是原始瓷⑥。

应该特别着重指出，迄今为止北方的原始瓷都是在遗址或墓葬中出土，未见有在窑址中出土原始瓷的报道。但在南方则不然，不仅在遗址中和墓葬中有大量原始瓷出土，而且在诸如江西清江吴城和鹰潭角山窑址，浙江绍兴富盛和萧山进化窑址都有原始瓷出土。有些窑址的残窑中还留有印纹硬陶和原始瓷的残片。可见至今尚未在北方发现有烧制原始瓷的窑址和窑炉，而在南方则有较多的发现。在当前南北方考古发掘都具有相当规模的情况下，这一事实应该可作为讨论原始瓷烧制地区的一个重要依据。

考虑到北方原始瓷出土的遗址和墓葬的情况，既说明把南方出现的陶瓷新产品原始瓷运至北方的政治中心或经济文化发达地区的可能性，也说明北方的高级奴隶主对较之他们原来使用的陶器或铜器有许多优越性的原始瓷器的需求性。原始瓷与陶器相比则有坚固、不吸水和易清洁的特性；与铜器比则有质轻、不生锈的优点。它们理所当然地受到奴隶主们的青睐。但由于要从很远的南方运至北方，当然也就更增加了它们的稀有性和珍贵性。因此也就只有高级奴隶主才能占有和享用。

根据上述南北方出土的原始瓷的化学组成和所用原料烧制工艺以及出土情况，在目前所能占有的数据的基础上，认为北方出土的原始瓷是在南方烧制的似乎更为可信。

至于南北方出土的原始瓷器的器型最多也只能说是大同小异。如南北方出土较多的各式原始瓷豆，在器型上就十分接近。至于南方出土的原始瓷器的器型种类较多如有豆、罐、钵、杯、碗、盅、盂、盘、尊、罍、瓿、瓮等，而北方出土的种类则较少，多见的只有豆、罐、尊、罍、瓿、瓮等。这种差别正好说明在原始瓷器的烧制地区，出土的种类理应多于其它地区。因此从南北方出土的原始瓷器的器型和种类上的差异很难得出北方出土的原始瓷就是在北方烧制的结论。

总之，印纹硬陶和原始瓷的出现分别标志着我国从陶器向瓷器过渡的开始和完成。在这一

① 中国硅酸盐学会编，中国陶瓷史，文物出版社，1982，79～80。

② 罗西章编著，扶风县文物志，陕西人民教育出版社，1993，191～192。

③ 张剑，洛阳西周原始瓷器的探讨，景德镇陶瓷，1984，26(2)：87～94。

④ 李科友、彭适凡，略论江西吴城商代原始瓷器，文物，1975，(7)：77～83。

⑤ 王业友，谈谈屯溪出土的原始瓷器，安徽文博，1983，(3)：76～83。

⑥ 牟永抗、毛兆廷，江山县南区古遗址墓葬调查试掘，浙江省文物考古所学刊，浙江省文物考古所编著，1981，57～84。

过渡时期内实现了化学组成的改进和原料的变化,烧成温度的第一次突破和新型炉窑的建立以及釉的发明等三个陶瓷工艺中重大技术突破。它不仅为印纹硬陶和原始瓷本身的烧制成功创造了物质基础和必要的条件,而且也为我国瓷器的诞生和发展铺平了道路。因此,把这一过渡时期称之为我国陶工艺发展史上第二个里程碑应是当之无愧的。

第四章 瓷器的出现
——越窑及南方早期诸窑的青釉瓷

东汉(25~220)晚期越窑青釉瓷的烧制成功标志着中国从陶向瓷发展的又一个飞跃,是我国陶瓷工艺技术发展过程中第三个里程碑。它的出现使中国成为发明瓷器的国家,从此世界上有了瓷器。作为一种材料,它的影响更为深远。

瓷和陶之差别在于它的外观坚实致密,多数为白色或略带灰色调,断面有玻璃态光泽,薄层微透光。在性能上具有较高的强度,气孔率和吸水率都非常小。在显微结构上则含有较多的玻璃态和一定量的莫来石晶体。这些外观、性能和显微结构共同形成了瓷的特征。作为一种器皿,瓷器则还必须带有一层玻璃釉。此即明代科学家宋应星所说的"陶成雅器,有素肌玉骨之象焉"[①]。

瓷的这些特征则取决于它所用的原料和烧制工艺。在原料方面,我国南方盛产瓷石,它是由流纹岩、石英粗面岩、长英岩等岩石中长石类矿物,经受后期火山的热液作用绢云母化而生成的岩石。瓷石的矿物组成主要为石英和绢云母,但由于风化程度不同也会含有少量其他矿物。风化程度浅的,则会由于部分长石尚未绢云母化而含少量长石;风化程度深的,也会由于长期地质作用而生成少量高岭石。因此,随着风化程度的差异,瓷石中主要含有石英、绢云母以及少量长石和高岭石类矿物。这些矿物组成反映在化学组成上则是高 SiO_2、低 Al_2O_3 和一定量的 K_2O 和 Na_2O,以及少量 CaO,MgO,Fe_2O_3 和 TiO_2 等杂质。我国南方的浙江、江西、江苏、福建、安徽、湖南以及四川等地区所产的瓷石的化学组成都变化不大,一般 SiO_2 含量在 74%~79% 之间,Al_2O_3 含量在 13%~18% 之间,熔剂总量在 8% 左右,这样的化学组成正符合在 1200~1300℃ 这段范围内烧制的瓷器所需的化学组成。因此,在我国南方首先烧制成功青釉瓷则不能不归功于首先使用这类瓷石作为制瓷原料。由于当时只用瓷石作为制瓷原料,也就形成我国南方早期的石英-云母系瓷的特色。只是到后代逐渐在瓷石中掺用高岭土才形成石英-云母-高岭石系高硅质瓷,而不同于我国北方隋唐时形成的石英-长石-高岭石系的高铝质瓷。在烧制工艺方面,由于南方龙窑的改进,使烧成温度得到相应的提高,其最高温度已达到 1300℃ 以上。

青釉瓷在我国南方不仅烧制时间早,而且窑址分布广。唐人陆羽在《茶经》中提到的六大青釉瓷名窑如越州窑、鼎州窑、婺州窑、岳州窑、寿州窑和洪州窑[②],其中除鼎州窑址尚未定论外,别的窑址几乎全部都集中在南方,它们分别分布在浙江、湖南、安徽和江西。除此之外尚有浙江的瓯窑和德清窑、江苏宜兴的均山窑、广东的新会官冲窑、四川的邛崃窑等都是在唐代或唐代以前就已开始烧制青釉瓷。

东汉越窑青釉瓷的烧制成功应与浙江地区的原始瓷的烧制有着密切的关系。前章所阐述

---

① 杨雄增编著,天工开物新注研究,江西科学技术出版社,1987年,第145页。

② 陆羽,茶经,卷中,四,茶之器·碗,见《四库全书》子部,谱录类,商务印书馆影印文渊阁藏本,1986年。

的原始瓷的烧制工艺已为青釉瓷的烧制成功创造了物质基础和必要的工艺条件。在化学组成上它们的差别不大，只是 Fe_2O_3 和 TiO_2 的含量相对减少。对于它们所用原料的选择和处理情况，目前还说不清楚，但可以肯定用来烧制青釉瓷的原料已较原始瓷更为纯净，以致 Fe_2O_3 和 TiO_2 的含量都能相对减少。在烧制工艺上，东汉的某些窑址所发现的龙窑已较春秋战国时烧制原始瓷的龙窑大有改进，它们已能烧至更高的温度和更易获得还原气氛。至于成型和装饰工艺在原始瓷长期烧制的基础上也已得到改进和提高。因此可以说青釉瓷的出现是在原始瓷的烧制工艺基础上发展起来的，是陶瓷工艺发展的必然结果。因而青釉瓷在我国南方，特别是在浙江首先出现，正说明青釉瓷和原始瓷之间的承前启后的关系。

应该指出的是青釉瓷胎、釉所用的原料都含有一定量的 Fe_2O_3 和 TiO_2，所以它们的胎往往是白中略带灰色，釉亦只能是各种色调的青釉，也就是说只能烧制出青釉瓷，这是由原料本质所决定。只是到了五代我国南方景德镇才开始烧制出白釉瓷，这要比我国北方晚了几百年。

第一节　越窑青釉瓷的烧制成功

根据现有考古资料，越窑创建于东汉，鼎盛于唐、五代，衰落于宋，历时近千年。它不仅烧制时间早、延续时间长、生产规模大，而且工艺精、质量高。它所建立的烧制工艺和装饰工艺既直接影响了浙江其他窑址的青釉瓷以及随后发展起来的龙泉窑青釉瓷，也对我国南、北方青釉瓷的生产产生了广泛深远的影响。南宋文人陆游不就有"耀州出青瓷器，谓之越器"的说法吗？陆羽在《茶经》中把越州窑列为南方烧制青釉瓷诸窑之首则不是偶然的。从现有的研究资料看，尚未见有当时在质量上超过越窑的其他青釉瓷。

越窑分布在浙江东北部杭州湾南岸绍兴、上虞、余姚、慈溪至宁波、鄞县一带广大地区。其中比较集中的则有慈溪上林湖、上虞窑寺前、鄞县东钱湖和绍兴上灶等。仅上林湖周围即发现历代窑址 100 多处。

越窑虽创烧于东汉，但见于史料记载的则是在唐代。最早提到越窑的则是上面所提到的陆羽（733～804）的《茶经》中所说的"碗，越州上，鼎州次，婺州次，岳州次，寿州、洪州次。"[①] 并从品茶的角度对越州烧制的青釉瓷碗进行了一番评说，并将它推为最上品。随后陆龟蒙（不详——约 881 年）在其《秘色越器》诗中有"九秋风露越窑开，夺得千峰翠色来。"[②] 明确提出秘色越器，并赞美其釉为"千峰翠色"。差不多同时代或略晚的徐夤（920 年前后）在其《贡馀秘色茶盏》诗中有"捩翠融青瑞色新，陶成先得贡吾君"[③]。这里同样明确指出秘色茶盏的釉色为捩翠融青，而且瓷成之后要优先作为贡品，供君王使用。显然，这时的文人墨客赞美越器往往提到秘色瓷，而提到秘色则往往又以翠色相称。可见秘色瓷者，其釉色为明亮的"千峰翠色"或"捩翠融青"的瑞色。另一唐代诗人皮日休（约 834～883）在其《茶瓯》诗中说"邢客与越人，皆能造兹器。圆似月魂堕，轻如云魄起。"[④] 他一方面把越、邢二器相提并论，另一方面又盛赞越、邢二器均具有"圆似月魂"的造型和"轻如云魄"的瓷质。明代嘉靖年间（1522～1566）的《余姚县志》记载有

① 陆羽, 茶经, 卷中, 四, 茶之器·碗, 见四库全书, 子部, 谱录类, 商务印书馆影印文渊阁藏本, 1986 年。
② 陆龟蒙, 秘色越器, 全唐诗, 629 卷, 中华书局铅印本, 1960 年, 第 7216 页。
③ 徐夤, 贡余秘色茶盏, 全唐诗, 710 卷, 中华书局铅印本, 1960 年, 第 8174 页。
④ 皮日休, 茶中杂咏·茶瓯, 全唐诗, 611 卷, 中华书局铅印本, 1960 年, 第 7055 页。

"秘色瓷,初出上林湖,唐宋时置官监窑,寻废。"这里明确提出秘色瓷的产地为慈溪上林湖。通过以上这些史料使人们对越器,特别是越窑秘色瓷有了一个大致的概念。它的釉为千峰翠色,胎薄质轻,造型规整,烧制于慈溪上林湖。但历年来对上林湖窑址的考察,真正符合上述标准的秘色越器并不多见。相反,杭州有位陶瓷爱好者多年来在杭州皇城旧址附却采集到符合上述标准的越窑碗、盘等碎片。(金志伟,私人通信)可见"陶成先得贡吾君"之说不假。

1987年4月陕西省扶风县法门寺塔的地宫出土了13件唐懿宗(874)供奉的秘色瓷。同时出土了《监送真身使随真身供养道具及恩赐金银衣物》碑,其中明确记载"瓷秘色碗七口,内二口银棱,瓷秘色盘子叠子共六枚"[①]。物账相符,使人们第一次见到既有实物,又有文字史料记载的秘色瓷。虽然这13件秘色瓷的釉色不尽相同,但其中确有几件碗、盘的釉堪称千峰翠色。造型规整,胎薄釉莹,可与上述诸多史料记载相验证。另外,上述杭州采集的越窑瓷片以及在上林湖窑址也确可找到少数与法门寺地宫出土的秘色瓷碗或盘釉色相同,造型相似,胎质可比的瓷片。至此,秘色瓷的庐山面目及出处总算大白于天下。

一　越窑青釉瓷胎、釉的化学组成

作者收集了绍兴、上虞、慈溪(上林湖)三地各窑址出土的自东汉晚期至宋代的青釉瓷胎、釉的化学组成数据,分别列在表4-1和表4-2中。经过计算绘制的化学组成分布图分别列在图4-1和图4-2中。

从表4-1和图4-1中可以看出三地越窑青釉瓷胎的化学组成是十分接近的。它们胎中SiO_2的含量从序号为61的上林湖五代青釉瓷(SL4-1)的72.55%增加到序号为6的绍兴西晋青釉瓷(SBXJ-2)的80.65%,而Al_2O_3的含量则从-18.87%降低到12.61%,熔剂总量则在6.74%～8.65%之间变化,其中Fe_2O_3和TiO_2含量多数分别在2%和1%左右波动。总体上看,越窑青釉瓷胎的化学组成变化不大,都是一种高SiO_2、低Al_2O_3和含有一定量的Fe_2O_3和TiO_2的瓷胎。但在地区上,三地所出的青釉瓷胎又略有差别。上林湖的青釉瓷胎中含有较高的Al_2O_3,而绍兴的青釉瓷胎中则含有较高的SiO_2,上虞的则含有较高的熔剂,主要是K_2O和Na_2O的含量较高,而其Fe_2O_3和TiO_2的含量反而较低。东汉晚期在上虞小仙坛出土的几片青釉瓷中Fe_2O_3和TiO_2的含量都较低,如序号为21的H5东汉晚期越窑青釉印纹瓿罍胎中Fe_2O_3含量只有1.64%,TiO_2的含量只有0.97%。烧成温度已达1310℃,具有较高的强度和较低的吸水率。经过详细研究结合其他一些越窑青釉瓷数据,《我国瓷器出现时期的研究》一文作者认为这些越窑青釉瓷已达到瓷器的标准,因而我国在公元2世纪前后的东汉即已出现瓷器,使我国成为世界上出现瓷器最早的国家[②]。这一结论已成为公认的事实。《中国陶瓷史》在谈到"瓷器的出现"一节中大段引用该文[③]。彩图4-3为序号为21的H5上虞小仙坛窑址出土的东汉晚期青釉印纹瓿罍瓷片照片。

从表4-2和图4-2可以看到三地出土的青釉瓷釉的化学组成则更为接近,它们混处在图4-2的一个很集中的区域内。釉中CaO的含量绝大多数在14%～16%之间变化,个别低者可

① 陈全方、柏明、韩金科著,法门寺与佛教,陕西旅游出版社,1991年,第97页。
② 李家治,我国瓷器出现时期的研究,硅酸盐学报,1978,6(3):190～198。
③ 中国硅酸盐学会编,中国陶瓷史,文物出版社,1982年,第128页。

表 4-1　越窑历代青釉瓷胎化学组成（重量%）

序号	原编号	时代	出土地点	SiO₂	Al₂O₃	Fe₂O₃	TiO₂	CaO	MgO	K₂O	Na₂O	MnO	P₂O₅	烧失	总量	分子式
1	SCDH-1	东汉	绍兴苹水岭	74.56	17.86	2.44	0.72	0.28	0.46	2.33	0.88	0.02	0.06	0.00	99.61	$0.459R_xO_y \cdot Al_2O_3 \cdot 7.084SiO_2$
2	SCDH-2	东汉	绍兴苹水岭	75.96	16.85	2.63	0.78	0.35	0.46	2.33	0.92	0.03	0.05	0.07	100.43	$0.510R_xO_y \cdot Al_2O_3 \cdot 7.649SiO_2$
3	STSG-1	三国	绍兴陶官山	79.15	13.64	1.92	0.73	0.44	0.51	2.03	0.79	0.01	0.08	0.35	99.65	$0.573R_xO_y \cdot Al_2O_3 \cdot 9.846SiO_2$
4	STSG-2	三国	绍兴陶官山	74.37	18.20	2.66	0.32	0.56	2.53	0.83	0.02	0.02	0.07	0.01	99.59	$0.579R_xO_y \cdot Al_2O_3 \cdot 6.934SiO_2$
5	SBXJ-1	西晋	绍兴备箕山	79.83	13.77	2.00	0.81	0.23	0.51	2.09	0.46	0.02	0.06	0.00	99.78	$0.516R_xO_y \cdot Al_2O_3 \cdot 9.837SiO_2$
6	SBXJ-2	西晋	绍兴备箕山	80.65	12.61	1.98	0.85	0.22	0.44	1.88	0.45	0.02	0.06	0.72	99.88	$0.532R_xO_y \cdot Al_2O_3 \cdot 10.852SiO_2$
7	SMDJ-1	东晋	绍山馒头山	79.66	13.75	2.04	0.61	0.18	0.40	2.46	0.55	0.03	0.04	0.00	99.72	$0.513R_xO_y \cdot Al_2O_3 \cdot 9.830SiO_2$
8	SMDJ-2	东晋	绍兴馒头山	79.18	14.13	2.09	0.65	0.24	0.48	2.43	0.63	0.02	0.04	0.37	100.26	$0.533R_xO_y \cdot Al_2O_3 \cdot 9.508SiO_2$
9	SFNC-1	南朝	绍兴凤凰山	75.18	16.99	2.45	1.05	0.44	0.66	2.01	0.66	0.02	0.00	0.00	99.46	$0.510R_xO_y \cdot Al_2O_3 \cdot 7.508SiO_2$
10	SFNC-2	南朝	绍兴凤凰山	78.90	13.95	2.17	0.73	0.61	0.51	1.86	0.84	0.02	0.01	0.30	99.90	$0.584R_xO_y \cdot Al_2O_3 \cdot 9.597SiO_2$
11	SYTD-1	唐	绍兴羊山	75.73	17.31	1.81	0.84	0.32	0.60	2.31	0.68	0.01	0.04	0.00	99.65	$0.462R_xO_y \cdot Al_2O_3 \cdot 7.423SiO_2$
12	SYTD-2	唐	绍兴羊山	76.20	16.44	2.37	0.78	0.28	0.57	2.37	0.66	0.01	0.01	0.00	99.69	$0.495R_xO_y \cdot Al_2O_3 \cdot 7.865SiO_2$
13	SGWB-1	五代北宋	绍兴官山	76.37	16.56	2.16	0.95	0.39	0.58	2.08	0.67	0.02	0.06	0.00	99.84	$0.495R_xO_y \cdot Al_2O_3 \cdot 7.825SiO_2$
14	SGWB-2	五代北宋	绍兴官山	77.84	14.77	2.47	0.85	0.35	0.60	2.07	0.57	0.03	0.01	0.15	99.71	$0.545R_xO_y \cdot Al_2O_3 \cdot 8.942SiO_2$
15	SGWB-3	五代北宋	绍兴官山	76.43	15.87	2.30	0.86	0.45	0.69	2.22	0.64	0.02	0.01	0.00	99.49	$0.543R_xO_y \cdot Al_2O_3 \cdot 8.172SiO_2$
16	SGWB-4	五代北宋	绍兴官山	78.19	14.87	2.17	0.87	0.42	0.64	2.02	0.61	0.02	0.03	0.00	99.84	$0.546R_xO_y \cdot Al_2O_3 \cdot 8.922SiO_2$
17	SGWB-5	五代北宋	绍兴羊山	77.78	14.89	2.45	0.90	0.39	0.63	2.29	0.62	0.02	0.08	0.00	100.05	$0.578R_xO_y \cdot Al_2O_3 \cdot 8.863SiO_2$
18	SGWB-6	五代北宋	绍兴官山	76.80	16.00	2.53	0.85	0.33	0.62	2.32	0.59	0.02	0.03	0.19	100.28	$0.525R_xO_y \cdot Al_2O_3 \cdot 8.145SiO_2$
19	SY8-7	东汉	上虞小仙坛	77.42	16.28	1.56	0.82	0.38	0.53	2.67	0.58	0.04	0.00	0.00	100.28	$0.490R_xO_y \cdot Al_2O_3 \cdot 8.069SiO_2$
20	H4	东汉	上虞小仙坛	76.07	15.94	2.42	1.06	0.24	0.57	2.59	0.55	0.02	0.00	0.00	99.54	$0.538R_xO_y \cdot Al_2O_3 \cdot 8.098SiO_2$
21	H5	东汉	上虞小仙坛	75.85	17.47	1.64	0.97	0.20	0.52	2.66	0.54	0.03	0.00	0.00	99.88	$0.445R_xO_y \cdot Al_2O_3 \cdot 7.367SiO_2$
22	SY8-5	东汉	上虞小仙坛	75.40	17.73	1.75	0.86	0.31	0.57	3.00	0.49	0.00	0.00	0.00	100.11	$0.467R_xO_y \cdot Al_2O_3 \cdot 7.216SiO_2$
23	1	东汉	上虞小仙坛	76.87	16.64	1.66	0.89	0.26	0.55	2.69	0.47	0.00	0.00	0.00	100.03	$0.465R_xO_y \cdot Al_2O_3 \cdot 7.838SiO_2$

续表

序号	原编号	时代	出土地点	SiO$_2$	Al$_2$O$_3$	Fe$_2$O$_3$	TiO$_2$	CaO	MgO	K$_2$O	Na$_2$O	MnO	P$_2$O$_5$	烧失	总量	分子式
24	2	东汉	上虞小仙坛 上Y8	78.47	15.26	1.64	0.91	0.23	0.46	2.50	0.48	0.00	0.00	0.00	99.95	0.477R$_x$O$_y$ · Al$_2$O$_3$ · 8.725SiO$_2$
25	3	三国	上虞小仙坛 上Y26	78.66	14.85	1.63	0.96	0.22	0.54	2.52	0.50	0.00	0.00	0.00	99.88	0.511R$_x$O$_y$ · Al$_2$O$_3$ · 8.988SiO$_2$
26	4	三国	上虞小仙坛 上Y20	77.50	15.19	2.36	0.78	0.24	0.54	2.23	0.71	0.00	0.00	0.00	99.55	0.519R$_x$O$_y$ · Al$_2$O$_3$ · 8.657SiO$_2$
27	J4	西晋	上虞龙泉塘	73.51	18.06	2.72	1.11	0.29	0.50	2.46	0.93	0.02	0.00	0.00	99.60	0.508R$_x$O$_y$ · Al$_2$O$_3$ · 6.907SiO$_2$
28	J5	西晋	上虞帐子山	76.82	15.71	2.38	0.71	0.19	0.52	2.72	0.70	0.01	0.00	0.00	99.76	0.522R$_x$O$_y$ · Al$_2$O$_3$ · 8.297SiO$_2$
29	SY-16	西晋	上虞帐子山	76.60	16.09	1.88	0.85	0.30	0.57	3.00	0.89	0.02	0.00	0.00	100.20	0.560R$_x$O$_y$ · Al$_2$O$_3$ · 8.078SiO$_2$
30	5	西晋	上虞小仙坛 上Y23	76.83	16.37	1.90	0.69	0.30	0.60	2.65	0.62	0.02	0.00	0.00	99.96	0.491R$_x$O$_y$ · Al$_2$O$_3$ · 7.964SiO$_2$
31	6	西晋	上虞小仙坛 上Y59	76.77	16.21	2.06	0.78	0.24	0.54	2.06	0.58	0.00	0.00	0.00	99.24	0.450R$_x$O$_y$ · Al$_2$O$_3$ · 8.036SiO$_2$
32	7	东晋	上虞小仙坛 上Y67	76.92	16.01	2.26	0.88	0.28	0.57	2.48	0.48	0.00	0.00	0.00	99.88	0.499R$_x$O$_y$ · Al$_2$O$_3$ · 8.152SiO$_2$
33	8	东晋	上虞小仙坛 上Y132	77.03	16.12	1.91	0.79	0.30	0.60	2.62	0.52	0.00	0.00	0.00	99.89	0.495R$_x$O$_y$ · Al$_2$O$_3$ · 8.108SiO$_2$
34	N 64	南朝	上虞帐子山	76.90	16.20	2.00	0.77	0.22	0.56	2.89	0.50	0.01	0.00	0.00	100.05	0.496R$_x$O$_y$ · Al$_2$O$_3$ · 8.055SiO$_2$
35	9	南朝	上虞小仙坛 上Y60	77.05	16.12	1.91	0.47	0.39	0.60	2.66	0.62	0.00	0.00	0.00	99.82	0.493R$_x$O$_y$ · Al$_2$O$_3$ · 8.110SiO$_2$
36	10	南朝	上虞小仙坛 上Y60	77.29	15.92	2.05	0.75	0.34	0.67	2.61	0.66	0.00	0.06	0.00	100.29	0.533R$_x$O$_y$ · Al$_2$O$_3$ · 8.238SiO$_2$
37	YY1	南宋	上虞	75.71	16.73	2.49	0.76	0.36	0.62	3.00	0.80	0.03	0.06	0.00	100.56	0.564R$_x$O$_y$ · Al$_2$O$_3$ · 7.679SiO$_2$
38	YY2	南宋	上虞	74.10	16.35	2.44	0.81	0.77	0.48	3.07	0.74	0.03	0.09	0.00	98.88	0.603R$_x$O$_y$ · Al$_2$O$_3$ · 7.690SiO$_2$
39	YY3	南宋	上虞	76.38	16.59	1.95	0.78	0.41	0.55	3.00	1.05	0.03	0.06	0.00	100.80	0.569R$_x$O$_y$ · Al$_2$O$_3$ · 7.812SiO$_2$
40	YY4	南宋	上虞	75.98	16.65	2.27	0.76	0.26	0.60	3.06	0.84	0.03	0.04	0.00	100.49	0.551R$_x$O$_y$ · Al$_2$O$_3$ · 7.743SiO$_2$
41	YY5	南宋	上虞	74.32	16.39	2.57	0.85	0.66	0.54	2.94	0.90	0.03	0.07	0.00	99.27	0.613R$_x$O$_y$ · Al$_2$O$_3$ · 7.694SiO$_2$
42	YY6	南宋	上虞	75.93	16.36	2.05	0.70	0.36	0.55	3.08	1.07	0.03	0.05	0.00	100.18	0.576R$_x$O$_y$ · Al$_2$O$_3$ · 7.875SiO$_2$
43	YY7	南宋	上虞	76.33	16.69	2.08	0.78	0.33	0.57	2.94	0.94	0.02	0.04	0.00	100.72	0.548R$_x$O$_y$ · Al$_2$O$_3$ · 7.760SiO$_2$
44	YY8	南宋	上虞	75.46	14.91	2.81	0.87	0.50	0.46	2.90	0.69	0.02	0.16	0.00	98.78	0.630R$_x$O$_y$ · Al$_2$O$_3$ · 8.588SiO$_2$
45	YY9	南宋	上虞	75.88	16.05	1.96	0.80	0.37	0.59	2.87	1.38	0.03	0.04	0.00	99.97	0.616R$_x$O$_y$ · Al$_2$O$_3$ · 8.022SiO$_2$

续表

序号	原编号	时代	出土地点	SiO₂	Al₂O₃	Fe₂O₃	TiO₂	CaO	MgO	K₂O	Na₂O	MnO	P₂O₅	烧失	总量	分子式
46	SHT1-(2)		上虞	75.83	16.60	2.23	0.84	0.33	0.54	2.90	0.60	0.02	0.00	0.00	99.89	$0.519R_xO_y\cdot Al_2O_3\cdot 7.751SiO_2$
47	TH1		上虞	77.84	14.16	2.88	1.41	0.40	0.50	1.84	1.01	0.00	0.00	0.00	100.04	$0.656R_xO_y\cdot Al_2O_3\cdot 9.328SiO_2$
48	S6-1		上虞	74.56	16.34	1.90	0.98	0.40	0.50	2.51	1.01	0.00	0.00	0.00	98.20	$0.541R_xO_y\cdot Al_2O_3\cdot 7.742SiO_2$
49	S6-2		上虞	75.23	16.48	1.92	0.84	1.03	0.76	2.93	0.96	0.02	0.00	0.00	100.17	$0.660R_xO_y\cdot Al_2O_3\cdot 7.746SiO_2$
50	SL11-2	东汉	上林湖周家岙	74.85	17.08	2.50	0.78	0.29	0.53	2.58	0.81	0.03	0.06	0.00	99.51	$0.508R_xO_y\cdot Al_2O_3\cdot 7.436SiO_2$
51	SL10-1	东汉(晚)	上林湖桃园山	74.50	18.11	2.03	0.77	0.40	0.47	2.36	0.80	0.01	0.06	0.00	99.51	$0.449R_xO_y\cdot Al_2O_3\cdot 6.980SiO_2$
52	SL10-2	三国	上林湖桃园山	75.40	17.31	1.84	0.88	0.37	0.56	2.39	0.67	0.02	0.06	0.00	99.50	$0.471R_xO_y\cdot Al_2O_3\cdot 7.391SiO_2$
53	SL11-1	三国	上林湖周家岙	74.66	17.94	1.97	0.76	0.29	0.48	2.62	0.70	0.02	0.06	0.00	99.50	$0.448R_xO_y\cdot Al_2O_3\cdot 7.061SiO_2$
54	SL9-2	东晋	上林湖翁家坎头	77.01	15.31	1.91	0.78	0.27	0.42	2.94	0.79	0.02	0.07	0.00	99.52	$0.544R_xO_y\cdot Al_2O_3\cdot 8.535SiO_2$
55	SL8-2	南朝	上林湖鳖裾山	75.11	17.48	2.10	0.74	0.39	0.54	2.36	0.69	0.02	0.07	0.00	99.50	$0.465R_xO_y\cdot Al_2O_3\cdot 7.291SiO_2$
56	SL7-2	唐(初期)	上林湖狗头井山	73.78	18.75	2.02	0.86	0.39	0.52	2.44	0.67	0.02	0.06	0.00	99.51	$0.439R_xO_y\cdot Al_2O_3\cdot 6.677SiO_2$
57	SL5-2	唐(晚)	上林湖黄鳝山	75.40	16.82	1.75	0.78	0.32	0.53	2.73	1.08	0.02	0.06	0.00	99.49	$0.525R_xO_y\cdot Al_2O_3\cdot 7.606SiO_2$
58	SL6	唐(晚)	上林湖施家斗	75.24	16.82	2.07	0.86	0.36	0.63	2.52	0.92	0.02	0.07	0.00	99.51	$0.534R_xO_y\cdot Al_2O_3\cdot 7.590SiO_2$
59	11	唐	上林湖	77.68	15.37	1.73	0.79	0.31	0.49	2.79	0.87	0.02	0.00	0.00	100.03	$0.544R_xO_y\cdot Al_2O_3\cdot 8.576SiO_2$
60	12	唐	上林湖下滩头	77.29	15.50	1.94	0.68	0.31	0.57	2.79	0.86	0.00	0.00	0.00	99.94	$0.551R_xO_y\cdot Al_2O_3\cdot 8.461SiO_2$
61	SL4-1	五代	上林湖狗头井山	72.55	18.87	2.90	0.81	0.38	0.57	2.56	0.75	0.03	0.09	0.00	99.51	$0.484R_xO_y\cdot Al_2O_3\cdot 6.524SiO_2$
62	SL2	五代末,宋初	上林湖竹园山	74.92	16.36	2.15	0.88	0.65	0.66	2.77	1.02	0.02	0.08	0.00	99.51	$0.618R_xO_y\cdot Al_2O_3\cdot 7.770SiO_2$
63	SL3	宋(初期)	上林湖交白湾	75.24	16.83	2.09	0.81	0.32	0.61	2.71	0.82	0.01	0.07	0.00	99.51	$0.525R_xO_y\cdot Al_2O_3\cdot 7.586SiO_2$
64	SL1	北宋	上林湖皮刀山	76.07	15.28	2.13	0.84	0.79	0.62	2.69	0.91	0.04	0.13	0.00	99.50	$0.654R_xO_y\cdot Al_2O_3\cdot 8.447SiO_2$
65	13	北宋	上林湖小姑岭	77.81	14.92	2.11	0.75	0.34	0.51	2.54	0.89	0.00	0.00	0.00	99.87	$0.565R_xO_y\cdot Al_2O_3\cdot 8.849SiO_2$
66	14	北宋	上林湖小姑岭	76.29	15.64	1.98	0.54	0.38	0.64	3.08	1.10	0.00	0.00	0.00	99.65	$0.601R_xO_y\cdot Al_2O_3\cdot 8.277SiO_2$
67	145	五代	宁波郡县窑	76.94	15.79	1.74	1.05	0.34	0.57	2.65	1.00	0.03	0.10	0.00	100.21	$0.579R_xO_y\cdot Al_2O_3\cdot 8.268SiO_2$

表 4-2　越窑历代青釉瓷釉化学组成（重量%）

序号	原编号	时代	出土地点	SiO_2	Al_2O_3	Fe_2O_3	TiO_2	CaO	MgO	K_2O	Na_2O	MnO	P_2O_5	总量	分子式
1	SCDH-1	东汉	绍兴车水岭	64.31	14.18	2.13	0.77	12.80	1.89	1.94	0.95	0.24	0.67	99.88	$0.407Al_2O_3 \cdot R_xO_y \cdot 3.128SiO_2$
2	SCDH-2	东汉	绍兴车水岭	59.81	13.19	2.46	0.74	16.32	2.78	1.79	0.85	0.39	0.87	99.20	$0.302Al_2O_3 \cdot R_xO_y \cdot 2.320SiO_2$
3	STSG-1	三国	绍兴陶官山	65.47	11.97	1.86	0.71	13.53	1.56	2.37	0.72	0.32	0.62	99.13	$0.339Al_2O_3 \cdot R_xO_y \cdot 3.147SiO_2$
4	STSG-2	三国	绍兴陶官山	62.50	12.79	2.20	0.68	14.12	1.87	2.60	0.99	0.39	0.82	98.96	$0.334Al_2O_3 \cdot R_xO_y \cdot 2.771SiO_2$
5	SBXJ-1	西晋	绍兴畚箕山	63.10	12.95	2.53	0.71	13.46	2.07	1.38	0.72	0.42	0.86	98.20	$0.358Al_2O_3 \cdot R_xO_y \cdot 2.963SiO_2$
6	SBXJ-2	西晋	绍兴畚箕山	64.65	10.16	2.00	0.76	17.07	1.84	1.21	0.39	0.17	1.34	99.59	$0.247Al_2O_3 \cdot R_xO_y \cdot 2.669SiO_2$
7	SMDJ-1	东晋	绍兴馒头山	65.11	9.68	1.74	0.76	18.60	1.61	1.37	0.49	0.33	0.75	100.44	$0.224Al_2O_3 \cdot R_xO_y \cdot 2.553SiO_2$
8	SMDJ-2	东晋	绍兴馒头山	69.13	10.39	2.19	0.56	12.49	1.48	1.94	0.64	0.34	0.42	99.58	$0.320Al_2O_3 \cdot R_xO_y \cdot 3.608SiO_2$
9	SFNC-1	南朝	绍兴凤凰山	59.37	13.11	2.63	0.71	19.58	2.20	1.17	0.52	0.29	0.82	100.40	$0.280Al_2O_3 \cdot R_xO_y \cdot 2.149SiO_2$
10	SFNC-2	南朝	绍兴凤凰山	62.92	12.61	2.86	0.65	16.19	1.94	1.40	0.75	0.31	0.63	100.26	$0.310Al_2O_3 \cdot R_xO_y \cdot 2.627SiO_2$
11	SYTD-1	唐代	绍兴羊山	61.88	14.14	2.20	0.66	15.25	2.78	1.35	0.55	0.35	0.94	100.10	$0.349Al_2O_3 \cdot R_xO_y \cdot 2.589SiO_2$
12	SYTD-2	唐代	绍兴羊山	60.65	13.59	2.57	0.71	17.66	2.41	1.34	0.60	0.20	1.05	100.78	$0.307Al_2O_3 \cdot R_xO_y \cdot 2.326SiO_2$
13	SGWB-1	五代北宋	绍兴官山	61.51	14.01	2.83	0.68	16.49	2.46	1.17	0.57	0.17	0.79	100.68	$0.334Al_2O_3 \cdot R_xO_y \cdot 2.492SiO_2$
14	SGWB-2	五代北宋	绍兴官山	60.40	12.09	2.82	0.59	19.09	2.91	1.09	0.47	0.30	0.95	100.71	$0.253Al_2O_3 \cdot R_xO_y \cdot 2.149SiO_2$
15	SGWB-3	五代北宋	绍兴官山	61.04	12.92	2.81	0.65	16.93	2.64	1.10	0.54	0.68	0.91	100.22	$0.295Al_2O_3 \cdot R_xO_y \cdot 2.365SiO_2$
16	SGWB-4	五代北宋	绍兴官山	63.26	12.17	2.70	0.69	14.58	2.48	1.24	0.57	0.46	0.85	99.00	$0.313Al_2O_3 \cdot R_xO_y \cdot 2.757SiO_2$
17	SGWB-5	五代北宋	绍兴官山	60.86	12.77	3.04	0.65	15.58	2.79	1.34	0.58	0.48	1.02	99.11	$0.304Al_2O_3 \cdot R_xO_y \cdot 2.460SiO_2$
18	SGWB-6	五代北宋	绍兴官山	61.18	13.83	3.01	0.66	14.73	3.12	1.34	0.57	0.57	1.25	100.26	$0.333Al_2O_3 \cdot R_xO_y \cdot 2.499SiO_2$
19	H-5	东汉	上虞小仙坛	59.66	13.70	1.84	0.00	18.20	1.55	1.85	0.49	0.45	0.00	97.74	$0.329Al_2O_3 \cdot R_xO_y \cdot 2.431SiO_2$
20	SY8-5	东汉	上虞小仙坛	57.87	13.73	1.60	0.59	19.74	2.39	2.05	0.69	0.45	0.89	99.55	$0.288Al_2O_3 \cdot R_xO_y \cdot 2.059SiO_2$
21	1	东汉	上虞小仙坛	62.57	12.57	2.72	0.83	15.01	2.63	1.87	0.44	0.51	0.87	100.02	$0.308Al_2O_3 \cdot R_xO_y \cdot 2.600SiO_2$
22	SHT1-(2)	三国	上虞	58.95	12.75	2.03	0.73	19.56	1.89	2.17	0.81	0.17	0.82	99.88	$0.271Al_2O_3 \cdot R_xO_y \cdot 2.124SiO_2$
23	4	三国	上虞小仙坛 上Y20	62.60	11.64	3.34	0.71	14.14	2.61	3.21	0.77	0.54	0.44	100.00	$0.283Al_2O_3 \cdot R_xO_y \cdot 2.579SiO_2$
24	SY-16	西晋	上虞帐子山	60.94	13.84	2.04	0.49	16.91	2.23	1.86	0.80	0.31	0.85	100.27	$0.324Al_2O_3 \cdot R_xO_y \cdot 2.422SiO_2$
25	J-4	西晋	上虞龙泉塘	59.55	13.12	2.61	1.06	16.09	1.84	2.08	0.97	0.18	0.00	97.50	$0.320Al_2O_3 \cdot R_xO_y \cdot 2.463SiO_2$

续表

序号	原编号	时代	出土地点	SiO₂	Al₂O₃	Fe₂O₃	TiO₂	CaO	MgO	K₂O	Na₂O	MnO	P₂O₅	总量	分子式
26	5	西晋	上虞小仙坛 上Y23	56.33	14.74	2.75	0.70	17.85	3.27	2.28	0.69	0.58	0.80	99.99	$0.305Al_2O_3 \cdot R_xO_y \cdot 1.975SiO_2$
27	7	东晋	上虞小仙坛 上Y67	53.96	13.78	2.65	0.63	20.85	3.77	2.19	0.63	0.62	0.94	100.02	$0.251Al_2O_3 \cdot R_xO_y \cdot 1.667SiO_2$
28	9	南朝	上虞小仙坛 上Y60	58.02	9.99	2.72	0.69	21.33	2.83	2.19	0.68	0.54	1.04	100.03	$0.186Al_2O_3 \cdot R_xO_y \cdot 1.838SiO_2$
29	YY1	南宋	上虞	61.52	12.99	1.46	0.18	15.34	2.21	2.91	0.80	0.50	1.29	99.20	$0.319Al_2O_3 \cdot R_xO_y \cdot 2.562SiO_2$
30	YY3	南宋	上虞	63.31	13.12	1.06	0.16	13.59	1.81	2.87	1.03	0.34	1.07	98.36	$0.362Al_2O_3 \cdot R_xO_y \cdot 2.966SiO_2$
31	YY4	南宋	上虞	63.98	13.18	1.35	0.16	13.99	1.88	2.40	0.77	0.43	1.05	99.19	$0.361Al_2O_3 \cdot R_xO_y \cdot 2.975SiO_2$
32	YY5	南宋	上虞	60.46	12.38	1.38	0.18	16.36	2.20	3.12	0.87	0.52	1.37	98.84	$0.288Al_2O_3 \cdot R_xO_y \cdot 2.388SiO_2$
33	YY6	南宋	上虞	61.56	12.23	1.51	0.26	15.04	2.37	2.55	0.82	0.64	1.33	98.31	$0.301Al_2O_3 \cdot R_xO_y \cdot 2.572SiO_2$
34	YY7	南宋	上虞	65.53	12.46	1.05	0.16	12.58	1.65	3.09	0.85	0.38	1.04	98.79	$0.367Al_2O_3 \cdot R_xO_y \cdot 3.275SiO_2$
35	YY8	南宋	上虞	59.16	12.20	2.29	0.60	17.40	2.97	1.61	0.82	0.43	1.59	99.07	$0.264Al_2O_3 \cdot R_xO_y \cdot 2.172SiO_2$
36	YY9	南宋	上虞	64.94	12.51	1.82	0.61	11.09	2.24	2.44	1.15	0.63	1.31	98.74	$0.366Al_2O_3 \cdot R_xO_y \cdot 3.226SiO_2$
37	YY10	南宋	上虞	62.85	11.25	1.93	0.63	14.53	2.33	2.03	1.06	0.39	1.62	98.62	$0.281Al_2O_3 \cdot R_xO_y \cdot 2.665SiO_2$
38	TH1		上虞	60.79	11.03	2.60	1.14	17.95	2.25	1.42	0.74	1.16	0.00	99.08	$0.241Al_2O_3 \cdot R_xO_y \cdot 2.249SiO_2$
39	S6-1		上虞	68.76	14.91	1.61	0.74	17.38	3.37	1.37	0.99	0.64	0.00	109.77	$0.323Al_2O_3 \cdot R_xO_y \cdot 2.529SiO_2$
40	S1		上虞	58.96	14.91	1.61	0.74	17.38	3.37	1.77	0.99	0.54	0.00	100.27	$0.321Al_2O_3 \cdot R_xO_y \cdot 2.155SiO_2$
41	SL11-2	东汉	上林湖周家岙	61.63	13.74	2.45	0.65	14.26	1.51	1.89	0.81	0.53	0.72	98.19	$0.373Al_2O_3 \cdot R_xO_y \cdot 2.842SiO_2$
42	SL11-1	三国	上林湖周家岙	60.28	13.47	2.25	0.62	16.23	2.34	1.91	1.25	0.40	0.85	99.60	$0.313Al_2O_3 \cdot R_xO_y \cdot 2.380SiO_2$
43	SL10-2	三国	上林湖桃园山	58.89	12.67	1.53	0.65	19.08	1.94	1.80	0.72	0.38	0.92	98.58	$0.277Al_2O_3 \cdot R_xO_y \cdot 2.185SiO_2$
44	SL9-2	东晋	上林湖翁家坟头	61.94	11.36	1.57	0.61	16.74	1.90	2.74	1.04	0.35	0.71	98.96	$0.266Al_2O_3 \cdot R_xO_y \cdot 2.461SiO_2$
45	SL8-2	南朝	上林湖鳖裙山	61.42	13.06	1.65	0.57	15.87	2.49	1.70	0.74	0.30	0.91	98.71	$0.318Al_2O_3 \cdot R_xO_y \cdot 2.537SiO_2$
46	11	唐	上林湖	58.95	13.27	2.06	0.72	14.67	5.29	1.48	0.81	0.80	1.97	100.02	$0.278Al_2O_3 \cdot R_xO_y \cdot 2.093SiO_2$
47	SL6	唐(晚)	上林湖施家斗	63.60	12.54	2.17	0.64	13.39	2.57	1.70	0.82	0.40	1.30	99.13	$0.332Al_2O_3 \cdot R_xO_y \cdot 2.859SiO_2$
48	SL5-2	唐(晚)	上林湖黄鳝山	61.57	12.88	1.76	0.64	14.04	3.16	1.63	0.95	0.38	1.52	98.53	$0.319Al_2O_3 \cdot R_xO_y \cdot 2.584SiO_2$
49	SL4-1	五代	上林湖狗头井山	59.90	12.88	2.28	0.56	13.92	4.09	1.59	0.85	0.78	1.95	98.80	$0.296Al_2O_3 \cdot R_xO_y \cdot 2.338SiO_2$
50	SL2	五代末,宋初	上林湖竹园山	62.08	13.18	2.17	0.62	15.00	2.46	1.59	0.89	0.31	1.30	99.60	$0.328Al_2O_3 \cdot R_xO_y \cdot 2.618SiO_2$

续表

序号	原编号	时代	出土地点	SiO₂	Al₂O₃	Fe₂O₃	TiO₂	CaO	MgO	K₂O	Na₂O	MnO	P₂O₅	总量	分子式
51	SL3	宋初	上林湖交白湾	64.26	13.02	2.15	0.69	11.60	2.84	1.86	0.80	0.32	1.90	99.44	$0.365Al_2O_3 \cdot R_xO_y \cdot 3.056SiO_2$
52	SL1	北宋	上林湖皮刀山	59.04	13.04	2.03	0.58	16.29	3.19	1.60	0.74	0.64	1.94	99.09	$0.290Al_2O_3 \cdot R_xO_y \cdot 2.227SiO_2$
53	13	北宋	上林湖小姑岭	56.67	12.99	4.92	0.77	15.58	4.78	1.37	0.83	0.41	1.69	100.01	$0.264Al_2O_3 \cdot R_xO_y \cdot 1.955SiO_2$
54	145	五代	宁波鄞县窑	60.93	12.09	2.16	0.70	16.51	3.02	1.38	0.83	0.37	1.57	99.56	$0.272Al_2O_3 \cdot R_xO_y \cdot 2.326SiO_2$

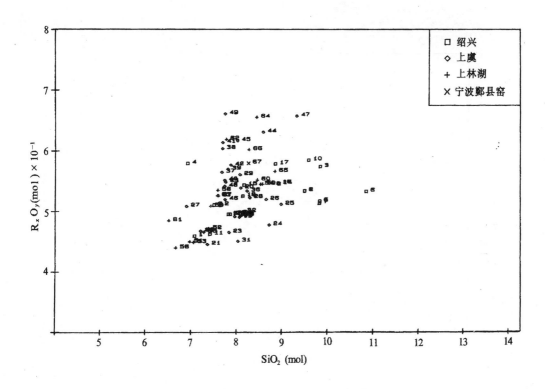

图 4-1 历代越窑青釉瓷胎化学组成分布图

达 11% 左右,高者可达 20% 左右,MgO 和 K_2O 的含量一般在 2% 上下波动,Fe_2O_3 的含量在 2% 上下变化,TiO_2 的含量多数小于 1%。釉的化学组成说明三地出土的青釉瓷釉都应是钙釉,而与原始瓷釉区别不大。曾有人认为越窑后期,可能也出现过钙碱釉,但从 54 个釉的化学组成中没有发现一例可以称之为钙碱釉。由于它们都含有一定量的 Fe_2O_3 和 TiO_2,根据烧成气氛的不同而使釉呈现从灰黄到青灰色调的青色。多数釉中都含有 1.0% 左右的 P_2O_5,可见釉的配方中可能掺有草木灰。

　　根据三地出土的历代青釉瓷胎、釉的化学组成,未能发现随着时代的进展,它们在化学组成上出现有规律的变化。也就是说在整个历史时期,越窑青釉瓷胎、釉的化学组成的变化是不大的。这当然和它们所用的原料变化不大有关。但在越窑鼎盛时期的唐、五代确曾生产过一些作为贡品的精美瓷器。正如唐代诗人所赞美的"千峰翠色"和"捩翠融青",以及被扶风县法门寺地宫内出土的秘色瓷实物所证实的越窑精品。在对上林湖越窑青釉瓷和绍兴青釉瓷的研究中也确曾发现少数瓷片具有和法门寺地宫出土的秘色瓷相近的釉色。如序号为 62 的 SL2 上林湖竹园山五代末窑址出土的内底刻有鹦鹉纹的残盘[1],其釉色及做工均与法门寺出土的非常相似。又如序号为 13 的 SGWB-1 绍兴官山五代北宋窑址出土的一个内底刻有鹦鹉纹样的青釉瓷盘[2] 其釉色及做工也和法门寺出土一个秘色瓷盘较为接近。可见釉色青翠,器形规整,制工精细的精品在各窑址还是可找到的,只不过其数甚少而已。彩图 4-4 为 SL2 青釉瓷的照片。

---

　　① 李家治、朱伯谦、马成达等,上林湖历代越窑胎、釉及其工艺的研究,古陶瓷科学技术 1—国际讨论会论文集(ISAC '89)李家治,陈显求主编,上海科学技术文献出版社,1992 年,第 336~344 页。
　　② 邓泽群、李家治、张志刚等,绍兴越窑青釉瓷的科学技术研究,'95 古陶瓷科学技术国际讨论会论文。1995 年,上海。

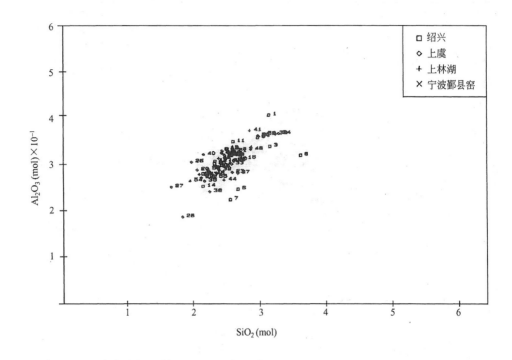

图 4-2　历代越窑青釉瓷釉化学组成分布图

越窑这几件精品的胎、釉的化学组成并没有什么特别之处,也是和其他青釉瓷的胎、釉化学组成混处在一起,可见它们的釉色并不是由于化学组成不同,而只是取决于在烧制过程中的气氛和温度。根据考古调查,越窑青釉瓷都是在龙窑中烧成的。由于龙窑沿着长度,它的温度和气氛都不相同,因而在一次烧成中,也就只能在某一些窑位才能有恰到好处的温度和还原气氛。可以想见当年每当"九秋风露越窑开"时,能够"夺得千峰翠色来"的精品是不容易的。可见陆龟蒙所咏赞的"秘色越器"也只能是少之又少,精而又精的上林湖和绍兴官山越窑青釉瓷。

至于为何把"千峰翠色"的越窑青釉瓷称之为"秘色瓷",历来众说纷云。一说是根据宋代赵令畤的《侯鲭录》中所说的"今之秘色瓷器,世言钱氏有国,越州烧进为供奉之物,不得臣庶用之,故云秘色。"后人相互抄录或传闻臆测,遂有"臣庶不得用,故云秘色"之说。但从出土的实物,窑址碎片和近代的考古以及科学技术研究,不难发现所谓臣庶不得用,尚缺少依据。

一说是"'秘色瓷'刍议"一文中[1]提出的"古代'秘'与'碧,音同,读成"bi"……《说文解字》云:'碧,石之青美者。'唐代越窑青瓷所追求、崇尚的正是碧玉的质感。"所以,该文作者认为"秘色"应为"碧色"之误。但"秘"与"碧"音虽同,而意殊异,一般可能误用,而像当时的文人墨客如陆龟蒙、徐夤等人也会在其赞咏越窑青釉瓷时,人云亦云地将"秘"与"碧"混用,则很难令人信

---

① 方正,"秘色瓷"刍议,越瓷论集,李刚、王惠娟编,浙江人民出版社,1988 年,第 74～82 页。

服。特别像陆龟蒙的"九秋风露越窑开,夺得千峰翠色来"的佳句更不会是诗人一时兴至,随意浮想之作。今日上林湖尚可见其山青水秀,沿湖窑址到处可见,窑具残片俯拾即是。想见当年陆龟蒙和徐夤等人不仅亲眼见到这类越瓷中的精品秘色瓷,而且可能曾亲临窑场如上林湖等地,才能有此传神入化的诗句。如果他们所说的秘色不是另有所指,而是仅指其色,何不直言其为碧色或翠色? 在同一诗中用两个不同文字指同一颜色似乎也很难理解。

一说是最近在上海召开的 '95 上海秘色瓷讨论会上所提的两个观点:其一是"唐越窑秘色釉和艾色釉"一文作者[1]所提出的按中国古代的字书,"秘"原应写作"祕"。"秘"除作"秘密"、"封闭"的解释外,还可作"希见为奇"的解释。因此文人们对十分珍稀的明亮的青色的出现,就用古雅的词汇"秘色"称之,就像《文选·西京赋》中,把一种少见的舞蹈称之为"秘舞"一样。其二是"秘色瓷及其相关问题"一文的作者[2]提出的按古字书"秘"与"秘"相通,有香之意。由此"秘色"可称为"香草色","秘色瓷"即指某种青色釉的瓷器。

一说是"上林湖历代越瓷胎、釉及其工艺研究"[3]一文根据其胎、釉化学组成的变化不大和其工艺的实际情况所提出的秘色瓷之"秘",实为神秘之"秘"。既不是臣庶不得用之"秘",也不是秘、碧同音之"秘"。

越窑历时虽近千年,但所烧制的青釉瓷的胎、釉化学组成始终变化不大,特别是釉的化学组成变化更小,如图 4-2 所示,所有越窑青釉瓷釉的化学组成都集中在一个很小的区域内。即使像前面所提到在上林湖和绍兴出土的与法门寺出土的在釉色和制工上非常相似的青釉瓷盘(SL2)釉的化学组成也和其他越窑青釉瓷釉的化学组成混处在一起。这就说明影响秘色瓷釉颜色的主要因素,不是它们的化学组成,而是它们的烧成温度和气氛。但由于越瓷釉中都含有较高的 Fe_2O_3 和 TiO_2,要达到明亮的"千峰翠色"或"掠翠融青"的青釉就有必要在很强的还原气氛中烧成。也就是说这类越窑青釉瓷的精品对烧成条件的要求十分苛刻。因此,无论从各地出土的越窑青釉瓷或是各窑址堆集的碎片绝大多数都是青中带黄或带灰。即使像在杭州、临安等地的吴越王室和官僚墓葬中出土的不少器型不一,制作工整,装饰豪华的越窑青釉瓷中,其釉色能与法门寺出土的秘色瓷釉相比者也不多见。这就说明当时要在龙窑中用很强的还原气氛把含 Fe_2O_3 和 TiO_2 都相当高的瓷釉烧成"千峰翠色"的确是件非常不容易而又很难掌握的事,因此偶尔在某一次烧成中可遇而不可求地出现极少数与众不同的,色调均匀的"千峰翠色",这在当时是无法解释的,当然只能认为是神秘难测的现象。正如把由于化学组成,烧成温度和气氛等综合因素导致的瓷釉液相分离所引起的在当时既无法解释,又很难重复的河南禹县钧窑瓷釉的五光十色的艺术效果称之为"窑变"而不称之为花釉,是同一道理。所以秘色瓷者,神秘色调瓷之简称也。

最近有人在一篇题为"秘色越器研究总论"中,从秘色瓷的性质及其发生和发展的规律出发论述了秘色涵义。作者指出"秘'又作'祕',本为一字,'祕'乃正字,'秘'系讹字。"因而进一步指出"汉字中以'示'(后作礻)为偏旁(实为意符)的字皆与神祇有关连,如祭祀活动乃至礼敬的心理活动。'祕'字在唐时所用的本义或引伸义仍应是与神有关联。'祕色'之'祕'当为神奇

①　汪庆正,唐越窑秘色釉和艾色釉,越窑,秘色瓷,汪庆正主编,上海古籍出版社,1996,36～37。
②　陈克伦,秘色瓷及其相关问题,'95 上海秘色瓷讨论会论文,1995 年,上海。
③　李家治、朱伯谦、马成达等,上林湖历代越瓷胎、釉及其工艺的研究,古陶瓷科学技术 1—国际讨论会论文集(ISAC '89),李家治、陈显求主编,上海科学技术文献出版社,1989 年,第 336～344 页。

神祕之意,'祕色'当为神奇神祕之色①。这一论点与上述从越瓷工艺技术研究所得出的结论可谓不谋而合。

上述种种说法不外有两个出发点:一是从"秘"字词义本身出发,认为"秘"字是指颜色即青色。二是既从词义又结合工艺出发,认为"秘"字是指稀少和神秘,即很难烧制的产品。结合越瓷精品秘色瓷的化学组成和烧制工艺的情况,后一提法似乎更为可信。不过由于资料不足、科学研究的不够系统和深入以及这一问题本身的复杂性,目前也还很难说那一种说法就是绝对的正确。应仍寄希望于继续发现和深入研究。

应该指出的是"秘色瓷"在当时确是青釉瓷中的精品。但与后来在浙江龙泉兴起的龙泉窑青釉瓷相比,无论在釉色或工艺上又都稍逊一筹。

二　越窑青釉瓷的烧制工艺

如果说印纹硬陶和原始瓷所用的原料的改进,为越窑青釉瓷的出现奠定了物质基础,那么炉窑的改进和烧成温度的提高,就为越窑青釉瓷的烧制成功提供了必要的工艺条件。根据现有考古资料,多数印纹硬陶和原始瓷都是在龙窑中烧成的,而且都是以木柴作燃料。到了东汉时期龙窑更成为浙江地区所普遍采用的炉窑。如在上虞帐子山窑址发现的两座东汉龙窑,在结构上已较前章所列的烧制印纹硬陶和原始瓷的绍兴富盛战国龙窑有了较大的改进。首先是窑的长度增加;其次是窑底的坡度加大,而且前后的坡度不同;再次是出现了一些窑具,如垫座和三足支钉等。这些改进都对提高烧成温度,增加产量和提高质量起着十分重要的作用。

在上虞帐子山曾发现两座东汉龙窑,虽然破坏较严重,但仍可从其残存部分观察到其一般情况②。如其中的一号窑,由于前段已遭破坏,其残长为 3.90 米,发掘者估计其全长约 10 米左右,底宽 1.97～2.08 米,窑底的坡度为前段 28 度,后段 21 度,两段交界处有明显的分界线,窑底用粘土抹成,其上铺砂二层,窑墙残高 32～42 厘米,存有较厚的泥土烧结面,前段较后段为厚,窑顶为泥土块筑成的弧形拱顶,发掘时已全部塌入窑底,估计拱顶至窑底的垂直高度约1.10 米左右。窑室后部留有挡火墙,其下留有出烟孔 5 个,直通墙后的排烟坑,其上必有出烟口或不高的烟囱,但因窑顶无存,无法探知其究竟。窑底留有部分窑具,如垫座及三足支钉,以及青釉碗、盏等碎片,也有少量黑釉瓷碎片。图 4-5 为上虞帐子山东汉一号龙窑图。

紧靠一号窑的西侧的二号窑的结构与一号窑相同,只是前段的坡度加大,由一号窑的 28 度增加到 31 度,而后段的坡度则减小,从一号窑的 21 度减小到 14 度。特别值得一提的是在挡火墙下 5 个出烟孔的中间两个用砖坯和泥土堵小,这是一个很重要的发现。

在上虞帐子山东汉龙窑相隔不远的鞍山上又发现了一座三国时的龙窑③。庆幸的是这座龙窑保存较为完好。窑身全长 13.32 米,宽 2.1～2.4 米,其中前段较宽,后段渐渐缩小。这座龙窑与东汉龙窑最大不同之处是其前段坡度为 13 度,后段坡度为 23 度。呈前缓后陡的走向。窑墙用泥土筑成,残高 30～37 厘米。窑顶用粘土砖砌成,呈半圆形拱顶。火膛为半圆形,长 80厘米左右,底比窑床低 20 厘米。火膛与窑室之间有垂直的粘土墙一堵,厚 11 厘米。在窑室后

---

① 王莉英、王兴平,秘色越器研究总论,故宫博物院院刊,1996,1:53～61。
② 中国硅酸盐学会编,中国陶瓷史,文物出版社,1982 年,第 131 页。
③ 中国硅酸盐学会编,中国陶瓷史,文物出版社,1982 年,第 152 页。

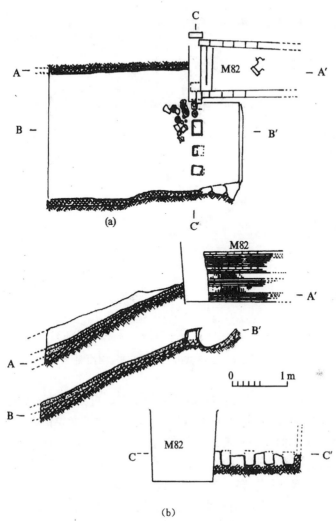

图 4-5　上虞帐子山东汉一号龙窑平、剖面图

部有一用泥土筑成的矮墙,高仅 10 厘米,不知其功用。墙后又用泥土筑成前后参差不齐的 5 个矮柱,高仅 15 厘米。每个柱顶都有一层烧结面,可见柱上无墙,柱后有由许多泥土块堆成的高低不等、形状不规则的泥土堆,不知是有意设置,还是在建窑时无意留下。总之,矮墙和矮柱均如此低矮在窑内对提高温度和调节烟火流速作用都是不大的。窑内尚留有碗、碟、罐、壶等青釉瓷及垫座等窑具,窑具中未见有匣钵。图 4-6 为这一龙窑的平、剖面图。与东汉龙窑相比,这座龙窑窑室前后坡度的变化上,以及矮墙和矮柱的设置上都与前窑不同,既表现它们之间的继承性,又显示了它的进步性。

　　表 4-3 为历代越窑青釉瓷的烧成温度。从表可见,上虞越窑的烧成温度最高,特别是东汉时期。所测的 7 个样品除个别外,烧成温度都超过 1200℃,约有半数接近 1300℃。甚至像序号为 21 的 H5 东汉上虞小仙坛出土的青釉印纹罍的烧成温度已达 1310℃,它是迄今所测得的越窑青釉瓷中最高的一个。所测的上虞东汉以后的 5 个数据中,除一个西晋的烧成温度为 1300℃外,其余则都在 1200℃左右,可见上虞东汉时的两座龙窑都已能烧到相当高的温度。由于在绍兴和上林湖两地的炉窑的资料不多,尚不能作全面的分析。但两地的青釉瓷烧成温度都

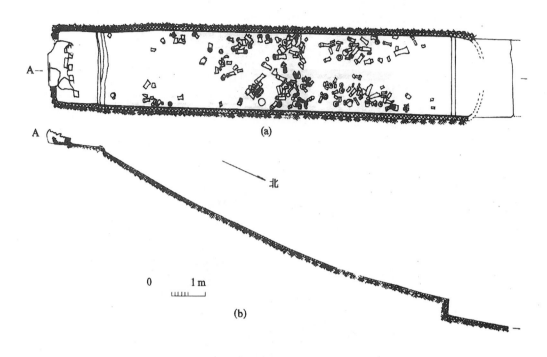

图 4-6　上虞鞍山三国龙窑平、剖面图

在 1200℃以下,要比上虞地区青釉瓷的烧成温度低得多。可见越窑青釉瓷首先在上虞小仙坛和帐子山等窑址烧制成功,而达到很高的质量则应与这一时期龙窑的改进有很大的关系。

　　龙窑的特点就在于它的窑身沿着长度具有一个坡度,因此它的长度和坡度就决定着窑的抽力。窑身较短的龙窑则要求较大的坡度。坡度过大,窑身又短,火焰在窑内停留的时间过短也不利于窑内温度的提高。反之,窑身较长,其坡度即可较小,因为从窑头至窑尾的整个高度差决定着窑的抽力,从而决定着窑的最高烧成温度。因此,从本书第二章所提到的最早发现的浙江上虞百官镇的商代 Y2 龙窑开始到第三章所提到的浙江绍兴富盛战国 Y1 龙窑,本章所提到的浙江上虞帐子山东汉一号龙窑和上虞鞍山三国龙窑,甚至到浙江龙泉以及福建建阳芦花坪等宋代龙窑等在结构上一直在变化着,充分反映古代制瓷匠师们在追求我国这一伟大创造的,独特的龙窑在结构上完善的坚韧不拔的探索过程。影响龙窑的最高烧成温度既有龙窑结构因素,也有装烧器物的装窑技术问题。但由于后一问题,在龙窑发掘时所留下的实物资料不多,无从分析讨论。现只能就其结构(包括窑长、坡度及有无挡火墙)上的变化加以分析。百官镇商代龙窑的长为 5.1 米,坡度为 16 度,宽为 1.2 米,高度不详,无挡火墙。到了战国时,绍兴富盛龙窑,其长为 6 米,已较前者为长,坡度仍为 16 度,宽为 2.4 米,已较前者为宽,窑的容积增加,有利于提高产量。根据窑尾所留的窑墙残迹,发掘者推测窑尾可能设有挡火墙。两窑都烧制印纹硬陶或兼烧原始瓷,可见其所能达到的最高温度大致相同。到了东汉时,上虞帐子山的两座龙窑长度已增至 10 米,坡度亦大大增大,而且前后段的坡度不同,一窑前段为 28 度,后段为 21度。另一窑前段为 31 度,后段为 14 度,都呈前陡后缓的趋势。窑的后部均设有挡火墙,墙下有出烟孔 5 个。尤其是一窑的 5 个出烟孔中有两个用砖块及泥土加以堵小。如果说这两座龙窑在长度和坡度的变化上尚不能肯定为古代制瓷匠师们有意识的改进探索,那么这一用砖块堵塞出烟孔的举措就应是明确而有说服力地表明制瓷匠师们的改进意识。

表 4-3　历代越窑青釉瓷的烧成温度

编号	出土地点	朝代	烧成温度(℃)	编号	出土地点	朝代	烧成温度(℃)
SCDH-1	绍兴	东汉	1080±20	SY8-7	上虞	东汉	1260±20
SCDH-2	绍兴	东汉	1050±20	1	上虞	东汉	1220±20
STSG-1	绍兴	三国	1170±20	2	上虞	东汉	1200±20
STSG-2	绍兴	三国	1110±20	3	上虞	东汉	1240±20
SBXJ-1	绍兴	西晋	1110±20	SHT(2)	上虞	三国	1240±20
SBXJ-2	绍兴	西晋	1050±20	J4	上虞	西晋	1300±20
SMDJ-1	绍兴	东晋	1110±20	J5	上虞	西晋	1180±20
SMDJ-2	绍兴	东晋	1100±20	SY-16	上虞	西晋	1220±20
SFNC-1	绍兴	南朝	1100±20	NB4	上虞	南朝	1190±20
SFNC-2	绍兴	南朝	980±20	SL11-2	上林湖	东汉	1106±20
SYTD-1	绍兴	唐代	1130±20	SL10-1	上林湖	东汉末	1093±20
SYTD-2	绍兴	唐代	1130±20	SL10-2	上林湖	三国	1092±20
SGWB-1	绍兴	五代北宋	1130±20	SL11-1	上林湖	三国	1092±20
SGWB-2	绍兴	五代北宋	1150±20	SL8-2	上林湖	南朝	1089±20
SGWB-3	绍兴	五代北宋	1140±20	SL7-2	上林湖	初唐	1086±20
SGWB-4	绍兴	五代北宋	1110±20	SL5-2	上林湖	晚唐	1029±20
SGWB-5	绍兴	五代北宋	1110±20	SL6	上林湖	晚唐	1095±20
SGWB-6	绍兴	五代北宋	1160±20	SL2	上林湖	五代末	1143±20
H4	上虞	东汉	1160±20	SL3	上林湖	宋初	1110±20
H5	上虞	东汉	1310±20	SL1	上林湖	北宋	1084±20
SY8-5	上虞	东汉	1260±20	145	鄞县	五代	1220±20

　　根据上虞出土的东汉时期多个青釉瓷的实测烧成温度,已知它们是越窑中烧成温度最高的一类,这理所当然和烧制它们的龙窑有着密切的关系。上述两座龙窑同时增加窑长和加大坡度以增大窑的抽力,而使木柴燃烧得更完全更快以利于温度的提高,但陶工们可能也已发现窑身加长虽然有利于多烧器物,但坡度太大,火焰流动太快可能也会带来燃料消耗过多和不一定就能烧到最高温度的不利因素,因此就在窑的后段减小坡度以降低火焰流速,所以就出现龙窑前后段坡度不同的新的结构,这是古代制瓷匠师们在探索龙窑结构完善上一个值得一提的进展。尽管如此,可能在提高温度和燃料消耗上还不够理想,于是就在窑的尾部加了一堵挡火墙,并在下面开了五个出烟孔,可能还不够理想又在实践中将其中两个用砖块堵小。龙窑结构上的这些变化充分显示了越窑古代陶工们在探索过程中前进所表现的坚韧不拔的毅力和勇于创造的精神。

　　到了三国时,由于产量的需要龙窑的长度已增加到 13.3 米。如果坡度还是像东汉时的龙窑那样大,就会带来更大的不利因素,于是前段坡度就减小到 13 度,只有东汉时龙窑的 1/2 不到。如果后段坡度继续减小则将影响整个窑的抽力,所以后段坡度又增大到18度,形成前段缓后段陡的走势。一般认为,龙窑的坡度应该是前段陡后段缓更为合理,因为窑头坡度大易于上火,窑尾的坡度小易于存火①,但龙窑发展至三国时,在结构上似乎已经定型,以后龙窑的坡度多数都是前段缓后段陡,并在窑尾加一堵墙下留有多个出烟孔的挡火墙。如浙江龙泉金村南宋龙窑的结构也是这样,只不过窑身已加长到50米②。可能是在窑身不断加长后,前、后段的陡和缓所起的作用已不是很显著,相反,前段包括中段正是烧制主要产品的区域,火焰在这段流动得慢一点可能对提高产品的产量和质量反倒有好处。从多数保存较完整的古代龙窑所提供资料都是这样。待至窑身达到一定长度后,窑头的燃烧室的火焰已达不到窑尾,因此就在龙窑的两边加开投柴孔多个以便逐渐从窑的前段向后段燃烧。在这种情况下,前、后段坡度的变化所带来的影响可能更是微不足道。

一般认为,龙窑的优点之一就是它易于烧还原焰。事实上在整个越窑历史时期,甚至在鼎盛的唐、五代时期这一优点也未能充分显示出来。因为无论从传世的越窑青釉瓷或各窑址的堆积中的瓷片来看,其中青中带黄或带灰色调的还是大多数,也就是说多数制品还是在弱还原气氛或弱氧化气氛中烧成的。可见在整个龙窑中也只有少数窑位具有强还原气氛,也就只有少数越窑青瓷能具有明亮的青色。因此,不能笼统说越窑青釉瓷都是在还原气氛中烧成。这在前节讨论秘色瓷已有述及,并在随后讨论到它们釉的反射光谱时还要论及。

在以上窑址的堆积中只发现垫座和三足支钉等。一般这时都采用叠烧法。由于生坯的强度不高不可能叠得很高,所以一般窑的高度也就1米多一点。根据现有资料,越窑在唐代中期以后才开始使用匣钵装烧。如在上林湖一些窑址中即发现晚唐时期使用的瓷质匣钵,采用一器一匣烧成,而且在匣钵接口处还涂釉密封,烧成后必须破匣方能取出制品③。随后这种瓷质匣钵也就为掺砂的耐火土制成的匣钵所替代。一般有两种式样,一为浅腹凹底,一为深腹平底,器型都不大。

越窑早期制品叠烧时多采用三足支钉作为器物之间的隔开支托,后来又采用泥粒间隔支烧方法,所以在底足和器物内底釉面都留有支点痕迹。再后来则使用垫圈支烧,并使支烧痕迹由圈足底部移到圈足内底,使圈足包釉光滑无支烧痕迹。既美观又实用。所以在各窑址堆积中可见众多大小不等,高矮不齐的瓷质垫圈,有时亦可见到制作并不规整的垫饼。

特别值得一提的是上面所提到的瓷质匣钵。经过研究,这种晚唐时期的瓷质匣钵和所粘连的青釉瓷片的化学组成基本相同,只是略显粗糙而已④。特别是这种匣钵在烧成时其口沿还遍涂以青釉,以便达到在烧成时起密封的作用。上面已一再提到秘色瓷需在很强的还原气氛中烧成。这种与所烧瓷器化学组成相同的匣钵在升温过程中也是和所烧瓷器一样具有透气性,可使很强的还原气氛进入到匣钵内而和所烧瓷器接触,使釉烧成明亮的青色,而不要偏黄带灰。但到降温时,它又和所烧瓷器一样烧结而不透气。这样就防止冷却过程中空气进入匣钵内,从而避免了釉的再被氧化而呈现青黄色,这真是绝妙的工艺措施。当然,还不能说当时的烧瓷匠师们已深知这些科学道理,但他们在实践中可能确已知道在密封条件下有利于明亮的青釉的获

① 刘振群,窑炉的改进和我国古陶瓷发展的关系,中国古陶瓷论文集,中国硅酸盐学会,文物出版社,1982,162。
② 张翔,龙泉金村古瓷窑址调查发掘报告,龙泉青瓷研究,浙江省轻工业厅编,文物出版社,1989,68~91。
③ 谢纯龙,"秘色瓷"诸相关问题探讨,东南文化,1993,99(5);173~178。
④ 朱伯谦、陈克伦、承焕生,上林湖窑晚唐时期秘色瓷生产工艺的初步探讨,越窑、秘色瓷,汪庆正主编,上海古籍出版社,1996,17~19。

得,不然何必舍易就难而要在匣钵口沿上还加涂一层釉呢!因此连想到如果晚唐、五代越窑精品秘色瓷多数都出自这种匣钵,那么秘色瓷之"秘"也可认为是指这种瓷必须在密封条件下才能烧制出来。古代字书上不是也有"秘"字可作"密"和"封闭"的解释吗?再一次提出这一问题的解决的确还需要更深入细致的研究。由于这种匣钵只能一次使用,而且又是一匣一器和在烧成后必须破匣方能取出瓷器,真是废工、废时、废料。更何况即使是这种匣钵,如果不安放在某一在温度和气氛都恰到好处的窑位上,也不能烧制出明亮的青色。可见不是不惜工本的专供皇室使用的"贡瓷"是不会采用这种工艺的。窑址堆积资料也说明这种瓷质匣钵很快就为掺砂的耐火质粘土制成的匣钵所代替。瓷质匣钵是不再使用了,但越窑的制瓷匠师们的聪明才智却永远留在后人的赞叹和钦佩中。

三 越窑青釉瓷胎、釉的显微结构及性能

越窑是我国瓷器的发源地之一。特别是上虞小仙坛窑址和龙泉塘墓葬出土的东汉晚期及西晋的 H5 和 J4 两个瓷片的烧成温度都已达到 1300℃,则更是越窑青釉瓷中的代表。它们胎、釉的显微结构照片均列在图 4-9 中。

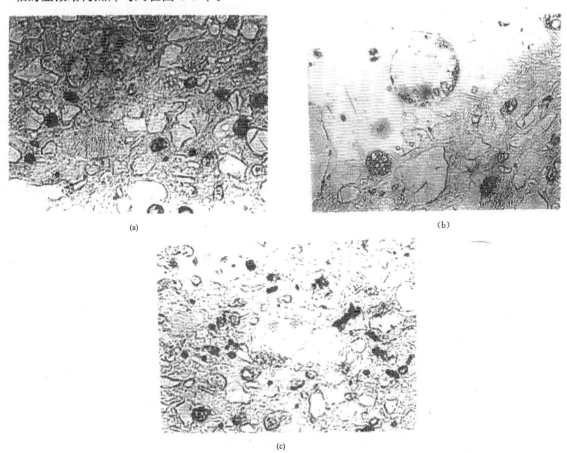

(a)

(b)

(c)

图 4-7 上虞小仙坛东汉青釉瓷(H5)胎(a)、釉(b)及龙泉塘西晋青釉瓷(J4)胎(c)的显微结构照片 ×578

从图可见,残留石英颗粒较细,多数在几十微米范围内,分布也较均匀,可见其为瓷石原料中所固有。石英周围有明显的熔蚀边,棱角均已圆钝,说明烧成温度较高。长石残骸中发育较好的莫来石到处可见。偶而亦见玻璃中析出的二次莫来石。玻璃态物质亦较多。J4 瓷胎的显微结构与 H5 基本上相同,只是有时还可见到少量方石英的存在,同样说明它们具有较高的烧成温度。在这些瓷胎的显微结构中也还可以观察到少量云母残骸,说明所用原料为就地取土的瓷石类原料。X 射线衍射分析所得结果与显微镜观察基本一致,可以说上述两个青釉瓷胎的显微结构已与近代瓷器基本相似。

两个瓷釉均为透明的玻璃釉。釉内已无残留石英,其它结晶亦不多见。釉泡大而少,在显微镜下酷似一池清水,装点着几个圆形孤岛。胎釉交界处可见多量的斜长石晶体自胎向釉生长而形成一个反应层,使得胎釉结合较好,无剥釉现象。从釉的显微结构也反映它们具有较高的烧成温度,因而使得它们无论在外观上或是在显微结构上都摆脱原始瓷釉所具有的那种厚薄不匀,易有裂纹和易剥落的原始性。

越窑是著名秘色瓷的产地。特别是慈溪上林湖五代及宋初的两个制工精细的瓷盘残片(SL2,SL3)其釉色均可与法门寺出土的秘色瓷相比。虽然它们的烧成温度较上虞出土的东汉和西晋的两个瓷片为低,但其显微结构仍十分相似。图 4-8 为上林湖秘色瓷胎釉的显微结构。

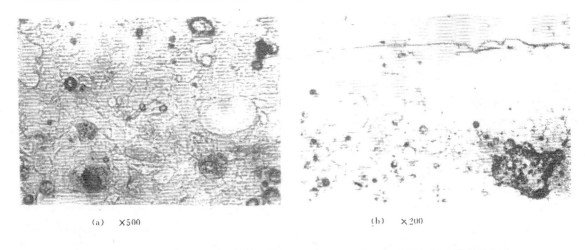

(a)　×500　　　　　　　　　　　　　(b)　×200

图 4-8　慈溪上林湖五代末青釉瓷(SL2)胎(a)及宋初青釉瓷(SL3)釉(b)的显微结构照片

越窑青釉瓷中某些烧成温度较高的瓷片不仅在显微结构上已接近现代瓷,而且在性能上也已符合现代瓷的标准。如上虞小仙坛东汉晚期瓷片 H5,以及龙泉塘西晋瓷片 J4 的吸水率分别为 0.28% 和 0.42%,说明它们均已烧结。特别是 H5 的抗弯强度已高达 71 兆巴,大大超过某些原始瓷的强度[1]。

《历代越窑青瓷胎釉的研究》一文曾对上虞小仙坛和慈溪上林湖历代越窑青釉瓷的釉面分光反射率进行过详细的研究[2],所得结果可以说明两窑址出土历代越窑瓷的青釉在色调上的差别。图 4-9 为两窑历代青瓷釉的分光反射率曲线,其中曲线 1,2 分别为上虞小仙坛的东晋和东汉青瓷釉的反射率;曲线 3,4 分别为慈溪上林湖、唐代和宋代青瓷釉的反射率。

①　李家治,我国瓷器出现时期的研究,硅酸盐学报,1978,6(3):190。
②　李国桢,叶宏明,程朱海等,历代越窑青瓷胎釉的研究,中国陶瓷,1988,96(1):46。

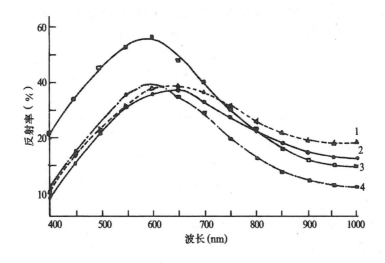

图 4-9 上虞小仙坛和慈溪上林湖历代青瓷釉的分光反射曲线图

从图可见,所有的曲线基本上可以分成两类:一类以上林湖的唐、宋时期的青釉为代表(曲线 3,4),其主波长在 600 纳米左右,而且其反射率最高,说明其青色较为纯正。另一类以小仙坛的汉晋时期的青釉为代表(曲线 1,2),其主波长在 650 纳米左右,而且其反射率较低且整个曲线较为平坦,说明其青色已带有不同程度的灰黄色调。可见越窑发展到唐至北宋初的鼎盛时期,不仅在制作方面精益求精,而且对青釉的色调方面亦在刻意追求,但由于釉中 Fe_2O_3 和 TiO_2 的含量都较高,要得到较纯正的青釉是很不容易的。在前节讨论秘色时曾提到在慈溪上林湖和绍兴官山分别发现两个精工细作并在内底划有鹦鹉纹的青釉瓷盘,其中编号为 SL2 的釉色非常接近法门寺地宫出土的非常纯正的青釉秘色瓷盘,编号为 SGWB-1 的釉色亦比较接近,图 4-10 列出它们的分光反射率曲线,图中还列入检自龙泉大窑窑址的一个非常美丽的粉青瓷片和一个上林湖出土最多的青黄釉瓷片,以便比较。

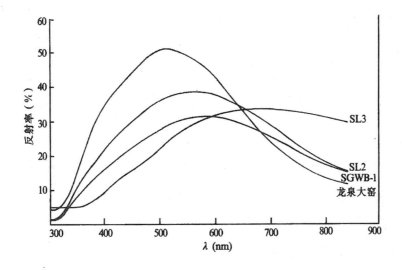

图 4-10 上林湖 SL2,SL3,绍兴官山 SGWB-1 及龙泉青釉瓷釉的分光反射率曲线图

　　从图可见,龙泉粉青釉瓷片在波长为 510 纳米处反射率最高,约为 51％;SL2 瓷片在波长为 560 纳米处反射率最高,约为 39％;SGWB-1 瓷片在波长为 580 纳米处反射率最高,约为 32％;SL3 瓷片则在波长为 580～860 纳米之间都有较高的反射率,约为 32％上下。这些结果再一次说明可与法门寺出土的秘色瓷青釉相媲美的 SL2 釉色的确具有较纯正的青色,而 SG-WB-1 和 SL3 则依次呈现出不同程度的灰黄色调。无论在墓葬中或是在窑址出土的瓷片像 SL2 这样的青色是很少见的,而像 SL3 这样的釉色的瓷片或器物则比较普遍。尽管唐代诗人用最美的诗句来赞美越窑的青釉,但与后来兴起的龙泉窑青釉相比则仍有一定差距。

四　越窑青釉瓷的造型和装饰

　　越窑青釉瓷是在印纹硬陶和原始瓷的烧制基础上兴起的,所以在它出现之初的器物还保留了一些原始瓷的器型,一般多是碗、盏、杯、盘、罐、壶等餐具和酒器,其成型方法除少量用泥条盘筑外,已较普遍使用拉坯成型。同时也出现了体形较大的罐、罍、熏炉等,装饰手法也和原始瓷相差不大。弦纹、水波纹和贴印铺首等还是常用的手法。在一些大型器物上也经常拍印方格纹、麻布纹、窗棂纹、网纹等。

　　到了三国两晋时期,越窑获得了很大的发展,积累了相当多的经验,在造型和装饰艺术上已不见开创初期深受印纹硬陶和原始瓷影响的风格,而形成了令人一望即知是越窑产品的特色。成型方法除拉坯成形外,更增加了模制。在装饰方法上除拍印等手法外,还采用了镂、雕、贴印和堆塑等。特别是曾出现过在青釉上加褐彩的装饰,打破了青釉单色的传统,丰富了越窑青釉瓷的装饰。在器型上除作为茶具、酒具、餐具外,还出现了作为文具的水盂和砚等;作为卫生用具的唾壶、香薰和虎子等,以及作为日常用具的灯、烛台、果盒等。这时越窑所烧制的器物已深入到人们生活的各个方面。在汉代兴起的厚葬之风后,三国两晋时仍在继续,因此越窑又烧制了多种殉葬用的明器,如谷仓、猪栏、羊圈、狗圈、鸡笼、仓厨用具及俑类等。

　　值得一提的是在各地出土的有纪年可查的越窑器物为这一时期越窑器物的造型和装饰提供了十分可贵的资料。其中著名的有南京赵士岗三国吴墓出土的青釉虎子,釉色青中带黄褐均匀光亮。腹部刻有“赤乌十四年会稽上虞师袁宜作”铭文。这件公元 251 年在会稽上虞制作的虎子,背部巧妙地将提梁捏塑成背部弓起的奔虎状,生动活泼;底部粘接作卷曲状蹄足四只,美观实用,整个器物既显示了高超的装饰艺术,又显示了成熟的制作技术,确是一件珍贵的历史文物。彩图 4-11 为这件虎子的照片。

　　南京清凉山吴墓出土的青釉瓷熊灯,圆盘底座下刻有“甘露元年五月造”铭文。甘露元年即公元 265 年。大盘之上塑一坐状着衣熊仔,前足抱头顶着灯盏,憨态可掬,生动活泼。除底外,整器施较均匀的青黄色釉,充分反映制作者的巧妙构思和高超的制作技艺。同墓出土 的还有青瓷羊尊,周身施以匀净的橄榄色釉,造型亦非常优美,同是三国时代越窑青釉瓷中的精品。彩图 4-12 为熊灯的照片。

　　江苏吴县狮子山西晋墓出土的一件青釉瓷谷仓,通高 49.3 厘米,胎灰白,釉淡青略带黄。肩部堆满捏塑的人物、飞鸟、楼阙;腹部遍贴模印的飞凤、人物;盖为一四合院式楼阁。在肩部的堆塑装饰中有一瓷碑,上刻有“元康二年闰月十九日起(造)会稽”铭文。元康二年即公元 292年。这件器物造型宏伟,装饰复杂,集捏塑、模印、堆贴、雕刻等成型和装饰多种工艺技术于一身,同样显示了这一时期的成熟工艺和丰富多彩的装饰艺术。彩图 4-13 为这件谷仓的照片。

除上述三件带有纪年铭文的青釉瓷外,尚有多件有纪年可查的墓葬出土的青釉瓷,这里就不一一列举。但从它们所提供多种多样造型,可见这一时期的器型为很多采用摸拟动物形状的仿生器物,如虎子、羊尊、熊尊和异兽尊等,以及采用动物首足装饰器物附属部分,如鸡头壶、鹰形壶、蛙形盂等。这些器物造型往往神形兼备,生动逼真,极具装饰效果。可见以动物造型和装饰是这一时期越窑的一大特点,提高了陶瓷雕塑艺术的水平。

到了唐、五代及宋初越窑青釉瓷在产量和质量上都有很大的提高,形成了一个庞大的越窑系,窑址遍布上虞、绍兴、慈溪及宁波等地区。这时的器型丰富多样,经常做成瓜果和花朵形式,轻巧美观,形式新颖。这种在造型和装饰上的变化,有人认为是在南朝及其以后,由于佛教艺术流行的影响,而用植物形造型和装饰取代了动物形造型和装饰,这是因为佛教崇尚莲花、忍冬和菩提等植物形象[①]。历年来陆续在墓葬和窑址出土这一时期的器物都充分反映这一趋向。如碗有荷花碗、荷叶碗、菱形花口碗等;盘有葵口盘、壶有瓜形壶;盏托则全器有如一张荷叶托着一朵荷花。难怪有孟郊的"蒙茗玉花尽,越瓯荷叶空"之赞。在装饰上亦多见以荷花、荷叶和海棠花作为纹样。一般以划花为主,寥寥数笔就是一朵盛开的荷花或摇曳的荷叶。笔法简练,形象生动。

如果说上述以植物形象作为器物造型和装饰上的变化是这一时期越窑的造型和装饰上的一大特点,那么器型出现大型化则是另一特点,它标志着越窑青釉瓷烧制工艺的提高。如在杭州和临安钱氏家族墓中出土多件缸、瓶、香炉等大件器物,其中瓷缸已高达 37 厘米,口径62.5~64.7厘米,底径 35~38 厘米,瓶高 50.7 厘米,腹径 31.5 厘米。盖罂通高 66.5 厘米,口径19.8厘米,底径16 厘米。香炉由盖、炉、底座组成,通高 66 厘米,炉口径 36.5 厘米。充分反映在成型和烧成上的高度成就。但由于当时所用的龙窑比较低矮(1 米左右),上、下温差较大,一般这类大型器物都表现出上、下烧结程度和釉色的不均匀现象。如上述香炉盖部烧结程度较好,釉色青黄。炉和底座烧结程度较差,以致釉层大部分剥落[②③]。

这一时期越窑在装饰上的另一特点即是较普遍的使用褐彩装饰和金银装饰。如上述瓶和香炉等都通体绘有褐彩云纹,在显色较好之处,青褐相映成辉,十分生动喜人。又如钱元瓘墓中出土的瓷罂腹部浮雕双龙,龙身涂金。法门寺出土的秘瓷碗二件,碗口镶嵌银棱边。在同出的"物帐"碑中并特别指出"瓷秘色碗七口,内二口银棱。"可见其身价之高,它为后世瓷器与金属的美工结合而产生的艺术效果开创了先例。

五　越窑青釉瓷的兴衰

考古学家一般认为东汉至两晋为越窑的创始和发展时期,唐至北宋为鼎盛时期,南宋后即停烧。其产品风格虽因时而异,但还是一脉相承。可见越窑在长达近千年的烧制过程中历经创始、发展、鼎盛和衰落的全过程[④]。

---

① 张彬,谈东汉六朝时期青瓷中的动物造型与装饰,中国古陶瓷研究会,'94 年会论文集,南京博物院《东南文化》编辑部编,南京博物院出版,1994,26。

② 中国硅酸盐学会编,中国陶瓷史,文物出版社,1982,191~197。

③ 明堂山考古队,临安县唐水邱氏墓发掘报告,浙江省文物考古所学刊,浙江省文物考古所编著,文物出版社,1981,94。

④ 中国硅酸盐学会编,中国陶瓷史,文物出版社,1982,137。

越窑青釉瓷在浙江上虞曹娥江两岸能够烧制成功,首先是这一地区有丰富的制瓷原料和燃料,特别是瓷石类原料的矿物组成和工艺性能都能满足瓷器在化学组成、成型、干燥和烧成上的要求,这是得天独厚的天然资源,不是到处都有或人工所能创造的。其次是这一地区长期烧制印纹硬陶和原始瓷所积累的丰富经验和建立的成熟工艺。这是浙江地区先民们对自然资源开发利用技术的独到的运用和成熟的掌握,绝非一朝一夕所能形成。可见东汉晚期越窑青釉瓷的出现是制瓷工艺发展的必然结果,也是瓷业发展所必需具备的先决条件的体现。

当然,政治稳定、经济发达、习俗崇尚也会对越窑的兴衰起一定的作用,甚至在某一特定历史时期内起相当重要的作用。东汉立国后,由于施行了一系列有利于政局稳定、经济繁荣的政策,使得上虞地区的农业和手工业都得到了发展,制瓷业也不例外。根据上虞县文物管理所考古调查资料,这一时期上虞曹娥江两岸傍山近水处窑场林立,窑址竟达 37 处之多,成为我国最早的制瓷基地。

三国时期,上虞地处东吴统治地区,战乱较少,广大人民得以安居乐业,遂使制瓷业在东汉建立的基础上又得到了很大的发展,所发现的窑址成倍增长。到了两晋时期,越窑瓷业继续得到发展,东晋中期以后越窑生产出现了普及的趋势,窑址分布范围扩大,不再集中在绍兴、上虞一带。瓷器的造型趋向简朴,装饰大为减少,所生产的日用器皿如碗、碟等都已大小配套,十分齐全[①]。

越窑随着历史进程、政治形势和经济情况可以变化,但自然资源依然存在,工艺基础仍能保持,所以到了长治久安的唐代,越窑很快就得到了更大的发展,窑址数量大大增加,遍布绍兴至宁波等广大地区。所产青釉瓷上贡皇室,下供庶民,远销国内外,无论在产量和质量上都达到了高峰,形成了越窑的鼎盛时期。许多文献资料及各地窑址及墓葬出土的实物都充分说明了这一点。

北宋中期以后,越窑逐渐走向衰落,终于在南宋时停烧,走完了开创、发展、鼎盛和衰落的全过程,结束了它的辉煌历史。在近千年的生产过程中,越窑青釉瓷胎釉所用的原料基本上没有多大的变化,其中 Fe_2O_3 和 TiO_2 的含量都较高,致使胎呈灰白色、釉呈青中带黄或灰的色调,即使是精品如秘色瓷亦不例外。越窑青釉瓷长期使用木材作燃料,使大量森林资源受到破坏,烧成温度多数保持在 1100℃ 左右,多数在弱还原或弱氧化气氛中烧成,釉中 CaO 和 MgO 含量始终都较高,以致釉层较薄而透明。越窑青釉瓷胎釉的化学组成和烧制工艺的变化不大决定了它们外观性状的变化不大。要说有变化,也只是在加工和装饰上的精工细作而形成的外观上的改进,而没有在至关重要的内在质量上有所改进。如果说在汉晋和唐、五代时期越窑青釉瓷尚能满足人们对其质量的要求,那么到了宋代,我国南方的影青釉瓷和北方的钧、汝、定名瓷等的制瓷工艺都已取得很大进展的这一时期,就显得越窑所用的原料以及烧成温度已不能满足提高质量的要求,原料中高 Fe_2O_3 和 TiO_2 含量限制了瓷胎的白度,1100℃ 左右的烧成温度限制了胎的烧结程度,釉中含有较高的 CaO,Fe_2O_3 和 TiO_2 就决定了越瓷的釉是薄层玻璃釉并多数呈青中带黄或灰的色调,薄层玻璃釉是无法取得莹润如玉的艺术效果的。

龙泉窑青釉瓷在刚兴起的五代、北宋时,在胎釉化学组成上虽已有改进,但与越瓷还是比较接近,外观上也较相似。南宋后,则在胎釉化学组成和烧制工艺上有了较大的改进。首先,使用了质量优良、储藏丰富的原料,从而使胎釉中 Fe_2O_3 和 TiO_2 的含量都有所降低,特别是釉中

---

① 中国硅酸盐学会编,中国陶瓷史,文物出版社,1982,141。

CaO 含量明显降低和 K_2O 明显升高,从而使龙泉窑青釉瓷摆脱了越窑青釉瓷胎呈灰白色,釉呈青中带灰或黄的薄层玻璃釉的情况。其次,提高了烧成温度和使用了较强的还原气氛。经过这些改进使得龙泉窑青釉瓷具有色白致密的胎和青翠光润如玉的厚釉。越窑青釉瓷则由于未能使用新的制瓷原料,也没有改进胎釉配方,提高烧成温度、加强还原气氛,遂使它的质量很难与龙泉青釉瓷媲美。再加上当时的政治、经济及其他因素,遂使越窑瓷业逐渐衰落以至停产。

越窑之兴,首先在于得天独厚的天然资源和彼时的先进工艺;越窑之衰主要也在于天然资源的美中不足和短缺,以及墨守成规的此时的落后工艺。适者生存,不适者淘汰,不仅在自然界如此,在手工业界亦复如是。

第二节 浙江诸窑青釉瓷

浙江地区除越窑外尚有以温州、永嘉为主要产地的瓯窑,以金华等地为主要产地的婺州窑,以德清等地为主要产地的德清窑,以及以龙泉、云和等地为主要产地的龙泉窑。其中德清窑虽也烧制青釉瓷,但以黑釉瓷为主,这将在有关黑釉瓷的章节中讨论。龙泉窑虽创烧于五代,但自南宋后在我国南方独树一帜,享誉遐迩,将另立专章讨论。

一 瓯窑青釉瓷

考古调查资料说明在温州、永嘉、乐清和瑞安等瓯江下游地区已发现窑址多处,统称为瓯窑。其烧制青釉瓷的历史始自东汉,结束于元代,先后约 1300 多年。在此之前也已烧制印纹陶和原始瓷,可见瓯窑的青釉瓷也是在烧制原始瓷的基础上发展起来的[①]。

有人对东晋至宋的永嘉罗溪窑址出土瓯窑褐彩青釉瓷的胎、釉化学组成作过研究[②],发现其胎中 SiO_2 含量在 71%～77%之间波动,多数在 74%上下,基本上和越窑青釉瓷相当。Al_2O_3 的含量在 13%～20%之间波动,多数在 18%上下,而越窑青釉瓷 Al_2O_3 的含量则从未有高达 20%者,甚至 18%者亦甚少见,说明瓯窑青釉瓷较之越窑青釉瓷含有较高的 Al_2O_3。但就其整体来看也还是属于我国南方高硅低铝瓷的范畴,说明其所用原料也还是浙江地区盛产的瓷石质粘土。结合龙泉窑青釉瓷胎中所含的 Al_2O_3 普遍较越窑青釉瓷为高,说明瓯江沿岸所产的瓷石质粘土可能较之杭州湾南岸绍宁一带所产的粘土具有较高的 Al_2O_3 的含量。瓯窑青釉瓷胎中 Fe_2O_3 的含量在 1.3%～1.9%之间波动,多数在 1.5%上下,而绝大多数越窑青釉瓷胎中 Fe_2O_3 的含量都要超过 1.9%。胎中 TiO_2 的含量在 0.90%左右波动,与越窑瓷胎相差不大,外观上瓯窑瓷胎一般具有较浅的灰白色,所以考古界认为瓯窑瓷胎要比越窑瓷胎略白。

瓯窑瓷釉中 CaO 含量,除个别较低和较高外,一般在 14%～16%之间变化,MgO 含量在 2%～3.5%之间变动,绝大多数在 2.0%左右。除个别外,K_2O 含量均在 2.0%左右,Na_2O 含量均小于 1.0%。从总体上看,熔剂的含量和越窑釉相近,都应属于钙釉。但上述的个别瓯窑瓷釉即是永嘉罗溪乡夏壁山窑址出土的一件东晋带褐色点彩的淡青色釉瓷罐碎片。它釉中 CaO 和 MgO 的含量分别为 5.6%和 1.9%,而 K_2O 和 Na_2O 的含量则分别为 4.3%和 1.2%,可见

① 浙江省文物管理委员会,温州地区古窑址调查纪略,文物,1965,(11):21。
② 陈尧成、郭演仪、金柏东,瓯窑褐彩青瓷及其装饰工艺探讨,上海硅酸盐,1994,(3):163。

其主要熔剂已是 RO 和 R_2O。根据中国古瓷钙釉类型的划分标准,应称之为钙碱釉[①]。这一发现相当重要,它可能是瓯江上游龙泉窑在南宋时出现的钙碱釉的先例,也可能是目前我们已知道的我国南、北方青釉和白釉中最早出现的钙碱釉之一。

瓯窑瓷釉中 Fe_2O_3 含量在 1.6%~2.5% 之间波动。TiO_2 含量在 0.5%~0.8% 之间波动,总体上看,釉中 Fe_2O_3 和 TiO_2 的含量也和越窑瓷釉相近。但在晋、唐时的少数瓷片胎釉中 Fe_2O_3 和 TiO_2 的含量都较低,在浅灰白色胎的衬托下而使釉呈淡青色,十分悦目。这可能就是晋人潘岳在其《笙赋》中所说的"披黄苞以授甘,倾缥瓷以酌酃"的缥瓷。

除个别外,瓯窑的烧结程度都较好,其吸水率都在 0.5% 以下,我们未能测得它们的烧成温度,但一般都属正烧状态,可见瓯窑的烧制工艺是十分成熟和具有相当高的水平。特别值得指出的是自晋至宋有许多瓯窑青釉瓷都用 Fe_2O_3 作褐彩装饰。这种褐彩经过仔细研究,认为分属于高温釉上彩和釉下彩,开创了这两种彩饰的先例。

二　婺州窑青釉瓷

婺州窑在浙江中部金华地区,窑址广布金华、衢州、常山、江山、武义、永康、东阳和浦江等地。早在东汉晚期即已烧制青釉瓷,历经唐、宋、元鼎盛不衰。在我国陶瓷史上有相当重要的地位。在陆羽的《茶经》中名列第三,即"碗,越州上,鼎州次,婺州次"的记载。可见其在唐代时在人们心目中的地位。

根据不多的分析数据,婺州窑青釉瓷胎、釉的化学组成随着时代和烧制地区的不同,变化也较大[②③]。但有一点可以肯定,即是它们胎釉中 Fe_2O_3 和 TiO_2 的含量都比较高,特别是有的胎中 Fe_2O_3 的含量竟高达 3%,这就给釉的颜色带来不利影响。因而在两晋时期就使用了化妆土[④]。化妆土即是在器物成型后,在其上加涂一层颗粒较细、颜色较白的涂层以掩盖胎的颜色。化妆土在我国许多古窑场都曾使用过。婺州窑应属我国最早使用化妆土的窑场之一。

特别值得一提的是自唐以后,在上述某些窑址往往出现较多的带有月白和天青(浅兰)色调乳浊釉的瓷片,外观上与钧釉非常相似。经过研究,确证其为分相釉[④],但其年代要早于钧窑的分相釉。这些釉的化学组成保证了它们在烧成时能够分相。分相后液滴相的尺寸又满足了瑞利(Rayleigh)散射理论要求的条件,致使釉在铁离子着色的影响下,呈现出月白或天青的乳光现象,而不像越窑和瓯窑青釉瓷纯粹由铁离子着色的那种青中带黄或灰的色调。婺州窑瓷的乳光釉与越、瓯两窑青釉瓷相比自成一系,别具一格,开乳光釉之先声。这一发现非常重要,它使人们对婺州窑系的突出成就有了新的认识,难怪婺州窑在《茶经》中竟名列第三,而瓯窑竟未列入,可见有其道理。

1977 年在韩国新安沉船中发现了一批在外观上和河南钧瓷有许多相似之处的所谓元代

---

① 罗宏杰,李家治,高力明,中国古陶瓷中钙系釉类型划分标准及其在瓷釉研究中的应用,古陶瓷科学技术 2—国际讨论会论文集(ISAC'89),李家治,陈显求主编,上海古陶瓷科学技术研究会,1992 年,第 85 页。

② 李家治,陈显求,黄瑞福等,唐、宋、元浙江婺州窑系分相釉的研究,无机材料学报,1986,(1):269。

③ 李家治,我国瓷器出现时期的研究,硅酸盐学报,1978,6(3):190~198。

④ 中国硅酸盐学会编,中国陶瓷史,文物出版社,1982 年,第 144 页。

"类钧瓷"。有人提出可能是在金华地区烧制的[①]。上述研究结果指出元代金华铁店窑的两个乳光釉瓷片和河南钧瓷一样都是分相釉,因此,婺州窑系乳浊釉的发现也为新安沉船中所谓"类钧瓷"找到了烧造地区,同时也说明婺州窑瓷远销海外。关于婺州窑乳浊釉的特征及结构将在第13章第5节中详述。

第三节 南方诸窑青釉瓷

我国南方除浙江外,尚有烧制青釉瓷的瓷窑多处,同样具有悠久历史。其中颇为著名的有位于湖南湘阴的岳州窑(湘阴窑),位于安徽寿县的寿州窑,位于江西丰城的洪州窑,以上三窑都是《茶经》中所提到的。除此之外,还有江苏宜兴均山窑、安徽淮南窑、四川邛崃窑、广东新会官冲窑等。由于我国南方烧制青釉瓷的瓷窑众多,更由于考古发掘和科学技术研究不足,难以一一列举,只能就其中少数予以讨论,难免挂一漏万之弊。

一 湖南岳州窑(湘阴窑)青釉瓷

湖南湘阴在唐代隶属岳州,故其境内湘江沿岸的古窑址称为岳州窑。陆羽《茶经》中除将其列为唐代六大青瓷之第四位外,还有"越州瓷、岳州瓷皆青,青则益茶"的评说。今人亦称之为湘阴窑[②]。它以烧制钵、盆、罐、盏、碗、盘、瓶、砚、炉、盂等和瓷塑玩具俑、牛、马、猪、羊、鸡、鹅、狮、象、蛙等,同时采用模印、贴花和绿褐等釉下彩装饰,获得世人喜爱,产品畅销国内外。

岳州窑创烧于东汉,而衰落于元,历经1000余年,是我国南方重要窑场之一。有人曾对湘阴青竹寺窑址出土的东汉青釉瓷[③],城关镇窑址出土的晋至唐的青釉瓷进行过胎釉化学组成及烧制工艺的研究[④],发现所有瓷胎中SiO_2含量都在70%以上,Al_2O_3含量除个别外,都在20%以下,属高硅低铝质瓷,具有我国南方瓷的特征,估计其所用原料亦是南方盛产的瓷石质粘土。釉中CaO含量一般在15%左右,K_2O含量在2%上下,应属钙釉。结合釉中都含有1%左右的P_2O_5,估计其釉中可能掺用草木灰。由于胎釉中都含有一定量的Fe_2O_3和TiO_2,故其胎呈灰白色,釉则随着烧成气氛的变化而呈青到青黄色。胎较粗糙,釉多有小裂纹。自东汉至唐的所有青釉瓷胎釉化学组成变化不大,外观质量变化亦不大。

所测的各代的瓷器的烧成温度都在1100~1220℃之间,与另文报道的1300℃相差甚远[⑤]。除个别外,瓷胎吸水率都在1%以上,有的甚至高达10%以上,可见其烧结程度较差。由于所用原料淘洗不精,唐以前样品多数含有毫米级粗颗粒。

特别值得一提的是,在湘阴城关镇窑址的窑具堆集中曾发现有高矮不等的圆筒形匣钵,其时代可能在隋朝前后,应是我国较早使用匣钵的窑场之一。

① 冯先铭,新安海底沉船引げ陶磁器に关连した问题ら对する检讨,国际シンポジウム新安海底引扬げ文物报告书,中日新闻社,1983年,第27页。

② 周世荣,湖南陶瓷,紫禁城出版社,1988年,第85页。

③ 郭演仪,东汉湘阴青竹寺窑青瓷,古陶瓷科学技术2—国际讨论会论文集(ISAC'92)李家治,陈显求主编,上海古陶瓷科学技术研究会,1992年,第108~111页。

④ 陈士萍,陈显求,黄瑞福,晋—唐湘阴窑的研究,上海硅酸盐,1993,(4):235~240。

⑤ 墨池,唐朝岳州窑在那里,湖南陶瓷,1979,(2):35~38。

匣钵的出现,在陶瓷制造工艺上是一件大事,标志着制瓷技术的进步以及它对其他窑场甚至邻国的影响和贡献。匣钵的使用在节省窑位、增加产量,以及防止火焰对器物的污染保证质量方面都起了非常重要的作用。根据现有的考古资料,岳州窑使用匣钵的时间应早于北方河北邢窑在隋末和越窑在中唐以后方始使用匣钵的时间。应该说这是岳州窑对我国制瓷工艺的一大贡献。

从上述研究的总体上看,岳州窑瓷与越瓷相比无论在外观上或内在质量上都要稍逊一筹。陆羽从品茶角度给越窑和岳州窑瓷的评价也是符合实际情况的。

二 江西洪州窑青釉瓷

洪州窑址位于江西丰城北部赣江沿岸的丘陵地带,窑址多达数十处。出土器物多属六朝至唐的器型。一般认为洪州窑始烧于南朝(也可能更早些),全盛于隋至中唐,结束于晚唐、五代[①]。洪州窑以烧青釉瓷为主,兼烧黄釉和褐色釉,但由于胎釉中 Fe_2O_3 和 TiO_2 的含量都较高,加之烧成气氛控制不当,即使是青釉亦多偏黄,以致陆羽在《茶经》中虽将洪州窑列为六大青瓷名窑之一,却又说"洪州瓷褐,茶色黑,悉不宜茶。"姑不论陆羽的评说是否全面,但从釉色来看也确实不如越窑釉色之青翠。洪州青釉瓷常见的器型有碗、杯、盘、盏、瓶、罐、壶、枕、砚等实用器物;常见的装饰有镂空、堆塑、刻划和模印等技法;常见的纹饰有莲瓣纹、篦纹、水波纹、梅花纹和宝相花纹等。

有人对洪州窑唐代四个具有代表性的盘、豆、碗等瓷片进行胎釉化学组成和物理性能的研究[②]。胎中 SiO_2 含量除一个为 67.60% 外,其余均超过 73%, Al_2O_3 含量除一个为 21.58% 外,其余均在 16% 上下,可见其胎为高硅低铝质瓷,具有我国南方瓷的特征,胎中 Fe_2O_3 的含量除一个为 1.71% 外,其余均超过 3%, TiO_2 的含量均在 1% 上下,故其胎多呈灰黑色或灰黄色。为了掩盖胎色对釉的影响,一般多使用化妆土。洪州窑可能也是我国较早使用化妆土的窑场之一。研究者认为这几个洪州窑瓷片所使用的制胎原料是未经淘洗的粗炻器泥料。在显微镜下观察胎呈多孔状,一般显气孔率多在 7% 以上,吸水率在 3% 以上。胎中所含的石英和长石颗粒都比较大,其中大者可达 0.5 毫米。胎中的含铁云母在烧成时已熔成大量带有较深颜色的玻璃相,可见洪州窑瓷胎不够纯净致密。

洪州窑瓷釉中含有较高的 CaO,一般均在 16% 以上,较低的 K_2O,多数在 1.4% 左右,应属高钙的透明玻璃釉。釉层极薄,容易受到胎色的影响,这也是洪州窑瓷都使用化妆土的原因之一。结合洪州窑瓷釉中都含有 1% 左右的 P_2O_5 和 0.5% 以上 MnO,可见其釉的配料中必曾使用草木灰。由于胎釉膨胀系数的差异,多数釉都有细裂纹。

在窑址调查时曾发现几处龙窑遗迹,可见洪州窑瓷多是在龙窑中烧成。资料中曾发表一个实测烧成温度为 1120℃,但根据瓷胎的显微结构估计,一般烧成温度可能要高一些。

在窑址调查时,还发现有平底匣钵和青瓷莲瓣纹碗或素面碗粘连在一起。经过考古工作者的地层分析和器物对比,认为应属南朝早期遗物。如果这一结论成立的话,洪州窑应和岳州窑一样都是我国早期使用匣钵烧制瓷器的窑场之一。据说考古工作者还发现有南朝芒口青瓷碗

① 余家栋,洪州窑,中国考古学会第三次年会论文,1981 年。
② 陈显求、陈士萍、仝武杨等,唐代洪州窑青瓷探讨,景德镇陶瓷,1988,(1):18~22。

和唐代的青釉玲珑瓷片,但为数甚少,尚未形成广泛应用,只能说是一种新的工艺和新品种的尝试,但无论如何也应是洪州窑的一项创新。

青釉瓷之釉色,也是评说青釉瓷质量的重要指标之一。洪州窑由于胎釉中所含的着色元素过高,因而对烧成气氛的要求也就更为严格,在尚不能充分掌握烧成工艺的情况下,因而釉色多为青中带黄,而显不出明亮喜人的青色调,故而被陆羽排在最后的位次,也是可以理解的,但这并不能贬低当时作为名瓷的洪州窑的地位。从历史观点看,洪州窑丰富的器型,多样的装饰技法,生动的纹饰和创新的工艺技术都应在中国陶瓷史上占有重要的地位。但由于所用原料质量不高和处理不精,以及烧结程度不够,遂使它在质量上有欠精细。

三 四川邛崃窑青釉瓷

邛崃窑位于四川邛崃县城附近,以什方堂窑址为最大,产品最为丰富,是我国唐代著名的民间窑场之一。根据考古调查,一般认为邛崃窑创烧于南朝,延续至南宋,其中唐代为其繁荣时期[①]。邛崃窑的釉色以青绿色(亦称绿松石色)为多,兼有不同程度灰绿色和灰黄色。器型多为罐、壶、碗、盘、盏、灯、香炉等日用器物,以及砚、洗、瓶、盒等陈设器。另外特别引人注目的是一些捏塑小玩具,如猴、犬、鸡、鸭、牛、马、龟、鱼以及小人像等,一般生动活泼,形态逼真,十分可爱。在装饰上已出现釉上彩和釉下彩。

邛崃窑的科学技术研究结果[②]指出胎中 SiO_2 含量都大于72%,除个别外,Al_2O_3 的含量都在15%上下,其化学组成和我国南方的瓷器很接近,都属高硅低铝质瓷,只是其所用原料多为含 Fe_2O_3 和 TiO_2 很高的粘土,兼之淘洗不精而含有粗颗粒,使胎有粗糙感。釉的化学组成则有两类:一类以 CaO 为主要熔剂,属高钙釉。这类釉中都含有较高的 P_2O_5,其中高者可达3.7%,一般也在2%左右,可见釉的配料中使用了大量的草木灰。另一类以 PbO 为主要熔剂,属低温高铅釉。两类釉都是 Fe_2O_3 和 CuO 着色,根据它们含量的多少和烧成气氛的不同,而使釉的青绿色有浅有深,甚至呈灰黄色和褐色。凡是使用低温铅釉的制品为了掩盖深色粗糙胎对外观的影响,一般都在胎釉之间加一层化妆土。对于高钙釉的制品,有些则不用化妆土。由于釉中含有较高的 P_2O_5,往往呈现一种乳浊现象,也可以掩盖胎的部分不良影响。由于未做深入研究,我们尚不知这种乳浊现象是来自液相分离,还是固体微粒散射,作者认为前者可能性较大。

邛崃窑制品的胎断口都粗糙无光泽,含有较多气孔,其气孔率一般在4%～8%之间。胎中石英颗粒较粗大,含铁矿物较多,说明所用原料质量不高,而且烧制工艺也不精。但奇怪的是在什方堂窑址中也发现为数甚少的细白瓷片。如一件细白瓷杯碎片胎中 Fe_2O_3 含量为1.43%,是所有经过化学分析的十多个瓷片中最低的一个。但由于 TiO_2 的含量仍为1.34%,故其胎色仍为白中带黄,胎中无粗颗粒石英和含铁矿物团。气孔率亦极低,仅为0.6%,说明烧结程度甚好。由此看来,邛崃窑附近也产质量较高的制瓷原料和能烧制出质量较高的白釉瓷。由于资料不足,尚说不清楚为什么这种细白瓷的烧制技术未能得到继承和扩大。

① 陈丽琼,邛窑新探,中国古陶瓷研究,中国科学院上海硅酸盐研究所编,科学出版社,1987年,第349～353页。
② 张福康,邛崃窑的研究,古陶瓷科学技术1—国际讨论会论文集(ISAC'89),李家治,陈显求主编,中国科学技术文献出版社,1992年,第50～53页。

四　广东新会窑青釉瓷

新会窑位于广东新会古井区崖东乡官冲村,故又称官冲窑.自唐至宋末烧制青釉瓷和黑釉瓷.官冲窑青釉瓷在国内不甚知名,但由于地处沿江近海,在唐代即是我国重要的外销瓷之一,在菲律宾、印度尼西亚、马来西亚、泰国及斯里兰卡等某些遗址都出土过新会官冲窑器物.

官冲窑的器物有碗、碟、盒、杯、盆、罐、网堕等,而以碗、碟较多[①].器物都采用以方形泥块衬垫,仰口叠烧,故在器物内底留下泥块垫烧的较大的无釉区多个,而成为官冲窑的特征之一,即所谓"碗内有大星状无釉区".

研究者分析了官冲窑青釉瓷胎釉的化学组成并观察了它们的显微结构[②],发现官冲窑瓷胎 SiO_2 含量在 64～70％之间波动,Al_2O_3 含量在 22％～28％之间波动,显然与南方诸窑青釉瓷不同而属于低硅高铝质瓷,却与北方耀州青釉瓷化学组成十分接近,其 Fe_2O_3 的含量在 1.08％～1.70％之间波动,TiO_2 含量在 0.4％左右,大大低于南方诸窑青釉瓷的铁、钛含量,这就使官冲窑的瓷胎呈现白色或白中略带灰色.结合在瓷胎中发现有高岭石残骸,可见官冲窑瓷胎所用原料应为广东沿海地区所产的高岭石质粘土.另外在瓷胎中也常见粗、中颗粒的长石残骸和带有熔蚀边的残留石英.因此,官冲窑瓷胎应属于石英-长石-高岭石系.这一发现非常重要,说明在唐代我国南方也已出现低硅高铝质瓷,而不是我国北方所独有.

官冲窑青釉瓷釉中 CaO 的含量比较低,一般在 5％～15％之间,多数在 10％以下,相反 MgO 含量则比较高,一般在 1.7％～3.3％之间,多数在 2％以上,K_2O 的含量在 2％～6％之间,Na_2O 含量均小于 1％,一般在 0.5％左右.可见官冲窑瓷釉 CaO 含量较低,而 K_2O 和 MgO 含量都较高.个别釉(XH4 系耳壶)中 K_2O 的含量(6.34％)已大于 CaO 的含量(5.88％),说明其中起熔剂作用的已不仅是 CaO,而是兼有 K_2O 的作用.应该说唐代的新会窑青釉亦已出现了个别钙(镁)碱釉的先例.釉中 Fe_2O_3 和 TiO_2 的含量也较低.结合它们的烧成温度较高(1310℃),一般都是淡青带黄色调的透明玻璃釉,并有细小裂纹.

根据窑址发掘的资料,官冲窑所用的窑炉不像南方青釉瓷一般都是龙窑,而是一种与北方耀州窑相似的长方形窑,并带有三个烟囱.这种炉窑可以满足官冲窑高铝质青釉瓷所需的较高烧成温度(1310℃)的要求.

广东新会官冲窑虽地处南方,但其胎釉的化学组成和所用原料及其烧制工艺又不同于多数南方青釉瓷,充分说明我国制瓷历史不仅源远流长,而且丰富多采.

本章所述各地窑址所出的青釉瓷既有其相似之处,而又分别具有各自的特色,共同表现了我国自东汉晚期至唐代南方青釉瓷的烧制成功和发展.它们包括上面所逐一提到的越窑、瓯窑、婺州窑、岳州窑、洪州窑、邛崃窑、新会窑以及许多由于资料不足而未能详细讨论的南方青釉瓷窑址.但从已讨论的各窑的制瓷工艺的突出成就也足以反映作为我国陶瓷工艺技术发展过程中第三个里程碑的初创到成熟的发展过程,进而为第四个里程碑的建立创造了必要的条件.

---

① 广东省文物管理委员会,广东师范学院历史系,广东新会官冲窑古代窑址,考古,1963,(4):221～223.

② 陈显求,陈士萍,唐新会官冲窑,古陶瓷科学技术 2—国际讨论会论文集(ISAC'92),李家治,陈显求主编,上海古陶瓷科学技术研究会,1992,128～143.

第五章 北方白釉瓷的出现
——邢、巩、定诸窑白釉瓷

北朝隋唐时期中国北方白釉瓷的出现,不仅打破了青釉瓷一统天下的格局,形成了我国陶瓷历史上南青北白相互争艳的两大体系,而且在制瓷技术上取得了许多突破,为我国制瓷业的发展创造了非常重要的条件。白釉瓷的出现是我国制瓷技术进步的必然结果,是制瓷匠师在长期实践中逐步认识和使用某些不会使瓷器胎、釉着色的制瓷原料的一次飞跃,是我国陶瓷工艺技术发展过程中第四个里程碑。

白釉瓷的技术成就首先表现在原料的使用和配方的改进。邢、巩、定白釉瓷的胎中都使用了含高岭石较多的二次沉积粘土或高岭土,因而使得它们胎中 Al_2O_3 的含量都增高。同时在某些白瓷胎的配方中还使用了长石,因而使得某些胎中 K_2O 的含量可以高达 5% 以上。根据它们的化学组成中 SiO_2 的含量以及胎的显微结构中 α-石英的存在,可以认为远在我国隋唐时代即已出现了近代的高岭-石英-长石质瓷,这是南方青瓷所从未出现过的。即使到了宋末元初景德镇白釉瓷胎中开始使用了高岭土,也只是高岭-石英-云母质瓷,它们分别是中国南北方两大白釉瓷系统的代表。另外值得一提的是,在个别隋代白瓷釉的组成中 K_2O 的含量大大超过 CaO 的含量而形成一种碱钙釉。这也是南方早期青釉瓷所从未有过的。只是到了明代永乐年间,景德镇所产的"甜白釉瓷"和清代德化白釉瓷才出现了这种碱钙釉。有理由认为隋代白瓷釉的配方中也使用了长石,而不是像南方那样使用釉灰加瓷石的配方。也就是说釉中的主要熔剂已不是 $CaO(MgO)$,而是 $K_2O(Na_2O)$。同时还发现在这三个白釉瓷釉的组成中还存在一定量的 MgO,估计在当时釉的配方中使用白云石,因而形成了具有北方特色的钙镁釉和钙镁碱釉。这些白釉瓷更具有光润洁白的外观。新原料的使用和胎釉配方的改进结合这些原料中 Fe_2O_3 和 TiO_2 的含量都特别低,从而形成了以邢窑白釉瓷为代表的如银、似雪的白釉瓷。

其次是烧成温度的提高和炉窑的改进。唐代邢、巩、定细白釉瓷的烧成温度都已达到 1300℃,有的甚至高达 1380℃,成为至今所测得的我国南北方古瓷的最高烧成温度。烧成温度的提高必然与炉窑的改进相联系,据现有资料,隋唐时代北方白釉瓷烧成所使用的窑炉都是直焰馒头窑,或称马蹄窑。采用大燃烧室,小窑室和双烟囱的略呈长方形的窑,加之使用长火焰的木柴作燃料,遂使烧成温度得到较大的提高。

再有则是装烧工艺的改进。从明火支烧到用匣钵装烧是提高瓷器质量在烧制工艺上的一个突破。在隋末唐初的邢窑细白瓷即已使用匣钵装烧,也是目前我国发现的较早使用匣钵装烧瓷器的窑场之一。北宋后期在定窑所开创的覆烧工艺以及随后的改进,在我国制瓷工艺上也是值得一提的。虽然由于芒口还存在一定的缺陷,未能被后世广泛采用,但在当时由于大大提高瓷器的产量和改进瓷器的质量仍不失为一项重大技术革新。对我国南北瓷器产生过一定的影响,促进了后世瓷业的发展。即使时至今日,景德镇生产的薄胎瓷碗,还是采用覆烧工艺以减少瓷器的变形。

综上所述，以邢窑白釉瓷为代表的北方白釉瓷的烧制成功不是偶然的，而是陶工们利用天然资源结合工艺改进所创造的不朽杰作，为世界范围内的陶瓷工艺增添了许多创造发明。唐代陆羽在《茶经》中所作的'抑邢扬越'的论述，如仅从"茶道"的角度看，可能有其一定道理，未可厚非，但从科学技术角度来分析则未免有失公正。可能也正是由于这一论述的影响，使得邢窑白釉瓷的出现，以及它在中国陶瓷史上的地位和作用一直未能给予应有的重视和评价。直至80年代后期，有关学者在详细研究了邢窑等白釉瓷的工艺技术后，才指出白釉瓷的烧制成功，标志着我国古代陶瓷工艺已发展到一个新的高度，是我国陶瓷发展史上的一个里程碑。顺便提一句，本章所说白釉瓷是指在白色瓷胎上施有一层无色透明釉，但习惯上均称之为白釉。

第一节　白釉瓷的烧制成功及其烧制地区

一　白釉瓷的烧制成功

（一）从考古资料看白釉瓷工艺的萌芽

从墓葬和遗址出土的白釉瓷以及文献记载的资料，一般认为我国白釉瓷的烧制应该是在北朝。河南安阳带有可靠纪年北齐武平六年，即公元575年范粹墓出土了一批白釉瓷，它们的特点是胎较细白、釉呈乳白泛青色，厚釉处则呈青色，这是考古发掘中发现最早的白釉瓷。还是在河南安阳另一座隋开皇十五年，即公元595年的张盛墓也发现了一批带有若干青釉瓷特征的白釉瓷。发掘报告虽称之为青釉瓷，但它们的胎釉质量都已较范粹墓出土的白釉瓷质量有所改进。在西安郊区隋大业四年，即公元608年的李静训墓中出土的白釉瓷胎釉均较白，已完全看不出釉的白中带青的特征。也是在西安郊区另一座隋大业六年，即公元610年的姬威墓中出土的白釉盖罐被认为是隋代白釉瓷的代表作。以上都是有纪年可查的墓葬出土的接近白釉瓷或者就是白釉瓷，它们都是目前能见到的从575~610年的35年间的实物，也就是能认识到的北朝末年到隋代的早期白釉瓷存在的情况。

（二）从各窑址出土的瓷片看白釉瓷工艺的成熟

目前还未发现烧白釉瓷的隋代以前的窑址。邢窑和巩县窑早期都是生产带有青色色调的白釉瓷或类似于上述墓葬出土的那类白釉瓷。如邢窑在北齐时生产的青釉瓷，胎呈淡黄色，釉呈青色带淡黄光，有细纹片。隋时生产的青釉瓷，胎呈浅灰色，釉呈青绿色有细纹片。这些青釉瓷的胎中都含有1.5%以上的Fe_2O_3和1%左右的TiO_2，随着烧成气氛的变化而使胎呈淡黄及浅灰，釉呈青黄及青绿，总之都是铁、钛的着色。另一种应属于同时期（隋代）的相同器形的粗白釉瓷碗碎片，胎仍呈灰色，釉则呈白色，但为了不使胎的颜色对釉的颜色产生明显的影响，则在胎釉之间施了一层白色的化妆土。这种白釉瓷的胎中的Fe_2O_3和TiO_2含量虽较上述青釉瓷有了明显的降低，但仍含有1%左右的Fe_2O_3和TiO_2。釉中的Fe_2O_3含量则都降到1%以下，特别是TiO_2的含量则已降到0.2%以下。待到细白釉瓷时，胎釉中Fe_2O_3的含量又都有较大的降低，均已降到0.5%以下。胎釉中Fe_2O_3和TiO_2的低含量就是邢窑细白瓷的胎釉能如此洁白的真正原因。再加上在工艺上获得的高温和匣钵装烧的成就遂使我们看到邢窑白瓷在技术上一步一步走向成熟的过程。巩县窑和定窑白瓷虽较邢窑略晚，但也表现出相同的工艺发展过程。

(三)从历史文献看白釉瓷的发展

有关白釉瓷的文献记载,隋代尚无资料可查,只是到了唐代李肇的《唐国史补》里才有,"凡货贿侈用者,不可胜记,丝布为囊,颤毡为盖,革皮为带,内邱白瓷瓯,端溪紫石砚,天下无贵贱通用之"[①]。《唐国史补》所记载的应是开元至贞元之间所发生的事(公元713年至805年)。这时的邢窑的白釉瓷已与端砚齐名,而且天下无贵贱通用之。说明中唐时期白釉瓷不仅为王公国戚所喜爱,而且也为寻常百姓所乐用,可见它的质量必已达到一定的水平,而且产量也必已达到相当的规模。

也是在这段时间里,陆羽在其所著的《茶经》里提到的"或者以邢州处越州上,殊为不然。邢磁类银,越磁类玉,邢不如越一也。邢磁类雪,越磁类冰,邢不如越二也。邢磁白而茶色丹,越磁青而茶色绿,邢不如越三也……"[②]。这段记载反映了当时在士大夫间对邢、越二窑所生产的白釉瓷和青釉瓷作为茶具而存在的褒贬的争议。这里我们姑且不去讨论这种争议的是非,但从越窑青釉瓷在当时朝野所享有的盛誉,而这种白釉瓷可与之抗衡,并引起争议的事实,可见这种白釉瓷在当时的影响和地位。

晚唐时期的文献曾提到公元847年至859年间的段安节《乐府杂录·方响》载有"乐师郭道源善击瓯,率以邢瓯、越瓯共十二只,旋加减水于其中,以筋击之。"[③] 这段记载说明邢、越二窑瓷器都可以发出清脆的音响,而且增减盛水量即可以改变音响,但没有说明为什么要邢、越二窑瓷瓯混用,是不是邢、越二瓯可以发出不同的音响?一般音响的轻脆与否和它们的烧结程度有关。考虑到邢窑白釉瓷一般都具有较高的烧成温度,而且瓷胎一般也较薄,可能在某一音域邢窑白瓷瓯还起了不可替代的作用。

所引用的这些不完全的出土实物和文献资料已足够说明自北朝末年到隋唐两代北方白釉瓷的初创、成熟和发展的过程。它既具有相当大的生产规模,又具有相当高的质量,并在我国制瓷技术上创造了许多前所未有的新工艺,直接为宋代及其以后的制瓷工艺的发展和陶瓷业的繁荣作了充分的准备,为我国陶瓷工艺发展过程树立了第四个里程碑。

二　白釉瓷的烧制地区

由于长江南北地区制瓷原料的不同,它们的陶瓷工艺发展过程亦迥然不同,本书第一章已作了详尽的叙述。这种不同反映在瓷器的兴衰过程中,则是早期的白釉瓷大多数出现在长江以北,特别是集中在黄河两岸的河北和河南两省,而长江以南地区早期白釉瓷的出现则要比北方迟300多年,但北方的白釉瓷在唐宋以后则逐渐衰落,代之而起的则又是南方的白釉瓷。这一现象的存在,其原因是多方面的,但在发展初期,自然资源是主要的,发展后期社会背景则又是主要的。

(一)长江以北白釉瓷的烧造窑址

已如前述,北方白釉瓷的出现是在北齐末年至隋代初期,其成熟时期的烧造地区则是隋唐

---

① 李肇,唐国史补,四库全书,子部,小说家类,商务印书馆影印文渊阁藏本,1986年。
② 陆羽,茶经,卷中,四,茶之器·碗,四库全书,子部,谱录类,商务印书馆影印文渊阁藏本,1986年。
③ 段安节,乐府杂录.方响,四库全书,子部,艺术类,商务印书馆影印文渊阁藏本,1986年。

时期的河北邢窑。目前还没有发现隋代其他烧制白釉瓷的窑址。到了唐代河南巩县窑和河北定窑也陆续烧制白釉瓷。至今已发现的唐代北方烧制白釉瓷的窑址尚有河南密县窑和郏县窑，山西的平定县柏景窑和浑源窑，安徽萧县白土窑以及陕西的铜川窑。以上这些窑所烧制的白釉瓷在质量上均不如邢窑、巩县窑和定窑所烧的白釉瓷的质量好，属于粗瓷范围。为了改进瓷器的外观质量多数采用釉下施用化妆土。例如近来在耀州窑址发现的唐代白釉瓷都施有化妆土。由于他们的胎都呈深灰色，化妆土呈淡黄色，一层薄釉又为无色透明，因而受到胎和化妆土颜色的影响而使这种白瓷带有明显的淡黄色。它们的共同特点是胎中 Al_2O_3 的含量都比较高，一般都在 25% 以上，这种情况在长江以南则已是约 800 年后的清代，在景德镇的瓷胎配方中逐渐增加高岭土后才使胎中 Al_2O_3 提高到这一含量。

（二）长江以南白釉瓷的烧制窑址

隋唐时期在南方尚未发现有烧造白釉瓷的窑址。目前在江西景德镇确有实据的白釉瓷烧造年代是自五代开始，即景德镇的胜梅亭窑、白虎湾窑和黄泥头窑。近年来在景德镇制瓷历史的研究中，也曾有人根据云门（今景德镇马鞍山西麓）教院断碑中载有唐人陆士修诗句"素瓷传静夜"中的"素瓷"提出素瓷即是白瓷，从而考证景德镇可能自唐代开始即烧造白釉瓷[①]。但从五代胜梅亭烧造白瓷所达到的质量，推断景德镇在唐代即能烧造白瓷也是可能的。但这一问题的解决还有待于窑址的继续发现和继续研究。至于南方另一著名生产白釉瓷的窑址，福建德化则已是宋代才开始（详见本书第十章）。

尽管在南方没有发现隋唐时代烧制白釉瓷的窑址，但在南方有纪年墓葬中，精细的白釉瓷却时有发现。其中有些可以根据外观及器型推断其可能的产地，有的则很难说出它们的产地。另外在一些古籍资料中也记载一些值得注意的信息。

唐代大诗人杜甫的《又于韦处乞大邑瓷碗》诗明确指出"大邑烧瓷轻且坚，扣如哀玉锦城传，君家白碗胜霜雪，急送茅斋也可怜"[②]。说明大邑能烧制白釉瓷碗。根据"轻且坚"，"扣如哀玉"，和"胜霜雪"的描述，可以想见大邑白瓷碗是高度烧结的薄胎精细白釉瓷，这种高质量的白釉瓷在当时只有河北邢窑所烧制的白釉瓷碗可以当之无愧。除此之外尚未发现有其他窑址能烧制如此高质量的白釉瓷。但考古界认为大邑完全有可能烧造这种高质量的白釉瓷，而且近年来在大邑时有发现少数的白釉瓷片，只是到现在尚未能在大邑找到窑址[③]。也有人认为大邑在唐代确实烧过各类的白釉瓷，但时间不长，产品不多，因而今天不易找到当时的窑址，也不易找到当时的产品，但他们相信总有一天会有所发现[④]。

（三）隋、唐、五代墓葬出土的白釉瓷

隋代出土的白釉瓷除上面已提到几处墓葬外，尚有西安郭家滩隋墓出土的白釉瓷瓶，考古学者认为这也是隋代白釉瓷的代表作品，而且质量也比较高。另外在安徽亳县也在带有纪年可查的大业三年（607）墓中出土了几件白釉瓷。

① 熊寥，第一首赞咏景德镇瓷器诗文考，景德镇陶瓷，1983，19(3)：55~58。
② 杜甫，又于韦处乞大邑瓷碗，全唐诗，226 卷，中华书局铅印本，1960 年，第 2448 页。
③ 陈丽琼，私人通信，1993 年。
④ 胡亮，大邑近年出土的宋元瓷器，景德镇陶瓷——中国古陶瓷研究专辑，第二辑，1984 年，第 212~216 页。

在唐、五代时期的墓葬中出土的白釉瓷则较隋代为多,其质量也较隋代有所提高。现就有纪年可查分布于长江南北的几处墓葬出土的白釉瓷分述于后:

1956 年在西安东郊韩森寨唐乾封二年(667)段伯阳墓出土了有人形尊、印花贴花高足钵及小口罐等质量很高的白釉瓷,从外观和器形都不能确定其所属窑址。同年在江苏连云港一座五代吴太和五年(933)的纪年墓中也出土了一批数量和品种都较多的白釉瓷。胎细釉白,可称白釉瓷中的精品,同样无法确定它们的出处。也是在这一年,在安徽合肥市西郊五代南唐保大四年(946)纪年墓中出土了一批外观质量较差的白釉瓷。

特别值得一提的是 1978 年和 1980 年分别在浙江临安发现的葬于唐光化三年(900)的钱宽及其夫人水邱氏两墓中共出土的 36 件白釉瓷[①②]。其中除少数白釉瓷碗质量较差外,其余绝大多数的质量均较高,而且有 28 件的外底部均带有"官"或"新官"字的刻款。这批瓷器不仅釉白胎细,而且胎的厚度只有 2 毫米左右,可见其精工细作已达到了相当高的水平。特别是水邱氏墓出土的白釉瓷在口沿和底足大多数都包镶金扣或银扣,可见当时这批白釉瓷的身价了。许多见过这批精细白瓷的考古和陶瓷学界的专家学者也很难从外观上确定它们的出处。根据近来对我国这一时期白釉瓷所积累的许多化学组成数据,如能对以上这些从外观和文献资料上都不能判断其出处的瓷器进行化学组成分析和聚类分析处理,应该说是不难为其出处提供较可靠的判别依据,但遗憾的是这些珍贵出土文物是不容稍作破坏的。

考古学者根据这批白釉瓷的造型、工艺技术、金银装饰以及浙江地区在晚唐时期的制瓷技术成就,认为这批白釉瓷有可能在浙江地区生产[③]。这批白釉瓷底部多数刻有"官"和"新官"款,说明是官窑产品。晚唐时的贡窑或官窑有文献记载并得到实物资料证实的只有河北定窑和浙江越窑。迄今为止在越窑窑址的发掘中尚未发现有白釉瓷生产的迹象,而且越窑地区所产的制瓷原料含 Fe_2O_3 都较高,正是浙江越窑在我国首先出现青瓷的主要原因。相反,河北邢窑经过近年来的窑址发现和大量研究工作所揭示,远在隋唐时代即能生产胎质细白具有明显的半透明感和釉质白润光亮的精细白瓷。因而,钱宽夫妇墓出土的这批白瓷似乎也不能排除来自北方邢窑和定窑。总之这还是一个值得研究探讨的问题。

无疑这些墓葬中白釉瓷的发现对研究我国白釉瓷的起源会大有补益。相信在我国南北方窑址的不断发现和各类研究工作的不断深入中,那些尚未能判明烧造窑址的白釉瓷也会逐渐找到出处。

第二节　邢、巩、定窑白釉瓷的胎釉的化学组成及原料

根据 80 年代以来的考古发现,邢窑窑址位于河北临城县与内邱县的接壤地带。临城境内窑址位于西窑沟到祁村的 20 余公里范围内。内邱境内窑址位于李阳河与小马河沿岸的 30 平方公里范围内[④]。这一发现不仅对中外学者关注的邢窑窑址得以确认,而且也为许多不知产地的传世精细白釉瓷找到了归宿,对研究我国白釉瓷的兴起和发展起了十分重要的作用。

①　浙江省博物馆,杭州市文管会,浙江临安晚唐钱宽墓出土天文图及"官"字款白瓷,文物,1979,(12):18～28。
②　明堂山考古队,临安县唐水邱氏墓发掘报告,浙江省文物考古所学刊,1981 年,第 94～104 页。
③　明堂山考古队,临安县唐水邱氏墓发掘报告,浙江省文物考古所学刊,1981 年,第 103 页。
④　杨文山,隋代邢窑遗址的发现和初步分析,文物,1984,(12):51～57。

　　巩县窑窑址于 50 年代末期在巩县城南黄冶河及白冶河沿岸发现。巩县窑址的发现为《元和郡县志》卷五河南道贡赋条所记载的"开元中河南贡白瓷"找到了窑址,同时也说明了河南在隋唐时代即能生产精细白釉瓷[①]。

　　定窑窑址在河北曲阳县涧磁村。《曲阳县志》记载,该县始自唐、宋,即属定州管辖。所以区里的瓷窑,历代都习称定窑。而且在涧磁村和燕川村一带的窑址,定瓷碎片和窑具堆积如山[②],因此对定窑窑址是不难发现的。所以在本世纪 20～40 年代即有中外学者去窑址考察和拾取瓷片。

　　以上三个窑址所反映的在瓷器生产技术上的提高的共同的特点是它们在生产白釉瓷初期都曾出现过由于胎的颜色的影响而使用过化妆土,而且根据烧成时的气氛不同出现过白中带青色或黄色的粗瓷,这就是由于这三个地区在烧制白釉瓷的初期对原料的选择和精制技术还不够高,而出现的从带有化妆土的青(黄)釉瓷逐渐过渡到成熟的白釉瓷的过程。但在它们发展过程中,逐渐提高和改进了制瓷技术以后就能够制造出享誉中外的邢窑白釉瓷和列为宋代五大名窑的定窑白釉瓷。因此对它们可能使用的原料和胎釉化学组成变化规律的研究可以看到它们是如何达到这一新的高度的。

　　瓷器胎釉化学组成变化可以用各种分析手段对各窑址出土的瓷片作分析而直接得到。原料则不然,只能靠从窑址附近取得现在的制瓷原料进行化学分析,在得出结果后再结合所测得的瓷器胎、釉化学组成来推断古代可能使用的原料。

一　邢、巩、定窑附近的制瓷原料

　　中国的陶瓷制造工艺的发展过程显示古代各个瓷区在生产瓷器时所用的原料和燃料都是取自窑址附近。特别是原料的质量和特性也就在很大程度上决定着瓷器的质量和特色。邢、巩、定白釉瓷的高质量也就是由它们所用的原料所决定。

(一)邢、巩、定窑附近的地质概况

　　通过近年窑址及地质普查,发现在太行山东麓的内邱县冯唐、宋村以北,西邱以东,临城县祁村、双井村以南,隆尧县双碑以西这一面积约为 300 余平方公里内,分布历代古窑 50 多处,其中内邱城关地区以及临城祁村等地即是具有代表性的隋、唐时代邢窑细白瓷的窑址。河北省邢窑研究组在报告中引用地质报告说:"上述区域在地质构造上正处于内邱隆起的东侧,内邱——临城石炭二叠纪含煤拗陷的西缘。由于本区断裂构造复杂,致使赋存在石炭二叠纪含煤地层中的瓷土矿层受切割而支离破碎,其连续性受严重破坏,单个矿块的储量一般只有数万吨,也增加了开采上的困难[③]。"

　　巩县窑位于巩县城南,黄冶河及白冶河沿岸的小黄冶、大黄冶、铁匠炉、白河等村约五六公里范围内。巩县地处黄河南岸,洛河流经境内,并在巩县老城北面注入黄河,西上直通"九朝古都"洛阳,距离约 45 公里。唐代三彩窑址多位于大、小黄冶村附近,而隋、唐白釉瓷则多处于白

① 冯先铭,河南巩县古窑址调查记要,文物,1959,(3):56～58。
② 河北省文化局文物工作队,河北曲阳县涧磁村定窑遗址调查与试掘,考古,1965,(8):394～412。
③ 河北省邢窑研究组,邢窑工艺技术研究,河北陶瓷,1987,(2):6～26。

河村及铁匠炉村旁。

在地质构造上亦处于石炭二叠纪层,煤和瓷土资源丰富。

定窑窑址在河北曲阳县涧磁村和燕川村。两村相距 7 公里,南距曲阳县城约 30 公里,位于太行山东麓余脉所围成的山环内。因受地质条件控制,瓷土原料一般赋存于石炭纪地层内,属沉积型矿床,其矿体呈层状,并大面积被第四纪覆盖,地表很少出露,一般需通过浅井工程获得。长石、石英在窑址外围 20~30 平方公里内均有出露,一般呈脉状产出。白云石和滑石亦有出露。

(二)邢、巩、定窑附近的制瓷原料概况

由于地质情况不同,我国南北方所产的制瓷原料也有所不同。已如前述南方盛产 SiO_2 含量高和 Al_2O_3 含量低的瓷石,而北方则相反,多产含 Al_2O_3 高和含 SiO_2 低的粘土。从而使得我国北方瓷器多属高铝质瓷,而南方则多属高硅质瓷。邢、巩、定窑白釉瓷毫无例外都是属于含 Al_2O_3 很高的瓷器。

我国各产瓷地区对制瓷原料的名称,除石英、长石、白云石、石灰石叫法比较一致外,对粘土的称呼颇不一致。有的称"砂石",有的称"坩土",有的称"碱石",有的称"木节土"。其中有的是较纯的高岭土,有的是含有不同矿物的各种粘土。

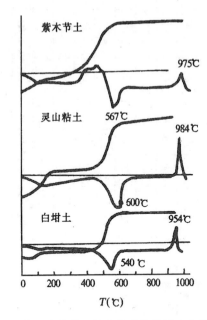

图 5-1　定窑窑址附近粘土的差热曲线和失重曲线

表 5-1 所列为三个窑址附近及其相关地区的制瓷原料的化学组成[1][2][3]。图 5-1 为几种粘

①　张进、刘木锁、刘可栋,定窑工艺技术的研究与仿制,河北陶瓷,1983,(4):14~35。

②　河北邢窑研究组,邢窑工艺技术研究,河北陶瓷,1987,(2):6~26。

③　李国桢、郭演仪,历代定窑白瓷的研究,中国古陶瓷研究,中国科学院上海硅酸盐研究所编,科学出版社,1987 年,第 141~148 页。

表 5-1　邢、巩、定窑址附近制瓷原料的化学组成

序号	编号	原料名称	产地	氧化物含量（重量%）										烧失	总量
				SiO₂	Al₂O₃	Fe₂O₃	TiO₂	CaO	MgO	K₂O	Na₂O	MnO	P₂O₅		
				SiO_2	Al_2O_3	Fe_2O_3	TiO_2	CaO	MgO	K_2O	Na_2O	MnO	P_2O_5		
1	XM1	白坩土	临城竹壁	56.76	29.89	0.34	0.27	1.01	0.97					10.38	99.62
2	XM2	白坩土	赞皇白家窑	63.60	33.49	0.38	0.30	1.13	1.08						99.98
				57.75	29.10	0.36	0.71	0.23	0.27	0.55	0.23			10.64	99.84
3	XM3	灰砂石	临城祈村	64.74	32.62	0.40	0.80	0.26	0.30	0.62	0.26				100.00
4	XM4	瓷土	临城祈村	72.54	24.18	0.74	0.51	0.11	0.52	0.60	0.29				99.49
5	XM5	木节土	临城祈村	56.60	39.63	0.58	2.07	0.21	0.28	1.06	0.09	<0.01	0.31		100.83
6	XM6	釉土	临城水南寺	52.78	44.34	0.67	0.66	0.36	0.26	0.75	0.07	<0.01	0.23		100.12
7	XM7	长石	内邱神头	60.32	20.53	1.41	0.52	4.03	6.88	5.22	0.09				99.00
				64.23	18.57	0.13	0.01	0.67	0.80	11.02	2.60				98.03
8	XM8	石英	邢台	98.04	0.10	0.07	0.01	0.18						0.12	98.52
9	XM9	白云石	临城鸡亮	4.98	0.94	0.08	1.51	28.71	19.35					43.58	99.15
10	GM10	粘土	巩县	47.76	36.75	0.44	0.91	0.42	0.13	1.26	1.40	0.01	0.17	11.04	100.29
11	DM11	粘土	灵山	47.61	37.04	0.21	0.56	0.12	0.32	0.26	0.37	<0.01		14.13	100.62
12	DM12	柴木节	灵山	55.05	42.82	0.24	0.65	0.14	0.37	0.30	0.43				100.00
				44.90	33.50	0.59	1.69	1.68	0.84	0.20	0.40			16.78	100.58
				53.58	39.98	0.70	2.02	2.00	1.00	0.24	0.48				100.00
13	DM13	白坩土	奎里	42.40	38.35	0.43	2.43	0.59	0.56	0.30	1.00			13.39	99.45
				49.27	44.56	0.50	2.82	0.69	0.65	0.35	1.16				100.00
14	DM14	石英	曲阳	98.26	0.85	0.80		0.25	0.21						100.37
15	DM15	长石	曲阳	65.28	19.11	0.50		0.25	0.22	9.16	4.35			0.81	99.68
16	DM16	滑石	曲阳	72.50	0.54	0.56		0.35	22.93					3.42	100.30
17	DM17	白云石	孝墓	17.35	4.36	0.42	0.12	24.96	17.62					34.79	99.62

土的差热分析和失重曲线。从表 5-1 和图 5-1 可看出有些粘土含有较少的杂质,属较纯的高岭土。其 Al_2O_3 的含量可接近 40％,Fe_2O_3 和 TiO_2 的含量又都比较低,因而是一种优质高岭土。在上述三个窑址附近都可以找到这种较纯的优质高岭土。如邢窑所在地临城祁村的木节土,巩县窑所在地的巩县粘土和定窑所在地的灵山粘土等。

三个窑址附近不仅有较丰富的制胎的粘土原料,而且也有含 Fe_2O_3 和 TiO_2 都较低的,既可以制胎又可以制釉的长石、石英、白云石和滑石等优质原料。为制造精细白瓷提供了非常优越的物质基础。

二　邢、巩、定窑白釉瓷胎釉的化学组成变化及其与原料的关系

根据考古界对窑址的考古调查,比较一致的意见是邢窑自北齐(550～577)后期开始烧造青釉瓷起,经过隋、唐的兴盛时期直到宋、元衰落时期,历时长达 500 余年。巩县窑在隋、唐时不仅是烧制精细白瓷的窑场,而且也是烧制唐三彩的主要窑场之一。但到北宋即因故停烧,历经300 余年。定窑烧制白釉瓷的历史则较上述两窑为晚,而始于晚唐,盛于北宋,衰于元代,历经400 余年(不包括烧制青釉粗瓷的初创时期)。关于它们的兴衰过程及原因将在后面专门论述。

由于三窑都有较长的烧制历史,因而在各个窑址都留有大量的堆积物。包括各个时期的瓷片、生产工具、窑具及炉窑等残体,这为研究它们的工艺发展过程提供了丰富可靠的实物资料。

多年来国内外古陶瓷学术界对上述三个名窑进行了许多科学技术研究,特别是对从各窑址收集到的大量瓷片进行了胎釉的化学组成分析,积累了大量的数据[1][2][3][4][5],为我们从它们的化学组成变化认识三个窑址的发展过程提供了扎实的基础。表 5-2 和表 5-3 分别是迄今所能收集到的上述三窑瓷器碎片胎釉的化学组成总表(表中未注明粗瓷者,均为细瓷)。

(一)邢窑白釉瓷胎的化学组成变化及其与原料的关系

图 5-2 为邢窑瓷片胎的化学组成分布图。图 5-3 为它们的聚类谱系图。

从表 5-1 和图 5-2 可大致看出,总体上邢窑瓷胎化学组成变化是相当大的,如序号为 25的隋代粗白瓷胎化学组成点高处在图 5-2 的右上方,以及序号为 22 的五代白釉粗瓷也远离组成点的集中区而处在图 5-2 的中部。但绝大多数唐代精细白瓷,特别是临城出土的精细白瓷则集中在图的右下部。它们的特点是 SiO_2 含量较低,约在 61％左右。Al_2O_3 含量较高,约在 32％左右。R_xO_y 含量亦较低,特别是其中 Fe_2O_3 和 TiO_2 的含量特别低,一般在 0.50％左右。这是形成邢窑白釉瓷"类银"和"似雪"的主要原因。

形成邢窑瓷胎化学组成变化较大的主要原因,当然是所用原料变化较大,但表现在化学组成上则是 Al_2O_3 和 R_xO_y 含量变化较大。它们的 Al_2O_3 的含量约在 25％～35％之间变化。R_xO_y

① 陈尧成、张福康、张志中等,邢窑隋唐细白瓷研究,景德陶瓷学院学报,1990,11(1):45～53。

② 张志刚、李家治,邢窑白瓷化学组成及工艺的研究,景德陶瓷学院学报,1992,13(1):15～29。

③ 李家治、张志刚、邓泽群等,河南巩县隋唐时期白瓷的研究,中国古陶瓷研究,中国科学院上海硅酸盐研究所编,科学出版社,1987 年,第 136～140 页。

④ 李国桢、郭演仪,历代定窑白瓷的研究,中国古陶瓷研究,中国科学院上海硅酸盐研究所编,科学出版社,1987 年,第141～148 页。

⑤ 张进、刘木锁、刘可栋,定窑工艺技术的研究与仿制,河北陶瓷,1983,(4):14～35。

表 5-2　邢、巩、定窑白釉瓷胎的化学组成（重量%）

序号	原编号	种类	朝代	窑口	SiO₂	Al₂O₃	Fe₂O₃	TiO₂	CaO	MgO	K₂O	Na₂O	MnO	P₂O₅	总量	分子式
1	NTB-1	白釉粗瓷	初唐	邢窑	67.54	24.63	0.88	0.54	2.89	1.60	0.52	0.54	0.020	0.100	99.26	$0.4914R_xO_y \cdot Al_2O_3 \cdot 4.6529SiO_2$
2	NTB-2	白釉粗瓷	初唐	邢窑	64.34	31.25	0.58	0.39	0.93	1.07	0.22	0.21	0.010	0.030	99.03	$0.1883R_xO_y \cdot Al_2O_3 \cdot 3.4935SiO_2$
3	NTB-3	白釉	盛唐	邢窑	63.30	30.52	0.86	0.68	2.00	0.78	0.85	1.18	0.020	0.100	100.29	$0.3273R_xO_y \cdot Al_2O_3 \cdot 3.5192SiO_2$
4	NTB-8	白釉	盛唐	邢窑	62.32	31.72	0.76	0.42	1.90	0.90	1.36	0.46	0.040	0.070	99.95	$0.2865R_xO_y \cdot Al_2O_3 \cdot 3.3337SiO_2$
5	NTB-9	白釉	晚唐	邢窑	66.41	28.72	0.56	0.33	1.31	1.72	0.41	0.70	0.020	0.050	100.23	$0.3193R_xO_y \cdot Al_2O_3 \cdot 3.9235SiO_2$
6	NTB-11	白釉	晚唐	邢窑	62.79	32.00	0.94	0.78	1.35	0.66	1.28	0.25	0.040	0.030	100.12	$0.2373R_xO_y \cdot Al_2O_3 \cdot 3.3294SiO_2$
7	HN1	白釉	唐	邢窑	67.64	28.52	0.75	0.39	0.61	0.74	0.75	0.20	0.000	0.050	99.65	$0.1800R_xO_y \cdot Al_2O_3 \cdot 4.0242SiO_2$
8	HN2	白釉	唐	邢窑	59.98	35.12	0.68	0.69	0.99	0.44	1.52	0.48	0.040	0.110	100.05	$0.1936R_xO_y \cdot Al_2O_3 \cdot 2.8979SiO_2$
9	HN3	白釉	唐	邢窑	60.44	34.50	0.65	0.59	0.69	0.64	1.28	0.24	0.040	0.090	99.16	$0.1723R_xO_y \cdot Al_2O_3 \cdot 2.9726SiO_2$
10	HN4	白釉粗瓷	唐	邢窑	64.24	28.61	2.59	0.87	0.61	0.63	1.84	0.18	0.010	0.000	99.58	$0.2715R_xO_y \cdot Al_2O_3 \cdot 3.8099SiO_2$
11	HN5	白釉	唐	邢窑	62.85	32.36	0.61	0.57	1.11	0.71	1.32	0.62	0.000	0.050	100.20	$0.2292R_xO_y \cdot Al_2O_3 \cdot 3.2955SiO_2$
12	YN1	青釉粗瓷	北齐	邢窑	65.83	26.62	1.61	1.02	1.66	0.61	1.79	0.30	0.010	0.060	99.51	$0.3523R_xO_y \cdot Al_2O_3 \cdot 4.1961SiO_2$
13	YN2	青釉粗瓷	隋	邢窑	67.50	26.70	1.50	1.10	0.41	0.47	1.90	0.28	0.010	0.090	99.96	$0.2581R_xO_y \cdot Al_2O_3 \cdot 4.2896SiO_2$
14	YN3	青釉粗瓷	隋	邢窑	66.50	26.60	0.80	0.87	0.39	0.66	1.80	0.32	0.030	0.110	98.08	$0.2480R_xO_y \cdot Al_2O_3 \cdot 4.2420SiO_2$
15	YN4	白釉粗瓷	隋	邢窑	66.01	27.29	1.80	1.06	0.74	0.51	1.76	0.00	0.010	0.070	99.25	$0.2604R_xO_y \cdot Al_2O_3 \cdot 4.1043SiO_2$
16	YN5	白釉粗瓷	隋	邢窑	62.90	25.90	1.70	1.00	0.37	0.55	1.90	0.31	0.010	0.090	94.73	$0.2730R_xO_y \cdot Al_2O_3 \cdot 4.1208SiO_2$
17	YN6	白釉	隋	邢窑	65.80	26.80	0.34	0.21	0.37	0.23	5.20	1.00	0.010	0.060	100.02	$0.3384R_xO_y \cdot Al_2O_3 \cdot 4.1660SiO_2$
18	YN7	白釉	唐	邢窑	62.90	26.91	0.44	0.17	0.49	0.27	7.25	1.62	0.003	0.010	100.06	$0.4681R_xO_y \cdot Al_2O_3 \cdot 3.9661SiO_2$
19	YN8	白釉	唐	邢窑	69.90	25.10	0.57	0.24	0.90	1.60	0.91	0.88	0.010	0.070	100.18	$0.3526R_xO_y \cdot Al_2O_3 \cdot 4.7253SiO_2$
20	YN9	白釉	唐	邢窑	68.00	27.00	0.57	0.34	0.78	1.50	0.91	0.91	0.020	0.070	100.10	$0.3174R_xO_y \cdot Al_2O_3 \cdot 4.2734SiO_2$
21	YN11	白釉	唐	邢窑	62.89	32.37	0.47	0.41	0.66	0.81	1.16	0.94	0.020	0.030	99.76	$0.2139R_xO_y \cdot Al_2O_3 \cdot 3.2966SiO_2$
22	YN13	白釉粗瓷	五代	邢窑	63.00	25.00	1.30	0.66	4.30	3.30	1.90	0.41	0.040	0.150	100.06	$0.8293R_xO_y \cdot Al_2O_3 \cdot 4.2759SiO_2$
23	81-554	白釉	唐	邢窑	62.66	32.98	0.48	0.38	0.78	0.90	0.79	0.59	0.000	0.000	99.56	$0.1914R_xO_y \cdot Al_2O_3 \cdot 3.2238SiO_2$
24	81A495	白釉	唐	邢窑	59.91	34.79	0.62	0.38	0.66	1.01	0.69	1.02	0.000	0.000	99.08	$0.2029R_xO_y \cdot Al_2O_3 \cdot 2.9219SiO_2$
25	LSB	白釉粗瓷	隋	邢窑	59.40	21.50	0.58	0.59	13.30	2.20	1.50	0.61	0.060	0.310	100.05	$1.5723R_xO_y \cdot Al_2O_3 \cdot 4.6879SiO_2$

续表

序号	原编号	种类	朝代	窑口	SiO_2	Al_2O_3	Fe_2O_3	TiO_2	CaO	MgO	K_2O	Na_2O	MnO	P_2O_5	总量	分子式
26	LTB-2	白釉	唐	邢窑	65.40	29.89	0.13	0.61	0.13	0.71	1.06	0.81	1.580	0.000	100.32	$0.2557R_xO_y \cdot Al_2O_3 \cdot 3.7126SiO_2$
27	LTB-3	白釉	唐	邢窑	61.37	35.02	0.17	0.57	0.38	0.54	0.85	0.54	1.010	0.000	100.45	$0.1757R_xO_y \cdot Al_2O_3 \cdot 2.9735SiO_2$
28	LTB-4	白釉	唐	邢窑	62.15	33.51	0.46	0.44	0.15	0.74	0.91	0.58	1.130	0.000	100.07	$0.1958R_xO_y \cdot Al_2O_3 \cdot 3.1470SiO_2$
29	LTB-5	白釉	唐	邢窑	61.55	34.09	0.28	0.17	0.31	0.71	0.87	0.61	1.350	0.000	99.94	$0.1948R_xO_y \cdot Al_2O_3 \cdot 3.0636SiO_2$
30	LTB-6	白釉	唐	邢窑	62.25	32.88	0.15	0.22	0.60	1.08	1.07	0.42	1.050	0.000	99.72	$0.2298R_xO_y \cdot Al_2O_3 \cdot 3.2124SiO_2$
31	LTB-7	白釉	唐	邢窑	60.43	35.08	0.32	0.18	0.14	1.01	0.61	1.40	0.250	0.000	99.42	$0.1872R_xO_y \cdot Al_2O_3 \cdot 2.9229SiO_2$
32	LTB-8	白釉	唐	邢窑	60.95	34.58	0.10	0.67	0.48	0.77	0.80	1.50	0.240	0.000	100.09	$0.2145R_xO_y \cdot Al_2O_3 \cdot 2.9907SiO_2$
33	LTB-9	白釉	唐	邢窑	62.30	33.81	0.27	0.13	0.63	0.64	0.75	0.78	0.910	0.000	100.22	$0.1924R_xO_y \cdot Al_2O_3 \cdot 3.1266SiO_2$
34	LTB-10	白釉	唐	邢窑	64.20	30.70	0.51	0.58	0.26	0.61	1.05	0.80	1.650	0.000	100.36	$0.2575R_xO_y \cdot Al_2O_3 \cdot 3.5483SiO_2$
35	LTB-11	白釉	唐	邢窑	62.48	31.72	0.15	0.84	0.30	0.88	1.08	1.53	0.540	0.000	99.52	$0.2648R_xO_y \cdot Al_2O_3 \cdot 3.3422SiO_2$
36	LTB-12	白釉	唐	邢窑	62.27	32.84	0.25	0.14	0.56	0.98	1.03	0.46	0.840	0.000	99.37	$0.2105R_xO_y \cdot Al_2O_3 \cdot 3.2174SiO_2$
37	LTB-14	白釉	唐	邢窑	62.69	31.52	0.47	0.00	0.39	0.39	1.09	0.95	0.880	0.000	98.38	$0.1905R_xO_y \cdot Al_2O_3 \cdot 3.3747SiO_2$
38	LTB-15	白釉	唐	邢窑	59.91	34.79	0.62	0.00	0.38	0.66	1.01	0.69	1.020	0.000	99.08	$0.1854R_xO_y \cdot Al_2O_3 \cdot 2.9219SiO_2$
39	HG1	青釉	唐	巩县	67.73	26.78	0.59	1.31	0.39	0.41	2.11	0.50	0.000	0.040	99.86	$0.2588R_xO_y \cdot Al_2O_3 \cdot 4.2914SiO_2$
40	HG2	白釉	唐	巩县	63.06	30.27	1.30	1.20	0.47	0.49	2.00	0.50	0.000	0.060	99.35	$0.2473R_xO_y \cdot Al_2O_3 \cdot 3.5348SiO_2$
41	HG3	白釉	唐	巩县	66.31	28.04	1.02	1.31	0.27	0.45	2.27	0.45	0.000	0.040	100.16	$0.2560R_xO_y \cdot Al_2O_3 \cdot 4.0126SiO_2$
42	HG4	白釉	唐	巩县	53.41	37.15	0.65	0.80	0.55	0.41	5.05	2.10	0.000	0.040	100.16	$0.3344R_xO_y \cdot Al_2O_3 \cdot 2.4394SiO_2$
43	HG5	白釉	唐	巩县	66.46	28.01	0.50	1.23	0.23	0.37	1.80	0.44	0.000	0.060	99.10	$0.2127R_xO_y \cdot Al_2O_3 \cdot 4.0260SiO_2$
44	HG6	白釉	唐	巩县	52.75	37.49	0.73	0.85	0.61	0.40	5.12	2.23	0.000	0.040	100.22	$0.3444R_xO_y \cdot Al_2O_3 \cdot 2.3875SiO_2$
45	HG7	白釉	唐	巩县	56.24	34.73	0.51	0.72	0.64	0.41	4.77	1.52	0.000	0.030	99.57	$0.3205R_xO_y \cdot Al_2O_3 \cdot 2.7477SiO_2$
46	DE-1	白釉粗瓷	早期	定窑	64.41	27.55	2.58	1.01	1.40	0.70	2.05	0.30	0.000	0.000	100.00	$0.3617R_xO_y \cdot Al_2O_3 \cdot 3.9670SiO_2$
47	DT-1	白釉	唐	定窑	59.82	34.53	0.69	0.39	1.09	0.91	1.25	0.71	0.000	0.000	99.39	$0.2242R_xO_y \cdot Al_2O_3 \cdot 2.9395SiO_2$
48	DT-2	白釉	唐	定窑	59.79	29.95	0.93	0.40	4.82	0.87	1.72	1.11	0.000	0.100	99.69	$0.5285R_xO_y \cdot Al_2O_3 \cdot 3.3873SiO_2$
49	DW-1	白釉	五代十国	定窑	61.23	32.90	0.59	0.58	3.36	0.92	1.25	0.13	0.020	0.000	100.98	$0.3389R_xO_y \cdot Al_2O_3 \cdot 3.1579SiO_2$

续表

序号	原编号	种类	朝代	窑口	SiO₂	Al₂O₃	Fe₂O₃	TiO₂	CaO	MgO	K₂O	Na₂O	MnO	P₂O₅	总量	分子式
50	DS-1	白釉	宋	定窑	62.05	31.03	0.88	0.53	2.16	1.07	1.01	0.75	0.040	0.000	99.52	$0.3305R_xO_y \cdot Al_2O_3 \cdot 3.3930SiO_2$
51	DS-2	白釉	宋	定窑	65.63	28.22	1.04	0.86	1.00	0.70	1.77	0.55	0.000	0.070	99.84	$0.2913R_xO_y \cdot Al_2O_3 \cdot 3.9461SiO_2$
52	DS-3	白釉	宋	定窑	65.72	27.34	1.00	1.07	1.51	0.46	2.05	0.23	0.000	0.040	99.42	$0.3123R_xO_y \cdot Al_2O_3 \cdot 4.0787SiO_2$
53	DJ-1	白釉	金	定窑	59.25	32.73	0.66	0.75	0.83	1.13	1.67	0.29	0.010	0.000	97.32	$0.2458R_xO_y \cdot Al_2O_3 \cdot 3.0716SiO_2$
54	DM-1	白釉	现代	定窑	63.59	32.19	0.26	0.63	0.20	0.14	2.52	0.33	0.010	0.190	100.06	$0.1587R_xO_y \cdot Al_2O_3 \cdot 3.3519SiO_2$
55	SP-1	支圈	宋	定窑	60.62	34.14	0.67	1.15	1.54	0.39	1.12	0.13	0.010	0.040	99.81	$0.2095R_xO_y \cdot Al_2O_3 \cdot 3.0129SiO_2$
56	D(83)Ⅲ-1	白釉	晚唐	定窑	61.39	34.18	0.83	0.52	0.84	0.09	1.73	0.53	0.000	0.100	100.21	$0.1687R_xO_y \cdot Al_2O_3 \cdot 3.0476SiO_2$
57	D(82)Ⅰ-8	白釉	北宋	定窑	61.02	33.84	0.76	0.33	1.32	0.75	1.21	0.37	0.000	0.030	99.63	$0.2111R_xO_y \cdot Al_2O_3 \cdot 3.0596SiO_2$
58	D(82)Ⅰ-10	白釉	北宋	定窑	59.31	33.04	0.68	0.94	2.11	0.99	1.21	1.82	0.000	0.080	100.18	$0.3733R_xO_y \cdot Al_2O_3 \cdot 3.0459SiO_2$
59	D(82)Ⅰ-17	白釉	北宋	定窑	62.07	29.19	1.05	0.75	3.21	1.36	1.70	0.55	0.000	0.040	99.92	$0.4686R_xO_y \cdot Al_2O_3 \cdot 3.6081SiO_2$
60	D(83)Ⅲ-2	白釉	北宋	定窑	59.32	36.33	0.41	0.87	1.08	0.85	0.88	0.79	0.000	0.000	100.53	$0.2130R_xO_y \cdot Al_2O_3 \cdot 2.7705SiO_2$
61	D(83)Ⅲ-3	白釉	北宋	定窑	60.94	34.78	0.48	0.66	1.06	0.75	1.15	0.46	0.000	0.000	100.28	$0.2005R_xO_y \cdot Al_2O_3 \cdot 2.9730SiO_2$
62	D(83)Ⅲ-4	白釉	北宋	定窑	61.92	33.95	0.39	0.56	0.00	0.94	1.77	0.78	0.000	0.000	100.31	$0.1926R_xO_y \cdot Al_2O_3 \cdot 3.0947SiO_2$
63	D(82)Ⅰ-7	白釉	北宋晚期	定窑	62.28	29.58	1.18	0.43	2.28	1.33	2.17	0.39	0.000	0.040	99.68	$0.4000R_xO_y \cdot Al_2O_3 \cdot 3.5725SiO_2$
64	D(83)Ⅱ-8	白釉粗瓷	元	定窑	63.47	29.50	1.25	1.19	1.58	1.04	1.84	0.51	0.000	0.000	100.38	$0.3610R_xO_y \cdot Al_2O_3 \cdot 3.6507SiO_2$

表5-3　邢、巩、定窑白釉瓷釉的化学组成（重量%）

序号	原编号	种类	朝代	窑口	SiO₂	Al₂O₃	Fe₂O₃	TiO₂	CaO	MgO	K₂O	Na₂O	MnO	P₂O₅	BaO	总量	分子式
1	NTB-1	白釉粗瓷	初唐	邢窑	66.85	14.39	0.83	0.10	12.44	3.65	0.70	0.78	0.05	0.79	0.00	100.58	$0.4089Al_2O_3 \cdot R_xO_y \cdot 3.2236SiO_2$
2	NTB-2	白釉粗瓷	初唐	邢窑	60.32	17.18	0.98	0.13	14.20	4.29	0.99	0.54	0.16	2.18	0.00	100.97	$0.4168Al_2O_3 \cdot R_xO_y \cdot 2.4832SiO_2$
3	NTB-3	白釉	盛唐	邢窑	67.61	14.79	0.87	0.07	11.60	2.76	1.08	1.51	0.08	0.62	0.00	100.99	$0.4491Al_2O_3 \cdot R_xO_y \cdot 3.4838SiO_2$
4	NTB-8	白釉	盛唐	邢窑	72.93	14.96	0.49	0.04	6.71	2.72	1.53	0.80	0.86	0.33	0.00	101.37	$0.6263Al_2O_3 \cdot R_xO_y \cdot 5.1802SiO_2$
5	NTB-9	白釉	晚唐	邢窑	67.92	16.11	0.81	0.08	8.88	3.85	0.45	1.18	0.09	1.11	0.00	100.48	$0.5396Al_2O_3 \cdot R_xO_y \cdot 3.8600SiO_2$
6	NTB-11	白釉	晚唐	邢窑	69.44	19.42	1.30	0.07	5.01	2.10	2.22	0.65	0.07	0.28	0.00	100.56	$1.0161Al_2O_3 \cdot R_xO_y \cdot 6.1646SiO_2$
7	HN1	白釉	唐	邢窑	68.26	18.40	0.77	0.00	7.91	2.48	1.08	0.45	0.00	0.00	0.00	99.35	$0.7981Al_2O_3 \cdot R_xO_y \cdot 5.0237SiO_2$
8	HN2	白釉	唐	邢窑	68.31	18.12	0.88	0.11	6.97	2.17	2.03	0.79	0.12	0.00	0.00	99.50	$0.8042Al_2O_3 \cdot R_xO_y \cdot 5.1441SiO_2$
9	HN3	白釉	唐	邢窑	65.09	16.55	0.52	0.07	11.34	2.75	0.96	0.60	0.09	0.00	0.00	97.97	$0.5489Al_2O_3 \cdot R_xO_y \cdot 3.6630SiO_2$
10	HN4	白釉粗瓷	北朝	邢窑	60.00	18.53	0.55	0.15	15.55	1.96	1.14	0.37	0.00	0.00	0.00	98.31	$0.5190Al_2O_3 \cdot R_xO_y \cdot 2.8518SiO_2$
11	YN1	青釉粗瓷	隋	邢窑	56.30	14.80	1.80	0.70	17.50	1.30	2.20	3.20	0.10	1.70	0.00	99.60	$0.3206Al_2O_3 \cdot R_xO_y \cdot 2.0696SiO_2$
12	YN2	青釉粗瓷	隋	邢窑	57.11	15.37	1.81	0.47	16.80	1.97	1.64	3.61	0.09	0.94	0.00	99.81	$0.3356Al_2O_3 \cdot R_xO_y \cdot 2.1157SiO_2$
13	YN3	青釉粗瓷	隋	邢窑	61.26	12.41	4.14	0.68	16.20	2.06	1.92	0.71	0.38	0.38	0.00	99.92	$0.2960Al_2O_3 \cdot R_xO_y \cdot 2.4793SiO_2$
14	YN4	白釉粗瓷	隋	邢窑	63.02	13.46	0.79	0.18	16.58	3.38	1.26	0.39	0.08	0.72	0.00	99.86	$0.3200Al_2O_3 \cdot R_xO_y \cdot 2.5420SiO_2$
15	YN5	白釉粗瓷	隋	邢窑	64.17	14.18	0.71	0.13	14.61	2.86	1.64	0.84	0.06	0.63	0.00	99.83	$0.3721Al_2O_3 \cdot R_xO_y \cdot 2.8569SiO_2$
16	YN6	白釉	隋	邢窑	71.00	16.90	0.40	0.20	2.70	0.70	6.40	1.40	0.04	0.30	0.00	100.04	$1.0124Al_2O_3 \cdot R_xO_y \cdot 7.2165SiO_2$
17	YN7	白釉	隋	邢窑	69.40	13.30	0.60	0.00	8.40	1.30	4.70	1.40	0.10	0.30	0.00	99.50	$0.4983Al_2O_3 \cdot R_xO_y \cdot 4.4115SiO_2$
18	YN8	白釉	唐	邢窑	69.51	19.50	0.53	0.14	5.38	2.37	0.92	1.30	0.05	0.41	0.00	100.11	$0.9851Al_2O_3 \cdot R_xO_y \cdot 5.9584SiO_2$
19	YN9	白釉	唐	邢窑	67.46	19.51	1.00	0.13	6.80	2.92	0.61	1.50	0.06	0.52	0.00	100.51	$0.8081Al_2O_3 \cdot R_xO_y \cdot 4.7414SiO_2$
20	YN11	白釉	唐	邢窑	67.15	18.22	1.03	0.00	5.99	2.26	0.57	2.36	0.00	0.00	0.00	97.58	$0.8372Al_2O_3 \cdot R_xO_y \cdot 5.2352SiO_2$
21	YN12	白釉	唐	邢窑	60.55	18.72	0.78	0.00	9.94	2.78	2.12	1.51	0.00	0.00	0.00	96.40	$0.6162Al_2O_3 \cdot R_xO_y \cdot 3.3818SiO_2$
22	YN13	白釉粗瓷	五代十国	邢窑	67.14	20.40	1.52	0.53	4.26	3.40	2.55	0.37	0.03	0.24	0.00	100.44	$0.9454Al_2O_3 \cdot R_xO_y \cdot 5.2798SiO_2$

续表

序号	原编号	种类	朝代	窑口	SiO$_2$	Al$_2$O$_3$	Fe$_2$O$_3$	TiO$_2$	CaO	MgO	K$_2$O	Na$_2$O	MnO	P$_2$O$_5$	BaO	总量	分子式
23	LSB	白釉粗瓷	隋	邢窑	55.60	13.70	3.50	1.50	21.20	1.00	1.70	0.90	0.40	0.50	0.00	100.00	0.2769Al$_2$O3·R$_x$O$_y$·1.9067SiO$_2$
24	LTB-2	白釉	唐	邢窑	69.47	16.81	0.92	0.13	5.99	2.98	0.72	2.08	0.00	0.42	0.02	99.54	0.7098Al$_2$O3·R$_x$O$_y$·4.9771SiO$_2$
25	LTB-3	白釉	唐	邢窑	64.20	22.18	1.68	0.06	5.76	2.15	0.81	2.05	0.00	0.50	0.03	99.42	1.0236Al$_2$O3·R$_x$O$_y$·5.0275SiO$_2$
26	LTB-5	白釉	唐	邢窑	66.80	17.49	1.06	0.11	7.16	2.88	0.82	2.05	0.00	0.46	0.03	98.86	0.6803Al$_2$O3·R$_x$O$_y$·4.4086SiO$_2$
27	LTB-7	白釉	唐	邢窑	66.48	16.57	0.87	0.13	10.26	2.54	2.00	0.82	0.00	0.82	0.04	100.53	0.5541Al$_2$O3·R$_x$O$_y$·3.7224SiO$_2$
28	LTB-8	白釉	唐	邢窑	67.75	19.03	1.15	0.16	6.68	2.15	1.55	0.66	0.00	0.60	0.04	99.77	0.8763Al$_2$O3·R$_x$O$_y$·5.2935SiO$_2$
29	LTB-9	白釉	唐	邢窑	66.68	16.05	0.84	0.11	9.14	2.91	1.50	1.89	0.00	0.81	0.04	99.97	0.5355Al$_2$O3·R$_x$O$_y$·3.7751SiO$_2$
30	LTB-10	白釉	唐	邢窑	71.09	15.58	1.13	0.10	7.05	3.16	0.51	2.00	0.00	0.58	0.03	101.23	0.6011Al$_2$O3·R$_x$O$_y$·4.6539SiO$_2$
31	LTB-11	白釉	唐	邢窑	66.34	16.18	1.17	0.13	9.58	3.09	1.51	1.22	0.00	0.66	0.13	100.01	0.5347Al$_2$O3·R$_x$O$_y$·3.7197SiO$_2$
32	LTB-12	白釉	唐	邢窑	66.05	22.31	1.12	0.11	5.58	2.14	0.78	2.31	0.00	0.45	0.04	100.89	1.0434Al$_2$O3·R$_x$O$_y$·5.2414SiO$_2$
33	LTB-13	白釉	唐	邢窑	69.26	17.43	1.23	0.12	6.72	2.98	0.50	1.52	0.00	0.70	0.04	100.50	0.7191Al$_2$O3·R$_x$O$_y$·4.8486SiO$_2$
34	HG1	青釉	隋	巩县	64.65	13.90	0.84	0.16	12.29	1.89	2.97	2.19	0.00	0.00	0.00	98.89	0.4008Al$_2$O3·R$_x$O$_y$·3.1628SiO$_2$
35	HG2	白釉	唐	巩县	67.66	15.87	0.87	0.43	10.85	1.53	2.43	0.78	0.00	0.00	0.04	100.42	0.5546Al$_2$O3·R$_x$O$_y$·4.0123SiO$_2$
36	HG4	白釉	唐	巩县	62.51	17.03	0.74	0.00	10.36	1.07	4.07	2.14	0.00	0.00	0.00	97.92	0.5688Al$_2$O3·R$_x$O$_y$·3.5426SiO$_2$
37	HG5	白釉	唐	巩县	62.87	17.85	0.78	0.32	12.18	2.03	1.74	1.03	0.00	0.00	0.00	98.80	0.5620Al$_2$O3·R$_x$O$_y$·3.3584SiO$_2$
38	HG6	白釉	唐	巩县	66.82	14.46	0.87	0.33	9.35	1.09	4.28	1.75	0.12	0.00	0.00	98.62	0.5197Al$_2$O3·R$_x$O$_y$·4.0749SiO$_2$
39	HG7	白釉	唐	巩县	69.99	17.04	0.47	0.64	4.14	3.30	2.86	2.79	0.07	0.00	0.00	101.04	0.6969Al$_2$O3·R$_x$O$_y$·4.8567SiO$_2$
40	DE-1	白釉粗瓷	早期	定窑	67.68	16.25	1.52	0.64	6.94	2.57	2.38	0.29	0.07	0.00	0.00	98.34	0.6754Al$_2$O3·R$_x$O$_y$·4.7731SiO$_2$
41	DT-1	白釉	唐	定窑	73.79	17.27	0.52	0.11	2.89	2.15	1.56	1.26	0.04	0.00	0.00	99.59	1.1526Al$_2$O3·R$_x$O$_y$·8.3563SiO$_2$
42	DT-2	白釉	唐	定窑	71.57	16.18	0.77	0.00	5.72	1.74	2.29	1.22	0.00	0.00	0.00	99.49	0.8181Al$_2$O3·R$_x$O$_y$·6.1400SiO$_2$
43	DW-1	白釉	五代十国	定窑	74.57	17.53	0.54	0.17	2.74	2.33	2.03	0.62	0.02	0.17	0.00	100.72	1.1841Al$_2$O3·R$_x$O$_y$·8.5470SiO$_2$
44	DS-1	白釉	宋	定窑	72.14	17.52	0.75	0.19	3.92	2.32	1.97	0.48	0.03	0.32	0.00	99.64	1.0359Al$_2$O3·R$_x$O$_y$·7.2379SiO$_2$

续表

序号	原编号	种类	朝代	窑口	SiO$_2$	Al$_2$O$_3$	Fe$_2$O$_3$	TiO$_2$	CaO	MgO	K$_2$O	Na$_2$O	MnO	P$_2$O$_5$	BaO	总量	分子式
45	DS-2	白釉	宋	定窑	68.90	20.02	1.06	0.00	3.77	2.09	2.40	0.36	0.00	0.00	0.00	98.60	1.2506Al$_2$O3 · R$_x$O$_y$ · 7.3032SiO$_2$
46	DS-3	白釉	宋	定窑	70.60	18.50	0.97	0.00	3.79	2.06	2.43	0.28	0.00	0.00	0.00	98.63	1.1700Al$_2$O3 · R$_x$O$_y$ · 7.5761SiO$_2$
47	DJ-1	白釉	金	定窑	71.18	19.66	0.61	0.45	4.45	1.62	1.63	0.27	0.00	0.00	0.00	99.87	1.2799Al$_2$O3 · R$_x$O$_y$ · 7.8629SiO$_2$
48	DM-1	白釉	现代	定窑	70.36	14.07	0.84	0.39	7.40	1.73	4.23	0.69	0.02	0.28	0.00	100.01	0.5672Al$_2$O3 · R$_x$O$_y$ · 4.8126SiO$_2$
49	D〈82〉I-8	白釉	北宋	定窑	70.62	18.15	0.70	0.00	5.36	1.94	2.15	0.72	0.00	0.00	0.00	99.64	0.9752Al$_2$O3 · R$_x$O$_y$ · 6.4385SiO$_2$
50	D〈82〉I-10	白釉	北宋	定窑	71.74	17.75	0.78	0.00	4.22	2.34	2.10	0.28	0.00	0.00	0.00	99.21	1.0551Al$_2$O3 · R$_x$O$_y$ · 7.2356SiO$_2$
51	D〈82〉I-17	白釉	北宋	定窑	67.17	18.73	1.15	0.00	6.60	2.96	1.79	0.64	0.00	0.00	0.00	99.04	0.8069Al$_2$O3 · R$_x$O$_y$ · 4.9101SiO$_2$
52	D〈82〉I-7	白釉	北宋晚期	定窑	68.41	19.10	1.58	0.00	5.14	2.66	2.23	0.47	0.00	0.00	0.00	99.59	0.9423Al$_2$O3 · R$_x$O$_y$ · 5.7268SiO$_2$

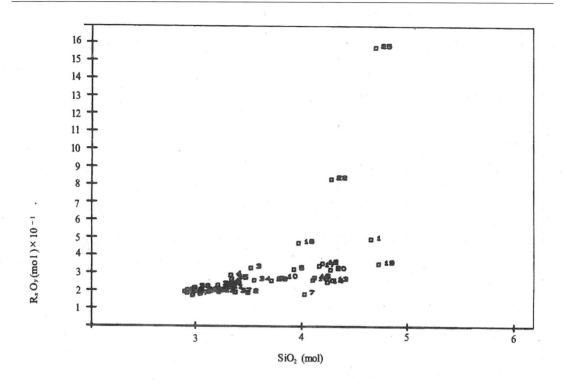

图 5-2　邢窑白釉瓷胎化学组成分布图

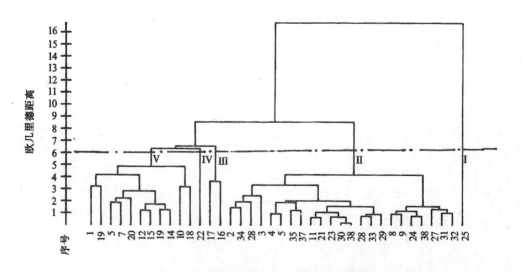

图 5-3　邢窑白釉瓷胎化学组成聚类谱系图

中则表现为有的是 RO（CaO＋MgO）高，如前面提到的 25 号瓷片，RO 含量竟高达 15.50%。有的是 R_2O（K_2O＋Na_2O）高，如序号为 18 的内邱出土的隋代白瓷片，R_2O 含量竟高达 8.87%。这是迄今为止所测到的我国南北各地瓷胎中 R_2O 含量最高的一个瓷器。为了进一步说明这些变化与窑址、时代和所用原料的关系以及邢窑瓷胎的化学组成特点，对图 5-3 的聚类谱系图采用欧几里德距离为 6 进行切割，即可将 38 个邢窑瓷胎的化学组成从右至左分成 5 大类。

第Ⅰ类即是上述的 25 号瓷片,由于 RO 含量特别高和含 Al_2O_3 比较低(21.50%,38 个瓷片中最低)而独处一类,显示它的特殊性。考虑到这一瓷片是隋代施有化妆土的粗白瓷以及邢窑地区的原料情况,可见这一瓷片没有使用邢窑地区所产含 Al_2O_3 很高的粘土,因此也没有表现出邢窑瓷胎含 Al_2O_3 高的特点,而是可能使用一种钙质粘土或是在配料中掺用白云石或石灰石。

第Ⅱ类包括 23 个瓷片。其中一个亚类共包括 7 个瓷片,全部是临城出土的唐代细白釉瓷。胎中 Al_2O_3 的含量都在 35% 左右是邢窑白釉瓷中含 Al_2O_3 最高的一类,SiO_2 的含量全部在 60% 左右。它们密集地处于组成分布图(图 5-2)的最左方。由于 SiO_2 和 Al_2O_3 的含量已达 95%,而作为助熔剂的 R_xO_y 则较低,因此在当时的烧成条件下,多数都处于生烧状态,一般吸水率都比较高。这一类瓷片虽然已表现出邢窑瓷 Al_2O_3 含量高的特点,但并不是邢窑白釉瓷精品的代表。

其中另一亚类共包括 16 个瓷片。其中除 4 个瓷片(序号为 2,3,4,5)为内邱出土外,其余 12 个瓷片全部是临城出土的唐代细白瓷片。它们的 Al_2O_3 含量在 30%~34% 之间变动,SiO_2 的含量则在 61%~62% 之间变动,两者相加则在 93%~95% 之间变化。助熔剂 R_xO_y 已较前一亚类瓷片为高,已增至 7% 左右。这有助于在当时烧成条件下使瓷器接近于正烧温度。Fe_2O_3 和 TiO_2 的总含量约在 0.50%~1.00% 左右变化。

第Ⅱ类几乎包括了临城出土的全部细白釉瓷。因此从唐代临城生产的细白釉瓷的化学组成来看,它们变化是不大的,可见它选用的原料和采用的配方也可能都是同一产地和变化不大的。总的看来临城的细白釉瓷胎中 Al_2O_3 含量要比内邱的细白釉瓷为高。

临城附近盛产各种制瓷原料包括优质高岭土。祁村木节土无论从化学组成,矿物组成和受热行为来看都是很典型的以片状六角形高岭石为主的高岭土,而且 Fe_2O_3 和 TiO_2 的含量都非常低,确是一种烧制优质白瓷的原料。临城细白釉瓷的 Al_2O_3 高含量和 Fe_2O_3 和 TiO_2 的低含量从一个方面说明它们有可能采用类似这种高岭土作原料。在胎的显微结构中直接观察到蠕虫状高岭石残骸则是从另一个方面说明临城出土的邢窑细白瓷胎中有可能使用了高岭土。图 5-4 是序号为 11 临城出土的 HN5 邢窑细白釉瓷显微结构照片。图 5-4 中央的高岭石残骸也是十分典型的。

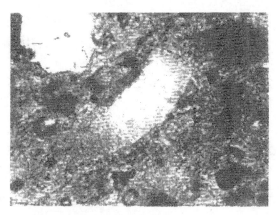

图 5-4　邢窑细白釉瓷 HN5 瓷胎中高岭石×500

高岭土的得名虽始自江西景德镇的高岭山,而它在河北临城被采用作为制造精细白釉瓷的主要原料则要比景德镇早 600 余年,使我国成为世界上最早使用高岭土制造硬质瓷的国家。

值得指出的是第 Ⅱ 类的唐代邢窑细白瓷的化学组成已与德国迈森(Meissen)和塞夫勒(Sevres)的近代硬质瓷的化学组成非常相近。也就是说远在隋唐时代,我国即已在北方的邢窑生产外表美观,性能优越的硬质瓷。

第 Ⅲ 类是编号为 17 和 18 两个内邱出土的胎中含有很高 R_2O,特别是 K_2O 很高的两个隋代邢窑细白釉瓷,它们的 Al_2O_3 含量略低于 27%,SiO_2 含量分别为 65.80% 和 62.90%,K_2O 含量分别为 5.20% 和 7.25%,$Fe_2O_3+TiO_2$ 的含量亦非常低,分别为 0.55% 和 0.61%。这一化学组成在北方白釉瓷中是极为罕见的,因此在 38 个邢窑瓷片中它们单独聚为一类,也就理所当然。由于这两个瓷胎组成中含有较高量助熔剂,使它们能很好的烧结。它们的吸水率只有 0.6% 左右,又使得它们的外观胎釉洁白,有半透明感而与多数邢窑白釉瓷又不尽相同。根据这两个瓷片的组成中含有很高的 K_2O 和在显微结构中发现较多长石残骸,可以推断当时在配方中曾使用过长石[①]。结合前面所提到的在显微结构中发现高岭石残骸以及邢窑窑址周围所有的原料情况,合理的推断隋、唐时期邢窑已生产高岭-石英-长石质白釉瓷。在邢窑细白釉瓷中,这类瓷器已不仅是这两个瓷片所独有,而是在上面所提到许多瓷片中都可能存在,所不同的可能是所用的长石量相对较少而已。这种高岭-石英-长石质瓷正是我国北方白瓷的特征,也是用以区别我国南方高岭-石英-云母质瓷的表征。

第 Ⅳ 类是序号为 22 的临城出土的五代白釉粗瓷。它和临城出土的隋代粗白瓷(25 号)一样,独处一类,同样显示它的特殊性。两个瓷片的主要区别在于 22 号瓷片含有较高 Al_2O_3,较低 RO 和较高的 Fe_2O_3 和 TiO_2。同样在胎釉之间施有化妆土。这两个瓷片分别代表临城出土的邢窑粗瓷早期和晚期的两个产品,说明兴盛之前和衰落之后的两种工艺概况。

第 Ⅴ 类包括了隋、唐时期内邱和临城出土的 11 个瓷片,其中大部分是带有化妆土的粗白釉瓷和粗青釉瓷。它们胎中都含有较高 Fe_2O_3 和 TiO_2。如序号为 10 和 16 的两个瓷片,其含量则分别为 3.46% 和 2.70%,它们是邢窑白瓷中含 Fe_2O_3 和 TiO_2 最高的两个瓷片。另外这些瓷片 Al_2O_3 的含量都较低,如序号为 1 和 19 的两个瓷片,其含量分别为 24.63% 和 25.10%,而 SiO_2 的含量则相对较高,特别是 19 号瓷片胎中 SiO_2 的含量竟高达 69.90%,是所有邢窑白瓷中含 SiO_2 最高的一个。

在临城境内陈刘庄附近的隋代窑址调查中曾发现一窖藏粘土,其化学组成和陈刘庄附近的粘土十分相近,它们 SiO_2 含量在 59% 左右,Al_2O_3 含量约为 34%,Fe_2O_3 和 TiO_2 的含量在 2.8% 上下,其他熔剂的含量则甚少,可见用这种粘土作为主要原料烧制的瓷器也只能是灰胎,必须使用化妆土,这符合这一类早期青釉和白釉粗瓷的情况。

通过对河北临城和内邱出土的 38 个白釉瓷(包括少数青釉瓷)胎的化学组成进行的聚类分析,清楚地显示出在总体上邢窑瓷胎的化学组成变化是大的并具有分散性。如果将少数化学组成特殊白釉瓷分开,那末 80% 的邢窑白釉瓷,特别是临城出土的细白釉瓷还是都聚集在第 Ⅰ 类中,它们的特征主要是 Al_2O_3 的含量都大于 30%,Fe_2O_3 含量都小于 1%,这就是邢窑细白釉瓷的主要代表。在 Al_2O_3 含量低于 30% 的另一类瓷片中多数都是属于早期的粗瓷,而且多数带有化妆土,说明这时对原料的选择是不够严格的。

---

① 陈尧成、张福康、张志中等,邢窑隋唐细白瓷研究,景德镇陶瓷学院学报,1990,11(1):45~53。

这种化学组成总体分散,区域集中的情况是由邢窑白釉瓷所用原料所决定。在前面有关原料的叙述中,曾提到这一地区地层严重断裂分割,致使制造精细白釉瓷的优质粘土产状零乱,层位不定,蕴藏量极为稀少。在古代交通不便,制瓷原料一般都就地取材,以及那时制瓷工人对瓷器配方又处于知其然而不知其所以然的情况下,只能在制造过程中,在窑址附近寻找和选择他们认为合用的原料。在没有找到适合他们使用的优质粘土之前,他们可能多方试探,使用各类原料来制造瓷器,而且为了提高白度还使用化妆土,这就不可避免地形成邢窑在总体组成的分散性。但当他们一旦发现某些原料适合制造精细白釉瓷,就能相当稳定地生产一段时间,这个时间可能很短,也可沿续上百年。这可能就是隋代出现的细白釉瓷中使用较多的长石在其他的细白釉瓷中却又没有继承下来的主要原因,也可能是邢窑细白釉瓷在隋、唐时代能得到如此的成就,而后来就走向衰落的真正原因。从大范围讲,北方白釉瓷的出现也和南方青釉瓷的出现一样,都是取决于当地的原料。北方由于盛产含 Fe_2O_3 和 TiO_2 都低的优质高岭土,首先出现了色白质优的硬质白釉瓷。而南方盛产含 Fe_2O_3 和 TiO_2 都较高的瓷石,就能在早于北方400多年前出现青釉瓷,而南方白釉瓷的出现,则要在迟于北方约300年后的景德镇。这一历史事实也只能用我国南北方所产的原料不同来解释。

(二)邢窑白釉瓷釉的化学组成变化及其与原料的关系

邢窑瓷釉也和邢窑瓷胎一样,总体上它们的化学组成是比较分散的,而在具体上,特别是临城的细白瓷釉的化学组成则又是相当集中。图5-5和图5-6分别为邢窑白瓷釉化学组成分布图和聚类谱系图。

如果以欧几里得距离为10分割邢窑瓷釉聚类图,则可以把它们划分为两类。第 II 类包括24个邢窑瓷釉,它们的助熔剂 R_xO_y 都小于20%。第 II 类又可分为两个亚类:第一亚类包括21个邢窑瓷釉,其中除去四个出自内邱的瓷片外,其余17个瓷片全部出自临城,包括了临城所有的细白釉瓷。助熔剂含量最低的要数序号为18的瓷片,只有11%。CaO 和 MgO 的含量分别为5.38%和2.37%。R_2O 的含量为2.22%。这一亚类含助熔剂最高者为9号瓷片,它的助熔剂总含量为16.34%。其中 CaO 和 MgO 含量分别为11.34%和2.75%。R_2O 含量为1.56%。可见临城邢窑细白瓷釉的助熔剂中一般都含有2%以上的 MgO。如果我们把以 CaO 作主要助熔剂的瓷釉称为钙釉,那末邢窑临城细白瓷釉则应称为钙镁系釉,多数邢窑内邱细白瓷釉也有这个特点,因而也可以说是邢窑细白瓷釉的特点。推测它们可能使用临城附近的含有 CaO 和 MgO 的釉土,如临城水南寺釉土或配以白云石,由于 R_2O 含量不大,不可能使用长石。

第 II 类中的第二亚类只包括3个内邱出土的瓷片。其中两个(16号,17号)即是胎中含 K_2O 非常高的隋代细白瓷。它们的釉和胎一样也含有较高的 K_2O,其含量分别为6.4%和4.7%,可见16号釉中 R_2O(7.80%)已大大超过 RO(3.40%)的含量。釉中的助熔作用已是以 R_2O 为主。

中国瓷釉历来是 RO,主要是 CaO 起主要助熔作用。如前面提到的原始瓷釉和越窑青瓷釉都是以 CaO 作为主要熔剂,它一般来自石灰石或草木灰,故历来称之为石灰釉或钙釉。但随着时代的变迁,釉中 RO 的含量逐渐减少,而 R_2O 含量逐渐增加。甚至到后来釉中 R_2O 的含量反而超过 RO 的含量而起主要的助熔作用。因此就有钙碱釉和碱钙釉的称谓。但历来无统一的划分标准。为了建立一合理的划分标准,在计算大量中国南北方历代瓷釉和草木灰的釉式的基础上,提出用 RO 分子数大于0.76,0.5~0.76和小于0.5三个范围分别作为钙釉,钙碱釉和碱

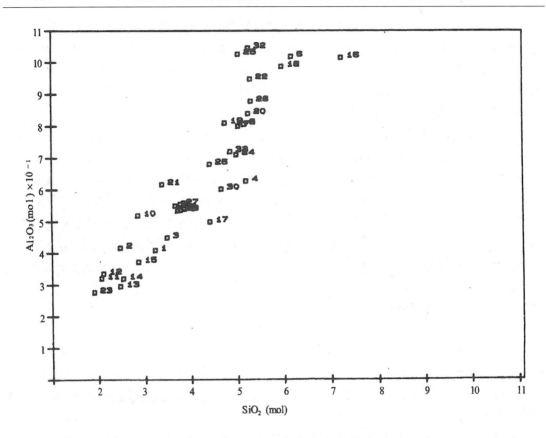

图 5-5　邢窑白釉瓷釉化学组成分布图

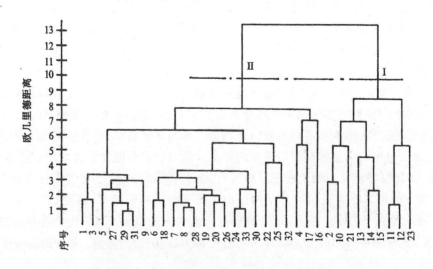

图 5-6　邢窑白釉瓷釉化学组成聚类谱系图

钙釉的划分标准[①]。

① 罗宏杰、李家治、高力明,中国古瓷中钙系釉类型划分标准及其在瓷釉研究中的应用,古陶瓷科学技术 2—国际讨论会论文集(ISAC'92),李家治,陈显求主编,上海古陶瓷科学技术研究会,1992,85～90。硅酸盐通报,1995,(2):50～53。

根据上述标准,16 号瓷釉的 RO 分子数已小于 0.5,应属碱钙釉。注意到 17 号瓷釉中 R_2O 的含量为 6.10%,RO 的含量为 9.70%。RO 的分子数位于 0.5～0.76 之间,应属钙碱釉。考虑到其中 MgO 的含量为 2.37%,可称之为钙镁碱釉。根据这两个釉的化学组成,推测当时在釉的配方中也可能使用长石和白云石。

从钙釉发展到钙镁釉,钙镁碱釉和碱钙釉是靠在釉中增加 K_2O 和减少 RO 的含量,这是制釉技术的一大进步。它使得釉的烧成性状能有所改进。如提高釉的粘度以增加釉的厚度,使釉更加光润晶莹,为增加釉的玉石感起了非常重要的作用,这和在瓷胎中引入高岭土具有相同的重要性,两者同是我国制瓷技术发展中两个非常重要的突破。

钙碱釉在我国南方要到 500 余年后的南宋官窑及龙泉青瓷才开始出现并得到普及。至于碱钙釉则迟至 700 余年后的景德镇元代才开始出现,到了明、清才有较多的出现,但大多数还是钙碱釉。这种高质量的碱钙釉并没有得到普及。无独有偶,邢窑这种高质量的碱钙釉白釉瓷只是在隋代出现一次,随后在唐代并没有得到继承。这种现象只能归因于古代手工生产和陶工个人掌握技术,以及在很大程度上受到当地原料制约的这些因素。一旦某个掌握这种瓷器胎釉配方的陶工因故不能继续烧制或者不能再次获得这种原料,就无法再生产这种瓷器而失传。这种情况在我国工艺技术史上曾屡见不鲜。

第 I 类共包括 9 个瓷釉。它们的 R_xO_y 的含量都大于 20%。除个别(21 号)外,都是早期的粗瓷,一般都带有化妆土。

从整体来看邢窑瓷釉应该有一个从隋代早期或更早的发展过程。早期瓷釉中助熔剂含量较高,特别是 RO 的含量都在 18% 左右。Fe_2O_3 和 TiO_2 的含量也比较高,往往使釉带有青灰色。到了隋代后期和唐代工艺已臻成熟,釉中的助熔剂大大降低。RO 中的 CaO 和 Fe_2O_3 的含量更是显著降低,从而形成邢窑白釉瓷光润洁白的釉,博得"类银""似雪"的赞誉。

(三)定窑瓷胎的化学组成变化及其与原料的关系

图 5-7 和图 5-8 分别为 19 个定窑瓷胎的化学组成分布图和聚类谱系图。除个别(48 号)外,定窑瓷胎的化学组成的分散性是不大的,它们基本上聚集在两个区域。一个区域处于化学组成分布图(图 5-7)的中部,表示它含有较低的 Al_2O_3 和较高的 R_xO_y,其中主要是 RO 含量较高,其高者可达 4.59%。另一个区域则处于该图的左下部,说明它们含有较高的 Al_2O_3 和较低的 R_xO_y,主要也是 RO 含量较低。在整个 19 个定窑瓷胎中,SiO_2 含量的变化是不大的,而 Al_2O_3 的含量则在 27%～36% 之间波动,表现出北方瓷的特点。Fe_2O_3 和 TiO_2 含量一般都超过 1%,而在 2% 左右变化,其中最高者可达 3.59%,且往往施有化妆土。因而定窑瓷胎的色调则不是洁白,而是随着烧成时的燃料和气氛情况呈白中微泛黄色,从而表现定窑瓷的特色。

对定窑瓷胎化学组成聚类谱系图(图 5-9),采用欧几里得距离为 4 进行切割,可将定窑瓷胎分成 4 类。

第 I 类包括所有 Al_2O_3 含量大于 32% 的 10 个瓷胎,其中 Al_2O_3 含量最高的为 36.33%,SiO_2 含量则在 59%～62% 之间波动,含 Fe_2O_3 较低的大部瓷片都集中在这一类,它们即是化学组成分布图上聚处在左下方的一类,因而它们是定瓷中精品的代表。55 号是窑具支圈,它也和瓷胎聚集在一类,说明它可能就是用制瓷的坯料制成。结合定窑窑址周围所产的制瓷原料情

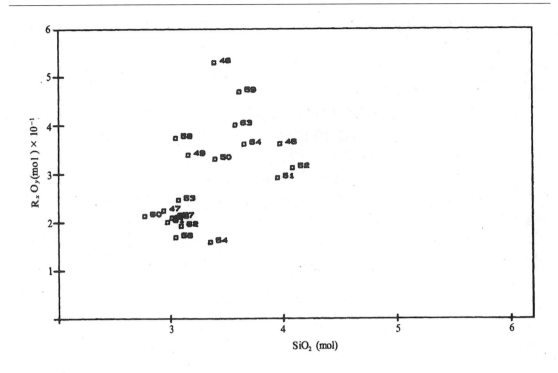

图 5-7　定窑白釉瓷胎化学组成分布图

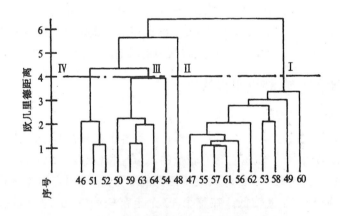

图 5-8　定窑白釉瓷胎化学组成聚类谱系图

况,认为这类瓷胎有可能是用很纯的高岭土,灵山砂石作为主要原料[1],再配合适当的白云石或含有一定量的 CaO 和 MgO 的矿物。由于它们的 R_2O 含量都不高,而且在瓷胎的显微结构中也未发现有长石残骸,因而在定窑瓷胎配方中并未采用长石。

　　第 II 类为序号 48 的一个瓷片独处一类。它的 RO 含量为 5.69%,其中 CaO 含量竟高达 4.82%,是定窑瓷胎中最高的一个。其他多数定窑瓷胎中也都含有一定量 RO。

　　① 李国桢、郭演仪,历代定窑白瓷的研究,中国古陶瓷研究,中国科学院上海硅酸盐研究所编,科学出版社,1987 年,第 141～148 页。

　　第Ⅲ类包括 5 个瓷片。Al_2O_3 含量为 29%～31%，已较第一类为少。R_xO_y 则相对增高，主要是 RO 和 R_2O 较高，Fe_2O_3 和 TiO_2 的含量也还是较低的一类。因此这一类定窑也是质量较高的一部分。序号为 54 的瓷片是现代的仿制品，它单独处于一个亚类中，说明仿制品的化学组成既接近这一类古代定窑瓷，但也是有区别的。

　　第Ⅳ类包括三个瓷片。Al_2O_3 含量为 27%～28%，是所有经过分析的定窑瓷片中 Al_2O_3 最低的一类。51 号和 52 号聚处于一亚类。其中 52 号是一碗底残片，在底的外部刻有"尚食局"三字，说明它是作为宋王室使用的贡瓷。由于这两个瓷胎中含有 2% 左右的 Fe_2O_3 和 TiO_2，同时又在以煤作燃料的弱氧化气氛中烧成（后面将作详细论述），因而都呈白中泛黄色调，即所谓"象牙白"。另一个亚类是序号为 46 的带有化妆土的定窑早期产品。其特点是 Fe_2O_3 和 TiO_2 都较高，分别为 2.58% 和 1.01%，是定窑瓷胎中含 Fe_2O_3 和 TiO_2 最高的一个。

　　总的来看，定窑白瓷胎中含有较高的 Al_2O_3，具有我国北方白釉瓷的特征。定窑窑址主要集中在曲阳的涧磁村和燕川村约 10 公里的狭长区域内，优质高岭土的储量较多。因而在总体上，瓷胎的化学组成变化是不大的，基本上可以根据胎中 Al_2O_3 含量大于 30% 和小于 30% 分成两大类。胎中含有较高 CaO，既是定窑白釉瓷的化学组成另一特征，也是它和邢窑白釉瓷的共同特征之一。CaO 的存在既可以作助熔剂，促使瓷胎烧结，又可以作矿化剂，促进胎中莫来石的生成，有利于提高定窑瓷胎的机械强度[①]。

（四）定窑瓷釉的化学组成变化及其与原料的关系

　　定窑瓷釉的化学组成和它们的胎一样，其变化范围比较小。其中助熔剂 R_xO_y 从最低的 9.10% 增加到最高的 16.07%，整体上看要比邢窑瓷釉中的 R_xO_y 低得多。这可能是由于定窑创始较晚，受到唐代后期邢窑的影响较多。

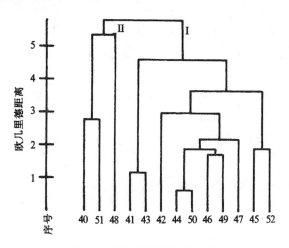

图 5-9　定窑瓷釉聚类谱系图

　　从定窑瓷釉聚类谱系图 5-9 上可以看出，它们基本上分成两类。第Ⅰ类包括 10 个瓷釉，它们的 R_xO_y 均小于 12.25%。第Ⅱ类只包括 3 个瓷釉，它们的 R_xO_y 大于 14.10%。其中序号为

　　① 李国桢、郭演仪，历代定窑白瓷的研究，中国古陶瓷研究，中国科学院上海硅酸盐研究所编，科学出版社，1987 年，第 141～148 页。

48 的瓷釉是一个近代仿制品,另一个序号为 40 的瓷釉为早期带有化妆土的粗瓷。因而实际上定窑精细白釉瓷釉只有一大类共 11 个。其 R_2O_y 含量在 9.10%～14.10%之间变化。

定窑瓷釉中 CaO 的含量都不太高,MgO 的含量一般在 2%左右,R_2O 的含量一般在 3% 左右,因此它们属钙镁釉或钙镁碱釉。考虑到定窑窑址附近的原料情况,在瓷釉配方中引入一定量的白云石或滑石等也是可能的。

定窑瓷釉中 Fe_2O_3 和 TiO_2 的含量一般在 1.00%左右变化,特别是 TiO_2 的含量都很低,在不少瓷釉中竟检测不出,这当然是北宋定窑细白釉瓷的高质量外观的保证。至于它们有些釉色白中闪黄,除去在氧化气氛中烧成外,它们采用煤作为燃料可能是主要原因。

(五)巩县窑瓷胎釉的化学组成变化及其与原料的关系

巩县窑白瓷基本上可以分成两类。第一类为粗白釉瓷,胎中 Al_2O_3 含量较低,约在 26%～30%之间变化。SiO_2 含量则在 63%～67%之间波动。Fe_2O_3 和 TiO_2 的总量约在 2%上下波动,TiO_2 含量往往大于 Fe_2O_3 的含量。瓷胎中助熔剂主要是 R_2O,通常在 2%～3%之间。由于助熔剂较低,一般都处于生烧状态,具有较高的吸水率,高者可达 6.40%。

第二类为细白釉瓷,胎中含 Al_2O_3 非常高,含 SiO_2 非常低,一般分别在 34%～37%和52%～56%之间。如序号为 44 的唐代细白瓷胎中 Al_2O_3 含量竟高达 37.49%,SiO_2 的含量竟低达 52.75%。它是到目前为止收集到的我国南北方白釉瓷和青釉瓷中 Al_2O_3 含量最高和 SiO_2 含量最低的一个瓷器,堪称是北方高 Al_2O_3 和低 SiO_2 瓷的特例。由于它同时含有较高量的 K_2O 和 Na_2O(分别是 5.12%和 2.23%),因而已烧结,断面有玻璃光泽,有半透明感,其吸水率只有 0.33%,Fe_2O_3 含量为 0.73%,TiO_2 含量为 0.85%。巩县窑白瓷都在柴窑中用氧化焰烧成,遂使这个瓷器胎呈白色而泛微黄。

瓷胎的显微结构中亦存在有较多的高岭石残骸和自长石残骸中析出的鸟巢状莫来石。结合我国北方及巩县附近所产制瓷原料的特点,同样可以合理地推论巩县窑瓷胎的配方中亦已使用高岭土和长石,表现出我国北方瓷胎配方的特点,又一次说明在隋、唐时期在我国北方在陶瓷配方中确已使用高岭土和长石。

第二类巩县细白瓷的釉亦非常有特色。它们的 R_2O 含量,特别是 K_2O 的含量已有所增加。如 38 号细白瓷釉的 RO 含量为 10.49%(CaO 为 9.35%),而其 R_2O 的含量则为 6.03%(K_2O为 4.28%),可见釉中的助熔作用已不是主要依靠 CaO 的助熔作用,而是兼靠 R_2O 的作用。

这类细白瓷釉中也含有一定量的 MgO。因而根据前面所提到的划分标准,属于第二类巩县细白瓷的 3 个瓷釉应属钙镁碱釉。结合邢窑和定窑细白釉瓷,这类钙镁碱釉形成我国北方白釉瓷的特色,也是我国早期白釉瓷的特色。它们都是我国制瓷技术史上值得一提的突出成就。

第三节　邢、巩、定窑白釉瓷的烧制技术及其窑炉和窑具

邢、巩、定窑的烧制技术,都不见文献记载。今天只能凭藉在各窑址所留下的瓷器残片,烧成时用的窑和窑具残体以及窑中留下的灰烬进行探讨。

已如前述,邢、巩、定窑瓷器均属高铝质瓷,一般都要求有较高的烧成温度。邢窑和定窑的精细白釉瓷却有着不同的色调,又反映着它们在烧成时的气氛和所用燃料的不同。因此,对这些问题的探讨,对研究它们的烧制技术是十分重要的。

一　邢、巩、定窑的烧成温度和烧成气氛

重新加热以碗底或盘底瓷片磨制成的棒状试样,可以得到一条涨缩曲线。在这条曲线上可以得到这一瓷片的烧成温度。表 5-4 即是邢、巩、定窑三个窑址所得瓷片的烧成温度。表中还列入与烧成性状有关的性能。

表 5-4　邢、巩、定窑瓷器的烧成温度及相关性能

序号	原编号	窑口	烧成温度(℃)	显气孔率(%)	吸水率(%)
1	HN1	邢窑	1370±20	17.78	8.40
2	HN4	邢窑	1260±20	5.29	2.31
3	HN5	邢窑	1340±20	0.81	0.35
4	YN2	邢窑	1280±20	4.07	1.64
5	YN3	邢窑	1230±20	3.72	1.61
6	YN6	邢窑		1.32	0.56
7	YN10	邢窑	1360±20	11.54	5.20
8	YN12	邢窑	1360±20	3.26	1.43
9	LTB-2	邢窑	1320±20	7.69	3.52
10	LTB-3	邢窑	1320±20	5.73	2.47
11	NTB-1	邢窑	1150±20	15.85	8.26
12	NTB-2	邢窑	1230±20	11.76	5.35
13	NTB-3	邢窑	>1310±20	3.01	1.34
14	NTB-9	邢窑	1210±20	9.77	4.48
15	NTB-11	邢窑	>1310±20	2.79	1.22
16	HG1	巩县窑	1290±20	9.09	4.17
17	HG2	巩县窑	1260±20	13.45	6.40
18	HG3	巩县窑	1380±20	0.78	0.33
19	HG4	巩县窑	1290±20	3.67	1.61
20	HG5	巩县窑	1340±20	6.20	2.74
21	HG6	巩县窑	1290±20	0.83	0.33
22	D(82)I-1	定窑	1300±20	0.68	4.04
23	D(82)I-2	定窑	1300±20	0.54	0.24
24	D(82)I-8	定窑	1320±20	5.80	2.49
25	D(82)II-4	定窑	1250±20	7.50	3.29

邢窑瓷器的烧成温度相差较大,特别是带有化妆土的粗白釉瓷和青釉瓷的烧成温度都较低,甚至低达 1150℃(NTB-1),而精细白釉瓷的烧成温度都比较高,一般都在 1350℃上下,最高者可达 1370℃(HN1)。从整体来看,在邢窑开创初期所烧制的带有化妆土和青釉的粗瓷则具有较低的烧成温度,兴盛时期所烧制的精细白釉瓷则具有较高的烧成温度。在整个中国制瓷史上也算是最高的烧成温度之一。到了晚唐的衰落时期,烧成温度又有所降低。这一现象将在

随后述及的一个在临城祁村发掘的瓷窑而得到进一步证实。由于邢窑瓷胎中含有很高的 Al_2O_3，即使在这样的高温下，也未能使瓷器烧结，因而多数处于微生烧状态。但也有少数由于其中含有多量 K_2O，而使这些瓷器达到正烧的状态。

从邢窑白釉瓷化学组成中的 Fe_2O_3 已大部分转变为 FeO 的情况看，它们是在还原气氛中烧成的。这就形成了邢窑白釉瓷所显示的白中微带青色的特色。这一结果亦将在它的釉的反射率测定中得到证实。

巩县白瓷的烧成温度一般在 $1300\sim1350℃$ 之间，其中最高者已达 $1380℃$。这一烧成温度是我们目前所能收集到中国古瓷的最高烧成温度。因无巩县白瓷的化学组成中 FeO 含量的数据，尚不能肯定它一定是在什么气氛中烧成，但从外观上仍可看到白里微泛黄色，很可能是在氧化气氛中烧成。

定窑白釉瓷的烧成温度一般在 $1300℃$ 左右。宋代定窑白釉瓷的烧成温度略高于金代的定窑白釉瓷，体现着定窑白釉瓷从鼎盛到衰落在烧成温度上的变化。定窑白釉瓷在开创阶段，晚唐时的烧成温度即已达到 $1300℃$，而没有像邢窑白釉瓷那样在开创阶段都具有较低的烧成温度。说明定窑在开创初期即已继承了邢窑的高温技术成就。这在后面将要谈到的窑炉的一段中可以看得更清楚。

从晚唐和五代定窑白釉瓷的外观看，仍是白中微泛青色，说明它们还是在还原气氛中烧成。这和它受邢窑的影响有关。但自北宋以后，定窑白釉瓷的釉色却白中闪黄。从历代定窑白釉瓷釉的反射率曲线上也可清楚看到北宋以后定窑白瓷釉的反射主峰向长波段位移（下节将详细讨论）。因此有人认为白中闪黄是由于北宋以后定窑即改烧氧化气氛[1]。但在历代定窑瓷胎釉中 Fe_2O_3 和 FeO 之比的差别并不明显，找不到改烧氧化气氛的足够依据。可是有的研究者认为定窑在北宋以后，即以煤作燃料[2]。因而对于定窑白釉瓷釉色从晚唐、五代的白中泛青到北宋以后的白中闪黄的原因，与其说是改烧氧化气氛，倒不如说是改以煤作燃料为更合理。因为煤中多少含有硫化物。它们和瓷器胎釉化学组成中的铁的化合物作用，而使瓷器胎釉略带黄色。

二　邢、巩、定窑的窑炉和窑具

（一）窑炉

近年来考古工作者，在临城祁村邢窑窑址及曲阳县涧磁村定窑窑址分别发掘出唐、五代时的瓷窑残体。据称祁村邢窑窑基平面呈长条形，窑室呈长方形，后壁有两个长方形烟道。窑长 6.23 米（包括窑墙）宽 2 米。窑床用耐火砖铺成，上抹一层厚 $2\sim4$ 厘米的耐火泥。窑墙用耐火泥筑成[3]。窑基以上无存，已无法看到其上部结构。图 5-10 是该窑的示意图。从图可见，值得注意的特点是该窑的燃烧室很大，几乎是窑室面积的二分之一。在窑的后部设有两个烟囱。这种大燃烧室、小窑室和双烟囱的结构，再加上以柴为燃料都是在当时能达到高温的保证。

① 李国桢、郭演仪，历代定窑白瓷的研究，中国古陶瓷研究，中国科学院上海硅酸盐研究所编，科学出版社，1987,141 ～148。

② 张进、刘木锁、刘可栋，定窑工艺技术的研究与仿制，河北陶瓷，1983,(4):14～35。

③ 河北省邢窑研究组，邢窑工艺技术研究，河北陶瓷，1987,(2):6～26。

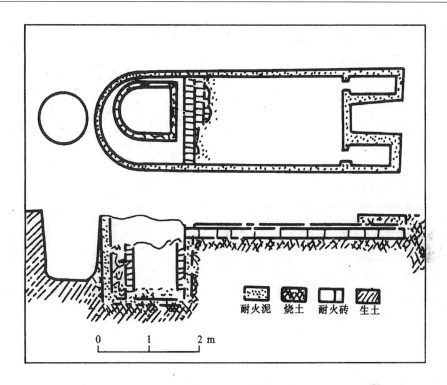

图 5-10 邢窑祁村窑址晚唐时瓷窑残体

图 5-11(a)是 1961 年河北省文物局文化工作队在定窑窑址发掘的一个五代时残窑底部[1]。图 5-11(b)是根据 1982 年发现的另一五代残窑留存的前上部和上述残窑底部相互补充而得的示意图。从图可以看出定窑在五代时所使用的瓷窑的基本情况。它和晚唐时代的邢窑在结构上亦基本相似。甚至也和在陕西铜川黄家堡所发现的宋代瓷窑在结构上没有太大差别。这就是一般所谓在我国北方所使用的馒头窑。只是在各地发现的宋代馒头窑的燃烧室上部都有炉栅存在。而在上述邢、定几个残窑体上未见有炉栅留存。因此尚不能肯定这几个晚唐和五代所使用的邢、定瓷窑是否也带有炉栅。但根据当时已能达到的高温,如果认为这几个窑也可能带有炉栅,应该是合理的推测。

根据对巩县白瓷和唐三彩瓷区的调查也发现了隋、唐时期的升焰馒头窑残体。其结构也和上述两窑的结构基本相同。但在所附的示意窑图上明确标出有炉栅存在[2]。从巩县白瓷所达到的烧成温度,炉栅的存在是完全可能的。在炉窑设计改进的过程中,炉栅的设置也和烟囱的设置一样,都是带有突破性的改进,对获得高温起着非常重要的作用。

值得重视的是:从图 5-10 邢窑的大燃烧室内还可见到一小燃烧室。发掘者认为这个瓷窑始建于中唐邢窑鼎盛时期,为烧精细白釉瓷需要高温而设计的大燃烧室。到了晚唐邢窑逐渐衰落已改烧粗白釉瓷和青釉瓷。它们的烧成已不需要如此的大燃烧室。为了节省燃料又在大燃烧室内加砌一小燃烧室。根据发掘情况,这一论断是正确的。这一发现也为前面所测得的邢窑

---

① 张进、刘木锁、刘可栋,定窑工艺技术的研究与仿制,河北陶瓷,1983,(4):14~35。

② 杨文宪,张祥生,古代部分陶瓷窑炉初探,中国古陶瓷研究,中国科学院上海硅酸盐研究所编,科学出版社,1987,329~333。

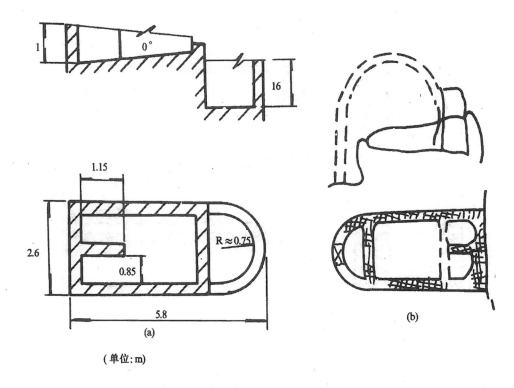

（单位:m）

图 5-11　定窑窑址五代时瓷窑残体(a)及其复原后的示意图(b)

的烧成温度的变化趋势提供了有力的旁证。

应该着重指出的是邢、巩两窑白釉瓷在烧制工艺上所取得的炉窑改进和高温的获得应是我国陶瓷烧制工艺中第二次高温的突破。它对我国制瓷术的发展具有极其重要的意义。

(二)窑具

在邢窑窑址的发掘中[1][2]，发现早期(北朝)邢窑并未使用匣钵，而是采用窑柱和三角垫片组合架烧。窑柱底为平盘状，可藉陶制楔形小件(窑戗)支平、支稳于窑床上。在烧瓷碗时，再用置于碗底的三角垫片叠放若干个，而成一组。一般在盘面上安放若干组，而排列成一层。如此可叠放 2～3 层，如图 5-12 所示。这种叠烧法既使窑柱起支架的作用，又使盘状物起到防止部分燃料灰烬落在所烧器皿上。但这还是窑内火焰与所烧器皿直接接触的装烧方法，亦即是所谓明火烧成。不管怎样，这也是在匣钵出现之前，陶工们为了改进装烧方法所作的一种有效的努力。

到了隋代末期，在邢窑窑址的堆积中已发现了桶状匣钵。其直径为 135 毫米，高为 98 毫米。这种匣钵体积不大，制作规整。一匣只放一个坯件。到了唐代初期，为了适应各种不同类型的器皿又创制了漏斗状匣钵。这种匣钵是根据器皿形状制作的。因而在器皿与匣钵之间的间隙较小，有利于窑的空间利用。由桶状改进到漏斗状也应是一个进步。随后又出现盒状和杯

① 毕南海、张志忠，邢窑历代窑具和装烧方法，古陶科学技术 1—国际讨论会论文集(ISAC'89)，李家治、陈显求主编，上海科学技术文献出版社，1992，444～448。

② 河北邢窑研究组，邢窑工艺技术研究，河北陶瓷，1987，(2)：2～26。

图 5-12　邢窑组合叠烧示意图

状等多种形式匣钵。并实现了不同形式匣钵的组合装烧方法。对防止污染和消除支烧痕迹、提高产品质量；充分利用窑内空间，提高产品数量都起到了非常重要的作用。邢窑也应是我国较早使用匣钵烧制瓷器的窑场之一。

　　到了金、元时期也曾采用支圈覆烧法。根据在金代窑址中出土的大量覆烧支圈及其粘连物可以推知叠放多个覆烧坯体的支圈直接在明火中烧成，而不像定窑的覆烧法要在成叠的支圈外再加上桶状匣钵。邢窑这一工艺可能受到定窑的影响。

　　由于用以烧制邢窑白釉瓷胎的原料中就含有很高的 Al_2O_3，其耐火度亦甚高，因而没有必要寻找耐火粘土制作匣钵。分析两个匣钵的化学组成（表 5-5），发现它们很接近邢窑早期粗白瓷胎的化学组成[1]。说明匣钵所用的原料即是未经精选的制瓷原料。同时，也从一个侧面说明邢窑精细白釉瓷对原料的选择和精制是下过一番功夫的。只是由于缺乏资料，现在尚无法对其工艺作详细论述。

　　定窑在初创时期所采用的窑具及烧制方法处于继承邢窑工艺阶段。匣钵多为漏斗状。碗为平底无釉，采用一钵一件的支烧法。到了晚唐及五代出现了玉璧底细瓷碗。除了上述支烧法外，又采用了桶状匣钵，叠装多个坯件入钵烧成。在坯体之间垫放三岔支钉或垫饼[2]。由于定窑器皿多数器壁较薄，容易产生变形。

　　到了北宋时期，定窑为了减少变形，提高产量和质量，首创了将盘、碟和浅平碗等坯体反扣在支圈内，装于匣钵内烧制的一种覆烧工艺。所采用的支圈有三种类型：即开底式的碗型、开底式的盘型和环型。盘型或碗型支圈可以覆置多件不同大小的各式坯体。环型支圈直径有大有小，坯体覆置在呈 L 型的转角上。多个重叠入匣烧成。由于各类支圈都是一次性使用，因而在窑场都有大量堆积，其中尤以环型支圈为最多。

① 陈尧成、张福康、张志中等，邢窑隋唐细白瓷研究，景德镇陶瓷学院学报，1990,11(1):45～53。
② 张进、刘木锁、刘可栋，定窑工艺技术的研究与仿制，河北陶瓷，1983,(4):14～35。

为了避免覆烧坯体与支圈的粘连,坯体口沿必须刮去釉层。这就形成定窑盘碗之类的器皿口沿无釉,即所谓芒口。这一特点既碍观瞻,又不利于使用。从而有宋陆游《老学庵笔记》中的"故都时定器不入禁中,惟用汝器,以定器有芒也"的说法。定窑创立的覆烧工艺,以其众多优越性而流传一时,但亦因芒口之不足,而使其为更先进的支烧工艺所代替。

根据表5-5定窑匣钵和支圈的化学组成[①],可见匣钵的化学组成较接近定窑早期粗瓷的化学组成,特别是Fe_2O_3的含量上。在这点上邢窑和定窑是相同的。支圈的化学组成则较接近于宋代精细白釉瓷,其中Fe_2O_3的含量则较匣钵中的含量有明显的降低。支圈与匣钵不同,它必须和坯体直接接触。采用相同的坯料制作,同时入窑烧成,使坯体和支圈在烧成过程中,同步涨缩以防止成品变形,而且只能使用一次。定窑开创的支圈覆烧工艺,终因芒口还存在一定缺点,未能被后世广泛采用,但定窑所开创的支圈和坯体采用相同的坯料制作的这一原理,却一直沿用至今。其不同者只是将支圈改为垫片而已。

表 5-5　邢、定窑的匣钵和支圈的化学组成

序号	编号	种类	窑口	氧 化 物 含 量 （重量%）									总量
				SiO_2	Al_2O_3	Fe_2O_3	TiO_2	CaO	MgO	K_2O	Na_2O	MnO	
1	S1	匣钵	邢窑	65.52	29.45	1.34		0.66	0.58	1.87	0.22	0.01	99.65
2	S2	匣钵	邢窑	68.56	27.39	1.10		0.50	0.47	1.58	0.18	0.01	99.79
3	1	匣钵	定窑	67.71	25.78	2.49	0.91	0.67	0.73	1.80	0.28		100.37
4	2	匣钵	定窑	64.66	29.41	2.10	1.27	0.60	0.70	1.39	0.17		100.10
5	1	支圈	定窑	62.88	31.56	0.78	1.06	1.43	0.75	1.60	0.50		100.56
6	2	支圈	定窑	61.79	31.24	0.62	0.99	2.68	1.13	1.39	0.60		100.44
7	SP-1	支圈	定窑	60.62	34.14	0.67	1.15	1.54	0.39	1.12	0.13	0.01	99.77

巩县窑兼烧白瓷和唐三彩陶,其烧制白瓷的时间较短,其规模及影响远不及邢、定二窑。在窑址附近亦发现匣钵、窑具和火砖等。由于未进行发掘和研究,对它使用的窑炉和窑具等无法作详细的探讨。

第四节　邢、巩、定窑白釉瓷胎釉的显微结构及性能

邢、巩、定窑白釉瓷从原料、化学组成到烧制工艺都和南方青釉瓷有很大的不同,因此它们的显微结构和由此而显示的物理性能也和南方青釉瓷有较大的差别。这些差别也具体地反映了它们在科学技术上的进步。

一　邢、巩、定窑白釉瓷胎釉的显微结构

邢窑白釉瓷的显微结构取决于它所用的原料中的高岭土和长石的用量以及烧成温度。

---

① 游恩溥、周道生、高力明,陕西耀州窑、河北定窑窑具与装烧方法的研究,中国古陶瓷研究,中国科学院上海硅酸盐研究所编,科学出版社,1987,310~317。

　　早期邢窑青釉瓷及粗白釉瓷胎中所含的残留石英棱角分明,不见融蚀边,只有少量莫来石析出,未见高岭石残骸。常见有氧化铁残留。玻璃相较少和有较多的气孔。釉为透明的玻璃釉,未见气泡及残留石英等。胎和釉之间有一层化妆土。化妆土和釉之间有一较薄的反应层。在靠近釉层一面有钙长石析出.说明邢窑白釉瓷在初创时期对原料的选择和处理是不够精细的,烧成温度也是不高的。图 5-13 是编号为 YN4 的邢窑粗白瓷的显微结构照片。

图 5-13　邢窑粗白釉瓷 YN4 胎釉及化妆土×100

　　到了隋末唐初以及盛唐时期,邢窑精细白釉瓷胎的显微结构则与早期粗白瓷有很大的不同。石英颗粒较少而且已显得圆钝,并有较宽的融蚀边。在融蚀边的外围还可见到方石英的析出。这当然是瓷胎化学组成中 SiO_2 含量低和烧成温度高的结果。有较多的二次莫来石自长石残留的玻璃相中析出。氧化铁残留和气孔都较粗白瓷少得多。玻璃相虽不多,但已较粗瓷为多。特别值得一提的是在不多的样品中还可找到呈蠕虫状的高岭石残骸。可见细白瓷在原料选择和处理以及烧成温度方面都已取得较大的突破。显微结构见图 5-4 所示的邢窑细白釉瓷 HN5瓷胎照片。

　　邢窑粗、细白釉瓷釉的显微结构基本相同,都属透明玻璃釉,偶而有极少的残留石英和小气泡。为了掩盖粗瓷胎中含有较高的 Fe_2O_3 的着色影响,往往在胎釉之间加了一层厚约 0.2～0.4毫米,颗粒较细,含 Fe_2O_3 较少的白色中间层。考古界称之为化妆土(图 5-13)。邢窑细白釉瓷胎中 Fe_2O_3 含量本来就很低,因而没有像粗瓷那样使用化妆土的必要。但在胎釉之间,却也经常出现一白色反应层。从外观上看很容易和化妆土混淆。实际上,反应层是一层由胎向釉生长许多长短不一的钙长石析晶层。它是胎中高含量的 Al_2O_3 和釉中高含量的 CaO 相互扩散而形成的。图 5-14 为邢窑细白釉瓷 NTB-3 瓷釉及反应层的显微结构照片。按理邢窑瓷釉都是透明釉。一般厚度也只有 0.2 毫米左右。应当在外观上有一种透明的感觉,但实际上邢窑精细白釉瓷看上去都会产生一种柔和不透明的感觉。就是因为这一钙长石反应层起着对入射光的散射作用,而使本来是透明的釉产生一种乳浊效应,使邢窑精细白瓷釉在外观上显出一种如玉的莹润柔和感觉。

　　有人推测邢窑细白瓷釉的这种乳浊现象是由于釉中存在液相分离所引起[①]。在我们的显微结构观察中未见釉中有液相分离现象。

　　① 河北省邢窑研究组,邢窑工艺技术研究,河北陶瓷,1987,(2):6～26。

图 5-14　邢窑细白釉瓷 NTB-3 瓷釉及反应层×100

　　巩县窑细白釉瓷胎的显微结构大致和邢窑的细白釉瓷胎相似,除莫来石晶体外,也可见到蠕虫状和扇形的高岭石残骸。它与邢窑细白釉瓷不同的是在胎中还可见少量云母残骸。这是白方瓷胎中少见的。釉透明光亮,白而微黄,偶而见到细小的未完全熔融的石英和小气泡。在胎釉交界处也可见到有明显的由钙长石形成的反应层,有时还可见到钙长石双晶。图 5-15 为巩县窑细白瓷 HG7 胎釉显微结构图。

图 5-15　巩县窑细白釉瓷 HG7 胎釉及反应层×200

图 5-16　定窑白釉瓷(宋)胎釉显微结构　×450

　　定窑白瓷胎中所含的晶相,自晚唐至北宋变化不大,都含有莫来石、石英和方石英以及数量不多的玻璃相。未见有观察到高岭石和长石残骸的报道。这当然和定窑在整个生产过程中,所用的制胎原料和配方以及烧成温度都变化不大有关。在晚唐、五代瓷胎中所见到的扁平形气泡,则是由于坯泥处理不够精细而引起的。在宋代及金代的定窑瓷胎中也和巩县白瓷一样可以观察到云母残骸。但它和邢、巩白瓷不同的是胎中的莫来石晶体生长较大,纵横交错在整个胎体中,而且有些针状晶体还自胎向釉中生长。注意到定窑白瓷胎中总含有 $1\%\sim2\%$ 的 CaO,这些发育良好的莫来石晶体可能是受到 CaO 作为矿化剂的促进作用。

定窑白瓷釉一般都较薄,约在 $0.05\sim0.10$ 毫米之间波动。很少残留物及小气泡,属透明釉。胎釉之间亦有钙长石反应层。尽管定窑白釉瓷的釉层都很薄,但在外观上还是有乳浊的感觉,也应是这一反应层的作用。图 5-16 为宋代定窑白釉瓷胎、釉的显微结构图。

二　邢、巩、定窑白釉瓷的有关物理性能

从列在表 5-4 中的 3 个窑址白釉瓷与烧成性状有关的显气孔率和吸水率来看,多数的数值似乎都偏大,应属于生烧的情况。由于这些数据都是测自窑址取来的碎片,无一属传世的成品。因而有可能本来就是属于生烧而遭废弃的制品。表中所列那些烧成温度偏低而吸水率相当高的应属于这一类,其中包括部分粗瓷。如编号为 NTB-1,NTB-2,NTB-9,HG2 和 D(82) II-4 等。另有烧成温度也相当高,但吸水率仍属略为偏高的一类,则有可能是由于胎中 Al_2O_3 含量高,而助熔剂含量又少,遂使得这些瓷片都处于微生烧状态。应该说这类瓷片占所测瓷片中的大多数。结合在显微结构观察中,发现的三个窑址瓷片中所含的玻璃相都不高。可以认为邢、巩、定窑白釉瓷多数处于微生烧状态。因而也就给人以北方高 Al_2O_3 瓷的透明度都不高的外观直感。尽管如此,三个窑址中都还可以找到一类烧成温度高、吸水率低、完全符合现代瓷标准的属于正烧的精细白釉瓷片。如邢窑的 HN5 和 YN6、巩县窑的 HG3 和定窑的 D(82) I-3。

需要说明的是,在所收集的一部分属于精细白釉瓷,往往由于瓷片太薄或不规整,无法取得供测试的合格试件,而未能取得这方面的数据。另外也由于多数精细白瓷,如没有显著缺陷,也不会留在窑址作为碎片。正是由于这些理由,可能给根据采用这种研究方法得出的数据所作的评价带有一定局限性。

三个窑址的白釉瓷都是以白度高而著称。邢窑白釉瓷有"类银"、"似雪"的赞誉。定窑也有"粉定"之美称。表 5-6 为三个窑址具有代表性白瓷胎釉的亨达(Hunter)白度。由于取样困难,每个窑址只选取了一两个有代表性的精细白釉瓷片。测试了胎(去釉)和釉面(留胎)的白度。表中还列入景德镇明永乐甜白釉瓷的白度以资比较。这些结果说明,去釉的胎面的白度都比釉面为高。这是因为釉的化学组成中的着色元素一般都比胎中要高,并在烧成后期的冷却过程中受到空气氧化的影响。在邢、巩、定窑白釉瓷中以邢窑釉面白度为最高。也比享有盛誉的景德镇明永乐甜白釉瓷的白度为高。这和人们对邢窑的赞誉是一致的。

瓷器在可见光部分的分光反射率不仅可以表示瓷器的外观白度,而且可以说明它们所带的色调。图 5-17 为邢、巩、定窑瓷器釉的可见光部分分光反射率曲线。为了比较还在图中列出德化窑白釉瓷和景德镇窑永乐甜白釉瓷的反射率曲线。从图可见,邢窑白釉瓷在可见光区域的反射率最高,依次是德化窑白釉瓷、巩县窑白釉瓷、定窑白釉瓷和景德镇窑永乐甜白釉瓷。巩县窑和定窑白釉瓷在短波段(400~500 纳米)有较低的反射率,说明它们是白里泛黄。与此相反,邢窑白釉瓷在这一波段有较高的反射率说明它是白里微泛青色。景德镇窑和德化窑的白釉瓷亦属这一类。这些数据证实了人们对这些白釉瓷的观察和评价。

表 5-6　邢、巩、定窑细白釉瓷胎釉的亨达白度

序号	编号	窑口	亨达白度（%）	
			胎（去釉）	釉（留胎）
1	NTB-5	邢窑	74.08	69.00
2	HN5	邢窑	73.37	66.28
3	HG5	巩县窑	76.48	59.25
4		定窑	69.75	57.29
5	MY1	景德镇永乐甜白釉瓷		57.94

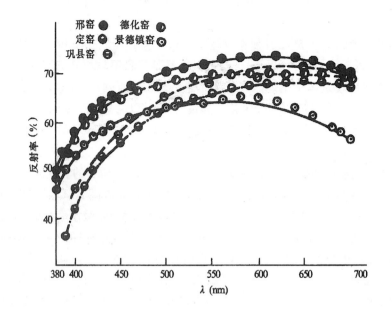

图 5-17　邢、巩、定窑细白釉瓷釉的分光反射率

第五节　邢、巩、定窑白釉瓷的器型和装饰特色

邢、巩、定窑白釉瓷不仅在原料、化学组成和烧制工艺上有许多创新，而且在器型和装饰上也有许多首创的特色。文物考古部门及陶瓷界在这方面做了大量研究工作。为认识它们的器型和装饰提供了可靠的依据。

一　器　型

邢窑白釉瓷早期（北朝至隋代）制品器型较单一，主要是碗、杯、钵、盘、瓶、壶、罐等七种实用器皿。一般都较厚重。底多平底或附假圈足。待至中期（唐代），亦即兴盛时期，器型显见增多。有碗、杯、盘、瓶、壶、罐、钵、盒、枕、注、盘托、砚（多足）、炉以及动物、人等瓷塑。其中碗、盘、杯的器型也多种多样。底足多为宽底足，即所谓玉璧底。这些底足制作规整平滑。底心施釉者多为精细白釉瓷。口沿多为圆口折边，因其酷似人的嘴唇，习惯上又称圆唇口。唇口断面多呈空心,可见其工艺上具有一定的难度以及陶工们的精心细作。这种圆唇口对防止碗、盘之类器皿在烧成过程中的变形会起一定作用。玉璧底和圆唇口似乎已成为唐代邢窑白釉瓷的标志。不过由于增加了成形工艺上的困难,在唐以后即为窄边大圈足和小圆唇口所替代。但这些特殊造型的邢窑白釉瓷给人以既雍容饱满又凝重大方的唐代风格美[①]。

巩县窑白釉瓷亦以碗、盘为主。但又出现高足盘、豆、水池、唾盂、粉盒、单柄杯、瓷枕、茶具和酒具等更多日用器皿。口沿则有圆尖唇、翻沿圆唇等。底足亦有平底实足、浅圈足、玉璧形足等。根据窑址调查,碗型竟多达 11 种之多。其中以敞口、环形浅圈足,里外施釉的一种为最多[②]。

人们知道,巩县窑兼烧三彩陶器,创造了许多人物和动物的小型陶瓷雕塑。这些雕塑艺术对白釉瓷的造型也可能产生一定影响。使得巩县窑白釉瓷在造型上给人以雍容、大方、饱满和厚实的感觉,充分体现了唐代的艺术风格[③]。

定窑白釉瓷的兴起在邢、巩之后。在器物造型上首先是继承邢窑的传统。不仅在器型种类上都与邢窑产品相类似,而且同样有玉璧底和空心的圆唇口。其造型风格几乎和邢窑相同。只是到了北宋以后,定窑在继承吸收了邢窑传统的基础上,创造了自己的独特风格。特别是在北宋后期创造了覆烧工艺之后,已完全摆脱邢窑的影响,而自成体系的所谓定窑系风格,并影响到全国各个窑场,也包括对邢窑在金代所烧的制品的影响。

定窑烧制的虽然仍是盘、碗、杯、瓶、壶、罐、盒、盂、炉、灯、枕等日用器物,但却增加了形象生动的仿生器物造型花瓣状盘、碗、盒以及瓜棱状碗和叶状盒、人形壶、桃式和石榴式盒、五兽足熏炉、孩儿枕、卧女枕以及一些小型人物和动物雕塑等装饰器物和瓷铃、瓷球等玩具。碗、盘之类器物胎的厚度也较邢窑器物为薄。即使口径为 30 厘米的大盘的厚度也只有 2～4 毫米。表现了定窑兴盛时期器物挺拔、清秀、文雅的艺术风格[④][⑤]。尽管这些金银扣的芒口大型盘碗口大壁薄,但却很少变形。这就不能不归功于支圈覆烧的新工艺。

二　装　饰

邢窑白釉瓷从初创到兴盛,都以洁白素面为特色。但在窑址也发现各个时期有少数简单装饰的瓷片。早期只见在胎体上作些弦纹、乳钉和系等的装饰。与其说是为了装饰,倒不如说是为了实用。唐以后,也有过少量简单的戳印,刻划和印花的装饰。主要出现在壶、瓶之类的器皿上。在内邱、临城一带至今未见宋代窑址。金、元以后,邢窑又恢复生产,由于受到定窑的影响,出现了较多的刻划、印花等装饰。这时生产的瓷器已无邢窑以往的质量和风格,因而与相邻的定窑相比已无多少创造艺术可言。

巩县窑白釉瓷都以素面为特色。在窑址的大量碎片中,未见花纹装饰。只是发现有在碗口做成四花瓣形,并在缺口处,于碗里凸起直线四条,或在碗底与足相接处凹刻一圈等简单装饰。另外在罐的肩上亦装有模压成形的形式极为规整的双系。这种系主要是以实用为目的,但由于

① 河北邢窑研究组,邢窑造型装饰研究,河北陶瓷,1987,(2):27～35。
② 冯先铭,河南巩县古窑址调查记要,文物,1959,(3):56～58。
③ 周昆、陈琪、陆祥生等,巩县隋唐时期陶瓷造型风格特征及艺术手段的初步探讨,中国陶瓷,1982,(6):71～77。
④ 毕南海,定窑造型艺术的探讨,河北陶瓷,1989,(3):41～49。
⑤ 李辉柄、毕南海,论定窑烧制工艺的发展与历史分期,考古,1987,(12):1119～1128。

规整对称,也起到一定的装饰作用。

　　值得一提的是,故宫博物院曾于 1978 年在巩县窑址采集到一片素烧绞胎花枕残片①。据此可知巩县窑曾烧制过绞胎花枕。绞胎是唐代出现的一种陶瓷装饰新工艺。它是将白、褐两色的坯泥有意识混在一起,形成一种白褐相间、变化多样的类似木纹的坯泥。用以制成器物,经上白釉烧成,即成绞胎瓷器。在陕西、河南两省墓葬中曾出土过这类绞胎器物。器型有杯、碗、三足小盘、长方形小枕以及骑马俑等。特别是小枕传世较多。在枕底刻有"杜家花枕"和"裴家花枕"等绞胎枕。有的是在枕面上形成由三组绞胎团花排成三角形的非常优美的装饰图案。这种复杂图案可能是用多块薄层绞胎坯泥在白色坯泥上拼接而成的。否则在巩县窑出土的绞胎瓷枕残片就没有必要由占枕面厚度三分之一的团花绞胎和占三分之二的白胎组合而成,也没有必要采用先素烧再釉烧的二次烧成。因为这两项措施都会增加制瓷工序。不是非常必要,陶工们是不会采用的。显然前一项措施是为了节约很难制作的团花绞胎坯泥;后一项措施是为了发现经常在烧成中出现的废品。绞胎瓷的制造工艺比较复杂,特别是要制成一定的花纹图案则更有一定的难度。因而在巩县窑出现有经验和技巧的、专门从事生产花枕的"杜"和"裴"等名家作坊,应该说也不是绝对不可能的事了。

　　定窑初期的装饰较为简单,是沿袭北朝以来的传统装饰手法,如在胎上贴塑、旋纹、刻划以及个别使用剔花等装饰。晚唐、五代时已流行花瓣状、瓜棱状、叶状等器型装饰以及圆雕的人物和玩具等。入宋以后,定窑白釉瓷的装饰方法得到了较快的发展。除已有的刻划花纹外,又创造了轮制模压印花一次成型工艺,使定窑的装饰工艺达到了一个新的高度。我们知道宋代五大名窑,多以颜色釉瓷而享名于世。唯独定窑以白釉瓷跻身于名窑行列之中。如果没有这些神态生动、技艺精湛的刻、划、印等装饰花纹和图案是很难想象的。

　　定窑白釉瓷的刻花装饰可在诸如盘、碗、瓶、罐等器皿里、外或里外同时(盘、碗)刻划各种花纹。使用的工具也有不同形状,诸如梳篦刀、竹尖刀、单线刀和双线刀等。印花装饰则多在盘、碗里面。根据窑址中出土的刻花陶范以及河北定窑研究组的实验,推论印花的纹样是先用上述不同刻花工具刻划在用瓷坯泥制成的陶范上。用这种陶范作为阳模置放在陶轮上。然后再将坯泥压紧在陶范上成型,使花纹印在器皿里面。这是一种集装饰与成型于一道工序上的先进工艺。可以大量生产同一种规格和同一种花纹的器皿。对增加产量,保证质量都起到相当大的作用。像定窑的覆烧工艺一样,轮制模压印花装饰同是定窑陶工们的智慧结晶。它给南北各窑场以广泛深远的影响。

　　定窑白釉瓷装饰花纹的精美艺术风格和效果取决于陶艺大师们的艺术修养。除他们自己的独创外,他们可从宋代高度发展的文化艺术中吸取精华。根据从窑址、墓葬和古建筑中出土的大量碎片及整器观察,定窑白釉瓷的印花纹饰就是将定州缂丝上的某些精华纹样移植于瓷器,也可能还移植自汴京皇家画院的一些作品。使得定窑印花装饰一开始就比较成熟和有很高的艺术水平②。

　　定窑在生产白釉瓷的同时,也用颜色釉来装饰瓷器。黑定、紫定和绿定都盛极一时,享名中外。但已不属白釉瓷的范畴,将在另文讨论。

　　值得一提的是定窑在北宋后期,为解决碗、盘等器皿芒口的缺点而采用的金、银或铜金属

　① 中国硅酸盐学会,中国陶瓷史,文物出版社,1982,213。
　② 中国硅酸盐学会,中国陶瓷史,文物出版社,1982,233。

包镶口沿的所谓金、银或铜扣,也不失为定窑的一种特殊装饰工艺。

第六节 邢、巩、定窑对北方白釉瓷诸窑的影响及其兴衰

邢、巩、定窑不仅是我国最早生产白釉瓷的窑场,而且都有独特的工艺技术、优美的造型风格和高超的装饰艺术。影响所及十分深远,特别是对当时和邻近的诸窑产生了较大的影响。

一 邢、巩、定窑对北方白釉瓷诸窑的影响

根据考古资料,山西的浑源窑和平定窑都创烧于唐。两窑均以烧白釉瓷为主。由于两窑距邢窑和定窑较近,深受它们的影响。其中尤以平定窑受定窑的影响较大,被陶瓷史家列入定窑系,烧造历史长达 500 多年[1]。河南密县窑亦以烧制白釉瓷为主。烧造时期为唐至宋初。普遍使用化妆土。其工艺及装饰都和巩县窑大体相同,不过瓷质较粗,远不如巩县窑的产品。

唐代浑源窑白釉瓷胎中 Al_2O_3 含量在 27% 左右,SiO_2 含量在 66% 左右[2],到了辽代 Al_2O_3 则增加到 33%,SiO_2 则降低到 60% 左右[3],保持了北方白釉瓷高 Al_2O_3 和低 SiO_2 含量的特征。胎中 Fe_2O_3 的含量则自唐代的 2% 左右降低到 0.5% 左右。唐代浑源窑白釉瓷釉中的主要的助熔剂仍为 CaO 和少量的 R_2O,应属钙釉,Fe_2O_3 含量在 1% 左右。从所测的亨达白度(最高 42%)及较为平坦的分光反射率曲线来看,可见它的釉面呈灰白色。到了辽代白度已提高到 72%。体现了从初创到成熟时期的进步。辽代白釉瓷的烧成温度为 1280±20℃。胎体已烧结。浑源窑出现于晚唐时期,在工艺方面可能受邢窑影响较大。但整个工艺水平则不如邢窑。

平定窑白釉瓷胎中 Al_2O_3 含量为 33% 左右,SiO_2 含量为 60% 左右,Fe_2O_3 含量为 1% 左右。与定窑白釉瓷大多数瓷胎相类似。釉亦属钙釉。其釉面白度亦和定窑白釉瓷相近。

二 邢、巩、定窑的兴衰

邢窑白釉瓷是我国最早的白釉瓷之一,是我国陶瓷工艺发展过程中第四里程碑的支柱。曾与第三里程碑的支柱南方越窑青釉瓷齐名,并称为"南青北白"而享誉遐迩。它的兴起和发展曾对中国陶瓷工艺技术提供了许多先进的创造发明,使中国远在盛唐时代即能生产完全符合现代瓷标准的硬质瓷。但如此的高超技术和精美绝伦的瓷质在入宋以后竟会衰落得默默无闻。经过长时期相当规模的调查和发掘,至今未能发现宋代窑址和遗留的产品。待至金、元时期才又在吸收定窑的技术基础上,在原来邢窑范围内恢复生产,但在瓷质和生产规模上都远不能和唐代相比。随后遂湮没无闻达数百年之久。以致到 20 世纪 80 年代之前,人们只能处于对为数不多的文献资料中古人对它的赞美词藻的羡慕中,和对大量唐代墓葬中出土的精细白釉瓷的相见不相识的迷惑中。缘于长期以来,未能在古邢州所在地找到邢窑窑址。邢窑这一兴衰史实能

① 中国硅酸盐学会,中国陶瓷史,文物出版社,1982,237。

② 李国桢、诸培南,山西古代白瓷的研究,硅酸盐通报,1987,6(5):1~6。

③ 丛文玉、关宝琼、赵永超,辽代白瓷的研究,古陶瓷科学技术 1—国际讨论会论文集(ISAC'89),李家治、陈显求主编,上海科学技术文献出版社,364~370。

为今人提供哪些个性和共性的规律,应是很值得研究的一个课题。

定窑继邢窑兴起于北方是在宋代。它以五大名窑之一的声誉长期为世人所共赏。它的独特的芒口覆烧工艺,高超的刻印花纹的艺术,深远地影响了国内外许多窑场的生产。在中国工艺发展过程中的第五个里程碑,占有重要的一席之地。它的兴衰命运虽略好于邢窑,但在金、元以后,也停烧达数百年之久。虽然有人认为在古定州范围内也还有窑场在烧制瓷器,但所出的制品与往昔的定窑白釉瓷已不可相提并论。

巩县窑白釉瓷的烧制时间相对较短,但在盛唐时期也曾作为贡品。至今在窑址出土的碎片中也确有可与邢窑白釉瓷媲美的精细白釉瓷。除此之外,唐三彩的烧制无论在规模、品种、质量等方面均是盛极一时。待至北宋,因故停烧后,也就鲜为人知,直至 20 世纪 50 年代在巩县发现窑址后,才又受到人们的注意。

中国白釉瓷首先在北方兴起,但真正发挥白釉瓷的作用而发扬光大却又在南方的景德镇。根据目前的研究,中国最早的唐青花可能创烧于巩县窑[①],而真正开花结果则又是南方的景德镇。这一历史事实再一次为我们提出值得思考的问题。

在第四章讨论越窑青釉瓷兴衰时,曾提出资源情况,技术进步,政治经济和社会习俗等多方面因素进行探讨。兴衰的原因是多方面的,各窑所经历的情况亦各异,因此它们兴衰的主要因素可能也各不相同。

邢窑兴起初期,经历过一段烧制青釉和白釉的粗瓷阶段。这时在胎釉两方面都无法摆脱 Fe_2O_3 和 TiO_2 着色对它们的干扰。化妆土的应用可能是邢窑陶工们在追求增加白度上的一次尝试。随之,为了彻底解决这一问题,他们找到了优质高岭土或与之相类似的优质粘土,以及长石或白云石作为胎釉的原料。从而提高了胎釉的白度。与此同时,改进了炉窑的结构,提高了烧成温度,创制了多种形式的匣钵,特别是漏斗形匣钵,既保证了质量又增加了产量。凡此种种都为邢窑能烧制出"类银"、"似雪"的精细白釉瓷在工艺技术上作了必要的准备。如果没有这些含 Fe_2O_3 和 TiO_2 都非常低的优质原料和突破性的工艺技术,即使有政治经济和社会习俗上的要求,也无法得到满足。因此,邢窑的兴起,资源情况和技术进步应是主要原因。在前节中有关邢窑制瓷原料的讨论中,曾提到内邱、临城附近地质断裂构造复杂,致使赋存在石炭二叠纪含煤地层中的瓷土矿层受切割而支离破碎,单个矿块的储量一般不大。经过数百年的使用,优质粘土告罄,遂使精细白釉瓷的生产难以为继。到北宋就被在它的北面的资源丰富、工艺技术更进步的定窑所取代而走向衰落,也是理所当然。尽管在金、元时期曾一度恢复生产,但兴盛时期的风格和特色亦已不复存在。即使时至今日,河北省邢窑研究组曾使用邢窑附近的原料仿制邢窑精细白釉瓷,也只能得到在胎的白度、釉色等方面还有差距的结果。因而,可以认为邢窑衰落的主要原因应归于资源情况,也就是找不到优质原料。

定窑初期继承和吸收邢窑的工艺技术,利用窑区的丰富优质原料很快兴起。首创了覆烧工艺和印花技术,再加上移植了当时其他工艺品上的艺术精华,遂使得定窑一改邢窑白釉瓷素面无装饰的传统。尽管定窑白釉瓷在胎釉的白度方面都较邢窑白釉瓷略逊一筹,但在装饰上,精益求精,使得纹饰丰富生动。正如《饮流斋说瓷》中所称赞的"宋瓷花伕丽者,莫如粉定,粉定刁花者,穷妍极丽,几于鬼斧神工尔"。定窑白釉瓷的独具特色的装饰使它名噪一时,享誉四方,群

① 罗宗真、张志刚、郭演仪,扬州唐城出土青花瓷的重要意义,中国古陶瓷研究,中国科学院上海硅酸盐研究所编,科学出版社,1987,123～127。

起效之而形成定窑系。可见定窑的兴起首先得力于邢窑所创立的工艺技术和窑区的优质原料。其次,受益于刻、划、印花的装饰。也就是归功于丰富资源和进步的技术。

到了北宋末年,宋王朝南迁临安。北方制瓷工人避乱南迁,将制瓷技术带到南方,遂使中国瓷业中心南移。也就是前面所提到的中国白釉瓷兴起于北方,而继续发展于南方的主要原因之一。

定窑白釉瓷之兴起不尽同邢窑白釉瓷,它的衰落更不同于邢窑。当时定窑白釉瓷所用的原料并未枯竭。时至今日,经过调查仍认为定窑地带大面积地富集着陶瓷原料。覆烧工艺技术和刻印花装饰在当时仍十分先进和受人喜爱。南宋以后,覆烧工艺随着制瓷工人南迁而传到南方,被刚兴起的景德镇窑场所吸收,很快改进了它的工艺,提高了质量和产量,使被称为"南定"的景德镇瓷取代了定窑白釉瓷在北宋时的地位,而被世人所接受[1]。因此,定窑衰落的主要原因应归之于北宋末年战争的破坏。正如《曲阳县志》所说"白瓷,龙泉镇出,昔人所谓定瓷是也,后以兵燹,废。"亦为多数定窑研究者所接受。

在北方白釉瓷兴起的讨论中,有一种说法,认为白釉瓷的兴起与我国北方少数民族习俗尚白有很大关系,甚至是主要原因。人们知道,陶器和瓷器所用原料都属自然资源。在那交通不便的时代,又多是就地取材。含有一定量的 Fe_2O_3 和 TiO_2 杂质的原料易得,而纯净的,只含少量 Fe_2O_3 和 TiO_2 的原料难求。因而在中国首先出现胎色灰白、釉色青灰的青釉瓷也就是理所当然的事了。即使在邢、巩、定这三个北方白釉瓷的著名窑场,初创时期也都曾烧制过青釉粗瓷而且使用过化妆土。说明当时制瓷工人,虽对白釉瓷心向往之,但由于受到原料和工艺技术的制约,也无法烧制出精细白釉瓷。至于习俗喜白,仅能表现可以接受白釉瓷的客观愿望,而不是促使白釉瓷兴起的主观动力。因而在讨论这一问题时,不从某一地区优质原料的存在和工艺进步着眼是不能真正解决问题的。

巩县窑白釉瓷的衰落和定窑有相似之处。它的兴起由于巩县有很丰富的优质高岭土资源。白釉瓷、三彩陶及绞胎瓷枕都具有相当高的工艺技术和装饰艺术水平。它的衰落并不是由于原料衰竭,而是北宋以巩县为皇陵所在地。姑不论传说中的风水问题,而要一个满天烟火,遍地泥土的窑场和肃穆安静、护卫森严的皇陵隔河相望,对于两者都多有不便。因而在陵区逐渐扩大的情况下被迫停烧,应是可信的。

总之,一代名窑的兴衰原因是复杂的。如能结合资源情况,工艺水平以及当时政治经济、社会习俗等,从各方面分析比较,亦不难得出主要和次要的影响因素,还其历史本来面目。

---

① 刘新园,景德镇宋、元芒口瓷器与覆烧工艺初步研究,考古,1974,(6):386~393。

第六章 黑釉瓷的出现和发展
——独树一帜的建窑黑釉瓷

我国商代后期的原始瓷器,其釉表面多为青色和豆绿色,淡黄色、绛紫色,特别是酱黄或绛紫色,如果其胎质属灰黑色,则大多会呈现出黑褐色的外观。施黑色釉的陶瓷到底甚么时间开始出现的?恐怕就要追溯到何时出现釉陶的时代了。

第一节 黑釉瓷的起源及其发展

根据我国陶瓷考古学家的多数意见,我国商、周时代已经开始创制出原始瓷器了,在这一时代制备的陶瓷器已有意识地施以一层釉,由此而大大改善了以往单纯使用素胎作为日用品时的那种难以克服的缺点,例如,易吸水,难以洗净,强度低,使用次数不多同时比较粗糙,饮食和触摸都不舒服,等等。

一　施釉陶瓷的"两极"分化

古代的先民们是从他们许多世代的生活经验中去认识自然,从自然界获得他们的知识的。他们知道在陶瓷上施釉的优点以及用甚么方法达到这种目的。这要经过长期的生产经验和无数次失败的试验才能成功。在某些古代的窑址中,有时会发现一些残片,其表面复盖着一薄层类似釉的薄膜。它的厚度并不均匀,带有流纹和聚滴。这类器物不像人为的而是在窑内自然形成的一种似釉的薄膜。在商代中期,出土的印纹硬陶,在紫色胎质的硬陶瓮和敛口硬陶尊的表面往往有一层光滑的似釉薄膜。现在已经知道,在古代没有使用任何匣钵而以柴草为燃料烧制陶瓷的过程中,草、木的飞灰会附着于器物表面。由于这种植物的灰主要含有 CaO,K_2O 和 SiO_2 等化学成分,在高温下与易熔粘土原料制成的胎起化学反应,使其表面层的熔点下降,形成一层薄的、粘度较低的熔体。这些熔体积累到一定的厚度,因为胎质的密度并不均匀,气孔较多的部位就把它表面的熔体大部分吸进而呈干竭状,那些密度大、气孔少的部位则吸进较少,故其表面积累的熔体就能缓慢地向下流淌,最后在其流动的终点聚滴成珠。先民们正是了解到这种现象的实质后才逐步学会在陶瓷器上人工施釉的。

我国原始瓷的创制时期不会晚于商代(公元前 1711～1100)中期。因此这一时期亦应在釉陶的创始期之后。其釉色有多种多样,从淡青、淡黄到碧绿以及黄褐、酱紫以至黑色。然而,1959年在安徽省屯溪市西郊的西周(公元前 1100～770)古墓出土的一批原始瓷器,施的是暗青色或黑褐色釉。这一批较早的施釉陶瓷就很难区别它们究竟是青瓷还是黑釉瓷。因为就算对一件器物来说,在浅薄处看釉呈褐黄带青色调,而在积釉或厚釉处则呈墨绿或褐黑色。这批器物的照片可参看中国陶瓷史① 所载版图壹拾壹中的图1。

因此从技术发展史的观点来看,青釉器与黑釉器如无特殊条件也应该是大致同时的。商、周早期出现的釉器多为青釉而中后期黑釉器就逐渐多了起来了。人为地以草木灰作为釉中的主要成分施于器物上,如果胎中含铁量不多(商、周时代器胎的最低 Fe_2O_3 含量约在 2％以下)烧成时从胎扩散到釉中的 Fe_2O_3 不多,故制得的釉器外观呈青碧(还原焰烧成)或褐黄色(氧化焰烧成)。所以胎质的 Fe_2O_3 含量对釉色会产生重要的影响。此外,生产出来是青色或黑色的釉器当然主要是由釉本身所用的原料来决定。如果直接使用植物灰(这种原料很容易取得,只要收集圆窑或龙窑中积存的灰烬就够了),因为含 Fe_2O_3 量低,烧出的当然是青釉或黄釉。若使用高腐植质的沉积土作原料,例如中国南方丘陵地带山谷间的某些山沟之中淀积的细泥,由于用含 Fe_2O_3 量较高的易熔粘土作为釉料,在欠烧时釉层未全部熔融,在器面上形成一较厚的薄层,即被称为泥釉。

由此可知,先民们根据他们世代的生产实践,在就地取材的原则指导下(实际上,当时不可能远距离取得和运输外地的泥料)知道在当地应该选择那一类原料才能制得青釉或黑釉。在黄河流域有黄土的广大地区,可以就地取材的就是这种细腻的黄土。由于其中含有一定量的珊瑚残骸,故为钙质土并且含有较多的 Fe_2O_3。而 CaO 也是树木灰的主要成分。自古以来它们就是制造黑釉器的一种原料。

那些当地只有中等 Fe_2O_3 含量的天然原料,不管怎样烧,出来的就只有酱黄色或酱黑色釉器。因此难以分清它是青釉还是黑釉器而成为一种过渡式的制品。某些窑区还因为取得青釉原料较方便,因而大多生产青釉器;反之则主要生产黑釉器。因而两种釉器分道扬镳,青釉和黑釉发生两极分化,最后,釉料含 Fe_2O_3 量低至 1％以下而发展成白釉;反之含 Fe_2O_3 量够高,烧成温度恰当而成为表面光亮,色黑如漆的黑釉。

从目前考古的资料看,比上述屯溪出土的施黑褐釉的原始瓷更早的应该是以易熔的含 Fe_2O_3 粘土为原料所制得的泥釉黑陶。在浙江江山的古代遗址和墓葬中发现了相当数量的泥釉黑陶和原始瓷。在商前时期,除个别泥质陶外,全部为泥釉黑陶。到了商代早期,出土的除大量泥釉黑陶外还伴随着大量的印纹陶和泥质陶。以后泥釉黑陶大为减少,出土器物以印纹陶和泥质陶为主。再晚,泥釉黑陶就消失了②。由此看来,施黑釉的西周原始瓷显然比商前时期已诞生的泥釉黑陶要晚得多。换句话说,泥釉黑陶应该是原始黑釉瓷的鼻祖之一。在辽宁省旅大市四平山多年前曾出土了龙山文化时期(公元前 2010～1530,据 C14 测定)的一只泥釉黑陶。该器为鼓腹带耳的水杯。施黑釉、釉面已有光亮。部分有掉釉。灰白胎。可见,色黑如漆的黑釉最迟在新石器时代晚期就出现了③。因此在技术上需要找到当地淤积的泥釉原料,又能够达到了基本成釉的温度,才能具备烧制泥釉黑陶的必要条件。看来,先民们认识到这一点,可能比认识到用草、木灰制青釉或黑釉陶瓷要早得多。

二　黑釉瓷的地理分布

公元前夕的西汉越窑出现了一些真正合乎瓷器技术标准的原始瓷。所以汉代的原始瓷由

① 中国硅酸盐学会编,中国陶瓷史,文物出版社,1982。

② 李家冶、邓泽群、张志刚等,浙江江山泥釉黑陶原始瓷的研究,中国古陶瓷研究,科学出版社,1987,56～63。

③ 秋山进午,古代中国の土器,陶磁大系,33,平凡社,1981。

于技术的进步而与战国早、中期的原始瓷有很大的差别。早在东汉时期,今浙江上虞、宁波、慈溪和永嘉等地已成功地烧制出青瓷和黑瓷两种产品。此外,在湖北、江苏、安徽等地的汉墓中亦曾出土过黑釉瓷。特别是安徽亳县元宝坑一号曹操宗族"建宁三年"(170)纪年墓中黑釉瓷的出土,证明真正的黑釉瓷迟至东汉的中、晚期就已烧制出来了。1976 和 1977 年先后在上虞红光帐子山和宁波市妙山郭唐岙等地发现了青、黑瓷同烧的东汉窑址,证实越窑也是中国最早烧制黑釉瓷的窑址[①],当时所烧出的黑釉瓷器已达到相当的水平。

在浙江德清从东晋至南朝初期共 100 多年中曾经是一个以生产黑釉瓷为主的窑场。器物上施以乌黑漆亮的黑釉,工艺水平甚高,典型的器物为鸡头壶和水罐等。

北方的黑釉瓷创烧较晚。1975 年在河北赞皇县东魏李希宗墓里发现了一块黑釉瓷片。釉色漆黑光亮,胎质坚硬细薄,可知东魏时期已有黑釉瓷。比它晚 22 年的河北平山县北齐崔昂墓中曾出土了一种黑釉四系罐。器形成倒梨形,全器内外满施黑釉,釉厚处黑褐色,薄处茶褐色。创烧于唐代的黑釉瓷窑已有许多地方,例如陕西铜川耀州窑除主要烧青瓷之外,亦有少量黑釉瓷的高水平产品。河南巩县窑,除烧青瓷、白瓷和三彩之外,也有黑釉瓷制品。唐时,河南省烧黑瓷的地方还有鹤壁窑、郏县窑。1976 年在山东淄博市淄川区磁村出土了大量瓷器和瓷片。磁村窑始烧于唐而终于元。唐代即盛烧黑釉,产量较河南、陕西为大,以碗为最多,瓶、壶、罐、炉等亦不少。其特色为釉质晶莹滋润、色黑如漆。此外,山西省的浑源窑在唐代也烧制黑釉瓷。该窑以烧白瓷为主,有不少外施黑褐釉、内为白釉的碗,这种施釉方法在北方尚属初见。此外,安徽省萧县白土镇窑始创于唐而衰微于金。产品以黄瓷为主兼烧白瓷或以白瓷为主兼烧黄瓷并有少量黑釉瓷。

宋代是我国陶瓷发展史上的黄金时代,除了烧制官、哥、汝、定、钧等名瓷之外,由于斗茶之风大盛,许多窑场都生产斗茶用的黑釉瓷茶碗。在此基础上还使黑釉茶碗的艺术水平提高到了一个高峰,生产出兔毫盏、鹧鸪斑盏和毫变盏以及油滴、玳瑁等品种。这些黑釉瓷品种展露其质感之美,并非可以一览无余而有观赏不尽的蕴藉,使鉴赏家为之赞叹和倾倒。在宋代烧制黑釉瓷著名的窑场有南方福建建阳以及建阳窑附近的光泽、茅店星村和福清县的石坑村。还有江西吉州窑烧制的许多黑釉瓷的品种。江西赣州、七里镇,景德镇湘湖窑和湖田窑以及广东的西村窑和石湾窑亦烧黑釉瓷。此外,北方各窑场兼烧黑釉瓷的很多,如山西平定窑、介休窑,河北的磁州窑,定窑和彭城窑,四川的广元窑,河南安阳的观台镇、天禧镇,登封的神前,汤阴的鹤壁集,宝丰的青龙寺,鲁山的段店镇,禹县的扒村,巩县的小黄冶、铁匠炉、白河乡以及修武窑等。福建在宋元时代烧黑釉瓷的地方则更多。

辽金时代烧制黑釉瓷的窑址有辽上京临潢府(内蒙林东)的官窑,赤峰的缸瓦窑,辽阳的江官屯,抚顺的大官屯等。明清时代在中国各地烧黑釉瓷的地方就更多。南至广东各地,例如最著名的有石湾窑。直至现在,东莞的陶瓷厂还大量烧制施黑釉的瓦甑,砂煲以供应粤、港、澳以及东南亚地区的日用。日本有人曾总结了我国烧制黑釉陶瓷各窑的地理分布,兹引用他所绘制的地理分布图如图 6-1[②]。

① 朱伯谦,越窑,中国陶瓷,上海人民美术出版社,1983。

② 小山富士夫,陶瓷大系,38,天目,平凡社,1980,88。

图 6-1　黑釉瓷窑址的地理分布

第二节　建窑黑釉瓷的历史发展及其工艺技术的成就

从上述可知黑釉的起源可追溯到新石器时代中晚期的龙山文化时期而黑釉瓷则出现于东汉晚期,其最早的产地则为上虞越窑。此后主要生产黑釉瓷的则有东晋的德清窑、隋、唐时代许多烧制青瓷的窑址都附带生产少量的黑釉瓷。但是,到了宋代,专门生产黑釉瓷为业的、并且以兔毫盏而传名的就是窑址位于福建省建阳县水吉镇的建窑了。此窑自宋初开始,即大量生产比较单一的黑釉茶盏。同时不止是漆黑光亮的黑釉,而且它的胎亦是漆黑如铁,故有铁胎之称;这种黑釉、黑胎茶盏的确是名符其实的黑瓷。况且在黑釉之上大多呈现出如野兔毛状的黄色条纹而被特别称为兔毫盏,称雄于整个宋皇朝时代。因此,我们试图在此追溯一下它的渊源。

建阳窑址在建阳县城西 40 公里,东距建瓯县城 50 公里,北距水吉镇 7 公里。窑场分布在北之芦花坪、东之大路后门,西之牛皮仑与庵尾山,南之源头坑和营长乾等山。附近有池墩(池中)和后井等村。根据考古发掘已知①②,芦花坪始烧于晚唐或五代,下限不晚于南宋。建窑在烧制黑釉瓷以前是烧造青黄釉器的。黑釉器创烧于北宋而盛于南宋,元代仍继续烧造。元末以后则已停烧。庵尾山窑址未发现有黑釉瓷,只有青瓷,其时代下限为五代。芦花坪窑址的黑釉器与大路后门和源头坑出土的黑釉瓷同属北宋时期的产物③。据说④,目前在该窑遗址处已发现了唐代的龙窑址。那么,这处建窑所生产的黑釉瓷特别是发展成为几乎专一地供应茶事所用的黑盏是否也渊源于唐代呢? 中国尚茶,唐朝已盛。为了用茶是否需要特别生产一种茶事专用的黑茶盏呢? 因而应该追究到建茶与建盏之间的密切关系。

一　建茶与建盏

陆羽(733～804)在《茶经》中总结了历代中国人用茶的文献,指出茶始于神农(炎帝)。则我国在新石器时代与制陶同时就知喝茶了。该书并且提到唐时建州已产茶。建州为唐武德四年(621)所置的一个州。治所在建安(今建瓯)。辖境相当于今福建南平市以上的闽江流域。故这一广大地区所产的茶又称建州茶或建溪茶。当时建茶虽未入贡,但唐代的士大夫们早已把它作为精品享用。唐散文家孙樵为大中年间(860)进士,曾赠送给邢部尚书十五包建阳产的建茶并称它是"请雷而摘,拜水而和,盖建阳丹山碧水之乡,月间云龛之侣,慎勿贱用之"⑤。饮用建茶的最早记载是在唐开元年间(713～741)。"逸人王休,居太白山下,日与僧道异人往还,每至冬时,取溪冰敲其精莹者煮建茗,供宾客饮之"⑥。太白山自古以来是个名山,在陕西省,与首阳山和终南山齐名,至今仍然是我国的旅游避暑胜地。自然会引来几个地仙般的隐士。所以在盛唐之际,他们早已在该处品尝建溪茶了。

喝茶应该用甚么碗? 许多人都不一定注意到这个问题。唐朝喝茶的方法与宋、明有甚么不同? 将这些问题置之不顾去论述用甚么茶碗最恰当,有时是不可理解的。明代喝茶,崇尚白坛盏,故一些作者就不可理解宋时用黑盏喝茶的道理。例如,屠隆写道:"宣庙时有茶盏。料精式雅。质厚难冷。莹白如玉,可试茶色。最为要用"。他就不理解蔡襄为甚么要用黑盏。"蔡君谟

　　① 福建省博物馆,厦门大学、建阳县文化馆,福建建阳芦花坪窑址发掘简报,中国古代窑址调查发掘报告书,文物出版社,1984,136～145。

　　② 叶文程,建窑初探,中国古代窑址调查发掘报告书,文物出版社,1984,146～154。

　　③ 中国社会科学院考古研究所,福建省博物馆,福建建阳县水吉北宋建窑遗址发掘简报,考古,1990,(12):1095～1099。

　　④ 曾凡,在 ISAC′92 国际讨论会中的插话,1992。

　　⑤ 五代·陶谷,清异录,茗门,965～970。

　　⑥ 唐·王仁裕,开元天宝遗事,卷上,开元,敲冰煮茗条,956。

取建盏,其色绀黑,似不宜用"①。

　　陆羽记述了唐时代喝茶的三种方法。当时,把茶叶蒸熟,入模压成茶饼。喝茶时,第一种方法可以称为烹茶法或煎茶法,就是:先把茶饼捣碎,在木制的茶碾中研成细末并用密罗过筛,制成茶末,入水加盐煮成乳液状,三五个人传递着像喝牛奶那样一起喝。第二种方法可以称为冲茶或泡茶法。就是:用粗茶、散茶和末茶。这些都是没有制成茶饼的散茶。如用饼茶者就要事先捣碎但并不研成细末。然后"贮于瓶缶之中"用开水冲之,成为所谓"痷茶"。极似现在大家用散庄茶叶置瓷杯中用开水冲入的泡茶。第三种方法可以称为煮茶法,就是:用上述那样的散庄茶叶加入葱、姜、枣、橘皮、茱萸、薄荷等"煮之百沸"。也就是长时间熬煮,煮去泡沫使茶汤变清。陆羽认为"斯沟渠间弃水耳,而习俗不已,"他认为这种喝茶办法不可取。

　　由此可知,第一种喝茶的方法有许多严格的条件和规矩,亦比较隆重。等于召集一个小型的茶会,注意礼仪和清雅。是为那些高官和雅士们聚会或隐士们清谈的需要而举行的。平常饮用,似乎是用第二种方法。而第三种方法则是那些不入士流的乡绅,野客所用的办法。

　　唐代是否真的有人用黑釉瓷盏来喝茶呢?有的!证据是陕西扶风法门寺塔下甬道中发现了几只黑釉瓷茶盏。在唐懿宗咸通十五年(874)供奉佛骨的帐碑上没有记录,显然是寺僧们喝茶用的黑釉盏亦被作为"供品"藏到地宫里去了。这些黑釉茶盏现在法门寺博物馆展出,是纯黑釉瓷,不过它们大概是耀州窑在当时生产的!

　　与此差不多同时,陕西的高士或高僧们也有用兔毫盏喝茶的。兔毫盏最早出现的记录,目前能够找到的有吕岩写的《大云寺茶诗》一首②,其前半部分为:

　　玉蕊一枪称绝品,僧家造法极功夫。

　　兔毛瓯浅香云白,虾眼汤翻细浪俱。

　　从这首唐诗可以看出,他们用的茶叶是最高级的毛尖,这种只有一枪的白色芽茶是大云寺僧家自己制造的。茶盏则用"兔毛瓯",也就是兔毫盏。此盏是何窑所制,不得而知。但从"香云白"可知煎出的茶汤已成为白云状(乳浊的膏状)的香汤了。这正是黑白分明,闻香气,赏白云,品尝可沁肺腑的香茗。从"虾眼汤翻细浪俱"可知,他们用的是上述的煎茶法。

　　吕岩为唐懿宗、禧宗(865～874)时人,因举进士不第,游长安酒肆,遇钟离权得道,不知所终。建茶早在开元时于陕西被用为精品饮用,那么建盏是否也可以通过某种渠道被携带至帝都长安及周围呢?这种"兔毛瓯"是否可能是建窑所出?难道建窑在唐时真的只出青瓷而不出黑釉瓷和兔毫盏吗?这些问题目前仍然是个谜。

二　从饮茶发展到斗茶

　　在唐代,上贡给皇帝的茶叶以阳羡(今宜兴)为第一。比陆羽稍晚,曾著与《茶经》齐名的《玉川子茶歌》的唐代诗人卢仝(775?～835)写道:"天子须尝阳羡茶。百草不敢开先花"。但是到了五代时,建茶已取代阳羡茶的地位。宋初,建茶已发展成两大类,一类主要是用来斗茶而不是喝的茶。另一类则为食茶。

---

① 明·屠隆,考槃徐事,择器条。

② 唐·吕岩,大云寺茶诗,全唐诗,卷858。

宋初的茶事已经发展成为一种茶艺,称为点茶,进而发展为斗茶。所谓点茶就是[1] 把茶末置茶碗中调成膏状,然后用竹丝刷状的筅"击拂"之(早期则是用黄金、白银或铁制的茶匙来击拂)。再注入沸水时应沿碗边周围加入,不要把水滴到茶膏中,然后再用筅击拂,使它起泡。到了第七次注入水击拂,就应达到"分轻清,重浊相,稀稠得中。……乳雾汹涌,溢盏而起。周回旋而不动,谓之咬盏"。其击拂的过程,好像现在我们把鸡蛋打成蛋液差不多。

建安点茶则先放入一钱重量的茶末,加少许沸水调和到极均匀。然后作回旋状击拂。沸水分四次加入盏中,看到茶面上颜色鲜白,碰到盏边没有水痕最好("视其面色鲜白,著盏无水痕为绝佳")。"以水痕先著者为负,耐久者胜。故较胜负之说曰相去一水两水。"也就是说,加到第几次水时,谁的茶碗先出现水痕就输,在第几次加水时有水痕,则两人加水的次数之差就是输赢的数目了[2]。例如二人比赛,一人第三次加水时有水痕,另一人第四次,则后者胜前者一水。

古籍载[3],盛唐时玄宗曾作斗茶之戏。斗茶所必要的工具,第一是适于斗茶用的茶碗。第二是要有用来击拂的茶匙或筅。但是不管是匙或是筅,在茶经都没有记载。故可以认为,唐代如有斗茶之戏,也只能是个别的官庭文化现象或者只是由闽人传去的斗茶萌芽期。

用上述白叶茶的乳或肥乳的芽茶(与现代的毛尖相似)研成极细的茶末("矮纸横斜浅作草,晴窗细乳戏分茶")以密罗过筛,煎出来并用筅击拂过的茶,显然稀的像牛乳,中等的像白色米粥,稠的像调水蒸成的蛋糕。故蔡襄把它形容为"兔毫紫瓯新,蟹眼青泉煮。雪冻作成花,云闲未垂缕。愿尔池中波,去作人间雨。"(北苑十咏——试茶)。由此可知,点茶又称试茶。

由此可知,茶既然是白色的,那么斗茶的头等用器当然就是黑盏了。故"茶色白,宜黑盏"那就可以理解了。经过长时间使用的经验,选取甚么地方制出的黑盏最好呢?看来宋初福建不止一地出产黑盏,但只有"建安(今建阳)所造者绀黑,纹如兔毫,其坯微厚,熁之久热难冷,最为要用。出他处者,或薄或色紫,皆不及也。其青白盏、斗试家自不用"[4]。这就是说,斗茶用建安造的黑茶盏最好。斗茶家当然不可能用青白色茶盏的。

五代时,福建已经生产这种黑色茶盏了。以建阳所出的最好。其原因是该处设计茶盏的器形最合适斗茶之用。胎比较厚重,盏的热容较大("久热难冷"),釉色深黑。这都是斗茶用茶盏的最佳性质。然而有一点文献中却没有提到的是,这种茶盏的黑釉对水的润湿性低正是斗茶要求长时间不留水痕的头号最佳性质。

作者为了体验"著盏无水痕为绝佳"这种现象及其可能性,曾经做了一个试验。取出窑后从未用过的兔毫盏加入 10 毫升净水进行观察,令人惊奇的是,这种黑釉对水的润湿性甚低,以至水的液面不像平常的凹下的新月状而是边沿下陷,液面为微凸状。摇荡茶盏,动作停止后其中在盏侧的水回流,不留痕迹而与盏底的水会合成一体,好像茶盏表面涂上一薄层油脂那样。银兔毫盏中的毫纹亦不留水痕,只有黄兔毫因毫纹不光洁,在毫纹处留下水痕,无纹处亦不留水迹。使用直接从窑址中出土的两个兔毫盏做试验,也丝毫不爽。有污染或不洁的地方当然也会粘着水痕。只有那些入土后长时间被腐蚀的釉面除了留有水痕之外,甚至还会吸水。所以说,斗茶用闽盏而以建安所造的兔毫盏最好。建安最好的盏,其中又以"盏色贵青黑,玉毫条达者为

① 宋·赵佶,大观茶论,1107~1110。
② 蔡襄,茶录,茶论,点茶条,北宋英宗治平元年(1064)。
③ 唐·无名氏,梅妃传,848,或 1066。
④ 蔡襄,茶录,茶论,点茶条,北宋英宗治平元年(1064)。

上"了。

陆羽知有建茶,只是偶然饮过,觉得其味非常好,他于"上元初(760),隐苕溪(今浙江省吴兴县)阖门著书"。故可知他喝的茶大多是浙江茶尤其是湖州的茶。据载① "陆羽采越江茶,使小奴子看焙,奴失睡,茶焦烁不可食"。而建茶之味又与江茶有浓淡的区别,故制茶之法亦略有不同。"盖建茶之味远而力厚,非江茶之比。江茶畏沉其膏,建茶唯恐其膏不尽,则色味重浊矣"②。

随着社会发展,宋代各阶层人物饮茶之风极盛,茶已成为大众的饮料。饮茶的风俗可在《梦梁录》中见之③,从唐到了南宋时代,斗茶只尚闽盏而社会上饮茶似多用越瓯。斗茶必用建茶而品茶或饮茶则用江茶。江茶也是极好的茶叶,而且在都城周围,比较易得,不一定非远距离,高消费地取建溪茶不可的。

第三节 建盏的品种

建盏常见者以兔毫盏为多。它也有一些别的名字。如上述,最早出现于唐代吕岩的茶诗,其中有"兔毛瓯浅香云白",蔡襄向皇帝介绍,"建安所造者绀黑,纹如兔毫","兔毫紫瓯新"。北宋苏轼诗曰"忽惊午盏兔毛斑","老龙团,真凤髓,点将来兔毫盏里"。苏辙诗句"兔毛倾看色尤宜"。黄庭坚则有"酌兔褐之瓯,瀹鱼眼之鼎"。赵佶的"盏色贵青黑,玉毫条达者为上。"陆游有"绿地毫瓯雪花乳。"扬万里的"松风鸣雪兔毫斑","二者相遭兔瓯面"以及金吴激的"蟹汤兔盏斗旗枪"。这些诗句提到的兔毫盏是因为建阳的这种茶盏常带有褐色的条形斑纹,与黄褐色的野兔条纹很相似的缘故。

建盏还有一个更珍贵的品种,就是鹧鸪斑建盏。最早见于宋初(965～970)陶谷的记述。他写道④:"闽中造盏,花纹鹧鸪斑点,试茶家珍之"。可知,鹧鸪斑盏这个品种非常珍贵,其花纹很似鹧鸪鸟身上的黑底白斑点式样。"因展蜀画鹧鸪于书馆,江南黄是甫见之曰:鹧鸪亦数种,此锦地鸥也"。可见当时陶谷自己藏有建州产的鹧鸪斑盏,并且特意收藏一幅后蜀国画师所绘的鹧鸪鸟画挂在书房里。当时后蜀孟昶始建宫廷画院,画师善画花鸟的并不乏人而以黄筌为冠。黄筌亦绘有《鹧鸪萱草图》,边鸾(唐)更有《萱草山鹧图》。陶谷之所以挂画其目的是以盏和鸟互相比较,一起鉴赏而已。黄庭坚盛赞建茶的同时更重鹧鸪斑建盏。他在《满庭芳·茶》一词中写道⑤:

"北宛春风,方圭园璧,万里名动京关。碎身粉骨,功合上凌烟。尊俎风流战胜,降春睡,开拓愁边。纤纤捧,研膏溅乳,金缕鹧鸪斑"。

他把北宛的贡茶比作唐太宗于贞观十七年(643)绘成肖像挂于凌烟阁中的 24 个功臣,与他们有同样的功劳。而最好的建盏则是有金色兔毫纹(金缕)同时又有白色斑点的金缕鹧鸪斑建盏,这种建盏显然是鹧鸪斑建盏中的极品。此后,南宋的惠洪有"鹧鸪斑中吸春露","玉瓯绞刷鹧鸪斑"等句,亦是指的这一建盏品种。而把兔毫盏与鹧鸪斑两个品种并提的,有"鹧鸪碗面

① 明·屠隆,考槃余事,人品条。
② 宋·熊克,北苑别录,榨茶条,南宋淳熙九年(1182)。
③ 吴自牧,宋度宗咸淳十年(1274),梦梁录,卷十六,茶肆,中国商业出版社,1982。
④ 五代·陶谷,965～970,清异录卷二,第 14～15 页,禽名门,锦地鸥条,见《宝颜秘笈》第一帙,文明书局(1922)。
⑤ 宋·黄庭坚,满庭芳·茶,全宋词,唐圭璋篇(一),第 386 页,中华书局(1965)。

云萦字,兔褐瓯心雪作泓"(陈蹇叔)和"或如点点鹧鸪斑,亦有毿毿兔毫茁"(清,蒋衡)。

建盏在当时大概有三大类,即兔毫盏,鹧鸪斑盏和毫变盏。据载[①]"兔毫盏:出瓯宁之水吉。黄鲁直诗曰:建安瓷碗鹧鸪斑。又君谟茶录,建安所造黑盏纹如兔毫。然毫色异者土人谓之毫变盏,其价甚高,且艰得之"。所以还有一种更珍贵的品种,称为毫变盏。建窑的许多珍贵品种,经过仔细研究[②]最常见的是建窑兔毫盏。根据世界各地的藏品以及窑址大量破片的观察表明,建盏除了一些黑色无纹的,大部分是带有毫纹的兔毫盏。有些只有盏内有纹,有些则内外皆有纹。其中又以黄色兔毫纹为最多。这是当时最大量生产的产品。另一少部分兔毫盏的毫纹有金色和银色,亦即毫纹是闪金光或银光的。亦有青灰色,它与黄色一样,并不闪光。所以可粗分为金兔毫、银兔毫、黄兔毫和灰兔毫等品种。

兔毫盏中最珍贵的是毫纹为乳白色,笔直、纤细而流畅。也就是皇帝(赵佶)定下的高级标准规格,即"盏色贵青黑,玉毫条达者为上"。玉毫盏可以在个别的博物馆中偶然见到,不过不一定为大多数人所注意罢了。

鹧鸪斑建盏是建窑所出产的珍贵品种,它的知名正如上述宋初陶谷与北宋黄庭坚的著作中所提到的。但是数十年来,这一品种是否存在屡有争议。持否定意见的,虽大多拿不出自己的论据,但极有可能受到朱琰的影响[③]。因为他节引《方舆胜览》有关兔毫盏时,下了一句武断之语:"是兔毫盏即鹧鸪斑",造成了200多年以来给读者以先入为主的疑案。加之古籍和某些文献常常使用兔毫斑、兔毛斑、鹧鸪斑等词,又把斑纹和斑点两者模糊或混淆起来。搞不清这个"斑"字到底指的是"斑点"还是"斑纹"。因此争论双方各执己见,又拿不出有说服力的证据,但又各不相让,以至成为悬案。数十年前日本一些知名瓷家也有过争论[④]。他们分成两派,即一方认为鹧鸪斑是斑纹,不过是兔毫盏的一种,可称斑纹派。另方认为是斑点,不过认为鹧鸪斑就是油滴,是油滴建盏而已。中国的个别知名学者亦有坚持建窑不会有鹧鸪斑盏的偏见。直至90年代仍然有人发表文章而又无新的见地,不过或为"斑纹派"或为"斑点派"而已。1990年建阳窑址真的发现了白点鹧鸪斑建盏残片而且是带"供御"款的[⑤],见彩图6-2(a)、(b)。后来又在南浦溪畔、水尾岚古代建盏装船外运码头的地方发现了黑点鹧鸪斑残片,亦带"供御"款[⑥],见彩图6-3。至此,宋初956~970年间早已存在的鹧鸪斑建盏才被证实,真相大白。除了上述这两种人工装点的白点和黑点供御鹧鸪斑建盏之外,建窑窑址在1990年还出土了以毛笔蘸赭石釉料装点的黄色斑块的鹧鸪斑盏[⑦]。这类黄斑鹧鸪盏一般都没有供御或进盏款的,也不是建窑所独有的,因为在它出土之前,这类装饰技法已可在河北彭城窑或耀州窑等的黑釉盏中看到了。

显然,鹧鸪斑盏的特殊装饰技法实际上是当时陶工们的"仿生"杰作。也就是仿效当时大量生活在窑址附近的鹧鸪鸟身上的斑点纹,把它的花纹抽象地移置于建盏的碗内。因为和这种小鸟一样,也是黑底白点,非常相似的。但是上述的这些鹧鸪斑品种不管是白、黑或黄点的都是人

---

① 宋·祝穆,方舆胜览,卷十一,第三页,建宁府,兔毫盏条,据文渊阁四库全书本,1239。

② 陈显求,陈士萍,建盏珍品的研究,景德镇陶瓷学院学报12(4):1991,25~32。

③ 明·朱琰,1774,陶说,说器中,鹧鸪斑条,卷五,傅振伦译注,215,轻工业出版社(1984)。

④ 藤冈了一,1977,宋の天目茶碗,世界陶瓷全集,12,小学馆,248~261。

⑤ 曾凡,建盏的新发现,文物,1990,(10):96。

⑥ 陈显求,黄瑞福,孙洪巍等,供御鹧鸪斑建盏的新发现——黑点鹧鸪斑,景德镇陶瓷学院学报,1992,13(3—4):5~11。

⑦ 中国社会科学院,福建省博物馆,福建建阳水吉北宋建窑遗址发掘简报,考古,1990(12):1095~1099。

工的装饰。是否能够在窑中自然地烧出与鹧鸪小鸟相似的鹧鸪斑盏呢？建窑是否曾经有过这类窑中自然烧成的鹧鸪斑盏呢？要解决这两个重要问题，需要作广泛的实际调查。除了对窑址及其残片之外，还需要密切注意世界各大博物馆的建窑藏品实物或图片，对之作必要的仔细研究。首先需要判定某一碗盏是否真是建窑所出。建盏具有自身明显的特征，即"其碗盏多是敞口，色黑而滋润，有黄色斑，滴珠大者真。但体厚，俗甚少见薄者。"[①]可见建窑兔毫盏除色黑，多敞口和黄色毫纹外，还有一个重要特征，那就是碗外侧近碗脚处有一圈聚釉。由于建窑的烧成温度在 $1300 \sim 1350℃$ 范围，已烧至釉的流动点（FP）。烧成时间一长，釉在外侧近底部处聚成一圈，多余的釉又继续向较低处缓慢流动并且聚成一、两颗垂垂欲滴的釉珠，即所谓"滴珠"。这种特征的确是许多质量较优的建盏所特有的。当然，厚胎也是一种特征。

　　考察各大博物馆的收藏，判定是否建窑，这是几个重要特征。当然，还有器形和胎、釉的外观和本质需要判断。根据建盏的各种特征，我们以福建南平地区的鹧鸪鸟标本的胸部斑点纹（见图6-4）与建盏实物的图片对照，同时强调鹧鸪鸟的白色斑点是慢反射的，斑点表面是不会发生镜面反光的。根据这些条件，目前可以找到一只建盏，其外观与鹧鸪胸部黑底白斑点的形象极为相似，而这只建盏则是在窑中自然烧得的。换言之，这只建盏在烧成时黑釉料在窑中发生了物理化学变化，在内外釉面上都自然产生了类似鹧鸪鸟胸部的白色斑点而不是人工装点上去的。这只建盏就是东京静嘉堂文库所藏，属于"重要文化财"级，日本一向称它为"油滴天目"。根据实际观察，这只建盏的白色斑点是不发生镜面反射的。我们把上述鹧鸪鸟的照片与盏的照片对比，如彩图6-5所示，显然两者都非常相似。因此，可以认为，这是目前传世的唯一的自然烧成的建窑鹧鸪斑盏。还有一只与之类似的建盏现藏华盛顿 Freer 美术馆，其上的斑点尺寸小而浓密。各种特征都说明它是建窑的产品。但是由于没有机会对实物直接考察，未能判断它的斑点有无镜面反射。如果没有，那也是一只传世的建窑鹧鸪斑盏。此外还要强调的是，这两只鹧鸪盏都没有兔毫纹的。

图 6-4　鹧鸪鸟

①　明·曹昭，1388，新增格古要论，卷之七，二十四页，古建窑条，王佐校增（1459）。

这类自然烧成的鹧鸪斑建盏绝品目前在已发现的窑址中还没有找到它的残片,完器就更谈不上了。

显然,目前已知的鹧鸪斑建盏就有两类,四个品种,即人工装点的白斑、黑斑(这两种目前已发现的是供给皇室用的、带有供御款的)以及有黄色斑块的鹧鸪斑盏。另一类就是上述自然烧成的那种传世绝品。

中国古籍中从来没有建窑中有油滴建盏这一品种的记载。相反,日本古籍却有油滴天目的记录。至于什么样子的建盏才算是油滴建盏却又没有严格的定义,大概只能遵循约定俗成的习惯,按日本人的意思,建盏黑釉上有许多圆形或椭圆形的斑点,不管这些斑点是否能发生镜面反射,都把它叫做油滴天目,即油滴建盏。

油滴,这是一种极为寻常的生活情景,几乎每日每人都可以看到。少量的油液滴在水面上,浮现出点点油珠,形成一个个小圆斑。光线照射在圆斑上,因为它们的表面异常平滑,反射率又比水高,所以产生强烈的镜面反射,这种现象在每天的餐桌上都会看到。拿这种油滴现象去与建盏对比,许多人都在日本的一些美术馆中见到了建窑所出的油滴天目的藏品,其中大多数油滴斑点都能镜面反射银光。现今藏在大阪市立东洋陶磁美术馆的一只传世的建窑油滴天目是这一品种的唯一国宝。自古以来,它比其他传世天目碗更加著名,与另一只油滴天目合称油滴双璧。它的油滴斑镜面反射金色的光芒,口沿以黄金镶嵌(金扣),口径12.3厘米,油滴斑直径2~3毫米。与之相类的品种被评定为重要文化财富。口沿亦为金扣,口径12.8厘米,油滴斑直径比上者略小。外侧圈足附近有三个悬垂的滴珠。油滴斑一个紧接一个地分布于内外釉面,呈银色光辉。上述两者皆无兔毫纹。第三只油滴天目传世品油滴斑尺寸略大,青色调之美无与伦比。外釉下部亦有一圈聚釉。此盏自清康熙晚期(1687)早已传世,盏为银扣,口径12.3厘米,油滴斑较为鲜艳,外釉近口沿处油滴斑之间分布着稀疏的乳白色毫纹。然而在建窑窑址中以往并没有发现,在中国亦未见哪些地方有收藏。1955年在窑址中发现了一块"银星斑"残片①。80年代发表了一张建窑油滴天目残片的照片②。作者在1986和1988年于池墩窑址附近出土的一批贡盏碎片中发现了一块有供御款的油滴盏残片③,随后1992年在ISAC'89中文论文集中发表了两张彩照。这些残片上的油滴斑虽然具有强烈的镜面反射效应,但是皆因斑点尺寸过小而与上述传世的油滴建盏有明显的差别。1935年普卢默(J. M. Plumer)在建阳窑址中却发现了两块与上述传世油滴天目相似的残片(见文献④图9,10,p60),惜50年来都未见有关研究报告。直至1992年我们才从朋友们手里看到了一两片油滴外形和尺寸皆与传世品相同的油滴建盏残片并且有机会对之进行研究。其中的一块1991年出土于芦花坪窑址,是器形最小的一种建盏,口沿亦有指沟。至此,已为传世的油滴建盏找到了窑址出土的实物证据。

我们再回到上述所提到的毫变盏上来。"毫色异者土人谓之毫变盏,其价甚高,且艰得之"。这就是说建盏的这一品种稀有而难得,所以其价亦贵。但是怎么样才算是毫色异呢?难道毫色

---

① 宋伯胤,建窑调查记,文物参考资料,1955,(3):50~60。

② 矢野正人,谜の曜变天目茶碗,NHK 国宝への旅,1986(2):18~26,NHK 取材班编著,日本放送出版社协会发行。

③ 陈显求,黄瑞福,陈士萍,供御油滴和龟背兔毫,1989年古陶瓷科学技术国际会议论文集,英文,1989,A,10;河北陶瓷,1990,(4):9~13;1989古陶瓷科学技术国际讨论会论文集,A10,61~68,李家冶,陈显求主编,上海科学技术文献出版社,1992。

④ J. M. Plumer, Temmoku, A study of The Ware of Chien, IDEMITSU ART GALLERY, TOKYO, 1972,60, Fig9,10。

要有红、黄、蓝、绿、紫等五彩之色才算毫色异吗？古籍载①，宋徽宗在1112年召蔡京入内苑，举行隆重赐宴，最后"以惠山泉、建溪异毫盏、烹新贡太平嘉瑞茶赐蔡京饮之"。这样，在北宋时建盏中又出现了一只皇帝珍藏的"建溪异毫盏"。

建窑的毫变盏是否与建溪异毫盏同属一类？它的毫色是否真的为五彩？其答案仍需在世界上的有关藏品中去发掘。然而毫色异的，或者毫纹为彩色的建盏是的确有的！

日本有三只曜变天目国宝皆为建窑制品，静嘉堂曜变和藤田曜变在明代早已是日本掌权者御用之物，以后又为幕府德川家康所秘藏，龙光院曜变在明万历年间已存于日本。1606年以后即为京都大德寺龙光院的镇山之宝。据说，在日本曾灭36国诸侯，结束了100多年的战国时代于1573年入主京都，秉政达9年的织田信长(Oda Nobunaga)当时也拥有一只曜变天目。可惜在1582年政变时被围于京都本能寺，人与物皆于火中玉碎。这几只曜变天目早已被日本学者公认是建窑的绝品。其艺术外观和低倍显微结构已有详细的描述。对实物的仔细观察可知②，它们具有如下的共同特征：

（1）碗内釉面上有直径大小不等的圆形和椭圆形的斑点，状如豹皮，外釉有时也有，有些斑点的中部带有土黄色的核心。

（2）斑点之间，特别是其周围有薄的干涉膜，同时有些地方从口沿到碗底方向上出现流畅的兔毫纹。由于薄膜干涉的物理光学现象，动态地从不同的角度观察时，毫纹可以产生出整个可见光谱所含的异常艳丽的彩色变异。

（3）阳光照射下，由于内反射，釉层会放出宝光或佛光。例如放出黛绿色光，转动中不时出现小珠状包裹体（静嘉堂曜变），放出蓝紫色光，旋动中时强时弱地闪动（龙光院曜变）以及放出暗棕色光，转动中偶然看到釉内有几个闪烁的金星结晶（藤田美术馆曜变）。

这三项特征最强烈者为静嘉堂所藏的曜变天目盏，故被公认为天下第一名碗。这类珍宝在古代迟早都会被各种强力的经济和社会因素所驱动而进入宫廷成为御用品和秘藏品。

鉴赏家的艺术目光往往着眼于宏观和整体，为其艳丽的色彩，悦目的宝光所陶醉而大加赞叹。然而，如果我们密切注意其第二项特征，即具有强烈的色彩变异的毫纹，那么，就算称它们为毫变盏或异毫盏也是合乎逻辑的。

在1117年金兵占领汴京，徽、钦二帝已成俘虏的情况下，徽宗赵佶用以赐茶的异毫盏，同样会被掠夺，甚至流失到了在水那方而不需解释的。然而这个迷一样的异毫盏与传世的曜变国宝及其色彩变异毫纹是否有共同之处呢？它们同属于御用之物，同属建窑的特级产品，能否有共同密切的历史文化渊缘呢？如果从历史以及古籍来考证是否会成为永恒的秘密呢？

日人所藏亦称曜变天目的一只建盏，斑点的色彩变异是其上极薄的透明干涉膜所致③，但此盏的特征与上述三只国宝是有差别的。

总之，毫变盏或异毫盏目前还未发现，也许将来说不定能够在个别国际有名的美术馆藏品中找到。在建阳窑址中，不论毫变盏、异毫盏还是曜变盏，不管完器、破片甚至残片目前都还未发现！

中国名瓷中有三类窑器常常使人发生浓厚兴趣，那就是越窑秘色瓷，长沙铜官窑以及福建

---

① 宋·佚名,宣和遗事,前集,第14页,见王云五编,丛书集成初编,商务印书馆(1939年12月初版)。

② 陈显求,扶桑鉴宝记,广东陶瓷,1988,(2):54~60。

③ 山崎一雄,1955,曜变天目的研究,古文化财的科学,(10):1~3。

建阳水吉所出的建盏。

秘色瓷产地以浙江上林湖为中心,晚唐时为皇室所专用,贡余之后个别士大夫才有缘接触到它("陶成先得贡吾君")。到了吴越时代,已完全为内廷专有,"臣庶不得用"。以至 1987 年 5 月法门寺塔出土了一批唐懿宗、僖宗供奉的秘色瓷之前,甚至不为世人所知。从这一重要的发现,人们现在才能够清楚地看到秘色瓷的本来面目。

长沙铜官窑瓷器则与此相反,从来未见到有帝皇或士大夫们赞赏过它的记载。杜甫曾写诗赞美过唐代"扣如哀玉"的邛窑,但他泊舟于铜官镇避风时写的"铜官渚守风"诗中一点也没有提到当地大量生产的长沙铜官窑瓷器。可是,这类产品在唐时为老百姓日常使用并且大量出口海外,早为世人所喜爱。

建盏为北宋帝王所赏识,把它作为隆重赐茶专用的茶具,并且为君、臣、士大夫斗茶之用。但是建窑生产的建盏却能大规模地供一般老百姓日用,没有受到禁止,臣庶都可用,寺僧们也常用以喝茶,托钵僧也用以化缘均可。故建盏真正做到物虽有贵贱而为天下用,达到了帝黎同用,僧俗共享的境界。这种情况是其他中国陶瓷所没有的。

陶谷在 965～970 年间提到的"闽中造盏",并没有确认建盏当时已有贡品。蔡襄 1064 年在《茶录》的序言中写道:"昔陆羽《茶经》不第建安之品。丁谓《茶图》,独论采造之本。至于烹试,曾未有间"[①]。所以应该说该书是他专门把福建人的斗茶和烹茶之法介绍给皇帝的,而且以"茶色白,宜黑盏。建安所造者绀黑,纹如兔毫"的建盏也介绍给皇帝并且指出"其青白盏,斗试家自不用"。(请注意,是斗试家不用,不是饮茶,品茶家不用。)显然,某些建盏的底足内刻有"供御"或压印着"进琖"款的,无疑是提供给北宋皇帝用的御用建盏。但是,有这类底款的建盏始于何时,目前仍未考证清楚。由此引伸,令人特别注意到有关建盏中底款所刻的字,包括个别有年号的。在六七十年代,一只底足内刻有"雍熙"年号(北宋太宗,984～987)的建盏曾短暂地在少数人前露过面。这说明陶谷之后不到 20 年早已有北宋年号的建盏。个别图册曾刊有刻"至道"(北宋太宗,995～997)款的建盏照片而刻有"明道"(北宋仁宗,1032～1033)的建盏在 40 年代亦曾在古玩市场上出现[②]。这类年代较早的带年号款的建盏看来都属私人私藏之宝,难有公开展览之机会了。

兹将目前为止在建盏上已发现的数字、文字和符号总结于表 6-1,在垫饼、匣钵和陶牌上已发现的数字、文字和符号总结于表 6-2[③](表中文献序号同表 6-1)。最近在福建某收藏家的建窑残片内发现表中所没有的刻字,如东,好,吉,辽,芯等。在窑址中,还发现了一块敞口大碗残片,内外釉上有羽状黄色斑纹,底足内刻有"天"字。值得注意的是,天字虽刻得比较秀丽,但似乎只占底足的一半,另一半似还有一个字,可惜已崩掉了。如果这一底款刻的是年号,则不是"天禧"(1017～1021)就是"天圣"(1023～1031)。因为北宋年号以天字打头的只此而已,南宋是没有天字头年号的。当然,这样说不过是姑妄言之而已。

　　① 蔡襄,茶录,蔡襄书法史料集,上海书画出版社,1983,181。

　　② 耿宝昌,1983,浅谈建阳窑,景德镇陶瓷,中国陶瓷研究专辑,65～66。

　　③ 陈显求、陈士萍、黄瑞福,皇室专用的建盏,1989 古陶瓷科学技术国际讨论会(ISAC′89)论文集,A-11,上海科学技术文献出版社,69～82,1992;山崎一雄,今井敦译,御用建盏,东洋陶瓷,第 18 号,1990,57～72;御用建盏,科学(季刊),1989,41(1):41～46。

表 6-1　建盏底足内刻(印)有的数字、文字和符号

碗　型	数字、文字、符号	作者和文献
敞口碗 　足径 42～80mm	四、五四、五七	叶文程，④
合口碗 　口径 116～124mm 　足径 36～41mm 　碗高 60～70mm	二*、三、(四)、七*、九、(十三)、廿 廿三、二五*、(三十)、五七* (小)、(戊)、天、心*中、(升)、片 合、(肥)、(得)、(小七) 4*(疑为"少"的颠倒) 张一* 供御*进盏	叶文程，④、① (无 * 标记者只有文献④提及； 有( )者只有文献①提及； 带 * 者两文献皆提及)
碗	一、二、四、八、十、卅 大、中、正、禾、吴、黄、刘 供御	普卢默，⑤
兔毫大碗	大宋显德年制(碗外侧)	普卢默，⑤
碗	才 供御、进琖	宋伯胤，⑥
油滴大汤琖 　(日本重要文化财)	新	小山富士夫，⑦
碗(1988 年池墩出土)	供御、进琖	陈显求，③
碗(1986 年池墩出土)	供御、进御(龟背纹)	陈显求，③
碗	十 供御、进琖 雍熙、至道、明道	耿宝昌，②

表 6-2　垫饼、匣钵和陶牌上刻(印)有的数字、文字和符号

类　别	数字、文字、符号	作者和文献
垫饼 (60 只) 1977 年出土	二*、三*、四*、十*、十三*、二合、三合*、小九* 大*、有*、(六合)、(二十)、(三十) 供御*、进琖* (龟背纹)	叶文程，④ 蔡襄，①(无标记者只有文献 ④提及；有( )只有(文献①提及；带 * 者两文献皆提及)
垫饼 (308 只,全部带字) 1960 年出土	(五)、六*、十*、(十一)、十二*、变、卅 (小)、癸天*、水、(可)、具*、(李)、孟* 供御*、进琖*	叶文程，④
垫饼	供御	曾凡，④
匣钵	五七、大	叶文程，⑱
陶牌	黄鲁直书法一本	叶文程，⑱
匣钵	绍兴十二× 十五日也××人	宋伯胤，⑲

①　叶文程,福建建阳芦花坪址发掘简报《中国古代窑址调查发掘报告集》文物出版社,136～145(1984)。
②　叶文程,福建建阳水吉宋窑建窑发掘简报《考古》[4](1964)。
③　J. M. Plumer,"Temmoku, a study of the ware of Chien", Idemitsu Art Gallery Tokyo,33～43(1972).
④　曾凡,"福建文博"(1),11～16(1980)。

清代以来建阳窑址附近不时发现"供御"或"进琖"的残片。六七十年代的考古正式发掘也出土了一小批这类残片，并且以中型大小的碗为多。但是，目前在所有关于各国名美术馆及其出版的名瓷图册中都没有供御建盏完器或传世品的照片。现公开展览的御用建盏只有上海博物馆一只有"进琖"款的建盏而已。此外，大量观察证明，"供御"是在生坯上用手刻的，"进琖"则是用戳子趁胎体未干透硬化时压印的。据此可以估计，由于数量太多，手刻跟不上生产要求自然要改用戳子压印来生产，于是压印工艺就比手刻工艺生产上进了一步。由此证明手刻供御建盏入贡时间上似应比进琖建盏为早。从大量样品上可以看到，用以压印的"进琖"手戳不止一个，手刻"供御"也不止一人而是多人。因此，这也证明入贡的建盏数量庞大。还有一个更有趣的证据：我们发现在近百个样品中有一个比较特殊的"供御"残片。大概是某个陶工一个碗一个碗不断地刻着这两个字，被搞得既单调而又劳累。但是无巧不成书，供御二字，第一个是单人旁，第二个是双人旁，所以这个陶工每天的工作就是"单人旁"、"双人旁"，然后又"单人旁"地重复着刻下去，以至被搞得头昏眼花了。稀里糊涂地在这个样品上刻了两个"双人旁"，把供字错刻成双人旁从而给世人留下了这一宝贵的千古"杰作"（图6-6），然而附带也证明了供御建盏是大规模生产的。

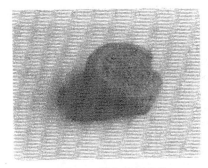

图6-6　供御错刻残片

大型的御用建盏完器目前在窑址、国内和世界各地的博物馆都没有报导，底款拓片也没有报导。残片则近年在窑址出土了一些，但比之中型建盏残片，其数量就少得多。而且也是由多个陶工刻出（供御），或者用比中型碗所用的大一些的戳子压印的（进琖），戳子也有多个。图6-7是一些大型御用建盏底款的拓片。圈足的外径尺寸为72～59毫米，内径为53～54毫米，从字体笔划判断，5个供御款分别出自5个人的手笔，4个进琖分别由4个戳子盖印出来。可证此种大型御用建盏也是大规模生产的。

值得一提的是我们发现了一块有龟背纹底款的兔毫盏残片。在圈足内刻着一个圆形，其中部则刻有一个六方形。六方形各顶角分别刻有直线段与其外圆作放射状连接。这是一个中国传统的吉祥符号，为佛家所常用。可以想见，当时建窑的生产蒸蒸日上，已有特别供应僧家们使用的制品。这类制品使人对建窑那种"帝黎同用，僧俗共享"的超尘境界就更有深一层的感受了。龟背兔毫盏的研究结果详见文献[①]中。

第四节　建盏的生产工艺

1960年10月，厦门大学人类学博物馆首次在池墩窑址进行考古发掘。1977年福建省博物馆、厦门大学、建阳县文化馆在芦花坪窑址共同进行第二次考古发掘。1989年5月至1990年5月中国社会科学院考古研究所、福建省博物馆在大路后门山和源头坑进行第三次考古发掘。从出土的器物、窑具、生产工具以及目前窑址附近还在进行生产的瓷厂（依然使用传世的工艺技术）可以了解宋代建盏的详细工艺过程。

---

① 陈显求、黄瑞福、陈士萍，供御油滴和龟背兔毫，1989年古陶瓷科学技术国际会议论文集，英文，1989，A，10。

图 6-7 大型御用建盏底款拓片

一 建盏的器形

建阳窑址出土的宋代黑釉器绝大多数为碗盏。芦花坪窑址出土的有敞口碗和敛口碗,同时还出土了一只高足杯。其器形如图 6-8 所示,尺寸见表 6-3。

表 6-3 芦花坪窑址第一二层出土的黑釉器

名称	编号	数目	完器	形状	口径(mm)	底径(mm)	高(mm)
敞口碗	8	90	20	复壁斜直	120	38	52
敞口碗	9	93	30	喇叭状	124	32	54
					108	36	50
敞口碗	10	15	6	口沿外侈	124	36	56
				唇边略曲	96	32	40
大型敞口碗	11	20	—	口沿外侈			
				胎极厚重		42~48	
I 式敛口碗	12,13	217	67	口沿有指沟	116~124	36~41	60~70
				深腹	108	37	54
Ⅱ式敛口碗	14	344	88	口沿微敛	93	38	46
高足杯	15	1	—		112	60	82

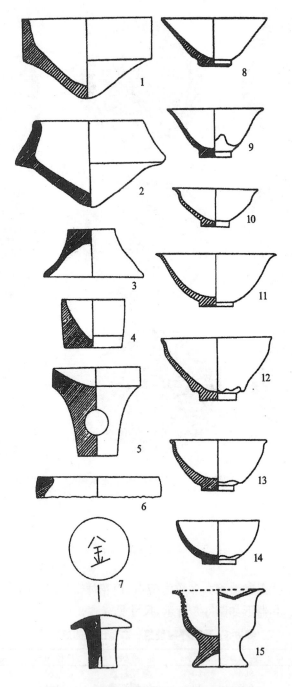

图 6-8　芦花坪窑址第一二层出土器物图

　　窑内还出土了一些窑具如匣钵和匣钵盖、垫柱、黑釉火照等。还有若干陶车用的零部件如车顶、拨手和圈套以及打制垫饼用的垫饼锤。其形状和尺寸总结于表 6-4 中。

　　在大路后门山和源头坑出土的黑釉器物 99％为碗盏，其余 1％为灯盏、瓶、碟等。在黑盏中又以束口碗 26％，敞口碗 19％，敛口碗 47％，盅式碗 8％。其器形和尺寸总结于表 6-5。

表6-4 芦花坪窑址第一二层出土的窑具或成型工具

名称	编号	数目	形 状	口径(mm)	高度(mm)
匣钵	1,2	10	直壁,斜壁	148～290	110～160
匣钵盖	3	7	平顶,斜壁,覆盆状	145～190	65～80
垫柱		4	两头直径不等之圆柱	44～60	45～115
黑釉火照		7	略方,中有一孔		
车顶	4	4	圆白形,内凹呈锥形施酱色釉,瓷土制成	60～70	50
		4	八角柱形		50
拨手	5	3	上部圆形内凹,施黑釉下部方形穿一圆孔	97～110	75～92
圈套	6	5	圆形,通体施青釉,瓷土制成	140	21
垫饼锤	7	1	铆钉状,小端部有一孔,头端刻一"金"事,细泥制成	58	58

表6-5 1990年大路后门山和源头坑窑址出土的黑釉器

名称	编号	形 状	口径(mm)	足径(mm)	高度(mm)
I 式束口碗	1	金兔毫釉,有滴珠	124	40	72
			160	48	64
I 式束口碗	2	纯黑釉,灰黑薄胎	136	40	56
			170	48	68
III 式束口碗	3	纯黑釉	108	40	46
			164	76	94
I 式撇口碗	5	兔毫釉	124	40	44
			168	42	66
II 式撇口碗	6	黑纹黑釉	120	36	46
			184～192	44～62	64～70
敛口碗	4	银兔毫釉,深灰胎器呈半球形	92	32	56
碗	7	兔毫釉,直斜腹	104	32	46
钵形碗	8	敛口圆唇,黑釉	134	52	62
(灯盏)		碗心有一小柱			
灯盏		兔毫釉,内壁有泥条纽	94	32	38
省油灯		浅盘上有泥条,叠以小盂成双层,	96	44	38(盘)
		留一孔以注水冷却,器内有泥条纽。兔毫釉	92	36	42(盂)

　　有趣的是,在<1％的其他器形中出现了几类灯盏,除器内粘有泥条纽的普通灯盏之外,还有器心带柱的灯盏以及一种省油灯。

　　就目前考证资料所知,省油灯较早出现于五代,出产于四川汉嘉(位于峨眉山西北100余公里,即今雅安之北)"盖夹灯盏也。一端作小窍,注清水于其中,每夕一易之。……其省油几半。……汉嘉出此物几三百年矣。"[①] 建窑省油灯的出土可以认为是有价值的发现。

---

① 宋·陆游,1125～1210,老学庵笔记,卷10,第5页,省油灯条。

二　建盏的烧制工艺

从芦花坪出土物可知建窑使用了匣钵装烧。一钵一盏,匣钵为漏斗形。有两类,一为直壁,一为斜壁,并且有匣钵盖。碗底用耐火泥支承,耐火泥则用垫饼锤敲实。在生产时,每钵装入一盏,往往钵与钵先后迭放成为一钵柱,然后加盖装窑。从龙窑内部装窑的情况看来,窑内留存的底层第一个匣钵看出,它们是放置在一个小土窝内,但是从出土的垫柱看,它的一头(大头)也是漏斗形,它的小头可以插在窑底砂层中。所以装好的一串匣钵柱也有可能放在垫柱上装烧的。芦花坪龙窑窑床一般宽 2 米,后段逐渐收敛,最狭处为 1.8 米。上铺粗砂厚 100 毫米。匣钵一般横排 8 个直壁中型匣钵(口径 160~180 毫米)。

建盏的成型仅使用一种方法,即手工拉坯。从出土器物可知,建窑陶工使用陶车。窑址周围如中国东南部一些丘陵地带含有丰富的所谓红壤,或铁矾红土。况且许多山陵地区风化程度并不激烈,用作原料的粘土含有一些未风化的斜长石或钙长石以及石英粗颗粒。古代陶工就利用那些粒度合适,粘性甚强的山泥为原料。它含有较高的铁和 Al_2O_3,CaO 等成分。铁矾红土加水后有较大的粘性和塑性,具有制陶的优良性质。陶工们从窑址附近取得这种土,加水调和,并不进行淘洗、水碓舂细和其他加工,只用牛践踏使泥块破碎并与水揉搓均匀,成为软硬适中、具有塑性的泥团,然后置陶车上拉制。

泥团在陶车上旋转,人在车前操作。建窑这类碗盏属中、小型圆器,只需单手操作。所谓拉坯是先将泥团上部捏成凹锥形,然后用手在泥团外捏塑成碗形。这当然是在陶车旋转时进行的。从粗坯到最后成型就靠手的母、食、中三指操作。陶车的转速调整适中,以三指捏着碗坯往上提拉使它的厚度逐步变细,坯的直径随之也逐渐变大。由于泥团不断转动,手的往上提拉使坯变形之力是一种横向的张力,三只手指操作之处是碗坯圆周的前部靠操作者的一边。所以若陶车以顺时针旋转,即圆周前部的转动方向为自右至左(右旋),则陶工拉坯时必须用右手才能获得拉坯所需的张力。坯泥中的粗颗粒易受阻力甚至暂时滞留于指端,等到被手指捏压到坯泥内,才在旋转中被细泥浆填满它所造成的表面细槽。拉坯终止后,总有少数的一些粗颗粒留于胎面,则在碗坯或烧后碗盏无釉而又未再被加工的地方可以看到一些被颗粒刮出来的细槽线,细的一头在左方,大的一头在右方并有一粗颗粒存在。据此,我们可以判断建盏成品制造时,古代陶工用右手还是左手拉坯,陶车是顺时针还时逆时针方向转动的。许多建盏的外上沿都有一条凹槽,俗名指沟,乃陶工在拉坯到最后用手指旋出来的。用拇指太粗,只能用食指或中指。这时,陶工只能用左手的这两个指头之一,才能获得横向拉力并且要在圆周的左方操作,还要靠右手在碗坯内承受来自外部左手的压力。显然,用左手操作的古代陶工们所用的陶车正相反,是反时针方向转动(左旋)。

右旋或左旋拉坯在我国并不讲究。日本的一些瓷家则特别重视,并且利用这种方法来判定传世品的出处,用来作为一种断源的方法。普卢默 1935 年在窑址收集的 7 件建盏残片,制坯时陶车(辘轳)的旋转方向全部是顺时针[①]。当然,作者没有说用什么方法来判断建窑拉坯的旋转方向。据知,日本一些瓷家是利用釉的裂纹的螺旋线方向来判定的。

碗坯拉制好之后,用陶刀从陶车上切下来。阴干后覆置于修坯的陶车上进行挖足修坯。首

---

① 金泽阳,1979,プラマ一教授采集の天目碗,出光美术馆馆报,第 29 号,24~31。

先用陶刀将多余的坯泥削掉，再按设计规定在碗外底上削出一定直径的实足。一般直径波动于38～42毫米，而以40毫米为多。然后在足心用陶刀挖出圈足，即在内部挖走深约5毫米，直径约30毫米的部分，使碗的底部成为一个圈足。同时还修成有轻微坡度的圈足底。

圈足修成后，整个坯体略加修理就可以拿下来进行干燥。许多时候是不怎样修坯的，这一点可从许多宋代建盏内、外部留有粗手指拉坯时造成的粗大而很浅的凹纹或弦纹知道。如果需要在圈足内刻字或年号、供御等则要等坯体干透后进行。若压印进珐，则用戳子在圈足削成后立刻进行。在一些小型建盏上可以看出，圈足削成后，还需在其周围的碗坯再削一刀，使碗壁有折腰的形状。

一批碗坯干燥后，就可施釉，如果太干则需要补水，否则施釉不顺利，在干燥和烧成后易出缺陷。宋代建盏釉料所用的原料依然是利用窑址附近山谷间冲积的细泥。以往在窑址的芦花坪和牛皮仑两山之间的山谷稻田中有一个水坑，当地土人一向称之为釉库。世代相传皆谓建盏所用的釉原料就取于此地，以至挖成了一个大坑。建窑窑址并未发现为原料加工的水碓，陶洗坑等。因此，釉原料是拿来就用，故要取山涧细泥。从化学分析知釉中含 P_2O_5 较多，从"釉库"取泥后需混以木灰。它含有较多的 CaO，又是在龙窑中清灰时就可以得到的，因为当地树林茂密，至今龙窑仍以木柴为燃料。至于是否需要再加入石灰石煅烧后的生石灰（CaO），目前还未有人对此问题考证，但釉库细泥含 Fe_2O_3 量高，木灰含 CaO 量高，乃是建窑兔毫釉所要求的。

将配好的釉料制成釉浆置于大桶中，手持补水以后的碗坯施釉。先舀出一碗釉浆，在碗内迅速荡遍均匀，马上把它倒回，使干净无余，并使釉均匀地粘附于碗内面，称为碗内荡釉。然后以三指捏住碗坯的圈足，倒悬，将碗坯蘸入釉浆中至碗的中部为止，称为蘸釉并谓施半釉或称施釉不到底。动作相当快则施釉均匀，不留多余的釉，碗坯也不至因吸水太多、强度下降而破裂。

芦花坪龙窑内第一、二层出土的黑釉器有780件，以碗盏为多，青釉器92件，有碟、盘、杯、盒、壶等器。龙窑依山而建，座北向南，分前后两段。前段坡度12°，长33.10米，在最南边的窑头已破坏无存。后段陡起，坡度18°，长23米，窑尾已倒塌，窑顶用生砖坯砌筑，窑墙大部分用烧制的砖砌成，一些窑墙则仍用生砖坯砌筑。窑门共10个，东墙3个，西墙7个。一般宽度为500～600毫米。均有砖砌堵，外堆附匣钵，残砖。前段窑床一般横排8个直壁中型匣钵，后段一般横排9个直壁小型匣钵。

整座龙窑半处于地下，为地穴式建筑。外墙抹以粘土层维护，因窑顶倒塌，估计窑高约1.60～1.70米。可放置匣钵200行，1600件以上，估计全窑可烧器物3万件以上。

大路后门山龙窑为 Y_1 和 Y_3 两座龙窑先后迭压的遗址。Y_1 迭压于 Y_3 之上。窑高约1.7米。Y_1 和 Y_3 两窑的尺寸先后为：长度115.15和127米，宽度0.95～2.2米和1～2.35米，高差25.7米和28.65米，坡度10°、12°、14°、18°、21°，平均15°和10°。火膛呈半圆形，半径0.6（Y_3）—0.7（Y_1）米。Y_1 北侧窑门9座，南侧有7座。门宽0.6米。这种长达100多米的古代龙窑是目前全国发现的龙窑中仅见的一例。该窑与芦花坪窑同属北宋时期的龙窑。除烧制大量的黑釉盏之外，也烧造有"供御"和"进珐"的御用建盏。据发掘该窑的考古学家估计，每窑一次装满可烧10万余件，产量极高。据他们统计，其产品有兔毫盏60％，纯黑盏20％，其他10％，欠烧品10％。其中出土有黄色斑点的鹧鸪斑盏和1件带指印纹的黑盏。

龙窑是我国烧制陶瓷器的一种效率较高、自古沿用的窑炉。当满窑封门后在窑头火箱升火焙烧，热利用率颇高，余热一直送到窑尾部分烘干该处生坯。前部升至高温除了火箱燃烧所获得的热量之外,以后各段需要依靠窑门两边的投柴孔,因此窑的中段得天独厚,有火箱足够的热量供应和投柴孔的燃料供应,温度可升至最高。后段火箱供给的热量已弱,看来主要靠投柴孔,故最高温度一般略低。供御和进琖的贡瓷就在中段烧成。

我们曾经做过如下的实验。将建盏兔毫釉制成适用的试样置高温显微镜下测定其加热时的受热行为。从陶瓷学可知,瓷釉在脆性转变为塑性时的温度下,其 $\log\eta$ 约为 13(η 为熔体的粘度),温度继续上升瓷釉从塑性流动逐渐变为粘性流动,并且随着温度上升其粘度渐小;从粘性流动转变为液态流动的温度时,其 $\log\eta$ 约为 3。在高温显微镜下可以测得某些特征温度点。瓷釉在某一特征温度下其 $\log\eta$ 是一定的。这些特征温度与粘度的关系列于表 6-6。

表 6-6　特征温度与粘度

特　征　温　度	符　号	$\log\eta$
烧结开始点	SP	10.0 ± 0.3
变形开始点	DP	8.2 ± 0.5
底线最短点	MP	6.1 ± 0.2
半球点(粉末)	HKP	4.55 ± 0.1
(碎块)	HKP	4.25 ± 0.1
流动点	FP	4.3 ± 0.1

全部实验在 N_2 气氛下进行。测定了芦花坪出土的建盏釉的 17 个试样。将其 HKP、FP 和 $\triangle T$ 等特征温度点列于表 6-7 中。

表 6-7　建盏兔毫釉的特征温度

编　号	HKP(℃)	FP(℃)	$\triangle T$(℃)
TB4	1218	1349	131
TC9	1225	1363	138
TC20	1198	1343	145
TC22	1229	1346	117
TO2	1181	1265	84
TS4	1213	1361	148
TS12	1204	1367	163
TS20	1187	1348	161
TY3	1227	1365	138
TY27	1198	1351	153
TY40	1226	1350	124
TY45	1195	＞1312*	＞117*
TY50	1191	＞1344*	＞153*
TY51	1226	1339	113
JS1	1190	1308	118
JS2	1195	1303	108
JS3	1220	1327	107
平均(X)	1207	1338	130
标准偏差($\sigma\eta-1$)	16.5	27.0	22.0
群体标准偏差($\sigma\eta$)	16.0	26.2	21.3

* 因胎发泡,未能测到 FP 点。

实验证明,建窑兔毫釉在1210℃下已开始成熟。但是大多数建盏都烧至釉产生粘性流动才能在碗下聚釉甚至聚成滴珠,因而需要烧到它的FP点。建窑这类黑釉,其烧成温度范围虽然很宽(△T130℃),但是为了需要流釉以产生兔毫纹,一般要在1300~1350℃下烧成。

龙窑前段产品烧成后开始冷却,火箱停火后依靠窑的坡度产生抽力使冷空气通过火箱略为加热,把前段产品缓慢冷却,这时需冷却的产品当然就不再会在投柴孔中投入燃料,所以龙窑是可以一边烧成一边出窑的。中、后段未烧到高温的产品仍可在该处的投柴孔加足燃料继续烧制。龙窑的烧成操作的确不止是技术或技巧,而且可以算得上是一种高超的艺术。

建盏出窑后需要装船外运,故产品从龙窑处先运至池墩的水尾岚码头集中装船。贡盏当然也不例外。出窑和搬运都十分仔细,在发掘过的龙窑一般只发现"供御"和"进琖"的阳纹垫饼而罕有发现其残片。相反,由于在池墩装船,在装船以前必须进行检查、挑选、清点和包装,破碎的、不合格的,老百姓不能使用也不敢使用,要当场打破,随地弃置,所以大部分这类御用建盏残片都出土于池墩和水尾岚就可以理解了。

建盏的产品通过建溪到达下游的闽江至福州外运。御用建盏由此运至宋京。

第五节 建盏的技术特征

直至目前为止,建盏胎、釉的化学组成,技术性质,釉面花纹形貌、胎与釉的显微结构等技术性的特征已有不少的研究,为深入阐明这类名瓷所包含的技术发展史和材料科学的内涵提供了大量有价值的数据。

一 建盏的化学组成

80年代初以来,建盏的胎与釉曾经进行过化学组成的初步分析[1]。80年代末分析了御用建盏[2],最近又分析了大型的御用建盏[3] 和国宝级油滴等珍贵建盏残片的化学组成,为研究建盏的社会科学和自然科学的深广内涵提供了可贵的资料。兹将各类建盏的胎、釉化学组成的数据分别列于表6-8至6-16中。[4][5]

由此可知,一般建盏的釉式为:

K_2O 0.1370~0.1970

Na_2O 0.006~0.0100

CaO 0.5200~0.6260

MgO 0.1940~0.2560

MnO 0.0310~0.0520

Al_2O_3 0.7720~1.0080

Fe_2O_3 0.1480~0.2100

SiO_2 4.4080~6.3400

TiO_2 0.0310~0.0570

P_2O_5 0.0330~0.0520

$SiO_2/Al_2O_3=5.3770~5.9230$

---

① 陈显求、陈士萍、黄瑞福等,宋代建盏的科学研究,中国陶瓷,1983,(1):58~66;(2):52~59,(3):55~59;中国古陶瓷研究,247~266,科学出版社,1987。

② 陈显求、陈士萍、黄瑞福,皇室专用的建盏,ISAC'89古陶瓷科学技术国际讨论会论文集,李家治、陈显求主编,上海科技文献出版社出版,1992,69~82;山崎一雄、今井敦译,御用建盏,东洋陶瓷,东洋陶磁学会,1990,18:57~72。

③ 陈显求、黄瑞福、周学林等,大型御用建盏,ISAC'95国际讨论会论文,1995。

④ 陈显求、黄瑞福、周学林等,从稀珍残片研究结果论国宝油滴建盏的特质,ISAC'95国际讨论会论文,1995。

⑤ 陈显求、黄瑞福、曾凡,宋代稀珍油滴和羽毫建盏残片的研究,ISAC'95国际讨论会论文,1995。

其化学组成(重量%)处于如下范围：

K$_2$O ～3

Na$_2$O ～0.1　　　Al$_2$O$_3$　18～19　SiO$_2$　　60～63

CaO 5～8　　　　Fe$_2$O$_3$　5～8　　TiO$_2$　　0.5～0.9

Mg O～2　　　　　　　　　　　P$_2$O$_5$　　～1

MnO 0.5～0.8

其胎式为：

K$_2$O　0.0670～0.1030

Na$_2$O 0.0030～0.0060　　　　　　　　　　　SiO$_2$　3.4470～4.4550

CaO　0.0010～0.0100　　Al$_2$O$_3$　0.7880～0.8270　TiO$_2$　0.0480～0.0700

MgO　0.0320～0.0460　　Fe$_2$O$_3$　0.1730～0.2120

MnO　0.0030～0.0060

其化学组成(重量%)处于如下的范围：

K$_2$O　　2～2.7　　　Al$_2$O$_3$　　21～25　　SiO$_2$　　62～68

Na$_2$O　0.05～0.12 Fe$_2$O$_3$　　7～10　　TiO$_2$　　1～1.6

CaO　　0.01～0.16

MgO　　0.4～0.5

MnO　　0.05～0.12

中型御用建盏的釉式为：

K$_2$O　0.1362～0.1766　Al$_2$O$_3$　0.8893～1.1199　SiO$_2$　4.6402～5.4593

Na$_2$O　0.0052～0.0637　Fe$_2$O$_3$　0.1908～0.2941　TiO$_2$　0.0350～0.0488

CaO　0.4137～0.5938　　　　　　　　　　　　P$_2$O$_5$　0.0379～0.0583

MgO　0.1466～0.3155

MnO　0.0374～0.0518

其化学组成(重量%)处于如下的范围：

K$_2$O　　2.70～3.14　　Al$_2$O$_3$　13.24～20.45　SiO$_2$　55.71～60.11

Na$_2$O　0.06～0.74　　Fe$_2$O$_3$　6.37～8.08　　TiO$_2$　0.55～0.71

CaO　　4.29～6.96　　　　　　　　　　　　P$_2$O$_5$　1.05～1.54

MgO　　1.11～2.35

MnO　　0.48～0.69

其胎式为：

K$_2$O　0.0811～0.1135　Al$_2$O$_3$　0.8132～0.8315　SiO$_2$　3.8820～4.4448

Na$_2$O　0.0058～0.0063　Fe$_2$O$_3$　0.1685～0.1868　TiO$_2$　0.0452～0.0520

CaO　0.0079～0.0630　　　　　　　　　　　　P$_2$O$_5$　0.0022～0.0025

MgO　0.0735～0.0495

MnO　0.0022～0.0029

其化学组成(重量%)处于如下的范围：

K$_2$O　　2.10～2.40　Al$_2$O$_3$　21.00～23.30　SiO$_2$　64.10～67.20

Na_2O	0.10	Fe_2O_3	7.10~8.20	TiO_2	0.98~1.10
CaO	0.11~0.92			P_2O_5	0.08~0.09
MgO	0.40~0.52				
MnO	0.04~0.08				

大型御用建盏的釉式为：

K_2O	0.0997~0.2350	Al_2O_3	0.7898~0.9946	SiO_2	3.9347~5.9588
Na_2O	0.0283~0.0732	Fe_2O_3	0.1013~0.3893	TiO_2	0.0270~0.0567
CaO	0.2791~0.6455			P_2O_5	0.0313~0.0725
MgO	0.1472~0.4251				
MnO	0.0304~0.0896				

其化学组成（重量%）处于如下的范围：

K_2O	2.1~4.1	Al_2O_3	14.9~21.5	SiO_2	52.9~66.4
Na_2O	0.4~0.8	Fe_2O_3	3.0~12.7	TiO_2	0.4~0.8
CaO	3.2~8.1			P_2O_5	0.9~2.1
MgO	1.1~3.5				
MnO	0.4~1.3				

大型御用建盏的胎式为：

K_2O	0.0812~0.0967	Al_2O_3	0.8108~0.8259	SiO_2	3.8508~4.4558
Na_2O	0.0192~0.0321	Fe_2O_3	0.1741~0.1892	TiO_2	0.0529~0.0565
CaO	0.0066~0.0144			P_2O_5	0.0051~0.0056
MgO	0.0270~0.0491				
MnO	0.0015~0.0211				

其化学组成（重量%）处于如下的范围：

K_2O	2.1~2.4	Al_2O_3	20.9~23.0	SiO_2	63.6~67.0
Na_2O	0.3~0.5	Fe_2O_3	7.1~8.3	TiO_2	1.1~1.2
CaO	0.1~0.2			P_2O_5	0.2
MgO	0.3~0.5				
MnO	0.03~0.05				

稀珍（国宝级）油滴建盏的釉式为：

K_2O	0.2255~0.2521	Al_2O_3	0.9650~1.0153	SiO_2	7.6684~7.7323
Na_2O	0.0429~0.0868	Fe_2O_3	0.1412~0.1769	TiO_2	0.0330~0.0417
CaO	0.5393~0.5789			P_2O_5	0.0418~0.0518
MgO	0.1149~0.1170				
MnO	0.0282~0.0371				

其化学组成（重量%）处于如下的范围：

K_2O	3.2~3.6	Al_2O_3	14.9~15.6	SiO_2	69.1~70.0
Na_2O	0.4~0.8	Fe_2O_3	3.4~4.2	TiO_2	0.4~0.5
CaO	4.5~4.9			P_2O_5	0.9~1.1

MgO　　0.7

MnO　　0.3～0.4

其胎式（BF）为：

K_2O　0.0825～0.0838　　Al_2O_3　0.7913～0.8138　　SiO_2　3.9212～4.3095

Na_2O　0.0118～0.0254　　Fe_2O_3　0.1862～0.2087　　TiO_2　0.0515～0.0634

CaO　　0.0068～0.0070　　　　　　　　　　　　　　　　P_2O_5　0.0052～0.0055

MgO　　0.0366～0.0485

MnO　　0.0026～0.0038

其化学组成（重量％）处于如下的范围：

K_2O　2.0～2.1　　　　　Al_2O_3　21.2～21.9　　　SiO_2　63.7～66.2

Na_2O　0.2～0.4　　　　　Fe_2O_3　7.6～8.2　　　　TiO_2　1.1～1.3

CaO　　0.1～0.9　　　　　　　　　　　　　　　　　　P_2O_5　0.2

MgO　　0.4～0.5

MnO　　0.05～0.07

比较了上述的几批数据，可以认为一般建盏与御用建盏的釉式大致是相同的。其 Al_2O_3 含量为13％～22％，Fe_2O_3 为3％～13％，SiO_2 一般为53％～66％。大型御用建盏釉目前分析的数据已包括在这几批建盏釉化学成分的分布范围之内。然而，这些数据与国宝级油滴建盏外观甚似的残片釉的成分有明显的区别。首先后者含 Fe_2O_3 量十分低，与某大型御用建盏同处于下限。其次 SiO_2 在釉式中则是目前分析数据中最高的，并且三个珍贵残片的数据彼此相当集中。它们的化学成分如此不同，其釉的配方显然与一般和御用等建盏有异，难怪在窑址废墟中难以发现其残片。

表 6-8　建盏釉的化学组成

编号	SiO_2	Al_2O_3	TiO_2	Fe_2O_3	P_2O_5	K_2O	Na_2O	CaO	MgO	MnO	
(J-Tian-Jing)	60.76	12.77	0.88	4.57	1.91	4.95	0.28	9.03	2.73	1.21	wt％
	67.76	8.39	0.74	1.92	0.90	3.52	0.30	10.78	4.55	1.14	mol％
	3.3399	0.4135	0.0363	0.0945	0.0445	0.1737	0.0147	0.5312	0.2241	0.0563	釉式
(77JLT2(2))	61.48	18.61	0.57	5.66	1.26	3.01	0.09	6.58	1.97	0.72	wt％
	89.76	12.44	0.48	2.41	0.61	2.18	0.10	7.99	3.33	0.69	mol％
	4.8790	0.4135	0.0338	0.1687	0.0424	0.1525	0.0071	0.5588	0.2330	0.0486	釉式
(77JCT4(2);7)	60.70	18.06	0.52	5.47	1.41	3.39	0.11	7.39	2.00	0.72	wt％
	68.86	12.07	0.44	2.33	0.67	2.45	0.12	8.98	3.37	0.69	mol％
	4.4082	0.7728	0.0283	0.1493	0.0431	0.1571	0.0078	0.5748	0.2158	0.0444	釉式
(77-Shui-ji)	62.02	18.79	0.64	6.44	0.97	3.11	0.11	5.55	1.56	0.56	wt％
	71.04	12.68	0.55	2.86	0.47	2.27	0.12	6.81	2.66	0.54	mol％
	5.7267	1.0222	0.0443	0.2306	0.0377	0.1829	0.0100	0.5488	0.2145	0.0438	釉式
(TB4)	62.17	17.85	0.58	5.35	1.18	3.04	0.12	6.55	1.86	0.69	wt％
	70.61	11.95	0.49	2.28	0.57	2.20	0.13	7.97	3.15	0.66	mol％
	5.0058	0.8468	0.0349	0.1619	0.0403	0.1562	0.0093	0.5623	0.2229	0.0468	釉式
(TC9)	61.09	18.12	0.56	5.27	1.25	3.03	0.12	7.37	1.89	0.73	wt％
	69.37	12.12	0.47	2.25	0.60	2.20	0.13	8.96	3.19	0.70	mol％
	4.5697	0.7984	0.0313	0.1483	0.0397	0.1446	0.0087	0.5902	0.2105	0.0460	釉式

编号	SiO₂	Al₂O₃	TiO₂	Fe₂O₃	P₂O₅	K₂O	Na₂O	CaO	MgO	MnO	
	60.52	17.98	0.60	5.91	1.08	3.03	0.11	8.03	1.79	0.50	wt%
(TC20)	68.79	12.04	0.51	2.53	0.52	2.20	0.12	9.78	3.03	0.48	mol%
	4.4076	0.7715	0.0327	0.1620	0.0331	0.1406	0.0077	0.6266	0.1944	0.0307	釉式
	60.46	18.94	0.94	6.30	1.33	2.91	0.10	6.71	1.90	0.64	wt%
(TC22)	68.88	12.72	0.80	2.70	0.64	2.11	0.11	8.18	3.23	0.62	mol%
	4.8325	0.8921	0.0566	0.1895	0.0451	0.1481	0.0077	0.5740	0.2267	0.0434	釉式
	62.01	18.36	0.64	8.49	1.09	2.53	0.08	4.97	1.54	0.55	wt%
(TO2)	71.48	12.47	0.56	3.68	0.53	1.86	0.09	6.14	2.65	0.54	mol%
	6.3404	1.1059	0.0493	0.3266	0.0473	0.1647	0.0079	0.5445	0.2351	0.0477	釉式
	61.83	18.67	0.72	5.93	1.23	3.46	0.11	5.44	1.69	0.65	wt%
(TS1)	70.81	12.59	0.62	2.56	0.60	2.52	0.12	6.67	2.87	0.63	mol%
	5.5245	0.9828	0.0482	0.1994	0.0464	0.1972	0.0095	0.5201	0.2243	0.0490	釉式
	62.62	18.35	0.64	5.26	0.98	2.88	0.09	6.60	1.72	0.47	wt%
(TS4)	70.93	12.25	0.54	2.24	0.47	2.08	0.10	8.01	2.91	0.45	mol%
	5.2368	0.9039	0.0401	0.1654	0.0345	0.1535	0.0073	0.5914	0.2147	0.0332	釉式
	60.59	18.66	0.76	5.68	1.49	2.98	0.09	6.41	2.19	0.77	wt%
(TS12)	69.10	12.53	0.65	2.44	0.72	2.16	0.10	7.83	3.73	0.74	mol%
	4.7484	0.8616	0.0446	0.1674	0.0496	0.1488	0.0068	0.5377	0.2558	0.0509	釉式
	61.24	18.55	0.69	6.06	1.55	3.08	0.10	6.54	1.92	0.77	wt%
(TS20)	69.49	12.40	0.59	2.59	0.66	2.23	0.11	7.95	3.25	0.75	mol%
	4.8667	0.8686	0.0412	0.1813	0.0460	0.1559	0.0077	0.5568	0.2273	0.0523	釉式
	62.24	18.65	0.65	5.90	1.07	3.00	0.09	6.11	1.54	0.50	wt%
(TY3)	71.01	12.54	0.55	2.53	0.51	2.19	0.10	7.47	2.61	0.49	mol%
	5.5276	0.9760	0.0433	0.1969	0.0401	0.1700	0.0077	0.5816	0.2032	0.0375	釉式
	61.17	19.27	0.70	6.29	1.16	2.82	0.11	5.85	1.74	0.58	wt%
(TY27)	70.18	13.02	0.60	2.71	0.56	2.06	0.12	7.19	2.98	0.56	mol%
	5.4323	1.0082	0.0466	0.2101	0.0434	0.1598	0.0094	0.5566	0.2308	0.0435	釉式
	61.24	19.03	0.64	6.11	0.93	2.91	0.10	6.23	1.54	0.45	wt%
(TY40)	70.47	12.90	0.56	2.65	0.45	2.13	0.11	7.68	2.63	0.43	mol%
	5.4261	0.9935	0.0430	0.2036	0.0349	0.1642	0.0085	0.5910	0.2029	0.0335	釉式
	61.78	17.70	0.54	5.54	1.24	3.14	0.09	6.91	1.98	0.65	wt%
(TY45)	70.04	11.82	0.45	2.36	0.60	2.26	0.10	8.39	3.35	0.62	mol%
	4.7575	0.8032	0.0311	0.1603	0.0409	0.1540	0.0067	0.5699	0.2273	0.0422	釉式
	59.76	19.01	0.55	6.07	1.26	2.90	0.08	7.56	2.03	0.55	wt%
(TY50)	68.14	12.77	0.47	2.60	0.61	2.11	0.09	9.24	3.44	0.53	mol%
	4.4240	0.8289	0.0305	0.1689	0.0394	0.1370	0.0057	0.5995	0.2233	0.0344	釉式
	60.92	18.73	0.76	6.20	1.25	2.96	0.09	6.20	1.68	0.65	wt%
(TY51)	69.98	12.68	0.65	2.68	0.61	2.17	0.10	7.62	2.87	0.63	mol%
	5.2240	0.9465	0.0487	0.1999	0.0455	0.1621	0.0074	0.5690	0.2147	0.0469	釉式

表 6-9　建盏胎的化学组成

编号	SiO$_2$	Al$_2$O$_3$	TiO$_2$	Fe$_2$O$_3$	K$_2$O	Na$_2$O	CaO	MgO	MnO	烧失	
	64.84	23.56		7.61	2.17	0.02	0.05	0.44	0.07	0.13	wt%
(77JLT2(2))	7.40	16.58		3.42	1.66	0.02	0.06	0.79	0.07		mol%
	3.8708	0.8290		0.1710	0.0829	0.0011	0.0032	0.0397	0.0035		胎式
	63.62	24.09		8.11	2.60	0.02	0.04	0.53	0.08	0.67	wt%
(77JCT4(2):7)	76.26	17.02		3.65	1.98	0.02	0.05	0.93	0.08		mol%
	3.6897	0.8233		0.1767	0.0960	0.0010	0.0024	0.0452	0.0038		胎式
	68.61	17.73		9.71	2.32	0.03	0.06	0.47	0.11	0.43	wt%
(77-Shui-ji)	80.65	12.28		4.29	1.73	0.03	0.08	0.82	0.11		mol%
	4.8671	0.7409		0.2591	0.1046	0.0021	0.0046	0.0494	0.0068		胎式
	64.77	22.25	1.61	8.80	2.17	0.07	0.04	0.46	0.08	0.36	wt%
(TB4)	76.53	15.49	1.43	3.91	1.63	0.08	0.05	0.81	0.08		mol%
	3.4450	0.7983	0.0737	0.2071	0.0840	0.0040	0.0026	0.0418	0.0040		胎式
	67.59	21.27	1.00	7.02	2.23	0.05	0.03	0.41	0.08	0.51	wt%
(TC9)	78.88	14.62	0.87	3.08	1.66	0.06	0.03	0.71	0.08		mol%
	4.4554	0.8260	0.0493	0.1740	0.0939	0.0032	0.0020	0.0403	0.0043		胎式
	64.29	22.78	1.12	8.27	2.30	0.05	0.02	0.44	0.06	0.56	wt%
(TC20)	76.63	15.99	1.00	3.71	1.75	0.06	0.03	0.78	0.06		mol%
	3.8888	0.8116	0.0509	0.1884	0.0888	0.0029	0.0014	0.0393	0.0029		胎式
	63.96	22.75	1.16	8.20	2.49	0.05	0.03	0.47	0.06		wt%
(TC22)	76.40	16.01	1.04	3.68	1.89	0.06	0.04	0.83	0.06		mol%
	3.8797	0.8129	0.0527	0.1871	0.0961	0.0029	0.0018	0.0423	0.0029		胎式
	63.30	23.10	1.10	9.65	2.51	0.06	0.16	0.44	0.09		wt%
(TO2)	75.41	16.22	0.98	4.33	1.90	0.07	0.21	0.78	0.09		mol%
	3.6712	0.7894	0.0479	0.2106	0.0927	0.0035	0.0101	0.0381	0.0045		胎式
	63.11	23.18	1.56	8.19	2.69	0.06	0.14	0.52	0.12	0.64	wt%
(TS1)	75.29	16.30	1.40	3.67	2.05	0.07	0.18	0.92	0.12		mol%
	3.7703	0.8160	0.0700	0.1840	0.1025	0.0036	0.0089	0.0461	0.0061		胎式
	61.96	24.81	1.40	8.26	2.65	0.06	0.16	0.52	0.07	0.23	wt%
(TS4)	74.21	17.51	1.26	3.72	2.02	0.07	0.21	0.93	0.07		mol%
	3.4951	0.8247	0.0592	0.1753	0.0951	0.0034	0.0098	0.0437	0.034		胎式
	63.75	23.24	1.54	8.14	2.29	0.05	0.05	0.44	0.06	0.18	wt%
(TS12)	75.96	16.32	1.38	3.65	1.74	0.06	0.06	0.78	0.06		mol%
	3.8048	0.8173	0.0692	0.1827	0.0871	0.0029	0.0032	0.0389	0.0029		胎式
	63.45	23.57	1.43	8.69	2.35	0.06	0.02	0.46	0.08	0.10	wt%
(TS20)	75.52	16.52	1.28	3.89	1.78	0.07	0.03	0.82	0.08		mol%
	3.6989	0.8093	0.0627	0.1907	0.0873	0.0035	0.0014	0.0400	0.0039		胎式
	63.20	24.10	1.23	8.91	2.17	0.11	0.16	0.45	0.09	0.12	wt%
(TY3)	75.17	16.88	1.09	3.98	1.64	0.13	0.21	0.80	0.09		mol%
	3.6026	0.8092	0.0523	0.1908	0.0787	0.0062	0.0100	0.0385	0.0045		胎式

续表

编号	SiO$_2$	Al$_2$O$_3$	TiO$_2$	Fe$_2$O$_3$	K$_2$O	Na$_2$O	CaO	MgO	MnO	烧失	
	64.23	22.69	1.30	9.14	1.77	0.10	0.03	0.36	0.07		wt%
(TY27)	76.60	15.94	1.16	4.10		0.11	0.04	0.64	0.07		mol%
	3.8219	0.7955	0.0577	0.2045	0.0673	0.0057	0.0018	0.0317	0.0036		胎式
	63.20	22.46	1.33	9.46	2.06	0.11	0.05	0.40	0.07	0.26	wt%
(TY40)	76.05	15.92	1.20	4.28	1.58	0.13	0.06	0.71	0.07		mol%
	3.8056	0.7882	0.0575	0.2118	0.0784	0.0064	0.0032	0.0351	0.0035		胎式
	62.16	24.96	1.21	8.85	2.32	0.12	0.03	0.45	0.09	0.19	wt%
(TY45)	74.46	17.62	1.09	3.99	1.77	0.14	0.04	0.81	0.09		mol%
	3.4468	0.8155	0.0504	0.1845	0.0821	0.0063	0.0017	0.0374	0.0043		胎式
	65.31	22.67	1.16	7.44	2.59	0.05	0.03	0.47	0.05	0.23	wt%
(TY50)	77.01	15.75	1.02	3.30	1.96	0.06	0.04	0.83	0.05		mol%
	4.0427	0.8268	0.0538	0.1732	0.1024	0.0030	0.0019	0.0434	0.0026		胎式
	63.76	23.62	1.13	8.25	2.38	0.10	0.01	0.45	0.07	0.23	wt%
(TY51)	75.95	16.57	1.01	3.65	1.81	0.11	0.01	0.80	0.07		mol%
	3.7548	0.8193	0.0496	0.1807	0.0896	0.0056	0.0007	0.0395	0.0035		胎式
	68.08	22.63	1.01	1.25	5.59	0.28	0.03	0.30		1.24	wt%
(J-TIAN-JING)	78.30	15.34	0.87	0.54	4.10	0.31	0.03	0.51			mol%
	4.9310	0.9659	0.0548	0.0341	0.2584	0.0194	0.0022	0.0319			胎式

表 6-10　御用建盏釉的化学组成

试料	K$_2$O	Na$_2$O	CaO	MgO	MnO	Al$_2$O$_3$	Fe$_2$O$_3$	SiO$_2$	TiO$_2$	P$_2$O$_5$	Total	
JG1	2.27	0.10	6.78	2.03	0.64	19.08	6.50	59.87	0.62	1.27	99.59	重量%
	2.25	0.07	4.84	1.22	0.49	10.15	4.57	28.26	0.37	0.56		原子%
	1.98	0.11	8.33	3.47	0.62	12.89	2.81	68.66	0.53	0.62		摩尔%
	0.1362	0.0076	0.5743	0.2394	0.0426	0.8893	0.1935	4.7351	0.0364	0.0426		釉式
JG2	2.55	0.11	5.99	1.75	0.53	19.33	7.28	60.11	0.65	1.05	99.59	重量%
	2.13	0.08	4.28	1.06	0.41	10.31	5.13	28.44	0.39	0.47		原子%
	1.89	0.12	7.43	3.02	0.52	13.19	3.17	69.59	0.56	0.52		摩尔%
	0.1454	0.0096	0.5724	0.2327	0.0399	1.0165	0.2444	5.3637	0.0431	0.0399		釉式
JG3	2.88	0.06	5.66	1.19	0.61	19.26	6.83	59.24	0.55	1.31	98.31	重量%
	2.43	0.04	4.09	1.16	0.48	10.38	4.87	28.32	0.34	0.59		原子%
	2.15	0.07	7.10	3.32	0.60	13.28	3.01	69.34	0.48	0.65		摩尔%
	0.1623	0.0052	0.5360	0.2510	0.0454	1.0031	0.2270	5.2364	0.0365	0.0491		釉式
JG4	3.14	0.74	5.94	1.11	0.69	18.11	7.66	58.19	0.64	1.54	97.76	重量%
	2.66	0.56	4.32	0.68	0.55	9.82	5.49	27.97	0.39	0.70		原子%
	2.38	0.86	7.56	1.97	0.70	12.67	3.42	69.10	0.56	0.77		摩尔%
	0.1766	0.0637	0.5614	0.1466	0.0518	0.9410	0.2543	5.1321	0.0419	0.0575		釉式
JG6	2.73	0.11	5.42	1.91	0.57	19.45	7.69	59.47	0.71	1.08	99.14	重量%
	2.28	0.08	3.88	1.16	0.44	10.40	5.43	28.20	0.43	0.48		原子%
	2.03	0.12	6.77	3.32	0.56	13.36	3.37	69.31	0.62	0.53		摩尔%
	0.1584	0.0098	0.5287	0.2598	0.0434	1.0439	0.2636	5.4165	0.0488	0.0418		釉式

续表

试料	K₂O	Na₂O	CaO	MgO	MnO	Al₂O₃	Fe₂O₃	SiO₂	TiO₂	P₂O₅	Total	
JG7	2.75	0.09	6.96	1.87	0.55	20.45	6.37	58.31	0.58	1.13	99.06	重量%
	2.31	0.07	4.99	1.13	0.43	10.94	4.50	27.66	0.35	0.50		原子%
	2.04	0.10	8.65	3.24	0.55	13.97	2.78	67.61	0.51	0.55		摩尔%
	0.1397	0.0071	0.5938	0.2221	0.0374	0.9588	0.1908	4.6402	0.0350	0.0379		釉式
JJ1	2.77	1.18	15.61	2.87	0.80	13.24	1.44	59.28	0.21	1.81	99.21	重量%
	2.32	0.88	11.17	1.73	0.62	7.08	1.02	28.08	0.13	0.80		原子%
	1.89	1.23	17.95	4.59	0.73	8.38	0.58	63.66	0.17	0.82		摩尔%
	0.0718	0.0466	0.6802	0.1739	0.0276	0.3177	0.0221	2.4122	0.0063	0.0310		釉式
JJ2	2.74	0.19	5.81	1.55	0.48	20.68	6.61	59.40	0.70	1.49	99.15	重量%
	2.28	0.14	4.14	0.94	0.37	11.00	4.64	28.02	0.42	0.66		原子%
	2.03	0.22	7.23	2.69	0.47	14.15	2.88	68.99	0.60	0.74		摩尔%
	0.1606	0.0171	0.5721	0.2129	0.0374	1.1199	0.2283	5.4593	0.0479	0.0583		釉式
JG5	2.70	0.48	4.29	2.35	0.67	16.82	8.68	55.71	0.71	1.15		重量%
	2.38	0.38	3.24	1.50	0.55	9.48	6.46	27.83	0.45	0.54		原子%
	2.13	0.57	5.67	4.32	0.70	12.23	4.03	68.75	0.66	0.60		摩尔%
	0.1552	0.0417	0.4137	0.3155	0.0509	0.8926	0.2941	5.0178	0.0478	0.0438		釉式

	ZnO		PbO		SrO		Cr₂O₃		ZrO₂		Total	
		0.06		0.02		0.36		0.02		0.05	94.07	重量%
		0.05		0.02		0.32		0.01		0.04		原子%
		0.05		0.01		0.26		0.01		0.03		摩尔%
		0.0036		0.0005		0.0188		0.0005		0.0020		釉式

表 6-11　御用建盏胎的化学组成

试料	K₂O	Na₂O	CaO	MgO	MnO	Al₂O₃	Fe₂O₃	SiO₂	TiO₂	P₂O₅	Total	
JG1	2.30	0.10	0.45	0.47	0.05	22.50	7.20	65.40	0.98	0.09	99.54	重量%
	1.92	0.07	0.32	0.28	0.04	11.98	5.06	30.88	0.59	0.04		原子%
	1.73	0.11	0.56	0.82	0.05	15.61	3.19	77.02	0.86	0.04		摩尔%
	0.0918	0.0060	0.0300	0.0438	0.0026	0.8303	0.1697	4.0970	0.0457	0.0022		胎式
JG2	2.10	0.10	0.72	0.40	0.04	22.10	7.30	65.60	1.10	0.09	99.55	重量%
	1.75	0.07	0.51	0.24	0.03	11.77	5.13	30.97	0.66	0.04		原子%
	1.57	0.11	0.90	0.70	0.04	15.31	3.23	77.13	0.96	0.04		摩尔%
	0.0849	0.0061	0.0485	0.0375	0.0023	0.8259	0.1741	4.1608	0.0520	0.0023		胎式
JG3	2.30	0.10	0.92	0.52	0.04	21.90	7.10	65.60	1.00	0.08	99.56	重量%
	1.92	0.07	0.65	0.31	0.03	11.66	4.99	30.97	0.60	0.04		原子%
	1.72	0.11	1.15	0.90	0.04	15.13	3.13	76.90	0.88	0.04		摩尔%
	0.1135	0.0061	0.0630	0.0495	0.0023	0.8284	0.1716	4.2115	0.0480	0.0023		胎式
JG4	2.30	0.10	0.58	0.50	0.05	23.30	7.40	64.20	1.10	0.09	99.62	重量%
	1.92	0.07	0.41	0.30	0.04	12.40	5.20	30.29	0.66	0.04		原子%
	1.73	0.11	0.73	0.88	0.05	16.24	3.29	75.95	0.97	0.04		摩尔%
	0.0888	0.0058	0.0373	0.0449	0.0025	0.8315	0.1685	3.8887	0.0497	0.0022		胎式
JG5	2.10	0.10	0.70	0.43	0.04	22.90	7.90	64.20	1.10	0.09	99.56	重量%
	1.75	0.07	0.50	0.26	0.03	12.19	5.55	30.31	0.66	0.04		原子%
	1.59	0.11	0.89	0.76	0.04	15.99	3.52	76.09	0.97	0.04		摩尔%
	0.0814	0.0058	0.0454	0.0389	0.0022	0.8195	0.1805	3.8997	0.0498	0.0022		胎式

试料	K$_2$O	Na$_2$O	CaO	MgO	MnO	Al$_2$O$_3$	Fe$_2$O$_3$	SiO$_2$	TiO$_2$	P$_2$O$_5$	Total	
JG6	2.40	0.10	0.16	0.45	0.05	22.40	8.00	65.00	1.10	0.08	99.74	重量%
	2.00	0.07	0.11	0.27	0.04	11.90	5.61	30.63	0.66	0.04		原子%
	1.81	0.13	0.21	0.79	0.05	15.60	3.56	76.85	0.97	0.04		摩尔%
	0.0946	0.0059	0.0107	0.0414	0.0026	0.8141	0.1859	4.0100	0.0506	0.0022		胎式
JG7	2.10	0.10	0.64	0.42	0.06	22.80	8.20	64.10	1.00	0.09	99.51	重量%
	1.75	0.07	0.45	0.25	0.05	12.14	5.77	30.28	0.60	0.04		原子%
	1.59	0.11	0.81	0.74	0.06	15.95	3.66	76.15	0.89	0.04		摩尔%
	0.0811	0.0058	0.0413	0.0376	0.0029	0.8132	0.1868	3.8820	0.0452	0.0022		胎式
JJ1	2.30	0.10	0.11	0.47	0.05	21.00	7.30	67.20	1.00	0.08	99.61	重量%
	1.92	0.07	0.08	0.28	0.04	11.17	5.13	31.71	0.60	0.04		原子%
	1.71	0.11	0.14	0.82	0.05	14.47	3.21	78.57	0.87	0.04		摩尔%
	0.0970	0.0063	0.0079	0.0463	0.0028	0.8184	0.1816	4.4448	0.0495	0.0024		胎式
JJ2	2.30	0.10	0.81	0.50	0.05	21.90	7.80	64.90	1.10	0.09	99.55	重量%
	1.92	0.07	0.58	0.30	0.04	11.66	5.49	30.64	0.66	0.04		原子%
	1.73	0.11	1.02	0.87	0.05	15.22	3.46	76.53	0.97	0.04		摩尔%
	0.0925	0.0060	0.0544	0.0468	0.0026	0.8146	0.1854	4.0974	0.0517	0.0023		胎式
JGP 垫饼	0.88	0.10	0.30	0.27	0.08	14.80	3.60	78.30	1.20	0.10	99.63	重量%
	0.73	0.07	0.21	0.16	0.06	7.87	2.53	36.94	0.72	0.04		原子%
	0.61	0.11	0.35	0.44	0.07	9.61	1.49	86.28	0.99	0.05		摩尔%
	0.0553	0.0095	0.0315	0.0398	0.0065	0.8657	0.1343	7.7748	0.0891	0.0042		胎式

表 6-12　大型御用建盏釉的化学组成

编号	K$_2$O	Na$_2$O	CaO	MgO	MnO	Al$_2$O$_3$	Fe$_2$O$_3$	SiO$_2$	TiO$_2$	P$_2$O$_5$	
DG1	3.5	0.8	4.0	1.7	0.9	17.7	8.9	59.9	0.8	1.4	wt%
	2.65	0.91	5.01	2.97	0.89	12.21	3.92	70.08	0.70	0.70	mol%
	0.2110	0.0732	0.4044	0.2394	0.0720	0.9853	0.3159	5.6534	0.0567	0.0562	G.F.
				1:1.3012:5.7101							
DG2	2.1	0.7	8.1	1.5	0.6	21.5	10.6	52.9	0.5	1.0	wt%
	1.60	0.81	10.35	2.67	0.61	15.13	4.76	63.12	0.44	0.50	mol%
	0.0997	0.0505	0.6455	0.1663	0.0380	0.9432	0.2968	3.9347	0.0277	0.0313	G.F.
				1:1.2400:3.9624							
DG3	2.9	0.5	6.0	1.2	0.4	17.4	3.3	66.0	0.4	1.2	wt%
	2.07	0.54	7.39	2.00	0.38	11.48	1.39	73.83	0.34	0.57	mol%
	0.1672	0.0440	0.5969	0.1617	0.0304	0.9267	0.1123	5.9588	0.0271	0.0461	G.F.
				1:1.0390:5.9859							
DG4	2.9	0.7	3.2	3.5	1.3	20.7	12.7	61.6	0.8	2.1	wt%
	1.95	0.74	3.71	5.65	1.91	13.22	5.18	66.74	0.65	0.96	mol%
	0.1508	0.0553	0.2791	0.4251	0.0896	0.9946	0.3893	5.0196	0.0490	0.0725	G.F.
				1:1.3839:5.0686							

续表

编号	K$_2$O	Na$_2$O	CaO	MgO	MnO	Al$_2$O$_3$	Fe$_2$O$_3$	SiO$_2$	TiO$_2$	P$_2$O$_5$	
DG5	4.1	0.6	4.6	1.5	0.9	14.9	5.7	65.3	0.6	1.3	wt%
	2.96	0.66	5.58	2.53	0.86	9.94	2.43	73.90	0.51	0.63	mol%
	0.2350	0.0524	0.4430	0.2010	0.0686	0.7898	0.1929	5.8698	0.0405	0.0497	G.F.
					1:0.9827:5.9103						
DJ1	2.9	0.5	6.3	1.1	0.5	17.5	3.0	66.4	0.4	0.9	wt%
	2.06	0.54	7.53	1.83	0.47	11.51	1.26	74.04	0.34	0.42	mol%
	0.1660	0.0437	0.6054	0.1472	0.0377	0.9256	0.1013	5.9558	0.0270	0.0340	G.F.
					1:1.0269:5.9828						
DJ2	2.5	0.6	7.9	1.6	0.6	18.4	6.6	59.5	0.6	1.2	wt%
	1.82	0.67	9.69	2.73	0.58	12.43	2.84	68.13	0.52	0.58	mol%
	0.1177	0.0431	0.6252	0.1763	0.0377	0.8020	0.1834	4.3961	0.0333	0.0377	G.F.
					1:0.9854:4.4294						
DJ3	2.6	0.6	6.4	1.7	0.5	18.9	5.3	61.5	0.6	1.4	wt%
	1.89	0.66	7.82	2.89	0.48	12.71	2.27	70.09	0.51	0.68	mol%
	0.1376	0.0484	0.5688	0.2104	0.0349	0.9247	0.1655	5.1012	0.0347	0.0494	G.F.
					1:1.0902:5.1386						
DJ4	2.5	0.4	7.7	2.1	0.5	19.0	5.7	59.6	0.5	1.5	wt%
	1.81	0.45	9.40	3.57	0.48	12.77	2.45	67.92	0.42	0.73	mol%
	0.1155	0.0283	0.5985	0.2271	0.0305	0.8130	0.1556	4.3230	0.0270	0.0462	G.F.
					1:0.9686:4.3500						

表 6-13　大型御用建盏胎的化学组成

编号	K$_2$O	Na$_2$O	CaO	MgO	MnO	Al$_2$O$_3$	Fe$_2$O$_3$	SiO$_2$	TiO$_2$	P$_2$O$_5$	
DG1	2.3	0.4	0.1	0.5	0.05	22.2	8.1	64.5	1.2	0.2	wt%
	1.74	0.46	0.19	0.88	0.05	15.52	3.61	76.44	1.07	0.10	mol%
	0.0908	0.0242	0.0067	0.0462	0.0026	0.8112	0.1888	3.9955	0.0558	0.0052	B.F.
					0.1705:1:4.0513						
DG2	2.1	0.4	0.1	0.4	0.04	23.0	7.8	64.2	1.2	0.2	wt%
	1.59	0.46	0.13	0.71	0.04	16.12	3.49	76.29	1.07	0.10	mol%
	0.0812	0.0237	0.0066	0.0361	0.0022	0.8222	0.1778	3.8914	0.0546	0.0051	B.F.
					0.1498:1:3.9460						
DG3	2.2	0.4	0.1	0.3	0.04	21.5	7.1	66.6	1.1	0.2	wt%
	1.65	0.46	0.17	0.52	0.04	14.87	3.14	78.12	0.97	0.10	mol%
	0.0916	0.0254	0.0070	0.0290	0.0023	0.8258	0.1742	4.3374	0.0536	0.0055	B.F.
					0.1553:1:4.3910						

编号	K₂O	Na₂O	CaO	MgO	MnO	Al₂O₃	Fe₂O₃	SiO₂	TiO₂	P₂O₅	
DG4	2.4	0.5	0.1	0.5	0.05	22.7	8.3	63.6	1.2	0.2	wt%
	1.82	0.58	0.13	0.89	0.05	15.94	3.72	75.70	1.07	0.10	mol%
	0.0928	0.0295	0.0066	0.0451	0.0025	0.8108	0.1892	3.8508	0.0546	0.0051	B.F.
					0.1765:1:3.9054						
DG5	2.2	0.3	0.2	0.4	0.05	20.9	7.2	67.0	1.1	0.2	wt%
	1.64	0.34	0.25	0.70	0.05	14.42	3.17	78.37	0.96	0.10	mol%
	0.0935	0.0192	0.0144	0.0396	0.0028	0.8197	0.1803	4.4556	0.0548	0.0056	B.F.
					0.1695:1:4.5104						
DJ1	2.2	0.4	0.1	0.4	0.03	21.8	7.2	66.3	1.1	0.2	wt%
	1.65	0.46	0.17	0.70	0.03	15.08	3.18	77.77	0.97	0.10	mol%
	0.0903	0.0251	0.0069	0.0382	0.0015	0.8259	0.1741	4.2595	0.0529	0.0054	B.F.
					0.1620:1:4.3124						
DJ2	2.3	0.5	0.1	0.3	0.04	22.7	8.2	64.0	1.2	0.2	wt%
	1.75	0.58	0.13	0.53	0.04	15.94	3.67	76.19	1.07	0.10	mol%
	0.0890	0.0296	0.0066	0.0270	0.0022	0.8128	0.1872	3.8851	0.0547	0.0051	B.F.
					0.1544:1:3.9398						
DJ3	2.3	0.5	0.1	0.5	0.05	21.0	7.4	66.5	1.1	0.2	wt%
	1.72	0.57	0.17	0.87	0.05	14.50	3.26	77.85	0.96	0.10	mol%
	0.0967	0.0321	0.0071	0.0491	0.0028	0.8166	0.1834	4.3839	0.0543	0.0055	B.F.
					0.1878:1:4.4382						
DJ4	2.1	0.4	0.1	0.4	0.04	22.1	7.8	65.3	1.2	0.2	wt%
	1.58	0.46	0.13	0.70	0.40	15.33	3.45	76.80	1.06	0.10	mol%
	0.0839	0.0245	0.0068	0.0373	0.0211	0.8163	0.1837	4.0892	0.0565	0.0053	B.F.
					0.1736:1:4.1547						

表 6-14 NT 油滴建盏残片釉的化学组成

编号	K₂O	Na₂O	CaO	MgO	MnO	Al₂O₃	Fe₂O₃	SiO₂	TiO₂	P₂O₅	
JS1	3.2	0.4	4.9	0.7	0.4	15.6	3.4	69.5	0.5	0.9	wt%
	2.28	0.44	5.84	1.16	0.37	10.25	1.43	77.40	0.41	0.42	mol%
	0.2255	0.0431	0.5789	0.1154	0.0371	0.0153	0.1412	7.6684	0.0411	0.0418	G.F.
					1:1.1565:7.7095						
JS2	3.2	0.8	4.5	0.7	0.3	15.0	4.2	69.1	0.5	1.1	wt%
	2.29	0.87	5.40	1.17	0.28	9.91	1.77	77.38	0.42	0.52	mol%
	0.2286	0.0868	0.5393	0.1170	0.0282	0.9899	0.1769	7.7323	0.0417	0.0518	G.F.
					1:1.1668:7.7740						
Z2	3.6	0.4	4.7	0.7	0.4	14.9	3.4	70.0	0.4	1.0	wt%
	2.55	0.43	5.60	1.16	0.37	9.77	1.42	77.87	0.33	0.47	mol%
	0.2521	0.0429	0.5531	0.1149	0.0370	0.9650	0.1406	7.6878	0.0330	0.0462	G.F.
					1:1.1056:7.7208						

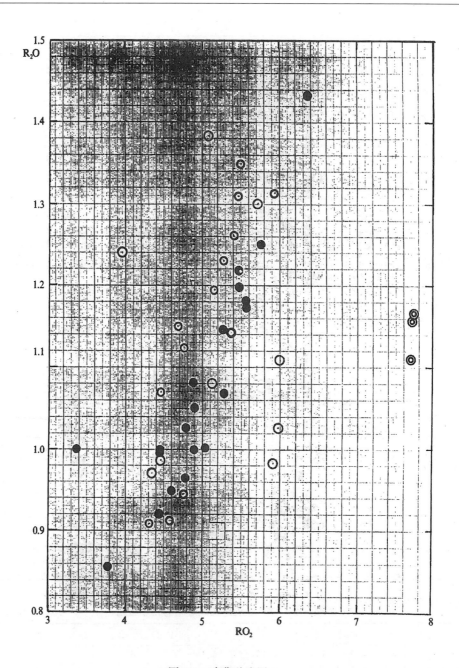

图 6-9　建盏釉式图

将上述几批数据绘制成釉式图,如图 6-9 所示,图中黑圈为一般建盏,白圈为御用建盏,大白圈为大型建盏,双圈为稀珍油滴建盏。可见,绝大部分建盏釉式的 SiO_2 都小于 6.0,而类似国宝级油滴建盏的釉式则集中处于 $SiO_2\ 7\sim8$,$R_2O_3\ 1.1\sim1.2$ 之间的小区域之中。这就说明,国宝油滴釉的配方与众不同,它是高 SiO_2 低 Fe_2O_3 的。以这种釉生产不出兔毫纹却能够生产珍贵的油滴盏。在当时,显然这种秘密不是大多数古代建窑陶工们所知道的。现代某些建盏的陶艺家经过长期艰苦的工艺研究也不一定能有这种体会,除非在油滴盏领域内有深邃造诣。

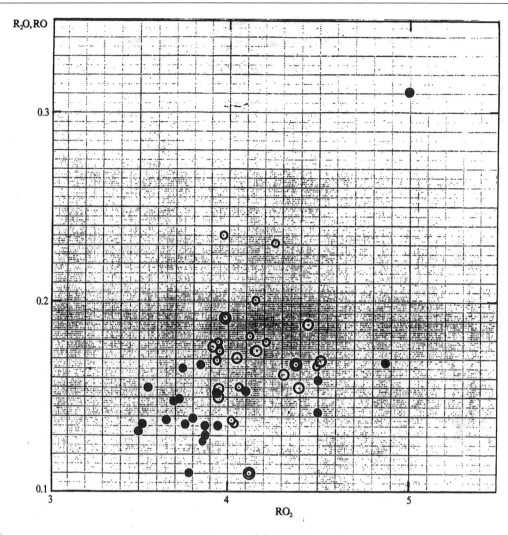

图 6-10 建盏胎式图

表 6-15 NT 油滴建盏残片胎的化学组成

编号	K₂O	Na₂O	CaO	MgO	MnO	Al₂O₃	Fe₂O₃	SiO₂	TiO₂	P₂O₅	
JS1	2.1	0.4	0.1	0.4	0.07	21.9	8.2	65.1	1.1	0.2	wt%
	1.59	0.46	0.13	0.70	0.07	15.28	3.65	77.04	0.97	0.10	mol%
	0.0838	0.0244	0.0068	0.0372	0.0038	0.8073	0.1927	4.0691	0.0515	0.0053	B.F.
					0.1102:1:4.1206						
JS2	2.1	0.2	0.9	0.4	0.05	21.8	9.0	63.7	1.2	0.2	wt%
	1.59	0.23	1.14	0.71	0.05	15.29	4.03	75.78	1.07	0.10	mol%
	0.0825	0.0118	0.0592	0.0366	0.0026	0.7913	0.2087	3.9212	0.0555	0.0052	B.F.
					0.1927:1:3.9767						
Z2	2.0	0.4	0.1	0.5	0.06	21.2	7.6	66.2	1.3	0.2	wt%
	1.50	0.46	0.13	0.87	0.06	14.67	3.36	77.71	1.14	0.10	mol%
	0.0829	0.0254	0.0070	0.0485	0.0031	0.8138	0.1862	4.3095	0.0634	0.0055	B.F.
					0.1669:1:4.3729						

表 6-16　宋代稀珍油滴和羽毫建盏残片的釉、胎化学组成

	K₂O	Na₂O	CaO	MgO	MnO	Al₂O₃	Fe₂O₃	SiO₂	TiO₂	P₂O₅	
Z1	2.9	0.6	7.5	1.7	0.6	17.7	5.0	61.8	0.4	1.2	wt%
羽毫盏	2.09	0.66	9.08	2.87	0.58	11.80	2.13	69.87	0.34	0.58	mol%
(釉)	0.1369	0.0431	0.5945	0.1876	0.0378	0.7723	0.1392	4.5723	0.0222	0.0378	GF
					1:1.1056:7.7208						
Z2	3.6	0.4	4.7	0.7	0.4	14.9	3.4	70.0	0.4	1.0	wt%
稀珍油滴	2.55	0.43	5.60	1.16	0.37	9.77	1.42	77.87	0.33	0.47	mol%
盏(釉)	0.2521	0.0429	0.5531	0.1149	0.0370	0.9650	0.1406	7.6878	0.0330	0.0462	GF
					1:1.1056:7.7208						
Z1	2.0	0.2	0.1	0.4	0.1	22.3	8.4	64.7	1.2	0.2	wt%
羽毫盏(胎)	1.51	0.23	0.13	0.71	0.10	15.61	3.75	76.79	1.07	0.10	mol%

0.4137~0.5938	CaO		0.1908~0.2941	Fe₂O₃		0.0350~0.0488	TiO₂
0.1466~0.3155	MgO					0.0379~0.0583	P₂O₅
0.0374~0.0518	MnO						

表 6-17　芦花坪建盏胎的技术性质

编　号	气孔率(%)	体积密度(g/cm³)	假比重(g/cm³)	吸水率(%)
TB4	13.7	2.27	2.63	6.06
TB4a	11.7	2.27	2.57	5.16
TC9	8.1	2.32	2.53	3.50
TC20	14.2	2.14	2.49	6.63
TC22	11.3	2.26	2.55	5.00
TO2	18.3	2.09	2.55	8.75
TO2a	15.1	2.12	2.49	7.15
TS1	7.9	2.26	2.45	3.50
TS4	5.2	2.30	2.43	2.27
TS12	6.8	2.30	2.46	2.95
TS12a	7.2	2.29	2.47	3.16
TS20	8.4	2.27	2.48	3.72
TS20a	10.3	2.25	2.50	4.58
TY3	14.7	2.09	2.45	7.02
TY3a	6.5	2.30	2.46	2.83
TY27	9.5	2.11	2.32	4.50
TY40	7.3	2.30	2.49	3.17
TY45	3.0	2.31	2.38	1.28
TY50	6.7	2.23	2.39	2.98
TY51	5.8	2.33	2.47	2.47
平均(X)	9.6	2.24	2.48	4.33
标准偏差(ση-1)	3.96	0.08	0.07	1.94
群体标准偏差(ση)	3.86	0.08	0.07	1.89

　　将数据绘制成胎式图如图 6-10 所示。可知建盏的胎没有什么特别另行配制的配方。应该是使用同一些原料,故绝大部分成分点都分布在某一区域,不过一般建盏多在左下角而御用盏

则在右上角。后者含熔剂和 SiO_2 的量稍多一些而已。

中国古籍中从来没有油滴釉、油滴盏一词及其纪录。相反,日本古籍却早已有之。根据最新考证[①],日本贞和五年到应安五年(1349～1372)的《异制庭训往来》一书就开始出现"油滴"一词。而"天目"一词早在建武二年(1335)的古文书(载于《大日本史料》第六编之二)中就已经使用了。从釉的特殊配方与出土和传世的稀少来看,这种高级油滴盏的生产数量大概也是十分稀少的吧!

二　建盏胎的技术性质

我们曾测定了芦花坪出土的建盏胎的技术性质,如气孔率,体积密度,假比重,吸水率。20个试样的数据列于表 6-17 中。这些数据表明,由于混练制坯,烧成等工艺参数在当时无法严格控制,故产品性质是有波动的,甚至一只碗,不同部位的性质也有差别。从总体上看,其气孔率已到 10%,吸水率 4% 左右,对于宋代这种 800～900 年前生产的制品已经很不错了。特别是含 Fe_2O_3 量颇高而烧成的黑盏又自然形成高度艺术水平的花纹。

三　建盏胎的结构

建盏胎所用的原料为当地盛产的红色含 Fe_2O_3 粘土和粗、中、细颗粒的石英砂所组成。砂中有时也含有风化程度不高的斜长岩破碎颗粒。料中最大的粗颗粒一般小于 0.5 毫米。建窑地区产的红土属于高岭质,Fe_2O_3 以极细的亚微米颗粒细分散于其中。在混料时,各粒级的石英被含铁的粘土包裹。如果混料均匀,原则上某一颗粒的石英皆被微细的氧化铁所包围。在烧成过程中,石英岩风化破碎的粗、中颗粒石英经过升温和降温两次通过 573℃ 的 α、β 相变,体积剧变而出现裂纹。红色粘土颗粒自身属 $FeO-Al_2O_3-SiO_2$ 系(按纯还原气氛计算)。纯高岭石脱水后为 $Al_2O_3 \cdot 2SiO_2$,则 Al_2O_3 含量在理论上应占脱水高岭中的 46%,故红粘土中 FeO 的含量小于 35% 的所有成分,都处于该三元系的莫来石初晶区。所以胎中的粘土大、中颗粒自身在烧成时都会转变为莫来石。纯高岭石于 980～1000℃ 左右即可生成莫来石。氧化铁的存在成为它的优良矿化剂,一方面加速了莫来石的生长速度,另一方面使它发育完整和长大到微米的尺度并且在其中固溶了一部分。因此在偏光显微镜下可以看到高温时大颗粒的粘土团块已变为看不到鲜明边界的、由三组不同方向相交成 60° 的莫来石粗大针晶所形成的席子状晶团,在胎中到处分布着。图 6-11 即为一例。部分先前作为结合剂的细微红土颗粒与原料中同等细度的其他矿物,例如石英在高温下反应生成多元系的液相。因氧化铁溶解于其中而在冷却后成为褐黄色或棕黄色玻璃相。Al_2O_3 稍高处还会有少数二次莫来石针晶生成。因此,大多数和较典型的建盏胎都是如此,即可以在镜下看到粗、中颗粒、具有裂纹的石英与多量的席子状莫来石粘土残骸以及含铁的玻璃相基质组成了胎的整个基本结构。其中由于原料矿物分布的不均匀,有时可以看到氧化铁微米尺度的团聚体,视还原程度不同,由赤铁矿或磁铁矿的微晶所组成。某些铁分在玻璃相中甚至析出较粗大完整的六方形(Fe_2O_3)或十字形(Fe_3O_4)晶体。TiO_2 的矿物有时也能存在,大多亦以微晶集团或金红石、锐钛矿微米单晶粒存在。此外,胎中分布着许多

---

① 山崎一雄,东洋陶瓷,1990,(18):72,译注二。

中、细尺度的气孔。

建盏胎亦有另一种结构。石英颗粒受到细分散富铁团粒所包围,在其周边上形成富矿化剂的条件,在高温下经过溶蚀和反应,在冷却过程中析出了方石英。铁氧化物是石英固相转变成方石英和鳞石英的优良矿化剂。因此在升温过程中石英颗粒周围的一薄层至少已发生了这种固相反应。在高温下由于其他碱金属和碱土金属氧化物的参与而产生液相,更加加速了方石英转变的量。所以在镜下可以看到石英颗粒边沿析出了长度达数微米的方石英。由于方石英和鳞石英等晶体并不固溶氧化铁,其氧化铁的固/液分配系数极小,所以在析晶时氧化铁被全部排到液相中去,使其周围的液相染成深褐色。整颗粒像一朵朵菊花,如图 6-12 所示。方石英的微晶状如花瓣,其中也混有一些鳞石英。在偏光显微镜下从测定其延长符号可以区分它们。方石英为(+)延长,而鳞石英为(-)延长。

图 6-11　建盏胎中的蓆状莫来石　　TEM　×7300

图 6-12　建盏胎中的菊状方石英　　　OM　×200

这种结构的形成,其温度比之莫来石蓆状团粒略低,以至菊状方石英(或称方石英花)结构存在下,莫来石蓆状团粒还未发育到微米尺度而在镜下未能分辨。

建盏的胎釉界面上一般会生成一层钙长石微晶层。若釉中 CaO 含量不足，这一类微晶只在个别地方存在而粘土团粒中因 Al 离子往外扩散，生成了一身毛刺状的莫来石针晶，状如小毛虫。这种结构在口沿上的釉中是常见的。由于口沿部总是暴露于高温空间。该处的碱金属氧化物易于蒸发，碱土金属氧化物随流淌而减少，造成该处富铝，其铝源当然为粘土团粒，故口沿的胎、釉界面多有莫来石刺毛虫状的结构。

胎中的细粒石英，如无太多的 Fe_2O_3 成分包围，则往往带有溶蚀边同时亦有微粒状方石英的析出。

四　釉的结构和毫纹形成的物理化学基础

一般建盏釉的结构是比较简单的。釉中通常析出了大量或少量的钙长石微晶束，延绵了一定的长度，各处分布着，如图 6-13 所示。某些样品偶然也含有个别的残留石英小颗粒。氧化铁则溶解于釉液中。某些样品在靠近胎的地方有时会析出氧化铁的晶体。另一类型的建盏釉则很少析出钙长石晶束，氧化铁溶入于釉液中，分布并不均匀而从胎至釉面的方向上形成一浓度梯度，以釉表面为最高。釉面某些地方则析出了氧化铁的微晶集团。建盏釉的结构并不复杂却又能够形成千变万化釉面花纹或毫纹，其原因可以通过研究毫纹生成机理的物理化学反应过程来阐明。

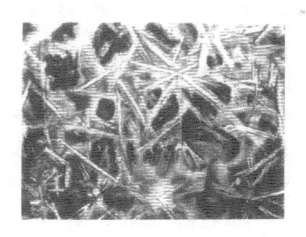

图 6-13　建盏釉中的钙长石晶束与晶间的液相分离。OM　×500

兔毫纹生成的条纹状的花纹可能由三种情况引起。① 由钙长石析晶引起；② 由釉下近表面处到表面局部小区域液相分离引起；③ 由釉下近表面处的微粒集团所引起。兔毫纹有许多种。根据毫纹是否反光及其反射色可分为金兔毫、银兔毫（强烈反射金色或银色）或黄兔毫、灰兔毫。微粒散射集团则会产生白兔毫和玉兔毫。

含一定 Fe_2O_3 量的建盏釉在烧成过程中析出了钙长石微针晶，聚集成一长串晶束，一束束地各处分布，有一些就会露出釉表面。钙长石析晶时，由于 Fe_2O_3 在晶体中的溶解度比釉液中的溶解度小得多，即 Fe_2O_3 在固/液中的分配系数很小，因此析出时把大部分原有的 Fe_2O_3 排到液相中即钙长石晶间的液相中去，使晶间的液相 Fe_2O_3 浓度大大提高而富铁。Fe_2O_3 在熔体中具有强烈的不混溶倾向,因而提高了这部分液相的不混溶趋势。根据物理化学知识,有不混溶趋势的均相高温熔体在冷却过程中会分离成两种成分不同,互不混溶的液相,一相以无数的孤立小滴分布于另一连续相之中,或者两相以相互穿插或连通的结构而存在,称为液相分离。瓷釉具有这类结构称为分相结构。

钙长石晶间液相的富铁冷却到一定的温度即发生液相分离。在缓慢的冷却过程中孤立小滴会聚结、长大、粗化而变为微米或几十微米的大滴而分液化。温度继续下降,这种液相中的 Fe_2O_3 就过饱和以至析晶。此时,视当时的烧成气氛而析出赤铁矿(Fe_2O_3)或磁铁矿(Fe_3O_4),或者是两者的混合物。因此,这类兔毫釉的形成机理称为:

钙长石析晶→晶间液相分离→分液化→氧化铁析晶。

或称第一形成机理。

出露于釉面的钙长石晶束在氧化铁析晶最后阶段的不同情况就会产生各种不同类型的兔毫纹。

(1)在此阶段,冷却速度十分迅速则氧化铁随机析晶并且尺度为亚微米,晶形不完整,没有择优取向而杂乱生长,则在釉面上没有形成镜面而为一薄层散射集团。这类毫纹在宏观上就是黄兔毫。它的颜色可从棕黄色(Fe_2O_3)到黄褐色(Fe_2O_3 和 Fe_3O_4 两种微晶以不同含量相混合)。

(2)最后阶段,由于动力学的因素,Fe_2O_3 来不及从晶间液相中析出,则钙长石晶束露出表面时,其晶间液相呈灰暗色,而钙长石含铁少,反射率似釉,反射强度不高,肉眼看来呈灰色或淡绿色,是灰兔毫(还原气氛下溶解于液相中的氧化铁大部分以低铁离子存在可使玻璃相带微绿色)。

(3)在氧化铁析晶的最后阶段,若冷却缓慢则微晶析出具有充分的时间和空间的优良条件。氧化铁在釉表面,即气液界面上析晶时需要克服的能量势垒更小。因此容易析出晶形完整、晶面宽大并且以其大面平行于釉表面,互连成一大片,造成宏观上的镜面。如果以显微镜200倍的放大率垂直釉面观察这种毫纹,就可以看到低反射率钙长石晶体之间的液相中,或直接与钙长石晶体接壤的周边处有高反射率的氧化铁析晶。用肉眼观察,整个钙长石晶束,即这一条兔毫纹呈现出强烈的黄金色(赤铁矿析晶——氧化气氛)反射闪光,即金兔毫,如是银白色闪光(磁铁矿析晶——还原气氛),即银兔毫。

钙长石析晶,晶间液相分离和氧化铁析晶的结构可从图6-13的显微照片中看到。

建盏在烧成的升温阶段不论胎与釉在一定温度下开始产生液相。到达一定的数量就会把原来的气孔封闭住。在高温下 Fe_2O_3(来自原料)至少有部分会还原成 Fe_3O_4 而放出氧气,在釉液中留有小气泡。温度继续上升,气泡中封闭着的气体发生膨胀,体积变大。小气泡相遇彼此合并而长大,都往釉表面方向冲出,在釉的表面,气泡鼓成一个个毫米尺度的大泡,爆破,成为一个个火山口。火山口逐渐平复、消失。新的火山口又出现,如此不已。所以在建盏的釉面上,可以看到这一过程的某些阶段,例如火山口未平复而为针眼,快平复而成凹窝,等等。

气泡在到达釉面所经过的整个路程中,在其气液界面上会带动其周围的氧化铁微粒一起前进。这些微粒也会不断地溶解于气泡周围的液相中,以至气泡爆破后该处的局部液相小区域特别富铁,每一气泡即造成该处的局部富铁小区。因此冷却到一定温度下该小区即发生液相分离,形成无数的富铁孤立小滴相。加之原来气泡带到釉表面上的氧化铁并未完全溶解于液相中。这些极细的氧化铁微晶正好成为后来氧化铁微晶析晶的晶座。而富铁分相小滴则成为氧化铁析晶所需要的铁源。此时,如果晶核的数目少,每个晶核上析晶比较完整,形成一个个小小的镜面甚至连成一片而与釉面平行就会产生闪光反射的兔毫纹。视氧化或还原条件析出赤铁矿或磁铁矿而呈现为金兔毫或银兔毫。如果析晶不完整,没有择优取向,微晶杂乱生长则呈现为黄兔毫。这类兔毫形成机理,即:

釉面局部液相分离→氧化铁析晶,称为第二形成机理。

这类机理生成的黄兔毫纹在釉面下析晶成交叉树枝状生长,倒过来看像一片草丛。微晶下可以看到无数富铁分相小滴。由于供铁使之继续析晶,与晶体相接的小滴中铁的耗尽令该处的液相贫铁,分相结构因此消失;在两者之间形成了一层贫铁、均相的耗尽层。至此,氧化铁的析晶过程结束。这种结构可在图6-14中看到。其他典型显微结构照片可在文献[①] 中看到。

图 6-14　局部液相分离和析晶　OM　×500

我们若站在岸边观察一个深不见底的潭,只能看到水面下很浅的层次。潭中的游鱼只有游到水面下附近我们才能隐约看到。黑胎黑釉的陶瓷器与此相像。由于黑胎吸收了大部分通过釉层射入的光线,到了再通过釉层反射出来的光线已剩下没有多少,何况釉层因含铁,两次通过亦吸收了不少。所以从釉面上方观察黑胎黑釉器也是"深不见底"的。像游鱼一样,一些散射颗粒集团只有处于釉层浅处,才能因光线通过釉的浅层入射,照射到微粒集团,发生光的散射,没有被全部吸收而能够看到。纳米级尺度的微粒集团有显著的光散射效应,若浓度大或粒子尺寸大则会散射白光而在宏观上呈现为乳白色,因此形成了白毫纹,即古籍所称的玉毫纹。这种玉毫的形成机理称为第三形成机理。

具有这类生成机理的微粒集团有几种。目前已经证实的有① 钙长石晶束在釉下浅层处析晶,产生釉表面下浅层的白色散射条纹;② 周围有方石英微晶生长的残留石英集团;③ 釉下浅层处有磁铁矿和赤铁矿微晶散射集团。

真正的建窑油滴盏十分稀少已如上述。就目前只发现的三块残片的分析研究已知它的釉是低铁高硅的配方。直径2～3毫米的油滴斑的形成既不是由于钙长石析晶也不是由于液相分离的原因。油滴的形成是气泡在釉面上未爆破和未完全平复之间析出镜面氧化铁微晶薄层所致。油滴斑以原来气泡处为中心发育成一朵氧化铁雪花状的晶花,晶体完整,具有镜面,这种油

① 陈显求、陈士萍、黄瑞福等,宋代建盏的科学研究,中国陶瓷,1983,(1):58～66;(2):52～59;(3):55～59。

滴釉已被现代个别陶艺家制造出来。就目前窑址出土的三块油滴而言,有两块油滴表面有绉缩,在低倍观察下可见斑点周边具有强烈的镜面反射,如图 6-15 所示。另一块样品的油滴斑基本上无光。低倍下如图 6-16 所示。形成油斑的是一些微粒散射集团。透射电镜下用微区电子衍射证实是由许多 $\alpha\text{-}Fe_2O_3$ 和 $\gamma\text{-}Fe_2O_3$ 微晶混合的集团。斑点的一些地方则析出棕榈状的树枝晶可以产生闪光。低倍结构与日本人所藏曜变碗的斑点照片相似[①]。

在窑中自然形成的鹧鸪斑和曜变天目建盏目前在窑址仍未有残片出土。毫色异的、与毫变盏相当的建盏,其残片或完器还未确实找到。这些都是留待以后解决的课题。

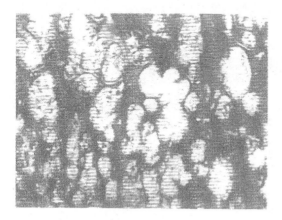

图 6-15　油滴的镜面反射　　×7.5

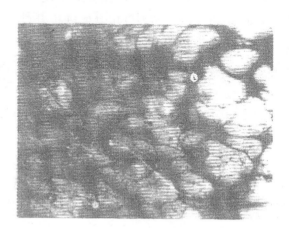

图 6-16　非镜面反射的油滴　　×6.5

第六节　建盏的影响和盛衰

一　建盏对其他黑釉瓷的影响

蔡襄在《茶录》中盛赞建阳兔毫盏时写道"出他处者,或薄或色紫,皆不及也。"[②] 他是谈论斗茶用的黑盏以建阳兔毫盏最好。但是他间接告诉我们,在北宋中叶,当时其他一些地方,也生产黑盏,并非只限于建阳的。

70 年代在建阳县地区发现了好几处从唐至清烧制青瓷的窑址。其中宋代麻沙镇白马前窑以烧制青釉器为主,兼烧黑釉器。黑釉器以碗盏为主,亦有罐、灯盏、小碟和壶等。胎色浅灰,釉酱褐色[③]。从宋代当时斗茶用盏要求盏色青黑,则已逊一筹。这是因为胎中含 Fe_2O_3 量不足,使釉色泛出原来黄黑色透明的实质。

御用茶盏在建阳生产,引发了其他生产黑瓷的地方也生产茶盏并以建阳所出的茶盏为榜样而竞相仿制。在闽北、福州、闽南等地区形成了大规模的黑釉瓷窑群和产区。较重要的窑址有:武夷山遇林亭、南平茶洋、建瓯小松、光泽茅店、浦城半路、闽侯南屿、鸿尾、福清东张、宁德

①　Yamasaki, K. and Koyama, F., The Yohen Temmoku Bowls, Oriental Art, 1967, 13(2):1～4。

②　蔡襄,茶录,蔡襄书法史料集,上海书法出版社,1983,181。

③　林忠干,王治平,建阳古瓷窑考察,景德镇陶瓷,中国古陶瓷研究专辑,第 1 辑,1983,67～78。

飞鸾。其他如顺昌、建宁、将乐、连江、罗原、闽清以及德化、晋江、漳浦、宁化、长汀等地窑址亦兼烧黑釉器[1]。

福州闽侯鸿尾、南屿和东台的宋代黑釉瓷窑址烧制黑盏的工艺方法与建阳差不多。这可以从所用窑具、匣钵、垫饼看出。所出的黑盏有三大类,其器形也十分标致。胎质细腻坚硬,色灰白,口沿薄。(或色紫黑,灰红,灰白。釉色不一,以黑为主,唇边赭色)。一部分碗盏呈兔毫纹。一些碗盏釉色呈酱黄[2]。从胎色看也稍逊于建阳产品。

1980年于福建南平市南10公里闽江北岸茶洋村的葫芦山发现古窑址,总面积约7万平方米。产品有青瓷、青白瓷、黑釉瓷和绿釉陶四类。其烧制年代始于北宋中、晚期而终烧于元末。窑址计有5处,其中大岭一处以烧黑釉瓷为主[3]。有各式小碗,其外形和尺寸为:

表 6-18 福建南平葫芦山大岭黑釉瓷

名称	出土数	口径(mm)	足径(mm)	高度(mm)	外 形
小碗 I 式	2	120	42	78	口沿曲折,微敛深腹,浅挖矮足,灰胎,釉绀黑外釉不到底
II 式	3	108	34	66	同上,1件纯黑,2件褐兔毫,外釉流聚滴珠
III 式	1	108	38	54	全上,腹斜直,矮实足灰白胎,口沿浅青釉
IV 式	14	110	38	42	微敛浅腹,浅挖足,浅灰胎,漆黑釉,有的盏有兔毫,其中一件有"产"字
V 字	3	94	36	38	口沿微敞,腹微折,浅挖,灰白胎,黑釉
大碗	1	220	86	100	敛口,圆腹,圈足,厚重,灰胎,酱褐釉,部分有兔毫
小碟	5	82	36	22	敞口浅腹,平底内凹,灰白胎,黑褐釉,外壁口沿以下露胎
高足杯	1	112	38	86	敞口尖唇,圆弧腹,高足中空,灰白胎,黑、酱釉相间
小壶 I 式	1	80	68	100	短颈,溜肩,鼓腹,灰胎酱釉,单耳短流
II 式	2	52	45	72	同上,小平底,灰白胎,浅褐釉
大壶	1	66	75	222	直口折唇,单耳短流,堆贴双系,浅灰胎,通体紫锈色黑釉
盏托 I 式	1	120	85	60	浅灰胎,黑褐釉
II 式	1	152	44	—	灰胎,黑釉
罐	1	120	—	—	敛口,厚唇,溜肩,灰白胎,黑酱釉相间

福建考古家认为南平葫芦山的黑釉器中有些是仿建盏的产品。但是茶洋窑的胎骨细腻坚硬,不含粗颗粒,气孔较少,已经瓷化。胎色灰白、浅白、灰色,具有瓷胎的特征。黑盏也用这种胎,比建盏进步得多,同时它的黑盏有些是用白釉施于内外口沿上,成为白色的一圈(日本称为白覆轮),在使用和美观上亦一大进步,也是产品的一大特色。当然对于用来斗茶则是无补于事的。此外,它还生产其他黑釉器,不像建窑产品那样专门单一地生产茶盏。

南平茶洋葫芦山黑盏的器形与建盏几乎相同。口沿外有指沟,碗身略斜直,碗底略小,同直径的盏,其高度比建盏略矮。釉色虽黑亮,但亦有较多样品为绀黑逐渐过渡到酱色。兔毫纹弯曲不流畅;一些样品的毫纹从口沿开始流下到约10毫米就消失了。产品中亦有一些较好的黄、白和略带乳浊的毫纹。有些茶盏,特别是小盏,胎质轻薄。虽有聚釉,但不明显。虽能聚滴,但

① 栗建安,福建古瓷窑考古概述,福建教育出版社,1993,175～181。
② 郑国珍,福建黑釉瓷与"建盏"的区别,景德镇陶瓷,中国古陶瓷研究专辑,第一辑,1983,113～118。
③ 福建省博物馆,南平市文化馆,福建南平宋元窑址调查简报,景德镇陶瓷,中国古陶瓷研究专辑,第2辑,1984,144～151。

未成珠。在外观上葫芦山黑盏有三大特征:① 灰胎。胎质细腻,含 Fe_2O_3 量较少。在施釉不到底的露胎处呈黄白色(氧化气氛)或灰色(还原气氛)。在崩口处呈介壳状,知已瓷化,具有瓷器的结构。② 白口沿。部分黑盏内口沿或内、外口沿施一圈白釉。这是建盏没有的。③ 浅挖圈足。与建盏不同,底足如圆饼状,即所谓实足,足内稍为挖去 1 毫米左右的深度,即浅挖,故称浅挖实足。

葫芦山的黑盏釉甚薄,在指沟下因成型时突出了一圈弦纹,釉在此处更薄,故在外观上常可以看到一圈露底的黄褐色弦纹。

到目前为止,用 X 射线荧光分析法(XRF)已分析了 5 块该窑的黑盏残片的胎、釉化学组成[①],根据这些具体数据可知其胎,釉化学组成(重量%)范围如下。

表 6-19　葫芦山黑盏釉胎、釉化学组成　(重量%)

组　　成	釉	胎
K_2O	2.20～3.30	2.20～2.90
Na_2O	0.17～0.63	0.1～0.2
CaO	6.16～7.53	0.05～0.86
MgO	1.57～2.10	0.4～0.7
MnO	0.41～0.64	0.03～0.05
Al_2O_3	17.15～19.62	22.1～26.3
Fe_2O_3	4.46～6.20	2.7～7.6
SiO_2	58.98～64.02	60.8～69.6
TiO_2	0.71～0.92	0.4～1.1
P_2O_5	0.74～0.95	0.1

釉式为:

K_2O　0.1132～0.1672	Al_2O_3　0.7740～0.9510	SiO_2　4.3920～5.2804
Na_2O　0.0128～0.0445	Fe_2O_3　0.1339～0.1879	TiO_2　0.0424～0.0557
CaO　0.5589～0.5903		P_2O_5　0.0233～0.0300
MgO　0.1868～0.2464		
MnO　0.0276～0.0438		

胎式为:

K_2O　0.0901～0.1289	Al_2O_3　0.8442～0.9291	SiO_2　3.3115～4.8418
Na_2O　0.0052～0.0134	Fe_2O_3　0.0709～0.1558	TiO_2　0.0209～0.0446
CaO　0.0029～0.0901		P_2O_5　0.0027～0.0029
MgO　0.0380～0.0567		
MnO　0.0016～0.0029		

葫芦山黑盏胎以中、细石英颗粒为骨料。这种原料含有一定量的、由斜长岩风化而成的颗粒。故在显微镜下可以看到二轴晶负光性干涉图的颗粒。这种颗粒附有全消光的局部熔体,是

---

① 陈显求、陈士萍、黄瑞福,南平葫芦山黑盏的研究,ISAC'92 古陶瓷科学技术国际讨论会论文集,A37,1992,259～265。

与钾钠长石共生在高温下局部熔为玻璃所致。石英颗粒周围有明显的熔蚀边,说明其烧成温度已颇高。胎中所用的粘土原料是一种含有一定量 Fe_2O_3 和熔剂的高岭石型矿物。在镜下常常可以发现蠕虫状的高岭石残骸。碱性长石熔剂颗粒在高温下边缘已经消失,内部反应已生长成许多针状莫来石,在结构上称为长石残骸。大气泡周围的玻璃相亦生长少量的针状二次莫来石。Fe_2O_3、TiO_2 则以数十微米大小的多晶聚结体分散于胎中而不像其他黑胎那样以胶体颗粒均匀散布于其中。故其胎中 Fe_2O_3 量虽高而外观上仍未到棕色的地步。可知葫芦山黑盏胎质属石英-高岭-长石系。据知,葫芦山当地产高岭质粘土,至今仍用作制瓷原料。

在显微镜下研究了釉的结构,得知该窑的兔毫釉亦如建盏一样,有上述第1和第2的毫纹生成机理。即

钙长石析晶→晶间液相分离→氧化铁析晶机理和釉面下局部液相分离→釉表面氧化铁析晶机理。

从出土的窑具看,该窑的生产工艺与建窑相同,从出土的黑盏实物观察,拉坯和修坯并不讲究,留有许多手指造成的浅凹弦纹。胎上有经过素烧的痕迹并且两次施釉。第一次釉浆颇稀薄,以至烧后手感厚度不明显,施釉亦不到底。第二次施釉采用蘸釉工艺。由于捏住圈足倒扣着往(釉浆中蘸到盏口以下的三分之一处即止,烧成后盏内)外在该处聚釉,由此,可以判定至少有部分产品采取上述的生产工艺。

葫芦山黑盏胎基本上应属灰白胎,含 Fe_2O_3 量又比建盏胎低,加之施釉甚薄,故釉色大多数呈棕黑色,更薄处呈酱褐而在口沿或弦纹突出之处则呈黄褐透明。用以斗茶显然不及建盏,但其工艺特别在瓷胎所用原料上则更先进了。

由上文可知,从闽江口的连江、福州、闽侯到南平都有若干重要窑场兼烧黑釉瓷和黑盏。闽江上游有两大支流在南平汇合。右为南浦溪经建瓯成为建溪主流,左为富屯溪与其南面的支流金溪在顺昌相会然后与另一支流,即沙溪相汇,流到南平进入闽江。这些闽江上游支流流域分布着许多古代窑场,除了水吉建窑专烧黑盏之外,其他窑场亦大部分主烧青釉瓷,兼烧黑釉器。

1982 年和 1987 年建瓯县先后两次文物普查时发现了 6 处宋代窑址,其中在距县城东北 17 公里的小松乡的 4 处窑址是烧制青白釉、灰白釉瓷并且兼烧黑釉瓷的[①]。

建瓯小松乡烧制的黑釉瓷数量可观,除烧制 Ⅰ、Ⅱ 式碗盏之外,其他器物有壶、碟、炉等。Ⅰ 式碗敞口、斜壁、圈足,器身乌黑发亮,有褐色兔毫纹。器形与釉色及纹样甚似建窑的兔毫盏。但是其胎骨灰白,质地坚硬细腻,口沿施淡青灰釉是其特色。在工艺上已比建盏进步。

富屯溪与支流金溪汇合处的顺昌县 80 年代中叶亦发现宋、元窑址[②],其一位于埔上乡,其二位于际会乡。皆为烧制青白瓷为主兼烧少量青釉瓷和黑釉瓷。顺昌窑各种釉器的胎皆为白胎或灰白胎。黑釉器有小盏、小碟等类。小盏口沿微敛,外唇曲折,斜弧腹,矮圈足,浅挖实足,白胎。釉漆黑光亮,隐约现兔毫纹,有些则呈酱黑色。外釉不到底,厚者聚流成一圈。盏高 43～62 毫米,足径 42～48 毫米。器形似建盏。小碟亦敞口,浅斜腹,芒口,平底灰白胎,黑褐釉。口径 74～86 毫米,高 15～24 毫米,底径 29～48 毫米。这也是一类白瓷胎施黑釉的仿建盏窑器。

1955 年在富屯溪上游的光泽县茅店发现了宋代窑址[③]。该窑烧制的是各类青釉瓷以及黑

① 张家,福建建瓯宋代窑址初探,中国古陶瓷研究会、中国古外销研究会 1987 年学术会议论文,1987。

② 林长程、陈建标,福建顺昌发现宋元窑址,中国古陶瓷研究会、中国古代销瓷研究会 1987 年学术会议论文,1987。

③ 曾凡,光泽茅店宋代瓷窑,文物参考资料,1958,(2):36～37。

釉盏。装烧方法有正烧、覆烧和迭烧,正烧以土垫或托垫装入匣钵,覆烧则用间隔窑具防止粘连,迭烧则多粘连甚至有数十个碗粘在一起的。该窑的釉器皆为灰白或白色,故也是以白瓷胎上施各色釉的。

该窑的黑盏全为掩口或敞口小碗。高50～60毫米,口径100～110毫米,足径40毫米类似建窑兔毫盏,但胎骨则为白瓷质而已。一些黑盏釉色漆黑光亮,无纹,外施半釉而口沿施白釉一圈,为白覆轮,即白釉口沿,此点与茶洋葫芦山黑盏相似。另有黑釉上自然形成的酱色斑,因覆烧,故斑点流向碗口,成为放射状美观的花纹。又有外黑釉里褐黄灰毫纹的盏,比前者更美。覆烧的酱色纹黑盏为芒口,釉亮度不足。还有纯黑釉盏,亮度不高。该窑还有绛色调的黑盏,釉质不润,比较粗糙。

此外,光泽以南的邵武县亦烧制青灰釉瓷兼烧少量黑釉盏,惟时代已晚,始烧于元,下至明代。所以即使生产类似斗茶的黑盏,亦已属建窑之遗韵了。

沿建溪、崇溪经建阳抵武夷山的崇安县1958年亦在该县的星村发现宋代窑址。生产的黑釉盏外观亦似建盏。此外,闽侯之南的福清县石坑村窑亦出黑盏。

崇安与福清二窑的碗盏式样与建盏相同。而光泽、福清与茶洋同为白瓷胎、光泽与茶洋又有白口沿,此点与建盏大不相同。由此亦可引起茶盏的爱好者注意,日本收藏的若干传世品中有白口沿者或可从中找到其产地来源。为此,盏的胎质不可不十分重视了。

二　建盏的盛衰

古代早知饮茶有益于身心。中国茶叶不单只作为一种绝佳的饮料而且作为一种高尚的文化而传之海外。东、西、北方的各国在古代亦已和中国进行茶叶贸易。茶乃南方之嘉木,本不出自北方,唐陆羽(733～804)时,中国产茶地方纬度最高的不过北纬33°左右的梁州(陕西汉中),低于33°的寿州(安徽寿县),32°的义阳郡(河南信阳)和光州(河南光山),其他都在北纬线30°左右和30°以南。当时一些高纬度的国家是不产茶叶的。北宋时,中国饮茶之风传到高丽国(今朝鲜和韩国)。茶叶大受欢迎,特别是高级茶叶,都从中国进口。徐兢在《宣和奉使高丽图经》一书中写道,高丽"土产茶,味苦涩,不可入口。惟贵中国腊茶并龙凤赐团。自锡赉外,商贾亦通贩。故迩来颇喜饮茶。"[1] 高丽土产茶是否从中国引种,不得而知,但味苦不能吃则是实在在的。宋末两国友好交往,宋皇御用的、建州御茶园所产的龙凤团茶亦作为国礼送给高丽。但是这类龙凤高级团茶也可以自由通商买卖,不被禁止,在北宋末高丽人很喜欢饮从中国进口的茶叶。所以"益治茶具,金花乌盏,翡色小瓯,银炉汤鼎,皆窃效中国制度。"这就是说高丽人为了喝茶,必须整治茶具。他们虽然不一定专门偏爱那类色盏,但是描金的黑盏和青磁小瓯,都是按中国瓷器的式样仿制的。所谓金花乌盏,就是北宋时著名的描金彩的黑定,不管从徐兢所写该句的字面上来理解还是详细的考证[2] 都是描金的定窑黑盏无疑。所以高丽当时用以喝茶的黑盏是按中国定窑的描金黑盏仿制的。北宋末(政和间)饮茶风尚始由荣西禅师传到日本。在南宋时日本饮茶之风、使用建盏(天目)始大盛。日本从中国带回或进口的建盏数量甚大,以后并且进行仿制以至在濑户市制出了有名的濑户物,即濑户烧制的黑釉茶盏。

① 徐兢,宣和奉使高丽图经,四库全书,史部,地理类,商务印书馆影印文渊阁藏本,1986。
② 砂泽祐子,中国黑釉碗"乌盏"ついて,东洋陶瓷,1990,(18):47～55。

在中国,茶和茶具,建茶和建盏两者密切不可分。建盏以品茶发展到斗茶而大行其道,演变成一种皇帝提倡的赐茶礼仪,品茶清供和斗茶雅玩。无论上至宫廷所需的御用建盏,还是老百姓与僧侣们日常饮茶所用的黑盏皆争用建窑的产品,以至本来烧制青瓷的建窑,后来变为专烧建盏的窑口。自北宋蔡襄以后不断发展,制造出除兔毫之外的许多名贵品种如曜变、油滴、鹧鸪斑、毫变,以及供御油滴和龟背兔毫[①]的黑盏。在宋徽宗时代北苑御用贡茶的品种不胜枚举,建盏供御则已有实物为证,唐时陆羽把无锡惠山泉水定为天下第二泉。唐时宰相李德裕(787~850)(武宗时为相)不喝京城的水,只用惠山泉。宋徽宗则除了茶、盏之外,连水也要年年进贡。据载[②],"无锡惠山泉水,久留不败。政和甲午岁(1114)赵霆始贡水于上方,月进百樽。"从无锡每月要进贡惠山泉水百瓶到汴京。

1127年北宋亡,赵构南渡,建立了南宋皇朝。斗茶之风很快式微。但仍然保留赐茶的隆重仪式,不过已经不用建盏了。("按今御前赐茶,皆不用建盏,用大汤氅。"[③]同时也不是黑色的)。孝宗朝代,"淳熙己酉(1189年)十月二十八日车驾幸候朝门外大校场,大阅。"皇帝携众大臣举行阅兵式"阅毕,丞相亲王以下(疑为以上)赐茶"[④],还一直保留赐茶仪式的旧习惯。在这个朝代,陆游还可以一边挥毫练草书(矮纸横斜浅作草)一边细研着茶末来试茶(晴窗细乳戏分茶)。然而建盏随着斗茶、分茶、试茶的人逐渐减少而迅速退出舞台,消声匿迹了。

南宋以后,日本继承了中国的饮茶风尚,发展成日本独有的茶道文化。这种崇尚清雅的茶道结合建盏传世绝品的收藏成为全球共享的优秀文化财富,也使建茶与建盏在国际友好往来之中放射出永恒的光辉。

在颜色釉瓷中,黑釉瓷和青釉瓷一样,不仅历史悠久,品种众多,而且蕴藏着极为丰富的科技和艺术内涵。它是中国陶瓷领域中突出而又有代表性的一个产品,是中国陶瓷发展史上第五个里程碑的重要支柱。

---

① 陈显求、黄瑞福、陈士萍,供御油滴和龟背兔毫——建盏中的两个特异的品种,ISAC'89古陶瓷科学技术国际讨论会论文集,上海科学技术文献出版社,1992,A10,61~68。

② 宋·张邦基,墨庄漫录,卷三,四库全书本。

③ 程大昌,续演繁露,六卷南宋淳熙二年刊(1175)。

④ 宋·陆游,老学庵笔记,卷一,第四页。

第七章 另辟蹊径——吉州黑釉瓷及其他各地的黑釉瓷

在中国陶瓷发展史上南方的著名窑场吉州窑也是其中之一。

根据目前的许多研究结果,大多数考古学家认为吉州窑创烧于唐,中经五代,北宋,盛于南宋,至元末终烧,具有1200多年的烧造历史。早在1937年就有英国人曾到窑址调查并报道了若干结果[①②]。50年代末第一次系统总结了吉州窑的概况[③]。

1980年10月到1981年12月,江西省文物工作队和吉安县文物管理办公室对吉州窑进行了考古发掘。重点发掘了窑床和作坊各一处,废窑堆积23处,共开方、探沟24个,揭露面积2191平方米。出土了各类瓷器和窑具达4503件,并发表了比较详细的发掘报告[④]。

吉州窑遗址在江西省吉安县南约6公里的永和镇,该镇坐落于赣江西岸,窑址分布于镇之西侧。其范围东北由林家园、柏树下至西南的塔里前、船岭下长达2公里;西北由窑门岭至东南的辅顺庙宽达1.15公里。现存窑址共24处,即窑岭、茅庵岭、窑门岭、后背岭、官家圹岭、屋后岭、猪婆石岭、蒋家岭、七眼圹岭、松树岭、曹门岭、乱葬戈岭、尹家山岭、本觉寺岭、上蒋岭、讲经台岭、曾家岭、斜家岭、枫树岭、柏树岭、肖家岭。天足岭和下瓦窑岭[⑤]。《吉州窑》一书曾绘有吉州窑遗址图,兹引用据文献校正的遗址图以作参考[⑥],如图7-1。

第一节 吉州窑的历史渊源

除了上文提到的早期学者之外,江西考古学家曾详细研究和论述了吉州窑的历史[⑦⑧⑨]。

吉州窑因地得名,窑址在江西省吉安县,吉安在汉代名叫庐陵县。东汉兴平元年(104)孙策立庐陵郡,直至隋初均置庐陵郡。隋开皇十年(590)改置为吉州直至唐武德五年(622)复置吉州。天宝元年(742)又改为庐陵郡。乾元元年(758)再改为吉州。元至元十四年(1277)升吉州路,贞元元年(1295)改吉州为吉安路。故从隋代到元代该地均称吉州。永和是窑址所在地。一些学者引用《东昌志》"永和名东昌,地旧属泰和,宋元间割属庐陵,遂以泰和为西昌,永和为东昌"并引《青原山志》载"齐后军将军焦度封东昌县子,则东昌为县矣"。故吉州窑又有永和窑和东昌窑之称。

---

① 何国维,吉州窑遗址概况,文物参考资料,1953,(9):1~2。

② 陈万里,最近调查古代窑址所见,文物参考资料,1955,(8):3~4。

③ 蒋玄佁,吉州窑,文物出版社,1958。

④ 江西省文物工作队,吉安县文物管理办公室(余家栋、陈定荣执笔),吉州窑遗址发掘报告,景德镇陶瓷,中国古陶瓷研究专辑,第一辑,1983,5~23。

⑤ 余家栋,试论吉州窑,景德镇陶瓷,中国古陶瓷研究专辑,第一辑,1983,24~39。

⑥ 小山富士夫,天目,陶磁大系,38,平凡社,1980,120。

⑦ 容敬臻,关于吉州窑的几个问题,古陶瓷研究,第一辑,中国古陶瓷研究会,中国古外销陶瓷研究会,1982,204~211。

⑧ 容敬臻,吉州窑瓷器的特色及其外销,景德镇陶瓷,中国古陶瓷研究专辑,第一辑,1983,46~52。

⑨ 刘文源,永和与吉州窑,景德镇陶瓷,中国古陶瓷研究专辑,第一辑,1983,41~45。

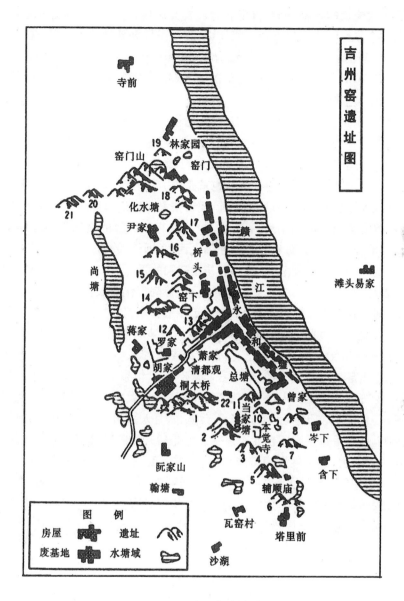

图 7-1　吉州窑遗址图

　　吉安永和镇地处赣江中游的丘陵地带。窑址在镇西,隔江与东岸的青原山相望。该处为一佛教禅宗圣地亦为陶瓷原料的产地,西有神岗、东临赣江,北有凤凰山而南则面向庐岗。古时该地窑业兴旺时期,窑火终年不绝,聚居于此者千家,层楼叠瓦,商贾络绎。现在的一些市街还可以见到全系窑砖瓷片所铺砌。考古学家按方志找出了过去的一些老街,如"瓷器街"、"莲池街"、"茅草街"、"锡器街"、"鸳鸯街"和"迎仙街"等六条当时最繁荣的街道。古代的永和镇有许多名胜古迹,其中包括一些有名的寺观,例如"本觉寺"、"清都观"、"慧灯寺"、"知度寺"、"宝寿寺"、"古佛寺"。现在仅存在"本觉寺塔"和"清都观"了。

　　屋后岭曾出土一件乳白釉碗,内底款写有褐彩"本觉"两字,为本觉寺的实物佐证。"东昌寺肇创于唐","南有塔,唐开元时所创也。"

　　从吉州窑历代烧造的器物来看,青瓷和青白瓷有唐代越窑风格,白瓷有北宋的定窑风格,碎器瓷有南宋风格并有细纹片的青瓷。此外,某些青瓷又很似龙泉窑青瓷,这样与古籍考证相符。吉州窑始创于唐而盛于宋,以生产黑釉为多。吉州亦产茶,故瓷与茶互为影响,况且青原山为佛教禅宗圣地,瓷亦依佛而兴旺是很自然的,南宋乾道间瓷家舒翁,舒娇所制器物"重仙佛"乃一佐证。这与建盏依帝而盛者相似。

　　许多作者引用吉州窑终烧于元末明初。《新增格古要论》写道:"相传云,宋文丞相过此,窑变成玉,遂不烧焉①。今其窑尚有遗址在人家。永乐中,或掘有玉杯盏之类,理或然也。自元至今犹然"。这就是说,南宋自 1279 年亡后经过 110 年著录时,吉州窑早已不烧了,有关吉州窑的这段记述是王佐在曹昭后 70 年所增补的。也就是说,自南宋亡后 180 年王佐听"相传"而补记的。由此可知,江西经过宋末元初的兵燹战乱,而吉安又是南宋皇朝逃亡所经之地,人民的生计当然大受影响,吉安被元军占领前后,百姓大逃亡,在窑工四散的情况下吉州停窑是完全可信的。因为永和镇地处交通要道而当时窑就在镇之西郊,即使兵燹过后,"余烟"还有可能在窑址中重新冒出,但生产必然大为衰落,只是一种苟延残喘的局面。朱琰在《景德镇陶录》②引唐氏《肆考》句云:"吉窑颇似定器,出今吉安之永和镇。相传陶工作器入窑,宋文丞相过时尽变成玉,工惧事闻于上,遂封穴不烧,逃之饶。故景德镇初多永和陶工。按此亦元初事,若明陶以后,则皆昌南土著。""宋文丞相过此"是指当时宋元两军在当地的混战,而"窑变成玉"只不过是指兵燹使民不聊生的一种政治上的遁词而已,皇帝与皇族逃亡都来不及,那有工夫管你吉州窑烧得好坏如何,况且吉州窑是民窑又不是官窑,官们管不着。"惧事上闻"是假,"封穴不烧"是真。当时,德祐二年(1276)七月,文天祥军取宁都和于都,声势大振。但后来形势恶化,景炎二年(1277)移屯漳州。五月间文天祥反攻江西、入会昌,六月入兴国。七月直达赣州城下,吉州所属八县收复了一半,只有赣州孤城还在元军之手。但是后来兵败又逃至广东。在江西这一地区,两军有一两年杀来杀去,老百姓大为遭殃,吉州许多陶工逃往山区景德镇,"封穴不烧"乃是理所当然了。至于元朝得了天下是否有过恢复似无据可考。但从考古发掘所得,似乎元代也有过一些器物出土,故一些考古学家的意见认为吉州止烧于元末明初。但据曹昭之说,明初窑址早已成遗物,如"玉杯、盏之类"王佐还下了一句断语:"自元至今犹然"。可知,从王佐之说,则元初吉州窑就终烧了。

第二节　吉州窑的品种

　　《格古要论》谈到吉州窑时写道:"宋时有五窑,书公烧者最佳。有白色。紫色。花瓶大者值数两,小者有花又有碎器最佳。"所谓"五窑"并不是指五座烧瓷的瓷窑,而是指有五类瓷器的品种。品种最好的是书(舒)公(翁)家所烧的瓷器,另一种则是碎器瓷。朱琰引唐氏《肆考》句:"宋末有碎器,亦佳"。这就说明在宋代,吉州窑以碎器瓷和舒翁烧制的吉州瓷器最负盛名。吉州窑所出的黑釉瓷"其色与紫定器相类,体厚而质粗,不甚值钱"。《遵生八笺》亦云:"有吉州窑,色紫与定相似,质粗不佳。"③似纯属重复曹昭对黑釉瓷之评价,认为吉州黑釉瓷仿紫定,质量不高。

---

　　①　明·曹昭撰,洪武二十一年(1388 年),新增格古要论,明、天顺三年(1459)王佐补,中国书店出版,1987。

　　②　傅振伦著,景德镇陶录详注,书目文献出版社,1993,92。

　　③　高濂,遵生八笺,卷十四,燕闲清赏笺,明万历十九年(1591)。

南宋时吉州窑[1][2][3] 也仿制定窑器,俗称南定,形制和釉色均与定器相似,但质粗、色灰、器厚。

《吉州窑》一书作者把吉州窑器分为五个系统和十个大类,即,

(1)青瓷系统。中分第 1 类早期青瓷,第 2 类细碎纹青瓷,第 3 类龙泉型青瓷。

(2)白瓷系统。中分第 4 类薄釉白瓷,第 5 类印花白瓷,第 6 类细白瓷。

(3)彩绘瓷系统。中分第 7 类彩绘瓷,第 8 类青花彩绘瓷。

(4)黑釉瓷系统。独成一类,为第 9 类,称天目类。

(5)绿釉瓷系统。独成第 10 类,绿釉类。

通过考古发掘,江西考古界亦把吉州窑器分为五大类。即,

(1)青瓷器。此类青瓷有碗、罐、壶等器物。采用高岭土垫块烧,方法比较原始,与越窑相同,与洪州窑晚唐器相似。施青灰或酱褐釉不及底。出自本觉寺窑床底 2 米深的层位,和天足岭底层,为吉州窑创烧期的产品。

(2)乳白瓷。出土于本觉寺窑床底下,天足岭底层和桐木桥作坊铺地砖下的基足层。从晚唐、五代延续到宋元间。形制有时代不同的演变。施釉不到底,有些碗内有涩圈。不少碗内底印有"吉"、"记"或酱彩书"吉"、"记"、"福"、"慧"、"太平"、"本觉"等字。或印有缠枝花卉、海水游鱼、凤采牡丹等花纹。胎质细白含砂,切削技法娴熟、草率。器有平底、宽圈足和窄圈足三种。具有定窑晚唐、五代的器形特点。器物有各式碗、钵、高足杯、碟、瓶、粉盒、小罐、瓷鹅、盏等。

(3)黑釉瓷。永和镇的许多窑址都以烧制黑釉为主。品种繁多,有各式碗、盏、盘、碟、钵、盆、瓶、高足杯、壶、罐、鼎、炉、漏斗、柳条纹罐、玩具等。吉州黑釉瓷制造技法有其独到之处,通过各种装饰手法和施釉与烧成,制出了有其特色的纹样和风格,其品种、类型有木叶、鹧鸪斑、洒彩、剪纸贴花、剔花和纯黑釉(素天目)等。吉州黑釉瓷将在后文详述。

(4)彩绘瓷。在与薄釉乳白瓷相同的胎质上直接加以彩绘然后施以乳白瓷相同的透明釉,成为一个新的彩绘瓷品种。胎面上并不先施白色化妆土。彩绘的色料有酱褐或红褐,为铁质彩料,呈红色而不呈黑色。烧后显出明澈晶亮、红褐鲜明的效果,为吉州窑烧制技术的一大成就。纹饰有表现民间风俗的"吉祥如意"如蛱蝶、双鱼、鸳鸯、跃鹿(谐音有禄),鹊(喜),回纹(连绵不断)等。绘画有折枝梅,梅竹、芦草、图案有蔓草、圈纹、弦纹、锦地纹、波浪纹、八卦、莲瓣、六边形,连弧形等具有丰富多采的生活气息。

(5)绿釉瓷。绿釉瓷施绿釉。有釉枕。施釉不到底,划蕉叶纹。有三足炉、盆、瓶、碗、碟、筒瓦和建筑装饰等。该类瓷器的绿釉属低温釉。

第三节　吉州黑釉瓷的技法及其品种

吉州窑遗址中堆积着大量的黑釉瓷破片,可见吉州窑都以生产黑釉碗为多。这些窑址是:窑岭、茅庵岭、窑门岭、蒋家岭。乱葬戈岭、尹家山岭、讲经台岭、斜家岭、枫树岭、柘树岭、肖家岭、其他亦烧黑釉瓷的地方有:牛牯岭、官家塘岭、屋后岭。猪婆石岭、七眼塘岭、松树岭、曹门

① 傅振伦,中国伟大的发明——瓷器,三联书店,1955,36~37。
② 余家栋,试论吉州窑,景德镇陶瓷,中国古陶瓷研究专辑,第一辑,1983,24~39。
③ 江西省文物工作队,吉安县文物管理办公室,吉州窑遗址发掘报告,景德镇陶瓷,中国古陶瓷研究专辑,第一辑,1983,5~23。

岭、本觉寺岭、上蒋岭、曾家岭、天足岭等。因此,不烧黑釉瓷的窑址只是个别的一两处地方罢了。吉州窑也生产白釉口沿的黑釉盏。枫树岭窑址出土了这种黑釉盏一件,内底黄褐彩书"元丰"字款。元丰为北宋神宗(1078~1085)年号。

　　吉州黑釉瓷数量较大的是黑釉盏。它的胎为灰白胎、质地细致,没有粗颗粒,外表有时带红色调。盏的底足是在陶车上切下来时盏底呈现为平底,修坯时沿平底的边缘切去一圈,形成一个浅的圈足。没有足够高的圈足,实际上等于无足。加之盏身比较斜直,因此两者形成了吉州窑黑盏的外观特点,可以一望而知。

表 7-1　各式黑釉碗盏

各式黑釉碗盏	口 形	腹 形	足 形	高(cm)	口 径(cm)	底 径(cm)	釉色或纹样
I	微敛	深腹微鼓	圈足	4.5~10	13~23	4.7~10.3	a. 有各种纹样 b. 棕黑釉白口沿
II	微敛,部分芒口	深鼓腹	圈足	9	12	6	a. 虎皮斑 b. 纯黑釉
III	厚唇		a. 矮圈足 b. 圈足	5.5 9.5	13	4.2 6~6.7	a. 棕红色釉,不到底。紫黑地虎皮斑,彩绘芦荻纹
IV	敞口唇微外卷部分颈饰一道凹棱	深腹微斜鼓	矮圈足,底内凹	4.4~6.5 6 6.2 5.5 4.8	9.5~12.7 12 12 11.5 11	3~4.2 4.2 4.1 4 3.9	a. 兔毫、鹧斑、虎皮斑、玳瑁斑、木叶。各种剪纸贴花 b. 兔毫纹 c. 鸾凤纹 d. 虎皮斑 e. 油滴斑
V	敞口,内口沿有凸棱	腹壁微斜	矮足圈	4~6.3 4.3	11.2~12 11.2	3.7~4 4	a. 纯黑釉、兔毫纹、木叶。彩绘月梅。洒釉芦荻。散缀梅花 b. 彩绘月蝶
VI	唇外卷	深腹微斜削		4~7.2 4.7	10.5~17 11.2	2.7~4 3	黑釉或棕红色釉不及底。纯黑,少数有油滴。洒釉、剪纸彩绘梅月
VII	敛口	深鼓腹	平底内凹底露胎	5	11.2	3.5	a. 黑釉或棕红色釉,木叶剪纸 b. 蛋黄色兔毫地酱色鹿树纹 c. 漆黑釉
VIII	葵口	瓜棱腹	圈足				a. 蛋黄蓝地兔毫纹 b. 漆黑釉
IX	敞口覆烧芒口	深鼓腹	矮圈足或高圈足				a. 黑釉 b. 白口沿黑釉,内底用黄褐彩书"元丰"两字 c. 黑釉
X	敞口	深腹斜直	矮圈足底内凹	5.4	15.5	4.4	a. 纯黑釉、虎皮斑、剪纸贴花 b. 剪纸贴花

　　此外,一部分吉州黑盏在口沿内往下方约1厘米处有一两道弦纹,断面呈倒齿状。据说是为试茶时使茶汤不易逸出而设计的。这种设计建盏是没有的。

　　吉州窑制瓷的许多技法能够用得上的,都用于黑釉瓷的制备上去了。除了上述的手工拉坯和削出圈足之外,运用描绘,洒釉、剪纸,以及剪纸和洒釉相结合,制造出了具有独自风格的、变化多端有艺术表现力的清新雅致的黑釉器。

　　黑釉碗盏即所谓吉州素天目,这类碗盏实际上是吉州各类黑碗盏的生产基础。中型的黑盏倒扣过来看,形似顶部略平的头盔,在其平底上挖一浅圈,边缘刻出一仅见的弦纹就算制出了一个圈足,即所谓矮圈足。其实还是以那个平底整个放置于桌上。第二种则内圈挖去一较深(4～5毫米)的一层,外边也刻入碗内一个凹入角,旋削一圈成为高、宽约5毫米的一条凹槽。这样无论看上去或实际上都具有圈足。不过它是从平底碗中刻出来罢了。

　　吉州黑盏施釉大多数都到底足处并且不流釉。没有聚釉环,更没有滴珠。除了黑盏之外,纯黑釉器还有黑釉细颈瓶,黑釉鬲式炉和高身广口瓶等。

　　上述吉州窑黑釉盏的外观特征是以往一般公认的情况,也是一般判断吉州黑盏而与其他窑口黑盏区别的根据,至今依然是有效的。然而,经过考古发掘,江西的考古学家总结了吉州黑碗盏的尺寸和器形多达10种。根据他们已发表的资料,我们归纳为表7-1的各类黑釉碗盏和表7-2其他黑釉器。

　　从表7-1中可知,吉州窑的黑盏也有少数是外釉施釉不到底的并且有部分窑址也烧白口沿的黑盏。此外,其他各类非碗盏的黑釉窑器,除纹饰大致与碗盏所用之外,许多都是施釉不到底或露胎的。有些品种如盆、碟、钵、壶、瓶等甚至施釉只到腹的中部。

表 7-2　吉州窑黑釉器

各式黑釉器		口　形	腹　形	足　形	高 (cm)	口　径 (cm)	底　径 (cm)	釉色或纹样
盆	I	敛口或唇外侈	浅腹	矮圈足	3	14.5	5.5	施黑釉,不到底。纯黑釉,洒釉,油滴,黄褐色彩绘梅花
	II	直唇	浅腹	平底内凹	1.5	16.8		施黑釉底露胎
碟	I	a.侈口芒口 b.唇微外侈芒口	浅腹 浅腹	圈足 矮圈足 近平底	2.8	7.5		虎皮斑
	II	敞口芒口	浅腹	小平底	a.3～3.4 b.2.8	12.3～14.6 14	3.7～4.6 4.7	黑釉,或内白外黑釉不到底
	III	折唇芒口	浅腹	平底	18～2.5	1.5～11.5	4.5～5.2	外黑内白,釉不到底
	IV	敞口,口沿下有凸棱一道	浅腹	矮圈足平底或内凹	2～2.7	7.5～10.5	2.8～3.2	施黑釉底露胎
	V	薄唇	浅腹	矮圈足平底或内凹	1.2～3	7.2～9.5	2.5～2.7	施黑釉不到底
钵		唇外折颈有一道凹棱	腹斜削	假圈足底中心有一道凹弦纹形似北宋器	9	24.5	8.8	口沿至上腹施黑釉,中下部露胎,内施白釉

续表

各式黑釉器	口形	腹形	足形	高(cm)	口径(cm)	底径(cm)	釉色或纹样
盘	a.外折唇 b.折唇	鼓腹 浅腹	矮圈足 圈足	6.2	20	13.5	a.腹内外虎皮斑,内底黄白地,酱褐彩绘有竹花 b.腹外虎皮斑釉不到底,口沿勾绘斜线纹。盆内饰凤蝶纹内底露胎
瓶　I	直唇	长束颈鼓腹	圈足	6~21.7 a.20	2.7~4 3.8	6.2~6.7 6.2	施黑釉不到底有油滴虎皮斑
II	喇叭口	长束颈腹瘦长底内收	高圈足	10		4	虎皮斑底露胎
III	高唇口沿下有一道折棱	束颈、鼓腹	圈足	4.4~13	1.8~3	2.7~5	施黑釉不到底
IV	宽唇	短颈,宽肩鼓腹瘦长	整个外形似梅瓶				洒釉
高足杯	侈口	深腹	喇叭形高圈足	9		4	施黑釉不到底
壶　I	外折唇	高束颈腹鼓瘦长,流长,肩平把手无系	圈足	12~20	5~8	5.5~9.4	黑釉不到底
II	喇叭口	长束颈扁鼓腹长流扁平把手	圈足底内凹	7~17.5	14~4.5	3.1~6	油滴黑釉或黄褐釉
III	盘口	束颈,瓜棱腹长流扁平把手	圈足	8~21.5 a.高	4.7	5.4~9.5 5.4	黑釉
IV	小口	扁腹腹壁环饰站鼓钉	平底	4.8		3.2~5.9	酱黑釉。中部菊瓣,花草纹
V	小口	瓜棱腹短流扁平把手	圈足	3.5	0.7~1.2	3.4~3.7	酱黑釉
VI	小口	束短颈丰肩,扁鼓腹流高出口沿	矮圈足底内凹扁平把手				施黑釉不到底
罐　I	唇外卷	束颈,扁鼓腹	平底稍内凹	6.7~10.2 a.10.2	6.2~10 10	3.3~5.4 5.5	黑釉或虎皮斑虎皮斑
II	敞口或唇内折	鼓腹	平底或内凹	6	5.5	3.8	
III	斜折唇	颈部有凹棱一道	圈足				施釉至腹中部
IV	大口	高颈,腹瘦长肩侧有一扁平把手		9	5.7	4	施黑釉至腹中部
V	直唇	束颈扁鼓腹肩为四系	矮圈足				油滴黑釉,或剪贴梅花
VI	大口	颈有折棱一道腹瘦长	圈足或平底内凹	7~9.8	4.5~9	2.5~5.5	施釉及腹中部有的剔花填彩飞凤纹
VII	敞口,唇内折	扁鼓腹平底内凹,腹侧有小半环钮		2.5	2.5	1.6	油滴天目

续表

各式黑釉器		口形	腹形	足形	高(cm)	口径(cm)	底径(cm)	釉色或纹样
杯	I	敛口	深腹至底内收束颈下连托盘	圈足	3～10 a.10	2.7～12.7 12.7	2～6.5 6.5	黑酱色地黄白油滴或虎皮斑
	II	唇外卷	深腹,束颈连托座		6.7		4	虎皮斑或玳瑁斑
	III	唇口,口沿下有凸棱	深腹斜削连托座	喇叭形圈足或圆柱形托座	4～9.5	5～9	3～6	粗胎
	IV	敞口直唇	筒腹	圈足或平底	3～8 a.8	3～8.3 8.3	2.7～4.5	黑褐釉不及底不少为粗胎无釉
	V	敞口,方唇或薄唇	深腹	圈足或平底内凹	4.7～6 a.5	8.5～9 9	4.7～5 4.7	黑褐釉不及底
	VI	直唇或外折唇 a.芒口	筒腹	矮圈足	a.5.6		5.2	虎皮斑。有的粗胎无釉 a.虎皮斑
	VII	直唇,芒口	深腹	圈足	5.9	7.5	3.8	虎皮斑
	VIII	直唇或唇沿下有凸棱芒口	腹鼓微斜削	矮圈足	4.5～6.5	8～11.5	2.7～3.5	黑釉或虎皮斑
鼎炉	I	唇沿附两方耳,平折唇	束颈扁鼓腹颈腹间有折棱	三乳足	8.8	11		虎皮斑天目釉或黑釉颈部环饰黄褐回字纹腹部勾绘牡丹
	II	内折唇	深腹	平底下三乳足	9.2			黑釉有的器腹饰一对称剪纸贴印花卉图案
	III	方唇	筒腹	圈足	6.5	10	5.7	黑釉不到底
器盖	I	盖顶弧拱,盖沿平折顶塑半环钮	子口		2～3	外径 7.2～13	内径 6～9.2	盖面施黑釉或酱釉,有的饰白色油滴或黄色玳瑁斑
	II	顶弧拱沿平折无钮	子口		13～3	7.7～11	子口径 3.2～7.2	黑釉或酱釉有的饰黄白色油滴。
	III	盖面弧拱,顶塑锥形圈铢钮或无钮	侧附一半环或三角形钮子口		0.8～2.7	5～6.2	手口径 3～3.7	盖面施黑釉或酱色釉,黄白色油滴和虎皮斑。
	IV	盖面内凹呈碟形,盖沿平折或下折	顶塑一锥形或圆柱形钮		1～3.5	盖径 4.7～11	盖内径 2.2～4.5	粗胎盖面施酱色釉
	V	盖面平直	顶塑圆柱或扁条形钮	子口	1.7	盖径 5.2	子口径 2	施黑釉,有蓝灰色纹
	VI	盖面圆拱。盖面有三对称叶形镂空	顶塑蚕形钮	子口	2.8	8.2	6.5	盖面酱黑釉
	VII	盖面弧拱盖沿稍平折	顶塑柱形钮呈笠状	子口	3	10.8	子口径 7.2	盖面施酱黑釉
	VIII	盖面弧拱	顶塑菊瓣侧附环形提钮		3			
炉		敞口,唇内折	中隔腰垫与下层分隔腰垫有三长条形镂空	平底,炉下有三角形通风口	11.5		8.7	粗胎,酱黑色

续表

各式黑釉器	口形	腹形	足形	高 (cm)	口径 (cm)	底径 (cm)	釉色或纹样
灯	盘口	高颈承以柱盘	假圈足	15.5	托盘径 11.5	7.5	粗胎呈酱黑色
漏斗	厚唇	斜腹,下附圆形漏管与内底相通		8.2			酱黑釉
把手罐	敞口直唇有的口沿下有凸棱一道口沿捏有一短流	深鼓腹一侧附扁平或喇叭形把手	平底或内凹	6.5～7	11～12.5	5.4～6	
柳条纹罐		无乳钉					罐外壁饰凹沟条纹。外施酱褐釉内为黑釉
玩具	有:人俑、童子骑牛、狗和圆珠						

　　吉州黑釉碗盏的品种较多。有兔毫盏,一般不是在窑内自然烧成,而是采用洒釉甚至描绘白釉在窑内烧成。有些则以赭石色剂毛笔描绘细纹而烧成铁锈宽纹,甚至是长大的棕色斑块或棕色大圆点,也被叫做鹧鸪斑。

　　吉州玳瑁盏是在施黑色釉的碗上,再以另一种釉料滴上并连涂成形似玳瑁的几何形状,烧成后呈现蛋黄色斑,整体如玳瑁黄、黑相间的色彩,非常艳丽、高雅。蛋黄釉为乳浊不透明,但有透光性。另一种比较差的玳瑁盏的黄釉斑处为黄色透明釉,实际上是在该处以釉滴涂后在烧成过程中与下部的黑釉反应而成。若描绘的黄色斑纹较宽并连成略向下的宽条纹,形状如虎皮,则称为虎皮斑。亦有蛋黄色或透明黄色两种。

　　吉州鹧鸪斑盏是以乳浊白釉洒滴于黑釉之上,形成直径约5～10毫米的白色斑点,其边沿毛糙,使整个碗成为黑底白斑的鹧鸪斑盏。它具有吉州窑独有的特色,可一望而知。但许多这样的鹧鸪斑盏所施的黑釉很薄,乳白釉在烧成时与之反应,把该处的黑釉消耗尽,甚至有些白点看来似乎只有极薄的一层,表面粗糙,边缘毛糙,这种鹧鸪斑盏为数不少。

　　吉州窑的又一种鹧鸪斑盏亦如建窑人工装点的鹧鸪盏斑一样,用乳白釉人工点斑的。不过建窑是不规则装点,吉州窑则一圈圈地从碗底点到内口沿附近,非常规矩罢了。

　　白釉绘花是用乳白釉在黑釉上描绘纹样入窑烧成,是吉州窑常用的技术。除描绘白色直条纹的黑盏可称为禾芒盏之外,还有用毛笔蘸釉大笔一挥三数下,绘出芦荻、兰竹、折枝等白色花纹的吉州黑盏,也具一种特色。

　　吉州窑的洒釉工艺可谓发挥得淋漓尽至。除了可以制出上述的兔毫盏,禾芒、鹧鸪斑等品种之外,依照喷、洒白釉的点子大小,形成1毫米以下的微细密集的斑点,烧成时与下面的黑釉反应,按白釉斑点大小和浓度的不同,产生了呈白色、乳白、蛋黄、蓝、绿、红、紫等微小的花斑,异常美丽,为其他各窑所无。

　　单纯依靠洒釉技法制出的黑盏,其最高的艺术品是上述带有各色微斑点(直径1毫米以下)并且略带乳光的碗盏了,制品的确是上乘而不可多得的。洒釉技法直接与民间历来重视的剪纸工艺结合起来,产生了吉州窑黑釉器在艺术上的飞跃。民间剪纸艺术当时已比较成熟,有现成的艺术成就可资利用。将已施黑釉的器物特别是碗盏贴上梅花、牡丹、石榴、折枝、番莲、云凤、飞鸟、云龙等剪纸后,喷、洒上乳白釉的雾状微点。烧成前揭去挡着白釉的剪纸,露出无洒点的花纹.烧成后该处仍露出黑釉,无剪纸遮档之处则有上、下釉的反应而产生各种色彩的微斑,部分斑点又呈乳光,使制出的吉州贴花黑釉异常高雅,成为吉州窑一大特色。这类制品最名贵的有龙黑盏、鸾凤黑盏、梅花或牡丹黑盏等。

　　除了剪贴花纹之外,吉州黑盏还剪贴了一些吉祥语作为装饰。亦为吉州黑盏的特色之一。这些吉祥语有时贴反了则成为反体字的花纹。

　　吉州窑黑盏最著名的一个品种是世称吉州木叶天目盏。黑釉盏的内部装饰了一片、有些甚至三片的树叶,成为所有其他地区都没有的一种特殊装饰的黑釉器,其技术与剪纸贴花有相似之处,亦与洒釉的某些技术相关。不过其技术不是用遮档法,而是使树叶的叶脉处改变了黑釉的颜色。木叶盏的出现使吉州黑釉盏不论在技术还是在艺术方面都已达到了高超的境界,后文将作较详细的讨论。

　　从表 7-1 可知,吉州窑生产的碗盏,多数是口径为 10～12 厘米的中、小型盏,口径亦有大至 23 厘米的。碗身虽斜直而仍未达到斗笠形;中型尺寸的,肥瘦类似建盏。传世的吉州黑盏大都以茶盏为多。根据各个知名博物馆藏品的介绍,从它们收藏的珍品中,可以看到吉州窑黑釉盏上乘品的情况。

　　吉州窑黑釉盏的装饰技法总结起来不外乎三点;即① 涂绘。产生许多人工描绘出来的粗、细、长、短、曲、直的条纹。如果使用赭石料浆就可制得从兔毫直至粗大锈斑块的黑盏;如果使用乳浊白釉则可以制成蛋黄色斑块或条纹的玳瑁斑或虎皮斑盏。改变白釉的化学成分使蛋黄色斑变为黄色透明斑,产生档次较低的同类品种。② 洒釉工艺。使用浓淡程度不同的乳白釉洒滴在黑釉之上,稀薄的釉因含水量高,喷洒于釉面上时逐渐流淌,产生条纹,烧后形成乳白色兔毫纹。较浓的釉喷成微滴,产生芝麻点,与黑釉反应,产生多彩的乳光小斑点。大的白釉滴与下面薄的黑釉反应,产生表面和边缘毛糙的白色鹧鸪斑盏。③ 剪纸加洒釉工艺。利用民间已发展成熟的剪纸工艺剪出龙、凤、鸾、鹊、花卉、折枝、吉祥语等,贴于黑釉之上,档住洒釉。烧成后因剪纸处没有白釉而成为黑色的花纹。

　　木叶的装饰是一种特殊的高超技法,永和镇好几处窑址都有这类产品.但也有粗劣和高级之分,不是所有木叶天目都是好的,也许窑址出土的残片,大多为废品,致有此感觉。

　　有些吉州窑黑盏的花纹,虽然碗内的三堆花纹位置成三角形对称并且彼此相似.但不像剪纸那样完全相同。虽然是手绘,但又不是绘的黑釉而是花纹处被遮挡,其他地方为洒釉造成的浅白、蛋黄或多彩的密集微点或密集毫纹。所以有人提出,这可能采取了类似蜡染的工艺。

　　还有个别并不常见的工艺是剔花。黑盏或器物上施黑釉后,在烧成之前,剔去部分黑釉,即用刀笔剔绘花纹,如梅竹,人像等等,烧成后露胎之处即为花纹。

　　《吉州窑》一书发表了许多吉州窑出土以及个人收藏的黑釉完器和残器。日本的一些有名的博物馆则收藏了若干吉州窑黑釉天目盏的珍品。

　　东京国立博物馆收藏了一只南宋时代的吉州窑玳瑁天目盏。极矮的圈足,放于桌上如无足,足内浅挖底,露胎色黄褐。碗身斜直,口径 11.4 厘米。外口沿以下不到 1 厘米的一圈特别加厚,造成与未加厚处形成的一条弦纹。器身先施一层很薄的黑釉,然后再用蘸釉或涂釉法施一层厚黑釉,都施到底足处。玳瑁斑为蛋黄色,外斑是将茶盏覆置于桌上然后把蛋黄釉大滴滴于其上。滴釉时釉水充足之处缓慢流淌,滴斑互连,有些滴斑则连成一大片,斑点之处有明显的流淌痕迹。碗内黄斑亦如是,不过流淌的方向相反,而且口沿内无弦纹。整个碗的斑纹与背景之色黄黑相间,色彩甚似玳瑁,是一只十分漂亮的典型吉州玳瑁茶盏。

　　另一只吉州天目盏为日本所藏,被称为玳皮盏(即玳瑁盏),是自古以来日本知名的吉州盏,属"大名物"的珍品等级。据称外釉为玳瑁斑,其实倒不如说是鹧鸪斑。因为大黄釉滴是很少连成一片的,斑点乳浊色如蛋黄。口沿金扣,直径11.7厘米,矮圈足。碗内剪纸贴15朵牡丹,每一牡丹为左右两种花纹组合。每一牡丹等距地贴于内侧,其中一朵贴于碗底正中,内口沿有一环带剪纸花纹装饰。喷釉的技法相当高超,形成的麻点大小很均匀。由于釉的浓度适中,烧成时与下面的黑釉反应生成各种色彩的麻点。口沿一圈呈棕红、跟着是一圈绿点,再往下大部分的麻点呈浅蛋黄色,接近碗底时又是绿、棕、绿就到达碗底牡丹的边缘处。这只吉州天目异常漂亮[①]。另一只称为龙天目'与此类似。外釉已完全是滴釉制成的鹧鸪斑,口沿为银扣,直径13.5厘米,高圈足。内釉为喷釉造成的麻点。剪纸贴花成二龙抢珠图案,一为黑龙,另一为剪成通花的鱼尾龙,而珠则为火珠。麻点色彩大多为蛋黄,亦有棕、绿色麻点弦环。

　　上海博物馆收藏了一只吉州天目盏。器身矮胖,是剪纸贴花为三凤梅花。三只长尾凤鸟对称分布于碗内侧,一朵梅花贴于碗底。麻点喷釉均匀,但是以绿色为主,黄色的是少数。碗内底与圈足大致等径的一圈略有凸弦纹。釉薄处麻点呈棕红色。

　　日本还收藏有剪纸吉祥文字的吉州天目。内口沿除一圈剪纸花草环带装饰之外,内侧对称分布有剪纸文字"长命富贵"、"金玉满堂"、"福寿康宁",按上述顺序反时针排列,每四字则按先上下后右左排列,以双边四叶状菱花框包围而成的图案。喷洒的麻点亦十分均匀。外釉则介于鹧鸪斑与虎皮斑之间,口径12.8厘米。注意观察可知,其中富字中的口字上缺一划,命字的口与卩当中不分离而"粘"在一起变成中字了。

　　有人收藏的另一只同类的天目盏,"长命富贵"四字笔划都十分规矩,并不缺损,富字中口上有一划,命字中口、卩不粘连,但麻点斑则几连成一片,同时其内口沿则没有花草环带剪纸装饰[②]。

　　上述用吉祥文字剪纸喷洒装饰的吉州天目还有另一种款式。就是把这一套的各四个字分别剪在三叶四果石榴折枝的四个石榴之中。碗的尺寸和器形与上述几个碗大致相同[③]。

　　有趣的是,我们从窑址搜集到一块"长命富贵"的剪纸贴花喷釉的较大残片,保留有全部四个字和部分口沿,但是这个古代陶工却把剪纸贴反了,至使四个字成了反体字。可是"富"字缺其中的一划,"命"字中部却不粘连,"长"字上部二划"写"成交叉,与日本藏品相同,富字边缘一小角缺损。麻点则大多以绿色乳光为主。此外,我们在吉州窑址搜集到的各种吉州天目盏基本上代表了吉州陶工所用的各种技法制得的黑釉盏的各类品种,包括了与上述各种品种如兔毫、鹧鸪、玳瑁、虎皮,剪纸梅花、折枝、三凤以及纯黑色的天目盏。还有一大块残片,其漆黑内釉有三个团花(残片仅存两个),似为用印戳以白釉盖印上去的,因为其图形周边的缺损位置相同而且尺寸相等[④]。

第四节　吉州黑釉瓷的陶瓷物理化学本质

　　从外观上已经可以判断吉州窑黑釉器与其他窑口同类产品的区别。吉州黑釉盏的特征,正

---

　①　小山富士夫,天目,陶磁大系,38,平凡社,1980,彩图34,35。

　②　蒋玄佁,吉州窑,文物出版社,1958,图18。

　③　蒋玄佁,吉州窑,文物出版社,1958,图23。

　④　李家治、陈显求、张福康,中国古代陶瓷科学技术成就,上海科技出版社,1985,彩图30,31。

如上述已经指出的那样，它是不流釉的，也不析出钙长石，依靠自身在窑中形成不了兔毫纹，故一般可以施釉到圈足之处。但也有若干碗盏施釉不到底而在外侧底部露胎，胎呈灰白或灰黄而有吉州窑胎的特色。

　　吉州窑黑釉盏以各种技法在黑釉上手绘或喷洒白釉，在有白釉的地方烧成时黑、白两釉发生反应成花纹斑块或斑点，产生了吉州天目独有的千变万化的装饰。由于在技术上有飞跃的发展，加之所用的黑、白釉料的差异，制造出许多上述各窑口所没有的产品。其物理化学的本质，特别在黑、白釉烧成反应的过程和后果可以根据研究结果加以分析和说明[①]。

　　吉州黑釉碗胎的化学分析数据列于表 7-3。吉州天目与其他地方几个黑釉盏的物理性质列于表 7-4。从表 7-3 可知，吉州天目胎的 Al_2O_3 含量是够高的，甚至高达 30%，一般也在 20% 以上。SiO_2 含量也高，在 60%～70% 之间波动。熔剂含量也比一般中国古瓷略高，可以帮助高 Al_2O_3 胎料的烧结。在显微镜下看到，石英为主要的粗颗粒，基质矿物主要为云母类。TiO_2 以金红石微晶粒的形式存在。某些样品中还含有少数腊石颗粒。氧化铁则以大颗粒（约 40 微米）

表 7-3　吉州天目胎的化学组成（重量%）

编号	品种	Na_2O	K_2O	CaO	MgO	MnO		Fe_2O_3	Al_2O_3	SiO_2	TiO_2	P_2O_5		烧失
1	兔毫	0.24	4.65	0.02	0.26			1.35	21.27	70.41	1.16			1.25
2	兔毫	0.28	5.27	0.01	0.35	<0.01		1.60	23.18	67.24	0.72	0.09		
3	玳瑁	0.28	5.59	0.03	0.30			1.25	22.63	68.08	1.01			1.24
4	玳瑁	0.29	5.28	0.01	0.34	<0.01		1.34	22.92	67.54	0.73	0.07		
5	玳瑁	0.31	5.20	0.01	0.28	<0.01		1.24	21.92	68.21	0.69	0.08		
6	玳瑁	0.42	6.88	0.03				0.82	30.42	59.74	1.05			0.33
7	玳瑁	0.46	5.07	0.10	0.32	BaO 0.27		1.44	23.00	66.77	1.07	Cr_2O_3 0.02		1.31
8	鹧斑	0.26	4.66	0.02	0.35	0.01		2.91	24.36	65.00	0.78	0.09		
9	鹧斑	0.32	5.52	0.01	0.28	<0.01		1.31	22.59	65.59	0.72	0.10		
10	鹧斑	0.07	3.59	0.08	0.70	0.03		4.37	28.33	61.70				0.59
11	纯黑	0.34	5.70	0.02	0.24	<0.01		1.33	29.49	63.27	0.67	0.08		

表 7-4　吉州天目与其他地方黑釉盏的物理性能[②]

编　　号		气孔率 （%）	体积密度 （g/cm³）	假比重 （g/cm³）	吸水率 （%）
吉州	No. 10	1.52	2.327	2.363	0.64
吉州	No. 1	6.38	2.277	2.426	2.80
吉州	No. 6	0.54	2.376	2.389	0.23
吉州	No. 3	2.29	2.357	2.412	0.97
建阳	No. 1	11.70	2.283	2.586	5.13
建阳	No. 2	9.09	2.317	2.549	4.60
建阳	No. 3	10.73	2.247	2.517	4.77
山西小峪黑盏		4.15	2.266	2.364	1.83
山西介休黑盏		14.58	2.208	2.584	6.60

---

　　① 陈显求、黄瑞福、陈士萍，绚丽多姿的吉州天目釉的内在本质，中国古代陶瓷科学技术成就，第 12 章，李家治等著，上海科技出版社，1985，257—269。

　　② 陈显求、黄瑞福、陈士萍等，宋代天目名釉中液相分离现象的发现，景德镇陶瓷，1981，4～12。

的铁矿颗粒出现,主要为磁铁矿,间或带有少量微粒赤铁矿。由于基本上没有溶解于玻璃相,故其胎全部呈现灰白色。石英颗粒一般为脉石英,某些样品有时含有斑状石英和胶结石英。许多试样中的石英颗粒都有熔融圈,可知其烧成温度一般是够高的。

从表 7-4 中胎的物理性能相互比较,吉州天目比其他窑口的黑釉盏烧结得更好。

吉州天目釉的化学组成列于表 7-5。

表 7-5　吉州天目釉的化学组成(重量%)

编号	品种	Na$_2$O	K$_2$O	CaO	MgO	MnO	Fe$_2$O$_3$	Al$_2$O$_3$	SiO$_2$	TiO$_2$	P$_2$O$_5$
1	兔毫	0.32	4.29	9.08	3.26	1.12	4.81	13.94	60.25	0.71	1.33
2	兔毫	0.38	4.73	8.76	2.98	0.91	5.20	13.51	61.49	0.78	1.55
3	玳瑁	0.28	4.95	9.03	2.73	1.21	4.57	12.77	60.76	0.88	1.91
4	玳瑁	0.34	4.61	8.87	3.01	0.72	4.32	13.84	62.17	0.83	1.67
5	玳瑁	0.37	4.90	9.14	2.88	0.89	5.81	13.22	60.78	0.95	1.41
6	玳瑁	0.34	5.11	8.01	2.61	0.92	4.31	13.50	61.90	0.91	1.59
7	玳瑁	0.61	5.48	7.44	2.27	0.97	Fe$_2$O$_3$ 2.21　FeO 0.68	18.52	60.99	1.47	未测
8	鹧鸪	0.38	4.72	7.43	2.55	0.89	5.92	13.92	62.34	0.38	1.47
9	鹧鸪	0.39	5.40	6.85	2.68	0.71	6.66	11.63	62.87	1.38	1.43
10	鹧鸪	0.23	2.93	6.54	3.30	0.84	6.22	12.82	62.10	0.67	1.57
11	纯黑	0.45	5.37	6.54	2.84	0.73	5.63	14.40	61.78	0.86	1.50

表 7-5 中的数据是釉的综合分析数据。由于吉州天目釉面上多少都含有一些白釉,随着釉面白斑或黄斑的多少会影响到数据的偏移,但鹧鸪斑釉因白斑点较少,故影响较少。表中还列出一个纯黑釉的数据以资比较。

比较了吉州和建阳两种天目釉的数据可知,前者碱质和碱土质含量都比较高,Al$_2$O$_3$ 和 Fe$_2$O$_3$ 的含量较低,是其釉不易析晶的主要原因。然而它的 MgO 含量比建盏和黑定都高,黑釉中局部高 MgO 可以产生绿斑,而 Fe$_2$O$_3$ 偏低时局部与白釉反应易产生红棕色或黄色小斑。吉州黑釉中 P$_2$O$_5$ 含量高是来自当地原料的植物灰。

如前述,在黑釉上涂刷白釉,局部产生乳光的唐钧是乳光釉始创的,不过唐钧出现醒目的乳光色彩并不常见。吉州窑与之相似,以毛笔手绘的白花或芦荻花则罕有带乳光色彩的。然而吉州窑在施一层黑釉后,以洒釉、喷釉、滴釉、剪纸贴花等技法在其上施以白色釉料,烧成后形成麻点釉、兔毫釉、玳瑁釉、龙凤梅竹、折枝图案和吉祥文字如金玉满堂、长命福贵、福寿康宁等许多款式。特别是控制白釉浆的浓度、釉滴的大小和流动度是形成麻点、兔毫、鹧鸪斑、玳瑁斑、虎皮斑的主要工艺因素。麻点釉所用的白釉浆,滴小浆浓,在釉面上产生小于芝麻点的白色或黄色的无数微小斑点;浆稀则与黑釉反应时不能掩蔽黑釉的底色,只能局部稀释或冲淡了氧化铁的浓度,使原来黑色的釉在该小斑点处变成棕红、酱褐甚至淡黄的色斑。若白釉的 MgO 含量较高,使局部地区析出纳米级辉石型微晶,就会变成绿斑。

鹧鸪斑是滴大而不稀,玳瑁斑则流成斑块;滴再大且流动度略大则连成虎皮斑,吉州窑的这种二次施釉工艺虽然与唐钧甚至宋代河南禹县钧窑以及宜均、广均相同,但是正如上述,它的工艺因素比它们复杂得多,故出产了上述各窑口都没有的许多品种或款式,所用的白釉料都具有自身和当地的特色。它固然有自己所用的白釉,亦显然使用了蛋黄色的乳浊釉,以至制出了黄、黑相配的玳瑁釉。据知,它所用的植物灰则以麻灰为主[①]。

在实体显微镜下可以判明上述的一些吉州天目是用白釉装饰的。因为观察一些生烧的残片,花纹表面还留下未烧透的白釉的硬壳。许多式样,不管是兔毫、麻点、或玳瑁,在斑点的中部是浓度最高的白釉而呈乳白,往外成黄色、绿色直到蓝色的强烈乳光。

在实体显微镜下观察,不论兔毫、玳瑁、虎皮、麻点等斑纹边缘一定的宽度并都有乳浊并呈现乳光的区域。例如,观察一种外观呈蛋黄色斑块的吉州玳瑁盏,其中心部位的蛋黄色,而其周围有一定宽度的则呈天蓝到普蓝色的乳光,甚为绮丽。

在透光显微镜下观察吉州窑的黑釉层时,它总是呈现为黄色清澈透明的玻璃体,偶然有一些 Fe_2O_3 的微晶,一些试样偶然含有少数残留石英颗粒,某些试样的这种颗粒周围还会析出方石英微粒。某些黑釉的局部地区呈现乳浊和分相现象。一些试样分相所产生的小滴大到足以在光学显微镜下分辨。大多数试样的斑纹区都有透辉石针晶或球晶在局部地区析晶,而且不论兔毫、玳瑁、鹧鸪斑都呈液相分离结构。

在透射电镜下证实,上述的几个吉州天目品种的斑纹区都发生液相分离。无数的分相孤立小滴随机地分布于另一种成分的连续相中。小滴的直径以兔毫为最小,一般≤100 纳米,玳瑁则稍大,≤500 纳米,鹧鸪斑最大,约 500 纳米。而孤立小滴生长、粗化、互连时,其粒径甚至可大至光学显微镜能分辨的程度。某些鹧鸪斑试样的孤立小滴相甚至能够发生二次液相分离结构。

透辉石微晶的局部析晶说明釉中有足够的 MgO 含量并且分布不均匀,这种结构正与它们的化学分析数据相呼应。辉石型析晶可以使釉的艺术形象产生意想不到的效果。釉中含 Fe_2O_3、Al_2O_3 使辉石析晶成透辉石或深绿辉石和其他属于普通辉石矿物类型的微晶。这些矿物大都带有自身的色彩,如橄榄绿色或棕红色。故吉州天目釉,以麻点釉为代表可以呈现出其他钧窑釉所没有的各种颜色的乳光。

第五节　吉州木叶天目盏

吉州窑剪纸贴花的黑釉盏可谓已经使用了最好的民间剪纸艺术来装饰陶瓷。然而古代的吉州陶工们百尺竿头更进一步,自南宋开始,利用树叶装饰了黑釉盏,制造出技术上先进、艺术上上乘,为儒、道、佛共赏、为僧俗同用,成为一种各种窑口都未能生产的一个珍贵的新品种,这就是木叶天目盏。

用天然的树叶对黑釉盏进行装饰,这种技艺的手法起源于何时何地何人似无可考证了。一般只知这种木叶天目盏在南宋时已出现。按江西考古学家们的发掘报告,吉州永和镇的 24 个窑口,有好几处都发现木叶天目盏的残片(见表 7-1)。可知在吉州生产木叶天目的,有许多陶工。换言之,南宋当时在吉州的一些技术高超的陶工已掌握制造木叶天目的技术。是甚么偶然现象启发了第一个陶工去效法某种自然现象在黑釉上成功地装饰木叶的呢? 是否在白釉料浆中落下了许多树叶,存放太久,发酵腐败,留下仅存叶脉的树叶残片而又清除不净,偶然甩落在施过黑釉的碗盏内烧出了木叶天目呢? 抑或某个聪明的陶工在其整个技术生涯中多次看到这种现象,在技术上炉火纯青之际得到启迪,从而师法自然,超越自然,经过无数次的试验,成功

① 容敬臻,关于吉州窑的几个问题,古陶瓷研究,第一辑,1982,204~211。

地制出技术上和艺术上皆属上品的木叶天目这种黑盏新品种呢？

古代陶工试制木叶天目并不是容易的事。因为木叶天目的制造技术奥秘颇难掌握。古代陶工从不轻易传给别人。现代的陶工更把这种技术作为商业秘密，绝不公开。现代瓷家要制造这类产品则需要重新开发其工艺，因此，需要花费时间和精力以及一定的经费进行实验。现代瓷家尚且如此，则古代陶工要摸索这种技术，或者知识文化水平欠缺的古代陶工要保持这种技术不致越造越差以至失传，那是相当困难的。因此，可以理解的是，当时显然在社会上对木叶天目有一种长期而稳定的社会需求，使得每一代陶工，都有制造木叶天目的潜在的积极性，才能使吉州窑中的许多窑口能够生产别的窑场不能生产的这类产品。

一般认为，木叶天目也是因为受饮茶或斗茶风尚的影响而兴盛起来的。固然茶对吉州黑盏包括木叶天目有一定的影响。然而佛教对木叶天目的追求和对吉州永和窑的影响似乎更大。

佛教对茶的重大影响已有公论。饮茶之风受到佛门的推广而盛行。茶圣陆羽，三岁为孤儿被寺僧智积大师收养学佛，实际上本是个小和尚，长大了才弃佛学儒。他对茶的爱好和研究，难道不会受到佛寺、禅院的决定性影响吗？江西的一些考古学家都论述过吉州窑瓷器"重仙佛"，显然是受了佛教艺术的影响，是与永和青原的佛寺有关。乾道间、吉州窑著名的陶工舒翁及其女舒娇所造之器重仙佛是其佐证[①]。而木叶天目的始创和制造首先应满足寺僧们饮茶的需要[②]。黑色就是玄色，正合佛家幽玄清净的参禅要求，故喜用和必用黑盏。但是为甚么更喜欢用木叶的装饰呢？

吉州永和窑址隔江相望的为青原山，此山富含制瓷原料，是吉州窑生产原料的供应地。此处，永和和青原山又是寺观林立的地方，客观上成了产品的销售市场。况且青原山更是佛教禅宗青原一系的开山圣地。

南印度高僧菩提达摩（Bodhidharma）于南朝宋末航海到广州，曾到金陵、洛阳，嵩山少林寺宣扬佛教，传授禅学，成为中国佛教禅宗的始创人，即禅宗初祖。下传慧可、僧璨、道信、弘忍。后弘忍选嗣法弟子，命寺僧各作一偈，其实等于会考。上座弟子神秀偈曰："身是菩提树，心如明镜台，时时勤拂拭，勿使惹尘埃"。当时在五祖弘忍门下作"行者"的慧能，本是世居范阳（今北京），生于南海新奥（广东）的卢姓樵夫，作偈曰："菩提本无树，明镜亦非台，本来无一物，何处惹尘埃？"由此获选而继承了五祖的衣钵，被推为禅宗六祖（唐，638～713），南宗的创始人。到韶州（今广东韶关市）曹溪宝林寺弘扬禅学。曾驻锡广州六榕寺和南华寺。唐吉州庐陵刘姓僧人行思到曹溪谒六祖慧能，被列为上首，尽其禅法。唐开元二年（714）住青原山静居寺，四方禅客云集，开禅宗青原一系，世称青原行思并被尊为七祖。由此可见，青源山在唐朝已经是南宗嫡系的佛教参禅圣地之一。下传曹洞、云门、法眼三宗，与南岳怀让下传的沩仰、临济合称五家。故其佛教的宗教活动对周围的社会影响是十分重大的。

公元前约 600 年，释迦牟尼（Sākyamuni）经历了各种苦难，辗转到达菩提伽耶（Budhagayā，今印度比哈尔邦加雅县菩提伽耶村）在菩提树（Ficus religiosa，pipal，linden，Bo）下静思"成道"。在鹿野苑开始传教起而始创佛教，被尊为佛陀，80 岁时在拘尸那城附近的娑罗双树下入灭。由此可见，菩提树在后世被佛教徒视为圣物甚至可以当成佛教的图腾之一。"菩提本无树"把这一圣物都否定了，"本来无一物"却符合佛教"四大皆空"的核心教义。然而在

---

① 蒋玄佁，吉州窑，文物出版社，1958。

② 陈万里，最近调查古代窑址所见，文物参考资料，1955，（8）：3～4。

后世,菩提树往往成为佛教的一种象征。一片菩提树叶的形象永远装饰着参禅喝茶用的黑色吉州天目盏代表了佛教徒一切所能想象的主观世界。这是何等潜在的佛教意识啊!因此若有一只木叶天目,特别是菩提树叶装饰的天目肯定会受到佛教徒和高僧们的热情欢迎的。所以说木叶天目是有迫切和长期稳定的社会需求的。因而佛教禅宗对木叶天目的生产、供应起着决定性的作用。

许多陶艺鉴赏家并不追究木叶天目用的是何种树叶,只要艺术上幽玄、清雅就好。而陶艺家为了仿制都往往要追根寻源,去搞清古代陶工们到底用的是哪种树叶。例如,韩国瓷家根据日本收藏的南宋吉州天目盏的木叶纹,认为它与当时佛教关系密切,是按佛家要求,用菩提叶作吉州天目的装饰。他并且用韩国 Pal Kong 山上最古的菩提树和新罗朝代创建的巴溪寺中的菩提树叶来成功地仿制出木叶天目①。

大多数传世和残片的木叶天目现在都难以分辨出是用那一种树叶来装饰的。因为制成后的叶缘卷曲,看不出它的真实形态。有些则以半片叶片贴在口沿上,看不到叶柄的一端。不过,如果贴在天目上的叶片完整,则菩提树叶是比较容易认出的。

菩提树为桑科常绿乔木,叶互生,三角状卵形。叶尖有细长状尖头,边缘呈波状,原产印度,我国云南南部、广东和海南有栽培。桑树亦为桑属植物,落叶乔木,叶卵圆形,分裂或不分裂,边缘有锯齿。此两点,即叶尖有无细长尖头和边缘是否有锯齿桑树可与菩提树叶在形态上彼此区别。

日本人收藏的一只南宋吉州木叶天目盏上面的木叶纹十分完好。叶缘无锯齿,叶尖有细长尖头,叶呈卵圆形,这应该是菩提树叶无疑②。

另一只日本收藏的南宋吉州木叶天目所用的树叶则显明地是用无花果叶来装饰的。无花果也是桑科植物,为落叶灌木或小乔木。叶片掌状单叶,3 至 5 裂,大而粗糙,背面被柔毛,叶缘全缘,从外观上一望而知。熟知的桑科植物还有木波罗,大麻,构树等。这只天目所用的一片无花果叶是三裂的,叶主脉条纹粗大,叶柄粗壮③。

上述两只吉州天目的直径分别为 14.7 厘米和 15.0 厘米,器形矮、阔似黑定。叶的分脉多呈绿色而后者则大部分偏黄,皆为上乘之品。

上海博物馆收藏的一只吉州天目器形似半球形,与常见的中型吉州盏差不多。所用的叶片因缺叶尖难以分辨。似一大二小的三片叶片组成。当中的大叶片缺尖而两侧叶片则有很长的叶尖。中国的一些收藏品上的叶尖都是短缺而难以辨明的。

有些陶工往往误认菩提树叶为葡萄叶,所以也用它来装饰木叶天目。葡萄与桑科不同,葡萄科是藤本,叶互生,掌状,叶缘粗锯齿形,三至五缺裂,叶分脉对生。用葡萄叶也可以成功地装饰木叶天目。

某些现代瓷家成功地仿制了吉州木叶天目,产品质量上乘的有景德镇的瓷家③。北京某瓷家则用葡萄叶和五裂的无花果叶分别制成木叶天目,器型仿黑定,陶艺水平甚高。福建某瓷家亦仿制数件木叶天目,作品比较成功。叶纹多为乳白色,黑釉面上也有兔毫纹。根据透射电镜

① Lee, K. H. (Gaya Ceramics College), 1992, Temmoku Glaze Tea Bowl with Leaf Designs, Proc. of ISAC' 92.

② 小山富士夫,天目,陶磁大系,38,平凡社,1980,彩图 38,39,40,41。

③ 敖镜秋、许作龙,1985,吉州天目盏木叶纹样形成过程的探讨,A41;吉州窑素天目基本工艺的特征 A42,中国古代陶瓷科学技术第二届国际讨论会论文。

结构研究,毫纹中析出的是 α 和 γFe_2O_3 微晶,而木叶中的主晶相,根据不同的样品有透辉石或斜顽辉石。[①]

现代瓷家对木叶天目的工艺多秘而不传。然而这种工艺应该与吉州麻点釉相类似,依然是以某种白釉喷洒于黑釉之上,烧成时黑、白釉相互反应而产生非黑色的条纹。一些工艺家认为,以树叶先制成仅存叶脉的网状叶片就贴于黑釉之上,第二次烧成后叶脉的灰烬(也是植物灰)与黑釉反应即会留下叶脉的痕迹。但是叶脉本身烧后仅存的百分之几的灰分,似不足以与黑釉反应生成明显的脉纹,所以比较有保证的是用仅带叶脉的叶片蘸白釉,甩去网眼中多余的釉,使各条叶脉都粘满白釉,网眼则不留任何釉料而通孔,贴于黑釉面上,这种工艺不管一次还是二次烧成都有可能成功。

艺术形象高的木叶装饰应该使叶纹中的次脉和支叶脉产生各色的乳光。这样就要求白釉和黑釉要有一定的成分。应保持吉州黑釉略低的 Fe_2O_3、Al_2O_3 含量,而白釉则要求高 CaO,SiO_2、Al_2O_3 分子比达到 10 以上,白釉中 MgO 的百分含量应在 2% 以上。

从树叶制成网状叶脉的叶片应不止一种方法。按照小学生的工艺,是把鲜树叶与绵纸分层叠压在一起,然后以尼龙丝刷拍打,叶脉间的叶肉被硬质的尼龙丝戳掉,留下网状叶脉片。这是一种数量大而又快速的方法。此外,中国民间也有一种工艺品,即用菩提叶制成脉片,并在其中作一些山水、人物、花鸟、翎毛等中国画和书法,制成书签作为艺术品来鉴赏。所以,可以在工艺品店中购买叶脉片书签来使用,技术的关键仍然是使天目中的叶脉线条分明,带有各色乳光。

第六节　南北方诸窑的黑釉瓷

我们在第六章中讨论了宋代专门烧制黑釉特别是专烧黑釉茶盏的建阳窑。本章又讨论了吉州窑多种具有本窑特色的黑釉瓷。建窑与吉州窑的黑釉制品自宋以来已是全球知名的黑瓷产品。如前所述,黑釉瓷与青瓷发展史上起源的时代久远,到目前为止,谁先谁后仍然是一项研究课题,而此两者在发展过程中常常是彼此争奇斗艳,黑釉瓷与青釉瓷往往并驾齐驱。且不论东汉时期越窑的原始黑釉瓷与原始青瓷争艳,就以唐代生产黑釉瓷为主以及宋代以青瓷为主的耀州窑而论,显然,耀州黑釉瓷在宋代已衰落,其地位已为青瓷所代替。然而,在晚唐和五代生产青瓷的建阳窑,在宋代都专烧黑釉瓷并为皇室与士大夫、僧侣和庶人所赞赏。这两个著名的窑口,其遭遇完全不同。故在同一时代,在全国范围内,也可以看到青、黑两瓷的强烈竞争性发展,某类瓷在一个窑口得胜,也许在另一著名窑口中却逐渐被淘汰了。

从技术上看,黑釉瓷所用原料含铁量多,比之青瓷需要含铁量少的原料来说,是容易找到的。故在古代制品多黑、青甚至黑、白兼烧。按理则黑釉瓷产量较多而成本较低故为士庶通用。青瓷的供应,应以上、中层人物为对象。当然,黑釉瓷的精品亦为无价并成贡品。黑釉瓷具有强大的生命力和竞争能力,即使专门以白瓷著名的邢窑也发现烧黑釉瓷的事实[②]。南宋官窑以青瓷负盛名亦有少量黑釉瓷制品就是典型的例证。可以总括地说一句,黑釉瓷的烧制可谓遍布天下各窑口。所以下文讨论各地的黑釉瓷时,只能是择其优者加以简述,仅见一斑而已。这些烧制黑釉瓷的窑口,或者是近年、近十余年之前才发现的,一般都未进行过科学、技术方面的研

① 黄瑞福、陈显求、孙建兴、栗金旺,1995,银兰色兔毫与乳白色木叶的结构,Proc. ISAC'95。

② 冯先铭,近几年中国古陶瓷研究现况,景德镇陶瓷,中国古陶瓷研究专辑,第一辑,1983,3~5。

究,而考古方面则只有初步的报道,仍有许多研究工作要做。

　　解放后在江西省南部发现大量烧制黑釉瓷的窑址,有赣州东郊的七里镇和宁都的东山坝等地。七里镇窑和东山坝窑烧制窑器的年代均始于唐而极盛于南宋,元代以后,两窑亦先后衰微,至明则已为他窑产品所取代。兹根据江西考古界所发表的研究结果[①],扼要叙述于下。

　　吉州窑位于东经 115°左右,北纬 27.2°不到。它的南面,在同一经度下,北纬 25.9°不到,就是七里镇窑所在地。赣江的一条较大的支流为贡水,西流经于都而在赣州市汇于赣江。七里镇窑址即位于市东郊贡江的北岸。东山坝窑则在宁都县北部,位于赣江支流的梅江与下西江汇合处。梅江往西流则与贡水相汇,故此两窑与吉州窑在地理上同属赣江水系。东山坝窑的东北方向可以通到闽西北,直至著名的建阳窑址。

　　此两窑生产黑釉器的数量以茶盏为最多,所有的器物均为日常生活所用的器皿。品种有碗、盏、盘、碟、罂、洗、杯、钵、缸、壶、瓶、擂钵等。

　　茶盏有五种器形,皆为夆口,但亦有束口侈唇的,斜直腹,弧腹或深腹,外釉都不到底。有直小圈足,圈足外侈和卧足。胎色有桔红、淡灰白或淡白。釉色绀黑闪红、黑毫闪红或闪青、闪蓝。这当然是由于烧成时的氧化或还原程度所致。茶盏的口径在 10～12 厘米范围,高 5～7 厘米,足径为 3.5～4 厘米,属中型茶盏。一部分与吉州窑所出相似,而另一部分则与建阳窑相近。据江西考古学家意见,七里镇产品多似吉州窑,而东山坝窑则多似建阳窑。

　　此外,在东山坝窑的堆积中还发现不少口沿施一条宽阔的白釉,即前述的所谓白口沿的。一类茶盏在其内口沿稍下部位有两条刻出来的弦纹,截面类似倒钩状,被称为“倒钩型圈痕”。这两条弦纹的作用显然是为了使碗内液体不容易荡出碗外而设计的。从技术上看,这种设计比各地黑盏的都要先进。盏内有弦纹者,吉州窑亦有,但不是倒钩,建阳窑甚至盏内无弦纹。

　　上述七里镇与东山坝两窑的黑釉盏亦有窑变兔毫、玳瑁和洒釉芦荻以及蓝紫色闪光等纹饰。七里镇窑使用陶胎与早期吉州窑胎近似。东山坝窑施釉似建窑,釉层较厚,且有流釉。纹饰亦近似建窑,有窑变兔毫、窑变闪光和星尘。一些盏型如出一辙,其明显差别则在于胎,东山坝茶盏的胎全为灰白瓷胎,瓷土淘洗精细,火候充足,质坚如石;胎壁普遍比建窑薄 1～2 毫米,与建窑的黑色铁胎不可同日而语。

　　七里镇窑还生产了一种造型比较漂亮的黑釉鼓钉纹茶罂,是一种贮茶的用具。造型为广口、圆唇、短颈、鼓腹或球腹,平底。器内外均施黑釉,颈部一圈有十余粒突起的鼓钉,此颈部就施一道白釉,腹部则饰以旋涡纹。造型别致,置之案头,清雅脱俗,宋元时代曾多量销往日本。

　　在窑址中,曾发现许多擂钵,唐、宋、元窑址中均有,规格不一,器形为圆唇、敞口和夆口,器外施黑釉,内口沿亦施黑釉。器内均刻划出许多颇深的条纹,有些则刻出鱼纹水波或莲蓬纹,此实乃辗茶用的擂钵。

　　元代以后,七里镇与东山坝两窑先后衰落,到了明代为赣县大湖江窑所代替。

　　大湖江位于吉州与赣州的同一经度,即东经差不多 115°,在此两州之间,距赣州之北 40 公里。1980 年 6 月赣州博物馆查明了该处为一明代古窑址。共有两处堆积,一为上碗棚、二为碗窑街。上碗棚的产品种类很多,按釉色可分为黑釉、青釉、黄绿釉、白釉、影青和青花等。黑釉中

① 薛翘、刘劲峰,赣南黑釉瓷,景德镇陶瓷,中国古陶瓷研究专辑,第一辑,1983,53～58。

又可分为纯黑、黑褐、酱红、茶褐等色[①]。

江西省北部著名的烧制黑釉瓷的窑场是景德镇湖田窑。湖田窑址在景德镇市南,它始烧于唐、五代,历宋、元、明各时期,有700多年的历史。在南宋堆积层中,由于烧制时匣钵破损或倒窑的废品中,发现有极细毫纹的碗盏,器形、胎、釉色与建盏类似,但产量很少,被认为是南宋湖田窑曾试制或仿制过建窑黑盏的证据。此外,在湖田窑址的遗存中,更多的发现是采用吉州窑技法制成的黑釉瓷,其中有洒釉、油滴、鹧鸪斑、玳瑁、窑变花釉与铁锈花等,被认为是南宋末年,永和镇陶工大量逃亡到景德镇时把技术带到了景德镇的证据[②]。

湖田窑的黑釉器虽不及建窑和吉州窑,但它作为一种黑色的釉器首先登上景德镇制瓷的历史舞台。黑釉器大量发现于元代遗址,下层叠压着宋代青白瓷,故黑釉的大量生产当为元代的中、晚期。出土的器物大多为酱褐釉小盏和高足盏。此外,还有浅盏、罐、芒口盏、白唇盏等。

近年在窑址中还发现一些盏、盘、罐等外壁施黑釉的器物,其内壁施酱红色有光泽的所谓"紫金釉",或有光泽的纯黑釉,即所谓"乌金釉"。这被认为是开景德镇明、清时代"紫金"、"乌金"等高级黑釉瓷的先河。

如前所述,黑釉瓷以越窑生产的为最早。以往认为浙江德清窑是首先创黑釉瓷的窑址,自发现了上虞县帐子山、宁波市郭唐岙、鄞县东钱湖谷童岙等处东汉青瓷和黑釉瓷合烧的窑址后,已改正了此种论点。

德清窑为东晋至南朝初期的窑址,最初发现于浙江省德清县城,故称德清窑。1956年以后在德清、余杭县境发现多处窑址,故分布范围较广,有焦山、陈山、戴家山、丁山等处,1983年又发现了小马山一处。目前窑址未经考古发掘,已知该古窑为青瓷和黑釉瓷兼烧。上述前四处窑址均因东苕溪导流等建设的需要而遭毁坏。

德清窑生产的青瓷胎呈灰色,釉面普遍施化妆土,釉面光滑,呈淡青、青绿等色。器物有碗、盘、罐、盘口壶、鸡头壶等。装饰只有弦纹和在口肩等部位加褐斑,称"点彩"或"铁锈斑"。黑釉瓷的胎壁较薄,呈砖红紫色或浅褐色。德清窑的黑釉鸡头壶是其黑釉瓷的代表作。

德清窑的青瓷和黑釉瓷进行过一些胎、釉化学组成的分析。样品大多数取自小马山,只有编号为DB4的样品不是取自小马山的。兹将全部化学分析数据列于表7-6中。

表7-6　德清窑青瓷(DG)和黑釉瓷(DB)胎釉的化学组成(重量%)

编　号		K_2O	Na_2O	CaO	MgO	MnO	Al_2O_3	Fe_2O_3	SiO_2	TiO_2	P_2O_5
釉	DG1	1.41	0.50	18.83	1.35	0.32	12.65	1.96	60.42	0.82	0.90
	DG2	1.80	0.57	17.50	1.26	0.04	13.57	1.99	61.67	0.69	0.64
	DG3	1.73	0.63	17.86	1.28	0.10	13.48	1.90	61.08	0.76	0.66
	DG4	1.26	0.44	19.84	1.23	0.05	12.75	1.95	61.39	0.68	0.58
	DG5	1.42	0.56	19.94	1.39	0.26	12.93	2.07	58.25	1.90	0.74
	DB1	1.35	0.56	19.66	1.60	0.30	12.07	7.56	55.24	0.85	0.80
	DB2	2.00	0.64	18.35	1.33	0.30	12.06	6.60	56.24	0.90	0.56
	DB3	1.93	0.64	18.55	1.37	0.29	12.01	6.60	56.92	1.21	0.57
	DB4	1.80	0.72	22.99	1.63	0.19	11.25	4.62	52.10	0.93	—

---

① 薛翘、罗星,1983。明代江西赣县瓷窑及其外销琉球产品的调查纪略,景德镇陶瓷,中国古陶瓷研究专辑,第一辑,137~140。

② 赵曰斌,1983,景德镇湖田窑的黑釉瓷,景德镇陶瓷,中国古陶瓷研究专辑,第一辑,105~109。

续表

编 号		K_2O	Na_2O	CaO	MgO	MnO	Al_2O_3	Fe_2O_3	SiO_2	TiO_2	P_2O_5
胎	DG1	2.42	0.76	0.50	0.55	0.03	18.00	3.07	73.36	1.06	
	DG2	2.77	0.89	0.54	0.56	0.03	17.57	3.32	72.83	1.08	
	DG3	2.34	0.96	0.57	0.54	0.03	17.06	3.09	73.77	1.15	
	DG4	2.66	1.00	0.51	0.53	0.03	16.97	3.54	73.34	1.03	
	DG5	2.25	0.75	0.34	0.47	0.02	17.45	2.25	75.25	0.96	
	DB1	2.42	0.89	0.34	0.44	0.02	16.80	2.83	74.29	1.00	
	DB2	2.68	0.68	0.42	0.55	0.02	17.45	2.55	74.39	0.85	
	DB3	2.53	0.67	0.34	0.58	0.02	18.24	2.74	73.92	1.13	
	DB4	2.58	1.02	0.48	0.65	—	17.92	2.86	73.41	0.92	

从表中可知,其瓷釉属高 CaO 釉,黑釉中的 CaO 比青釉稍高。青釉的 Fe_2O_3 含量一般接近于 2%,黑釉则高可近 8%,已与各地一般黑釉水平相似。从结构看两者皆为玻璃釉,釉泡甚少,亦无多少残留石英颗粒,但有个别钙长石晶丛析出而已。

两者胎中的 Fe_2O_3 含量相近,波动于 2.25%～3.54%之间。SiO_2 的含量颇高,属硅质。从显微结构看,胎中含长石残骸,莫来石针晶发育良好,可知已足够瓷化。其胎质应属粘土-石英-长石系统。测定了两者釉的受热行为,黑釉的变形点在 930～950℃之间,青釉稍高,为 950～980℃。该点表明烧成时釉中已明显出现液相。半球点前者为 1113～1139℃,后者为 1123～1158℃亦稍高,此时釉已基本成熟。德清黑釉有流淌现象,说明其烧成温度已靠近流动点。故一般在 1250℃左右[①]。

安徽省寿州窑也烧过一些黑釉器,该窑早期,从六朝晚期至隋代专门烧造青瓷器,至唐代成为唐代六大青瓷窑即越、鼎、婺、岳、寿、洪中的寿州窑。唐代寿州窑也烧一些黑釉器,其中有一些以还原焰烧成,瓷质成熟、釉色黑亮,甚至有点乌金釉的效果。陶瓷界对寿州窑所出的鳝鱼黄或桔黄的釉瓷是熟知的,但不一定知其为茶叶末瓷的一种,更不知其与黑釉瓷之渊源,此点可留待后文再叙。

近年安徽考古界发现了境内许多前所未知的古窑址。许多都是青、黑兼烧,有些甚至是专烧黑瓷的。在皖南地区的绩溪(霞间)窑和泾县(瑶头岭、窑峰)窑址的堆积中都发现大量北宋中晚期生产的黑釉瓷,主要为盏。霞间窑还出土了胎体厚重、类似拍鼓的黑釉筒状残片。皖西地区霍山(下符桥)窑,太湖(刘羊)窑和皖中的庐江(果树)窑则为北宋中晚期窑址,都是专烧黑釉瓷的地方。器形主要有瓶、执壶、碗、盏、灯、水盂、玩具等。产品质量次于建窑。装烧使用托珠、垫柱明火烧造,废品率高,反映了粗制质次的生产水平。皖北肖县窑的堆积中还有不少北方风格的黑釉盏并且延续到相当于南宋时的金代。皖南的绩溪、歙县和休宁等窑址与浙西天目山系为邻,产品通过新安江水系直运至杭州(临安——南宋首都),故有一种意见认为从天目山被日本禅僧带回日本的黑釉茶盏,其产地应就是此三窑了[②]。上述这些古窑址还没有正式考古发掘,也没有多少科学分析的数据。

根据解放后以至近年的调查,四川省的东南北中各地也有许多烧制黑釉器的古窑址。当

① 陈士萍、刘菱芬、陈显求,小马山德清窑残片的结构研究,河北陶瓷,1986,(1):12～17。

② 李广宁,试谈安徽古代瓷器的生产与外销,中国古陶瓷研究会,中国古外销陶瓷研究会1987年会论文,(1987)。

然,这些窑址一般都是青、黑或白、黑、黄黑兼烧的。目前还未知道有无专烧黑釉器的古窑址。在四川各地,曾在一些有纪年的汉墓中出土过若干施黑釉的四系罐,其烧制水平与江南的东汉黑釉瓷相同,故四川黑釉的创烧年代将可考证比唐代更早。由于目前还不见到这类考古工作,所以这类墓葬出土只能当作是一种预示而已。

1953年,在广元磁窑铺发现了黑釉瓷窑址,后来的几次调查尤其1982年8月的一次调查[①],丰富了对它的了解。

广元窑址位于县城北6公里的千佛岩北1公里的磁窑铺。嘉陵江沿着窑址的西边南流,唐、宋时沿江东岸建窑。由于江水涨落冲刷,窑炉和堆积多被冲塌,常露出该窑的下层早、中期的遗存。该窑的器物有碗、盘、茶盏、茶托、瓶、罐、壶、缶、盒、水丞、匣、炉和猴子骑狗小瓷塑。釉色有黑、褐、酱以及黄釉和绿釉等。

该窑的窑炉有两种,一为砖砌窑炉,二为泥敷窑炉。由于江水冲塌,无法判定残窑结构,但可看出两者皆为烧煤的瓷窑。

广元窑瓷胎所用的原料为当地黑石山、五佛岩和田家山所出产的一种灰白色的瓷石,经破碎磨细而成。烧成后其胎色有灰、褐、红、褐黑等色而以灰、褐为主,质地坚密,瓷化度高,几无吸水性。

该窑的施釉工艺比较考究,器胎内外以蘸釉法先施一薄层褐釉,然后再施一层黑釉或酱釉,外釉不到底。唐代生产的大碗,直径为14.5厘米。碗、盘等器物内底均有涩圈,用以为叠烧时玉壁底部与下一器物不致粘连之用。五代和北宋时生产的茶盏,则在胎面上蘸施一种白色化妆土,而在器外的环底和下部蘸施一种所谓"乌泥黑"的黑色化妆土。然后照样施褐、黑二重釉,外釉亦不到底。这种广元窑黑釉器的特点,是别处古窑所没有的,此点可以作为器物的断源依据。施"乌泥黑"的目的十分明显,主要是为了仿建窑的建盏而已。

广元窑始创于唐,盛于南宋,而废于南宋末或元初。

四川省重庆市长江南岸涂山在30年代末期曾发现黑釉器,50年代以后多次有人踏勘,重庆市博物馆也数次作过调查。1982年和1983年曾经仔细清理和局部试掘并发表了比较详细的工作报告[②]。

重庆涂山窑始烧于北宋而殁于南宋末年,为一大量烧制黑釉瓷的窑址。窑址分布于该市长江南岸的涂山乡以西的涂山湖、王庄、灯具厂、黄桷桠、酱园、中药所、小湾、庙岗。桃子林、老房子、杨家官山等地,其窑址共有11处。所用窑炉为砂岩块体砌筑的马蹄窑,平面呈马蹄形,与耀州窑结构相似,炉栅亦以砂岩块砌成,燃料使用优质的无烟煤。

11个窑址的共同点是:① 都以烧制黑釉瓷为主;② 各窑的碗、盘、碟等造型都大同小异,内底多有涩圈;③ 窑具除共有碗形,盅形托外,都有漏斗匣钵、锅底形匣钵、内圈覆烧匣钵和弯头锥状火照,这种锥体长10～18厘米,有的全无釉,有的前端有釉。其后部大端处呈弯头形,为置于窑中用以照验窑炉制品火候和何时成熟之用,与山西临汾龙祠窑的锥形火照相近。

出土的黑釉瓷,胎质有粗细之分,粗器以黄白胎为主,细器则以灰白或白胎为主,全部制品以粗器为大宗。产品可分为四大类,即食器、容器、陈设器和小玩具等。其中以食器为最多,食器又以碗、盘、盏最多。其他则有碟、罐、壶、盅等。例如,各式大小的葵口碗、深腹碗、高足碗、弧

① 魏达议、高久诚,广元黑釉瓷窑调查记,景德镇陶瓷,中国古陶瓷研究专辑,第一辑,1983,85～89。
② 重庆市博物馆,重庆市涂山宋代瓷窑试掘报告,考古,1986,(10):894～915。

壁碗、斜壁碗；碟则有深、浅、大、小等多种样式；容器有各种钵、罐、壶、灯、水。陈设器则仅有瓶、盉、炉、花钵、水盂等。小玩具有瓷塑人物，小马、小狗、小牛，此外还有鸟槽、小瓶等物。灯具厂窑址所出的葵口碗，其中极少数口沿上有宽 0.5 厘米的白釉，即白口沿碗。小湾窑址有印花纹和虹彩的黑釉残片出土。

　　器物上采用浸釉和刷釉等法。因胎质较好，都不使用化妆土而直接施釉。装烧方法则有仰烧、覆烧。有一匣一器和一匣多器装烧，而明火装烧则全为支垫覆烧，此外还有对口或对底迭烧的，以罐、钵为多。精器内底皆上满釉，普通者则内底皆有涩圈，外底不上釉。只有茶盏一类全部是内壁满釉而外露白胎，并且有少数在露胎处涂铁黑瓷衣以仿建盏。

表 7-7　涂山窑瓷胎的化学组成（重量%）[①]

编　号	K$_2$O	Na$_2$O	CaO	MgO	MnO	Fe$_2$O$_3$	Al$_2$O$_3$	SiO$_2$	TiO$_2$	P$_2$O$_3$
1	2.87	0.18	0.10	0.68	0.01	1.77	18.22	75.04	1.21	0.04
2	2.75	0.13	0.07	0.61	—	1.52	17.90	75.42	0.87	—

　　涂山窑黑釉瓷的烧成温度在 1300～1320℃。瓷胎的物理性质为：
气孔率 3.21%。体积密度 2.21 克/厘米^3，假比重 2.28 克/厘米^3，已经属半瓷型的胎了。

　　涂山窑釉面的自然纹饰亦有兔毫、玳瑁、油滴、鹧斑、鳝鱼黄、菊纹等。前三者为窑中自然形成，后者系人工制造，如鹧斑可能施用装点或洒釉法，菊纹则以含铁量有差别的彩浆以毛笔自底至口沿方向涂成均匀分布的宽纹，烧成后整个天目碗成为一朵大菊花的文饰。鳝鱼黄则由于釉中含有足量的 MgO，加之烧成温度波动所得。其他黑釉器烧制出的一些釉面花纹，如金星、彩虹、"曜变"等，据说涂山窑也有出土。在小湾窑址曾出土了十余片所谓"曜变"残片，釉面上局部地区出现虹彩或"曜变"花纹。

表 7-8　涂山窑瓷釉的化学组成（重量%）

	K$_2$O	Na$_2$O	CaO	MgO	MnO	FeO	Fe$_2$O$_3$	Al$_2$O$_3$	SiO$_2$	TiO$_2$	P$_2$O$_5$
酱色釉	3.22	0.37	7.93	2.70	0.11	0.51	5.88	13.98	64.12	0.99	0.21
黑　釉	2.95	0.34	9.73	3.39	0.18	—	6.44	13.68	61.25	1.05	0.56

　　由上数据可知，涂山窑酱釉、黑釉无太大的差别，均属高钙的黑釉系，铁氧化物含量亦与他窑黑釉相近，突出之处乃 MgO 的含量已颇高，这正是偶或烧出鳝鱼黄等茶叶末类型产品的关键所在。

　　涂山窑釉的结构与建窑相似，釉间高铁含量处有磁铁矿十字微晶析出，含量不均匀，故在釉中的浓淡褐色亦不均匀。在少量残留石英颗粒周围有方石英犬齿状微晶析出，胎、釉界面及釉中则有钙长石晶丛析出，如金鱼草状。一些样品釉面的 Fe$_2$O$_3$ 浓度最高，亦如某些建窑釉一样，形成从釉面到胎面、从高浓度到低浓度的 Fe$_2$O$_3$ 梯度，这也是形成兔毫纹的一种关键因素。

　　陕西省铜川市黄堡镇的耀州窑是我国北方古代名窑之一，与钧窑、定窑和磁州窑同属北方四大名窑。耀州窑创烧于唐，当时以烧黑釉为主，兼烧青釉和白釉瓷器。入宋以后青瓷得到了很大的发展，北宋中期以后为该窑青瓷鼎盛时期，产品进入宫廷，行销海外并为各地仿效而形

① 陈丽琼，试谈四川天目，景德镇陶瓷，中国古陶瓷研究会专辑，第一辑，1983，79～84。

成了耀州窑系。窑址主要分布在铜川市辖区内的黄堡镇、陈炉镇、立地坡、上店村和玉华村等地。黄堡镇窑址面积最大,为耀州窑的中心窑场,并且有烧制唐三彩的作坊。

耀州窑黑釉瓷唐时已大量生产,历经五代、宋至金、元各代均有产品。耀州窑终烧于元末或明,因青瓷得到大量发展而且质量特优,故黑釉瓷的生产比例缩到最小,到了金、元代黑釉耀瓷的产量再次上升。

唐代耀州黑釉多采用迭装与套装正烧,器物以三角支垫,垫尖朝下放置,因器外施半釉,故器内出窑时可见到有三点支痕,亦有倒置覆烧或对烧。五代至宋则采用一器一匣钵正烧,以碗、盘、盏为大宗。金、元时期则采用器内刮去一圈,即采用涩圈迭烧的方法。其装饰工艺和手法有塑、贴、堆、绘和剔填等。窑内自然烧出的花纹,考古界许多人都笼统地把它划分到"窑变"之类。

陕西省考古界曾对耀州黑釉瓷的发掘进行了一些统计,从下面引用的数据①,可以看到该窑出土的黑釉瓷的各种器形及其数量,从而了解到该窑历代黑釉瓷的发展情况。

历代出土黑釉瓷以碗盏为首,依次为瓶、瓷塑、盒和执壶等多样各类型的产品。

耀州黑釉瓷的胎质,在唐代多呈深灰色,少数为灰、黄;宋时白中泛黄,细腻致密;金元时淘洗较细,胎骨黄白中带棕红,致密度不如宋。唐时黑釉,其釉色纯黑不多,多数呈黑褐、黑棕、黑绿、黑灰诸色,有些则釉面黑色中映出褐、绿色星点。到了宋、元黑釉瓷乌黑发亮,釉色纯正均匀,口沿部因流淌变薄而呈棕褐色。

表 7-9　耀州黑釉瓷历代器物的统计数据

时代（件数）＼名称	碗盏	钵	盘	碟	盅盏	水盂	盒	罐	盆	瓶	执壶	奁	灯	五足炉	器盖	擂钵	环轮	盏托	瓷塑
唐 （136）	22	17	1		1	4	15	2	18	8	21					3		1	23
五代 （2）											2								
宋 （84）	16									12	16			8	30	1		1	
金元 （855）	618		47	3	1		33	12	15	51	8	3			23			4	37
总数 （1077）	656	17	48	3	1		48	14	33	71	47			8	30	24		3	60
次位	1	9	4	14	15	13	4	10	6	2	5	14	11	7	8	14	16	12	3

1972 年在黄堡镇发现了黑釉塔式盖罐,为唐代耀州黑釉瓷最高水平的代表。此罐分三部分。塔身呈圆球形,底座为多边形外撇,座上镂刻、贴塑佛像、力士、花卉、瑞鸟。罐腹模印堆贴叶纹一周。罐盖模拟七级宝塔,底宽顶窄成锥形,顶端塑一坐姿小猴,左手在额上搭凉蓬作望月状,十分生动,整个器物高约 50 厘米,列为国家珍贵文物。曾在京、沪以及出国到日、英、法、瑞、挪诸国展览。

唐代耀州黑釉瓷亦有黑胎和灰胎之分,外部施以乌黑光亮黑釉,外釉不到底。常见器物有带把短颈侈口水壶,亦有只施内釉的小碗盏,还有猴马等小玩具以及胡人陶笛、魔头哨子和翁首陶埙等小件。这些器物多为灰色炻胎。还有在炻器素胎上以黑釉描画或点缀花纹的,例如敛口圆钵和小盒等。黑釉一般色泽纯正、疏布棕眼,曾发现似铁锈状毫纹的残片。此外还有酱色釉器如壶罐等,还有一些通体施茶叶末釉的水注和器皿。遗址中也发现有黑底白花瓷制羯鼓,

---

① 禚振西,黑釉耀瓷,景德镇陶瓷,中国古陶瓷研究专辑,第一辑,1983,90～104。

与河南鲁山花瓷无异。器外施黑釉、涂白色斑块或弦纹，器内施酱色釉。此外，还发现了耀州窑有黑釉剔花填白的工艺，器物上以剔花手法将黑釉剔去成菊花纹并填入含高岭石和石英的白色化妆土，工艺技术和艺术的水平都很高。

表 7-10　唐代耀州黑釉瓷胎、釉和化妆土的化学组成、胎式和釉式

编　号		K₂O	Na₂O	CaO	MgO	MnO	Al₂O₃	Fe₂O₃	SiO₂	TiO₂	总
TYZ9	胎	1.48	0.16	0.67	0.36	0.07	25.42	1.53	69.12	1.36	100.17(wt%)
		0.0607	0.0101	0.0460	0.0344	0.0039	0.9629	0.0371	4.4428	0.0657	BF
	釉	2.83	0.26	8.7	3.41	—	12.80	5.24	65.92	0.83	99.99(wt%)
		0.1095	0.0153	0.5663	0.3089	—	0.4586	0.1198	4.0073	0.0380	GF
白化妆土		3.49	0.26	2.31	0.37	—	35.49	1.17	55.70	1.24	100.03(wt%)
		0.1044	0.0118	0.1160	0.0250	—	0.9795	0.0205	2.6093	0.0436	BF

到了宋代，耀州窑黑釉瓷的种类和形制明显减少，除执壶、双耳瓶、油瓶及器盖并且器形已有变化之外，还生产了许多黑釉茶盏。根据考古发掘，该窑还出土了兔毫斑、银星斑、玳皮斑以及鹧鸪斑等黑釉器[1][2]。目前所见的耀州黑釉鹧鸪斑盏为黄锈色长条状斑块，有些器形甚似黑定斜直腹浅盏。从圈足露胎处可肉眼判定为耀瓷抑为定器。耀州兔毫黑盏的器形则似建窑，但圈足为玉璧底。有些盏径为 11.4 厘米，足外径 4.4 毫米，为锥形挖底，盏高 4.5 厘米，是浅盏。另一种为大盏，其圈足外径 6.3 厘米，内径 4.6 厘米。口径可达 18.0 厘米，高 6～7 厘米。

宋耀州兔毫盏的釉色漆黑光亮，胜唐代黑盏许多。兔毫纹呈黄色无光，与建窑黄兔毫盏的毫色甚似。经显微镜详细研究[3]知其形成机理与建窑兔毫的第二形成机理相同，即在高温烧成时，在釉表面下附近的各个地区局部产生液相分离，形成许多富铁的纳米尺寸的孤立小滴，在冷却过程中由于 Fe₂O₃ 的过饱和而在釉表面上析晶而形成许多兔毫纹。故可总结为：釉面下发生液相分离→釉表面上氧化铁的析晶。

有一种宋耀州兔毫盏釉面十分光滑漆黑，在正照明下光亮如镜，兔毫纹的表面也不例外，反映出许多乳白色的倩影，是一种所谓"玉毫纹"。经过研究，其形成机理为釉表面下浅层中存在许多纳米级的 γFe₂O₃＋Fe₃O₄ 的球晶群。它们是在高温下从釉液中析晶的。它作为散射颗粒使入射光线发生背散射，故在宏观上呈现出明显的玉毫纹。

宋耀州兔毫盏为白胎，其成分属高岭-石英-长石系细炻器或细瓷，烧结良好，击之"铿铿如也"。从陶瓷工艺技术看，显然十分先进。

1977 年，黄堡镇西偏北约 65 公里的旬邑县城南约 1 公里的安仁村发现了一处古窑址，经考古调查、发掘、研究后知为金、元时期除烧制青瓷外，亦盛烧黑釉瓷，大量烧制碟类，有直径不一的浅碟。内外底皆不施釉，器壁黑釉漆黑闪亮。高倍实体显微镜下可看到釉面有晶形规整的氧化铁微晶，内底外釉处的中心部位，以大如黄豆的七个黑釉滴装点，中心一点，外围六点。碟径约 17.0 厘米，高约 5.0 厘米，圈足径约 5.2～6.2 厘米。这类黑釉碟残片在法门寺山门院墙

① 禚振西，耀州窑遗址陶瓷的新发现，考古与文物，1987，(1)21～41。
② 杜葆仁，铃木重治译，耀州窑と鼎州窑，东洋陶瓷，1990，(18)：73～77。
③ 陈显求、陈士萍、黄瑞福等，宋耀州兔毫盏，ISAC′95 古陶瓷科学技术国际讨论会论文，1995。

一侧曾大量发现,考古界仍未确定其出处。

旬邑黑釉碟的胎为灰白、灰黄和深灰色,视其胎中的铁含量而定,经研究[1],旬邑窑的黑釉和茶叶末瓷的胎质化学组成同属一类,集中于胎式图中的右侧而耀州黑釉瓷的胎侧集中于左侧,前者的 RO_2 (mole)大于5而后者则小于5。所以5可以作为一条分界线对耀州和旬邑两窑断源的初步依据。

山西省烧制黑釉的古代窑址可谓遍布全省各地,在60多个古窑址中都有黑釉瓷生产,但几乎都没有经过正式考古发掘。山西平定窑窑址发现两处,始烧于唐、经五代、宋而终烧于金,有500多年的历史。因其地近河北邢、定等窑,故造型、胎釉皆有相似之处。烧制的产品以白瓷为主,兼烧黑釉瓷。底足有晚唐、五代玉璧底的特征,也有与定窑产品相似的黑釉印花器。

1957年发现介休窑,创烧于宋初、历金、元、明、清数代,烧制瓷器达千年之久,品种比较丰富,除白瓷外,兼烧黑釉瓷和白釉釉下褐彩。介休窑有一种黑褐釉印花器,器内有一圈刮釉的涩圈,器壁印婴戏荡船纹,具有金代制作的特征。宋代烧制的黑釉茶盏亦有银油滴的品种。

在唐代浑源古窑的窑址中,黑釉瓷的产量占一半以上。在交城磁窑村窑址中发现有黑釉上装点白釉斑的器物。在浑源界庄、大同青磁窑、乡宁西坡等11处古窑址都找到了黑釉赭斑器物的残片[2]。太原孟家井窑有宋代油滴小碗,怀仁小峪窑有宋代红色突起的油滴盏,此外,浑源窑、大同窑、怀仁窑、塑州窑、兴县窑、乡宁窑、平阳窑、霍州窑除了兼烧黑釉之外,还生产了许多黑釉剔花和划花的黑釉瓷器[3]。到目前为止,作过科学研究的山西古代油滴黑釉器的一共只有三种窑器,即介休洪山窑、怀仁小峪窑和临汾窑,都是宋代油滴黑釉器。它们的胎色全是无光的黄白色,具有多孔性质。黑釉的背景上分布着直径2~3毫米的油滴。介休洪山窑的银油滴是由釉面下分相釉面上许多棕榈叶状氧化铁微晶所组成。临汾窑的油滴则由完整的六方片状氧化铁微晶排列而成。而怀仁小峪的红色油滴是由钙长石析晶的晶束而晶间的液相发生分相然后再析出氧化铁微晶而成[4]。

表 7-11　宋耀州兔毫黑釉盏胎的化学组成

编号	K$_2$O	Na$_2$O	CaO	MgO	MnO	Fe$_2$O$_3$	Al$_2$O$_3$	SiO$_2$	TiO$_2$	P$_2$O$_5$	
1 号	1.70	0.30	0.40	0.50	0.01	2.60	34.50	57.70	1.60	0.20	wt%
	1.42	0.22	0.28	0.30		1.83	18.38	27.25	0.97	0.09	E%
	1.31	0.35	0.51	0.89	0.01	1.18	24.54	69.66	1.45	0.10	mol%
	0.0510	0.0135	0.0199	0.0348	0.0003	0.0457	0.9543	2.7088	0.0564	0.0039	B.F.
	0.1195 : 1 : 2.7691										
2 号	1.50	0.50	0.70	0.50	0.01	2.50	24.10	68.10	1.40	0.20	wt%
	1.25	0.37	0.50	0.30		1.76	12.84	32.15	0.85	0.09	E%
	1.10	0.55	0.77	0.85	0.01	1.08	16.28	78.06	1.21	0.10	mol%
	0.0632	0.0320	0.0446	0.0490	0.0004	0.0620	0.9380	4.4986	0.0695	0.0055	B.F.
	0.1892 : 1 : 4.5736										

① 陈士萍、陈显求、周学林,旬邑窑初探,ISAC′95古陶瓷科学技术国际讨论会论文,1995。
② 水既生,油滴和兔毫,全国古陶瓷会议论文,1978。
③ 水既生,山西古窑址中所见黑釉剔划花瓷器,景德镇陶瓷,中国古陶瓷研究专辑,第一辑,1983,110~112。
④ 黄瑞福、陈显求、水既生等,滴黑釉器的研究,景德镇陶瓷,1984,(1):39~6。

续表

编号	K$_2$O	Na$_2$O	CaO	MgO	MnO	Fe$_2$O$_3$	Al$_2$O$_3$	SiO$_2$	TiO$_2$	P$_2$O$_5$	
3号	2.00	0.60	0.30	0.40	0.02	1.80	25.90	67.20	1.10	0.20	wt%
	1.67	0.44	0.21	0.24	0.02	1.27	13.78	31.73	0.67	0.09	E%
	1.47	0.67	0.36	0.68	0.02	0.78	17.57	77.40	0.96	0.10	mol%
	0.0799	0.0364	0.0199	0.0371	0.0011	0.0424	0.9576	4.2184	0.0522	0.0053	B.F.
					0.1744 : 1 : 4.2759						
4号	2.00	0.70	2.30	0.70	0.02	1.90	26.60	63.90	1.30	0.20	wt%
	1.67	0.52	1.64	0.42	0.02	1.34	14.15	30.15	0.79	0.09	E%
	1.47	0.78	2.84	1.20	0.02	0.83	18.05	73.59	1.13	0.10	mol%
	0.0778	0.0413	0.1504	0.0635	0.0011	0.0438	0.9562	3.8989	0.0599	0.0051	B.F.
					0.3341 : 1 : 3.9639						
5号	2.20	0.30	0.90	0.50	0.02	1.80	25.00	67.40	1.20	0.20	wt%
	1.83	0.22	0.64	0.30	0.02	1.27	13.31	31.83	0.73	0.09	E%
	1.61	0.33	1.10	0.85	0.02	0.77	16.89	77.30	1.04	0.10	mol%
	0.0912	0.0186	0.0621	0.0481	0.0012	0.0438	0.9562	4.3760	0.0586	0.0054	B.F.
					0.2212 : 1 : 4.4400						

表 7-12　宋耀州窑兔毫黑釉盏釉的化学组成

No	K$_2$O	Na$_2$O	CaO	MgO	MnO	Fe$_2$O$_3$	Al$_2$O$_3$	SiO$_2$	TiO$_2$	P$_2$O$_5$	
1号	2.40	1.10	7.60	2.80	0.10	6.60	15.10	62.90	0.60	0.30	wt%
	2.00	0.82	5.42	1.69	0.08	4.64	8.05	29.71	0.36	0.13	E%
	1.70	1.19	9.06	4.64	0.09	2.76	9.90	70.01	0.50	0.14	mol%
	0.1021	0.0714	0.5431	0.2779	0.0056	0.1655	0.5937	4.1970	0.0299	0.0084	G.F.
					1 : 0.7592 : 4.2353						
1号外釉	2.60	1.20	2.80	2.20	0.10	5.80	17.10	66.20	0.90	0.40	wt%
	2.17	0.90	2.00	1.33	0.08	4.09	9.13	31.33	0.55	0.18	E%
	1.86	1.31	3.39	3.71	0.09	2.47	11.38	74.82	0.77	0.19	mol%
	0.1793	0.1267	0.3268	0.3580	0.0091	0.2378	1.0975	7.2131	0.0741	0.0182	G.F.
					1 : 1.3353 : 7.3054						
2号	2.20	0.90	5.90	2.10	0.10	4.50	16.60	66.20	0.80	0.30	wt%
	1.83	0.67	4.20	1.27	0.08	3.16	8.84	31.24	0.48	0.13	E%
	1.56	0.96	7.00	3.47	0.09	1.88	10.84	73.39	0.66	0.14	mol%
	0.1191	0.0735	0.5352	0.2651	0.0071	0.1434	0.8287	5.6092	0.0507	0.0106	G.F.
					1 : 0.9721 : 5.6705						

No	K_2O	Na_2O	CaO	MgO	MnO	Fe_2O_3	Al_2O_3	SiO_2	TiO_2	P_2O_5	
2号外釉	2.00	1.10	3.60	1.80	0.10	3.90	18.40	67.30	1.00	0.30	wt%
	1.67	0.82	2.57	1.09	0.08	2.74	12.94	31.79	0.61	0.13	E%
	1.42	1.20	4.32	3.00	0.09	1.64	12.12	75.24	0.84	0.14	mol%
	0.1419	0.1193	0.4304	0.2991	0.0093	0.1632	1.2085	7.5030	0.0839	0.0140	G.F.
					1 : 1.3717 : 7.6009						
3号	2.90	1.10	6.40	2.20	0.10	5.00	13.40	67.40	0.70	0.30	wt%
	2.42	0.82	4.57	1.33	0.08	3.52	7.14	31.84	0.42	0.13	E%
	2.03	1.18	7.54	3.60	0.09	2.07	8.68	74.11	0.57	0.14	mol%
	0.1406	0.0815	0.5221	0.2494	0.0064	0.1434	0.6013	5.1338	0.0396	0.0096	G.F.
					1 : 0.7447 : 5.1830						
3号外釉	2.70	1.30	5.80	2.30	0.10	5.60	14.80	65.90	0.70	0.30	wt%
	2.25	0.97	4.14	1.39	0.08	3.94	7.88	31.13	0.42	0.13	E%
	1.91	1.40	6.90	3.80	0.09	2.34	9.68	73.16	0.58	0.14	mol%
	0.1355	0.0992	0.4892	0.2695	0.0066	0.1660	0.6863	5.1867	0.0409	0.0099	G.F.
					1 : 0.8523 : 5.2375						
4号(1)	2.10	1.10	5.30	2.10	0.10	4.50	15.50	67.60	0.80	0.30	wt%
	1.75	0.82	3.78	1.27	0.08	3.17	8.26	31.96	0.48	0.13	E%
	1.61	1.18	6.26	3.45	0.09	1.87	10.08	74.66	0.66	0.14	mol%
	0.1277	0.0937	0.4974	0.2738	0.0073	0.1487	0.8005	5.9288	0.0524	0.0110	G.F.
					1 : 0.9492 : 5.9922						
4号(2)	2.30	0.90	5.80	2.10	0.10	4.40	15.00	67.80	0.80	0.30	wt%
	1.92	0.67	4.14	1.27	0.08	3.09	7.99	32.03	0.48	0.13	E%
	1.61	0.95	6.85	3.44	0.09	1.82	9.74	74.69	0.66	0.14	mol%
	0.1246	0.0737	0.5287	0.2659	0.0071	0.1408	0.7519	5.7677	0.0508	0.0107	G.F.
					1 : 0.8927 : 5.8292						
4号外釉	2.30	0.90	5.80	2.10	0.10	4.40	15.00	67.80	0.80	0.30	wt%
	1.92	0.67	4.14	1.27	0.08	3.09	7.99	32.03	0.48	0.13	E%
	1.61	0.95	6.85	3.44	0.09	1.82	9.74	74.69	0.66	0.14	mol%
	0.1246	0.0737	0.5287	0.2659	0.0071	0.1408	0.7519	5.7677	0.0508	0.0107	G.F.
					1 : 0.8927 : 5.8292						
5号	2.70	1.10	6.10	2.00	0.10	4.60	13.70	68.30	0.60	0.30	wt%
	2.25	0.82	4.35	1.21	0.08	3.23	7.30	32.26	0.36	0.13	E%
	1.89	1.17	7.17	3.27	0.09	1.90	8.87	75.00	0.49	0.14	mol%
	0.1389	0.0863	0.5273	0.2407	0.0068	0.1394	0.6517	5.5133	0.0362	0.0101	G.F.
					1 : 0.7911 : 5.5596						

表 7-13　宋代山西油滴黑釉器的胎、釉化学组成的分析结果（重量%）

名称		K₂O	Na₂O	CaO	MgO	MnO	CuO	CoO	Fe₂O₃	Cr₂O₃	Al₂O₃	SiO₂	TiO₂	P₂O₅
介休	釉	2.58	1.20	6.23	2.66	0.09			5.80		15.08	65.00	0.89	0.15
	胎	1.35	0.25	0.39	0.65				3.64		36.46	55.34	1.86	
怀仁	釉	2.55	1.10	6.73	2.00	0.10			6.33		14.70	64.31	0.99	0.25
	胎	1.84	0.18	1.08	0.68				2.52		30.65	61.93	1.27	
临汾	釉	4.32	1.05	4.28	1.88	0.09	0.03	0.03	5.34	0.02	13.38	68.63	0.87	
	胎	1.92	0.71	0.59	0.64				3.64		31.43	58.33	2.05	

　　从少数几个吸水率的数据看,唐浑源窑为 0.2%,宋临汾窑为 9.6%,金怀仁窑为 1.7%和 1.83%,元临汾窑为 5.2%;可以看出各窑的烧结情况之一斑。看来临汾窑不管是宋或元都烧结得不足,胎质为多孔性,而唐浑源或金怀仁两窑的产品却已达到瓷或半瓷的标准了。介休宋器的吸水率为 6.6%,胎质最多也只能为半瓷。

　　河南省的许多古代窑址也兼烧黑釉瓷。据调查[1],黑釉瓷的产地有豫北的安阳、鹤壁、焦作、修武、当阳峪;豫西的新安、宜阳、巩县、密县、登封;豫西南的内乡、郏县、鲁山、宝丰和禹县等地。河南黑釉瓷起源于汉代,经过一段发展的历程,到了隋、唐时期,造型、施釉和烧制工艺都有一定的提高。北宋时,随着本省陶瓷技术的高速发展而逐渐成熟。金、元以后,黑釉瓷逐渐衰落。烧制黑釉瓷所用的窑炉为马蹄窑,以禹县钧台窑所发现的为例,窑呈半圆形马蹄状,后壁有烟囱三个,有桶状和直口漏斗状的匣钵,一般采用叠烧和垫饼或垫块烧。瓷胎胎质略粗,但经过淘洗,胎坯多呈红褐或灰白,轮制或模制成型,少数有耳、把的器物则用手制,釉虽单薄,但漆黑光亮,碗盏多有涩圈。器物施半釉或施满釉,有的内白外黑,亦有在口沿处施一圈白釉;有的碗盏以赭釉涂抹烧制成铁锈色的长条状或宽条状的斑纹,有人把它叫成兔毫和鹧鸪斑的。亦有用剔花、洒釉等手法,其器物有碗、盘、罐、壶、瓶、注子、钵、盂、盆、炉、灯、盏、器盖、萝卜尊和小俑、化妆小盒和动物小玩具等。以上这些完整的器物在河南省博物馆以及各县的博物馆有藏。由于河南黑釉瓷施釉较薄,在器物胎上突起的许多线条皆因该处的釉更薄而略有露胎。使该处呈现出金黄色,俗称"金丝"。所以河南黑釉器中北宋时有一种器型被古籍和陶艺界称为金丝瓜棱罐特别著名,海外一些有名的博物馆有时可以看到它们。此外,有一种焦作出土的浅盏,为斜直腹、圈足、素面,外观与黑定十分相似。另一种深腹碗盏亦为斜腹圈足,施满釉,器形则似建盏,但口沿外无指沟而已。灵宝出土的一种荷叶口瓶,直颈,侈口,釉不到底,上身似石榴。日本收藏了一件整个黑瓶状如一个初结的小石榴,黑釉背景上施褐红色大斑块,异常高雅,与金丝瓜棱罐同为河南黑釉瓷的珍贵代表作。

　　定窑是宋代名窑之一,窑址在河北曲阳县涧磁村及东西燕山村。除以白瓷驰名之外,还兼烧黑釉、酱釉和绿釉瓷。《格古要论》中记载:"有紫定色紫,有黑定色黑如漆。土俱白,其价高于白定。"[2] 定窑黑釉瓷的胎与白定胎相同,质粗色黄则价低。定窑黑釉瓷驰名海内外者是《宣和

　　① 赵青云,河南天目瓷的起源与发展,古陶瓷研究,第一辑,1982,197~203,中国古陶瓷研究会,中国古外销瓷研究会出版。

　　② 曹昭撰,王佐补,新增格古要论,中国书店,1987。

奉使高丽图经》中所记的"金花乌盏"或"金花定器"①。现藏日本箱根美术馆的一只金彩黑定碗直径19.0厘米,圈足,斜直壁,胎灰白色,口沿釉薄处一圈呈棕黄色。金彩的装饰从花形看出属于剪纸一类,即用金薄剪成花纹然后以某种技法贴上。在提到金花黑定时不得不提到东坡诗的"定州花瓷琢红玉",或蒋祈所说的"真定红瓷",或王拱宸送给宋仁宗的张贵妃的"定州红瓷"(见宋邵伯温《闻见录》)。从科学技术的角度看宋定窑出的这类红瓷实际上是黑釉瓷的变种。若黑釉料的含铁量更高,并且含有足量的磷,加之在明显的氧化焰烧成,就有可能制得红色的瓷器。日本人称宋定窑生产的这类瓷器为柿釉器。与上述金彩黑定盏器形相似的定窑金彩红瓷有两只,直径分别为12.8厘米和13.0厘米,仍然可以看出用的是剪金薄贴花的技法。前者内口沿应有一宽的鎏银的装饰,现几乎大部分脱落,留下的痕迹已变黑。这两只北宋定州金彩红瓷中的金彩大部分未脱落,特别是金彩的边缘非常清晰,线条鲜明,金光依然闪亮。古时戗金之法可用大蒜汁将金薄粘到釉上再在低温烧烤,以使之牢固于器内。宋、周密《志雅堂杂钞》则说:"金花定碗用大蒜汁调金描画,然后再入窑烧永不复脱。"但上述两只定器似不是用此法。再说如入窑再烧则必须在低于金的熔融温度,即1063℃,否则金花熔后聚成金滴,金彩就完全破坏了。谈到用大蒜汁调金粉描彩这种技法也就不能不提到建窑甚至吉州窑的描金了。日本收藏了一只宋金彩黑盏,碗中以细金线条描绘一座周围有灌木丛的寺院大门,内碗沿写了一首诗,用上、下细弦纹围着。诗云:"武夷山上有仙灵,山下寒流曲曲清。欲识个中奇绝处,棹歌闲听两三声"。这是宋朱熹十首武夷棹歌中的第一首。很明显这盏是建窑所出,有人认为可能出自武夷山的遇林亭窑。这些金彩显然是用笔描绘的,大部分已脱落,只留下痕迹②。另一只藏于日本的黑盏不论从器形、胎色、釉色都为建窑所出。口沿银扣,盏内反时针次序写有"寿山福海"四字,都用双线六瓣勾围,每字如梅花状,其间用细毛笔尖流畅地描出毫纹。碗内中央点上一点,周围用四平行线作为一花瓣,共描五瓣围着成为一朵梅花,金彩亦皆脱落,痕迹呈红灰色。建窑窑址到目前为止没有这类金彩黑盏残片出土,识者谓其描金黑盏是将盏运到福州才进行描金的。据知,香港大屿山曾出土了只存"寿"字的这类描金建盏的残片。不过,故宫博物院1954年调查江西吉州窑窑址时,曾采集到一片有一"山"字的残片,其字亦以双线六瓣勾围,所以不能立刻判定香港的一片属何窑址。但从胎质及胎色细看,吉州窑为灰白,而该片则为灰黑且厚胎,故以建窑的可能性较大。金彩定器传世完器只上述两只而无残片,建窑则有两完器一残片,吉州则只一残片,十分稀有。由此可见描金黑釉瓷实为帝皇所拥有的御用之物。

　　10世纪初契丹族在辽河上游西拉木伦河一带游牧,建立了地方政权,于公元916年建立了辽朝,其辖境东至日本海,西到阿尔泰山,北至克鲁伦河,南至河北,山西的北部。辽代也生产了大量各种各样的瓷器,因利用俘虏来的工匠,其陶瓷工艺和技术受定窑和磁州窑的影响。

　　辽代的窑址有多处,有辽上京的林东上京窑,林东南山窑,林东白音戈勒窑;辽中京(宁城)的赤峰缸瓦窑;辽东京的辽阳江官屯窑;辽南京的北京龙泉务窑;辽西京的大同西郊青磁窑村窑以及抚顺的大官屯窑。

　　辽代的这些窑址有一些是兼烧黑釉瓷的,并且常常烧出了同器形的茶叶末釉瓷。例如上京窑烧出的黑釉瓷釉色黑而闪暗绿,厚釉处现蜡泪或堆脂,沉重温厚,光泽较强,为此窑所独创。白音戈勒窑专烧茶叶末绿釉和黑釉大型粗瓷器。胎质粗黄厚重,高硬坚致。黑釉釉色纯黑而欠

　　① 徐兢,宣和奉使高丽图经,四库全书,史部,地理类商务印书馆影印文渊阁藏本,1986。

　　② Figgess, J. G., An Inscribed Chien Yao Teabowl in Japan, Oriental Art, New Series, Winter 4, 1958, (4):146.

光润,以鸡腿瓶和大瓮、罐为多。这类鸡腿瓶又叫长瓶,为上大下细,状如鸡腿,平底小口。有的器身饰以瓦沟纹,便于游牧,搬迁时个人可以搬运和梆扎。肩上每有刻划汉字如"轧二年田"(即乾统二年田)"轧三艾廿一"(艾,契丹文"月")。各种类形的辽代鸡腿瓶现藏于辽宁省博物馆。

此外山东淄博窑也生产不少黑釉瓷器。

第八章 北方青釉瓷的出现和发展
——耀州窑、汝窑、北宋官窑及哥窑青釉瓷

众所周知,浙江越窑青釉瓷无论从文献记载、出土文物和传世器物看,是我国最早的、历史最悠久的、最为著名的青釉瓷,它对我国南北方青釉瓷的发展有很大的影响。越窑地处南方的浙江。北方青瓷据最早的文献提到的是唐人陆羽的《茶经》:"盌越州上,鼎州次,婺州次,岳州次、寿州、洪州次。……"①。按照陆羽的排列,鼎州出产的青瓷茶碗为第二位。上述诸青瓷窑址除鼎州外都已找到,因此最近有人作了新的考证认为"《茶经》中所记出产瓷器的鼎州……只包括当时的云阳、泾阳、三源、醴泉等县。从地域上看,今铜川黄堡靠三源县很近,在唐代是否曾一度属鼎州管辖范围,无法从文献得到确证。但是,就今黄堡所处位置离三源并不远的角度看,唐人把黄堡瓷笼统称之为鼎州瓷,也未尝不可。因为鼎州瓷只是一个大概念,鼎州附近所产瓷器应仍属鼎州窑,这是合乎情理的事。……盛唐时的黄堡产品属鼎州窑系仍可以成立"②"鼎州在盛唐只有 11 年即被废。而黄堡窑所发现遗物的时代自初唐始,一直延续到晚唐,甚至到五代、宋、金、元,说明黄堡窑经久不衰。黄堡窑自盛唐至晚唐,有 150 年的历史未再设州,所以人们未明确称黄堡生产的瓷器为何窑。为了慎重起见,我们依考古学惯例,称黄堡窑址为黄堡窑。五代时期黄堡属耀州管辖,理应称黄堡窑为耀州窑。但人们已习惯把宋代黄堡窑称作耀州窑,因此我们仍把这里五代时期的窑址称为黄堡窑,而把宋代起至金、元时代黄堡窑址称为耀州窑"。从以上这段考证可以说明鼎州窑青瓷为当时的耀州窑系青瓷,黄堡窑则是唐代耀州窑的前身。在唐代耀州窑系青釉瓷的质量已达到很高水平,仅次于越窑青釉瓷。

除耀州窑外,北方有名的青釉瓷窑还有汝窑和北宋官窑。关于汝窑,据多次考古调查分析认为,专为宫廷烧制的汝官窑青瓷作为贡瓷比耀州窑青瓷作为贡瓷的时间晚。耀州窑青瓷有唐代遗物,而汝窑上限是北宋时期,早期产品没有发现,两窑的烧造历史也表明耀州窑早于汝窑。从耀州窑青釉瓷和汝窑民间瓷器(即称为临汝窑瓷器)的质量对比,耀州窑产品的水平高于临汝窑,由此看来汝窑青瓷的发展受耀州窑青瓷制作技术和艺术方面的影响。

北宋官窑又称汴京官窑,因置窑于汴京(今开封市)烧造瓷器,为宫廷服务。南宋顾文荐《负暄杂录·窑器》记载,"宣政间京师自置烧造,名曰官窑"③。宣政间指宋徽宗政和至宣和的十五年间(1111～1125)。南宋叶寘《坦斋笔衡》中记载,"袭故京遗制……"④指的是南宋修内司官窑所烧的官窑瓷器乃按照"故京——汴京"官窑的工艺方法和要求制作。但由于许多工艺方法与汝窑相似,人们常认为北宋官窑制作工艺是来自汝窑的影响,或是汝窑的工匠到汴京官窑直接

---

① 陆羽,茶经,卷中,四,茶之器·盌,四库全书,子部,谱录类,商务印书馆影印文渊阁藏本,1986 年。

② 陕西省考古研究所,唐代黄堡窑址,文物出版社,1992,528。

③ 顾文荐,负暄杂录·窑器,见陶宗仪,说郛,卷第十八,涵芬楼本。

④ 叶寘,坦斋笔衡,见陶宗仪,说郛,卷第十八,涵芬楼本。

参与制作瓷器的关系。关于哥窑至今存在着不同说法,仍需通过讨论逐步统一认识,特别是对于"传世哥窑"、"龙泉哥窑"、"龙泉仿官哥窑"等名词和实物以及文献记载之间的理解和概念上的差别,更易使人混淆。至于哪一种在何处烧造,通过技术上的科学分析是可以验证和逐步明确的。

第一节　耀州窑青釉瓷

耀州窑在宋代以前称黄堡窑,其窑址在黄堡镇。黄堡镇位于陕西省铜川市西南 20 公里,南距耀县县城 15 公里处。漆河自镇内穿过,与沮河汇合,交通便利。从泥池(原料产地)至镇西南的新村沟,全长 5 公里为古窑遗址范围。自 50 年代开始,曾有不少人和单位在铜川黄堡进行过窑址的调查和发掘,特别是 1959 年、1973 年和 1984 年由陕西省考古研究所进行的三次大规模发掘,获得了许多宝贵资料,至 1991 年发掘面积达 11500 平方米,出土了十分丰富的遗物。其中包括唐代的青瓷。1959 年的第一次发掘是在 1958 年中国科学院考古研究所西安研究室进行调查和部分发掘的基础上进行的,这次发掘出土了瓷片 85000 片,其中包括唐、宋、金、元各时期的青釉瓷瓷片。为深入研究提供了极有价值的资料[①]。根据发掘资料[②],唐代青瓷有盒、盅、盂、釜、盘、杯、盏、托、钵、渣斗、碗、盆、罐、执壶、灯、枕、砚、擂钵、动物等器物。装饰则有刻花、贴花和印花等技法装饰的纹样。青瓷胎呈青灰色或灰白色,釉色一般为青中泛白、泛黄、泛灰,也有透明度较好的,颜色纯正、釉层均匀的釉。唐代的国际交往频繁,善于吸收外来文化,烧出了大量异国艺术情趣的器物和异邦流行的纹饰。工匠们尚将绘画艺术、纺织染缬艺术和金银镶嵌艺术成功地用于陶瓷装饰上,突破了以往的单一色调,充分体现了耀州窑工匠们的创造精神和在陶瓷技术史上所作的贡献。宋代耀州窑可分为三期:早期器物多以刻划花纹的莲纹和牡丹花纹装饰,印花很少;中期则以印花为主,花纹满布,刻印精致。晚期印花多装饰于碗、盘内壁底。宋代以生产青釉瓷为主要产品,胎呈灰白色,釉面光滑,呈半透明,大量出现精致的刻花和印花。宋代中期为耀州窑发展的鼎盛时期,无论在瓷质、釉质、装饰和烧造技术上都有很大进步和很高水平。金、元时期以姜黄色青釉瓷为主,胎釉粗厚,纹饰简单,显然已进入衰落。金、元之后黄堡镇完全停烧,制作陶瓷转移到了陈炉镇、立地坡和上店村等处。立地和上店两地可能自元代开始烧制,而陈炉则晚到明代开始烧造,后来立地和上店也停业了,只剩陈炉镇烧制青瓷了。

一　耀州窑制瓷原料及制备

耀州窑地处关中平原北部,属沉积岩地带,储藏有丰富的煤和大量的粘土原料、粘土当地称为"坩土"或"坩子土"、也有石灰石等矿物资源。在黄堡镇附近以泥池粘土为主要原料制瓷,另外尚有小清河、土黄沟及塬下一带也有原料。陈炉镇附近则有东山坩土、罗家泉坩土、黑药土

---

① 陕西省考古研究所,陕西铜川耀州窑,科学出版社,1965,1。

② 陕西省考古研究所,唐代黄堡窑址,文物出版社,1992,527。

和料姜石。此外,富平县出产的釉石也是重要原料之一。它们的化学分析成分列示于表 8-1 中[1][2]。

表 8-1　耀州窑主要制瓷原料化学组成

名称	产地	外观状态	氧化物含量(重量%)									酸不溶物	总量
			SiO_2	Al_2O_3	Fe_2O_3	TiO_2	CaO	MgO	K_2O^*	Na_2O^*	灼失		
东山坩土	陈炉	灰白色块状易风化	46.50	33.10	0.10	0.62	0.54	0.31	0.025	0.076	13.69	—	99.91
罗家泉坩土	陈炉	深灰色块状,易风化成土状	57.12	22.99	0.78	1.65	0.73	1.36	2.51	0.66	9.38	—	101.53
富平釉石	陕西富平塔坡	青色石块状	65.33	12.12	1.25	0.20	6.60	3.30	2.49	1.37	7.40	—	100.06
黑药土	陈炉	棕色土块状	56.57	11.53	4.60	0.65	10.35	3.81	2.25	1.84	9.88	—	101.43
料姜石	陈炉	姜黄色土块状	16.65	4.07	1.38	0.24	41.64	1.45	0.83	0.48	33.68	—	100.42
石灰石	陈炉	青灰色块状	0.39	0.11	0.39	微量	54.66	0.80	—	—	43.24	0.69	99.93
泥池粘土	黄堡	灰色土状	62.35	24.73	1.08	0.93	0.27	0.45	2.10	0.10	8.70	—	100.71

　　东山坩土是一种含高岭石的粘土岩,呈深青色块状,有滑腻感,分散有少量氧化铁质点;罗家山坩土为粉砂状粘土,呈灰黑色块状,所含粘土矿物主要为叙永石和高岭石,分散有少量石英,约 5%～10%,少量云母和长石细颗粒,并含有微量金红石和含铁矿物;富平塔坡釉石为粉砂钙质粘土岩,呈浅灰绿色,主要含高岭石和方解石(20%～25%)及少量石英(5%～10%)、长石细颗粒,另有极少量的黑云母、磷灰石和含铁矿物分散其中;料姜石为粉砂隐晶灰岩,呈土黄色块状,主要为方解石细颗粒的集合体,另有石英、长石、云母及极少量的磁铁矿、金红石等矿物;泥池粘土主要为含高岭石的粘土,另有少量石英、云母和长石等矿物。从以上这些原料的化学和矿物成分看,粘土类原料中主要含高岭石族粘土矿物,另含有不同程度的石英、长石和云母及少量铁、钛矿物所组成,因此其 Al_2O_3 含量也不同,熔剂氧化物的含量也有一定差别。如图 8-1 示出泥池粘土的差热分析和加热失重曲线[3],从曲线上亦可见,574℃和973℃的高岭石特征吸热和放热峰表明有一定量的高岭石矿物,但量不甚大,另外含有的石英和云母矿物的特征峰亦包括在574℃吸热峰之内。富平釉石和黑药土含有一定量的碳酸盐矿物,料姜石中主要含方解石,它们都是配制釉所使用的原料。

　　从考古发掘出土的淘洗池、沉淀池、石臼、石杵、盛泥浆的缸、成堆的胎泥及泥饼和泥条的实物看,唐代的制作陶瓷技术已相当进步。

　　在原料处理方面,首先将采回的制瓷原料进行粉碎。因为北方的粘土原料呈块状,有一定硬度,一般采用轮碾,即用石轮转动轧碎,如图 8-2 所示的轮碾槽,径长 7 米,是古代粉碎原料用的大型设备[4]。用量少而又需要磨细的原料,如各种彩料等,常用烧制的瓷质研钵进行擂磨,以达到较细的程度。粉碎好的瓷土放入以砖砌成的淘洗池,加水淘洗后,粘土原料中的粗颗粒部分沉淀在池底,细颗粒部分则悬浮在水中,再将悬浮的泥浆注入沉淀池中,经过一定的沉淀

①　李国桢、关培英,耀州青瓷的研究,中国古陶瓷论文集,文物出版社,1982,191。
②　郭演仪、李国桢,宋代汝、耀州窑青瓷的研究,硅酸盐学报,1984,12(3),226。
③　郭演仪、李国桢,宋代汝、耀州窑青瓷的研究,硅酸盐学报,1984,12(2),226。
④　照片由耀州窑博物馆提供。

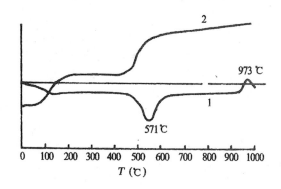

图 8-1　泥池粘土的差热分析和热失重曲线
1. 差热　　2. 失重

时间,细颗粒部分沉于池底,将水放掉,可得到用于制瓷的胎泥,制胎一般单用一种粘土即可,如有特殊需要,亦可将沉淀后的胎泥用来与其他原料配合,放入缸中搅匀,即可应用,如配制釉浆,则需用粘土和料姜石等原料配合使用。胎泥需在作坊中经过陈腐和炼制后再用。以上这些工艺程序,均由考古发掘中发现到的淘洗矿渣、淘洗池、沉淀池、瓷缸和作坊中的泥料等实物所证实。

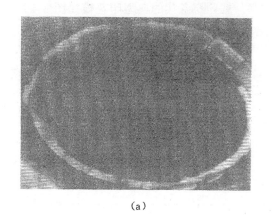
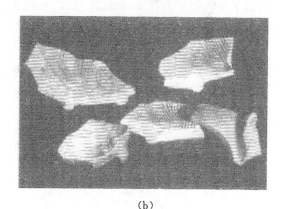

(a)　　　　　　　　　　　　　　　　　　　(b)

图 8-2　直径 7 米的轮碾槽和擂钵残片照片

二　耀州窑青釉瓷的成型和装饰

唐代已经有三种主要方法成型。即轮制、模制和捏塑。轮制是将可塑性泥料团放在转盘上(辘轳上)进行拉坯制成器物,一般都是圆器。转盘的形状如图 8-3 所示[1],这是发掘的古代转盘。盘中间有圆孔和两方孔,用与支架相连,瓷盘头固定在支架顶部。用于扣在固定好的立轴的顶端,转动时起到轴承的作用。转盘靠瓷盘头在立轴顶端的转动进行拉坯、修坯。

―――――――――――

① 此照片由耀州窑博物馆提供。

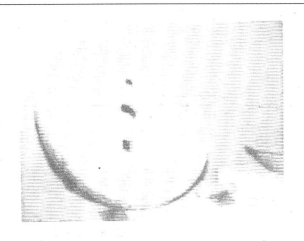

图 8-3 古代拉坯成型用辘轳转盘

模制成型主要用于人物、动物等器物。人物用前后合模、动物用左右合模、铃挡用上下合模。有时将胎泥压成泥片，放入模内掀压后粘接成型，如制枕就采用此方法。

捏塑成型多制小型瓷塑，用手直接捏塑制成各式器物。

宋代在唐代黄堡窑成型技术的基础上，进一步发展了彩绘、划、刻和印花等装饰技术。特别是印花技术的兴起，提高了劳动生产率，降低了成本，增加了产量。其实印模在五代已开始使用，到了宋代则更加普及，和刻花、划花装饰齐头并举。耀州窑各代的典型印花模如图 8-4 所示[1]。表 8-2 示出历代耀州窑印花及成型模范的化学分析成分[2]。

表 8-2 历代耀州窑印花及成型用模范的化学组成（重量%）

编号	SiO₂	Al₂O₃	CaO	MgO	K₂O	Na₂O	Fe₂O₃	TiO₂	P₂O₅	MnO	I.L.	总数
1	71.62	20.95	0.69	0.74	2.31	0.51	1.98	1.11	0.08	0.006	0.76	100.76
2	62.54	27.94	0.95	0.82	2.45	0.29	2.16	1.09	0.17	0.014	1.13	99.55
3	72.93	19.41	0.34	0.07	2.52	0.27	1.56	0.90	0.11	0.005	1.14	99.56
4	62.65	29.28	0.48	0.63	2.10	0.37	1.79	1.05	0.085	0.024	1.12	100.08
6	70.69	21.92	0.27	0.63	1.95	0.26	2.25	0.88	0.024	0.004	1.13	100.01
7	63.63	28.50	0.55	1.00	1.91	0.27	1.95	1.03	0.09	0.006	1.12	99.99
8	71.56	20.70	0.38	0.72	2.27	0.07	1.63	0.86	0.09	0.004	1.03	99.32
9	68.82	21.68	1.13	0.83	2.52	0.27	1.89	0.73	0.18	0.015	1.62	99.69
10	65.81	27.79	0.37	0.64	2.14	0.14	1.26	1.03	0.09	0.004	1.41	100.68
11	65.22	27.28	0.60	0.76	2.32	0.21	2.17	0.95	0.10	0.01	1.10	100.72
12	58.91	32.71	0.47	0.80	1.71	0.14	2.86	1.43	0.09	0.006	1.24	100.31
13	66.10	27.07	0.44	0.52	2.16	0.13	1.67	0.91	0.06	0.005	0.90	99.97
泥池粘土	62.35	24.73	0.27	0.45	2.10	0.10	1.08	0.93		0.01	8.70	100.72
减去烧失	67.76	26.88	0.29	0.49	2.28	0.11	1.17	1.00		0.01		100.00

① 耀州窑博物馆提供样品照片。

② 郭演仪、张志刚、陈士萍、褴振西，古代耀州窑印花模范的研究，'95 古陶瓷科学技术国际讨论会论文集 3，郭景坤主编，上海科学技术文献出版社，1997，325。

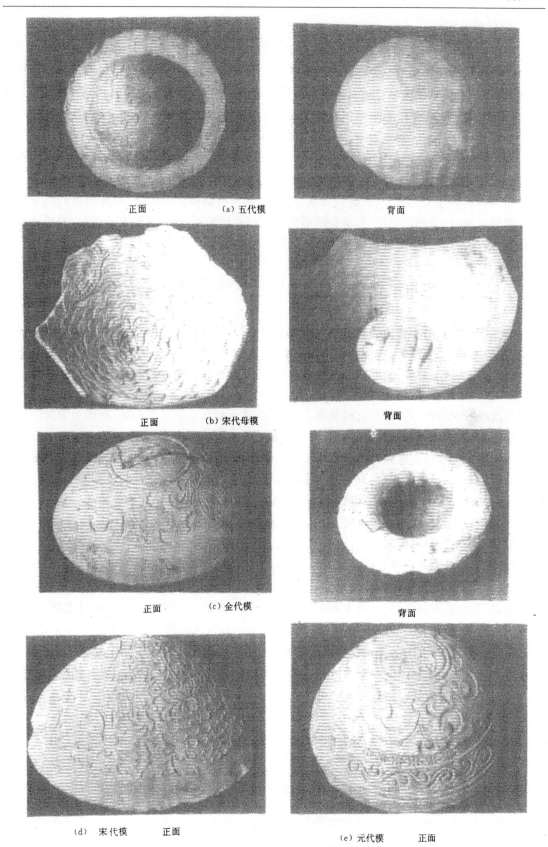

正面　　　　　(a) 五代模　　　　　背面

正面　　　　(b) 宋代母模　　　　　背面

正面　　　　(c) 金代模　　　　　背面

(d) 宋代模　　正面　　　　　(e) 元代模　　　正面

图 8-4　耀州窑各代印花模范及母模

从化学分析成分上看,耀州窑青瓷用模范可大致分为两大类:(1) Al_2O_3 含量为 27%～32%的高铝质耐火粘土所制成。(2)粘土中掺约 20%的石英。两类中均含有较高的 Fe_2O_3、TiO_2 和 K_2O,说明是利用了含杂质矿物较多的粘土。从成分对比可以看出大部分模范的成分与泥池粘土接近,可能就是采用当地制胎的粘土制模。模范的气孔率在 27%～35%之间,个别在 14%～17%之间,气孔率的大小与模印成形印花的质量和脱模的性能有密切关系,而气孔率的控制取决于模范的烧成温度,一般模范的素烧温度从气孔率判断在 1050～1250℃。

划、刻技术是用专门的工具进行的一种长期流传和应用的装饰技艺。耀州窑的产品上流畅的纹饰图案表现了耀州陶瓷艺人的娴熟技艺和高超水平。

耀州窑的彩绘多用于白瓷,特别是素胎白瓷,其风格属磁州窑风格,但耀州窑的黑褐色彩绘在唐朝已有,比磁州窑更早,青釉瓷的彩绘是用白彩和褐彩装饰,属釉下彩,彩绘是绘在化妆土层上,数量很少,但实为耀州窑在唐代创造的新品种[①]。

三　耀州窑青釉瓷的胎、釉化学组成和显微结构特征

耀州窑青釉瓷的胎和釉的质量与各时代的发展情况有关。唐代瓷胎较粗。釉偏黄绿和褐绿色,少数淡青色,不透明。这与唐代开创阶段,在原料淘洗程度和胎泥制备技术以及烧成控制方面水平尚差、缺乏经验、烧成温度偏低有关。宋代中期胎釉的质量都有很大进步,青色釉的碗盘较多;釉多光亮和有时表面多小裂纹,胎也变薄。这时烧成温度较高,釉中气泡容易排除,釉的透明度也好,有利于刻、印花纹的展现。至元代,由于烧成气氛还原不足,釉多呈姜黄色。表8-3 示出历代耀州窑青釉瓷的胎和釉的化学分析成分[②③④⑤]。

耀州窑青釉瓷的正常釉色优者应为光润的橄榄色,即青中显黄,如果烧成气氛偏氧化则呈现姜黄色或茶黄色。胎的颜色则为灰白或浅灰色,Al_2O_3 含量在 20%～30%之间变化较大,可见粘土淘洗的程度不固定和不严格。胎呈灰色与所含 Fe_2O_3 和 TiO_2 的着色有关。釉中 CaO 含量的变化也较大,从 5.58%变化到 16%,CaO 含量低的釉中往往 K_2O 的含量相应增高,这可能在配釉中使用含钾高的草木灰。由于配合比例的波动而使釉中的 CaO/K_2O 比有所波动,但从统计情况看,早期的唐代 CaO 含量高,随着时间的后延 CaO 含量有逐渐降低的趋向[⑥]。釉中有明显的大气泡存在,釉色的黄色成分与烧成温度高和还原气氛弱也有关系。唐代青釉瓷的烧结程度差,烧成温度偏低,胎的吸水率和气孔率高,釉不透明。宋代青瓷的烧成温度高,其吸水率和气孔率低,致密者分别达 1%～2.6%和 0.44%～1.12%。烧成温度高达 1300～1320℃,釉的透明度亦较高。图 8-5 示出耀州窑青釉瓷的显微结构照片。胎中有未熔残留石英颗粒、残留云母遗迹及粘土团粒。釉中有大量气泡和少量钙长石细晶粒以及少量未溶石英颗粒。胎釉之间有钙长石的结晶层,厚度约 0.02 毫米。形成了胎釉之间的白色反应层。这一现象在汝窑

① 陕西省考古研究所,唐代黄堡窑址,文物出版社,1992,302～318。
② 郭演仪、王寿英、陈尧成,中国历代南北方青瓷的研究,硅酸盐学报,1980,8(3),232。
③ 周　仁、李家治等,中国历代名窑陶瓷工艺初步科学总结,考古学报,1960,(1),89。
④ 郭演仪、李国桢,宋代汝、耀州窑青瓷的研究,硅酸盐学报,1984,12(2),226。
⑤ 李国桢、关培英,耀州青瓷的研究,硅酸盐学报,1979,7(4),360。
⑥ 张志刚、李家治、禚振西,耀州窑历代青釉瓷器工艺研究,'95 古陶瓷科学技术国际讨论会论文集 3,郭景坤主编,上海科学技术文献出版社,1997,65。

青釉瓷和临汝窑青釉瓷及汝钧窑青釉瓷等北方青釉瓷系统中普遍存在。

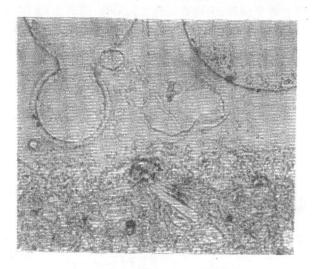

图 8-5　耀州窑青釉瓷的偏光显微镜照片

表 8-3　历代耀州窑青瓷胎、釉的组成

名称	编号		氧化物含量（重量%）											
			SiO_2	Al_2O_3	CaO	MgO	K_2O	Na_2O	Fe_2O_3	TiO_2	MnO	FeO	P_2O_5	C
宋瓷片	S7-1	胎	65.44	28.05	0.93	0.22	2.48	0.30	1.54	1.27	痕量	1.31		
		釉	68.25	14.72	10.27	1.87	2.4	0.37	1.90	0.19	0.06	0.97		
唐碗底残片	89	胎	66.49	21.22	0.43	0.77	1.60	0.12	2.20	1.55	0.01	0.22		
		釉	61.41	16.30	16.00	1.51	1.75	0.21	1.92	0.41	0.07	0.23		
宋印花残片	247	胎	73.91	19.01	0.46	0.81	2.33	0.20	2.54	1.15	0.01	0.24		
		釉	69.07	13.95	8.62	1.14	3.09	0.36	2.08	0.29	0.04			
宋耀州青瓷残片	Y-1	胎	70.18	24.59	0.20	0.61	2.37	0.26	1.43	1.28		1.31	0.04	
		釉	71.58	14.42	5.58	1.55	3.05	0.56	1.94	0.37	0.05	1.87	0.47	
	Y-2	胎	72.60	21.92	0.21	0.62	2.42	0.24	1.55	1.18		1.55	0.06	
		釉	65.67	14.28	12.62	2.17	1.92	0.37	1.51	0.29	0.06		0.72	
	Y-3	胎	64.52	29.79	0.53	0.68	2.24	0.26	1.76	1.36		1.36	0.06	0.2
		釉	67.03	15.27	9.63	1.38	2.57	0.36	1.82	0.34	0.07	1.16	0.77	
	Y-4	胎	72.16	20.28	0.38	0.78	2.59	0.35	1.71	1.16		1.30	0.14	0.07
		釉	70.00	13.59	9.48	1.32	2.71	0.31	1.43	0.11	0.05	0.58	0.61	
宋瓷片	宋瓷-1	胎	71.50	22.43	0.93	0.22	2.48	0.30	1.34	1.17				
		釉	67.90	14.37	9.39	2.10	2.81	0.68	2.24	0.17		0.95		

四　耀州窑青釉瓷的烧成工艺

唐代烧造青瓷通常都是使用平面呈马蹄形的半倒焰式馒头窑。不同时期和不同瓷器品种所使用的窑只在尺寸大小上有些差别，其基本结构和窑型则大致相同。据考古发掘，唐代瓷窑的结构如图 8-6 所示①,是用耐火砖砌成,窑室长 3 米,宽 2.25 米,面积 6.25 平方米。比燃烧室高出 0.64 米,窑室后部有两个烟囱,中间有墙将它们隔开,间距 1.56 米,窑室后壁每侧有两出烟孔通向两个烟囱。唐代用柴作为燃料。

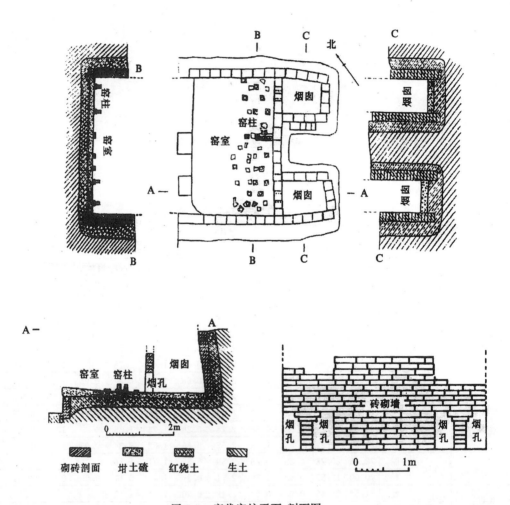

图 8-6　唐代窑炉平面、剖面图

　　宋代窑炉结构与唐代相似。窑室尺寸为长 2.16 米,宽 3.36 米,比燃烧室高出 16~20 厘米,窑室后壁两边各有四个出烟孔通向两个烟囱,在火膛部分的堆积层中有煤渣灰,说明宋代已用煤作为燃料。窑炉结构如图 8-7 所示。②

---

①　陕西省考古研究所,唐代黄堡窑址,文物出版社,1992,41。
②　陕西省考古研究所,陕西铜川耀州窑,科学出版社,1965,9。

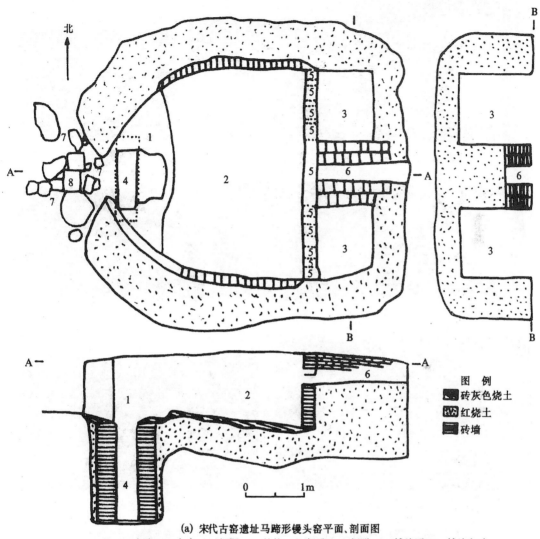

(a) 宋代古窑遗址马蹄形馒头窑平面、剖面图

1. 火膛　2. 窑床　3. 烟洞　4. 炉坑　5. 烟孔　6. 烟道　7. 铺地石　8. 铺地方砖

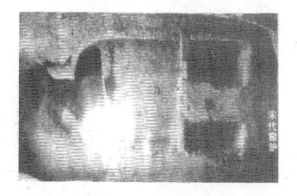

(b) 宋代窑炉后壁出烟孔照片

图 8-7　宋代耀州窑的窑炉结构平、剖面图及后壁照相

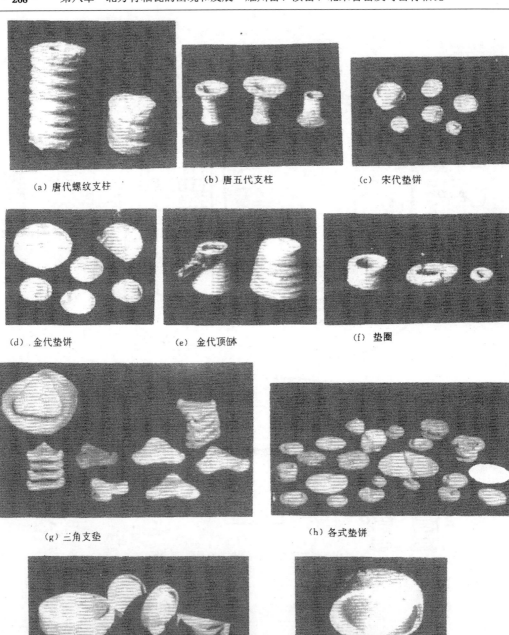

（a）唐代螺纹支柱　　　　　（b）唐五代支柱　　　　　（c）宋代垫饼

（d）金代垫饼　　　　　（e）金代顶钵　　　　　（f）垫圈

（g）三角支垫　　　　　　　　　（h）各式垫饼

（i）匣钵

（j）匣钵

（k）以砂支垫烧后的器底

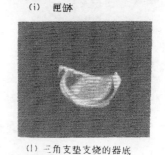

（l）三角支垫支烧的器底

图 8-8　古代耀州窑遗址中发现的窑具

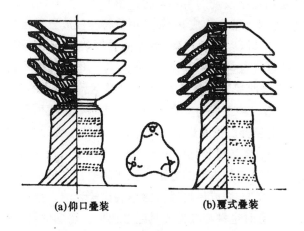

图 8-9　支柱装窑的仰烧和覆烧示意图

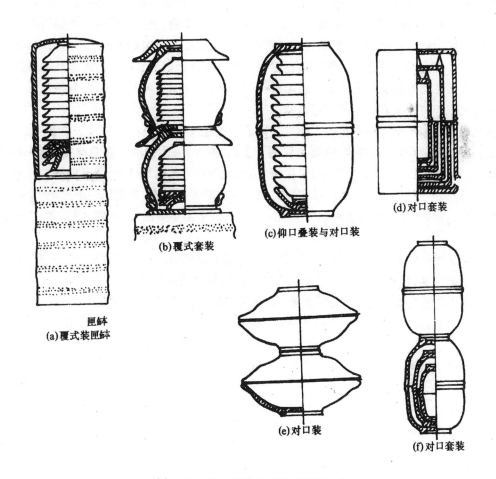

图 8-10　北方山西古窑装匣钵的方式

耀州窑用的支烧具有支柱、三角垫饼、顶钵、支珠(垫砂);垫烧具有垫饼、垫圈;装烧具有匣钵和棚板。从古代耀州窑遗址中发现的窑具实物如图 8-8 的照片所示[①]。支柱有圆柱状、喇叭状、桶状、钵状等。唐代多用耐火粘土制成，一般使用是将支柱放置于窑床，支柱上放三角垫饼，再放碗、盘，碗内再放三角垫饼，以垫饼和碗、盘相间叠摞装到一定高度，这是仰口叠烧，如图8-9 中的(a)所示。另一种覆式叠烧是将碗、盘口朝下，与三角垫饼相间叠摞在窑柱上，见图 8-9(b)所示。耀州窑唐代已普遍使用三角垫饼支烧碗、盘类制品。出土的三角垫饼上粘有白釉、黑釉、青釉和三彩釉，说明它是一种常用的支烧垫饼。五代时期曾使用三角垫饼在匣钵内支烧满釉器物。三角垫饼的使用是瓷器质量改进的一大举措。顶钵在金元时期多用，一般用在匣钵内支撑伏装的叠摞器件。支珠支烧是用"泥点"或大直径(约 1 毫米)的砂粒，支垫在器物底部进行烧成的技术。它是一种流传下来的古老的方法。五代时期曾大量采用。缺点是烧成后的器底常粘有较多砂粒，如果支点数少，烧成后再经打磨也会比较光洁。垫饼是用胎泥或耐火粘土制作，垫于匣钵与坯足之间。有时也常与其他支具组合使用。垫圈的用法和垫饼相似，唐代开始使用，宋代应用最广泛。多为搓成的泥条围圈而成。耀州窑使用的匣钵有桶形和套筒形，另外还使用少量盆形、钵形及方形匣钵。用匣钵装坯件的方法也有很多种，三角垫和匣钵组合装，匣钵摞装或对口装，一匣多件坯件组装等。由于宋代已采用煤烧，全部采用匣钵装烧的方法。亦有在坯的内底刮剔涩圈摞装的，涩圈大小视器底足大小而定。在装窑方法上根据器底、器形和尺寸大小可以组合成多种方式。耀州窑在若干方法上也有所创造。以上所述窑具和装窑方式和方法等大多在北方其他窑区也都普遍采用[②]，如图 8-10 所示。由此可见，北方各瓷区在烧成技术上的交流和传播在古代还是很普遍的。

　　在烧成方法和控制上耀州窑的工匠也采用了许多有效的措施。在通风道上设置闸板，调节进风量，以控制气氛和升温速度；在烟囱底部开小孔，通过开、闭调节烟囱的抽力；匣钵周围开小孔，以使气氛有效地与器件起作用；宋代耀州窑已使用了"火照"以检测烧成时器件和釉色的质量，确定停火时间。火照是用施过釉的同类烧成器件的碎片制成，中间钻一小孔，便于烧成过程中用火钩从窑炉中取出，观察釉色和釉质。火钩的出土实物如图 8-11 所示[③]，1 为火杵，2 为火钩。

　　耀州窑从唐代开始，通过对各个工艺环节上的技术改进和质量提高，诸如胎、釉配方调配、成型装饰上的创新、烧成技术上的提高以及在装烧窑具上的改进等，终于在宋代中、后期使技术和艺术都达到了历史的高峰，相继出现了许多著名的瓷器精品，而誉满世界。

　　彩图 8-12(a,b)[④] 所示为历代耀州窑青釉瓷的典型瓷片和瓷器照片，供作对比参考。

第二节　汝窑青釉瓷

　　汝窑为我国宋代五大名窑之一，按次序它排在首位，宋人就有"汝窑为魁"的说法，即汝、官、哥、均、定。汝窑因地处河南汝州地区而得名。汝州地区有临汝窑、宝丰窑、鲁山窑和郏城窑。

　　① 耀州窑博物馆提供照片。窑具使用资料参考王芬、曹化义，耀州窑的窑具及装烧方法，耀州窑博物馆，1995。
　　② 水既生，山西古代窑具及装烧方法的初探，中国古陶瓷研究，科学出版社，1987，334。
　　③ 实物照片由耀州博物馆提供。
　　④ 陕西省考古研究所，唐代黄堡窑址(下册)，文物出版社，彩版 27。郭演仪、李国桢，宋代汝、耀州窑青釉瓷的研究，硅酸盐学报 1984，12(2)，226。

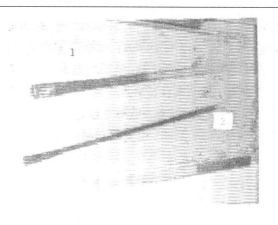

1. 火杵　　　　　　2. 火钩

图 8-11　耀州窑火钩出土实物

根据宝丰清凉寺汝官窑窑址考古发掘，大体可将汝瓷的烧制分为五个时期[1]。第一期为北宋早期从建隆元年(960)至乾兴元年(1022)的汝瓷开创期，其产品造型简单、釉色比较莹润，属民窑产品。第二期为北宋中期，天圣元年(1023)至元丰八年(1085)为汝瓷发展期，产品造型多样，多见刻花纹样装饰，碗心常刻菊花团花。刻划线条流畅，釉色莹润，开片密细，独具特色。亦属民窑产品。第三期为北宋晚期，从元祐元年(1086)至宣和七年(1125)，为汝瓷发展的鼎盛期。在此时期汝窑产品曾得到宫廷赏识，从而建立汝官窑，专为宫廷烧制御用青釉瓷。汝官窑生产的时间为哲宗的元祐元年(1086)至徽宗崇宁五年(1106)共 20 年。汝官窑产品制作精湛，出现了以天青或鸭蛋青为主的特殊釉色的青釉瓷。由于烧造时间短、产量有限，传世汝官窑产品很少。在此期间民窑的类似耀州窑的刻花、印花青釉瓷仍然生产。由于汝官窑生产受到限制，产量少，故北宋徽宗政和时期，在京师设窑烧造，名曰"官窑"，从此汝窑即被北宋官窑取代。第四期为金代。此时宋金对峙，汝官及中原地区诸窑均停烧。直至南宋绍兴十二年(1142)后的战乱平息，至金天兴元年(1232)，历时 90 年。在此期间恢复生产，但由于技术流向南方，釉色和产品质量每况愈下，只烧一般民用青瓷产品。第五期为元代，从元世祖至元十六年(1279)至顺帝至正二十八年(1368)间为汝窑衰落时期，到 1279 年战乱结束后，元代方继续恢复生产，这时产品比较粗厚。全部生产上半釉的日用青瓷产品。由此可见以汝窑为中心的汝州地区各窑均生产民用刻花印花青釉瓷，经历时间很长，为与汝官窑加以区别，人们多习惯称这类民窑刻、印花接近耀州窑青瓷的品种为"临汝窑"。为宫廷生产的一类则称汝官窑。汝官窑青釉瓷品种多为素面，釉色为天青色，而民窑刻、印花青釉瓷则为艾青色透明釉，另有带黄绿色者为次。

　　汝官窑青釉瓷虽最为著名珍贵，但长期以来未能发现其窑址所在。许多学者都曾在临汝和宝丰一带进行过调查，故宫博物馆于 70 年代末曾在宝丰发现过汝官窑瓷片一片，并提供进行过分析研究[2]。至 1986 年上海博物馆根据河南宝丰瓷厂提供的线索及当地有关单位协助下在

①　河南省文物研究所等，汝窑的新发现，紫金城出版社，1991，3。

②　郭演仪、李国桢，宋代汝、耀州窑青瓷的研究，硅酸盐学报，1984，12(2)，226。

宝丰找到了汝官窑窑址①。汝官窑窑址发现的青釉瓷有四种：典型的天青汝官釉瓷、天蓝釉瓷和类耀州窑的刻印花青瓷（临汝青瓷）及汝钧釉瓷。天蓝釉瓷从化学分析看，也属汝钧釉瓷。汝官窑青釉瓷的特征第一为淡天青色的细纹片釉，第二为满釉支烧。其纹片作为装饰，对以后的北宋和南宋官窑及哥窑等青瓷的纹片装饰有很大影响，一般认为它是汝官窑的一项技术上的开创。支烧技术可能是受耀州窑的影响，而后进行了改进，同样官窑、哥窑、钧窑以及其他各窑的满釉支烧技术也是受到了汝官窑的影响。由此可以推断在制瓷技术上大致有如下的承袭关系：

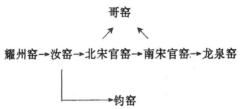

关于汝窑烧制钧釉产品，也说明汝、钧两窑在技术上的交流和影响是显著的。

一　汝窑青釉瓷用原料

汝窑地区许多粘土原料与钧窑地区所产者在成分和性质上大致相近，由于两个窑区的距离较近，所以两地区各古窑场都能方便使用当地所产的粘土以及石英、长石等原料。同时为了某种需要还可能使用河南其他地区的原料。根据两窑区传统常用的原料选取几种典型的粘土、石英、长石和木灰进行了化学组成分析，其结果示于表 8-4 中。

表 8-4　河南汝、钧窑常用粘土、石英、长石和木灰化学组成

氧化物 (重量%)	原 料 名 称									
	粘 土 (神垕)	粘 土 (合石坡)	粘 土 (李楼)	粘 土 (蟒川)	粘 土 (风穴)	粘 土 (南坡)	白 药 (安阳)	石英岩 (临汝)	长石 (召南长石)	木灰
SiO_2	45.79	60.06	61.17	56.05	53.38	62.50	68.47	78.99	67.01	20.78
Al_2O_3	38.87	25.91	20.92	28.43	32.22	21.89	16.61	11.44	18.23	4.13
K_2O	0.07	1.99	1.63	0.38	1.28	1.35	0.48	9.68	10.51	3.93
Na_2O	0.04	0.09	0.32	0.10	0.09	0.11	6.39	0.09	3.67	0.32
CaO	0.23	0.13	0.67	0.60	0.09	0.44	3.43	0.02	0.29	34.12
MgO	0.06	0.36	0.44	0.18	0.19	0.36	1.19	0.02	0.02	2.98
TiO_2	0.46	1.80	1.07	1.06	0.70	0.88	0.15	0.27	Trace	0.32
MnO	0.01	0.01	0.06					0.01	0.01	0.26
Fe_2O_3	0.18	2.33	5.67	0.33	0.33	3.00	0.15	0.39	0.10	1.35
NiO	0.01							0.01		0.01
I.L.	14.34	8.58	8.31	12.75	11.50	9.07	1.91	0.57	0.48	29.93
P_2O_5				0.027	0.027	0.02	0.14			1.94
总　和	100.06	101.26	101.26	99.91	99.81	99.62	98.92	101.49	100.92	100.07

---

① 汪庆正、范冬青、周丽丽，汝窑的发现，上海人民美术出版社，1987，1。

汝、钧地区所产粘土原料在成分上的差别较大，主要是在 SiO_2 和 Al_2O_3 的比例上有波动。因为大部分粘土都含有一定量的石英，故含 SiO_2 高的粘土其烧失量都较低，主要是所含粘土物质相对减少之故。另外一些粘土含 Fe_2O_3 和 TiO_2 较高，容易使瓷胎着色成灰或灰黑色。如合石坡粘土、李楼粘土和南坡粘土含 Fe_2O_3 量都在2%以上，含 TiO_2 量也在1%以上。安阳白药是汝窑和钧窑配釉常用的原料，白药是当地名称，实际上是一种含钠长石高的长石原料，河南地区长石的特点是含钠量较高。河南古窑青瓷釉中 Na_2O 含量高是由于使用了当地长石配釉的缘故。汝窑清凉寺窑址附近有丰富的玛瑙矿，至今遗留着古代开矿的巷道，这说明了汝官窑配釉曾使用玛瑙作原料是可信的。玛瑙是一种 SiO_2 的隐晶矿物，作为配釉原料性质同石英相似。从成分上看，古代人使用玛瑙还是合理的，玛瑙比石英更珍贵，用于制作御用品，当然会显出汝官窑产品的高贵。

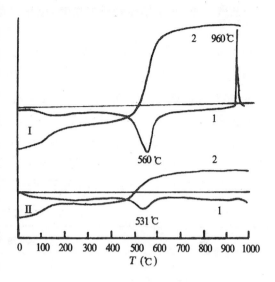

图 8-13 李楼粘土和神垕粘土的差热分析和失重曲线
Ⅰ. 神垕粘土，Ⅱ. 李楼粘土，1. 差热，2. 失重

图 8-13 示出神垕和李楼两种粘土的差热分析和加热失重曲线，从曲线的特征峰也可看出，神垕粘土含有较高量的粘土物质，而李楼粘土中则含粘土矿物很低，这与化学分析成分是相对应的。

二 汝窑青釉瓷的胎、釉特征和显微结构

汝窑青釉瓷胎大部分呈淡灰白色，少数呈土黄色。这主要与烧成温度和气氛有关。釉中最好的呈天青色，釉不厚，比较莹润，有的呈半透明，有的呈乳浊，这与烧成温度的高、低有关。表8-5 所示为汝官窑和临汝窑青釉瓷的化学分析成分[1][2][3][4]。

从表 8-5 中所列汝官窑青瓷和临汝窑青瓷胎的化学成分基本相近，其特征是 Fe_2O_3 和 TiO_2 的含量较高，Fe_2O_3 在2%左右，TiO_2 则大于1.1%，Al_2O_3 含量亦属较高者。釉则两者有些差异，汝官窑青釉的 Al_2O_3 含量高于临汝青釉瓷，而 SiO_2 则低于临汝瓷釉，汝官青瓷釉的 CaO 含量约为临汝窑的两倍，而临汝窑青釉的 Na_2O 含量为汝官窑青釉的 $2\sim3$ 倍，由此可见汝官窑青釉是一种高钙釉并含有2%左右的 MgO；而临汝青釉则是一种低钙高碱质釉。汝钧青釉瓷胎亦接近汝官青釉瓷胎成分，而釉则与钧窑青瓷釉的成分相同，为高硅低铝低钙釉。

① 周 仁、李家治等，中国历代名窑陶瓷工艺初步科学总结，考古学报，1960，(1)，89。
② 郭演仪、李国桢，宋代汝、耀州窑青瓷的研究，硅酸盐学报，1984，12(2)，226。
③ 汪庆正、范冬青、周丽丽，汝窑的发现，上海人民美术出版社，1987，9。
④ 郭演仪、王寿英、陈尧成，中国历代南北方青瓷的研究，硅酸盐学报，1980，8(3)，232。

　　从气孔率、吸水率和烧成温度看,汝官窑青瓷的烧成温度不高,约为1200±20℃,胎中尚有19.3%的气孔率,呈未完全烧结状态。汝官青釉含CaO,MgO量高,熔点较低,在1200℃的温度下可以形成含钙长石晶体比较多的釉,以增加其乳浊效果和玉质感。汝钧青釉瓷的烧成温度为1240±20℃较汝官窑青瓷高,其胎的气孔率亦较低,约为10.39%。釉中钙含量较汝官青釉低,尽管烧成温度较高,釉的熔化温度也相应增高,高温下釉的粘度亦较汝官窑大,所以釉中仍有很多小气泡。由于釉的SiO_2/Al_2O_3比较大,所以常易产生分相,而使釉具有乳光现象。临汝青瓷的烧成温度最高,为1270±20℃,胎的气孔率在0.7%～8.6%范围内,说明有的窑位温度高些,有的窑位温度低些,但大部分青瓷的烧成温度都较高。从釉的透明度和显露刻印花纹的需要看,亦可知其烧成温度高于汝官和汝钧青釉瓷。

表8-5　汝窑青釉瓷的胎釉化学组成

名称及编号			氧化物含量（重量%）											备注
			SiO_2	Al_2O_3	CaO	MgO	K_2O	Na_2O	Fe_2O_3	TiO_2	CuO	P_2O_5	MnO	
汝官青瓷	胎	1	65.30	27.71	0.56	0.42	1.86	0.17	2.20	1.24		0.10		故宫藏传世汝官(2)号河南宝丰(13)号
		2	65.00	28.08	1.35	0.56	1.37	0.15	1.96	1.38			痕量	
		3	64.5	27.29	1.80	0.60	1.60	0.40	2.18	1.36	0.001	0.071	0.014	
	釉	1	58.8	17.02	15.16	1.71	3.24	0.60	2.31	0.21		0.58	0.12	
		2	58.27	15.39	14.19	2.26	4.50	0.84	2.09	0.37	0.12	0.72	0.28	
		3	58.4	15.56	16.35	1.93	3.85	0.81	2.15	0.16	0.014	0.58	0.10	
临汝青瓷	胎	1	64.11	29.44	0.54	0.41	1.64	0.29	1.97	1.14		0.1		河南临汝
		2	64.31	29.64	0.37	0.45	3.97	0.35	2.12	1.02		0.08		
		3	63.15	30.17	0.28	0.42	2.00	0.37	1.90	1.19		0.09		
		4	65.47	27.88	0.76	0.36	1.50	0.37	1.80	1.32				
	釉	1	67.01	14.70	9.19	0.77	3.56	1.52	1.48	0.33		0.37	0.09	
		2	66.70	15.33	8.62	0.73	3.77	1.72	1.76	0.29		0.38	0.05	
		3	67.52	15.31	7.57	1.07	3.71	1.36	1.91	0.31		0.66	0.05	
		4	68.09	14.56	7.74	0.60	4.28	2.51	1.53	0.26		0.50		
汝钧青瓷	胎		65.86	25.17	0.42	0.42	1.94	0.30	1.97	1.30		0.10	0.01	大峪店
	釉		72.67	9.92	8.76	1.59	3.65	0.91	1.23	0.26		0.94	0.10	

　　汝窑青釉瓷的显微结构亦可反映其烧成状态。图8-14示出了三种汝窑青瓷的偏光显微镜照相。从照片中可以看出汝官窑青釉瓷釉中有大量钙长石存在;团聚分布在气孔之间,只有少量残留石英,主要是细小晶体团形成的散射源而使釉呈乳浊现象。临汝窑青釉瓷的釉中钙长石含量要少得多,气孔也比较大而且数量较少,所以透明度高于汝官窑青瓷釉。汝钧窑青瓷釉在偏光显微镜下气泡量多,有少量未溶石英;釉中钙长石晶体不多。三种青釉瓷在胎、釉之间均生成钙长石中间层,这种通过胎釉反应过程形成中间层的情况与耀州窑青瓷中间层的形成机理是相同的。它普遍存在于北方青瓷之中,以往人们常将这层由于胎、釉反应形成的白色中间层误认为化妆土层。经研究分析后才得到了正确答案。一般,大多数胎、釉反应层均呈白色,有时因气氛关系而呈现土黄色或深黑色,如在釉层熔融前烧强氧化焰,胎往往由于其中的Fe^{3+}离子的存在而呈黄色;如在此阶段烧强还原焰,常因碳素的沉积而形成黑色的反应层;如果青瓷在弱还原气氛中烧成,则生成白色。临汝窑和耀州窑以白色中间层为最多。在反应过程中,随着温度的提高,瓷釉逐渐熔融,而越来越多地渗入胎中,其一部分碳素扩散到釉中,另一部分碳

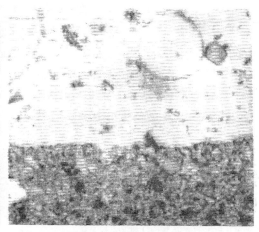

　　(a) 汝官窑天青釉　×200　透光　　　　　　　(b) 汝均天青釉瓷　×200　透光

图 8-14　汝窑青釉瓷偏光显微镜照片

素与来自胎收缩时排出并积聚在胎、釉边界上的氧发生反应，生成二氧化碳。同时一部分剩余的氧与部分 Fe^{2+} 与 Ti^{3+} 起反应生成 Fe^{3+} 和 Ti^{4+}。最后通过一系列反应形成"白色的致密区——胎釉中间层"。中间层厚度一般为 0.15～0.3 毫米，其中在靠近釉的一边，则形成了厚度约为 0.02～0.03 毫米的钙长石晶体层，其厚度约为中间层的 1/10，该结晶层的存在对青瓷釉的色调也会起到一定的影响。表 8-6 和表 8-7 列示出了几个青釉瓷的胎釉中间层的化学分析实例。从分析数据可以看出，胎釉中间层的氧化属性。所有青瓷胎中的 $Fe^{2+}/(Fe^{2+}+Fe^{3+})$ 比值均高，釉中的比值居中，而中间反应层的比值最低。所以，中间反应层中所发生的相互作用基本包括：$C+O_2 \rightarrow CO_2$；$2Fe^{2+}+O_2 \rightarrow 2Fe^{3+}$ 和 $2Ti^{3+}+O_2 \rightarrow 2Ti^{4+}$ 等几种主要化学反应，该反应过程可简单示意于图 8-15 中[1]。然而在重还原焰经历时间过长的烧成情况下胎釉中间层处积聚的碳素不及氧化和扩散时，则形成黑色胎釉中间层。黑色的中间反应层常在汝钧青釉瓷中看到。北方青釉瓷的这种形成中间层的现象，在南方青釉瓷中，如龙泉青釉瓷、越窑青釉瓷和景德镇仿名窑青釉瓷中，它的层次就没有那样明显。这与南、北方青瓷在瓷胎成分

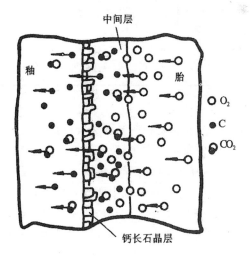

图 8-15　北方青釉瓷胎、釉中间层的氧化过程示意图

上的差别、烧成过程中氧化、还原气氛的控制以及升温和冷却速度的快、慢和保温时间的长短均有关系。

---

① 郭演仪，李国桢，宋代汝、耀州窑青瓷的研究，硅酸盐学报，1984，12(2)，226。

表 8-6　北方青瓷胎—釉中间层的化学组成和特征

名称和编号		氧 化 物 含 量 (重量%)								颜色	厚度 (mm)	晶体层 厚度 (mm)
		SiO_2	Al_2O_3	CaO (MgO)	K_2O (Na_2O)	Fe_2O_3* (FeO)	TiO_2	P_2O_5	C	总计			
汝钧		64.81	24.08	1.12 (0.48)	3.37 (1.22)	2.63 (1.17)	1.14	0.16	0.26	99.27	深黑	0.3	0.03
临汝		64.38	26.87	1.35 (0.34)	3.59 (1.29)	1.65 (0.56)	0.88	0.14		100.49	白	0.2	0.02
耀州窑	Y-3	62.86	28.64	2.30 (0.56)	3.10 (0.28)	1.48 (0.45)	1.23	0.16		100.61	白	0.15	0.02
	Y-4	71.21	18.38	2.89 (0.55)	2.81 (0.26)	1.11 (0.17)	0.70	0.17		98.08	白	0.15	0.02

* Fe_2O_3 所示的数值为 FeO 和 Fe_2O_3 总量。

表 8-7　北方青瓷胎、釉和中间层中含 Fe^{2+} 和 Fe^{3+} 的分析

名称和部位		FeO (mol%)	FeO+ Fe_2O_3 (mol%)	$\dfrac{Fe^{2+}}{Fe^{2+}+Fe^{3+}}$	名称和部位		FeO (mol%)	FeO+ Fe_2O_3 (mol%)	$\dfrac{Fe^{2+}}{Fe^{2+}+Fe^{3+}}$
汝钧	胎	3.05	4.05	0.77	耀州 (Y-3)	胎	1.36	1.76	0.79
	釉	1.53	2.19	0.72		釉	1.16	1.82	0.66
	中间层	1.17	2.63	0.47		中间层	0.45	1.48	0.33
临汝	胎	1.23	1.75	0.73	耀州 (Y-4)	胎	1.30	1.71	0.78
	釉	0.82	1.62	0.52		釉	0.58	1.43	0.43
	中间层	0.56	1.65	0.36		中间层	0.17	1.11	0.17

　　北方青釉瓷釉所呈现的颜色是有差异的。图 8-16 示出北方青釉瓷的分光反射率曲线。从曲线的分布可以看出，汝官窑青釉、汝钧天青釉的反射率曲线的峰值波长都在 480～500 纳米范围，釉带偏微蓝的青色色调。临汝和耀州青釉瓷的反射率峰值在 600 纳米附近偏于黄绿色色调的波长范围。这与釉中所含 $Fe^{+2}/(Fe^{2+}+Fe^{3+})$ 比值有密切关系，如表 8-7 中所列数据表明，汝钧青釉瓷釉的 $Fe^{2+}/(Fe^{2+}+Fe^{3+})$ 比为 0.72；而临汝和耀州窑青釉瓷釉的 $Fe^{2+}/(Fe^{2+}+Fe^{3+})$ 比则分别为 0.52 和 0.55（平均）。可见 Fe^{2+} 和 Fe^{3+} 离子在釉中存在的状态和比例与反射率曲线的峰值是有很好的对应关系的。Fe^{2+} 和 Fe^{3+} 在釉中的比值受多种因素影响，既受烧成过程中的温度和气氛的影响，也与釉的成分如 CaO 含量的高低、SiO_2/Al_2O_3 比、Na_2O 含量的高、低和 Fe_2O_3 含量的高低都有一定关系。彩图 8-17 为汝官和临汝青釉瓷瓷片和瓷器照片[1]，以作对照参考。

---

① 河南省文物研究所，汝窑的新发现，紫金城出版社，1991，彩图 1.14。

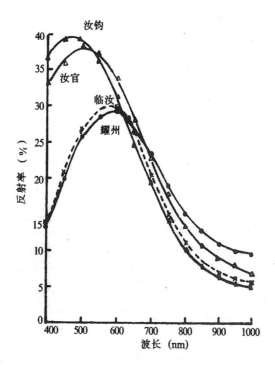

图 8-16　北方青釉瓷的分光反射率曲线

第三节　北宋官窑和哥窑青釉瓷

一　北宋官窑的存在

北宋官窑是否存在及窑址在何处一直是人们关心和讨论的问题,其说法不一,经归纳有三种论点[①]:其一为根据明、清两代谈瓷诸书只载"官窑"而不言"汴京官窑",从而否定汴京官窑存在;其二认为汴京官窑即为汝窑;其三认为汴京官窑与南宋修内司官窑都存在。第一种论点似乎认识问题太简单化,只靠明、清书中缺少"汴京"二字的记载就否定汴京官窑的存在,显得论证不足。第二种论点则因两窑传世器物的造型和釉色都有差别而不能成立。第三种论点较符合文献记载和容易得到解释。南宋人叶寘《坦斋笔衡》在论及南宋修内司官窑时说,修内司官窑是"袭故京遗制",就是明确表示了南宋官窑是继承过去汴京官窑遗留下的制作要求和技术,这就表明了北方有官窑存在,而且在汴京地区。《中国陶瓷史》曾讨论过为何北宋官窑无法取证于窑址的原因:"……汴京入金以后,有几次大的黄河泛滥成灾,宋汴京城遗址早已掩埋于泥沙之下,据古遗址钻探所得资料,宋汴京遗址深埋在今开封市地下六公尺深处。黄河河床高于地面,成为地上悬河,开封地下水位很高,考古发掘也难以进行,况且地面遗迹一点不见,也无从入手。"[②] 既然由于客观原因无法从发现古窑址取证,就不一定强调非找到窑址再承认它的存

① 中国硅酸盐学会,中国陶瓷史,文物出版社,1982,290。
② 中国硅酸盐学会编,中国陶瓷史,文物出版社,1982,290。

在了。也许通过就地取材仿制官窑青釉瓷的方式加以验证,会给人们了解以河南当地的自然资源条件,在北宋制作官窑瓷是可能的。

二 北宋官窑青釉瓷的复制验证

利用河南当地出产的原料对北宋官窑进行复制,这对北宋时期能否就地取材制出高质量的官窑青釉瓷也是一个佐证。1981 年河南省开封市工艺美术实验厂与中国科学院上海硅酸盐研究所进行技术合作,历经两年多的时间试制成功了青釉釉色十分相似传世官窑的青釉瓷,于1984 年经国内美术界、考古界、博物馆界以及陶瓷界专家们进行鉴定,认为无论在造型和釉色釉质方面都达到了与官窑瓷形似和神似的程度。

复制的依据是按照北宋官窑瓷在技艺上受汝官窑的影响,而后又传到了南宋官窑的承袭关系,以汝官窑青釉瓷和南宋官窑青釉瓷的研究分析结果为参照,利用当地原料进行试制[①]。所用原料为神垕粘土、合石坡粘土、李楼粘土、神垕紫金土,南召长石、神垕铜矿石及木灰等。神垕铜矿石实际上是一种含 CaO、MgO 的矿物。经过筛选有两种青釉配方比较理想,一种为浅粉青色釉、一种为深粉青色釉。编号分别为 NS-1 和 NS-2。所得两种青釉瓷的胎、釉化学成分如表 8-8 所示。

复制的北宋官窑青釉瓷的胎呈浅灰或深灰色,因胎中含有较高的 Fe_2O_3 和 TiO_2,铁和钛

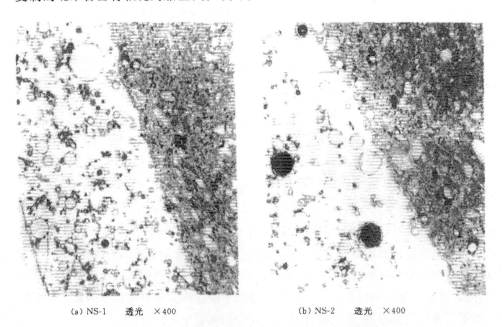

(a) NS-1　透光　×400　　　　　(b) NS-2　透光　×400

图 8-18　复制北宋官窑青瓷胎釉的偏光显微镜照片

的复合易使胎着成灰色。另外,烧成气氛也有一定影响。

① 何浩庄、刘海诗、郭演仪,北宋官窑青瓷的研究和试制,中国古代陶瓷科学技术第二届国际讨论会论文,A12,1985,北京,论文摘要,12。

表 8-8 复制北宋官窑青釉瓷的胎釉化学组成

名称与编号		氧化物含量 (重量%)												备注
		SiO_2	Al_2O_3	CaO	MgO	K_2O	Na_2O	Fe_2O_3	FeO	TiO_2	P_2O_5	CuO	总量	
胎	NS-1	67.18	25.64	0.79	0.49	2.06	0.24	2.67		1.05	0.03	0.001	99.07	浅灰
	NS-2	67.74	23.88	0.60	0.46	1.92	0.29	3.71		1.19	0.06	0.002	99.85	深灰
釉	NS-1	66.81	13.31	10.76	0.56	4.89	1.90	0.91	0.40	0.12	0.08	0.006	99.75	浅粉青
	NS-2	63.19	14.56	12.13	0.71	5.63	2.09	1.26	0.34	0.15	0.11	0.005	100.18	深粉青

从化学分析成分看胎的各氧化物含量接近汝官窑和南宋官窑的瓷胎成分。釉则略有差别，其中 CaO 含量略低于汝官窑和南宋官窑青釉瓷，而$(KNa)_2O$则略高。

图 8-18 所示为两种复制官窑青釉瓷的显微镜照片。从偏光显微镜下观察结果看两种青釉瓷的胎釉结构十分相似，釉中有细分散的未熔石英颗粒和少量钙长石细晶及较多的大小不等的气泡。特别是浅粉青釉中悬浮的小气泡特别多。这对于散射起到一定作用。从外观看，这两种釉的玉质感很强，与未熔石英等物相、钙长石和小气泡的散射有很大关系。

三 哥窑的类型和产地

哥窑为宋代五大名窑之一，但在何处烧造至今仍有不同说法。一说认为龙泉哥窑就是在龙泉制作的黑胎青釉瓷。因为长期流传着龙泉有哥、弟二窑的说法。因此应该把龙泉黑胎青釉瓷看成是真正的正统哥窑，但有人认为龙泉黑胎青釉瓷不是哥窑，而是仿南宋官窑的制品；另一说法认为传世哥窑很可能是景德镇烧造的。加上各文献记载的名词称呼间的差别以及发掘实物与文献记载在认识上的不一致，就使得对哥窑的认识更加复杂，以致一直存在各种说法不能统一。实际上最关键的问题是在各地出土的所谓“传世哥窑”窑址在何处的问题。如果以此为重点进行一些科学分析，其他问题也就迎刃而解了。绝大多数人认为“传世哥窑”不在龙泉烧造，而是宋以后景德镇烧造的说法也难以成立。1992 年 10 月上海博物馆建馆 40 周年召开的“哥窑瓷器学术座谈会”上曾提出一些新的看法，认为传世哥窑在河南地区与北宋官窑瓷器一起烧造的可能性最大，或是南宋官窑亦有可能从河南窑区引进部分原料，一方面满足官窑生产的需要，另一方面兼制一些传世哥窑的瓷器[①]。因为从哥窑青瓷所含的特征成分上看，只有北方河南原料方能满足。浙江和景德镇的原料是无法满足哥窑青瓷含量要求的。

表 8-9 示出元大都出土和故宫博物院收藏的传世哥窑青瓷样品及景德镇仿哥窑样品的胎、釉分析成分[②③④⑤⑥]。为了对比，表 8-10 和表 8-11 分别列示出了南宋官窑青瓷的胎、釉化学成分和龙泉黑胎青瓷的胎、釉化学成分。原料是决定瓷器胎、釉本质的物质基础，特别是特征成

① 郭演仪，哥窑瓷器初探，上海博物馆，哥窑瓷器学术座谈会论文，1992，6。

② 陈显求、李家治、黄瑞福，元大都哥窑型和青瓷残片的显微结构，硅酸盐学报，1980，8(2)，148。

③ 周 仁、张福康，关于传世‘宋哥窑’烧造地点的初步研究，中国古陶瓷研究论文集，轻工业出版社，1983，222。

④ 李国桢，郭演仪，中国名瓷工业基础，上海科学技术出版社，1988，25。

⑤ 陈显求等，南宋郊坛官窑与龙泉哥窑的陶瓷学基础研究，硅酸盐学报，1984，12(2)，208。

⑥ 周仁、李家治，中国历代名窑陶瓷工艺的初步科学总结，考古学报，1960，(1)，89。

分与胎、釉对比,可以为判断提供依据。表 8-12 示出了河南汝、均窑区与浙江窑区及若干景德镇有关制瓷原料的分析成分,供分析对比时参考。表中方框内标出者为特征成分。

表 8-9　元大都发掘与故宫收藏传世哥窑及景德镇仿哥窑瓷器的胎、釉化学组成

来源	部位	编号	氧化物含量 （重量%）										备 注
			SiO_2	Al_2O_3	CaO	MgO	K_2O	Na_2O	Fe_2O_3	TiO_2	P_2O_5	MnO	
元大都发掘	胎	Y1	63.04	27.03	0.11	0.69	3.33	0.54	3.55	1.33	0.17	0.01	传世哥窑
		Y2	58.23	28.79	0.23	0.44	3.79	0.64	3.53	0.82	0.07		
		Y3	58.72	28.95	0.19	0.39	3.74	0.60	3.36	0.73	0.14		
		Y4	65.47	24.17	0.38	0.44	3.31	0.63	3.75	1.22	0.13		
	釉	Y1	63.54	17.32	8.84	1.36	5.24	1.68	1.04	微量	0.45		
		Y2	61.66	19.23	8.68	1.14	4.75	1.35	1.40		0.62		
		Y3	63.37	18.68	7.37	1.13	4.78	1.35	1.34		0.94		
		Y4	66.18	17.82	6.23	0.92	4.40	0.91	1.83		0.60	0.002	
故宫博物院	胎	SKO 1	64.33	25.97	0.42	0.56	2.68	0.74	3.31	1.27		痕量	景德镇仿哥窑 2 雍正仿哥 3 成化仿哥
	釉		66.62	16.46	8.38	1.01	4.46	1.85	0.78	0.04		0.24	
	胎	1	69.96	24.08	0.29	痕量	3.01	1.45	1.21	痕量		痕量	
		2	62.61	28.52	0.16	0.53	2.52	0.58	4.16	0.50			
		3	72.86	19.34	0.05	0.24	2.73	1.76	2.32	0.48	0.07		
	釉	1	71.22	16.89	3.34	0.75	3.49	3.57	0.64	0.26	痕量		
		2	69.51	16.36	6.28	0.41	3.96	1.96	1.34		(CuO 0.015%)		
		3	71.29	14.25	3.80	0.18	5.52	2.96	1.04				

　　从表 8-9 可见传世哥窑瓷胎的特征成分为 Al_2O_3、TiO_2 和 Fe_2O_3。其中 Al_2O_3 和 TiO_2 含量高为传世哥窑的特征。Al_2O_3 含量一般在 24%～29%,TiO_2 含量平均高于 1%。传世哥瓷釉中 CaO 含量平均在 7.8%,而 K_2O 和 Na_2O 的含量平均分别在 4.79% 和 1.32%,CaO,K_2O,Na_2O 含量的高低程度亦可作为传世哥窑瓷釉的特征成分。若以表 8-11 中的龙泉黑胎青釉瓷的胎、釉相应成分与传世哥窑相比较,则可发现它们的胎中含 Al_2O_3 量为 25%～30%,与传世哥窑瓷胎十分接近,而 TiO_2 含量则低于传世哥窑瓷胎,平均为 0.71%,在 1% 以下。龙泉黑胎青釉瓷的釉中 CaO 含量平均为 14.49%,远高于传世哥窑瓷釉中的平均含量。而 K_2O 含量平均为 4.04%,略低于传世哥窑瓷釉的含量;但 Na_2O 的平均含量为 0.31%,却远低于传世哥窑瓷釉中的含量,以上这些胎、釉成分上的差别,明显表示出了两种青釉瓷为不同类型的瓷器。证明了传世哥窑并非龙泉所产的说法。

　　以表 8-10 中南宋官窑瓷器的胎、釉成分与传世哥窑和龙泉黑胎瓷的胎、釉成分对比,可以看出,官窑胎的特征成分与传世哥窑基本相近,胎中 Al_2O_3 含量在 22%～29% 之间,TiO_2 含量则平均为 1.21%,亦与传世哥窑胎的含量相近。而南宋官窑瓷釉中 CaO 的含量远高于传世哥窑瓷釉,其平均含量为 14.02%,与龙泉黑胎青瓷釉中的含量相近。釉中的 K_2O 含量略低于龙泉黑胎青瓷中的含量,平均含量为 3.21%;Na_2O 含量则远低于传世哥窑瓷釉,而与龙泉黑胎青瓷釉相当,其平均含量为 0.38%。对比以上胎釉特征成分可见,南宋官窑与传世哥窑之间的

差异比它与龙泉黑胎青瓷之间的差异大。与龙泉黑胎青瓷间的差异仅表现在胎中含 TiO_2 量间的差别，两者釉中各成分基本相近，这表明龙泉黑胎青瓷在本质上说它是仿官窑比说它是仿传世哥窑瓷更妥当些。

表 8-10　南宋官窑青瓷的胎、釉化学组成

部位及编号		氧化物含量　（重量%）											备　注
		SiO_2	Al_2O_3	CaO	MgO	K_2O	Na_2O	Fe_2O_3	TiO_2	P_2O_5	MnO	I.L.	
胎	14	60.5	23.60	0.5	0.30	3.40	0.10	4.40	1.80	0.06			乌龟山发掘标本
	15	64.6	25.90	0.3	0.40	4.00	0.20	2.50	1.50	0.07			
	17	66.39	23.84	0.24	0.38	3.67	0.46	2.15	1.22	0.05		1.55	
	18	63.20	26.50	0.40	0.40	4.50	0.20	2.80	1.40	0.07			
	19	65.70	25.00	0.30	0.40	4.00	0.10	2.50	1.40	0.07			
	20	64.30	26.40	0.40	0.40	3.70	0.20	2.50	1.50	0.06			
	21	66.70	24.20	0.30	0.40	3.00	0.10	3.40	1.40	0.07	0.03		
	22	68.99	22.21	0.82	0.60	3.51	0.33	3.57	0.09	0.08			
	23	61.27	23.31	0.21	0.62	4.16	0.19	4.12	0.67	0.09			
	24	66.56	24.24	0.32	0.36	3.71	0.28	2.63	1.08	0.14			
	25	65.89	25.24	0.24	0.34	4.16	0.41	2.29	1.22				
釉	14	65.40	14.97	13.26	0.67	2.92	0.27	0.95	0.13	0.26			
	15	66.58	14.37	12.72	0.75	3.04	0.48	0.87	0.12	0.29			
	17	65.06	15.07	13.07	0.75	3.31	0.28	0.94					
	18	63.94	15.83	13.88	0.95	2.73	0.56	0.97	0.11	0.29			
	19	62.21	15.95	14.69	0.91	3.33	0.47	1.14	0.20	0.32			
	20	63.83	15.46	14.23	0.64	3.21	0.49	0.82	0.17	0.33			
	21	67.19	14.41	12.47	0.70	3.31	0.65	1.15	0.20	0.12			
	22	62.75	16.02	14.61	1.02	3.01	0.23	1.14	0.17	0.10			
	23	65.4	14.63	13.45	0.66	3.99	0.20	0.69	0.42	0.40			
	24	64.51	17.23	13.52	0.77	3.80	0.30	0.91	0.08	0.40			
	25	64.73	14.79	18.36	0.83	2.69	0.21	0.93					

表 8-11　龙泉黑胎青瓷的胎、釉化学组成

部位 编号		氧化物含量（重量%）									备　注
		SiO_2	Al_2O_3	CaO	MgO	K_2O	Na_2O	Fe_2O_3	TiO_2	MnO	
胎	LK01	64.12	25.63	0.57	0.44	3.20	0.35	4.61	0.95	0.06	龙泉黑胎青瓷
	LK03	63.79	25.54	0.76	0.51	4.34	0.36	4.07	0.63	痕量	
	LK04	63.77	25.40	0.67	0.43	4.15	0.19	4.59	0.92	0.06	
	LK05	58.81	32.02	0.69	0.35	4.28	0.33	3.53	0.46	0.06	
	LK07	63.07	26.06	0.70	0.51	4.00	0.25	4.19	0.73	0.04	
	LK09	64.73	24.77	0.69	0.50	4.19	0.26	4.25	0.55	痕量	
釉	LK01	63.13	15.26	16.18	0.32	3.39	0.41	0.98	痕量	0.03	
	LK03	65.67	15.88	12.11	0.85	4.24	0.22	1.03	0.25	0.03	
	LK04	63.35	14.42	16.66	0.86	3.97	0.28	1.03	0.12	0.11	
	LK05	66.07	15.81	11.98	0.33	3.97	0.38	1.19	痕量	0.08	
	LK07	66.08	14.43	13.18	0.86	4.58	0.28	1.01	0.11	0.16	
	LK09	60.91	15.73	16.83	0.82	4.09	0.26	1.06	0.12	0.10	

表 8-12　河南汝、钧窑区与浙江诸窑区及若干景德镇主要原料分析成分

名称		SiO₂	Al₂O₃	CaO	MgO	K₂O	Na₂O	Fe₂O₃	TiO₂	P₂O₅	MnO	烧失	备注
河南窑区	蟑川粘土	64.24	32.58	0.70	0.21	0.44	0.11	0.38	1.21	0.07			淡紫色
	合石坡粘土	64.75	27.95	0.14	0.39	2.15	0.10	2.51	1.91		0.01		浅灰色
	李楼粘土	65.70	22.49	0.72	0.47	1.75	0.34	6.10	1.15		0.07		土黄色
	召南长石	67.61	18.23	0.29	0.02	10.51	3.67	0.39	0.27	0.57	0.01		白色
	灵头长石	77.30	13.43	0.02	0.04	0.80	6.53	0.06	—	0.51			白色
	汝窑木灰	29.63	5.9	48.64	4.25	5.60	0.46	1.93	0.45	2.77	0.37		灰色
	钧窑木灰	21.74	4.88	50.44	5.25	2.80	0.66	1.18	0.42	3.40	0.19		灰色
景德镇	松树木灰	24.35	9.71	39.73	4.45	8.98	3.77	3.41		2.78	2.74		灰色
	紫金土	62.70	20.53	0.23	0.42	2.33	0.21	6.23	0.73	0.17		6.46	深红色
	乌金土	66.93	18.01	1.23	0.51	5.23	0.45	8.11	0.45		0.08	4.47	暗红色
浙江窑区	乌龟山 紫金土　1	56.19	34.61	0.09	0.07	0.98	0.34	9.17	0.92	0.29	0.01	7.07	深紫红色
	紫金土　2	61.10	17.44	0.096	0.18	1.06	0.23	13.44	0.76	0.19	0.01	5.46	紫红色
	大窑 紫金土　1	66.93	18.01	1.23	0.51	5.23	0.45	3.11	0.45		0.08	4.47	深土黄色
	紫金土　2	45.92	24.77	0.46	0.86	1.53	0.53	13.85	2.00		—	1.38	暗红色
	宝溪紫金土	59.41	20.57		0.97	4.93	0.31	5.93	0.99		0.11	6.97	深土红色
	木岱紫金土	70.26	16.30	0.14	0.89	3.09	0.34	3.62	0.56		—	5.09	深土红色
	乌龟山发掘泥料	65.16	20.79	0.39	0.87	3.58	0.26	2.83	0.96	0.21	0.01	6.39	淡黄白色
		(68.55)	(21.87)	(0.41)	(0.92)	(3.77)	(0.27)	(2.98)	(1.01)	(0.22)	(0.01)	(除去烧失)	
	乌龟山瓷石	78.97	13.30	0.04	0.14	4.00	0.17	0.65	0.07	0.09	0.02	2.11	淡灰白色
	大窑瓷石	71.66	17.96	0.01	0.22	2.13	0.16	1.45	—		0.02	6.06	灰白色
	岭根瓷石（陶洗后）	71.64	18.98	0.26	0.15	3.24	0.28	0.51	0.1		0.03	5.53	灰白色
	（陶洗后）	75.81	20.08	0.27	0.16	3.43	0.29	0.54	0.11		0.03		除烧失
	上虞小仙坛瓷石	68.07	18.07	0.11	0.38	7.17	0.71	0.99	0.11	0.13	0.04	3.57	灰黄白色
	上虞北山瓷石	73.11	16.94	0.03	0.41	5.56	0.19	0.50	0.08	0.12	0.02	2.70	淡黄白色

　　从表 8-9 中传世哥窑和景德镇仿哥窑的胎、釉成分对比可以看出，雍正仿哥窑瓷胎、釉各成分接近于传世哥窑瓷胎、釉各成分。然而成化仿哥窑和另一件仿哥窑样品胎、釉的成分则有较大差异，如胎中 Al_2O_3 含量偏低，胎和釉中 Na_2O 含量偏高，而釉中的 CaO 含量特别低，低于传世哥窑胎、釉中的含量，平均含 CaO 为 3.57%。可见景德镇仿哥窑在明代时期，胎、釉在质上与传世哥窑有明显差异，而清代以后的仿制在本质上达到了十分接近的地步。但不能因为这种接近就认为传世哥窑是景德镇清代制作的，因为传世哥窑青瓷的产品和若干文献记载远早于清雍正时期。

表 8-13　各窑瓷器胎、釉特征成分含量的比较

名　　称	胎		釉			备　注
	Al_2O_3%	TiO_2%	CaO %	K_2O %	Na_2O %	
传世哥窑	24～29	1.07	7.8	4.79	1.32	
龙泉哥窑	25～30	0.71	14.49	4.04	0.31	TiO_2、CaO、K_2O 和
南宋官窑	22～29	1.22	14.02	3.21	0.38	Na_2O 均为平均值
汝官窑	27～28	1.33	15.23	3.86	0.75	
临汝窑	27～30	1.17	8.28	3.83	1.78	
景德镇仿哥窑:						
明成化	19.34	0.48	3.80	5.52	2.96	
清雍正	28.52	0.5	6.28	3.96	1.96	

从表 8-5 中汝官和临汝窑青瓷胎、釉成分与表 8-9 中传世哥窑的胎、釉成分对比可以看出,传世哥窑瓷胎中 Al_2O_3 和 TiO_2 含量基本与汝官窑和临汝窑青釉瓷胎相近,后二者 Al_2O_3 含量在 27%～30%,TiO_2 含量平均分别为 1.33% 和 1.17%。汝官瓷釉 CaO 含量平均为 15.23%;K_2O 含量平均为 3.86%;Na_2O 含量平均为 0.75%;临汝窑瓷釉 CaO 含量平均为 8.28%;K_2O 含量平均为 3.83%;Na_2O 含量平均为 1.78%。从胎中 Al_2O_3,TiO_2 含量和釉中 CaO,K_2O,Na_2O 含量综合比较,传世哥窑瓷器胎、釉的特征更接近于临汝青釉瓷,而南宋官窑瓷更接近于汝官窑青瓷的胎和釉。将以上所述的各窑青釉瓷的特征成分的含量汇总示于表 8-13 中。从表中各窑的比较不难看出,传世哥窑瓷更接近于临汝青瓷和景德镇雍正仿哥窑青釉瓷。南宋官窑青瓷则与汝官窑青瓷十分接近。

以表 8-12 所列的河南和浙江各窑区的各类有关原料及景德镇使用的影响釉中成分的木灰和紫金土及乌金土等原料与上述各类青釉瓷胎釉的化学组成相对比,从而为探讨传世哥窑瓷器烧造地点以及各窑之间的相互关系提出一些供讨论的意见。根据表 8-12 所列河南窑区几种典型原料,可以十分容易地以粘土和长石搭配成传世哥窑瓷胎的成分。因北方粘土中均含有较高的 Al_2O_3 和 TiO_2,某些粘土在当地称为坩土者含有一定量的 Fe_2O_3 和 K_2O。同时亦可以长石、木灰和粘土很容易地搭配成传世哥窑釉的成分,因长石中含有一定量的 Na_2O 和 K_2O;木灰中主要含 CaO 和一定量的 K_2O 及 MgO。故从这些原料成分看,满足配制传世哥窑瓷器胎、釉的成分是十分容易和方便的。若用这些原料或以部分原料与浙江原料搭配来配制官窑青瓷釉的成分,也同样非常便当。如果说只是从原料搭配问题出发,在同一窑区同时烧造传世哥窑、官窑、汝窑和临汝窑瓷器也是十分可能的。也就是说传世哥窑在河南地区与北宋官窑一起烧造的可能性比在浙江和景德镇要大得多,因为从原料和技术上都是容易实现和方便的。那么为何在河南至今没有发现北宋官窑和哥窑的窑址遗迹这与烧造时间短、产品少和窑址深埋地下无法发掘有关。

从浙江各窑区原料分析可见,瓷石原料含 Al_2O_3 量低,都在 20% 以下,含 TiO_2 量则更低,为 0.1% 左右。使用瓷石制胎是不可能满足哥窑瓷胎要求的,一定要掺用紫金土以满足高 Al_2O_3 和高 TiO_2 的含量要求,但紫金土中 Fe_2O_3 与 TiO_2 的比量相差甚大,如果用紫金土满足传世哥窑瓷胎中含 3%～4% 的 Fe_2O_3,则仍不能满足传世哥窑瓷胎中含 1.07%TiO_2 的要求,即很难达到 1% 以上。而且以瓷石掺配紫金土使瓷胎保持高达 24% 以上的 Al_2O_3 含量也是难

于实现的。如果说南宋官窑是承袭了北宋官窑的技艺,有一种可能就是在某段时间内从河南引进部分原料到杭州,以满足官用青瓷的要求。可以设想南宋南迁后在很多时间内要完全利用浙江当地原料制成官窑瓷器是非常难的,因为浙江原料和河南原料的化学组成、矿物组成和工艺性能都相差较远。从表 8-12 中所列乌龟山发掘的宋代缸中盛有的泥料分析可见,泥料颜色为淡黄白色,含 TiO_2 量为 1.01%,同时发掘的南宋官窑瓷胎中 TiO_2 的含量为 1.22%～1.8%之间。这表明胎泥中在当时并非仅靠掺配大量紫金土,TiO_2 的含量高显然是使用了高 TiO_2 含量粘土的结果。这只能从北方引进高 TiO_2 粘土原料来实现,浙江省是没有高 TiO_2 含量瓷石原料的。由此可见从河南引进部分原料既可满足官窑瓷的制作要求,符合"袭故京遗制"的记载,又可烧制哥窑瓷器。或许因为哥窑与官窑青瓷相比,官府更欣赏和喜爱官窑青瓷,或许北宋时期就烧造不多,到南宋时期亦烧制很少或未曾烧过。这也是一种合乎实际的可能。

元大都发掘出土的各种瓷器应是元代或元代以前烧制的产品。元大都的哥窑瓷器当然也不例外。景德镇元以前瓷胎中 Al_2O_3 含量不高,因景德镇宋代才开始在瓷胎中掺用少量高岭土,元代掺入量亦不高,瓷胎的 Al_2O_3 含量一般在 20%左右,明代仍掺用不多,至清代胎中 Al_2O_3 含量方大大提高,其中最高者一般可达 28%。从表 8-9 中亦可看出,明代成化哥窑的胎中仅含 Al_2O_3 19.34%,而雍正仿哥窑青瓷胎中方达到 28.52%,这与景德镇配制瓷胎的发展规律是符合的。而且景德镇瓷的胎中含 TiO_2 量一般很少高于 1%,由此可见,元大都出土的传世哥窑和故宫博物院收藏的传世哥窑的瓷胎含 Al_2O_3 量高达 24%～29%,含 TiO_2 量平均在 1%以上,这很难说它们是景德镇元代或其以前的产品。

从以上各方面的对比可以找出传世哥窑烧造地点最大的可能是与北宋官窑一起生产,只是现在由于种种原因未能找到窑址。随后又可能在浙江杭州与南宋官窑一起利用部分河南引进的原料生产制作传世哥窑,而非龙泉和景德镇烧造。这从科学分析上找到了一些验证,从而推断其窑址的所在。将来随着研究的深入,也许会有更具说服力的推断和论证。近来在杭州原修内司旧址内发现了窑址并出土了大量青瓷片。相信通过对它们的研究一定会有助于这些问题的讨论。

四　哥窑青釉瓷的显微结构特征

从元大都出土的哥窑瓷片所观察到的显微结构代表传世哥窑的结构特征,因为元大都出土的哥窑瓷片与故宫博物院所提供的传世哥窑瓷片在成分上完全相同。图 8-19 为在偏光显微镜下观察到的元大都哥窑胎和釉的显微结构照片[①]。在显微镜下观测到的结果为:胎中有白云母残骸,大和小石英颗粒、小颗粒石英有熔蚀边,大颗粒石英则出现 α→β 石英相转变产生的裂纹。有的样品观察到长石残骸,有的样品则看不到。针状莫来石晶体的尺寸很小。哥窑胎中铝含量还是很高的,其中莫来石少而小的原因可能是其烧成温度低的关系。胎中的含铁氧化物主要是等轴晶系的磁铁矿(Fe_3O_4),它以约 1 微米大小的晶粒聚结的状态存在。有的样品还有很少量的赤铁矿。另外尚有方解石团粒,但数量很少。哥窑青瓷的釉中则含有少量未完全溶解的边缘已钝化的残留石英小颗粒,石英颗粒已转变为方石英。釉中尚有数量相当多的钙长石针状晶体,比较均匀地分布于整个釉层中。显然是形成乳浊的成因。米白色釉的钙长石晶体最短,

---

① 陈显求、李家治、黄瑞福,元大都哥窑型和青瓷残片的显微结构,硅酸盐学报,1980,8(2),148。

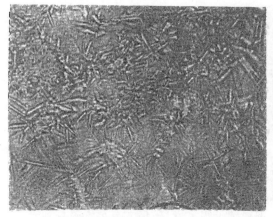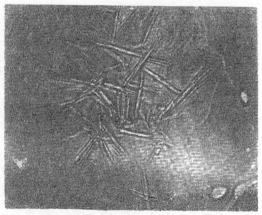

(a) 釉 斜交偏光＋石膏板 ×505　　　　　(b) 釉 斜交偏光＋石膏板 ×505

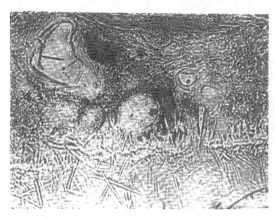

(c) 胎釉 斜交偏光＋石膏板 ×583　　　　(d) 胎 斜交偏光＋石膏板 ×583

图 8-19　元大都哥窑青瓷偏光显微镜照片

而且比较碎散。有的样品釉中钙长石晶体较长,但彼此相间较稀。所有钙长石析晶的区域,特别是针晶间的部位存在数量不少的亚微观散射颗粒。析出的钙长石球状晶内部散射微粒在显微镜下呈现"白云"朵状态。有的钙长石柱晶表面也常常附着有许多散射微粒。在电子显微镜下证实,在柱晶周围的散射颗粒尺寸为<200纳米。而且较均匀分布的小空泡。哥窑釉内大量钙长石晶体的形成,使釉层的膨胀系数变大,加上哥窑胎中 Al_2O_3 含量高,其膨胀系数小,所以由于两者膨胀系数的差而形成哥窑的裂纹装饰。

第九章　南方青釉瓷的成熟和兴盛
——龙泉窑及南宋官窑青釉瓷

青釉瓷在南方的主要产区和发源地是浙江。早在东汉浙江的上虞、慈溪、宁波地区已烧制成功了青釉瓷器。六朝时期,青瓷的制作和生产已有很大发展,逐渐形成了著名的越窑体系,瓷业的发展遍及浙江各地,同时瓯窑、婺州窑也都得到了很大发展,但龙泉窑青瓷直到宋初仍处于小规模生产阶段。产品的胎多呈淡灰或灰白色,釉多为淡青色或青中泛黄的透明釉。宋室南迁后宫廷用瓷器仍然由官方自设官窑烧制,南宋官窑青瓷的建立和烧制主要是依靠北宋官窑南迁的制瓷工匠,从而承袭了北宋官窑的制瓷和装烧技术,发展成了与浙江原有青瓷不同质量和风格的青瓷品种,即利用纹片装饰的薄胎厚釉青瓷为特色的产品,釉色呈莹润玉石感的粉青、油灰及淡青等色调,并有冰片裂纹等为特点。南宋官窑设置在临安(今杭州)附近,它的产品的成功对浙江青瓷的生产,特别是对龙泉窑烧制青瓷工艺的提高有很大影响,促使龙泉窑产品由以往粗厚笨重逐渐转向工艺精致和质量精美,使龙泉窑青瓷得以迅速发展,形成了南宋官窑和龙泉窑的青釉瓷成为南方青釉瓷的代表。

第一节　龙泉窑青釉瓷

一　龙泉窑的历史沿革和窑址分布

龙泉窑烧造青瓷的历史悠久,始于南朝,终于清代,经历1000多年的不断发展和兴衰变化,是我国制瓷历史最长的窑系之一。根据考古资料可将龙泉窑的发展分为四个时期[1],即南朝至北宋的开创时期,在此阶段处于小规模生产,发展缓慢;南宋前期为龙泉瓷业的发展时期,此时作坊不断涌现增加,产品亦有明显改进和变化,瓷业出现欣欣向荣局面;南宋后期至元代则是龙泉窑发展的鼎盛时期,特别是在南宋官窑青瓷制作工艺的影响下,龙泉窑在技术上有了很大提高和改进,大量生产釉质似玉的高质量青釉瓷,生产质量、品种和数量上都有明显增加和提高,形成了龙泉窑享誉中外的大好局面;明代是龙泉窑的衰落时期,产品质量逐渐低下,器型厚重,釉色变灰暗色调,至清代终于停烧。龙泉窑各期的青瓷窑址分布范围很广阔,约有400多处,包括龙泉、庆元、云和、景宁、遂昌、松阳、丽水、缙云、武义、永嘉、泰顺、文成等县各青瓷窑址。其中有部分窑址分布在龙泉溪和秦溪两岸依水而建,对水源的利用和方便交通是十分有利的。龙泉县、庆元县、丽水县和云和县的窑址分布示于图9-1和图9-2[2]。从图上可见龙泉古窑址的分布是十分密集的。

---

① 朱伯谦,龙泉青瓷简史,龙泉青瓷研究,浙江轻工业厅编,文物出版社,1989,1～37。
② 朱伯谦,龙泉青瓷简史,龙泉青瓷研究,浙江省轻工业厅编,文物出版社,1989,2～3。

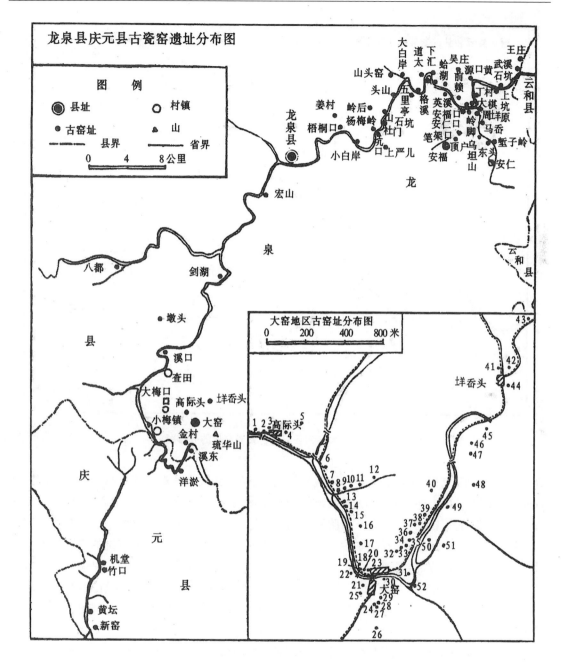

图 9-1　龙泉县和庆元县古青瓷窑址的分布图

　　龙泉青瓷的制作技术在古代文献中的记载不多,比较详细的记述为明代陆容所著《菽园杂记》,其中对窑址、胎釉制作以及烧成等有简要概括。即"青瓷,初出于刘田,去县六十里,次则有金村窑,与刘田相去五里余,外则白雁、梧桐、安仁、安福、绿绕等处皆有之,然泥油精细,模范端巧,俱不如刘田。泥则取于窑之近地,其他处皆不及。油则取诸山中。蓄木叶烧炼成灰,并白石末,澄取细者,合而为油。大率取泥贵细,合油贵精。匠作先以钧运成器,或模范成形,俟泥乾则蘸油涂饰。用泥筒盛之,置诸窑内,端正排定,以柴条日夜烧变,俟火色红焰,无烟,即以泥封闭

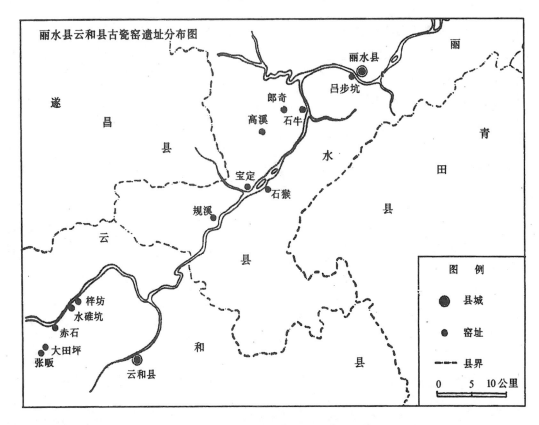

丽水县云和县古瓷窑遗址分布图

图 9-2　丽水县和云和县古青瓷窑址的分布图

火门,火气绝而后启。凡绿豆色莹净无瑕者为上,生菜色者次之。然上等价高,皆转货他处,现官未尝见也"[1]。由上述记载可见,龙泉窑的分布是以刘田(今龙泉大窑)为中心烧制青瓷,其次为金村窑及其它诸窑址生产,但产品胎釉的精细和造型的精巧,诸窑产品均不及大窑青瓷。制胎原料乃就近取材所得者最佳。制釉原料亦采自当地诸山区,配釉则是以淘洗的瓷石细粉与烧过的木叶灰配合而成,胎泥要取用高质量淘洗的;配釉要仔细和精确,阐明胎、釉制备的原则和要点。成型则是以辘轳车成型和模型成型,待坯体干燥后再以蘸釉的方法施釉。装窑是先将未烧的半成品盛放在匣钵中,再装放在窑内,按一定窑位整齐排装,然后以柴为燃料进行烧成。计烧 24 小时以上,等待温度达到火焰呈红色和无烟时即封火门。至火焰熄灭和窑温降下后再开窑门出窑。记载中除对上述工艺简要记述外还对产品的质量等级作了划分,以青绿似玉无缺陷者为上等产品,暗绿如菜叶色者为次品,上等品价格贵,都转口供应外地或出口,当时供不应求。直到近世纪以来考古工作者对龙泉窑址进行了考察和发掘,科技工作者配合进行了分析研究,并在此基础上对龙泉青瓷进行了仿制和恢复生产,取得了丰富的实物及研究资料。这才使到目前对龙泉青瓷的发展在本质上有着比较科学的认识。

① 陆容,菽园杂记,卷十四,商务印书馆,丛书集成初编。

二 龙泉青瓷原料

龙泉青瓷的质量和发展主要依靠所取用的原料,原料资源是瓷业发展的物质基础。据《菽园杂记》中的记载和最近的调查,大窑附近产有多种瓷土,即目前已知的瓷石矿物原料。这类瓷石原料可以采用风化程度高的制作瓷胎,亦可以使用风化程度浅的制作釉料。近年来的著作中,如《瓷器与浙江》书中亦列出了许多瓷石产地[①]:有木岱村、东元坑、沈屋、历洋、源底、宝鉴、溪头、河碟、挑山、东音口、五都霸、东孟黄金泽、坑口、塘上太平下、岭上、大坦村大塘湾山、昌岗、溪坞坑、木岱和尚山、密虫岭下等处。1959年浙江省轻工业厅为进一步研究和提高龙泉青瓷质量,曾邀请中国科学院上海硅酸盐研究所与轻工业部硅酸盐研究所对部分有代表性的主要龙泉青瓷原料,其中包括瓷石原料和紫金土进行了分析研究。近年来中国社会科学院考古研究所、浙江省考古部门和龙泉县文物管理部门协同发掘龙泉古窑址时,根据地层断代同时发掘出了古代作坊和古代淘泥池以及古代使用的原料遗物,其中对龙泉古代原料样品亦进行了分析和研究。这些结果可作为龙泉地区青瓷胎釉变化和改进的对比和参考。龙泉大窑地区主要青瓷原料产地的分布示于图9-3[②]。

(一)龙泉原料的化学组成和矿物组成

龙泉青瓷原料大致有三大类。一类为瓷石原料,深度风化的瓷石原料用于制胎;风化较浅的瓷石常用以配制釉料;另一类为紫金土,是一种紫褐色含铁量较高的粘土,常含有若干石英和长石的夹杂矿物。此外尚有一类作为熔剂配制釉的原料,据分析表明古代开始是使用草木灰,至南宋则是以草木煅烧石灰制成釉灰使用[③]。瓷石为含石英量高的绢云母质矿物原料,其

表 9-1 龙泉青瓷主要瓷石与紫金土原料的化学组成

原矿名称	氧化物含量 (重量%)											
	SiO₂	TiO₂	Al₂O₃	Fe₂O₃	FeO	CaO	MgO	K₂O	Na₂O	MnO	烧失	总计
石层瓷土	73.16	—	17.10	0.48	0.09	0.75	0.45	4.22	0.46	—	3.81	100.52
毛家山瓷土(已风化)	71.82		18.31	0.58	—	0.20	4.18	0.21	0.05	4.34		99.69
毛家山瓷土(未风化)	76.60	痕量	15.33	0.54	—	0.14	0.66	4.39	0.20	0.07	2.16	100.44
坞头瓷土	71.82		17.41	1.21	—	—	0.22	3.87	0.28	0.08	4.66	99.55
东山恩瓷土	76.11		14.84	1.00	—	—	0.08	4.42	0.18	0.04	3.32	99.99
源底瓷土	76.11	痕量	14.90	1.05		0.60	0.03	1.85	0.70	0.04	4.65	100.23
大窑瓷土	71.66	—	17.96	1.45	0.18	0.01	0.22	2.13	0.16	0.02	6.06	99.85
岭根瓷土	74.95		16.21	0.31	—	—	0.16	3.04	0.25	0.03	4.69	99.64
大窑高际头紫金土	66.93	0.45	18.01	3.11		1.23	0.51	5.23	0.45		4.47	100.47
大窑黄连坑紫金土	45.92	2.00	24.77	13.85		0.46	0.86	1.53	0.53	—	10.38	99.30
宝溪紫金土	59.41	0.99	20.57	5.93			0.97	4.93	0.31	0.11	6.97	100.19
木岱紫金土	70.26	0.56	16.30	3.62		0.14	0.89	3.09	0.34		5.09	100.19
精淘后岭根瓷土*	71.64	0.10	18.98	0.51		0.26	0.15	3.24	0.28	0.03	5.53	100.72

* 精淘去除部分粗石英颗粒,所得精泥用于制胎。

---

① 陈万里,瓷器与浙江,中华书局出版,1946,51。

② 周仁、郭演仪,万慕义,龙泉青瓷原料的研究,龙泉青瓷研究,文物出版社,1989,133~145。

③ 李国桢、郭演仪,中国名瓷工艺基础,上海科学技术出版社,1988,74。

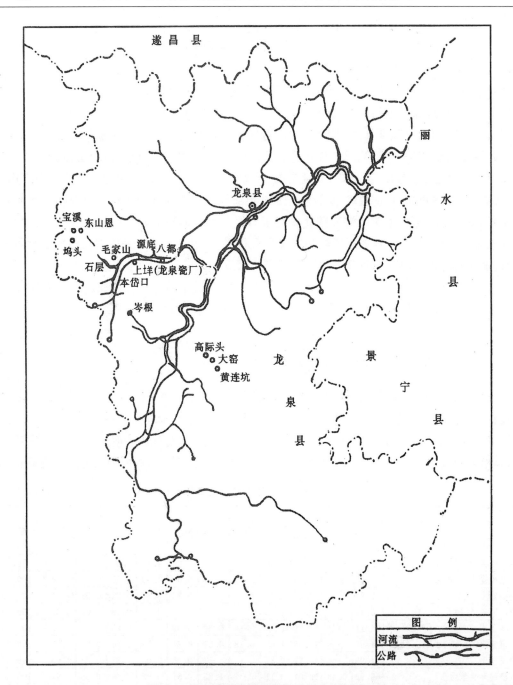

图 9-3　龙泉青瓷主要原料产地分布示意图

SiO_2 的含量在 71%～77% 之间,含 Al_2O_3 量 15%～19% 之间,含 K_2O 量约在 2%～5% 之间。一般制胎是将经水碓舂细的粉料淘洗后使用,淘洗后精泥中的细颗粒含量增高。主要是将部分大颗粒的石英淘去。故制胎用瓷石精泥的 SiO_2 含量有所降低,而含 Al_2O_3 量即可升高,即其中高岭石类矿物和绢云母质的细颗粒矿物的含量有所提高。有利于提高胎泥的可塑性和操作性能。紫金土常因产地不同而异,其含 SiO_2,Al_2O_3 和 Fe_2O_3 以及 K_2O 的量波动很大,常利用它来制作黑胎和用作青釉的着色剂原料,有时若干紫金土中含有一定量的含钛矿物,影响青瓷釉的色调。龙泉大窑地区的几种代表性瓷石和紫金土原料的化学成分列示于表 9-1 中[①]。

从原料的差热分析和加热失重以及分离出的小于 1 微米部分的化学分析、差热分析、X-射线鉴定和偏光显微镜及电子显微镜观察的综合研究结果得知毛家山、石层、源底、东山恩等瓷石矿原料十分相近,外观上均类似于江西和安徽一带的瓷石矿,都含有大量石英颗粒和不同程度含量的细颗粒云母和高岭石质矿物。东山恩和源底瓷石中还有少量长石。有人对江西景德镇瓷石的研究结果表明,瓷石可按其绢云母化的程度而有不同含量的长石,按其高岭化程度的不同有不同含量的高岭石[②]。浙江龙泉地区的瓷石矿与江西景德镇瓷石矿十分接近。坞头瓷石在 300℃附近的吸热效应表明有三铝水石[γ-Al(OH)$_3$]存在,三铝水石的放热效应是在 320~330℃。这几种瓷石主要是含大量石英和一定量的高岭石和云母的原生粘土矿物。因而可看作为未完全风化的高硅质原生硬质粘土。宝溪、木岱、大窑高际头和黄连坑四种紫金土的成分相差很大,它们所含矿物组成也不甚相同。图 9-4 和图 9-5 分别示出几种典型瓷石和其小于 1 微米颗粒部分的差热分析和失重曲线的特征。

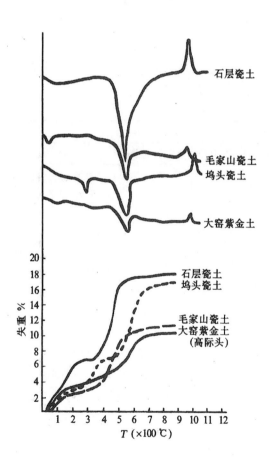

图 9-4　龙泉瓷石和紫金土原矿
差热分析和加热失重曲线

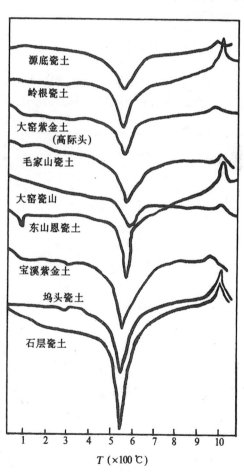

图 9-5　龙泉瓷石和紫金土中小于
1 微米部分的差热曲线

①　周仁、郭演仪、万慕义,龙泉青瓷原料的研究,龙泉青瓷研究,文物出版社,1989,133。
②　章人俊,江西景德镇之瓷石,中南地质调查所南昌分所,中南地质汇刊,1950,第二号,1～19。

大窑高际头和木岱紫金土中氧化钛含量低,分别为 0.45％和 0.56％;氧化铝含量亦低,分别为 18.01％和 16.30％;氧化铁含量分别为 3.11％和 3.62％。宝溪紫金土的氧化钛含量为 0.99％,氧化铁含量为 5.93％,氧化铝含量为 20.57％,稍高于以上两种紫金土。从以上三种紫金土的钛、铁、铝的含量范围看均可作为釉的着色原料而使釉呈现美丽的青绿色。大窑黄连坑紫金土含氧化钛量为 2％,含氧化铝量高为 24.77％,含氧化铁量亦高为 13.85％,含钾钠等熔剂性氧化物的量很低,故不能用于作为釉的着色原料,可以作为制胎原料,如用于制黑胎青瓷或加入胎中使瓷胎形成"紫口铁足"的效果。龙泉青瓷釉的主要熔剂原料最早是使用草木灰以引入 CaO 和增加 K_2O 的含量。后来使用了石灰石与草木煅烧合成的釉灰,取代了草木灰的使用,使釉浆的性能易于控制,釉的质量得到了提高。龙泉地区附近石灰石有两个产地来源,一为福建浦城的富岭出产,质量高,色白,杂质少,该地距龙泉大窑 40 公里;另一产地为庆元的龙宫,所产石灰石含杂质较多,距大窑约 90 公里。无论是采用草木灰还是采用釉灰配釉都是为了提供釉中的钙而作为熔剂的来源。钙的含量在釉中的增高可使铁离子着色的青釉颜色加深,易呈现青蓝色调。

(二)古代用龙泉瓷石原料[①]

龙泉县古窑址的发掘中曾发现作坊中遗留的瓷石原料,这些原料中两种为元代的,两种为明代的,经过分析研究确认它们是制瓷用的瓷石原料。它们的化学成分示于表 9-2 中[②]。四种

表 9-2　古代瓷石原料的化学组成

| 编号 | 时代 | 氧化物含量(重量%) | | | | | | | | | | 烧失 | 总量 | 备　注 |
		SiO_2	Al_2O_3	Fe_2O_3	TiO_2	CaO	MgO	K_2O	Na_2O	MnO	P_2O_5			
1	元	75.91	13.92	1.58	0.39	0.19	0.21	3.20	0.19	0.04	0.03	5.01	100.67	1980 年自石大门山作坊内发掘。带粉红色。
		79.35	14.55	1.65	0.41	0.20	0.22	3.35	0.20	0.04	0.03		100	
2	明	81.57	12.29	0.67	—	0.07	0.08	1.12	0.05	0.04	0.02	4.87	100.78	1980 年自大栗山明代窑床下发掘。2 号为白色,3 号为白色风化较深,质松。
		85.05	12.82	0.70	—	0.07	0.08	1.17	0.05	0.04	0.02		100	
3	明	75.00	16.09	1.04	—	0.12	0.10	0.90	0.02	0.06	0.04	7.01	100.38	
		80.33	17.23	1.12	—	0.13	0.11	0.96	0.02	0.06	0.04		100	
4	元	72.98	15.49	2.10	0.39	0.16	0.33	3.71	0.18	0.05	0.07	5.22	100.70	1980 年自作坊内罐中发掘。
		76.43	16.22	2.20	0.41	0.19	0.34	3.89	0.19	0.05	0.07		100	

原料的差热分析和失重曲线示于图 9-6 中,其中包括四种原料细颗粒部分的差热分析和失重曲线。通过对细颗粒部分电子显微镜的形貌观察,显示 1 号和 4 号元代原料为不规则薄片状的半透明颗粒,大小约为 0.1~1 微米的范围;2 号明代原料大部分颗粒为管状。2 号和 3 号明代瓷石差热分析曲线上 900~1000℃间的放热效应与电子显微镜观察到的管状颗粒结果判明,细颗粒部分是多水高岭石。它们的电子显微镜照相示于图 9-7。根据化学分析结果,按照三种主要矿物成分计算,大致算出四种瓷石的所含矿物成分,计算的结果示于表 9-3 中[②]。从表中列出的结果可以看出,1 号和 4 号瓷石原料中主要矿物组成是石英和绢云母;2 号和 3 号瓷石原料中主要是石英、多水高岭石,有一小部分绢云母,2 号原料中绢云母多于 3 号原料。由此可见

---

①　该瓷石原料由中国社会科学院考古研究所浙江工作队与浙江省文物考古所发掘后提供样品。
②　郭演仪、邹怿如,古代龙泉青瓷和瓷石,考古,1992(4);375~381。

古代龙泉地区所用制瓷原料的风化程度是十分不同的。其矿物成分波动于绢云母和多水高岭石之间的不同比量。从龙泉地区分布的瓷石原料与古代所使用的瓷石原料对比可以看出,古代不同时期选用瓷石原料的矿源也是不同和变化的。尽管是就近取材,但仍然是在不断寻找和更换新的原料,以适应瓷器质量改进和生产发展的需要。

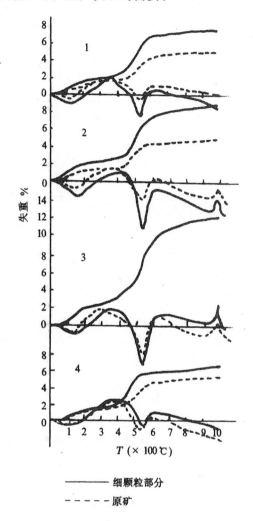

图 9-6　古代瓷石的差热分析和加热失重曲线

表 9-3　四种古代瓷石所含主要矿物组成

编 号	绢 云 母	多水高岭石	石 英	备 注
1	32.21	5.66	62.25	
2	11.22	18.77	69.95	其余尚有 TiO_2、MnO 和
3	10.21	29.67	60.02	Fe_2O_3 等少量杂质未计入
4	37.08	5.01	57.37	

（三）古代龙泉窑的原料处理

古代龙泉窑场多依山傍水建造,从中国社会科学院考古研究所会同浙江省博物馆、中国历

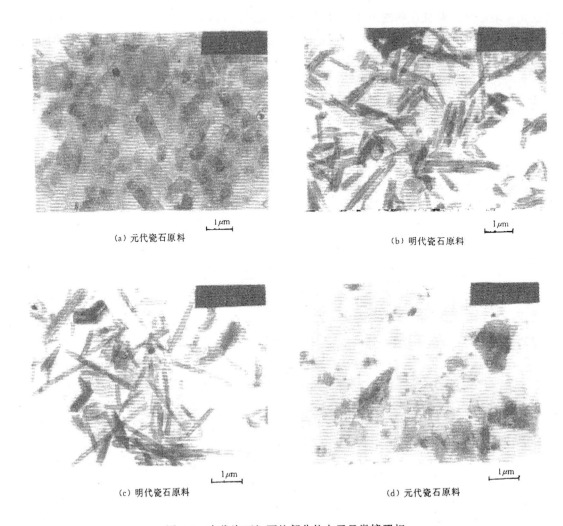

(a) 元代瓷石原料　　　　　　　　　　　　　(b) 明代瓷石原料

(c) 明代瓷石原料　　　　　　　　　　　　　(d) 元代瓷石原料

图 9-7　古代瓷石细颗粒部分的电子显微镜照相

史博物馆、故宫博物院和上海博物馆对龙泉窑址的考古发掘表明,制瓷作坊顺山坡而建在窑室旁的坪地上,这种布局适于就近取材,便于瓷器的生产制作和烧成。作坊中建有原料淘洗池和贮泥池,由此可见,宋、元时期龙泉窑制瓷用原料已经使用淘洗处理的方法制作精泥,并贮存陈腐后再使用。古代淘泥池常呈七个一起紧密相连、池壁之间有流水口相通,水口一般用匣钵砌成,其宽度为 3～5 厘米,有少数水口开在池壁底下,呈沟眼状[①]。淘洗瓷土原料的工序可从池的顺序推测出,首先是将水碓捣碎的瓷石粉料放入淘洗池中,加水搅拌成泥浆,使泥浆通过水口流入沉淀池中,将一部分粗石英颗粒矿物成分分离出,然后流入第二个沉淀池将分离后的细颗粒部分沉淀下来,贮存于池中以便取用。一般说,瓷石主要是由石英和绢云母矿物组成,风化的瓷石矿中亦含有高岭石族矿物成分。瓷石经过捣碎后使石英颗粒、绢云母和高岭石族矿物大部分分离开,经过沉淀分离后将大部分石英粗颗粒分离出,以提高泥浆中绢云母和高岭石成分的含量,再经沉淀后所得泥料则是适于制瓷用的泥料。这种淘洗方法十分简易可行,原料处理

---

① 中国社会科学院考古研究所浙江工作队,浙江龙泉县安福龙泉窑址发掘简报,考古,1981,(6),505。

的成本也低,所以长期以来一直使用这种方法处理原料制成所需泥料,除龙泉窑外,许多其它窑场也是使用类似的淘洗和沉淀方法处理瓷石原料的。因浙江地区各窑场用的瓷石原料基本相似。

三　历代龙泉青釉瓷的胎和釉

龙泉青釉瓷胎和釉的质量变化和制作技术上的提高与降低也是随时代的发展变化而有所不同。北宋以前的初创阶段,胎和釉的质量就差些;南宋至元代的兴盛时期,胎釉的质量就特别好。明代以后胎釉质量下降,胎粗釉薄,釉色和造型均不及前代。

(一) 北宋及其以前的龙泉青釉瓷

五代龙泉窑受越窑影响生产越窑型产品,制作规模小,青瓷的质量低下,胎较粗厚,多为灰色,釉常呈黄或青黄色。远不及同时期的越窑、婺州窑和瓯窑的青瓷质量。宋初时期由于受婺州窑瓷业和生产技术的影响,龙泉窑青瓷的釉色变青,多呈淡青,有时呈灰青或粉青色,釉层透明,表面光亮[①]。胎质亦较细,淡灰色,胎薄者击之声清脆。可见在胎、釉质量上均较以前有所提高。北宋中晚期龙泉窑场显著增多,大部分窑址在大窑、金村和丽水等地区,所烧制的青釉瓷显

表 9-4　北宋龙泉青釉瓷胎釉的化学组成

| 编号 | 部位 | 氧化物含量(重量%) | | | | | | | | | | | 胎釉色质 | |
		SiO$_2$	Al$_2$O$_3$	Fe$_2$O$_3$	TiO$_2$	CaO	MgO	K$_2$O	Na$_2$O	MnO	P$_2$O$_5$	总量	胎	釉
FDL-2	胎	76.47	17.51	1.28	0.42	0.60	0.34	3.08	0.27	0.02		100.00	灰白,微生烧	黄绿,厚 0.2—0.5mm
	釉	59.37	15.96	1.80	0.39	16.04	2.04	3.43	0.32	0.62		99.97		
01	胎	77.22	16.67	2.10	0.15	0.14	0.29	3.00	0.17	0.04		99.78	灰,质细	灰青,厚 0.2mm
	釉	68.23	13.01	2.38	<0.01	9.01	1.56	2.96	0.13	0.47	0.87	99.67		
02	胎	75.21	16.31	2.35	0.49	0.12	0.30	2.98	0.11	0.43		98.55	灰,质细	灰青,厚 0.1mm
	釉	65.60	16.02	1.99	<0.01	10.62	2.70	2.36	0.16	0.40	1.13	101.02		
03	胎	75.47	18.05	2.35	0.48	0.06	0.29	2.82	0.08	0.02		100.04	黄灰,质细	灰青带黄,厚 0.1mm
	釉	64.67	14.24	1.68	0.24	12.91	1.87	2.47	0.20	0.43	0.94	99.83		
06	胎	79.98	13.59	1.50	0.55	0.18	0.26	3.85	0.20	0.04	<0.01	100.26	淡灰黄,质细	褐黄,厚 0.1~0.3mm
	釉	60.97	13.00	1.32	0.07	18.12	1.69	3.25	0.26	0.47	0.82	100.06		
07	胎	80.95	13.49	1.59	0.05	0.25	0.31	3.55	0.21	0.06		100.46	淡灰白,质细	粉青,厚 0.1~0.3mm
	釉	62.73	13.80	1.79	<0.01	15.73	1.44	2.98	0.30	0.42	1.12	100.33		
08	胎	78.77	14.39	2.20	0.12	0.15	0.39	3.09	0.12	0.04		99.27	灰,质细	青色,厚 0.1~0.3mm
	釉	61.05	12.72	1.58	<0.01	16.53	1.99	2.17	2.54	0.40	1.70	100.70		

---

① 朱伯谦,龙泉青瓷简史,龙泉青瓷研究,浙江省轻工业厅编,文物出版社,1989,1~37。

然与宋初期不同,胎呈淡灰或灰色,细而光洁。釉常呈青中带黄,釉层较薄,有裂纹。经过胎、釉的化学分析,了解到北宋瓷胎的特点为含铝量普遍较低,釉的特征为含钙量较高,为灰釉。从几次考古发掘样品的化学分析结果看,胎的成分接近于瓷石,釉的成分则主要是由瓷石和适量的草木灰配合而成。几种北宋龙泉青釉瓷样品的分析结果列示于表 9-4 中[①②]。

从胎的氧化硅和氧化铝的含量看,胎中的含量十分接近大窑附近所产瓷石原矿中的含量,不像经过淘洗处理,但胎质断面又比较细致,只有一种可能,就是原矿瓷石在处理加工时特别春细些。或再掺一小部分紫金土以增加其塑性,有利于成形。从胎中的 Fe_2O_3 和 K_2O 的含量普遍较高于瓷石中的含量亦可看出,北宋时期青釉瓷的胎的配制主要是使用粉碎加工的瓷石,再加入少量紫金土。瓷石粉料不经淘洗。釉的分析结果表明所含 CaO 量高,同时有较高的 MgO,K_2O,Fe_2O_3 和 P_2O_5 含量,这种组成的特征主要是以瓷石和草木灰以及少量紫金土适当组合才能获得。青釉瓷的釉中所含 CaO 量的范围大致在 9%～18%的含量间,表明北宋时期青釉瓷的釉属灰釉范畴。

(二) 南宋时期的龙泉青釉瓷

南宋时期龙泉窑瓷业迅速发展,技术和质量都有提高,产量也大大增加。由于北方为金所统治,北方诸窑均处于荒废状态,尽管后期得到了恢复和发展,但其生产仍属有限,加之越窑、婺州窑和瓯窑相继衰落,南方所需的大量陶瓷器主要靠龙泉和景德镇诸窑生产供应,同时外贸出口的发展也是一个刺激因素,使得龙泉窑在南宋时期不论在产品产量和质量上都达到了很高的水平,进入了名窑行列,成为南方烧造青瓷的主要产区。至南宋中、晚期,一方面承袭白胎青瓷的制作,并改进和创造了粉青、梅子青等光泽柔和,翠玉效果很强的著名青釉,同时制成了龙泉仿官的黑胎青釉瓷产品。这标志着龙泉瓷器生产和瓷业发展进入了更高的水平和繁荣。现将多次发掘出土的部分青釉瓷片的胎、釉分析结果列示于表 9-5 中[③④⑤⑥⑦],供比较研究。

从表 9-5 所列白胎青釉瓷的瓷胎化学分析成分看,绝大部分南宋青釉瓷胎中所含 SiO_2 的量普遍低于北宋(NSL-1)青釉瓷胎,即低于瓷石中所含 SiO_2 的量,而胎中 Al_2O_3 的含量则高于北宋青釉瓷胎和瓷石中的 Al_2O_3 含量。很明显,表明南宋青釉瓷胎是使用经过淘洗的瓷石精泥制作而成。北宋青釉瓷胎中 Al_2O_3 含量在 14%～18%之间,而南宋青釉瓷胎的 Al_2O_3 含量在 18%～24%之间。平均估量要从粉碎的瓷石粉中淘洗掉 20%～30%的渣矿,方能达到南宋瓷胎含 Al_2O_3 量的程度。Al_2O_3 的提高可以减低瓷器的变形而制大件瓷品,同时增强瓷胎强度。由此可见南宋时龙泉窑为了提高青釉瓷胎的质量,在原料处理方面有了较大的技术改进和进步。这点已为考古发掘中发现有淘洗池、沉淀池和瓷石渣滓堆积层的证实。淘洗工艺的实施,不但提高了泥料的操作性能,增加了可塑性和生坯强度,而且改善了瓷胎的细致程度和质量。这是龙泉制瓷技术在南宋时的一大进步。

① 周仁、张福康等,龙泉历代青瓷烧制工艺的科学总结,考古学报,1973(1):131～156。
② 郭演义、邹择如,古代龙泉青瓷和瓷石,考古,1992,(4),375～381。
③ 郭演义、邹择如,古代龙泉青瓷和瓷石,考古,1992,(4),375。
④ 周仁、张福康,龙泉历代青瓷烧制工艺的科学总结,考古学报,1973,(1),131。
⑤ 周仁、李家治,中国历代名窑陶瓷工艺的初步科学总结,考古学报,1960,(1),89。
⑥ 周仁、张福康,关于传世"宋哥窑"烧造地点的初步研究,中国古陶瓷研究论文集,轻工业出版社,1983,222。
⑦ 李国桢、叶宏明,龙泉青瓷釉的研究,龙泉青瓷研究,浙江省轻工业厅编,文物出版社,1989,146。

表 9-5 南宋龙泉青釉瓷胎釉的化学组成

编号	部位	SiO$_2$	Al$_2$O$_3$	Fe$_2$O$_3$	TiO$_2$	CaO	MgO	K$_2$O	Na$_2$O	MnO	P$_2$O$_5$	总量	胎	釉(厚度 mm)
NSL-1	胎	74.23	18.68	2.27	0.42	0.54	0.59	2.77	0.48	0.02		100.00	淡灰,微生烧	绿带灰黄,厚 0.5~0.6
	釉	63.25	16.82	1.42	0.23	13.00	1.09	3.26	0.57	0.43		100.67		
SSL-1	胎	67.82	23.93	2.10	0.22	痕量	0.26	5.32	0.32	0.02		100.00	白中带灰,微生烧	淡粉青,厚 0.8~1.2
	釉	69.16	15.40	0.95	痕量	8.39	0.61	4.87	0.32	痕量		99.70		
48	胎	68.90	23.46	1.35	0.18	0.51	0.29	4.61	0.49	0.01		99.80	白中带灰微生烧	淡粉青,厚 1
	釉	67.97	14.79		0.32	9.07	0.72	4.43		0.02				
S$_3$-1	胎	70.95	21.54	2.39	痕量	痕量	0.06	4.54	0.43	0.04		99.95	白中带灰微生烧	粉青,厚 0.9
	釉	65.63	15.92	1.10	痕量	9.94	0.86	5.06	1.12	0.32		100.02		
S$_3$-2	胎	69.76	22.39	2.36	痕量	痕量	0.39	4.42	0.75	0.05		100.12	白中带灰生烧	虾青,厚 0.5~0.6
	釉	65.73	14.58	2.30	0.10	9.74	0.92	4.94	1.27	0.20		99.78		
S$_3$-3	胎	73.93	18.36	2.43	0.39	0.31	0.67	3.16	0.22	0.15		99.62	白中带灰黄,生烧	淡黄灰,厚 0.5~0.6
	釉	66.33	14.28	0.99	0.03	11.34	1.17	4.35	0.99	0.36		99.89		
S$_3$-4	胎	61.37	27.98	4.50	0.74	0.87	0.73	3.74	0.38	0.20		100.51	灰黑,生烧	灰青,厚 0.8~1.2
	釉	65.31	16.61	0.83	痕量	12.24	0.82	3.75	0.45	0.08		100.09		
S-002	胎	67.74	23.18	2.40	少量	少量	少量	5.56	1.36			100.24	胎质坚硬有小气孔	梅子青,釉层厚,无纹
	釉	68.02	14.14	0.91	少量	9.88	0.77	4.41	1.54			99.67		
S-003	胎	67.09	23.41	2.02	少量	少量	少量	5.95	1.54			100.01	胎较粗,有小气孔	淡梅子青无纹
	釉	67.99	14.51	1.32	少量	9.05	少量	5.36	1.41			99.64		
010	胎	72.18	21.15	2.43	0.39	0.11	0.37	3.39	0.10	0.69		101.11	浅灰色,质细孔少	灰黄绿,厚 0.1
	釉	64.14	12.00	1.79	0.31	15.72	2.05	2.07	0.14	0.57	1.07	100.05		
011	胎	73.51	18.99	1.54	0.29	0.10	0.21	5.14	0.09	0.04		101.2	浅灰色	灰绿带黄,厚 0.8~1.5
	釉	67.76	12.50	0.96	<0.01	12.17	1.15	4.10	0.25	0.39	0.73	100.21		
012	胎	71.33	21.66	2.33	0.35		0.35	3.41	0.09	0.08		99.84	白色,致密	粉青,厚 0.5~0.8
	釉	67.15	12.74	1.38	<0.01	13.14	1.17	3.64	0.12	0.26	0.64	100.32		
LOK-1	胎	64.12	25.63	4.61	0.95	0.57	0.44	3.20	0.35	0.06		99.93	浅灰到深灰厚龙泉黑胎	青灰,厚 0.7~0.9
	釉	63.13	15.26	0.98	痕量	16.18	0.32	3.39	0.41	0.03		99.70		
LOK-3	胎	63.79	25.54	4.07	0.63	0.76	0.51	4.34	0.36	痕量		100.00		
	釉	65.67	15.88	1.03	0.25	12.11	0.85	4.24	0.22	0.03		100.28		
LOK-4	胎	63.77	25.40	4.59	0.92	0.67	0.43	4.15	0.19	0.06		100.18		
	釉	63.35	14.42	1.03	0.12	16.66	0.86	5.97	0.28	0.11		100.80		
LOK-7	胎	63.07	26.06	4.19	0.73	0.70	0.51	4.00	0.25	0.04		99.55		
	釉	66.08	14.43	1.01	0.11	13.18	0.86	4.58	0.28	0.16		100.69		
LOK-9	胎	64.73	24.77	4.25	0.55	0.69	0.50	4.19	0.26	0.04		99.98		
	釉	60.91	15.73	1.16	0.12	16.83	0.82	4.09	0.26	0.10		100.02		

据考古家分析研究认为南宋黑胎青瓷是龙泉仿官或南宋龙泉官窑的产品,非传世哥窑产

品,即传世哥瓷非宋代龙泉窑烧造。"南宋龙泉窑中的哥、弟窑之说纯属传闻"[①]《中国陶瓷史》"哥窑"部分指出"黑胎青瓷不是哥窑,是仿官窑的作品,哥窑弟窑的命名本身就值得怀疑,从文献材料看,是后人根据前人传闻演绎出来的"[②]。陶瓷科学技术专家通过对龙泉黑胎青瓷与南宋官窑青瓷的分析研究也提出了一些看法,周仁等分析了宋龙泉黑胎青瓷认为:"黑胎龙泉窑,有人认为是仿官窑的制品,它的胎骨成分很接近北窑,而与一般龙泉窑差别较大。可见仿官窑的说法是有所根据的"[③]。另有一些作者对南宋官窑瓷和龙泉黑胎青瓷的化学分析结果研究后,认为"根据官、哥(指龙泉黑胎青瓷)残片的化学组成,得到了官哥残片的釉式……我们由此得到了官、哥釉的化学组成非常相近的结论",又认为"按官窑和哥窑的化学组成……官窑的胎和龙泉哥窑(指黑胎青瓷)的胎有很大差异"[④]。而有的作者认为"从胎、釉的特征成分比较可见南宋官窑与传世哥窑之间的差异比它与龙泉哥窑(指龙泉黑胎青瓷)之间的差异大,与龙泉哥窑瓷器间的差异仅表现在胎中含钛量间的差别,釉中两成分基本相近,这表明龙泉哥窑在本质上说它是仿官窑瓷比说它是仿传世哥窑瓷更妥当些"[⑤]。表 9-6 列示出南宋官窑和龙泉黑胎青瓷的胎、釉特征成分含量的比较,从表中所列成分对比可见龙泉黑胎青瓷与南宋官窑青瓷除胎中 TiO_2 含量有高低之外,几乎十分相近。两者瓷胎所含指纹元素 Ce 和 Gd 的分布特征研究表明"两者都位于富 Ce 区域,不过龙泉黑胎青瓷胎的 Gd 含量要较南宋官窑黑胎青瓷瓷胎为高"[⑥],这表明两地制胎所用原料的不同。南宋时,宋王朝在杭州设官窑烧造宫廷用瓷,规模不大,不能满足需要。为保证皇室、官僚的大量需要,在龙泉烧造官窑型瓷器是非常可能的,结合两者外观的相似,成分上的相近,可以断定龙泉黑胎青瓷是南宋时期为仿制官窑青瓷而烧制的产品。尽管所用原料不同,但仿制的龙泉黑胎青瓷能够达到外观和内在都像的程度,说明龙泉窑当时在技术上受南宋官窑的影响是很大的。因此龙泉黑胎青瓷称"龙泉官窑"更确切些,而非传闻中的哥窑产品。

表 9-6　南宋官窑青瓷和龙泉黑胎青瓷胎、釉特征成分

名　　称	胎		釉			备　注
	$Al_2O_3(\%)$	$TiO_2(\%)$	CaO (%)	K_2O (%)	Na_2O (%)	
龙泉黑胎青瓷	25—30	0.71	14.49	4.04	0.31	TiO_2,　CaO,　K_2O,
南宋官窑青瓷	22—29	1.22	15.29	3.53	0.43	Na_2O 均为平均值

　　龙泉黑胎青瓷和南宋官窑青瓷的胎色呈黑色,主要是掺用了一定量的紫金土于胎中,紫金土是一种含高铁等杂质矿物的粘土,不同矿原所含铁、钛的量相差很大。故不同窑的青瓷产品的胎中掺用量也不同。南宋官窑青瓷胎的含 Fe_2O_3 量在 2.5%～4.1%,而龙泉黑胎青瓷为3.5%～4.6%。使用紫金土既提高了瓷胎的强度,又增加了瓷胎的黑度,使瓷胎呈现灰黑色,对

① 朱伯谦,龙泉青瓷简史,龙泉青瓷研究,浙江省轻工业厅编,文物出版社,1989,19。
② 中国硅酸盐学会,中国陶瓷史,文物出版社,1982,286～289。
③ 周仁,李家治,中国历代名窑陶瓷工艺的初步科学总结,考古学报,1960,(1),89。
④ 陈显求、陈士萍、周学林,南宋郊坛官窑与龙泉哥窑的陶瓷学基础研究,中国古陶瓷研究,科学出版社,1987,173。
⑤ 郭演仪,哥窑瓷器初探,上海博物馆建馆四十四周年哥窑学术讨论会论文,1992 年,10 月,上海。
⑥ 高力明、罗宏杰、陈显求等,浙江部分古瓷胎稀土元素分布特征的研究,李家治、陈显求主编,古陶瓷科学技术,国际讨论会论文集 2,上海古陶瓷科学技术研究会,1992,187。

青釉的衬托更加协调,有增加深沉感的效果。掺用含 Al_2O_3 高的紫金土则更有利于薄胎器皿的成型和烧制。龙泉黑胎青瓷和南宋官窑青瓷一样,许多小型产品常常制成薄胎厚釉,有时烧成后的瓷胎厚度比釉还薄,常达 1 毫米左右。由于色调的深沉感使人有更加肥厚的感觉。通过对窑址留下的青釉瓷素烧半成品和成品釉层的显微镜观察,可清楚地看到釉层呈明显的分层,一般为 3～4 层,这表明当时已使用了多次素烧和多次施釉的技术。这种方法尽管增加了工序,但使釉层能均匀地增厚,在技术上是可行的,能保证产品的质量,如果一次施厚釉要达到釉厚 1 毫米左右,则容易造成釉层在干燥时的开裂和脱落或烧成时的缺陷。同时从釉的化学成分上看,釉的 K_2O 含量高。高温下的钙碱釉,其粘度比钙釉大,不致过份流动而能保持较厚的厚度,以增强釉的玉质感。由于当时的时尚是追求玉质感的效果,因此龙泉的白胎青瓷像黑胎青瓷一样,也增加釉的厚度,厚者有时达 1.5 毫米。从龙泉青釉瓷在南宋时期转变为厚釉工艺,也可以看出南宋官窑施釉技术对龙泉窑技术革新上的影响。

南宋青釉瓷的釉色种类很多,其釉色主要取决于釉中 Fe_2O_3 的含量和烧成温度及气氛。釉色有灰黄、蜜腊黄、灰青、虾青、豆青、粉青、梅子青等各种颜色。龙泉青釉瓷中质量最高的数梅子青釉、釉色青翠透澈,烧成时受还原的程度高,比其他颜色青釉的烧成温度略高些,釉中气泡大部分扩散逸出釉外,釉质呈现明亮感。要得到适当的气氛和温度的条件,选择装窑的窑位是十分关键的因素。另外釉的 K_2O 和 Na_2O 的含量也有影响,一般看来梅子青釉的 K_2O 含量都很高,而 CaO 含量偏低些。要达到此目的,则需要减少釉灰的用量和使用含 K_2O 量高的植物灰,即使用高 K_2O 含量的植物所煅烧成的釉灰配釉。这类高 K_2O 植物的选择也是通过选试才有所认识和采用于生产中的,这在制釉技术上也是一个提高和进步。

《菽园杂记》卷十四中有关成型的记述:"匠作先以钧运成器,或模范成型,俟泥乾,则蘸油涂饰……"[1] 可见龙泉窑的成型方法有两种:一种是使用辘轳拉坯成型;另一种是使用模制成型。实际上,还有一种捏塑成形。碗、盘、盅、瓶等圆器都采用拉坯成型。大的器物则采用分段拉坯,然后镶接成器。异型器皿常常采用模范分两半或数块成型后再粘结和修整。人物和动物则采用捏塑成形。施釉则采用蘸釉、荡釉和淋釉的方法。

(三) 元、明时期的龙泉青釉瓷

元代以后龙泉古窑址数量大增,其规模和分布范围均为以前所不及,大部分窑址分布在沿瓯江上下游和松溪上下游的两岸。改善了以水路运输的条件,满足了国内外需要量猛增的要求。加上元代对外贸易中龙泉青瓷为重要产品之一,所以元代龙泉瓷业的生产能力得到较大的发展。然而其质量却有所下降,产品制作粗糙,远不及南宋后期之精美。加上制瓷的中心移向江西的景德镇,白瓷的品种占居主导地位而深受国内外的欢迎,这非龙泉青瓷可以与之抗衡。在此情况下,青瓷的生产只追求产量,质量显著下降。延续至明代龙泉瓷窑逐渐减少,瓷业逐渐衰退,以致到清代已完全停烧,结束了其历史上一度享有盛誉的辉煌历史。

元、明时期龙泉窑生产的青釉瓷质量虽差,如胎质稍粗和厚,釉薄透明,缺乏莹润玉质感,釉色青黄不一,但在制瓷技术上大多数沿用着南宋时代流传的若干工艺,如原料处理、胎釉配方,有少数为适应当时需要的若干创新,如大型制品的制作,堆贴花和刻划花的盛行。但总的趋

---

① 陆容,菽园杂记,商务印书馆,丛书集成初编。

势,元明龙泉青瓷已走向下坡路。表 9-7 列出了元、明时期的一些青釉瓷瓷片的化学分析成分[1][2] 从胎釉成分的对比也可见到青瓷制作的技术问题。

表 9-7　元、明时期龙泉青釉瓷胎釉的化学组成

| 编号 | 部位 | 氧化物含量(重量%) | | | | | | | | | | | 胎釉色质 | |
		SiO_2	Al_2O_3	Fe_2O_3	TiO_2	CaO	MgO	K_2O	Na_2O	MnO	P_2O_5	总量	胎	釉
YL-1(元)	胎	70.77	20.13	1.63	0.16	0.17	0.74	5.50	0.82	0.07		100.00	白中略带灰,生烧	粉青带黄绿,厚0.5~0.8mm
	釉	67.41	16.74	1.51	0.18	6.53	0.63	5.49	1.16	0.45		100.40		
ML-1(明)	胎	70.18	20.47	1.71	0.19	0.16	0.29	6.02	0.97	0.10		100.00	灰黄,微生烧	黄中带棕,厚0.5~0.8mm
	釉	67.57	15.00	1.44	痕量	6.28	1.92	6.48	1.14	0.14		99.77		
014(元)	胎	73.36	18.88	1.57	0.12	0.08	0.17	4.96	0.44	0.09		99.67	灰白,质粗	黄绿,厚0.2~0.3mm,裂纹
	釉	67.85	13.50	1.45	0.01	10.92	1.04	3.42	0.33	0.35	0.30	99.30		
016(元)	胎	70.90	20.48	1.50	<0.01	0.06	0.13	6.30	0.51	0.11		100.00	白色,质细	粉青,厚0.3~0.8mm,气泡多
	釉	65.63	13.63	1.12	<0.01	12.56	1.44	3.84	0.53	0.28	0.68	99.91		
017(元)	胎	70.36	20.14	1.64	0.15	0.07	0.16	7.07	0.35	0.10	I.L 0.26	100.23	灰白,质较细,有气孔	青绿泛黄,有裂纹,厚0.5~1mm
	釉	64.14	13.96	1.66	<0.01	13.01	1.60	3.80	0.25	0.49	1.05	100.01		
029(元)	胎	72.69	20.05	1.98	0.01	0.04	0.20	4.91	0.09	0.05		100.02	浅灰,质较细,有孔	灰绿,有细纹,厚0.1~0.3mm
	釉	64.41	14.63	1.95	<0.01	12.29	1.65	3.47	0.36	0.66	0.74	100.41		
018(明)	胎	73.08	18.90	1.63	<0.01	0.10	0.16	5.66	0.07			99.81	白色,致密,有孔	淡豆青,少量纹,流釉,厚0.1~1mm
	釉	68.47	14.11	1.51	<0.01	9.07	1.41	3.83	0.31	0.45	1.38	100.59		
020(明)	胎	71.38	19.78	1.65	0.31	0.08	0.13	5.08	0.20	0.07	I L 1.52	100.27	黄灰,质粗,有小孔	黄灰色,厚0.1~2mm,流釉,有纹和气泡
	釉	68.63	16.32	1.61	0.28	7.78	1.09	4.13	0.18	0.34		100.86		
022(明)	胎	68.56	21.57	1.98	0.01	0.06	0.22	6.67	0.14	0.11		99.32	灰色,质粗,有孔	暗青绿,流釉,有气泡,厚0.5~1mm
	釉	62.95	14.29	1.63	<0.01	13.07	1.72	4.31	0.17	0.63	0.82	99.91		
024(明)	胎	72.91	19.98	3.05	0.12	0.09	0.35	2.14	0.66	0.01		99.31	砖红色,质松,有孔	淡黄,透明透出胎的红色
	釉	64.14	13.43	1.92	<0.01	12.05	2.01	3.87	0.22	0.77	0.85	99.27		
015(元)	胎	68.16	21.61	2.13	0.28	0.10	0.28	6.45	0.10	0.14		99.25		素烧,釉为三层有柴木灰
	釉	65.02	16.19	1.43	0.22	9.73	1.44	4.32	0.50	0.66	0.6	99.77		
023(明)	胎	72.38	16.96	2.03	0.18	0.71	0.43	5.68	0.28	0.11	0.16	100.57	I L 1.36	素烧,釉为四层有草木灰
	釉	65.24	13.54	1.91	0.24	7.38	2.19	4.50	0.23	0.73	0.62	100.13	I L 3.56	

　　表 9-7 中所列之青釉瓷瓷胎的化学分析数据表明,元、明时期的青瓷胎的制作所用胎泥原料像南宋时期一样,是利用淘洗程度差不多的精泥为料,即以瓷石淘洗除去约 20%~30% 的

---

① 周仁、张福康,龙泉历代青瓷烧制工艺的科学总结,考古学报,1973,(1),131。

② 郭演仪,邹愫如,古代龙泉青瓷和瓷石,考古,1992,(4),375。

渣滓为泥料的主要原料,再配以少量紫金土以制胎。这样可以提高 Al_2O_3 的含量,有利于大型产品的烧制而减少变形。从胎的含 Fe_2O_3 量和胎的颜色看,元、明时期制胎掺用的紫金土的用量比南宋时期的少。从表中所列釉的化学成分可以看出,元、明时期青瓷釉中的 CaO 含量与宋代青瓷釉接近,部分产品 CaO 含量低到 6%左右,而 K_2O 的含量却高于宋代青瓷釉,高者达 6.48%。它和南宋青瓷釉一样都属钙碱釉。元、明时期的釉大部分釉层较薄,多数常施一次釉,但有一部分釉层也仍然施三四层釉。至使釉层在高温过烧的情况下常流釉,而在瓷器的下部堆积成 1 毫米厚的釉层。元、明时期配釉引入 CaO 的原料仍然使用草木灰炼制的釉灰,而不使用石灰。这点可从釉中所含磷和锰的含量估计得出来。

(四) 龙泉青釉瓷的玉质感和梅子青的成因[1][2][3]

龙泉青釉瓷就其胎质而言有低铝质和高铝质,但影响其外观效果的并非铝和其他非着色元素的高低,而是取决于铁、钛等着色元素的含量高低。因此从着色效果分大致可将龙泉青瓷的胎分为两大类,即白胎和黑胎两类,其中白胎包括一些带浅灰色调的白胎;黑胎则包括一些深灰色调的瓷胎。色调的黑白及其深浅对釉的衬托和色调及质感有一定的影响。当然青釉瓷的质感主要还是取决于釉的本质和状态。因此从釉的外观效果看大致可将龙泉青釉瓷分为两类:一类是透明釉,一类是玉质感釉。其中以玉质感的品种为上乘名品。一般而论,北宋时期的青釉瓷的釉为透明釉;南宋时期的白胎青釉瓷和黑胎青釉瓷的釉均属玉质感釉;元、明时期的青釉瓷大部分为透明釉。统观历代龙泉青釉瓷釉的成分,它们的含 CaO、Al_2O_3 和 K_2O 的比例和范围是有一些差别的,因此它们的正烧温度范围则有高低。粘度随温度的变化也有差异。当釉处于欠烧(生烧)情况下,釉中存有未熔化的残留石英颗粒和分散的硅灰石晶核及钙长石晶体。釉几乎不透明。当釉处于过烧状态时,釉几乎全部玻化,清澈透明,釉中很少有残余石英颗粒和第二相晶体,只有稀少的大气泡悬浮在釉中。由于玻化后釉的脆性增加,大多数情况会产生细裂纹。只有当釉处于正烧的温度范围才会出现半透明状态的玉质感。这种玉质感的形成主要是釉内除存在有少量残留未熔石英颗粒外,主要是存在第二相晶体颗粒,即针状的钙长石晶体和硅灰石析晶群,还有大量的细小气泡。特别是南宋后期的粉青釉,多半其烧成是处于正烧温度范围的下限,而梅子青釉的烧成于靠近正烧温度范围的上限使部分晶体回溶。粉青釉中晶体量比梅子青釉多,故粉青釉内晶体相的散射效果比梅子青釉更强,而梅子青的透明感则高于粉青釉,表面光泽度亦高于粉青釉。同样呈现有美好的玉质感,但两者在质感上仍有一定差别。再者青釉中多层施釉的釉层在烧成后没有熔融为一体,层与层之间仍然留有交界层的痕迹,这些层界的反射也会对釉的玉质感给予一定的贡献。南宋的龙泉黑胎青瓷亦为处于正烧的青釉,有少数样品的烧成温度偏高一些。正烧的黑胎青瓷的玉质感也是来源于釉中生成的钙长石晶体颗粒和晶体层为主体的散射,少量残留石英颗粒和气泡也起着一定作用。但温度偏高的样品其釉中晶体很少,气泡也少,进入了过烧范围,釉则显得透明和表面光亮。

梅子青釉的主要成因在于烧成温度偏于正烧的上限,呈现较好的玻化状态,釉层特别厚增

① 陈显求,陈士萍等,南宋郊坛官窑与龙泉哥窑的陶瓷学基础研究,中国古陶瓷研究,科学出版社,1987,178~184。

② Vandiver, P. B., Kingery W. D, 1986, Song Dynasty Celadon Glazes from DAYAO near Langquan, Scientific and Technological Insights on Ancient Chinese Pottery and Porcelain, Science Press, 1986,187.

③ 周仁、张福康等,龙泉历代青瓷烧制工艺的科学总结,考古学报,1973,(1),131~156。

加釉色的碧绿感。重还原烧成使釉中铁离子得到充分还原。

有关龙泉白胎青釉瓷和黑胎青釉瓷的显微结构照相列示于图 9-8 中[1]。在南宋粉青釉的釉层中存在未熔的石英和粘土团粒,气泡小而多。除釉中所含细小晶体之外,这些未熔颗粒在釉层中也增强了对光线的散射。龙泉黑胎青瓷的显微结构照相中显示出除含有不同量的石英颗粒和气泡外,还有呈层状、带状或团状的晶体群,多为钙长石晶体。另外从釉层的显微结构还可清楚地看出釉层断面上显示出的分层线,在釉层中有三层分层的釉存在。这表明龙泉釉是采用多层施釉技术增加釉的厚度。

四 龙泉青釉瓷的装饰和造型[2]

龙泉青釉瓷的艺术装饰在很大程度上是依靠青釉的釉色美和釉质的玉质感效果。由于窑温和气氛关系,釉色常因烧成温度偏高而透明。为了适应釉色和釉质的变化,装饰上再创以刻划花纹饰、堆贴花和浮雕以及泥塑等手法增加其美观和艺术效果。北宋及其以前瓷胎以手工拉坯成型多为厚胎,常配以刻划花纹和篦纹进行装饰,然后施一层较薄的透明釉层以赋予纹饰明显的艺术效果。纹饰常用团花、莲瓣、缠枝牡丹、菊花、云纹、蕉叶纹和童子戏花等图样装饰在不同器型和位置。南宋以后,特别是南宋中后期,以往用的刻划花和篦纹装饰方法逐渐淘汰,因为当时釉质追求翠玉效果,通过施釉方法上的改进,施以多层釉以实现釉的玉质感,所以一般的刻划纹饰和篦纹装饰在厚釉情况下已无法显示其艺术效果。因此为结合当时的薄胎厚釉技术特点创立了堆贴花、浮雕和利用弦纹的方法进行装饰,甚至多数不用纹饰,而靠自然的釉色和玉质感美化青瓷。堆花是用笔蘸泥浆直接在装饰部位堆画成一定的凸起花纹,条纹凸起于胎的表面比较明显。贴花则是将需要装饰的花纹图形预先以印模印好泥片,以泥浆粘贴于瓷坯表面。堆贴花装饰部分有时不施釉。待烧成后显露呈红褐等颜色,与青釉相衬托以美化和装饰。贴花装饰常有牡丹、龙凤和双鱼等图形,双鱼常贴在盘、洗内,装饰虽简朴,但十分活泼逼真。浮雕多以莲瓣纹为主,常装饰在碗、盘之类的器皿上,由瓣纹棱纹的凹凸浅深使釉色呈现深浅不一的丰富层次。白胎青瓷除以上装饰外,靠釉色的创新也是一种十分重要的方法。如当时创造出各类粉青和梅子青则是青釉中最佳的品种。在品质上比其他釉色的青釉瓷更高一等,诸如虾青、豆青、炒米黄等釉色均不及粉青和梅子青所具有的古雅翠玉的质感。黑胎青釉则是靠釉色和纹片的形态来装饰本身的。由于黑胎给予釉色的衬托,使釉色更显古雅,加上釉的开片有疏有密,形态花样繁多自然,使青瓷的装饰更增添美感。釉的开裂除烧成温度和冷却速度对它有一定影响外,主要则是由于胎、釉膨胀系数有差别的缘故。相差较大者,裂纹密而形成小片;相差较小者,裂纹稀而形成大片。诸如龙泉黑胎青釉瓷、传世哥窑瓷以及下节将讨论的南宋官窑瓷的釉都是这样。后人根据裂纹的稀密和形态,加上想象而给于了各种各样的形象化描述和称谓,如鱼子纹、白圾碎、冰裂纹、蟹爪纹等。同时由于有些裂纹是窑中冷却时即已形成,有些则是在出窑后逐渐形成,因而这些裂纹由于受到污染或人工染色的先后而显出不同的颜色,因而又有所谓"金丝银线"或"金丝铁线"等美称。本来釉的开裂是一种缺陷,但在上述这些瓷上出现反而成为一种美化的装饰手段。同样在黑胎青釉瓷利用釉在烧成时的流动性而形成器皿口沿部

① 周仁、张福康、郑永圃,历代龙泉青瓷烧制工艺的科学总结,中国古陶瓷研究论文集,轻工业出版社,1983,188。
② 邓白,略谈古代龙泉青瓷的艺术成就,龙泉青瓷研究,浙江省轻工业厅编,文物出版社,1989,92~101。

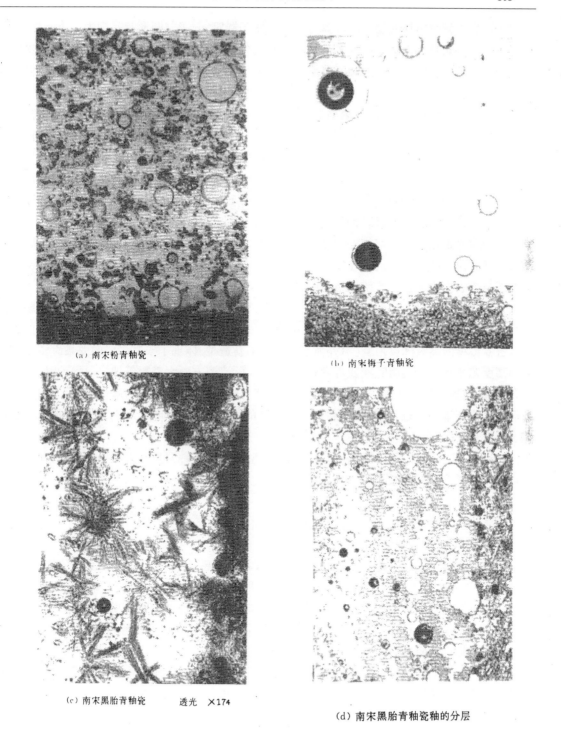

(a) 南宋粉青釉瓷

(b) 南宋梅子青釉瓷

(c) 南宋黑胎青釉瓷　　透光　×174

(d) 南宋黑胎青釉瓷釉的分层

图 9-8　龙泉白胎青釉瓷和黑胎青釉瓷的显微结构照相

的"紫口",即当口沿部釉流得变薄后显露出胎的颜色的边缘。也是借助于釉的易流的缺点而形成美化的装饰特征。另外在底足不施釉部分,经烧成后表面氧化形成的红褐色的"铁足"也构成了一种特有的装饰特征。南宋时青瓷的成型除采用手工拉坯、模制之外,尚有捏塑成型。圆形器物主要使用辘轳拉坯成型,如碗、盘、洗、盅和瓶等器皿。一些非圆形制品则用模范制作,如方瓶、六角杯、八角杯和异型瓶和壶等。可利用模范合成两半或数块再粘结成整体进行修整以成型。人物和各类动物则常常捏塑和雕塑而成。无论模范成型还是捏塑成型都要求泥料有较好的可塑性,因此所需的泥料则是淘洗程度更高些的,有利于成型的质量。

　　元、明时期青釉瓷的装饰多用刻划花纹、印贴和堆雕等手段。花纹有仿北宋时期的海涛纹、蕉叶纹,也有仿南宋的莲瓣纹、牡丹纹、鱼纹、凤纹和龙纹等纹饰。此外尚有各种梅兰竹菊、葵花、牡丹、芍药、鸟、鹿、龟、鹤、麒麟、雷纹、方格纹等等,题材十分丰富和广泛。露胎贴花装饰方法也非常突出,在青釉衬托下显露出紫红或土红色花面,有十分完美醒目的效果。元代除以花纹装饰以外,还利用黑釉在青瓷釉上点彩的方法进行装饰,烧成后点彩往往呈现褐色,即形成青釉褐彩。这种褐彩的点彩装饰早在三国、两晋已经出现和使用。

　　就造型而论,五代、北宋初期龙泉青瓷主要受越窑的影响,产品与越窑青瓷一脉相承,只是质量上尚不及越窑青瓷。同时在发展日用性产品方面结合生活实际使用开发了一些器型。但主要还是继承浙江青瓷的传统风格。到北宋中期又吸收了北方诸名窑的制瓷技术和经验,改进了工艺,增加了新品种,造型稳重大方,质朴秀丽。南宋龙泉青瓷的造型主要是适应薄胎厚釉的特色。倾向于制作精致灵巧的小型器件。除继承传统的青瓷造型加以改进之外,还制作仿古铜器及玉器造型的高级陈设用瓷。另外尚创造了许多新造型,体现了丰富多姿的龙泉青瓷独特风格和高度艺术水平。元、明时期随着青瓷质量的下降,造型方面大都粗笨拙劣,尽管造型基本上承袭前代,但极少精美产品。有些产品为了适应特殊需要,也具有较高的质量和水平,如元代为适应外销需要曾制造过许多大型器件,具有较高的水平,但总的倾向元、明时期在制瓷技术和艺术上都是衰落的。

　　从釉色、刻划花等不同类型装饰及典型的造型选择出几种龙泉窑青釉瓷的照片,列示彩图9-9中,给以外观特征和装饰造型的参照[1][2]。

五　历代龙泉的龙窑和烧成技术[3][4][5][6]

　　历代龙泉青釉瓷的质量优劣与其当时的烧成技术有密切关系,其中包括窑炉的构造、装窑技术、窑具质量和用法、燃料的质量以及烧成过程中温度和气氛的控制与调节都是十分重要的。关于古代龙泉青釉瓷的烧成技术一方面可从窑址的发掘得到一些实测资料,另一方面可从历代样品的质量特征和科学分析获得一些辅助的推测和判断。对于大致认识历代龙泉青釉瓷的烧成技术是有益的。

　　从龙泉大窑、金村和安福三处古窑遗址的发掘中所找到的古龙窑遗迹可以看出,龙泉地区烧制青瓷的龙窑结构和尺寸在不同时期是有差别的。龙窑是依山坡而建的狭长形窑,窑室的长

　　① 浙江省轻工业厅、浙江省文物管理委员会、故宫博物院合编,龙泉青瓷图录,文物出版社,1966年。

　　② Rosemary E. Scotl, A Guide to the Collection, Percival David Foundation of Chinese Art, School of Oriental and African Studies, University of London, 1989, 62.

　　③ 朱伯谦,龙泉大窑古窑窑遗址发掘报告,龙泉青瓷研究,浙江省轻工业厅编,文物出版社,1989,38～67。

　　④ 张翔,龙泉金村古瓷窑址调查发掘报告,同上,1989,68～91。

　　⑤ 中国社会科学院考古研究所浙江工作队,浙江龙泉县安福龙泉窑址发掘简报,考古,1981,(6),504～510。

　　⑥ 李德金,浅谈龙泉窑的窑炉结构,中国考古研究,文物出版社,1986,328～336。

度和坡度对龙窑的性能和使用有十分关键的作用,窑室越长、坡度越大使窑的抽力越大,因为龙窑基本上没有烟囱或有很矮的烟囱。主要是靠窑本身所产生的抽风力量使火焰从窑前部流向后部,以升高炉温和控制火焰的性质。宋代龙泉窑的窑室很长,一般长者达 70～80 米,其坡度亦较大,在 16°左右。形成窑头和窑尾之间的高度差也很大,约有 20 米。如安福发现的 Y_{18} 号窑,窑长 72 米,坡度为 16°,前头宽 1.85 米,中部宽 2.2 米,尾部宽 2.3 米。窑室前半段平直,后半段曲度较大,其所以建成具有一定曲度的后段,主要是为了增加对火焰流动的阻力,减慢火焰流速,有利于窑内的升温。南宋时期也有较短的龙窑,大窑窑址发掘中曾发现一条较完整的龙窑,仅有 30 米长的窑室,窑头和窑尾的高度差为 8.95 米,其坡度约为 17°,窑宽为 1.85～2 米,短窑与长窑相比其装烧量少,但易于控制。宋代尚有分室龙窑出现,分室龙窑是在一般龙窑的基础上改进而来的,它表明了宋代窑炉在技术上有了很大的改进。它与一般龙窑的不同在于以墙将龙窑分成多室,使窑内的火焰形成倒焰式。不但容易控制火焰的流速和温度,而且易于控制气氛,改善青瓷产品的釉色质量。安福龙泉窑址发掘的 Y_{58} 号分室龙窑就表明了,以墙隔分为室的特点,其窑底由下而上筑六级台阶,每级间隔 4 米,高 25～40 厘米,每级台阶设有窑门、挡火墙和墙基下的烟火孔。由此可见宋代在窑炉结构和烧成技术上的改进是十分明显的,南宋后期烧出高质量的粉青和梅子青等青釉瓷品种,不能不与窑炉上的改善有密切关系。元、明时期的龙窑窑室比宋代的短些,窑的坡度也比较小,如安福窑址发掘的元代 Y-17 号窑长度为 49.6 米,窑室前宽 1.55 米,中尾部宽 2.35 米,坡度为 11.6°。明代 Y-32 号窑,长 43.15 米,窑室前宽 1.2 米,后宽 2 米,坡度为 13.5°。从窑室长度和坡度看,元、明时期龙窑的烧成更容易控制,窑室短、坡度平缓、温度和气氛易于达到均匀,这一点从元代能烧制大型器皿已经得到说明。为何元、明青釉瓷的质量不及宋代晚期的青釉瓷,这很可能是元、明时期在烧成技术上不及宋代,诸如装窑技术、温度和气氛的控制等。对于瓷器的烧成来说,装窑是十分重要的,是否使用匣钵和匣钵在窑内装放的疏密组合排列等都影响窑中各部位的火路分布,即影响到烧成过程中火焰的流动情况、温度上升的快慢,氧化和还原的程度等。因此青釉瓷质量的高低除窑炉结构有一定影响外,烧成技术也是十分关键的因素。所以元、明时期的龙泉青釉瓷质量差,特别是明代的青釉瓷产品多呈带黄或灰暗釉色,主要是烧成技术水平低下之故。

　　装窑技术方面北宋时期还较落后,一些高大产品如瓶、罐、钵、盆和执壶之类的坯体不使用匣钵装烧,放在喇叭形垫座上垫以垫环,以明火烧成,釉面上常落有落砂及火焰带来的杂质,釉面质量和颜色均差。釉多呈青黄色。同时窑内空间利用率也较低。南宋时期烧成青釉瓷时已完全不使用喇叭形垫座装窑方式,而是全部使用匣钵装烧青瓷,使用匣钵为烧成技术上的一个非常大的进步,它可以迭装成匣钵柱,容易实现按不同窑位安置和排列匣钵柱,形成比较合理的间隙(火路)分布,以达到更有利于控制窑内温度和气氛的目的。同时全部使用匣钵装窑,能使窑室空间得到合理的充分利用,从而降低生产成本。

　　龙窑的建造是十分经济的,一方面利用山坡自然地势的坡度,另一方面就地取材使用一般的粘土材料和残砖及废匣钵十分简单的建成窑墙,表面涂以粘土,窑底则用黄砂铺成,再以匣钵片铺平,成本相当低廉。这一点正表明古代窑工们的聪敏才智和高超的技术本领,他们能以简单和造价低廉的龙窑烧制出如此精美闻名世界的青瓷产品,使后人不能不钦佩古代窑工们的高度技术水平。

　　从发掘的历代龙泉窑的青瓷标本也可看出各时期烧成技术的高低。一般说,龙窑长者有七八十米,短者也有三十米,如此长的窑室多者可装烧瓷器四万件,少者也装烧近两万件。要使每个窑位都能达到均匀一致的温度和气氛是不可能的,即使是技术十分熟练和经验丰富的老窑工,也只能掌握某些窑位达到较好的温度和气氛条件,烧制出部分优质产品。北宋早期能烧出淡青色的青釉瓷表明那时烧成温度不十分高,能掌握和控制烧还原焰,进入北宋中晚期青釉瓷的釉色主要呈现青中带黄,且有流釉,这表明温度有些偏高,控制还原焰烧成的技术也不够熟练。南宋前期由于烧成技术的提高,部分青釉瓷产品的釉色可以达到青翠。但仍然有些产品的釉色呈现青灰和青黄色。直到南宋晚期龙窑的窑室缩短和改进成分室龙窑,温度和气氛更容易和有效控制之后,才使青瓷的釉色达到了粉青和梅子青的优美程度。但也并非整窑的产品都能完全烧成如此完美的釉色,产品仍然出现不同色调的青色和黄色。这说明即使窑炉构造有了改进,控制龙窑的温度和气氛达到完好一致的程度也是很困难的。能使部分窑位达到理想状态烧出优美的青色,在烧成技术上没有高水平和熟练经验也是难以实现的。足见南宋晚期以龙窑烧制青瓷的工艺在龙泉已达到了相当高的技术水平。元、明瓷器的釉色比南宋青瓷要逊色得多,这表明元、明时期龙泉窑在烧成技术上缺乏控制,致使烧成温度和气氛不当,使釉色带灰或带黄。

龙泉窑古代所用匣钵有两种基本类型,一种为平底匣钵,另一种为凹底匣钵。碗、盘之类短矮的瓷件常用凹型底的匣钵,数件瓷件迭放在匣钵内。匣钵互迭放成柱装窑。瓷件底部则常以泥饼支托,有时使用支钉支托。瓶、罐、壶等大型制品则常用平底匣钵装烧。匣钵和支垫窑具的质量对青瓷的质量也有一定的影响。

根据《菽园杂记》的记述,"……用泥筒盛之,置诸窑内,端正排定,用柴条日夜烧变,俟火色红焰,无烟,即以泥封闭火门,俟火气绝而后启。"泥筒指匣钵,装好瓷器的匣钵要非常规整的排放在窑室内。用木柴和竹作为燃料烧较长时间,烧到火红高温无烟时,即达到既无不完全燃烧的烟雾,又不使空气过量的近中性焰或轻微还原焰的清火阶段,然后封窑门,不让二次空气进入窑内,防止釉面的重新氧化,等冷却后再开窑。尽管文字简单,却记述了几个重要的烧成工艺程序遵循的要点。

龙泉青瓷经历了一千多年由粗到精的发展,和在竞争中由高品质退向低质量的衰落过程,它为中国青瓷的发展和在科学技术上所作出的贡献是显著的,对世界文化艺术和制瓷技术的影响也是巨大的,特别是南宋后期白胎青瓷开创出粉青和梅子青釉瓷以及仿官窑的黑胎青瓷,在质量上达到了高精水平,也显示了其不平凡的技艺和特征,这些高度完美产品的取得表明龙泉青瓷在制作技术上的发展同样达到了不寻常的水平。多层厚釉技术和充分还原技术的掌握与其他诸窑相比亦有独到之处。龙泉青瓷名扬天下主要靠技术结合艺术的发展和进步。龙泉窑青釉瓷以及下节所讨论的南宋官窑青釉瓷都是第五个里程碑的重要组成部分。

第二节　南宋官窑青瓷

北宋靖康二年(1127),宋室南渡,绍兴十年(1140)与金人议和称臣,得半壁江山。高宗赵构定都临安(杭州),建立了南宋皇朝。南宋初年,百废待举,大建宫室,一切恢复北宋旧制,包括了皇室所用的瓷器,也"袭故京遗制",在杭州设立官窑烧制宫廷用瓷,称为"南宋官窑"。

一　南宋官窑的历史沿革

古籍中最早提到"南宋官窑"的是宋，叶寘《坦斋笔衡》[1]，其中写道："本朝以定州白磁器有芒，不堪用，遂命汝州造青窑器，故河北唐、邓，耀州悉有之，汝窑为魁。"（这个"汝窑为魁"是指河北唐、邓……等地造的青窑器以汝州造的最好，并不是与其他青瓷器比较）"江南则处州龙泉县窑，质颇粗厚。政和间，京师自置窑烧造，名曰官窑。中兴渡江，有邵成章提举后苑，号邵局，袭故京遗制，置窑修内司，造青器，名内窑。澄泥为范，极其精致，油色莹彻，为世所珍。后郊坛下别立新窑，比旧窑大不侔矣"。据此可知，北宋官窑始烧于政和年间，有十五年的烧造历史（宣政间，即1111～1125年——《负暄杂录》）。南宋官窑则"袭故京遗制"在临安创立的，一切工艺和款式皆以北宋官窑为准。南宋"官窑烧于宋修内司中，为官家造也。窑在杭之凤凰山下，其土紫，故足色若铁，时云紫口铁足……以他外之土咸不及此"[2]。

这样，南宋官窑先后就有二处，一为修内司窑或称内窑，另一为比内窑稍晚的郊坛下窑或称郊坛官窑，即新窑。

修内司窑地点在修内司（"置窑修内司"），郊坛窑则在郊坛附近。

修内司窑至今没有发现。一说[3]，据《宋史·宦者列传》载，北宋徽宗朝内侍邵成章在建炎二年（1128）上疏揭发大臣黄潜善、汪伯彦瞒报重大军情之罪，反被除名，"编管雄州（广东南雄）"。"久之，帝思成章忠直，召赴行在，其徒忌之，潜于帝曰'邵九百来，陛下无欢乐矣'，遂止之于洪州"（今南昌市）。根据这段史料记载，认为既然邵成章"止于洪州"，就去不了临安，就没有修内司窑，因此，修内司窑在历史上是不存在的。另一说认为邵成章止于洪州以后还有下文。据载（见藏励苏《古今人名大词典（1940）》），"…金人入洪……"，即邵成章在去临安的半路上，被止于洪州，不久，金兵即攻占洪州，把邵擒获，迫他叛变投降，邵宁死不屈。金将叹曰"此忠臣也，吾不忍杀"，把他放走。邵以后如何，不见记载。但除非是蠢物，否则他不可能再留在金人的占领区再被捉杀，必定逃回南宋统治区，况且他是皇帝的内侍，最可能的去处当然是"行在"，即临安。这样，当上修内司提举这个官还是有很大可能。"置窑于修内司造青器"也不是完全不可能的。况且南宋度宗时吴自牧著《梦粱录》卷九，内诸司一节中所说殿中省内就设有修内司和青器窑，由内侍官兼职提点、提举等职。故可知修内司就在皇城内。故南宋修内司官窑之谜似不宜过早就下结论。如果说南宋官窑"袭故京遗制"是可信的，则其窑炉也可能受北宋官窑和汝窑的影响，开始时也建2～3米长宽的馒头窑烧制青瓷，这样的小窑也有可能建在修内司中。

1925年左右，杭州西湖南面万松岭一带修建马路，发现了一些黑胎带纹片釉的古瓷片，引起了许多瓷家的注意，当时米内山庸夫正在任日本驻杭州领使，是一个古瓷家，他踏遍了凤凰山宋皇城遗址一带[4]，据称发现了五处修内司窑窑址，即① 凤凰山报国寺内，② 凤凰山腰报国寺后面，③ 凤凰山下西溪南斜面，④ 凤凰山下西溪北斜面地藏殿内，⑤ 青平山口。可惜经过数十年中外学者特别是浙江的陶瓷考古家的长期深入调查研究，依然无法证实。报国寺在南宋皇

① 宋，叶寘，坦斋笔衡，至正二十六年，1366，见陶宗仪，辍耕录。
② 高濂，万历十九年，遵生八笺，卷十四，燕闲清赏笺，1591，41。
③ 朱伯谦，谈南宋官窑，朱伯谦论文集，紫禁城出版社，1990，210～215。
④ 米内山庸夫，支那风土记，东京改造社，第四版，1939，336，342。

城之内,它是在垂拱殿的废墟上建立起来的。地藏殿则在万松岭路南口的西侧,面积不到 20 平方米,1980 年在殿后还可以搜集到许多各类古瓷片如官、哥、定,影青,越,磁州,龙泉,建阳天目,吉州天目等名瓷残片。看来米内山氏踏堪的许多地方的确是城市遗址而不是窑址。

1913~1914 年间,有人在杭州市南郊乌龟山搜集到一些古瓷片。随后在 1930 年因挖建将士墓而发现了南宋郊坛窑窑址。当时国立中央研究院(中国科学院前身)院长蔡子民十分重视,立项研究,委派中央研究院工程研究所所长周子兢于 1930 年和 1932 年三探南宋官窑遗址,进行了小规模的试掘和搜集,并对瓷片进行了初步的化学分析[①]。乌龟山窑址的正式发掘始自 1956 年冬,历时二个月,由浙江省文物管理委员会进行。第二次发掘于 1985 年 10 月至 1986 年 1 月,由中国社会科学院考古研究所、浙江省文物考古研究所和杭州市文物考古所联合进行。第一次发掘,发现了长 23.50 米,宽 1.4~1.85 米的龙窑窑基一条,出土了许多瓷片和窑具。并发现其中有精、粗两类产品。第二次发现了另一条长度为 40.80 米的龙窑窑基,窑头有半圆形火膛,尾部有出烟坑,两边窑墙用砖砌,顶部为半圆拱顶如火车厢。以及作坊遗址一处,包括房基、水沟、练泥池、釉缸、陶车坑、生坯和素烧炉基、生坯和素烧坯堆积、储料坑、上窑路以及大量瓷片和窑具等遗迹遗物。经过详细研究,基本上揭示了南宋郊坛官窑的面貌[②]。现在,杭州市园林文物局已在窑址处建成了"南宋官窑博物馆"供国内外人士参观研究。

二 南宋官窑青瓷的烧制工艺

南宋官窑青瓷的确如古籍所说,有三大特征,即紫口铁足,黑、灰色胎(氧化焰为香灰色,即可可色);有纹片,金丝铁线;厚釉薄胎,釉呈乳浊,青玉色(氧化焰为蜜腊黄)。窑址中出土了一块研钵残片,外底刻划有阴文楷书"乙亥×春壬×"字样,当为绍兴二十五年,即 1155 年以及"淳熙六年已亥岁"(1179),"嘉熙三年"(1239)等纪年瓷片和少量元代瓷器,故知郊坛官窑始烧于绍兴初年而下限应在南宋灭亡之时,元代的粗瓷为民窑的产品。

30 年代在窑址出土的若干整器有贯耳方壶、雪山如来佛像、大小洗、双鱼洗、双龙洗、胆瓶、盆和碟、耳杯、小炉、鬲式炉、碗、八角碟、六方瓶、雀食罐以至十齿支钉和方形支钉等[③]。鸭炉首的眼睛特别施有黑彩(釉)。双鱼、双龙都是在器底内浮雕的妆饰。窑具质地"异常坚硬,颜色灰紫、间有施以薄赭釉者",支钉有些有秋叶花纹或根据千字文"天、地、元、黄"或"一、二、三、四、青、上"等字。有些则中部有孔,状如圆璧。这些贯耳壶、炉耳和管脚残片的出土,证实南宋官窑部分产品为仿青铜器。正如《遵生八笺》所说[④],"论制如商庚鼎、纯素鼎、葱管空足冲耳乳炉、商贯耳弓壶、大兽面花纹贯耳壶、汉耳环文已尊、祖丁尊皆法古图式进呈物也",并且认为是"官窑第一妙品"。他把产品分为上乘、中乘和下乘品,上乘品如葱脚鼎炉、竹节段壁瓶等,下乘品有棋子罐、鸟食罐等。

据古籍载,南宋官窑所用原料取自窑址附近。1988 年杭州南宋官窑博物馆兴建间发现山弯的右侧坡面有一条宽约 4~5 米的粘土矿带,离地表约 0.5 米,据信是郊坛官窑用的主要原

---

① 周仁,发掘杭州南宋官窑报告书,国立中央研究院二十年度总报告,1931~1932,136~144。

② 姚桂芳,略论杭州乌龟山南宋官窑的烧造年代及其来龙去脉,ISAC'89 古陶瓷科学技术国际讨论会论文集,上海科学技术文献出版社,1992,389~393。

③ 朱鸿达,修内司官窑图解,宾鸿堂丛书之一,1940。

④ 高濂,遵生八笺,卷十四,燕闲清赏笺,明万历十九年(1591)。

料。该窑的粘土原料最近有分析研究的结果[1],其化学组成如表9-8。

表9-8 南宋官窑粘土原料的化学组成(重量%)

名　称	K_2O	Na_2O	CaO	MgO	MnO	Fe_2O_3	Al_2O_3	SiO_2	TiO_2	烧失
粘　土	1.81	0.18	0.15	0.25	<0.01	1.03	17.02	73.56	0.93	5.05
粘土(淘洗后的<$1\mu m$部分)	3.05	0.46	0.25	0.50	<0.02	1.58	20.89	61.91	1.30	10.08
紫金土	0.59	0.29	0.79	0.24	—	7.80	21.95	62.65	1.09	4.61
石灰石	0.20	—	54.38	0.12		0.50	0.79	1.48	—	42.49

经 X 射线衍射和差热分析知其粘土的矿物组成为高岭石、石英和伊利石,淘洗后主要是除去了不少的石英成分。瓷胎的原料由粘土和紫金土配制而成。

从1985年发掘的南宋官窑制陶作坊来看,可以大致了解该窑的产品生产工艺的概况。原料经过淘洗、配料和练泥,圆器在陶车上手工拉坯成型,干燥后仍在陶车上旋削修坯。方形器如四方壶或六方壶应是用泥片法拼接并入模子中成型后再手工修坯。正符合"澄泥为范,极其精致"的记载。特别是圆器的胎,有些部位甚至削薄至小于1毫米,的确名符其实是薄胎。从发掘出土的生烧残片可以证实,胎经过素烧后多次施釉,多次素烧,然后用圆形或方形支钉装钵入窑烧成。其烧成温度在1230～1280℃之间。在长达40余米的龙窑中专烧宫廷用的这类官窑瓷器,其生产规模是够大的。

南宋官窑的生产工艺[2]和胎、釉的性能[3]先后有若干研究结果。从十个不同瓷胎的工艺性能,即显气孔率11.6%～0.9%,体积密度2.4～2.19克/厘米^3,假比重2.52～2.28克/厘米^3,吸水率5.2%～0.5%来看,则该窑瓷胎在上述的烧成温度范围内已完全或基本上瓷化了。故瓷质坚实是有道理的。十个试样的胎、釉化学组成经分析,其范围如表9-9。

表9-9 南宋官窑胎、釉化学组成范围(重量%)

名称	K_2O	Na_2O	CaO	MgO	Fe_2O_3	Al_2O_3	SiO_2	P_2O_5
釉	2.69～4.55	0.19～1.30	8.89～18.36	0.50～0.91	0.69～1.30	13.66～17.23	61.41～68.28	0.26～0.67
胎	2.61～4.22	0.15～0.73	0.08～0.65	0.14～0.76	1.88～4.22	13.66～28.81	61.27～70.12	—

1956年发掘的第一条龙窑出土的窑具(支钉)和附近的紫金土的化学组成如表9-10。

表9-10 支钉和紫金土的化学组成(重量%)

编号	K_2O	Na_2O	CaO	MgO	MnO	Fe_2O_3	Al_2O_3	SiO_2	TiO_2	P_2O_5	烧失	耐火度
支钉1	3.36	0.59	0.12	0.38	0.01	0.52	27.78	64.41	1.41	0.09	—	1670
2	3.38	0.73	0.13	0.36	0.02	1.90	26.37	66.58	1.03	0.11	—	1667
3	2.93	0.70	0.17	0.32	0.02	1.69	21.97	71.92	0.94	0.09	—	1650
4	3.66	0.40	0.09	0.45	0.01	5.10	24.78	64.08	1.30	0.14	—	1646
紫金土	0.74	0.39	0.08	0.08	0.002	15.18	22.49	52.16	1.33	0.14	7.18	1606

① 周少华、陈全庆,杭州乌龟山郊坛官窑原料的研究,ISAC'92古陶瓷科学技术国际讨论会论文集,1992,A42,290～294。

② 朱伯谦,釉质肥润、珍世瑰宝——南宋官窑,朱伯谦论文集,紫禁城出版社,1990,204～209。

③ 陈显求、陈士萍、周学林等,南宋郊坛官窑与龙泉哥窑的陶瓷学基础研究,硅酸盐学报,1984,12(2):208～225。

从化学组成和耐火度可判定,窑具支钉是用窑址附近的粘土原料加部分紫金土制成的。

以往无论在古籍和业界中都认为南宋官窑与哥窑很难在外观上区别,即所谓"官窑品格大率与哥窑相同","官、哥难分"等。哥窑的问题已在第一节中讨论过,在此不叙。但是所谓难分者,实际上是官窑与龙泉黑胎青瓷难分。而后者,一说就是哥窑,乃章氏之兄,生一所烧。另一说本来是仿官的产品,所谓"伪者皆龙泉"也。把龙泉黑胎残片在外观上与之比较的确难分,给人的印象是略透一些,官窑与龙泉黑胎瓷二者釉的化学组成对照,在釉式图上同一的 R_2O_3 水平上都有两者的数据点,从而在科学上肯定它们难以区别的道理。但是两者的胎的分析数据表明,在胎式图上数据点除个别外都分布左右两侧,官窑在右,龙泉黑胎在左。两区之间可用下列的线性方程来划分。

$$\frac{RO_2-2.2}{R_2O+RO}=k$$

式中 $k=8$,$k<8$ 时为龙泉区,$k>8$ 时为郊坛区。

由此亦证明官窑和龙泉黑胎青瓷胎是用各自产地的原料制成,后者的胎料并不取自杭州。

近年,详细分析了官窑胎,龙泉黑胎与白胎青瓷的 15 种稀土痕量元素,发现了 Ce,Nd,Gd 三元素是区分此三种青瓷的指纹元素,在 0.1Ce-Nd-Gd 三成分图中,官窑与龙泉黑胎青瓷也是集中在各自的区域,两区紧邻。由此进一步和深入地证明两者在胎质上可分,原料亦各自用当地所出[1]。

在偏光显微镜下鉴定了各类釉的物相组成,知其乳浊性或玉石感是釉中含有钙长石(CAS$_2$)针晶团束,残留石英微粒(Q)和釉泡(B)所致。在显微镜下用线测求体积法定量测定各物相体积百分组成,如表 9-11 所示。对照表中数据和实物标本可知:

表 9-11 南宋官窑,龙窑黑胎青瓷和元大都哥窑釉的物相体积定量分析(%)

南宋官窑	CaS$_2$	Q	B	龙泉黑胎青瓷	CaS$_2$	Q	B
WJ18	40	2	15	LG9	27	5	5
WCS2	25	6	10	NSLQ5	25	3	21
WJ13	22	2	11	LXW	14	10	11
WJ16	22	4	9	NSLQ4	9	6	7
WJ10	22	9	9	LG2	5	1	10
WGS5	21	8	10	LG8	4	3	8
NSGY2	20	4	10	LG7	1	2	9
WGS4	14	5	11	LG6	2	2	7
WJ14	13	4	9	LG5	1	0	6
WGS1	9	7	12	LG4	0.3	0	10
WJ12	7	2	10	LG3	0.5	0.7	4
NSGY3	7	4	9	LG1	0	0	12
WGSM	7	3	14				

① 高力明、罗宏杰、陈显求等,浙江部分古瓷胎稀土元素分布特征的研究,ISAC'92 古陶瓷科学技术国际讨论会论文集,A26,上海市古陶瓷科学技术研究会,1992,187~191。

续表

南宋官窑	CaS_2	Q	B	元大都哥窑	CaS_2	Q	B
WJ11	4	2	14	YU1	38	2	23
WJ15	1	1	24	YG2	25	0.7	22
WGS6	1	1	9	YG3	17	0.3	23
WGS3	0	0.5	8	YH4	0	2	28
NSGY1	0	0.3	15				
WJ17	0	2	18				

凡呈青玉感的釉,其 CaS_2 含量皆大于 5%。CaS_2、Q 和 B 三相总量皆大于 15%~20%。

南宋官窑的物相含量比龙泉高,特别是 CaS_2,大部分试样都处于 10%~30% 范围(8 个试样)。而龙泉黑胎瓷的釉中 CaS_2 含量超过 5% 的共只 4 个试样。由于后者釉散射和漫射光的微粒含量少,所以釉比较透明。由于 CaS_2 在较高烧成温度下大部分逐渐回溶殆尽,釉泡逸散完毕因而那些没有多少微粒的釉甚至完全透明而露出其黑胎,故有些龙泉黑胎青瓷外观呈墨绿。

1956 年春浙江省考古学家正式发掘南宋官窑时亦发现另一种低档产品,其"胎质粗厚、制作不精",釉层薄而呈黄褐色,器形仅见碗一种,内壁有粗纹的刻划花草纹,多见于窑室后段[1]。这类瓷器周仁先生在 1930 年也在此窑址中发现过,器内没有涩圈。另一类胎色也有棕红,釉层较薄而作姜黄色,釉层下有粗放的刻花装饰,由于采用坯件迭烧,故制品内底有环状涩圈[2]。考古家称这类瓷器为粗瓷,其实胎中并无大于 0.1 毫米的粗颗粒,故不能算粗,只是加工方面不如大多数典型的郊坛官窑那样"极为精致"罢了。此外,他们在郊坛窑中还发现一种黑釉瓷它们是至今文献上没有提及的。其胎呈淡棕色,胎质比粗瓷更细腻。釉色呈棕黑色。器型也是碗类,但碗内无涩圈而有小垫块迭烧的痕迹。前面我们已经注意到了出土的郊坛官窑鸭炉的鸭头眼睛是点了黑釉(彩)的,是否就是用的这种黑釉?

经过科学技术研究[3],分析了一块刻花粗瓷,6 块带涩圈的粗瓷和 3 块黑釉瓷等残片,将其化学组成数据按上述公式计算 k 值,即 $k = (RO_2 - 2.2) \div (R_2O + RO)$,所有样品的 k 值都大于 8,如计算胎式,数据点均落入郊坛官窑区。故不单只胎质在外观上与典型官窑精品相类似,而且其化学组成亦雷同,它们显然是使用同一的乌龟山制胎原料的。只有那种刻花瓷(GC64)和一块黑釉瓷(WJB3)是例外,因 RO_2 克分子百分数小于 3.3 而与郊坛窑胎有明显差别。况且这块黑瓷含 Fe_2O_3 特高,达 6.6%,一般只含 2.0% 左右。在釉式图上,粗瓷釉落在郊坛釉区的左下角熔剂含量较高之处,黑釉则落在该区中等 R_2O_3 水平,RO_2 较低的地方。根据这些结果,它们与精品无重大差别,只是釉的熔剂含量略多,烧成温度略高,显然是由于烧制年代的早晚,其工艺参数略有变化所致。

---

[1] 浙江省博物馆,三十年浙江文物考古工作,文物考古三十年,1979,217~227。

[2] 牟永抗、任世龙,官、哥简论,湖南考古辑刊,第三集,湖南省博物馆、湖南省考古学会合编,岳麓书社,1986,252~260。

[3] 陈显求、陈士萍、张翔,郊坛官窑粗瓷和黑釉瓷,ISAC'89 古陶瓷科学技术国际讨论会论文集,A29,上海科技文献出版社.1992,183~190。

近年对北宋和南宋官窑器的考古研究又有新的进展。陶瓷考古家的研究结果[①] 得出了一些新的结论,认为北宋官窑包括官汝窑和官钧窑,南宋官窑有修内司窑和郊坛窑,故宫中传世并保存至今的宋代官窑瓷器就此四种。汴京官窑,实为乌有! 南宋修内司官窑的存在应是历史事实。中国皇宫中历代收藏传世、现藏于北京和台北故宫博物院的所谓传世哥窑瓷器实际上是南宋修内司官窑瓷器。而故宫博物院所藏的所谓传世官窑则是南宋郊坛官窑瓷器。

故宫"传世哥窑"的外观与质地的确与郊坛窑不同。不管在艺术形象抑或在陶瓷质量上的确如古籍所说的,郊坛下新窑"比旧窑大不侔矣"。可惜故宫"传世哥窑"公开展览的机会不多,往往不常为人见,以往甚至缺乏彩照,无法为一般人提供研究鉴赏机会。60 年代以前只从科学技术角度研究过一块残片。今后若能有机会安排对传世哥窑作全面无损的新技术分析研究,包括常量、次量、痕量的化学组成和微米与纳米结构分析,当可以获得深入而透彻的结果。

本章完稿之后,近闻于 1997 年在杭州万松岭修内司旧址内发现了龙窑窑基及大量有别于郊坛下官窑的青釉瓷片。这说明修内司旧址内确有窑址,但这是否就是文献中所指的修内司官窑,尚待考古发掘的进一步证实[②]。

---

① 李辉柄,宋代官窑瓷器,紫禁城出版社,1992。
② 李家治于 1997 年 10 月实地考察。

第十章　南方白釉瓷的兴起
——景德镇窑和德化窑白釉瓷

南方白釉瓷的兴起，虽较北方为晚，但却历经宋、元、明、清，发展提高，繁荣昌盛，独步中华，而扬名世界。姑不论隋唐之际兴起的北方，邢、巩窑白釉瓷，随着时代的推移，衰落湮没，几至窑址难寻。即使是宋代兴起的五大名窑官、哥、钧、汝、定以及龙泉窑、耀州窑、磁州窑等名窑瓷器，亦逐渐衰落停烧。唯独被誉为"中国瓷都"的景德镇窑能充分发扬白釉瓷的潜在优势，在精益求精烧制白釉瓷的基础上，创造出釉下彩瓷，釉上彩瓷和颜色釉瓷。它不仅能集各窑之大成，仿制各种古代名瓷，而且能创造出许多前所未有的新品种瓷。影响所及，遍布欧亚大陆。德化窑白釉瓷虽无景德镇窑白釉瓷之盛誉，但亦属南方白釉瓷后起之秀。创烧了白度极高的白釉瓷"中国白"和独具特色的"象牙白"、"猪油白"等名瓷。特别是在明代开创的人物雕塑已成为我国丰富多采的瓷苑中一朵艺术奇葩，国际上无与伦比的艺术精品。

本章重点即是讨论两窑白釉瓷的工艺技术史。为了叙述方便，本章所讨论的仅涉及施用白釉的瓷器，包括早期的青白釉瓷(影青瓷)及釉上彩白釉瓷。至于青花瓷、釉里红瓷和颜色釉瓷以及它们所用的彩料和装饰均将在第十一章讨论。实际上这两章也就是景德镇瓷的上下两章。

当然，南方白釉瓷不只是上述两窑。诸如南丰白舍窑，潮安窑，泉州窑、安溪窑、安徽繁昌窑、广西藤县中和窑和武昌湖泗窑等亦以烧青白釉瓷为主。由于缺少足够资料，目前还难于作出进一步的讨论。

第一节　景德镇窑白釉瓷

一　景德镇烧制白釉瓷的起始年代

（一）史料综述

时代久远，史料不足，遂使景德镇何时开始制瓷，尚在讨论之中。《浮梁县志》所谓"新平冶陶，始于汉世"以及"陈至德元年(583)，诏镇以陶础贡建康"，既无实物佐证，亦无窑址可寻。由于古人对"陶"和"瓷"的区分并不严格，如果这里的"陶"是指陶器，则在汉代或南北朝景德镇即已烧制陶器，应无可置疑。如果指的是瓷器，则缺少依据，尚不能为今人所接受。

《景德镇陶录》在谈到景德镇唐代初期制瓷情况时，详细描述了两个瓷窑生产瓷器的质量和外观以及作为精品进贡于帝王的情况[①]。它们分别是镇民陶玉所烧的"陶窑"和新平民霍仲初所烧的"霍窑"。前者"土惟白壤，体稍薄，色素润。"被称为"假玉器"。后者"色亦素，土墡腻质薄，佳者莹缜如玉。"两窑产品的共同特点是胎薄，釉为素色，莹润如玉。根据这些描述，这种瓷

---

① 傅振伦，《景德镇陶录》详注，书目文献出版社，1993，62。

质精细,外观素润的高质量瓷器,在景德镇同样得不到实物和窑址的证实。相反,经过考古学家的文献考索,认为景德镇五代的制瓷工艺尚不能与同时代的越、定等窑相比以及上述诸说都出现于清代。因此陈贡陶础和唐有假玉器皆不足为据①。

有关景德镇陶瓷工艺记录和发展史的著作,较之其他产瓷地区或窑场已属较多的一处。但欲藉以作全面和准确的论述则尚嫌不足。

景德镇瓷器生产概况的最早介绍是南宋蒋祈所著的《陶记》,原载于《浮梁县志》。由于南宋至明代的志书不传,无从查考。现存载有《陶记》的最早《浮梁县志》为清代康熙 21 年本,即 1682 年。再由于蒋祈生平缺少资料可查,考古界学者经过考证,曾对《陶记》的写作时间提出两种论断:一说是作于南宋嘉定七年至端平元年(1213～1234)之间②。一说是作于元至治二年至泰定二年之间(1322～1325)③。从文中所述的有关制瓷工艺分析,前一考证似能得到更多的支持。其论据将散见以下各节的讨论中,不作专述。但《陶记》并未论及景德镇何时开始烧造瓷器。只是对南宋后期景德镇窑场规模,原料概况,胎釉配制,成型分工,生产品种,烧窑概况等作简略叙述。更多地谈到生产关系对瓷业发展的阻碍④。

初刊于明崇祯十年(1637)的宋应星所著《天工开物》的《陶埏》篇,主要记载明代末年以前的景德镇制瓷工艺的概况⑤。这里同样没有论及景德镇的制瓷历史,但对景德镇制瓷工艺有比较详细的描述。

清乾隆八年(1743)唐英在其编著的《陶冶图编次》中虽首次对景德镇制瓷工艺,特别是对胎釉原料,原料处理,胎釉配制,制匣工序,成型工艺,窑炉尺寸,烧成工序,施釉彩绘等无一不详细描述,但对景德镇制瓷始自何时亦未加论述⑥。

成书于清乾隆三十九年(1774)的朱琰所著的《陶说》有"饶州府浮梁县西兴乡景德镇,水土宜陶。镇设自景德中(1004～1007),因名。置监镇,奉御董造,饶州窑自此始。"⑦ 书中又引用《容斋随笔》和《格古要论》也都只述及宋元瓷器。对于宋以前景德镇制瓷情况则只字未提。显然作者心目中,景德镇制瓷是自宋代开始,或者更确切地说景德镇窑的兴起自宋代开始。

待至嘉庆二十年(1815)《景德镇陶录》付梓行世。作者景德镇人蓝浦在卷一图说中提到景德镇"水土宜陶,陈以来土人多业此。"以及在卷五景德镇历代窑考中提到的唐初"陶窑"和"霍窑"。前者是陶?是瓷?不明确,很可能是陶。后者在前节已作过讨论。

至此,有关景德镇瓷器烧制源起,在这些古代著作中能找到比较确切的结论则只是宋代。这显然与近代考古发掘和研究发现景德镇有五代窑址及白釉瓷的事实不符。

近代有人根据上述古文献资料,论述《景德镇陶录》中所提到的"陶窑"和"霍窑"的"假玉器",和"莹缜如玉"时,认为"唐宋人说玉,大都指影青色,不似邢窑之白。陶、霍所制或为景德镇

① 刘新园,景德镇瓷窑遗址的调查与中国陶瓷史上的几个相关问题,景德镇出土陶瓷,香港大学冯平山博物馆及景德镇陶瓷考古研究所联合主编,香港大学冯平山博物馆,1992,8～29。

② 刘新园,蒋祈《陶记》著作时代考辨,景德镇陶瓷——《陶记》研究专刊,1981,10(4):5～35。宋元时代的景德镇税课收入与其相关制度的考察——蒋祈《陶记》著于南宋之新证,景德镇方志,1991,(3):5～15。

③ 熊廖,蒋祈《陶记》著于元代辨,景德镇陶瓷,1983,(4):35～55。

④ 蒋祁,陶记,浮梁县志,卷四,康熙二十一年(1682),引自景德镇陶瓷——《陶记》研究专刊,1981,1～4。

⑤ 杨雄增著,天工开物新注研究,江西科学技术出版社,1982,145～175。

⑥ 傅振伦、甄励,唐英瓷务年谱长编,景德镇陶瓷——纪念唐英三百周年专辑,1982。

⑦ 傅振伦译注,《陶说》译注,轻工业出版社,1984,105。

最早的影青,照估计,巨鹿所发现的大量影青器,其中一部分实有代表性。"言下之意,景德镇在唐宋之际已生产早期的影青瓷。

有人考证景德镇马鞍山西麓云门教院断碑记载的唐人颜真卿与陆士修等中宵茗饮联咏,有"素瓷传静夜,芳气满闲轩"中的"素瓷"。认为:"就是中国陶瓷史上第一首咏唱景德镇瓷器的诗歌。"[①] 显然作者的意见就是景德镇在唐代就可能烧造白瓷。看来对上述史料讨论的焦点似乎集中在景德镇在唐代是否已烧制瓷器。显然这一问题的解决只能有待于窑址的调查和实物的发现。

(二) 窑址及实物研究

多年来许多文物考古工作者,特别是景德镇的文物考古工作者对景德镇的古窑址进行了大量的调查和发掘。在此基础上,众多的国内外陶瓷工作者及相关的科技工作者又对窑址的遗存和传世的制品进行了系统的科学技术研究。共同为我们认识景德镇陶瓷科技发展史提供了一个可靠的基础。

景德镇瓷业始自何时,从历史文献中所得到的可信的结论,似乎是在入宋以后。但从窑址的发现和遗物的研究,景德镇瓷业至迟在五代即已开始。至于五代以前是否有瓷器生产一直是研究景德镇陶瓷史学者们关心的重点。景德镇的胜梅亭和白虎湾两窑所出的白釉瓷初期曾被认为是唐代的制品。但后来经过多方考证、调查,多数人认为两窑的遗物均是五代产品。由于两窑的白釉瓷在工艺和质量上均已达到一定的水平,因而推测景德镇瓷业在五代以前有可能即已开始。

正是基于上述思路,不少致力于景德镇陶瓷史研究的学者又在唐代窑址的发现上寻求突破。1982 年在景德镇太白园附近落马桥一带进行基建掘土时,发现古窑址堆集点。在距地表约 7 米深处,没有搅乱的元、宋及少量五代瓷片和匣钵的下层,发现了唐代碗残片。该文作者认为是迄今景德镇第一次出土的唐代遗物[②]。这个碗残片底为玉璧形,矮圈足。碗心及圈足边沿粘有五个支钉痕迹。碗心微下塌,足心凸起成乳丁状。胎呈浅灰色,显见杂质和气孔。釉呈淡蟹壳青色,青中泛黄的成分较多,并开有细纹片。

1990 年在位于景德镇东北 6 公里的白虎湾发现一件带有"大和五年"(831)铭文的唐代青釉瓷碾残器。该项报道的笔者认为:"这是景德镇首次发现带纪年铭文的唐代青瓷,是佐证我市唐代瓷业的宝贵资料。"[③] 这件残器胎呈灰色,夹有杂质,见孔隙。釉呈蟹壳青色,开有纹片,有剥落现象。白虎湾是景德镇五代至宋的著名窑场之一。该文作者在这件残器出土处附近经过详细查找,又发现与残器胎质、釉色完全一致的多支钉无匣叠烧的平实圈足碗残片 12 块和罐残片二块。该文作者认为:"五代与唐代多支钉无匣叠烧法和青瓷胎、釉色的如此一致,也充分证明五代的制瓷工艺是对唐代的继承和发展。凡有五代窑址的地方,就有可能找到唐代窑址。"但遗憾的是至今尚未见有在景德镇发现唐代窑址的详细报道。

近年来发现的上述两件残器,虽被认为是景德镇唐代的制品,但它们分别都是孤例。如果说上述两地确是景德镇唐代的窑址,那末为什么找不到一块与窑具共存的唐代瓷片。因此上述

① 熊廖,第一首咏赞景德镇瓷器诗文考,景德镇陶瓷,1983,19(3):55~58。
② 虞刚,景德镇窑址调查二则,中国陶瓷——古陶瓷研究专辑,1982,(7):136~140。
③ 黄云鹏,景德镇首次发现带纪年铭的唐代青瓷,南方文物,1992,(1):115~116。

发现为人们开拓思路,坚定探寻景德镇唐代窑址的信心不无裨益。但若据此作为景德镇唐代烧造瓷器的佐证,则尚嫌不足。

至此,通过对史料的考证和实物的研究,景德镇在唐代是否已烧制青釉瓷或白釉瓷尚无足够可信的资料和实物加以确认。但从五代和宋代景德镇制瓷工艺已达到的水平,认为在唐代即已开始烧制瓷器也不是绝对不可能。不过考虑到五代时期我国南北方制瓷工艺的成就,特别是与景德镇相距较近的越窑制瓷工艺对它的影响,使它在水土宜陶,得天独厚的基础上,在五代开始烧制瓷器,并迅速赶上和超过越窑的制品,似乎亦不是绝对不可能的事。也就是说景德镇瓷业的初创并不是经过漫长的岁月,逐步发展起来,而是经过吸收外来制瓷工艺,很快兴起、发展而成为一个历久不衰的窑场。这种发展模式在我国陶瓷史上也不乏先例。如北方定窑的兴起,由于受到邢窑成熟制瓷工艺的影响,它在早期制瓷工艺的发展上就比邢窑快得多。当然,这一观点是否成立,尚须作大量的研究工作。目前也只能是略备一说而已。至于在景德镇是否在唐代即已开始烧制瓷器,则有待窑址的发现和更多遗存实物的支持。

二　景德镇的制瓷原料

蒋祈的《陶记》中所提到的"进坑石泥,制之精巧;湖坑、岭背、界田之所产已为次矣。比壬坑、高砂、马鞍山、磁石塘。厥土、赤石,仅可为匣、模。……攸山山槎灰之,制釉者取之。而制之之法,则石垩炼灰,杂以槎叶木柿,火而毁之。必剂以岭背釉泥,而后可用。"[①][②]这是中国古代文献资料中第一次提到景德镇在烧制瓷器时所用的制造胎釉及匣钵的原料。经过考证,"石泥"即是"瓷石","釉泥"即是"釉石","灰"即是"釉灰"。所提到的地名,亦可与今天的地名相对应,而且分别是瓷石、釉石、釉灰及匣钵原料的产地[③]。

宋应星《天工开物》的《陶埏》篇中论及白瓷时,提到"一名高梁山,出粳米土,其性坚硬;一名开化山,出糯米土,其性粢软。两土和合,瓷器方成。"[④]这是中国古代文献资料中第一次论及制瓷原料时提到两种不同性质的瓷土,即是高梁山的粳米土和开化山的糯米土,而且需要配合使用方能成瓷。这些史料为我们研究景德镇的制瓷原料和胎釉配方的发展过程提供了十分可贵的讨论依据。

(一) 高岭土

景德镇市东北 45 公里处有一座高山,名曰高岭山。山下有一小村叫高岭村。此山盛产一种耐高温而又具有可塑性的粘土,可用作制瓷原料。村人即以高岭土称之。从此中国乃至世界方有高岭土这一名称。

1. 高岭土的历史渊源

经过考证,最早提到高岭土的历史文献即是《天工开物》。虽然,此书并未直接出现高岭土这一名称,但"高梁山,出粳米土"所指即是高岭土[④]。清康熙二十一年(1682)《浮梁县志》卷四

① 傅振伦,蒋祈《陶记略》译注,湖南陶瓷,1979,(1):40～44。
② 根据理解,对个别标点作了改动。如"攸山山槎灰之"。
③ 白焜、宋、蒋祁《陶记》校注,景德镇陶瓷——《陶记》研究专刊,1981,10(4):36～51。
④ 引自杨雄增编著,天工开物新注研究,江西科学技术出版社,1987,159。

《陶政·陶土》条有："万历三十二年(1604)镇土牙戴良等赴内监,称高岭土为官业,欲渐以括他土也,檄采取。"[①] 迟于《天工开物》45年的这段记载,不仅明确提出高岭土这一名称,而且指出早在约80年前高岭土的开采应用情况。1712年9月1日法国传教士殷宏绪在其自饶州寄回法国的第一封信中,又将高岭土译为高岭(Kaolin)介绍到欧洲。随后,经过西方学者们的研究,遂将类同于景德镇高岭山所产的这类粘土统称为高岭土(Kaolin),其中所含的矿物统称为高岭石(Kaolinite)。

经过近年来中国考古学者、陶瓷学者和地质学者的研究,使我们对古代高岭山所产的高岭土有了更多的了解。对从收集到的清末到50年代初高岭山所出的三个高岭土,经过沉降淘洗而制成的土坯(景德镇古称不(音墩)子)。以及在该地古矿区新采集到的不同类型,不同风化程度和不同深度产出的高岭土进行研究,发现三块古高岭土坯都是由多水高岭石和少量结晶差的高岭石矿物组成并含有白云母。新采集到的高岭土是结晶差的片状高岭石与管状多水高岭石和水合多水高岭石的混合物。因此,研究者们最后指出:高岭山的高岭土不是由一种纯的高岭石组成,而是由管状的多水高岭石、水合多水高岭石,伴随着雏晶高岭石(结晶差的高岭石)组成的一种风化残积型高岭土[②]。

高岭山的高岭土何时开发和应用到瓷器配方中,历来是考古学家和陶瓷学家研究的重点。一说是高岭矿区始开于明万历中期(1600前后),以万历中期至清乾隆为其青春期。乾隆以后虽有开采,但为数不多,是其衰落期[③]。一说是根据明天顺四年(1460)编修的高岭《何氏宗谱》,"何氏世系"中载有"第四四世,召一公,初开高岭磁土"而推算出何召一大约生活在南宋初年的孝宗时期,即1163～1189年间。因此,该文作者认为高岭土最早开采于南宋初年的孝宗时期是可能的,也是可信的[④] 上述两说有争议,但又各有其依据,可作为深入研究的参考。

近年来随着考证和研究的深入,发现景德镇在使用高岭土作为制瓷原料之前,已经使用另一种粘土——麻仓土。并认为这种麻仓土就是高岭土[②]。麻仓土出自位于高岭山东北面,与高岭山隔东河相距约二公里的麻仓山。在地质构造上,它与高岭山的花岗岩体同属燕山期鹅湖花岗岩体,高岭山矿区出现的岩层在麻仓山范围内也都有出现[⑤]。经过对古采掘坑——龙坑坞的洞口壁上以及附近的南泊分水岭出露的细粒花岗岩和花岗伟晶岩风化体中所取的样品进行矿物鉴定,发现它们的主要矿物组成都为多水高岭石。因此,该文作者们认为麻仓土可能是由多水高岭石为主要组成的高岭土。根据已被接受的高岭土定义——以大量高岭石类矿物为特征的一种土质岩石,即被称为高岭土[⑥]。因此,麻仓土也就是在高岭山的高岭土出现之前,景德镇所使用的一类高岭土。它的使用时间从元代早期开始一直到明嘉靖、万历初麻仓土挖掘十分艰难,从而停止使用,约200多年[⑦]。此后景德镇即一直使用高岭山的高岭土,其中的优质高岭土又称明砂高岭,后来明砂高岭也就成为高岭山高岭土的统称。待至18世纪末和19世纪初景德镇又使用了庐山星子县的星子高岭。

① 刘新园、白焜,高岭土史考,中国陶瓷——古陶瓷研究专辑,1982,增刊,(7):141～171。
② 陈开惠、夏玙,论江西高岭村的高岭土,瓷器,1980,53(2):1～8。
③ 刘新园、白焜,高岭土史考,中国陶瓷——古陶瓷研究专辑,1982,增刊,(7):141～170。
④ 冯云龙,高岭山之高岭土始开年代,景德镇陶瓷学院学报,1992,13(1):65～70。
⑤ 许垂旭、刘桢、郑乃章,高岭土采掘故址——麻仓山的踏查报告,景德镇陶瓷学院学报,1984,5(1):68～76。
⑥ 陈开惠、夏玙,论江西高岭村的高岭土,瓷器,1980,53(2):1～8。
⑦ 刘新园、白焜,高岭土史考,中国陶瓷——古陶瓷研究专辑,1982增刊,(7):140～170。

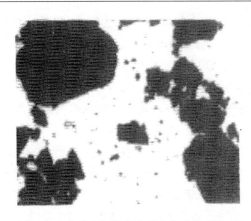

图 10-1　商代安阳武官大墓白陶中的高岭石
EM×4500

虽然,高岭土之得名来自景德镇高岭山所出的含有大量高岭石类矿物为特征的粘土,以及景德镇在使用高岭土作为制瓷原料之前已经使用麻仓山所出的高岭土,但在中国陶瓷史上却不是景德镇地区最早使用高岭土作为烧制陶和瓷的原料。已知远在新石器时期的龙山文化山东城子崖和商代河南安阳武官大墓出土的白陶,不仅其化学组成十分接近高岭土,而且在商代陶片中还在电子显微镜下看到与高岭石很似的矿物组成(图10-1)[①]随后在隋、唐时期的北方邢、巩县窑白釉瓷中也发现有高岭石的残骸(见图 5-4)[②]。因此,高岭土在中国陶瓷工艺史上渊源流长,影响深远。它不仅对中国瓷器质量的改进起着不可代替的作用,而且影响欧亚大陆及其他地区。

至于在景德镇何时将高岭土引入瓷器的烧造,将结合景德镇瓷胎化学组成的变化一并讨论。

2. 高岭土的化学和矿物组成

已如上述,景德镇使用的高岭土有麻仓高岭、明砂高岭和星子高岭。多年来陶瓷学者对明砂高岭和星子高岭进行了许多研究,积累了大量资料。必须说明的是这些数据都是来自近代的工作,所用的高岭土名称虽未变,但因时隔多年,采掘点不同,矿位不同,淘洗程度差异等原因带来的变化是在所难免的。

(1) 化学组成　　兹将所收集到的明砂高岭和星子高岭及其不同颗粒度的化学组成列于表 10-1。

各原料产地经过沉降淘洗所制成的坯子,运至各窑厂尚不能直接使用,必须再经过沉降淘洗。其中细颗粒部分即用来作为制瓷原料,这里称之为精泥;粗颗粒部分一般不用来制造精细瓷器。例如明砂高岭坯子经淘洗后,粗颗粒部分约占 26%,大部分为白云母状矿物。表 10-1 中所列的精泥较之坯子,Al_2O_3 的含量有所升高,而 Fe_2O_3,TiO_2 和 MnO 等着色杂质以及 K_2O 和 Na_2O 等助熔氧化物的含量都有所降低。这种趋势在小于 1 微米的细颗粒部分则更加明显[③]。可见经淘洗后的明砂高岭的质量大有改进,特别是 Fe_2O_3 和 TiO_2 含量的降低对提高瓷器的质量是十分必要的。这就是为什么宋应星在《天工开物》和唐英在《陶冶图编次》中都十分强调淘练泥土这道工序,而且必须采用其"最细料"的重要性。所谓最细料的颗粒度可能介于精泥和小于 1 微米之间,因为古代淘洗工艺不可能达到如此之精。在景德镇制瓷工艺的发展过程中,对原料淘洗的精益求精亦是提高瓷器质量的重要途径。

(2) 矿物组成　　明砂高岭中含有较多白云母状矿物。经过淘洗制成的精泥,其矿物组成

---

① 周仁、张福康、郑永圃,我国黄河流域新石器时代和殷周时代制陶工艺的科学总结,考古学报,1964,(1):1～27。

② 李家治、张志刚、邓泽群,河南巩县隋唐白瓷的研究,中国古陶瓷研究,中国科学院上海硅酸盐研究所编,科学出版社,1987,141～148。

③ 周仁、郭演仪、李家治,景德镇制瓷原料及胎、釉的研究,景德镇瓷器的研究,周仁等著,科学出版社,1958,14～46。

约含高岭石 65%～70%，云母状矿物约 25%～30%，其余是多水高岭和石英等矿物。小于 1 微米颗粒部分的矿物组成则含高岭石 70%～80%，多水高岭 5%～10%，白云母状矿物 10%～20%。可见细颗粒部分主要为高岭石，而经淘洗所去除的粗颗粒主要是白云母。从所给的图 10-2 中也可看出随着细颗粒部分的增多，高岭石和多水高岭含量的增加。

（二）瓷石

瓷石是一种主要含有石英和绢云母矿物组成的岩石，其中绢云母是水白云母的一种细颗粒组成。它既具有适当的可塑性，又具有相当的助熔作用，而且其化学组成也十分接近瓷胎的化学组成。因此，它可以单独用作制瓷原料，不用添加其他任何粘土矿物。这就是中国制瓷史上所谓的一元配方。中国最早出现的青釉瓷就是用一种原料——粘土或瓷石制成的。可以说中国能成为发明瓷器的国家应归功于首先使用这种粘土或瓷石作为制瓷原料。

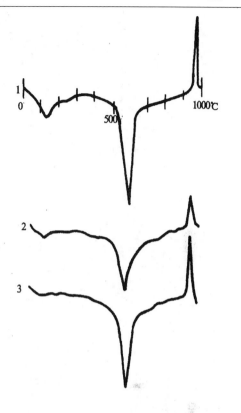

图 10-2　明砂高岭的差热分析曲线，
1——小于 1 微米颗粒，2——坯子，3——精泥

1. 瓷石在中国制瓷业中的历史作用

最早提到景德镇使用瓷石单独作为制瓷原料的历史资料要数蒋祈的《陶记》。所谓"进坑石泥，制之精巧"即是说用进坑瓷石，可制成精美的瓷器。显然，蒋祈所处的时代，只使用瓷石作为制瓷原料。这对《陶记》是写于南宋，而不是元代，也是一个旁证。到了明末，宋应星在《天工开物》中则明确提出《两土和合，瓷器方成》。就是说到这时在使用瓷石作为制瓷原料时已经要加入高岭土。可见景德镇在开始烧制瓷器也只使用瓷石作为原料。

我国南方各省盛产瓷石。景德镇周围及其邻近地区亦有许多瓷石矿区。历史资料中记载的就有进坑、湖坑、岭背、界田以及祁门等地。今天在景德镇及其附近地区都可找到这些瓷石产地的确切位置；详见图 10-3[①]。

这些瓷石不仅在化学和矿物组成上适合制造瓷器，而且在某些优质瓷石中，Fe_2O_3 和 TiO_2 的含量也很少。因此，用它制造的瓷器外观洁白，而且有半透明感。形成了景德镇早期瓷器的特色。它和南方越窑青釉瓷以及北方邢、巩县窑白釉瓷有着明显的差异。但只用瓷石制成的瓷器也有其美中不足，就是瓷胎中含有大量的玻璃相，而使瓷器在烧成时容易产生变形。无论是传世的早期景德镇瓷器，或是在早期窑址的堆集中所留下的残器中都存在不同程度的变形。

根据以上情况，可以认为单独使用瓷石作为制瓷原料，无论在我国青釉瓷的出现和发展史以及景德镇制瓷的工艺史上都起过非常重要，甚至是不可代替的作用。即使时至今日，它还是

① 刘新园，蒋祈《陶记》著作时代考辨，景德镇陶瓷——《陶记》研究专刊，1981，10(4)：5～35。

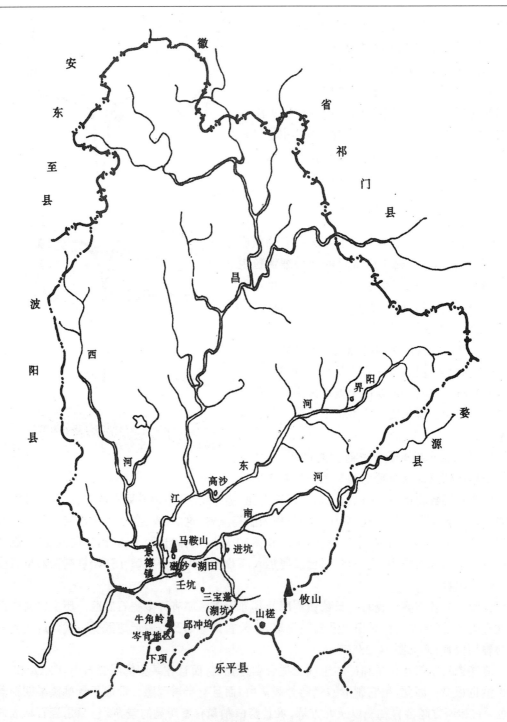

图 10-3　历史资料中记载的景德镇瓷石、釉石、釉灰、匣钵及模具原料产地位置图

我国南方各产瓷地所用的大宗制瓷原料。

2. 瓷石的化学和矿物组成

历史资料上虽然记载有多处瓷石产地，但今日能取得标本，并进行研究的已不多。所幸的是《天工开物》中提到的祁门瓷石至今尚在开采使用，使我们能够从这些研究中窥见当时使用

这种原料的大致情况。

（1）化学组成　　瓷石也和高岭土一样,在原料产地都先制成不子,再运至各产瓷地区。因为瓷石坚硬,在淘洗前必先经过破碎。正如唐英在《陶冶图编次》的"采石制泥"一页中所示的"土人藉溪流设轮作碓,舂细淘净制如砖式,名曰'白不'。"可见古代瓷石粉碎是利用水力完成的。所收集到的祁门瓷石不子、精泥以及小于 1 微米颗粒部分的化学组成列于表 10-1 中。由表可见,精泥,特别是细颗粒部分较之不子,在 Al_2O_3 和作为助熔剂的碱金属及碱土金属氧化物方面都有大幅度的提高。这对作为制瓷原料当然是有利的,但随着淘洗程度的加深,作为着色剂的 Fe_2O_3 含量却有所增加。因此,对瓷石来说就不是淘洗得越精越好,而是要适可而止。至于造成这种现象的原因,则将在下面结合淘洗后矿物组成的变化加以说明。

（2）矿物组成　　祁门瓷石为块状岩,有的为淡灰白色,有的呈灰绿色。岩石中有方解石侵入细脉,还分散着石英颗粒和少量黄铁矿晶粒。岩石表面亦常有柏叶斑状的黑褐色斑纹存在。即是唐英所谓"石产江南徽郡祁门县,距窑厂二百里,山名坪里、谷口二处,皆产白石,开窑采取,剖有黑花,如鹿角菜形"者是也。见图 10-4 祁门瓷石的外貌。瓷石原矿经磨成薄片,在偏光显微镜下观察,如图 10-5 所示。图中主要部分为细分散的颗粒状绢云母,尚有一定量的石英和少量颗粒较大的云母,有时也可见到少量黄铁矿晶粒(图 10-5(a))。图 10-5(b)的中部所见的变层是侵入的方解石细脉。这就是它的化学组成中含有一定量的 CaO 的由来。

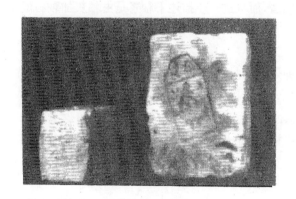

(a)　　　　　　　　　　　　　　(b)

图 10-4　明砂高岭和祁门瓷石不子,原大 1/5(a)以及祁门瓷原矿(b)照片

经过详细研究,认为祁门瓷石不子小于 1 微米颗粒部分主要是绢云母,它的 X 射线衍射谱和化学组成都和文献上记载的日本所产瓷石中绢云母相近。根据计算推知祁门瓷石不子约含 40%～50%的绢云母,祁门瓷石精泥约含 50%～60%的绢云母[①]。由于淘洗后祁门瓷石中细颗粒部分增多,也就是绢云母的含量随着淘洗的程度加大而越来越多。再由于绢云母的晶格中存在着一定量铁离子,因而随着淘洗程度的加大,其中 Fe_2O_3 的含量也就随之增加。这就是 Fe_2O_3 的含量按着不子、精泥和小于 1 微米颗粒部分依次增加的真正原因。

---

① 周仁、郭演仪、李家治,景德镇制瓷原料及胎、釉的研究,景德镇瓷器的研究,周仁等著,科学出版社,1958,14～46。

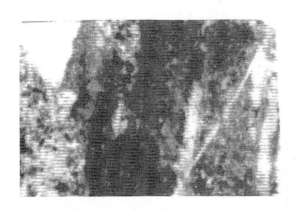

(a)   (b)

图 10-5   祁门瓷石原矿的显微结构   ×100

（三）釉石和釉灰

蒋祈的《陶记》中所提到的"攸山山槎灰之，制釉者取之。而制之之法，则石垩炼灰，杂以槎叶、木柿，火而毁之，必剂以岭背釉泥而后可用"。这里的"釉泥"即是现在所称的釉石或釉果。蒋祈的这段描述是比较详细的。不仅指出釉灰的制法，而且进一步描述了釉浆是由釉灰加釉石配制而成的。

1. 釉石的化学及矿物组成

釉石属未风化或浅风化瓷石的一种，其中助熔剂含量较高。仅以屋柱槽釉石为例，其化学组成列于表 10-1 中。从表中可见，这种釉石的 K_2O 和 Na_2O 的含量要比祁门瓷石高。[①]根据其加热失重曲线和化学组成估计，其中绢云母的含量约为 30%～40%，其余为石英和少量的长石。化学组成中的 K_2O 主要来自云母，Na_2O 则主要来自长石。在景德镇制瓷历史中有时亦采用釉石作为瓷胎的原料。

2. 釉灰的制备

为了搞清古代传统釉灰制造方法，景德镇陶瓷学者们曾在原产地寺前进行一次传统制备釉灰的考察，并作了详细的研究[②]。他们指出釉灰的制备是选用较纯的石灰石、敲成适当大小，堆装于石灰窑内，以槎柴或杂木为燃料先烧成生石灰。经过消解使其转变成熟石灰。然后再在炼灰场内用狼萁(一种广泛生长于我国长江以南各山区的蕨类植物，而不是一般所说的凤尾草)隔层与熟石灰堆迭成约一米高的长方堆。一般为 2×3 个自然层。然后点火煨烧。待余火熄灭后，再将此产物与狼萁用前法堆迭煨烧。如此连续三次，即成釉灰，运至窑场使用。

运至窑场的釉灰，经加水并去掉浮于水面未烧尽的梗屑后沉淀，其细浆部分谓之头灰。用以配制粗瓷釉。沉淀的粗渣部分，经加人尿润湿陈腐一至二月后，再舂细。经淘洗所得的部分，谓之二灰。用以配制细瓷釉。从表 10-1 中可知釉灰的主要组成为碳酸钙。在制备过程中，将熟石灰与狼萁隔层堆迭煨烧后往往会增加助熔剂及着色氧化物的含量。传统制备釉灰二灰的方

① 周仁、郭演仪、李家治，景德镇制瓷原料及胎釉的研究，景德镇瓷器的研究，周仁等著，科学出版社，1958，14～46。
② 刘桢、许垂旭，传统釉灰的制法及其工艺原理，景德镇陶瓷学院学报 1986，7(1)：35～46。

表 10-1　景德镇制瓷原料的化学组成（重量%）

序号	类别	名称	处理情况	SiO$_2$	Al$_2$O$_3$	Fe$_2$O$_3$	TiO$_2$	CaO	MgO	K$_2$O	Na$_2$O	MnO	P$_2$O$_5$	烧失	总量	分子式
49	高岭土	明砂高岭	不子	49.65	33.82	1.13	0.05	0.33	0.23	2.70	1.03	0.33	0.00	10.84	100.11	$0.209R_xO_y\cdot Al_2O_3\cdot 2.491SiO_2$
				55.62	37.89	1.27	0.06	0.37	0.26	3.02	1.15	0.37	0.00	0.00	100.01	
50		明砂高岭	精泥	47.69	36.01	0.99	0.04	0.40	0.25	2.51	0.95	0.14	0.00	11.12	100.10	$0.181R_xO_y\cdot Al_2O_3\cdot 2.247SiO_2$
				53.60	40.47	1.11	0.04	0.45	0.28	2.82	1.07	0.16	0.00	0.00	100.00	
51		明砂高岭	小于1微米颗粒部分	45.58	37.22	0.85	0.00	0.46	0.07	1.70	0.45	0.16	0.00	13.39	99.88	$0.117R_xO_y\cdot Al_2O_3\cdot 2.078SiO_2$
				52.70	43.03	0.98	0.00	0.53	0.08	1.97	0.52	0.18	0.00	0.00	99.99	
52		星子高岭	不子	51.89	31.70	1.54	0.00	0.91	0.00	2.50	0.00	0.82	0.00	11.01	100.37	$0.173R_xO_y\cdot Al_2O_3\cdot 2.778SiO_2$
				58.07	35.47	1.72	0.00	1.02	0.00	2.80	0.00	0.94	0.00	0.00	100.02	
53		星子高岭	精泥	54.60	41.30	1.46	0.00	0.15	0.22	2.01	0.19	0.16	0.00	0.00	100.09	$0.109R_xO_y\cdot Al_2O_3\cdot 2.243SiO_2$
54	瓷石	祁门瓷石	不子	73.05	15.61	0.56	0.09	1.82	0.34	3.75	0.58	0.02	0.00	3.87	99.69	$0.619R_xO_y\cdot Al_2O_3\cdot 7.941SiO_2$
				76.24	16.29	0.58	0.09	1.90	0.35	3.91	0.61	0.02	0.00	0.00	99.99	
55		祁门瓷石	精泥	69.93	17.65	0.66	0.07	2.11	0.40	4.61	0.54	0.01	0.00	4.31	100.29	$0.638R_xO_y\cdot Al_2O_3\cdot 6.723SiO_2$
				72.86	18.39	0.69	0.07	2.20	0.42	4.80	0.56	0.01	0.00	0.00	100.00	
56		祁门瓷石	小于1微米颗粒部分	50.24	29.87	1.03	0.01	2.52	0.92	8.11	0.68	0.00	0.00	6.96	100.34	$0.585R_xO_y\cdot Al_2O_3\cdot 2.854SiO_2$
				53.80	31.99	1.10	0.01	2.70	0.99	8.68	0.73	0.00	0.00	0.00	100.00	
57		瑶里东狮窑瓷石	原矿	80.50	14.45	0.85	0.07	0.38	0.46	3.54	0.19	0.00	0.00	0.00	100.44	$0.459R_xO_y\cdot Al_2O_3\cdot 9.453SiO_2$
58		南港瓷石	原矿	76.12	14.97	0.76	0.00	1.45	0.00	2.77	0.42	0.06	0.00	3.71	100.26	$0.461R_xO_y\cdot Al_2O_3\cdot 8.631SiO_2$
				78.84	15.50	0.79	0.00	1.50	0.00	2.87	0.44	0.06	0.00	0.00	100.00	

续表

序号	名称	处理情况	氧化物含量（重量%）												分子式
			SiO$_2$	Al$_2$O$_3$	Fe$_2$O$_3$	TiO$_2$	CaO	MgO	K$_2$O	Na$_2$O	MnO	P$_2$O$_5$	烧失	总量	
33	瑶里青树下釉石	原矿	74.85	14.66	1.30	0.00	1.52	0.21	3.11	2.39	0.14	0.00	2.28	100.46	
			76.24	14.93	1.32	0.00	1.55	0.21	3.17	2.43	0.14	0.00	0.00	99.99	1.263Al$_2$O$_3$·R$_x$O$_y$·10.943SiO$_2$
34	三宝蓬釉石	原矿	73.70	15.34	0.70	0.00	0.70	0.16	4.13	3.79	0.04	0.00	1.13	99.69	
			74.78	15.56	0.71	0.00	0.71	0.16	4.19	3.85	0.04	0.00	0.00	100.00	1.190Al$_2$O$_3$·R$_x$O$_y$·9.704SiO$_2$
35	瑶里屋柱槽釉石	原矿	74.43	14.64	0.62	0.06	1.97	0.16	2.90	2.38	0.02	0.85	0.00	98.03	
			75.93	14.93	0.63	0.06	2.01	0.16	2.96	2.43	0.02	0.87	0.00	100.00	1.205Al$_2$O$_3$·R$_x$O$_y$·10.396SiO$_2$
	寺前	釉灰头灰	3.26	0.56	0.79	0.00	55.32	1.13	0.22	0.15	0.00	0.00	38.51	99.94	
		釉灰头灰	5.31	0.91	1.29	0.00	90.05	1.84	0.36	0.24	0.00	0.00	0.00	100.00	
		釉灰头灰	5.04	1.74	0.38	0.00	49.03	0.60	0.00	0.00	0.07	0.06	0.00	56.92	
		釉灰二灰	8.85	3.06	0.67	0.00	86.14	1.05	0.00	0.00	0.12	0.11	0.00	100.00	
		釉灰二灰	11.77	2.78	0.88	0.00	44.49	0.66	0.00	0.00	0.10	0.10	0.00	60.78	

釉石　　　灰

法需加人尿润湿陈腐是使残余的 $Ca(OH)_2$ 转变为不溶于水的 $CaCO_3$,并生成 NH_4OH,从而使配合的釉浆凝聚。这种制备方法虽较原始,但在宋元时期的偏僻山区也不失为一种简便而又经济的可行制备工艺。特别是含有一定着色氧化物和在还原气氛中烧成,遂使景德镇白釉瓷具有白里微泛青色的传统。

传统的景德镇白釉瓷胎所用的原料,在矿物组成方面主要为高岭石、绢云母、水白云母、石英以及少量长石。由于水白云母和绢云母都属水云母族矿物,因此,景德镇窑白釉瓷应是高岭石-石英-水云母质瓷,而不同于北方邢、巩、定窑的高岭石-石英-长石质瓷。关于景德镇制瓷原料的科学技术研究,西方学者首开其例。他们的工作丰富了我们对景德镇制瓷原料很多科学上的认识。但外国学者由于文字和语言上的隔阂和缺乏足够的研究试样,作出的结论有些是不够确切和全面的。如19世纪中期和20世纪初,西方有些学者认为中国瓷石的化学组成与某些地方产的伟晶花岗岩的平均组成极为相似,而其矿物特性属于致密长石[①]。有些学者则认为主要含水云母矿物[②③]。无疑后者的结论是较为正确的。自本世纪50年代始,中国学者们对景德镇制瓷原料进行比较深入的研究,从而使我们获得了更为符合实际的结果[④⑤]。

传统的景德镇白釉瓷釉是以釉石配合釉灰制成的。它是以 CaO 作为主要熔剂,所以称之为钙釉,习惯上称之为灰釉。由于釉石中往往含有一定量的长石,所以它较制胎用瓷石则含有较多的 Na_2O。当釉的配方中使用较多的釉石,或者使用含有较多长石的釉石,则可能使釉中的熔剂改变为以 CaO 和 $K_2O(Na_2O)$ 共同起主要作用,甚至以 $K_2O(Na_2O)$ 为主。因此,在景德镇的制瓷历史上也出现过钙碱釉和碱钙釉。

三 景德镇白釉瓷胎釉的化学组成及显微结构

近年来考古工作者和陶瓷工作者对景德镇制瓷历史的研究不断取得突出的进展,出土了大量历代实物资料,特别是在各窑址出土了大量各个历史时期的瓷片。如果说从史料记载上,我们还不能确切指出景德镇何时开始烧制白釉瓷,那末从这些经过科学发掘和调查所得的具有明显时代特征的瓷片上,得出景德镇至迟在五代时期即已烧制十分精细的青白釉瓷和白釉瓷应是毫无疑问的了。

自五代至清代末年的约1000年间,景德镇白釉瓷无论在胎釉的化学组成上或是烧制工艺上都取得了很大的进步和发展。随着时间的延伸,景德镇制瓷工艺发展过程又非常清楚。诸如胎釉化学组成的变化,烧成温度的提高,性能的改进和品种的增多等都能相当清楚地反映发展中的时代特征。

① Ebelmen et Salvetat, Recherches sur la Composition des Matiéres Employées dan la Fabrication et dans la Decoration de la Porcelaine en Chine, Annales de Chimie et de Physique, Troisiéme Serie 1852, (35):257—286.

② G. Vogt, Recherches sur les Porcelaines Chinoises, Bulletin de la Societe d'Encouragement pour I'Industrie National, April 1900, 530—612.

③ Г. Л. Ефремов, Художественный, Фарфор в Китайской Народной Республике, Смекло и Керамика, 1956, (11):20~30.

④ 章人骏,江西景德镇之瓷石,中南地质调查所南昌分所,中国地质汇刊,第2号,1950,1—19。

⑤ 张绶庆、秦淑引、李佑芝,景德镇制瓷原料的化学矿物组成,硅酸盐,1960,4(1):41—48。

关于景德镇瓷器的科学技术研究,同样是西方学者的研究早于中国[①]。直至近代,西方学者也进行了许多有关景德镇瓷器的科学技术研究工作,他们从不同角度作了很有参考价值的分析和讨论。但中国学者的优势也是明显的,他们收集了大量试样,应用新技术对它们进行了详细的研究。使人们对景德镇历代瓷器胎釉的化学组成和显微结构有一个更深入的了解。从而获得了它们在长达约千年的生产历史中的发展过程。

(一) 景德镇白釉瓷胎的化学组成及显微结构

所收集到的国内外各学者发表的有关景德镇白釉瓷胎的化学组成数据列于表 10-2 中。它们的瓷胎化学组成分布图及聚类谱系图,如图 10-6 和图 10-7 所示。表 10-2 中还列入近代用不同量的明砂高岭精泥和祁门瓷石精泥配合的三个试验配方[②],以资比较。其中 B_3 为高岭土 30%,B_4 为 40%,B_5 为 50%,其余均为瓷石。在图 10-6 和图 10-7 中除列入 B_3~B_5 外,还列入制胎原料的高岭土和瓷石的化学组成,以便讨论它们之间的关系。

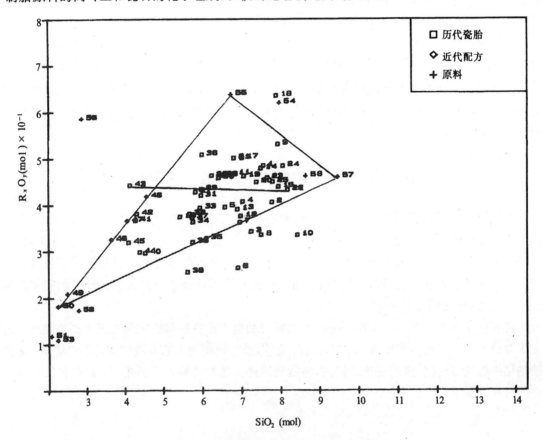

图 10-6　景德镇白釉瓷胎化学组成分布图

　　① G. Vogt, Recherches sur les Porcelains Chinoises, Bulletin de la Societe d'Encouragement pour l'Industrie National, April 1900, 530—612.

　　② 周仁、郭演仪、李家治,景德镇制瓷原料及胎、釉的研究,景德镇瓷器的研究,周仁等著,科学出版社,1958,14~46。

表 10-2 景德镇白釉瓷胎的化学组成

序号	原编号	品种	朝代	出处	氧化物含量（重量%）											分子式
					SiO_2	Al_2O_3	Fe_2O_3	TiO_2	CaO	MgO	K_2O	Na_2O	MnO	P_2O_5	总量	
1	150	青釉瓷	五代	石虎湾	75.16	16.92	2.19	1.21	0.40	0.64	2.37	0.14	0.05	0.05	99.13	$0.484R_xO_y \cdot Al_2O_3 \cdot 7.537SiO_2$
2	T2-1	白釉瓷	五代	胜梅亭	77.48	16.93	0.77	0.00	0.80	0.51	2.63	0.35	0.14	0.00	99.61	$0.405R_xO_y \cdot Al_2O_3 \cdot 7.765SiO_2$
3	T2-2	白釉瓷	五代	胜梅亭	76.96	18.04	0.81	0.00	0.57	0.35	2.97	0.25	0.07	0.00	100.02	$0.342R_xO_y \cdot Al_2O_3 \cdot 7.239SiO_2$
4	TS3-2	白釉瓷	五代	石虎湾	75.84	18.33	1.00	0.21	0.73	0.76	2.44	0.40	0.00	0.00	99.71	$0.407R_xO_y \cdot Al_2O_3 \cdot 7.020SiO_2$
5	TS3-1	白釉瓷	五代宋初	石虎湾	74.58	19.24	1.12	0.33	1.27	0.20	2.35	0.56	0.13	0.00	99.78	$0.395R_xO_y \cdot Al_2O_3 \cdot 6.577SiO_2$
6	S10-2	白釉瓷	宋	湘湖	76.52	18.80	0.70	0.06	0.35	0.11	2.71	0.29	0.08	0.00	99.62	$0.264R_xO_y \cdot Al_2O_3 \cdot 6.906SiO_2$
7	S10-5	白釉瓷	宋	湘湖	75.92	18.53	0.71	0.00	0.76	0.30	2.99	0.49	0.05	0.00	99.75	$0.362R_xO_y \cdot Al_2O_3 \cdot 6.952SiO_2$
8	S10-6	白釉瓷	宋	湘湖	77.39	17.54	0.63	0.00	0.54	0.35	2.85	0.21	0.12	0.00	99.63	$0.335R_xO_y \cdot Al_2O_3 \cdot 7.487SiO_2$
9		青白釉瓷	宋		76.90	16.50	0.75	0.08	1.40	0.24	2.96	1.10	0.00	0.00	99.93	$0.530R_xO_y \cdot Al_2O_3 \cdot 7.908SiO_2$
10		青白釉瓷	宋		78.90	15.90	0.49	0.08	0.50	0.24	3.02	0.07	0.00	0.00	99.20	$0.334R_xO_y \cdot Al_2O_3 \cdot 8.420SiO_2$
11	JHYQ	青白釉瓷	宋	湖田	75.14	18.74	0.92	0.00	1.09	0.10	2.84	1.70	0.04	0.00	100.57	$0.467R_xO_y \cdot Al_2O_3 \cdot 6.804SiO_2$
12	JHYQ-1	青白釉瓷	宋	湖田	75.48	18.37	0.86	0.10	0.57	0.03	2.63	1.34	0.03	0.02	99.43	$0.376R_xO_y \cdot Al_2O_3 \cdot 6.972SiO_2$
13	JHYQ-2	青白釉瓷	宋	湖田	74.71	18.40	0.84	0.08	0.63	0.18	2.92	1.00	0.08	0.03	98.87	$0.390R_xO_y \cdot Al_2O_3 \cdot 6.890SiO_2$
14	JHYQ-4	青白釉瓷	宋	湖田	75.91	17.24	0.83	0.08	0.55	0.13	2.47	2.15	0.04	0.03	99.43	$0.479R_xO_y \cdot Al_2O_3 \cdot 7.471SiO_2$
15	JHYQ-5	青白釉瓷	宋	湖田	77.32	16.54	0.65	0.06	0.87	0.54	2.87	0.39	0.03	0.04	99.31	$0.439R_xO_y \cdot Al_2O_3 \cdot 7.932SiO_2$
16	JHYQ-6	青白釉瓷	宋	湖田	70.90	22.16	0.92	0.07	0.84	0.18	2.50	1.72	0.06	0.01	99.36	$0.374R_xO_y \cdot Al_2O_3 \cdot 5.429SiO_2$
17	JHYQ-7	青白釉瓷	宋	湖田	74.86	18.14	0.93	0.10	0.62	0.62	2.37	1.83	0.05	0.03	99.55	$0.501R_xO_y \cdot Al_2O_3 \cdot 7.002SiO_2$
18	JHYQ-8	青白釉瓷	宋	湖田	75.60	16.31	1.12	0.14	0.59	0.43	2.62	2.68	0.03	0.02	99.54	$0.635R_xO_y \cdot Al_2O_3 \cdot 7.865SiO_2$
19	S10-1	青白釉瓷	宋	湘湖	75.41	18.15	0.81	0.35	0.96	0.63	2.95	0.46	0.09	0.00	99.81	$0.462R_xO_y \cdot Al_2O_3 \cdot 7.050SiO_2$
20	S9-1	青白釉瓷	宋	湖田	76.24	17.56	0.58	0.06	1.36	0.10	2.76	1.02	0.03	0.00	99.71	$0.449R_xO_y \cdot Al_2O_3 \cdot 7.379SiO_2$
21	S9-2	青白釉瓷	宋	湖田	74.70	18.65	0.96	0.03	1.01	0.50	2.79	1.49	0.08	0.00	100.21	$0.501R_xO_y \cdot Al_2O_3 \cdot 6.796SiO_2$

续表

序号	原编号	品种	朝代	出处	氧化物含量（重量%）											分子式
					SiO_2	Al_2O_3	Fe_2O_3	TiO_2	CaO	MgO	K_2O	Na_2O	MnO	P_2O_5	总量	
22	S9-5	青白釉瓷	宋		77.79	16.16	0.59	0.06	0.40	0.16	3.25	1.14	0.00	0.00	99.55	$0.432R_xO_y \cdot Al_2O_3 \cdot 8.168SiO_2$
23		青白釉瓷	宋	湖田	76.44	16.97	0.81	0.00	0.70	0.33	2.99	1.05	0.13	0.00	99.42	$0.458R_xO_y \cdot Al_2O_3 \cdot 7.643SiO_2$
24		青白釉瓷	宋	湖田	77.77	16.41	0.89	0.00	0.66	0.63	2.71	1.00	0.00	0.00	100.07	$0.484R_xO_y \cdot Al_2O_3 \cdot 8.041SiO_2$
25		青白釉瓷	宋	湖田	77.64	16.93	0.73	0.00	1.07	0.62	2.64	0.47	0.00	0.00	100.10	$0.450R_xO_y \cdot Al_2O_3 \cdot 7.781SiO_2$
26	YM(74)IV-1	青白釉瓷	元	元大都出土	74.02	19.34	1.17	0.06	0.12	0.12	2.84	2.69	0.06	0.04	100.46	$0.463R_xO_y \cdot Al_2O_3 \cdot 6.494SiO_2$
27	YG(72)IV-2	青白釉瓷	元	元大都出土	72.08	21.01	0.84	0.09	0.40	0.23	2.50	2.56	0.05	0.04	99.80	$0.427R_xO_y \cdot Al_2O_3 \cdot 5.821SiO_2$
28		青白釉瓷	元初	湖田	72.94	19.86	0.88	0.00	0.56	0.30	2.11	2.78	0.00	0.00	99.43	$0.463R_xO_y \cdot Al_2O_3 \cdot 6.232SiO_2$
29	156	枢府白釉瓷	元	湖田	72.14	20.50	1.72	0.00	0.54	0.16	2.44	2.28	0.00	0.00	99.78	$0.433R_xO_y \cdot Al_2O_3 \cdot 5.971SiO_2$
30	SHUFU-2	枢府白釉瓷	元	湖田	73.75	19.52	1.40	0.23	0.18	0.21	3.18	2.03	0.08	0.00	100.58	$0.458R_xO_y \cdot Al_2O_3 \cdot 6.411SiO_2$
31	SHUFU-3	枢府白釉瓷	元	湖田	72.73	20.70	1.16	0.21	0.14	0.17	2.74	2.39	0.07	0.00	100.31	$0.420R_xO_y \cdot Al_2O_3 \cdot 5.962SiO_2$
32	SHUFU-4	枢府白釉瓷	元	湖田	72.15	21.59	1.19	0.20	0.06	0.18	2.81	2.12	0.07	0.00	100.37	$0.380R_xO_y \cdot Al_2O_3 \cdot 5.670SiO_2$
33	SHUFU-5	枢府白釉瓷	元	湖田	73.06	20.89	1.17	0.20	0.10	0.25	2.84	1.96	0.07	0.00	100.54	$0.393R_xO_y \cdot Al_2O_3 \cdot 5.934SiO_2$
34	SHUFU-6	枢府白釉瓷	元	湖田	72.71	21.43	1.25	0.09	0.18	0.20	3.07	1.57	0.08	0.00	100.58	$0.362R_xO_y \cdot Al_2O_3 \cdot 5.757SiO_2$
35		枢府白釉瓷	元		74.29	20.66	0.69	0.00	0.31	0.19	2.40	1.63	0.00	0.00	100.17	$0.327R_xO_y \cdot Al_2O_3 \cdot 6.101SiO_2$
36	YG(72)IV-3	枢府白釉瓷	元	元大都出土	72.04	20.45	0.98	0.00	0.16	0.11	3.16	3.43	0.04	0.04	100.44	$0.508R_xO_y \cdot Al_2O_3 \cdot 5.977SiO_2$
37	YG(72)IV-4	枢府白釉瓷	元	元大都出土	72.00	21.28	1.27	0.16	0.20	0.16	2.87	1.76	0.07	0.05	99.82	$0.372R_xO_y \cdot Al_2O_3 \cdot 5.741SiO_2$
38	MY1	白釉瓷	明,永乐	御窑厂	72.90	22.00	0.70	0.09	0.20	0.20	2.60	0.80	0.01	0.05	99.55	$0.255R_xO_y \cdot Al_2O_3 \cdot 5.623SiO_2$
39	MY2	白釉瓷	明,永乐	御窑厂	72.51	21.40	0.80	0.05	0.60	0.28	2.86	0.83	0.00	0.00	99.33	$0.319R_xO_y \cdot Al_2O_3 \cdot 5.749SiO_2$
40	M2	五彩	明,万历	御窑厂	68.30	25.61	0.90	0.02	0.80	0.24	2.99	1.00	0.02	0.00	99.88	$0.296R_xO_y \cdot Al_2O_3 \cdot 4.525SiO_2$
41	C11	五彩	清,康熙	御窑厂	66.33	26.33	1.37	0.08	0.65	0.09	2.91	2.44	0.07	0.00	100.27	$0.367R_xO_y \cdot Al_2O_3 \cdot 4.275SiO_2$
42	C14	五彩	清,康熙	御窑厂	66.67	26.25	0.91	0.00	1.25	0.33	2.56	2.15	0.00	0.00	100.12	$0.381R_xO_y \cdot Al_2O_3 \cdot 4.310SiO_2$
43	C17	斗彩	清,康熙	御窑厂	65.09	26.72	1.06	0.13	1.62	0.13	3.11	2.57	0.07	0.00	100.50	$0.442R_xO_y \cdot Al_2O_3 \cdot 4.133SiO_2$
44	C13	粉彩	清,雍正	御窑厂	67.78	26.25	0.84	0.07	0.71	0.16	3.28	1.12	0.07	0.00	100.28	$0.298R_xO_y \cdot Al_2O_3 \cdot 4.381SiO_2$
45	C15	粉彩	清,雍正	御窑厂	66.27	27.42	0.77	0.00	1.36	0.13	3.07	1.29	0.00	0.00	100.31	$0.319R_xO_y \cdot Al_2O_3 \cdot 4.101SiO_2$

续表

序号	原编号	品种	朝代	出处	氧　化　物　含　量　（重量%）											分子式
					SiO_2	Al_2O_3	Fe_2O_3	TiO_2	CaO	MgO	K_2O	Na_2O	MnO	P_2O_5	总量	
46	B3	白釉瓷	近代	实验室	67.08	25.01	0.82	0.07	1.68	0.38	4.21	0.71	0.06	0.00	100.02	$0.417R_xO_y \cdot Al_2O_3 \cdot 4.551SiO_2$
47	B4	白釉瓷	近代	实验室	65.15	27.22	0.86	0.06	1.50	0.36	4.01	0.76	0.07	0.00	99.99	$0.366R_xO_y \cdot Al_2O_3 \cdot 4.061SiO_2$
48	B5	白釉瓷	近代	实验室	63.23	29.40	0.90	0.06	1.33	0.35	3.81	0.81	0.09	0.00	99.98	$0.324R_xO_y \cdot Al_2O_3 \cdot 3.649SiO_2$

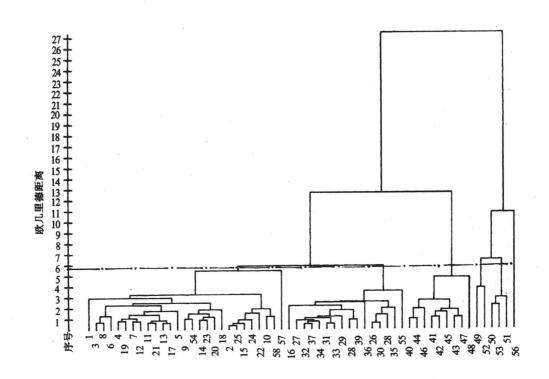

图 10-7　景德镇白釉瓷胎化学组成聚类谱系图

　　从图 10-6 可以看出绝大多数瓷胎的化学组成都位于由明砂高岭精泥和祁门瓷石精泥以及瑶里东狮窑瓷石（原矿）所围成的三角形中。在三角形中又可以分成五代和宋代，元代和明代以及清代三个区域。这就清楚地显示了随着时间的推移，景德镇白釉瓷胎化学组成的变化规律。如果选取瓷胎中 R_xO_y 含量（熔剂总含量）基本在同一水平的 22 号宋代青白釉瓷、29 号元代枢府白釉瓷和 43 号清代康熙白釉瓷作为例子（见图 10-6 中的横线），它们的 SiO_2 含量即依次从 77.79%，72.14% 降低到 65.09%，差不多降低了 13%。而 Al_2O_3 的含量则依次从 16.16%，20.50% 增加到 26.72%，差不多增加了 11%。瓷胎中 Al_2O_3 含量的增加可以提高瓷器的烧成温度，减少烧成时的变形，增加瓷器的强度而成为改善瓷器质量的必由之路。景德镇制瓷工艺进步提高最基本的措施就是遵循这一规律而逐步完成的。

　　从图 10-7 的化学组成聚类谱系图可以看得更清楚。采用欧几里得距离为 5.7 进行分割，可以分成 6 类。从左至右的 1，2，3 类为瓷胎，4，5，6 类为处理情况不同的原料，其中包括明砂高岭和星子高岭以及小于 1 微米的明砂高岭和祁门瓷石细颗粒部分。第一类包括了除序号为 16 的一个宋代瓷胎外的所有五代及宋代的 24 个瓷胎；第二类包括了全部元代瓷胎和部分明代瓷胎；第三类包括了全部清代瓷胎。这里同样反映了图 10-6 中所揭示的规律性。

　　随着第一类到第三类瓷胎中 Al_2O_3 的含量依次增加，而 SiO_2 的含量则依次降低。考虑到景德镇地区制瓷原料和配方的情况。增加 Al_2O_3 和降低 SiO_2 含量可由下列几个途径达到：其一，采用含 Al_2O_3 较高的瓷石；其二，增加淘洗程度，使原料的细颗粒部分增多；其三，在配方中加入高岭土。关于选用含 Al_2O_3 较高的瓷石的这一途径。我们看到在第一类中除五代和宋代瓷胎外还包括三个瓷石：即祁门瓷石不子、南港瓷石原矿和瑶里东狮窑瓷石原矿。顺便提一句，许多学者也正是根据五代和宋代瓷胎的化学组成和这些瓷石的化学组成非常接近，而推论景德镇在五代及宋代的瓷胎都是用一种原料——瓷石烧制的，即一元配方[1][2][3]。正如前节有关原料的讨论中所揭示的由于瓷石的矿物组成决定了它们的 Al_2O_3 含量。因此要大幅度提高 Al_2O_3 的含量是不可能的。

增加原料的淘洗程度以提高 Al_2O_3 的含量的确是一个有效的方法。从前节原料的讨论和图 10-7 所揭示的规律来看，如祁门瓷石不子经过淘洗而得到的精泥，Al_2O_3 的含量则由 15.61% 增加到 17.65%，其中小于 1 微米的细颗粒部分则增加到 29.87%。但淘洗得越细，所费的工时和困难程度就越大和所能使用的原料就越少。因此单从提高 Al_2O_3 含量来看是可能的，而结合工艺来看在古代则又是不可能的。当然也不能排除在后世御窑场中使用这种精工淘洗。

看来只有在配方中掺用高岭土才可能实现景德镇瓷胎中 Al_2O_3 含量的大幅度提高。但在史料中没有记载景德镇开始使用高岭土的确切时间。这就给景德镇制瓷工业史提出一个非常值得研究的课题。因为高岭土的引用是景德镇制瓷工艺发展至关重要的一步。

关于景德镇制瓷工艺中何时掺用高岭土，目前存在三种说法：一说是在 50 年代末，通过对景德镇古瓷胎化学组成的系统研究，而提出的"唐宋时期的瓷器可能只用一种瓷石或者掺用极少量高岭土作为制胎原料"（这里所说的唐代，经考古学者实地考察论证，应为五代）。一说是在 80 年代初，经过对文献的系统考证和高岭土产地的考察所提出的高岭土引进瓷胎与二元配方法（即瓷石加高岭的制胎法）确立的年代，至迟在元泰定年间（14 世纪 20 年代），但不会早于元初。"[4] 一说是 90 年代初应用对应分析方法研究景德镇历代瓷胎化学组成数据而得出的"高岭土配合瓷石制胎的二元配方始于元代，成熟于明末清初；在元、明时期，单一瓷石的一元配方与瓷石配合高岭土的二元配方同时并存。"[5] 显然，三种说法的最主要分歧只是五代和宋代是否曾掺用过少量高岭土。从图 10-7 所揭示的规律来看，第一类除 24 个五代及宋代的瓷胎外，还包括了 3 个瓷石、说明它们在组成上属于同一类，也就是说烧制这些瓷胎的原料也与这些瓷石相类似。它们的 Al_2O_3 含量一般在 16%～18% 之间波动，只有个别的小于 16% 和大于 19%，但最高也不超过 20%。特别值得一提的是一个在湖田窑、宋代地层中发现的刻有"进坑"字样的青白釉瓷碗残片（序号 25）[6] 以及另一个在湖田窑址地面采集的刻有"白㙜泥"字样的青白釉瓷碗残片（序号 18）[7]。它们既是一个瓷胎的化学组成，又是一个瓷石原料的化学组成。"进坑"就是蒋祈在《陶记》中特别提到的"制之精巧"的"进坑石泥"。"白㙜泥"虽不知是指其质量既白又

① 周仁、李家治，景德镇历代瓷器胎、釉的研究，硅酸盐，1960，4(2)：49～62。

② N. Wood, Chinese Pottery, Pottery Quarterly, 1978, (47)：101～124。

③ 罗宏杰、高力明、游恩溥，对应分析在景德镇历代瓷胎配方演变规律研究中的应用，硅酸盐学报，1991，19(2)，159～163。

④ 刘新园、白焜，高岭土史考，中国陶瓷——古陶瓷研究专辑，1982，增刊(7)：141～170。

⑤ 罗宏杰、高力明、游恩溥，对应分析在景德镇历代瓷胎配方演变规律研究中的应用，硅酸盐学报，1991，19(2)：159～163。

⑥ 刘新园、白焜，高岭土史考，中国陶瓷——古陶瓷研究专辑，1982，增刊(7)：141～170。

⑦ 陈显求、陈士萍、王开泰等，湖田影青、枢府瓷的结构和影青瓷釉的 ESR 谱，中国古代陶瓷科学技术成就，李家治、陈显求、张福康等著，上海科学技术出版社，1985，270～284。

优(古字"燸"优通用)还是一种瓷土名称,但它们的化学组成都分别和南港瓷石(序石 58)以及祁门瓷石(序号 54)聚处在两个亚类中。在这两个亚类中还包括五代及宋代的白釉瓷和青白釉瓷,说明它们的化学组成非常相近.更有力地支持五代及宋代的瓷胎是仅由瓷石作为原料烧制的。顺便提一句,在宋代地层发现的这一用进坑石泥烧制的瓷片,也可作为蒋祈《陶记》写于南宋,而不是写于元代的一个旁证。

两个分别刻有"进坑"和"白燸泥"的试验瓷碗碎片可以启发人们想象古代景德镇陶瓷大师们在早期为寻找优质制瓷原料所做的努力.没有他们不断的试验,也就不会有景德镇自元以后在瓷器胎釉配方上的突破和逐步的改进。

第二类包括一个宋代青白釉瓷(序号 16)、全部元代的青白釉瓷和枢府白釉瓷、两个明代永乐甜白釉瓷以及独处一个亚类的祁门瓷石精泥。瓷胎的 Al_2O_3 含量一般在 20％左右,但也有大于 20％,高者可达 22.16％(序号 16)。即使是接近地表上层,风化程度较深的瓷石中 Al_2O_3 的含量也只有 18％～19％[①].经过精工淘洗所得的祁门瓷石精泥中 Al_2O_3 的含量也只有 18.30％。可见 Al_2O_3 含量大于 20％的瓷胎单用瓷石作原料是无法达到的。因此,在第二类中,有些瓷胎就必须加入高岭土。但这时高岭土的用量是不多的,也不是所有配方都加入了高岭土。在那些使用加入高岭土的配方中,其用量也只有 20％左右。因为用 30％明砂高岭料泥和 70％祁门瓷石精泥配制的 B_3 瓷胎中 Al_2O_3 含量还要高达 25.01％。这就是元、明时期,单一瓷石的一元配方与瓷石配合高岭土的二元配方同时并存。

注意到所有元代瓷胎,不论是青白瓷,还是枢府瓷都毫无例外地聚集在这一类中。说明元代这两种瓷在配方和所采用的原料上是相似的。由于它们中都含有较多 Na_2O,可以推知它们所用的原料又不同于景德镇其他时期的瓷器。这里的结果和用对应分析所得的结果是一致的。

值得讨论的是第二类中还包括一个序号为 16 的宋代湖田青白釉瓷。它的 Al_2O_3 含量高达 22.16％。显然,仅用瓷石作原料,胎中 Al_2O_3 是不会有如此高的含量,而是必须在配方中加入少量高岭土类的原料。看来,这里只有两种可能:一是,这个青白釉瓷在断代上有失误,它原来就是元代的产品。由于这一试样是在湖田窑址地面堆积中采积的,而不是在确切宋代地层中采集的,因而断代失误的可能也是存在的。因此,对它的烧制年代,从胎化学组成上来看应是元代的产品。二是,它的确是宋代的产品。结合前面高岭《何氏宗谱》提到的何召一初开高岭瓷土的讨论[②],是否可以推测在宋代晚期已在少数瓷胎中试用少量高岭。当然,这也是可能的,但由于只有这样一个孤例,是不能据此作出肯定的结论,只能有待于深入的研究和更多数据的支持。

第二类还包括处于一个小亚类中的两个明代永乐甜白釉瓷胎(序号为 38 和 39)。它们是 1982 年在景德镇市土建工程中发现和清理出带有篆书"永乐年制"暗款的许多靶盏(高足杯)残器中的两个[③][④]。其靶盏器型及年款摹本见图 10-8。永乐甜白釉瓷历来受到重视。史料记载虽语焉不详,但在字里行间,无不倍加赞誉。如王世懋在《窥天外乘》中盛赞永乐白瓷为"其时以鬃眼,甜白为常","迄今为贵。"[⑤]《博物要览》盛赞这种白釉瓷"光莹如玉","隐隐桔皮纹起、虽

①　刘新园、白焜,高岭土史考,中国陶瓷——古陶瓷研究专辑,1982,增刊,(7):141～170。

②　冯云龙,高岭山之高岭土始开年代考,景德镇陶瓷学院学报,1992,13(1):65～70。

③　刘新园,永乐前期官窑的白瓷研究,东洋陶瓷,第十五、十六号,昭和六十三年,153～180。

④　白焜、谭际明、张中原等,景德镇明永乐、宣德御厂遗存,中国陶瓷——古陶瓷研究专辑,1982,增刊,(7):171～182。

⑤　王世懋,窥天外乘,丛书集成初编,商务印书馆,1937。

定瓷何能比方,真一代绝品。"①由此可见,永乐
甜白釉瓷在外观上胎白釉莹,令人有甜润如玉
的感受,是景德镇制瓷技术的一个重要阶段。
由图 10-6 和图 10-7 两图可见,这两个永乐白
釉瓷胎的化学组成既与元代的白釉瓷相近,但
又有区别。特别是它们的熔剂含量都比较低,
其中着色氧化物含量亦较低,甚至达到清代的
水平。这就是永乐甜白釉瓷和元代以及明代其
他时期白釉瓷的不同之处,遂使它们具有较高
的白度和更接近硬质瓷的瓷质②。这些特征在
随后讨论的釉组成中则表现得更突出。根据它
们化学组成的变化,推测永乐时期可能采用了

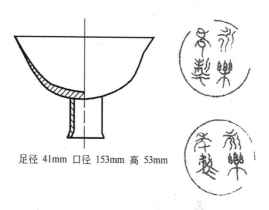

足径 41mm　口径 153mm　高 53mm

图 10-8　永乐甜白釉靶盏器型及年款摹本[33]

不同于元代及明代其他时期更优的瓷石作为原料,或者是所用原料经过更精细的加工。所谓
"真一代绝品"即是来源于此。

　　第三类则主要是清代白釉瓷的聚集区。它们的 Al_2O_3 含量普遍大于 25%。近代配制的三
个试验瓷胎的化学组成也处在这一类中,说明所有这些瓷胎中高岭土的用量都在 30% 以上。
可以有把握地说景德镇瓷胎在化学组成的改进和提高,主要表现在高岭土的开始使用和用量
的增加。五代和宋代的白釉瓷没有使用高岭土,即使在少数瓷胎中试用高岭土,数量也是很少
的。到了元、明时期,高岭土用量约在 20% 左右。待至清代则普遍增加到 30% 以上。

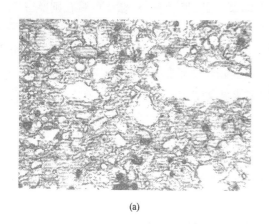

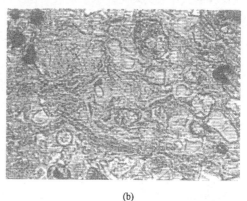

(a)　　　　　　　　　　　　　　　　　(b)

图 10-9　宋湖田窑 JHYQ-7 青白瓷胎×200(a)和
元枢府窑 Shufu-6 白釉瓷胎,×500(b)

　　上述结论在瓷胎的显微结构中也可以得到证实。图 10-9 给出了具有代表性的序号为 17
的宋青白釉瓷胎(a),序号为 34 的元枢府白釉瓷胎(b)和序号为 38 的明永乐甜白釉瓷胎(c)的
显微结构。宋代青白釉瓷胎的显微结构,是在大量的玻璃基质连续相中含有许多折射率高的云
母残骸和大量熔蚀边明显的残留石英,前者尺寸约为 40~50 微米,后者都在 40 微米左右。胎

---

① 谷应泰,博物要览·志窑器,丛书集成初编,商务印书馆,1937。
② 李家治、陈士萍,景德镇永乐白瓷的研究,景德镇陶瓷学院学报,1991,12(1),27~32。

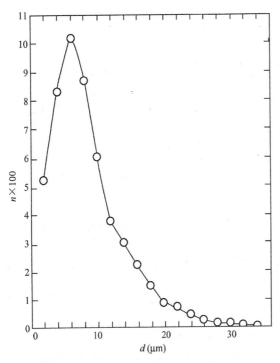

图 10-10 明永乐 MYI 白釉瓷胎中石英粒度
分布图[29]

中长石残骸少见,即使有个别,其轮廓亦已模糊不清。据此估计其烧成温度当超过 1250℃。由于不含高岭石,在长石边缘处熔入的 Al_2O_3 不多,致使残骸中的莫来石析出,全靠长石自身的 Al_2O_3 含量。故莫来石稀疏少见[①]。

元代枢府白釉瓷胎的显微结构则与宋代青白釉瓷胎有较大的不同。一是石英的含量较少,粒度也较小,一般为 20 微米左右。说明瓷石的用量减少和原料的处理更为精细。二是长石残骸的含量较多,亦较易发现。长石残骸周围都是云母残骸。可见两者所用的瓷石是不同的。枢府瓷胎所使用的瓷石则含有较多的长石。这和它的化学组成以及景德镇瓷石原料存在的情况也是一致的。三是枢府瓷胎中莫来石含量较多,发育也较好。这可能和长石较多以及已掺入少量高岭土有关。

明代永乐甜白釉瓷胎的主要晶相为云母和石英,并存在少量从长石残骸中析出的莫来石。云母的含量较之上述两个瓷胎要多一些。

石英颗粒的大小较为均匀。除个别最大粒度可达 50 微米外,其中 2~10 微米的颗粒则要占 70% 以上(见图 10-10)。石英的含量以面积计算约占瓷胎的 26%。说明瓷胎中瓷石的用量还是很多的。高岭土的掺入量不会超过 30%。所用的瓷石既不同于青白釉瓷,因为云母的含量较高;由于其中长石含量较少,也不同于枢府白釉瓷。从石英的颗粒度细小而均匀可见其处理更为精细。

到了清代,由于烧成温度较高和高岭土的用量显著增加,一般都超过 30%,有的已高达 40%,甚至更多。因而在胎的显微结构中可以见到发育较好的莫来石针晶。石英的含量已大大地减少,而且残留石英的大小和形状也变得细小浑圆而少棱角。玻璃相也增多。

采用显微结构测量和利用 $K_2O-Al_2O_3-SiO_2$ 三元相图计算相结合的方法,近似地求得景德镇不同时期具有代表性的几个瓷胎的矿物组成,其结果如表 10-3 所示[②]。从表可见,五代胜梅亭白釉瓷胎石英的含量高达 33%,而莫来石的含量仅为 14%。到了清代雍正的白釉瓷胎,石英的含量已降至 8.9%,莫来石的含量则增至 25%。这里同样说明瓷石的用量减少和高岭土用量增多的事实。表 10-3 所给的数据和前面所提到的显微结构的观察结果是一致的。

瓷胎的化学组成和显微结构决定着它们的物理性能。表 10-4 为景德镇不同时代几个白釉瓷胎的物理性能。从表 10-4 可见随着瓷胎配方中引入越来越多的高岭土而使瓷胎中生成较多的莫来石,它们的抗折强度亦逐步增加。待至 C_{11} 清代康熙的一个瓷胎,其抗折强度已增至 70 兆巴,接近现代日用瓷的强度。与此同时,由于瓷石用量减少而使瓷胎中石英的含量减少,它们

① 陈显求、陈士萍、王开泰等,湖田影青、枢府瓷的结构和影青瓷釉的 ESR 谱,中国古代陶瓷科学技术成就,李家治、陈显求、张福康等著,上海科学技术出版社,1985,270~284。
② 周仁、李家治,景德镇历代瓷器胎、釉的研究,硅酸盐,1960,4(2):49~62。

的膨胀系数也越来越小,同时由于烧成温度的提高和还原气氛的加强以及原料的选择和处理的精益求精使得这些瓷器具有很高的白度和相当好的透明度。这些性能的提高都对景德镇瓷器内在和外观质量改进起了非常重要的作用。

表10-3　景德镇白釉瓷胎的矿物组成

序号	原编号	品种	朝代	出处	矿物组成（重量%）			气孔（体积%）	石英颗粒直径(μm)	
					石英	莫来石	玻璃		平均大小	最大
1	T_{2-1}	白釉瓷	五代	胜梅亭	33.1	14.5	52.4	3.9	40	80
2	S_{9-2}	青白釉瓷	宋	湖田	27.0	16.7	56.3	6.9	40	90
3	S_{10-1}	青白釉瓷	宋	湘湖	19.5	16.6	63.9	7.0	40	110
4	M_2	白釉瓷	明万历	御窑厂	20.5	28.0	51.5	3.2	40	60
5	C_{13}	白釉瓷	清雍正	御窑厂	8.9	25.0	65.9	1.7	20	30

表10-4　景德镇白釉瓷胎的物理性能

序号	原编号	品种	朝代	出处	比重	抗折强度（兆巴）	膨胀系数 $\times 10^{-7}(0\sim700℃)$	白度（%）	透光度(%) 厚1.5毫米
1	T_{2-1}	白釉瓷	五代	胜梅亭	2.44		67.7	70.0	
2	S_{9-2}	青白釉瓷	宋	湖田	2.51			76.5	
3	S_{10-1}	青白釉瓷	宋	湘湖	2.52	55	66.2	71.5	1.19
4	M_2	白釉瓷	明万历	御窑厂	2.59	63	66.8	75.8	0.40
5	C_{14}	白釉瓷	清康熙	御窑厂	2.49		55.6	73.5	
6	C_{13}	白釉瓷	清雍正	御窑厂	2.44		57.7	77.5	0.96
7	C_{11}	白釉瓷	清康熙	御窑厂	2.51	70			

（二）景德镇白釉瓷釉的化学组成及显微结构

由表10-5景德镇白釉瓷釉的化学组成,经过计算处理所得分布图和聚类谱系图分别如图10-11和图10-12所示。为了比较在两图中也分别列入近代用屋柱槽釉石和寺前乡釉灰配制的五个试验配方 G_4,G_6,G_8,G_{10} 和 G_{12} 的化学组成点。其脚标数字代表釉灰用量的百分数,如 G_4 即为96%釉果配以4%釉灰,余类推,其化学组成列在表10-5中。为了说明瓷釉和原料的关系,在两图中也标出三个制釉原料的化学组成位置。原料的化学组成见表10-1。

景德镇白釉瓷釉的化学组成变化主要是其中CaO含量的变化。随着时代的顺延,CaO的含量越来越少。从早期的五代和宋代瓷釉中CaO含量为15%左右降低到元、明时期的5%左右;到了清代则降低到4%左右。历代瓷釉中MgO的含量一般都小于1%。这是景德镇白釉瓷和北方邢、巩、定窑白釉瓷一个显著不同之处。随着CaO含量的减少, K_2O 和 Na_2O 的含量则

表10-5 景德镇白釉瓷釉的化学组成

序号	原编号	品种	朝代	出处	氧化物含量（重量%）											分子式
					SiO_2	Al_2O_3	Fe_2O_3	TiO_2	CaO	MgO	K_2O	Na_2O	MnO	P_2O_5	总量	
1	150	青釉瓷	五代	石虎湾	62.22	14.76	1.43	0.29	17.18	1.35	1.94	0.27	0.18	0.71	100.33	$0.376Al_2O_3 \cdot R_xO_y \cdot 2.690SiO_2$
2	T2-1	白釉瓷	五代	胜梅亭	68.77	15.47	0.73	0.04	10.92	1.16	2.60	0.24	0.23	0.00	100.16	$0.576Al_2O_3 \cdot R_xO_y \cdot 4.347SiO_2$
3	S9-2	青白釉瓷	宋	湖田	66.68	14.30	0.99	0.00	14.87	0.26	2.06	1.22	0.10	0.00	100.58	$0.436Al_2O_3 \cdot R_xO_y \cdot 3.446SiO_2$
4	S10-1	青白釉瓷	宋	湘湖	67.26	17.08	0.93	0.12	10.05	1.90	2.27	0.31	0.15	0.00	100.07	$0.632Al_2O_3 \cdot R_xO_y \cdot 4.226SiO_2$
5	JHYQ	青白釉瓷	宋	湖田	66.40	14.39	1.16	0.00	14.08	0.56	1.46	1.64	0.00	0.00	99.69	$0.449Al_2O_3 \cdot R_xO_y \cdot 3.517SiO_2$
6	JHYQ-1	青白釉瓷	宋	湖田	66.69	15.17	1.11	0.07	13.94	0.44	1.47	0.64	0.06	0.08	99.67	$0.505Al_2O_3 \cdot R_xO_y \cdot 3.767SiO_2$
7	JHYQ-2	青白釉瓷	宋	湖田	65.40	13.99	1.06	0.05	15.43	0.60	2.04	1.01	0.09	0.07	99.74	$0.407Al_2O_3 \cdot R_xO_y \cdot 3.230SiO_2$
8	JHYQ-4	青白釉瓷	宋	湖田	65.85	13.85	0.83	0.06	14.15	0.64	1.55	2.74	0.09	0.05	99.81	$0.404Al_2O_3 \cdot R_xO_y \cdot 3.257SiO_2$
9	JHYQ-5	青白釉瓷	宋	湖田	65.84	14.08	0.70	0.06	16.01	0.72	1.58	0.55	0.05	0.07	99.66	$0.412Al_2O_3 \cdot R_xO_y \cdot 3.267SiO_2$
10	JHYQ-6	青白釉瓷	宋	湖田	65.45	15.94	1.33	0.10	11.99	0.53	2.00	2.16	0.09	0.03	99.62	$0.532Al_2O_3 \cdot R_xO_y \cdot 3.704SiO_2$
11	JHYQ-7	青白釉瓷	宋	湖田	65.99	14.44	1.11	0.07	14.00	0.62	1.58	1.93	0.07	0.06	99.87	$0.440Al_2O_3 \cdot R_xO_y \cdot 3.409SiO_2$
12	JHYQ-8	青白釉瓷	宋	湖田	68.86	14.43	0.93	0.09	10.01	0.75	1.85	2.69	0.07	0.05	99.73	$0.527Al_2O_3 \cdot R_xO_y \cdot 4.269SiO_2$
13	YM(74)IV-1	青白釉瓷	元	元大都出土	66.48	12.96	0.90	0.12	12.85	0.18	2.24	4.00	0.10	0.13	99.96	$0.384Al_2O_3 \cdot R_xO_y \cdot 3.339SiO_2$
14	YG(72)IV-2	青白釉瓷	元	元大都出土	67.56	14.07	0.86	0.08	11.98	0.45	2.07	2.92	0.09	0.14	100.22	$0.456Al_2O_3 \cdot R_xO_y \cdot 3.717SiO_2$
15	SHUFU-2	枢府白釉瓷	元	湖田	73.36	14.61	0.78	0.00	5.33	0.16	2.89	3.31	0.08	0.00	100.52	$0.758Al_2O_3 \cdot R_xO_y \cdot 6.456SiO_2$
16	SHUFU-3	枢府白釉瓷	元	湖田	72.70	15.23	0.78	0.00	4.81	0.18	2.99	3.72	0.10	0.00	100.51	$0.793Al_2O_3 \cdot R_xO_y \cdot 6.426SiO_2$
17	SHUFU-4	枢府白釉瓷	元	湖田	71.98	15.58	0.85	0.00	5.56	0.20	3.06	3.47	0.10	0.00	100.80	$0.767Al_2O_3 \cdot R_xO_y \cdot 6.010SiO_2$
18	SHUFU-5	枢府白釉瓷	元	湖田	73.41	15.63	0.95	0.00	4.03	0.24	3.22	3.34	0.10	0.00	100.92	$0.885Al_2O_3 \cdot R_xO_y \cdot 7.052SiO_2$
19	SHUFU-6	枢府白釉瓷	元	湖田	72.15	15.17	1.01	0.00	6.06	0.26	2.88	2.27	0.11	0.00	99.91	$0.785Al_2O_3 \cdot R_xO_y \cdot 6.333SiO_2$
20	YG(72)IV-3	枢府白釉瓷	元	元大都出土	71.87	13.68	0.83	0.22	5.59	0.19	3.17	3.60	0.09	0.00	99.24	$0.653Al_2O_3 \cdot R_xO_y \cdot 5.824SiO_2$
21	YG(72)IV-4	枢府白釉瓷	元	元大都出土	70.09	15.24	0.83	0.16	6.40	0.18	3.22	3.13	0.09	0.00	99.34	$0.706Al_2O_3 \cdot R_xO_y \cdot 5.509SiO_2$
22	MY1	白釉瓷	明,永乐	御窑厂	71.18	15.22	1.17	0.10	2.36	0.60	5.28	2.70	0.09	0.16	98.86	$0.891Al_2O_3 \cdot R_xO_y \cdot 7.069SiO_2$
23	MY2	白釉瓷	明,永乐	御窑厂	72.25	16.01	0.80	0.05	2.65	0.40	5.34	2.00	0.00	0.00	99.50	$1.035Al_2O_3 \cdot R_xO_y \cdot 7.923SiO_2$
24	M2	五彩白釉瓷	明,万历	御窑厂	69.60	15.45	1.00	0.00	7.50	0.00	4.93	1.85	0.03	0.00	100.36	$0.681Al_2O_3 \cdot R_xO_y \cdot 5.203SiO_2$

续表

| 序号 | 原编号 | 品种 | 朝代 | 出处 | 氧 化 物 含 量 （重量%） | | | | | | | | | | | 分子式 |
					SiO$_2$	Al$_2$O$_3$	Fe$_2$O$_3$	TiO$_2$	CaO	MgO	K$_2$O	Na$_2$O	MnO	P$_2$O$_5$	总量	
25	C17	斗彩白釉瓷	清，康熙	御窑厂	67.92	15.66	1.22	0.00	7.11	1.06	4.11	2.14	0.00	0.00	99.22	0.643Al$_2$O$_3$·R$_x$O$_y$·4.730SiO$_2$
26	C14	五彩白釉瓷	清，康熙	御窑厂	70.79	14.94	0.97	0.00	5.47	0.75	3.16	2.63	0.13	0.00	98.90	0.730Al$_2$O$_3$·R$_x$O$_y$·5.867SiO$_2$
27	C15	粉彩白釉瓷	清，雍正	御窑厂	72.09	14.71	1.39	0.00	3.54	0.45	4.61	2.25	0.00	0.00	99.28	0.841Al$_2$O$_3$·R$_x$O$_y$·6.991SiO$_2$
28	G12	白釉瓷	近代	实验室	70.93	13.94	0.69	0.06	9.02	0.30	2.76	2.27	0.02	0.00	99.99	0.571Al$_2$O$_3$·R$_x$O$_y$·4.927SiO$_2$
29	G10	白釉瓷	近代	实验室	71.95	14.13	0.68	0.06	7.76	0.27	2.81	2.30	0.02	0.00	99.98	0.638Al$_2$O$_3$·R$_x$O$_y$·5.510SiO$_2$
30	G8	白釉瓷	近代	实验室	72.87	14.32	0.67	0.06	6.61	0.25	2.85	2.33	0.02	0.00	99.98	0.712Al$_2$O$_3$·R$_x$O$_y$·6.151SiO$_2$
31	G6	白釉瓷	近代	实验室	73.78	14.50	0.66	0.06	5.43	0.23	2.93	2.36	0.02	0.00	99.97	0.804Al$_2$O$_3$·R$_x$O$_y$·6.941SiO$_2$
32	G4	白釉瓷	近代	实验室	74.75	14.70	0.65	0.06	4.29	0.21	2.91	2.39	0.02	0.00	99.98	0.923Al$_2$O$_3$·R$_x$O$_y$·7.960SiO$_2$

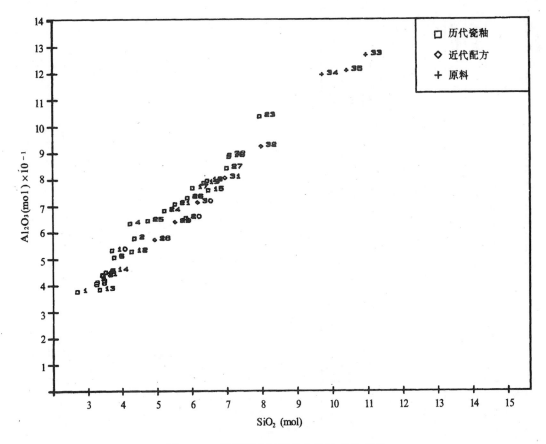

图 10-11　景德镇白釉瓷釉化学组成分布图

随之增加。显然，五代和宋代白釉瓷中的熔剂主要是 CaO，所以仍是钙釉。到了元、明时期，釉中的 K_2O 及 Na_2O 已和 CaO 共同起熔剂作用，有时甚至超过 CaO 的作用。因此应分别称之为钙碱釉和碱钙釉[①]。值得注意的是序号为 22 和 23 的两个永乐甜白釉瓷釉中的 CaO 含量分别为 2.36% 和 2.65%，而其 R_2O 的含量则分别为 7.98% 和 7.34%。它们是目前所见到的景德镇白釉瓷釉中含 CaO 最低和 R_2O 最高的两个瓷釉。说明它们在釉的化学组成上的确是空前绝后的"一代绝品"[②]。由于景德镇瓷釉历来是用釉石配以釉灰。釉中 CaO 含量的减少和 R_2O 含量的增加，说明釉灰用量的减少。序号为 23 的 MY2 永乐甜白釉瓷釉中釉灰的用量已低于 G_4 试验配方中的用量，也就是说要小于 4%。可见釉灰的用量是非常低的。

从图 10-11 和图 10-12 都可以看出所有瓷釉基本上分为三类。如在图 10-12 的聚类谱系图中以阿几里得距离为 6 切割，所有的瓷釉即可以从左至右划分为三类。第一类中包括五代和宋代的 9 个瓷釉以及 2 个从元大都出土的青白瓷釉，它们 CaO 的含量都在 10%～15% 之间，一般为 15% 左右。估计其釉灰的用量可能在 16% 左右。第二类包括五代和宋代的含 CaO 较低和明、清时期含 CaO 较高的共 7 个瓷釉。CaO 含量一般在 7%～10% 之间变化。由于第二类中还包括两个试验配方 G_{10} 和 G_{12}，可见它们釉灰的用量在 10%～12% 之间。第三类包括两个亚类：

① 罗宏杰、李家治、高力明，中国古瓷中钙系釉类型划分标准及其在瓷釉中的应用，硅酸盐通，1995，(2)：50～53。
② 李家治、陈士萍，景德镇永乐白瓷的研究，景德镇陶瓷学院学报，1991，12(1)：27～32。

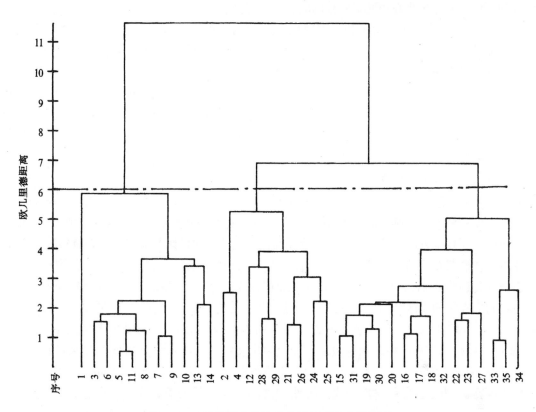

图 10-12 景德镇白釉瓷釉化学组成聚类谱系图

其一为 3 个釉果,其二为 6 个元代的枢府白釉,2 个明代永乐甜白釉和 1 个清代白釉。除已如上述的 2 个甜白釉 CaO 含量特低外,其余包括 1 个清代白釉均在 5% 左右或 4% 上下波动,釉灰的用量则在 4%～8% 之间变动。元代的枢府白釉也和它们的胎一样毫无例外地都聚处在一个亚类中,说明它们的组成相近,同时又都含有较高的 Na_2O,说明它们是用同一种原料,但又不同于景德镇其他时期。

景德镇白釉质量的改进是靠在釉的配方中减少釉灰的用量来实现的。釉灰用量的减少可提高瓷釉的烧成温度,同时由于釉石用量的增加,引入更多的 R_2O,以增加釉在高温时的粘度,可使釉层增厚。再由于釉灰中含有较多的着色氧化物 Fe_2O_3,减少其用量可以降低 Fe_2O_3 的含量以增加釉的白度。从五代和宋代白釉中釉灰用量为 16% 左右,降低到 10%,然后再降低到 4%,甚至小于 4%。这就是景德镇白釉随着时代的进展,质量逐步提高所经历的过程。

景德镇历代瓷釉的显微结构也和它们的化学组成所揭示的规律一致。宋代的青白釉,由于 CaO 含量较高,纯系一种透明的玻璃釉。几乎找不到残留的石英和云母,只是偶而见到少数 80 微米以下的釉泡。但由于釉中含有较高的 CaO,所以在胎釉界面处有时可看到一层由釉中的 CaO 扩散到胎的表面,而与胎中的云母残骸发生作用而逐渐生成的钙长石针状晶丛[①]。青白釉是一种透明玻璃釉,但在少数青白釉的外观上还有轻微的乳浊感,可能就是这些钙长石反应层

---

① 陈显求、陈士萍、王开泰等,湖田影青、枢府瓷的结构和影青瓷釉的 ESR 谱,中国古代陶瓷科学技术成就,李家治、陈显求、张福康等著,上海科学技术出版社,1985,270～284。

所起的作用。但却比北方的邢窑白釉的乳浊性要轻微得多。至于青白釉的色调偏青或偏蓝主要取决于 Fe 离子在釉中的价态和结构,而不是釉中含有锂云母①。

在显微镜下可以看到枢府白釉中存在少量小于 40 微米的残留石英和直径在 10～40 微米之间的釉泡以及一些钙长石的小晶丛(图 10-13(a))。显然,这些釉中残留物就是导致枢府白釉在外观上略带乳浊的真正原因。因为在它们的胎釉交界处并未观察到钙长石的反应层。枢府白釉也和它的瓷胎一样含有较高的 Na_2O,可见它是用含 Na_2O 较高的釉石。像三宝蓬釉石这类原料含有高达 3.85％的 Na_2O。很可能枢府白釉就是采用这类釉石作为原料。联系到枢府白釉瓷胎也含有较高的 Na_2O,因而也有可能采用这类釉石作原料。

明永乐甜白釉具有比青白釉和枢府白釉更明显的乳浊感,即所谓"光莹如玉"。要使釉具有较明显的乳浊感,有效途径可能有二:一是在胎釉交界处生成一层散射入射光的钙长石反应层。邢窑白釉瓷是一个典型的例子(图 5-15);二是靠在釉中存在有散射入射光的微粒,这种微粒既可以是固相也可以是液相和气相。永乐甜白釉瓷的浮浊性则是靠釉中存在有粒度小于 10 微米的多量残留石英,和一定量的云母残骸。其显微结构如图 10-13(b)所示。由图象仪测得其石英含量约为 8％,云母含量约为 4％(以面积计算),这在景德镇历代瓷釉中是少见的。同样说明它们在釉的显微结构上,也是空前绝后的"一代绝品"。它们的粒度在 6～14 微米范围内约占 75％,10 微米以下的颗粒亦占到 50％。如图 10-14 所示。一般釉中含有多量的残留石英,就会使因玻璃相和晶相膨胀系数之差而使釉出现裂纹。永乐甜白釉虽含有甚多的残留石英,却没有引起釉的开裂。这就不能不归因于石英粒度非常细小的缘故。如果这些石英大到一定程度,就会由这些裂纹发展而成裂纹釉,代表性的例子就是景德镇的碎釉瓷釉。

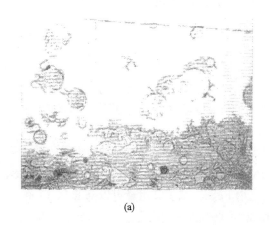 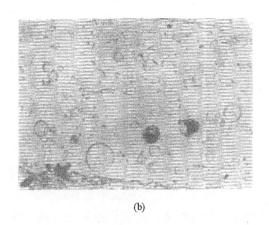

(a)   (b)

图 10-13 元枢府 Shufu6 白釉瓷釉(a)和明永乐 MY1 甜白釉瓷釉(b)的显微结构×200

明永乐甜白釉瓷釉在可见光部分的分光反射率曲线(图 5-17)比较低和比较平坦,说明它在白度上虽不及我国最著名的邢窑白釉瓷釉,但却更能体现景德镇瓷釉的白里微泛青色的特色。

---

① A. L. Hetherington,Chinese Ceramic Glazes,Cambridge at the University,1937,17.

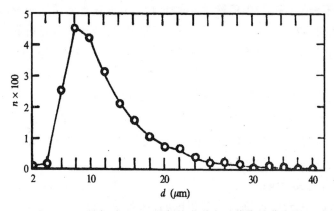

图 10-14　明永乐 MY1 甜白釉瓷釉中石英颗粒分布图

景德镇近 1 000 年的制瓷历史为人们提供了一条十分清楚的发展途径。在制胎原料上从使用单一瓷石的一元配方到掺用高岭土的二元配方,高岭土的用量逐步增多。在化学组成上,SiO_2 逐渐减少,Al_2O_3 逐渐提高。在胎的显微结构上石英的含量逐渐减少,莫来石的含量逐渐增多。从而使景德镇白釉瓷胎逐步接近现代硬质瓷的标准。这些内在质量的改进势必反映到瓷胎性能的提高。在制釉原料上从使用较多釉灰到逐渐减少其用量,而增加釉石的用量。遂使釉中的 CaO 逐渐减少,而 K_2O 和 Na_2O 的用量逐渐增加,从而使景德镇白釉瓷釉从钙釉逐步发展成钙碱釉和碱钙釉。在显微结构上,从透明玻璃釉到含有一定异相的不同程度的乳浊釉。使中国的传统钙釉更趋于完善。这些改进和成就遂使景德镇白釉瓷自宋以后,特别是清代初期成为中国白釉瓷的代表。另外,景德镇历代白釉瓷胎在化学组成上的变化规律也可用作它们断代的依据,同时也可作为它们与北方白釉瓷断源的依据。

在表 10-2 和表 10-5 中序号为 1 的五代青釉瓷,是景德镇开始制瓷的早期产物。考古学者认为它在外观上比较接近越窑青釉瓷,其胎釉特点都是在化学组成上含有较高的 Fe_2O_3 和 TiO_2,也是所有数据中含这两个着色氧化物最高的一个。它揭示了景德镇的制瓷历史也是从烧制青釉瓷开始,说明在制瓷初期也还没有找到优质瓷土。用以烧制青白釉和白釉瓷的优质瓷石还是在后来才发现的。所以说到底景德镇瓷业得以发扬光大,还是靠这一地区储藏有大量优质的瓷石、釉石和高岭土。

四　景德镇白釉瓷的烧制工艺

第一篇记述南宋晚期以前景德镇瓷器烧制工艺的历史文献也是蒋祈的《陶记》。在谈到瓷器成形时,记述了"利坯、车坯"和施釉等工序。在谈到烧成时,则记述了有窑三百余座;瓷坯是装在匣钵内入窑烧成;支烧的方法有仰烧和覆烧两种;装窑时要根据温度高低安放不同的瓷器,而且要小心安放以保证匣柱之间火焰的合理流通;烧窑时间为一日二夜;止火温度用"火照"验证瓷器是否烧好;用"火房"防止原料及瓷坯受冻。在谈到器型时,则有各式碗、碟、盘、炉、瓶之分。在谈到装饰时,则有"绣花、银绣、蒲唇、弄弦"等手法。在谈到釉色时,则有黄黑和青白的不同[①]。在这篇不长的《陶记》中已给后人留下了一个古代景德镇烧制瓷器的大致工艺流程，加上前面所提到的对原料的记载，不禁令人庆幸《陶记》真是一篇难能可贵的资料。

待至宋应星的《天工开物》，除对原料和原料处理有进一步记述外，对成型已提出"印器"和"圆器"两种方法。对"印器"需使用黄泥塑成的印模；对"圆器"已提到需先经过在陶车上拉坯，然后经过修坯、干燥、施釉。并谈到彩绘瓷和颜色釉瓷。在记述烧成时，已提到用"泥饼"托烧；烧成需 24 小时，前 20 小时由火门投柴，后 4 小时则由窑侧所留的"天窗"投柴，以使上下齐烧达到高温和使温度均匀[②]。根据文中所附窑图，应是葫芦形窑。文虽简短，但对景德镇元明时期制瓷工艺的描述，也不失为一个难得的史料。

清乾隆年间，由唐英所编的《陶冶图编次》及解说，更系统地描述了景德镇制瓷工艺流程。有关烧制工艺的有成型方法，如圆器修模和拉坯，琢器做坯；施釉有蘸釉、吹釉；烧成时有"窑制长圆形如覆瓮"，并提到其大小尺寸和烟囱高度，其温度分布为前高后低；根据瓷器所需的烧成温度，放置在适当的窑位；特别指出用松柴作燃料，烧到匣钵作银红色即止火；止火后待一昼夜即开窑；开窑时匣钵尚呈紫红色；为了利用窑余热，随即装窑。从装窑到烧成后出窑共需时日三天[③]。唐英对清初景德镇御厂的烧制工艺的叙述可说是十分详尽，也和后来景德镇的制瓷工艺十分接近。

综合以上三个历史文献，可以窥见古代景德镇传统的烧制工艺的发展梗概。

（一）成型和施釉

景德镇瓷器历来是采用塑性手工成型。即是利用泥坯在陶轮上用手拉制成大小不等的各式盘、碗、碟等器皿。即所谓圆器成型。传统的圆器拉坯全靠陶工手法熟炼，操作时仅用一块瓷片磨成的刮版作为辅助工具。拉制好的粗坯，再用经过数次修整的黄泥模子进行印坯。模子的形状和大小应符合制品的要求。印坯的目的即是保证所拉制的泥坯在大小和形状方面的一致以及坯内面更为光滑平整。印好的坯再经过多次修整，使其内外光平，厚薄符合要求，即所谓修坯。修坯分粗修和精修。修坯完毕后即进入施釉工序。根据不同情况施釉有浸釉、荡釉、吹釉和涂釉等各种方法。其传统工艺流程大致如下：拉坯～略干～印坯～干燥～粗修～刷内水（用特制的毛笔）～荡内釉～精修外部～刷水浸外釉～剐底～施底釉[④]。景德镇瓷器的造型及外观质量全靠制瓷工人技艺的熟练程度。他们自古即分工极细，各专其技，即《陶记》所说的"陶工、匣工、土工之有其局；利坯、车坯、釉坯之有其法；印花、画花、雕花之有其技，秩然规制，各不相紊。"由于分工专一，有利于技艺的提高，但真正具有高超技艺的工人也不是很多。正如唐英在论及"圆器修模"时所说的"凡一器之模，非修数次，其尺寸、式款烧出时定不能吻合。此行工匠务熟谙窑火、泥性方能计算加减以成模范。景德一镇群推名手不过三两人。"修模工如此，其他各工序的情况可能更不会例外。

景德镇瓷器素以技艺精湛高超，器型丰富多彩著称于世。这些成就的取得全仗这些身怀绝技的工人手工操作。但也不可避免地要遭遇由于没有把一种言传身教的模式转变为用文字表

① 蒋祁，陶记，浮梁县志，卷四，康熙二十一年(1682)，引自景德镇陶瓷——《陶记》研究专刊，1981，1～4。

② 引自杨雄增编著，天工开物新注研究，江西科学技术出版社，1987，162。

③ 引自傅振伦、甄励，唐英瓷务年谱长编，景德镇陶瓷——纪念唐英三百周年专辑，1982。

④ 邹建金，试谈景德镇传统手工制瓷工艺，景德镇陶瓷，1984，(1)：59～64。

达的技艺资料而失传的境地。如某一身怀绝技的工人因故不能工作,他的技艺可能就会因此在某一时期或某一地区失传。这也是出现"一代绝品"或某时某地的独特风格不能在它地或后来重现的原因之一。

景德镇所制的瓶、罐、壶、炉等异形器皿称为琢器。方形器皿的制坯则需先做成泥片,然后用坯泥调和的泥浆粘合。其精工细作要求更高。其他工序则和圆器相同。至于雕塑成型,彩绘及颜色釉、彩等均不在此章讨论。

(二) 烧成

景德镇瓷器历来是在柴窑中烧成。它们的烧成温度和烧成制度在各个时期亦有所不同。随着原料和配方的逐步改进,烧成温度亦逐步提高。烧成温度的提高又和炉窑的改进有着密切的关系。这些变化过程已成为景德镇历时千年的制瓷工艺史的一个重要组成部分。

1. 炉窑

多年来考古学者在景德镇各古窑址进行的发掘工作,已能大致得出各个时期所使用的不同窑形和窑具情况。

景德镇湖田窑是我国生产青白釉瓷和白釉瓷的著名窑场。它兴烧于五代、历经宋、元至明代隆庆、万历之际,延续烧制长达六百余年。其窑业遗迹与遗物的堆积面积约为四十万平方米。近年来对它的系统的调查和考察提供了十分宝贵的资料①。下述有关湖田窑资料,除注明引文外,多引自此报道。1978 年在清理乌泥岭东坡遗存时,发现残窑一座,残长 13 米,宽 2.9 米,残高 0.6 米。坡度为 14.5 度。根据窑内遗物分析,认为是宋末元初湖田窑烧制白釉、黑釉及黄褐釉粗瓷的窑炉。从残留窑的尺寸来看应属小型龙窑。1973 年在南河北岸发掘到一座残窑。窑长为 19.8 米,前室宽 4.56 米,后室宽 2.74 米、窑壁残高 0.6~1.2 米。坡度为 12 度。该窑底基保存完整,其形状如图 10-15(a)所示。根据窑底上遗留的瓷器,发掘者认为是元代后期烧制卵白釉瓷及少量青花瓷的瓷窑。其形状和前面所说的宋末元初的窑形十分相似。应是龙窑一类。发掘者在明代的遗存中又发现两座残窑,其窑形已有所变化。一座是 1972 年在乌泥岭东发现的明代早中期的葫芦形窑,其形状与《天工开物》中的瓷窑插图相似,只是由于窑壁未能保存,尚不知其窑墙上部是否开有"天窗"。窑长 8.4 米,前宽 3.7 米,后宽 1.8 米。坡度为 4~10度。此窑已较上述两窑为小。见图 10-15(b)。另一座是 1979 年在乌泥岭顶清理的明代中期马蹄形窑。该窑保存完好,为半倒焰式窑,与北方馒头窑十分相似。窑长 2.95 米、宽 2.5~2.7 米。坡度为 12.5 度。窑后部有烟道六个,后烟室一个,惜上部无存,未见有烟囱的报道。其复原图见图 10-15(c)。1982 年在景德镇市区明、清御厂附近的珠山路进行基建时,清理出一座明宣德时用于烧制祭红等颜色釉瓷的所谓"色窑"②。由于该窑破坏严重,仅残存部分窑床和六个小烟道。但根据窑床面积估计最多只能装烧小碗三百件。它不仅大大小于可装烧两千件左右的明中期马蹄形窑,也小于明、王宗沐在《江西省大志·陶书、窑制》条中所提到的可烧制小器千余件的所谓民间"青窑"。窑形的变化和窑制的大小都与提高烧成温度有着密切的关系。

到了清初景德镇瓷窑又有了变化。唐英在其《陶冶图编次》的《成坯入窑》条中已明确提出"窑制长圆形如覆瓮,高宽皆丈许,深长倍之,上罩以大瓦屋名为窑棚。其烟突围圆高二丈余,在

① 刘新园、白焜,景德镇湖田窑考察纪要,文物,1980,(11):39~49。

② 白焜、谭际明、张中原等,景德镇明永乐、宣德御厂遗存,中国陶瓷——古陶瓷研究专辑,1982,增刊,(7):171~182。

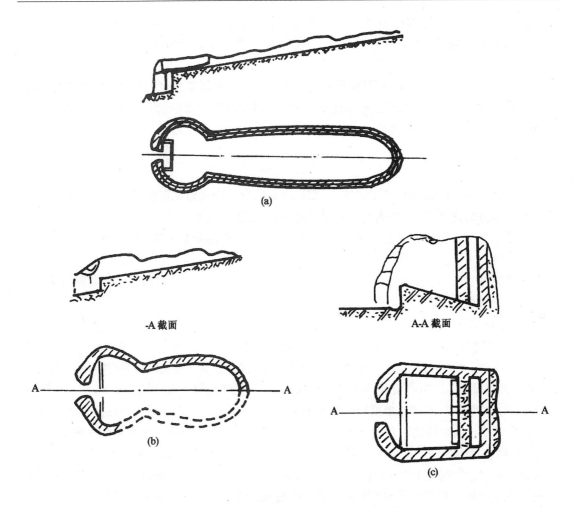

图 10-15　湖田窑址的元代后期的龙窑(a),明代早中期的葫芦形窑
(b),明代中期的马蹄形窑 (c)的平剖面图

后窑棚之外。"这段描述清楚地说明这种"形如覆瓮"的窑就是景德镇特有的沿用至 50 年代初的景德镇窑。由于它形如半个陶瓮或半个鸭蛋覆卧在地上故又称瓮窑或蛋窑,其示意图如图 10-16 所示。明末清初是景德镇瓷器辉煌的高峰时期,也是中国瓷器享誉世界著名窑场的代表。这种瓷窑的应运而生有其历史和技术渊源。它的独特结构和高效的热工技术不仅在我国陶瓷技术史上起过重要的作用,而且对欧洲早期陶瓷炉窑的设计也产生过影响[1][2]。

　　综上所述,景德镇在元末之前所使用瓷窑可能都是龙窑,它和我国南方早期使用的龙窑十分相近。到了明代早中期和中期就出现了葫芦形窑和马蹄形窑。待至明末清初就出现了蛋形窑。可见蛋形窑是从龙形窑经葫芦形窑逐渐演变而来。它们的容积也经过由大到小,再由小到大的演变过程。

　　① 刘桢、郑乃章、胡由之,镇窑的构造及其砌筑技术的研究,景德镇陶瓷学院学报,1984,5(2):17～36。
　　② 刘振群,窑炉的改进和我国古陶瓷发展的关系,中国古陶瓷论文集中国硅酸盐学会编,文物出版社,1982,162～172。

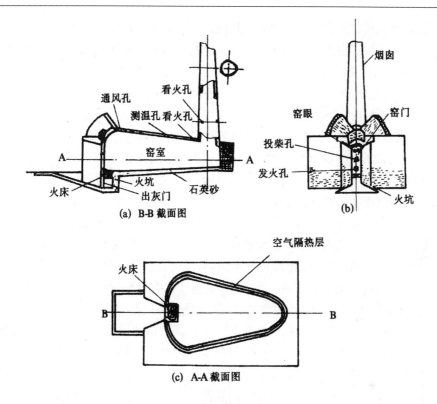

图 10-16 景德镇窑示意图

2. 窑具及装烧工艺

景德镇湖田窑场不仅具有长时期烧制瓷器的历史,而且是经过详细的考察。它所揭示的景德镇自五代至明代中期使用的窑具及其装烧方法的变化情况[1],虽不是景德镇制瓷工艺中所使用窑具的全貌,但也应具有相当大的代表性。

在湖田窑五代的堆积层中发现很多用以支烧碗、盘而粘附在碗、盘底心与圈足边沿的颗粒状支钉以及用以垫高碗、盘在烧成时位置的垫柱。其装烧方法如图 10-17(a)所示。这种装烧方法被称为支钉迭烧。可见景德镇在五代时期尚未使匣钵烧制瓷器。根据窑址遗存中有十二三个碗、盘粘沾在一起,以及表面粘渣的废品来看,这种装烧方法的不足之处是直接与火焰相接触,不能很好利用窑室空间,而且碗盘内部留有支钉痕迹。

有人分析一个五代支钉的化学组成,其中含有很高的 SiO_2(83.78%)和较高的 CaO(3.51%)以及一定量的 Al_2O_3(4.48%),其他组成的总和约在 8%左右。它的 SiO_2 和 Al_2O_3 的含量十分接近景德镇历来用以制造匣钵的所谓老土。因此认为这个支钉是用老土制成的[2]。这种推测应是可信的。

到了宋代早期,湖田窑的堆集中已不见上述垫柱。堆积中的碗底及圈足也不见支钉痕迹,而只是在碗的圈足内无釉。和这些碗堆积在一起的是漏斗状匣钵和比碗圈足都要小而高的垫饼。这是一种一匣一碗,下垫一个由碗的圈足套住的垫饼。其装烧方法如图 10-17(b)所示。这

---

① 刘新园、白焜,景德镇湖田古瓷窑各期碗类装烧工艺,景德镇陶瓷,1976,(1):9~15。

② 吴长济、胡冰淑,景德镇古匣配方初探,中国陶瓷,1982,(5):70~73。

种装烧方法已较五代时大有改进。湖田窑址内发现的匣钵是目前景德镇地区年代最早的匣钵实物。这种漏斗状匣钵在唐代初期我国南北方的古窑场都已在使用，虽不属景德镇首创，但这种使用小而高的垫饼使圈足悬空的装烧方法，是在景德镇较早使用的装烧法之一，避免了含 CaO 较高的青白釉在烧成中下流而粘住垫饼或垫砂以及碗、盘中残留有支钉痕迹的缺陷。

湖田窑所用匣钵的 SiO_2 含量都在 70%以上，其矿物组成都含有大量石英[①]。一个宋代初期烧制较大碗、盘的匣钵的化学分析数据说明，它除含有 71.71%的 SiO_2 外，还含有 22.83%的 Al_2O_3，1.68%的 Fe_2O_3 和 1.28%的 TiO_2[②]。该文作者考虑到景德镇所产的各种原料除高岭土之外，Al_2O_3 的含量一般都在 15%～20%之间波动。在他们所分析的从宋到民国时的 15 个各类匣钵的化学组成数据中，Al_2O_3 含量达到 20%以上的也只有三个，其余都小于 16%。因而他们设想这一匣钵可能使用少量农田肥土之下表层的田土。但一般田土不可能含有很高的 Al_2O_3。使用少量田土很难使 Al_2O_3 含量提高到 22%以上，如果使用多量，其 Fe_2O_3 的含量又不可能只有 1.68%。因此，从化学组成角度考虑，与其说在这个匣钵的配方中加入少量田土，倒不如说是加入少量高岭土类的原料。事实上，景德镇附近的马鞍山碱石即是属于高岭土类原料，其 Al_2O_3 含量可达 38.29%。不过它的 Ti_2O 含量也高达 2.38%，当然不适宜作为白釉瓷的原料[③]。尽管这时高岭土尚未命名，这类矿物亦未正式挖掘和被正式引入到瓷器的配方中。但在某一窑场偶而试用一种能提高 Al_2O_3 含量的新原料也是可能的。当时的制匣工或制瓷工并不知道这种新原料能提高 Al_2O_3 的含量，也不甚明了加入这种含 Al_2O_3 很高的原料的效果。但结合前面所提到的刻有"进坑"和"白槱泥"的瓷片可知，正是由于这些偶然的和不间断的尝试，使他们在长期的实践中逐渐积累了经验，丰富了认识，才有元代在瓷器的配方中有意识和较多地使用高岭土。在古代科学技术不发达的情况下，许多发明创新可能都要经过这样一个漫长的实践和认识过程。

在宋代中期湖田窑址的堆集中除上述漏斗状匣钵和圈足内无釉的碗、盘残片外，还见到一些里外满釉而口沿无釉的碗盏残片，以及一种内壁分数级的上大下小的瓷质钵状物、盘状物和另一种桶式的平底匣钵，这种碗盏残片与北方定窑所创烧的芒口器十分相似。上述瓷质多级钵状物或盘状物也和定窑首创的覆烧工艺所用的支圈具有相同的作用。其装烧工艺有如图 10-17(c)所示，可称之为装匣支圈覆烧。这种覆烧工艺显然也受到了定窑的影响。这种工艺和芒口器的利弊已在第五章讨论过。

到了宋代后期，湖田窑址的堆积中仰烧碗盏与匣钵残器数量减少，而芒口盘碗及一种和定窑相似的瓷质断面呈 L 型转角的支圈及大而厚的泥饼大量增加。从图 10-17(d)的支圈覆烧方法可见这种瓷质支圈既起支烧的作用，又起匣钵的作用，可以称之为支圈代匣覆烧。显然，湖田窑在借鉴定窑工艺的基础上已进行了改进和提高。它的优点在于防止瓷器变形，大大增加产量，节约燃料和耐火材料。但由于瓷器芒口的缺点在当时也未能完全取代仰烧工艺。

入元以后，在湖田窑堆积层中又出现一种底心一圈和底足边沿无釉而粘有砂粒的碗、盘残器以及桶式和漏斗式匣钵。显然，这些残器说明这时所采用的是一匣多个迭烧和一匣单个装烧的仰烧工艺。堆集中未见垫饼，而碗、盘底部又粘有砂粒，可见碗、盘是用细砂垫烧的。其装烧

---

① 戴粹新、曾祥通、李中和等，湖田古瓷窑匣钵的研究，景德镇陶瓷学院学报，1982，3(1)：43～48。

② 吴长济、胡冰淑，景德镇古匣配方初探，中国陶瓷，1982，(5)：70～73。

③ 张绥庆、秦淑引、李佑芝，景德镇制瓷原料的化学矿物组成，硅酸盐，1960，4(1)：41～48。

方法如图 10-17(e)所示。到了元代后期上述的覆烧工艺已逐渐为仰烧工艺所代替。随后这种仰烧工艺逐渐改善,而使器皿除底足边沿无釉外,全部满釉。用瓷质垫饼入匣仰烧,其装烧方法如图 10-17(f)所示。这种装烧工艺一直沿用至今。

明代官窑在碗盘烧成时还在桶式匣内安放一个瓷胎内罩[1]。这和越窑在晚唐时期所使用的密封瓷质匣钵烧制贡品秘色瓷可能有异曲同工之妙[2]。

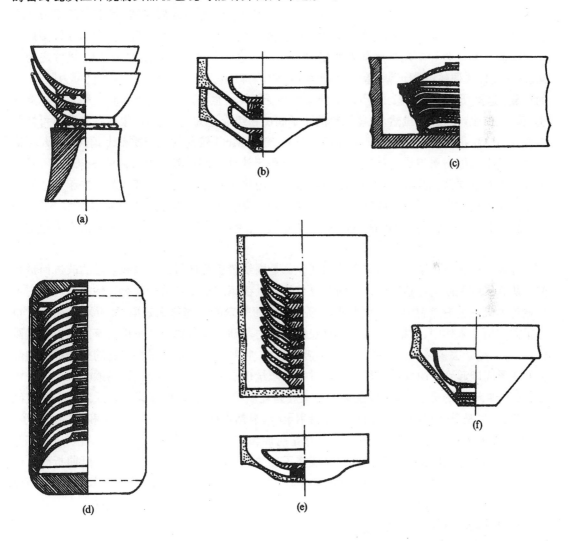

图 10-17　湖田窑址历代窑具及装烧方法
(a) 五代支钉迭烧,(b) 宋代初期装匣仰烧,
(c) 宋代中期装匣支圈覆烧,(d) 宋代后期支圈代匣覆烧,
(e) 元代装匣迭烧和仰烧,(f) 元以后垫饼装匣仰烧

① 刘新园,景德镇瓷窑遗址的调查与中国陶瓷史上的几个相关问题,景德镇出土陶瓷,香港大学冯平山博物馆及景德镇陶瓷考古研究所联合主编,香港大学冯平山博物馆,1992,8~29。

② 见本书第 4 章越窑烧制工艺的讨论。

自五代以来,景德镇所用的匣钵的化学组成中MgO的含量都很低,一般都在1%以下。只是到了元代中期,在一个烧制小件器皿的匣钵中,才发现其化学组成中MgO含量提高到3.67%。匣钵配方中含MgO原料的引入对改善匣钵的热稳定性会有一定效果。

景德镇历代所使用匣钵的化学组成大致可分为三种类型:其一是含SiO_2和Al_2O_3都较高的高硅铝质匣钵,同时还含有较高的TiO_2(1.30%左右)。其主要晶相是各种同质异晶的石英和少量发育较好的莫来石。其二是含SiO_2很高(约80%)的高硅质匣钵,其主要晶相是方石英。在有一定量玻璃相存在下,也会有少量鳞石英存在。宋代及元代初期所使用的匣钵多属于以上二种。其三是元中期以后加入使用的匣钵。其组成中含有一定量的MgO。可称之为含MgO的高硅质匣钵。《陶记》中曾有“比壬坑、高砂、马鞍山、磁石堂,厥土、赤石,仅可为匣、模。”的记载。这里所提到的马鞍山,历来是景德镇制匣原料的重要产地。所产原料景德镇俗称有老土、黄土、白土、田土等。虽然,这些原料的化学和矿物组成还知之不详,但根据各种资料可知其中有含Al_2O_3很高的属高岭土类的高铝质原料,有含MgO较高的硅镁质粘土,有含SiO_2很高由铁质粘土和燧石屑组成的高硅质粘土。同时由于这些原料中都含有较高的Fe_2O_3或TiO_2,只能用来制造匣钵,而不能用作制瓷原料。景德镇历代匣钵化学组成的变化就取决于这些原料的组合和用量的多少。从总体来看,用这些原料配合制成匣钵其高温荷重软化温度都不高。因此,这些匣钵的使用温度一般都不超过1300℃[①]。这和景德镇历代瓷器的烧成温度是相适应的。

综观景德镇历代窑具及装烧工艺的变化都是围绕着瓷器产量的提高和质量的改进而进行的。从五代的无匣支钉迭烧到宋初的装匣仰烧是景德镇装烧工艺第一次突破性的改进。它不仅避免了碗内留有支钉疤痕和因与火焰直接接触而带来的一些重大缺陷,而且对提高产量也有很大作用。宋代中、后期,在吸取定窑装烧工艺的基础上有所创新而采用的有匣和支圈代匣覆烧工艺,是景德镇装烧工艺的第二次突破性进展。它对防止景德镇早期烧制的瓷器存在的最大的变形问题起到了决定性作用。当然对提高产量也是有作用的。元代以后逐步采用的一匣多件到一匣一件的仰烧工艺,以及从细砂垫底到瓷质垫饼垫底是景德镇装烧工艺第三次突破性的改进,也是最完善的改进,所以它能沿用至今。显然这些装烧工艺的改进又和炉窑的类型、大小、匣钵的形状及化学组成,瓷器胎、釉化学组成和烧成温度密切相关。以上这些装烧工艺及窑具的变化充分说明景德镇自五代以来装烧工艺的改进途径。从整体来看,它是既曲折而又漫长,但从阶段来看,它是又有成效而又富创造性。时至今日,我们在总结这些成就时,不得不惊叹,景德镇古代陶瓷大师们的勤劳智慧和他们对我国,甚至世界陶瓷工艺的贡献。

3. 烧成过程及烧成温度

上面所提到的几篇古代文献,对烧成过程及烧成温度都有所提及。如《陶记》中所说的烧窑时间约一日二夜,即36小时。止火温度用“火照”控制。《天工开物》则说烧成需24小时。前20小时由火门投柴,后4小时由“天窗”投柴。明确指出烧成需24小时,没有包括冷却时间。《陶冶图编次》则说从装窑到出窑共需时日三天,即72小时。又说止火后一昼夜即开窑。因此,从装窑到烧成止火也就是二昼夜,约48小时。唯一提到与止火温度有关的古代资料,也就是这篇文献中所提到的待匣钵作银红色即止火,开窑时匣钵尚呈紫红色。在古代没有温度测量仪器的情况下,一般可采用两种方法:一种是用《陶记》中所说的火照。它是把与烧成瓷器相同原料制

---

① 戴粹新、曾祥通、李中和等,湖田古瓷窑匣钵的研究,景德镇陶瓷学院学报,1982,3(1):43~48。

成的或是用被烧器皿生坯的碎片放在窑内的适当位置,待烧到接近止火时取出验证瓷器是否烧好,以决定止火时间。在湖田窑南宋堆积层中也曾获得了"火照"实物[1]。另一种即是凭烧窑工多年积累的经验,观察窑内火焰的颜色以决定止火时间。上述的银红色一般也就在1 300℃上下。紫红色一般在600～700℃之间。可知明末以前景德镇瓷器的烧成温度不会超过1 300℃,开窑温度则大于600℃。

根据以上三个文献,可以看出景德镇古代白釉瓷的烧成时间约为24～36小时之间。止火温度约为1300℃上下。由景德镇历代所使用窑形都属长形窑体,因而沿着窑的长度、温度分布是不均匀的。一般窑的前部温度较高,约1 260～1 320℃。窑的后部温度较低约低于1 260℃[2]。根据所烧器皿的情况,安放在不同的窑位上。

景德镇瓷器历来是用马尾松柴作燃料。在当地这种松柴从不作炊用,而只供烧瓷器之用。故在景德镇又有了一个专用名词"窑柴"。这种窑柴挥发分多,约含85%。灰分少,约含0.7%～1%。具有火焰长,发热量高,燃烧速度快以及不含硫等优点。[3] 由于用这种松柴作燃料,容易烧还原焰。而且由于不含硫,在胎、釉化学组成中Fe_2O_3含量较低的情况下则成清亮透澈的白釉瓷,而含Fe_2O_3较高的呈白里泛青的白釉瓷,从而形成了景德镇瓷的特色。

在上述文献中无法得出景德镇历代瓷器的确切烧成温度,也不能看出烧成温度的变化情况。但从五代到明、清这一漫长的过程中,窑形已从龙窑、葫芦形窑发展到蛋形窑。窑的变化和改进必然给烧成温度带来变化和提高。表10-6为景德镇历代各窑烧制的瓷片的实测烧成温度。表中还附有与烧成温度有关的性状和性能。由于景德镇大宗产品多属盘碗之类,而且胎体较薄,很难取得符合试验条件的试样。因而所能收集到的烧成温度数据不多和不够系统。但还是可以看出,从五代和宋代的低于1 200℃到清代的1 300℃的发展过程。结合前面所提到的景德镇历代瓷器配方和化学组成的变化,说明在五代和宋代使用单一瓷石作为原料时,烧成温度也就在1 200℃左右。到了元、明时期使用少量高岭土作为瓷胎配方和炉窑改进的基础上已将烧成温度提高到1 250℃上下。待至清代使用了较多的高岭土,则将烧成温度提高到1 300℃左右。与北方白釉瓷相比,景德镇白釉瓷的烧成温度是比较低的。结合文献记载和近代对匣钵、窑炉以及瓷片烧成温度的研究,对烧成温度所作的结论应是符合景德镇瓷器烧制工艺的实际情况。烧制工艺的改进也是景德镇瓷器质量得以改进的重要保证。

表10-6 景德镇白釉瓷的烧成温度

序号	原编号	品种	朝代	出处	烧成温度(℃)	烧成情况	显气空率(%)
1	T_{2-1}	白釉瓷	五代	胜梅亭	1150—1200	微生烧	0.81
2	S_{9-2}	青白釉瓷	宋	湖田	1100—1150	微生烧	0.48
3	S_{10-1}	青白釉瓷	宋	湘湖	1250±20	过烧	0.36
4	$YG_{(72)}N-3$	枢府白釉瓷	元	元大都	1280±20	正烧	0.72
5	M_2	白釉瓷	明万历	御窑厂	1200±20	微生烧	1.38
6	C_{14}	白釉瓷	清康熙	御窑厂	1300±20	正烧	
7	C_{13}	白釉瓷	清雍正	御窑厂	1300±20	正烧	

---

[1] 刘新园、蒋祈《陶记》著作时代考辨,景德镇陶瓷——《陶记》研究专刊,1981,10(4):5～35。

[2] 刘桢、郑乃章、胡由之,镇窑的构造及其砌筑技术的研究,景德镇陶瓷学院学报,1984,5(2):17～36。

[3] 芦瑞清、熊理卿,景德镇窑柴,中国陶瓷,1986,85(2):61～62。

第二节 德化窑白釉瓷

德化窑是我国南方著名窑场之一。以烧白釉瓷为主,兼烧青釉及黄黑釉瓷。所烧的白釉瓷素以胎釉洁白、制作精细、风格独特而驰名于世,享有"象牙白"、"猪油白"和"中国白"等美喻。德化县地处福建省中部,泉州市北面。境内群山环抱、河流交错、森林和瓷土资源极为丰富,有生产瓷器的自然条件。经过考古调查已发现,自宋以来古窑址230多处,遍布全县各个乡,其中尤以德化县城郊上涌、三班最为集中(见图10-18)[①]。所产瓷器多经泉州市外销东南亚、印度、日本、伊朗、阿拉伯以及东非洲沿海等国家,其中尤以菲律宾群岛的古文化遗址和墓葬中出土最多,比较完整或能够复原的德化窑古瓷竟达数千件之多。可见古代德化窑瓷业之盛和影响之大。

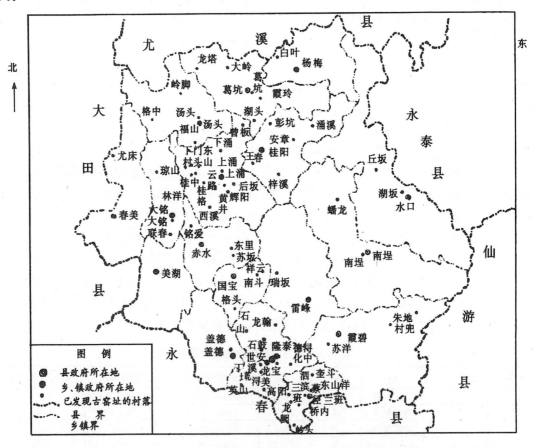

图10-18 德化县古窑址分布村落示意图

---

① 徐本章、叶文程,德化瓷史与德化窑,德化县地方志办公室编,华星出版社,1993,2。

一 德化烧制白釉瓷的历史

德化县建置的沿革历史有《德化县志》记载的"唐贞元中,析永泰之归义乡,置归德场。五代后唐长兴四年(933),闽王延均升长乐郡为长乐府,升归德场为德化县。"可见德化县建置至今已有千余年。

德化县建置不等于有德化窑。正如景德镇早在宋景德年间建镇之前即已烧制白釉瓷。有关德化何时烧制瓷器的史料甚少。提到德化窑烧制白釉瓷最早的时代为元代的史料《安平志》。其中有"白瓷出德化,元时上供。"① 至于蓝浦的《景德镇陶录》则说得更迟,如"德化窑自明烧造,本泉州府德化县。"显然这些史料都与实际情况不符。《中国陶瓷史》根据近代发掘的资料,认为"德化窑创始于宋,元代有发展,碗坪仑及屈斗宫均烧青白瓷。"② 但近来有人根据《龙浔泗滨颜氏族谱》中记载有生于唐咸通五年,卒于长兴四年(864~933)的颜化綵曾著有《陶业法》,并传授制陶工艺。从而推知德化制瓷业,特别是德化三班、泗滨一带的制瓷业在晚唐、五代时已兴起,并有一定基础③。但《陶业法》一书失传,所谓"传授制陶工艺"亦知之不详。因此,根据上述引文得出德化县在晚唐、五代时期已开始烧制瓷器则尚嫌依据不足。

史料的记载并未能解决德化窑的创烧年代。看来只能靠窑址发掘和出土实物的考证。到目前为止,在德化县范围内尚未找到宋以前烧制瓷器的窑址,也未发现具有确切纪年可查的宋代以前德化窑瓷器。1976年在盖德乡碗坪仑发掘了一个窑址堆积。该窑址的年代无文献记载,窑址内也未发现有确切纪年的实物。根据瓷器的造型、纹饰、釉色和制法等特征推断其烧制时期为宋代④。1976年又在德化县城近郊浔中发掘了屈斗宫窑址。窑址内同样没有出土带有确切纪年的材料。在分析窑址和窑基两边的堆积层以及出土器物的特征后,多数人认为应属于元代,但其创烧时间可能早到南宋⑤。因此,可以认为德化窑至少在宋代即已烧制瓷器。至于是否有可能在宋以前即已开创瓷业,只能有待进一步的发现和考证。

二 德化白釉瓷的原料及胎釉的化学组成

(一) 德化的制瓷原料

德化县境内多山,山地多产瓷土。《德化县志》物产矿类记有:"泥产山中,穴而伐之,绠而出之。"本世纪40年代曾有人作过调查⑥,在其报告中详述:"德化瓷土皆由石英斑岩或长英岩等富含长石之岩石风化而成。多呈脉状或其他不规则之形状,大都生于白垩纪火山岩系中……近地表者,风化程度甚深,可作瓷土(制胎)。深处之新鲜部分(风化程度较轻),可为瓷釉,盖取其长石成分,此亦可间接证明其成因矣。德化瓷土,磨细漂净,即可直接制坯。不须调和其他原料。

① 曾凡,关于德化窑的几个问题,中国古陶瓷论文集,中国硅酸盐学会编,文物出版社,1982,245~262。

② 中国硅酸盐学会编,中国陶瓷史,文物出版社,1982,271。

③ 徐本章、叶文程,德化瓷史与德化窑,德化县地方志办公室编,华星出版社,1993,110~217。

④ 福建省博物馆,福建省德化碗坪仑宋瓷窑址发掘简报,德化瓷研究论文集,德化名瓷研究文集编委会,华星出版社,1993,81~97。

⑤ 德化古瓷窑址考古发掘工作队等,福建德化屈斗宫窑址发掘简报,文物,1979,(5):51~61。

⑥ 高振西,福建永春德化大田三县地质矿产,福建省地质土壤调查所地质矿产报告,第三号,1941,37~41。

大都较软,不需太高温度即可成瓷。颜色洁白,可省漂制手续,均其优点。但因质软,故易变形。烧制盘碗,径口在八寸以上者,每多拗曲,较小者亦不能太薄。致成品稍嫌笨重,不甚精巧。"这是一个可贵的调查报告。更可贵者是这个报告还对当时德化瓷业作了简明的叙述。如在制土一节中提到瓷土经水碓舂细后,放入沉降池中,其上细颗粒部分称为软土。其下粗颗粒部分经过再舂细,再沉降。所得细颗粒部分称为硬土。一般均将软土与硬土配合成五五及三七两种比例,称之为五五土及三七土用以制坯。可见德化瓷虽只用瓷土作为原料,但也用原料处理的精粗来调节它们的化学组成。

在烧窑一节中提到窑分若干节,最前者最低,渐后渐高,多就山坡修建,节节连通,如节足虫,俗称蜈蚣窑。蜈蚣窑这一俗称未见于其他德化窑的论著中。根据这段描述,可能就是现在称之为阶级窑的窑形。燃料全用松柴,烧火后约六七日而瓷成。所说烧窑时间如此之长可能是因为一节一节向上烧的原因。

这里所记载的虽是 40 年代初的调查情况,但对我们了解德化明、清时期的制瓷工艺可能有一定参考价值。

70 年代,福建省地质部门又进行过普查,并在阳山发现高岭土,其化学组成列在表 10-7 中[1]。其 Fe_2O_3 和 TiO_2 含量都很低。

80 年代又对德化四班和褒美所产的瓷土进行过较详细的研究[2]。它们的化学组成亦列在表 10-7 中。从化学组成来看,它们非常接近景德镇所产的各种瓷石成分,只是其中 Na_2O 的含量都非常低。如果说其中还含有少量长石的话,那也是钾长石,而不像景德镇某些瓷石中含有 Na_2O。另外,这两种德化瓷土中 Fe_2O_3 和 TiO_2 以及其他杂质(CaO,MgO)含量都很低,特别是褒美瓷土中 Fe_2O_3 的含量仅为 0.32%,较之景德镇瓷石要低很多。这就是德化白釉瓷的白度高于景德镇白釉瓷的真正原因。

经过对两种瓷土的矿物鉴定,说明其主要组成是石英和绢云母。由于不同产地和不同风化程度,还会含有一定量的高岭石和长石。这些结果与 40 年代初所作的调查是一致的。经过淘洗所得的细颗粒部分,SiO_2 的含量大大降低,说明其中石英的含量下降,绢云母的含量增多。Al_2O_3 和 K_2O 的含量增多,一方面说明绢云母含量增多,另一方面也说明在某些瓷土(四班瓷土)中可能含有少量高岭石。这在四班瓷土的差热和失重曲线上(图 10-19)也可明显看出。细颗粒部分 Fe_2O_3 的含量都有所增加,说明 Fe_2O_3 存在于绢云母晶格中。淘洗越精,Al_2O_3 含量越高,可以改进德化瓷器的变形,是其优点。但淘洗越精,Fe_2O_3 的含量也越高,有害于瓷器的白度是其缺点。因此,德化瓷土也不是淘洗得越精越好。

德化瓷土的化学及矿物组成都说明它们属于我国南方多产的瓷石类型。由于它们的 Fe_2O_3 和 TiO_2 的含量都很低,因此确是一类烧制白釉瓷的优质原料。

(二) 德化白釉瓷的胎釉

德化各地盛产瓷土,其中某些瓷土经过细磨漂净,即可直接制坯,不须调和其他原料。可见德化白釉瓷所使用的配方也和景德镇早期白釉瓷一样是一元配方。另一些瓷土即可掺入釉灰

---

① 徐本章,叶文程,德化瓷史与德化窑,德化县地方志办公室编,华星出版社,1993,110~217。

② 郭演仪、李国桢,历代德化白瓷的研究,中国古陶瓷研究,中国科学院上海硅酸盐研究所编,科学出版社,1987,149~155。

表 10-7　德化制瓷原料的化学组成（重量%）

序号	名称	处理情况	SiO_2	Al_2O_3	Fe_2O_3	TiO_2	CaO	MgO	K_2O	Na_2O	MnO	P_2O_5	烧失	总量	分子式
1	阳山高岭	原矿	44.13	38.64	0.22	0.00	2.63	0.00	1.66	0.40	0.00	0.00	11.40	99.08	
			50.35	44.09	0.25	0.00	3.00	0.00	1.89	0.46	0.00	0.00	0.00	100.04	$0.191R_xO_y \cdot Al_2O_3 \cdot 1.938SiO_2$
2	四班瓷土	原矿	75.91	15.30	0.62	0.10	0.04	0.05	2.51	0.05	0.06	0.00	4.85	99.49	
			80.21	16.17	0.66	0.11	0.04	0.05	2.65	0.05	0.06	0.00	0.00	100.00	$0.235R_xO_y \cdot Al_2O_3 \cdot 8.417SiO_2$
		细颗粒部分	51.81	34.08	1.19	0.15	0.04	0.13	4.71	0.10	0.09	0.00	9.54	101.84	
			56.13	36.92	1.29	0.16	0.04	0.14	5.10	0.11	0.10	0.00	0.00	99.99	$0.198R_xO_y \cdot Al_2O_3 \cdot 2.580SiO_2$
3	褒美瓷土	原矿	78.61	12.95	0.31	0.09	0.07	0.07	5.89	0.16	0.07	0.00	2.30	100.52	
			80.03	13.18	0.32	0.09	0.07	0.07	6.00	0.17	0.07	0.00	0.00	100.00	$0.569R_xO_y \cdot Al_2O_3 \cdot 10.303SiO_2$
		细颗粒部分	60.64	24.57	0.76	0.19	0.05	0.19	8.32	0.21	0.18	0.00	5.11	100.22	
			63.76	25.83	0.80	0.20	0.05	0.20	8.75	0.22	0.19	0.00	0.00	100.00	$0.444R_xO_y \cdot Al_2O_3 \cdot 4.188SiO_2$

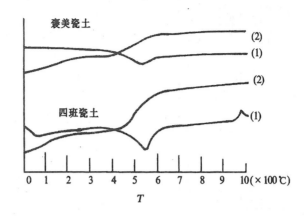

图 10-19　德化瓷土细颗粒部分差热分析(1)和加热失重(2)曲线

或石灰石制釉。

1. 德化白釉瓷胎化学组成及显微结构

表 10-8 为宋至清代的德化白釉瓷胎的化学组成[①②]。表中还列入一个现代德化白釉瓷胎的化学组成,以资比较。从表可见,除去序号为 5 的一个青白釉瓷胎中 SiO_2 特别高和 Al_2O_3 特别低外,所有古代瓷胎中 SiO_2 的含量在 71.76%～77.80% 之间变化。Al_2O_3 则在 16.76%～21.76% 之间变化。这些变化应该说都是不大的,而且随着时代的变化也无规律可循。根据现有数据可以说在德化窑近千年的制瓷历史中,并未见到 SiO_2 或 Al_2O_3 有规律的减少或增加。而不像景德镇,由于开始采用和逐渐增多高岭土的用量而使胎中 SiO_2 的含量逐渐降低 Al_2O_3 逐渐增多。另外,结合前面所讨论的原料情况,上述两个氧化物的变化完全可以由不同产地或不同的淘洗程度的原料予以满足。因此,也可以认为在德化窑整个烧制历史中始终只采用瓷土作为制瓷原料。也就是所谓一元配方。只有在现代瓷(N-1)的化学组成中,Al_2O_3 的含量已高达 25%。因在它的配方中已使用了高岭土。

德化白釉瓷胎化学组成(见表 10-8)的另一特点,是 Fe_2O_3 的含量都非常低,一般在 0.30%～0.60% 之间。K_2O 的含量则较高,一般在 5% 左右。其中早期的制品较低,后期的制品较高,特别是明、清时代普遍接近或高于 6%。这样高的 K_2O 含量几乎和它们釉中的含量相近,甚至超过。由于德化白釉瓷中除去 SiO_2、Al_2O_3 和 K_2O 外,其他氧化物含量都很低,甚至可以忽略不计。因此,它们应属于较纯的 SiO_2-Al_2O_3-K_2O 系统的石英、绢云母质瓷。

德化白釉瓷胎的化学组成及其烧成温度决定了它的显微结构。由于瓷胎中含有很高的 SiO_2,以及它主要来自瓷土中的游离石英。因而瓷胎中均含有一定量带有熔蚀边的残留石英,如图 10-20 所示。另外也含有较多量的玻璃相。很少见长石残骸和发育较好的莫来石。从瓷胎的矿物结构来看也应属于我国南方典型的石英、绢云母质瓷。它和早期的景德镇白釉瓷胎的显微结构十分相似,而又不同于景德镇明、清时代的白釉瓷。就是说德化白釉瓷釉的显微结构随着时代的进展也没有发生显著的变化。

---

① 郭演仪、李国桢,历代德化白瓷的研究,中国古陶瓷研究,中国科学院上海硅酸盐研究所编,科学出版社,1987,149～155。

② 周仁、李家治,中国历代名窑陶瓷工艺的初步科学总结,考古学报,1960,(1):89～108。

表 10-8 德化白釉瓷胎的化学组成（重量 %）

序号	原编号	品种	朝代	出处	SiO_2	Al_2O_3	Fe_2O_3	TiO_2	CaO	MgO	K_2O	Na_2O	MnO	P_2O_5	总量	分子式
1	NST2(2)	白釉瓷	北宋	盖德碗坪仑	71.76	21.76	0.64	0.00	0.33	0.18	5.16	0.08	0.00	0.03	99.94	$0.331R_xO_y \cdot Al_2O_3 \cdot 5.596SiO_2$
2	NST3(2)	白釉瓷	北宋	盖德碗坪仑	77.51	17.67	0.55	0.04	0.09	0.06	4.58	0.12	0.00	0.02	100.64	$0.333R_xO_y \cdot Al_2O_3 \cdot 7.443SiO_2$
3	NST3'(2)	青白釉瓷	北宋	盖德碗坪仑	74.51	21.42	1.12	0.00	0.15	0.22	2.75	0.06	0.00	0.02	100.25	$0.216R_xO_y \cdot Al_2O_3 \cdot 5.902SiO_2$
4		白釉瓷	宋		74.65	20.20	0.64	0.00	0.53	0.08	3.53	0.35	0.00	0.00	99.98	$0.296R_xO_y \cdot Al_2O_3 \cdot 6.271SiO_2$
5	SST1(1)	青白釉瓷	南宋	盖德碗坪仑	81.60	14.92	0.87	0.09	0.14	0.13	2.87	0.08	0.00	0.00	100.70	$0.301R_xO_y \cdot Al_2O_3 \cdot 9.280SiO_2$
6	SST3(1)	青白釉瓷	南宋	盖德碗坪仑	77.80	18.47	0.42	0.03	0.17	0.17	4.45	0.10	0.00	0.03	101.64	$0.328R_xO_y \cdot Al_2O_3 \cdot 7.147SiO_2$
7	YT12	白釉瓷	元	屈斗宫	76.38	17.38	0.27	0.08	0.04	0.06	5.71	0.10	0.00	0.03	100.05	$0.395R_xO_y \cdot Al_2O_3 \cdot 7.457SiO_2$
8	YT15	青白釉瓷	元	屈斗宫	72.26	20.68	0.55	0.18	0.17	0.14	5.82	0.10	0.00	0.02	99.92	$0.373R_xO_y \cdot Al_2O_3 \cdot 5.929SiO_2$
9	YT7(1)	白釉瓷	元	屈斗宫	75.33	19.12	0.37	0.08	0.17	0.10	5.00	0.09	0.00	0.02	100.28	$0.339R_xO_y \cdot Al_2O_3 \cdot 6.685SiO_2$
10	YG(2)	白釉瓷	元	屈斗宫	77.22	17.96	0.25	0.07	0.04	0.10	4.43	0.08	0.00	0.02	100.17	$0.307R_xO_y \cdot Al_2O_3 \cdot 7.295SiO_2$
11	YG'(2)	青白釉瓷	元	屈斗宫	75.19	20.13	0.39	0.00	0.24	0.16	4.37	0.10	0.00	0.01	100.59	$0.298R_xO_y \cdot Al_2O_3 \cdot 6.338SiO_2$
12	SF1	白釉瓷	元	屈斗宫	72.95	19.67	0.57	0.20	0.45	0.18	5.35	0.29	0.00	0.02	99.68	$0.416R_xO_y \cdot Al_2O_3 \cdot 6.293SiO_2$
13	MZ199	白釉瓷	明	祖龙宫	76.74	16.76	0.35	0.10	0.15	0.08	5.94	0.13	0.00	0.03	100.28	$0.447R_xO_y \cdot Al_2O_3 \cdot 7.769SiO_2$
14	MTB(1)	白釉瓷	明	祖龙宫	75.63	17.29	0.18	0.13	0.04	0.10	6.51	0.13	0.00	0.02	100.03	$0.456R_xO_y \cdot Al_2O_3 \cdot 7.422SiO_2$
15	MF1	白釉瓷	明	屈斗宫	74.24	17.69	0.35	0.58	0.28	0.42	6.48	0.15	0.07	0.04	100.30	$0.561R_xO_y \cdot Al_2O_3 \cdot 7.121SiO_2$
16		白釉瓷	明		71.80	19.15	0.26	0.13	0.49	0.28	7.28	0.14	0.00	0.00	99.53	$0.524R_xO_y \cdot Al_2O_3 \cdot 6.362SiO_2$
17	C14/58	白釉瓷	清	屈斗宫	75.88	16.97	0.38	0.10	0.06	0.08	6.14	0.38	0.00	0.02	100.01	$0.469R_xO_y \cdot Al_2O_3 \cdot 7.587SiO_2$
18	C74	白釉瓷	清	屈斗宫	75.00	18.01	0.32	0.09	0.02	0.08	6.76	0.15	0.00	0.02	100.45	$0.452R_xO_y \cdot Al_2O_3 \cdot 7.066SiO_2$
19	N-1	白釉瓷	现代		66.46	24.68	0.19	0.06	0.31	0.06	7.40	1.22	0.00	0.03	100.41	$0.444R_xO_y \cdot Al_2O_3 \cdot 4.569SiO_2$

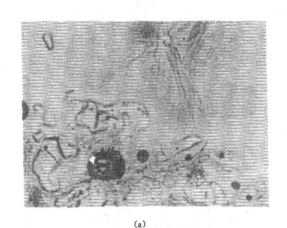

(a)

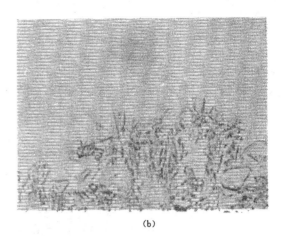

(b)

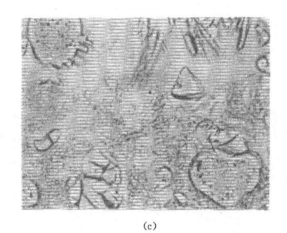

(c)

图 10-20　德化白釉瓷胎釉的显微结构

(a) 南宋 $SST_1(1)$ 青白釉瓷，(b) 元代 $YG'(2)$ 青白釉瓷，(c) 清代 C_{74} 白釉瓷

2. 德化白釉瓷釉化学组成及显微结构

德化白釉瓷釉的化学组成列在表 10-9 中。它们对德化白釉瓷的许多独特风格起着非常重要的作用。

根据化学组成，德化瓷釉基本上可以分为两大类：一类中的 CaO 含量大于 10%，多数在 10%～12% 之间波动；K_2O 的含量小于 5%，应属于钙碱釉一类。由于和瓷胎一样，釉中的 Na_2O 的含量亦甚微。因而严格地讲应称之为钙钾釉。宋、元时期的釉多属此类。另一类 CaO 含量小于 10%，多数在 6% 左右变化；K_2O 的含量大于 6%。甚至有些釉中 K_2O 的含量还超过 CaO 的含量。这类釉应称之为碱钙釉或钾钙釉。明、清时期的釉多属此类。

德化白瓷釉属透明玻璃釉。釉中残留和析出的晶体都很少，釉泡亦不多。在早期的青白瓷釉中偶而可见有钙长石析出［图 10-20(a)］，但在个别瓷釉中也发现有分相现象。

根据以上情况，以下三点是值得注意的：

（1）随着时代的进展，釉的化学组成变化还是有规律可循，即是宋、元时期多数为钙钾釉；明、清时期多数为钾钙釉。这一变化对釉的影响是很大的。釉中 K_2O 含量增加和 CaO 含量减

表 10-9　德化白釉瓷釉的化学组成

序号	原编号	品种	朝代	出处	SiO_2	Al_2O_3	Fe_2O_3	TiO_2	CaO	MgO	K_2O	Na_2O	MnO	P_2O_5	总量	分子式
1	NST2(2)	白釉瓷	北宋	盖德碗坪仑	68.70	19.39	0.42	0.02	4.79	0.31	4.61	0.16	0.15	0.08	98.63	$1.266AL_2O_3 \cdot R_xO_y \cdot 7.613SiO_2$
2	NST3(2)	白釉瓷	北宋	盖德碗坪仑	72.19	15.22	0.58	0.00	6.55	0.25	4.56	0.17	0.08	0.01	99.61	$0.834AL_2O_3 \cdot R_xO_y \cdot 6.712SiO_2$
3	NST3′(2)	菁白釉瓷	北宋	盖德碗坪仑	68.99	15.39	0.74	0.02	10.31	0.34	3.29	0.12	0.16	0.09	99.45	$0.637AL_2O_3 \cdot R_xO_y \cdot 4.846SiO_2$
4		白釉瓷	宋		67.97	18.50	0.77	0.06	8.17	0.75	3.92	0.28	0.00	0.00	100.42	$0.840AL_2O_3 \cdot R_xO_y \cdot 5.237SiO_2$
5	SST1(1)	菁白釉瓷	南宋	盖德碗坪仑	69.09	14.63	0.92	0.00	11.60	0.57	2.45	0.10	0.12	0.01	99.49	$0.560AL_2O_3 \cdot R_xO_y \cdot 4.489SiO_2$
6	SST3(1)	菁白釉瓷	南宋	盖德碗坪仑	65.05	15.85	0.48	0.00	12.80	0.73	3.55	0.14	0.16	0.01	98.77	$0.533AL_2O_3 \cdot R_xO_y \cdot 3.712SiO_2$
7	YT12	白釉瓷	元	屈斗宫	66.99	15.20	0.25	0.00	9.92	0.55	5.00	0.12	0.33	0.02	98.38	$0.592AL_2O_3 \cdot R_xO_y \cdot 4.425SiO_2$
8	YT15	菁白釉瓷	元	屈斗宫	66.19	15.64	0.54	0.18	11.04	0.65	4.59	0.13	0.30	0.08	99.34	$0.559AL_2O_3 \cdot R_xO_y \cdot 4.017SiO_2$
9	YT7(1)	白釉瓷	元	屈斗宫	65.85	16.43	0.30	0.02	11.47	0.60	3.85	0.10	0.24	0.18	99.04	$0.600AL_2O_3 \cdot R_xO_y \cdot 4.079SiO_2$
10	YG(2)	白釉瓷	元	屈斗宫	65.81	17.11	0.39	0.07	10.70	0.73	4.01	0.11	0.28	0.20	99.41	$0.641AL_2O_3 \cdot R_xO_y \cdot 4.181SiO_2$
11	YG′(2)	菁白釉瓷	元	屈斗宫	66.46	14.11	0.45	0.02	12.65	0.62	3.77	0.10	0.25	0.21	98.64	$0.476AL_2O_3 \cdot R_xO_y \cdot 3.805SiO_2$
12	SF1	白釉瓷	元	屈斗宫	64.19	17.09	0.29	0.15	12.71	0.98	3.63	0.30	0.20	0.00	99.54	$0.557AL_2O_3 \cdot R_xO_y \cdot 3.551SiO_2$
13	MZI99	白釉瓷	明	祖龙宫	69.66	15.64	0.62	0.00	6.98	0.43	5.42	0.17	0.34	0.08	99.34	$0.750AL_2O_3 \cdot R_xO_y \cdot 5.664SiO_2$
14	MTB(1)	白釉瓷	明	祖龙宫	69.01	15.56	0.24	0.35	6.04	0.78	6.65	0.16	0.45	0.02	99.26	$0.718AL_2O_3 \cdot R_xO_y \cdot 5.402SiO_2$
15	MF1	白釉瓷	明	屈斗宫	64.05	17.10	0.59	0.02	9.26	1.40	6.61	0.26	0.28	0.00	100.08	$0.581AL_2O_3 \cdot R_xO_y \cdot 3.694SiO_2$
16		白釉瓷	明		68.09	14.50	0.40	0.04	9.73	0.44	6.45	0.36	0.00	0.00	100.01	$0.543AL_2O_3 \cdot R_xO_y \cdot 4.330SiO_2$
17	C14/58	白釉瓷	清	屈斗宫	69.46	15.38	0.53	0.00	6.69	0.58	6.04	0.49	0.13	0.09	99.39	$0.713AL_2O_3 \cdot R_xO_y \cdot 5.465SiO_2$
18	C74	白釉瓷	清	屈斗宫	68.47	16.56	0.33	0.00	5.07	0.70	6.85	0.20	0.43	0.38	98.99	$0.835AL_2O_3 \cdot R_xO_y \cdot 5.858SiO_2$
19	N-1	白釉瓷	现代		68.55	16.40	0.80	0.00	5.00	1.44	5.98	1.15	0.03	0.04	99.39	$0.756AL_2O_3 \cdot R_xO_y \cdot 5.365SiO_2$

少可以增加釉的高温粘度。这对防止釉的流淌和增加光亮度十分有益。特别是对德化窑在明、清时期盛行的人物雕塑更是十分必要。我们知道德化釉也是采用瓷土加釉灰配制而成。陶工们可以调节这二者用量来改变配方，而不像瓷胎仅用瓷土制成，缺少调节手段。如明、清时期某些釉中釉灰的用量可能只有宋、元时期某些釉中的一半。这就形成德化窑在近千年的烧制过程中，胎的变化不大和无规律可循，而釉则有明显的变化规律，朝着釉的质量改进方向变化。

(2) 比较明、清时期德化白釉瓷胎和釉中 K_2O 含量，就会发现在某些瓷器的胎、釉中 K_2O 的含量几乎相等，甚至还有胎中 K_2O 含量超过釉中的含量。K_2O 含量的增加使得胎中生成多量的玻璃相而增加了胎的透明度，加上德化瓷釉层都十分薄，一般在 $0.1\sim0.2$ 毫米之间，一个半透明洁白的胎加上一薄层光亮洁白的釉更显出整个瓷器通体半透明的玉石感。

(3) 德化白釉瓷的这些特色，不仅与北方的邢、巩、定窑高 Al_2O_3 含量的白釉瓷不同，而且也与南方景德镇白釉瓷不同，再加上得天独厚的优质原料（Fe_2O_3 含量极低），使它在中国陶瓷工艺史中独树一帜。这种风格独具，特色鲜明的德化瓷使人一望而知。

三　德化白釉瓷的烧制工艺

古代德化窑的烧制工艺是形成德化白釉瓷独特风格的重要保证之一，但不见史料记载。因此，对它的认识只能靠对古窑址中所留下的实物进行分析和讨论。值得庆幸的是近年来福建省文物考古界对德化窑进行了多次发掘，并发表了专著[①] 和精印了图录[②]，为我们总结德化窑宋元时期的烧制工艺提供了可贵的资料。值得一提的是前面所引的 40 年代初的调查报告也对德化瓷业作了调查。对德化瓷烧制工艺中的制土、制坯、烧窑、绘彩和营运均有简短的描述。

早期德化窑以烧制日用器皿为主，包括碗盘、碟、盒、壶等。从出土的完整器物来看，数量最多，而花纹又最精美的是各类盒子。入明以后，除上述器皿外，又增了佛像和人物雕塑，并以此著称于世。由于德化白釉瓷胎仅用一种瓷土作为制瓷原料，而且其中 K_2O 含量甚高。烧成后含玻璃相亦多，故一般容易变形。因而胎壁都做得较厚，不够轻巧。古人对此颇有责难，认为厚胎是"不重于时"和"渐不足贵"的原因之一。德化窑早期制品多施半釉，即口沿及上腹部有釉，余下均为露胎。有时口沿及平底都无釉。后期制品则施全釉，只底足处无釉。在装饰方面早期多采用划、刻、印等技艺，晚期又增加了贴花和雕塑等。如明代的梅花杯和何朝宗款的观音像都成为一代艺术珍品。

(一) 炉窑和窑具

1976 年在盖德碗坪仑窑址发掘过程中曾发现二座破坏严重的龙窑窑基。其中一座属北宋晚期，仅窑头部分保存尚完整，其余全部无存。另一座属南宋时期，窑基仅存中段，首尾均遭破坏。两窑均无法知其长度及坡度变化，但从这两个残窑可以看出德化窑在宋代所使用的窑炉为我国南方所常见的龙窑。

同年在浔中屈斗宫窑址发掘过程中，又发现了一座保存较完整的元代外形仍似龙窑，而内

---

① 福建省博物馆，德化窑，文物出版社，1990。
② 香港大学冯平山博物馆，福建省博物馆，德化瓷，香港大学冯平山博物馆出版，1990。

部分割为多室。因此被命名为分室龙窑①,当地人又称之为鸡笼窑。浙江龙泉窑在南宋时已出
现过这种窑形,从时间上看,似乎受到龙泉窑的影响。该窑依山而建,坡度在12～22度之间。全
长为57.10米。宽1.40～2.95米。全窑共分割为17个窑室,室呈长方形,各窑室大小亦不尽
相同。室与室之间有隔墙分开,隔墙下部留有5～8个通火孔。各个窑室的两边窑墙下各有一
条火道,从窑头直通窑尾。窑尾后墙下亦留有通火孔。沿着窑的长度残存14个窑门,一般都开
在每个窑室的前部。窑的一侧有11个,另一侧有3个。由于窑的上部不存,发掘报告中没有关
于投柴孔的数目和分布情况的描述(见图10-21)②。

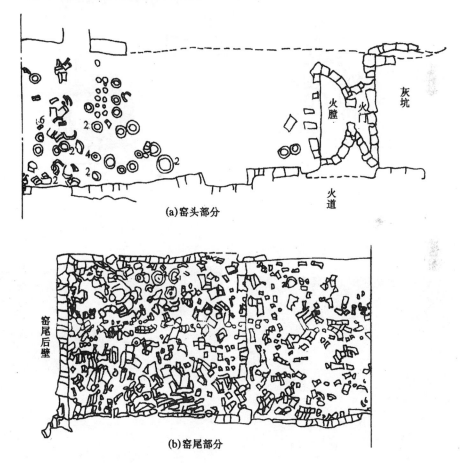

图 10-21　德化浔中屈斗宫窑址元代分室龙窑的窑头和窑尾部分示意图

　　现在德化仍在使用的古老窑型中,只见龙窑和德化阶级窑,有时简称德化窑(图10-22)③。
至于阶级窑何时首先在德化开始使用,尚无足够资料说明。但多数学者认为可能始自明代。因
此,根据现有资料可以认为德化在宋代使用龙窑,元代曾出现过分室龙窑(鸡笼窑),明代以后
又出现阶级窑。阶级窑是从龙窑经过分室龙窑逐渐改进而形成的一种比较合理的半倒焰式窑

①　刘振群,窑炉的改进和我国古陶瓷发展的关系,中国古陶瓷论文集,中国硅酸盐学会编,文物出版社,1982,162～
172。

②　福建省博物馆,德化窑,文物出版社,1990。

③　中国大百科全书,轻工卷,轻工编辑委员会,中国大百科全书出版社,1991,215。

形。它在节约燃料、提高温度、控制气氛和增加产量方面都比龙窑更为优越。它的出现对我国南方,特别是对德化白釉瓷质量和产量的提高起了非常重要的作用。当它在明末清初传入朝鲜和日本时,被称为串窑。因此对国外也产生过相当大的影响。

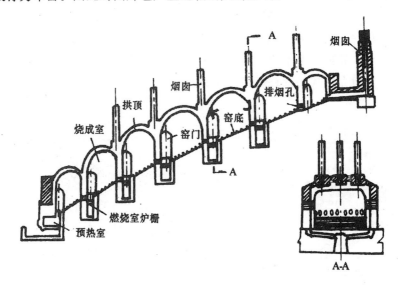

图 10-22　德化阶级窑示意图

图 10-23　德化盖德碗坪仑窑的托盘和托柱组合窑具

　　我国古代陶瓷炉窑都以外形取名,如北方的馒头窑,南方的龙窑,景德镇的蛋窑等。德化历代所使用的炉窑不仅在外形上发生了变化,而且更重要的是在火焰的走向上发生了变化。我国历代龙窑尽管在大小和坡度上发生过许多变化,但其火焰走向一直属于平焰式。在屈斗宫发现的这座分室龙窑以及后来出现的阶级窑,由于有隔墙将窑分成多室,而且墙下留有通火孔,遂使火焰由略带坡度的水平走向,转变成半倒流走向而成为半倒焰式。由平焰式窑发展成为半倒焰式窑是窑炉发展史中一个突破。我国南方各著名瓷区一般在早期都使用龙窑,然后逐步形成具有地方特色的窑。德化由龙窑经过分室龙窑发展成为阶级窑，景德镇由龙窑经过葫芦形窑发展成为蛋形窑都是这种进步和突破的具体表现。但阶级窑由于分室砌建，在具有一定坡度的斜坡上，保持后一室较前室提高一定高度的多个窑室串连在一起的窑形，而且每个窑室都有各自的火门和火膛。这就使它较蛋形窑在火焰走向上和温度控制上更为合理。有人认为屈斗宫窑应称之为鸡笼窑，而不应叫分室龙窑。如果这座窑外形未变，仍似龙窑，根据对古代陶瓷炉窑命名的传统，可称之为分室龙窑。如果这座窑的外形已不像龙，而是每间像一座鸡笼，多个鸡笼连接起来成为一条鸡笼窑，则可称之为鸡笼窑。遗憾的是这座窑在发掘时，窑基以上全部无存，无法窥见窑的全貌。因而给命名造成一定困难。事实是与名称相比，窑的内部结构，也就是火焰的走向则更为重要。已如前述平焰向半倒焰的变化，才是炉窑技术进步的标志而不是名称，也不是外形。

　　窑具往往也是一个窑场烧制技术水平的标志。在盖德碗坪仑窑址的北宋堆积层中，出现最多的是用耐火泥制的托盘和托柱。它是专用烧制各类盒子的。使用时，将托盘和托柱相间迭放，可迭至高约 1 米左右。在托盘上围着托柱，一般可放置各类盒子五个。其组合情况如图 10-23。这种组合迭烧和邢窑所使用的情况（图 5-13）十分相似，但要晚得多。在这一堆积层中未发现匣钵。只是窑室内靠近火膛处发现少数空匣钵。匣钵多数呈漏斗状，一般口径都在 20 厘米以下。其他窑具尚有用以直接放置器物的各类托座和瓷质垫圈。根据以上情况，可见这时多数器物在烧成时是直接与火焰相接触的重合迭烧工艺，而只有少量是在匣钵中烧成的。到了南宋时期，已不见上述托盘和托柱窑具。大量出现的均为匣钵。同时也出现用以覆烧芒口碗的瓷质支圈。可见南宋时在德化窑也出现芒口覆烧工艺。这对防止德化白釉瓷制品的变形和制得轻巧一些会起相当重要的作用。

　　到了元代，德化窑在宋代烧制工艺的基础上得到了发展，特别是芒口器的大量烧制。因此，在屈斗宫窑址的堆积中，用以烧制各类芒口器的各式瓷质支圈大量发现，在窑具中以它为最多。匣钵的式样亦增多，都是根据装烧器物的形状特制的，多呈直壁，底则有平底，凸底和圜底三种。后两者无法直接放置于窑床上，因此又发现许多与之配套使用的各类厚实平底的垫钵。可见这时主要采用一匣一器的匣钵装烧工艺（图 10-24）。但也有一些碗、碟、洗等是采用直接与火焰相接触的迭烧工艺，因而在堆积中也发现许多用以放置这类器物的托座和垫饼等。这类碗、碟往往是口沿和平底都无釉，以便采用口对口和底对底的重迭放置。

　　至今未见到明以后之德化窑的发掘报告，因而对其装烧工艺尚不清楚。但从传世器物的口沿有釉和底足无釉看来，它们主要应是采用垫饼装匣烧制工艺。因为明代时这种工艺在我国南北方都已十分成熟，德化窑当亦不会例外。

（二）烧成温度和烧成气氛

　　表 10-10 为历代德化白釉瓷的烧成温度及相关性能。从表可见历代德化白釉瓷的烧成温度变化不大，都在 1 250～1 280℃之间。即使到现代其烧成温度亦未超过

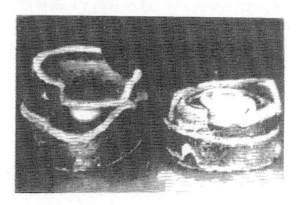

图 10-24　德化浔中屈斗宫窑的匣钵装烧工艺

1 300℃。只用瓷石作为制胎原料的瓷器烧成温度也大致就在这个范围。从表中所列的吸水率数据,也说明多数瓷器都是烧到恰到好处。所以它和景德镇宋、元时期瓷器的烧成温度也相当。明、清时期德化白釉瓷釉的配方虽作了明显的调整,但它的烧成温度也未作相应的提高。这也是由于受到胎的制约而不能提高。因为烧成温度的提高会带来更多的变形。由此可见德化窑的烧制工艺还是受到严格有效的控制。这从盖德碗坪仑窑址堆集中发现的用以测量和控制烧成温度所用的,以碗的碎片制成的火照,可以得到证实。前面所述德化窑在窑形上的改进也是能保证这种严格控制的有效措施。

表 10-10　德化白釉瓷的烧成温度及相关性能

序　号	原编号	品种	朝代	出　　处	烧成温度(℃)	吸水率(%)
1	$NST_2(2)$	白釉瓷	北宋	盖德坪仑窑	1260±20	0.10
2	$NST_3(2)$	白釉瓷	北宋	盖德坪仑窑	1260±20	0.28
3	$SST_1(1)$	青白釉瓷	南宋	盖德坪仑窑	1270±20	0.71
4	$SST_1(3)$	青白釉瓷	南宋	盖德坪仑窑	1250±20	0.87
5	YT_{12}	白釉瓷	元代	浔中屈斗宫窑	1260±20	1.41
6	YT_{15}	青白釉瓷	元代	浔中屈斗宫窑	1270±20	1.18
7	$YT_7(1)$	白釉瓷	元代	浔中屈斗宫窑	1280±20	0.27
8	$YG(2)$	白釉瓷	元代	浔中屈斗宫窑	1270±20	0.92
9	$YG'(2)$	青白釉瓷	元代	浔中屈斗宫窑	1260±20	0.12
10	$MTB(1)$	白釉瓷	明代	祖龙宫窑	1270±20	0.58
11	C14/58	白釉瓷	清代	浔中屈斗宫窑	1270±20	1.43
12	C_{74}	白釉瓷	清代	浔中屈斗宫窑	1270±20	1.22
13	N-1	白釉瓷	现代		1290±20	0.70

德化白釉瓷釉的色调在外观上主要可分为两类:一类是白中微泛青色,其甚者即为青白釉;一类是白中微泛黄,其甚者即所谓"象牙白"。从图 10-25 所列的德化白釉瓷釉的透光反射曲线也可见到它的确分成两类:一类的最高反射率峰值处于 500 纳米左右。如北宋的 $NST_2(2)$,南宋的 $SST_1(1)$,元代的 YT_{15} 和清代的 C_{74}。它们有的是白里微泛青色,有的就是青白色。另一类的最高反射率峰值处于 600 纳米左右。如元代的 $YT_7(1)$ 和明代的 $MTB(1)$ 都是白里微泛黄的"象牙白"和"猪油白"。这种差别的形成主要取决于烧成时的气氛。一般在还原气氛中烧成,使得釉中的 Fe_2O_3 较多地转变成低价状态,则呈青色。反之,如在氧化气氛中烧成,釉中 Fe_2O_3 较少地转变成低价状态,则呈黄色。由于德化白釉瓷釉 Fe_2O_3 含量都极少,所以都呈极淡的青色或黄色,即所谓泛青或泛黄。一般说来,德化白釉瓷在宋代是在龙窑中烧成的。这种窑易烧还原焰,而且冷却速度也快,所以都泛青色。入元以后,由于使用了分室龙窑和阶级窑。这类窑可烧氧化焰,而且冷却速度也较慢,因而又使某些德化瓷白中泛黄而形成德化白釉瓷釉独具的"象牙白"和"猪油白"的风格。如果黄色再深一点而微微泛红,则被称之为"孩儿红",指其像婴儿皮肤的颜色,是一种极为珍稀的釉色。

我国南方素以青釉瓷著称于世,如越窑,南宋杭州官窑和龙泉窑都烧制出许多精美绝伦的青釉瓷。除去它们独特的烧制工艺外,其原料中含有一定量的 Fe_2O_3 即是其主要因素。唯独景

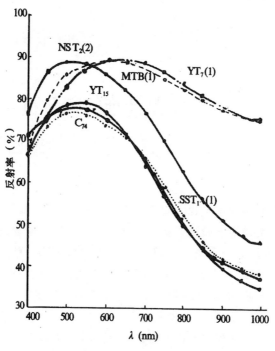

图 10-25　德化白釉瓷釉的分光反射率

德镇和德化,特别是德化,所产的制瓷原料却得天独厚,不仅 Fe_2O_3 的含量都极少,而且产量甚丰,使两地制瓷历史可长达千年。遂使南方白釉瓷分别在五代和宋代在两地兴起而独步中华,享誉世界,为中国陶瓷工艺发展过程中的第五个里程碑增添了极为辉煌的一页。

第十一章 瓷釉装饰的创新和突破
——景德镇青花、釉里红和高温色釉瓷

　　青花和釉里红釉下彩装饰是继我国陶瓷中刻、划、雕、印等装饰技术后,创造的又一种装饰的新方法。这种装饰主要是用于白釉瓷器。青花是利用含钴的矿物原料作为着色颜料绘画在白瓷坯上,经上釉后在高温下一次烧成,呈现蓝色彩饰的釉下彩。釉里红则是用含铜的矿物或铜的氧化皮屑作为颜料,绘画在白瓷釉下,经高温烧成,着成红色的釉下彩。据考古发掘青花瓷的生产制作在唐代已经开始,而釉里红釉下彩则始于宋代湖南的铜官窑。但不论是青花还是釉里红发展为高档精致的艺术品,并进行大量生产还是在景德镇瓷区,它主要是经元、明、清诸朝发展起来的。这类瓷器的发展和生产在当时已逐渐形成为主流。高温颜色釉的创新和发展在景德镇也是继承和借鉴各名窑瓷器的基础上,结合当地瓷釉的特色不断形成为艺术和技术上的最高水平。同时由于受到宫廷官府的重视使其荣升为服务于官府的瓷场,就此在官府的高质量要求和监督下,使景德镇生产的瓷器在质量和品位以及数量上都曾不断呈现创新和突破,使景德镇成为举世闻名并代表中国瓷器生产水平的名窑瓷区。在大量瓷器品种中,青花和釉里红釉下彩及高温颜色釉就是其中形成主流的大类。

　　历代所生产的青花瓷的颜料着色色调和特征是各不相同的,因为它们并非使用纯氧化钴作为着色剂,而是使用天然钴矿作为颜料。不同类型的钴矿又因矿源产地和矿物类型的不同所含成分又有差别。青花的色调和特征主要取决于所用钴矿中所含钴、铁、锰、铜、镍等着色氧化物的含量多少及其比例。同时矿物中之硅、铝氧化物含量和所用釉的成分以及烧成温度的高低,对色调的变化也有一定的影响。天然钴矿的成分往往分散性很大、即使同一矿源所产的成分也相当不一致,特别是钴土矿更是如此,因此同一矿源又常根据产物的品位分成不同等级。有时在生产使用之前又加以拣选和加工处理,以使含钴量有所富集以提高其质量。

　　釉里红釉下彩多使用铜的氧化皮屑,其成分波动不像青花那样复杂,但由于氧化铜在高温下容易挥发,对气氛的氧化还原十分敏感,同时常随着使用颜料中含铜浓度的不同而呈现红、绿、褐等不同的颜色,有时也会随釉流散和扩散使图纹化开成晕散状态。所以不同时期釉里红的质量也是有差别的。

　　景德镇的颜色釉最早生产的是影青瓷,它以铁作为着色剂,但含量很低,是宋代以前景德镇瓷器生产的主要产品,到了元代又创出了枢府卵青釉青瓷。明、清时期以铁为着色剂的青瓷品种更多,如豆青、粉青以及仿其他名窑青瓷等。同时以铜、钴、锰为着色剂的高温颜色釉自元开始也不断发展和创新,使明清的高温颜色釉丰富多采,逐渐形成了花样繁多,生产兴旺的新局面。

第一节 青花釉下彩瓷的兴起和发展

一 唐青花的发现、技术特点和装饰

1975 年在江苏扬州唐城遗址由南京博物院等单位首次发现了一块菱形朵花图案装饰的青花釉下彩瓷枕残片。[①] 它的发现引起了人们的关注，改变了人们对我国青花瓷起源的看法。以往受到考古发掘工作局限的影响，总认为元代是我国青花瓷最早出现的时代。唐青花的出现扩大了人们的思路和眼界，使人们普遍认识到青花的开创时间应该是唐代。青花瓷的出现时间大大提前了一个时期。1983 年秋，文化部文物局扬州培训中心和扬州博物馆又在扬州市文昌阁附近工地采集了中、晚唐时期的青花瓷片[②]，进一步表明唐代已有青花瓷是可信无疑的。1990 年中国社会科学院考古研究所等单位在扬州文化宫的唐代遗址又进行了科学的考古发掘，在唐文化层中出土了 14 块青花瓷片[③]。如此多青花瓷片的出现，再一次证实了唐代我国已生产青花瓷这一事实。

唐青花瓷究竟是何处窑口生产，有什么技术特征，所用着色钴料来自何方等都是众人所关注的问题。通过对以上三次发掘到的瓷片的胎、釉和颜料的组成，以及结构的对比分析，发现它们的胎、釉组成很接近，技术性能也十分相似，同时与巩县白瓷的胎釉组成进行对比研究，确认了唐代青花的生产窑口是河南的巩县窑[④][⑤]。通过唐青花釉中色料成分与各地所产各种类型的钴矿对比，推断唐代青花所用色料有可能来自南非、中亚或甘肃、广西和河北等地[⑥]。唐青花瓷和巩县白瓷胎、釉对比的分析结果可见于表 11-1 中。从表中所列数据可以看出唐青花瓷胎属一种高铝低硅及含有一定量钾和钛的组成。它与巩县窑隋唐时期所生产的白瓷瓷胎的组成十分接近。隋唐时期，北方曾有一批窑口生产白瓷，以邢窑最著称。但邢窑生产的白瓷胎的组成不及巩县白瓷更接近于唐青花瓷的组成。从巩县窑出土的白瓷片看，其外观质量和特点与唐青花瓷十分相近。透明釉的质感也相似。除釉的组成相近之外。烧成条件亦接近才能达到瓷器质感上的相近。当时巩县窑不但已烧造质量成熟的白瓷，同时尚生产唐三彩陶器，其中特别烧制具有蓝色彩釉的品种，蓝色彩釉使用含钴的矿物作为着色原料，它为巩县窑烧造青花瓷创造了必要的条件。因为青花瓷的彩饰亦需要含钴矿物作为颜料。唐青花所用含钴矿物原料是否与唐三彩蓝色彩釉所用颜料属同一类型矿物。这点将由两者的成分数据加以验证。[⑦]分析和计算结果列示于表 11-2 中。其中包括唐青花釉加彩料和唐三彩蓝色彩釉的着色氧化物含量和 CuO/CoO，MnO/CoO 与 Fe_2O_3/CoO 的计算比值。通过这些结果的比较可知两者所用钴料均属含一定量铁和铜及低锰的钴矿原料。同时通过 X-射线萤光分析和电子探针分析均测得唐青花颜料区中有硫存在。分析结果如图 11-1 和图 11-2 所示。

① 南京博物院等，"扬州唐城遗址，1975 年考古工作简报"1977，第 9 期。
② 文化部文物局扬州培训中心，"扬州新发现的唐代青花瓷片概述"，文物，1985，10，67。
③ 扬州城考古队，1994，江苏扬州市文化宫唐代建筑基址发掘简报，考古，(5)，413。
④ 张志刚、郭演仪、陈尧成，1986，"唐代青花瓷与三彩钴蓝"，景德镇陶瓷学院学报，7(1)，99～107。
⑤ 张志刚、郭演仪、陈尧成，1989，"唐代青花瓷器研讨"，景德镇陶瓷学院学报，10(2)，65～72。
⑥ 陈尧成、张福康、张筱薇等，1995，"唐代青花瓷用钴料来源研究"，中国陶瓷，22(2)，40～44。
⑦ 张志刚、郭演仪、陈尧成，唐代青花瓷与三彩钴蓝，景德镇陶瓷学院学报，1986，7(1)，99。

表 11-1　唐青花瓷的胎、釉和青花加釉的化学分析

编号		氧化物含量（重量%）															备注
		SiO$_2$	Al$_2$O$_3$	CaO	MgO	K$_2$O	Na$_2$O	Fe$_2$O$_3$	TiO$_2$	MnO	P$_2$O$_5$	CoO	CuO	S	As	Ni	
TB-W	胎	63.8	28.71	0.88	0.47	2.27	0.44	0.93	0.83	<0.01							1975 年出土唐青花瓷片
	釉			14	1.4	2.7	1.8	0.88		0.09		0.01	0.01				
	青花＋釉			14	1.5	2.8	2.7	0.82		0.07		0.32	0.09				
TB-W$_2$	胎	61.19	30.95	0.66	0.55	2.41	0.55	1.58	1.47								1983 年出土唐青花瓷片
	釉							1.1		0.09							
	青花＋釉			2.14				1.3		0.07		0.42					
TB-W$_4$	胎	64.17	29.48	0.55	0.43	2.23	0.47	0.94	1.14								
	釉			14.3	1.8	2.1	1.2	1.0		0.07							
	青花＋釉			13.4	1.9	2.3	1.1	1.4		0.1		0.32	0.06				
TY-1	胎	63.2	30.3	0.6	0.6	4.1	0.4	0.8	1.4	<0.01	0.2					无	1990 年出土唐青花瓷片
	釉	69.8	12.6	10.3	1.2	2.5	1.4	0.7	0.1	0.1	0.6		<0.1				
	青花＋釉	69.89	13.63	8.92	1.39	2.73	0.85	1.04	0.15	0.18		0.57	0.22	0.14	无	无	
HG-1	胎	67.73	26.78	0.39	0.41	2.11	0.50	0.59	1.31		0.04					烧失 0.76	河南巩县隋唐白瓷片①
	釉	64.65	13.90	12.29	1.89	2.97	2.17	0.84	0.16								
HG-2	胎	63.06	30.27	0.47	0.49	2.00	0.50	1.30	1.20		0.06					0.93	
	釉	67.66	15.87	10.85	1.53	2.43	0.78	0.87	0.43								
HG-3	胎	66.31	28.04	0.27	0.45	2.27	0.45	1.02	1.31		0.04					0.30	
HG-6	釉	66.82	14.46	9.35	1.09	4.28	1.75	0.87									
HG-5	胎	66.46	28.01	0.23	0.37	1.80	0.44	0.50	1.23		0.06					0.45	
	釉	62.87	17.85	12.18	2.03	1.74	1.03	0.78	0.32								

表 11-2　唐青花瓷"釉＋彩料"与唐三彩蓝彩釉中着色元素分析及其计算比值

名称	编号	着色氧化物含量（重量%）				MnO/CoO	CuO/CoO	Fe$_2$O$_3$/CoO
		CoO	MnO	Fe$_2$O$_3$	CuO			
唐巩县窑三彩蓝釉	T-1	1.63	0.03	0.99	0.38	0.03	0.37	0.96
	T-6	0.56	0.02	0.70	0.24	0.04	0.43	1.25
	T-7	0.47	0.02	1.10	0.19	0.04	0.48	2.34
唐青花瓷"釉＋彩料"	TB-W	0.32	0.07	0.82	0.09		1.66	
	TBW$_4$	0.32	0.1	1.4	0.06	0.11	0.96	1.45
	TY-1	0.57	0.18	1.04	0.22	0.16	0.39	0.76

① 李家治、张志刚等,河南巩县隋唐时期白瓷的研究,中国古代陶瓷科学技术国际讨论会论文集,1982,136。

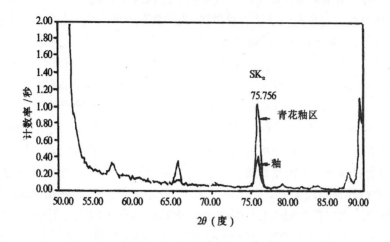

图 11-1 唐青花瓷 TY-1 中硫的 X-萤光谱线图[1]

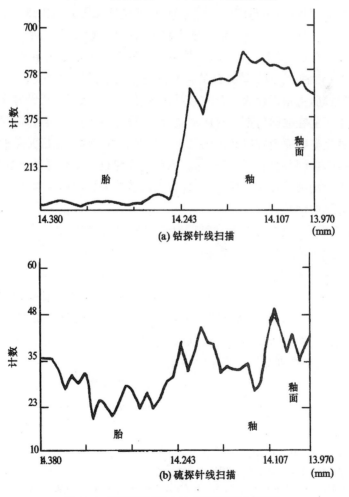

(a) 钴探针线扫描

(b) 硫探针线扫描

图 11-2 唐青花瓷 TY-1 的电子扫描线分析图[1]

① 陈尧成,张福康等,唐代青花瓷用钴料来源研究,中国陶瓷,1995,31(2),40。

从表 11-2 所列示结果可以看出唐三彩蓝釉中的锰钴比非常低,唐青花瓷彩料的锰钴比也比较低,而两种色料中均含有一定量的铜和铁,其比量在两者中也比较接近。硫元素的存在表明了唐青花所用色料是一种含硫的硫钴矿,其中一部分钴为铜和铁所置换。或是使用混有含铁矿物的硫铜钴矿。含铜的硫化钴矿在非洲产量较大,但其含铜量往往高于钴含量,只有部分铜和铁置换的硫钴矿接近于唐代陶瓷所用蓝色彩料所含的铜钴比值和铁钴比值。古代埃及和中东地区早在 9～14 世纪已使用钴蓝着色玻璃和陶釉。中国与中东地区的文化和商业贸易早有来往,但当时从中东地区进口非洲产的硫钴矿作为陶瓷釉用着色颜料可能性较小。有人根据对战国时期墓葬中出土的琉璃珠分析数据指出,其中含钴蓝的着色剂也是一种含铜的低锰型颜料[1],这与唐三彩和唐青花所用钴蓝着色颜料特点是一致的。有人对中国热液型钴矿床的研究发现,河北有含钴较高的硫化物矿床,同时有镍和黄铜矿伴生[2]。桂林冶金地质研究所岩矿室锰矿专题组发表了在广西鸡冠山矿区采集的硫铜钴矿的电子探针分析结果表明[3],其铜钴比 (CuO/CoO) 与唐三彩和唐青花色料的铜钴比相近似。战国时期交通不太方便,因此从中东地区进口非洲产的钴矿不是那么容易的事,不如就近利用国内产的钴矿更为方便。况且当时唐三彩和青花的生产地处河南,河南与河北又是近邻,广西地区与国外相比离河南也较近。所以从战国至唐代利用国产的钴矿于陶瓷上的可能性更大,尚且用量又不大,取自国内应该说是容易些。据宋代范成大的《桂海虞衡志》记载,在桂林山区发现有丰富的无名异,其性状为小的黑色石子状[4]。无名异有两种,一种是黄褐色的含钴量很低的铁锰伴生的复合体矿物;另一种则是黑色的,其含钴量较高,可用来作为青花的彩料。这说明在宋代以前已经有无名异采集和应用了。我国炼铜的手工业在战国时期已有所发展,可以设想在大量采集含铜矿物用于冶炼时,发现到少量含钴的共生矿物原料加以利用也是很自然的。古代河南地区又是铜器冶炼的主要地区,所以河南地区在古代利用铜作为铅釉的着色剂制成绿色彩釉则更早于钴蓝釉,其用量也比钴蓝釉大。故战国时期玻璃珠和唐代三彩、青花瓷的着色利用国内含铜、铁的钴矿可能性大于自中东地区进口非洲的钴矿。

唐青花瓷胎与河南巩县窑烧制的同时期白瓷十分相近,胎质呈灰白或灰黄色,釉带黄色,可见为氧化焰烧成,胎中的 Al_2O_3 含量很高,在 $27\%\sim30\%$,而烧成温度又在 1200℃上下,所以其胎的致密度较差。一般气孔率在 $13\%\sim20\%$ 之间,属生烧,为了提高胎的白度在胎釉之间施加化妆土,形成厚度约为 0.3mm 的中间层。由于釉中含 CaO 量高,并含有 $3\%\sim4\%$ 的 $(KNa)_2O$,即使在温度偏低的烧成情况下仍能形成透明釉,而呈现出显明的青花图案花纹[5]。这就是巩县窑白瓷适于烧制青花瓷的特点。所以唐青花在巩县窑烧造,不仅有可用于绘制青花的钴矿原料,而且也具备烧制适用于青花的白瓷。

唐青花的发掘和进一步科学分析研究,找到了制作的发源地和相应技术,这对证实我国陶瓷在釉下彩的发展和创新上又迈出了一步,为以后青花瓷的发展建立了基础,积累了经验。

① 张福康、Mike Cowell,中国古代钴蓝的来源,文物保护与考古科学,1989,1(1),23。

② 李震唐等,我国热液型钴矿床的发现,中国地质,1963,29。

③ 桂林冶金地质研究所岩矿室锰矿专业组,瓦房子锰矿发现钴的硫化物矿物,地质与勘探,1975,(2),27。

④ 宋·范成大,《桂海虞衡志》第 7 页(后页),转引自 Kessler A. T. 博士论文,Song Blue and White Procelain on the Chinese Silk Route,第 310 页。

⑤ 张志刚、郭演仪、陈尧成,唐代青花瓷器研讨,景德镇陶瓷学院学报,1989,10(2),65。

二　宋青花的来历和胎、釉及颜料特征

关于宋代是否有青花瓷，一直是考古和陶瓷界关心的重要问题，并存在有不同的看法和争论。虽然有些文章论证过宋代青花瓷存在的可能[1][2]，但都未见到发掘的实物依据，不为大家公认。从考古界的认识观点出发，认为必须根据发掘实物来判断和确立窑口及产品的存在与否。浙江省文管会在龙泉县对建于北宋太平兴国二年的金沙塔基和绍兴环翠塔基进行了发掘，发现了宋代青花瓷片标本[3]。从此宋青花的存在已有实物为据。近年来四川重庆和江西吉安以及河南巩县窑又发现有宋青花[4]。这将会逐步丰富和增加对宋青花研究的内容。有人从景德镇附近的高岭地区南宋时已开采高岭土和湖田窑当时亦相当发展，黑水城发掘的青花瓷片应属相并行于金代的南宋时期，且为湖田窑所产以及内蒙古近年发掘的青花中有宋代瓷片等诸点出发，认为景德镇的湖田窑(御土窑)宋代已烧制青花瓷器，而且可烧大件青花瓷[5]。这方面的看法对促进宋青花的讨论和研究是有益的。但由于至今在景德镇各宋代窑址未正规发掘及发现宋青花及其碎片，从而使这一看法尚待发掘考证。

目前只能就现有的对龙泉发掘的宋青花所作的科学技术内容加以概括。由于样品数量少，不能代表整个宋代青花的特征和全貌，故宋代青花问题尚待大量发现之后的进一步研究。

有关北宋金沙塔基发掘的青花瓷片样品进行分析的结果列示于表 11-3 中。

表 11-3　宋代青花样品瓷胎、釉及(釉+青花)的化学组成[6][7]

编号	部位	氧化物含量(重量%)											$\dfrac{MnO}{CoO}$	$\dfrac{Fe_2O_3}{CoO}$	胎釉厚度(mm)
		SiO_2	Al_2O_3	CaO	MgO	K_2O	Na_2O	TiO_2	P_2O_5	Fe_2O_3	MnO	CoO	CuO			
S_1	釉			11.60	0.32	3.49	0.63			1.25	0.16	0.01		10.25	0.61	0.25
	釉+青花			9.34	0.38	2.94	0.55			1.19	2.54	0.24				
S_3	胎	74.07	18.24	0.29	0.11	4.87	0.67	0.01		1.62	0.03					2.5—3.5
	釉	69.65	16.31	7.68	0.54	4.4	0.61			1.27	0.08	<0.01		10.74	0.46	0.38
	釉+青花			7.25	0.60	3.99	0.56			1.23	1.14	0.10				

北宋金沙塔基出土的青花瓷胎为高硅质，与龙泉青瓷中宋代青瓷胎相近，说明制胎原料是用当地的瓷石。青花釉为高钾和中等含量的钙，属钙碱釉。它比青瓷釉的钾含量高，而钙含量偏低，铁含量亦低于青瓷。故可制成无色或淡色的透明釉用于釉下彩青花瓷。青花彩的颜色呈

①　冯先铭，记志书中一批有待调查的瓷窑，文物，1973，(5)。

②　童书业、史学通，中国陶瓷史论丛，上海人民出版社，1958 年。

③　浙江省博物馆，浙江两处塔基出土宋青花瓷，文物，1980，(4)。

④　叶文程，近年来中国古陶瓷研究进展综述，陶瓷导刊，1994，6(1)，11。

⑤　李汝宽，宋青花瓷的若干阐述，古陶瓷科学技术 3，国际讨论会论文集(ISAC' 95)，郭景坤主编，上海科学技术文献出版社，1997，396。

⑥　陈尧成、郭演仪、张志刚，历代青花瓷器和青花色料的研究，硅酸盐学报，1978，6(4)，225。

⑦　陈尧成、郭演仪、张志刚，宋、元时代的青花瓷器，考古，1980，(6)，544。

暗蓝色,不鲜艳。按化学分析结果计算出彩料的 MnO/CoO 比和 Fe_2O_3/CoO 比表明它与浙江江山出产的钴土矿十分接近。按照古代制瓷多就地或就近取材的习惯,龙泉出土的北宋青花彩料是采用江山地区的钴土矿,江山钴土矿的分析成分列示于表 11-4 中,从江山钴土矿的成分特征看,它属具有高锰和钴含量低的钴矿。由于钴含量低,主要是锰铁起主要影响的着色作用,加上北宋青花的烧成温度低所以青花色彩呈不鲜艳的暗蓝色。

表 11-4　浙江钴矿颜料的组成[①]

名称	氧化物含量(重量%)													
	SiO_2	Al_2O_3	CaO	MgO	Fe_2O_3	TiO_2	CoO	MnO	NiO	CaO	CuO	K_2O	Na_2O	BaO	烧失
浙江钴土矿原矿	18.31	19.01	0.16	0.20	6.96	1.58	1.86	30.12	0.36	0.30	0.1			1.8	13.42
浙江江山钴矿青料	35.38	19.70	0.06	0.24	4.40		1.81	19.97	0.15	0.15			0.02		

　　宋代青花瓷一直受人关注,从宋代陶瓷的整个发展盛况和陶瓷技术的发展规律着眼,不会只限于类似上述发掘的这类青花瓷的范畴,应该是在唐青花已有的基础上有所发展和提高。目前由于考古发掘工作的不足,对宋青花尚难于作出全面的总结。但相信通过深入研讨,可望得到对宋青花瓷的合乎实际的评价。

三　元青花瓷的发展

　　元代青花瓷在技艺和生产方面都有很大发展。不仅江西景德镇和吉州生产,浙江江山和云南玉溪也有烧制,但景德镇地区是最大的生产窑场,无论质量和产量方面都占首位,成为景德镇瓷器生产的主流,产品远销国内外,使景德镇瓷业达到了空前繁荣。元青花瓷在中国陶瓷科技发展史上具有重要的地位,无论从胎、釉和色料方面都有许多问题值得研究和讨论。

　　据考古发现,近几十年相继出土了不少元代居住遗址、墓葬、窑藏中的珍贵青花瓷,特别是书有纪年和纪年墓出土的青花瓷更为宝贵。为研究元代青花瓷提供了实物资料[②]。景德镇陶瓷考古研究所对景德镇珠山周围元代官窑瓷片的发掘[③],提供了可作科学分析的实物以及为进一步分析研究元代瓷器的特征创造了条件。

　　目前国内外有纪年可考最早的青花瓷是江西省九江市博物馆收藏的一件元延祐六年(公元 1319 年)墓出土的青花牡丹塔盖瓷瓶。瓶上彩绘的青花色料色调蓝中带灰,两笔相交处色较深,起笔和收笔处呈褐色圆珠,色料堆积处泛出褐色[④]。元代使用钴料最早的青花瓷器还有浙江杭州发现的至元十三年(公元 1276 年)墓出土的观音像,像上发、眼和眼饰及胸前如意用青

　　① 陈尧成、郭演仪、张志刚,宋、元时代的青花瓷器,考古,1980,(6),544。
　　② 吴永存,元代纪年青花瓷器青花的研究,江西文物,1990,(2),40。
　　③ 刘新园,景德镇瓷窑遗址的调查与中国陶瓷史上的几个相关问题,景德镇出土陶瓷,香港大学冯平山博物馆及景德镇陶瓷考古研究所联合主编,香港冯平山博物馆,1992,8~29。
　　④ 九江市博物馆,元代青花牡丹塔盖瓷瓶,文物,1981,(1),83。

料和褐彩描绘[1]。一般说青花色料泛出褐色主要是含铁较高，其 Fe_2O_3/CoO 比较高的缘故。铁的着色起了一定的掺合作用，致使钴的鲜艳蓝色的着色受到一定影响，当色料浓度高时则由于铁含量相对增高和受到氧化时而显出褐色色彩。

70 年代初，中国社会科学院考古研究所和北京市文物管理处元大都考古队共同进行了元大都的发掘，获得许多珍贵的陶瓷器物，其中有不少青花瓷片，在胎、釉和彩绘技艺上都达到了较高的水平。从中选出少量代表性瓷片与湖田窑元代生产的青花瓷片一起，经过科学分析和研究，作出了对胎、釉和色料的评价[2]。最近对景德镇陶瓷考古研究所在景德镇珠山周围发掘的元代官窑代表性青花瓷片同样也进行了分析研究[3]，两次所得结果基本相近，可视为元代官窑青花瓷器的代表。其综合的化学成分分析结果列示于表 11-5 中（P 为青花料，G 为釉）。

表 11-5　元代青花瓷片的胎、釉和（青花＋釉）的化学组成

编号	部位	氧化物含量（重量%）												$\dfrac{Fe_2O_3}{CoO}$	$\dfrac{MnO}{CoO}$	出处
		SiO_2	Al_2O_3	CaO	MgO	K_2O	Na_2O	Fe_2O_3	TiO_2	MnO	P_2O_5	CoO	Cu,NiO			
Y₁	胎	72.75	20.24	0.24	0.15	2.87	1.78	0.93	0.53	0.08	0.04					
	釉	69.53	14.87	8.97	0.31	2.70	3.12	0.84	0.004	0.10	0.12	<0.01		2.45	0.01	湖田窑
	P+G	68.05	15.22	8.78	0.39	2.74	3.14	1.73	0.007	0.09	0.24	0.37				
Y₂	胎	72.64	21.08	0.20	0.18	2.69	1.52	0.97		0.03	0.09					
	釉	67.97	15.23	10.06	0.34	2.92	2.57	0.90		0.10	0.17	0.01		2.70	0.05	
	P+G			9.28	0.40	3.11	2.62	2.91		0.13		0.77	<0.01			
Y₅	胎	71.95	20.75	0.15	0.16	2.73	2.76	0.84	0.12	0.09	0.05					
	釉	70.17	14.02	8.00		2.72	3.13	0.78		0.12	0.15			2.21	0.02	元大都遗址
	P+G			7.51	0.42	2.85	3.31	1.84		0.11		0.50	<0.01			
Y₆	釉	69.82	14.52	7.57	0.26	2.24	3.65		0.25	0.10	0.28	0.1		3.02	0.06	
	P+G			6.49	0.03	2.29	3.85	2.47		0.12		0.58				
Y₇	釉	68.81	14.72	8.04	0.26	2.47	4.04	1.24		0.10	0.28	0.06		2.83	0.04	
	P+G			6.32	0.03	2.48	3.57	4.26		0.12		1.14				
YG₁	胎	74.42	18.83	0.15	0.24	3.11	2.06	1.14	0.11	0.03						
	釉	68.21	14.97	7.31	0.29	3.83	3.60	1.21	0.052	0.11	0.10	0.002		4.39	0.04	景德镇珠山
	P+G		15.14	6.50	0.30	3.70	3.54	2.56	0.058	0.11	0.14	0.34				
YG₃	蓝釉	66.76	14.79	6.98	0.36	4.39	2.68	2.83	0.061	0.11	0.19	0.47		3.89*	0.02*	

* 按稀释比 ≈O 和釉中 Fe_2O_3 含量为 1%计算；MnO 含量为 0.1%计算。

从表 11-5 中所示分析结果看，湖田窑青花瓷的胎釉组成和元大都出土的青花瓷的胎釉组成十分相近。可见元大都青花瓷器是产于湖田窑无疑。从瓷胎含 Al_2O_3 量估算，推断元代制作青花瓷已掺用高岭土成分。釉中含 CaO 量在 7%～10% 范围，折合使用釉灰量在 9%～11%，

① 冯先铭，有关青花瓷器起源的几个问题，文物，1980，(4)，5。
② 陈尧成，郭演仪，张志刚，历代青花瓷器和青花色料的研究，硅酸盐学报，1978，6(4)，225。
③ 李家治、张志刚、邓泽群等，景德镇元代及明初官窑青花瓷器的工艺研究，景德镇出土明初官窑瓷器，鸿禧美术馆，鸿禧艺术文教基金会 1996，55～65。

比当时制作影青釉使用的釉灰量低,比枢府釉的釉灰含量高[①]。景德镇珠山发掘出的元代 YG_1 瓷片胎的含 Al_2O_3 量则低于元大都出土瓷片的含量,也许掺用的高岭土较少之故。总起来看,所分析瓷片样品的胎、釉成分都是比较接近的。从表中所列计算出的色料的 Fe_2O_3/CoO 比和 MnO/CoO 比看,元代青花所用色料属低锰高铁类型,与国产钴土矿高锰低铁类型相比有显著差异。国产钴土矿的分析成分列示于表 11-6 中。钴土矿是一种分散性的浅位的矿藏,俗称"鸡窝型"矿,即成堆分散埋藏于地下约 1 米左右的矿位。而且其品质的高低也相当分散,呈颗粒状,多因成分的分散,特别是所含铁、钴、锰等着色元素比例和含量的不同而呈现不同的黑或褐色。含钴量高者多呈漆黑或有光泽的黑色。表 11-6 中,各地产的钴土矿钴铁锰含量的分散性虽然很大,但其共同的成分特点是含锰量都很高,其锰钴比都明显高于非钴土矿的其他钴矿。既然元代的青花瓷所用色料不是钴土矿,究竟是使用什么钴矿作为青色色料的原料。据宋代文献记载只提到过无名异作为贡品入贡,未曾提及无名异作为青花瓷器的色料使用。对于元代的青花色料来源也未见有古代文献记载。国内外学者众说纷云。英国牛津博物馆考古实验室的学者认为,14 世纪的中国青花所用色料是从波斯进口,直到 15 世纪初中国才发现国产钴矿[②]。美国的学者为了探讨中国青花色料的来源,经仔细查阅地质资料认为,没有迹象证明在波斯和俾路支(巴基斯坦)发现有钴矿,只有 1881 年印度有一篇文章记载着辉砷钴矿,引证了印度辉砷钴矿的成分为[③]:Co28.30%;Fe7.83%;S19.46%;As13.87%;Sb 和 Ni 痕量。其 MnO/CoO 比为 0,Fe_2O_3/CoO 比为 0.31。日本的学者认为,制作青花所用钴青料最初是一种来自西域的含钴蓝玻璃料(称作 Smalt 的玻料)[④];还有学者认为元代青花瓷最初是用从远东输入的花绀蓝制造的。中国生产青花的初期已经发展了将钴土矿和花绀蓝混合制备釉下青花色料的方法[⑤]。为了确切论证元代青花色料所使用的钴矿属那种类型,进一步分析了元代青花中的 As、S 和 Ni 等微量元素,结果表明在元代青花用的色料中含有 As 和 S,含 Ni 量则<0.01 或无[⑥]。由此可见元代青花色料是一种无铜、镍的含硫、砷的高铁低锰钴矿。这种钴矿在矿物学分类上属钴毒砂一类,其分子式为(FeCo)AsS,即以含铁为主的硫砷钴矿。根据钴矿地质资料,波斯在近30 年内只发现到铜钴矿,它是由砷铜矿(Cu₃As)和斜方砷钴矿及辉砷钴矿组成的混合矿物[⑦]。这种矿物富含铜,而铁含量低,所以说元代色料是从波斯进口的说法尚不能得到有相应矿物存在的证实。辉砷钴矿的分子式为(CoFe)AsS。是以含钴为主,经计算其 Fe_2O_3/CoO 比在 0.02 ~0.8 之间,所以认为元青花色料是用辉砷钴矿的说法也不恰当。关于元代青花料使用 Smalt 与钴土矿组合的设想似乎也不符合实际,因 Smalt 的 Fe_2O_3/CoO 也很低,如果他与高锰低铁的钴土矿组合,则其 Fe_2O_3/CoO 的比值仍然很低,所以可能性也是很小的。关于钴毒砂来自何方,怎样处理使用的问题,据资料调查研究,其来源可有两个途径,一是中亚和欧洲,因那里产钴毒砂矿;又一个途径是我国的甘肃、新疆一带,因这一带矽卡岩矿床异常发育,它与中亚地区

① 中国科学院上海硅酸盐研究所,元大都发掘的青花和影青瓷,考古,1982,178(1),96。

② Garner H.,The use of lmported and Native Cobalt in Chinese Blue and White,Oriental Arts,1956,(2),43。

③ Young W.J. Discussion of Some Analysis of Chinese Underglaze Blue and Underglaze Red,Far Eastern Ceramic Bulletin,1949,(8),20。

④ 内藤匡,新订古陶瓷の科学,雄山阁出版社株式会社,1978,192。

⑤ 加藤悦三、金冈繁人,怎样用 Smalt 制备瓷器的釉下蓝色料,中国古陶瓷研究,科学出版社,1987,281。

⑥ 陈尧成、郭演仪、陈虹,中国元代青花钴料来源探讨,中国陶瓷,1993,(5),57。

⑦ Andrews R.W.,Cobalt,London,Her Majesty Stationery Office,1962,6~11,64~182。

属同一地质构造[1]，钴毒砂往往存在于矽卡岩型钴矿床中。近年来，甘肃金昌已发现其开采储量占全国首位的属低锰类的钴矿[2][3]，而且甘肃、新疆和中亚又是丝绸之路所经之地。有人认为

表 11-6　青花瓷用国产钴土矿色料化学组成[4][5]

名称及产地	氧化物含量(重量%)																MnO/CoO	Fe2O3/CoO
	SiO_2	Al_2O_3	CaO	MgO	K_2O	Na_2O	Fe_2O_3	TiO_2	MnO	MiO	CuO	CoO	As_2O_3	BaO	有效氧	烧失	CoO	CoO
云南钴土矿原矿,(珠明料)宣威产	23.61	29.79	0.53	0.68	0.07	0.37	2.64	0.10	16.84		0.55	2.29			4.55	18.09	7.35	1.15
	20.27	23.95	0.03	0.26		0.01	5.92		21.92	0.09		4.46	0.07				4.92	1.33
云南钴土矿经拣炼(1),(珠明料)宣威产	28.33	34.96	0.17	0.41	0.06	0.30	2.80	0.35	22.53		0.83	6.02			2.02	1.40	3.74	0.47
云南钴土矿经拣炼(2),(珠明料)宣威产	28.97	32.81	0.66	少量	0.43	0.24	6.58	0.38	19.36	0.06	0.58	4.46		少量	4.37	1.40	4.34	1.48
浙江钴土矿原矿	18.31	19.01	0.16	0.20			6.96	1.58	30.12	0.36	0.10	1.86		1.80	6.65	13.43	16.19	3.74
浙江江山原矿青料	35.38	19.70	0.06	0.24		0.02	4.40		19.97	0.15		1.31	0.05				11.02	2.43
浙江江山原矿青料(已煅烧)	5.87	26.73	0.03	0.09	<0.05		1.51		47.96	1.22		6.79	0.05				7.06	0.22
江西赣州钴土矿原矿(叫珠)	37.91	18.68	0.33	0.48	1.03	0.11	4.65		20.03	0.19	0.16	1.26		1.06	4.21	10.85	15.90	3.69
江西高安钴土矿(韭菜边)	30.83	18.95	0.20	0.30	0.98	0.07	2.62	0.17	25.96		0.03	1.07	S 0.04	2.37	5.53	11.68	24.26	2.45
江西上高钴土矿	21.18	17.58	0.05	0.14		0.01	5.38		29.87	0.34		4.15	0.04				7.20	1.30
云南钴土矿(已煅烧)嵩明产	0.85	26.23	0.06	0.02	<0.05		1.19		48.88	0.15		11.06	0.04				4.42	0.11

---

① 曾庆丰，钴矿工业类型及其在世界上的分布，中国地质，1963，9 月，21。
② 蓝川，戈壁镍都——金昌，光明日报，第三版，1984 年 10 月 1 日。
③ 刘树国，金川公司开展大规模科技联合攻关，光明日报，第一版，1990 年 4 月 3 日。
④ 周仁等著，景德镇瓷器的研究，科学出版社，1958，76—77。
⑤ 陈尧成、郭演仪、张志刚，历代青花瓷器和青花色料的研究，硅酸盐学报，6(4)，225。

陶瓷用蓝色料在宋、元时代是从西域、即月氏传入。西域月氏乃是现在的甘肃中部、西部和东部及青海省的敦煌和张掖地区[①]。因此所传元代景德镇青花色料从西域进口,实际上很可能是来自甘肃、新疆一带的钴矿原料。钴毒砂含有较多的砷和硫,可以设想元代的画师和陶工们要使用这类钴矿作为青花色料则必须经煅烧和研细加工处理,同时要掌握色料的料性画出精美的元代青花瓷,需要日积月累的经验和辛劳的创造方可成功。

元代青花瓷的生产除景德镇外,尚有吉州窑、云南的玉溪窑和建水窑以及浙江的江山地区。现将这些窑区生产的若干青花瓷片的化学分析结果列示于表 11-7 中。

表 11-7　云南和浙江地区元代青花瓷的化学分析[②][③]

地区名称编号	部位	氧化物含量(重量%)											MnO/CoO	Fe₂O₃/CoO
		SiO₂	Al₂O₃	CaO	MgO	K₂O	Na₂O	Fe₂O₃	TiO₂	MnO	CoO	P₂O₅		
玉溪窑青花瓷片 YU-1	胎	80.76	15.52	0.01	0.32	1.36	0.13	0.94	1.35	<0.01		0.03		
	釉	63.01	13.57	16.39	0.80	1.73	0.04	1.23	1.41	0.18			10.2	2.07
	P+G			1.18	0.76	1.53	0.03	1.64		2.90	0.27			
YU-2	胎	80.59	14.99	0.01	0.43	2.09	0.15	0.97	1.37	<0.01		0.03		
	釉	63.50	11.68	13.06	2.04	2.43	0.06	1.52	1.62	0.45			4.86	1.98
	P+G			11.94	1.74	2.37	0.04	2.25		2.72	0.48			
YU-3	胎	80.08	14.60	0.09	0.46		0.22	1.16	1.27	<0.01		0.03		
	釉	60.54	13.23	15.52	2.22	2.36	0.23	1.51	0.91	0.47		0.99	11.45	0.97
	P+G			14.23	2.07	2.23	0.075	1.51		1.92	0.13			
建水窑青花瓷片 YJ-4	胎	77.73	15.53	0.18	0.62	2.69	0.18	1.40	1.07					
	釉	66.96	11.05	12.59	1.75	2.16	0.22	1.08	0.89	0.29		0.90	12.97	1.61
	P+G			11.48	1.63	2.16	0.055	1.21		2.08	0.14			
YJ-5	胎	76.30	16.98	0.09	0.59	2.77	0.10	1.27	1.12	0.01				
	釉	64.22	12.56	12.58	3.04	2.40	0.19	1.24	0.86	0.33		1.41	11.72	2.49
	P+G			10.06	2.67	2.22	0.07	1.29		1.67	0.12			
江山青花瓷片 YZ-1	胎	77.51	15.49	0.09	0.29	4.65	0.17	1.64	0.19	0.05				
	釉	69.36	13.71	8.19	0.61	4.77	0.17	1.43		0.09	<0.01		9.42	2.86
	P+G			6.80	0.37	4.40	0.17	1.56		1.30	0.13			

云南玉溪窑和建水窑生产的元代青花瓷胎大多数呈灰白色,釉呈青黄色,釉面光亮有细纹。与景德镇青花瓷相比,无论胎釉质量还是制作工艺以及画工方面都较粗糙,属一般民用产品。浙江江山元代青花瓷样品与云南青花相差不大,亦为民用青花瓷器。从表 11-7 所列化学成分可见,瓷胎都是用含石英量很高的瓷石类原料制成。云南两窑的青花釉则为含钙较高的灰

---

① 李汝宽,中国青花瓷器の源流,井桓春雄译,雄山阁出版株式会社,1982,154。(日文)

② 陈尧成、郭演仪、赵光林,玉溪、建水窑青花瓷器研究,中国陶瓷,1989,(6),56。

③ 陈尧成、郭演仪、张志刚,元代青花瓷器的研究,中国古陶瓷研究,科学出版社,1987,128。

釉,而浙江江山青花瓷的瓷釉则为钙钾釉。从釉中所用色料的 Fe_2O_3/CoO 比和 MnO/CoO 比与当地出产的钴土矿原料的 MnO/CoO 比和 Fe_2O_3/CoO 比相近来看,可知它们都是采用当地的钴土矿作为彩料来装饰青花瓷的。也许民窑使用钴土矿色料不加精选,故其色泽暗蓝不鲜。

云南青花瓷烧成温度在 1200℃ 左右,而景德镇元官窑青花烧成温度在 1280℃ 左右;官窑使用含铁高的硫砷钴矿,在成分上比钴土矿一致性好,容易保证质量。这些都显示出官窑对元代制瓷技术的进步是有推动作用的。

四 明代景德镇的青花瓷

明代洪武年间,在景德镇的珠山设厂烧造宫廷用瓷,称为"官窑"瓷器。它与元代设浮梁瓷局监督烧制官窑瓷器在形式上有些不同,是由封建官府直接开办窑厂烧制瓷器。然而民窑生产瓷器仍然像元代一样兴旺发达,与官窑并存,相互影响,相互竞争。特别是在生产青花瓷主流产品中各有特色。在陶瓷的科技和艺术史上都占有一定地位。明代前期,御窑厂建成后为维护官窑的统治地位,将手工业者编入"匠籍",垄断最熟练的技术,实行强制的劳役制,垄断优质原料作为御土,控制青花色料专用。御窑厂制品"刻意求精","不计成本","百中选一",所以御窑厂制出了许多青花瓷的精品。对比之下,民窑则受到抑制,从胎质、釉质和彩色等方面都远不及官窑产品。尽管如此,为了满足社会上的需要仍然得到了繁盛的发展。明代中后期,包括弘治、正德、嘉靖和万历前期,青花瓷的官窑生产已呈现日益缩减和衰落,质量也明显下降和逊色,但仍强力维持,具有特色。民窑却有着迅速发展的趋势,民窑瓷场数量激增,逐步形成较大规模的手工作坊,产品质量逐渐精化。除生产国内外市场的商品外,还生产宫廷需要的"官搭民烧"的精致青花瓷以及国内外的特殊定货,产品多样,制作日益精细,在技术上逐步得到改进和创新。这个时期形成了官窑和民窑并进的竞争局面。明代晚期,即万历中期以后,御窑厂宣告停烧,实际上仍有烧制瓷器的任务,但产量已大为减少。民窑青花的制造则大为发展,十分兴旺,工艺水平亦相应提高。青花瓷外销量增加,在御窑厂陷于几乎停顿的情况下,民窑青花制瓷业得到迅速发展,形成了民窑胜于官窑的局面。

近年来对明代官窑和民窑青花均作过一些科学分析和研究[1]~[4]综合起来从本质上加以对比和阐明,可以看出它们的差异和变化。明代官窑青花瓷胎的化学成分列示于表11-8。[2][3][4]

表 11-8 中所列明代官窑青花瓷胎的分析成分表明,从洪武到万历之间,胎中 Al_2O_3 含量有一个由低到高而后又回落到较低的变化情况,如洪武青花瓷胎中含 Al_2O_3 为 18%~19%,其含量尚低于元代的若干青花瓷胎。到永乐时期,青花瓷胎的 Al_2O_3 含量已增到 19%~20% 之间。宣德时期,一部分与永乐接近,一部分瓷胎 Al_2O_3 含量在 20% 以上。成化时期,青花瓷胎的 Al_2O_3 含量最高,多数在 22% 左右。嘉靖和万历时期的青花瓷胎又回落到了洪武时期的水平,其 Al_2O_3 含量在 18%~20% 之间。再看各朝胎中 $(KNa)_2O$ 的含量也有一个相应的变化。洪

① 李家治、张志刚、邓泽群等,景德镇元代及明初官窑青花瓷器的工艺研究,景德镇出土明初官窑瓷器,鸿禧美术馆,鸿禧艺术文教基金会,1996,55~65。

② 周仁等,景德镇瓷器的研究,科学出版社,1958,72。

③ 李家治等,中国古代陶瓷科学技术成就,上海科学技术出版社,1985,300~332。

④ 张志刚、郭演仪、陈尧成,景德镇明代民间青花瓷器,硅酸盐通报,1987,6(3),9。

武、永乐的青花瓷胎中含量为 3.6%～5.1%之间;宣德青花瓷胎中除一特例外,其含量在 3.4%～4.3%之间;成化青花瓷胎的(KNa)$_2$O 含量在 3.1%～3.8%之间;嘉靖和万历时期青花瓷胎的含量为 4.4%～5.4%之间。从胎中 Al$_2$O$_3$ 和(KNa)$_2$O 相互增减的规律可以推断,各朝青花瓷胎所采用的高岭土与瓷石的配比不同。洪武、永乐、嘉靖和万历青花瓷胎的配料中高岭土的掺入量低于宣德和成化时期的青花瓷胎。而瓷石的配入量则相反。这表明在相同致密烧结的情况下,宣德和成化青花瓷的烧成温度比永乐、嘉靖和万历青花瓷高、比洪武青花瓷更高。其瓷质也更为优良。

表 11-8　明代官窑青花瓷胎的化学组成

名称及序号		氧化物含量(重量%)										
(编号)		SiO$_2$	Al$_2$O$_3$	CaO	MgO	K$_2$O	Na$_2$O	TiO$_2$	Fe$_2$O$_3$	MnO	P$_2$O$_5$	总量
1	洪武青花	75.50	18.11	0.21	0.23	3.25	1.84	0.071	0.91	0.053		100.17
2	瓷片	75.11	18.92	0.27	0.24	3.41	0.18	0.073	0.91	0.046		99.16
3		75.92	18.50	0.24	0.23	3.27	0.86	0.088	0.95	0.097		100.26
4	永乐青花	75.32	19.90	0.11	0.16	2.97	0.64	0.12	0.92	0.031		100.17
5	瓷片	74.56	19.48	0.32	0.16	3.10	1.34	0.097	0.94	0.063		100.06
6		73.95	19.55	0.53	0.20	3.22	1.94	0.11	0.97	0.074		100.54
7	洪武至永乐青花瓷片	75.32	19.50	0.067	0.16	3.17	0.41	0.08	0.81	0.028		99.55
8	宣德青花	72.84	19.03	0.75	0.30	3.11	3.54	0.28	0.60	—		100.46
9	瓷片	74.05	19.97	0.13	0.16	3.13	1.16	0.43	0.79	0.03		99.85
10		74.89	20.28	0.11	0.19	3.03	0.44	0.095	1.10	0.033		100.17
11		74.63	20.43	0.34	0.19	2.79	1.05	0.089	0.95	0.039		100.51
12		72.43	21.65	0.38	0.20	2.92	1.23	0.089	1.19	0.043		100.13
13	成化青花	73.66	21.24	0.12	0.15	3.12	0.60	0.09	0.59	0.02	0.02	99.61
14	瓷片	75.92	19.97	0.10	0.14	2.59	0.65	0.09	0.57	0.017		100.11
15		73.21	22.51	0.16	0.24	2.31	0.82	0.09	0.85	0.022		100.21
16		73.05	21.87	0.21	0.21	2.36	1.09	0.04	0.85	0.03		99.85
17	嘉靖青花	73.38	18.49	1.21	0.18	3.30	1.00	0.19	1.24	0.49	0.03	99.51
18	瓷片	74.29	19.41	0.27	0.18	3.80	1.42	0.15	0.88	0.04		100.46
19	万历青花	73.59	19.61	0.46	0.17	3.46	1.95		0.87	0.07		100.18
20	瓷片	75.62	19.12		0.18	3.55	0.86		0.99	0.03		100.59

明代官窑青花瓷釉和色料分析综合列示于表 11-9 中。

从表 11-9 中所列明代青花釉的成分可见,洪武和成化青花釉的含钙量显然低于其他各朝釉的钙含量,亦低于元代青花釉的钙含量,表明洪武和成化两朝配釉所使用的釉灰量较少。明代各朝青花釉中所含 K$_2$O 和 Na$_2$O 的量也有较大差别,两者的比例也有明显变动。这种变动和含量的增减表明了两种可能,一是各朝采用的釉石(釉果)的矿源不同;另外就是釉石使用时

表 11-9　明代官窑青花瓷釉和青花＋釉的组成

名称及序号（编号）			氧化物含量（重量%）											MnO/CoO	Fe₂O₃/CoO
			SiO₂	Al₂O₃	CaO	MgO	K₂O	Na₂O	TiO₂	Fe₂O₃	MnO	CoO	P₂O₅	$\frac{MnO}{CoO}$	$\frac{Fe_2O_3}{CoO}$
1	洪武青花瓷片	釉	69.38	15.23	5.03	1.25	4.35	3.52	0.043	1.13	0.13		0.08	0.10	16.23
		P+G		15.65	4.47	1.23	4.22	3.52	0.047	3.45	0.13	0.15	0.15		
2		釉		15.37	4.48	1.56	4.20	2.95	0.052	1.16	0.11	0.002	0.15	0.05	4.98
		P+G		15.02	4.03	1.42	4.12	2.70	0.047	2.23	0.11	0.24	0.17		
3		釉		15.41	4.83	1.14	4.63	3.04	0.041	0.91	0.10		0.10	0.19	17.78
		P+G		14.50	4.13	1.06	4.45	2.68	0.037	3.09	0.11	0.13	0.18		
4	永乐青花瓷片	釉		15.05	7.00	0.27	5.13	2.11	0.039	1.02	0.10		0.11	0.02	3.82
		P+G		17.23	5.55	0.28	5.07	2.05	0.041	2.87	0.09	0.54	0.14		
5		釉		16.17	7.38	0.30	3.88	2.78	0.044	1.18	0.11		0.14	0.03	2.52
		P+G		15.24	6.71	0.31	3.71	2.63	0.049	1.95	0.11	0.35	0.19		
6		釉		15.26	7.48	0.27	3.34	3.03	0.037	0.99	0.10		0.10	0.02	2.45
		P+G		15.53	7.06	0.31	3.31	3.07	0.055	2.99	0.11	0.14	0.11		
7	洪武至永乐青花瓷片	釉		15.27	5.64	0.36	5.60	2.14	0.47	0.95	0.10		0.15	0.02	2.19
		P+G		15.12	5.24	0.36	5.65	2.02	0.048	1.51	0.10	0.29	0.16		
8	宣德青花瓷片	釉	70.74	14.16	6.79	1.36	3.10	2.76	CuO	0.97	0.07			0.81	5.81
		P+G	68.94	15.35	5.98	0.97	3.16	2.84	0.025	2.17	0.25	0.24			
9		釉	69.48	16.09	6.43	0.55	3.98	2.80		0.85				0.68	2.50
		P+G			6.35	0.49	4.05	2.80		1.69	0.23	0.34			
10		釉		15.72	6.53	0.93	5.32	1.96	0.053	1.00	0.12	0.006	0.22	5.53	0.79
		P+G		17.59	4.73	0.74	5.12	1.91	0.063	1.09	2.66	0.47	0.13		
11		釉		14.91	7.38	1.07	4.71	2.59	0.047	0.80	0.12	0.003	0.13	4.83	1.90
		P+G		15.79	4.83	1.30	4.53	2.26	0.081	1.83	3.40	0.69	0.24		
12		釉		16.03	6.35	1.83	4.46	2.60	0.056	1.00	0.13		0.12	4.71	1.39
		P+G		15.77	5.00	1.31	4.22	2.50	0.062	1.61	2.88	0.59	0.17		
13	成化青花瓷片	釉	71.14	15.12	4.46	0.26	5.68	1.83	0.11	0.82		<0.01	0.08	1.82	1.91
		P+G			4.16	0.26	5.48	1.84		1.14	0.44	0.19			
14		釉	71.44	15.36	4.52	0.38	4.39	2.19	0.06	1.11	0.12	0.002		1.75	1.95
		P+G		15.20	4.27	0.39	4.31	2.09	0.06	1.57	0.58	0.27			
15		釉	72.51	15.02	4.16	0.35	4.47	1.94	0.06	1.07	0.13	0.003		4.85	0.90
		P+G		15.24	3.33	0.34	4.21	1.85	0.06	1.16	1.55	0.30			
16		釉	73.60	14.67	4.35	0.31	4.04	2.03	0.07	1.01	0.10	0.003		5.52	0.39
		P+G		15.92	3.92	0.33	3.66	1.96	0.06	1.15	3.39	0.60			
17	嘉靖青花瓷片	釉	66.95	14.80	11.62	0.38	3.47	1.71		0.93	0	0.007	0.60	2.91	0.17
		P+G	66.05	14.82	10.36	0.29	3.37	1.33		0.86	2.25	0.75	0.15		
18		釉	68.89	14.60	8.29	0.26	4.33	2.46	0.05	0.75				1.09	0.82
		P+G			7.92	0.27	2.34	2.34		1.06	0.46	0.42			
19	万历青花瓷片	釉	69.02	13.60	8.39	6.26	3.91	2.77		0.74				7.93	1.31
		P+G			6.95	0.25	3.76	2.78		0.98	2.22	0.28			
20		釉	70.08	15.97	5.98	0.36	4.81	1.61		1.01				1.75	1.42
		P+G			5.37	0.34	4.75	1.63		1.36	0.56	0.32			
21	正德青花瓷片	釉	68.88	15.09	7.87	0.30	5.37	1.63		0.81	0.13	0.005		6.08	0.41
		P+G			5.51	0.28	5.00	1.31		0.90	3.35	0.53			

先经淘洗再配制釉料，如若干永乐、宣德和成化以及正德的釉中 K_2O 含量特别高，而 Na_2O 含量相对于其他青花釉低些。从景德镇所用釉果原矿的成分看，只能用淘洗工艺才能把 K_2O 的含量提高到 5％以上和将 Na_2O 降低到 2％以下。从这点可以认为，永、宣、成等朝的釉质质量较高与釉果原料精制处理也有密切关系。K_2O 含量的增高提高釉面的莹润光亮程度，这对青花瓷的外观和色料的显色效果都起了很重要的作用。

　　关于明代各朝使用青花色料的问题，从古代文献的记载和发掘瓷片样品的成分分析都可看出，是比较复杂的，但通过分析对比已经找出了大致的规律。"青花料考"一文作者从综合古代文献记载出发研究了元、明时期所用青花料的名称、来源和类型，并进行了归纳[①]。在以往对历代青花色料研究的基础上，最近对明初几朝青花瓷的研究又有了突破，所得新的结果丰富了对明初青花色料使用和来源的认识[②]。综合文献记载和青花色料新的分析结果，可以将明代各朝使用青花色料的类型和来源归纳如下：

　　(1) 首次发现洪武时期官窑青花所使用的色料是高铁低锰型钴矿，与元代所用属同一类型钴矿，是否属进口尚待进一步研究。至少，它与已分析的国产钴土矿有很大的不同。

　　(2) 有人根据永乐和宣德官窑青花色调分类，认为有三种使用情况[③④]。第一种是使用进口的"苏泥勃青"；第二种是用国产钴料，青花色泽较稳定，是用浙江青料，用浙料器物传世数量较多。另一种是同一件器物上进口钴料和国产钴料并用，根据纹饰的不同而决定使用哪种钴料绘哪个部位的纹饰。从表 11-9 所列分析结果可见，宣德青花色料有两种，一种为高铁低锰，另一种为高锰低铁，而且是大量的。据此确知宣德时期已较多使用高锰低铁型钴料了。与国产钴土矿对比，宣德时期所用的青料与浙江和云南产的钴土矿比较接近。据《宣德鼎彝谱》记录物料中，凡属进口料都注明国别，而无名异(青花色料的原料名称)未注国别这一点，《青花料考》作者推断宣德时期所用青花色料为国产[⑤]。综合以上各分析和推断的印证，永乐时用进口钴料，宣德时既用进口钴料又大量用国产钴料是可信的。

　　(3) 成化官窑青花色料从化学分析结果可分为两类，一为高锰低铁型，可能用江西乐平的钴土矿。另一类则是进口料的回青，其 Fe_2O_3/CoO 和 MnO/CoO 均处于中下比值为特点。不同于元代所用高铁低锰的那类钴矿原料，也许是进口回青和国产料混用的结果，这也是色料使用上的创新。

　　(4) 据史料记载；正德青花料使用江西瑞州(今上高和高安一带的宜春地区)的石子青(石青)；又名"无名子"。与青花色料分析结果吻合。亦有记载曾用进口回青料。

　　(5) 嘉靖青花主要用进口料，据记载进口回青掺石青使用。色料分析表明近似于成化、正德，锰和铁都处于中下水平的情况。

　　(6) 万历时期有两种情况，一类为使用进口回青料，类似于成化和嘉靖一类情况，掺用一部分石子青。另一类则为直接用国产钴土矿，经精选加工后使用。据文献记载，大约在万历

　　①　汪庆正,青花料考,文物,1982,(8),57.
　　②　李家治、张志刚、邓泽群等,景德镇元代及明初官窑青花瓷器的工艺研究,景德镇出土明初官窑瓷器,鸿禧美术馆,鸿禧艺术文教基金会,1996,55～65.
　　③　冯先铭,有关青花瓷器起源的几个问题,文物,1980,(4),5.
　　④　耿宝昌,明清瓷器鉴定(上册),中国文物商店总店,1983,53.
　　⑤　汪庆正,青花料考,文物,1982,(8),59.

二十四年以后,官窑青花瓷器使用以浙江产的钴土矿为主。

综合归纳上列所得结果表明,元代、洪武至永乐所用的高铁低锰钴料与成化到万历之间进口的回青料在成分上还有一定差别。也许与矿原不同有关,也许与加工处理的情况不同有关,据《江西大志·陶书》记载,在嘉靖时期对进口回青料的处理分"敲青"和"淘青"两个工序,敲青即"首用锤碎,内珠砂斑者为上青料;有银星斑痕者为中青,每斤可得青三两"。淘青即"敲青后,取其青零锁碎碾碎,入注水中,用磁石引杂石,真青澄淀,每斤得五六钱"。这为用水淘洗,以磁石吸去杂石的净化提纯的办法。明末宋应星在《天工开物》一书中又论述了新的处理方法,即用煅烧处理青料:"凡画碗青料,总一味无名异,……用时先将炭火丛红煅过,上者出火成翠毛色,中者微青,下者近土褐,上者每斤煅出得七两。中下者以次缩减。"钴土矿和进口钴矿都存在成分分散性大的问题,古代人们通过实践很早就认识到了此点。所以相应也有一套提纯和处理原料的办法。如选矿采用敲碎后磁选的办法,富集一些含钴量高的颗粒成分。煅烧后从颜色上辨别钴含量的贫富分级,提高色料的品位。从明代使用色料的变化可以看出有一个色料运用和加工处理的技术进步过程。由高铁低锰型钴矿的利用到高锰低铁钴土矿的使用,然后又到两种类型钴料的配合使用。同时在使用过程中又创造出了一些有效的纯化色料的工艺方法。这种用料和技术上的变化和进步完全是为了适应官窑的高要求产的结果。官窑的设立促进了明代青花瓷的技术进步。

明代从洪武到崇祯各朝景德镇还大量烧造了民间青花瓷器。民窑遍布景德镇,为城市居民提供一般的瓷器器皿。洪武二十六年(1393)明政府曾明文规定各阶层的器用制度:"凡器皿、洪武二十六年定:公侯一品,酒注、酒盏用金;余用银;三品至五品、酒注用银,酒盏用金;六品至九品,酒注,酒盏用银,余皆用瓷,漆、木器,并不许用硃红及抹金、描金、雕琢龙凤文;庶民酒注用锡、酒盏用银,余瓷、漆……"[①] 由此可见明代瓷器的民间需求量之大。此外还需供应大量出口的外销瓷和官搭民烧为官府烧造的瓷器,因此明代的民窑青花瓷的生产是相当兴盛的。随之而来的制瓷技术也会带来一定的进步。

表 11-10 和表 11-11 分别列示出明代民窑青花瓷器的胎、釉和青花色料的成分分析结果[②]。从中可以找出一些与官窑对比的异同之处。以表 11-10 的数据与表 10-8 中官窑青花瓷胎对比可以发现,洪武时期民窑青花的瓷胎在成分上与官窑青花瓷胎没有什么区别,几乎相似。永乐～宣德的民窑青花瓷胎亦十分接近当时官窑瓷胎,含 Al_2O_3 为 19.17%,含 $(KNa)_2O$ 为 3.4%。成化民窑青花瓷胎则与官窑有些差别,其含 Al_2O_3 量低于官窑,平均低 2%左右,$(KNa)_2O$ 的含量则高 0.5%～1%。嘉靖～万历时期,民窑青花瓷胎的 Al_2O_3 和 $(KNa)_2O$ 的含量与官窑亦接近,但有的瓷片的 Al_2O_3 含量低达 16.43%,低于官窑的平均水平。从胎的含 Fe_2O_3 量看,民窑青花瓷胎中永乐、宣德、成化时期高于同期的官窑青花瓷胎,表明其白度不及官窑,质量略逊于官窑,然洪武以及嘉靖至万历时期则官窑与民窑青花瓷的含 Fe_2O_3 量相差不大,几乎相同。这说明明代民窑青花瓷在配制瓷胎的原料使用和处理工艺上有尽量靠拢的趋向。只是官窑控制的御用高岭土在民窑中较少使用,或是为了适应民窑使用的大型柴窑的烧成温度低于官窑小型柴窑烧成温度的条件,有利于降低成本,在配方中掺入高岭土的量比官窑青花瓷胎少。除此之外两者大体相似。

---

① 明·《大明会典》第六十二卷,转引自中国硅酸盐学会主编,中国陶瓷史,文物出版社,1982,377。

② 张志刚、郭演仪、陈尧成,景德镇明代民间青花瓷器,硅酸盐通报,1987,6(3)。9。

表 11-10　明代民窑青花瓷器胎的化学组成

编号	时代和品名	胎厚(mm)	氧化物含量(重量%)										
			SiO_2	Al_2O_3	Fe_2O_3	TiO_2	K_2O	Na_2O	CaO	MgO	MnO	P_2O_5	总量
MM-1	明洪武碗残片	4	75.31	18.20	0.73	—	4.28	1.75	0.65	0.16	0.05	0.06	101.19
MM-2	明洪武碗残片	4.5～8.8	74.39	20.49	0.87	—	3.52	0.63	0.41	0.18	0.06	0.08	100.63
MM-4	明永乐～宣德碗残片	2.5	76.03	19.17	1.04	—	3.26	0.14	0.53	0.26	0.03	0.06	100.52
MM-6	明成化碗残片	3	72.80	20.64	1.66	—	4.08	0.14	0.54	0.31	0.06	0.07	100.30
MM-7	明成化碗残片	3.2～5.5	74.63	18.83	1.25	—	3.18	1.15	1.02	0.26	0.06	0.04	100.44
MM-8	明弘治盘残片	3～5.5	74.35	18.33	1.27	—	3.81	1.09	1.31	0.28	0.06	0.06	100.56
MM-9	明嘉靖盘残片	2～5.5	75.33	18.99	0.76	—	3.36	1.60	0.39	0.22	0.04	0.02	100.71
MM-10	明嘉靖～万历杯残片	4	74.75	18.53	0.77	0.07	4.02	1.89	0.66	0.23	0.06	0.04	101.02
MM-11	明隆庆～万历碗残片	4.2	73.48	20.20	1.02	—	3.79	1.86	0.42	0.20	0.08	0.02	101.07
MM-12	明万历碗残片	4.4～7	77.63	16.43	0.66	—	3.37	0.30	0.30	0.20	0.06	0.03	100.40
MM-13	明崇祯碗残片	4	7 43	21.69	0.74	0.05	3.51	0.95	1.02	0.18	0.06	0.04	100.67

　　明代民窑青花瓷釉的成分与官窑相比,自洪武至成化期间民窑青花釉中CaO含量均高于官窑,至明代后期的嘉靖以后,民窑和官窑釉中的CaO含量十分相近。官窑和民窑之间$(KNa)_2O$的含量则出现相反的情况,即从洪武至成化的民窑青花釉中的$(KNa)_2O$含量低于官窑。嘉靖、万历青花瓷釉的$(KNa)_2O$含量则民窑与官窑相近。这说明在釉质上明代前期民窑的釉偏于钙质高些,而后期则发展到相近,这是民窑青花为了降低成本增高CaO含量以达到降低烧成温度的目的。后期民窑青花所以CaO与$(KNa)_2O$含量都与官窑相近是因为民窑在当时处于迅速发展,无论在质量、产量和技术上都想赶上官窑产品,以适应官府和外销的需要。民窑青花釉都呈现微泛青蓝的色调,主要原因是在大量生产时,醮釉过程中往往会将画在坯胎表面上的青花料带入釉浆中,使釉经烧成后略带微量钴的着色效果。

　　明代民窑青花使用色料的情况亦可从表 11-11 中所列的 MnO/CoO 比和 Fe_2O_3/CoO 比的数值看出,自洪武至崇祯各朝色料的分析结果均表明,民窑青花瓷都使用高锰低铁的国产钴土矿作为色料。各朝之间 MnO/CoO 比和 Fe_2O_3/CoO 比的数值有高有低,主要是与所用矿源和精选加工情况不同有关。一般情况下,这些用钴土矿作为色料的民窑青花的色彩都显暗蓝色,大部分浓处都有黑(褐)点形成。但成化民窑青花一部分和官窑成化青花一样,呈浅淡蓝色。这可能与古藉记载的使用陂塘青料(平等青,出自江西乐平)有关。这些钴土矿色料着色的青花当温度烧高些或过烧时则出现晕散和色泽浓艳的效果。黑(褐)点的形成主要是由于色料浓度过高的缘故,当 Fe_2O_3、CoO,MnO 混合着色时往往会加深釉的黑色着色程度。制作黑釉时常利用三者的组合改善黑釉的黑度。这可能与形成复合离子的尖晶石颜料着色有关。

表 11-11　明代民窑青花瓷釉和(青花＋釉)的化学组成

编号	时代和品名	釉厚(mm)	分析内容	氧化物含量(重量%)											MnO/CoO	Fe2O3/CoO
				SiO2	Al2O3	TiO2	CaO	MgO	K2O	Na2O	CoO	MnO	Fe2O3	总量		
MM-1	明洪武碗残片	0.45~0.20	釉	68.64	15.18		9.95	0.23	3.74	1.80	<0.01	0.10	0.77	100.41	6.50	1.10
			青花＋釉				7.90	0.21	3.72	1.80	0.46	3.07	1.12			
MM-2	明洪武碗残片	0.35	釉	70.57	15.20		7.27	0.22	4.80	1.19	<0.01	0.08	0.78	100.11	6.01	1.13
			青花＋釉	66.27			5.63	0.22	4.39	1.25	0.61	3.74	1.29			
MM-3	明洪武碗残片		釉				6.03	0.30	4.88	0.75	<0.01	0.09	1.03		6.94	1.59
			青花＋釉				6.95	0.36	3.76	0.79	0.51	3.60	1.60			
MM-4	明永乐~宣德碗残片	0.18	釉	67.98	15.21		13.28	0.30	2.76	0.09	<0.01	0.06	0.86	100.54	7.14	2.23
			青花＋釉				10.76	0.31	2.76	0.11	0.28	2.08	1.33			
MM-5	明景泰盘残片		釉				6.98	0.17	6.17	0.81	0.01	0.08	0.58		10.36	0.64
			青花＋釉				6.35	0.19	5.83	0.77	0.24	2.40	0.67			
MM-6	明成化碗残片	0.40~0.25	釉	70.09	14.22		8.08	0.24	5.09	1.48	0.01	0.11	0.92	100.24	8.5	3.93
			青花＋釉				7.31	0.26	4.77	1.53	0.14	1.18	1.33			
MM-7	明成化碗残片	0.40	釉	70.50	13.94		10.28	0.25	3.05	1.64	0.01	0.12	0.90	100.69	6.8	1.84
			青花＋釉				8.16	0.26	2.93	1.77	0.45	3.12	1.53			
MM-8	明弘治盘残片	0.33~0.25	釉	70.43	13.90		8.11	0.29	4.70	1.96	<0.01	0.11	0.65	100.15	5.8	0.92
			青花＋釉				6.30	0.22	4.61	1.96	0.19	1.21	0.68			
MM-9	明嘉靖盘残片	0.33~0.30	釉	70.38	15.32		6.00	0.21	4.14	2.43	<0.01	0.11	0.46	99.05	5.62	0.81
			青花＋釉				5.78	0.21	3.74	2.38	0.36	2.11	0.73			
MM-10	明嘉靖~万历杯残片	0.25~0.18	釉	68.88	13.90		8.49	0.18	4.02	2.41	0.02	0.23	0.52	98.66	9.33	3.36
			青花＋釉				7.72	0.29	3.78	2.02	0.13	1.23	0.84			
MM-11	明隆庆~万历碗残片	0.18	釉	67.26	15.22		9.22	0.19	3.76	1.82	0.01	0.21	0.63	98.32	5.44	0.51
			青花＋釉				8.61	0.32	3.54	1.93	0.55	3.19	0.87			
MM-12	明万历碗残片	0.28	釉	70.47	14.18		7.54	0.12	4.08	2.38	<0.01	0.11	0.50	99.38	4.95	0.51
			青花＋釉				5.95	0.17	3.88	2.61	0.33	1.73	0.56			
MM-13	明崇祯碟残片	0.25~0.18	釉	72.20	14.09		7.59	0.13	3.44	1.57	0.01	0.07	0.27	99.37	4.83	0.73
			青花＋釉				7.39	0.15	3.46	1.49	0.29	1.43	0.47			

五　清代景德镇的青花瓷

　　清代景德镇瓷业的发展达到了登峰造极的程度,康熙、雍正和乾隆三朝的官窑青花更有突出的成就,特别是康熙青花技艺的发展尤为显著。以往青花彩绘多分两个层次的深浅着色,而康熙青花则发展为五个层次的色阶。有"头浓、正浓、二浓、正淡、影淡"之分。特别是画山石纹理,从浓至淡层层晕染、将画面的深浅、明暗用色料层次表现得如同水墨画的效果。故康熙青花瓷器有"康熙五彩"之美誉。雍正和乾隆青花较康熙青花在造型方面更加丰富多采。

康熙、雍正和乾隆三朝青花瓷的胎、釉和色料的分析结果列示于表 11-12 中①~③康熙青花瓷胎含 Al_2O_3 量最高,已达 26%~29% 的数量,Al_2O_3 的引入主要靠高岭土的掺入量,估算高岭土配入瓷石中的量要在 40% 以上④。所以其需要的烧成温度高,要在 1300~1320℃ 的温度下才能烧成比较好的质量。雍正和乾隆青花瓷胎的 Al_2O_3 含量在 24% 左右,估计其胎中配入高岭土的量在 30% 左右。其最佳烧成温度在 1280℃ 左右。胎中含 Fe_2O_3 量在三朝青花中都小于 1%,所以瓷器的白度还是比较高的。釉中的 CaO 和 $(KNa)_2O$ 含量一般分别在 7%~9% 和 4%~5% 之间,个别特别低的情况其 CaO 含量在 2%~4% 之间。古代釉中 CaO 的含量决定于配入釉灰量的多少。当釉中灰量减少时,相对釉石(风化程度差的瓷石)的量就增多,SiO_2 和 K_2O 的量也会相应增高,这对于烧成后釉面的光亮度有利。所以清代的瓷器看起来给人以致密和"硬"的感受。胎的 Al_2O_3 增高和釉的 CaO 含量降低,即在配方上分别调高了胎中高岭土的掺入量和釉中降低了釉灰的配入量,是清代制瓷技术上的重要进步。因为它关系到其他技术也要改进提高以适应高质量的要求,如窑的烧成温度的提高,窑具耐火度的提高等都要进行技术上的改进。

表 11-12　清代康熙、雍正和乾隆青花瓷的胎、釉和(青花＋釉)的组成

时代和分析部位		氧化物含量(重量%)												MnO CoO	Fe₂O₃ CoO
		SiO_2	Al_2O_3	CaO	MgO	K_2O	Na_2O	TiO_2	Fe_2O_3	MnO	CoO	P_2O_5	CuO	NiO		
康熙 C_1	胎	68.67	25.82	0.36	0.11	3.04	1.54		0.83	0.09		0.08				
	釉	70.22	14.25	9.12	0.22	3.03	2.28	0.11	0.79	0.12	<0.01	0.10			6.83	0.88
	P+G			7.23	0.03	3.11	2.13		0.96	2.29	0.33	无 As_2O_3				
康熙 C_2	胎	65.76	28.57	0.50	0.12	3.22	0.83	0.05	0.84	0.09		0.10				
	釉	73.48	15.38	3.82	0.33	3.97	1.34	0.34	0.96	0.14	<0.01	0.09			6.25	0.36
	P+G			2.31	0.24	4.16	1.19		0.91	2.11	0.32					
雍正 C_6	胎	70.22	22.97	0.68	0.11	3.49	1.18	0.31	0.81	0.08						
	釉	70.54	14.43	8.90	0.21	2.98	1.36		0.74						6.50	0.66
	P+G			8.35	0.20	2.99	1.39		0.93	2.34	0.36					
乾隆 C_7	胎	70.38	24.10	0.66	0.15	3.33	0.90		0.82	0.07						
	釉	70.09	17.63	7.20	0.22	3.13	0.90		0.83						5.07	0.48
	P+G			6.43	0.21	3.00	0.90		0.92	2.28	0.45					
乾隆 C_9	胎	68.93	24.25	0.74	0.20	3.38	1.87	0.10	0.84	痕量						
乾隆 C_8	釉	76.09	14.39	2.11	0.14	2.67	2.61	0.25	0.92	0.27	0.05	0.08			5.54	0.44
	P+G			1.64	0.14	2.54	2.36		1.10	4.11	0.70		<0.01	0.05		

① 陈尧成、郭演仪、张志刚,历代青花瓷器和青花色料的研究,硅酸盐学报,1978,6(4),225。
② 陈尧成、张志刚、郭演仪,景德镇元明清青花的着色和显微结构特征,1981,(2),35。
③ 周仁、李家治,中国历代名窑陶瓷工艺的初步科学总结,硅酸盐,1960,4(2),49。
④ 李国桢、郭演仪,中国名瓷工艺基础,上海科学技术出版社,1988,29。

康熙、雍正和乾隆三朝青花色料的特点是 MnO/CoO 比高，Fe_2O_3/CoO 比低，两者比值接近浙江和云南的钴土矿经拣选和煅烧处理后的青料。据《陶冶图编次》记载，"……悉籍青料为绘画之需，而霁青大釉亦赖青料配合，料出浙江绍兴、金华两郡所属诸山……"。《陶冶图编次》是唐英在乾隆八年(1743 年)写成[①]，唐英是雍正初期到景德镇协理陶务的，所以雍、乾时期所用钴料是浙江所产。又根据蓝浦著《景德镇陶录》记载，清朝乾、嘉年间已经采用云南的钴土矿珠明料[②]。故清代采用云南珠明料作为青花色料的情况也是存在的。云南产珠明料和钴土矿均列入表 11-6 中，再将浙江金华地区产的钴土矿列出以资比较。浙江金华所产钴土矿的化学成分如下[③]：

SiO_2	Al_2O_3	Fe_2O_3	MnO	CoO	NiO	烧失	MnO/CoO	Fe_2O_3/CoO
18.56	15.75	13.97	28.86	5.06	0.35	17.17	5.70	2.76

浙江钴土矿与云南珠明料的成分十分相近。其 Fe_2O_3/CoO 比高于青花瓷片色料分析出来的 Fe_2O_3/CoO。但与拣选煅烧处理过的珠明料相近，如果金华钴土矿加以精选和煅烧亦会降低 Fe_2O_3 的含量。《陶冶图编次》的"拣选青料"图解已有说明。这证实了唐英的记载是真实的。也表明清代曾使用云南珠明料也是与分析结果相符的。

六　历代青花瓷的显色与结构特征

不同朝代的青花瓷显色各有特色。但主要是由钴矿所含着色元素铁、钴、锰、铜的含量和比例所决定。其次则受钴矿中所含 SiO_2、Al_2O_3 含量影响，和釉在高温下粘度、流动度以及烧成气氛和温度高低的影响。因此从钴矿和青花瓷色料分析的结果所推算出的 Fe_2O_3/CoO、MnO/CoO 和 CuO/CoO 的比值、钴矿的加工处理以及烧成状态是可以相应说明历代各朝青花瓷的显色的。唐代青花的青色浓艳，晕散，MnO/CoO 比很低，是低锰型钴料，Fe_2O_3/CoO 和 CuO/CoO 的比值也不甚高，可见钴的相对比量就高些，加上 Cu 和 Fe 的着色力远不及 Co 强，主要显色是以钴为主的色调，从胎、釉的泛淡黄色判断为氧化焰烧成，故 Cu^{+2} 可能会加强一些翠蓝色的色调，而 Fe^{+2} 则增添一点淡黄色调，这对钴的着色影响不甚大，致使色彩呈青蓝色。关于色泽的浓淡是取决于绘彩时色料聚合的浓度、色彩的晕散则与两点有关，一是色料本身 SiO_2、Al_2O_3 含量很低，甚至没有；二是由于釉是高钙釉，高温下粘度小，粘度随温度的变化大，釉本身容易流散，所以也增加色彩晕散的效果。浙江龙泉金沙塔出土的宋代青花呈暗蓝色，其 MnO/CoO 比在 10 以上，用的是未经拣选和处理过的原矿钴土矿，相对 CoO 的含量低，尽管锰少量时由于着色力不强对色彩的影响不大，但含量高时则会起到影响钴着色的主要作用。如景德镇烧制高温法紫釉（呈深暗紫色）时就曾在配方中加入 12% 的高锰钴土矿（含 20% MnO），所以高锰含量对色料的显色影响还是很大的。加上宋代的两片青花瓷片的烧成温度不

① 傅振伦、甄励，唐英瓷务年谱长编，景德镇陶瓷，1982，(2)。47。

② 清·蓝浦，景德镇陶录，卷一，洗料。

③ 周仁等，景德镇瓷器的研究，科学出版社，1958，73。

高,致使色彩呈暗蓝色调。元代青花瓷的色彩有三种情况,多数是青翠沉着为正烧产品;二是靛青泛紫扬艳,为过烧所致;三是青蓝偏灰,多是欠烧造成[①]。可见青花的显色分散性较大。MnO的含量特别低,Fe_2O_3 的含量高常被称之为高铁,实际上相对于 CoO 来讲,铁属中等。加上景德镇烧成往往都是还原焰,在还原焰中在 Fe^{+2} 浓度不太高的情况下使釉色着成绿色,如果局部聚集浓度高了则会变成褐色甚至呈黑色,即形成 Fe^{+3} 的着色或 Fe^{+2}、Fe^{+3} 的复合着色。所以正烧时主要是 CoO 的着色一般呈翠青色,欠烧时由于钴料未在釉中散开和溶解在釉中的量少故呈现带灰的青蓝色,而过烧时由于色料在釉中的大量扩散形成晕散现象。如果个别地方彩料堆积过多也会形成褐色或黑色的斑点。色彩的晕散与所用钴料中 SiO_2、Al_2O_3 的含量过低也有一定关系。图 11-3 显示了元青花在显微镜下观察到的色彩晕散和色料未溶颗粒存在的情况对比。元代云南的青花类似于宋青花的情况。

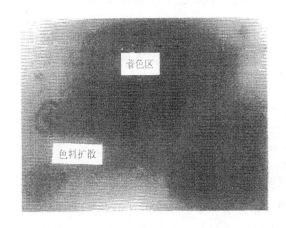 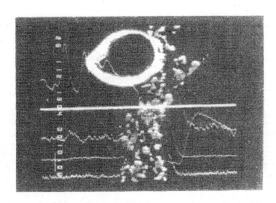

　　(a) 元青花色料晕散　　　　　　　　　　　　(b) 元青花色料留存

图 11-3　元青花瓷中色料形成的晕散和留存的情况对比。

　　明代青花瓷的显色情况由于使用钴矿来源的变动和钴料精选加工处理工艺的进步就显得比较复杂。洪武青花的显色类似于元青花瓷。但有些瓷器的 Fe_2O_3/CoO 比特别高,达到 16~18 的高比值,虽呈现深靛青色,但色彩凝聚处形成赭黑色黑点的情况更多些。过烧亦易晕散。因所用色料与元代色料属一种类型,故情况比较接近。永乐和部分宣德青花色彩则与元和洪武青花瓷的显色略有不同,其色浓艳清新,是其主要特征。"……青花料含锰量较低,含铁量较高。由于含锰量低,就可减少青色中的紫、红色调,在适当的火候下,能烧成像宝石蓝一样的鲜艳色泽"[②]。从色料的 MnO/CoO 比和 Fe_2O_3/CoO 比看永乐青花和元青花及部分洪武青花相差不大,为何永乐和部分宣德青花的显色就更好些,从釉的成分看可能与所含 CaO 和 $(KNa)_2O$ 的含量与烧成温度配合的得当有关。使色料的显色恰到好处,其所以呈蓝宝石的色泽而不泛紫,不但与含锰量低和含铁量处于中等有关,与烧成和画彩时的用料浓淡也有密切关系。黑点的形

① 黄云鹏,元青花的装饰特色,江西文物,1990,(2),29。

② 中国硅酸盐学会编,中国陶瓷史,文物出版社,1982 年,371。

成则是由于色料聚集形成磁(赤)铁矿等着色的缘故[1]。"在传世的永乐、宣德青花瓷器中,有相当一部分不带铁锈瘢黑斑,而青花色泽又极为幽雅美丽的制品……其所用的青料究竟是国产钴土矿,还是进口料加以精制的结果,还有待进一步研究"[2]。"有些宣青,色纯蓝,没有黑斑,色调与康熙青花相似"[3]。这说明宣德青花有两种,一种是蓝色中泛绿的,有黑斑点,笔路周围有晕,是由高铁低锰钴矿作色料制成的;另一类则是显蓝色类同康熙青花的一种,可能这种就是高锰低铁的钴土矿作色料的青花。后一种的 MnO/CoO 比和 Fe_2O_3/CoO 比接近康熙青花色料。前一种则接近永乐青花色料。成化青花瓷亦有两种类型,一种类似于后一种宣德青花的显色;大部分是显色淡雅的一种青花瓷,其所用色料的 Fe_2O_3、CoO、MnO 均低,而且彩绘时所用彩料的浓度亦低。而 SiO_2、Al_2O_3 的含量相对会增高,故色彩不晕散。正德、万历青花常显蓝中带灰的颜色,主要是使用石青后锰的比量增高,瓷器的烧成温度略有偏低的关系,嘉靖亦用石青掺入回青中使用,可能掺入的比例较低,所以有浓重鲜艳的显色效果,同时烧成温度亦趋于偏高,形成蓝中带紫红的色调,这是 MnO 与 CoO 形成尖晶石结构的颜料高温下在釉中扩散的结果。清代三朝青花均鲜美,康熙青花呈纯蓝色,不泛紫,不晕散,与色料的含 Al_2O_3 高有密切关系。实验证明,提高色料的 CoO,Al_2O_3 含量,降低 MnO,Fe_2O_3 含量,可使青花色彩达到康、乾青花的效果[4]。从显微镜观察清代三朝青花样品的着色部位,可看到色料附近有钙长石和莫来石等生成,这表明色料中的 Al_2O_3 量高到一定程度即可与釉作用而形成这些晶体。同时发现这类青花彩不产生晕散现象。所以康熙青花可以彩绘成五个层次的色阶效果。推断清代所用青花色料除采用精选和煅烧以及充分研细等工艺外,还会在色料中掺用一定量的高岭土以提高其 Al_2O_3 的含量,改进青花色彩的性能,达到更好的显色效果。图 11-4 为清代青花在显微镜下观察到的色料边缘生成的钙长石和莫来石的晶体[5]。

关于民窑青花和浙江、云南地区的青花的显色类似于以钴土矿作为色料的青花瓷的情况。

从历代青花瓷的发展和演变可以认识到,中国青花瓷的制作和生产已经历了千年历史,技术和艺术创新都取得了显著成绩,诸如胎质的改善中掺入高岭土以增加胎的含铝量,提高瓷器的烧成温度,以增加强度和防止变形;在釉质上减少釉灰用量以增加钾钠的含量。改善高温下釉的粘度变化和釉面光亮度;在色料方面选用各地的钴矿,并精选和加工处理提高钴土矿中钴的含量、降低铁、锰含量以提高钴矿色料的品位。采用钴土矿和回青钴矿掺合使用的方法,以改善彩绘线条的晕散,使笔路和层次分明;在色料中加入高岭土,以改善显色的艳美,同时改善在提高烧成温度时色彩的晕散,等等。这些在制作青花时的技术革新和成就均来自于千年之间劳动人民经久不息的生产实践和聪明智慧的结晶和积累。

为了对比历代陶瓷在显色上的特征和差异,特选取部分历代青花瓷片的照相示于彩图 11-5 至彩图 11-7 中。

[1]　Chen Yaocheng, Guo Yanyi, Zhang Zhigong, Formation of Black Specks on Xuande Blue-and-white of the Ming Dynasty, Archeomaterials, 1990, (4), 123.

[2]　中国硅酸盐学会主编,中国陶瓷史.文物出版社,1982 年,373。

[3]　周仁等,景德镇瓷器的研究,科学出版社,1958 年,73。

[4]　周仁等,景德镇瓷器的研究,科学出版社,1982 年,79～80。

[5]　陈尧成、张志刚、郭演仪,景德镇元明清青花的着色和显微结构特征,中国陶瓷,1981,(2),35。

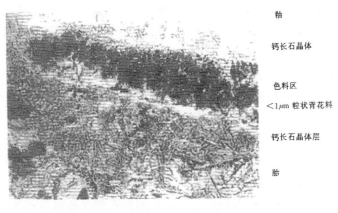

釉

钙长石晶体

色料区

<1μm 粒状青花料

钙长石晶体层

胎

（a）康熙青花

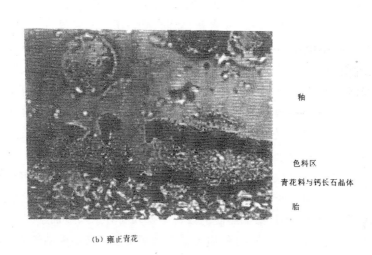

釉

色料区

青花料与钙长石晶体

胎

（b）雍正青花

图 11-4　清代青花瓷色料区的显微镜下的照相 透光 ×416

第二节　釉里红釉下彩瓷的开端和演变

釉里红釉下彩瓷是指以含铜色料彩绘在坯胎上，罩以透明釉，经高温还原烧成后，釉下呈现宝石红色纹饰的瓷器。以铜着色的釉下彩瓷早在唐至五代期间开始于湖南的长沙县铜官窑。那时生产的釉下彩由于彩料中铜的浓度控制不均匀和色料杂质影响，铜红釉下彩往往产生褐红色，有时因为铜的局部浓度过高而产生局部的绿色，或褐绿蓝等混杂色彩的釉下彩，还没有达到均匀一致的宝石红的鲜艳色彩。同时胎由于含杂质较多也非纯白色，而是呈黄灰色，釉同样原因呈青黄，或灰白色。可见当时长沙铜官窑釉下铜彩瓷质量尚不高，只是有较高的艺术价值和历史价值。真正的以铜着色的红色釉下彩乃是创始于元代的景德镇，景德镇称为釉里红，釉里红釉下彩瓷所用的胎和釉的成分与同时期的青花釉下彩瓷相同。按照景德镇的传统工艺方法釉里红釉下彩用的着色彩料是用"铜花"制成。"铜花"乃是以金属铜加热氧化，将被氧化的氧化铜表面层取下而制得。因为氧化铜薄层较脆,易于粉碎研磨加工成细粉颜料,便于彩绘使用。釉里红与青花两者的不同在于釉里红釉下彩对温度和气氛都较敏感,要在非常合适的温度和较重的还原气氛下方能形成纯正的鲜红色。由于铜在釉中溶解、扩散和易于挥发的特性所以特别难烧,需要有固定的窑位进行专门的烧成方能得到最佳产品。因此制作釉里红要比制作青花瓷的难度大得多。元代制作釉里红属初创时期,所制产品质量比较低。明初洪武时期釉里红釉下彩瓷的质量仍不稳定,多数呈色带灰。在工艺上还没有完全掌握,技术水平较低。直到明代永乐、宣德时期釉里红的制作有所提高,加上当时白瓷胎釉的质量有很大改善,使釉里红釉下彩瓷的整个质量得到了改善。多数红的颜色浅淡,主要是铜的浓度尚低和烧成温度不适应所致。宣德时期仅有少数产品达到了鲜红颜色。明中期和后期釉里红的制作处于衰落境地,产品很少。待至清代康熙时期才重新得到了恢复和发展。康熙和雍正时期釉里红的制作技术又在明代宣德已有的水平上有所提高,产品的制作比较稳定,康熙釉里红有些类似于宣德产品,呈色仍然有些浅淡,然而雍正时期制作的釉里红则多呈鲜红色,在技术上已掌握得非常熟练和成功。

将釉里红与青花两种釉下彩相互搭配装饰瓷器则制成一种称为"青花釉里红"的瓷器。青花釉里红双色釉下彩瓷也是始于元代,但明代制作不多,直到清代康熙时期才又发展起来,一直延续到乾隆,都保持着较高的水平。

近年来曾对明代洪武和永乐釉里红釉作过化学分析,结果列示于表 11-13 中,表中 C——化学分析法,E——电子探针测定。从表中分析数据可见,洪武时期釉里红的基釉与同时期的青花釉下彩所用的基釉相近,釉里红的基釉较青花基釉所含 CaO 稍高一点,而含钾钠量稍微偏低点。明永乐时期的基釉中所含 Al_2O_3 成分低于青花瓷釉,而所含 CaO 量则高于青花基釉。可能是 CaO 的含量偏高,有利于铜红彩的呈色。表 11-13 中所列红彩加釉是利用两种分析方法测定各氧化物含量的结果。对比之后用化学分析方法和电子探针方法所得结果比较接近。洪武和永乐釉里红釉均属钙碱质釉。高温烧成时由于粘度变化不会太大,不致流釉太厉害。

表 11-13　洪武和永乐时期釉里红釉下彩瓷的化学组成

名称与部位	氧化物含量(重量%)											备注
	SiO_2	Al_2O_3	CaO	MgO	K_2O	Na_2O	Fe_2O_3	TiO_2	MnO	P_2O_5	CuO	
明洪武釉里红 红彩＋釉	69.0	14.8	6.6	1.1	3.9	2.0	0.7	0.1	0.1	0.3	>0.9	①
明永乐釉里红 胎—C	74.03	20.44	0.99	0.16	3.02	0.41	0.75					②
红彩＋釉 ——C	66.94	12.58	11.16	1.35	4.72	1.67	0.81				0.23	
——E	69.52	11.19	8.61	2.37	4.76	1.42	1.47				0.62	
白釉—E	69.33	10.72	9.99	2.73	4.13	1.34	1.62					

① Zhang Fukang, Zhang pusheng, Scientific Examination of Underglaze Red and Three-Red-Fish, Science and Technology of Ancient Ceramics 3, Shanghai Research Society of Science and Technology of Ancient Ceramics, 1995, 187.

② 李国祯,刘泽塘,郭演仪等,明清景德镇铜红釉的研究,中国古代陶瓷科学技术第二届国际讨论会论文,北京。

另一种釉里红的变种是借用剔花工艺形成釉下彩装饰,通常用剔釉填彩的技术完成。共有两类,一类为将白釉剔去,再以红釉为彩填入,然后罩一层透明釉;另一类则是将红釉剔去并在剔去的地方填以白釉。这种工艺是宣德时期创造并盛行起来,制品十分精美,如三鱼把杯最有代表性。还有一种是先将上好的红釉按照图案剔出花纹,然后直接施白釉,如云龙纹剔花大碗就是十分精致的代表性产品。表 11-14 示出明、清剔花釉里红瓷的几种瓷片的化学分析成分。其中宣德剔花釉里红是先将施在生坯上的祭红釉剔出花纹,然后在整个表面上施白釉。胎和白釉的成分与宣德白釉瓷的胎釉成分相近。红釉的成分则与同时期的祭红釉相同。这表明剔花釉里红的制作只要有白釉瓷和铜红釉为基础,配以剔雕技艺就可制得。景德镇的剔雕技术可能来自于磁州窑和吉州窑。永乐剔白填红的釉里红瓷是将施好的白釉剔掉,然后填以红釉即成。清代雍正红釉的成分则不同于明代永乐和宣德,其 CaO 含量比较高,这与雍正祭红有相同的特点。利用铜红釉和剔花技艺相结合的方法制成剔花釉里红瓷也应该说是景德镇窑发展新品种的一种创新。同样在同时期的景德镇窑亦运用这类剔花技术发展了一些其他色釉的品种,如青花蓝釉剔花和青釉剔花填白等瓷器也都是十分名贵的陶瓷艺术品。

表 11-14　明、清剔花釉里红瓷的胎、釉化学组成

名称和部位		氧化物含量(重量%)										
		SiO$_2$	Al$_2$O$_3$	CaO	MgO	K$_2$O	Na$_2$O	TiO$_2$	Fe$_2$O$_3$	MnO	P$_2$O$_5$	CuO
宣德剔红釉里红云龙大碗	胎	75.13	20.28	0.03	0.17	0.11	0.71		0.76			
	红釉	71.83	13.45	4.31	0.26	4.28	2.64		0.72			0.26
	白釉	72.02	17.06	1.93	0.30	3.95	3.09		1.49			
永乐剔白填红釉里红瓷片	红釉 U$_1$	68.2	15.3	8.3	0.3	3.5	2.4	0.1	0.8	0.1	0.2	0.2
雍正填红釉里红瓷片	红釉 U$_5$B	66.0	15.1	11.7	0.9	2.4	2.0	0.1	1.0	0.1	0.1	0.2
	红釉 SYZ-2	59.8	16.5	16.3	0.4	1.9	2.5	0.1	1.2	0.1	0.2	0.5

第三节　高温色釉的创新

元代以前景德镇窑以制作和生产影青釉瓷器为主。元代期间创制两种高温颜色釉新品种,一种为铜红釉,另一种为钴蓝釉。到了明代,除继续制造和改进这两种色釉外尚有酱色釉和仿龙泉青釉和仿哥窑纹片釉等品种。清代烧造高温色釉的品种更多。在明代已有色釉的基础上衍生了许多新品种,同时扩大了仿制名窑瓷釉的品种,使高温色釉的水平达到了高峰。

一　姹紫嫣红的铜红釉

利用铜使釉着成红色在唐代的长沙铜官窑已有,然而景德镇在元代创新了一种铜红釉的新品种,它是在已有的影青釉的基础上加入适量的含铜物质烧制成功的一种红釉。由于铜易于受气氛的影响而变价,在釉中容易扩散和少量溶解,并在高温下容易挥发,致使烧制铜红釉的技术较难掌握,因此在元代的初创阶段,产品质量低产量少。传世和出土的元代铜红釉瓷极为少见。入明以后各大窑场日趋衰落,逐渐停烧,各地制瓷工匠和艺人都云集景德镇,造成景德镇"工匠来八方,器成天下走"的局面,其中有特殊技艺和带有祖传秘方的艺人,对景德镇色釉的发展影响更大,铜红釉在明代永乐宣德时期则有了巨大发展,永乐时期创造出了"鲜红"。釉的红色十分纯正鲜艳。鲜红釉的烧制成功,是明代景德镇制瓷工艺的一大贡献。由于这种鲜红色釉像红宝石,有人称它为"宝石红"。此外人们还称它们为"祭红"、"霁红"、"积红"。加上永乐红瓷的胎质细腻而轻,红釉鲜而均匀和莹润,常常装饰有云龙纹暗花,使它成为极为珍贵的名品。宣德时期红釉质量仍然很高,与永乐红瓷相比胎稍厚些,釉色似乎不及永乐那样鲜明,但产量比永乐时期大,也有制作极为优良的产品。宣德以后的成化、正德期间铜红釉的烧制质量很差,好的产品传世极少。特别是到嘉靖时期则以低温矾红来代替高温铜红釉瓷。据浮梁县志记载,"明嘉靖二十六年二月内,江西布政司呈称,鲜红桌器,拘获高匠,重悬赏格,烧造未成,欲照嘉靖九年日坛赤色器皿改造矾红。"[①] 可见成化以后烧制高质量铜红釉的技术逐渐失传了。到嘉靖时期只好用矾红来代替铜红釉。这也说明铜红釉在制作技术上的难度是很大的。直到清代康熙时期铜红釉的烧制才得到重新恢复。当时仿制明代宝石红的铜红釉名品为"郎窑红",郎窑红釉色泽鲜艳,有初凝血红的呈色,故人们常称之为"牛血红","鸡血红"等。尽管郎窑红是仿制明代永、宣的宝石红而得,但两者尚有一定差异,郎窑红釉的釉面垂流,且有细裂纹,透明程度高,口沿处常因流釉,釉层变薄而呈现白边。这些都是明代祭红釉所没有的特征。足见在釉的成分和烧成上两者都有一定差别。康熙时期也制出过祭红釉瓷,但产量不大。到雍正、乾隆时期祭红釉的生产量和质量都达到了相当高的程度。但乾隆以后祭红釉的生产也日益趋向衰退了。除祭红和郎窑红两种铜红釉品种外,清代还创烧一种称为"豇豆红"的铜红釉,豇豆红的色调不鲜,较淡雅,釉面常在局部呈现绿色斑点。红色釉面与豇豆的红色十分相似,十分幽雅悦目,给人以活泼的美感,所以有人又称它为"美人醉"、"娃娃脸"、和"桃花片"等。其绿色苔点乃是工匠们为了增加装饰美,创造性地提高釉中含铜的浓度,将高铜浓度的釉浆喷在釉面的若干处而形成双色型的衬托装饰。这种豇豆红的器型大多是印合、笔洗和水盂等。

从表 11-15 所列出的明、清不同时期的铜红釉瓷的成分可以看出永乐与宣德铜红釉瓷胎的化学组成基本相同,而清代的雍正祭红和清代郎窑红瓷胎的成分与明代铜红釉瓷胎稍有差别。雍正祭红瓷胎的含硅量和含钾钠量高于明代祭红瓷胎。清代郎窑红瓷胎的含铝量高于明代铜红釉瓷胎。这表明雍正红釉瓷胎配入胎中高岭土的量略少于明代,而郎窑红瓷胎配入胎中高岭土的量多于明代。明代祭红釉的含 CaO 量约为 6%～8%,含 SiO$_2$ 量亦高,而清代祭红和郎窑红釉的 CaO 含量为明代红釉中含量的两倍,为 10%～14%,而其 (KNa)$_2$O 含量则低。这表明清代红釉中配入釉灰的量高于明代红釉。同时也表明了清代祭红釉的配方不是由明代传下来的,而是清代陶工们重新通过实践创造出来的,也说明了明代晚期有一段不连续的失传时期是可信的。

一般认为铜红釉的着色主要是由 Cu$^+$ 和 Cu^0 胶体粒子所形成。传统配制铜红釉用的着色剂原料是用紫铜煅烧后形成的氧化皮层粉碎磨细后使用,钧窑瓷区称为"铜灰",景德镇瓷区称

---

① 清·乾隆,浮梁县志·陶政。

表 11-15　明、清铜红釉瓷的胎、釉化学组成

时代名称	编号部位	氧化物含量(重量%)											备注
		SiO$_2$	Al$_2$O$_3$	CaO	MgO	K$_2$O	Na$_2$O	TiO$_2$	Fe$_2$O$_3$	CuO	MnO	P$_2$O$_5$	
永乐祭红	SYL-1 釉	70.9	14.0	6.40	0.40	4.50	2.60	0.10	1.0	0.3	0.10	0.10	①
永乐祭红	胎	75.18	20.41	0.18	0.18	2.60	0.68		0.82				②
	釉	70.07	13.56	7.83	0.34	4.61	2.04		0.82	0.28 0.35*			
宣德祭红	胎	74.45	20.29	0.07	0.22	3.08	0.81		0.97				
	釉	70.56	13.20	6.57	0.41	5.38	2.32		0.71	0.35 0.42*			
宣德祭红	胎 釉 SXD-1	73.72 69.72	20.91 13.89	0.24 7.71	0.18 0.22	2.75 4.85	1.06 2.37	0.11 0.08	0.79 0.69	 0.30	0.02 0.10	 0.08	③
宣德祭红	釉 SXD-2	71.44	14.09	7.25	0.32	4.63	2.61	0.03	0.67	0.27	0.08	0.10	
宣德祭红	釉 SXD-3	70.4	13.4	7.4	0.8	4.0	2.5	0.05	0.70	0.25	0.1	0.20	
宣德祭红	釉 Me1(1)	70.06	13.65	7.41	0.75	4.62	2.25	0.08	0.65	0.19	0.08	0.09	
万历祭红	釉 SWL-1	68.47	13.91	10.26	0.20	3.52	2.72	0.04	0.84	0.16	0.05	0.07	
康熙祭红	釉 SKX-1	63.26	16.11	13.23	0.23	2.63	3.19	0.05	1.21	0.58	0.11	0.09	
雍正祭红	胎	78.09	20.17	0.12	0.13	2.91	2.64		0.96				②
	釉	62.54	15.45	13.85	0.29	2.35	3.01		1.09	0.58			
雍正祭红	釉 SYZ-1	62.06	15.34	14.85	0.28	2.32	3.00		1.09	0.27	0.12		③
乾隆祭红	釉 SQL-1	64.16	16.27	11.68	1.09	2.65	3.39	0.10	1.09	0.15	0.06	0.05	
乾隆祭红	釉 SQL-2	63.09	16.38	13.37	0.88	2.89	2.17		1.18	0.10	0.09		
乾隆祭红	釉	64.88	16.00	10.17	0.69	4.13	1.09		2.20	0.30			②
清郎窑红	胎	66.97	24.70	0.53	0.11	2.34	1.96		0.91				
	釉	68.29	14.18	10.06	0.50	2.52	2.80		0.98	0.24 0.67*			

*　为电子探针分析数据。

① Zhang Fukang、Zhang Pusheng，Scientific Examination of Underglaze Red and Three-Red-Fish，Science and Technology of Ancient Ceramics 3 (ISAC'95)，Shanghai Research Society of Science and Technology of Ancient Ceramics，1995，187.

② 李国桢、郭演仪，中国名瓷工艺基础，上海科学技术出版社，1988，140.

③ 张福康、张浦生，明清祭红釉的化学组成，古陶瓷科学技术 1(ISAC'89)，上海科学技术文献出版社，1992，236.

为"铜花"。可以设想，氧化铜粉配入釉中高温下烧成时，一定要有充分的还原才能使釉呈现美丽的由 Cu^+ 和 Cu^0 着色的红釉。明代永乐、宣德和清代康熙、雍正的铜红釉的质量高也与烧成时的温度和还原气氛条件适当有密切关系。因为温度的高低影响釉的高温粘度变化，铜的扩散和高温下的化学反应过程，还原气氛的轻重影响铜的被还原的程度和 Cu^{2+} ， Cu^+ 和 Cu^0 的比例。如果还原不充分有少量 Cu^{2+} 存在于釉中，可能会使釉产生不同程度的暗红和黑红色以及产生绿色。同时釉中的其他着色成分的量也要控制才能得到纯净的红色，如钛和铁的含量过高也会对着色造成影响。明、清的铜红釉内含 TiO_2 量都在 0.1% 以下，而含 Fe_2O_3 量也不高，约 1% 左右。因此明、清铜红釉的质量才有保证。这一点与明、清白瓷质量的控制和提高是密切相关的。

二　深沉古朴的钴蓝釉

唐代已有用钴着色的三彩陶器，它属含铅的低温色釉。钴作为色料用于高温石灰碱釉的着色还是元代的景德镇窑所创新。传世和出土的元代蓝釉器多描金彩。另有一种是蓝釉经剔花后填以白釉，制成蓝釉剔花瓷。类似于铜红釉剔花装饰的工艺方法有蓝釉白龙梅瓶，蓝釉白龙小盘等器皿，在沉着的蓝釉上填以神态生动的白龙，显得衬度很高，引人注目。入明以后，蓝釉烧造渐多，特别是宣德期间，蓝釉作为上品，釉色均匀一致，无裂纹和流釉缺陷，烧制比较稳定。宣德蓝釉瓷常有刻、印之暗花。嘉靖蓝釉瓷多以划花装饰。至清代康熙时期除烧制祭蓝釉外尚烧制天蓝釉和洒蓝釉瓷。天蓝釉是加入色料少而形成的淡天蓝色，色淡幽雅悦目。以康熙天蓝釉为上品。洒蓝釉乃是将蓝釉吹在坯胎上，盖以面釉制成。由于吹滴非均匀分散和堆积烧成后形成浅蓝釉中分散深蓝洒滴的效果。洒蓝釉亦称雪花釉。它出现于宣德，至康熙才成熟和生产较多。祭蓝和洒蓝釉瓷常常以描金装饰，给人以富丽之感。描金釉清代历朝都有生产，常为人们所喜爱。古代蓝釉所用色料与青花瓷所用相同，钴矿中除含氧化钴外，尚含有一定比量的氧化铁和氧化锰，三者混合着色的效果使蓝色形成深沉蓝色，而不像单用氧化钴形成的妖艳蓝色。表 11-16 示出两种明代和一种元代的蓝釉瓷的分析成分。

表 11-16　元、明时期蓝釉瓷的化学组成[1][2]

名称和部位		氧化物含量（重量%）										
		SiO_2	Al_2O_3	CaO	MgO	K_2O	Na_2O	TiO_2	Fe_2O_3	CoO	MnO	P_2O_5
元蓝釉砚	蓝釉	66.76	14.79	6.98	0.36	4.39	2.68	0.06	2.83	0.47	0.11	0.19
宣德蓝釉碗	蓝釉		15.83	5.28	0.25	4.62	2.76	0.06	0.98	0.55	4.19	0.15
嘉靖蓝釉	胎	69.36	23.89	0.19	0.10	2.84	2.42	0.02	0.67		0.12	0.06
瓷片	蓝釉	66.94	13.22	8.20	0.24	2.42	2.64		1.00	0.55	2.97	

元代蓝釉和明代宣德和嘉靖蓝釉中含钴量接近，都在 0.5% 上下。但元代蓝釉中铁高锰低，这与元青花瓷所用色料的特征相同，用高铁低锰钴矿作为色料。宣、嘉蓝釉除钴外主要是

---

① 李家治、张志刚、邓泽群，景德镇元代及明初官窑青花瓷器的工艺研究，景德镇出土明初官窑瓷器，鸿禧美术馆，鸿禧艺术教育基金会，1996，55～65。

② 陈尧成、郭演仪、张志刚，历代青花瓷器和青花色料的研究，硅酸盐学报，1978，6(4)，225。

锰,一般景德镇白釉的含 Fe_2O_3 量都在 $0.5\%\sim1.0\%$ 之间,故蓝釉中 Fe_2O_3 含量为 1% 可能是基釉原料带入的,因此色料带入釉配方中的 Fe_2O_3 是很低的。经计算宣德蓝釉的 MnO/CoO 比为 7.62,嘉靖蓝釉的 MnO/CoO 比为 5.40。可以判断宣德和嘉靖两种祭蓝釉所使用的色料是钴土矿。这与青花使用的色料是相同的。

三　五光十色的窑变花釉瓷

景德镇在宋代已发现窑变色釉,陶工们都认为是不吉利的怪现象,感到稀奇,常常将这种认为不吉祥的器皿打碎埋掉以消灾难。因此留传下来的传世品很少。康熙末年之窑变花釉,呈红蓝二色,釉与郎窑红釉相近。清代陶工们经反复试制,终于掌握了窑变花釉的烧制技术。窑变花釉主要是在钧红釉表面覆盖一层特制的釉料,经高温烧成时釉料的自然垂流而形成交错红蓝毫纹釉面。蓝毫纹丝多者称宋钧花釉,红毫纹丝多者称均红花釉。窑变在康熙和雍正时期制作不多,乾隆时生产量大,后来仿制则更多。

另有一种蓝花釉是在祭蓝的釉面上涂以熔融温度更低的釉料。高温烧成后能形成垂流的色丝挂在宝石蓝釉的釉面上,釉面沉静素雅,十分受人喜爱。

花釉的创制是借鉴烧制色釉时偶然形成的窑变花釉瓷,在铜红釉和钴蓝釉的基础上衍生而烧制成的。一旦为陶工们所掌握,就形成清代中后期的大量生产了。

四　仿汝、官、哥、钧名窑釉瓷和其他釉瓷

景德镇在永乐时期已仿龙泉青瓷,成化时期仿哥窑青瓷。但青瓷的质量不及宋代各名窑产品。清代前期,特别是在雍正时期,仿制汝、官、哥、钧等诸窑瓷器方面有很高的成就。乾隆时期仿各窑产品亦很成功。景德镇御窑厂的制瓷技术发展到清代已达到非常高的水平,无论在原料的精制加工处理上,还是胎、釉制作和烧成技术控制上都有严格要求,各道工序都有专人处理,分工极细。因此仿制出来的名窑产品胎、釉更加细腻、色泽更加清澈晶莹,在质感上总归与被仿的名窑产品略有差异。但有时也可达到真伪难辨的程度。如雍正仿汝窑青瓷则比宋汝窑瓷作工精致,宋汝窑釉面不及仿汝瓷透亮,器型也有不同。仿哥窑也比传世哥窑的釉面光亮,作工也较精细。仿龙泉豆青釉在雍正时期特别稳定,可以制成精美的大件瓷器,如上海博物馆藏的印花云龙豆青釉大缸。直径 62 厘米,高 45 厘米,釉色均匀,器形规正,质量远优于龙泉产品。在仿制名窑瓷器的同时还衍生出许多创新的产品,如仿钧窑瓷器的制作中产生出各种窑变花釉产品,使品种更加扩大。

表 11-17 列示出已经分析过的成化和雍正仿哥窑青瓷及雍正仿龙泉窑豆青釉瓷的化学成分[①②]。从成分看仿制品与名窑青瓷还是有一定差异的。

除仿制含铁量较低的青釉之外,还仿制一些含铁量较高的黑釉、酱色釉和铁锈釉、茶叶末釉等。黑釉又称乌金釉,它与宋代以前其他窑的黑釉不同,像黑漆一般的乌黑光亮,由于使用的高铁矿物中同时含有少量钴和锰,使之协同着色,才有乌黑的显色效果。乌金釉是康熙时期发

---

① 陈显求、陈士萍、周学林等,南宋郊坛官窑与龙泉哥窑的陶瓷学基础研究,硅酸盐学报,12(2),208。

② 周仁、张福康,关于传世"宋哥窑"烧造地点的初步研究,中国古陶瓷研究论文集,轻工业出版社,1983,222。

展成功的一种盛行的色釉品种。雍正、乾隆年间又在此基础上制出黑地白花、黑地描金等品种，衍生出了一系列铁着色的色釉品种。酱色釉又称紫金釉，流行于清代前期的顺治、康熙时期。乾隆以酱色釉上抹金并加描金仿制古铜彩器，也是一种古雅的品种。紫金釉中的含铁量低于乌金釉，且无钴、锰等着色元素，故呈棕褐古朴的釉色。茶叶末釉早在唐代的耀州窑和山西的浑圆窑已出现，各代相继仿制，衍生了许多同类不同品种的茶叶末型瓷器，诸如鳝鱼黄、蛇皮绿、蟹壳青各种深浅不同色调各异的品种。其艺术外观主要是受含镁的辉石类晶体和含钙的长石或硅灰石晶相的含量多少所控制，其色调的黄、绿则与含铁的浓度和烧成气氛有密切关系[1][2]。康熙、雍正和乾隆各朝景德镇窑均有仿制。雍、乾时期的产品较多，雍正仿制品偏黄色，乾隆仿制品偏绿色，各有所长。铁锈花釉也是一种由铁着色和析晶的结晶釉，相传是我国宋代定窑所创制。明代成化以后传入景德镇，清代仿品较多。它是一种含 Fe_2O_3 量较高的有一定量 MnO 着色的结晶釉。常在棕紫色基釉中布满光泽似铁的星点晶体，灿烂发亮，十分幽雅。

表 11-17　成化、雍正仿名窑青瓷的化学组成

时代与名称	部位	氧化物含量（重量%）										
		SiO₂	Al₂O₃	CaO	MgO	K₂O	Na₂O	Fe₂O₃	TiO₂	MnO	P₂O₅	CuO
成化仿哥窑青瓷	胎	72.86	19.34	0.05	0.24	2.73	1.75	2.32	0.43			
	釉	71.29	14.25	3.80	0.18	5.52	2.96	1.04				
雍正仿哥窑青瓷	胎	62.61	28.52	0.16	0.53	2.52	0.58	4.16	0.50			
	釉	69.51	16.36	6.28	0.41	3.96	1.96	1.34				0.015
雍正仿龙泉豆青瓷	胎	71.33	22.24	0.68	0.32	3.45	1.16	0.72		0.06		
	釉	63.94	15.98	13.23	0.34	2.83	1.30	1.71	0.18	0.21	0.09	
雍正仿官窑青瓷	胎	59.81	30.63	0.77	0.88	1.93	0.30	4.78	0.77	0.72		
	釉	66.26	17.04	10.22	0.62	3.32	1.13	1.06	痕量	0.11		

清代乾隆时期除在康、雍二朝基础上仿单色釉外，还应宫廷和官府的需要创新了许多新奇品种。如"仿制金、银、漆、木、竹、玉、铜、螺钿等器和材质制成瓷器以及直接制成胡桃、莲子、长生果、茨菇、藕、枣、栗、石榴、菱、蟹、海螺以及昆虫等象生瓷，制作精巧、形象逼真。"[3]

彩图 11-8 至彩图 11-10 列示出景德镇官窑制作的几件典型的剔花填彩瓷、铜红釉和钴蓝釉瓷的照片，作为对比研究的参照[4]。

综观景德镇釉下彩青花和釉里红瓷、高温颜色釉瓷的发展，可以看出景德镇的制瓷技术在这两方面都是借鉴各名窑的品种作为基础，进一步改进和创新而逐步提高的，无论在原材料选用、精制，造型和彩绘装饰以及胎、釉制备和烧成技术上都可从科学技术方面看出它的进步轨迹。器物的精致和品种的丰富多样，至康熙、雍正和乾隆终于达到历史的高峰，为中国陶瓷科技史增添了光辉的一页。它们与其他窑口的颜色釉瓷和彩绘瓷共同形成中国陶瓷科学技术史的第五个里程碑。

---

① 黄瑞福、陈显球、陈士萍等，唐代茶叶末瓷的研究，古陶瓷科学技术 2，(ISAC'92)，1992，144。
② 潘文锦、潘兆鸿，景德镇的颜色釉，江西教育出版社，1986，148。
③ 中国硅酸盐学会，中国陶瓷史，文物出版社，1982，437。
④ N. Wood，The Evolution of the Chinese Copper Red，Chinese Copper Red Wares，Parcival David Foundation of Chinese Arf Monograph Series No3，Editer Rosemary E. Scott. 1992，11。

第十二章 釉下彩与划、刻、彩并举的民间窑系
——长沙窑和磁州窑系

长沙窑在装饰艺术上的成就之一是首创了釉下彩绘的技术。最早出现以釉下彩的褐色或褐绿色大小不一的圆斑彩饰的时间是唐代,元和三年的器物上已普遍使用。褐色是以含铁为主的矿物颜料着色,绿色是以含铜的矿物颜料着色。长沙窑釉下彩的发明对其他各窑釉下彩的发展起到了很大的影响和先导作用,如磁州窑系诸窑和吉州窑均受到影响,于宋代普遍有了釉下彩装饰的产品。景德镇釉下彩的兴起也是间接由吉州窑传入的结果。长沙窑的釉下彩绘的特点是与绘画艺术相结合,笔绘流畅,彩色鲜明,将绘画艺术移植到瓷器装饰上,开了绘画技法美化瓷器之先例。

磁州窑系的釉下彩始于北宋,是继承唐代长沙窑釉下彩绘的技法而发展起来的,磁州窑系的釉下彩是以含铁矿物作为颜料彩绘的褐、黑色彩,带有明显的长沙窑装饰风格的影响,如彩画和题写诗句等都是继承长沙窑而来。但磁州窑系釉下彩瓷的发展却远比长沙窑延续持久,生产量大,更为知名。江西吉州窑则是由于宋南渡后,北方磁州窑陶瓷工匠南下,带着磁州窑的技艺和风格烧造黑、褐色釉下彩瓷的。

第一节 釉下多彩装饰的长沙窑系风格瓷器

湖南的长沙窑位于长沙县(今望城县)的铜官镇,故又称铜官窑。1956年、1964年和1973年均进行过唐代窑址的调查和发掘,发现有褐彩和红绿彩窑变瓷器[①]。这表明唐代的长沙窑已生产多彩的釉下彩绘瓷,瓷釉有乳白釉和含铁的浅色透明青、黄釉。唐代以后出现褐绿色多色釉,亦烧制少量白釉瓷,而釉下彩瓷则由唐延续到五代。早期釉下彩为单一的由含铁的原料着色成的深褐彩和由含铜原料着色成的褐-绿、红-褐、红-绿以及褐-绿蓝色等混合彩绘的釉下彩。这类多彩釉下装饰的形成,反映了唐代陶工们认识和掌握了以铁、铜着色元素通过彩绘技艺和烧成工艺制作使装饰陶瓷技术达到了一定水平。

已经研究分析的几种有代表性的瓷片样品的胎、釉和彩的化学成分列示于表 12-1 和表 12-2 中[②]从表中所列出的胎的化学成分分析表明,瓷胎中 SiO_2 的含量很高,而 Al_2O_3 含量很低,其主要熔剂氧化物为 K_2O,这与南方景德镇早期五代和宋的瓷胎的化学成分相近,可见胎的制作是采用含水白云母矿物组成的粘土原料。因为水白云母的细颗粒主要含 K_2O,常存在于粘土之中,在胎中起熔剂作用,瓷胎所含 Fe_2O_3 和 TiO_2 的量则高于景德镇瓷胎,故胎色常呈灰黄色。表 12-3 中列出的长沙铜官窑胎的物理性能和烧成温度的测量结果[②],从表中可见瓷胎的烧成温度不高,在 1150～1210℃之间。烧成成品的气孔率和吸水率表明瓷胎属生烧。从

---

① 周世荣,湖南陶瓷,紫禁城出版社,1988,130。

② 张志刚、郭演仪,长沙铜官窑色釉和彩瓷的研究,景德镇陶瓷学院学报,1985,6(1),11。

FeO/Fe_2O_3 的比值亦可看出，瓷器的烧成气氛属弱还原性，所以瓷胎多为灰黄色。

表 12-1　长沙铜官窑胎的化学组成

编　号	氧 化 物 含 量（重量%）										
	SiO_2	Al_2O_3	TiO_2	Fe_2O_3	MnO	P_2O_5	CaO	MgO	K_2O	Na_2O	烧失
TD-1	75.21	18.79	1.34	1.59	0.02	0.10	0.10	0.66	2.39	0.08	
TD-2	71.85	19.78	1.06	2.40	0.02	0.08	0.11	0.61	3.00	0.10	0.49
TD-3	74.20	17.87	1.11	2.53	0.02	0.10	0.24	0.66	3.02	0.23	
TD-4	74.83	18.32	1.02	1.58	0.02	0.10	0.21	0.61	2.88	0.09	
TD-5	76.34	16.25	0.87	2.19	0.02	0.12	0.18	0.58	2.68	0.08	
TD-8	73.43	18.21	0.96	2.31	0.02	0.06	0.19	0.61	2.67	0.09	0.51
TD-11	72.62	20.73	0.79	1.78	0.01		0.17	0.45	2.11	0.09	
TD-12	73.89	18.71	0.98	2.06			0.31	0.62	2.55	0.17	
TD-13	76.20	16.67	0.76	2.28	0.01		0.22	0.55	2.29	0.15	
TD-14	75.47	18.05	0.83	1.82	0.02		0.25	0.62	2.56	0.13	

表 12-2　长沙铜官窑瓷釉和彩瓷的化学组成

编号	釉色或彩色	氧 化 物 含 量（重量%）														备注
		SiO_2	Al_2O_3	TiO_2	P_2O_5	CaO	MgO	k_2O	Na_2O	总Fe_2O_3	FeO	MnO	CuO	CoO	SnO_2	
TD-1	黄青	61.67	14.28	0.86	1.16	15.29	1.79	2.04	0.19	1.48	0.40	0.47				青釉
TD-2	灰白	58.99	9.67	0.79	2.14	20.65	2.87	2.19	0.33	1.00	0.22	0.59				白釉
TD-3	深绿	54.85	8.73	0.87	1.98	19.44	2.82	1.93	0.20	1.56	0.46	0.52	3.78		0.70	绿釉
TD-4	黑褐	53.19	12.65	0.98	2.02	14.98	2.87	1.95	0.11	8.00	1.65	0.62			0.04	黑釉
*TD-5	豆绿	57.38	8.09	0.56	2.19	18.03	3.09	2.07	0.34	1.19	0.31	0.66	3.13	0.003	0.40	绿釉
**TD-6	豆绿					19.44	2.85	1.93	0.20	1.31		0.57	2.84			
TD-7	黄灰	62.99	12.32	0.76	1.78	15.39	2.46	2.26	0.77	1.72		0.54				彩瓷
	**淡绿彩					16.76	2.67	2.42	0.98	1.59		0.58	1.66			
TD-8	黄青	63.76	18.29	0.96	0.75	9.54	1.39	2.72	0.20	1.61		0.25				
	**红绿彩					17.23	2.38	2.08	0.29	1.69		0.47	2.41			
TD-10	褐红				1.33	13.68	1.71	2.24	0.23	4.53		0.38	1.74			
TD-11	米黄色	61.00		0.77	0.90	16.09	2.50	2.01	0.21	2.20		0.53				
	草绿彩					12.82	2.24	2.25	0.32	2.18		0.53	2.92	0.02		
TD-12	米黄	60.14		0.76	1.04	12.34	2.62	2.24	0.20	2.26		0.42				
	**蓝绿彩				0.95	17.32	3.19	1.96	0.24	2.27	0.055		2.96	0.01		
	褐黑彩			0.91	1.00	13.81	2.59	1.97	0.21	8.97		0.47	0.15			
TD-14	褐色彩	56.48	11.27	0.89	1.05	19.33	2.42	1.82		9.22	4.35	1.97				

* 低温烧失为 1.13%。

** 光谱定性都有 0.x%SnO_2。

表 12-3　长沙铜官窑瓷的物理性能

编号	气孔率 （%）	体积密度 （g/cm³）	吸水率 （%）	烧成温度 （℃）	FeO/Fe₂O₃
TD-1	7.89	2.24	3.52	1150±20	0.38
TD-2	4.12	2.29	1.82	1170	0.29
TD-3	13.29	2.13	6.23	1110	0.44
TD-4	5.82	2.16	2.70	1160	0.27
TD-5	18.69	2.11	8.85	1140	0.36
TD-8	10.10	2.17	4.66	1150	
TD-11	10.30	2.23	4.61	1180	
TD-12	11.69	2.22	5.27	1200	
TD-14	14.55	2.20	6.63		

　　从釉的分析可见长沙铜官窑的色釉和釉下彩瓷均为高钙质釉,而且含有一定量的镁和钾,可以推断当时所用制釉原料是草木灰,其含 P_2O_5 量较高也说明了这点。由于釉中含铁、钛量较高,釉色呈现出浅青、灰白或浅黄色,主要是因为还原和氧化烧成的气氛影响的结果。彩中的黑褐彩是以含高铁的原料制成,红彩和绿彩是由含铜的原料制成,蓝色则是由含铜和少量钴的着色原料制成。着色的深浅和色调则取决于彩料中所含着色剂的量和烧成气氛及温度高低,如铁元素的着色与釉和彩料中铁质含量的关系如图 12-1 所示[①]。如果釉彩较薄,长时间处于较高温度和氧化气氛下,则釉彩容易变为褐黄色或酱色;如果釉彩较厚,在较低温度下或还原气氛下,釉彩则易呈黑色。铜的着色规律与铁近似。铜在釉彩中的着色最重要的因素是铜在釉彩中的含量,其不同含量所呈现的不同颜色的显色效果如图 12-2 所示[①]。CuO 在釉彩中的含量在2.4%以下,还原气氛下烧成的釉彩呈红色,而在氧化气氛下呈淡绿色;当 CuO 含量大于 3%时,则釉彩呈绿色,甚至呈深绿或蓝绿色,可见含铜量低时显色主要取决于气氛和温度,即还原呈红色,氧化呈绿色,而含铜量高时则显色主要取决于铜的含量浓度,即无论在还原或氧化气氛中釉彩的颜色均呈绿色。在对长沙铜官窑的实物样品分析中均发现有一定量的 SnO_2 存在,釉彩中 SnO_2 的引入很可能是当时使用了炼铜锡合金时所产的炉渣,经拣选后作为着色颜料的,因唐代炼铜业相当发达。SnO_2 引入釉彩中起到了还原剂的作用,烧成中容易使铜还原为低价状态而使釉彩呈现红色。

　　从釉下彩料层的化学分析结果看,各彩料中所含 CaO,MgO,K_2O 和 Na_2O 等熔剂氧化物的量十分接近于色釉中的含量,只是各彩料中的着色氧化物的含量有高低,大致和相同类型的色釉的含量相近,因此釉下彩料很有可能就是使用色釉。若用色釉作釉下彩的彩料,则往往彩料浓度过高,彩绘在胎或化妆土表面上会凸起较高,形成彩料堆积,当表面施以透明薄釉后,也常会与釉熔为一起,不易分辨出彩料是在釉下,还是在釉上或釉中,容易使人难辨。实际上除釉下彩绘外,长沙窑也有釉中彩和釉上彩,另外还有素地的化妆土上彩绘后不上釉的装饰。这与耀州窑素地上彩绘黑彩属相同的装饰方法,只是耀州窑的素地黑花彩绘早在唐代已经盛行。湖南诸窑的素地彩绘瓷则有多种色彩,有素地黑彩、素地褐绿彩、素地褐彩等多种彩色。不但见于

---

　　① 张志刚、郭演仪,长沙铜官窑色釉和彩瓷的研究,景德镇陶瓷学院学报,1985,6(1),11。

长沙窑,还见于湘阴窑、衡山窑[1]。釉下彩绘瓷常以褐釉勾绘细线,绿釉彩勾绘主要轮廓,粗细线条刚柔相济,彩画用笔和装饰特点已趋向规范化。釉下彩瓷多表面使用青黄色薄釉,会给釉面更增加光彩和特色。几种典型的长沙铜官窑的色釉和釉下彩瓷片的彩色相片示于彩图 12-3 中。彩图 12-4 列示出长沙铜官窑典型的褐釉下彩瓷的器型彩色的相片[2][3]。

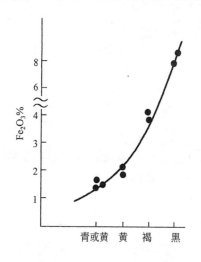

图 12-1　釉色与 Fe_2O_3 含量关系

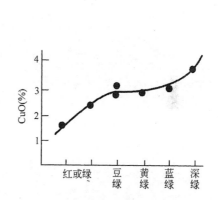

图 12-2　釉彩着色与 CuO 含量关系

长沙铜官窑釉下彩瓷的显微结构相片示于图 12-5 中,釉下彩瓷的胎、釉之间有一层晶体反应层,胎中矿物组成中有较多大颗粒的石英,形状有棱角状,也有纯圆形的,同时存有由 α 向 β 相变而产生的裂纹,尚有长石残骸、云母、赤铁矿和莫来石及玻璃相等。

长沙窑窑址曾发现大量龙窑,均残缺不全。龙窑叠压达七八层,呈斜坡状向山顶延伸,坡度约 20°,有火门,火膛、窑床、风道和烟囱等部分组成。窑室两侧有投柴孔。窑炉是用砖砌成,窑内有一条曲折的坑道式风道,长约 7.5 米,与火门和火膛相通。火膛呈长方形。窑尾有出烟孔 14 个左右,孔的大小约宽 12 厘米,高 24～32 厘米,与烟道相通[4]。

从龙窑的坡度估计,其抽风力量是比较大的,起到烟囱的作用,窑炉的升温应该是容易的。但抽力过大,对于控制还原焰气氛就不太容易,窑间各窑区的气氛和温度都不易均匀。从发掘的实物样品可见,有的胎和釉呈黄色或灰黄色,有的胎呈灰白色,釉为青色,以铜着色的彩料处有的呈红色,有的显绿色,这都与控制窑炉的烧成技术有关。

具有长沙窑釉下彩风格的最负盛名的为四川的邛崃窑,它是唐代的著名民窑,其生产的瓷器的装饰技法是采用点彩的彩斑和彩绘的组合,与长沙窑的彩饰方法有许多共同之处,彩绘与彩斑都是以褐色和绿色为主体组成图案。因该窑区同时生产褐色或黑色及绿色的色釉陶瓷器,

①　周世荣,湖南陶瓷,紫禁城出版社,1988,320～324。

②　Wood Nigel,The Evolution of Chinese Copper Red,Chinese Copper Red wares,Percival David Foundation of Chinese Arts,monograph series No.,3,Editor,Rosomary E. scott,University of London,1992,11.

③　Kiln Sites of Ancient China,Recent Finds of Pottery and Porcelain, Compiled by p. Hughes stanton and Rose Kerr,Oriental Ceramic Society,1980,54.

④　长沙市文化局文物组,唐代长沙铜官窑址调查报告,考古学报,1980,(1)。

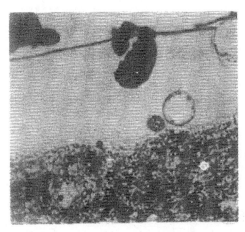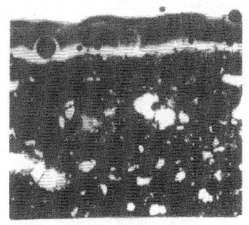

（a）蓝绿彩、褐黑彩黄釉瓷　透光 ×200　　　　　（b）红绿彩青黄釉瓷　透光 ×271

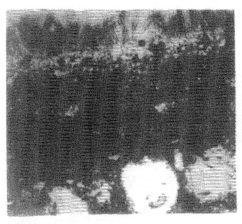

（c）褐彩瓷　透光 ×200　　　　　　　　（d）褐绿彩瓷　透光 ×500

图 12-5　长沙铜官窑釉下彩的显微相片

故利用色釉作为颜料进行彩斑或彩绘装饰是十分方便的。彩斑和彩绘装饰大部分在釉下，利用色釉作为颜料时，往往由于色釉釉料的浓度较高，彩饰部分堆积过厚，上面釉后经烧成，色釉常和面釉混熔在一起，不易分辨色层是在釉下还是釉上，这点与长沙窑釉下彩出现的情况有相似之处。

　　邛崃窑最早始于南北朝，唐代最兴盛，至宋初衰落。生产品种有餐具、酒具、日用器皿和动物玩具等，成型方法有使用辘轳的圆器成型、加用手工的琢器成型和雕塑、模印以及手捏等多种成型方法[①]。

　　釉彩有褐色和绿色两种，褐色釉彩是以铁为着色剂而呈色，多用含高铁的矿物原料，绿色釉彩是以铜为着色剂，常用含铜的矿物原料或炼铜的炉渣等。表 12-4 列示了邛崃窑瓷器用几

----

① 丁祖春，四川邛崃十方堂古窑，四川古陶瓷研究（一），四川省社会科学院出版社，1984，120。

种类型釉彩的化学分析成分[①]。邛崃窑色釉的基釉有两种类型，一类为钙质釉（灰釉），另一类为铅釉。灰釉中 CaO 含量在 17%～19%。铅釉的 PbO 含量在 42%～58%。灰釉因含 P_2O_5 量高而呈现乳浊，而铅釉为透明釉。表 12-4 中同时列出了胎的平均成分范围。瓷胎的主要特征是高硅低铝质，含 Fe_2O_3 和 TiO_2 的量较高。故胎色较深。邛崃窑陶瓷中施加透明釉的品种均使用化妆土，以改善陶瓷胎的表面质量。绿色釉是以 CuO 为着色剂，而黄、棕色和灰黑色釉则以 Fe_2O_3 为着色剂[②]。高温钙釉是使用草木灰作为熔剂原料的。釉的乳浊效果主要是 P_2O_5 的作用。邛崃窑瓷器的烧成温度约为 1200℃，据考古资料表明，初唐时期采用明火叠烧，中唐开始使用匣钵装烧，燃料使用木柴。

表 12-4　邛崃窑胎和色釉的化学组成

组成		氧化物含量及平均成分范围（重量%）												
		SiO_2	Al_2O_3	Fe_2O_3	TiO_2	CaO	MgO	K_2O	Na_2O	MnO	P_2O_5	I.L.	CuO	PbO
瓷胎		72.47~78.84	13.20~19.72	1.43~4.36	0.87~1.50	0.19~0.45	0.69~1.02	0.61~2.23	0.01~0.67	0.01~0.02	0.02~0.05	0.17~1.14		
翠绿釉		54~57	8~12	2.0~2.7	0.7~0.8	16~19	4~5	1.5~2.3	0.1~0.7	0.3	2.5~3.7		2.76~3.36	
灰色			13.35	4.01	0.66	9.94	2.80	1.88	0.35	0.40	1		0.31	
铅釉	绿色	29.48	5.62	0.74	0.36	0.57	0.31	0.62	0.25	0.02	0.13		1.53	58.80
	黄色	36.25	10.06	1.11	0.61	0.44	0.51	0.61	0.29	0.01	0.04			50.21
	棕红	未测	6.28	0.95	0.44	0.24	0.32	0.85	0.28	0.01	0.14		0.05	55.92

邛崃窑使用的匣钵呈圆筒形，钵口有半圆孔两个，中部有圆孔 2～4 个，有利于烧成中的气氛流通和交换。一般尺寸为：高 21 厘米，直径 20 厘米，壁厚为 2 厘米，底厚为 4 厘米。支垫有环形和手捏的泥条或泥片形支垫，支钉则为有五六个齿的圆圈状支垫，根据瓷器大小使用不同大小的支钉。窑可能使用龙窑或阶级窑[③]。

第二节　磁州窑陶瓷

磁州窑是我国北方最大的民窑之一，它主要窑址分布在北方中原地区的河北、河南、山西诸省，由于发展规模的扩大，逐渐形成为磁州窑系，其艺术装饰多样，品种十分丰富，已成为北方流行的民窑产品，深受广大人民喜爱。磁州窑陶瓷自古以来得到很高的评价，如《格古要论》记载："古磁器，出河南彰德府磁州，好者与定器相似，但无泪痕，亦有划花、锈花，素者价高于定

① 张福康，邛崃窑的研究，古陶瓷科学技术 1989 年国际讨论会论文集，上海科学技术文献出版社，1992，50。
② 陈尧成、郭演仪、张志刚，历代青花瓷器和青花色料的研究，硅酸盐学报，1978，6(4)，225。
③ 丁祖春，四川邛崃十方堂古窑，四川古陶瓷研究(一)四川省社会科学院出版社，1984，120。

器…"①。《景德镇陶录》记载:"昔属河南彰德府,今属河北直隶广平府,称磁器者盖此。又本磁石制泥为坯,陶成所以名也…"。宋、金、元各代又有观台、彭城、东艾口、冶子村、申家庄和青碗窑等窑场,其中以观台和彭城两地窑厂为磁州窑系陶瓷的生产中心,位于今邯郸地区,即现在所称的磁州窑。以观台为中心的磁州窑的窑址面积现存 20 余万平方米。1957 年冬曾发掘过100 平方米②,"1958 年发掘 20000 平方米,出土遗物 10000 余件",并发现了"北宋早、晚期及金元时期的窑场、水沟、作坊、碾槽等遗址"③。"近年对观台镇西又作了一些小规模发掘,发现了北宋至元代的地层和一部分窑炉。其中主要属金代,出土大量素白瓷、白地黑花瓷、剔花和酱釉瓷、三彩器等。1988 年春在艾口、冶子村一带的宋、金墓中出土一大批白釉黑花瓷枕,纹饰有孩儿放风筝、人物、如意头开光地人物、鹭鹚芦草、牡丹花、芦雁、"泰和丙寅"绿釉枕。有一部分枕底部有"张家造"戳记,为金代张家窑产品"。④ 另外磁州窑系尚包括河南鹤壁集窑、扒村窑、当阳峪窑、鲁山窑、宝丰窑、登封窑和密县窑多处及山西的浑园窑、介休窑和大同窑以及山东的磁村窑和安徽的萧县窑等。南方的吉州窑亦属这种类型产品,其产品类型的相似,都显示出艺术和工艺方面的相互影响和传播的密切关系,由此亦可见磁州窑型产品传播面之广阔。

磁州窑风格陶瓷的特征是以黑白相间装饰形成较大的反衬效果,正是因为这种艺术效果带来的魅力而闻名天下。磁州窑陶瓷的白色是靠在成型的坯胎上敷以白色的化妆土,或施用白色的釉所形成,其黑色则是使用黑、褐色的釉彩,以彩绘、划刻、剔雕等技法进行巧妙地装饰,以各种的纹饰和图案而形成。磁州窑风格的陶瓷包括许多种类,如白釉的釉上或釉下彩绘,彩绘则有黑花、酱褐色花和茶色花等各种不同色调。还有划花,即在已施好色釉的图案上进行划纹,进一步作更细的纹饰,划去黑色釉面,露出白底纹线,以增加美感;剔花则是将已在胎面上好的色釉层按照设计好的图案把一部分剔除,显露图案纹样。剔掉的部分显露出白地。借以使图案更加突出显明。刻填则是将部分色釉面进行雕刻,在雕除的纹理处再填以白釉或其他色釉进行装饰。由此可见磁州窑装饰技法和类型是很多的。有时利用这些装饰技法组合在一件瓷器上,使陶瓷器更具特殊装饰风味,而显示磁州窑风格。至于磁州窑的器型则种类更多,更具特色。

一　磁州窑发展的物质基础

磁州窑系的陶瓷产品在北方地区获得广泛生产的主要因素是与该地区的地理环境、地质构造、原料贮存和燃料易取有很大关系。从地质构造而论,属磁州窑系的各窑区基本属同一地质带,地质演变经受相同经历,而形成高岭矿物的沉积矿床均属石炭二叠纪煤田,煤层底部蕴藏着丰富的粘土矿资源⑤⑥。这类粘土原料根据其外观和性状的不同,人们常分别称之谓"白干"、"坩子土"、"大青土"等。这些地区的粘土原料容易露天开采,为各瓷区的生产制作就地取材创造了优良条件。

① 曹昭撰,王佐补,新增格古要论,中国书店,1987。
② 河北省文化局文物工作队,观台窑址发掘报告,文物,1959,(6),59。
③ 河北省文物管理处,河北省三十年来的考古工作,文物考古工作三十年(1949~1979),文物出版社,1979,35。
④ 河北省文物研究所,河北省新近十年的文物考古工作,文物考古工作十年(1979~1989),文物出版社,1990,25。
⑤ 陈尧成、郭演仪、刘立忠,磁州窑黑褐彩瓷用原料研究,景德镇陶瓷学院学报,1988,9(1),29。
⑥ 程在廉,磁州窑地质基础,磁州窑学术交流会论文,1985。

表 12-5　磁州窑区几种典型原料的化学组成

编号	产地和名称	氧化物含量(重量%)												备注
		SiO_2	Al_2O_3	CaO	MgO	K_2O	Na_2O	Fe_2O_3	TiO_2	MnO	P_2O_5	总量	烧失	
R_1	河北峰峰白坩土	53.84	37.01	2.05	0.41	2.55	0.23	0.96	1.25			98.30	11.08	*取原
R_2	河北峰峰坩石	51.11	45.59	0.44	0.89	0.02	0.03	0.49	1.61			100.18	14.23	料化
R_3	河北峰峰水治白釉土	70.60	17.1	4.34	0.83	0.83	5.51	0.52	0.18			99.91	1.0	学成分
R_4[2]	河北峰峰大青土*	66.59	29.42	0.57	0.15	0.76	0.46	0.96	1.48			100.39		平均值
R_5[3]	河北贾壁水云母粘土*	58.11	34.74	0.37	0.58	5.97	3.71	0.51	0.41			104.40		
R_6[3]	贾壁复矿软质粘土*	65.81	26.75	0.44	0.26	0.71	1.04	1.41	2.83			99.25		各氧化
R_7[4]	彭城拔剑碱石	51.11	46.05	0.15	0.12	0.14	0.13	0.64	1.90			100.24	14.56	物含量
R_8[4]	彭城苏村碱石	52.27	45.40	0.30	0.08	0.09	0.07	0.47	1.39			100.07	14.15	百分率
R_9[4]	彭城张家楼大青土	63.67	32.97	0.25	0.20	0.95	0.10	1.11	1.54			100.79	9.95	均按
R_{10}[4]	彭城拔剑大青土	69.45	25.98	0.23	0.11	0.80	0.16	1.62	1.51			99.95	7.49	扣除烧
R_{11}[4]	彭城老鸦峪三节土	64.96	29.14	0.31	0.39	1.07	1.38	2.19	1.31			100.75	8.82	失后计
R_{12}[4]	彭城羊台三节土	68.14	25.26	0.49	0.16	0.91	1.43	1.44	1.29			99.82	6.98	算
R_{13}[4]	彭城苏村三节土	65.47	26.93	0.37	0.31	0.44	1.77	3.25	1.52			100.06	7.80	
R_{14}[4]	彭城临水三节土	62.98	28.03	0.39	0.44	2.71	0.30	4.38	1.31			100.33	8.67	
R_{15}[4]	章村 Y_5 瓷土	61.52	29.48	0.21	0.05	5.43	2.97	0.21	0.42			100.29	4.23	
R_{16}[4]	章村 Y_6 瓷土	62.68	30.84	0.23	0.28	4.28	2.67	0.26	0.42			101.66	3.85	
R_{17}[5]	高粱茎灰	70.82	5.49	7.61	3.85	5.98	0.85	2.51		0.32	1.62	98.78		
R_{18}[5]	稻草灰	80.11	3.25	4.92	1.53	5.02	0.85	1.39		0.60	2.34	99.74		
R_{19}[5]	松树灰	24.35	9.71	39.73	4.45	8.98		3.77	3.41		2.74	2.78	99.92	
R_{20}[5]	橡树灰	39.81	15.11	23.54	4.09	5.77	1.47	3.58		4.32	2.30	99.99		
R_{21}[5]	白杨树灰	1.61		66.50	3.18	13.44		1.60			13.3	99.63		

　　磁州窑瓷器的胎、釉特征和装饰特点与原料的化学组成及性状有很大关系。从磁州窑系若干典型原料的研究表明,磁州窑系各窑区有丰富的高岭石质粘土矿,可满足瓷胎的生产要求,又有长石和水云母质粘土矿,满足配釉用原料的要求,同时产有斑花石含铁矿物原料,作为黑褐色釉彩装饰用原料,这就构成了中原一带磁州窑瓷器能够长期维持生产的基本的物质条件。磁州窑地区几种典型原料的化学分析成分列示于表 12-5 中[1][2][3][4]。其典型原料的差热分析和X-射线衍射分析的特征主峰数据分别示于图 12-6 和表 12-6 中[5]。从以上数据综合分析研究可以看出,当地所称的白坩土、坩石、大青土之类的原料主要是含高岭石粘土矿物和少量水白云母、石英及碳酸盐等组成的粘土;白釉土则含有水白云母和长石矿物及少量石英和碳酸盐矿

[1] 程在廉,磁州窑地质基础,磁州窑学术交流会论文,1985。
[2] 邯郸陶瓷史编写组,贾壁青瓷窑制瓷工艺的初步分析,磁州窑研究论文集,1985,89。
[3] 刘长龄、李万堂,硅酸盐学报,1963,(4),223。
[4] 张福康,中国传统高温釉的起源,中国古陶瓷研究,科学出版社,1987,41。
[5] 陈尧成、郭演仪、刘立忠,磁州窑黑褐彩瓷用原料研究,景德镇陶瓷学院学报,1988,9(1),29。

物。斑化石则是一种褐铁矿,其中含少量赤铁矿矿物。据调查早在晚唐、五代若干窑区已开始利用当地原料制作唇边玉壁底白釉瓷碗了,北宋时则广泛为诸窑利用来制作磁州窑风格的彩饰瓷器,由此可见早在 1000 年前中原地区的陶工们就已开始熟悉和掌握当地的原料资源及其性状,逐步开发各种品种的磁州窑风格的陶瓷产品,由简单的白瓷制作发展到彩绘、划花、剔花、绞胎、纹釉等装饰技术,并使技艺更加精致成熟。

表 12-6　磁州窑原料代表性样品的 X-射线衍射主峰值

原料		主　　峰　　值								
峰峰白坩土	d(Å)	7.15	4.425	3.325	2.54	2.47	2.32	1.80	1.475	
	I	100	80	100	80	10	10	20	30	
峰峰水冶	d(Å)	4.25	4.01	3.75	3.65	3.325	3.2	3.17	2.58	2.27	2.13
	I	30	50	20	20	100	50	70	20	20	30
白釉土	d(Å)	1.82	1.64	1.372	1.362	1.245				
	I	50	30	20	20	10				
峰峰坩石	d(Å)	7.15	4.425	4.325	4.15	3.59	2.54	2.51	2.47	2.32	1.475
	I	100	30	30	10	80	20	10	30	20	30
斑花石	d(Å)	4.15	2.68	2.58	2.44	1.72	1.55			
	I	100	20	10	90	10	10			

除原料自然条件的优势之外,当地富产煤也是十分重要的条件。煤的使用亦是推动磁州窑窑场不断扩大开发的另一重要因素,特别是北宋以后磁州窑能广为传播的有利条件。当然北宋时期中原地区的市场繁荣和人民生活需要也是促进磁州窑大发展的不可忽视的社会因素,同时磁州窑区距离首都汴京(今开封市)较近亦有一定关系。

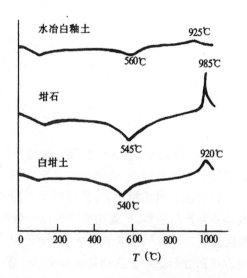

图 12-6　磁州窑地区典型制瓷原料的差热分析曲线

二　磁州窑原料处理、成型和烧成工艺

磁州窑制胎原料主要采用大青土和白土。青土和白土都为软质粘土,大青土中含有较多的植物质和碳素之类的有机质,其塑性比白土好,但烧成时收缩率大,容易变形,而白土中所含 K_2O 和 CaO 量较少,即含有的熔剂量低,故两者配合制胎,以相互补配而制成更合用的瓷胎。其配合制胎的大致用量范围为:大青土用量为 70%～80%,白土则为 20%～30%。在古代瓷胎使用拉坯成形,拉坯采用石质轮盘,盘下以轴支承,用木棒拨转使轮盘旋转,借助石轮的旋转惯性,用双手拉伸置于盘中心的泥团,先拉成筒状,然后用木板或陶瓷型板伸入半成型的泥坯中刮成所需的形状,用线绳从坯底切下即

成。

从化妆土的分析对比可知,它与白坩土的化学成分十分接近,白坩土有时称白碱干,质硬成块状,需碾细,制成均匀的泥浆使用。用这种泥浆涂在坯胎表面形成化妆土层。坯胎的干燥是靠露天凉晒、坯胎在施化妆土前后都必须旋削修整底足,旋削均在石轮上进行。

制釉原料是采用产于安阳水冶集附近的长英岩矿石,呈灰白色,质硬成块状,如果要制成釉浆使用,则必须用石碾将矿石碾成碎粉以制成釉浆。另有黄土原料,一般用来配制黑釉,它是一种含 Fe_2O_3 量高的水云母质粘土,不需要碾细,可直接以水淘洗后使用。

斑花石是用作为颜料的含铁矿石,使用时必须研细,以满足绘花彩料的要求。

窑炉则用北方诸窑当时流行的馒头窑,一般说馒头窑是一种半倒焰式窑炉。烧成碗、盘、瓶之类的器物都将器物装入匣钵。当地产的耐火粘土可制作烧成用的匣钵。匣钵的大小则根据器皿的大小而定,可制成不同尺寸。瓷坯装入匣钵后,将匣钵叠起,按窑室的容积大小将匣钵柱装排放在窑内。匣钵柱之间的空位为烧成时火焰流过的火路,火路的大小对瓷器的烧成好坏有很大影响。古代靠专人的烧窑经验来掌握。

从古代的磁州窑产品中白瓷的颜色判断,古窑中烧成瓷器时的气氛主要是氧化焰,白色的釉胎都显露出略带黄的色调。经过对古代磁州窑瓷器样品的检测得知,古代磁州窑陶瓷的烧成温度范围在 $1160 \sim 1260 \text{℃}$ 之间。这个范围表明古窑中不同窑位的温度分布是不均匀的。各窑位间的温差较大,因此产品的致密程度和彩饰花纹色调也常有差异。

三 磁州窑瓷胎和釉的化学组成、特征和装饰

磁州窑系各窑场的原料使用情况和工艺技术及装饰风格均十分相近,基本上属同一类型产品,因此古代磁州窑的瓷片样品的分析成分和结构特征基本上可以代表各窑场产品情况。为比较胎、釉特征和化学成分之间的关系,对历代磁州窑的黑花彩瓷胎、釉、化妆土进行分析研究。表12-7 示出历代磁州窑黑花彩瓷胎、釉和化妆土层的化学分析成分,表12-8 列示出历代磁州窑黑花彩瓷和黑花彩加釉的化学分析成分[1]。

磁州窑瓷器胎的 Al_2O_3 含量较高,一般在 1200℃ 左右烧成,多属生烧。由于较高 Fe_2O_3 和 TiO_2 的含量会使胎着色成灰黄等色调,加之含钾钠等氧化物的熔剂量低,因此瓷胎的致密度差,而且粗糙。为改善磁州窑瓷器的质量,古代陶工们使用了一种白色含铁、钛量低的化妆土。这种化妆土层一般在烧成后的样品上约为 $0.2 \sim 0.4 \text{mm}$ 厚。化妆土层含 Al_2O_3 量在 $35\% \sim 37\%$,其中尚含有一定量的 CaO 和 K_2O 等熔剂成分。从化妆土的显微结构看出,颗粒细度很细,石英颗粒很少。这表明化妆土是经过淘洗后使用的,如果在化妆土上施以透明釉就可制成白瓷。若在化妆土层上先施一层含铁矿原料的釉料,然后用剔花的技法将非花纹装饰部分的含铁釉料层剔掉,露出化妆土层,根据高铁釉层中含铁量的多少以决定烧成后形成黑花或褐花的装饰图案。在剔好花纹的器物表面上再施加一层透明釉,经过烧成,即制成剔黑花或褐花的磁州窑瓷器。若在化妆土上用含铁矿物作颜料进行彩绘,然后施以透明釉,则制成黑花或褐花釉下彩瓷器。若再在黑褐彩上划画花纹的边界或花叶的花蕊和叶筋则形成部分的划花装饰。也有直接在施好化妆土的器物上全部用划花的技法把部分花纹划去化妆土而装饰的。珍珠地划

---

① 陈尧成、郭演仪、刘立忠,历代磁州窑黑褐色彩瓷的研究,硅酸盐通报,1988,7(3),1。

表 12-7　历代磁州窑黑花瓷胎和化妆土层的化学组成

编号	时代和品名	氧化物含量（重量%）									总量	分子式
		SiO_2	Al_2O_3	Fe_2O_3	CaO	MgO	K_2O	Na_2O	TiO_2	MnO		
Sc-1	北宋观台窑白地剔黑花瓷片	64.28	29.98	1.66	0.36	0.30	1.61	0.49	1.23	0.01	99.92	$\left.\begin{array}{l}0.085R_2O\\0.044RO\end{array}\right\} \cdot Al_2O_3 \cdot 3.639SiO_3 \cdot 0.085R_xO_y$
Sc-2	北宋观台窑白地剔褐花瓷片	61.02	32.01	2.17	0.32	0.38	1.84	0.44	1.82		100.00	$\left.\begin{array}{l}0.086R_2O\\0.048RO\end{array}\right\} \cdot Al_2O_3 \cdot 3.232SiO_2 \cdot 0.118R_xO_y$
Sc-4	北宋观台窑白地彩绘黑花瓷片	64.22	29.03	2.24	0.27	0.41	2.15	0.32	1.28		99.92	$\left.\begin{array}{l}0.098R_2O\\0.053RO\end{array}\right\} \cdot Al_2O_3 \cdot 3.764SiO_2 \cdot 0.106R_xO_y$
Sc-13	北宋观台窑白地黑绿釉绘黑花瓷片	57.75	35.14	1.95	0.37	0.53	1.67	0.28	1.74		99.43	$\left.\begin{array}{l}0.067R_2O\\0.058RO\end{array}\right\} \cdot Al_2O_3 \cdot 2.786SiO_2 \cdot 0.099R_xO_y$
Yc-2	元彭城窑白地彩绘黑花龙坛残片	63.56	29.52	1.86	0.32	0.36	2.02	0.45	1.69	0.01	99.79	$\left.\begin{array}{l}0.097R_2O\\0.052RO\end{array}\right\} \cdot Al_2O_3 \cdot 23.648SiO_2 \cdot 0.114R_xO_y$
Yc-3	元大都出土磁州窑白地彩绘黑花瓷片	62.63	30.15	2.24	0.59	0.35	1.88	0.42	1.26	0.01	99.53	$\left.\begin{array}{l}0.091R_2O\\0.068RO\end{array}\right\} \cdot Al_2O_3 \cdot 3.520SiO_2 \cdot 0.101R_xO_y$
Mc-1	明初彭城窑白地彩绘黑花小坛片	63.60	29.17	2.28	0.92	0.37	1.37	0.41	1.16	0.03	99.31	$\left.\begin{array}{l}0.077R_2O\\0.087RO\end{array}\right\} \cdot Al_2O_3 \cdot 3.699SiO_2 \cdot 0.101R_xO_y$
Cc-1	清末彭城窑白地彩绘黑汤盆片	65.12	28.14	2.21	0.63	0.44	2.77	0.33	1.46	0.04	100.64	$\left.\begin{array}{l}0.105R_2O\\0.080RO\end{array}\right\} \cdot Al_2O_3 \cdot 3.928SiO_2 \cdot 0.120R_xO_y$
Sc-7	北宋观台窑白瓷 化妆土层	54.16	37.92	0.96	2.69	0.21	1.79	0.80	0.93		99.46	$\left.\begin{array}{l}0.083R_2O\\0.142RO\end{array}\right\} \cdot Al_2O_3 \cdot 2.422SiO_2 \cdot 0.048R_xO_y$
Cc-1	化妆土层	52.96	36.39	1.12	1.04	0.26	2.52	0.10	1.37		95.76	$\left.\begin{array}{l}0.081R_2O\\0.070RO\end{array}\right\} \cdot Al_2O_3 \cdot 2.468SiO_2 \cdot 0.067R_xO_y$

花的观台窑枕就是用此技法装饰的。一般使用的透明白釉很薄,厚度约为 0.15～0.3mm。其化学组成主要是含 CaO 和 MgO 约 4%～5%,含 K_2O 和 Na_2O 约 5%～6%的钙碱釉。釉中很少气泡和残留石英颗粒,故其透明度很高,使划、刻和彩绘的花纹可十分清晰而显明地表露出来。

表 12-8　历代磁州窑黑花彩瓷釉和黑花加釉的化学分析成分

编号	釉厚 (mm)	分析内容	氧 化 物 含 量 (重量%)													
			SiO_2	Al_2O_3	CaO	MgO	K_2O	Na_2O	PbO	Fe_2O_3	TiO_2	CoO	CuO	MnO	P_2O_5	总数
Sc-1	0.30	釉	69.69▲	18.01	4.72	1.02	3.60	2.24		0.37	0.31				0.11	100
		黑花+釉			3.81	0.84	3.43	2.24		7.29		<0.01	<0.01	0.12	0.21	100
Sc-2	0.28	釉	69.39▲	18.47	4.83	1.34	2.86	2.14		0.48	0.34				0.15	100
		褐花+釉			3.90	1.30	2.65	2.29		2.38		<0.01	0.01	0.07	0.17	
Sc-4	0.18	釉	72.29	16.65	4.06	0.63	3.72	2.01		0.31	0.24				0.13	100.04
		黑花+釉			4.61	0.54	3.70	1.74		5.82		<0.01	<0.01	0.18		
Sc-13	0.18	釉▲▲	38.57	6.35	2.41	0.47	1.08	0.83	45.68	0.34			3.73	0.02		99.48
		黑花+釉			3.60	0.40	1.30	1.10	大量	0.8		<0.01	3.7	0.1		
Sc-14	0.10	釉	40.27	4.92	2.08	0.36	1.20	0.68	46.16	0.23			3.02	0.01		98.93
Yc-2	0.14	白釉	69.76	19.11	3.31	0.82	3.91	1.86		0.92	0.23					99.92
	0.28	酱釉	68.54▲	14.09	6.22	1.98	2.82	0.65		4.89	0.81					100
Yc-3	0.30	釉	70.31	18.47	3.39	1.15	3.22	2.41		0.55	0.22				0.13	99.85
		黑花+釉			3.42	1.12	3.22	2.48		4.80		<0.01	<0.01	0.30	0.25	
Mc-1	0.11 〜 0.13	釉			4.28	0.87	3.77	1.26		0.69	0.23				0.11	
		黑花+釉			3.28	1.08	3.33	1.09		17.08		<0.01	<0.01	0.06	0.13	
Cc-1	0.11 〜 0.13	釉	71.43	16.95	2.55	0.86	3.72	2.43		0.57	0.28				0.12	98.91
		黑花+釉			2.19	0.75	3.18	2.39		17.00		<0.01	<0.01	0.30	0.21	

▲:用差减法求得　　▲▲:内、外两层釉之和

另外磁州窑还有一种绿釉釉下黑彩瓷器,它是以含氧化铅 46%左右和以 CuO 3%～4%着色的绿色釉,在已施白釉并烧成好的瓷器表面上再施一层薄的绿釉,然后在较低的温度下烧成。这可增加瓷器的色彩的鲜艳。如果在洁白的釉上施以红绿彩,则成为磁州窑的釉上彩瓷。也有在釉上绘以黑彩或褐彩的釉上彩瓷。此外尚有少量在釉上彩绘后再施加一层面釉而制成

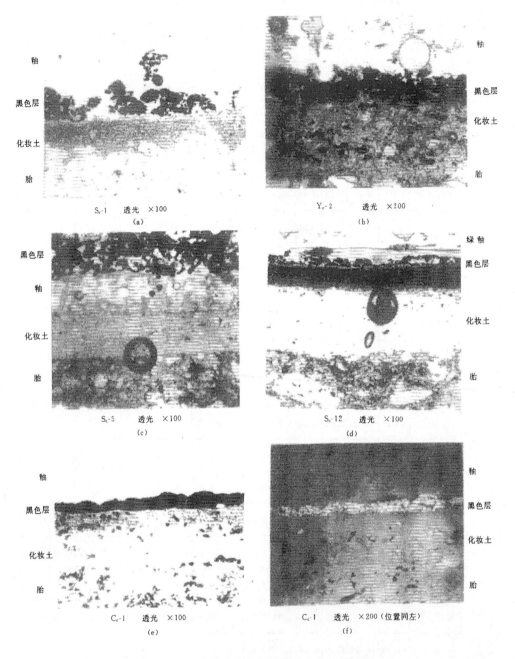

图 12-7　磁州窑黑花彩绘白釉瓷的显微结构

釉中彩的瓷器。磁州窑的黑、褐色彩绘及黑釉划花剔花瓷器所使用的着色剂为含高铁的矿物原料。釉绘往往在化妆土上面,绘好的制品再施以透明无色或绿色釉,这是磁州窑釉下彩瓷的特征。这种结构层次情况可见于古瓷片样品在显微镜下观察到的断面照相,如图 12-7 所示[①]。

---

① 陈尧成、郭演仪、刘立忠,历代磁州窑黑褐色彩瓷的研究,硅酸盐通报,1988,7(3),1。

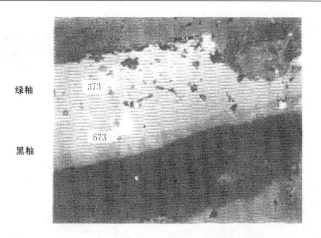

图 12-8 绿釉陶瓷分层釉的显微硬度测定照相
反光×500

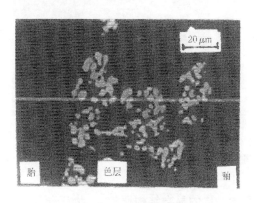

（a） S$_c$-1 二次电子象

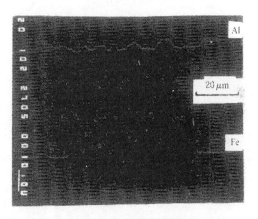

K$_\alpha$ 线扫描（位置同 a）

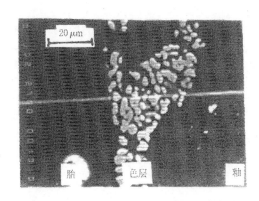

（c） S$_c$-12 二次电子象

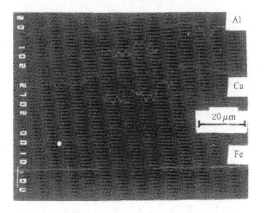

（d） K$_\alpha$ 线扫描（位置同 c）

图 12-9 磁州窑黑花彩绘白釉瓷的电子扫描和线分析

(c) 划花装饰

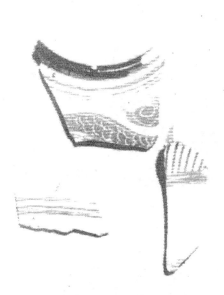

(b)　划、剔花装饰

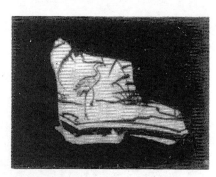

(d) 黑彩

图 12-10　磁州窑彩饰和划剔装饰的古陶瓷片照相

图 12-8 所示为绿釉陶瓷的显微硬度测定的两种釉层的显微结构照相[1]。微氏硬度的测定结果为外层绿釉的微氏硬度为 373；里层釉为 673。从显微硬度数据表明，外层绿釉的硬度远低于里层钙釉。一般说铅釉的硬度低于钙釉的硬度。这与分析成分的结果是相吻合的，绿色釉层为铅釉。

图 12-9 示出磁州窑所烧制的黑花釉下彩绘的白釉瓷的电子扫描线分析的照相[1]。线扫描的结果很清楚地表明，胎、釉和色层中 Fe 含量的变化是明显的。色层中的 Fe 的 $K\alpha$ 扫描线高出胎和釉很多。从二次电子成像亦可看出，氧化铁的颜料颗粒呈不规则的分散状态分布在胎和釉的夹层中，颗粒细度约为几微米级[2][3]。

图 12-10 为磁州窑出土的彩绘和划剔花装饰的陶瓷碎片的照相[1][2][3]（(a)为彩色照片）。这些瓷片显示出了磁州窑陶瓷的彩绘和装饰风格。有釉下黑褐彩白釉瓷、黑釉剔花瓷、划花珍珠地白釉瓷及黑彩划花瓷等多种样品。此外尚有白地剔花，即在化妆土上划剔花纹、露出胎地再

　　① 陈尧成、郭演仪、刘立忠，历代磁州窑黑褐色彩瓷的研究，硅酸盐通报，1988，7(3)，1。

　　② 李辉柄，磁州窑遗址调查，文物，1964，(8)，37。

　　③ Kiln Sites of Ancient China, Recent Finds of Pottery and Porcelain, Compiled by P. Hughes stanton and Rose Kerr, Oriental ceramic Society, 1980.

施透明薄釉,亦产生浮雕效果。梳篦刻花是在白化妆土上用梳篦状工具划出梳篦纹饰。另有黄釉釉下划花的,也别有风味。在透明釉上或化妆土上再施以低温绿铅釉或翠蓝色铅釉制成的器物亦十分精美独特。

第三节 鹤壁集和扒村诸窑陶瓷

属于磁州窑系的古窑场区以河南地区的民窑最多,有安阳窑、鹤壁集窑、辉县窑、密县窑、登封窑、鲁山窑、内乡邓州窑、扒村窑、黄道窑、巩县窑、新安城窑和修武当阳峪窑等多处。各窑的技术和瓷艺相互影响交汇,所以在古代一窑创烧各窑传播,相互仿制,相互竞争,许多品种各窑都有。近年来对鹤壁集窑曾进行过较为深入的科学技术上的研究总结,故以它为代表进行剖析,并与磁州窑的分析进行对比,从而看出河南诸民窑系与磁州窑产品的相似和类同之共同点以及其间的差异。

鹤壁集窑曾由河南省文物工作队于1954年首先发现其窑址[①]。据推测该窑始于唐代,延续至元代结束烧造。经历500年之久,其烧窑地区面积甚广,约8000多万平方米,烧造品种甚多,在河南各磁州窑系的民窑中有代表性。在1978年进行的第二次发掘中发现了圆形窑炉、窑床上还遗留了7个筒状匣钵,并有宋、金时期的6种形式的窑具。在一件碾轮上还发现金代(大定九年,1189)的铭刻[②]。这表明当时使用碾轮粉碎原料,使用圆形馒头型窑炉烧成陶瓷,并以匣钵装烧瓷器。

鹤壁集窑的北宋、金、元的瓷胎和化妆土层的化学分析成分列示于表12-9中[③]。从分析成分可见,鹤壁集窑陶瓷中大部分瓷胎除含铁(Fe_2O_3)比磁州窑瓷胎高外,其余成分两者相差不多。而化妆土则鹤壁集窑的含SiO_2量高于磁州窑,含Al_2O_3量则低于磁州窑,这就是两窑瓷胎和化妆土成分之间的异同点,这与两窑各自使用当地原料之间的差异有关。

鹤壁集窑陶瓷釉的化学分析成分示于表12-10中。从表中所示白釉的成分与磁州窑瓷白釉的成分对比可见,两者十分接近,唯个别磁州窑瓷白釉的SiO_2含量略高于鹤壁集窑瓷的白釉。从鹤壁集窑陶瓷的黑、褐彩部分的釉层分析结果可见,含彩的釉中Fe_2O_3含量在5%～7%的范围,这表明黑褐彩所用原料是一种含Fe_2O_3量很高的矿物,即与磁州窑所用彩的原料十分接近,都是使用斑花石之类的含铁矿物作为彩色颜料的。

据烧成温度测试表明,鹤壁集窑的黑彩和褐彩白瓷的烧成温度在1200℃以下,多在1150℃上下。比磁州窑的烧成温度略低些,瓷胎的吸水率在4%～15%之间,分散性很大,足见其胎的致密度和瓷化程度很差,多为生烧,主要是靠化妆土层的致密度高和釉结合后提高了瓷器的质量。这点是磁州窑和诸民窑所具有的共同特征。从瓷胎和釉的色调看,可以估计出鹤壁集窑烧成时的气氛是在氧化焰到轻微的还原焰的范围内波动。因有的白瓷胎带灰色,而有的则呈灰黄色。化妆土的颜色多为纯白色,有时也呈略带微黄色调的白色,主要是其中含铁量低的缘故。由于窑的结构属半倒焰式馒头窑,可能在烧成过程中,不同窑位的气氛环境不同,因而瓷器色调反映出氧化和还原的差别,这种差别也同样反映在彩色的颜色上,如氧化气氛强时形成

① 河南省文化局文物工作队,河南省鹤壁集瓷窑遗址发掘简报,文物,1964,[8],1。
② 鹤壁市博物馆,河南省鹤壁集瓷窑遗址1978年发掘简报,中国古代窑址调查发掘报告集,文物出版社,1984。
③ 陈尧成、郭演仪、赵青云,鹤壁集窑黑、褐彩陶瓷的初步研究,中国陶瓷,1988,10(5),51。

表 12-9 鹤壁集窑陶瓷胎和化妆土的化学组成

编号	年代和品名	氧化物含量(重量%)										
		SiO_2	Al_2O_3	CaO	MgO	K_2O	Na_2O	Fe_2O_3	TiO_2	MnO	P_2O_5	总量
SH₁	北宋白地绘黑花盆片	61.93	28.90	0.97	0.63	1.20	0.69	6.57	1.19	0.10	0.11	102.29
	化妆土层	65.40	28.86	0.79	0.43	1.80	0.80	1.47	0.99	0.01	0.08	100.63
SH₃	北宋白地绘黑花盆片	63.54	27.56	0.93	0.58	1.42	0.62	5.55	1.14	0.09	0.11	101.54
JH₂	金白地绘黑花盆片	61.07	27.59	0.96	0.59	1.48	0.27	6.82	1.16	0.08	0.13	100.15
JH₄	金白地绘黑花残片	59.49	27.91	0.95	0.53	1.21	0.37	8.89	1.18	0.18	0.14	100.85
	化妆土层	60.55	32.53	0.90	0.46	1.90	0.52	1.96	0.96		0.08	99.88
JH₅	金白地绘黑花盆片	59.20	27.76	0.92	0.56	1.22	0.62	8.92	1.16	0.20	0.14	100.70
YH₂	元白地绘黑花盆片	61.02	28.46	0.77	0.48	1.12	0.27	6.73	1.18	0.05	0.13	100.21
YH₃	元白地绘黑花碗片	65.13	27.95	1.21	0.54	1.85	0.82	1.92	1.05	0.01	0.06	100.54
YH₅	元白地绘褐红花残片	63.93	28.30	0.81	0.62	1.87	0.38	3.25	1.13	0.02	0.07	100.38

表 12-10 鹤壁集窑陶瓷的釉和釉加彩的化学组成

编号	年代和品名	釉厚(mm)	分析内容	氧化物含量(重量%)											
				SiO_2	Al_2O_3	CaO	MgO	K_2O	Na_2O	Fe_2O_3	TiO_2	CoO	MnO	P_2O_5	总量
SH₁	北宋白地绘黑花盆片	0.15	釉	68.36	19.31	4.50	1.36	3.25	1.57	1.64	0.32		0.02	0.08	100.41
			釉+花			4.47	1.30	3.30	1.53	7.14	0.35	0.025	0.16	0.33	
		0.30	黑釉	69.14	14.72	5.45	2.13	2.26	0.94	5.20	0.75		0.11	0.34	101.04
SH₃	北宋白地绘黑花盆片	0.10	釉	68.43	19.12	4.85	0.68	2.62	2.46	1.89	0.31		0.03	0.09	100.48
			釉+花			4.78	0.65	2.75	2.27	4.69	0.33	0.018	0.086	0.24	
JH₂	金白地绘黑花盆片	0.15	釉	67.48	19.85	5.39	0.62	2.70	1.93	0.69	0.31		0.03	0.07	99.3
			釉+花			5.05		2.87	2.01	7.04	0.33	0.028	0.18	0.28	
		0.30	黑釉	65.65	14.76	6.85	2.53	2.48	0.97	5.30	0.70		0.10	0.16	99.5
JH₅	金白地绘黑花盆片	0.10	釉	66.91	19.96	5.45	0.90	2.58	2.59	0.90	0.32		0.02	0.14	99.77
			釉+花			5.54	0.97	2.79	2.24	3.09	0.32	0.016	0.053	0.22	
		0.57	黑釉	65.25	16.18	6.40	2.13	2.45	1.31	4.82	0.84		0.10	0.56	100.04
YH₂	元白地绘黑花盆片	0.17	釉	69.34	17.53	3.48	1.64	2.43	3.69	1.01	0.29	0.013	0.092		99.52
		0.25	褐釉	69.11	14.12	6.19	2.47	2.48	1.14	4.86	0.70		0.10	0.17	101.34
YH₃	元白地绘黑花碗片	0.15	釉	68.84	17.52	5.05	0.92	3.15	2.44	0.70	0.27		0.01	0.10	99.00
			釉+花			5.15	0.74	2.77	2.20	6.45	0.32	0.016	0.12	0.29	
YH₅	元白地绘褐红花残片	0.60	釉	66.94	18.82	4.21	1.52	2.34	4.20	1.05	0.27	0.016	0.019	0.18	99.57
			釉+花			3.80	1.52	2.06	3.93	5.71	0.32		0.05	0.18	

褐色彩和釉。若气氛为还原性，则彩和釉易形成黑色。从胎的吸水率的分散性大也可反映出窑

温在烧成时的温差较大。从出土的瓷片可见,瓷器的装烧情况不一,一般碗是采用叠烧,中间隔以很小的支块放在底部圈足和内底部之间。

鹤壁集窑釉下彩瓷的显微结构特征与磁州窑彩瓷十分相似。从显微镜下可以看出,胎、化妆土层、颜料层和釉层的分布层次亦与磁州窑彩瓷相同。但有的陶瓷则有两层化妆土层,以增加遮盖能力。如图 12-11 所示的北宋和金代样品的显微结构[1]。

从瓷片胎、釉和化妆土的瓷质及其彩绘技法和装饰风格看,亦与磁州窑的同类型陶瓷十分相近。梳篦划花纹饰技法出现于北宋晚期,亦类同于磁州窑产品。

扒村窑有白地釉下黑彩与磁州窑类同,纹饰粗放简练,彩色浓黑。当阳峪窑所烧造的磁州窑型陶瓷有白地釉下黑彩划花和剔花,技艺水平居诸窑作品之上。登封窑多生产珍珠地划花、剔花瓷器。密县窑的珍珠地划花装饰创始于晚唐时期,北宋传到了河北、山西和河南其他诸窑。鲁山窑和宝封窑的产品也是以划花和剔花为主,在装饰技法上登封、密县、鲁山和宝封窑大体相似。可见宋代河南诸窑在生产烧制磁州窑风格的陶瓷方面无论在技术上还是艺术风格上的相互传播和相互影响是十分密切的。

第四节　山西、山东和安徽诸窑的磁州窑系风格瓷器

一　山西诸窑的磁州窑系风格白釉瓷

山西地区烧制白釉瓷的古窑很多,见于文献的有 30 几个县有产瓷区,经过 1977 年的调查,曾发现过 6 个县的十几处古窑址,其中介休、临汝、霍县、怀仁、大同和浑源等县。浑源窑窑址遗物丰富,年代早而延续长,品种和质量也较好[2]。

浑源窑为山西地区唐代开始烧制白釉瓷为主的古窑,也常生产一类外施黑釉,内施白釉的瓷器。装饰方面则有白釉刻花、白釉划花和剔花、黑釉剔花、白釉贴花、白釉印花、白釉釉下彩绘黑花或黑褐花。黑釉划花及黑釉印花等许多品种。浑源窑在金、元时期制瓷业规模和产量已很大,以黑釉剔花最富有代表性。黑釉剔花装饰流行于雁北地区,除浑源大磁窑,青磁窑外,大同青磁窑和怀仁、鹅毛口两窑也盛烧这类瓷器。釉乌黑光亮,剔花纹饰布局疏朗,线条简练,而以浑源较精[2]。另外,临汾地区的乡宁窑也发现有黑釉剔花品种,造型纹饰与浑源不同,乡宁窑剔花露胎部分较浑源多。地处雁北地区西端的曲阳县古窑址发现有白釉剔花品种,剔花技法、胎釉色调与浑源窑属同一类型[2]。

浑源窑白釉多带微黄色调,较少量带青色白釉,这与烧成气氛的控制掌握不稳有关。表12-11 所示为唐代浑源窑三个白瓷样品的化学成分分析[3]。

从浑源窑白瓷胎的化学成分看,所含各氧化物的量基本上接近磁州窑和鹤壁集窑的白釉瓷的胎的成分。浑源白釉中所含 CaO 的量则大大高于磁州窑和鹤壁集窑的白釉中的含 CaO量,这与各窑白釉瓷的釉的发展规律一致,即在唐五代多为高钙质灰釉,而宋以后则发展成为

①　陈尧成、郭演仪、赵青云,鹤壁集窑黑、红彩陶瓷的显微结构特征,古陶瓷科学技术 1,国际讨论会论文集(ISAC '89),上海科学技术文献出版社,1992,171。

②　冯先铭,山西浑源古窑址调查,中国古代窑址调查发掘报告集,文物出版社,1984,416。

③　朱培南、李国桢,山西古代白瓷的研究,硅酸盐通报,1987,6(5),1。

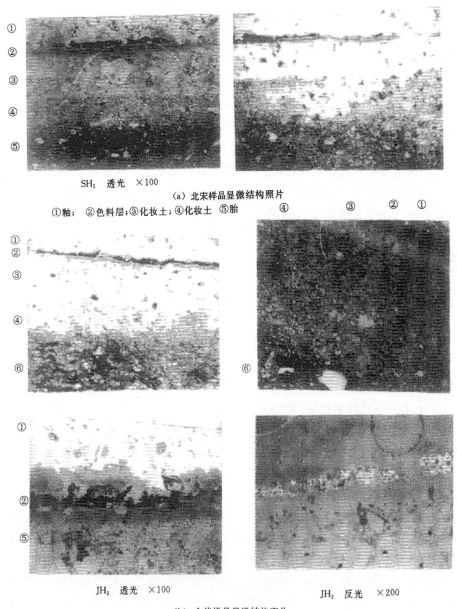

SH₂　透光　×100

（a）北宋样品显微结构照片

①釉；②色料层；③化妆土；④化妆土 ⑤胎

JH₂　透光　×100　　　　　　JH₂　反光　×200

（b）金代样品显微结构变化

①釉；②色料层；③化妆土1；④化妆土2；⑤化妆土；⑥胎

图 12-11　北宋和金代鹤壁集彩瓷的显微结构照相

钙碱质釉。在装饰技术上浑源窑白釉瓷发展到金代已成熟地生产黑白釉划花和剔花瓷器产品了，划花和剔花的技法和风格与磁州窑十分相似，这说明它在当时受磁州窑的影响和与磁州窑系的关系十分密切。

　　山西的介休窑也是以烧制白釉瓷为主的民窑。它创烧于北宋，曾受磁州窑的影响生产白釉划花和白釉剔花、釉下黑彩划花和釉下褐彩等瓷器品种，而且釉下黑、褐彩的颜色变化颇多，有时出现桔红色的凸起纹饰，形成美丽的白釉红花彩瓷，这是由于含铁着色剂在烧成过程中充分氧化的效果。这是其他磁州窑系的窑场所没有的独特风格。介休窑白釉瓷和其它磁州窑系的诸窑白釉瓷相同,也是靠化妆土层以提高其白釉瓷的质量。介休窑也是山西较大的窑场,它的陶瓷生产一直从宋延续到清代,达千年之久。它除受磁州窑的釉下彩饰影响外,尚兼受定窑的印花技术的影响,而大量生产印花瓷器。

表 12-11　山西唐代浑源窑白釉瓷的胎釉化学组成

编号		氧化物含量(重量%)						
		SiO_2	Al_2O_3	Fe_2O_3	CaO	MgO	(K_2O+Na_2O)	总量
Hun-1	B	67.42	25.73	2.08	1.05	0.81	2.16	99.27
	G	59.40	21.66	0.84	15.97	1.44		99.31
Hun-2	B	66.00	28.03	1.84	1.21	0.71	2.39	100.18
	G	63.51	21.66	1.02	10.08	1.56		97.85
Hun-3	B	66.00	27.20	1.91	0.91	0.88	2.30	99.00
	G	57.77	24.38	1.85	13.12	1.96		99.08

注:B——胎,G——釉

山西地区的大同窑和怀仁窑也都受磁州窑的影响生产一些在黑釉上划花和剔花的瓷器产品,其艺术效果与磁州窑以白釉为主的划花和剔花恰相对应形成反称。

二　山东、安徽诸窑的磁州窑系风格瓷器

山东淄博的磁村窑和坡地窑是生产白瓷,并兼烧白釉黑花的类磁州窑风格的产品。磁村窑始于唐代烧制黑釉瓷,经宋、金、元较长的年代以烧制白瓷为主,兼制黑花和黑边装饰性白瓷,有划花、剔花和加彩等装饰方法,特别是白釉上彩绘红绿彩的釉上彩瓷具有宋代的"宋加彩"瓷的特色。坡地窑则于金、元时期生产磁州窑系风格的瓷器。于 1956 年和 1973 年淄博市文物部门曾先后进行过两次调查,1977 年再次进行了调查和试掘[①]。在窑址中发现了白釉瓷片、白地黑花瓷片、窑具、黑釉瓷片等遗物。同时发现了金代后期的残存窑炉一座。其基本形状如图 12-12所示[①]。窑长 7.5 米,窑宽 5.15 米。由窑门、出灰坑道、火膛、窑床、和烟囱组合成,为双烟囱半倒焰式的馒头窑,这种构造的窑炉在北方十分流行使用。淄博市已发现的寨里、磁村、岭子、万山、窑广、八徒、山新和坡地等八处窑址均位于靠近山岭地及原料和燃料以及用水方便的地方,特别是都靠近煤矿资源,据考古试掘证明,淄博用煤烧瓷器主要是在金代(1115～1234年),上限亦可能推至北宋末期,在此之前都是用柴烧制瓷器。窑具有匣钵、支圈。另外尚有印花的模范。

安徽萧县的萧窑自唐代生产白釉瓷,宋、金时期萧窑则生产釉下黑彩白釉瓷,其白釉略带灰色,胎亦为灰黄或灰白,胎上施有化妆土,宋代黑彩白釉瓷的胎、釉的化学分析成分列示于表12-12中[②]。

---

① 淄博市博物馆、山东淄博坡地窑址的调查和试掘,中国古代窑址调查发掘报告集,文物出版社。1984,360。
② 孙荆、陈显求、李家治等,宋代安徽萧县窑黑彩白瓷的研究,广东陶瓷,1988,(1),49。

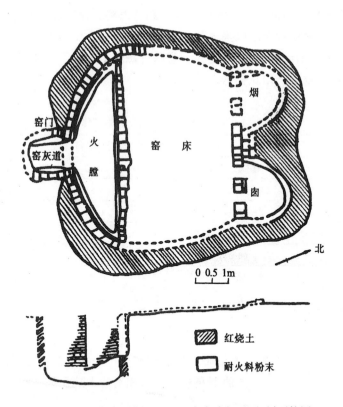

图 12-12　金代后期坡地窑残存窑炉的平面、剖面简图

表 12-12　萧窑黑彩白釉瓷的胎、釉的化学组成

编号		氧化物含量(重量%)									
		SiO_2	Al_2O_3	Fe_2O_3	TiO_2	CaO	MgO	K_2O	Na_2O	MnO	P_2O_5
1	胎	68.83	22.16	4.17	0.93	0.79	0.54	1.99	0.32	0.03	
	釉	65.95	11.81	0.55		13.45	0.40	7.82			
2	胎	69.16	24.92	1.12	0.91	0.69	0.42	1.87	0.24	0.01	
	釉	54.28	12.71	1.18		22.95	1.22	5.37			2.30
3	胎	68.75	22.95	3.19	0.87	0.68	0.50	1.98	0.35	0.03	
	釉	65.50	13.42	1.42		14.63	0.81	4.22			

　　从表中的分析成分可见,萧窑釉下黑彩白釉瓷的胎中各氧化物含量与磁州窑系的白釉瓷胎接近,而釉中 CaO 和 K_2O 含量较磁州窑白釉瓷中釉的含 CaO 和 K_2O 量高。Al_2O_3 的含量则特别低。萧窑白釉仍属高钙质的灰釉,相比较后,萧窑白釉的制作技术在宋代还没有像磁州窑那样进步而发展成为钙碱釉。所用化妆土原料乃是一种含铁量低的粘土,彩料则用高铁的矿物原料。

　　萧窑黑彩白釉瓷的胎、釉、化妆土和彩料的分层结构层次与磁州窑相同,即按胎上施化妆土,再绘以颜料彩绘,然后施透明釉层,但也发现有的样品则在颜料层上再施一层化妆土,然后再施透明釉的。这样的彩绘的纹饰则显得比较模糊,但不知前人的目的究竟何在。

山西的浑源窑、介休窑、大同窑和怀仁窑及山东淄博的磁村窑和坡地窑以及安徽的萧窑在装饰技法和风格上是同一大类,尽管它们之间各窑产品有自己的特点,偏于某种装饰方法为主。它们与河南诸窑的装饰技法和风格也十分相同。从各窑陶瓷的类同看,我国中原地区的陶工们利用当地相似的自然资源条件,在技术上和艺术上创造性地开创这一系列磁州窑系风格的陶瓷,并大量地和长久地生产以满足人民生活需要的日用品和艺术欣赏品所取得卓越的成就和贡献。

第五节　耀州窑和吉州窑的磁州窑型装饰瓷

耀州窑位于陕西省黄堡镇,自唐烧造黑釉瓷以来,在装饰技术中已使用了笔醮黑釉描绘纹样的技法,即在素胎上或素胎施化妆土后的表面上点绘黑花彩,这是唐、五代时期黄堡耀州窑的独创装饰技艺。宋至金时期又出现了白釉黑花瓷,同时也有了剔花装饰技法,即在施釉后的胎上用刀具剔去纹样部位的釉,使露胎部位呈现出纹样装饰,再以白釉填入剔去的部位[①]。这些装饰方法均类似于磁州窑系的技法和效果。据考古发掘[②],耀州窑于宋代开始使用化妆土。唐代碗采用迭烧,碗内垫三角饼。宋代采用单体装匣钵烧成,在碗底垫以垫饼或垫环。金、元时期采用数件或十多件碗、盘迭装在匣钵内烧成。燃料采用煤,用煤火烧窑时用"火标"试查火度,这说明古代耀州窑烧成瓷器时已发明了测温控制烧成的方法。

吉州窑地处江西吉安县永和镇。隋、唐、五代及宋代均属吉州,故称吉州窑。又因地处永和镇而称永和窑。吉州窑于宋代烧制具有磁州窑风格的陶瓷器,由于北宋年间北方瓷区因靖康之变遭到破坏,磁州窑区的工匠迁居到江西、安徽和浙江一带,从而将磁州窑的制瓷技术也带到了吉州窑区。吉州窑本身在唐代和五代已烧造瓷器。磁州窑风格的瓷器是在磁州窑工匠迁入吉州后开始烧制的。各类磁州窑型的瓷器,诸如白釉釉下褐彩瓷、彩绘剔花瓷、白地黑花和黑地白花剔花瓷、白釉上加红绿彩等都是来自磁州窑技艺的影响。吉州窑的彩绘瓷是直接在胎上彩饰,并不像磁州窑那样使用化妆土后再彩绘。吉州窑彩绘的颜色比磁州窑彩绘红艳些,多为酱褐色或红褐色,与磁州窑的彩绘色彩上稍有差别。吉州窑的剪纸贴花装饰则独具一格,剪纸贴花是由民间艺术的窗花启发而来。剪纸贴花多半是贴印在窑变花釉为地的釉面上,黑色花纹图案在花釉的衬映下格外别致。吉州窑彩绘瓷具有浓厚地方风格和民族艺术特色,彩饰精美、丰富多采、主次分明,画刻娴熟,在继承磁州窑彩绘装饰的基础上有所创新,为景德镇青花、釉里红等釉下彩的产生开创了道路,起了推动作用。吉州窑的工艺技术不但与磁州窑有密切关系,它与河南汝窑、鹤壁集窑和禹县扒村窑也有不少相似之处[③][④]。

据考古发掘[⑤],吉州窑采用龙窑烧成陶瓷器,燃料用柴。出土遗物中有匣钵、泥条垫圈、垫饼。匣钵有直筒形和凸底形。尚有绿釉瓷与黑彩结合装饰的瓷器。

———————————

①　楼振西,黑釉耀瓷,景德镇陶瓷,总第 21 期,中国古陶瓷研究专辑,第一辑,1983,90。

②　陕西省考古研究所,陕西铜川耀州窑,科学出版,1965,57。

③　叶喆民,河南省禹县古窑址调查纪略,文物,1964,(8)。

④　冯先铭,河南省临汝县宋代汝窑遗址调查,文物,1964,(8)。

⑤　江西省文物工作队、吉安县文物管理办公室,吉州窑遗址发掘报告,景德镇陶瓷,总第 21 期,中国古陶瓷研究专辑,第一辑,1983,6。

第十三章 乳光釉瓷的萌芽、成熟和发展——钧釉瓷

在陶瓷工艺技术发展的历史进程中,器物从无釉到施釉,生产出施釉陶瓷是一种飞跃或称陶瓷发展过程中的第二个里程碑。釉陶在公元前已经出现了,所施的有黑釉或青釉,甚至分不出是黑是青、不黑不青的釉。在发展史上到底先有黑釉还是先有青釉这个问题成了一个鸡和蛋的问题。主张黑釉为先的举出了泥釉黑陶为论据,认为它是黑釉陶的前身。主张青釉为先的则举出了窑内飞灰附着于素陶胎上形成了青釉薄层,认为它是青釉陶的前身。青釉、黑釉孰先孰后这个发展史上的重要问题有待研究解决。然而在数千年的古陶瓷发展的历程中还有一种十分重要的陶瓷釉,它与黑釉和青釉无论在外观上抑或结构本质上都完全不同,掌握它的生产技术又更加不容易,以至它本来已经随着黑釉和青釉的出现而露出端倪,却只能经历了千年以上的岁月才能逐步成熟起来,突然出现在人们面前,成为宋代五大名窑艺术瓷釉之首以及中国陶瓷发展过程中第五个里程碑的重要组成部分。这就是钧瓷或称钧釉瓷。

钧釉瓷器的出现,突破了以往只有青釉,白釉和黑釉等单一色釉的瓷器,成为一种十分鲜明、艳若朝霞、丽如桃李、白似美玉、蔚类蓝天等色彩多变的陈设瓷的新品种。它不像那些青、白、褐等单色的玻璃釉那样被人一目了然地一看到底而带有一种"看不透"的味道,有强烈的朦胧感并且"有异光"[①]。古籍中谈论到钧瓷的釉色则有"红若胭脂为最,青若葱翠色、紫若黑色者次之"[②],"有朱砂红、葱翠青(俗所谓鹦哥绿)、茄皮紫,红若胭脂、青若葱翠、紫若墨黑,……猪肝色、火里红,青绿错杂,……俗取作鼻涕涎,猪肝等名是可笑耳。"[③]"俗取梅子青、茄皮紫、海棠红、猪肝、马肺、鼻涕、天蓝等名"。[④] 古籍中多用动、植物的颜色来形容陶瓷和釉色往往是十分贴切的,上述所载,已把钧瓷的各种色彩十分形象地表达了。然而,如果对一个既未看过实物又未看到原色图谱的人来说也不一定能领会到底是甚么色彩。

值得注意的是清代陈浏的独具慧眼。他认为"钧窑有紫、青两种",同时指出钧窑"有异光"者才是"佳品"。以现代科学来解释他的所谓"异光"实际上是钧窑釉纳米结构对光线散射所造成的乳光(这是物理学上的名词),散射效应越强烈,则钧釉散射出天蓝的色彩,即他的所谓"青"非普通之青也。紫,就是红紫或紫蓝之色,亦呈乳光、由紫、红到紫蓝是由于加入适量的铜使钧釉产生红色色彩。这种钧釉的红色与以后明代的铜红釉在结构本质上完全不同,后者虽亦加入铜,却并无乳光,结构也不一样,是明代新创制的一种颜色釉。钧釉和铜红釉两者在历史上和工艺上属于先、后的两个名瓷品种。

---

① 陈浏,陶雅,下卷,1906。
② 张应文,清秘藏,四库全书,子部,杂家类,商务印书馆影印文渊阁藏本,1986。
③ 高濂,遵生八笺,卷十四,燕闲清赏笺,明万历十九年(1591)。
④ 傅振伦著,景德镇陶录详注,书目文献出版社,1993。

　　宋元钧瓷的艺术外观与结构本质的确与众不同,的确与青、白、黑瓷有实质性的差别,是宋代新创的一种高级的瓷种。但是由于历代瓷家对钧瓷并未完全掌握它的本质,特别是陈浏所指出的蓝色"异光"和由铜着色的红彩,因此不论他们使用什么美丽的语言去形容钧瓷都很难使那些未睹实物和图片的人理解他们所说的真正含义。所以有必要把一些模糊的概念澄清之后才能还钧瓷这种施以乳光釉瓷的本来面目。这对论证乳光釉瓷的科学技术史是非常必要的,对该类瓷种的历史、考古和艺术的研究也是很有帮助的。

　　历代瓷家对窑变一词没有下过什么统一的定义,可以说各下各的定义、各有各的说法,异常混乱。也可以在一些古小说中看到"窑变"一词,例如,冯梦龙就把美丽的河南天目瓜棱罐称为"窑变黑釉金丝罐"。所以,在古代,凡是比较漂亮的窑器,在窑中偶然烧出的个别产品,其光、色、声、彩、形甚至质都与众不同而且特别美的都可以称为窑变。在宋代,当时初登陶瓷舞台的钧瓷当然与众不同,故有人把它叫作窑变釉也是可以理解的。

　　窑变的最有代表性的说法是蓝浦在《景德镇陶录》中引《清波杂志》语。他在卷八中写道:"大观间(1107～1110)有窑变,色红如朱砂。金谓荧惑缠度临照而然。物反常为妖,窑户亟碎之"。意思是说,在北宋大观年间,在窑中烧出了一个反常的瓷器,颜色呈红色很像朱砂,大家都说是由于火星运行到中天照着它才变出来的。但是那个陶工很害怕这种与众不同的漂亮东西会带来祸害(物反常为妖)(怕当权者知道迫着他烧一大批又烧不出来)所以立刻把它打碎了。这也是一个证据,证明北宋末景德镇也偶然能够烧出以铜着色的红色瓷器了。

　　瓷釉出现红色它们被称为窑变,出现乳光也属"反常"也称窑变。这两点正是钧瓷釉的物理化学本质,无怪古瓷家有人把钧瓷称为窑变釉瓷了。

　　按照物理光学原理,混浊介质中含有许多大小质点,其数量级等于光波的波长,其折射率与周围均匀介质的折射率不同,这类系统如乳光液、悬浮液、胶体液等等系统中的质点无规则排布都会引起光的散射,称为丁铎尔(John Tyndall,1820～1893)散射。滴几滴牛奶于一杯水中使之混合均匀,令光束从旁侧入射,我们在前方观察,可以看到旁边入射光的光路。这是因为牛奶的质点散射光,是典型的丁铎尔散射的实例。按照观察方向与入射方向之间的夹角不同,对于连续光谱入射时,散射光的波长就有显著的差异。与入射方向垂直来观察看到了散射蓝色的光,在对着入射光方向,即透光方向看则看到了红色的光,在其他不同的角度看则看到了微弱的不同颜色。这种现象在物理学上称为乳光(opalescence)。钧窑釉的内部也含有许多随机排布的质点,属于上述的散射系统,因此能够对日光发生散射而呈现天蓝的散射光,在其他角度上观察则光色有些微的变异,也是一种乳光现象。这就是清代陈浏所说的"异光"。

　　钧窑釉的散射质点结构加之以铜着色成红釉这两种本质上的特点是以往各种透明釉,如青、白、黑釉所没有的。这使它成为陶瓷发展史上的一大飞跃。不以铜着色,它呈天蓝,再用铜着色则带有红色的斑块以至红、蓝相映,因而不需要费太多的话语,只用杜甫的诗句"江碧鸟逾白、山青花欲燃"就可以概括。这是把钧窑器放大成江海峦山,而人则在高空飞临观察所得的印象。散射天蓝色乳光的钧釉有一条条白色兔丝纹好像一群群白鹭在江面上低空飞过,而钧釉的红色斑块却似青山中的一丛丛杜娟花盛开那样如红色的火焰。如果希望再简单一点去形容钧釉的美色,则可以说它是"蓝天彩霞"就够了。

　　根据钧窑釉的乳光和铜红的两大特点,我们就可以追根寻源,找出其起源和成熟期直至现代发展的技术史的历程。

第一节　钧釉瓷的萌芽——西周釉陶上的乳光斑

　　几个考古学家都提到钧瓷的类似蛋白石的光学效应。例如："钧窑瓷器很美,美在色釉,美在造型……。闪烁着蛋白石光泽的厚釉,凝重典雅。即使是艳丽的窑变红色也由于釉的乳光而具有一种含蓄优雅的美"[①]。这种对钧窑瓷器艺术形象的深刻描述确说到它的物理本质上去了。蛋白石是一种天然矿物,其成份为非晶形的含水二氧化硅。它由尺寸比较单一的纳米级 $SiO_2 \cdot nH_2O$ 球粒随机排列所组成,在矿物学上称普通蛋白石。其外观呈现出强烈的乳光效应,在太阳光下散射着天蓝色的乳光。贵蛋白石是一种名贵的宝石,珠宝学或珠宝店音译为欧泊(Opal)[②]。厚的钧窑釉如黄豆大的小块也像蛋白石那样散射出漂亮的天蓝色乳光,并能折射出透光的火红色。在钧窑器物上的出筋部位或转 折处的积釉附近,乳光效应特别显著。经过多年对历代各种类似钧窑和河南宋元钧瓷的科学技术研究,已经知道钧瓷釉是一种分相釉,它之所以如蛋白石那样能够散射天蓝色乳光是因为在釉液中发生液相分离,使釉中含有许多纳米级的球形孤立相小滴,很像普通蛋白石的结构而散射出蓝光所致[③]。

　　瓷釉包括分相釉在高温下是一种均匀的熔体。化学组成有一定范围的某些高温熔体在给定的物理化学平衡条件下会分离成两种成分不同、互不混溶的液相;其中一相以无数的孤立小液滴分散于另一连续相中,称为二液相分离。瓷釉具有这种不混溶性质的,称为分相釉。由于它们能散射天蓝色乳光,在科学上被称为乳光釉。宋元钧窑瓷器是在中国陶瓷科技发展史上首先成功地大量生产并进入宫廷的最高级分相釉陈设瓷和园林用瓷。这是中国陶瓷发展中,在青瓷釉,黑瓷釉以及白瓷釉甚至析晶釉的最高成就上飞跃发展到创新的另一番技术境界,又是在科学和艺术上本质不同的瓷釉,从科学技术的角度看,可以毫不夸张地认为这是中国古瓷釉技术发展的一个重要的里程碑,是第五个里程碑的重要支柱之一。

　　如上所述,要对分相釉或乳光釉或钧窑釉追根寻源,就必须在外观上充分注意历代各类瓷器的釉上有无乳光的斑块或由于积釉所出现的乳光。实际上在宋代以前的一些青釉或黑釉器的某些部位已经可以看到乳光现象了。在一些世界有名的博物馆收藏的中国陶瓷中,你如果注意总会看到有些陶瓷上闪耀着乳光斑。例如,在有些西晋(265～317)青瓷谷仓或魂瓶的聚釉处有时也已经看到蓝白色乳光。此外北京故宫博物院陶瓷馆的展厅上展出的一只隋代(581～618)青釉划花莲辨纹四系瓶。在它的盆口下端、各个部位的弦纹、四系下部的洼坑等的积釉处都呈现出漂亮的天蓝色乳光而其釉的本色则是略带橄榄绿的透明青釉。美国芝加哥美术研究所也有一只和它几乎完全相同的隋代四系瓶,其局部乳光现象也很明显。福建省福州市,始创于南朝(420～589)的怀安窑出产了整体呈粉蓝色乳光的盘、碗、敞口罐、四系罐和茶壶等器物。在窑址中随手在断层处扒挖就可以取到整体施粉蓝色乳光釉的瓷钵。这是公元六世纪出现的分相釉瓷,那时这类瓷器可能只在一个小的地理范围内生产和使用,人们往往依然把它划归

　　① 王莉英,谈北京故宫博物院和台北故宫博物院收藏"官钧"瓷器,中国古陶瓷研究会,中国古代外销陶瓷研究会1985年郑州年会论文集河南省文物研究所编,紫禁城出版社出版,1987,32～39。

　　② 陈显求、姜玲章,欧泊的变彩机理及其应用开发,玻璃与搪瓷,1994(5):7～13;'94中国硅酸盐学会工艺岩石学第五届学术年会论文汇编。

　　③ 陈显求、黄瑞福、陈士萍等,中国历代分相釉——其化学组成、不混溶结构与艺术外观,1989年古陶瓷科学技术国际讨论会论文集,上海科学技术文献出版社,1992,25～37。

青瓷之属,没有把它当作另外的一种不同类的产品。因此,这类分相釉瓷不论在技术上或用途上只能算是地区性的一种发展。不过,由此可知,从青瓷釉的化学成份由天然或人工加以改变是可以烧制出散射天蓝色乳光的分相釉的。

1400多年前就出现了整体施乳光釉的青瓷器是不简单的。这是怀安窑的胎、釉化学组成以及烧成条件所决定的。它的蓝色乳光釉表面光滑并不欠烧,有流淌状的兔丝纹,局部少数地区釉呈透明。当然大部分瓷器烧到更高温度,使釉中的分相小滴回熔而成为透明釉。目前我们还不能举出三国时代或更早生产的青瓷有那一些有局部乳光现象。不过,值得注意是,陕西省周原博物馆收藏有一块西周晚期的青黄釉陶残片。在某些局部部位上出现了一些散射蓝色的乳光斑。在江西清江吴城出土的西周中期至春秋中期的原始瓷残片中褐色富 Fe_2O_3 釉局部区域呈分相结构[1]。由此可知,陶瓷器在烧制过程中由于局部化学成份改变是能够产生乳光釉或分相釉的。虽然当时的陶工还远未掌握这方面的技术知识,但是可以认为,青釉一旦出现就有可能出现分相釉。这些西周青黄釉陶瓷残片正是可以代表着乳光釉或分相釉在技术上的萌芽,它的出现给后代陶工先驱者以现实性的心灵启迪。

第二节　乳光釉瓷的登场——梁、唐怀安窑的乳光青瓷

公元六世纪出现的怀安窑乳光青瓷是目前在世界上发现年代最早的一种乳光釉或分相釉瓷。这就说明,在公元420~589年开始,具有类钧釉乳光的青瓷已在我国实用化了。在窑址附近的南朝墓葬群中出土过许多青瓷器,一部分为酱褐釉瓷另一部分为散射蓝色的乳光青瓷。两者的器形大都与怀安窑出产产品相同。

从福建省福州市西行30公里过洪山桥即北向经福建农学院到达闽江江岸的天山马岭(古名石黑山)即为窑址所在。该山实际上是一个高约十余米的小丘,东西向略呈长条形。窑址遗物分布东西200余米,南北100余米。宋太平兴国六年(918)分闽县而设置了怀安县,窑由此得名。咸平二年(999)该处为县治所在,至明万历八年(1580)止,历580余年。以后逐渐衰落而至失传,在古籍中怀安窑没有著录。

1959年12月福建省文物管理委员会发现了该窑。1982年8月至9月福建省博物馆进行考古发掘,在南朝和唐代的堆积层的窑具上分别发现刻有南朝梁"大同三年×月廿日造,长男×××"和唐"贞元"的年款而证实该窑创烧于南朝。出土遗物总数共达15 784件,内涵丰富,器物都是日常生活的用品,有壶、罐、碗、盘、碟、盅、豆、钵、盆、砚、灯等。窑具也十分丰富,形式多样,很有特色,但没有发现匣钵[2]。

梁、唐怀安窑乳光青瓷曾经进行了详细的陶瓷科学的研究[3]。所用的标本,梁大同三年(537年)的呈粉蓝色乳光,釉面光洁如玉,有如脂的光泽。盘口曲折处的聚釉有极细的兔丝纹,釉薄处微露浅灰色的胎,胎质坚硬,切口光滑细腻,整体具备了瓷器应有的性质(L)。唐贞元年

① 罗宏杰、李家治、高力明,原始瓷釉的化学组成及显微结构研究,古陶瓷科学技术2,国际讨论会论文集(ISAC'92)李家治、陈显求主编,上海古陶瓷科学技术会出版,1992,72~77。

② 曾凡,福州怀安窑的窑具与装烧技术,Journal of Oriental Studies,vol. XXIII(2)195~204,Centre of Asian Studies, University of Hong Kong,1985。

③ 陈显求、黄瑞福、陈士萍,公元六世纪出现的分相釉瓷——梁,唐怀安窑陶瓷学的研究,硅酸盐学报 vol. 14,1986,(2):147~152。

间的标本则釉色大多青黄如枯叶,有光泽,外釉不到底,个别标本流釉处末端的聚滴亦呈粉蓝色乳光(T)。怀安窑的釉、胎化学组成的分析结果如表 13-1、表 13-2。

表 13-1 怀安窑釉的化学组成

No	K₂O	Na₂O	CaO	MgO	MnO	CuO	Al₂O₃	Fe₂O₃	SiO₂	TiO₂	P₂O₅	
T	3.57	0.80	11.34	2.16	0.35	0.019	16.70	1.23	61.56	0.75	0.58	wt%
	0.1213	0.0416	0.6487	0.1719	0.0156	0.0010	0.5254	0.0248	3.2865	0.0302	0.0133	G.F.
					RO₂/R₂O₃=5.9868							
L5	2.50	0.39	14.12	2.17	0.32	0.013	13.22	2.05	63.79	0.84	0.39	wt%
	0.0771	0.0183	0.7345	0.1566	0.0131	0.0003	0.3785	0.0373	3.0984	0.0306	0.0079	G.F.
					RO₂/R₂O₃=5.1203							
L8	3.77	0.68	16.31	2.08	0.34	0.01	10.95	1.53	62.75	0.81	1.17	wt%
	0.1003	0.0277	0.7307	0.1293	0.0121	0.0003	0.2697	0.0239	2.6225	0.0255	0.0207	G.F.
					RO₂/R₂O₃=9.0191							
L9	2.79	0.54	15.16	2.58	0.38	0.01	11.27	2.56	62.86	0.54	0.92	wt%
	0.0783	0.0229	0.7152	0.1692	0.0142	0.0003	0.2922	0.0424	2.7689	0.0177	0.0171	G.F.
					RO₂/R₂O₃=8.3406							
L10	2.83	0.88	14.16	3.39	0.40	0.01	12.96	2.67	61.08	0.59	0.87	wt%
	0.0775	0.0367	0.6533	0.2178	0.0145	0.0003	0.3289	0.0431	2.6306	0.0191	0.0158	G.F.
					RO₂/R₂O₃=7.9786							

表 13-2 怀安窑胎的化学组成

No	K₂O	Na₂O	CaO	MgO	MnO	CuO	Al₂O₃	Fe₂O₃	SiO₂	TiO₂	P₂O₅	
T	3.61	0.70	0.28	0.66	0.01	0.013	21.49	3.96	68.80	1.01	0.17	wt%
	0.1626	0.0482	0.0213	0.0700	0.0004	0.0004	0.8946	0.1054	4.8621	0.0534	0.0004	B.F.
L1	3.21	0.43	0.17	0.21	0.01	0.01	13.71	1.67	80.30	0.84	0.01	wt%
	0.2353	0.0479	0.0208	0.0361	0.0007	0.0007	0.9278	0.0722	9.2248	0.0729	0.0007	B.F.
L5	3.39	0.39	0.15	0.20	0.01	0.01	14.25	1.55	78.45	0.58	0.01	wt%
	0.2402	0.0417	0.0179	0.0331	0.0007	0.0007	0.9351	0.0649	8.7326	0.0490	0.0007	B.F.
L7	3.07	0.47	0.21	0.24	0.04		14.51	0.54	80.57	0.72		wt%
	0.2208	0.0516	0.0251	0.0408	0.0041		0.9640	0.0360	9.0442	0.0611		B.F.
L8	3.12	0.38	0.19	0.22	0.03		14.66	0.54	80.57	0.46		wt%
	0.2245	0.0415	0.0231	0.0374	0.0027		0.9769	0.0231	9.1102	0.0388		B.F.
L9	3.64	0.49	0.22	0.35	0.03		15.90	1.11	77.22	0.63		wt%
	0.2370	0.0483	0.0238	0.0531	0.0024		0.9572	0.0428	7.8864	0.0483		B.F.
L10	3.61	0.76	0.31	0.73	0.04		22.32	2.61	68.87	1.06		wt%
	0.1628	0.0524	0.0234	0.0772	0.0026		0.9305	0.0695	4.8730	0.0695		B.F.

在显微镜下可知,梁大同样品的胎中含多量的残留石英和大量的玻璃相,少量的长石残骸以及甚少量的云母,所以在陶瓷学上它属于石英-长石-粘土-云母系瓷质。从其显微结构看已属典型的瓷器结构。根据观察各样品中物相含量的变动,气孔率变化的范围大,长石残骸轮廓的鲜明与模糊、石英熔蚀边的宽窄可知怀安窑在数百年烧造的历史进程中,其成分是有波动的,烧成温度也有高低,但总的说来,在公元六世纪能够制出这种大量生产的日用乳光青瓷器,在当时也是高技术水平的。

从釉的化学成分来分析,怀安窑乳光青釉属于一般古瓷的 $K_2O(Na_2O)$-CaO-Al_2O_3-SiO_2 系,与青瓷釉无太大的差别。特别是 Fe_2O_3 含量一般在 2.6% 以下,如果不分相或分相后回溶,则它的呈色,视气氛还原抑或氧化,当为青绿或青黄。如分相后,则呈色的原因乃分相小滴散射蓝光与铁离子在其中同时参与呈色所致,故总体上呈粉蓝乳光。

怀安窑梁大同乳光青釉在暗场光学显微镜下散射着鲜蓝色乳光,证实釉中含有亚微米散射颗粒。在透射电镜下证实釉中含有无数纳米尺寸的分相弧立小液滴,其粒度分别具有160nm、100nm 和 80~60nm 的峰值。小液滴的化学成分是富 Si 的,连续相则富 RO,如图 13-1,并且发现一些样品釉中还发生了第二次液相分离。

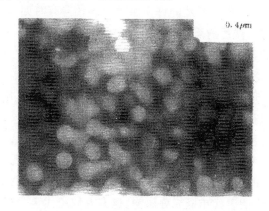

图 13-1　怀安窑乳光釉的分相小滴

如前述,怀安窑乳光青瓷釉在化学上并不特殊,如不分相,其呈色主要是铁在其中的作用,在实际效果上制得的是一般青瓷釉。但怀安窑的乳光釉则又有别于不分相的透明青釉,其原因可以用 $K_2O(Na_2O)$-CaO(MgO)-Al_2O_3-SiO_2 系 SiO_2 为 73.5±3.5% 的截面相图来解释。利用上述该釉的分析数据,计算出它们在该相图中的位置可知。怀安窑乳光釉(L)的位置落在1200℃分相区的内部及其边缘,而唐贞元的透明青黄釉则在远离该区之外,故两者有化学本质的差别。

这里就产生了一个考古学的课题,为什么在南朝已制造成功并大量生产使用的乳光青瓷到了唐代都只能大量生产透明的酱黄色青瓷?是不喜欢乳光青釉还是后来越造越差以致技术失传或原料耗尽、原料改变?总之,是技术上的问题还有社会、经济、政治的问题?这一大堆问题当然尚待研究考证,不过可以肯定的是怀安窑乳光青瓷虽然从透明青釉成功地发展到了乳光青瓷的地步,但是并未获得向外部地区推广和发展,并未把技术传到福建其他地区,只能局限于本地所属的某种技术的自身盛衰,已埋灭的先进技术只好留待其他地区的陶工以后重新发现。

第三节   唐代钧釉瓷(唐钧、唐代花瓷)

如前所述,青釉上出现乳光斑的现象可以追溯到西周晚期的施釉陶瓷。然而,在白瓷上偶然也可以看到有明显的乳光斑。目前能够看到的是一个传世品,即年代为北朝(386～581)、公元六世纪的一只刻花四系壶。壶高 25 公分,广口,近口一圈等距分布有双圈的四双系耳,肩上有突出一圈弦文,下腹除弦文外又围以一圈捏塑的瓣裙,通体施无色透明釉,不到底,下腹弦文以下露胎。因釉透明见底,胎色白,故为白瓷。值得注意的是肩上弦纹聚釉处有十分鲜明的蓝色乳光釉一圈,积釉过多,从弦纹上某处流下两三条如瀑布的条带,沿腹而下亦呈明显乳光,直至跨越下弦纹成一乳蓝釉聚滴于下腹无釉处,器身刻花的、若干能积釉的地方亦呈现出乳蓝色釉。更早期的白瓷釉能呈现乳光斑的尚须大量观察和搜寻。不过由此可知,白瓷釉亦可以在一定的物理化学条件下转变为乳光釉。

黑釉瓷上出现乳光斑已为人所知,在东汉越窑的黑釉或酱黑釉瓷上偶然可以看到聚釉处有蓝色乳光。在东晋(317～420)的个别德清窑黑釉四系盘口壶的折口部,弦纹和壶身的局部部位也会偶然呈现灰蓝色乳斑。唐代各地的许多窑口的黑釉器有时亦可以看到乳光斑。例如,广东南海官窑(地名)窑的虎头器足的黑釉上就出现过天蓝色乳光斑。这种黑釉瓷的蓝色乳光斑现象正是天蓝色钧釉瓷沿着黑瓷向钧釉发展的自然源流。

上述不论由青瓷、白瓷和黑瓷上出现的乳光斑只不过是在窑中器身上局部发生了特殊的物理化学变化的自然科学现象(考古界称为窑变)罢了。古代窑工们并未有意识去了解和控制这种"窑变"的自然规律和掌握利用这种规律以创制出前所未有的新品种。大多数古代陶工都以一种迷信的恐惧心理和害怕人祸之将至的态度来对待"窑变"现象。也许需要经过若干世代和无数的古代陶工们去思考和理解这种现象,并且从偶然或多次出现才启迪了主观的欲望,经过不懈的实践和几个世纪的失败,方由少数优秀的陶工们在黑釉瓷上成功地、重复地制得大片的天蓝色乳光斑,这就是所谓唐代花瓷或称唐钧,也有人称唐代窑变花釉瓷。这种成就是巨大的,虽然只是在黑釉瓷上局部产生天蓝色乳光,但是这是前所未有的人工创新的品种,国外有人把它称为"黑钧"。

自 50 年代至 80 年代经北京故宫博物院和河南省博物馆的几次调查,在河南省鲁山段店、禹县下白峪、郏县黄道,以及内乡,还有山西省交城都发现了所谓唐代窑变花釉瓷,与唐墓中出土的窑变花釉壶、罐等器物很相似。其器物有注子、罐、瓶、盘和拍鼓等,均是在黑釉底上施有白色大斑块,其中局部有天蓝色乳光,或者施斑釉较薄而色斑白少蓝多甚至全部为青蓝色乳光斑。根据考古学者的意见,上述唐钧诸窑以鲁山段店窑为首创。

鲁山花瓷古籍中有著录,唐开元四年(716 年)宰相宋景深好声乐,尤善羯鼓,曾与玄宗论鼓事,曰"不是青州石末、即是鲁山花瓷"[①] 按《格古要论》卷 7 第 5 页载:"青州、潍州石末研皆瓦砚也。……"可知所谓青州石末乃指以山东青州澄泥烧制的羯鼓鼓鞔(腔)。也就是说,不是用青州澄泥制成的陶质(瓦质)鼓腔就是鲁山段店窑制成的鲁山花瓷鼓腔。这种花瓷拍鼓以往十分罕见,北京故宫博物院曾展出过一件,鼓形两头大,中腰细,鼓身有凸起的数条弦纹。整器施黑釉,并且施以月白色大斑块,这是一件典型的唐代鲁山花瓷拍鼓,身上遍布的白色大斑块

---

① 南卓,唐宣宗大中二年及四年(848,850AD),羯鼓录,第 6 页,古典文学出版社出版,(1957)。

表面略为毛糙，有许多较大的棕眼，薄釉或边缘处有不起眼的蓝色乳光。① 类似的一件残器（复原）曾在上海博物馆展出并收藏。80 年代河南省考古界对鲁山段店窑址的调查有许多新发现②。鲁山花瓷腰鼓更是成批地发现，能复原的个体就有十多件。通体有五道竹节式的凸棱，两头有蒙皮扣榫，按尺寸大小可分成三类，最大者鼓长 70 厘米，腰径 11 厘米；最小者长 35～40 厘米，腰径 9.5 厘米。花斑有黑釉蓝斑和黑釉白斑之分。

　　实际上白斑和蓝斑是与所施白釉的稠度有关。这在一些花瓷的外观上可以看出。例如有一只黑釉白斑纹盘，直径 25.5 厘米，折沿，施白釉时用了较稠的釉料，器中心一大块白釉略微流淌，烧成后中心部大部分无光泽，白釉料并未完全玻化，边缘与黑釉接触的界线上有一道蓝色乳光纹，盘边曲褶处的一些白斑在施釉时流淌得厉害，甚至彩点连成流纹，则蓝乳光面积略大。又如禹县文管会收藏的一只唐钧执壶，从斑块的外观上显然看出它在施釉时白釉料在黑釉背景上流淌，厚釉处依然粉白，釉薄处则窑变成大片的天蓝色乳光③。我们看到的另一把唐钧执壶，高 22.4 厘米，口径 8 厘米，底径 10.2 厘米，施釉不到底。黑釉与露胎交界处有一圈轻微的聚釉与蓝乳光兔丝纹一起流淌。另一个唐钧黑地彩斑双系罐，高 25 厘米，口径 10.7 厘米，腹径 21.8 厘米，底径 10 厘米，亦施釉不到底可以看出是以毛笔施白釉条斑的，某些地方白釉已成条状流淌至器腹下跨越黑釉与露胎的界线而悬垂着一颗乳白色滴珠，大片天蓝乳光之中心则仍现乳白，不过这一部位已有釉光并且有若干纹片。

　　唐钧的另一种装饰方式是白底黑花，不过这只是表象而已。实际上仍然是先施黑釉，烧成后通体再涂满白釉料，趁它未全干透就用柔软的薄刮片刮去部分白釉，露出黑底再烧成，由此而成所谓白底黑花的唐代花瓷。故宫博物院收藏了一件这类花瓷罐（高 39 厘米，口径 17.2 厘米，底径 15.5 厘米），是这类唐代花瓷的典型器物。此外，有一件唐代白釉黑斑花瓷双耳壶传世器品，高 15.5 厘米，器形独特，下鼓腹，壶口鼓出成球形如葫芦状，束颈处有对向的两只环形耳，球形壶口全部为白色，黑釉背景上大部分面积被涂刷成白色，施釉不到底。白斑边缘呈兽毛状，远看似白釉黑斑。白釉处略带光泽，乳光蓝点极少，胎色米黄。

　　上面所举出的一些例子，可以说明，唐钧瓷器的特征是黑釉和白釉相结合，在窑内烧成过程中，由于高温物理化学反应，釉料局部成分转移，而变成乳光釉，因此从技术角度看，唐钧已经人为地掌握了重复出现的蓝色乳光斑的方法。只要古代陶工们通过无数的试验，从最简单的试验开始，例如把原来的白釉和黑釉按不同配比混和作试验，取得经验后进一步掌握配制散射蓝色乳光的釉配方就可以创造出一种前所未有的新瓷种。所以考古学家经考证，已确认唐代花瓷乃钧釉瓷的先驱。由于鲁山花瓷鼓已在中唐盛行，故考古学家认为唐代花瓷的创烧期有可能早到初唐。

　　禹县下白峪唐代窑址出土的腰鼓和旋足碗等典型唐钧残片曾经过详细的科学技术研究④。经化学分析，其胎、釉化学组成如表 13-3、表 13-4。

　　在实体显微镜下，禹县唐钧凡是有乳光彩斑的地方都是位于釉层的上部，TJ1 明显地看出釉层上半部为乳光釉下半部为透明釉，其间没有鲜明的界线而是乳光性逐渐稀薄的相互渗透

　　① 中国硅酸盐学会编，中国陶瓷史，文物出版社，1982，彩版 15。
　　② 赵青云、王忠民、赵文军，河南鲁山段店又有新发现，中国古陶瓷研究创刊号，故宫博物院紫禁城出版社，1987，41～43。
　　③ 晋佩章，钧窑史话，紫禁城出版社，1987，彩图。
　　④ 陈显求、黄瑞福、陈士萍，唐代花瓷的结构分析研究，硅酸盐通报，1987(2)，6～11。

区。由此证实,唐代花瓷是先施黑釉然后在其上涂以白料才制得乳光斑的。

用光学显微镜切片观察,非乳光部分的结构与古代一般黑釉类似,有一定的残留石英,其周围有犬齿状方石英微晶析出。偶然也会有一小束钙长石针晶丛。腰鼓凸出的弦纹有乳光斑处和有兔丝纹的乳光釉处在透光或反光暗场下都呈现浅蓝色的散射光,证实该处有亚微米的散射粒子。以直接样品在透射电镜下观察证实唐代花瓷釉的乳光部分在物理化学上具有不混溶性质而有典型的分相结构。无数的纳米尺寸的孤立小滴相使连续可见光谱的太阳光发生散射而呈蓝色乳光。小滴相的直径峰值为 80 纳米,粒度范围很狭窄。这种乳光釉也会发生第二次分离,其二次分相孤立微滴粒径在 5～10 纳米范围。这种乳光釉的受热行为:半球点 1250℃,流动点 1434℃。根据实物上没有聚釉,可知其烧成温度在 1250～1300℃ 范围内。

表 13-3　唐代花瓷釉的化学组成

No	K_2O	Na_2O	CaO	MgO	MnO	CuO	Al_2O_3	Fe_2O_3	SiO_2	TiO_2	P_2O_5	
TJ1	4.24	0.27	11.44	1.03	0.12	0.01	11.30	2.21	67.37	0.42	1.85	wt%
	0.1603	0.0157	0.7265	0.0910	0.0061	0.0004	0.3949	0.0493	3.9946	0.0186	0.0464	G.F.
						$RO_2/R_2O_3 = 9.0347$						
TJ2	2.49	0.66	9.23	1.87	0.14	0.01	12.41	3.89	67.15	0.76	1.96	wt%
	0.1057	0.0426	0.6580	0.1853	0.0080	0.0004	0.4867	0.0973	4.4682	0.0382	0.0551	G.F.
						$RO_2/R_2O_3 = 7.7164$						
TJ4 (腰鼓残片)	2.66	0.58	5.71	1.80	0.10	0.01	14.07	4.82	68.57	0.95	1.01	wt%
	0.1520	0.0508	0.5489	0.2401	0.0076	0.0005	0.7442	0.1628	6.1574	0.0644	0.0384	G.F.
						$RO_2/R_2O_3 = 6.8598$						
TJ5	2.49	0.75	5.42	1.73	0.09	0.02	13.58	5.06	70.10	0.67	0.01	wt%
	0.1470	0.0674	0.5379	0.2389	0.0072	0.0017	0.7422	0.1765	6.5045	0.0468	0.0006	G.F.
						$RO_2/R_2O_3 = 7.1311$						

表 13-4　唐代花瓷胎的化学组成

No	K_2O	Na_2O	CaO	MgO	MnO	Al_2O_3	Fe_2O_3	SiO_2	TiO_2	
TJ1	2.18	0.14	0.80	0.60	0.03	24.25	3.05	67.55	0.94	wt%
	0.0902	0.0089	0.0554	0.0577	0.0015	0.9256	0.0744	4.3761	0.0453	B.F.
TJ2	1.67	0.20	1.19	0.37	0.04	28.99	3.44	62.67	1.05	wt%
	0.0580	0.0104	0.0690	0.0300	0.0020	0.9297	0.0703	3.4109	0.0427	B.F.
TJ3	2.28	0.25	0.80	0.60	0.03	23.74	3.51	67.46	1.17	wt%
	0.0948	0.0157	0.0560	0.0584	0.0016	0.9138	0.0862	4.4066	0.0572	B.F.
TJ4	1.51	0.18	1.98	0.39	0.03	31.37	3.57	60.10	0.90	wt%
	0.0485	0.0088	0.1070	0.0294	0.0012	0.9321	0.0679	3.0312	0.0339	B.F.
TJ5	1.40	0.17	1.04	0.36	0.02	28.17	2.86	64.50	1.15	wt%
	0.0505	0.0091	0.0627	0.0301	0.0010	0.9390	0.0610	3.6497	0.0488	B.F.

从 $K_2O(Na_2O)-CaO(MgO)-Al_2O_3-SiO_2$ 系白瓷和青瓷釉出发,产生乳光分相釉或从黑釉出发所产生的该类釉的不同之点是 Fe_2O_3 在釉中的含量。青瓷釉含 Fe_2O_3 一般在 2％以下,原则上与白瓷釉无甚差异。黑釉含 Fe_2O_3 一般在 6％以下,如以黑、白釉 1 比 1 相混能产生乳光釉的话,则 Fe_2O_3 的含量约在 3％左右,对乳光釉色没有重大影响,但是黑釉背景上产生天蓝色散射的乳光,在视觉上和艺术效果上有强烈感人的倾向,很像地球上南、北两极天穹上挂着的极光。在整个以黑釉为背景的器物上局部施以乳光釉的唐代花瓷正是具有这种艺术魅力,并且藉鲁山花瓷拍鼓为典型代表在七世纪的盛唐时代已进入宫廷。在陶瓷科学和工艺学上已经飞跃到一个创新的境界。

如上所述,在唐代已经能够在黑釉背景上大片大片地制造出纯天蓝色乳光釉,难道就不可以使整个器物都蒙上一层蓝色乳光釉吗?如果掌握了蓝色乳光釉的配方,不就可以摆脱了黑釉瓷或青釉瓷的依赖,直接一次地施以能散射天蓝色乳光的单一釉料了吗?到底要经过多少年代甚至世代才能完成这一发展过程呢?

第四节　河南钧釉瓷

继唐钧进入唐玄宗宫廷近 400 年之后,河南钧瓷又长驱直入宋代汴京宫廷,翻开了中国陶瓷技术发展史上成就非凡的光辉一页。河南宋钧瓷有三大特征,第一,全面施有乳光釉,呈鲜明的蓝色散射光。釉中含 Fe_2O_3 量如一般青瓷,已与黑釉脱离了技术上的关系。第二,局部或全部以铜及其氧化物着色,产生红色斑块或全部为紫红色釉。这是中国古瓷第一次以铜着色的创造,中国古瓷有红釉者亦自此始。第三,釉中弥漫着许多微小的釉泡,少数在釉面成开口的棕眼,这些釉内的釉泡对钧瓷呈现的炫丽异光亦起一定的作用。

考古界确认禹县下白峪钧窑遗址发现的唐代窑址有黑釉斑彩装饰的壶、罐、拍鼓等物,提示了钧窑早期历史与唐代花瓷有关。自 50 年代初至今,北京故宫博物院,河南省博物馆,禹县文管会,禹县瓷厂的多次调查和发掘以及地方的一些瓷家的参与调查研究,证实河南禹县为钧瓷的发源地。钧窑遗址以禹县神垕镇为中心,刘家门、刘庄、刘家沟为代表,共发现窑址 150 多处[①]。这些窑址属民窑,时代可以划分出北宋早期的有红石桥、长观春、刘庄、张庄、苗家门、下白裕、刘家沟等 10 处;和钧台窑同时的北宋中、晚期的有:钧台窑、五代泉、王家门、石峪、铁炉沟、扒村、桃园等 25 处;金、元时期的有:白沙、党寨、西炉、白家门、刘家门等 61 处[②]。钧瓷始烧于北宋,盛于北宋中、晚期,靖康以后因战乱停烧,金大定以后恢复并发展而形成了许多地方都烧制的宋金、元钧窑系,除河南省禹县外,有临汝、郏县、新安、鹤壁、安阳、林县、浚县、淇县;河北省磁县;山西省浑源县和内蒙古自治区呼和浩特市;以禹县城内北门的钧台窑(八卦洞)最有代表性[③]。

唐代在禹县城北门内建禹王庙,庙前立山门台基,命名为"钧台"。清代书刻横额"古钧台",对联一幅为"得名始于夏,怀古几登台"。烧制瓷器的宋代窑址就在钧台及其附近八卦洞的周

① 曹子元,钧台与钧窑,河南钧瓷、汝瓷与三彩,河南省文物研究所编,紫禁城出版社,1987,43~46。

② 田松山、晋佩章,从禹县九十六处古钧窑遗址的调查浅谈钧台窑的艺术成就,景德镇陶瓷,中国古陶瓷研究专辑,第二辑,1984,177~188。

③ 冯先铭,有关钧窑诸问题,河南钧瓷、汝瓷与三彩,河南省文物研究所编,紫禁出版社,1987,2~8。

围,故有钧台窑之称(亦名八卦洞),烧制的瓷器就称钧瓷[1][2],产品质量为禹县诸窑之冠。烧制器物的种类繁多,其中钧瓷不仅造型端庄朴雅,而且胎质细密,釉色温润,彩色缤纷,尤其是玫瑰紫、海棠红、茄皮紫、鸡血红和鹦哥绿等窑变釉,为当时其他窑口产品所不及,达到了光彩夺目、炫丽迷人的程度。八卦洞出土大量优质产品的瓷片非常典型,釉色优美,尺寸颇大,特别是花盆一类与故宫博物院所藏的传世宋钧相同。北宋末年,徽宗在蔡京等怂恿下,竭天下以自奉,在东京(今河南开封)建"寿山艮岳"。崇宁四年(1105年),使朱勔主持苏杭应奉局,凡民间有可用花木、奇石,即直入其家,破墙拆屋,劫得后分批纲运东京[3]。种植花木的盆、奁及室内陈设器皿的需要量急剧增加。钧台窑北宋时烧制瓷器的技术已有相当水平,故为此需要,在钧台建立"官窑"烧制和供应这类产品势在必行。考古界仔细对照研究了北京和台北两故宫博物院收藏的存世宋钧共45件(北京藏品24件,台北21件),不论窑址残片或存世整器器底皆有一到十的数目字,釉色种类和优美程度以及器形都相同,证明钧台窑乃盛于北宋后期的官窑窑址[4]。此外,钧台窑址还出土了一块钧瓷胎泥制的"宣和元宝"方形钱范,上有粘着的一滴钧釉,更是标明该窑烧制钧瓷的年代证物。经研究,钧瓷器底刻的数字是器物大小的标记,即数目字越小,器物越大,一字是同类器物中最高或口径最大的,十字是最矮或口径最小的。

　　故宫传世品的器形有出戟尊、各式花盆、各式盆奁、鼓钉三足洗等。各种异常优美的釉色,从常见的淡青到鲜明的鸭蛋青一整系列,自不待言,紫釉也是一个系列的釉色,乳光效应十分明显。所以故宫博物院建立之初,研究过所藏的钧瓷者,每有"宋钧无论青、紫,皆发奇光"之叹(见荆子久《钧窑考证》)。

　　许多传世宋元钧瓷散逸于海外,一些珍品见于英、美、日著名博物馆[5]。例如英国大维德基金会收藏的一只北宋钧窑钵,器高13.7厘米,釉呈乳光天青,质地细腻,有微开片,外口沿有少数棕眼,除圈足底沿外,内外均施满釉,器内有三个支钉痕,外圈足上有明显的垂釉,状如凝腊堆脂,一望而知为宫廷用器,为宋钧官窑所烧制。另一只藏品为平沿浅底盘(碟)。直径18.5厘米,天青乳光釉,四方位对称地施铜红紫斑。盘中有陶工妙手装点的四个略似"乙"字形的对称紫斑,以及盘边上的四个紫小斑。浓处为紫,稀处渐趋于蓝及青,边沿薄釉处则成半透明露底呈褐色,属宋钧典型器物。大英博物馆收藏的一只北宋钧窑球罐,高9.5厘米,施美丽的绿松石蓝色乳光釉,上有大紫斑,据说可能是当时临汝窑所烧的产品。

　　宋钧大碗也是当时典型的宫廷日用器皿。英国Ashmolean美术馆的一只藏品直径22.3厘米,为北宋钧瓷,乳光特别明显。另一只藏品为六瓣盆奁,直径18.38厘米,施厚的乳光浊釉,有紫蓝色兔丝纹,为金代钧瓷。

　　东京国立博物馆藏有一只金元钧窑梨瓶。施乳浊蓝釉,上有微小白点,器高26.4厘米。

　　美国旧金山亚洲美术馆收藏一只鼓钉水仙盆(或称鼓钉洗),直径20.35厘米,器下有三如意鼎足,外口沿装饰一圈鼓钉,施明亮的紫蓝釉并带白微点和火红效应,器底施橄榄绿釉,为金、元时物。

　　① 赵青云,钧台窑的兴起与昌盛,景德镇陶瓷,中国古陶瓷研究专辑,第二辑,1984,169～176。

　　② 晋佩章,钧窑史话,紫禁城出版社,1987。

　　③ 辞海,花石纲,上海辞书出版社,1989,1473。

　　④ 王莉英,谈北京故宫博物院和台北故宫博物院收藏"官钧"瓷器,河南钧瓷、汝瓷与三彩,河南省文物研究所编,紫禁城出版社,1987,32～39。

　　⑤ Mary Tregean,Song Ceramics,RIZZOLI,1982,118～126。

　　钧瓷器形最具特色的是出戟尊,北京和台北的两处故宫博物院均有收藏(图片见《中国陶瓷史》图版二十三)。上海博物馆亦收藏了器形完全相同的一只。出戟尊是仿青铜器式样制作。大侈口、束颈、扁鼓腹、束腰、胫至底边外敞。器形本身就等于分为上、中、下三截。身上有四次对称分布的长方形戟12个。釉色乳青蓝,棱边处呈透明黄褐,似古铜色调。

　　此外,钧瓷日用器除各式大小花盆之外,多为各种尺寸的碗、盆、盘、碟以及梨瓶、梅瓶、香炉等。彩图13-2为古代钧窑乳光釉瓷盆照片。

　　已经证实,钧瓷是低温素烧、高温釉烧的二次烧成的制品[1]。胎经素烧后,多次施釉,最后厚度可达3毫米。有许多烧成后的碗,其釉流聚于碗底可厚达10毫米。许多花盆或出戟尊脚下聚釉如熔腊堆脂,这也是钧瓷的一个特征。这种现象说明钧釉在并不快速的烧成过程中,在高温下釉仍具有一定的粘度,但已可以按本身的重力作用缓慢蠕动,往下爬行、积聚。经过对钧釉受热行为的高温显微镜测量,按釉不同程度的流淌或积聚与否,可判定宋钧釉的烧成温度在1280～1300℃范围[2]。根据钧瓷胎的显微结构,由于胎中二次莫来石针晶发育粗大,数量众多,一次莫来石发育完整,成三组交叉的席状结构,亦可得出同样的结论。在高温下,由于釉与胎的Al和Na,K离子含量的悬殊,故Al从胎扩散到釉而补充Al含量,K,Na从釉扩散到胎而提高胎中熔剂含量使该处玻璃相量增高。靠近胎的釉处R_2O含量下降。所以在胎、釉交界处这种离子交换使其成分达到了钙长石(CaS_2)成分过饱和而析晶。析晶过程中,由于液/固中Fe_2O_3的分配系数大于1,钙长石析出时发生排Fe_2O_3作用,析晶后的钙长石层比较纯,含铁量很少,在肉眼看来就形成了胎、釉之间的一条白线,这就是中间层的结构。以往常常会被误认为钧瓷在胎上先施有化妆土而引起争论,现在已经没有这类争论了。这种中间层也是说明钧瓷在高温烧成的一种标志。

　　要高温烧成,就需要能够烧高温的窑炉。从禹县钧台窑(八卦洞)发现的宋钧窑炉是一种河南、陕西常见的所谓馒头窑,其平面图如马蹄形,故亦称马蹄窑。八卦洞钧窑已比较先进,窑长4.34米,中部最宽为2.5米,燃烧室在窑前,长度1.6米,底部距窑床面0.8米,因此窑床实际上是一个颇高的台阶,面积约为2.5×2.2米²。窑后墙贴床底均匀分布5个出火孔,在窑后墙筑成5条烟道,汇总于中部的一个烟道通向烟囱,窑内废气经此向上排出。一般认为这种窑炉属半倒焰窑,其实是没有注意或考虑其装窑的情况,若在装窑后在窑床与燃烧室之间砌筑一道达半窑高的挡火墙,则火箱燃烧时火焰被迫往上沿着窑顶跨越挡火墙,往下经所烧器物,从窑床面后的出火孔排烟,因此它是实实在在的一种倒焰窑,可以烧出所需的高温。在长时间保温下窑温也不会太不均匀。另外,这类馒头窑装窑多使用垫柱,在其上叠置内装器物的圆形匣钵。因此放在窑床上的是一根根较高的匣钵柱,柱和柱之间就是通火道。匣钵柱的密度越大,通火道的平面截面积越小,又因其下有高约20厘米的一层垫柱,故最下面的匣钵已高过出火孔,因此这种装窑的结构已相当于现代倒焰窑的窑底孔,火焰等于通过无形的窑底孔从器物的底部由侧面的出火孔从烟道排出废气。调整装窑时垫柱密度就等于调整窑床面积与窑底孔面积之比,以调整窑温的均匀度,加上窑床前的挡火墙,这种结构简直就是一个小型的现代倒焰窑。无怪钧瓷已有高温烧成的优越条件了。从宋代钧窑出戟尊器物本身上下均匀来看,这样高

　　① 冯先铭,文物,1964,(8):15。
　　② 陈显求、黄瑞福、陈士萍等,河南均窑古瓷的结构特征及其两类物相分离的确证,硅酸盐学报 Vol.9,1981,(3):245～252。

的瓷器若在温度不均匀的窑炉中是烧不出来的。

八卦洞钧台窑烧制钧瓷的典型窑炉结构已有著录[1]。

在中国北方,这类窑炉所用燃料可以是柴,也可以是煤。例如赤峰缸瓦窑屯,地处群山之中,多树木杂草,所以烧柴。抚顺产煤,所以大官屯窑烧煤。钧台窑到底烧什么,却未见著录。不过钧台窑当然可以烧煤,但是如果烧制以铜红着色的紫钧,若不烧柴则难以制出珍品,其理由留待后文阐述。

禹县钧台窑的结构也有两个面积相当于窑床的火膛以及两个窑门的。窑长约 3.5 米,宽度约 4 米。实际上等于两个窑并排着把旁边的侧墙取消了的一个连体窑罢了[2]。

钧瓷釉诞生之后,许多人对它能产生颜色变异的天蓝色乳光觉得十分神秘,如上文所述,称它为"异光"或"奇光"。近代科学的发展以及化学的进步,又使一些人以纯化学的观点来对待瓷釉的各种问题。数十年来,在 60 年代以前,把钧釉的这类乳光性的产生归因于其中含有磷酸铁(vivianite)或磷酸钙甚至磷酸等而被广为讹传。其实 1975 年用 Mössbauer 谱研究浅蓝色钧瓷釉时,谱线的四极分裂峰已经明确证实,它并不相当于磷酸铁矿物,也不相当于磷酸盐玻璃。此项研究第一次以实验结果纠正了上述这种观点[3]。

30 年代以来,有一种说法认为钧瓷釉的天蓝色,像景德镇的天青釉和祭蓝釉一样,是因为加入了氧化钴。我们知道,这种蓝釉之所以为蓝色,是溶入了 3%～5% 的氧化钴(以 Co_3O_4 计),因而成为颜色从浅蓝到深蓝色的透明釉[4]。如果是无色透明釉,所用的胎体又是白胎,则在釉中加入微量的氧化钴反而会提高白瓷釉的白度,这是在陶瓷界中广为应用的一种方法,其中氧化钴的用量通常约为 0.01% 以下[5]。宋、元钧瓷釉到底是否有意加入了足量的氧化钴使之染成蓝色呢? 那就只有对之进行定量化学分析才能说明。在 1985 年以前中国古瓷化学分析数据库[6]的 40 个钧釉分析中的 CoO 含量均低于 0.01%。近年新发表了 11 个宋钧台窑和宋、元刘家沟和赵家洼,宋临汝窑所出钧釉,其 CoO 的含量为 0.0×%,×的最大值为 5,则是宋钧台窑的钧釉。只有另外一只明代神垕镇的钧釉含量 CoO 量最高,为 0.10%[7]。另一个宋钧台窑钧釉的 CoO 为 0.0006,宋刘家沟为 0.0004。作者们还分析了这两个试样中的稀土元素含量[8]。显然,这种万分之几的 CoO 含量不是有意加入,而是原料中所含的杂质,或污染所带入。也并不能使乳浊釉或透明釉变为蓝绿得如天青或祭蓝釉。正如可以在数据库中看到的邢、巩、定、景德镇等白瓷釉含 Fe_2O_3 量有时高达 1.22%,也依然是白瓷;一般 Fe_2O_3 亦含有 0.5% 以上,对

①　刘可栋,试论我国古代的馒头窑,中国古陶瓷论文集,中国硅酸盐学报会编,文物出版社,1982,173～190。

②　李国桢、郭演仪,中国名瓷工艺基础,上海科学技术出版社,1988,59～60。

③　R. E. M. Hedges, Mössbauer Spectroscopy of Chinese Glazed Ceramics, Nature, vol. 254, 1975, No. 5500, 501—503。

④　素木洋一著、刘可栋、刘光跃译,釉及色料,中国建筑工业出版社,1979,411。

⑤　杜海清著,陶瓷釉彩,湖南科学技术出版社,1985,65。

⑥　陈士萍、陈显求,中国古代各类瓷器化学组成总汇,中国古代陶瓷科学技术成就,第二章,李家治、陈显求等著,上海科学技术出版社;1985,罗宏杰、高力明、游恩溥,中国古陶瓷胎釉化学组成数据库初步建成,西北轻工业学院学报 vol. 791,1989。

⑦　郭演仪、李国桢,古代钧瓷的科学分析,ISAC'89 古陶瓷国际讨论会论文集,李家治、陈显求主编,上海科学技术文献出版社,A9,1992,54～60。

⑧　李文超、王俭、彭育强等,钧釉呈色的物理化学分析,ISAC'89 古陶瓷国际讨论会论文集,李家治、陈显求主编,1992,A42,272～278。

白瓷釉色并不产生多大影响一样。

天蓝色的乳光是由于釉中分相小滴对投射白光发生散射的结果。这种乳蓝色并不需要加入 CoO,正如蛋白石宝石的乳蓝光不需要任何一点 CoO 那样。详细研究 K_2O-Na_2O-CaO-MgO-Al_2O_3-SiO_2 系六元系(以后简称 KNCMAS 系),在瓷釉烧成的非平衡条件下釉中的物相状态时,总可以在 R_2O_3(0.1~0.6)和 RO_2(1.0~6.0)范围内的釉式图中找到分相区和分相析晶区。处于分相区中的各个釉成分烧制出的釉都具有液相分离结构并且呈现强烈的天蓝色乳光,并不需要加入 CoO[1]。在理论上,分相后的熔体在重新升温加热,超过其会溶点时分相的两液相就重新溶解成均匀的单相。在非平衡条件下,分相瓷釉重烧时,分相小滴在一定温度以上会回溶。视动力学的参数,小滴按不同的速度逐渐消失,因而乳光随着小滴浓度逐渐降低而淡化,只有釉面或某部位由于原来小滴浓度特别高,因而还残留着一些未及溶解的小滴而呈现一丝一缕的乳蓝光兔丝纹。这种现象不论在实验室重烧古瓷乳光釉,还是观察宋官钧瓷釉都屡见不鲜。反之,如果 CoO 是发出蓝色乳光的主要原因,那么,不管把乳光釉烧到透明,乳光消失了,但蓝色应该依然存在,不应该只有残余的兔丝纹才留下蓝光。综上所述,钧瓷天蓝色乳光是由于加入了 CoO 而呈色的这种意见只不过是前人的误解。

钧窑釉的蓝色乳光可能是由两种互不混溶的玻璃相分相所产生,在 50 年代已有所估计[2]。随后用扫描电镜[3] 和复型法在电镜下[4] 分别证实了钧瓷釉的分相结构。用直接样品在透射电镜下用和用萃取复型法观察和萃取了小滴相的孤立粒子[5]。研究工作的结果提供了一批宋、元钧瓷的化学分析数据和显微结构的详细结果[6][7]。根据已进入古瓷釉数据库的 40 个宋、元钧釉的数据统计,它们分布于釉式图中的 R_2O_3 0.30~0.64,RO_2 3.5~6.0 的范围。而它们的 RO_2/R_2O_3 比的平均值为 10.5,故大多数成分点都集中于釉式图中的这一条线上及其附近。据目前已有的数据分析,早期宋钧釉此比值偏近此线并大于 11,官钧则大于 12,元钧数据点比较分散,有小于 10 的。宋钧台窑钧釉和刘家沟宋钧釉的比值也有小于 10 的,分别为 9.18和 8.03。在研究 KNCMAS 系瓷釉的分相范围后可知,在釉式图中沿 RO_2/R_2O_3 值等于 10.5~11 一线分布的釉成分都会发生分相。使用了这种化学成分就可以制出发乳蓝光的分相釉。上述宋、元钧瓷天蓝色乳光釉成功地大量生产正是古代陶工们的伟大功绩。虽然,当时他们尚处在知其然,而不知其所以然的境界中。

月白、天蓝色乳光钧釉是不含铜的,但我们可以在宋末宫廷用的官钧天蓝釉上看到铜的着色,其方法至少可以分为几类:第一类,在天蓝乳光釉上以含铜薄釉浆涂刷、描画或点着,使成花样入窑烧成后,含铜色剂向边缘周围扩散,红色逐渐淡化,产生深浅浓淡,意像迷蒙的艺术感染力。第二类,釉料加入足够的铜色剂,施于器胎上,达到相当的厚度,烧成后成为有 1 毫米厚

① 况学成,中国科学院上海硅酸盐研究所博士学位论文,1994。

② W. F. Steger, Porslin, Stockhlm, 1951, 99。

③ R. Tichane, Those Celadon Blues, 1978, 63。

④ 刘凯民,钧窑釉的研究,山东陶瓷,1981(1):40~57。

⑤ 陈显求、黄瑞福、陈士萍等,河南钧窑古瓷的结构特征及其两类物相分离的确证,硅酸盐学报,vol. 9, 1981,(3):245~252。

⑥ 陈显求、黄瑞福、陈士萍等,宋元钧瓷的中间层、乳光和呈色问题,硅酸盐学报,vol. 11, 1983,(2):129~140;中国古陶瓷研究,C16,中国科学院上海硅酸盐研究所编,科学出版社,232~238。

⑦ 刘凯民,钧窑釉的进一步研究,中国古陶瓷研究,C17,中国科学院上海硅酸盐研究所编,科学出版社,1987,239~246。

的红色釉层。铜红色剂是加到天蓝乳光釉料中的,因此整个釉层既分相又红色,放大镜下就可以看到蓝色乳光的流纹,而肉眼却不容易看见。这类情况大多数是施于外釉,与内釉纯天蓝乳光钧釉并有明显兔丝纹者相对照而令人醒目。第三类,在较厚的红釉上施以薄层的天蓝乳光钧釉,烧成时两者反应,表面流淌,则无上层釉处依然呈红色,两者反应处呈红紫色乳光,流淌处则呈现红、紫、蓝、白等兔丝纹,肉眼宏观看到有如朝霞,这就是常见的所谓窑变花釉,大多数是用在各式花盆的外釉,兔丝纹浓密处连成一片,留下一些孤立的、面积约 1 平方毫米的原来深红的斑点。相反,内釉先施无铜的天蓝乳光釉,然后上面薄施含铜乳光釉料,烧成后,部分铜化合物挥发,依然是原来有兔丝纹的乳蓝,残留的铜形成红色色斑或流纹,等于天蓝釉上装点了一些红色丝绒状或毛发状装饰。我们还应该考虑到高价铜离子 Cu^{2+} 的着色。在氧化气氛下部分溶入釉液中的铜离子 Cu^{2+} 存在,使釉染成青蓝色。高价铁离子为淡黄色。所以钧釉在高温烧成及停炉期间局部氧化的情况下,这两种高价离子都有可能增加蓝绿色的效应。

据化学分析,红钧或紫钧中 CuO 的含量为 0.3%～0.45%,还含有 0.3%～0.9% 的 SnO_2。不过应该注意的是,数据只代表整个釉层的综合状态。由于其结构是不均匀的,往往集中于中层或底层甚至更局部的地方。可以设想,如集中于十分之一体积之处,则该处 CuO 含量就有百分之几而不是千分之几。据分析,清代景德镇的江豆红釉含 CuO 为 1.96%,局部地方的釉显然会大大超过这一数字。因此可以认为,钧瓷红釉呈色所需的 CuO,显然不应该太少。生产和研究铜红釉工艺的瓷家在实践中也有如此体会。

由此可知,唐钧以黑釉底背景上制出天蓝乳光斑。现在,宋钧却除了生产天蓝乳光釉之外,还在红釉底背景上制出红、紫、蓝、白乳光花釉了。从技术上衡量这已经是两类新创的釉了,若从艺术瓷来看,那就是光怪陆离的许多个品种了。

铜在钧瓷釉中到底以什么形式存在,以及它到底如何呈色等都十分复杂,需要不断地深入研究。铜在瓷釉中可能有几种状态存在:第一种,它可以以离子状态存在,即 Cu^{2+} 和 Cu^+。第二种,以金属微粒,即 Cu^0 存在。第三种,以铜化合物微粒,如 Cu_2O 赤铜矿物,CuO 和 Cu_2S 等微晶存在。若按第一类乃是离子在釉中的呈色,则应考虑铜离子是一种过渡元素。其 3d 电子壳层的组态分别为 d^9 和 d^{10},所以 Cu^{2+} 在釉中呈蓝绿色,而 Cu^+ 为无色[1]。在氧化气氛烧成,瓷釉特别是透明釉,被 Cu^{2+} 离子着成绿色,这是瓷家所熟知的事。但是钧瓷釉的红色是在还原气氛下制得的,故用离子着色机理就难以解释。根据实验,使基础玻璃中的碱金属离子与 CuCl 中的 Cu^+ 离子交换后,在中性气氛中热处理,制得了光吸收与 Cu_2O 单晶相似的红色玻璃;若在还原条件下热处理,则得到的玻璃,其光吸收有别于 Cu_2O 单晶的谱线,其长波部分的透过率明显下降。这种有别于 Cu_2O 微晶呈色的红玻璃被认为还原热处理条件下,玻璃中存在 Cu^+,Cu_2O,Cu^0 之间的平衡,形成了 Cu^0 的纳米质点而呈色[2]。Cu_2O 微晶和金属铜(Cu^0)微粒常以胶体粒子弥散于玻璃或釉中呈红色,其透光谱线的差别如上述。以高分辨电镜观察钧瓷红釉已证实釉中红色区有完整的立方赤铜矿微晶析出,其尺寸在 0.2～1 微米范围,是钧红呈色的原因之一。此外,在刘家沟宋钧瓷釉中又发现粒度分布范围极宽的金属铜微粒[3],尺寸从毫米一直到纳米。毫米级为熔成圆球的珠子而最小的为微米级颗粒,是从釉中析出的。边长为数个分

① B. Camara,(陈显求译),电子自旋共振及其在陶瓷中的应用,瓷器,1981,(1):63～67;(2):64～66。

② 黄熙怀,玻璃中纳米半导体质点的形成与光吸收,物理化学学报,vol.10,1994(6):570～575。

③ 陈显求、黄瑞福、陈士萍,刘家沟钧釉中的金属铜,硅酸盐学报,vol.16,1988(3):233～237。

相小滴直径的六方、三方和四方形的金属铜完整微晶粒则示于图 13-3。所以宋、元钧瓷红釉除 Cu_2O 微晶呈色之外，还有另一种以金属铜呈色的途径。视烧制条件和着色原料的不同，Cu_2O 或金属铜呈色都可以。CuO 微晶如在釉中胶体状悬浮也会呈色，不过是黑色罢了。但黑铜矿微晶是否在釉中存在目前没有发现。

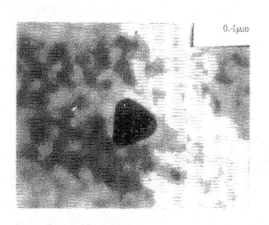

0.4μm

图 13-3　刘家沟钧瓷釉的分相结构及金属铜微粒

在显微镜下详细观察紫红钧釉可知其中有两类流纹，并且彼此不均匀地分布着。蓝色流纹中含有一种灰蓝色的微粒，直径在 400～500 纳米范围，个别最大的小于或等于 2 微米。经光学显微镜、透射电镜，能量色散谱，成分面扫描以及微区电子衍射证实它们为辉铜矿（Cu_2S，Chalcocite）纳米多晶粒。这些微粒群组成的蓝色流纹与红色流纹混在一起形成湍流，视它们比例的不同在宏观上呈现紫红到紫蓝的色彩。由此可知，辉铜矿纳米粒也是紫钧瓷釉呈色的不可忽视的重要因素。

透射电镜下证实釉中的红色流纹区除了大量的非晶相富铜的液相小滴所组成之外，其中还分布着立方系的赤铜矿微晶，这对该处的呈红色当然会起相当的作用。然而，富铜的孤立小滴的呈色到底是通过怎样的机理而起作用？这是个比较复杂，并且是非常重要和有趣的研究课题。首先应该求证铜到底以什么形式存在于其中。鉴于硒化镉玻璃在未处理时无色而在 600℃ 下热处理 2 小时后玻璃中已析出 5 纳米的 CdSe 微晶，并且同时显色的这种微晶胶体呈色机理[①]，因此相应地，这种红色流纹区中的富铜小滴是否也有可能局部析出数纳米量级的赤铜矿而呈色呢？这就需要进行高分辨电镜下的研究了。不过即使这样，还有一个胶体 Cu_2O 呈色与分相小滴散射呈色的互作用等复杂的问题需要一起解决，而不像天蓝乳光散射呈色那样单纯而明确。

硫从哪里来？第一，钧瓷釉中的硫可以从原料带入。松木灰本身含硫，如钧釉原料加的木灰是松木灰则由之带入，这是一种可能。第二，钧釉是否像景德镇制釉浆时常常外加 1% 的石膏而石膏含硫。这种可能性似乎不大。第三，就是要特别注意的，铜着色剂原料是什么。我国古代炼铜常用硫化铜矿石，其中以辉铜矿为主，如用它作为呈色剂直接引入，等于加入了硫化铜，这种可能性也有。古代陶工用料，大多数就地取材，最好随手拈来，不必舍近求远，故大多数时间用的是所谓铜渣、铜屑或铜灰。铜渣是炼铜后的矿渣，成分复杂，以辉铜矿为原料炼铜所剩

① 温树林、冯景伟，CdSe 玻璃着色机理的高分辨电镜研究，硅酸盐能通报，vol. 5,1986(1):1～4;J. Noncrystal. Solid,1986,80,190～194。

下的铜渣就残留着硫化铜。铜屑是青铜器加工后的废屑，由于其中含锡，所以部分宋钧釉也含有 SnO_2。这里的 SnO_2 与其说是古代陶工有意加入，倒不如说是用了青铜废屑带入。铜灰则是以铜屑煅烧氧化而成，当然有可能除氧化铜、氧化亚铜之外，还残留金属铜和少量硫化铜。另外在烧成时如果用煤作燃料，则釉中的铜着色剂会部分硫化成硫化铜。景德镇烧铜红釉的许多瓷家都有其深刻的体会。由于烧成气氛中含硫，导致铜红釉色变暗，呈驴肝马肺之色。他们特别强调铜红釉必须烧柴。

宋、元钧瓷釉的分相小滴尺寸呈现正态概率分布。测定过许多样品的孤立小滴的粒度曲线，其平均直径介于 55.5～116 纳米之间。瓷釉分相成为连续相和分散相时，至少有 11 种结构参数会对该釉的性质产生影响，即分相小滴和连续相各自的成分和性质，分散小滴的体积分数，粒度分布，平均尺寸，小滴粒子平均自由程，择优取向和两相各自的结晶度，两相界面的互作用，两相的热学上的互作用。因此，分相釉比单一均匀的透明玻璃釉的性质复杂得多。如果这两相成为互连和穿插结构也就更为复杂。这些结构参数影响到釉的密度、弹性模量（釉是否容易开裂）、粘度（在同一温度下分相后比分相前粘度甚至提高了几个数量级，明显地影响到釉在烧成期间的粘度突变，甚至从快速流淌变为缓慢蠕动）、析晶（在相界上连续相一侧抑或孤立相的一侧析晶及其析晶量）等等，如果不考虑其微米和纳米结构的复杂性而想用简单的化学计算则难以求得正确结果。

在刘家沟天蓝色乳光釉中也已发现了分相的穿插结构和第二次液相分离的现象。

第五节　唐代以来由液相分离所产生的乳浊釉瓷和类钧釉瓷

在中国历代的许多陶瓷中，常常可以看到有些窑口生产一种施乳浊釉的瓷器。瓷釉之所以具有乳浊性是因为釉中悬浮着许多异相颗粒，其尺寸大于投射光的波长，粒子浓度较高的乳浊釉外观呈乳白色。这些第二相可以是残留石英，微细釉泡，析出的微晶如钙长石、透辉石、硅灰石以及液相分离所产生的无数纳米级的孤立小滴。由于纳米级的异相粒子的尺寸与白光入射的连续光谱的波长相近，因而产生瑞利（Rayleigh）散射效应，使瓷釉呈现天蓝色乳光。要达到宋钧和宋官钧这样艳丽的釉，其分相小滴的尺寸大部分应符合瑞利散射定律的要求，而其浓度则更要适中以保持既能散射强烈的天蓝乳光，又要保持一定的透光率，使其外观产生动人的宝石感。反之，孤立小滴的尺寸过大甚至大大于入射光的波长，致使其散射光的强度与入射波长基本上无关而成为米（Mei）散射。加之其浓度过大，即使很小的一部分的小滴尺寸接近于入射光的波长，产生蓝光散射，也会被米散射主流所掩盖，而微弱的天蓝乳光不是看不见，就是因为太微弱而在艺术观感上不起作用了，况且虽然大部分的小滴尺寸都符合瑞利散射要求，但若浓度太高，分相釉也以呈乳白色为主，而蓝色乳光仍然是微弱的或局部的。

类似宋元钧瓷，带有不同程度的乳光釉瓷可以称为类钧釉瓷。到目前为止，已经发现由液相分离造成的乳浊釉或类钧瓷者有唐代的长沙窑，唐、宋、元的婺州窑和处州窑，而通体都能呈现蓝色乳光的，则首先当推第二节已详述的怀安窑了。

一　长沙窑乳浊釉瓷

长沙窑乳浊釉瓷是唐代古瓷中具有鲜明特色的品种。古籍中虽无著录，但其文化与科学的内涵异常丰富,越来越受到行家的关注和研究。

长沙窑位于湖南望城县铜官镇,"窑址以瓦渣坪为中心,包括蓝家坡、长龙坡、都司坡、廖家屋场等处,是解放后发现的唐朝到五代时期的重要古窑之一。铜官窑所烧的瓷器突破了传统的青瓷烧法,成功地烧出了釉下褐绿彩绘瓷器,并大量采用模印贴花,在瓷器装饰艺术上取得了新的成就。品种除日常生活用具外,还有鸟兽等雕塑艺术品。这些产品当时远销国内外,深受人们喜爱"(铜官窑窑址碑记)。在唐时,长沙铜官窑与越窑一起同为对外贸易的主要商品,根据出土发掘,长沙窑大多从宁波和扬州两港出口,部分产品亦通过广州输出;当时远销朝鲜、日本、冲绳、菲律宾、印尼、泰国、斯里兰卡、巴基斯坦、伊朗、伊拉克、东非沿岸、埃及等国。

"长沙窑釉具有两大特点:一种是透明釉,另一种是不透明的乳浊釉"[1]。透明釉是唐长沙窑首创釉下彩绘的基础。但是许多传世和出土的器物却是乳浊釉,所以不管其彩绘是釉下还是釉上,描绘的线条往往沁开来,好像写在一张渗水纸上,墨色弥散一样。在一些博物馆和收藏单位中,大多数长沙窑器呈乳白色,但有局部或全部呈微紫色调[2]。在一些彩绘线条上,某些积釉的地方,特别是许多小瓷玩具的局部地方都呈现出特有的紫蓝或紫色的明显乳光。近年来,考古界发现长沙窑也有以铜着色的红釉器。1983 年湖南省博物馆和长沙市文物工作队全面调查发掘出土了数量较多的铜红釉器[3]。由于长沙窑址曾出土过开元通宝铜钱,所以一般认为长沙窑大致兴起于 8 世纪后期,唐玄宗时代已有产品。一些出土器物有大中、元和、会昌等晚唐年号,故该窑盛于 9 世纪中期而衰于 10 世纪初期。因此以铜着色的陶瓷工艺应该认为首先发轫於长沙窑。虽然,出土的长沙铜红釉瓷有通体红釉,通体茄皮紫,白地红斑釉中彩,釉下红等类别,但是以整个生产品来衡量,这类铜红釉似乎数量不多,传世品亦属罕见。宋钧特别是进入宫廷的宋官钧,这类珍宝已经达到了"沧海月明珠有泪",云霞交瑞色,紫气薄蓝天的最高艺术意境,显然不是萌芽的唐长沙窑铜红釉瓷所能比拟的。

唐长沙窑在五代时衰落停烧,然而在铜官南 1 公里的窑头冲地方也发现了古窑址。出土了元丰通宝、元祐通宝、皇宋通宝等铜钱,并证实是南宋时期的长沙窑址。出土过形似宋钧的三足洗,但未发现以铜着色的红釉器。该窑亦与唐代附近诸窑址无直接承袭关系[4],所以,可以认为长沙窑在唐代已首先利用铜着色剂,但是终于未能获得大规模发展的机会。

经过研究[5],唐代铜官窑褐红色的釉下彩是由铜和铁两种色剂混合呈色的。据测定,长沙窑胎属炻器类,富氧化硅,其所用原料属粘土-石英-云母系的南方瓷石为主,胎中含有 2% 左右的氧化铁,故凡是氧化气氛烧成的,皆呈微红色。釉的特点是含有多量的 CaO(9.54%~20.65%),P_2O_5 含量亦高(0.9%~2.24%),乃植物灰所带入。MnO 含量为 0.56‰~0.83‰,其描绘的彩有各种颜色,青、黄、绿、褐、黑者是铁的着色;绿、红、蓝为铜的着色,并且含有 0~x% 的 SnO_2。许多色釉为乳浊不透明,明显地带有乳灰色,成为灰绿、灰红、灰褐等色。即使不加色剂但原料中含铁而呈米黄。经过详细的科学研究,证实长沙窑乳浊釉是唐代因液相分离所产

① 周世荣,试谈钧窑和铜红釉,河南钧瓷、汝瓷与三彩,河南省文物研究所编,紫禁城出版社,1987,55~57。

② 中国陶瓷·长沙铜官窑,上海人民美术出版社,1985。

③ 周世荣,石渚长沙窑出土的瓷器及其有关问题的研究,中国古代窑址调查发掘报告集,文物出版社,1984,213~238。

④ 黄纲正,长沙铜官窑头冲宋代瓷窑址调查,中国古代窑址调查发掘报告集,文物出版社,1984,246~250。

⑤ 张志刚、郭演仪,长沙铜官窑色釉和彩瓷的研究,景德镇陶瓷学院学报,vol.6,1985,(1):11~17。

生的分相乳浊釉[①]。从其釉的化学组成看,由于其中高 CaO,高 P_2O_5,并且高 MgO(一般在 2% 左右,个别高达 3%)的含量,长沙窑釉在化学上具有强烈的分相倾向。此外,根据 11 个残片的化学分析,长沙窑釉的釉式中的 RO_2/R_2O_3 平均比值为 10.7,波动范围较窄($\sigma_n = 0.76$),这也是该釉容易分相的一个重要参数。

在高分辨透射电镜下详细研究观测,证实长沙窑乳浊釉具有典型的液相分离结构,如图 13-4,其中的孤立小滴浓度较高,分布均匀,聚结程度很小,具有比连续相较耐酸的性质;在电子光学方面比连续相更透明。EDX 的分析结果表明其分相小滴是富 SiO_2 贫 Fe_2O_3、RO 和 TiO_2,而连续相则富 RO(当然,也有相反的情况)。由此亦知长沙窑乳浊釉的化学稳定性比之钧瓷釉要差得多。分相小滴的粒度平均值分别为 185,237,317,405 纳米,是比较粗的。况且在粒度分布曲线上总有 5%～10% 左右的粗化颗粒,其直径比平均值 n 大一倍。粒子浓度高,以及只有直径小于入射光波长的那部分粒子起瑞利散射作用,大粒子的散射与波长无关。所以长沙窑乳浊釉瓷的表面只在局部部位呈现出特有的带有微紫色调的明显乳光,而整个容器的外观则为灰白色乳浊。用唐代铜官窑乳浊釉残片重烧到 1250℃,由于分相小滴逐渐回溶,尺寸小的溶后消失,大的未完全溶掉但尺寸变小,因此经过 2 小时保温后,小滴浓度降低,尺寸变小,冷却后呈现特别明显的、类似宋钧的天蓝色乳光,并且有鲜明的兔丝纹,外观极似宋钧。温度提高或保温时间延长,则得到了透明的青釉瓷。由此亦知,长沙窑乳浊釉与透明釉在技术上也有一种同源的关系。也就是说,两者可以是同源或一元的,也可以是异源或二元的。

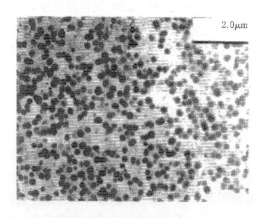

2.0μm

图 13-4　长沙窑乳浊釉的液相分离结构

二　婺州窑乳浊釉瓷

现已查明,婺州窑是继越窑不久之后崛起的浙江另一古代烧制瓷器的窑系。该窑始创于东汉末期。历经三国、两晋、隋唐、宋元、迄明。已发现三国至明的窑址 444 处。该窑鼎盛于唐及北宋,北宋窑址数占整窑系的 90%。北宋末年因战乱影响,以及南宋龙泉的兴盛,故在南宋时已开始衰落[②]。但在元代中叶却有大量的乳浊釉瓷出口外销。

①　陈显求、张志刚、黄瑞福,长沙窑乳浊釉——又一种唐代的分相釉,ISAC'89 古陶瓷科学技术国际讨论会论文集,上海科学技术文献出版社,1992,279～289。

②　贡昌:谈婺州窑,中国古代窑址调查发掘报告集,文物出版社,1984,22～31。

婺州窑分布于浙江中部牛头山仙霞岭北麓的广大地区,地处富春江上游,以金华地区为中心,窑址广及金华市、衢州市、兰溪、龙游、武义、东阳、浦江、常山、义乌、永康、江山等地。早在东汉晚期即已烧制青瓷且创烧出月白、天青的乳浊釉瓷,并以褐彩斑点装饰,是我国陶瓷史上占有相当重要地位的一个窑系[①]。

婺州窑乳浊釉瓷创烧于唐代初期,比宋钧月白、天青釉瓷要早[②]。其釉色浓处为月白,稀处呈天蓝,依浓淡作云雾状、絮丝状分布。与河南禹县钧釉比较,同样是一种蓝色乳光釉,不过到目前为止并未发现婺州窑系的乳浊釉有铜红着色的紫红色釉[③]。在调查衢州市窑址时,在管家塘窑山窑址出土大量的乳浊釉产品,并发现有"至大二年"(1309年)铭的灯具,受到瓷家的关注。此外,金华铁店窑亦以"仿钧"为主,所烧器物为天蓝或月白色乳浊釉,釉厚处多有窑变。器物有碗、高足杯、炉、瓶、灯盏及花盆等。1976年南朝鲜新安元代[至治三年(1323年)]海底沉船打捞的瓷器中有铁店窑钧釉花盆和鼓钉三足洗多达82件。确认铁店类钧釉瓷大量远销海外的事实,是该窑外销的重要证据[④]。观察了唐至元乳浊釉瓷的标本,其釉层均较薄,呈乳光性质,有玉石感,但乳浊现象以元代较重,它们和越窑青瓷在风格上、釉上都有很大的差别。釉的乳浊现象均由两液相分离所引起。釉中只有少数釉泡,几乎不含结晶。这种金华地区的婺州窑分相釉有其特色并自成一系,自唐至元都能连续生产,不仅开创早,而且延续时间长,在我国陶瓷工艺史上独树一帜,诚属罕见,它们是在自己的发展路程中诞生和繁盛起来的,似乎不应是从那里仿制出来的。

唐代早期的乳浊釉瓷(龙游方坝窑)釉色偏黄,且有纹片。北宋(衢州上叶窑)的黄中带绿,稍似宋官无纹片而有凝脂感。元代(金华铁店,义乌范家窑)则有强烈的乳光性,有兔丝纹,乳光斑点白中透蓝而被称为"类钧瓷"。

上述一些乳浊釉瓷经过了显微结构和化学组成的分析[⑤],北宋常山黄泥坂(ZJ4)和元代金华铁店(ZJ6)的两个化学分析数据如表13-5。

上述两个胎的数据比较,有明显的SiO_2,Al_2O_3高低的差别,反映了时代和地区所用原料不同的重要因素,唐早期胎以石英和亚微米Fe_2O_3晶体分布于玻璃基质中为其特点。石英颗粒大小悬殊,反映原料加工不细,与唐代相比,北宋瓷胎石英颗粒小而均匀,Fe_2O_3含量亦较少,长石残骸较多且大,但两者中的云母残骸皆不多见,可知这时在原料选择和处理上已有不少进步。元代胎中的主晶相为石英和长石,云母较前略多,有亚微米的莫来石。由此可知:婺州窑系乳浊釉瓷的胎质属高岭-石英-长石系。

在高分辨电子显微镜下(图13-5)观察各代釉的分相形貌可知,唐代早期龙游方坝窑釉成分分布不均匀,不同部位的分相小滴结构不同,有富SiO_2和贫SiO_2两种,尺寸分别为200纳米和大于150纳米,并且发生了第二次分相。二次分相微滴大于10纳米且有些呈互连结构。唐代早期衢州上叶窑釉内小滴尺寸较大,约300纳米,无二次分相。北宋常山黄泥坂窑分相均匀,无流纹现象,极少晶相残留物。金华铁店窑液滴甚小,约为100纳米且呈显著的互连结构,尺寸

①　贡昌,再谈婺州窑系中的乳光釉瓷,河南钧瓷汝瓷与三彩,河南省文物研究所编,紫禁城出版社,1987,79～81。

②　贡昌,谈婺州窑系中的乳光釉瓷,中国古代陶瓷科学技术第二届国际讨论会论文,1985。

③　张翔,衢州市元代乳浊釉瓷窑址的发现,河南钧瓷、汝瓷与三彩,河南省文物研究所编,紫禁城出版社,1987,77～79。

④　冯先铭,有关钧窑诸问题,河南钧瓷、汝瓷与三彩,河南省文物研究所编,紫禁城出版社,1987,2～8。

⑤　李家治、陈显求、黄瑞福等,唐、宋、元浙江婺州窑系分相釉的研究,无机材料学报,1988,1(3):269～273。

均小于 120 纳米,并有二次分离现象,微滴尺寸小至 3 纳米。

表 13-5　婺州窑乳浊釉瓷胎釉化学组成

No	K_2O	Na_2O	CaO	MgO	MnO	CuO	Fe_2O_3	Al_2O_3	P_2O_5	TiO_2	SiO_2	
ZJ4 (釉)	1.60	0.38	17.29	2.71	0.34	0.02	2.09	9.59	1.71	0.46	63.55	wt%
北宋	0.0420	0.0151	0.7636	0.1667	0.0119	0.0007	0.0326	0.2329	0.0296	0.0141	2.6202	G.F.
ZJ6 (釉)	2.21	0.12	15.33	2.46	0.59	0.01	1.83	9.77	1.26	0.33	65.63	wt%
元	0.0638	0.0051	0.7426	0.1658	0.0224	0.0003	0.0311	0.2604	0.0241	0.0111	2.9684	G.F.
ZJ4 (胎)	2.17	0.35	0.24	0.53	0.02		2.05	11.95		0.77	81.84	wt%
北宋	0.1768	0.0430	0.0331	0.1007	0.0023		0.0984	0.9016		0.0738	10.4827	B.F.
ZJ6 (胎)	2.82	0.11	0.08	0.83	0.05	0.01	3.99	21.16		0.51	70.65	wt%
元	0.1284	0.0078	0.0060	0.0888	0.0030	0.0004	0.1073	0.8927		0.0276	5.0573	B.F.

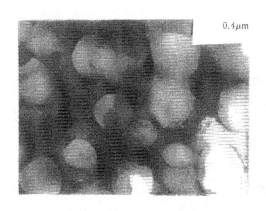

$0.4\mu m$

图 13-5　婺州窑釉的分相结构

　　综观婺州窑乳浊釉的分相结构,其小滴尺寸介于 100～300 纳米之间,多数在 100～150 纳米,特别像北宋常山黄泥坂窑和元代金华铁店的圆形孤立小滴尺寸在 100 纳米左右,说明它们均能满足瑞利散射理论要求的必要条件,因而使釉产生强烈的乳光。

　　所谓婺州窑"类钧釉"是由于在外观上类似河南禹县宋代钧瓷的月白,天青的乳光釉而言。然而,不但貌似而且在分相结构方面亦一样,本质上也是分相釉的一种。它们的差别是宋钧含熔剂较少,婺州类钧含熔剂较多,接近于唐长沙窑,故在本质上更与之相近。在化学组成上和在 $K_2O(Na_2O)$-$CaO(MgO)$-Al_2O_3-SiO_2 系四元截面图上处于分相区的左方,其孤立小滴富 SiO_2 亦很接近长沙,由此分析可知,它们两者的烧成温度亦接近而比河南宋钧低。然而,婺州窑系分相釉的开创期始于唐代早期以前,比河南宋钧要早且自成体系,窑区分布面广,故其分相釉瓷系列的发现以及考古和科学技术的研究是近期中国古陶瓷研究的重要结果。它不仅为新安沉船"类钧釉瓷"找到了烧造地区,更重要的是使我们对婺州窑系的突出成就有了新的认识。

三　处州窑乳光釉瓷

浙江省中部牛头山东麓和东南麓有几条南流和东南流的瓯江水系支流。从东到西有好溪、小安溪、宣平溪，它们与从西偏北东流的龙泉溪汇合而入瓯江。上述各溪流域为丽水地区。1987年的一次瓯江流域的各个古代窑址的调查中，在丽水吕步坑窑和黄山窑，以及缙云大溪滩窑发现了许多乳浊釉古瓷残片，证实除了牛头山北麓的金华地区之外，从武义东经永康向南绕到东麓好溪右岸的缙云、东南麓的丽水在古代亦同样生产乳浊釉瓷的品种[①]。

丽水吕步坑窑始烧于六朝晚期，终烧于五代，其年代应从公元 6 世纪始，止于 9 世纪，是瓯江中、上游窑址历史最早的一处，而黄山窑则为宋代窑场。缙云县大溪滩窑则为宋、元时代的窑场[②]。

上述处州窑的乳光釉瓷均或强或弱地呈现出蓝色乳光，部分样品有明显的浅蓝色兔丝纹，与宋代河南钧瓷类似，但表面略为粗糙，似系早期产品。吕步坑窑的器形有盘口壶、缸和碗等。黄山窑有碗、壶、罐等。缙云大溪滩的器形有碗和罐等。当然，上述窑址主要是大量生产处州窑系的青瓷。

这些乳光釉瓷的釉层都很薄，胎质的外观呈灰白或灰黑色。部分瓷质细腻，小部分稍粗糙，但都有或多或少肉眼可分辨的气孔。其装烧方法多为叠烧。分析了这些乳光釉瓷，其胎、釉的化学组成如下表 13-6，表 13-7。

从这些数据可知，乳浊釉瓷与同窑的青瓷是有差别的，前者的 Al_2O_3 含量比较少，只有丽水窑与青瓷的胎雷同。胎的显微结构有中国南方青瓷的共同特征。原料中的长石成分很少，熔剂主要是云母类矿物。从胎中玻璃相的含量，残留石英的熔蚀边，二次莫来石的发育，一次莫来石的亚微米结构来判断，都可以说明其烧成温度是不低的。

表 13-6　丽水与缙云乳光釉瓷釉的化学组成

No	K_2O	Na_2O	CaO	MgO	MnO	CuO	Al_2O_3	Fe_2O_3	SiO_2	TiO_2	P_2O_5	
吕步	2.24	0.35	17.95	3.08	0.35	0.15	10.48	2.71	59.47	0.50	1.83	wt%
坑窑	0.0550	0.0128	0.7399	0.1767	0.0112	0.0044	0.2376	0.0392	2.2892	0.0142	0.0298	G.F.
黄山窑	2.90	0.40	17.19	2.64	0.40	0.014	9.91	2.00	61.37	0.51	1.36	wt%
	0.4742	0.0157	0.7386	0.1574	0.0138	0.0002	0.2342	0.0302	2.4621	0.0155	0.0231	G.F.
缙云 1	1.88	0.45	16.52	2.50	0.58	0.003	9.91	1.83	64.18	0.34	0.92	wt%
	0.0510	0.0184	0.7513	0.1579	0.0210	0.0003	0.2479	0.0293	2.7245	0.0106	0.0164	G.F.
缙云 2	1.88	0.41	15.66	2.49	0.59	0.056	9.62	1.86	64.99	0.32	0.90	wt%
	0.0530	0.0178	0.7410	0.1639	0.0223	0.0021	0.2504	0.0309	2.8726	0.0105	0.0158	G.F.
缙云 3	1.63	0.37	16.10	2.33	0.65	0.009	9.72	1.98	64.72	0.56	0.77	wt%
	0.0458	0.0159	0.7605	0.1531	0.0244	0.0003	0.2564	0.0334	2.8972	0.0188	0.0146	G.F.
缙云 4	2.01	0.52	13.46	2.14	0.50	微	10.32	1.92	67.28	0.38	0.56	wt%
	0.0649	0.0252	0.7275	0.1610	0.0213		0.3067	0.0363	3.3959	0.0141	0.0120	G.F.
缙云 5	2.43	0.20	13.76	2.36	0.56	0.006	9.60	1.61	65.73	0.28	0.72	wt%
	0.0755	0.0097	0.7192	0.1719	0.0234	0.0003	0.2759	0.0296	3.2081	0.0103	0.0148	G.F.

① 刘菱芬、黄瑞福，瓯江瓷乡行，河北陶瓷，1988，(3)：4～7。

② 浙江省丽水县文化局，丽水文物，丽水县文管会编，1980，10～12。

表 13-7　丽水与缙云乳光釉瓷胎的化学组成

No	K$_2$O	Na$_2$O	CaO	MgO	MnO	CuO	BaO	Al$_2$O$_3$	Fe$_2$O$_3$	SiO$_2$	TiO$_2$	P$_2$O$_5$	
吕步坑窑	2.56	0.20	0.12	0.72	0.04	I.L.	0.052	17.04	4.72	72.55	0.70	0.11	wt%
	0.1382	0.0161	0.0106	0.0910	0.0030	1.10	0.0015	0.8497	0.1503	6.1427	0.0447	0.0040	B.F.
黄山窑	2.56	0.25	0.23	0.38	0.003		0.05	14.05	2.11	79.25	0.77	0.09	wt%
	0.1804	0.0264	0.0271	0.0621	0.0026		0.0020	0.9126	0.0872	8.7409	0.0635	0.0040	B.F.
缙云1	2.58	0.56	0.22	0.47	0.06		0.06	12.62	2.55	79.08	0.69	0.12	wt%
	0.1960	0.0651	0.0276	0.0828	0.0057		0.0028	0.8854	0.1146	9.4112	0.0616	0.0057	B.F.
缙云2	2.49	0.49	0.22	0.48	0.06		0.06	12.57	2.94	79.01	0.77	0.11	wt%
	0.1863	0.0553	0.0273	0.0833	0.0056		0.0028	0.8704	0.1296	9.2871	0.0679	0.0056	B.F.
缙云3	2.50	0.37	0.13	0.37	0.03		0.04	12.49	1.70	80.94	0.74	0.097	wt%
	0.1987	0.0448	0.0172	0.0687	0.0030		0.0022	0.9021	0.0799	10.1240	0.0687	0.0052	B.F.
缙云4	2.61	0.54	0.25	0.42	0.04		0.057	11.75	2.06	80.51	0.70	0.10	wt%
	0.2166	0.0688	0.0348	0.0804	0.0046		0.0031	0.8995	0.1005	10.4679	0.0588	0.0054	B.F.
缙云5	3.19	0.18	0.11	0.31	0.04	0.012		12.75	1.50	80.27	0.34	0.10	wt%
	0.2522	0.0213	0.0147	0.0566	0.0044	0.0007		0.9301	0.0699	9.9456	0.0309	0.0051	B.F.

　　处州窑乳浊釉瓷的化学组成与显微结构经过详细的研究[①]，釉的成分标于 K$_2$O(Na$_2$O)-CaO (MgO)-Al$_2$O$_3$(Fe$_2$O$_3$)-SiO$_2$ 四元系的 CS-CAS$_2$-KAS$_2$-KS$_4$ 的截面图上，落在分相区左上方边界线上，预知此类釉有不混溶性，其分相小滴应富 SiO$_2$，此点与实验结果相符（图 13-6）。经测定，其孤立小滴的平均直径在 100～200 微米范围。缙云的一些乳光釉中的孤立小滴则由更小的微滴（尺寸在 10～20 纳米）所构成，是一种分形的结构。

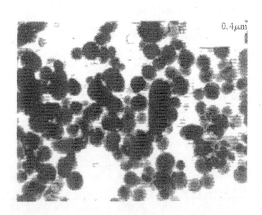

图 13-6　处州窑(此例为丽水、黄山窑出土)乳浊釉的分相结构

　　早期的处州窑乳浊釉瓷应与福建的怀安窑同期，及唐、宋至元逐步成熟，以致有大量的产品外销，乳光外观虽似河南宋钧但较差，或曰仿钧，实乃指器形而言。其釉的化学组成与河南钧相去甚远，应属自南朝始独立发展起来而自成一格的处州窑系，所以称之为类钧而不是仿钧似乎更加贴切。

　　① 黄瑞福、陈显求、陈士萍等，处州窑的乳光釉瓷和青瓷，ISAC'89 古陶瓷科学技术国际讨论会论文集，A35，221～229，李家治、陈显求主编，上海科学技术文献出版社，1992。

第六节　仿钧釉瓷及其在技术上的发展

中国陶瓷制造技术发展到了明清时代已经达到了高度的工艺水平,许多在宋、元时代原来著名的窑场已经衰落,甚至已经终烧了,例如,越窑、南宋官窑等等。然而在另一些地方的窑场却兴旺起来,并且不断地仿制前朝的各类有名的瓷器。明代的景德镇,宜兴的鼎蜀镇,以及广东的石湾镇在当时都仿制各代的名窑品种。当然,仿制宋代河南钧瓷亦不在话下。

首先,大多数人必然会注意到宋钧的铜着色所制得的铜红釉。以上章节中曾提及长沙窑铜红釉的萌芽。其实在宋代景德镇也有发现铜红釉制造技术的可能性。朱琰引南宋《清波杂志》"饶州景德镇,陶器所自出。大观间(1107～1110)有窑变,色红如珠砂,金谓荧惑缠度临照而然。物反常为妖,窑户硘碎之"。在当时,如果把出现的原因追究下去,则景德镇的南宋陶工也可以和宋、金时代禹县的先进陶工一样制得美丽的铜红釉的。当时的一个官员,玉牒防御使,名仲戢,曾拿出几种样品给《清波杂志》的作者观看,认为比定州红瓷(铁红着色)美丽多了。至于明代景德镇创制的宣红、祭红,以及后来的郎红,则是另一种创新的红釉品种,釉的化学本质不属于宋钧,在技术上亦无直接渊源。而景德镇的一种所谓均红,有时与宣、祭红混为一谈,有时则属于宋钧一类的仿钧红釉。相反,在宋代,佛山石湾亦已开始烧得铜红釉了。一说"河南宋钧,盛于宣和(1101～1119),同时的广东佛山镇也有大致相仿的紫红釉,后来传到景德镇。至明宣德间(1426～1435)烧为宣红,产品更为精美"[1]。到了明、清时代,石湾的铜红釉已经发展到自成一个体系,总称石榴红或讹称坤红(佛山土语,钧、均、坤相混),因浓淡不一而有朱砂红、枣红、醉红、祭红、粉红、珊瑚红、玫瑰红、鸡血红、橘红等一系列称呼,至今亦大量制成大型雕塑红瓷广销于粤、港和东南亚各地。这类石湾红釉在成分上也与河南宋钧不一样。至于宜兴,一直到清代似乎也没有仿制铜红釉的迹象,也没有仿制宋代钧红的任何产品。

宜兴的仿钧称为宜均,石湾的仿钧被称为广均,皆仿宋代河南禹县的天青、月白的乳光釉,并且发展到具有本窑特色的产品,而且有别于原本宋钧的自己的风格,行家可一望而知。至于景德镇仿钧可能由于追求与宋钧的神似,反而看不出具有什么特色;与同时代的许多本窑创新的产品如青白瓷、青花瓷、红瓷甚至彩瓷,颜色釉如茶叶末、乌金、祭蓝等更无法争艳了。

一　宜　均

江苏省宜兴南部张渚和丁蜀镇一带早在五、六千年前新石器时代就开始制陶,到了西周和春秋战国时代(约公元前1027～222年)其制陶业已有相当的发展,成为南方原始青瓷和几何印纹硬陶的主要产地之一。宜兴民间传说的越国大臣范蠡灭吴后与西施到丁蜀山创始陶业之说,也发生在这个时代[2]。此后,两汉六朝时代生产了高温釉陶和青瓷,唐、五代时代的盛产青瓷直到宋、元、明时代的制陶业大发展,创制了紫砂器,并仿制了各类名瓷。明代且以紫砂和宜均著称于世。

宜兴县东南不到20公里有蜀山和丁山。蜀山"原名独,东坡先生乞居阳羡时,以似蜀中风

---

① 轻工业部陶瓷工业科学研究所,中国的瓷器,轻工业出版社,1983,141。

② 蒋赞初、杨振亚、贺盘发等,宜兴紫砂的历史及现状,紫砂春秋,史俊棠、盛畔松主编,文汇出版社,1991,121～146。

景,改名此山也"①。蜀山在东,一般生产紫砂陶器,丁山在西,生产宜均。"明人王稚登《荆溪疏》说,宜兴古阳羡也,一名荆溪。蜀山黄黑二土,皆可陶,以作沽瓴、药炉、斧、鬲、盘、盂、敦、瓿之属。……近复出一种似钧州者。""传世品以宋宣和殿款宜均釉西王母蟠桃笔洗为较早"(见傅振伦详注《陶录》和《陶说》)。明万历(1573～1619)宜兴陶工欧子明仿制各类名瓷,有仿哥窑纹片釉,仿官,并且仿钧,被称为欧窑,其仿钧之作其后发展为宜均。据此可知,宜均早在宋代已开始萌芽,而在明代已逐渐发展起来,生产一定数量的产品。清代继承了欧窑的传统,宜均的精品已开始进入宫廷。乾隆、嘉庆年间(1736～1820),宜兴陶工葛明祥、葛源祥兄弟所制的宜均品种繁多,釉色精美,产品以火钵、花盆、花瓶、水盂为主,为清代宜均的代表作,被称为葛窑。"欧、葛瓷釉略相似,在灰墨蓝绿之间"②。

　　宜均所用胎质有两种,一是灰白的炻胎,另一是紫砂胎。从传世的器物观察,古代宜均的制釉方法应略似于唐钧,即先在胎上施以黑釉,然后洒以白釉,烧成时两者发生化学反应形成各处的乳光釉区,并流淌成蓝色的兔丝纹而浓处则成乳白,不流淌则成乳白或蓝色乳光点。可以一次烧成,亦可两次烧成。《南窑笔记》谈到仿均时载"广窑亦有一种,青白相间,麻点纹者皆瓶钵之类……宜兴挂釉一种与广窑相似。今所造法用白釉为底,外加釉里红元子少许,罩以玻璃红宝石晶料为釉,涂于胎外,入火藉其流淌,颜色变幻,听其自然而非有意予定为某色也。其覆火数次成者其色越佳"③。这种工艺就是一次烧成,但又说覆火几次更好。

　　我们对清代葛窑和现代的宜均作过一些化学分析和显微结构的研究④。其胎釉化学分析见表13-8。

　　电镜下以能量色散 X 射线分析(EDAX)清代葛窑均釉未发现 CoO 峰,证实当时的仿均釉未加钴。现代的宜均釉有时会有意加入一些 CoO,使底色多显露一些蓝色。此外,清代宜均的深褐色其实是一种黑褐色釉,含 Fe_2O_3 量亦与其他黑釉相类似,但它还含有一定量的 CuO,PbO 和 ZnO,其量显然是有意加入的。现代制品不会加入铅,锌也尽可能减少了。50 年代宜均釉的一般成分大致是:泥浆(钙质土,经陈腐淘洗和干燥后过 100 目筛)78.15％,玻璃 2.31％,方解石 5.56％,铜灰(铜渣)9.30％,窑汗(石灰窑壁上附着的钟乳状玻璃)4.72％⑤,故一般说来它是加入铜调色的黑釉,并且不加氧化锌。80 年代的配方有:泥浆 53.33％,铜灰(含 CuO11％)6％,窑汗 24％,玻璃 5.44％,方解石 10.89％和氧化铜 0.17％,氧化钴 0.17％。也是无意加入铅和锌⑥。现代宜均釉在一次烧成的釉料中往往加入一些粒度较粗的富钙或含锌的原料,使含铁和铜的黑色底釉在一般烧成时富 RO 的微区产生局部分相,使之具有无数孤立微滴的分相结构而产生蓝色乳光的兔丝纹,由于胎体含有较粗的颗粒,况且釉中部分的粗颗粒又未完全熔掉,故用手抚摸有粗糙的感觉。如果是园林用的座墩,则有损高级衣服之虞。现代的某些宜均产品,以紫砂为胎,非常细腻。露胎处以指摸之,十分嫩滑,但摸到釉就知道其中有许多粗粒,尤其是口沿薄釉处,有挫手的感觉。这些粗粒显然是来自料中。故有人说:"均窑之釉,扣之甚平,而内现粗纹垂垂而直下者,谓之泪痕。屈曲蟠折者,谓之蚯蚓走泥纹,是均窑之特

①　吴骞,乾隆丙午 1787,阳羡名陶录。

②　陈浏,陶雅,中卷,1906。

③　佚名,南窑笔记,美术丛书,第四集,第一辑,1937。

④　陈显求、黄瑞福、陈士萍,清代葛窑宜均陶的化学组成和分相结构,硅酸盐学报,vol.16,1988(6):510～515。

⑤　宜兴鼎蜀人民公社管理委员会编,宜兴陶瓷制造,江苏人民出版社,1959,31。

⑥　李有生、贺盘发,江苏陶瓷,1981,(3):147。

表 13-8　宜均釉、胎和窑汗的化学组成

名称	K$_2$O	Na$_2$O	CaO	MgO	MnO	ZnO	CoO	PbO	CuO	Fe$_2$O$_3$	Al$_2$O$_3$	As$_2$O$_3$	SiO$_2$	TiO$_2$	P$_2$O$_5$	总量	
葛窑釉	2.77	0.83	14.66	1.48	0.24	6.43		1.70	0.94	4.45	9.35		55.14	0.58	0.69	99.26	wt%
	0.0663	0.0305	0.5923	0.0829	0.0076	0.1784		0.0173	0.0267	0.0630	0.2071		2.0728	0.0161	0.0110		G.F.
宜均釉 (1980)	2.62	0.83	15.35	1.91	0.37	1.64	0.17	0.27	0.26	4.65	10.06	0.03	60.15	0.63	0.76	99.70	wt%
	0.0725	0.0329	0.6940	0.1203	0.0131	0.0510	0.0058	0.0030	0.0083	0.0738	0.2502	0.0005	2.5385	0.0200	0.0136		G.F.
宜均釉 (1984)	3.01	0.73	13.57	2.50	0.46	1.19	0.21	0.03	0.41	3.68	10.00	0.02	62.11	0.52	1.00		wt%
	0.0848	0.0312	0.6420	0.1646	0.0172	0.0388	0.0074	0.0003	0.0137	0.0613	0.2605	0.0003	2.7450	0.0203	0.0185		G.F.
葛窑胎	1.43	0.06	0.34	0.34	0.01				0.003	7.28	19.36		69.28	1.16		99.26	wt%
	0.1645	0.0042	0.0257	0.0354	0.0004				0.0002	0.1935	0.8065		4.8988	0.0616			B.F.
宜均胎 (1980)	1.55	0.15	0.25	0.35	0.02	0.01		0.04		8.08	23.27	0.02	64.95	1.12	0.20	100.01	wt%
	0.0591	0.0086	0.0161	0.0312	0.0011	0.0004		0.0004		0.1814	0.8183	0.0004	3.8760	0.0502	0.0050		B.F.
宜均胎 (1984)	1.63	0.08	0.22	0.37	0.03	0.01		0.03		7.06	19.56	0.01	69.77	1.04	0.20	100.01	wt%
	0.0732	0.0055	0.0165	0.0390	0.0017	0.0004		0.0004		0.1871	0.8124	0.0004	4.9183	0.0550	0.0059		B.F.
窑汗(1)	11.57	1.30	18.06	4.57						2.10	7.63		54.76				
窑汗(2)	4.58		7.81	4.79						3.25	8.05		71.52				

点也。广窑之釉,扪之甚平,而中现蓝斑,大者谓之霞片,小者谓之星点。是广窑的特点也"①。所以扪之甚平的确是有道理而且应该讲究的。

宜均釉基本上是玻璃态,没有多少气泡(这点恰恰与宋均相反)和未反应的其他矿物;有少数残留石英、个别的二次方石英和透辉石微晶。在光学暗场显微镜下散射蓝色乳光之处是肉眼看到的乳浊、乳蓝区。电镜下葛窑宜均乳光区具有液相分离结构,其孤立小滴略呈卵形,按长轴计算,其粒度分布在 $60\sim600$ 纳米的范围,在化学成份上属富 SiO_2 相。

二　广　均

广东省佛山市石湾古代仿制河南宋钧的窑器称为广均。石湾位于佛山西南 6 公里处。其东、南、北三面有千秋岗、大帽岗、小帽岗等 20 多个小山岗。西江支流东平河流经西南。古窑址主要分布在镇东大帽岗一带。1977 年在大帽岗东面的河宕发现新石器时代晚期贝冢遗址,出土了几何印纹陶。1972 年在石湾西北小塘奇石发现唐、宋时期的古窑 20 多座,其中烧制青色、酱色釉的唐代小馒头窑 11 座,宋代烧青、酱釉的龙窑 3 座。出土器物带年号的有嘉祐(1056~1063),政和六年(1116)(似为元年,公元 1111 年)等北宋年号。元墓中亦曾出土至正二年(1342),至正九年(1349)的黑釉大罐,因此广窑或石湾窑制陶的历史十分悠久②。石湾窑唐代烧青釉为主,酱釉次之。宋、元时期则以酱釉为主,青釉等次之。发展到明、清,已制出大量的颜色釉,五彩斑斓;同时仿制南北各地的名窑产品,特别是所谓五彩缤纷的窑变器,即广均,乃是龙窑烧出来的。

广均的早期历史可以追溯到元代。1960 年 11 月香港举办的"石湾陶瓷展览会"上展出一件刻有"至正元年"(1341)底款的窑变釉象鼻大瓶,如鉴定无误,可以为证。明、清时代的广均,大体以乾隆为界而可分为前、后期。元、明至清初的早期以器皿为主,有洗、瓶、壶、盘、三足炉、尊等,其中洗、三足炉、尊与钧窑同类器物造型相似。釉色以均蓝和翠毛釉为多见,色调浑厚凝重。晚期,包括清中叶至民初,器形复杂多样,有荷叶洗、执壶、菱花盆、六角瓶、橄榄尊并有较多的雕塑人物和动物。釉色相继出现紫均、三稔花、槟榔红、石榴红、回青、茄皮紫等③。广均釉"中有蓝晕,外有极淡色之朱砂斑,若指螺印者,价值奇昂"④。所以,广均中,以蓝色乳光中映影绿彩似翠鸟而称"翠毛均"为最佳。釉中局部呈现出微斑的极淡的红点稀疏分布,宏观上如指纹印迹则更加名贵。"明时曾出良工仿制宋均,以蓝釉中映露紫彩者最为浓丽"。"明制广窑仿均,先挂黑色里釉,再加上釉汁,故其底足不露胎骨"⑤。可知广均的施釉工艺是先施一层黑色底釉于胎上,然后再施一层白色面釉在底釉之上。烧成时两釉反应扩散而呈现出上述的乳光性艺术形象,被考古界称为"窑变"。由于白色面釉的浓度较稀,甚至是以雾状,微滴状喷洒上去的(所谓雨洒),形成的乳光斑区是点状群聚成的一片,流淌时呈兔丝状或羽毛状,这也许是广均的一种独创之处。黑釉上施白釉形成蓝色乳光区以唐钧为首创,不过它是一大片的蓝色乳光区,极少

①　许之衡,饮流斋说瓷,清,神州国光社,1947。

②　曾广忆,古代石湾陶器,中国陶瓷·石湾窑,上海人民美术出版社,1983。

③　张维持、李抱荣,石湾窑仿钧窑的成就与特色,河南钧瓷、汝瓷与三彩,河南省文物研究所编,紫禁城出版社,1987,26~31。

④　陈浏,陶雅·中卷,1906。

⑤　刘子芬,竹园陶说,六,广窑,1925。

有羽毛状。广均之所以被认为是仿宋钧,看来其技术渊源实来自唐钧无疑了。

广均的胎质为灰白色的炻器。"其土采自邻邑之东莞县属"。东莞白土产于水稻田之下,以横沥及马步坳二地所产者最佳。广均的胎就是用这类白土烧制的。制出的胎具有典型的石湾炻器胎的结构。其中含有一定量的粗粒石英,少数的云母,足量的玻璃相,但未见长石残骸。

广均釉用电子探针釉层面扫描分析[①],结果为(重量%):

SiO_2	Al_2O_3	Fe_2O_3	CaO	MgO	K_2O	CuO	PbO	ZnO	P_2O_5
65.22	6.15	1.71	4.49	0.55	4.49	2.15	12.48	1.37	1.39

光谱定量测定钴含量为 $Co \leqslant 0.001$。

XRF 半定量测定清代翠毛均的结果[②] 知釉中含 Pb,Fe 的氧化物皆为 $x\%$,Cu,Mn,Zn 的氧化物为 $0.x\%$。亦不含钴。由此,可以澄清釉中的蓝色并非含钴所致。实验证实,广均的黑色底釉为铅釉,其着色剂为铁和铜,乳光的产生是由于液相分离,成为无数孤立小滴的结构,使入射光发生散射的结果。小滴的直径约为 $50 \sim 100$ 纳米。翠毛均的分相小滴则由许多微滴聚结而成,具有分形学的特征。它由微粒始创元簇聚成第一代,再次外聚若干微滴聚成第二代,如此一代代簇聚下去,最后形成小滴。

明代的一只广窑仿均古铜纹尊现藏于上海博物馆。

三　景德镇仿钧

明代以前景德镇仿钧的情况尚需进一步考证。一说景德镇仿钧釉始于明宣德间,雍正 7 年复烧。朱琰《陶说》引明代《留青日札》、《清秘藏》、《博物要览》等书有关河南宋钧言之不详的著录,但后者有"近年新烧,皆宜兴砂土为骨,釉水微似,制有佳者,但不耐用"一语(《陶录》误为蒋祈《陶记》语),看来是指明代宜兴仿均。不过《陶录》载"若今镇陶仿均器,土质既佳,瓶、炉尤多美者",故蓝浦在书中指出了清嘉庆时景德镇仿均质量已经不错了,这是合乎事实的,不过可能是指民窑而言的吧。

明代景德镇官窑本来已有重大的发展,曾创造或继承和发展了许多名瓷,例如:祭红、宣红、甜白、祭青、宣德青花等等。明末清初当然受到了改朝换代的战乱影响,特别是官窑更不在话下。唐氏《肆考》载:"万历十六年,诏烧方筋屏风不成变为床,又变为船"。剔除书中自欺欺人的迷信成份,可知大型窑器常常烧到变形,成为废品,所以明末景德镇御窑厂的工艺水平已大大衰落。清初顺治以后,宫廷始要求景德镇烧制瓷器。但顺治十一年(1654)和十六年(1659),龙缸烧了 3 年,200 只缸全为废品,栏板也未烧成功。到顺治十七年皇帝只好准予停烧。康熙十三年(1674)吴三桂三王之乱延及江西,"湖口、彭泽相继被陷,浮梁、鄱阳诸贼哨聚日众","吴造煽乱,景德镇民居被毁,窑基尽圮,大定后无从烧造"。这就说明,当时景德镇的陶瓷工业几乎全部被破坏了。直至康熙十九年(1680)才派徐廷弼、臧应选等人到景德镇驻厂督造瓷器。但是到

① 杨兆雄、杨兆禧、刘康时等,广均的显微结构与呈色,ISAC'95 古陶瓷科学技术国际讨论会论文集,上海古陶瓷科学技术研究会,A46,1992,313～318。

② 陈显求、孙荆、陈士萍等,翠毛均的科学研究,ISAC'95 古陶瓷科学技术国际讨论会论文集,1995,(英文)。

了康熙末年,景德镇民窑从古代只有 300 座迅速发展到 3000 座了(殷宏绪 1712 年给法国教会的第一封信)。当时的民窑大概对钧瓷的技术仍然没有多少掌握。某次"陶工们试烧了许多吹红花瓶,但百分之百地报废了,只发现其中一件釉色很像玛瑙,被称为窑变(殷宏绪 1722 年给法国教会的第二封信)。"

清初到了雍正时期,御窑厂可以说是甚么都仿,例如仿、官、哥、汝、定、钧、龙泉以及明代各类名窑。雍正六年(1728)十月唐英奉使监视陶务,抵景德镇厂署,半年后即派署幕友吴尧圃去河南均州调查钧窑的烧制方法,可知视仿钧为完成皇帝交给的头等重要任务。临送行时还赋诗(春暮送吴尧圃之均州)"……此行陶冶赖成功,钟鼎尊垒关国宝,玖瑰翡翠倘流传,搜物探书寻故老……"表明十分祈望的心迹,希望能够密切实际,调阅文献和访问有识之人物,以达到在御窑厂能够仿钧的目的。很快,在雍正七年(1729)七月就为宫廷仿出钧窑双管瓜棱瓶,雍正八年(1730)七月又仿钧窑瓷炉大小 12 件受到皇帝称赞(此炉烧造甚好,……再多烧几件),雍正十年(1732)九月又仿钧窑花盆,到雍正十三年(1735)已经可以大量仿制"内发旧器(从宫廷发出的古钧窑瓷器作为标本照样仿制)梅桂紫、海棠红、茄皮紫、梅子青、骡肝马肺五种,新得新紫、米色、天蓝、窑变四种(见《陶成纪事碑》)"[1]。景德镇的仿钧的确是地地道道地忠实于原作,神似于原作,否则就过不了皇帝这一关。当然后者四种新作一定是青出于蓝胜于蓝,达到认可的创新境界了。

四　景德镇的炉均

说到御窑厂的仿均到了炉火纯青的时候,不得不提到从仿钧到完全创新的炉均新品种了。据《陶成纪事碑》载,炉均"色在东窑与宜兴挂釉之间,而花纹流淌变化过之"。故炉均的制造在雍正年间已开始成熟,一直到乾隆除仿钧外,亦制造大小不等的炉均釉乳炉,炉均双管花瓶等器物。一直到民初都有生产。雍正炉均盘口弦纹瓶,乾隆炉均暗耳瓶,乾隆炉均双耳三足罐最为精绝,现藏于台湾故宫博物院。雍正款炉均釉莲蓬口瓶(双兽环和单兽环)分别藏于北京故宫博物院和上海博物馆。

炉均与宋钧和一切仿均都不同,它的底釉是紫色光滑的釉,面釉则为流淌的绿色乳浊釉,两釉相交之稀薄处呈紫蓝色,有乳光,这是一种低温铅釉。《南窑笔记》载,紫釉用"铅粉、石末入青料"制成[2]。现代景德镇紫釉配方中,着色剂用"叫珠料",是赣州产的一种钴土矿,含锰高达 20% 以上,含铁、钴分别为 4.65% 和 1.26%,故其着色剂主要是锰、铁,钴则起调色作用,由于它在烤花的明炉或暗炉中烧成故称炉均。

炉均的幽雅、华美的艺术形象可使那些感情丰富而内向的高士们产生梦幻感,故现代陶艺家不时也有些类似作品问世。

炉均很可能被人以"芦均"一词搅混,后者是清末民初禹县芦氏家族在当地仿制钧瓷而传名的。看来,他们并未发展到省内知名的程度,亦似未对市场有何影响。现在当地仿钧者日众,亦未闻芦家或芦氏何人有何突出的创造。

炉均系两次入窑烧就的低温釉,具有仿钧窑的釉色;釉面开细小片纹,有红、蓝、紫、绿、月

① 傅振伦、甄励,唐英瓷务年谱长编,景德镇陶瓷,1982(2):19~54。

② 佚名,南窑笔记,美术丛书,第四集,第一辑,1937。

白等色,熔融于一体,组成长短不一的垂流条纹。釉中的红色并不鲜艳,红中泛紫,似刚熟的高粱穗,常被称为"高粱红"。底足内面阴刻四字篆书款识。胎体轻薄,胎际覆黑色,足脊尖窄整齐,为雍正时代特征。乾隆初期釉面仍有"高粱红"特点,除瓷胎外,亦用宜兴紫砂胎施炉均釉的茶壶,器底刻有乾隆年制的四字篆书款[①]。

五 乳光釉的物理化学基础

直到目前为止,经过物理化学研究的南朝至清末历代古瓷乳光釉都是分相釉,其化学组成除宜均和广均含有一定量的 Pb,Cu,Fe 之外,都属于 K_2O-Na_2O-CaO-MgO-Al_2O_3-SiO_2 系多元硅酸盐系统。它们呈现蓝色乳光的原因是由于分相小滴对光的散射作用,釉中并未含有对呈色有足够意义的氧化钴。

从历代分相釉的化学组成分析数据,可以总结出分相的化学特征,即按釉式中的 SiO_2/Al_2O_3 或 RO_2/R_2O_3 比计,这些分相釉大多有 10~11 的比值,例如宋、元钧釉其平均比值为 10.5,唐长沙窑为 10.7,婺州窑 10.1,宋、元处州窑为 9.8 等等,这是历代分相釉之所以有分相趋势的一条化学规律。

按照它们的釉式,它们的共同的化学特点,除了上述同属一个多元硅酸盐系统之外,它们必须具有 RO_2/R_2O_3 10 以上的比值。而其差别则在于所含熔剂量的多少。长沙窑釉在釉式图中处于 $R_2O_3=0.15$~0.21,$RO_2=1.7$~2.2 的范围,所以是含有熔剂量最多的一种古瓷分相釉,中等熔剂含量则有处州窑、婺州窑、怀安窑等,而含熔剂量最少的是宋、元钧瓷釉。由此可知它们的烧成温度也按此规律而递增,即按 1150~1300℃ 的范围而增高。

根据历代分相釉的化学组成计算结果,其成分点大致落在 $K_2O(Na_2O)$-$CaO(MgO)$-Al_2O_3-SiO_2 四元 SiO_2 Mol% 在 77.0~70.0 截面图的分相区上部边线及其附近,也表明这些釉分相的必然趋势。此外,分布在上部边线右方的,其分相小滴富 RO,左边的富 SiO_2,与此相应,前者连续相富 SiO_2,故有较高的化学稳定性;宋、元钧釉大部分分布于此,有良好的化学耐腐蚀性;相反后者的连续相富 RO,化学性较差,釉质如长沙窑,处州窑因大多数处于该区,故较差。一些分相釉处于中部,则某些连续相富 SiO_2,另一些富 RO,因此常有好、坏之变动。

统治乳光釉艺术外观的有三个主要因素,第一,分相小滴散射可见光的本质服从瑞利散射定律,视小滴的各项参数而呈现或强或弱的天蓝乳光。第二,兔丝纹的形成服从史托克斯(stokes)定律,其尺寸和浓淡对釉美艳程度大有影响[②]。第三,分相釉中的釉泡如果含量适中对釉可以增色不浅。许多宋、元钧釉都有一定量的小泡。这三个主要因素,蓝色乳光如沧海;分相浓度渐高则从蓝转变为月白——月明;釉泡适中(大小和浓度)则像珍珠。所以乳光釉或宋钧釉的最高境界就是"沧海月明珠有泪"的梦幻艺术意境了!

根据瑞利散射理论,单位强度的白光照射半径为 r 的球形粒子时,散射光强的径向分布由下式决定:

① 耿宝昌,明清瓷器鉴定,下册,中国文物商店总店,1985,97,127。

② 陈显求、黄瑞福、陈士萍等,中国历代分相釉——其化学组成、不混溶结构与艺术外观,ISAC'89 古陶瓷科学技术国际讨论会论文集,A5,1992,25~37。

$$I_e = \frac{9\pi^2 V^2}{2a^2\lambda^4}\left(\frac{n_2^2 - n_1^2}{n_2^2 + 2n_1^2}\right)(1 + \cos^2\theta)$$

θ——入射光方向与观察散射光方向之间的夹角

V——球形粒子的体积

a——粒子与观察点之间的距离

λ——入射光的波长

n_2——粒子的折射率

n_1——为介质的折射律

由公式可知,一定方向的散射光强度与粒子体积的 2 次方(半径的 6 次方)成正比,与入射光波长的 4 次方成反比。粒子的半径从 $\lambda/20$ 时有效地发生瑞利散射,半径近似 $\lambda/10$ 时瑞利散射效应最强烈,这就是分相釉蓝色乳光现象的物理学本质。

历代分相釉的分相小滴的尺寸分布都服从正态概率分布,此点与许多研究过的玻璃分相中的小滴粒度分布不同,后者却服从正态对数分布。不过应该提醒的是,前者是在烧成期间产生分相的,后者则往往是制成玻璃后,再在某些温度下进行长时间热处理后分相的,两者产生分相的工艺过程恰恰相反。

兹将历代分相釉的小滴的平均直径列于表 13-9 中:

表 13-9　历代分相釉分相小滴平均直径

编号	平均直径 (nm)	年代窑口	编号	平均直径 (nm)	年代窑口
T3H74B	55.5	宋钧	LHZ6	108.0	梁怀安
CH3	58.6	宋钧	CHAR	110.0	T 仿钧(红)
CHA	80.7	T 仿钧	764HD	117.0	吉州玳瑁
ACH	83.1	宋钧	HA1	147.0	怀安
T3H75B	84.5	宋钧	ZDM	152.0	吉州玳瑁
T3H73B	87.5	宋钧	JYD3	153.0	宋缙云
TJ1	92.2	唐钧	JYD4	166.0	宋缙云
T3H2-7	92.4	宋钧	T3H72A	166.0	宋钧
9C	95.5	元钧	TD17	185.0	唐长沙窑
9a	98.1	元钧	JYD1	190.0	宋缙云
T3H2-6	99.1	宋钧	LSL1	201.0	元丽水
CH3R	100.0	宋钧(红)	TD15	237.0	宋缙云
LSH1	101.0	元丽水	TD16	317.0	宋缙云
T3H2-8	102.0	宋钧	TD2	405.0	宋缙云
T3H7-1b	104.0	宋钧	GUB	417.0	广均(蓝)
			GUW	424.0	广均(白)

由分相效应制得的乳浊釉可以通过提高烧成温度而烧出类钧的蓝色乳光釉,温度再高甚至会得到透明的玻璃釉,其原因是分相小滴在高温下会逐渐回溶。

　　小滴在高温下大量生成之后,如果有足够的时间和连续相有较低的粘度,则小滴就有条件沉降。根据史托克斯定律,小滴的直径(d)和有关参数有如下的关系:

$$d = \sqrt{\frac{18\eta h}{(\rho_s - \rho_f)gt}}$$

η——连续相的粘度

h——沉降距离

ρ_s 和 ρ_f——分别为小滴和连续相的密度

　　由此可知,在一定时间内,大颗粒下沉的距离较长。因此,原先聚集于一处随机分布的分相小滴集团,在提高温度,釉中二液相的粘度变小的情况下大小液滴容易沉降偏离而流淌成兔丝纹或流纹状。利用铜官窑乳浊釉进行重烧实验,烧到 1250℃ 保温半小时就可以见到许多兔丝纹的出现和呈强烈的天蓝色乳光。由此证实,史托克斯定律是乳光釉兔丝纹效应的物理本质。

　　历代分相乳光釉的研究结果促进了现代分相釉的研究与开发。在 80 年代中期景德镇试制了 K_2O-Na_2O-CaO-MgO-Al_2O_3-SiO_2 系的高温分相乳光釉瓷。在 90 年代初叶,中国科学院上海硅酸盐研究所详细研究了上述多元系的含锌或含 MgO 的析晶——分相釉瓷的系列,为开发分相釉瓷打下了理论基础。

第十四章 陶器工艺的继承和创新——宜兴紫砂陶器

宜兴陶瓷业的渊源可以上溯到 6000 年前的新石器时代。但作为具有本身的特点,以商品交换为主的制陶业,可能始于西周及春秋战国时期,当时产品主要是几何印纹硬陶和原始青瓷。

到了汉代,东汉时期宜兴鼎(别称丁,后文皆用丁)蜀镇周围,已经形成了以生产釉陶为主的窑场。而六朝前期南山北麓的青瓷窑场,也正是在这一基础上吸取了绍兴、吴兴地区烧造青瓷的先进经验而建立起来的。

从唐代中叶到五代十国是宜兴烧造青瓷的第二阶段。当时的窑炉已发展成为坡度较低的龙窑,其代表性窑址就是丁蜀镇附近的涧众古龙窑。当时最密集的窑群却集中在归迳乡的棚山和真武殿山一带,那里的窑场大约维持到南唐末年。

从宋代起宜兴地区集中烧造日用陶器,除以缸、盆、罐、钵为大宗外,还有专业窑场生产军用或民用的小口溜肩的带耳瓶("韩瓶")。紫砂器的制作亦萌芽于此时。当时的紫砂壶还相当粗糙,主要供煮茶或煮水之用,而与明代中叶以后流行的供泡茶之用的紫砂茶壶区别较大。其后,宜兴的日用陶器,作为工艺美术品和陶艺品的紫砂器以及宜兴陶器,随着明代中叶以后江南经济发展的新情况有了更大的发展,且延续烧制至今。

宜兴陶瓷有着优秀历史传统,几千年来基本上没有中断,而日用陶瓷始终是它的主流;直至今天依然具有不断发展的强大生命力[1]。

宜兴生产规模宏大的是均釉及黄釉陶器,包括大、小型的缸、盆、罐、钵,并且已经独树一帜地创制出许多种园林用大型陶器。如大型花盆、瓶、陶桌、陶凳、鼓墩、各种釉瓦(包括绿、黄色琉璃瓦)装饰用大型电灯柱干,以及陶质家具等等,行销海内外,出口遍及世界各国。这在世界陶瓷工业生产和贸易上是少见的。

这种大量生产的日用和园林用大型施釉陶器有许多都以粗紫砂或细紫砂作胎的,其实也可算是紫砂陶器,不过一般大多以其釉质作称呼,叫作宜兴均釉陶、黄釉陶、青釉陶等等,反而不叫作紫砂陶。对于那些一般不施釉的紫砂如紫砂花盆、盆景用的紫砂盆也常常被划归日用粗细陶器一类,与上述宜兴釉陶一起生产和销售。因此,宜兴紫砂陶器在广义上有两类,一类是上述的那些大规模生产的陶瓷工业紫砂胎制品,另一类则是具有丰富的文学、美术和文化内涵的、以紫砂茶壶为代表的陶瓷工艺美术品。

许多有关宜兴紫砂陶器的文献往往把它简称为紫砂陶、紫砂器、紫砂,而把紫砂壶甚至简称为砂壶,这些简称往往意指狭义的紫砂陶器工艺美术品。

关于宜均在第十三章已叙述过,本章则专述以紫砂壶为代表的宜兴紫砂陶器。

---

① 蒋赞初,关于宜兴陶瓷发展史中的几个问题,中国古代窑址调查发掘报告集,文物出版社,1984,64~69。

第一节　紫砂茗壶的起源与陶艺的发展

在唐代,宜兴出产的茶叶就非常著名。陆羽以为"(阳羡)茶香甘辣,冠于他境,可荐于上""始进万两""厥后因之,遂为任土之贡"。所以在唐代,阳羡(宜兴)的茶叶已成为贡茶。卢仝在其与《茶经》齐名的《玉川子茶歌》中写道"天子须尝阳羡茶,百草不敢先开花"。可知,宜兴出产的茶叶是高质量的。

好茶必须有好水。宜兴丁蜀镇西南 4 公里的湖㳇,有寺名金沙寺,其旁有金沙泉,是宜兴地区点茶、试茶用的最佳泉水。苏东坡在蜀山"松风竹炉,提壶相呼",烧煮用的恐怕就是用金沙泉水。宋代用何种炉和何种壶烧煮品茶用的水,可以从南宋刘松年的名画中看到,也可以在钱选的《卢仝烹茶图》轴(现藏于台北故宫博物院)中看出。画中炉子旁边放着一个大的提梁壶用来储水,另一个放在炉上煎茶的是软提梁(用竹子制成的提梁)棕色扁壶。卢仝坐在一张花毡上,右边还放着一把中型的棕色茶壶,为瓜型,带三只乳足,盖的为园珠型,壶把弯曲如耳朵的轮廓,壶嘴较长。喝茶用的却是白色高身、喇叭形小瓷杯。这两件棕色茶壶很像紫砂壶。

宜兴名茶、名泉和名壶皆备,问题是紫砂壶起源于何时?许多文献常常引用宋欧阳修《和梅公仪尝茶》诗"……贡来双凤品尤精……喜共紫瓯吟且酌……"以及宋米芾《满庭芳》词"……初破缕金团。……轻涛起,香生玉尘,雪溅紫瓯圆"。认为诗中"紫瓯"就是紫砂茶壶,其实不然。北宋当时的紫瓯是一种黑釉的茶盏。蔡襄《北苑十咏》中的试茶诗有"兔毫紫瓯新,蟹眼青泉煮"一句。其中兔毫紫瓯就是建盏。上述几个北宋人物用的是北苑龙凤团茶,需要用碾子研细,放入瓯(盏)中,才能"涛起""雪溅"。

早期文献大多引用宋梅尧臣(1002～1060,北宋真宗至宣宗时人)《依韵和杜相公谢蔡君谟寄茶》诗:[①]

> 天子岁尝龙焙茶,　　茶官摧摘雨前芽。
>
> 团香已入中都府,　　斗品争传太傅家。
>
> 小石冷泉留早味,　　紫泥新品泛春华。
>
> 吴中内史才多少,　　从此莼羹不足夸。

以"紫泥新品"作为宋代已有紫砂茶壶的证据。实际上,梅尧臣当时喝的是蔡襄送的北苑龙团茶,用的仍然是新紫瓯,即黑盏(紫泥新品),否则碾细的茶末闷在紫砂壶中无论如何也欣赏不到那种"泛春华"的情景的。

1976 年宜兴陶瓷公司发现了蠡墅村羊角山的早期紫砂窑址[②]。经南京大学历史系和南京博物院的考古学家仔细考察,发现其堆积层次较为复杂[③]:最上层为近代废窑及其废品堆积,以缸、翁等残器为主;中层堆积的延续时间较长,约自元代以迄清初,废品除缸、翁外,还有以玉壶春式瓶为壶身的釉陶注壶及器肩堆贴菱花形边锦的陶罐,这两种器形都具有明显的元明时期陶瓷造型风格。另外,在这层中还发现了大量的宜均器残片,作风与明代"欧窑"相似,可能是

---

①　梅尧臣,依韵和杜相公谢蔡君谟寄茶,全宋诗,第五册,卷 253,北京大学古文献研究所编,1991,3046。

②　宜兴陶瓷公司陶瓷史编写组,宜兴羊角山古窑址调查简报,中国古代窑址调查发掘报告集,1984,59～63。

③　蒋赞初、杨振亚、贺盘发等,宜兴紫砂的历史及现状,紫砂春秋,史俊棠、盛畔松主编,文汇出版社,1991,121～146。

明末清初的产品;下层便是单纯的早期紫砂残器堆积,器形有壶、罐两类,而以壶类为主。这一发现为我们提供了迄今为止研究早期紫砂陶器最重要的实物资料。

在这些早期紫砂残片中,至少可以复原成三种紫砂壶,即高颈壶、矮颈壶和提梁壶,色泽都是紫红色,表里均无釉。泥料比粗陶细,色泽单一,表面细密度差,常有火疵,但在成型手法上已可窥见明清紫砂器的雏形。在早期紫砂器废品堆积层的附近,还发现长约10米,宽约1米多的小型龙窑一座,其中亦出有紫砂残器。根据堆积层最下部的窑基黄土层中有宋墓常见的小砖砌成的砖垛,这一紫砂器的堆积层被认为是宋代或略晚的时期,大体上被定为起自北宋而终于元明之际。

羊角山紫砂窑址的发现和1965年在江苏丹徒县新丰镇前姚村南宋废井发现的一对玉壶春紫砂釉壶(现藏于镇江市博物馆),已成为目前颇被接受的"北宋起源说"主流的依据。

羊角山出土的三类紫砂茗壶的器形,残片的彩图以及南宋废井出土的一对紫砂釉壶照片已发表[①]。

南宋废井的玉壶春壶是一对黑釉紫砂胎壶,施半截黑釉,有流釉垂滴,平底。壶嘴以手搓、捏、卷成,因太长而用泥条搭桥的方法把壶嘴上部与壶颈相连,造型比较原始,与其说是茶壶不如说是酒壶。壶颈太窄,不能作煮茶之用,底平亦不能作烧煮之用。它们只能证明宜兴紫砂胎黑釉陶在南宋时已有生产,不能用以证明紫砂茗壶起源的时代。

一些瓷家对紫砂茗壶的"北宋起源说"持异议,认为将羊角山的紫砂层年代定在明代中期前后较为稳妥[②]。所以有卓见的紫砂陶瓷家把南宋后期到明代万历年间定为紫砂茗壶的草创期是有道理的。也不妨把北宋甚至较早的时代定为紫砂壶的萌芽期。

随着时代的演进,社会饮茶风尚也不断发生变化。"宣和后,团茶不复贵,皆以为赐"。北宋宫廷和士大夫之间风行的斗茶之风,经过战乱,南宋时已经平息,而南宋临安都城市面上士庶仍用黑盏喝碾茶(见南宋刘松年茗园赌市图)。南宋诗人杨万里在"谢傅尚书惠茶启"诗中更有生动地描写喝茶,像今天喝牛奶那样的情景,他写道:"远饷新茗,当自携大瓢,走汲溪泉。束涧底之散薪,燃折脚之石鼎。烹玉尘,啜香乳,以享天上故人之意……"。这种习惯延续到元代。元耶律楚材诗有:"碧玉瓯中思雪浪,黄金碾畔忆雷芽","黄金小碾飞琼屑,碧玉深瓯点雪芽"。他仍然用瓯(深盏),不过已不用黑盏而用青瓷盏了。阳羡(宜兴)贡茶初时也是制成团茶,唐陆树声受终南僧明亮烹点团茶法,并传授给阳羡士人,用时亦要碾成茶粉。元谢应芳,字子兰,武进(常州)人,至正中荐授三衢清献书院山长。明洪武中归隐横山以终。他在《阳羡茶》诗中有"箬笼封春贡天子。谁能遗我小团月",在《寄题无锡钱仲毅煮茗轩》诗中又有"三百小团阳羡月,寻常新汲惠山泉"等句。可知,到元末喝茶的习惯已明显地改为用散茶或片茶冲泡。这时,那种煮成乳液连粉一起喝的"啜香乳"的习惯,已变成用茶叶泡出茶汤,只喝汤汁的喝法,因而需要用茗壶才能隔去茶渣,倒出茶汤,盛之以瓯或杯。这才有茗壶和类似茶具的大量需要。茗壶成为日常使用陶器而有广大的市场,到了明中后期,名士徐渭(1521~1593)才有可能和需要"紫砂新罐买宜兴"。不过,徐渭十来岁以前,当时已经有紫砂壶生产了。1966年,南京中华门外油坊桥明司礼太监吴经墓中出土了一件提梁紫砂壶。墓主死葬于明嘉靖十二年(1533)。这件紫砂壶是目前出土的年代最早的紫砂壶实物。吴经墓的提梁紫砂壶的器形和工艺比较原始。梁

① 叶荣枝,紫砂陶发展概述,紫砂春华,香港艺术馆编,香港市政局出版,1988,22~30。

② 张浦生、袁志洪,紫砂茗壶起源考述,东南文化,增刊1,1994,135~140。

为云朵形,后侧梁上有穿线小耳孔,用以系牢壶盖,壶腹内部有上下对接的痕迹,与"腹半尚现节腠"之说相合,但外部修坯工整。壶盖未设唇,成为简单的一块圆片,但盖底则粘有十字形交义泥条,其作用是盖上壶盖时与壶口位置固定。但是,其壶的,即壶钮却也考究,很像一个小小的荸荠,乃是用旋盘加工出来的。壶嘴略弯,与壶身接合处有四瓣柿蒂形泥片贴花,其作用除装饰外,还有加固作用。壶的总容量为450毫升,是一只中型的紫砂壶。它显然是早期的产品。

紫砂茗壶的技艺发展史实际是一部茗壶的陶艺史。最早的著录为明周高起的《阳羡茗壶系》。他书中提到"邵文金仿时大彬,独绝。今尚寿"。邵殁于清顺治十八年。又说到沈君用……壶式上接欧正春一派。……以甲申四月夭。亦即殁于清顺治元年(1644)。故该书应完成于1644年以后的清初。周高起字伯高。……早岁饫于痒。与徐遵汤同修(江阴)县志。居由里山,游兵突至,被执索资,怒詈不屈死(金武祥"茗壶岕茶系序"光绪十四年(1888)6月)。所以他是在清初被游兵所杀。继后,乾隆五十一年(1787)吴骞将该书"复稍加增润"改名为"阳羡名陶录"。1934李景康,张虹合著《阳羡砂壶图考》。上述三部著录成为后来许多研究紫砂茗壶论著之所本。近期内容比较集中的著录当推1988年香港艺术馆编、香港市政局出版的《紫砂春华》和史俊棠、盛畔松主编的《紫砂春秋》(1991)。最新的集中著录有徐秀棠1995年6月下旬在上海《新民晚报》第10版有关紫砂茗壶陶艺文章的连载。

宜兴县东南20公里的湖㳇有金沙寺。明弘治、正德间有寺僧,闲静有致,常和制缸的陶工相处。亦搓土练泥加以澄练,捏筑为器胎,中间挖空,外面用木模子把它弄圆,然后装上口柄盖的,入窑烧成。故制壶由金沙寺僧始创并传授给后人。

明正德年间(1506~1521)四川参政,提学副使吴颐山携书童供春读书于宜兴湖㳇金沙寺。供春受差使之余,常"仿老僧匠心",开始用紫砂粗泥澄出细土。用细土搓成圆坯,以茶匙将中心控空,用手指在里外同时捏塑,致使表面留下隐约的指纹。壶胎需要不断地捏塑,所以壶腹在出现连接的或塑捏时产生的压痕和纹理,这些特征正好用来分辨真假。由此可知,紫砂茗壶始创于明代中晚期,始祖为金沙寺僧而由供春继承从粗陶工艺开创淘细土为胎的细陶工艺。("澄泥为壶,始于龚春",其实亦始于金沙寺僧)。

供春继承了金沙寺僧始创的紫砂茗壶制作的基本工艺,首创澄泥原料,但其成型方法是最原始的,甚至可以追溯到新石器时代一脉相承的成型方法,即捏塑成型或膝上捏塑成型。供春所制茗壶的传世品"栗色暗暗如古金铁,敦庞周正",周、吴的著录中都未提到它的造型和落款。

万历间(1573~1619)继供春而起的紫砂名艺人有董翰、赵梁(或作赵良)、元畅(袁锡)和时朋(时鹏)合称"茗壶四大家"。董以制作菱花式壶著称、赵所制者多为提梁式。同期的壶艺名家还应提到李茂林。他善制小圆壶,精美朴雅,不加款式,仅以朱书为号,为"阳羡小壶之鼻祖"。在他之前,茗壶都是集中数个一起放入施釉的缸、瓮,入窑同烧的,免不了或多或少被釉滴所沾污。李茂林当时"另作瓦囊,闭入陶穴",也就是制造茗壶烧成用的专门匣钵,将壶的生坯装匣封好后入窑烧成。这是制壶工艺的一大改进。在宜兴陶壶工艺技术史上这标志着产品进步的一个里程碑。

继起的名家有时朋之子时大彬,以及李仲芳和徐友泉师徒三人,壶艺高超,当时有"壶家妙手称三大"之誉。

时大彬当时已开始使用了各种颜色的紫泥原料,"诸土色亦具足",这也是制作工艺的颇大改进。他对泥色,形制、技法和铭刻,都有较高的造诣。早期紫砂壶的颜色"自供春而下,及时大彬初年,皆细土淡黑色,上有银沙闪点"时大彬始创配土,并加入某些矿物的粗颗粒或用废壶捣碎的粗粒熟料。"得供春之传,毁甓以杵舂之,使还为土","以柄上拇痕为标识"(李斗《扬州画舫录》)。供春制壶曾用模子,时后来发现不用模子的更好成形方法。在工艺技术上这也是一大改进,大大提高了茗壶的质量。在外观上茗壶"谷绉周身,珠粒隐隐更自夺目",时人把他与供春并论。时大彬早期作品多仿供春大壶,以朴雅坚致见长。后游娄东(今上海松江)与许多茶人文士交往后,就改制小壶,风格为之一变,标志着紫砂壶艺与文学艺术相结合的开始。初时他还请人用毛笔打稿,"后竟运刀成字,书法闲雅"。学王羲之的小楷书法"在黄庭、乐毅间,人不能仿,鉴家用以为别"。

传世的供春壶到底是怎样的,目前似乎无可查考了。我们只能从周、吴的著录中窥见一斑。中国历史博物馆藏有供春制的"树瘿壶"一把,壶身作老树皮状,壶把如松根,把内的壶身上刻供春二字。是否供春真品,多有争论。

时大彬所制茗壶传世无多,且名高价重,赝鼎充斥,鉴别匪易。据知[①],目前墓葬出土的时大彬茗壶真品,可以用作比较鉴定的有:

(1) 1987 年福建漳浦县明万历户、工部侍郎卢维桢夫妇合葬墓中出土了一件题款为"时大彬制"紫砂带盖茶壶。卢死于万历三十八年(1610)。

(2) 1968 年江苏江都县丁沟镇曹姓墓中一件壶底阴刻楷书"大彬"款的六方形紫砂壶,墓主入葬时间是万历四十四年(1616)。

(3) 1984 年江苏无锡甘露乡肖荡坟华涵莪墓出土了一件把下刻有"大彬"款,盖上有云肩状贴花,弯流的三足圆壶。华涵莪(1565～1619)葬于崇祯二年(1629)。

(4) 1984 年江苏无锡河下王光熙墓出土的扁圆砂壶、直流、底有"大彬"二字款。

(5) 原故宫漆器库藏中一件晚明雕漆四方型把壶,在翻查时发现为紫砂胎,底部有"大彬"二字款,其手法与曹氏墓壶完全相同,特别是出肩、升颈、盖钮的制法。(以上资料,特别是照片和图片亦见叶荣枝氏《紫砂陶发展概述》一文)。

出土的时大彬六方紫砂茗壶现藏于天宁寺扬州市博物馆,在展厅中供大众鉴赏。

此壶呈砖红色。通高 11 厘米,口径 5.7 厘米,底径 8.5 厘米。壶嘴也是六方弯流,把亦六方。表面无光,也未见所谓夺目的"银沙闪点"。比现藏于南京博物院的带"天香阁"篆体阴文小印的"大彬款提梁紫砂壶"(见《国宝大观》)工艺和艺术水平原始得多。与其说是时大彬晚年作品,不如说是其早年作品。

这件六方紫砂茗壶标志着万历四十四年(1616)以前时大彬已经使用"镶身筒"的成型方法制壶了。加之大彬款的紫砂包漆壶的发现亦说明紫砂壶的包漆装饰工艺也差不多同时出现。

李仲芳是李茂林之子,也是时大彬的第一大弟子。并且受到其父的指点,后来去了浙江金坛,终于成为制壶高手,具有相当的竞争力。传世的一些时大彬壶,有些是李仲芳制作的,大彬见到精妙的就署了自己的款识。李仲芳于万历戊午年(1618)曾为叶龛先生制一扁圆小壶,题字"刀法遒劲"。此壶为明治时代日本奥兰田所藏(兰田奥玄宝《茗壶图录》(1874))。

徐友泉名士衡,因即席制作紫砂卧牛为时大彬赏识而收为弟子。其卧牛也是见于记载的最早紫砂雕塑品。他制壶多仿古代青铜器诸式。配合各种泥料的颜色到最适合为止。"毕智穷工,移人心目"。他所制壶的款式相当多,有汉方、扁觯、小云雷、提梁卣、蕉叶、莲方、菱花、鹅旦、分档、索耳、美人、垂莲、大顶莲、一回角六子等等,泥色有海棠红、朱砂紫、定窑白、冷金黄、淡墨、

① 宋伯胤,大彬款六方紫砂壶,国宝大观,梁白泉主编,上海文化出版社,第二次印刷,1992,111～113。

沉香、水碧、石榴皮、葵黄、闪色、梨皮等等。色泥诸色许多都是他所首创的，其中定窑白和梨皮泥是制造紫砂绝品所必需的。他曾被吴梅鼎之父邀请到家中，"穷年累月、竭智殚思"制了各种款式的茗壶，除上面已述者外，还有僧帽、苦节君、扇面方、芦席方、诰宝、圆珠、美人肩、西施乳、束腰菱花、平肩莲子、合菊、荷花、芝兰、竹节、橄榄、六方、冬瓜丽等等，可谓"集斯艺之大成"，达到了该时代的顶峰。

　　当时时大彬还有四个大弟子，欧正春善制花卉果物；邵文金又名亨祥，仿制时大彬的汉方壶；邵文银，又名亨裕，制品有时门风格。蒋伯䒱又名时英，曾客于陈眉公，所作坚致不俗。仿时李诸传器者有陈信卿，仿制诸家者有闵鲁生。当时的紫砂陶名手还有陈仲美、沈君用、陈用卿、陈文卿等四人。

　　陈仲美是江西婺源人，为景德镇刻瓷高手，后到宜兴专制紫砂。他把瓷雕艺术与紫砂壶艺巧妙地结合起来，创造出新的风格。他善于配制壶土和重镂精琢，所制壶多摹仿瓜果、缀以虫草，其代表作如"龙戏海涛壶"。除茶具外，他喜作文房小品和陈设雅玩，如辟邪、镇纸、香盒、香熏、香炉和佛像等。他所制的紫砂观音大士像"庄严慈悯，神采欲生，璎珞花曼，不可思议"。将紫砂的雕塑工艺推进到了一个新的阶段。

　　沈君用名士良，少名多梳，自幼知名。作品喜用浮雕，玲珑剔透，形象逼真，以离奇著。他又喜配泥色，人称"色象天错，金石同坚"。周著《阳羡茗壶系》将他的作品与陈仲美并称"神品"。

　　陈用卿，天启崇祯间(1621～1644)人。作品技法直追时大彬，当然他的年纪和技术都晚于时大彬。他为人耿直，被呼为陈三呆子。他所制器形"工致丰美"，有莲子、汤婆、钵盂、圆珠等式。制品不用模子就很圆，书法仿钟太傅(钟繇，三国魏大臣，汉明帝时官至承相，太傅，书法家)帖意，落墨拙而落刀工。

　　陈文卿则善制花盆，传世品中有色胜胭脂红的长方折角花盆，云足缺一，底铭"陈文卿制"，酷似徐友泉技法。

　　万历以后的天启、崇祯间著名的紫砂艺人有陈俊卿、周秀山、陈和之、陈挺生、惠孟臣和沈子澈等。其中以惠孟臣的壶艺最精，为时大彬以后的一大高手。制壶形体浑朴精妙，铭刻书法极似唐代大书法家褚遂良，在我国南方声誉很大。清初及以后仿他的赝品甚多。1975年在广东陆丰县的黄廷霖墓出土了一件惠孟臣手制的紫砂壶。而沈子澈所制的菱花壶精工雅致，可与"大彬壶"相比。壶艺家之中特别工于镌刻的著名高手为陈辰，字共之，当时被誉为"壶家之中书君"。

　　清初，紫砂壶艺继续向前发展，艺人与文士结合继续从事他们的创作。

　　明末清初最著名的紫砂大师陈远，字鸣远，号鹤峰，一号石霞山人，又号壶隐。在康熙、雍正时期他精工制作壶、杯、瓶、盒，手法在徐、沈之间而款识书法雅胜于徐、沈，有晋唐风格，为时大彬、徐友泉以来的紫砂大名手，被认为是当时紫砂业中文人风格的代表。他和当时文人学士过从甚密，"游踪所至，多主名公巨族"，"争相延揽"常至海盐张东谷的涉园、桐乡的汪柯庭，海宁的陈字圆、曹廉让(号廉斋)、马思赞等氏家制作了一批茗壶。与杨忠讷，字耑木号晚研交谊最深，制了一批得意之作。传世品有"南瓜壶"，现藏于南京博物院。

　　清初，雍正、乾隆间(1723～1795)著名的紫砂艺人有陈汉文、杨秀初、张怀仁、陈滋伟等。其中陈汉文精工制壶，尤善铺砂。杨季初善制菱花壶，张怀仁善于壶技篆刻，以仿唐代书法家怀素的笔法知名。王南林、杨继元、杨友兰、邵基祖、邵德沁、邵玉亭等均善彩釉砂壶，并承制宫廷御器。王南林的作品以体质坚净、款式精雅著称。邵玉亭所作"乾隆御制"壶亦工雅可观。陈文伯和陈文君等所制紫砂花盆曾畅销日本。

　　清嘉庆时,篆刻、书画家陈鸿寿与壶艺名手杨彭年的密切合作,使紫砂茗壶艺术中兴并且达到了时代的辉煌顶峰。乾隆时许多制壶艺人仍用多种模子分段衔造、拼接,时大彬的手捏遗法已很少传人。杨彭年恢复了捏制之法。除制茗壶外,杨兼善刻竹刻锡。

　　陈鸿寿(1768~1822)字子恭,号曼生、曼寿、曼公,别号种榆道人,夹谷亭长,浙江钱塘(今杭州)人。仁宗嘉庆六年(1801)拔贡,官淮安同知,为西泠八家之一。1816年曾官溧阳县,于嘉庆廿一年(1821)前后宰宜兴,在此期间,公余之暇、辨别砂质,创制新样,手绘十八壶式。这是紫砂壶工艺美术设计史上的重大事件(十八式的名堂已有专门著录①)曼生壶铭许多都是他的幕客江听香、高爽泉、郭频迦、查梅史所作。也有他自己干的。凡是他自己的刻铭,"刀法遒逸",如果由幕僚奏刀或代书,则署双款。据李景康,其传器有第四千六百一十四号之多,则"曼生宰宜仅一任(三年)"已属钜数。简直是开了个紫砂壶厂。不过杨彭年、其弟妹杨宝年,杨凤年及"一门眷属并工此技",再加上在地方名手中定制壶坯,也不会令人惊异的。陈、杨二人合作之壶多称曼生壶,精品由陈自刻"阿曼陀室"款,或在壶底、壶把上刻"二泉"两字的是邵二泉所制。杨彭年一个自造的壶则在与陈合作的前后,为数甚少,其壶底有杨彭年篆文方印。曼生壶"赝鼎充斥",细辨必须根据铭句、书法和刻工。曼生壶标志着紫砂茗壶的技术、工艺与我国传统的金石、篆刻、书法、绘画等文学、艺术紧密结合,达到全盛期的一种新的格局;是日常使用的一种极普通的茶具。获得了艺术灵魂成为具有永恒性的珍贵艺术品,使其后的许多书画篆刻家和诗人,墨客步其后尘,把他们的艺术灵感寄情于紫砂茗壶之中。

　　邵大亨,与杨彭年齐名,为宜兴上袁(又名上岸里)人。他善仿古,有创新,所制的"掇球壶","骨肉亭匀,雅俗共赏"。他的作品"素净者浑朴端庄,清雕者构图严谨",是一位承先启后的艺术大师。其传世品如"鱼化龙壶","一捆竹壶"(现藏南京博物院)和"凤卷葵壶"等,堪称传世精品。

　　朱坚,字石梅,嘉庆、道光时人。能画,长于人物花卉,精于鉴赏,制紫砂胎包锡壶,又将紫砂壶的鋬、流、的都镶了玉石,使紫砂茗壶工艺别开生面。(类似作品的彩图亦见《紫砂春华》中叶荣枝文)然而镶玉的紫砂茗壶没有得到广泛的发展,玉、泥是否相"生"? 在艺术上是相消还是相长,值得深思!

　　清末制壶巧匠和雕刻名工还有邵友廷、黄玉麟、冯彩霞等人。邵友廷是宜兴上岸里(上袁)人,善制缀球,鹅蛋等壶。

　　黄玉麟原籍丹阳,侨居蜀山,少学紫砂壶艺,造诣颇深。其作品形制工整,严谨不苟。选土配色,并得古法而又别出心裁。不仅善制缀球,供春、鱼化龙等传统名壶,而且还开拓了制作紫砂假山盆景的新途径。他所制盆景或奇峰巍峨,或层峦迭嶂,或缀以瀑布、小桥和亭台房舍,妙若天成。他的精湛技艺,得到了当时著名金石家吴大澂的赏识,并邀他到吴家观看古代青铜器和仿制各种古壶款式。传世品紫泥大壶盖内钤"玉麟"二字楷书小章。他与吴合作的树瘿壶为仿供春的代表作。

　　吴大澂(1835~1902)字清卿,号恒轩,江苏苏州人,后客居上海。同治七年(1868)进士,官至湖南巡抚。光绪二十年(1894)甲午中日战役因督师失利,被遣回籍,为龙门书院院长。精鉴赏,喜收藏彝器、玉石文物,得"宋微子鼎"铭文客字作寏,因又号寏斋。善画山水、花卉,书法精于篆书。晚年与画家任伯年、胡公寿、吴俊卿结社。藏有缺盖"供春树瘿壶",因此请人到宜兴依

　　① 郭若愚,漫谈陈曼生紫砂壶的造型设计,紫砂春秋,史俊棠、盛畔松主编,文汇出版社,1991,280~283。

式仿制白泥供春大壶,另外制造别的几种款式以送知交,壶底有憨斋阳文篆印为标记,篆法之精,非前代壶印可及也。

冯彩霞是继杨凤年而起的知名女艺人,她曾应邀到广州河南(珠江南岸)伍元华的万松园中练土开窑制紫砂壶。伍元华字春岚,广东南海人,先世以洋商起家,豪富名动一时,性嗜茗壶。冯彩霞在园中所制多为小壶,壶底署万松园制四字,大多是楷书,有时作草书,有署款癸已年,即道光十三年(1834)。有时也刻彩霞二字于盖唇外,甚为士大夫珍赏。

吴阿根和金士恒也是晚清紫砂名艺人,他们于光绪四年(1878)应日本友人邀,赴日本常滑市传授紫砂技艺。日本现代仍在烧制的"常滑烧"陶瓷,就是仿制紫砂的著名品种。

清末也有一些知名的紫砂雕刻艺人,其中一位是邓奎,字符生,擅长书法篆刻,曾为上海瞿应绍(字子冶,号月壶、瞿甫、老冶,名噪吴淞)到宜兴监制紫砂壶,并加刻花卉和铭记,署款"符生",器底有"符生邓奎监造"或"符生氏造"等篆文方印,精者子冶手自制铭或绘梅竹镌于壶上。

1911年辛亥革命以后到1937年紫砂壶业虽仍在缓慢发展,但其艺术水平已明显下降。由于30年代上海对紫砂壶的收藏之风盛行,故紫砂壶的销量猛增,一些产品难免粗制滥造,但少数艺人则坚持精工创作,因此有他们独到的艺术贡献。如程寿珍(1858~1939),号冰心道人,善制掇球壶及仿古紫砂壶。曾获马拿马国际赛会和芝加哥博览会奖状,同时得到奖状的还有紫砂名艺人俞国良所制的"传炉壶"。范鼎甫,不仅善制紫砂壶,而且擅长紫砂雕塑品。他的大型雕塑品——鹰,曾在1935年伦敦国际艺术展览会上获得金质奖章。

二三十年代不少古董商把宜兴紫砂陶艺名手请到上海制作紫砂茗壶。俞国良、冯桂林、汪宝根、吴云根、朱可心、蒋彦亭、王寅春、顾景舟、蒋蓉等高手在不同时期都被请到上海从事制壶工作。特别是蒋蓉的伯父蒋彦亭就是仿古的名手。在50年代以后,这些艺林高手中人如朱可心,顾景舟、蒋蓉等人已成为培养了一大批下一代艺人的宗师。

到了80年代,宜兴老、中、青年有成就的紫砂陶艺师已大不乏人了。他们的小传与名作可见于《紫砂春华》一书中。从创作所得的经济效益也逐年按百分之几十递增,在90年代初,作者如顾景舟氏的单件作品已达新台币80万元之巨。港、台紫砂壶的收藏热一直升温,1992年台湾收藏者估计达150万人。每二年一度的宜兴陶瓷艺术节,紫砂陶的成交额都创纪录①。

必须指出的是,紫砂壶自供春之后,凡是名家之作必有仿制赝品。时大彬仿供春,后人仿时大彬,如此延绵不绝至今。所以说"赝鼎充斥"是的的确确的事实。香港所藏、名噪一时的陈鸣远"束柴三友壶"乃蒋彦亭所制。同一个模子出来的另一套"束柴三友壶"现藏台湾。个别烧成废品的这种壶,以及当时陈鸣远制的原来印章亦为当事人收传。许多目前在美国收藏的明、清紫砂茗壶,被行家一看而知为二三十年代被请到上海的某一紫砂高手所制②。

紫砂茗壶的艺术之魂是中国传统的美术,没有它就没有陶艺。如何在发扬光大这种传统美术的同时,在壶艺上突破传统,不受其桎梏,是增大壶艺的巨大艺术容量使之不致饱和,而获得巨大的、新的发展能量的一种途径。在古代中国,由于封建意识的束缚,一些超前的艺术往往被扼杀于摇篮期中。紫砂壶艺著录中偶见的"西施乳"可能就属于这一类。它到底是甚么样子,目前未见图谱或实物。李著《阳羡砂壶图考》已有把握要描述,并已引起个别瓷家注意③。明代武

①　李煌,紫砂名壶未来发展趋势,典藏,(8):1992,150~151。

②　郑重,假作真时真亦假,文汇报,1992,7月3日星期五第五版。

③　吴小楣,明清文人与紫砂陶,紫砂春秋,1991,147~160。

林人梁小玉工篆刻,尊薛涛、苏小小、关盼盼为"花坛三秀"特制紫砂茗壶祭奠。茗壶盛以绣檀小匣,匣面刻"红霞仙杵、白玉绵团"八字。壶为白泥制,质坚如玉,壶身作乳形,壶盖红的、似乳头微凸、壶下部刻宋锦纹抹胸,以绣带为把,以身根(男生殖器)为流,"仅露寸许,器伟而不丑恶",在抹胸的扣子上藏有"小玉"篆书二字,把手下锦纹中藏"卿嬛"二篆书椭圆之印,盖上有"武林梁氏"篆书小长方印。壶底刻"三秀祠祭器第三"小楷书七字,又刻"金茎甘露玉乳香,谷九郎题"蝇头小楷十一字。这一茗壶艺术水平无论是在书法,篆刻、文学、雕塑特别是美术韵味都无与伦比,堪称绝代神品,是超时代的美术珍宝。与明代穆宗朱载垕好内,在景德镇制的"隆窑秘戏"瓷不可同日语。可惜这一茗壶极品早已秘而不传了!

彩图 14-1 是引自书刊上发表的明、清制壶名家制作的紫砂杯壶照片。

紫砂陶艺热自 70 年代起直至目前方兴未艾。1995 年 6 月 17 日,由文化资产维护协会主办,台湾梅岭美术学会协办,筹备历时三年的《历代紫砂瑰宝展》在台北市历史博物馆展出。展品是北京故宫博物院、南京博物院、首都博物馆、天津艺术博物馆四大展馆联合组织的一百零九件的珍品。这对紫砂陶艺的发展具有重大影响①。

第二节　紫砂陶器的技术发展

从上一节的叙述中可以知道,以紫砂茗壶为代表的紫砂陶器,按照它的工艺、技术和艺术水平可以分为几种类型。首先,技术水平高超的紫砂巨匠,他们的制陶技术经过多年的实践和生产,已经达到了炉火纯清的境界,以致他们的技术制品是通过作者本身所掌握的从技术转变到技巧而制造出来的,加之他们本来已具备了高水平的文艺素养,因而制出来的,是一种高层次的陶瓷艺术品。这种陶艺品已经脱离了原来的那种普通的日用器皿而成为艺术价值难以按原来的所谓"制造成本"来衡量的珍宝。一个有经验的熟练陶工,如果没有足够的艺术素养,即使他能够仿制出古今名艺人的制品,最多只能做成有形而无神,没有艺术魅力的呆板的赝品。制陶的艺人,有的偏重于制壶,有的偏重于篆刻书法、造型、装饰。他们互相尊重对方的专长,互相合作,亦可买技术名手的素壶作艺术的后加工。技术名手亦可请文士们在其作品上发挥其艺术造诣以提高制品的艺术价值。在生产茗壶以及在茶艺过程中的鉴赏,是一种高文化活动,因而形成了一种紫砂茗壶的陶艺或茶艺的文化沙龙。在这个文化圈中,技术已退居很次要的地步。谈到制壶时,只强调别人做不到的作者技巧和魅力。圈中人所观摩的是蕴藏在作品中的丰富的艺术内涵。第二类型是一般的工艺品,它既保存着非常实际的日用性,但又具有一定的艺术水平。它的设计美观、大方,工艺精良,器形完整,特别是可以批量生产同一规格的产品,供应各个阶层人士作为带有美感的日用器皿,好像一般的瓷器产品那样,既美观又实用。第三类是普通的日用品。按照宜兴地区居民的生活习惯,"家家制坯,户户捶泥"制造出一批批规格、尺寸不一,形式多种多样,制作工艺一般,甚至技术低劣,谈不上艺术,但广泛行销于广大普通老百姓之间的日用品。

按照紫砂陶器的技艺发展过程,如前所述,新石器时代晚期,宜兴地区已从事生产陶器,并有砂质陶和泥质陶之分。此两者的区别,从技术上看,是以其中的粗颗粒是否大于或小于 0.1毫米来确定的。小于 0.1 毫米,人的肉眼不能分辨,手感细腻。故砂质泥料制成的砂质陶在技

---

① 汪莉,大陆四大馆紫砂珍品赴台展出,上海劳动报,1995,6 月 16 日星期五第三版。

术上称为粗陶器;所有的颗粒都小于 0.1 毫米的泥质陶就是细陶器。所以宜兴的紫砂陶器亦有粗陶和细陶之分。其重要之工艺因素的差别首先是所用紫砂泥料的不同。

一　宜兴紫砂陶器所用的泥料

宜兴地区蕴藏着丰富的各种各样类型的紫砂矿藏,早已被先民们用来制陶。公元前后制造的印纹硬陶许多都是利用紫砂泥制成的。优质的制茗壶的紫砂土传说是由一个"卖富贵"的异僧在蜀山发现的。其时代当早于金沙寺僧于明弘治制紫砂陶壶之前。据载,明代丁蜀镇、蜀山及附近地区所出的泥料有:

嫩泥,出赵庄山,混以一切色土,具有能够成型的可塑性,是制壶的辅助泥料。

石黄泥,出赵庄山,是矿藏深埋下的"石骨",制出来的壶为朱砂色,是一种朱泥。

天青泥,出蠡墅,制出的壶为暗紫色。这种泥料有一些分支,如梨皮泥,制壶成梨冻色;淡红泥成松花色;淡黄泥成豆碧色;密泥成淡赭色;梨皮和白砂成淡墨色等。

老泥,出团山,成陶器时呈白沙星点,状若珠玑。用天青泥、石黄泥与它混合可以制成深浅不一的古铜色。

白泥,出大潮山。这种泥料可以制造瓶、盎、缸、缶,但当时尚未开发。

这些泥料当时都从矿坑中挖出,往往挖到数十丈才能开采出来,那时,在蜀山周围都有许多紫砂矿坑,即所谓"陶穴环蜀山"也。

明、清、民初以来,宜兴紫砂陶业皆沿用本地就地取材的紫泥料制紫砂器,没有多大的变化。1959 年当地对原料作过调查研究[①],矿区的泥料和产地有:

白泥,本地白泥蕴藏量极为丰富。丁蜀镇南面有白泥山、大潮山、兰山等矿区;镇西均山坞、弓前一带亦产白泥,镇北川埠附近亦有开采。黄泥、东山泥都产于于东山。本山泥、乌泥、紫砂泥、红棕泥,绿泥产于黄龙山,洞众泥产于洞众,西山嫩泥产于二郎山和西山一带。

上述粘土原矿除西山泥为高可塑性软质粘土外,其余皆呈石片状,性硬但很松散,缺乏滑腻感。嫩泥呈灰色,白泥及绿泥呈灰白或青灰色,黄泥呈淡棕色,其余皆为淡紫色或紫酱色并有棕黄色夹层;除西山泥外,在水中均不易松散。在 1300℃或以上烧后,白泥,绿泥均呈灰白色,其余则呈砖红、酱红或黑褐等色。西山嫩泥与紫砂尚有小熔洞与裂纹出现。

这些紫砂土原矿属沉积岩,矿体呈层状;白泥往往分布在山腰,甲泥在山脚平坦的地方。用露天开采或坑道平采。

宜兴紫砂陶经过多次偏光显微镜鉴定、X 射线衍射分析、红外吸收光谱分析、热谱分析、电子显微镜鉴定,证实其主要矿物相由伊利石、高岭石组成,并含有不等量的蒙脱石、石英、云母碎屑和针铁矿,微量矿物有金红石、钛铁矿、电气石、锆石等。甲泥和紫砂泥以伊利石、高岭石和少量针铁矿(或水针铁矿)为主;白泥主要含伊利石和高岭石,嫩泥则主要含伊利石,少量高岭石、蒙脱石和针铁矿。80 年代末宜兴地区所用陶土原料的地质,化学-矿物组成和若干性质曾作过比较详细的研究[②]。兹将以往分析的紫砂陶土的化学组成数据列于表 14-1 和表 14-2。

---

① 宜兴鼎蜀人民公社管理委员会编,宜兴陶瓷制造,江苏人民出版社,1959,9～26。

② 方邺森、方金满、刘长荣编著,中国陶瓷矿物原料,南京大学出版社,1990,102～113。

表 14-1　宜兴紫砂陶土的化学组成（重量％）[①]

名　　　称	K₂O	Na₂O	CaO	MgO	MnO	FeO	Fe₂O₃	Al₂O₃	SiO₂	TiO₂	P₂O₅	烧失	总计
原土：													
南山甲泥	2.20	0.03	0.17	0.48	—		1.25	20.51	67.66	0.94	—	6.16	99.40
白泥山白泥	2.35	0.10	0.41	0.52	—		1.52	19.28	68.89	0.84	—	6.20	100.11
香山嫩泥	2.85	0.20	0.67	1.01	—		4.14	20.66	61.99	0.84	—	8.43	99.95
西山嫩泥	1.77	0.45	0.84	0.88	—		5.26	22.53	60.39	0.84	—	7.61	99.73
紫砂泥	2.66	0.06	0.43	0.69	—		8.78	20.72	56.99	1.03	—	8.13	99.49
本山甲泥	1.30	0.07	0.64	0.46	—		7.74	20.16	61.14	1.10	—	7.93	100.54
平原甲泥	0.50	0.05	0.57	0.23	—		8.11	24.89	55.36	—	—	9.97	99.68
林场甲泥	1.05	0.15	0.64	0.18	—		7.16	20.12	62.98	—	—	7.23	99.52
梅圆甲泥	1.00	0.12	0.64	0.37	—		6.98	20.33	62.62	—	—	7.81	99.87
介坞甲泥	0.61	0.18	0.57	0.23	—		10.19	23.16	56.06	—	—	8.52	99.52
小于1微米的陶洗料													
甲泥	1.53	2.20	0.56	0.52	0.02	0.84	4.90	29.55	46.04	0.98	1.85	11.35	100.34
紫砂泥	3.31	1.92	0.60	0.43	0.02	1.07	12.89	26.04	41.38	0.97	1.51	8.32	100.26
白泥	4.07	0.94	0.24	0.44	0.02	0.55	1.97	33.98	45.39	0.94	0.95	9.88	99.32
嫩泥	2.71	1.25	0.55	0.53	0.02	0.37	3.95	29.15	50.42	0.71	0.84	9.51	100.01
紫砂泥（1973 年分析）	0.72	0.25	0.70	0.54	—		8.08	26.00	55.00	—		7.80	
紫砂泥（1977 年分析）	3.38	0.06	0.25	0.57	—		8.38	20.12	58.39	1.08		7.30	
紫砂泥（1977 年分析）	1.74	0.25	0.48	0.34	—		8.48	21.29	60.74	—		6.44	
紫砂泥（1981 年分析）	0.95	0.15	0.83	0.32	—		9.39	25.61	52.88	—		10.30	

　　从现有的化学分析数据来看，原料中的 Fe_2O_3 以白泥为最少，一般不超过 2％，陶洗后的白泥中 Fe_2O_3 的含量少，为 1.08％。Fe_2O_3 含量最高的紫砂原矿约在 10％左右，但陶洗后个别有超过 12％的，Fe_2O_3 含量因各种陶土原料的不同而有高低之别，正可以满足制陶艺人对陶器的实用性质和外观色泽以配泥的方法加以调整。从表 14-3 的历代紫砂器的化学组成特别是 Fe_2O_3 含量变动范围不太大（7.06％～9.95％）也可以看到紫砂器配泥的蛛丝马迹。数十年前紫砂工艺品的典型泥料配方有：1 号紫砂器泥是 80％紫砂泥加 20％红棕泥。2 号紫砂器泥为 100％绿泥。3 号紫砂器泥为 20％紫砂泥加 80％红棕泥。

---

　　① 韩人杰、叶龙耕、贺盘发等，宜兴紫砂陶的生产工艺特点和显微结构，紫砂春秋，史俊棠、盛畔松主编，1991，197～214。

表 14-2　宜兴紫砂陶土的化学组成（重量％，50 年代分析）

名称	K₂O	Na₂O	CaO	MgO	MnO	Fe₂O₃	Al₂O₃	SiO₂	TiO₂	烧失	总量
水簸白泥	1.72	0.70	0.50	0.36	微	1.08	22.66	66.15	—	6.57	99.74
白泥	1.02	0.30	0.45	0.39	—	1.80	20.90	70.25	—	5.08	100.19
黄泥	2.13		0.63	0.34	—	2.92	22.28	64.68	—	6.97	99.95
东山泥	0.80		0.62	0.41	—	6.55	19.97	64.04	1.11	6.44	99.94
本山泥	2.15		0.63	0.65	—	8.16	23.35	57.19	—	8.41	100.54
涧众泥	1.23		0.25	0.40	—	5.73	21.85	63.92	1.51	4.67	99.56
西山嫩泥	1.20		0.97	1.23	—	2.34	26.11	62.25	—	6.02	100.12
乌泥	—		0.67	0.31	0.02	8.78	26.08	54.72	—	9.16	99.74
紫砂泥	1.02		0.51	0.54	0.01	9.11	25.69	55.95	—	7.49	100.32
红棕泥	1.23		0.25	0.40	—	5.73	21.85	63.92	1.51	4.67	99.56
绿泥	—		0.98	0.59	—	3.07	31.71	52.86	—	11.18	100.39

表 14-3　历代宜兴紫砂陶器的化学组成（重量％）[1][2]

编号	K₂O	Na₂O	CaO	MgO	MnO	FeO	Fe₂O₃（总）	Al₂O₃	SiO₂	TiO₂	Cr₂O₃
羊角山残片 1 号（宋）	1.36	0.07	0.43	1.36	0.10	1.38	7.75	25.91	62.50	1.32	0.02
羊角山残片 2 号（宋）	1.76	0.07	0.29	0.37	0.018	3.07	7.14	23.89	65.33	1.16	0.02
羊角山残片 3 号（宋）	1.28	0.07	0.26	0.35	0.013	5.44	8.24	24.08	64.94	1.23	0.02
葛窑紫砂胎（清嘉庆）	1.43	0.06	0.34	0.34	0.01	—	7.28	19.36	69.28	1.16	CuO 0.003
紫砂器（清初）	2.50	0.13	0.51	0.55	0.018	0.44	8.60	20.69	64.62	1.28	0.02
紫砂器（清初）	1.70	0.12	0.26	0.41	0.019	0.14	7.22	17.28	71.01	1.28	0.02
紫砂器（清中叶）	2.05	0.08	0.28	0.53	0.011	0.33	8.66	23.85	62.72	1.29	0.02
M7（近代）	2.85	0.07	0.23	0.60	0.023	0.50	9.95	23.42	60.70	1.15	0.03
＊1980 年制 紫砂小碟	1.55	0.15	0.25	0.35	0.02	Pbo 0.04	8.08	23.27	64.95	1.12	P₂O₅ 0.20
＊1984 年制 紫砂小盘	1.63	0.08	0.22	0.37	0.03	Pbo 0.03	7.06	19.56	69.77	1.04	P₂O₅ 0.20

＊ 还含有 0.01 的 ZnO 和 0.01～0.02 的 As₂O₃

① 孙荆、谷祖俊、阮美玲，羊角山古窑紫砂残片的显微结构，中国陶瓷，1984,（2）：63～70。

② 陈显求、黄瑞福、陈士萍等，清代葛窑宜兴均陶的化学组成和分相结构，硅酸盐学报，1991,16(6)：510～515。

各种泥料由于其化学-矿物组成有不同,其操作性能和生坯与烧结等性能都有差别。在成型过程中可塑性最为重要,制坯后其干燥强度的好坏则直接影响到成品率,入窑烧成时则要求有不太大的烧成收缩以及不太高的烧成温度,出窑后的成品则希望它们有适当的强度和气孔率。表 14-4 和表 14-5 列出了各种泥料的上述性能。

表 14-4 宜兴紫砂陶土的物理性能

陶土种类	真比重 (g/cm³)	颗粒组成(%)					可塑性 指数	干燥收缩率 (%)
		大于 50(μm)	50~10(μm)	10~5(μm)	5~1(μm)	小于 1(μm)		
甲泥	2.706	39.18	9.82	7.00	24.50	19.50	11.50	5.70
紫砂泥	2.755	30.51	8.49	9.50	22.00	19.50	10.60	4.99
白泥	2.655	9.68	24.32	12.00	18.50	35.50	11.80	4.54
嫩泥	2.696	2.34	7.14	9.50	30.00	51.00	27.70	7.10

表 14-5 宜兴紫砂陶土的结合力与烧结性能

陶土种类	结合性(干燥后的抗折强度×10⁵Pa)				烧结性能				
	加标准砂				烧结温度 (℃)	吸水率 (%)	气孔率 (%)	体积密度 (g/cm³)	烧成收缩 (%)
	(0%)	(20%)	(40%)	(60%)					
甲泥	28.19	22.31	18.17	10.05	1315	5.20	11.80	2.30	5.90
紫砂泥	18.38	15.25	11.89	8.59	1270	5.20	12.00	2.28	5.52
白泥	11.91	10.60	8.37	6.73	1280	4.40	9.35	2.15	6.50
嫩泥	47.75	37.30	23.83	16.68	1140	4.52	9.76	2.24	8.50

二 紫砂陶器的成型工艺

紫砂陶器的造型多样,品种繁多。产品主要有各式茶具、酒具、餐具、文具、花盆以及陈设工艺品等。它们的成型方法有手工成型、注浆成型、旋坯成型和印坯成型。大量生产的紫砂陶器日用品大都使用现代陶瓷成型工艺的机械生产方式制造。只有紫砂工艺品和紫砂陶艺品才保持传统的手工成型的制作方法。宜兴紫砂陶的这种手工制陶方法实际上是继承了早在新石器时代传授下来的远古的方法,即泥条叠筑、泥条盘筑以及泥饼、泥片拼接等成型方法。当时,在世界各个角落处的先民部落中的陶工将陶泥搓成圆球(抟土),打成泥饼作器底,然后将搓成的泥条造成一个个泥圈,一个接一个地砌筑上去,一方面先与泥饼接合好,另一方面每筑一圈都要使泥圈上下连成一片,最后成为器身,或者用长的泥条从器底一直盘旋而上筑成器身。而泥饼-泥片法在宜兴一直保留到现在。目前宜兴手工制造一米以上的大缸仍然使用这种甚为有效的方法。至于紫砂陶艺品的所谓打身筒或镶身筒等典型的成型方法也是从这种古老的成型技术脱胎而来的。

成型手工艺是制造优美的紫砂茗壶的重点和主要的技术①。一般分为打身筒法和镶身筒法②。圆器用前法,方器用后法。成型之前,先准备好各种尺寸和厚度的圆泥片和长方形泥片,圆片为底,围以长方泥片,粘接后成为圆筒形,然后,放在转盘上,把上下半部分别先后用工具拍打成圆形壶身,然后依次粘接颈、脚、把、嘴等细部,并附以壶盖,成为一件圆形的壶坯。圆器的成形主要是手工操作,局部也使用木模子,例如掇球壶的成型,其半球形壶盖的半球状粗坯是先在木模子中印压而成。也有造成粗坯后主要靠木模子精加工的。这种成型方法大多用在筋纹器(或称经瓢器)上,例如合菱壶,壶身状如南瓜,是采用手工和模型相结合的成型方法。将打好身筒后的粗坯放入木模子然后在粗坯内压印,使坯外因模子的阻挡而压出饱满的瓜棱状外形。壶盖也因是在盖头木模中成形的,故制出来的盖和身的棱纹都能够对合上,故称合菱。这种成型方法颇有供春之遗风。镶身筒法适用于生产方形制品。先将泥料打成泥片,按设计先做好各种样板,依样板裁切好所需泥片,然后把泥片镶接成方形壶身,再付上配件即成方壶的壶坯。这正是时大彬弃模而再用手工的古法。

紫砂壶在萌芽期有可能在穴窑内烧成,周高起就曾说金沙寺僧造好的壶坯是"附陶穴烧成"的。甚至可能有平地堆烧的过程,不过考古家并未有这方面的纪录,也未报道是否在当时发现过类似半坡的那种穴窑。宋以后都在龙窑烧制,直至1957年才被倒焰窑代替。1973年才用隧道窑代替了倒焰窑③。紫砂陶的烧结和色泽与烧成时的气氛关系密切。嫩泥中因含有少量的蒙脱石,熔剂含量偏高,故其烧成温度较低。据紫泥的化学组成可用 $FeO \cdot Fe_2O_3\text{-}Al_2O_3\text{-}SiO_2$ 和 $FeO\text{-}Al_2O_3\text{-}SiO_2$ 相图作烧成的理论指导。在强氧化气氛中烧成时,泥中的铁成分为赤铁矿和磁铁矿,则从前图可知胎中液相温度始于1400℃,虽有熔剂存在,其烧成温度还不会太低。在还原中烧成时,铁份有足够部分成低价铁溶入于液相中,从后图可知液相出现温度在1150℃,再加上熔剂的降低烧成温度的作用,故如超过此温度过多,制品易于起泡。氧化烧成,因生成赤铁矿含量较多,如土中铁量适中,可呈朱红色而为朱砂器,在还原中则因磁铁矿含量为主而呈栗色的紫砂器。紫砂壶烧成以后,其中生成的主要矿物相为一次莫来石,二次莫来石(均属纳米尺寸的范围)和赤铁矿、磁铁矿,以及较大一点的残留石英、云母残骸和一定量的玻璃相。其显微结构与一般含一定量 Fe_2O_3 的粘土质陶瓷制品相同④。只有那种加有废壶的熟料粗颗粒的制品,由于烧成时生、熟料收缩率显著不同,在熟料界面处出现较明显的微裂隙,故在镜下可以看到两种不同的气孔结构。

三　紫砂陶器的装饰方法

如前所述,由于文人、学士的参与,把书、画、诗、词、金石、印章、篆刻等我国特有的美术传统寄情于紫砂陶艺品,又把我国的传统工艺手法如镶嵌、雕琢、镂空、染色、掺杂等用于紫砂陶,使紫砂陶艺的产品具有各种层次的丰富的艺术内涵⑤ 而成为陶器珍品。

① 宜兴鼎蜀人民公社管理委员会编,宜兴陶瓷制造,江苏人民出版社,1959,122～135。

② 潘持平,浅谈方型壶的成型工艺,紫砂春秋,史俊棠、盛畔松主编,1991,287～291。

③ 叶龙耕,紫砂陶的起源及生产工艺探讨,紫砂春秋,史俊棠、盛畔松主编,文汇出版社,1991,215～231。

④ 孙荆、阮美玲,宜兴紫砂陶的显微结构和紫砂器的透气性,中国陶瓷,1993,(4):21～25。

⑤ 吕尧臣,宜兴紫砂的七种装饰方法,东南文化增刊1,1994,141～143。

　　书画、诗词、金石、印章、篆刻等是艺术,要有专门的训练和熟练的技巧,并且具有足够的紫砂制陶的知识才能完成。那种仿古代青铜器,仿自然界动植物的仿生需要雕塑家水平的手艺,也属于艺术技巧之类。这些都需要在掌握熟练技术的基础上进行艺术化。

　　采用捏塑、雕塑等手工成型方法,可以按照作者自己的艺术意会创造自己的作品,如树瘿壶,龙头、凤嘴,枯枝把,如意足,桥梁钮等等。采用木模。石模、石膏模、钢模和树脂模等印模与捏塑法结合,还可以生产许多仿生类型的筋纹器,例如瓜棱壶,蟠桃杯等。

　　清乾隆末年,宜兴陶工学习了景德镇瓷器描金的方法开始在紫砂壶艺品上进行鎏金装饰,光彩射人,大大提高了产品的艺术价值和经济价值。现藏上海博物馆的一只邓奎款鎏金塔式紫砂方壶就是这类制品的典型例子。方壶四壁上的许多浮雕佛像都描以金身,并不使紫砂壶本身"失却本来面目",与各大寺院中的许多泥菩萨,五百罗汉的泥身贴金是完全一致的。

　　故宫博物院藏有乾隆款描金紫砂方壶一件系用"镶身筒"法成型,但所有棱角除壶底外皆被磨圆。用金粉描绘壶盖和壶肩上的花纹。壶身一侧绘以"湖山雁归图"的线条画,另一侧书《山居即景》五言绝句一首:"径穿玲珑石,檐挂峥嵘泉,水许束自洼,昨来龙井边",壶底钤"乾隆年制"篆文方印。在紫砂表面以金粉装饰,显然是受了景德镇粉彩技法的影响①。

　　从鎏金、描金发展到用金、银丝和红木紫檀木,黄藤木等在紫砂壶烧成后经过雕刻然后镶嵌上去,最后打磨抛光,显得更为名贵。朱坚始创的镶玉实际上是拼接玉制部件如壶嘴、把、的等。最典型的是清杨彭年制的包锡、镶玉、錾花的紫砂壶。该壶高 9.4 厘米,口径 7.1 厘米,壶呈竹节型,中腰、顶边和底边有凸弦。内钤"杨彭年制"方印。壶身全部包锡,一面錾梅花,另一面錾四言诗句:"一容之竹,爱此坚贞,其绿如菡,挹彼注兹,君子之福"。装玉嘴、玉柄、玉钮。此器现藏扬州文物商店,其所在地正是乾隆年间扬州天宁寺旁"十三房"的一家名叫"香雪居"卖宜兴紫砂壶商店的邻近。至于近年一些名手试验的坯体先镶嵌后烧成的工艺,技术要求很高;一方面要求用来镶嵌的材料除美观之外,其耐火度要比紫陶高,烧成时不仅不能变质熔化而且不能变形,其收缩度又要与紫砂胎一致,所以,能用于镶嵌的材料不多。

　　如前所述,紫砂陶如果施以满釉,则变为紫砂胎的釉陶。用青釉,纹片釉、黑釉,官窑釉以及钧釉都分别成为诸种釉的陶器如欧窑那样不成其为紫砂陶了。至于用不同的紫砂色泥进行泥绘装饰虽保持紫砂本色,但上乘之器当如凤毛麟角了。所以包漆、包金、银、铜、锡等,如为全包(所有紫砂器的外表面都被包着)也就无人知道为紫砂器,故亦不入紫砂之流了。

　　清康熙时期所创的珐琅彩绘制花鸟,使紫砂壶别具一格,更为优雅,可惜没有得到进一步发展,宜兴地区既缺乏景德镇那样的彩绘艺术人才,而在紫砂的棕色背景上绘画也大大限制了艺术的施展,所以始终都未能成为紫砂陶的重大分支。上述的珍品,清康熙珐琅彩紫砂方壶一件现藏于台湾故宫博物院。

　　由前文可知,宜兴紫砂茗壶的制造技术和陶艺的发展,历代的精力几乎全都集中于艺术上,很少致力于实用性的改进。例如,使用时壶中的茶叶往往把壶嘴内壶壁的小孔堵住,常常倒不出茶水。其原因是装接壶嘴前,在连接处的壶壁上开了七个梅花样排列的小孔,然后装上壶嘴,茶叶泡开,茶叶片重新展开以后,像纸片一样,把七个小孔贴住,当然就倒不出水。解决堵住的问题需要改进设计,明末清初有一种新的设计,就是在壶盖和壶身之间,加入一个盎篱,四周和底部有许多小孔,茶叶放在其中,泡茶后起储茶叶和泸茶水的作用。这种设计,陈仲美、沈君

---

　　① 宋伯胤,乾隆款描金紫砂方壶,国宝大观,梁白泉主编,上海文化出版社,第 4 次印刷,1992,117～120。

用都有奇制。现在,带盉鬲的紫砂壶在市面上仍有销售。第二种设计是把七个小孔挖掉而为一大孔,在壶内这个地方装接上一个有许多小孔的球体称为球孔,然后在外面再装壶嘴。这种设计比较巧妙,倒茶时如茶叶贴在球上,因为球形,面积亦较大,小孔不会全被堵上,况且倒完一次把壶放下后,壶嘴内部水的反冲力又把贴着的茶叶冲走,第二次就不会再被堵住了。这种带球孔的扁形茗壶,70 年代在宜兴市面可以买到,现在已不复见了。

第十五章 光彩夺目的富铅釉和彩
——三彩陶器、低温色釉和彩

铅的氧化物作为低熔点熔剂成分引入陶器色釉的制作中在我国始于西汉。从此通过长久的不断改进、创新和衍生发展成功一系列以铅为主的陶瓷色釉和彩料,为我国陶瓷的发展做出了重大贡献。早在殷商时代,我们祖先对于铜、铅等合金的冶炼技术已有一定的掌握,从墓葬中出土的爵、甗、簋、彝、尊、瓿、锛、凿、钺和刀等铜器可得到证实。公元前13世纪的商代晚期,为了降低青铜器熔炼的熔点和提高其流动性能,当时已采用铅加入铜、锡合金中以制得铜锡铅三元合金[①]。众所周知,在金属冶炼过程中往往会生成非金属矿物成分的熔渣体。这些熔渣多为硅酸盐组成,其中含有一定量的玻璃态物质。熔含铅金属过程中十分容易生成含铅的低熔点玻璃态组成物的熔渣。因为熔炼时要用粘土坩埚作容器,原料中亦常含硅酸盐矿物成分,这些都会在高温反应过程中相互作用形成低温玻璃态物质给人们以形成低温釉的启示。同时秦、汉、魏、晋、南北朝时代的炼丹术十分盛行,炼丹过程中所形成的低温熔体物质同样也会加深人们对于含铅低温釉料生成的认识。早在西周时期我国已有琉璃珠的制作,经过若干年的延续和演变,在琉璃珠等制品制作技术的基础上,于战国时期我国已出现了含铅钡硅酸盐玻璃的制作。至汉代已经有施有 $BaO\text{-}PbO\text{-}SiO_2$ 低温釉的陶器。总之无论是在铜、铅金属冶炼的生产活动中,还是在炼丹技术的实践中,以及在玻璃制作技术的影响下,通过长期的对于铅质物料形成玻璃质熔体的认识的积累和实践探索,为低熔点铅釉的发明积累了一定的认识和物质基础,以致在汉代开始了低温铅釉陶器的制作生产,使用于明器。

三国、两晋和南朝时期,由于南方制瓷业的勃兴,致使铅釉陶器的生产不振,在数量和质量上都比不上汉代铅釉陶器的生产,直至北魏中期起铅釉陶器的制造业才有所恢复和发展。不仅制造汉代的传统绿釉陶器,还发展了黄釉和褐色铅釉的制作,并为铅釉的多色并用开发了新品种。特别是发展到北朝晚期的北齐,铅釉的釉色和质量都达到了较高水平,制作精巧,釉润光亮,达到了工艺上成熟,生产上兴盛和品种上多样的状况,进入了一个创新阶段,铅釉陶器的制造发展到唐代已形成了多彩铅釉体系[②],其黄、绿、赭各色釉都可制成不同深浅色调,另外尚有白、蓝色釉的制作成功,使铅釉陶形成了著名于世的"唐三彩"。所谓三彩是指以黄、绿、白为主色的三种以上色彩的多色彩釉陶。

唐三彩釉陶业延续到宋代和辽代形成了各具特色的"宋三彩"和"辽三彩"釉陶器。明、清两代景德镇著名的低温色釉瓷和装饰白瓷的低温釉上彩料,大多数属含铅的低温釉和彩,都是受三彩铅釉以及琉璃铅釉或铅钾釉的影响而发展起来的,诸如著名的素三彩低温色釉、釉上五彩和粉彩,法华釉等都是从 $PbO\text{-}SiO_2$ 为主体的低温釉料发展而成的。如 $PbO\text{-}Al_2O_3\text{-}SiO_2$ 系的

---

① 中国社会科学院考古研究所实验室,殷墟金属器物成分的测定报告(一)——妇好墓铜器测定,中国考古学集刊,第2辑,中国社会科学出版社,1982,181。

② 中国硅酸盐学会,中国陶瓷史,文物出版社,1982,171~173。

汉绿釉和三彩釉；$(KNa)_2O-PbO-Al_2O_3-SiO_2$ 系的琉璃釉；$SiO_2-PbO-(KNa)_2O$ 系的法华釉；$PbO-SiO_2$ 系的素三彩和 $K_2O-PbO-SiO_2$ 系的炉钧釉和五彩以及粉彩，都是由 $PbO-SiO_2$ 为基的二元系统釉料衍生而来。至于 $PbO-BaO-SiO_2$ 系统的低温釉看来是受到 $PbO-BaO-SiO_2$ 系统玻璃制作技术的影响形成的。在江苏扬州西汉"妾莫书"木椁墓中出土了近 600 片形状各异、制作精细的玻璃衣片。近年来在徐州市郊西汉"楚王"墓出土了 16 件 $PbO-BaO-SiO_2$ 系的玻璃杯，其中还含有 3.5％左右的 Na_2O 和 0.2％的 CuO，玻璃呈淡绿色。战国时的琉璃璧已经呈透明的绿玻璃状，其成分很单纯：SiO_2 32.26％，PbO 41.14％，BaO 13.57％[1]，可见西汉的玻璃质量要更高些。有人曾分析过一只汉代的高铅钡釉鼎，施有氧化铜和氧化铁着色的绿色釉。其中含 PbO 43.5％，SiO_2 33.4％，BaO 7.7％，另有少量的 Al_2O_3、CaO 和 SnO_2，其基本成分与战国的琉璃璧相仿[2]。使用含钡的矿物原料来制作玻璃和釉的可能性是很大的，如重晶石矿物原料在我国有大量贮藏，但汉代以后这种高铅钡釉并没有得到发展。

第一节　绿釉陶和三彩釉陶

一　绿　釉　陶

低温绿釉陶器是铜为着色剂的铅釉陶器，始于西汉中期，东汉已大批生产于陕西、河南地区。墓葬发现表明绿釉陶是为当时丧葬用明器而生产的，器型多为盒、仓、灶、壶井、磨、家禽、畜圈和楼阁等各式明器。低温绿釉陶的发明是我国第一次用铅釉制成陶器的重大创举。

（一）绿釉陶的化学组成

汉代绿釉陶器的胎用含一定量 CaO，MgO，K_2O 和 Na_2O 熔剂的粘土制成。含铝量低，胎的吸水率为 11％～13％，950～1000℃烧成。釉主要成分为 SiO_2 和 PbO，有一定量的 Al_2O_3，Fe_2O_3 和 CuO 为着色剂。绿色主要为 CuO。从釉的成分推断，当时人们借鉴金属冶炼时所形成炉渣的启示，利用当时易得的铅、粘土和砂或用含砂高的砂质黄土即可配制成铅质绿釉。胎可用就地取材的粘土。配釉用的铅可以是金属铅加热熔化和氧化，再与粘土和黄砂一起拌炒后使用。亦可用铅矿原料直接使用。表 15-1 列出了东汉绿釉的胎、釉化学成分[3]。

远在 2000 年前的汉代，我国劳动人民通过生产劳动实践就积累了对硅铅物料在高温作用下形成低温玻璃态物质的认识，从而探索出合成低温铅釉的技术，创造了低温铅质绿釉陶器，在我国陶瓷科技发展史上开辟了第二个十分重要的釉系，为一系列的低温彩釉和彩料的不断出现和创新奠定了基础，这的确是陶瓷发展过程中的一大贡献。

---

① 张福康、程朱海、张志刚，中国古琉璃的研究，中国古陶瓷研究，科学出版社，1987，97。

② Wood N.，Watt J.，Kerr R.，某些汉代铅釉器的研究，古陶瓷科学技术国际讨论会论文集 2，(ISAC' 92 文集)，1992，98。

③ 张福康、张志刚，中国历代低温色釉的研究，硅酸盐学报，1980，8(1)，9。

表 15-1　东汉绿釉陶的胎、釉化学组成

名　称	氧化物含量（重量%）												吸水率%
	SiO_2	Al_2O_3	Fe_2O_3	TiO_2	CaO	MgO	K_2O	Na_2O	PbO	CuO	MnO	P_2O_5	
东汉绿釉陶残片（胎）	65.78	15.85	6.23	0.99	1.84	2.19	3.30	1.60			0.13	0.10	12.6
（釉）	33.88	6.20	2.31						46.89	1.26			
汉代铅釉探针分析											SnO		
	29.5	3.7	1.3	0.2	1.9	0.5	0.9	0.2	59.7	1.2	0.2		

（二）银釉的形成

低温绿釉主要是以铅、硅、铝氧化物所组成的低熔点玻璃为基础的釉。从 SiO_2-Al_2O_3-PbO 三元系低共熔物组成（PbO 61.2%，SiO_2 31.7%，Al_2O_3 7.1%）考虑，釉的组成十分接近低共熔组成，始熔温度约在 650℃，而液相线温度在 900℃左右，故在 900～1000℃ 的范围内即可形成良好的釉。这种铅釉的釉色取决于釉中所含着色剂及其浓度，绿色釉是铜离子的作用，铁离子则着色为黄和褐色。铅釉具有很强的光泽，表面光亮，因为铅质玻璃釉的折射指数很高，故铅釉比其他釉显得更加光彩夺目。但从墓葬中出土的铅釉陶器的釉层表面常会失去原有的强烈光泽，尤其汉代的铅绿釉更会出现银色光泽的釉层，常被人们称谓"银釉"，这都表明铅釉耐化学侵蚀性很差。汉代银釉陶器的化学组成示于表 15-2 中[1]。

表 15-2　汉代银釉陶器的化学组成

名　称	项　目											吸水率（%）
	氧化物含量（重量%）											
	SiO_2	Al_2O_3	Fe_2O_3	TiO_2	CaO	MgO	K_2O	Na_2O	P_2O_5	烧失	总量	
汉代"银釉"陶残片胎	61.11	14.44	4.90	0.77	5.73	3.36	2.60	1.74	—	4.80	99.45	11.2
				PbO	CuO							
汉代"银釉"	31.32	1.90	2.02	60.31	—							

"银釉"的形成主要是汉代低温绿铅釉长期处于潮湿的环境中受到大气中水和二氧化碳的侵蚀，铅质玻璃釉层表面逐渐水化和溶蚀而形成硅酸及其可溶性盐，当硅酸及其可溶性盐逐渐溶失后，则遗留下富含氧化铅的沉积物，沉积物的薄层表面则显示出反光强的氧化铅薄膜的光泽特征。众所周知，纯氧化铅是呈极薄的淡黄色鳞片状结构特征的。因此经水化后形成的薄层主要是包裹有氧化铅片状结构的沉积物的变态釉层。最表面层则是受侵蚀后水化而形成的极薄的氧化铅膜的"银釉"层。随着溶蚀时间的增长会一层一层沉积而构成类云母结构的结合层。氧化铅颗粒甚小，包在釉中，X-射线测定仍呈现无定形状态[1]。尽管绿釉陶耐大气溶蚀性差，但它的开创确为低温釉彩的发展做出了贡献。

① 张福康、张志刚,中国历代低温色釉的研究,硅酸盐学报,1980,8(1),9。

二　三彩釉陶

北朝时期除陶塑的成就为三彩陶的开创奠定了工艺基础外,铅釉的釉色和釉质的改进也为三彩釉的发展创立了条件。三彩种类多,包括举世闻名的唐三彩、辽三彩和宋三彩,虽属同类,但就装饰和釉质而言,仍有大同小异。

(一) 唐三彩

唐三彩是以粘土制胎,经素烧后,用多种色彩的低温铅釉装饰的陶器制品。在唐代多盛行作为皇室墓中的随葬明器。据考古资料,唐三彩在长安和洛阳地区绝大多数的皇室贵族及官僚的墓葬中出现,可见即使是瓶、罐、盘、壶等日用品的造型亦属明器,有可能当时人民已经认识到三彩铅釉有毒性,所以很少制成实用的日用品。由于釉多绚丽,易于装饰和烧制,故产品种类多,如制作许多雕塑艺术品,其中有武士、文官、男僮、女仆、侍从、乐俑、舞俑、房屋、亭院、楼阁、仓房、厕所、牛马、猪羊、鸡鸭、狗兔以及怪兽等,反映着唐代的社会生活,特别是各种神姿的马和骆驼及千姿百态的骑士,其雕塑技术的高超更为世人所赞美。各类雕塑都需要艳丽多彩的釉的衬托方能呈现出其艺术魅力。唐三彩色釉确已达到了高超效果,从河南、陕西古墓和窑址中大量出土的唐三彩器物表明了这点。1972年陕西省考古所和陕西省博物馆等单位在陕西乾陵懿德太子和章怀太子墓中发掘出千余件唐三彩器[①]。1977年河南省博物馆在巩县黄冶地区发现了唐三彩的烧造窑址,并出土了大批遗物[②]。1985年陕西省考古研究所在铜川市黄堡镇(宋耀州窑所在地)发现唐三彩作坊一座、唐三彩窑炉三座,以及大量成品、坯体和工具等[③]。大量出土物表明北方的河南、陕西一带唐代已生产质量水平相当高的三彩产品,反映了当时其制作的兴盛。

唐三彩的胎在化学组成上不同于汉代绿釉陶,其含铝量高,而含铁质和熔剂矿物成分低。故烧成到相近的吸水率所需的烧成温度要高。胎的质地较优,其化学组成如表15-3中所示。从胎的分析成分可见,唐三彩陶器制胎是采用河南和陕西当地的普通粘土。众所周知,唐三彩的烧制是用二次烧成工艺。因为胎的烧成温度高于釉烧温度。先将粘土雕塑成形后制成一定形状要求的坯胎,经过干燥后再入窑素烧,素烧温度高达1100℃,然后在素烧好的胎上施以各种颜色的色釉,再次入窑进行釉烧,温度约为950℃左右。彩釉的呈色取决于釉中所含着色剂的种类和含量。唐三彩中所含着色剂主要是 Fe,Cu,Co 和 Mn 等过渡金属的氧化物,这些氧化物着色剂在唐三彩的 $PbO-Al_2O_3-SiO_2$ 为主要成分的低温铅质玻璃釉中一般呈离子着色。表15-4中列示出了唐三彩各种色釉的化学组成[④][⑤]。从表中数据可见黄色釉的着色剂为 Fe_2O_3,绿色釉的着色剂为 CuO,蓝色釉的着色剂为 CoO,而白色釉则不用着色剂,而是配以含低铁的粘土即可制作。色釉的深浅尚可依釉中所含着色剂的量加以适当调节。从化学组成上比较,唐三彩釉的基本组成与东汉绿釉有些近似,主要是以 SiO_2 和 PbO 组成的玻璃态为基釉,亦含有

①　陕西省考古所,唐懿德、章怀太子墓发掘简报,文物,1972。

②　刘建邦、刘建洲,巩县黄冶唐三彩试掘,河南文博通讯,1977,(1),44。

③　陕西省考古研究所,唐代黄堡窑址,文物出版社,1992,10~24,47~71。

④　李国桢、陈乃鸿,唐三彩的研究,中国古陶瓷研究,科学出版社,1987,78。

⑤　李知宴、张福康,论唐三彩的制作工艺,中国古陶瓷研究,科学出版社,1987,70。

一定量的 Al_2O_3 和少量钙、镁等碱土氧化物成分,这对于釉的稳定性和与胎的结合会有更佳的作用。

唐三彩釉陶的造型和色彩装饰是丰富多样的。根据器形的样式唐三彩器物的成形则有轮制、模制、雕塑和粘接等工艺方法。其釉彩装饰则有画彩、点彩、贴花、印花、刻花、划花、填彩等釉彩装饰工艺及制胎的绞胎工艺。唐三彩烧成中的胎体素烧和釉烧均为氧化焰烧成。不使用匣钵,多用垫饼、垫圈、平板及支钉等窑具支垫烧成。支钉的承托主要是防止在烧成过程中釉汁流淌下来粘结后不易脱取的措施。

表 15-3　唐三彩胎的化学组成和物理性能

名称	氧化物含量(重量%)									物理性能			
	SiO_2	Al_2O_3	Fe_2O_3	TiO_2	CaO	MgO	K_2O	Na_2O	总量	吸水率(%)	抗折强度($\times 10^5Pa$)	素烧温度(℃)	釉烧温度(℃)
河南巩县黄冶唐三彩	63.84	29.82	1.44	0.93	1.64	0.59	0.71	1.17	100.14	11.99	293.4	1100±20	950
陕西乾陵唐三彩	65.90	27.85	1.15	1.21	1.48	0.55	1.32	0.51	99.97	13.32	124.2	1100±20	850

表 15-4　河南、陕西唐三彩釉化学组成

名称		氧化物含量(重量%)											
		SiO_2	Al_2O_3	Fe_2O_3	CaO	MgO	K_2O	Na_2O	PbO	CuO	CoO	P_2O_5	总量
河南	绿釉	30.66	6.56	0.56	0.88	0.25	0.79	0.36	49.77	3.81	—	0.29	93.93
		28.43	18.83	1.60	0.64	1.38	0.20	0.10	44.92	4.35			100.45
	黄釉	28.65	8.05	4.09	1.65	0.42	0.72	0.45	54.59	—	—	0.32	98.94
	蓝釉	34.40	19.05	1.07	2.28	0.54	0.30	0.10	42.11	—	1.22		101.07
陕西	绿釉	34.17	20.65	0.68	2.54	0.36	0.50	微量	36.70	4.30	—		99.90
	绿釉		6.71		1.20	0.38	0.81	0.28	59.53	5.24		0.06	
	黄釉	30.54	6.93	4.87	1.20	2.10	0.20	微量	50.54	—			96.38
	白釉	31.98	5.83	2.10	1.20	1.38	0.20	0.10	52.66				96.45

关于三彩蓝釉发现于河南巩县一带窑址,它始于唐代用作三彩陶器,其开发无论在工艺上和艺术装饰上都是低温铅釉发展中的一个创新和成就。然而钴蓝釉所用的着色原料究竟有什么特点?是从何处而来?这个问题有十分值得研究的价值,因为它与唐青花瓷所用颜料来源有密切关系。根据对巩县唐三彩蓝釉的化学分析判明,三彩蓝釉所用颜料属一种钴与铜结合共生的低锰钴矿。其铁、钴、锰和铜的分析含量示于表 15-5 中[①]。

从表中所列出的 MnO/CoO 比和 CuO/CoO 比的数值可以看出,它是不同于一般的高锰钴土矿的 MnO/CoO 比和 CuO/CoO 比。而接近于硫铜钴矿的 CuO/CoO 比。有可能当时使用硫铜钴矿。亦可能使用部分铜、铁置换的硫钴矿。硫铜钴矿在非洲有矿产,但其含铜量高于含钴量,而埃及又不产钴矿,因此从埃及进口钴矿或从中东地区进口非洲产的硫钴矿作为唐三彩

---

① 张志刚、郭演仪、陈尧成,唐代青花瓷与三彩钴蓝,景德镇陶瓷学院学报,1986,7(1),99。

色料可能性较小。从战国墓葬出土的琉璃珠的分析表明[1]，含钴的着色剂所使用的钴矿颜料与唐三彩类同，战国时期从中东或非洲进口都不是容易的事。据地质资料发现，河北有含钴较高的硫化物矿床，同时有黄铜矿伴生[2]。另广西的硫铜钴矿[3]的铜钴比(CuO/CoO)与唐三彩色釉接近。因此战国至唐代利用国产的钴矿似乎比进口要容易得多，也符合于古代陶瓷就地取材或就近取材的惯用方式。

表 15-5　唐三彩钴蓝釉的化学组成

编号	名称	氧化物含量（重量%）										
		CaO	MgO	K_2O	Na_2O	CoO	MnO	Fe_2O_3	CuO	PbO	MnO/CoO	CuO/CoO
T-1	唐巩县三彩蓝釉	0.79	0.43	0.88	0.22	1.03	0.03	0.99	0.38	45	0.03	0.37
T-5		1.36	0.46	1.30	0.28	1.92	0.03	1.05	0.22	49.4	0.02	0.12
T-6		0.66	0.27	0.43	0.14	0.56	0.02	0.70	0.24	61.8	0.04	0.43
T-7		0.74	0.37	0.51	0.11	0.47	0.02	1.10	0.19	53.5	0.04	0.48

　　唐代黄堡窑址的大量和详尽的发掘工作揭示了唐三彩的制作工艺，代表了当时三彩釉陶的制作工艺水平。根据陕西省考古研究所对唐代黄堡窑址发掘工作的资料[4]，可以简要概述有关黄堡窑生产唐三彩釉陶的工艺，唐代烧制唐三彩的窑有两种，一种为横焰窑，容积小，是用来专烧某种产品进行试制或小批量生产产品用的，另一种是半倒焰式馒头型窑，呈马蹄形，小者为 5 立方米，较大者为 22 立方米左右，窑都设有两个烟囱，砌在窑后两侧，每个烟囱下面与窑室的后壁隔墙下部有两个排烟孔。燃料使用木柴。半倒焰式窑是唐代黄堡窑烧瓷器的常用窑。装窑使用桶形匣钵装烧。从泥池剩余的原料判断，当时是用坩土（当地粘土）作为制胎原料，坩土先经粉碎，放入淘洗池内淘洗。泥渣和杂质经沉淀后分离。将初淘出的泥浆放入沉淀池，沉淀到一定程度，再将细颗粒泥浆移入大缸内，然后渗滤去水获得可用泥料。再经练制，便成为直接使用的坯泥。有时可将坯泥放进窑洞内继续陈腐，以增加可塑性。当时圆器是采用拉坯成型。拉坯是用木制圆盘转动操作。转盘直径为 0.5 米、轴的直径为 0.14 米，轴深埋 0.69 米，亦已使用金属和陶瓷质构件，整个设备较完整。泥坯放置在晾坯场干燥，晾坯场设在作坊门外或设在作坊窑洞顶部，作坊内也有贮存釉用的釉缸，可能施釉工序在作坊内进行。贮釉缸一般连着排放几个，可能是贮放不同颜色的色釉。

　　从发掘出来的作坊布局看，唐代黄堡窑也按专门操作工种分工。有的作坊专门成型，有的专门施釉，有的专门制备泥料，有的窑专烧黑瓷，有的烧茶叶末瓷，有的专烧三彩釉陶。这些表明唐代烧制三彩釉陶的分工还是比较细的。

　　从发掘的作坊和窑的规模看，唐代铜川黄堡窑址在当时的制瓷规模不大。有些作坊仅在一个窑洞内就有两个窑。似乎只供一二人操作，大者亦不过三五人。这是以家庭为单位的手工业作坊生产方式。

① 张福康、程朱海、张志刚，中国古琉璃的研究，中国古陶瓷研究，科学出版社，1987，97。
② 李震唐等，我国热液型钴矿床的发现，中国地质，1963，29。
③ 桂林冶金地质研究所岩矿室锰矿专业组，瓦房子钴矿发现钴的硫化物矿物，地质与勘探，1975，(2)，27。
④ 陕西省考古研究所，唐代黄堡窑址(上册)，文物出版社，1992，41～43。

（二）宋三彩

宋三彩低温铅釉陶器是唐三彩生产制作的延续。由于制作于宋代而称宋三彩。宋代北方生产三彩铅釉陶器的有磁州窑、登封窑、鲁山窑、扒村窑和宝丰窑等多处。烧造器物多为炉、枕、盘、盆和洗等。其制作工艺与唐三彩相同，釉色多为黄、绿、白、褐等色彩的相互搭配。先将胎素烧后，再施彩釉装饰，最后进行釉烧。釉烧温度与唐三彩相同。除印花和划花装饰外，在白釉釉上进行红、绿彩彩绘也是宋三彩发展出来的新的装饰技法。红绿彩虽属釉上彩，其彩料的本质与宋三彩色釉属同一类铅质彩釉料。宋三彩是以不同色彩釉料直接在胎上搭配装饰成花纹图案，而红绿彩则是在白釉的釉面上描绘花样纹饰。宋三彩的典型样品的化学成分示于表 15-6 中[①]。

表 15-6　宋三彩胎、釉的化学组成

名　　称	氧化物含量（重量%）										吸水率（%）	釉层厚度(mm)
	SiO_2	Al_2O_3	Fe_2O_3	TiO_2	CaO	MgO	K_2O	Na_2O	PbO	CuO	总量	
宋河南扒村窑三彩胎	64.09	26.22	2.90	1.35	0.70	0.55	2.08	0.35	1.95	—	100.10	12.33	
三彩釉	32.26	4.83	1.41	—	2.24	0.47	0.65	0.31	54.84	2.80	99.81		0.25

从宋三彩胎的化学成分可知，胎是采用一般粘土制成，粘土中的铁、钛杂质含量与唐三彩相近，素烧后使胎带红色。其烧结程度与唐三彩亦接近。在釉的成分上宋三彩与唐三彩亦较接近，只是含铝量略低一些。可以认为在制作工艺技术上宋三彩比唐三彩并没显示出有更多的进步。其中扒村窑三彩不局限于黄绿白三色，还使用红、黑二色，红色较艳，在三彩中比较少见，这也许是宋三彩在宋代各窑中在色釉及装饰上的创新。

（三）辽三彩

10 世纪前半期（公元 916 年）我国契丹族在东北建立了辽国。辽国建立后，不断袭击中原，大批汉人被俘掳到辽，其中包括许多制瓷地区的陶瓷工匠。当时北方的河北和河南一带窑场甚多，陶瓷手工业相当发达，制造陶瓷的工艺技术水平也相当有基础，辽国便利用俘获的工匠等技术力量在各处设置窑场，烧造若干仿制北方各窑品种的陶瓷产品。其中所建的几处窑场则烧造三彩铅釉陶器，即称辽三彩。烧制质量最好的是赤峰缸瓦窑，所烧三彩有绿、黄、白三色，亦有单色的黄、绿釉陶器。三彩釉陶质量精美可与唐三彩相比。此外，林东南山窑、林东辽上京窑等也生产一些三彩和单彩釉陶器，质量不及赤峰缸瓦窑的产品。辽三彩造型和装饰技法亦甚多，器物多以刻花、划花、印花等技法装饰，以盘、碟和鸡首壶为多见。近年来辽宁省硅酸盐研究所的研究人员对赤峰缸瓦窑、猴头沟乡辽代古窑址收集的辽三彩样品进行了分析和研究，并利用当地原料进行了仿制。对辽三彩的造型特点和工艺技术作了科学总结。研究发现，辽三彩的制作工艺与唐三彩和宋三彩尚有不同之处，即辽三彩施于化妆土上，其余工艺大致与唐三彩相同。辽三彩的胎、釉和化妆土层的分析列示于表 15-6 中[②]。

---

① 张福康、张志刚，中国历代低温色釉的研究，硅酸盐学报，1980,8(1),9。

② 关宝琼、叶淑卿，辽三彩的研究，中国古代陶瓷科学技术第二届国际讨论会，A26 论文，1985，北京。

从表 15-7 中所列辽三彩的胎、釉化学成分与唐三彩和宋三彩的胎、釉比较,可以发现它们之间无多大差别,在化学成分上属同一类型和范围。胎是用一般粘土制成,釉的主要成分为 SiO_2 和 PbO,可作为 SiO_2-PbO 的低温釉系统考虑,由于釉中含有少量的 Al_2O_3 成分,故亦可作为三元系统的 PbO-SiO_2-Al_2O_3 组成的低温釉研究。辽三彩釉有黄、绿、白三种彩色,没有蓝彩。辽三彩使用化妆土是唐三彩和宋三彩所没有的,从成分上看辽三彩的化妆土所使用的粘土原料所含的 Al_2O_3 比胎用粘土高,同时 Fe_2O_3 含量则比胎用粘土低,这就表明辽三彩使用含铁杂质低的粘土主要是借化妆土以提高胎的表面质量,使釉色更晶莹纯正和娇艳光洁。

表 15-7 辽三彩釉陶的胎、釉和化妆土化学组成

名称	氧化物含量(重量%)														
	SiO_2	Al_2O_3	Fe_2O_3	TiO_2	CaO	MgO	K_2O	Na_2O	PbO	NiO	CuO	CoO	MnO	SnO	烧失
三彩印花大碗化妆土	55.98	31.35	1.33	1.18	2.74	0.77	1.78	1.49							2.95
胎	63.33	27.04	2.15	1.06	2.78	0.52	1.76	0.84							0.93
白釉	42.56	10.59	0.43	0.10	0.96	0.11	0.01	0.46	43.31	0.41	0.06	0.09	0.01		
绿釉	33.28	3.45	1.48	0.05	0.93	0.12	0.49	0.24	57.22	0.14	2.09	—	0.01	—	
黄釉碗残片胎	59.55	29.54	1.80	1.14	3.43	0.37	1.21	1.15							1.67
黄釉	33.03	6.58	3.53	0.05	1.01	0.14	0.67	0.39	53.67	0.14	2.09	—	0.01		
绿釉鸡冠壶胎	61.62	28.19	2.34	0.87	2.78	0.52	1.52	0.60							1.70
绿釉	35.87	7.42	0.75	0.01	0.51	0.08	0.47	0.02	45.91	0.02	1.39		0.01	7.48	
化妆土	48.95	34.71	1.13	0.93	1.91	1.60	0.60	1.12							3.76
黄釉碗残片胎	62.84	28.67	2.10	1.27	2.03	0.39	1.04	0.98							0.91
黄釉	33.56	7.07	4.03	0.04	1.10	0.08	0.39	0.27	52.71	0.07	0.20	—	0.02	—	

表 15-8 列出了辽三彩的素烧温度和吸水率及热膨胀系数等物理性能[1]。

表 15-8 辽三彩的素烧温度和物理性能

名 称	素烧温度 (℃)	吸水率(%)	釉烧温度 (℃)	胎热膨胀系数 ($\times 10^{-6}$/℃) 室温~300℃
三彩印花大碗	1120±20	12.92	880	6.4
黄釉碗残片	970±20	14.19	900	
绿釉鸡冠壶	960±20	14.52	940	
黄釉碗残片	1010±20	14.11	960	
三彩印花方碟	1150±20	11.70	990	5.0

从表 15-7 中所列烧成辽三彩的素烧温度看,不同器皿的素烧温度相差较大,低者 760±20℃,高者可达 1150±20℃,而吸水率则变化范围并不大,与唐三彩和宋三彩胎的吸水率相近,可见所使用制胎粘土原料在成分上有较大波动。辽三彩釉的釉烧温度则略高于唐三彩,也

---

[1] 关宝琼、叶淑卿等,辽三彩的研究,中国古代陶瓷科学技术第二届国际讨论会,A26 论文,1985,北京。

许与使用了耐火度高的化妆土层的影响有关,要有稍高些的釉烧温度方能使釉达到较好的成釉效果。除使用化妆土是辽三彩的一个技术上的特点之外,其余工艺上和制作方法上则与唐三彩十分相近,可见辽三彩是继承了唐三彩的工艺方法而发展起来的。在艺术装饰上和造型上则与唐、宋三彩有很大的不同之处,辽三彩的式样多是契丹族传统的器形式样,它与反映辽代的政治、文化和生活有着密切关系,诸如各式鸡冠壶、鸡腿壶、盘口瓶和壶、长颈瓶、凤首瓶、三角和方形碟等。装饰纹样则以牡丹、芍药为主。装饰方法有刻划和模印以及施釉和填彩。釉分别有单色彩釉、二色彩釉和三色彩釉等。

第二节　琉　璃

琉璃在我国古代书籍中是一个用得较为普遍而又包括较广的名词。在河南、山东和陕西等地区的历代墓葬中曾出土过不少公元前 12 世纪以后的所谓琉璃装饰品。经过研究确认古代琉璃包括的范围很广,其中有以玻璃结合的石英制品,如圆珠、管珠等;有以玻璃为主体的蜻蜓眼;有以透明或半透明玻璃制作的璧、剑饰衣片、和耳珰[①]。后来低温铅釉陶器发展到使用于建筑材料,人们亦称它为琉璃制品。本节所讨论的即是这类琉璃制品。隋唐、宋、辽都有这类建筑用琉璃制品的生产和使用。明清时期特别流行琉璃建筑构件,明代皇室在南京聚宝山(今雨花台)和北京正阳门外都有御用琉璃窑厂,烧制琉璃构件,以建造宫殿和佛寺及宝塔[②]。两京以外山西一带最盛行,清代起江苏的宜兴也开始烧造琉璃建筑构件。此处在明代尚烧制宫廷用的盆、坛、缸、盘等制品。明代洪武时期制造的九龙壁是明代琉璃的代表作品,釉有绿、黄、蓝、紫几种以过渡金属元素 Cu,Fe,Co,Mn 为着色剂的釉,釉的成分与唐三彩十分接近,主要基釉以 $PbO-SiO_2$ 系统为基础,含有 Al_2O_3 3%~5%和少量 K_2O,Na_2O,CaO 和 MgO 等熔剂成分,亦可看作为以 $SiO_2-Al_2O_3-PbO-(K_2O)$ 系统为成分的釉。表 15-9 列示了历代琉璃釉的化学分析成分,同时表 15-10 列示出了历代琉璃胎的化学成分[③④],以供与三彩陶器成分作比较。

表 15-9　历代琉璃釉组成

名　称	氧化物含量(重量%)											釉层厚度 (毫米)	釉烧温度 (℃)
	SiO_2	Al_2O_3	Fe_2O_3	TiO_2	CaO	MgO	K_2O	Na_2O	PbO	CuO	总量		
元代绿釉	34.22	4.25	0.32	0.05	0.51	0.08	1.90	0.17	56.88	2.28	100.06	0.1	847
明代绿釉	30.35	5.23	0.17	0.65	0.40	0.13	0.18	0.74	60.04	3.46	101.35	0.1	747
明代绿釉	45.51	3.52	0.37	0.05	0.60	0.14	7.38	4.27	34.73	3.35	99.98	0.1~0.2	895
明代绿釉	24.58	4.50	4.57	0.15	0.46	6.10	0.24	0.35	50.80	4.44	105.23	0.2	835
明代绿釉	36.65	2.91	1.32	0.07	0.15	0.20	2.36	4.10	51.62	0.59	99.97	—	788
清代黄釉	35.74	5.48	2.98	0.23	0.46	0.23	0.67	0.39	53.57	0.06	99.81	0.5	1042
清代蓝釉	69.63	4.51	0.73	0.13	11.35	1.42	0.72	9.90	1.35	CoO* 0.10	99.84	0.2	1150

＊ 可能由于排版漏印 CoO。

① 张福康、程朱海、张志刚,中国琉璃的研究,中国古陶瓷研究,科学出版社,1987,97。
② 南京博物院,明代南京聚宝山琉璃窑,文物,1960,(2)。
③ 张子正、车玉荣、李英福等,中国古代建筑陶瓷的初步研究,中国古陶瓷研究,科学出版社,1987,117。
④ 李国桢、郭演仪,中国名瓷工艺基础,上海科学技术出版社,1988,128。

表 15-10 历代琉璃胎的化学组成及物理性能

名称	氧化物含量(重量%)									吸水率 (%)	素烧温度 (℃)
	SiO_2	Al_2O_3	Fe_2O_3	TiO_2	CaO	MgO	K_2O	Na_2O	总量		
唐代琉璃胎	65.91	30.10	0.71	—	0.43	0.23	1.24	0.72	99.34	17.62	1030
北宋琉璃胎	59.71	28.71	6.41	1.35	0.80	0.37	1.51	9.69	108.55	11.77	1250
元代琉璃胎	65.60	16.06	4.05	0.81	7.93	2.31	2.57	1.62	100.95	13.52	1110
明代琉璃胎	65.80	25.93	1.37	1.35	0.32	0.36	2.84	0.75	98.72	14.57	1120
清代琉璃胎	76.69	17.84	1.57	1.05	0.23	0.45	1.59	0.35	99.77	4.53	1260
清代琉璃胎	67.34	21.60	3.13	1.43	1.35	1.11	1.98	0.85	98.79	20.34	1090

从表中所列分析和测试数据可知,琉璃制品胎的素烧温度在1030~1260℃之间。与唐三彩烧成工艺相同,是先将胎素烧后再施釉,然后进行釉烧。琉璃釉的烧成温度为747~1150℃之间,胎的吸水率一般为4.5%~20%,呈半烧结状态。各代琉璃胎中所含Al_2O_3的量也相差甚远,唐代的含Al_2O_3 30.10%,宋代的含Al_2O_3 28.71%,含Al_2O_3量都较高。元代和清代琉璃胎的Al_2O_3含量则低到20%以下,可能是所用粘土原料的矿源不同。釉中含铅量也有高低差别,同时SiO_2的含量也有较大差别。PbO的含量在35%~60%的范围[①]内,而SiO_2含量则在25%~37%之间。低铅者钾钠的含量较高。大多数琉璃以SiO_2-PbO为主要成分。清代琉璃蓝釉的成分则比较特殊,其含PbO量非常低,仅为1.35%,而含钙量较高,为11.35%。实际上是一种钙质釉。由此可见琉璃釉制品亦可用钙质釉配制,当然钙质釉所需的釉烧温度较高。因钙釉的熔点高于铅釉。琉璃制品的胎、釉在化学成分上与唐三彩釉陶十分接近,其中呈紫色的琉璃釉是MnO作为着色剂的,在唐三彩、宋三彩和辽三彩中都没有这种紫色的釉。琉璃釉的光泽也十分强,因此釉面显得特别绚丽而光亮。这是因为铅釉玻璃质的折光率特别高的缘故。从琉璃釉在成分上与唐三彩的类似和制作工艺的相近似,可以推知,琉璃制品的创制来源于唐三彩,它是唐三彩釉陶在建筑陶瓷材料方面衍生和发展的新品种。低温铅釉多彩的建筑制品的大量生产和应用为历代建筑业的发展和建筑物的美化起了重要作用,在建筑领域中取得了巨大成就。

第三节 法华彩釉

法华釉陶又称法华釉陶或称法花器,在我国山西南部的蒲州和泽州一带,于元代开始制作。明代中期以后法华彩釉器十分流行,它有独特民族风格的装饰效果,常为人们所喜爱,景德镇等地也有仿制,它属一种特殊的低温色釉系列,它有时亦含铅的助熔剂成分,可能是在琉璃的基础上发展起来的低温色釉,其着色剂亦是使用Fe,Cu,Co,Mn四种元素。只是助熔剂是用牙硝(KNO_3)全部或部分代替了氧化铅而发展成功的一种新釉,其采用工艺亦与琉璃制作工艺相类同。其色釉主要有法蓝、法翠和法紫三种为主,间有黄色和白色色釉。法华釉陶的装饰方法上则有其独创技法,即采用彩画中的立粉技术,在陶胎表面上用泥浆勾勒凸线的纹饰轮

---

① 张子正、车玉荣、李英福等,中国古代建筑陶瓷的初步研究,中国古陶瓷研究,科学出版社,1987,117。

廓,然后分别填以紫黄蓝绿各色釉料进行装饰,入窑烧成,能使花样轮廓有突出明显的艺术效果。山西法华器采用陶胎制成。明代嘉靖年间(1522～1566)景德镇亦曾仿制法华器,但与山西的不同者乃是采用瓷胎,先用泥浆按花纹堆画轮廓线条,入窑素烧后再填以各种色釉,最后釉烧成器,其瓷胎的素烧温度一般为1250℃,而釉烧约为1000℃。现代景德镇世代相传下来的配方和工艺在很大程度上反映和继承了古代的配方和烧制工艺。它与《南窑笔记》中所记载的工艺十分相似。如记载中有"法蓝、法翠……本朝有陶司马驻昌南,传此二色,云出自山东琉璃窑也。其制用涩胎上色,复入窑烧成者。用石末,铜花、牙硝为法翠,加入青料为法蓝。"记载中所用石末即现代所用的石英粉,现代制作法华釉仍然采用记载中所用原料配制,制成的产品效果与古代传世品也十分相似,故将现代景德镇流传下来的配方列示于表15-11中[①],作为研究古代配制法华釉技术的参考。

表 15-11　景德镇传统法华彩釉的配制

名　　称		配方原料含量(重量%)						
		石末	牙硝	铜花	MnO	CoO	赭石	铅粉
法翠	1	40	54	6				
	2	26	54	6.5				13
	3	43.64	50.91	5.45				
法紫	1	35	53		叫珠*12			
	2	47.62	47.62		4.76			
	3	24	52		叫珠 12			12
法蓝		45.28	52.83			1.89		
法黄		40.00	53.33				6.67	
法白		50.00	50.00					

　　* 叫珠是一种含 MnO 20%左右的高锰低钴的钴土矿,用作着色剂原料

　　除上述纯用牙硝作为熔剂制作法华釉外,景德镇尚另有用部分铅粉和牙硝共同加入釉中作为熔剂制作法华釉的方法。铅粉的含量约为12%～13%。加入铅的成分会使釉增强光泽度,这类含铅的法华釉最近已在研究和分析古代法华样品中有发现。有人曾对 V&A 博物馆(The Victoria and Albert Museum,London)和牛津阿什莫林博物馆(The Ashmolean Museum, Oxford)等处收集到 9 件法华器上的 21 个法华釉样品进行过电子探针分析,其中包括 4 件瓷胎和 5 件陶胎法华器,它们的分析结果列示于表15-11中[②]。

　　从表 15-12 中的分析结果可见,陶胎的紫色、绿色和无色法华釉中大体有三种类型,一种是以铅、钾为主作为熔剂的,即属 SiO_2-PbO-K_2O 系统的低温釉料;一种是以钾、钠为熔剂的,但以钾为主,即属 SiO_2-K(Na)$_2O$ 系统的法华釉料;另一种则是以钾、钙为主作为熔剂的,即属 SiO_2-K_2O-CaO 系统的低温釉料。一般山西生产的法华器都是陶胎,因北方制胎多以粘土为主,在一般素烧温度下往往达不到致密烧结,从以上所列釉的主要成分与表 15-9 中所列琉璃

　　① 张福康,中国传统低温色釉和釉上彩,中国古代陶瓷科学技术成就,上海科学技术出版社,1985,340。

　　② Wood N., Henderson J., Tregedr M., An Examination of Chinese Fahua Glazes, Proceedings of 1989 International Symposium on Ancient Ceramics,A29,Shanghai,170.

釉的成分对比亦可看出两者有类似的情况,部分釉中有铅与钾、钠或钙并用的特点,由此可见山西法华釉是低温琉璃釉衍生发展出来的,也许无铅的 SiO_2-$K(Na)_2O$ 系统釉是在部分使用硝代替铅粉逐步发展为纯碱无铅的法华釉新品种的。表15-11中所列瓷胎主要是景德镇生产的,因为在明、清时期景德镇多生产这类瓷胎,系高温素烧的致密的胎,从与现代流传的传统配方对比也可看出,景德镇制作的法华釉无论古代还是用现代传统的方法制作,都有两种类型的基釉,一种是属 SiO_2-K_2O 系统的,另一类是属 SiO_2-K_2O-PbO 系统的。

表 15-12　14～16 世纪法华釉的化学组成

名　　称	主要氧化物含量(重量%)										
	SiO_2	Al_2O_3	PbO	K_2O	Na_2O	CaO	MgO	Fe_2O_3	MnO_2	CuO	CoO
14 世纪陶罐,深紫釉	64.1	1.6	11.2	13.1	1.9	0.6	1.2	0.70	4.4	0.4	0.15
紫黑釉	61.7	1.8	14.8	10.7	1.8	1.2	1.2	0.70	4.9	0.5	0.2
透明苹果绿釉	66.3	0.5	11.6	9.4	3.3	1.2	1.0	0.5	0.1	4.9	
15/16 世纪陶罐,绿松石釉	51.1	0.9	32.5	7.4	1.0	5.0	0.3	0.2		2.2	
无色釉	54.1	0.7	30.0	8.4	0.9	6.1	0.2	0.2	0.1		
浅紫釉	54.1	0.7	30.1	8.5	0.9	6.5		0.1			SnO_2
黄釉	48.2	1.6	36.2	6.2	1.5	3.1		2.5		0.2	1.8
15/16 世纪陶碗,深绿釉	43.9	0.2	43.4	3.7	1.5	1.3	0.6	0.5	0.1	5.1	
透明绿松石釉	60.4	0.9	17.5	13.0	3.4	0.9	0.8	0.5	2.0	1.5	
透明绿松石釉	62.9	5.8	13.6	11.8	0.5	0.5	0.6			3.4	
15/16 世纪陶像,紫蓝釉	65.2	3.2	1.0	18.8	3.6	0.3		1.0	3.3	3.8	0.4
透明绿松石釉	68.9	4.9	0.7	11.8	3.1	0.1		0.5	0.1	4.6	
17/18 世纪瓷梅瓶,紫蓝釉	59.7	1.4	15.3	11.1	3.3	0.3	0.3	0.4	3.4	4.8	0.5
16 世纪瓷梅瓶,紫蓝釉	73.2	3.1	0.7	12.3	1.5	0.7		0.7	5.7	2.4	0.6
透明绿松石釉	76.3	1.0	1.1	13.2	2.7	0.9	0.2	0.4		4.0	
16 世纪瓷罐,透明绿松石釉	69.7	1.1	1.1	15.2	3.3	0.9	0.1	2.1		5.2	
16 世纪瓷瓶,茄皮紫釉	58.9	1.6	17.1	8.4	6.9	0.5	0.4	0.9	3.4	0.7	0.09
透明绿松石釉	63.5	0.6	16.2	7.2	5.7	0.6	1.3	0.5		4.5	
15/16 世纪瓷罐,深紫釉	61.4	4.8	1.1	19.2	2.1	0.9	0.1	0.3	4.7	3.2	
绿松石釉	75.0	0.9		2.7	6.8	9.1	3.9	0.4	0.05	0.8	
浅绿松石釉	67.6	2.9	5.0	15.4	2.0	0.9	0.1	0.4	4.3	2.9	0.5

　　法华釉釉浆比较浓,一般是将稠厚的釉浆用竹笔填在素胎的花纹处以施釉。这类使用牙硝作为熔剂创立的新釉是我国低温色釉中一项引人注目的进步和贡献。

第四节　素三彩釉

　　明代初叶景德镇已生产低温色釉,明代中叶以后,低温色釉的发展已日益增多和成熟精致,创制了黄、绿、紫三色低温釉,称"素三彩"。因不用红彩,故以素字表其特征。除以上三色外,清代尚有黑、蓝、白釉色。在素三彩的基础上不断发展出新的品种,诸如黄地绿彩、黄地紫彩、紫地黄彩、绿地紫彩、紫地黄白彩和紫地绿彩等,在素三彩中黄釉是最主要的色釉,它是以铁为着色剂的彩釉,其色调深浅与色剂含量有关,釉的光泽与釉层的厚薄有关,明成化前黄釉多施在无釉素胎上[①],弘治以后则多施在已有白釉的瓷器上,釉面质量较素胎上的更晶莹光润。成化、弘治、正德的黄釉达到了历史上的最高水平。由于黄釉常采用浇釉的方法施釉,故称"浇黄"。又因其色调淡雅娇艳,故又称"娇黄"。有时后人对不同时代所制黄釉色泽浓淡加以区分和比拟,常称以"蜜腊黄"、"鸡油黄"或"蛋黄"等。宣德黄釉就有深浅不同的多种色调,而嘉靖黄釉的发色达到了正常而娇嫩的程度。清代以后黄釉色调愈来愈淡,其含铁量亦愈来愈低。绿、紫釉色变化虽没有黄釉鲜明易辨,但其色调深浅亦随铜和锰的含量多少和其它着色元素的影响而变化。

　　素三彩的传统工艺和制釉配方可作为进一步对比考察和研究古代素三彩的特征时的参考。表 15-13 列示出了传统素三彩的配方和主要化学成分[②]。

表 15-13　传统素三彩配方和化学组成

名　　称	主要氧化物含量(重量%)									
	SiO_2	Al_2O_3	Fe_2O_3	CaO	K_2O	Na_2O	PbO	CuO	MnO	CoO
黄釉(浇黄)	18.67	0.61	2.50	0.03	0.14	0.02	77.63			
绿釉(浇绿)	25.05						68.66	6.25		
紫釉(浇紫)	20.11		0.28				76.20		1.19	0.08
弘治黄釉	42.93	4.52	3.66	1.16	1.30	0.73	45.00	0.05	0.03	

	配方原料含量(重量%)				
	铅粉	石末	赭石	铜花	叫珠
黄釉	79	15	6		
绿釉	70.59	23.53		5.88	
紫釉	77.78	16.67			5.55

　　从表中所列三种色釉的化学成分可以看出明代弘治黄釉的主要化学组成接近唐三彩釉的成分,只是黄釉的含铁量低于唐三彩黄釉,故唐三彩黄釉呈黄褐色,而弘治黄釉则呈纯正黄色。流传下来的现代素三彩釉的 SiO_2 含量则低于唐三彩的 SiO_2 含量,而 PbO 含量则高于唐三彩的含量。黄釉中的铁含量则更低于唐三彩的含量。绿釉中铜含量则高于唐三彩中含量。尽管素三彩中的 PbO/SiO_2 比高于唐三彩,但从 SiO_2-PbO 相图的相组成范围看,它们都处于相同的相组成范围。一般釉烧温度亦在 850～900℃。素三彩的制作工艺一般是先在生胎上按纹饰雕刻,干后置于窑中烧成素胎,先将底釉浇在素胎上,待干燥后再刮去纹饰中应施其它色釉的底釉部分,然后用笔填入应施的色釉,干后入窑进行釉烧。清代康熙年间素三彩最为盛行,在已有的彩色基础上又发展了蓝彩和雪白及墨地素三彩。雪白是一种以一份石末和三份铅粉熔制成的低温透明玻璃质釉料,它可以用来罩在直接加彩釉的素烧白胎制品表面,亦可涂在白釉瓷上然后加彩料,制成黄地加绿、紫、白彩,绿地加黄、紫彩等。康熙的素三彩在装饰技法和器型设

---

① 石胎——瓷坯不施釉,在高温烧成后得到的致密的瓷胎。

② 李国桢、郭演仪,中国名瓷工艺基础,上海科学技术出版社,1988,130～131。

计上亦有新颖的创造。景德镇所创制的素三彩瓷与法华瓷的共同特点是均采用素烧致密的素胎,不同点在于法华釉属 SiO_2-K_2O 和 SiO_2-K_2O-PbO 系统为基的釉,而素三彩釉则属 SiO_2-PbO 系统为基的釉,色彩的种类也相同,均为以铜、铁、锰、钴等作为着色剂而制得绿、黄、紫、蓝等色釉,但由于基釉不同,尽管颜色相同而两类不同釉的质感、光泽、色调和艺术效果则是各有千秋的。

第五节　炉　钧　釉

炉钧釉创始于康熙、雍正时期的景德镇,盛行于雍正、乾隆两朝,它属于 SiO_2-K_2O-PbO 为主要成分的低温玻璃质彩釉,有时引入含硼和砷的玻料;调节其熔融状态和乳浊色调。有关炉钧的技术和发展已简述于第十三章中。

第六节　釉　上　彩

釉上彩瓷通常是指在已烧成的陶瓷釉面上经彩饰后再彩烧的陶瓷。彩饰用的彩料往往是低温彩料,包括我国历史上著名的宋加彩、五彩、粉彩和珐琅彩等,都属低温的釉上彩。

作为陶瓷的彩饰技法和装饰艺术,早在新石器时代的各文化时期为了美化陶器就已出现了彩绘装饰的彩陶。那时用的是各种含着色元素铁、锰等的天然矿物原料作为颜料。将图案花纹彩绘在陶器表面经烧成后着成黑、红、紫等色彩。考古发掘表明,早在三国、两晋已有将黑釉点彩在青釉瓷的釉面上进行装饰。这类点彩多形成褐色点斑分布在青釉器上,方法比较简单易行。直至南朝浙江诸窑仍盛行。北方唐代诸窑也常有将黑釉点彩装饰在白瓷的釉面上的。这种釉上点彩的装饰方法亦应看作是釉上彩的范围,只是属于高温釉上彩。又如河南宝丰窑有白釉上点铜着色的釉彩而形成绿点彩或红点彩的。唐代湖南长沙窑和四川邛崃窑利用含铁的黑釉料和含铜的釉料在釉上点饰而形成黑、褐、红、绿、蓝等各种彩饰装饰,这些也属利用高温色彩进行釉上彩装饰的范畴。

利用低温彩料在瓷釉上进行彩绘装饰的应该说开始于宋代北方诸窑,通常所称的"宋加彩"即属釉上彩绘,它的发展是受自唐以来釉下彩的影响以及和宋代绘画艺术的蓬勃发展有关。在白瓷上绘红、绿彩的主要是定窑和磁州窑系的一些窑口,如定窑的红彩和金、银彩,河南禹县的扒村窑,常用红黄绿或红黑等色彩组合彩绘花卉和装饰陶俑。新安城关窑出土过一些红绿黄彩绘的碗,在花卉装饰上多画折枝花,亦常以红彩画线和绿彩点饰进行彩绘。山东淄博窑址亦出土丰富的红绿黄彩绘碗的标本。临水县窖藏出过一批白釉塑像,则是以红绿和金彩彩绘装饰。这些都证明作为釉上彩以彩绘形式出现应始于宋代的定窑和磁州窑系诸窑。

一　明代斗彩和五彩

釉上彩绘技术首创于北方宋代诸窑,后来逐渐传入景德镇,明代开始经过景德镇工匠的逐步吸收、实践和再创造,釉上彩由单彩与釉下青花的复合发展到青花五彩,使明代的釉上彩绘通过绚丽多彩的画面更广泛地表达艺术内容和艺术效果。

（一）红彩

明代早期的釉上彩先是以红彩装饰白釉瓷，这可能是受宋代北方瓷窑的影响。宋代的红绿彩中的红彩经过多年的制作和实践，技术上已十分成熟。红彩料的制备技术和彩绘技巧也比较简单，易于掌握，加上明代初期景德镇制作白釉瓷的水平已相当高和有一定规模的具有高水平的画瓷的力量和人才，这些条件都促成了当釉上彩技术传到景德镇后，首先取得成功的是红彩的制作，而且一直在整个明代流行着釉上红彩的制作，没有间断。如洪武的白釉红彩云龙纹盘，其彩绘制作水平十分精致高超，是明初釉上彩的代表性成就。这种红彩与明代高质量白釉瓷相结合要比北方宋代的红绿彩瓷的质量高得多。因北方白釉瓷的质量要比景德镇白釉瓷的质量差，不及景德镇明代白瓷晶莹细嫩。另外元代已生产青花釉里红瓷器，是蓝色和红色釉下彩的结合。然而釉下铜红彩的釉里红在制作技术上十分困难，不易掌握，不容易得到完美的产品，因此在这样的情况下，工匠们受到启发以釉上红彩代替釉下红彩也是很自然的事，在工艺上也较容易实现。青花红彩的成功不但为瓷器的发展创出了新品种，同时为青花与其他颜色的釉上彩的结合给予了启示，从而为明清时期斗彩的创新和发展奠定了基础。明初最早的青花红彩瓷是宣德的产品，国内外大博物馆都有收藏。至今尚未发现有明代宣德以前的青花釉下彩和釉上红彩的样品。明嘉靖以后红彩作为釉上彩用于装饰瓷器已十分普及。成化斗彩和万历、康熙五彩中的红彩，均为使用这类通常称为矾红的彩料绘成的，只是由于各时期制作工艺和原料纯度的差别，其色调不尽相同。

红色釉上彩料的传统制作方法是用青矾（有时称为绿矾，其化学成分为硫酸亚铁，$FeSO_4 \cdot 7H_2O$）作为原料制成，故人们称这种红色彩料为"矾红"。矾红彩料的制法很简便，将青矾晒干，使其脱去结晶水呈白色粉末，然后放在容器中，最好是坩埚容器，进行加热煅烧，煅烧温度一般在700℃左右，当料粉达到鲜艳赤红时即可取出放入冷水中洗涤，并多次沉降漂洗，以除去杂质和粗渣以及可溶性盐，制成生矾红料。将生矾红料，适量配以铅粉即成矾红彩料[①]。用于釉上彩绘，或用来装饰在白釉上，用时需调以牛皮胶，制成矾红彩釉器。矾红彩的色调与粉料的颗粒细度有关，细度愈高，其活性愈大，易于发出鲜艳红色。红彩的呈色与彩烧温度也有一定关系，温度过高和彩烧时间过长会呈现橙黄色。由于彩料细度的不同、彩烧条件的不同和施彩厚度的不同，红彩的色调可从深的枣红色变化到黄的砖红色。明代矾红彩多呈枣红色，而清代以后则多呈现带有橙色的砖红色。

（二）斗彩

斗彩是指釉下彩青花和釉上彩相结合的一种彩饰工艺。这个名词最早见于《南窑笔记》的记述中，"成、正、嘉、万俱有斗彩、五彩、填彩三种，先于坯上用青料画花鸟半体，复入彩料，凑其全体，名曰斗彩。"成化烧造的彩瓷，色质精美，为明代釉上彩瓷之冠。白釉莹润如脂，彩色柔和，造型轻巧秀美，从实物用彩的方法分析，填彩应属于斗彩一类，都是以釉下青花钩画轮廓，再于轮廓内填入釉上彩的，有使釉下彩和釉上彩相互斗妍争艳之效果。如果全部图案主要用青花釉下彩画成，而只有部分图案填入釉上彩者称为青花加彩；若只有花叶上附加少量点缀彩色，只点不画的称为青花点彩；在釉下青花上覆盖以釉上彩装饰的称为青花复彩；若在釉下青花轮廓

---

① 潘文锦、潘兆鸿，景德镇的颜色釉，江西教育出版社，1986，177。

线边缘施加釉上彩烘托渲染的称为染彩①。实际上有些彩瓷是以上几种彩绘技法复合绘成。成化白瓷上纯用釉上彩绘成者极少。成化彩瓷采用平涂技法，只分浓淡，不分阴阳，但其斗彩瓷所用釉上彩均有极鲜明多样的特征②，如鲜红色艳如血；油红色重艳而有光；杏黄色闪微红；鹅黄色娇嫩透明而闪微绿；蜜腊黄色稍带透明；姜黄色浓光弱；孔雀绿浅翠透明；松绿色深浓而闪青；水绿、叶子绿和山子绿等色皆透明而闪微黄；孔雀蓝色沉；赭紫色暗；姹紫色浓而无光；葡萄紫色如葡萄而透明。成化斗彩所用釉上彩料利用了天然矿物原料中所含铁、铜、锰着色元素和结合釉下青花利用钴的着色创造出了如此多样的彩色色料，是成化时期工匠和艺人们的巨大成就，这些成就不但实现了通过彩绘表现生活的艺术创新，而且为明清彩瓷的进一步发展奠定了基础。

明嘉靖、万历和清康熙各朝的斗彩制作也很发达，但与成化斗彩相比就逊色了，均不及成化斗彩的精致娇艳。斗彩到雍正朝则出现了釉上粉彩与釉下青花相结合的彩绘工艺，使斗彩的发展进入了一个新阶段，其创新的成就在于使图案更加艳丽柔和。此外雍正时期的仿成化斗彩的技艺水平也十分高，可以达到乱真的程度。乾隆以后斗彩仍十分盛行，但图案上不像雍正斗彩那样疏朗秀丽的风格，而是以更多的团彩图案装饰，无特别创新。

（三）青花五彩和五彩

五彩指纯粹使用釉上彩的彩绘，明代嘉靖、万历以前非常少见。青花五彩指以釉下青花和釉上彩组合的彩绘。这种组合不同于成化斗彩，斗彩是以青花为主体，以釉上彩作为填衬、拼凑和点缀，而青花五彩则是以青花釉下彩作为彩色的一种，代替釉上蓝色与釉上彩其他各色组合设色于应有部位，不受轮廓线的限制，亦不是机械的拼凑图案，而是自由发挥的设色彩绘。釉上彩绘的比例占主要地位，多于斗彩中釉上彩的比例。釉上彩部分是以红、绿、黄、褐、紫为主的多彩彩绘。故青花五彩有时就直接称为明代五彩、嘉靖五彩或万历五彩等。明代青花五彩以嘉靖、万历时期的彩瓷产品最出名，其色彩浓重、突出红彩，图案几乎画满全器，给人以浓翠红艳和富丽堂皇的感觉③。单纯的釉上五彩在嘉靖、万历时期制作数量很少，色彩主要是红、黄、绿三种色彩。明正德以后民窑烧造彩瓷也有很大发展，嘉靖、万历时期彩瓷的民窑制作更为显著，除生产青花五彩之外，尚制作以红为主的釉上彩瓷和红绿彩瓷。这可以说明嘉靖、万历开始彩瓷在景德镇的生产和发展已相当成熟和普及，已成为民间服务的产品。

清代康熙继承了明代五彩的制作技术，进一步创作使五彩有了新的发展，其新的创造就是使用釉上蓝彩代替了釉下青花彩，并大胆的将黑彩运用到瓷器釉上彩绘上，从而丰富了釉上彩绘的色彩。由于彩色较厚而鲜艳，与粉彩相比则色彩生硬，故有时称为硬彩。清代以后，五彩彩饰多为仿古瓷少量制作使用，故亦称为"古彩"。康熙五彩中蓝彩和黑彩的使用使瓷器釉上彩绘的画面更显现出绘画效果和艳丽动人的特征，加上金彩的使用，多形成五光十色的富丽娇艳画面，康熙五彩实际上是多彩的代称，一般都是色彩鲜明，光泽透澈明亮，达到了历史上极高的水平。康熙五彩除白地彩绘外，各种色地彩绘也非常珍贵。

① 陈万里，谈谈成化窑的彩，文物，1959，(6)，25。
② 中国硅酸盐学会，中国陶瓷史，文物出版社，1982，382。
③ 中国硅酸盐学会，中国陶瓷史，文物出版社，1982，384。

（四）五彩彩料的成分和制作

明代五彩的釉上彩料主要有红、绿、黄、紫为主要色彩,清代则加用蓝、黑两种色彩。根据传统的配制方法可以大致估计,彩料的主要成分为 SiO_2-PbO-K_2O 系的玻璃基料为基础,其中以不同着色元素添入制成不同颜色的彩料。从绘瓷工艺要求,彩料的研磨加工必须十分细,传统方法一般均需研磨几十小时方能乳细,料中添加难研细的原料时则比一般研磨增加 $10\sim20$ 小时的乳细时间。使用时的含水量调节亦十分重要,过少彩绘难以行笔,过多容易流淌,一般含水率在 21%～27% 的范围之内。以下将现代景德镇所用的五彩各种彩料的传统配制比例分别列示[1],籍以得到古代彩料若干信息。

1. 雪白

石末 22.3%;铅粉 77.7%

2. 古大绿

石末 22.8%;铅粉 68.8%;老黄 2.8%;铜花 5.6%

3. 古苦绿

雪白 56.6%;生矾 0.9%;老黄 18.9%;苦大绿 23.9%

4. 古深水绿

雪白 88.9%;古大绿 11.1%

5. 古淡大绿

雪白 50%;古大绿 50%

6. 古淡水绿

雪白 94.2%;古大绿 5.8%

7. 古黄

老黄 19.8%;生矾 1%;雪白 79.2%

8. 古翠

广翠 13.7%;雪白 82.8%;古大绿 3.5%

9. 古紫

雪白 93.8%;顶红 5.2%;珠明料 1%

10. 茄花紫

雪白 77.2%;广翠 3.4%;顶红 16.0%;西洋红 1.3%;改良红 1.3%

矾红的制作和配方上节已有详述。彩料中所配用的广翠、老黄、西洋红、顶红和晶料亦需简要介绍于下,方能了解上述各彩料的成分实质。

1. 广翠

铅末 87.9%;牙硝 4.4%;铅粉 4.4%;氧化钴 3.3%

2. 老黄

青铅 46.4%;石末 46.4%;牙硝 7%;重铬酸钾 0.2%

3. 顶红

洋红晶料 1000 克;金子 1.25 克;茶料 37.5 克;适量王水,将金子溶于王水中,小火蒸干,

---

① 张福康、张志刚,我国古代釉上彩的研究,硅酸盐学报,1980,8(4):340。

加少量盐酸后蒸干,再加入少量水蒸干,加入足量水使之溶解,将溶液与洋红晶料研细之粉料在乳钵中再研磨,用开水冲洗数次,将渣在锅中拌炒至干,然后煅烧至700℃即取出放入冷水中,将料以乳钵乳细,再与茶料混合乳细即成顶红。

4. 改良红

与顶红制法相同,只是金子用量少,约0.625克即可,茶料亦可减到18.75克。

5. 晶料

青铅42.37%;石末42.37%;牙硝15.26%

放铁锅中融熔拌炒至硝烟消失变为粉末,然后放入耐火容器中放入窑炉中煅烧粉细即成。

6. 茶料

洋红晶料98%;纹银2%;硝酸适量

将纹银溶入硝酸中溶解,再倒入粉状晶料中拌匀,将其放入坩埚中烧红,每隔1小时搅拌1次,待搅拌2~3次后即可移入冷水中,然后将水分除去研细即成。

7. 洋红晶料

铅末93.6%;牙硝4.7%;窗玻璃粉1.7%

康熙的蓝彩是用钴土矿作为着色剂原料的,其基料应与其他彩料的基料相同,是以 SiO_2-PbO-K_2O 为基的低温玻璃质熔块料。由于钴土矿的种类不同,其所着蓝色的深浅浓淡也会有些差别。黑彩则是以钴土矿与铜花一起作为着色原料而制成,钴土矿中所含之钴、铁、锰与铜一起很容易在低温铅、钾质玻璃中形成黑色。五彩的彩烧温度一般为800℃,康熙五彩似乎比明代五彩的彩烧温度略高,其透明感亦较强,若发现瓷器表面有流彩,表明彩烧温度过高,若彩色光泽不足,则表明彩烧温度较低。

(五)珐琅彩

珐琅彩是指仿铜器珐琅用于彩绘瓷器的彩料,有时简指珐琅彩彩绘的瓷器。珐琅彩瓷创始于清代康熙,它是专为清宫廷烧制的御用瓷器。清代曾在宫内设立内务府造办处珐琅作,专门承担彩绘和彩烧珐琅瓷,瓷胎或有釉的精细白瓷由景德镇烧制运送到宫内彩绘和彩烧。珐琅彩料在雍正六年前均从国外进口,以后清宫造办处自己炼制珐琅彩料,彩色多于进口彩料。珐琅彩在化学成分上不同于传统的五彩,五彩是基于铅钾质玻料配制,而珐琅彩则是一种以硼砂作为熔剂的铅硼玻料为基的彩料,同时尚有少量砷作为乳浊剂,黄彩料中的着色剂亦不同于五彩中用铁,而是用锑。硼在彩中既起助熔剂作用,又增强折射率以改善釉的光泽,同时还降低釉的膨胀系数。呈色方面也不同于五彩,尤其珐琅彩中引进的金红(洋红、胭脂红)、玻璃白等釉彩对扩大釉上彩的品种和粉彩的发展起到了重要作用。

康熙时期的珐琅彩瓷多用黄、蓝、紫、豆绿、红等色作地,绘各种花卉,如缠枝牡丹、月季、菊、莲等图案,或在花朵中填写"万"、"寿"、"长"、"春"字的[①]。彩料堆画较厚,有凸起之感,有时出现细小冰裂纹。雍正时期,除少量制作如康熙的色地彩瓷外,大部分改用粉彩的彩绘装饰方法,多以花卉禽鸟、竹石、山水等各种画面装饰,并致以书法精致的题诗,成为诗、书、画与制瓷工艺相结合的艺术珍品。乾隆时期的珐琅彩瓷的画面有的则完全仿西洋画意。珐琅彩料属 SiO_2-PbO-B_2O_3 系统的低温玻璃质彩料,不同于传统的低温铅釉和彩的各系统的基料。除辽代

① 中国硅酸盐学会,中国陶瓷史,文物出版社,1982,426。

个别低温彩釉中使用硼作为熔剂外,绝大部分低温釉和彩中均不含硼。

(六) 粉彩

粉彩是一种利用乳浊玻璃釉彩调控各种色彩形成柔和粉化感的彩料。由于色彩丰富和淡雅柔软故又称之为软彩。粉彩是在康熙五彩的基础上,受到了珐琅彩的影响和制作工艺上的借鉴而创制和发展起来的。它开始于康熙时期。开始时只使用胭脂红画花朵,其他色彩仍沿用五彩。发展到雍正时期,在造型、胎釉和彩绘方面都有了创新,彩绘中的许多部分采用以玻璃白彩打底,然后以各种色彩渲染,使诸色带有以粉淡化的层次感,使画面分出层次,阴阳和背向,使彩绘发挥了更高的立体效果,雍正时期盛行之后,即取代了康熙五彩的地位,成为釉上彩的主流。由于雍正白瓷质量特别高,加工特别讲究,更衬托出粉彩的绚丽莹净和娇艳多姿的神态。

乾隆时期的粉彩不及雍正,但仍大量精工制作各种粉彩器,增添了许多锦地、蓝地、黄地开光粉彩工艺品和一些胭脂红地粉彩、金地粉彩、茶叶末地粉彩、霁红地粉彩以及粉彩描金等珍贵品种,同时尚使用粉彩和珐琅彩兼用的工艺装饰方法彩绘瓷器[①]。然而乾隆的粉彩逐渐趋于繁缛,粉彩多使用洋彩的进口彩料,故乾隆时有"洋彩"之称。

粉彩的玻璃白是一种以砷作为乳浊剂的低温玻璃质彩料。一般是在花朵和人物衣服上渲染使用。用时是先将玻璃白打底,再施加彩料于玻璃白之上,以笔轻轻地将色彩依深浅浓淡的不同需要而逐渐洗开,使花朵和人物衣服有浓淡明暗之感及层次阴阳之别。粉彩所用之黄色也是锑黄,与珐琅彩相同。将传统粉彩彩料的配制列述如下,以供参考。

(七) 粉彩的成分与配制

粉彩的基本彩料与五彩基本相同,熔剂成分和制备方法差异不大,同属 SiO_2-K_2O-PbO 系统的彩料,只是颜色上粉彩的品种更多,两者之间不同的是粉彩在使用时需调和含砷的乳白玻璃作为使色彩柔和粉化的乳浊剂。粉彩的彩烧温度也低于五彩,约在 750℃ 彩烧即可得到粉彩所特有的给人以粉的感觉。

粉彩主要传统彩料的配方和制法列示于下[②]:

1. 大绿

牙硝 5.8%;氧化铜(铜花)5.8%;窗玻璃粉 11.5%;石末 38.5%;铅晶料 38.5%

2. 玻璃白

牙硝 3.4%;窗玻璃 1.8%;白信石 3.4%;铅末甲[③] 93.9%

3. 锡黄

铅末乙[④] 87%;锡灰 13%

4. 翡翠

铅末乙 88.9%;牙硝 3.3%;铜花 4.5%

5. 苦绿

① 中国硅酸盐学会,中国陶瓷史,文物出版社,1982,429。
② 张福康、张志刚,我国古代釉上彩的研究,硅酸盐学报,1980,8(4),340。
③ 铅末甲:青铅 52.6%;石末 39.5%;牙硝 7.9%。
④ 铅末乙:青铅 51.3%;石末 41%;牙硝 7.1%。

铅粉 27.3%；大绿 13.6%；老黄 59.1%

6. 粉苦绿

雪白 16.8%；古大绿 5.5%；苦绿 77.7%

7. 粉翡翠

雪白 5.6%；玻璃白 5.6%；翡翠 88.8%

8. 粉大绿

雪白 13%；古大绿 17.3%；大绿 69.7%

9. 墨绿

雪白 59.7%；粉大绿 37.3%；珠明料 3%

10. 松绿

雪白 13.2%；玻璃白 8.8%；锡黄 35.9%；翡翠 44.1%

11. 石头绿

雪白 23.1%；大绿 76.9%

12. 淡翡翠

玻璃白 20%；粉翡翠 80%

13. 淡古翠

雪白 66.7%；广翠 33.3%

14. 粉淡水绿

雪白 85%；大绿 15%

15. 粉淡苦绿

雪白 75.8%；苦绿 24.2%

16. 净苦绿

净黄 46.2%；净大绿 53.8%

17. 淡黑紫

雪白 95.2%；珠明料 4.8%

18. 紫茄色

西洋红 66.7%；广翠 33.3%

19. 净大绿为未加铅粉的大绿；净黄为未加铅粉的老黄

除以上所列几种主要粉彩彩料外，另有部分彩料已在五彩一节中列出，如洋红晶料、顶红等。粉彩的若干基本色料亦可借鉴于五彩色料，因非进口的自制粉彩色料都是在五彩料的基础上衍生发展出来的，都属以 SiO_2-K_2O-PbO 系统的玻璃质基料为基础而制成的。

釉上彩的大类主要有上述五大类别，实际上衍生出来的品种还多，诸如金彩、墨彩，各类色地彩绘等十分丰富。早在唐五代时期就有陶器上贴金的装饰，但描金彩还是宋代定窑开始的，当时用大蒜汁调和然后描金，明代永乐、宣德有将金彩装饰在青花瓷器上的，至嘉靖时期金彩瓷器的制作十分盛行，由于传世金彩容易剥落，完整的金彩瓷器比较名贵。在以前传统的金彩常用金粉中加十分之一的铅粉混和用于彩绘。由于金粉使用工艺比较复杂，耗金量大，清代后期主要采用国外制作金水的技术，将金制成液态的金水，使用方便简单。

表 15-14　19 世纪中叶釉上彩料的化学组成

氧化物含量（重量%）

名称	SiO₂	PbO	H₂AsO₄	K₂O	Na₂O	Al₂O₃	Fe₂O₃	MnO	CoO	Sb₂O₃	CuO	CaO	MgO	Au	烧失	H₂O	总量
生矾红	3.90					痕迹	95.00						痕迹			0.10	1.00	100.00
生矾红	3.12					3.00	92.14						痕迹			0.54	1.20	100.00
黄彩料（生黄）	40.43	51.53		3.39	0.71	痕迹	痕迹			3.66[1]	0.35	0.17	痕迹				1.13	101.35
绿彩料（苯蓝）	37.50	44.13	4.00	30.00			痕迹				3.00	0.25			0.50		99.38
（翡翠）	41.50	43.40	7.33				0.86				2.40	2.11			2.40		100.00
（山绿）	42.44	43.40	6.40				1.26				3.41	2.00			1.00		100.00
（粉绿）	36.80	51.04	0.50	4.23			1.12			2.01	0.51	1.74			2.50		100.50
（生山绿）	41.20	49.05		3.96	0.60	0.17	0.05				5.05	0.12	0.05			0.67	100.87
蓝彩料	48.21	32.84		13.78		0.06	1.63	0.50	1.50		1.00	0.97	痕迹		0.00	未定	100.49
蓝彩料	46.40	30.89		13.20		0.15	1.50	0.62	1.60		0.96	0.85	痕迹		3.80		99.97
蓝彩料	38.81	44.14		11.10		0.50	1.03	1.00	0.68		0.50	0.83	痕迹		0.65		99.24
蓝彩料	37.20	42.18		13.39		0.50	1.06	1.00	0.50		0.15	0.64	痕迹		2.40		99.02
紫彩料（青莲）	41.8	45.16					0.60		0.20		0.50	1.20	痕迹	0.20	2.00	8.34	100.00
红彩料：生胭脂红	40.00	48.55		8.00		0.20	0.31				0.40	痕迹	0.05	0.20	1.21		98.92
细胭脂红	38.80	47.37		7.54		痕迹	0.30				0.40	痕迹	痕迹	0.25	3.60		98.26
生顶红	39.71	48.70		7.90		0.45	0.23				0.30	0.41	痕迹	0.20	1.19		99.09
细顶红	38.30	48.00		7.60		0.29	0.30				0.44	0.15	痕迹	0.30	3.20		98.58
白彩料：头等白料（玻璃白）	37.00	44.39	6.00	9.50	0.05	0.27	0.28				痕迹	0.75	痕迹			0.40	98.64
二等白料（生常白）	37.50	50.94	5.00	3.43	0.34	0.15	0.30				痕迹	0.60	痕迹			0.50	98.76
牙白（亮白）	36.00	54.00	5.60	2.00			0.80						1.20				99.60
黑彩料（粉料Ⅰ）	2.00	69.14			0.00	0.24	3.00		7.00		4.60		0.60		14.20		100.78
（乌金Ⅱ）	1.98	59.58			0.69	0.62		1.70			8.40		1.43		25.60		100.00

1) 锑酸

有人曾对 19 世纪景德镇与广东陶瓷业使用的釉上彩料进行过分析研究[①]。分析结果列示于表 15-14 中。从表中所列数据可见，生矾红料的成分与传统的生矾红料十分接近，主要是以 Fe_2O_3 为基本成分的彩料；黄色彩料则是含 Sb_2O_3 的 SiO_2-PbO-K_2O 为基的彩料；绿色彩料则是含 CuO 为着色剂的 SiO_2-PbO-K_2O 为基的彩料，其中含一定量的 As，表明属于粉彩类彩料；蓝色彩料的基料亦属 SiO_2-K_2O-PbO 系统玻料，着色剂可能是珠明料之类的钴土矿，因除着蓝色的 CoO 外尚含有 Fe_2O_3 和 MnO；紫色彩料的分析中有 8.34% 未定，估计是 K_2O 和 MnO；红色彩料是金着色的胭脂红和顶红，从 K_2O 的含量可知应属粉彩的粉红色彩料；白色彩料则是十分明显的由 As 乳浊的 SiO_2-K_2O-PbO 彩料；黑色彩料则是由 MnO,CoO 和 CuO 混合着色的高铅彩料。从以上的诸种彩料分析结果与前节所述的粉彩彩料对比可见这些 19 世纪的彩料与传统粉彩的成分是一致的。其特征是以 SiO_2-K_2O-PbO 作为基料和以砷(As)作为乳浊剂制备白色彩料调节彩料颜色层次和深淡的。

第七节　低温釉、彩发展形成的体系

我国的低温釉彩从汉代发明绿色铅釉陶器以来，历经唐、宋、辽、元、明、清各代发展出了不同系列，创造出了各种类型陶瓷品种。随着在历史进程中科学技术和文化艺术以及社会生活的发展和进步，我国低温釉形成了一个具有特色的、有继承衍生关系的体系。尽管这个体系的发展是由北方到南方，由单色到多色的彩釉，而后发展到由单色到多色组合的釉上彩，表现出千红万紫和千姿百态的艺术成果，各个时代所创造出来的新的分支之间还是有着十分密切的联系和影响的，这点从表 15-15 中可以清楚地看到。从关键原料的采用，关键技术的开发和釉彩基料的开创以及相互的继承和衍生关系和沿着历史进程发展的轨迹都可看出低温彩釉在我国陶瓷科学技术发展史上的作用、进步和贡献。看出世代劳动者们创造和发展陶瓷业的成就。

兹将本章有关各类低温釉、彩代表性的实物彩色相片列于图 15-1 及图 15-2 中，以作为对应参照。

---

① Ebelman M. and Solvetat M., Annales de Chimie et de pbysique, zè sèrie, Tome XXXV, 1852, 312～365.

表 15-15　历代釉彩中基釉、色剂、关键材料和技术的衍生影响关系

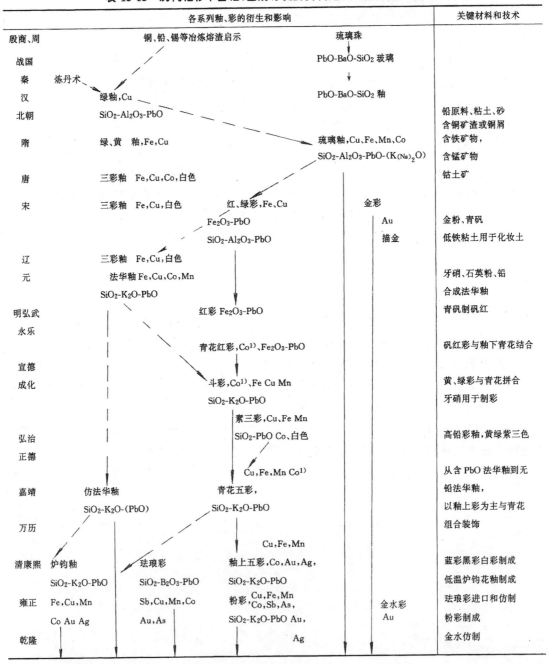

——→线代表衍生

- - - -➤线代表影响

1) Co 为釉下彩青花主要着色剂

参 考 文 献

蔡 襄.1983.茶录.蔡襄书法史料集.上海:上海书画出版社.181

曹昭撰,王佐补.1987.新增格古要论.中国书店

陈 浏.1991,1.陶雅.古瓷鉴定指南.北京:北京燕山出版社

陈万里.1946.瓷器与浙江.北京:中华书局

杜 甫.1960.又于韦处乞大邑瓷碗.全唐诗.卷二百二十六.中华书局铅印本.2448

段安节.1986.乐府杂录·方响·四库全书.子部.艺术类.商务印书馆影印文渊阁藏本福建省博物馆.1990.德化窑.文
    物出版社

傅振伦、甄励.1982.唐英瓷务年谱长编.景德镇陶瓷——纪念唐英三百周年专辑

傅振伦著.1993.《景德镇陶录》详注.书目文献出版社

高 濂.明万历十九年(1591).遵生八笺.卷十四.燕闲清赏笺

谷应泰.1937.博物要览.丛书集成初编.北京:商务印书馆

顾文荐.负暄杂录·窑器.见陶宗仪.说郛.卷第十八.涵芬楼本馆影印文渊阁藏本

河南省文物研究所编.1987.河南白瓷、汝瓷与三彩.北京:紫禁城出版社

蒋 祁.1981.陶记.浮梁县志.卷四.康熙21年(1682),景德镇陶瓷——《陶记》研究专件.1~4

蒋玄佁.1958.吉州窑.文物出版社

晋佩章.1987.钧窑史话.北京:紫禁城出版社

李 刚,王惠娟编.1988.越瓷论集.浙江:浙江人民出版社

李 肇.1986.唐国史补·四库全书.子部.小说家类.商务印书馆影印文渊阁藏本

李国桢,郭演仪.1988.中国名瓷工艺基础.上海:上海科学技术出版社

李辉炳.1992.宋代官窑瓷器.北京:紫禁城出版社

李家治、陈显求,张福康等著.1985.中国古代陶瓷科学技术成就.上海:上海科学技术出版社

李家治、陈显求主编.1992.古陶瓷科学技术1——国际讨论会论文集(ISAC'89).上海:科学技术文献出版社

李家治、陈显求主编.1992.古陶瓷科学技术2——国际讨论会论文集(ISAC'92).上海古陶瓷科学技术研究会

陆 容.1986.菽园杂记.四库全书.子部.小说家类.北京:商务印书馆影印文渊阁藏本

陆 羽.1986.茶经.卷中.四.茶之器·碗.四库全书.子部.谱录类.北京:商务印书馆影印文渊阁藏本

陆龟蒙.1960.秘色越器.全唐诗.卷六百二十九.中华书局铅印本.7216

彭适凡.1987.中国南方古代印纹陶.文物出版社

皮日休.1960.茶中杂泳·茶瓯.全唐诗.卷六百十一.中华书局铅印本.7055

轻工业部陶瓷工业科学研究所编著.1983.中国的瓷器.修订本.北京:轻工业出版社

史俊棠、盛畔松主编.1991.紫砂春秋.文汇出版社

唐秉钧.1937.文房肆考.美术丛书.古铜瓷器考.初集.第五辑

王世懋.1937.窥天外乘.丛书集成初编.北京:商务印书馆

徐 夤.1960.贡余秘色茶盏.全唐诗.卷七百一十.中华书局铅印本.8174

徐 兢.1986.宣和奉使高丽图经.四库全书.史部.地理类.商务印书馆影印文渊阁藏本

杨雄增编著.1987.天工开物新注研究.江西:江西科学技术出版社

叶 寘.坦斋笔衡.见陶宗仪.说郛.卷第十八.涵芬楼本

叶文程.1984.建窑初探.中国古代窑址调查发掘报告书文物出版社

张应文.1986.清秘藏.四库全书.子部.杂家类.商务印书馆影印文渊阁藏本

浙江轻工业厅编.1989.龙泉青瓷研究.文物出版社

中国硅酸盐学会编.1982.中国古陶瓷论文集.文物出版社

中国硅酸盐学会编．1982．中国陶瓷史．文物出版社

中国科学院上海硅酸盐研究所编．1987．中国古陶瓷研究．北京：科学出版社

中国陶瓷编辑委员会编．1955．中国陶瓷·长沙铜官窑．上海：上海人民美术出版社

中国陶瓷编辑委员会编．1983．中国陶瓷·石湾窑．上海：上海人民美术出版社

中国陶瓷编辑委员会编．1983．中国陶瓷·越窑．上海：上海人民美术出版社

中国陶瓷编辑委员会编．1988．中国陶瓷·定窑．上海：上海人民美术出版社

周　仁等著．1983．中国古陶瓷研究论文集．北京：轻工业出版社

周世荣．1988．湖南陶瓷．北京：紫禁城出版社

朱琰撰、傅振伦译注．1984．《陶说》译注．北京：轻工业出版社

米内山庸夫．1939．支那风土记．东京改造社．第四版

小山富士夫．1980．陶磁大系．天目．平凡社

Guo Jingkun. 1995. Science and Technology of Ancient Ceramics 3—Proceedings of the International Symposium (ISAC' 95). Shanghai Research Society of Science and Technology of Ancient Ceramics

Hetherington. A. L. 1937. Chinese Ceramic Glazes. Cambridge at the University

Vainker. S. J. 1991. Chinese Pottery and Porcelain. British Museum Press

Wood. N. 1978. Chinese Pottery. Pottery Quarterly. (47): 101—124

Wood. N. 1978. Oriental Glazes. Pitman Publishing Limited

主要人名索引

主要书名索引

总　跋

凡是听到编著《中国科学技术史》计划的人士，都称道这是一个宏大的学术工程和文化工程。确实，要完成一部 30 卷本、2000 余万字的学术专著，不论是在科学史界，还是在科学界都是一件大事。经过同仁们 10 年的艰辛努力，现在这一宏大的工程终于完成，本书得以与大家见面了。此时此刻，我们在兴奋、激动之余，脑海中思绪万千，感到有很多话要说，又不知从何说起。

可以说，这一宏大的工程凝聚着几代人的关切和期望，经历过曲折的历程。早在 1956 年，中国自然科学史研究委员会曾专门召开会议，讨论有关的编写问题，但由于三年困难、"四清"、"文革"，这个计划尚未实施就夭折了。1975 年，邓小平同志主持国务院工作时，中国自然科学史研究室演变为自然科学史研究所，并恢复工作，这个打算又被提到议事日程，专门为此开会讨论。而年底的"反右倾翻案风"，又使设想落空。打倒"四人帮"后，自然科学史研究所再次提出编著《中国科学技术史丛书》的计划，被列入中国科学院哲学社会科学部的重点项目，作了一些安排和分工，也编写和出版了几部著作，如《中国科学技术史稿》、《中国天文学史》、《中国古代地理学史》、《中国古代生物学史》、《中国古代建筑技术史》、《中国古桥技术史》、《中国纺织科学技术史（古代部分）》等，但因没有统一的组织协调，《丛书》计划半途而废。1978 年，中国社会科学院成立，自然科学史研究所划归中国科学院，仍一如既往为实现这一工程而努力。80 年代初期，在《中国科学技术史稿》完成之后，自然科学史研究所科学技术通史研究室就曾制订编著断代体多卷本《中国科学技术史》的计划，并被列入中国科学院重点课题，但由于种种原因而未能实施。1987 年，科学技术通史研究室又一次提出了编著系列性《中国科学技术史丛书》（现定名《中国科学技术史》）的设想和计划。经广泛征询，反复论证，多方协商，周详筹备，1991 年终于在中国科学院、院基础局、院计划局、院出版委领导的支持下，列为中国科学院重点项目，落实了经费，使这一工程得以全面实施。我们的老院长、副委员长卢嘉锡慨然出任本书总主编，自始至终关心这一工程的实施。

我们不会忘记，这一工程在筹备和实施过程中，一直得到科学界和科学史界前辈们的鼓励和支持。他们在百忙之中，或致书，或出席论证会，或出任顾问，提出了许多宝贵的意见和建议。特别是他们关心科学事业，热爱科学事业的精神，更是一种无形的力量，激励着我们克服重重困难，为完成肩负的重任而奋斗。

我们不会忘记，作为这一工程的发起和组织单位的自然科学史研究所，历届领导都予以高度重视和大力支持。他们把这一工程作为研究所的第一大事，在人力、物力、时间等方面都给予必要的保证，对实施过程进行督促，帮助解决所遇到的问题。所图书馆、办公室、科研处、行政处以及全所的同仁，也都给予热情的支持和帮助。

这样一个宏大的工程，单靠一个单位的力量是不可能完成的。在实施过程中，我们得到了北京大学、中国人民解放军军事科学院、中国科学院上海硅酸盐研究所、中国水利水电科学研究院、铁道部大桥管理局、北京科技大学、复旦大学、东南大学、大连海事大学、武汉交通科技大学、中国社会科学院考古研究所、温州大学等单位的大力支持，他们为本单位参加编撰人员提供了种种方便，保证了编著任务的完成。

为了保证这一宏大工程得以顺利进行,中国科学院基础局还指派了李满园、刘佩华二位同志,与自然科学史研究所领导(陈美东、王渝生先后参加)及科研处负责人(周嘉华参加)组成协调小组,负责协调、监督工作。他们花了大量心血,提出了很多建议和意见,协助解决了不少困难,为本工程的完成做出了重要贡献。

在本工程进行的关键时刻,我们遇到了经费方面的严重困难。对此,国家自然科学基金委员会给予了大力资助,促成了本工程的顺利完成。

要完成这样一个宏大的工程,离不开出版社的通力合作。科学出版社在克服经费困难的同时,组织精干的专门编辑班子,以最好的纸张,最好的质量出版本书。编辑们不辞辛劳,对书稿进行认真地编辑加工,并提出了很多很好的修改意见。因此,本书能够以高水平的编辑,高质量的印刷,精美的装帧,奉献给读者。

我们还要提到的是,这一宏大工程,从设想的提出,意见的征询,可行性的论证,规划的制订,组织分工,到规划的实施,中国科学院自然科学史研究所科技通史研究室的全体同仁,特别是杜石然先生,做了大量的工作,作出了巨大的贡献。参加本书编撰和组织工作的全体人员,在长达10年的时间内,同心协力,兢兢业业,无私奉献,付出了大量的心血和精力。他们的敬业精神和道德学风,是值得赞扬和敬佩的。

在此,我们谨对关心、支持、参与本书编撰的人士表示衷心的感谢,对已离我们而去的顾问和编写人员表达我们深切的哀思。

要将本书编写成一部高水平的学术著作,是参与编撰人员的共识,为此还形成了共同的质量要求:

1. 学术性。要求有史有论,史论结合,同时把本学科的内史和外史结合起来。通过史论结合,内外史结合,尽可能地总结中国科学技术发展的经验和教训,尽可能把中国有关的科技成就和科技事件,放在世界范围内进行考察,通过中外对比,阐明中国历史上科学技术在世界上的地位和作用。整部著作都要求言之有据,言之有理,经得起时间的考验。

2. 可读性。要求尽量地做到深入浅出,力争文字生动流畅。

3. 总结性。要求容纳古今中外的研究成果,特别是吸收国内外最新的研究成果,以及最新的考古文物发现,使本书充分地反映国内外现有的研究水平,对近百年来有关中国科学技术史的研究作一次总结。

4. 准确性。要求所征引的史料和史实准确有据,所得的结论真实可信。

5. 系统性。要求每卷既有自己的系统,整部著作又形成一个统一的系统。

在编写过程中,大家都是朝着这一方向努力的。当然,要圆满地完成这些要求,难度很大,在目前的条件下也难以完全做到。至于做得如何,那只有请广大读者来评定了。编写这样一部大型著作,缺陷和错讹在所难免,我们殷切地期待着各界人士能够给予批评指正,并提出宝贵意见。

《中国科学技术史》编委会
1997 年 7 月